Harcourt

Orlando Austin Chicago New York Toronto London San Diego

Visita
www.harcourtschool.com

Printed in the United States of America

ISBN 0-15-341106-6

2 3 4 5 6 7 8 9 10 0914 13 12 11 10 09

Senior Author

Evan M. Maletsky
Professor of Mathematics
Montclair State University
Upper Montclair, New Jersey

Mathematics Advisor

Tom Roby
Associate Professor of Mathematics
California State University
Hayward, California

Authors

Angela Giglio Andrews
Math Teacher, Scott School
Naperville District #203
Naperville, Illinois

Jennie M. Bennett
Houston Independent School District
Houston, Texas

Grace M. Burton
Professor, Watson School of Education
University of North Carolina at Wilmington
Wilmington, North Carolina

Lynda A. Luckie
K-12 Mathematics Coordinator
Gwinnett County Public Schools
Lawrenceville, Georgia

Joyce C. McLeod
Visiting Professor
Rollins College
Winter Park, Florida

Vicki Newman
Classroom Teacher
McGaugh Elementary School
Los Alamitos Unified School District
Seal Beach, California

Tom Roby
Associate Professor of Mathematics
California State University
Hayward, California

Janet K. Scheer
Executive Director
Create A Vision
Foster City, California

Program Consultants and Specialist

Janet S. Abbott
Mathematics Consultant
California

Lois Harrison-Jones
Education and Management Consultant
Dallas, Texas

Elsie Babcock
Director, Mathematics and Science Center
Mathematics Consultant
Wayne Regional Educational Service Agency
Wayne, Michigan

William J. Driscoll
Professor of Mathematics
Department of Mathematical Sciences
Central Connecticut State University
New Britain, Connecticut

Rebecca Valbuena
Language Development Specialist
Stanton Elementary School
Glendora, California

UNIDAD 1 Comprender números enteros y operaciones

CAPÍTULOS 1–4

1 VALOR POSICIONAL Y PERCEPCIÓN NUMÉRICA

2 COMPARAR Y ORDENAR NÚMEROS ENTEROS . . . 18

Enlace con la tecnología

Harcourt Mega Math: *Capítulo 1, pág. 2; Capítulo 2, págs. 21, 32; Capítulo 3, pág. 48; Capítulo 4, pág. 65*

The Harcourt Learning Site: www.harcourtschool.com

Glosario de matemáticas: www.harcourtschool.com

CONCLUSIÓN DE LA UNIDAD

UNIDAD 2 Tiempo, datos y gráficas

CAPÍTULOS 5–7

Enlace con la tecnología

Harcourt Mega Math: *Capítulo 5, págs. 99, 104; Capítulo 6, pág. 122; Capítulo 7, pág. 136*
The Harcourt Learning Site:
www.harcourtschool.com
Glosario de matemáticas:
www.harcourtschool.com

UNIDAD 3
CAPÍTULOS 8–9

Operaciones de multiplicación y división

Enlace con la tecnología

Harcourt Mega Math: *Capítulo 8, págs. 168, 173; Capítulo 9, pág. 185*
The Harcourt Learning Site:
www.harcourtschool.com
Glosario de matemáticas:
www.harcourtschool.com

9 ÁLGEBRA USAR LAS OPERACIONES DE MULTIPLICACIÓN Y DIVISIÓN 182

CONCLUSIÓN DE LA UNIDAD

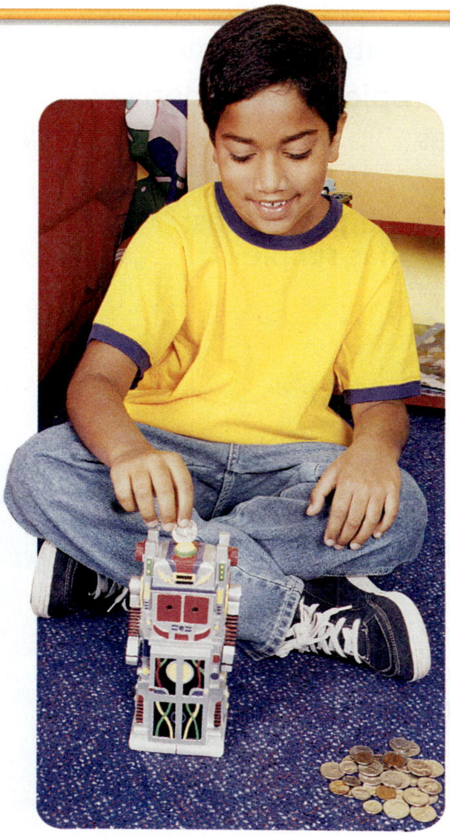

UNIDAD 4
CAPÍTULOS 10–12

Multiplicar por números de 1 y 2 dígitos

10 MULTIPLICAR POR NÚMEROS DE 1 DÍGITO 212

11 MULTIPLICAR POR DECENAS 234

Enlace con la tecnología

Harcourt Mega Math: *Capítulo 10, pág. 219; Capítulo 11, pág. 236; Capítulo 12, págs. 253, 260*

The Harcourt Learning Site:
www.harcourtschool.com

Glosario de matemáticas:
www.harcourtschool.com

12 MULTIPLICAR POR NÚMEROS DE 2 DÍGITOS . . . 250

CONCLUSIÓN DE LA UNIDAD

UNIDAD 5
CAPÍTULOS 13–16

Dividir entre divisores de 1 y 2 dígitos

13 COMPRENDER LA DIVISIÓN 276

14 DIVIDIR ENTRE DIVISORES DE 1 DÍGITO 294

Enlace con la tecnología

Harcourt Mega Math: *Capítulo 13, págs. 279, 282; Capítulo 14, pág. 303; Capítulo 15, pág. 320; Capítulo 16, pág. 348*

The Harcourt Learning Site:
www.harcourtschool.com

Glosario de matemáticas:
www.harcourtschool.com

15 DIVIDIR ENTRE DIVISORES DE 2 DÍGITOS 314

16 TEORÍA NUMÉRICA 334

CONCLUSIÓN DE LA UNIDAD

UNIDAD 6 Geometría y álgebra

CAPÍTULOS 17–20

17 RECTAS, RAYOS Y ÁNGULOS 362

18 FIGURAS PLANAS 378

Enlace con la tecnología

Harcourt Mega Math: *Capítulo 17, págs. 365, 370; Capítulo 18, pág. 385; Capítulo 19, pág. 407; Capítulo 20, pág. 429*

The Harcourt Learning Site:
www.harcourtschool.com

Glosario de matemáticas:
www.harcourtschool.com

UNIDAD 7 Fracciones y probabilidad

CAPÍTULOS 21–23

21 COMPRENDER FRACCIONES 444

22 SUMAR Y RESTAR FRACCIONES Y NÚMEROS MIXTOS 466

23 RESULTADOS Y PROBABILIDAD 488

CONCLUSIÓN DE LA UNIDAD

Enlace con la tecnología

Harcourt Mega Math: *Capítulo 21, pág. 449;*
Capítulo 22, pág. 482;
Capítulo 23, págs. 490, 496, 498
The Harcourt Learning Site:
www.harcourtschool.com
Glosario de matemáticas:
www.harcourtschool.com

UNIDAD 8 Medidas y decimales

CAPÍTULOS 24–27

Enlace con la tecnología

Harcourt Mega Math: *Capítulo 24, pág. 522; Capítulo 25, pág. 541; Capítulo 26, págs. 566, 568; Capítulo 27, pág. 590*

The Harcourt Learning Site: www.harcourtschool.com

Glosario de matemáticas: www.harcourtschool.com

UNIDAD 9
CAPÍTULOS 28–30

Perímetro, área y volumen

Enlace con la tecnología

Harcourt Mega Math: *Capítulo 29, pág. 631; Capítulo 30, págs. 644, 648*
The Harcourt Learning Site:
www.harcourtschool.com
Glosario de matemáticas:
www.harcourtschool.com

CONCLUSIÓN DE LA UNIDAD

MANUAL DEL ESTUDIANTE

¿Por qué aprender Matemáticas?

Para triunfar ahora

▲ Tú mides peso y capacidad cuando cocinas.

Tú usas conceptos cronológicos cuando planeas las actividades que haces después de las clases. ▼

Tú comparas, sumas y restas números en los puntajes cuando juegas o miras tu deporte favorito. ▶

Tú usarás todos los días las matemáticas que aprendas en **Harcourt Matemáticas.** Las destrezas aprendidas te ayudarán a **triunfar** ahora y en el futuro.

Para triunfar en el futuro

Si vas a ser un cinematógrafo, usarás conceptos de tiempo y medida cuando filmes y edites las escenas de una película.

Si vas a ser un arquitecto, sumarás y restarás fracciones y decimales cuando planees tu próximo proyecto.

Si vas a ser un biólogo marino, usarás matemáticas al estudiar e informar sobre los animales marinos.

¡Qué tengas un buen año y disfruta al aprender matemáticas!

PRACTICA LO APRENDIDO

Manualidades

PROYECTO En cada unidad de este libro, vas a hacer un proyecto que te ayudará a practicar las destrezas matemáticas que aprendiste. Haz la bolsa de doblar y guardar para que guardes algunos de estos proyectos.

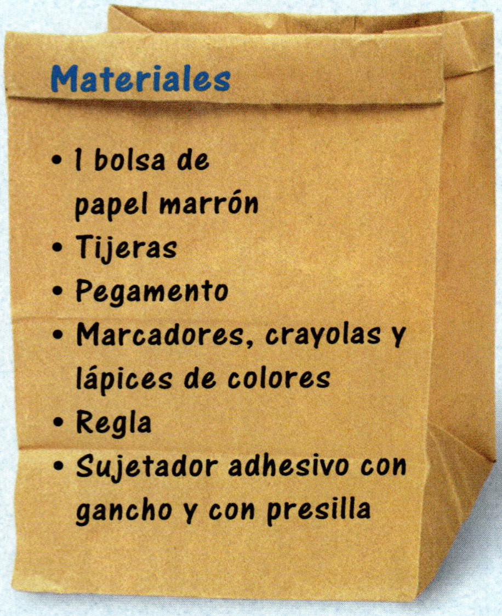

Instrucciones

1. Pon la bolsa frente a ti con la parte inferior hacia arriba. Dobla la bolsa por la mitad. La parte con la abertura de la bolsa que está doblada será la solapa de cerrar. *(ilustración A)*
2. Desdobla la bolsa. Corta cada lado de la solapa de cerrar hasta donde doblaste la bolsa por la mitad y luego corta transversalmente. *(ilustración B)*
3. Dobla 1 pulgada del extremo de la solapa de cerrar. Desdobla y recorta las esquinas diagonalmente. Pega el doblez.
4. Sujeta un cuadrado del sujetador con gancho en la parte de abajo de la solapa de cerrar. Dobla la parte inferior de la bolsa. Sujeta una tira de 7 pulg de sujetador con presilla en frente de la parte que se abre de la bolsa. *(ilustración C)*
5. Rotula la solapa de cerrar superior como *Doblar y guardar* y la parte posterior de la bolsa como *Mis proyectos de matemáticas*. Cierra la bolsa y adórnala con marcadores, crayolas o lápices de colores.

MUESTRA LO APRENDIDO

Una manera de mostrar lo que has aprendido es tomando una prueba. Saber tomar bien una prueba es como saber resolver bien un problema. Cuando contestas preguntas de una prueba, estás resolviendo problemas.

Cada vez que tomes una prueba, acuérdate de:

- Escuchar cuidadosamente las instrucciones del maestro.
- Leer todas las instrucciones.
- Prestar atención de dónde y cómo debe marcarse la prueba.
- Leer cuidadosamente los problemas.
- Si no entiendes un problema, leerlo de nuevo.
- Marcar o escribir tus respuestas claramente.
- Contestar primero las preguntas que estás seguro que sabes.
- Trabajar rápido pero cuidadosamente.
- Si terminas temprano, regresar y verificar tu trabajo.
- Relajarte y hacer tu mejor esfuerzo.

¡PREPARACIÓN!

Estrategias de suma

Usa las estrategias contar hacia adelante, formar una decena, dobles y dobles más uno para calcular mentalmente una suma y para practicar las operaciones de suma.

CONTAR HACIA ADELANTE

12 + 3 = ■

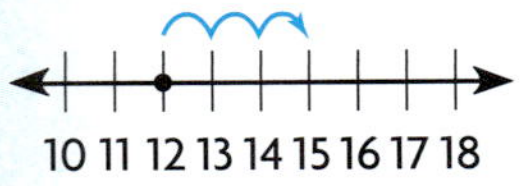

Comienza con el mayor sumando. Di **12**. Cuenta **3** hacia adelante.
13, 14, 15
La suma es 15.

Entonces, 12 + 3 = 15.

FORMAR UNA DECENA

8 + 5 = ■

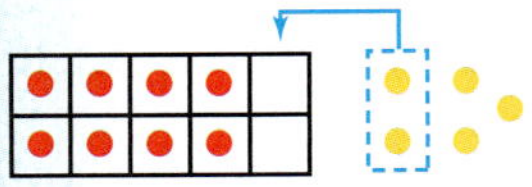

Mueve 2 fichas para llenar el cuadro de diez. 8 + 2 = 10
Hay que agregar 3 fichas más.
10 + 3 = 13

Entonces, 8 + 5 = 13.

DOBLES

6 + 6 = ■

Cuando los sumandos son los mismos, estás sumando dobles.

Entonces, 6 + 6 = 12.

DOBLES MÁS UNO

6 + 7 = ■

Piensa: 6 + 7 es 1 más que 6 + 6.

Suma los dobles.
6 + 6 = 12

Luego, suma uno más.
12 + 1 = 13

Entonces, 6 + 7 = 13.

▶ Práctica

Halla la suma. Nombra la estrategia que usaste.

1. 8 + 9 **2.** 7 + 4 **3.** 5 + 5 **4.** 9 + 3

5. 10 + 2 **6.** 2 + 7 **7.** 10 + 10 **8.** 9 + 1

9. 5 + 9 **10.** 5 + 4 **11.** 7 + 7 **12.** 7 + 8

13. 3 + 4 **14.** 6 + 1 **15.** 9 + 9 **16.** 6 + 5

17. 8 + 6 **18.** 8 + 3 **19.** 10 + 9 **20.** 10 + 3

Estrategias de resta

Usa la estrategia contar hacia atrás para calcular mentalmente una diferencia y para practicar las operaciones de resta.

CONTAR HACIA ATRÁS

13 − 3 = ■

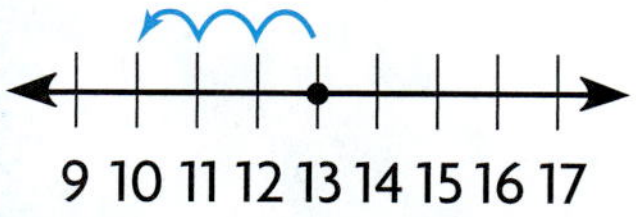

Comienza con el primer número.
Di **13**. Cuenta **3** hacia atrás.
12, 11, 10
La diferencia es 10.

Entonces, 13 − 3 = 10.

La suma y la resta son operaciones inversas u opuestas. Puedes usar operaciones de suma para recordar operaciones de resta.

FAMILIAS DE OPERACIONES

15 − 7 = ■

Piensa: 7 + ■ = 15

Piensa en las familias de operaciones.
Recuerda cómo se relacionan los números.

7, 8, 15

8 + 7 = 15   7 + 8 = 15

15 − 8 = 7   15 − 7 = 8

Entonces, 15 − 7 = 8.

▸ Práctica

Halla la diferencia. Nombra la estrategia que usaste.

1. 9 − 8   **2.** 12 − 2   **3.** 20 − 10   **4.** 11 − 6

5. 5 − 1   **6.** 16 − 9   **7.** 13 − 6   **8.** 9 − 1

9. 17 − 8   **10.** 14 − 7   **11.** 13 − 9   **12.** 8 − 2

13. $\begin{array}{r} 11 \\ -\ 3 \\ \hline \end{array}$ **14.** $\begin{array}{r} 16 \\ -\ 8 \\ \hline \end{array}$ **15.** $\begin{array}{r} 10 \\ -\ 6 \\ \hline \end{array}$ **16.** $\begin{array}{r} 15 \\ -\ 6 \\ \hline \end{array}$

17. $\begin{array}{r} 5 \\ -\ 3 \\ \hline \end{array}$ **18.** $\begin{array}{r} 6 \\ -\ 3 \\ \hline \end{array}$ **19.** $\begin{array}{r} 17 \\ -\ 9 \\ \hline \end{array}$ **20.** $\begin{array}{r} 10 \\ -\ 2 \\ \hline \end{array}$

CAPÍTULO 1

Valor posicional y percepción numérica

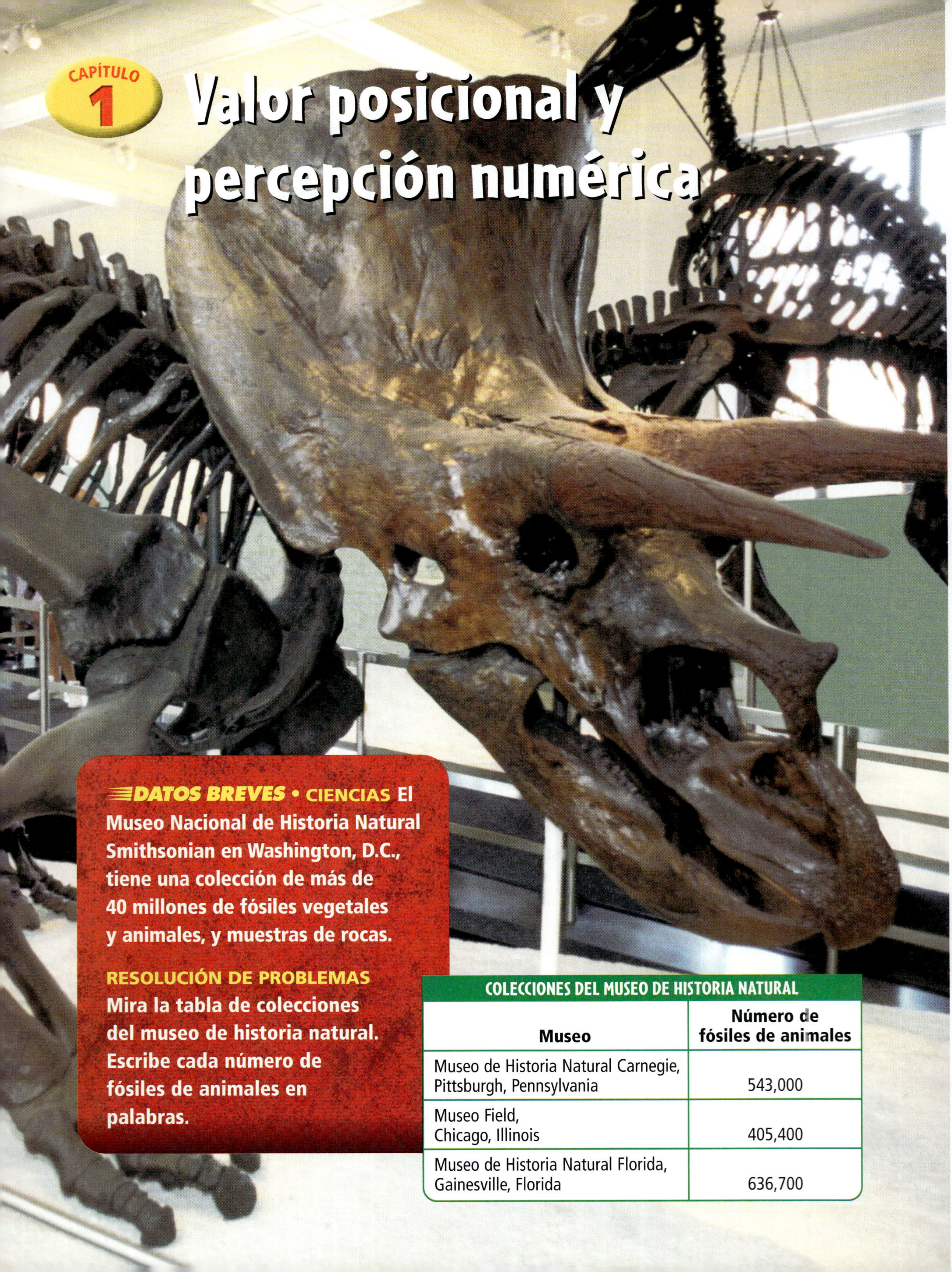

DATOS BREVES • CIENCIAS El Museo Nacional de Historia Natural Smithsonian en Washington, D.C., tiene una colección de más de 40 millones de fósiles vegetales y animales, y muestras de rocas.

RESOLUCIÓN DE PROBLEMAS Mira la tabla de colecciones del museo de historia natural. Escribe cada número de fósiles de animales en palabras.

COLECCIONES DEL MUSEO DE HISTORIA NATURAL

Museo	Número de fósiles de animales
Museo de Historia Natural Carnegie, Pittsburgh, Pennsylvania	543,000
Museo Field, Chicago, Illinois	405,400
Museo de Historia Natural Florida, Gainesville, Florida	636,700

Comprueba lo que sabes

Usa esta página para repasar y recordar destrezas importantes que se necesitan para el Capítulo 1.

LEE Y ESCRIBE MILLARES

Escribe en forma normal cada número que está en palabras.

1. noventa

2. ciento ochenta y cuatro

3. novecientos setenta

4. dos mil setenta

5. seis mil trescientos cuarenta y nueve

6. seis mil siete

NÚMEROS DE REFERENCIA

Estima el número de cuentas en cada frasco.

El frasco A tiene 10 cuentas.

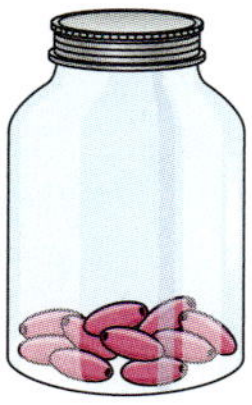

El frasco B tiene 50 cuentas.

7.

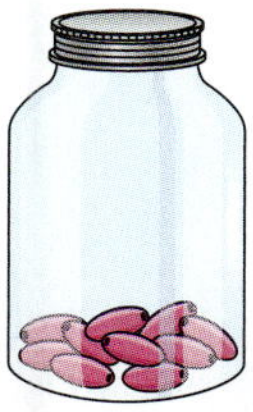

¿10 o 50?

8.

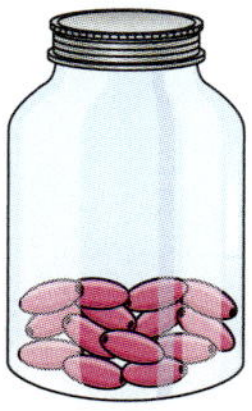

¿25 o 50?

9.

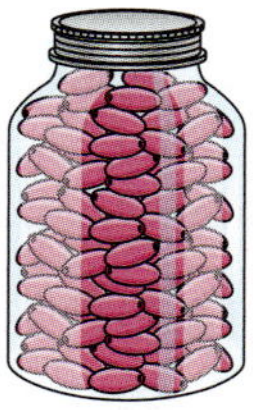

¿50 o 100?

10.

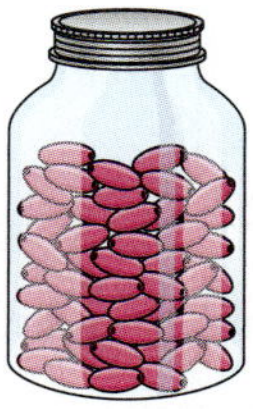

¿20 o 70?

VOCABULARIO

REPASO

dígito *sustantivo*

Uno de los significados de *dígito* en inglés es "un dedo de la mano o del pie". ¿Cuál es el significado matemático de *dígito*? Escribe una oración usando *dígito* para mostrar que comprendes el significado de la palabra.

PRESENTACIÓN

período

millones

punto de referencia

APRENDE en línea www.harcourtschool.com

LECCIÓN 1

Comprender el valor posicional

Aprende

¡QUÉ PROFUNDO! La estrella de mar que vive a más profundidad se halló a una profundidad de 24,881 pies en el océano Pacífico occidental en 1962.

¿Cuál es el valor del dígito 2 en 24,881?

Decenas de millar	Millares	Centenas	Decenas	Unidades
2	4,	8	8	1
$2 \times 10{,}000$	$4 \times 1{,}000$	8×100	8×10	1×1
20,000	4,000	800	80	1

Piensa: Multiplica el dígito por su valor posicional para hallar el valor de cada dígito.

Entonces, el valor del dígito 2 es 20,000.

Idea matemática El valor de un dígito depende de su valor posicional en el número.

Cambiar un dígito dado en un número cambia el valor del número.

Repaso rápido

1. 55 − 10
2. 21 + 10
3. 877 − 100
4. 163 + 100
5. 3,218 + 1,000

Recuerda

Un dígito es uno de los diez símbolos 0, 1, 2, 3, 4, 5, 6, 7, 8 o 9 que se usan para escribir números.

Enlace con la tecnología

Más práctica: Harcourt Mega Math Fraction Action, *Number Line Mine*, Nivel A

Ejemplos

- **A** 58,937 a 59,937 aumentó en 1,000
- **B** 58,937 a 68,937 aumentó en 10,000
- **C** 58,937 a 88,937 aumentó en 30,000
- **D** 58,937 a 57,937 disminuyó en 1,000
- **E** 58,937 a 48,937 disminuyó en 10,000
- **F** 58,937 a 28,937 disminuyó en 30,000

▲ El *Shinkai 6500* del Centro de Tecnología y Ciencias Marinas de Japón recopila datos marinos a cualquier profundidad hasta 21,325 pies.

- ¿Qué dígito en el número 13,872 se cambiaría para formar 19,872? ¿Cómo cambiaría el valor de 13,872?

Comprueba

1. **Explica** cómo hallar el valor del dígito 7 en el número 76,308.

Escribe el valor del dígito 4 en cada número.

2. 27,345 **3.** 74,960

4. 83,412 **5.** 14,873

Compara los dígitos para hallar el cambio en el valor.

6. 8,947 a 3,947 **7.** 82,756 a 82,716 **8.** 14,583 a 16,583

Práctica y resolución de problemas

Más práctica, página 14, Grupo A

Escribe el valor del dígito 8 en cada número.

9. 53,489 **10.** 97,806 **11.** 86,239 **12.** 68,391

Compara los dígitos para hallar el cambio en el valor.

13. 62,895 a 32,895 **14.** 93,714 a 99,714 **15.** 38,047 a 38,097

16. 49,807 a 49,207 **17.** 51,386 a 11,386 **18.** 29,471 a 29,671

Cambia el valor del número por la cantidad indicada.

19. 37,842 aumentó en 1,000 **20.** 37,842 disminuyó en 1,000

21. 63,172 aumentó en 600 **22.** 24,597 aumentó en 4,000

23. 71,408 disminuyó en 20,000 **24.** 52,496 disminuyó en 70

Completa.

25. 24,180 = 20,000 + ■ + 100 + 80 **26.** 5,2■6 = 5,000 + 200 + 30 + 6

27. **PERCEPCIÓN NUMÉRICA** En un número de 4 dígitos, los primeros dos dígitos son 2. La suma de los dígitos de las unidades y decenas es 14. ¿Qué números son posibles?

28. **Por escrito** Si sumas un dígito de decena de millar que es 2 veces el dígito de las unidades para el número 2,794, ¿cuál es el número nuevo? Explica tu respuesta.

Repaso y preparación para la prueba

Para los ejercicios 29–30, halla el número que falta.

29. 60 − ■ = 20 **30.** ■ − 5 = 39

31. Dibuja una figura plana que tenga cuatro lados de igual longitud.

32. 78 + 63

33. **Preparación para la prueba** Halla el número que falta. 318, 324, 330, ■, 342

A 334 **B** 336 **C** 338 **D** 340

LECCIÓN 2

Valor posicional hasta la centena de millar

Aprende

DE LA TIERRA A LA LUNA La distancia menor de la Tierra a la Luna es 225,792 millas.

Para mostrar este número se tiene que agregar una columna para la centena de millar en la tabla de valor posicional.

PERÍODO

MILLARES			UNIDADES		
Centenas	Decenas	Unidades	Centenas	Decenas	Unidades
2	2	5,	7	9	2

Cada grupo de tres dígitos se denomina un **período**. Las comas separan los períodos. Cada período tiene unidades, decenas y centenas. El número 225,792 tiene dos períodos, *unidades* y *millares*.

Idea matemática Los nombres de valor posicional y período te ayudan a leer y escribir números.

Forma normal: 225,792

En palabras: doscientos veinticinco mil setecientos noventa y dos

Forma desarrollada: 200,000 + 20,000 + 5,000 + 700 + 90 + 2

Ejemplos

	Forma normal	En palabras	Forma desarrollada
A	40,915	cuarenta mil novecientos quince	40,000 + 900 + 10 + 5
B	607,304	seiscientos siete mil trescientos cuatro	600,000 + 7,000 + 300 + 4

Repaso rápido

Escribe el valor posicional del dígito 3.

1. 49,031

2. 35,477

3. 2,386

4. 693

5. 83,904

VOCABULARIO

período

Comprueba

1. **Explica** cómo su período te ayuda a identificar el valor posicional del dígito 9 en 952,700. En 1969, los astronautas del *Apollo 11* recorrieron 952,700 millas.

Escribe cada número de dos formas diferentes.

2. doscientos cinco mil sesenta y uno
3. 916,359

Práctica y resolución de problemas

Más práctica, página 14, Grupo B

Escribe cada número de dos formas diferentes.

4. trescientos mil noventa y seis
5. cuatrocientos dieciséis mil doscientos diez
6. 40,705
7. 60,000 + 3,000 + 40 + 8

Completa.

8. 52,376 = cincuenta y dos ?, trescientos ? = ■ + 2,000 + 300 + 70 + ■
9. 90,000 + ■ + 80 = 90,58■ = noventa mil, ? ochenta

Escribe el valor del dígito azul.

10. 534,908
11. 980,571
12. 143,296
13. 278,105
14. 357,841
15. 493,560
16. 782,046
17. 609,428
18. Si quinientos veintiséis mil aumenta en tres mil, ¿cuál es el número nuevo en forma normal?
19. Soy 900 veces mayor que el número par de 4 dígitos más grande posible que se puede formar usando los dígitos 1, 4, 2, 5. ¿Qué número soy?
20. Escribe en palabras el número que es 1,000 mayor que 23,548.

Repaso y preparación para la prueba

21. 325 − ■ = 194
22. ■ − 75 = 896
23. Redondea 615 a la centena más próxima.
24. 35 + ■ = 66 + 35
25. **Preparación para la prueba** Halla la suma.

    417 + 89 + 123

    A 519
    B 529
    C 619
    D 629

LECCIÓN 3

Valor posicional hasta millones

Aprende

¡LEE Y ENTÉRATE DE TODO! Los periódicos mantienen informadas a las personas de los eventos locales, nacionales y mundiales. El primer periódico se escribió en Alemania en el siglo diecisiete.

Mira esta historia. Contiene alrededor de 200 palabras. Si hay 5 historias de este tamaño en una página, ¿alrededor de cuántas palabras hay en la página?

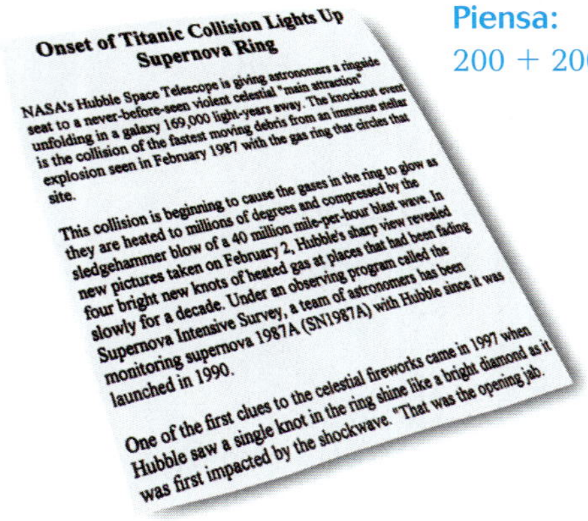
Onset of Titanic Collision Lights Up Supernova Ring

NASA's Hubble Space Telescope is giving astronomers a ringside seat to a never-before-seen violent celestial "main attraction" unfolding in a galaxy 169,000 light-years away. The knockout event is the collision of the fastest moving debris from an immense stellar explosion seen in February 1987 with the gas ring that circles that site.

This collision is beginning to cause the gases in the ring to glow as they are heated to millions of degrees and compressed by the sledgehammer blow of a 40 million mile-per-hour blast wave. In new pictures taken on February 2, Hubble's sharp view revealed four bright new knots of heated gas at places that had been fading slowly for a decade. Under an observing program called the Supernova Intensive Survey, a team of astronomers has been monitoring supernova 1987A (SN1987A) with Hubble since it was launched in 1990.

One of the first clues to the celestial fireworks came in 1997 when Hubble saw a single knot in the ring shine like a bright diamond as it was first impacted by the shockwave. "That was the opening jab.

Piensa:
200 + 200 + 200 + 200 + 200 = 1,000

Entonces, hay alrededor de 1,000 palabras en una página.

Con 1,000 palabras en una página,
10 páginas tienen 10,000 palabras.
100 páginas tienen 100,000 palabras.
1,000 páginas tienen 1,000,000 de palabras.

El período a la izquierda de los *millares* es *millones*.

PERÍODO

MILLONES			MILLARES			UNIDADES		
Centenas	Decenas	Unidades	Centenas	Decenas	Unidades	Centenas	Decenas	Unidades
		1,	0	0	0,	0	0	0

Escribe: 1,000,000 **Lee:** un millón

Un millón es un número grande. Si leyeras 100 palabras por minuto, tardarías casi 7 días sin parar en leer 1,000,000 de palabras.

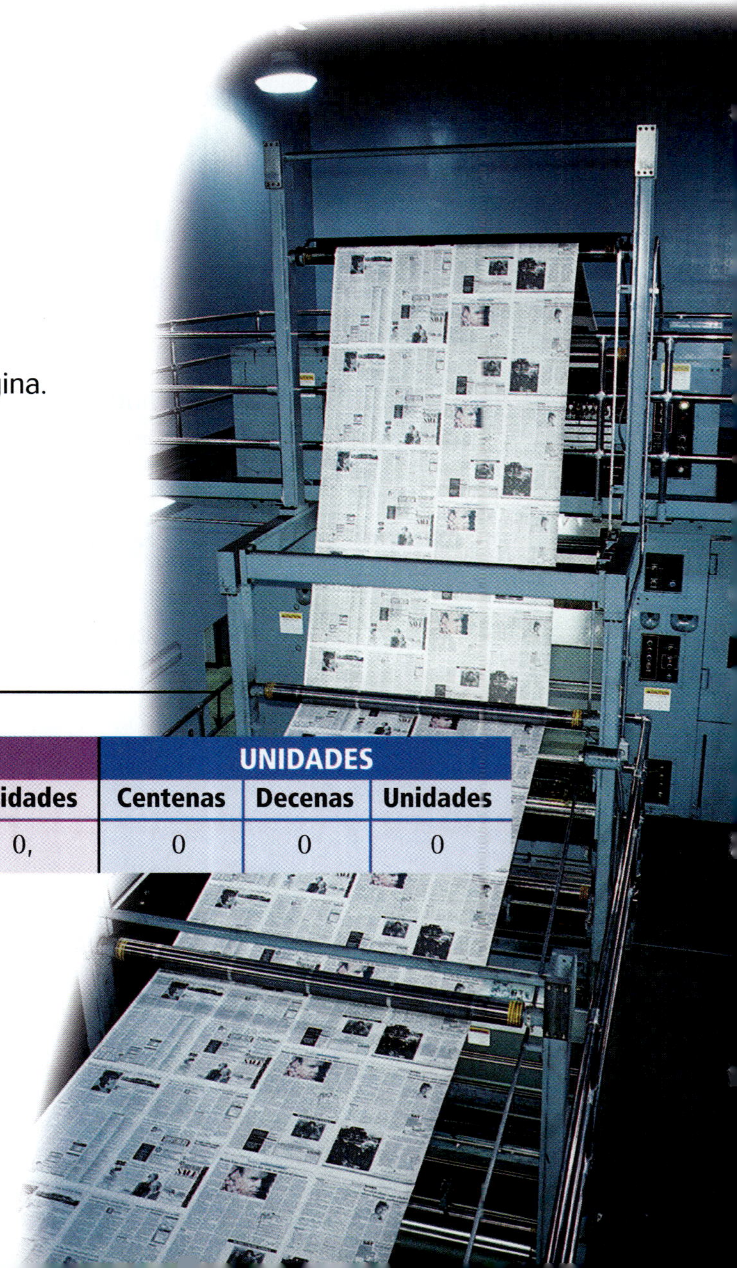

Repaso rápido

¿Cuál es el valor del dígito 4?

1. 54,190 **2.** 3,427
3. 243,018 **4.** 8,934
5. 648

VOCABULARIO

millones

Más sobre millones

Puedes usar los nombres de valor posicional y período para leer y escribir números en los millones.

La pelota de estambre más grande del mundo se halla en Cawker City, Kansas. Para septiembre de 2001 tenía más de 83,264,496 pulgadas de estambre.

Mira este número en la tabla de valor posicional.

▲ La pelota de estambre pesa 17,320 libras. ¡Pesa más que 6 carros!

PERÍODO

MILLONES			MILLARES			UNIDADES		
Centenas	Decenas	Unidades	Centenas	Decenas	Unidades	Centenas	Decenas	Unidades
	8	3,	2	6	4,	4	9	6

Forma normal: 83,264,496

En palabras: ochenta y tres millones, doscientos sesenta y cuatro mil, cuatrocientos noventa y seis

Forma desarrollada: 80,000,000 + 3,000,000 + 200,000 + 60,000 + 4,000 + 400 + 90 + 6

Ejemplos

Forma normal	En palabras	Forma desarrollada
A 54,060,900	cincuenta y cuatro millones sesenta mil novecientos	50,000,000 + 4,000,000 + 60,000 + 900
B 100,207,054	cien millones doscientos siete mil cincuenta y cuatro	100,000,000 + 200,000 + 7,000 + 50 + 4

Comprueba

1. Di cuántos períodos tiene un número de 8 dígitos.

Escribe el valor del dígito azul.

2. 7,943,120 **3.** 8,450,203 **4.** 68,549,227

Escribe cada número en palabras.

5. 57,643,120 **6.** 16,452,003 **7.** 608,049,227

LA LECCIÓN CONTINÚA

Práctica y resolución de problemas

Más práctica, página 14, Grupo C

Escribe el valor de cada dígito azul.

8. 7,534,908 **9.** 98,745,300 **10.** 142,980,871

11. 4,371,568 **12.** 36,420,156 **13.** 512,604,397

Escribe cada número en palabras.

14. 5,769,042 **15.** 882,831,001 **16.** 42,168,339

Usa el valor posicional para hallar cada número que falta. Explica tu respuesta.

17. 6,758,324; 6,768,324; ■; 6,788,324

18. 9,537,461; 9,537,561; ■; 9,537,761

19. 2,408,693; 2,409,694; ■; 2,411,696

20. 4,657,839; 4,657,939; ■; 4,658,139

21. Escribe en palabras el número que es 10,000,000 mayor que 5,670,891

22. Escribe 12,097,341 en forma desarrollada.

23. Escribe 8,000,000 + 100,000 + 70,000 + 3,000 + 900 + 50 + 6 en palabras.

Completa.

24. 7,523,■46 = 7,000,000 + 500,000 + 20,000 + 3,000 + 800 + 40 + 6

25. 7,903,264 = siete _?_ , novecientos tres _?_ , doscientos sesenta y cuatro

26. **¿Cuál es la pregunta?** La Sra. Díaz escribió el número 46,152,780. La respuesta es 6,000,000. ¿Cuál es la pregunta?

27. ¿Qué número es dos veces el valor del dígito de decenas de millar en 423,008?

28. **DATOS BREVES • CIENCIAS** Saturno tarda casi 10,760 días en girar alrededor del Sol. ¿Está bien leer este número como diez millones setecientos sesenta? Explica tu respuesta.

29. **¿Cuál es el error?** Carl dijo que 24,613,351 es un millón más que 14,613,351. Describe su error.

30. **Vocabulario** ¿Qué te indica el *valor posicional* de un dígito? ¿Cómo el intercambio de posiciones de los dígitos en el número 52 afecta el valor de ese número?

Repaso y preparación para la prueba

31. 714 + 836

32. 854 − 138

33. 42 ÷ 7

34. 8 × 4

35. La suma de dos números es 15. La diferencia es 3. ¿Cuáles son los números?

36. ¿Cuál es el valor posicional del dígito 6 en 36,280? (pág. 2)

37. Escribe doscientos mil ochenta y seis en forma normal. (pág. 4)

38. **Preparación para la prueba** Bobby tiene 87 tarjetas de básquetbol. Él tiene 13 más que Jeff. ¿Cuántas tarjetas tiene Jeff?

A 71 **B** 74 **C** 95 **D** 100

39. **Preparación para la prueba** Elige la regla que mejor describe el patrón.

1, 7, 13, 19, 25

F Sumar 6. **H** Sumar 4.
G Sumar 5. **J** Sumar 3.

Resolución de problemas — Piénsalo más

NÚMEROS ROMANOS Nuestro *sistema numérico* usa números arábigos o dígitos (0, 1, 2, . . .), para escribir números. Los romanos usaban los símbolos en esta tabla para nombrar los números.

I	V	X	L	C	D	M
1	5	10	50	100	500	1,000

A Sumar cuando los símbolos son iguales o cuando los valores de los símbolos disminuyen de izquierda a derecha. Un número no se puede sumar más de tres veces seguidas.

LXIII = 63
50 + 10 + 1 + 1 + 1 = 63

B Restar cuando el valor de un símbolo es menor que el valor del símbolo a su derecha.

XIX = 19
IX representa 10 − 1 = 9
10 + 9 = 19

Escribe los números romanos como números arábigos.

1. XIV
2. XXXIX
3. XLI
4. XC
5. LXVIII

6. **RAZONAMIENTO** Halla los números que faltan. III, VI, IX, XII, ■, ■, XXI.

7. Escribe 35, 44 y 62 como números romanos.

LECCIÓN 4

Números de referencia

Repaso rápido

1. 20 + 20
2. 12 + 12
3. 400 + 400
4. 80 + 80
5. 30 + 30 + 30

VOCABULARIO

punto de referencia

Aprende

¡COMPÁRALO! Para que un número tenga significado debe estar relacionado con algo que ya sabes.

El monumento Washington mide 555 pies de altura. Eso es casi la misma altura de 25 casas de dos pisos una sobre la otra.

Idea matemática Un **punto de referencia** es un número conocido de cosas que nos ayuda a comprender el tamaño o la cantidad de un número de cosas diferente.

Puedes usar un punto de referencia cuando estimas un número de objetos que te tomaría mucho tiempo en contar.

Ejemplos

A Usa el punto de referencia para decidir cuál es el número más razonable de monedas de 5¢ en el frasco que está lleno.

100 1,000 10,000

Punto de referencia:
500 monedas de 5¢

500 monedas de 5¢

El frasco que está lleno tiene casi el doble que la cantidad de referencia.

$2 \times 500 = 1,000$

El número más razonable de monedas de 5¢ en el frasco que está lleno es 1,000.

B Usa el punto de referencia para decidir un número razonable de frijoles en el frasco que está lleno.

Punto de referencia: 50 frijoles

50 frijoles

El frasco que está lleno tiene casi 8 veces más que la cantidad de referencia.

$8 \times 50 = 400$

Un número razonable de frijoles en el frasco es 400.

- En el ejemplo B, ¿por qué 4,000 no es un número razonable?

Comprueba

1. **Explica** si el número de estudiantes en tu clase es un buen punto de referencia para el número de estudiantes en tu escuela.

Usa el punto de referencia para decidir cuál es el número más razonable.

2. cuentas en el frasco

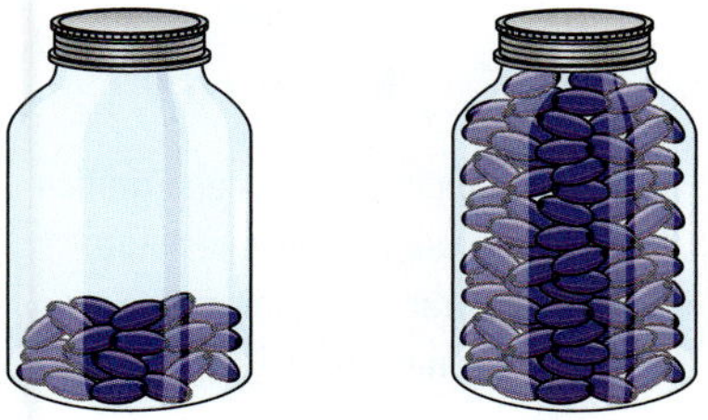

20 cuentas — 80, 200 u 800

3. galones de agua en la pecera

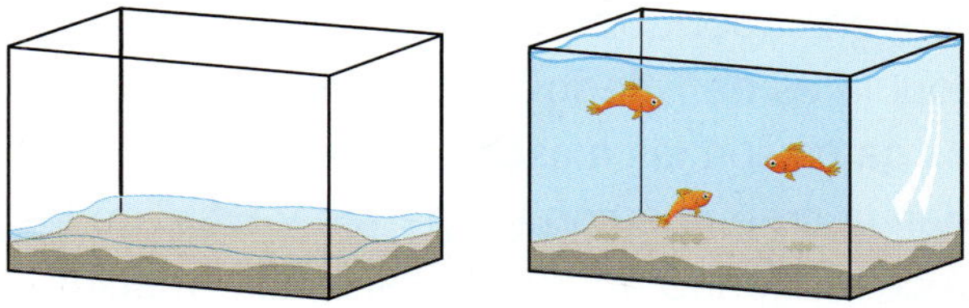

20 galones — 40; 200 o 2,000

Práctica y resolución de problemas

Más práctica, página 14, Grupo D

Usa el punto de referencia para decidir cuál es el número más razonable.

4. palitos de pretzel en el frasco

50, 250 o 500

5. cuentas en el jarrón

200; 400 o 2,000

6. Emily tiene 6 muñecas y Dana tiene 11. Si Laura tiene 8 muñecas más que Emily y Dana juntas, ¿cuántas muñecas tiene Laura?

7. **Por escrito** Explica cuándo usarías un número de referencia.

Repaso y preparación para la prueba

8. $78 + 9$
9. $746 + 24$
10. 5×5
11. $532 - 40$
12. **Preparación para la prueba** ¿Cuál es el sumando que falta para $18 + ■ = 26$?
 A 4 **B** 5 **C** 8 **D** 9

LECCIÓN 5

Destreza • Resolución de problemas
Usar una gráfica

Repaso rápido

1. 210 + 37
2. 364 − 122
3. 97 + 103
4. 527 + 81
5. 2,230 − 1,023

COMPRENDE · PLANEA · RESUELVE · COMPRUEBA

MASCOTAS PRECIADAS Betty, Marcia y Ed quieren saber qué mascotas son las más populares de Estados Unidos. Betty cree que los gatos son las mascotas más populares. Marcia cree que son los perros y Ed elige los peces. ¿Dónde puedes hallar la información para ver quién tiene la razón?

Puedes usar una gráfica que compare los números de tipos de mascota estimados en Estados Unidos.

Recuerda

Un pictograma es una gráfica que usa ilustraciones para mostrar y comparar información.

Mira el pictograma. Los gatos tienen la mayor cantidad de símbolos, 7. Como cada símbolo representa 10,000,000 de mascotas, hay casi 70 millones de gatos mascotas.

Entonces, Betty tiene razón. Los gatos son las mascotas más populares de Estados Unidos.

Explica lo que sabes

- ¿Alrededor de cuántas mascotas son perros?
- El número de reptiles se muestra con la mitad de un símbolo. ¿Alrededor de cuántas mascotas son reptiles?
- **¿Qué sucedería si** el número de reptiles fuera casi 15 millones? ¿Cuántos símbolos se usarían?

Práctica • Resolución de problemas

USA LOS DATOS Hay más de 62,000,000 de perros mascotas en Estados Unidos. La gráfica muestra cómo se celebraron algunos de sus cumpleaños.

1. Halla el número de perros que tuvieron tortas de cumpleaños. ¿Cómo hallaste este número?
2. ¿Qué se celebró el menor número de veces?

USA LOS DATOS Para los ejercicios 3–4, usa la gráfica de ventas de comida para gatos.

3. ¿Durante qué semana se vendió la mayor cantidad de bolsas de comida para gatos?
   A Semana 1
   B Semana 2
   C Semana 3
   D Semana 4
4. ¿En qué semanas se vendió menos de 500 bolsas de comida para gatos?
   F Semanas 1, 2
   G Semanas 1, 4
   H Semanas 2, 4
   J Semanas 1, 3

Aplicaciones mixtas

5. El horario de un reloj está entre las 8 y 9. El minutero apunta al 7. ¿Qué hora es?
6. **ÁLGEBRA** Tom es 4 años más joven que Jan pero 2 años mayor que Sue. Si Jan tiene 15 años, ¿qué edad tiene Sue?
7. En dos horas, 639 personas subieron al último piso de la torre Sears. Durante la primera hora subieron 257. ¿Cuántas personas subieron al último piso durante la segunda hora?
8. **RAZONAMIENTO** Yvonne llegó a la fiesta después que Irma. Diana llegó antes que Irma pero después que Ann. ¿En qué orden llegaron a la fiesta?
9. Soy menor que 80 pero mayor que 60. La suma de mis dígitos es 8. Soy impar. ¿Qué número soy?
10. Gloria gastó $5.08 en leche y huevos. Los huevos costaron $1.49. ¿Cuánto costó la leche?

Más práctica

Grupo A (págs. 2–3)

Escribe el valor del dígito 6 en cada número.

1. 7,056 2. 15,608 3. 60,789 4. 16,340

Grupo B (págs. 4–5)

Escribe cada número de dos formas diferentes.

1. 482,907 2. 500,128 3. 961,542 4. 271,964

Escribe el valor del dígito azul.

5. 137,568 6. 739,062 7. 561,342 8. 906,723

9. 354,781 10. 827,910 11. 269,415 12. 478,536

Grupo C (págs. 6–9)

Escribe cada número en palabras.

1. 68,247,311 2. 8,601,824 3. 3,714,069 4. 742,093,758

Escribe el valor del dígito azul.

5. 13,749,568 6. 4,739,062 7. 397,561,342 8. 458,906,723

9. 8,675,309 10. 474,613,351 11. 100,560,214 12. 265,976,284

13. Escribe en palabras el número que es 10,000,000 más que 6,021,849.

Grupo D (págs. 10–11)

Usa el punto de referencia para decidir cuál es el número más razonable.

1. pelotas de ping-pong en el balde B

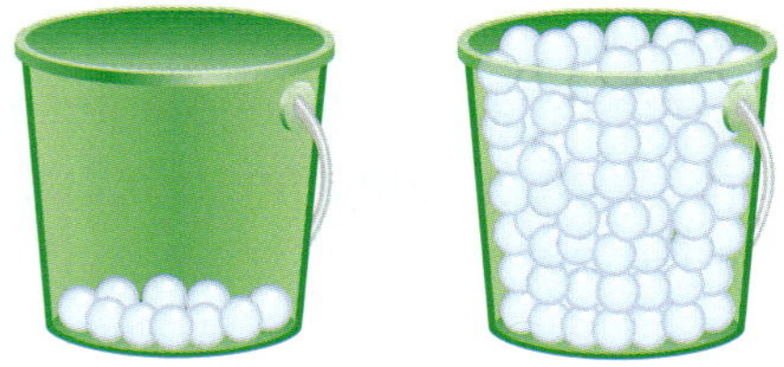

A B

10 pelotas 100; 1,000 o 10,000

2. semillas de girasol en el comedero para pájaros B

A B

300 semillas 600; 3,000 o 30,000

Repaso/Prueba

COMPRUEBA EL VOCABULARIO Y LOS CONCEPTOS

Elige el mejor término de la casilla.

punto de referencia
millón
período

1. Puedes usar el número de estudiantes de tu clase como _?_ para hallar el número de estudiantes en tu grado. (pág. 10)
2. Cada grupo de tres dígitos se denomina _?_. (pág. 4)

COMPRUEBA LAS DESTREZAS

Escribe cada número en dos formas diferentes. (págs. 4–9)

3. 20,000 + 80 + 3
4. 200,057
5. 4,902,746
6. 48,360,105

Escribe el valor del dígito azul. (págs. 2–9)

7. 8,451
8. 29,710
9. 652,700
10. 4,136,729
11. ¿Cuál es el número de cuentas más razonable en el frasco que está lleno, 70, 350 o 700? (pág. 10)

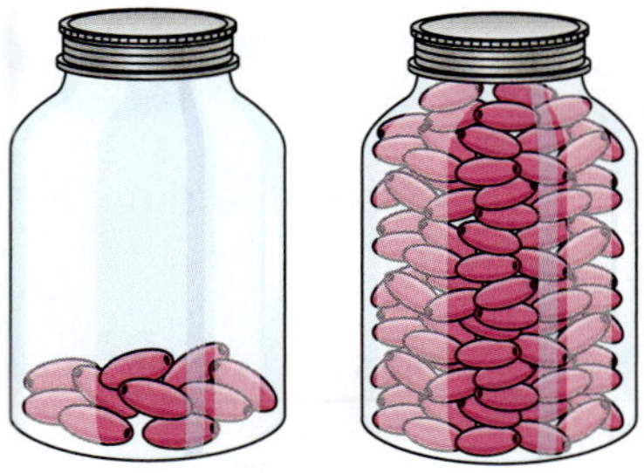

10 cuentas

12. ¿Cuál es el número de galones de agua más razonable en el barril B, 3, 30 o 300? (pág. 10)

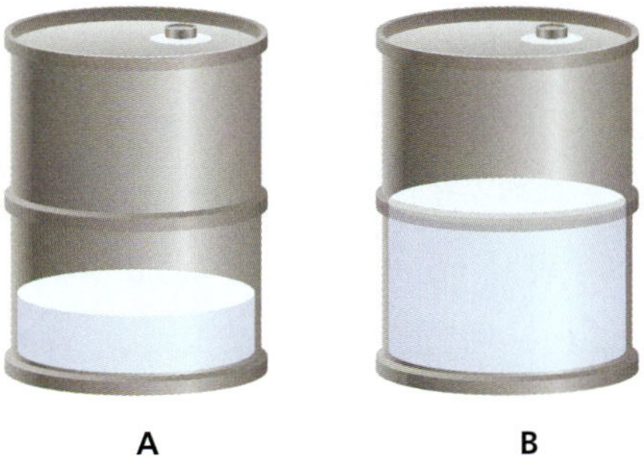

10 galones

COMPRUEBA LA RESOLUCIÓN DE PROBLEMAS

Para los ejercicios 13–15, usa la gráfica. (págs. 12–13)

13. ¿Qué animales tienen una duración de vida mayor que 20 años?
14. ¿Alrededor de cuántos años vive el oso gris?
15. ¿Alrededor de cuántos años más vive el elefante asiático que el oso gris?

Preparación para pruebas

PERCEPCIÓN NUMÉRICA, CONCEPTOS Y OPERACIONES

1. ¿Cómo se escribe quinientos diecinueve mil trescientos ocho en forma normal?

A 519,300

B 519,308

C 519,380

D 590,308

> **IDEA** **Elimina opciones.** Mira el ejercicio 2. Piensa en los símbolos que se usan para comparar números. Las opciones + y ÷ son signos de operaciones así que los puedes eliminar.

2. ¿Qué símbolo hace que lo siguiente sea verdadero?

5,278 ● 5,728

F >

G <

H +

J ÷

3. ¿Cuál es el valor del dígito 8 en 183,614?

A 8,000

B 10,000

C 80,000

D 800,000

4. **Explícalo** Un estadio de fútbol tiene 30 secciones de asientos. En cada sección se pueden sentar alrededor de 1,000 personas. ¿Alrededor de cuántas personas se pueden sentar en todo el estadio? Explica tu razonamiento.

MEDIDAS

5. Mira el reloj.

¿Cuál de los siguientes relojes muestra la misma hora?

F

H

G

J

6. ¿Cuál es el perímetro del jardín rectangular de Lu?

A 16 pies

B 15 pies

C 10 pies

D 6 pies

7. **Explícalo** ¿Qué unidad usarías para medir la longitud de una mariposa: pulgada, pie, yarda o milla? Explica cómo lo decidiste.

GEOMETRÍA Y ORIENTACIÓN ESPACIAL

8. ¿Qué ángulo sombreado es mayor que un ángulo recto?

F

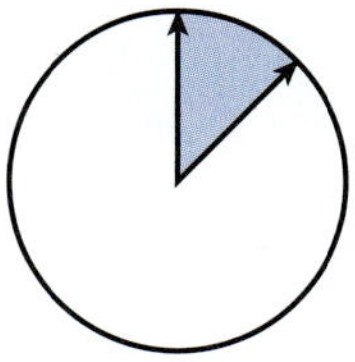

G

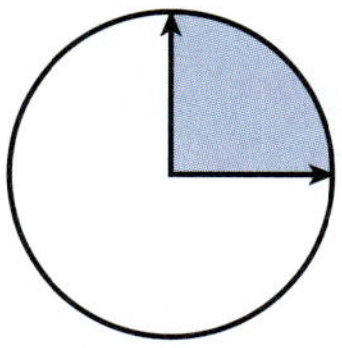

H

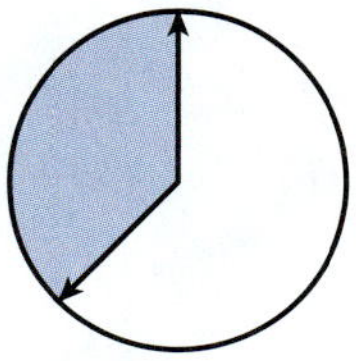

J

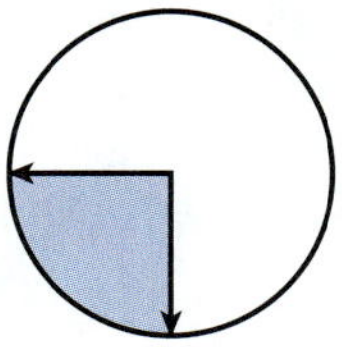

9. ¿Qué letra tiene un eje de simetría?

A **G**

C **M**

B **J**

D **Z**

10. **Explícalo** ¿En qué se parecen las dos figuras de abajo? ¿En qué se diferencian?

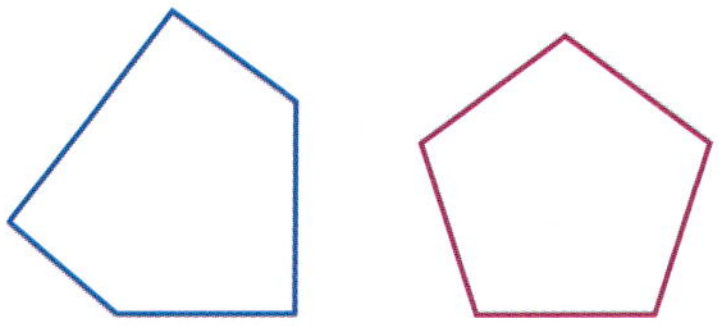

ANÁLISIS DE DATOS Y PROBABILIDAD

11. Mina, Alan y Jeff recolectaron latas vacías para su clase. El siguiente pictograma muestra los resultados.

¿Cuántas latas más recolectó Alan que Mina?

F 50 **H** 15

G 35 **J** 10

12. Imagínate que una persona toma una tarjeta sin mirarla. ¿Cuáles son los resultados posibles?

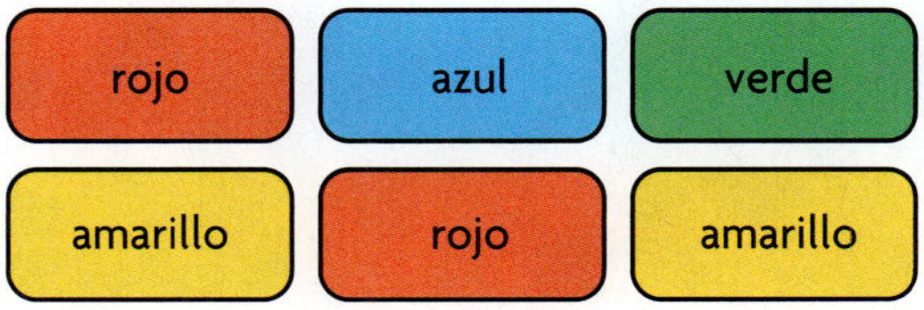

A rojo, azul, verde

B rojo, amarillo, azul, verde

C rojo, azul, amarillo

D rojo, azul, verde, amarillo, rojo, amarillo

13. **Explícalo** Chris lanzó dos cubos, cada uno numerado del 1 al 6. Si él suma los números, ¿es *imposible, poco probable, probable* o *seguro* que obtenga una suma menor que 2? Explica tu razonamiento.

CAPÍTULO 2

Comparar y ordenar números enteros

DATOS BREVES • ESTUDIOS SOCIALES

El parque nacional histórico The Cumberland Gap es uno de los 5 parques históricos nacionales más grandes de Estados Unidos. Está ubicado donde se encuentran los límites de Virginia, Tennessee y Kentucky.

RESOLUCIÓN DE PROBLEMAS **Haz una lista de los 5 parques históricos nacionales más grandes y sus áreas de menor a mayor e indica qué parques tienen las menores y las mayores áreas.**

PARQUES HISTÓRICOS NACIONALES MÁS GRANDES

Parque	Ubicación	Área (en acres)
Cumberland Gap	Virginia, Tennessee, Kentucky	20,454
Jean Lafitte	Louisiana	20,020
Chaco Culture	New Mexico	33,974
Chesapeake and Ohio Canal	Maryland, West Virginia, Washington, D.C.	19,237
Klondike Gold Rush	Alaska, Washington	13,191

Comprueba lo que sabes

Usa esta página para repasar y recordar destrezas importantes que se necesitan para el Capítulo 2.

VALOR POSICIONAL

Escribe el valor del dígito azul.

1. 24,638 **2.** 1,002 **3.** 4,991 **4.** 2,856,311

5. 2,307 **6.** 53,692 **7.** 9,356,888 **8.** 4,090,483

REDONDEA A DECENAS Y CENTENAS

Redondea cada número a la decena y a la centena más próxima.

9. 764 **10.** 996 **11.** 857 **12.** 305

13. 5,892 **14.** 5,306 **15.** 9,976 **16.** 6,431

ORDENA LOS NÚMEROS HASTA LOS MILLARES

Escribe los números en orden de *menor* a *mayor*.

17. 684; 680; 689 **18.** 540; 504; 603 **19.** 394; 359; 349

20. 6,809; 6,098; 6,890 **21.** 3,564; 3,278; 3,782 **22.** 4,037; 4,370; 3,407

Escribe los números en orden de *mayor* a *menor*.

23. 8,093; 9,803; 9,380 **24.** 1,763; 1,637; 7,163 **25.** 1,527; 1,257; 2,751

VOCABULARIO

REPASO

mil *sustantivo*

La palabra *mil* proviene del latín *mille*. La palabra en inglés para *mil* es *thousand* que proviene de las palabras alemanas para *hinchado* y *cien*. ¿Tiene sentido decir que mil es un "cien hinchado"? ¿Por qué sí o por qué no?

PRESENTACIÓN

redondear

APRENDE en línea www.harcourtschool.com

LECCIÓN 1

Comparar números

Repaso rápido

Escribe el valor del dígito azul.

1. 19,563 **2.** 68,320

3. 134,578 **4.** 78,904

5. 479,813

Aprende

EL RECORRIDO DEL RÍO El río Missouri tiene 2,315 millas de largo y el río Mississippi tiene 2,348 millas de largo. ¿Qué río es más largo?

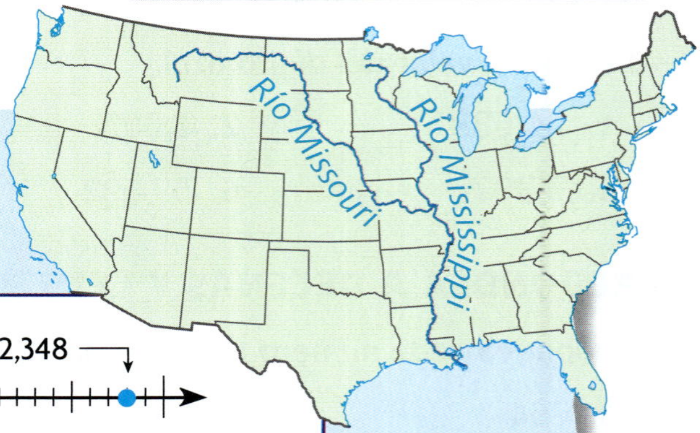

De una manera Usa una recta numérica para comparar las longitudes de los ríos. Compara 2,315 y 2,348.

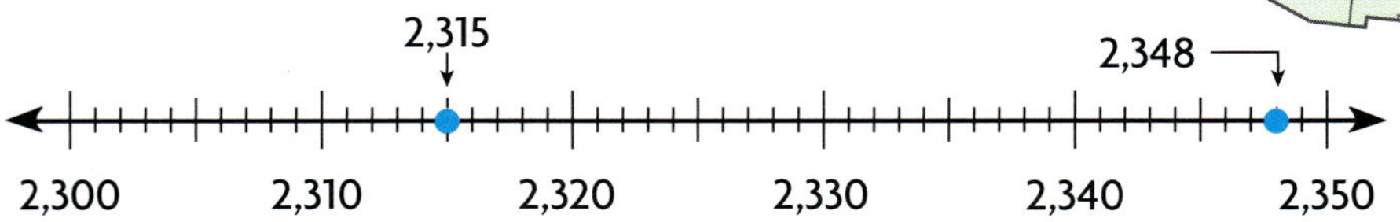

2,315 está a la izquierda de 2,348. Entonces, 2,315 es menor que 2,348.

$2,315 < 2,348$

2,348 está a la derecha de 2,315. Entonces, 2,348 es mayor que 2,315.

$2,348 > 2,315$

Entonces, el río Mississippi es más largo.

De otra manera Usa los bloques de base diez para comparar los números. Compara 348 y 362.

Compara los valores de los bloques en cada valor posicional de izquierda a derecha. Sigue comparando hasta que los valores sean diferentes.

	centenas	decenas	unidades

Haz un modelo de 348.

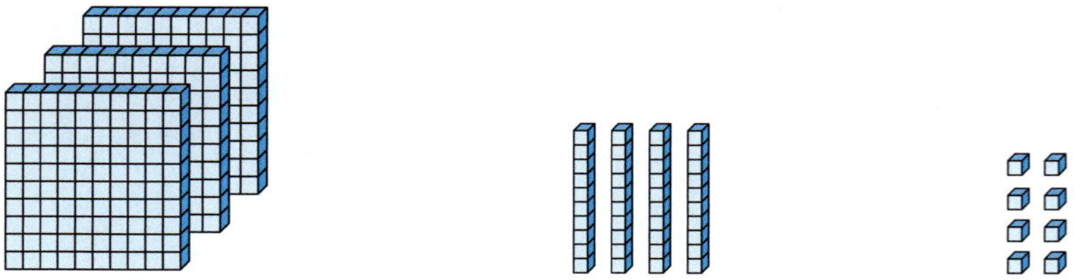

Haz un modelo de 362.

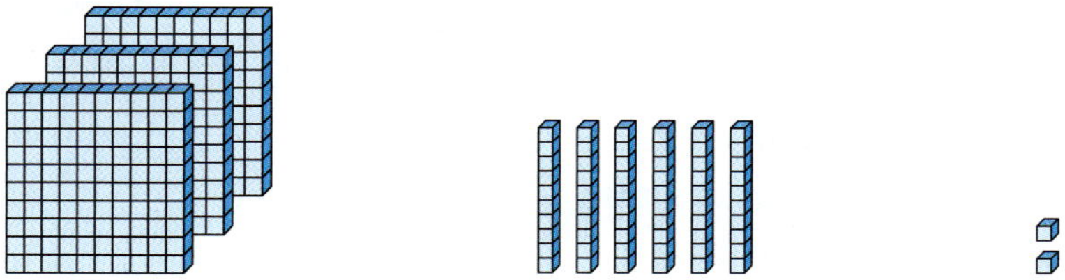

Hay el mismo número de centenas.

4 decenas es menor que 6 decenas.

Entonces, $348 < 362$.

Recuerda

$<$ significa "es menor que".
$>$ significa "es mayor que".
$=$ significa "es igual a".

Comparar usando el valor posicional

Una tabla de valor posicional te puede ayudar a comparar dos números al comparar los dígitos en cada posición.

Compara 2,340,083 y 2,331,760.

MILLONES			MILLARES			UNIDADES		
Centenas	Decenas	Unidades	Centenas	Decenas	Unidades	Centenas	Decenas	Unidades
		2,	3	4	0,	0	8	3
		2,	3	3	1,	7	6	0

Ejemplo

PASO 1

Comienza con el primer lugar a la izquierda. Compara los millones.

2,340,083
↓ $2 = 2$
2,331,760

Hay el mismo número de millones.

PASO 2

Compara las centenas de millar.

2,340,083
↓ $3 = 3$
2,331,760

Hay el mismo número de centenas de millar.

PASO 3

Compara las decenas de millar.

2,340,083
↓ $4 > 3$
2,331,760

4 decenas de millar es mayor que 3 decenas de millar.

Entonces, 2,340,083 > 2,331,760.

Idea matemática Para comparar números, comienza a la izquierda y compara los dígitos en cada valor posicional hasta que los dígitos sean diferentes.

Enlace con la tecnología
Más práctica: Harcourt Mega Math The Number Games, *Tiny's Think Tank*, Nivel I; Fraction Action, *Number Line Mine*, Nivel B

Comprueba

1. **Haz** un modelo o un dibujo para comparar 1,358 y 1,427 usando bloques de base diez.

Compara usando la recta numérica. Escribe el número mayor.

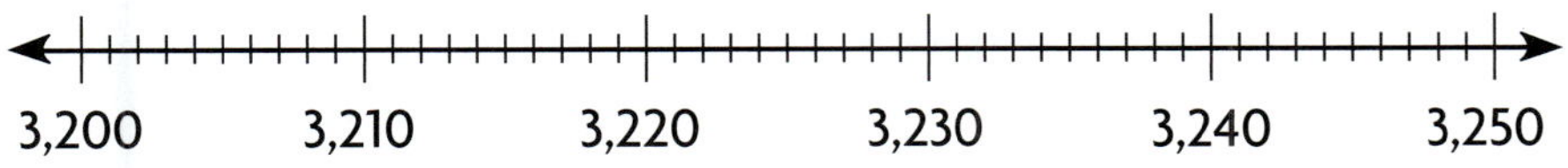

2. 3,224 o 3,242
3. 3,218 o 3,240
4. 3,234 o 3,229

Compara. Escribe <, > o = para cada ●.

5. 2,346 ● 2,338
6. 521,878 ● 52,878
7. 52,457 ● 67,623
8. 254,908 ● 254,908
9. 9,531 ● 4,631
10. 478,765 ● 479,112

LA LECCIÓN CONTINÚA

Práctica y resolución de problemas

Más práctica, página 34, Grupo A

Compara usando la recta numérica. Escribe el número mayor.

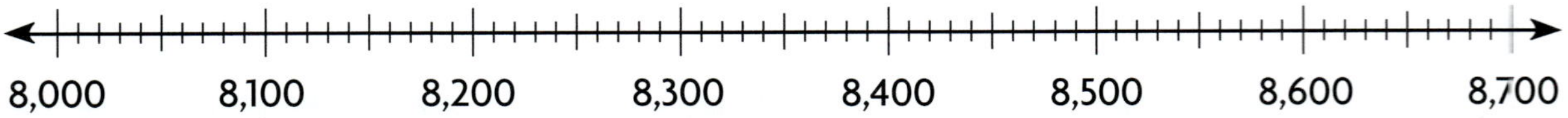

11. 8,110 o 8,340 **12.** 8,600 o 8,060 **13.** 8,413 o 8,314

Compara. Escribe <, > o = para cada ●.

14. 2,475 ● 2,475

15. 13,056 ● 13,156

16. 255,136 ● 25,116

17. 301,876 ● 3,018,760

18. 1,670 ● 1,670

19. 410,000 ● 414,000

20. 3,911,067 ● 3,911,007

21. 439,503,209 ● 350,320,943

22. 5,000,371 ● 500,371

23. 82,245,235 ● 82,245,535

Halla todos los dígitos que pueden reemplazar cada ■.

24. 9■7,536 < 957,549

25. 423,■96,517 < 423,695,815

26. 84,41■,811 < 84,413,604

27. 24,■62 > 24,701

¿Son equivalentes los dos números? Escribe *equivalente* o *no equivalente*.

28. 153,890 y ciento cincuenta y tres mil ochocientos noventa

29. 2,000,000 + 400,000 + 50,000 + 600 + 7 y 2,450,670

30. treinta y ocho millones cuarenta y nueve y 30,000,000 + 8,000,000 + 40 + 9

USA LOS DATOS Para los ejercicios 31–33, usa la tabla.

31. ¿Qué río es más largo, el Amazonas o el Nilo?

32. ¿Qué río de Asia tiene un largo mayor de 3,500 millas?

33. **Escribe un problema** que compare dos ríos de la tabla de Ríos mundiales.

RÍOS MUNDIALES

Río	Continente	Largo (mi)
Amazonas	América del Sur	4,000
Chang	Asia	3,964
Huang	Asia	3,395
Nilo	África	4,160

34. **Vocabulario** Cuando *comparas* dos cosas, indicas en qué son parecidas y en qué son diferentes. ¿Qué haces cuando comparas dos números? Da un ejemplo.

35. **RAZONAMIENTO** ¿Cuál es mayor, el número que tiene 1,000 menos que 13,495 o el número que tiene 10,000 menos que 23,495?

36. Chris y su papá manejaron 876 millas durante el fin de semana. Del total de millas, manejaron 416 millas el domingo. ¿Manejaron más distancia el sábado o el domingo?

37. **¿Cuál es el error?** Sarah dijo que 6,850 es mayor que 48,500 porque $6 > 4$. Describe su error. Indica qué número es mayor.

Repaso y preparación para la prueba

Escribe el valor del dígito 4. (pág. 4)

38. 241,389 **39.** 759,486

40. Escribe el número que es 1,000,000 mayor que 99,036,871. (pág. 6)

41. Escribe 1,034,506 en palabras. (pág. 6)

42. Completa. (pág. 4)
$40{,}000 + \blacksquare + 50 = 40{,}850$

43. **Preparación para la prueba** ¿Cuál es la forma normal de $50{,}000{,}000 + 30{,}000 + 4$? (pág. 6)

A 15,304,000 **C** 50,030,004
B 15,034,000 **D** 50,300,400

44. **Preparación para la prueba** ¿Cuál es el valor del cambio de 34,891 a 36,891? (pág. 2)

F 20,000 **H** 2,000
G 200 **J** 200,000

Resolución de problemas
Piénsalo más

RAZONAMIENTO ALGEBRAICO Puedes usar lo que sabes sobre $<$, $>$ e $=$ para describir otras relaciones numéricas.

> $\neq$ significa "no es igual a".
>
> $\leq$ significa "es menor que o igual a".
>
> $\geq$ significa "es mayor que o igual a".

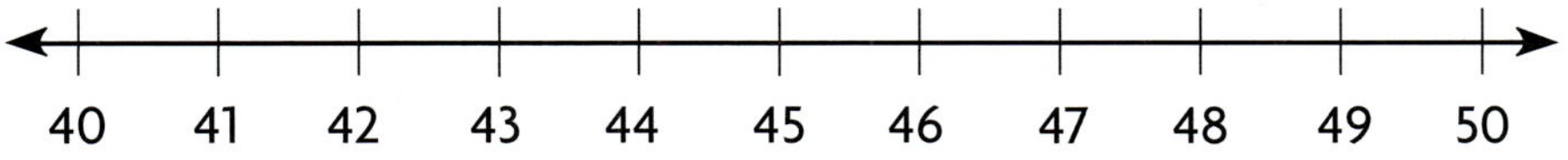

$4\blacksquare \neq 45$

40, 41, 42, 43, 44, 46, 47, 48 y 49 *no son iguales a* 45.

Entonces, puedes reemplazar ■ por 0, 1, 2, 3, 4, 6, 7, 8 o 9.

$4\blacksquare \leq 42$

40, 41 y 42 son *menores que o iguales a* 42.

Entonces, puedes reemplazar ■ por 0, 1 o 2.

$4\blacksquare \geq 47$

47, 48 y 49 son *mayores que o iguales a* 47.

Entonces, puedes reemplazar ■ por 7, 8 o 9.

Halla todos los dígitos que pueden reemplazar cada ■.

1. $360 \neq 36\blacksquare$

2. $52\blacksquare \leq 525$

3. $4{,}\blacksquare15 \geq 4{,}715$

4. $17{,}6\blacksquare8 \leq 17{,}648$

5. $8{,}396 \neq 8{,}39\blacksquare$

6. $29{,}024 \geq 29{,}0\blacksquare4$

LECCIÓN 2

Ordenar números

Repaso rápido

Compara. Escribe <, > o = para cada ●.

1. 17,094 ● 10,749

2. 23,516 ● 32,651

3. 7,892 ● 7,892

4. 9,513 ● 15,390

5. 86,413 ● 84,316

Aprende

MUCHA TIERRA El mapa muestra el área de tierra, en millas cuadradas, de Illinois, Iowa y Wisconsin. Coloca los estados en orden de menor a mayor área de tierra.

De una manera Usa una recta numérica para mostrar el orden.

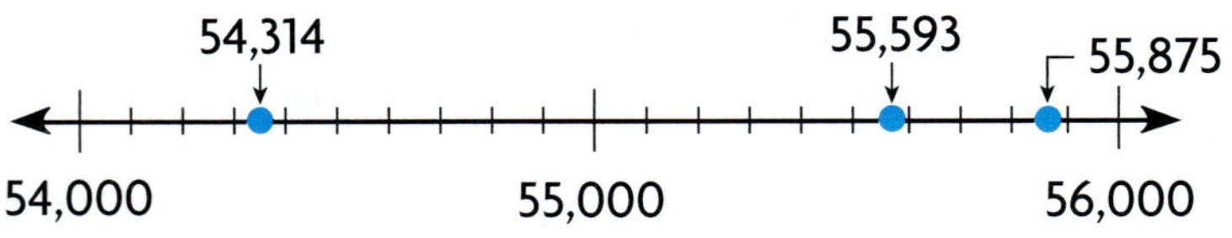

54,314 < 55,593 < 55,875

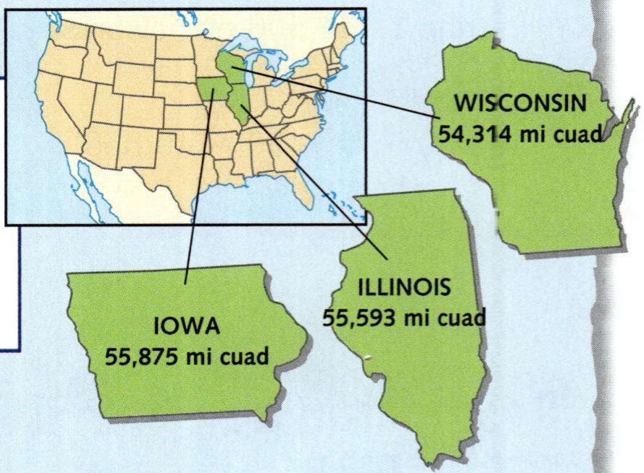

Entonces, el orden es Wisconsin, Illinois e Iowa.

De otra manera Usa el valor posicional para ordenar los números. Ordena 437,243; 469,872 y 435,681 de menor a mayor.

PASO 1

Comienza con la primera posición a la izquierda. Compara las centenas de millar.

437,243
↓
469,872   4 = 4
↓
435,681

Hay el mismo número de centenas de millar.

PASO 2

Compara las decenas de millar.

437,243
↓
469,872   3 < 6
↓
435,681

Como 3 < 6, 469,872 es el mayor.

PASO 3

Compara los dígitos de los millares en los otros dos números.

437,243
↓   5 < 7
435,681

Entonces, el orden de menor a mayor es 435,681; 437,243; 469,872.

- Explica cómo ordenarías 68,195; 681,095 y 61,958 de menor a mayor.

Usar modelos

New York, Virginia y Massachusetts tienen un litoral hacia el océano Atlántico. Usa bloques de base diez para hacer un modelo de los números en la tabla y coloca los estados en orden del litoral más largo al más corto.

LITORALES ESTATALES	
Estado	**Litoral (en mi)**
New York	127
Virginia	112
Massachusetts	192

Ejemplo Compara.

Haz un modelo de los tres números usando bloques de base diez. Luego compara los valores de los bloques en cada valor posicional de izquierda a derecha.

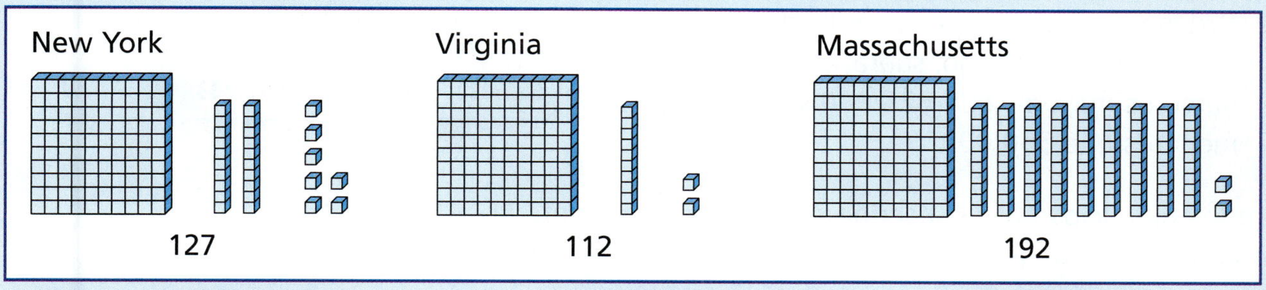

PASO 1

Compara las centenas.

Hay el mismo número de centenas.

PASO 2

Compara las decenas.

El modelo de 192 tiene el mayor número de decenas, entonces éste es el número mayor.

PASO 3

Compara las decenas de 127 y 112.

El modelo de 127 tiene más decenas, entonces éste es mayor que 112.

Entonces, los estados en orden del litoral más largo al litoral más corto son Massachusetts, New York, Virginia.

Comprueba

1. **Haz** un dibujo de bloques de base diez para mostrar cómo ordenar 2,617; 2,716 y 2,672 de *menor* a *mayor*.

Escribe los números en orden de *menor* a *mayor*.

2. 7,969; 7,964; 7,975

3. 9,131; 9,155; 9,138

Escribe los números en orden de *mayor* a *menor*.

4. 35,000; 35,225; 34,350

5. 870,000; 877,000; 807,000

LA LECCIÓN CONTINÚA

Práctica y resolución de problemas

Más práctica, página 34, Grupo B

Escribe los números en orden de *menor* a *mayor*.

6. 12,139; 12,117; 12,109; 12,123

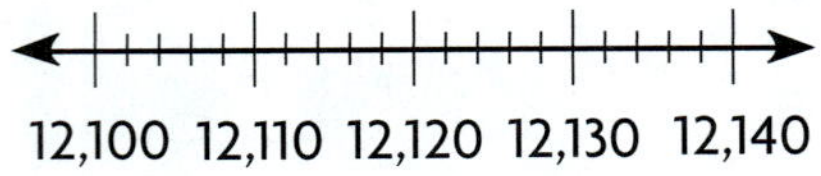

7. 36,397; 36,457; 36,384; 36,419

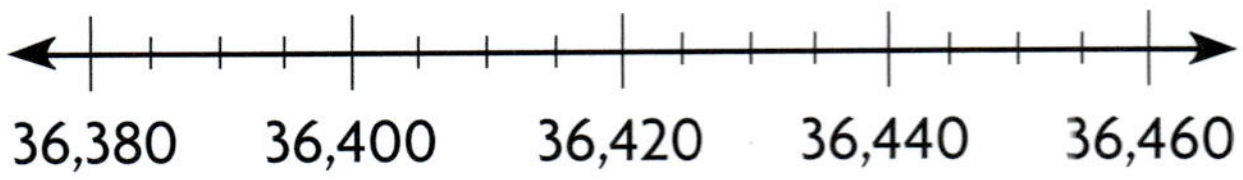

8. 190,209; 191,210; 190,201

9. 1,234,410; 1,234,402; 1,434,320

Escribe los números en orden de *mayor* a *menor*.

10. 16,432; 16,905; 7,906

11. 119,234; 119,819; 1,119,080

12. Ordena los números de la casilla de mayor a menor. Luego, subraya los números mayores que 625,000 y menores que 650,000.

648,279	**628,341**	**642,978**
682,437	**624,879**	**612,443**

Para los ejercicios 13–14, escribe el número representado por cada letra. Luego, escribe el número *mayor* y el *menor*.

13.

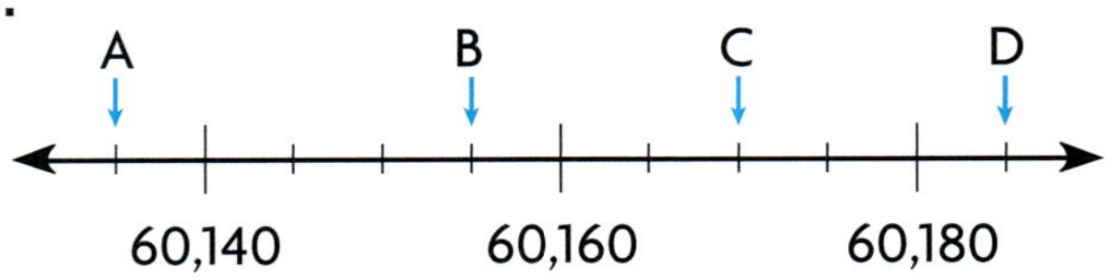

14.

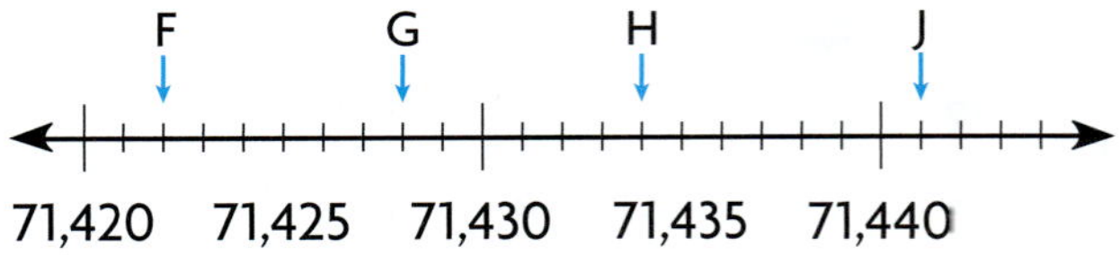

Escribe todos los dígitos que pueden reemplazar cada ■.

15. $358 < 3\blacksquare 3 < 370$

16. $1{,}012 < 1{,}\blacksquare 20 < 1{,}200$

17. $5{,}328 < \blacksquare{,}680 < 5{,}690$

18. $82{,}913 < 8\blacksquare{,}086 < 83{,}096$

19. $4{,}526{,}109 > 4{,}526{,}\blacksquare 17 > 4{,}526{,}010$

20. $3{,}942{,}687 > 3{,}942{,}6\blacksquare 3 > 3{,}942{,}670$

21. Soy un número entre 149,900 y 150,000. Mi dígito de las decenas es 7 mayor que mi dígito de las unidades. La suma de mis dígitos de las decenas y unidades es 9. ¿Qué número soy?

22. **¿Cuál es el error?** Paul ordenó las poblaciones de tres estados de menor a mayor. Su trabajo se muestra abajo. Describe su error. Escribe los estados en el orden correcto.

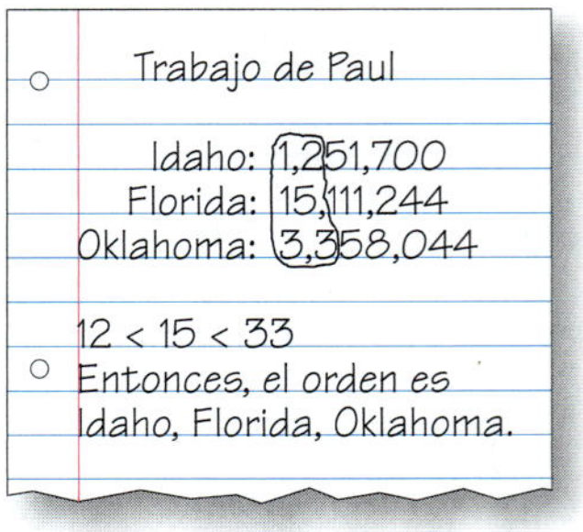

23. Jamal y su mamá salieron para la tienda a las 11:40 a.m. Regresaron a la casa a la 1:00 p.m. ¿Cuánto tiempo estuvieron afuera?

24. **Escribe un problema** para comparar tres o más números. Usa datos de tu libro de ciencias.

USA LOS DATOS **Para los ejercicios 25–27, usa la tabla.**

25. Nombra los Grandes Lagos en orden de la mayor a la menor área.

26. ¿Qué lagos tienen un área mayor que el área del lago Erie?

27. ¿Qué lagos tienen un área menor que 10,000 millas cuadradas?

ÁREAS DE LOS GRANDES LAGOS (en millas cuadradas)

Lago	Área
Erie	9,910
Huron	23,000
Michigan	22,300
Ontario	7,340
Superior	31,700

Repaso y preparación para la prueba

Halla la suma o la diferencia.

28. 398 + 571

29. 890 − 231

30. 700 − 103

31. 651 + 362

32. Cada uno de dos números diferentes de 6 dígitos tiene tres 8 y tres 7. Ningún par de dígitos, uno al lado del otro, es igual. Escribe los números en forma normal. (pág. 4)

33. **Preparación para la prueba** ¿Cuál es el valor del dígito 5 en 54,287? (pág. 2)

A 5

B 50

C 5,000

D 50,000

34. **Preparación para la prueba** ¿Cuál es el valor del dígito 3 en 13,720,980? (pág. 6)

F 3,000

G 30,000

H 3,000,000

J 30,000,000

Resolución de problemas Piénsalo más

PICO, CENTRO, NADA En Venezuela, la gente juega un juego de números llamado *Pico, centro, nada.*

Piensa en un número de 2 dígitos. Pídele a tu compañero que trate de adivinar el número. Con cada estimación incorrecta, da una de estas pistas:

- *Pico* significa que uno de los dígitos es correcto, pero está en la posición incorrecta.
- *Centro* significa que uno de los dígitos es correcto y está en la posición correcta.
- *Nada* significa que ningún dígito es correcto.

1. Cuando se halla un número por cada jugador, trabajen juntos para comparar los números usando <, > o =.

2. Cuando se hallen cuatro números, listen los números en orden de *menor* a *mayor*.

LECCIÓN 3

Estrategia de resolución de problemas
Hacer una tabla

PROBLEMA El monte Rainier, en Washington, tiene 14,410 pies de altura; el monte Whitney, en California, tiene 14,494 pies de altura; el monte Bear, en Alaska, tiene 14,831 pies de altura; y el monte Elbert de Colorado tiene 14,433 pies de altura. ¿Qué montañas son más altas que el monte Elbert?

Repaso rápido

Escribe el número mayor.

1. 4,861 o 40,810
2. 17,092 o 7,920
3. 5,614 o 51,462
4. 32,811 o 37,112
5. 300,020 o 30,200

COMPRENDE

- ¿Qué te preguntan?
- ¿Qué información usarás?
- ¿Hay algún dato que no usarás? Explica tu respuesta.

PLANEA

- ¿Qué estrategia puedes usar para resolver el problema?
  Puedes *hacer una tabla* para organizar la información para determinar qué montañas son más altas que el monte Elbert.

RESUELVE

- ¿Cómo puedes usar la estrategia para resolver el problema?
  Compara las alturas. Coloca las montañas en la tabla de la más alta a la más baja. El monte Bear y el monte Whitney son más altos que el monte Elbert.

MONTAÑAS DE EE.UU.

Nombre	Altura (en pies)
Monte Bear	14,831
Monte Whitney	14,494
Monte Elbert	14,433
Monte Rainier	14,410

COMPRUEBA

- ¿Cómo puedes decidir si tu respuesta es correcta?

El monte McKinley, en Alaska, es el pico montañoso más alto de EE.UU., a 20,320 pies. Es más alto que 30,000 lápices nuevos colocados de extremo a extremo. ▶

Práctica • Resolución de problemas

1. **¿Qué sucedería si** se agregara el pico University, en Alaska, a la tabla? Su altura es 14,470 pies. Haz una nueva tabla para ordenar las alturas de la montaña más alta a la más baja.

USA LOS DATOS Para los ejercicios 2–5, haz una tabla para resolver.

Un autor escribió cuatro libros sobre excursiones. Se vendieron 390,457 copias de *Una caminata por la vida;* 256,749 copias de *Las excursiones y la seguridad;* 354,216 copias de *Caminos intrincados;* y 391,752 copias de *Millas al día.*

2. ¿De qué libro se vendieron más copias?

3. ¿De qué libro se vendieron menos copias?

4. **¿Qué sucedería si** se hubieran vendido 385,485 copias de *Las excursiones y la seguridad?* ¿De qué libro se hubieran vendido menos copias?
   - **A** *Millas al día*
   - **B** *Caminos intrincados*
   - **C** *Las excursiones y la seguridad*
   - **D** *Una caminata por la vida*

5. ¿De qué libro se vendió el mismo número de copias que *Millas al día?*
   - **F** *El mundo de las excursiones*
   - **G** *Caminos intrincados*
   - **H** *Las excursiones y la seguridad*
   - **J** *Una caminata por la vida*

Estrategias

- Hacer un diagrama o un dibujo
- Hacer un modelo o representar
- Hacer una lista organizada
- Hallar un patrón
- **Hacer una tabla o gráfica**
- Predecir y probar
- Volver sobre los pasos
- Resolver un problema más simple
- Escribir una ecuación
- Usar razonamiento lógico

Resolución de problemas

Práctica de estrategias mixtas

6. El condado Delta realiza su feria cada dos años. La feria vigésima sexta fue en 1948. ¿En qué año se realizó la quincuagésima feria del condado Delta?

7. **¿Cuál es la pregunta?** Pat tiene 5 carteles más que Bill. Bill tiene 8 carteles. Roger tiene 4 carteles menos que Pat. La respuesta es 9 carteles.

USA LOS DATOS Para los ejercicios 8–10, usa la tabla.

8. Si Lenny sigue aumentando el número de ejercicios de fuerza en la misma cantidad cada día, ¿cuántos ejercicios completará el sábado?

9. Lenny hizo 84 ejercicios durante la semana. ¿Cuántos hizo de viernes a domingo?

10. ¿Cuántos ejercicios completaría Lenny si hiciera 8 ejercicios cada día durante 7 días? ¿10 ejercicios?

Plan de ejercicios de Lenny

Día	Número de ejercicios
Lunes	6
Martes	8
Miércoles	10
Jueves	12

LECCIÓN 4

Redondear números

Repaso rápido

Indica si el número está más próximo a 100 o 200.

1. 98 **2.** 172

3. 145 **4.** 159

5. 120

VOCABULARIO

redondear

Aprende

NUEVOS VECINOS En 2000, un promedio de 70,817 inmigrantes llegaron a Estados Unidos cada mes. Un periodista quiere **redondear** este número al millar más próximo para que sea más fácil de entender. ¿Cuál es este número redondeado al millar más próximo?

De una manera

Usa una recta numérica para redondear los números.

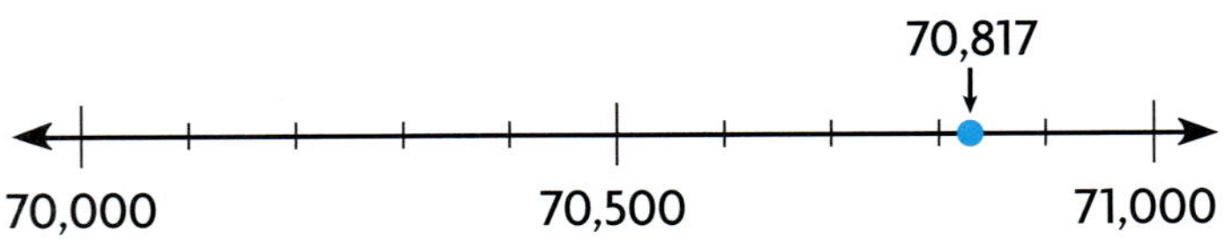

Piensa: 70,817 está más cerca de 71,000 que de 70,000.

Entonces, 70,817 redondeado al millar más próximo es 71,000.

De otra manera

Usa estas reglas para redondear los números.

Para redondear un número:

- Halla la posición a la cual quieres redondear.
- Mira el dígito a la derecha de esta posición.
- Si el dígito es *menor que 5,* el dígito en la posición a la que se va a redondear queda igual.
- Si el dígito es *5 o mayor,* el dígito en la posición a la que se va a redondear aumenta en 1.
- Cambia a cero todos los dígitos a la derecha de la posición a la que se va a redondear.

Redondea 70,817 a la decena de millar más próxima.

70,817 está entre 70,000 y 80,000.

posición que se va a redondear → 70,817 — Mira el dígito de los millares.

Como 0 es menor que 5, el dígito 7 queda igual. Entonces, 70,817 redondeado a la decena de millar más próxima es 70,000.

Redondear números mayores

Los inmigrantes de todo el mundo traen sus lenguajes nativos a Estados Unidos. La tabla muestra datos recientes de los lenguajes que se hablan más a menudo en los hogares, aparte del inglés.

Redondea el número de personas que habla alemán a la

centena de millar más próxima. 1,547,000 → 1,500,000

decena de millar más próxima. 1,547,000 → 1,550,000

LENGUAJES APARTE DEL INGLÉS QUE SE HABLAN EN EE.UU.

Lenguaje	Número de personas
Español	17,339,000
Francés	1,702,000
Alemán	1,547,000
Italiano	1,309,000
Chino	1,249,000

Ejemplos

A Redondea 17,339,000 al millón más próximo.

17,339,000 está entre 17,000,000 y 18,000,000.

posición que se va a redondear → 17,339,000 — Mira el dígito de las centenas de millar.

Como 3 es menor que 5, el dígito 7 queda igual. Entonces, 17,339,000 redondeado al millón más próximo es 17,000,000.

B Redondea 17,339,000 a la decena de millar más próxima.

17,339,000 está entre 17,330,000 y 17,340,000.

posición que se va a redondear → 17,339,000 — Mira el dígito de los millares.

Como 9 es mayor que 5, el dígito 3 se aumenta en 1. Entonces, 17,339,000 redondeado a la decena de millar más próxima es 17,340,000.

- Cuando se redondea un número, se cambian algunos dígitos a cero. Explica cómo sabes qué dígitos debes cambiar.

Comprueba

1. **Explica** cómo redondear 99,999 a la decena de millar más próxima.
2. **Halla** el número menor y el número mayor que se redondean a 600,000.

Redondea cada número al millar más próximo.

3. 16,822
4. 895,104
5. 4,286,531
6. 9,104,523

Redondea cada número al valor posicional del dígito azul.

7. 98,749
8. 167,403
9. 317,482
10. 1,247,962

LA LECCIÓN CONTINÚA

Práctica y resolución de problemas

Más práctica, página 34, Grupo C

Redondea cada número al millar más próximo.

11. 64,385 **12.** 37,179 **13.** 82,435 **14.** 93,798

15. 399,999 **16.** 8,365,700 **17.** 1,438,607 **18.** 2,513,986

Redondea cada número al valor posicional del dígito azul.

19. 529,999 **20.** 154,879 **21.** 1,943,672 **22.** 2,837,486

23. 667,841 **24.** 725,639 **25.** 453,602 **26.** 375,926

27. 6,385,837 **28.** 7,384,609 **29.** 9,645,408 **30.** 12,647,813

31. 5,476,301 **32.** 14,358,900 **33.** 41,683,205 **34.** 62,591,073

35. Describe todos los números que al redondearse al millar más próximo son iguales a 312,000.

36. ¿Qué número se redondea a seis millones ochocientos mil: 16,864,381 o 16,849,268?

37. En la tabla de valor posicional, mi punto para los millares está en setenta y cuatro. Mi punto para las unidades está en 500 + 20 + 3. Mi dígito de los millones es 3 veces mi dígito de las unidades. ¿Qué número soy? Redondéame a la centena de millar más próxima.

Enlace con la tecnología

Más práctica: Harcourt Mega Math Fraction Action, *Number Line Mine*, Nivel C

USA LOS DATOS **Para los ejercicios 38–41, usa la tabla.**

38. ¿Qué estado tuvo un poco más de 100,000 inmigrantes admitidos?

39. ¿Qué estado tiene el dígito 7 en la posición de las centenas en el número de inmigrantes?

40. ¿Está el número de inmigrantes admitidos en Florida más cerca de 98,000 o de 99,000?

41. Escribe el número que es 50,000 más que el número de inmigrantes admitidos en New York.

INMIGRANTES ADMITIDOS, 2000

Estado	Inmigrantes
Michigan	16,773
New York	106,061
Florida	98,391

42. **RAZONAMIENTO** Escribe un número que nunca repite un dígito y que se redondea a 7,000,000.

43. **Por escrito** Explica cómo redondear 994,685 a la centena de millar más próxima.

44. **DATOS BREVES • ESTUDIOS SOCIALES** En 2000, un total de 133,362 personas inmigraron a Estados Unidos de Europa. Redondea este número al millar más próximo.

45. La mamá de Rico llegó a la escuela 15 minutos después de que se fue el autobús. Ella llegó a las 3:05 p.m. ¿A qué hora se fue el autobús de la escuela?

Repaso y preparación para la prueba

46. Escribe dieciocho mil quinientos setenta en forma normal. (pág. 4)

47. ¿Qué número es 100 más que la suma de 418 y 975?

48. Escribe en palabras el número que es 1,000 más que 99,756. (pág. 4)

49. ¿Qué número es mayor: 568,413 o 568,143? (pág. 20)

50. Escribe 150,210 en palabras. (pág. 4)

51. Escribe 5,000,000 + 2,000 + 10 + 4 en forma normal. (pág. 6)

52. **Preparación para la prueba** ¿Qué número, cuando se resta de 800, da una diferencia mayor que 200?

A 423 **B** 609 **C** 612 **D** 742

53. **Preparación para la prueba** ¿Qué número está entre 476,891 y 674,198? (pág. 24)

F 468,981 **H** 676,819
G 647,918 **J** 746,189

Resolución de problemas
Enlace con la Lectura

ESTRATEGIA • COMPARAR Cuando **comparas** dos o más cosas, te fijas en qué se parecen. Cuando **contrastas** dos o más cosas, te fijas en qué se diferencian.

Mira la siguiente tabla. La tabla compara y contrasta información de 5 desiertos. ¿Puedes pensar en otras maneras de comparar y contrastar los desiertos?

COMPARA	CONTRASTA
El desierto Kalahari y el Sahara están ubicados en África.	El desierto Australiano es el único desierto ubicado en Australia.
Todos tienen áreas mayores que 500,000 km^2.	El Sahara es más grande que los otros 4 desiertos juntos.

DESIERTOS DEL MUNDO

Desierto	Ubicación	Área (en km^2)
Kalahari	África	520,000
Gobi	Asia	1,036,000
Arábigo	Asia	1,300,000
Australiano	Australia	3,800,000
Sahara	África	9,000,000

1. Mira las áreas del desierto Arábigo y del Gobi. ¿Cómo se comparan? ¿Cómo se contrastan?

2. Redondea cada área al millón más próximo. Compara y contrasta los números. ¿Cómo cambia esto los datos?

Más práctica

Grupo A (págs. 20–23)

Compara. Escribe <, > o = para cada ●.

1. 2,310 ● 2,340
2. 25,050 ● 23,050
3. 22,790 ● 22,790
4. 130,290 ● 130,230
5. 365,280 ● 361,792
6. 12,941 ● 115,226
7. 47,569 ● 47,650
8. 594,031 ● 594,010
9. 731,598 ● 703,892
10. Casey tiene 3,500 adhesivos, Joanie tiene 3,573 adhesivos y Emil tiene 3,432 adhesivos. ¿Quién tiene más adhesivos?

USA LOS DATOS Para los ejercicios 11–12, usa la tabla.

11. ¿Qué avión recorrió la mayor distancia?
12. Un avión llamado *Streak* voló una distancia de 6,156 millas. ¿Esta distancia es mayor o menor que la distancia de *Silver*?

DISTANCIAS DEL VUELO

Nombre del avión	Distancia recorrida (en millas)
Flying Eagle	5,987
Max 7	6,251
Silver	6,076
Flight Machine	5,872

Grupo B (págs. 24–27)

Escribe los números en orden de *menor* a *mayor*.

1. 13,069; 13,960; 13,609
2. 76,214; 74,612; 76,421
3. 160,502; 160,402; 163,500
4. 7,450,343; 7,429,203; 7,492,393

Escribe los números en orden de *mayor* a *menor*.

5. 37,456; 34,567; 37,654
6. 49,325; 49,852; 49,538
7. 560,898; 560,908; 560,890
8. 2,864,305; 2,648,509; 2,986,413

Grupo C (págs. 30–33)

Redondea cada número al valor posicional del dígito azul.

1. 512,399
2. 238,299
3. 942,310
4. 251,003
5. 499,210
6. 9,449,390
7. 3,215,007
8. 1,924,308
9. 4,957,021
10. ¿Qué número se redondea a tres millones novecientos noventa mil: 3,985,762 o 3,958,617?

Repaso/Prueba

COMPRUEBA EL VOCABULARIO Y LOS CONCEPTOS

Elige el mejor término de la casilla.

mayor
menor
redondeado
5 o mayor
menor que 5

1. Para comparar números, puedes usar una recta numérica o comenzar con el _?_ valor posicional. (pág. 20)

2. El número 7,950,614 _?_ al millón más próximo es 8,000,000. (pág. 30)

3. Cuando redondeas, si el dígito a la derecha de la posición que vas a redondear es _?_, el dígito en la posición que vas a redondear aumenta en 1. (pág. 30)

COMPRUEBA LAS DESTREZAS

Compara. Escribe <, > o = para cada ●. (págs. 20–23)

4. 15,980 ● 15,754

5. 34,980 ● 3,690

6. 780,256 ● 783,130

7. 1,895,006 ● 1,392,950

8. 282,700 ● 2,308,030

9. 562,026 ● 562,026

10. Escribe 25,908; 25,616 y 25,972 en orden de *menor* a *mayor*. (págs. 24–27)

11. Escribe 3,791,808; 3,759,204 y 3,090,910 en orden de *mayor* a *menor*. (págs. 24–27)

Redondea cada número al valor posicional del dígito azul. (págs. 30–33)

12. 105,219 (dígito azul: 1)

13. 983,050 (dígito azul: 0)

14. 4,591,203 (dígito azul: 1)

15. 7,948,033 (dígito azul: 4)

16. 6,839,032 (dígito azul: 9)

17. 871,094 (dígito azul: 7)

18. 3,217,849 (dígito azul: 2)

19. 7,981,936 (dígito azul: 7)

20. 17,340,206 (dígito azul: 3)

21. 34,761,502 (dígito azul: 4)

22. 29,457,863 (dígito azul: 7)

23. 58,732,141 (dígito azul: 3)

COMPRUEBA LA RESOLUCIÓN DE PROBLEMAS

Resuelve. (págs. 28–29)

24. La población de la ciudad A es 342,653. La ciudad B tiene 451,321 habitantes; y la ciudad C tiene 353,308 habitantes. Haz una tabla que liste las ciudades en orden de menor a mayor población. ¿Qué ciudades tienen una población mayor que 345,000?

25. En un año reciente, la asistencia total a un festival estatal fue 746,982. Redondea 746,982 a la centena de millar, la decena de millar y el millar más próximos. ¿Cuál de estas cantidades redondeadas está más cerca a la cifra actual?

Preparación para pruebas

PERCEPCIÓN NUMÉRICA, CONCEPTOS Y OPERACIONES

1. Mira hizo una mesa para mostrar la asistencia a un festival cinematográfico durante un período de 4 años.

ASISTENCIA AL FESTIVAL CINEMATOGRÁFICO

Año	Número de personas
2000	513
2001	975
2002	500
2003	397

¿Cuántas personas más asistieron en 2001 que en 2000?

A 462 **C** 562

B 472 **D** 1,488

IDEA **Fija un plan.** Mira el ejercicio 2. Mira la recta numérica y piensa en la relación de los números dados. Halla un valor para la letra *C* que corresponda con la relación.

2. ¿Qué número es representado por la letra *C* en la recta numérica?

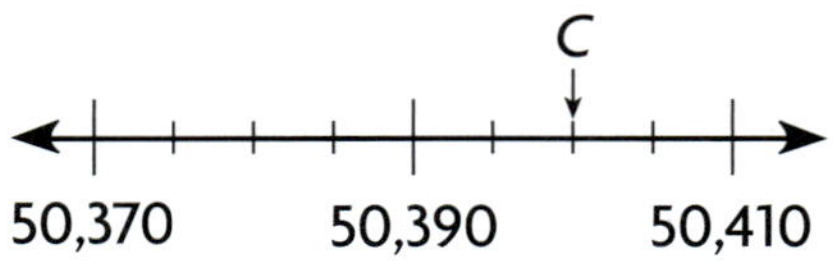

F 50,380 **H** 50,400

G 50,395 **J** 50,500

3. **Explícalo** Explica cómo el saber el número de monedas de 1¢ en un frasco puede ayudarte a estimar el número de monedas de 1¢ en otro frasco que es cuatro veces más grande. Da un ejemplo.

MEDIDAS

4. ¿Qué unidad de medida sería la **más** apropiada para determinar la capacidad de una bañera?

A tazas

B pintas

C cuartos

D galones

5. El termómetro muestra la temperatura a las 7:00 a.m.

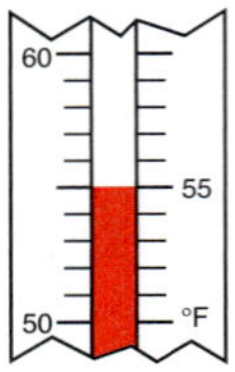

La temperatura subió 5 grados hacia las 11:00 a.m. ¿Qué temperatura registró el termómetro en ese momento?

F 55°F

G 60°F

H 62°F

J 64°F

6. ¿Cuál parece ser un ángulo recto?

A  **C** 

B  **D** 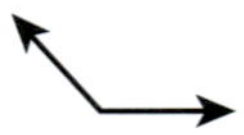

7. **Explícalo** Describe una situación relacionada con dinero en la cual se necesita un cálculo exacto y una situación en la cual se podría usar una estimación. Explica tu razonamiento.

GEOMETRÍA Y ORIENTACIÓN ESPACIAL

8. ¿Qué señal tiene una forma que sólo contiene ángulos rectos?

F

H

G

J

9. ¿Qué figuras parecen ser semejantes?

A

B

C

D

10. **Explícalo** Kathy planea construir una cerca alrededor de su jardín.

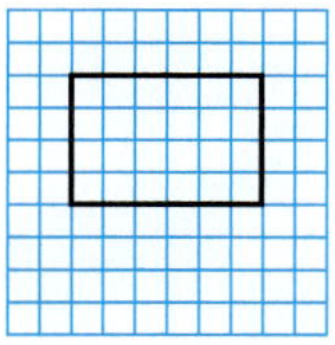

= 1 pie

¿Cuántos pies de cerca necesitará? Explica cómo lo decidiste.

RAZONAMIENTO ALGEBRAICO

11. Los miembros de la clase de José hicieron una gráfica de barras para mostrar sus frutas favoritas.

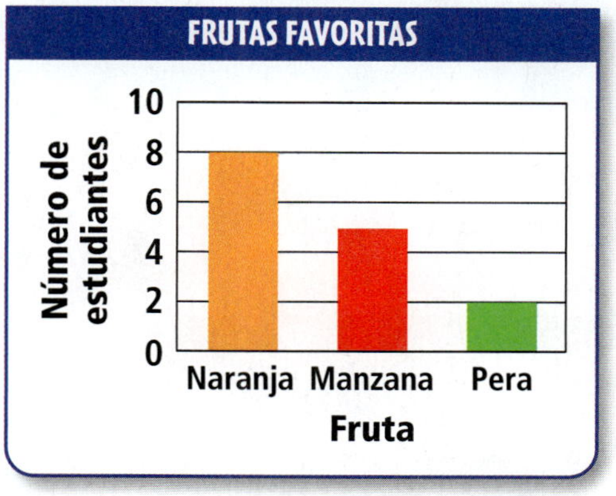

¿Cuál de las expresiones usarías para determinar cuántos votos más sacaron las naranjas que las peras?

F $8 - 2 = \blacksquare$

G $\blacksquare - 2 = 8$

H $8 + 2 = \blacksquare$

J $\blacksquare - 8 = 2$

12. ¿Qué expresión significa lo mismo que este enunciado?

Tres por cinco es igual a quince.

A $3 \times 5 + 15$

B $3 \times 5 = 15$

C $3 \times 5 - 15$

D $3 \times 5 = 3 \times 5$

13. **Explícalo** Describe una regla para este patrón. Luego describe la figura que falta.

CAPÍTULO 3

Sumar y restar números enteros

DATOS BREVES • CIENCIAS Los insectos forman parte de un grupo de animales llamado artrópodos.

Los artrópodos también incluyen crustáceos y arácnidos. Las arañas son diferentes de los insectos. Una diferencia es que los insectos tienen seis patas y las arañas tienen ocho.

RESOLUCIÓN DE PROBLEMAS Di cuántos más tipos de insectos hay que los arácnidos usando la gráfica circular.

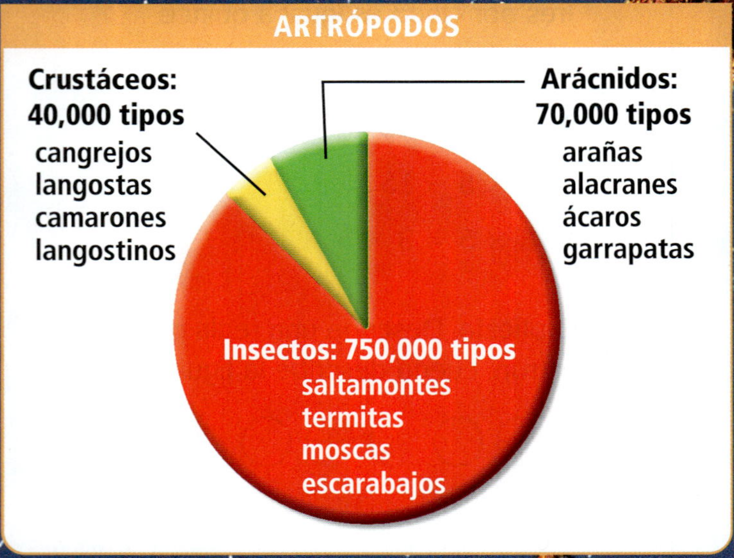

Araña de jardín

Comprueba lo que sabes

Usa esta página para repasar y recordar destrezas importantes que se necesitan para el Capítulo 3.

REDONDEA NÚMEROS

Redondea cada número al millar más próximo.

1. 61,335 **2.** 222,606 **3.** 99,707 **4.** 45,384 **5.** 869,530

Redondea cada número al valor posicional del dígito azul.

6. 589,005 **7.** 344,940 **8.** 402,196 **9.** 121,067 **10.** 321,500

11. 1,752,621 **12.** 12,919,940 **13.** 1,161,969 **14.** 88,947,024 **15.** 72,009,304

SUMA Y RESTA DE DOS DÍGITOS

Halla la suma o la diferencia.

16. $\begin{array}{r} 13 \\ +24 \\ \hline \end{array}$ **17.** $\begin{array}{r} 58 \\ -29 \\ \hline \end{array}$ **18.** $\begin{array}{r} 36 \\ -14 \\ \hline \end{array}$ **19.** $\begin{array}{r} 52 \\ +11 \\ \hline \end{array}$ **20.** $\begin{array}{r} 78 \\ -43 \\ \hline \end{array}$

21. $\begin{array}{r} 73 \\ -19 \\ \hline \end{array}$ **22.** $\begin{array}{r} 65 \\ +36 \\ \hline \end{array}$ **23.** $\begin{array}{r} 42 \\ +68 \\ \hline \end{array}$ **24.** $\begin{array}{r} 90 \\ -28 \\ \hline \end{array}$ **25.** $\begin{array}{r} 81 \\ +26 \\ \hline \end{array}$

26. $23 + 37 + 42 = ■$ **27.** $42 + 31 + 63 = ■$

28. $87 - 59 = ■$ **29.** $64 - 29 = ■$

VOCABULARIO

REPASO

redondear *verbo*

En matemáticas la palabra *redondear* se puede usar para decir "halla el valor más próximo de un número basándote en un valor posicional dado".

APRENDE en línea **www.harcourtschool.com**

LECCIÓN 1

Usar estrategias de cálculo mental

Repaso rápido

Escribe el número que es un millar más.

1. 1,350 **2.** 7,802

3. 15,927 **4.** 23,618

5. 42,678

Aprende

PIÉNSALO BIEN A veces, no necesitas papel y lápiz para calcular. Usa estas estrategias para calcular mentalmente.

De una manera Estrategia de *descomponer*

Puedes descomponer números para sumar decenas y unidades por separado.

Ejemplos

A Halla la suma. 58 + 26

Piensa: 58 = 50 + 8
26 = 20 + 6

Suma las decenas. 50 + 20 = 70

Suma las unidades. 8 + 6 = 14

Suma los totales. 70 + 14 = 84

Entonces, 58 + 26 = 84.

B Halla la diferencia. 46 − 25

Piensa: 46 = 40 + 6
25 = 20 + 5

Resta las decenas. 40 − 20 = 20

Resta las unidades. 6 − 5 = 1

Suma las diferencias. 20 + 1 = 21

Entonces, 46 − 25 = 21.

Más ejemplos

C Halla la suma. 39 + 48

30 + 40 = 70

9 + 8 = 17

70 + 17 = 87

D Halla la diferencia.
97 − 52

90 − 50 = 40

7 − 2 = 5

40 + 5 = 45

- Explica cómo usar esta estrategia para hallar 62 + 29.

Más estrategias

De otra manera Estrategia *Formar una decena*
Puedes cambiar un número a un múltiplo de 10 y luego ajustar el otro número.

La resta es más fácil si el número que restas es un múltiplo de 10. Si aumentas el número que restas, debes sumar la misma cantidad para ajustar el resultado.

Ejemplos

E Halla la suma. $67 + 24$

$67 + 3 = 70$ **Piensa:** Súmale 3 a 67 para obtener 70.

$24 - 3 = 21$ Réstale 3 a 24 para ajustar la suma.

$70 + 21 = 91$ Suma $70 + 21$.

F Halla la diferencia. $186 - 29$

$29 + 1 = 30$ **Piensa:** Súmale 1 a 29 para obtener 30.

$186 + 1 = 187$ Súmale 1 a 186 para ajustar la diferencia.

$187 - 30 = 157$ Resta $187 - 30$.

- ¿Qué pasaría si restaras 4 de 24 en el Ejemplo E? ¿Cómo calcularías mentalmente $67 + 24$?

Puedes ajustar la suma o la diferencia después de cambiar un número.

Más ejemplos

G Halla la diferencia. $75 - 38$

$38 + 2 = 40$

$$\begin{array}{r} 75 \\ -\ 40 \\ \hline 35 \\ +\ 2 \\ \hline 37 \end{array}$$

Súmale 2 a 35 para ajustar la suma.

H Halla la suma. $284 + 476$

$284 + 6 = 290$

$$\begin{array}{r} 290 \\ +\ 476 \\ \hline 766 \\ -\ 6 \\ \hline 760 \end{array}$$

Réstale 6 a 766 para ajustar la diferencia.

Comprueba

1. **Explica** cómo calcular mentalmente $83 - 37$.
2. **Escribe** un problema de suma. Halla la suma descomponiendo los números.

LA LECCIÓN CONTINÚA

Para los ejercicios 3–10, suma o resta mentalmente. Di la estrategia que usaste.

3. 85 − 17 **4.** 72 + 28 **5.** 83 − 19 **6.** 95 + 28

7. 68 + 25 **8.** 52 − 27 **9.** 74 + 32 **10.** 76 − 28

Práctica y resolución de problemas

Más práctica, página 58, Grupo A

Para los ejercicios 11–22, suma o resta mentalmente. Di la estrategia que usaste.

11. 78 − 15 **12.** 16 + 28 **13.** 26 − 12 **14.** 47 + 23

15. 27 + 48 **16.** 75 − 36 **17.** 38 + 85 **18.** 91 − 66

19. 62 − 29 **20.** 34 + 58 **21.** 44 − 17 **22.** 63 + 39

Halla la suma o la diferencia.

23. 168 − 59 **24.** 249 + 87 **25.** 216 + 79 **26.** 152 − 75

27. 261 + 88 **28.** 431 − 232 **29.** 441 + 263 **30.** 284 − 192

31. 758 − 453 **32.** 576 − 391 **33.** 713 + 428 **34.** 674 + 332

USA LOS DATOS **Para los ejercicios 35–38, usa la tabla.**

35. ¿Qué animal mide casi 60 pies de longitud?

36. ¿Cuántos pies más de longitud tiene la ballena azul que el cocodrilo?

37. ¿Qué dos animales tienen la mayor diferencia de longitud? ¿Y la menor diferencia?

38. **¿Cuál es la pregunta?** La respuesta es 90 pies.

39. El viernes, había 2,999 personas en el acuario. El sábado había 1,465. Usa el cálculo mental para determinar cuántas personas habían en el acuario durante los dos días. Explica tu estrategia.

LONGITUD DE ANIMALES MARINOS (en pies)

Animal	Longitud
Ballena azul	110
Tiburón ballena	59
Cocodrilo asiático de agua salada	32
Calamar gigante del Atlántico	20
Cangrejo araña japonés	9

40. ***DATOS BREVES*** **• CIENCIAS** El zoológico del centro de Florida abarca 109 acres. El zoológico nacional en Washington, D.C. abarca 163 acres. Si el zoológico del centro de Florida comprara 55 acres para expandirse, ¿qué zoológico sería más grande? ¿Cuánto más grande?

41. Rex tiene 6 caballos, 10 vacas, 5 cabras y 4 carros. Él pone las vacas, las cabras y los carros en el establo. ¿Cuántos de sus animales están en el establo?

42. El perro de Lisa pesa 45 libras. El de Reggie pesa 27 libras. ¿Cuánto más pesa el perro de Lisa que el de Reggie?

Repaso y preparación para la prueba

43. Escribe los números de mayor a menor: 2,567; 2,763; 189,576; 187,487; 189,875. (pág. 24)

44. Redondea 5,789,132 a la centena de millar más próxima. (pág. 30)

Compara. Escribe <, > o = para cada ●.

45. 8,567 ● 9,087 (pág. 20)

46. 8,237,958 ● 8,549,788 (pág. 20)

47. **Preparación para la prueba** María tiene 5 monedas de 10¢, 1 moneda de 5¢ y 3 monedas de 1¢ en su bolsillo. ¿Cuánto dinero tiene?

A 58¢ **B** 52¢ **C** 48¢ **D** 45¢

48. **Preparación para la prueba** ¿Cuál de los siguientes NO es verdadero?

F $8 + 10 = 10 + 8$
G $12 + 3 = 11 + 4$
H $8 + 1 = 2 + 7$
J $7 + 9 = 6 + 8$

Resolución de problemas
Piénsalo más

NÚMEROS COMPATIBLES Dos números que suman un total de 10 o 100 son **números compatibles.** Los números compatibles facilitan el cálculo mental.

La propiedad de orden de la suma dice que los números se pueden sumar en cualquier orden y la suma permanece igual. Usa la propiedad de orden de la suma para sumar números compatibles.

SUGERENCIA: Estos pares de números compatibles tienen una suma de 100.

10 y 90
20 y 80
30 y 70
40 y 60
50 y 50

Halla la suma. $68 + 230 + 32 + 170$

100 (68 y 32)

68 + 230 + 32 + 170

400 (230 y 170)

SUGERENCIA: Busca números compatibles.

$$68 + 230 + 32 + 170 = 68 + 32 + 230 + 170$$
$$= 100 + 400 = 500$$

Entonces, la suma es 500.

Usa números compatibles para hallar cada suma.

1. $175 + 25 + 61 + 39 =$ ■

2. $82 + 18 + 60 + 40 =$ ■

3. $78 + 250 + 122 + 48 =$ ■

4. $302 + 168 + 32 + 175 =$ ■

LECCIÓN 2

Estimar sumas y diferencias

Repaso rápido

Redondea al valor posicional máximo.

1. 460 **2.** 742

3. 1,927 **4.** 4,381

5. 19,570

Aprende

PODER DE MASCOTAS La tabla muestra los resultados de una encuesta hecha por el Refugio de animales de North Adams. ¿Alrededor de cuántas personas tienen perros o gatos pero no ambos?

MASCOTAS CASERAS

Mascota	Número
Solo gatos	34,221
Solo perros	38,899
Gatos y perros	6,520
Pez tropical	4,872
Pájaro	1,036

De una manera Usa redondear.

Estima. 34,221 + 38,899

Redondea cada número al millar más próximo.

$$\begin{array}{rcr} 34{,}221 & \rightarrow & 34{,}000 \\ +\ 38{,}899 & \rightarrow & +\ 39{,}000 \\ & & 73{,}000 \end{array}$$

Entonces, alrededor de 73,000 personas tienen perros o gatos.

De otra manera Usa estimación por el primer dígito.

Estima. 34,221 + 38,899

Suma el valor de los primeros dígitos.

$$\begin{array}{rcr} 34{,}221 & \rightarrow & 30{,}000 \\ +\ 38{,}899 & \rightarrow & +\ 30{,}000 \\ & & 60{,}000 \end{array}$$

Entonces, alrededor de 60,000 personas tienen perros o gatos.

- ¿Cuál crees que te da una estimación más próxima a la suma actual, redondear o estimar por el primer dígito? Explica tu respuesta.

Ejemplos

A Estima. 5,372 + 1,497

Redondea cada número a la centena más próxima.

$$\begin{array}{rcr} 5{,}372 & \rightarrow & 5{,}400 \\ +\ 1{,}497 & \rightarrow & +\ 1{,}500 \\ & & 6{,}900 \end{array}$$

La suma es aproximadamente 6,900.

B Estima. 45,017 + 21,700

Usa la estimación por el primer dígito.

$$\begin{array}{rcr} 45{,}017 & \rightarrow & 40{,}000 \\ +\ 21{,}700 & \rightarrow & +\ 20{,}000 \\ & & 60{,}000 \end{array}$$

La suma es aproximadamente 60,000.

Estimar diferencias

Puedes usar redondear o la estimación por el primer dígito para estimar la diferencia de números enteros.

De una manera Usa redondear.

Estima. 86,017 − 35,572

Redondea a la decena de millar más próxima.

$$\begin{array}{r} 86{,}017 \\ -\ 35{,}572 \\ \hline \end{array} \quad \begin{array}{c} \rightarrow \\ \rightarrow \\ \end{array} \quad \begin{array}{r} 90{,}000 \\ -\ 40{,}000 \\ \hline 50{,}000 \end{array}$$

Entonces, la diferencia es aproximadamente 50,000.

De otra manera Usa estimación por el primer dígito.

Estima. 4,892 − 1,431

Resta el valor de los primeros dígitos.

$$\begin{array}{r} 4{,}892 \\ -\ 1{,}431 \\ \hline \end{array} \quad \begin{array}{c} \rightarrow \\ \rightarrow \\ \end{array} \quad \begin{array}{r} 4{,}000 \\ -\ 1{,}000 \\ \hline 3{,}000 \end{array}$$

Entonces, la diferencia es aproximadamente 3,000.

Una vez que halles una estimación puedes ajustarla para aproximarla más a la suma o diferencia actual.

Más ejemplos

C Estima. 7,593 − 3,145

Redondea al millar más próximo.

$$\begin{array}{r} 7{,}593 \\ -\ 3{,}145 \\ \hline 4{,}448 \end{array} \quad \begin{array}{c} \rightarrow \\ \rightarrow \\ \\ \end{array} \quad \begin{array}{r} 8{,}000 \\ -\ 3{,}000 \\ \hline 5{,}000 \end{array}$$

Halla una estimación más próxima al redondear a la centena más próxima.

$$\begin{array}{r} 7{,}593 \\ -\ 3{,}145 \\ \hline 4{,}448 \end{array} \quad \begin{array}{c} \rightarrow \\ \rightarrow \\ \\ \end{array} \quad \begin{array}{r} 7{,}600 \\ -\ 3{,}100 \\ \hline 4{,}500 \end{array}$$

Entonces, una estimación más próxima es 4,500.

D Estima. 22,720 + 34,378

Suma los valores de los primeros dígitos.

$$\begin{array}{r} 22{,}720 \\ +\ 34{,}378 \\ \hline 57{,}098 \end{array} \quad \begin{array}{c} \rightarrow \\ \rightarrow \\ \\ \end{array} \quad \begin{array}{r} 20{,}000 \\ +\ 30{,}000 \\ \hline 50{,}000 \end{array}$$

Halla una estimación más próxima al incluir el valor de los dígitos que quedan.

2,720 + 4,378 es aproximadamente 7,000.

50,000 + 7,000 = 57,000

Entonces, una estimación más próxima es 57,000.

Comprueba

1. **Explica** por qué una estimación por el primer dígito de una suma nunca será mayor que la suma actual.

Estima la suma o la diferencia al redondear.

2. $\begin{array}{r} 279 \\ +645 \\ \hline \end{array}$ **3.** $\begin{array}{r} 7{,}939 \\ -\ 4{,}209 \\ \hline \end{array}$ **4.** $\begin{array}{r} 65{,}461 \\ +\ 23{,}780 \\ \hline \end{array}$ **5.** $\begin{array}{r} 47{,}813 \\ -\ 25{,}379 \\ \hline \end{array}$

LA LECCIÓN CONTINÚA

Estima la suma o la diferencia usando la estimación por el primer dígito.

6. 257 − 123

7. 1,936 + 7,483

8. $13,024 + $58,417

9. 90,111 − 23,187

Ajusta la estimación para aproximarla más a la suma o la diferencia exacta.

10. 9,876 + 6,291 = 16,167
Estima: 10,000 + 6,000 = 16,000

11. 87,908 − 33,110 = 54,798
Estima: 90,000 − 30,000 = 60,000

Práctica y resolución de problemas

Más práctica, página 58, Grupo B

Redondea para estimar la suma o la diferencia.

12. 123 + 381

13. $40,717 + $74,910

14. 28,183 − 12,275

15. 8,600 − 4,908

Usa la estimación por el primer dígito para estimar la suma o la diferencia.

16. 9,584 − 6,102

17. 8,037 + 4,047

18. 71,234 − 12,736

19. $96,254 + $15,224

Ajusta la estimación para aproximarla a la suma o la diferencia exacta.

20. 4,962 − 1,852 = 3,110
Estima: 5,000 − 2,000 = 3,000

21. 51,099 + 45,724 = 96,823
Estima: 50,000 + 50,000 = 100,000

22. 8,482 + 6,079 = 14,561
Estima: 8,000 + 6,000 = 14,000

23. 38,852 − 16,487 = 22,365
Estima: 40,000 − 20,000 = 20,000

USA LOS DATOS Para los ejercicios 24–26, usa la tabla.

24. ¿Alrededor de cuántos perros cobradores y cócker spaniel están registrados en total?

25. ¿Alrededor de cuántos pastores alemanes más que caniches hay?

26. ¿Alrededor de cuántos beagles y caniches hay registrados en total?

27. **RAZONAMIENTO** Escribe dos números que tengan una suma estimada de 1,000,000. Usa los dígitos 1,2,3,4,5 y 6 en cada número.

PRINCIPALES RAZAS CANINAS DE EE.UU.

Raza	Número registrado
Pastor alemán	79,076
Cobrador	68,993
Beagle	56,956
Caniche	56,803
Cócker spaniel	45,305

28. **Por escrito** Escribe un problema que puedas resolver usando la estimación 7,000 + 5,000 = 12,000.

29. John y Sara estimaron la suma 5,521 + 2,501. John redondeó y obtuvo 9,000. Sara usó la estimación por el primer dígito y obtuvo 7,000. ¿Qué estimación crees que es más próxima a la suma exacta? Explica tu respuesta.

30. Vocabulario Cuando decimos que dos cosas son *diferentes*, queremos decir que no se parecen de alguna manera. ¿Qué muestra hallar la *diferencia* entre dos números sobre esos números?

Repaso y preparación para la prueba

31. Ordena 26,812; 8,261; 28,612; y 28,599 de *mayor* a *menor*. (pág. 24)

32. ¿Qué número es mayor, 827,156 o 826,156? (pág. 20)

33. ¿Qué número es mayor, 92,745 o 92,740? (pág. 20)

34. ¿Cuánto es 200,000 + 50,000 + 3,000 + 20 + 7 en forma normal? (pág. 4)

35. **Preparación para la prueba** ¿Cuánto es doscientos ochenta y seis en forma desarrollada? (pág. 2)

A 200 + 68
B 280 + 6
C 200 + 80 + 6
D 2,000 + 800 + 6

36. **Preparación para la prueba** ¿Cuánto es 32,851 redondedo a la centena más próxima? (pág. 30)

F 30,000
G 32,000
H 32,900
J 33,900

Resolución de problemas — Piénsalo más

ESTIMACIONES MÁS APROXIMADAS Otra manera de estimar es hallar dos estimaciones *entre* las cuales está una suma exacta.

¿Alrededor de cuántos gatos Maine coon y siameses están registrados en Estados Unidos?

PRINCIPALES RAZAS DE GATOS PEDIGRÍ REGISTRADAS

Raza	Número
Persa	25,524
Maine coon	4,539
Siamés	2,131

PASO 1

Halla una ***subestimación,*** o una estimación que es un poco *menor que* la suma exacta, al redondear *hacia abajo* a la centena más próxima.

```
  4,539  →    4,500
+ 2,131  →  + 2,100
              6,600  ← subestima
```

PASO 2

Halla una ***sobreestimación,*** o una estimación que es un poco *mayor que* la suma exacta, al redondear *hacia arriba* a la centena más próxima.

```
  4,539  →    4,600
+ 2,131  →  + 2,200
              6,800  ← sobreestima
```

Entonces, la suma actual 4,539 + 2,131 está *entre* 6,600 y 6,800.

Halla una subestimación y una sobreestimación para cada suma.

1. 6,576 + 3,990 **2.** 2,849 + 17,365 **3.** 35,909 + 40,498

LECCIÓN 3

Sumar y restar números de 4 dígitos

Repaso rápido

1. 460 + 218
2. 355 − 145
3. 175 + 250
4. 796 − 445
5. 804 + 257

Aprende

¡LOS GRANDES LAGOS! El área del lago Erie tiene 9,910 millas cuadradas. El área del lago Ontario tiene 7,340 millas cuadradas. ¿Cuál es el área combinada de los dos lagos? ¿Cuál es la diferencia en sus áreas?

Ejemplo 1

Halla la suma. 9,910 + 7,340

Estima. 10,000 + 7,000 = 17,000

PASO 1

Suma las unidades.

$$\begin{array}{r} 9{,}910 \\ +7{,}340 \\ \hline 0 \end{array}$$

PASO 2

Suma las decenas.

$$\begin{array}{r} 9{,}910 \\ +7{,}340 \\ \hline 50 \end{array}$$

PASO 3

Suma las centenas. Reagrupa 12 centenas.

$$\begin{array}{r} \scriptsize{1}\phantom{{,}910} \\ 9{,}910 \\ +7{,}340 \\ \hline 250 \end{array}$$

PASO 4

Suma los millares.

$$\begin{array}{r} \scriptsize{1}\phantom{{,}910} \\ 9{,}910 \\ +7{,}340 \\ \hline 17{,}250 \end{array}$$

Entonces, el área combinada de los dos lagos es 17,250 millas cuadradas. La respuesta está próxima a la estimación, entonces 17,250 es razonable.

Enlace con la tecnología

Más práctica: Harcourt Mega Math The Number Games, *Tiny's Think Tank*, Niveles B y C

Ejemplo 2

Halla la diferencia. 9,910 − 7,340

Estima. 10,000 − 7,000 = 3,000

PASO 1

Resta las unidades.

$$\begin{array}{r} 9{,}\ 9\ 1\ 0 \\ -\ 7{,}\ 3\ 4\ 0 \\ \hline 0 \end{array}$$

PASO 2

Reagrupa las centenas. Resta las decenas.

$$\begin{array}{r} \scriptsize{8\ 11} \\ 9{,}\ \not{9}\ \not{1}\ 0 \\ -\ 7{,}\ 3\ 4\ 0 \\ \hline 7\ 0 \end{array}$$

PASO 3

Resta las centenas.

$$\begin{array}{r} \scriptsize{8\ 11} \\ 9{,}\ \not{9}\ \not{1}\ 0 \\ -\ 7{,}\ 3\ 4\ 0 \\ \hline 5\ 7\ 0 \end{array}$$

PASO 4

Resta los millares.

$$\begin{array}{r} \scriptsize{8\ 11} \\ 9{,}\ \not{9}\ \not{1}\ 0 \\ -\ 7{,}\ 3\ 4\ 0 \\ \hline 2{,}\ 5\ 7\ 0 \end{array}$$

Entonces, la diferencia en sus áreas es 2,570 millas cuadradas.
La respuesta está próxima a la estimación, entonces 2,570 es razonable.

Comprueba

1. **Explica** cómo sabes cuando no es necesario reagrupar en la resta.

Halla la suma o la diferencia. Estima para comprobar.

2. $\begin{array}{r} 899 \\ +267 \\ \hline \end{array}$

3. $\begin{array}{r} 674 \\ -406 \\ \hline \end{array}$

4. $\begin{array}{r} 8{,}902 \\ -5{,}730 \\ \hline \end{array}$

5. $\begin{array}{r} 9{,}201 \\ +\ 1{,}321 \\ \hline \end{array}$

Práctica y resolución de problemas

Más práctica, página 58, Grupo C

Halla la suma o la diferencia. Estima para comprobar.

6. $\begin{array}{r} 798 \\ -127 \\ \hline \end{array}$

7. $\begin{array}{r} \$3{,}204 \\ -\$2{,}413 \\ \hline \end{array}$

8. $\begin{array}{r} 409 \\ 762 \\ +805 \\ \hline \end{array}$

9. $\begin{array}{r} 5{,}762 \\ 5{,}243 \\ +1{,}111 \\ \hline \end{array}$

10. $\begin{array}{r} 2{,}409 \\ +5{,}762 \\ \hline \end{array}$

11. $\begin{array}{r} 5{,}320 \\ -1{,}375 \\ \hline \end{array}$

12. $\begin{array}{r} 9{,}862 \\ -7{,}361 \\ \hline \end{array}$

13. $\begin{array}{r} \$3{,}228 \\ +\$4{,}228 \\ \hline \end{array}$

14. 409 + 952

15. $1,124 + $1,525 + $1,651 + $4,176

16. 6,230 − 4,651

17. 1,987 + 936

Para los ejercicios 18–19, halla el dígito que falta.

18. $\begin{array}{r} 2{,}90\blacksquare \\ -1{,}894 \\ \hline 1{,}007 \end{array}$

19. $\begin{array}{r} 3{,}486 \\ +\blacksquare{,}964 \\ \hline 9{,}450 \end{array}$

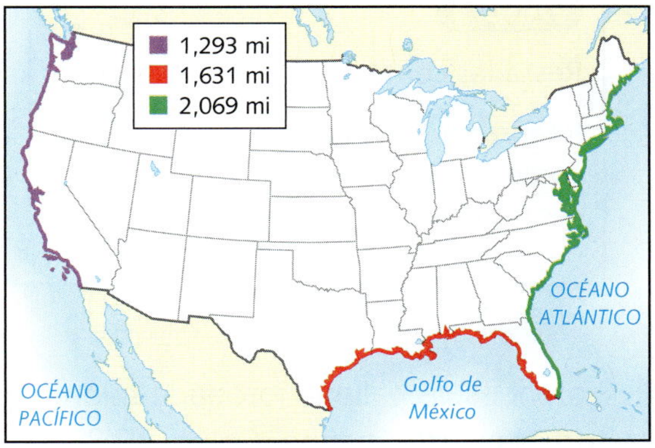

USA LOS DATOS **Para los ejercicios 20–21, usa el mapa.**

20. ¿Las longitudes de qué dos litorales suman casi 4,000 millas? Halla la suma actual.

21. ¿Alrededor de cuántas millas de longitud tienen los litorales de Estados Unidos que se muestran en total?

Repaso y preparación para la prueba

Para los ejercicios 22–23, redondea a la centena más próxima. (pág. 30)

22. 563

23. 712

24. $\begin{array}{r} 562 \\ +\ 349 \\ \hline \end{array}$

25. $\begin{array}{r} 736 \\ -\ 472 \\ \hline \end{array}$

26. **Preparación para la prueba** ¿Cuál tiene la misma suma que 43 + 25? (pág. 40)

A 40 + 22
B 48 + 30
C 40 + 28
D 38 + 20

LECCIÓN 4

Restar ceros

Repaso rápido

1. 900 − 600
2. 1,000 − 500
3. 200 − 50
4. 500 − 250
5. 600 − 175

Aprende

EN MARCHA Los científicos rastrean animales para determinar lo lejos que migran. Una ballena jorobada migró casi 7,100 millas en un año. Una tortuga verde marina migró 1,315 millas. ¿Aproximadamente cuánto más lejos migró la ballena que la tortuga?

Ejemplo

Halla la diferencia. 7,100 − 1,315

Estima. 7,000 − 1,000 = 6,000

PASO 1

Resta las unidades.

Reagrupa 1 centena como 9 decenas y 10 unidades.

```
    9
  0 1010
7, 1 0 0
− 1, 3 1 5
        5
```

PASO 2

Resta las decenas.

```
    9
  0 1010
7, 1 0 0
− 1, 3 1 5
      8 5
```

PASO 3

Resta las centenas.

Reagrupa 7 millares como 6 millares y 10 centenas.

```
   10 9
6   0 1010
7, 1 0 0
− 1, 3 1 5
    7 8 5
```

PASO 4

Resta los millares.

```
   10 9
6   0 1010
7, 1 0 0
− 1, 3 1 5
  5, 7 8 5
```

Entonces, la ballena jorobada migró casi 5,785 millas más que la tortuga verde marina. Como 5,785 está más próximo a la estimación 6,000, la respuesta es razonable.

- En el Paso 1, ¿por qué es necesario reagrupar 1 centena?

Comprueba

1. **Explica** cómo reagrupar 40,000 para restar 7,165.

Halla la diferencia. Estima para comprobar.

2. $\begin{array}{r} 400 \\ -\ 287 \\ \hline \end{array}$ **3.** $\begin{array}{r} 3{,}700 \\ -\ 1{,}692 \\ \hline \end{array}$ **4.** $\begin{array}{r} \$300 \\ -\ \$163 \\ \hline \end{array}$ **5.** $\begin{array}{r} 2{,}100 \\ -\ 594 \\ \hline \end{array}$

Práctica y resolución de problemas

Más práctica, página 58, Grupo D

Halla la diferencia. Estima para comprobar.

6. $\begin{array}{r} 4{,}001 \\ -\ 3{,}090 \\ \hline \end{array}$ **7.** $\begin{array}{r} 6{,}008 \\ -\ 4{,}009 \\ \hline \end{array}$ **8.** $\begin{array}{r} \$3{,}005 \\ -\ \$1{,}978 \\ \hline \end{array}$ **9.** $\begin{array}{r} 5{,}004 \\ -\ 859 \\ \hline \end{array}$

10. $\begin{array}{r} 5{,}700 \\ -\ 4{,}190 \\ \hline \end{array}$ **11.** $\begin{array}{r} 7{,}001 \\ -\ 3{,}090 \\ \hline \end{array}$ **12.** $\begin{array}{r} 5{,}200 \\ -\ 3{,}087 \\ \hline \end{array}$ **13.** $\begin{array}{r} 8{,}600 \\ -\ 6{,}123 \\ \hline \end{array}$

14. $\begin{array}{r} 3{,}000 \\ -\ 2{,}218 \\ \hline \end{array}$ **15.** $\begin{array}{r} 8{,}000 \\ -\ 2{,}319 \\ \hline \end{array}$ **16.** $\begin{array}{r} 9{,}008 \\ -\ 4{,}899 \\ \hline \end{array}$ **17.** $\begin{array}{r} 1{,}000 \\ -\ 919 \\ \hline \end{array}$

Compara. Escribe <, > o = para cada ●.

18. 3,000 − 2,541 ● 4,200 − 3,756

19. 2,000 − 1,008 ● 2,100 − 1,097

20. Una foca pesa 130 kilogramos más que otra foca. Si la otra foca pesa 179 kilogramos, ¿cuánto pesa la primera foca?

21. Un gaviotín ártico voló 10,230 millas a la Antártida. Una tortuga marina nadó 1,400 millas hasta América del Sur. ¿Cuánta más distancia recorrió el gaviotín que la tortuga marina?

22. Una morsa macho en el zoológico pesa 1,390 kilogramos. Una morsa hembra pesa 268 kilogramos menos. ¿Cuánto pesan ambos en total?

23. **¿Cuál es el error?** Quan restó 9,910 a 23,000 y obtuvo 12,090. Describe y corrige su error.

Repaso y preparación para la prueba

24. $\begin{array}{r} 2{,}624 \\ +2{,}981 \\ \hline \end{array}$ (pág. 48)

25. $\begin{array}{r} 6{,}422 \\ +8{,}600 \\ \hline \end{array}$ (pág. 48)

26. Escribe cuatro millones doscientos setenta y seis mil ciento tres en forma normal. (pág. 6)

27. Ordena 100,430; 100,562; 99,650 de *mayor* a *menor*. (pág. 24)

28. **Preparación para la prueba** La caja rectangular para la tortuga de David mide 90 cm de largo y 56 cm de ancho. ¿Cuánto más corto es el ancho que el largo?

A 146 cm

B 94 cm

C 65 cm

D 34 cm

LECCIÓN 5

Elegir un método

Repaso rápido

1. 263 − 44
2. 630 − 463
3. 32 + 28 + 12
4. 23 + 17 + 41
5. 854 − 392

Aprende

¡PIENSA EN GRANDE! En Estados Unidos, los dos estados más grandes son Alaska y Texas. ¿Cuál es el área combinada de los dos estados en millas cuadradas?

Ejemplo 1

Estima. Luego elige un método para calcular.

600,000 + 300,000 = 900,000

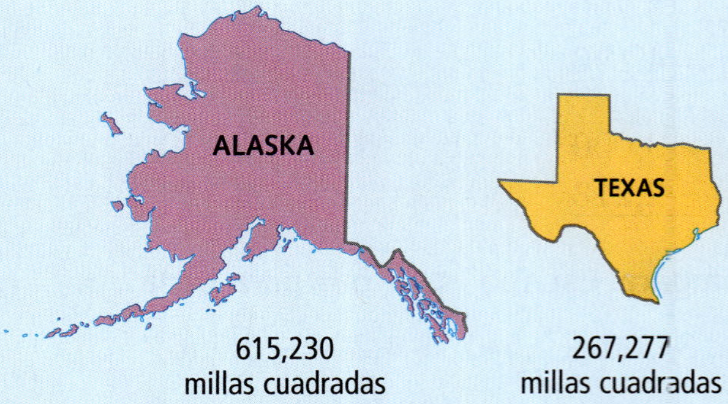

USA PAPEL Y LÁPIZ Halla la suma.

615,230 + 267,277

PASO 1

Suma las unidades y las decenas. Reagrupa 10 decenas como 1 centena 0 decenas.

```
      1
 615,230
+267,277
      07
```

PASO 2

Suma las centenas y los millares. Reagrupa 12 millares como 1 decena de millar 2 millares.

```
   1  1
 615,230
+267,277
   2,507
```

PASO 3

Suma las decenas de millar.

```
  1   1
 615,230
+267,277
  82,507
```

PASO 4

Suma las centenas de millar.

```
  1   1
 615,230
+267,277
 882,507
```

USA UNA CALCULADORA Halla la suma.

Entonces, Alaska y Texas tienen un área combinada de 882,507 millas cuadradas. La respuesta se aproxima a la estimación de 900,000, entonces 882,507 es razonable.

CÁLCULO MENTAL ¿Usar el cálculo mental es una buena opción para hallar la suma de estos números?

Restar números más grandes

El pico Matterhorn en Colorado mide 12,264 pies de altura y el monte McKinley en Alaska 20,320 pies. ¿Cuánto más alto es el monte McKinley que el pico Matterhorn?

▲ El monte McKinley, la montaña más alta de América del Norte, está ubicado en el Parque Nacional Denali en Alaska.

Ejemplo 2

Estima. Luego elige un método para calcular.

20,000 − 12,000 = 8,000

USA PAPEL Y LÁPIZ Halla la diferencia.

20,320 − 12,264

PASO 1

Resta las unidades.
Reagrupa 2 decenas como 1 decena 10 unidades.

```
       1 10
 2 0, 3 2 0
−1 2, 2 6 4
          6
```

PASO 2

Resta las decenas y centenas.
Reagrupa 3 centenas 1 decena como 2 centenas 11 decenas.

```
        11
       2 1 10
 2 0, 3 2 0
−1 2, 2 6 4
      0 5 6
```

PASO 3

Resta los millares y decenas de millar.
Reagrupa 2 decenas de millar 0 millares como 1 decena de millar 10 millares.

```
              11
 1 10    2 1 10
 2 0, 3 2 0
−1 2, 2 6 4
   8, 0 5 6
```

USA UNA CALCULADORA Halla la diferencia.

2 0 3 2 0 − 1 2 2 6 4 Enter

```
20320−12264
=       8056
```

Entonces, el monte McKinley tiene 8,056 pies más de altura que el pico Matterhorn. La respuesta se aproxima a la estimación de 8,000, entonces 8,056 es razonable.

Comprueba

1. **Explica** qué método usarías para calcular la suma de 7,890,040 y 2,109,060.

Halla la suma o la diferencia. Escribe el método que usaste para calcular.

2. $98,634 − $62,512

3. 437,702 + 58,093

4. 500,600 − 263,710

5. 261,710 + 172,542

LA LECCIÓN CONTINÚA

Práctica y resolución de problemas

Más práctica, página 58, Grupo E

Halla la suma o la diferencia. Escribe el método que usaste para calcular.

6. $983,368 − $261,125

7. 51,237 + 28,802

8. 200,000 + 134,902

9. 265,710 + 137,942

10. 412,533 + 283,056

11. 584,201 − 493,557

12. $784,200 + $ 35,220

13. 80,702 − 60,698

14. $761,357 − $572,326

15. 546,071 + 291,503

16. 63,200 − 22,050

17. 268,412 + 37,287

18. 33,333 + 214,142 + 527,998

19. 211,500 + 201,943 + 14,159

Compara. Escribe <, > o = para cada ●.

20. 637,124 − 215,275 ● 784,725 − 398,419

21. 323,125 + 125,362 ● 342,125 + 125,362

22. 211,345 + 467,311 ● 200,457 + 478,199

23. Halla la diferencia de 723,503 y 500,497.

24. Halla la suma de 864,235 y 252,214.

25. Halla la diferencia de 974,210 y 473,689.

26. Halla la suma de 670,000 y 220,925.

Halla el dígito que falta.

27. 43■,257 − 253,019 = 186,238

28. 278,269 + 921,57■ = 1,199,843

29. 156,217 + ■32,368 = 788,585

30. 461,335 − 31■,288 = 149,047

31. Un teatro gastó $112,840 en equipos en 2002 y $97,560 en 2003. ¿Cuál fue la cantidad total que se gastó? ¿En qué año se gastó más, en 2002 o 2003?

32. La obra de teatro *Clue* tuvo 47,250 presentaciones y *The Mousetrap* 18,872. ¿Cuántas presentaciones más tuvo *Clue*?

33 Lori escribió un número que es treinta y un mil quinientos veintitres más que 17,996. ¿Qué número escribió?

34. **Escribe un problema** usando los datos. Hay 479,743 personas en Wyoming y 609,331 en Alaska.

▲ **Este teatro al aire libre está ubicado en el Parque Nacional Wolf Trap para las Artes del Espectáculo en Vienna, Virginia.**

35. Kyle se montó en el ascensor en el cuarto piso. Bajó 2 pisos y luego subió 6 pisos y se bajó. ¿En qué piso se bajó Kyle del ascensor?

36. El Sr. Randall vendió 1,285 recortes de madera en su kiosco de artesanía. Le quedan 298. ¿Con cuántos recortes comenzó el Sr. Randall?

Repaso y preparación para la prueba

USA LOS DATOS **Para los ejercicios 37–38, usa la tabla.** (pág. 52)

ASISTENCIA AL FESTIVAL DE FOLLAJE DE OTOÑO		
Día	**2003**	**2004**
Jueves	13,789	15,034
Viernes	23,681	27,950
Sábado	34,625	41,393

37. ¿Cuál fue la asistencia total en los 3 días para 2003?

38. ¿Cuántas personas más asistieron al festival en 2004 que en 2003?

39. ¿Cuál es menor: 315,731 o 351,731? (pág. 20)

40. ¿Cuántas personas hay entre la quinta y la duodécima en una fila para una película?

41. **Preparación para la prueba** ¿Cómo se escribe cinco millones veinticinco mil diez en forma normal? (pág. 6)

A 5,025,100 **C** 525,210
B 5,025,010 **D** 525,100

42. **Preparación para la prueba** ¿Cuál es la diferencia? (pág. 52)
489,211 − 16,179

F 451,389 **H** 497,230
G 473,032 **J** 505,390

Resolución de problemas — Piénsalo más

AGRUPACIÓN

En los estadios de béisbol se pueden sentar decenas de millares de fanáticos. Mira los datos de la tabla. Fíjate que los números se agrupan o se concentran alrededor de 50,000. Puedes usar este dato para estimar el número total de asientos en los estadios.

1. Estima el número de asientos en los 3 estadios con el mayor número de asientos.
2. Estima el número de asientos en los 3 estadios con el menor número de asientos.
3. Compara tus totales. Explica por qué no hay diferencia entre tus totales.

CAPACIDAD DE ASIENTOS EN ESTADIOS DE BÉISBOL	
Equipo	**Capacidad**
Bravos de Atlanta	50,062
Orioles de Baltimore	48,876
Rojos de Cincinnati	52,953
Cerveceros de Milwaukee	53,192
Mellizos de Minnesota	48,678
Expos de Montreal	46,500
Piratas de Pittsburgh	47,687
Cardenales de St. Louis	49,738

LECCIÓN **6**

Destreza • Resolución de problemas
Estimar o hallar resultados exactos

Repaso rápido

Compara. Escribe <, > o = para cada ●.

1. 1,374 ● 1,367
2. 3,549 ● 4,539
3. 8,632 ● 8,632
4. 5,046 ● 5,406
5. 4,573 ● 4,357

COMPRENDE › PLANEA › RESUELVE › COMPRUEBA

ENTUSIASTAS EN LAS GRADAS La tabla muestra cinco juegos clasificados por orden de asistencia.

ASISTENCIA A JUEGOS DE BÉISBOL		
Clasificación	**Asistencia**	**Equipo**
1	80,227	Montreal contra Colorado
2	78,672	San Francisco contra Los Angeles
3	74,420	Detroit contra Cleveland
4	73,163	St. Louis contra Cleveland
5	72,470	Philadelphia contra Colorado

Idea matemática Ya sea que necesites un resultado exacto o una estimación depende de la situación.

Ejemplos

A ¿Alrededor de cuántas personas asistieron a un juego en Colorado?

Estima para hallar el número de personas.

$$\begin{array}{rcr} 80{,}227 & \rightarrow & 80{,}000 \\ +72{,}470 & \rightarrow & +70{,}000 \\ \hline & & 150{,}000 \end{array}$$

Entonces, asistieron alrededor de 150,000 personas.

B ¿Cuántas personas más asistieron al juego de Detroit que al de Philadelphia?

Resta para hallar un resultado exacto.

$$\begin{array}{r} \scriptstyle 3\ \ \overset{13}{3}\ 12 \\ 7\,\cancel{4},\,\cancel{4}\,\cancel{2}\,0 \\ -7\,2,\,4\,7\,0 \\ \hline 1,\,9\,5\,0 \end{array}$$

Entonces, asistieron 1,950 personas más.

Explica lo que sabes

- Di si necesitas una estimación o un resultado exacto para determinar cuántas personas más asistieron al juego de Montreal que al de Philadelphia.

Práctica • Resolución de problemas

Para los ejercicios 1–2, di si se necesita una estimación o un resultado exacto. Resuelve.

1. Brianne compró una gorra de béisbol y un banderín. ¿Cuánto cambio recibirá de $20?

2. ¿Aproximadamente cuánto dinero necesita Andy para comprar un bate y una pelota de béisbol en el parque?

3. La tienda del estadio vendió 70 bates y 120 gorras durante el primer juego y 82 bates y 96 gorras en el segundo juego. ¿Qué pregunta requiere un cálculo exacto como respuesta?

A ¿Vendió la tienda más bates o más gorras?

B ¿Alrededor de cuántas gorras más que bates se vendieron durante el segundo juego?

C ¿Cuántas gorras se vendieron en total?

D ¿Vendió la tienda más de 150 bates?

4. ¿Qué expresión sería mejor usar para estimar al redondear el costo total de 2 gorras y 2 bates?

F $15 + $15 + $25 + $25

G $10 + $10 + $10 + $10

H $10 + $10 + $20 + $20

J $20 + $20 + $20 + $20

Aplicaciones mixtas

5. En un colegio universitario, 1,825 estudiantes se inscribieron para jugar un deporte bajo techo y 2,984 se inscribieron para un deporte al aire libre. Escribe una expresión para mostrar cuántos estudiantes se inscribieron para un deporte.

6. De los estudiantes inscritos en el colegio universitario, 1,408 son de Alabama, 1,450 de Florida y 1,230 de Louisiana. ¿De qué estado proviene la mayoría de los estudiantes?

7. Hay 9,470 estudiantes que viven en la ciudad universitaria. Si hay 11,652 estudiantes en total, ¿cuántos estudiantes no viven en la ciudad universitaria?

8. En el estadio de fútbol hay 66,322 asientos. Hay 2,974 personas observando un juego de práctica. ¿Cuántos asientos están vacíos?

9. La Escuela de Ciencias compró un telescopio nuevo por $8,376. Escribe el número en palabras.

10. **Escribe un problema** en el que necesites hallar una suma o diferencia estimada.

Más práctica

Grupo A (págs. 40–43)

Suma o resta mentalmente. Di la estrategia que usaste.

1. $98 + 46$
2. $109 - 94$
3. $246 + 176$
4. $64 - 23$
5. $346 + 79$
6. $169 - 104$

Grupo B (págs. 44–47)

Redondea para estimar la suma o la diferencia.

1. $\begin{array}{r} 16{,}453 \\ -11{,}019 \\ \hline \end{array}$
2. $\begin{array}{r} 678{,}401 \\ +259{,}345 \\ \hline \end{array}$
3. $\begin{array}{r} 27{,}645 \\ -10{,}067 \\ \hline \end{array}$

Usa la estimación por el primer dígito para estimar la suma o la diferencia.

4. $\begin{array}{r} 85{,}103 \\ -76{,}495 \\ \hline \end{array}$
5. $\begin{array}{r} 405{,}501 \\ +570{,}201 \\ \hline \end{array}$
6. $\begin{array}{r} 854{,}633 \\ +941{,}053 \\ \hline \end{array}$

Grupo C (págs. 48–49)

Halla la suma o la diferencia. Estima para comprobar.

1. $\begin{array}{r} 625 \\ +292 \\ \hline \end{array}$
2. $\begin{array}{r} 9{,}004 \\ -5{,}762 \\ \hline \end{array}$
3. $\begin{array}{r} 2{,}435 \\ +2{,}576 \\ \hline \end{array}$
4. $941 - 701$
5. $1{,}241 + 1{,}367 + 495$
6. $9{,}204 - 4{,}352$

Grupo D (págs. 50–51)

Halla la diferencia. Estima para comprobar.

1. $\begin{array}{r} 8{,}000 \\ -4{,}934 \\ \hline \end{array}$
2. $\begin{array}{r} 6{,}001 \\ -\quad 638 \\ \hline \end{array}$
3. $\begin{array}{r} 9{,}040 \\ -3{,}401 \\ \hline \end{array}$
4. $\begin{array}{r} 2{,}000 \\ -1{,}764 \\ \hline \end{array}$
5. $\begin{array}{r} 1{,}600 \\ -1{,}041 \\ \hline \end{array}$
6. $\begin{array}{r} 4{,}006 \\ -1{,}706 \\ \hline \end{array}$
7. $\begin{array}{r} 3{,}900 \\ -1{,}461 \\ \hline \end{array}$
8. $\begin{array}{r} 7{,}060 \\ -1{,}515 \\ \hline \end{array}$

Grupo E (págs. 52–55)

Halla la suma o la diferencia. Escribe el método que usaste para calcular.

1. $\begin{array}{r} 11{,}420 \\ +92{,}780 \\ \hline \end{array}$
2. $\begin{array}{r} 496{,}140 \\ +328{,}628 \\ \hline \end{array}$
3. $\begin{array}{r} 46{,}709 \\ -13{,}456 \\ \hline \end{array}$
4. $\begin{array}{r} 950{,}275 \\ -450{,}550 \\ \hline \end{array}$

Repaso/Prueba

COMPRUEBA EL VOCABULARIO Y LOS CONCEPTOS

Elige el mejor término de la casilla.

estimación
estimación por el primer dígito
redondear

1. Usas _?_ cuando sumas los primeros dígitos de cada sumando para obtener una estimación. (págs. 44–47)
2. A veces, necesitas un resultado exacto mientras que otras veces solo necesitas una _?_. (págs. 56–57)

COMPRUEBA LAS DESTREZAS

Suma o resta mentalmente. Di qué estrategia usaste. (págs. 40–43)

3. $43 - 27$ **4.** $54 + 37$ **5.** $89 + 17$ **6.** $92 - 43$ **7.** $65 + 49$

Estima la suma o la diferencia. (págs. 44–47)

8. $32{,}895 + 27{,}982$

9. $\$34{,}698 - \$11{,}683$

10. $53{,}625 - 24{,}219$

11. $93{,}863 + 68{,}410$

12. $538{,}195 + 273{,}982$

13. $\$4{,}669 - \$1{,}028$

14. $7{,}516 - 2{,}495$

15. $853{,}467 - 387{,}410$

Halla la suma o la diferencia. (págs. 48–55)

16. $258 + 784$

17. $925 - 378$

18. $8{,}586 - 455$

19. $7{,}448 - 1{,}737$

20. $5{,}000 + 3{,}718$

21. $35{,}276 - 22{,}865$

22. $784{,}109 - 426{,}545$

23. $30{,}019 - 12{,}645$

COMPRUEBA LA RESOLUCIÓN DE PROBLEMAS

Escribe si se necesita una estimación o un resultado exacto. Resuelve. (págs. 56–57)

24. La cafetería de la escuela sirvió 115 envases de leche entera, 78 de leche achocolatada y 35 de jugo de naranja. ¿Alrededor de cuántas bebidas sirvió?

25. Ellie ganará un premio si vende 400 cajas de galletas este año. Si vendió 113 en enero, 107 en febrero y 68 en marzo, ¿cuántas cajas más necesita vender para ganar un premio?

Preparación para pruebas

PERCEPCIÓN NUMÉRICA, CONCEPTOS Y OPERACIONES

1. Mike tenía $4,200. Compró una motocicleta por $3,275 y una chaqueta de cuero por $799. ¿Cuánto le queda a Mike?

A $4,074 **C** $136

B $226 **D** $126

> **IDEA** **Comprende el problema.** Mira el ejercicio 2. Usa los detalles en la pregunta. Busca un 4 en la posición de las decenas y luego compara los números con 620.

2. ¿Qué número es **mayor que** 620 y tiene un 4 en la posición de las decenas?

F 540

G 604

H 640

J 654

3. **Explícalo** La tabla muestra algunos datos sobre el puente de Brooklyn.

PUENTE DE BROOKLYN	
Descripción	**Longitud (en pies)**
Longitud total	5,989
Longitud del tramo del río	1,596
Longitud de un cable	3,579

¿Aproximadamente cuánto más larga es la longitud total del puente que uno de los cables? Usa redondear o estimar por el primer dígito. Explica cómo decidiste.

MEDIDAS

4. ¿Cuál es el perímetro de la siguiente figura?

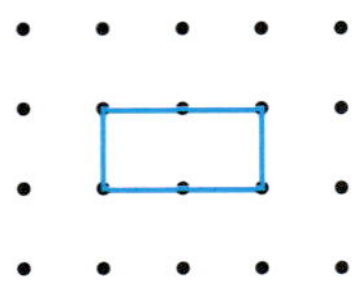

A 4 unidades **C** 8 unidades

B 6 unidades **D** 12 unidades

5. Sue se va a reunir con su amigo en Miami 9 días después del 17 de octubre. ¿En qué fecha se va a reunir Sue con su amigo?

Octubre						
Dom.	Lun.	Mar.	Mié.	Jue.	Vie.	Sáb.
			1	2	3	4
5	6	7	8	9	10	11
12	13	14	15	16	17	18
19	20	21	22	23	24	25
26	27	28	29	30	31	

F 9 de octubre

G 18 de octubre

H 24 de octubre

J 26 de octubre

6. **Explícalo** ¿Cuál es la longitud del siguiente clavo al centímetro más próximo?

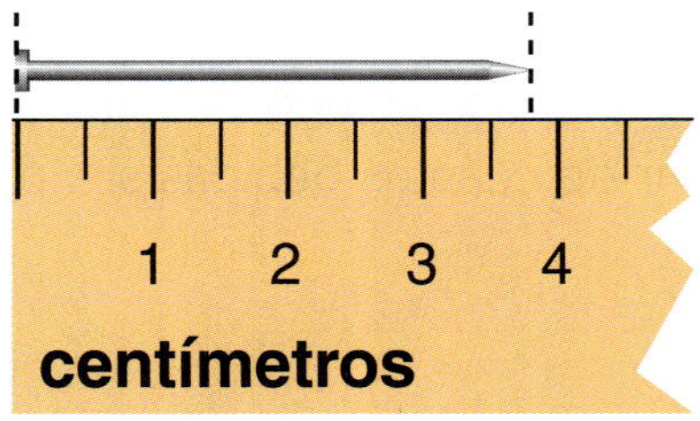

Explica cómo decidiste.

GEOMETRÍA Y ORIENTACIÓN ESPACIAL

7. ¿Qué cuerpo geométrico tiene el **mayor** número de caras?

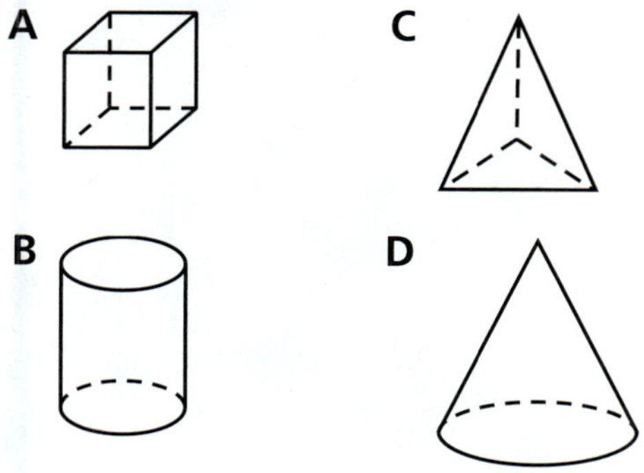

8. ¿Qué figura tiene, por lo menos, un eje de simetría?

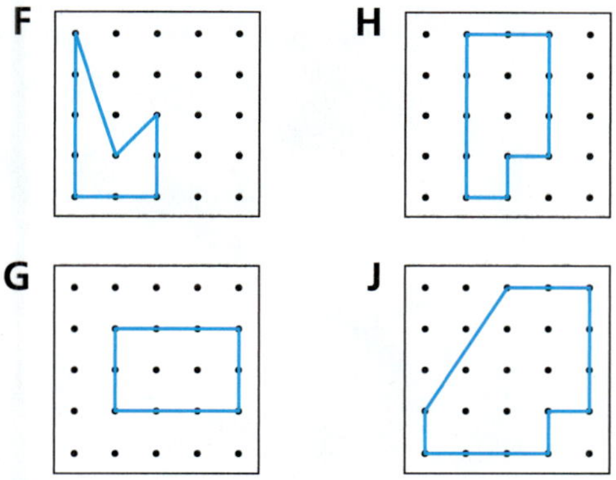

9. **Explícalo** José trazó 3 puntos en la cuadrícula de coordenadas. ¿Cuál es el par ordenado del punto que José necesita trazar para hacer un cuadrado? Explica tu razonamiento.

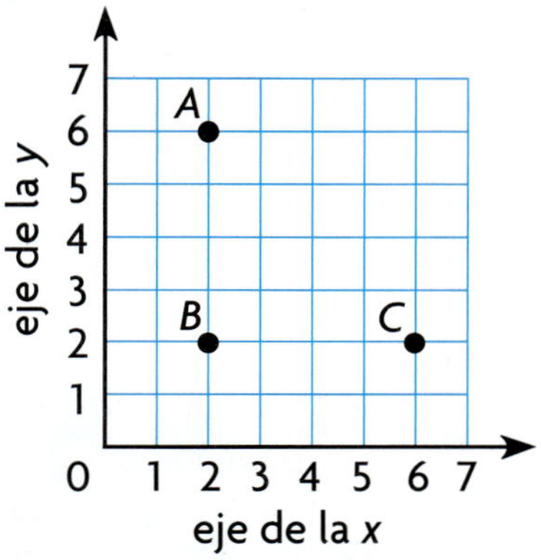

ANÁLISIS DE DATOS Y PROBABILIDAD

10. Se arroja un dardo y le pega al blanco. ¿Cuáles son los resultados posibles?

A 1, 2, 3 **C** 1, 10, 50, 500

B 1, 10, 100 **D** 10; 100; 1,000

11. Jan hizo la siguiente gráfica para mostrar sus tareas semanales.

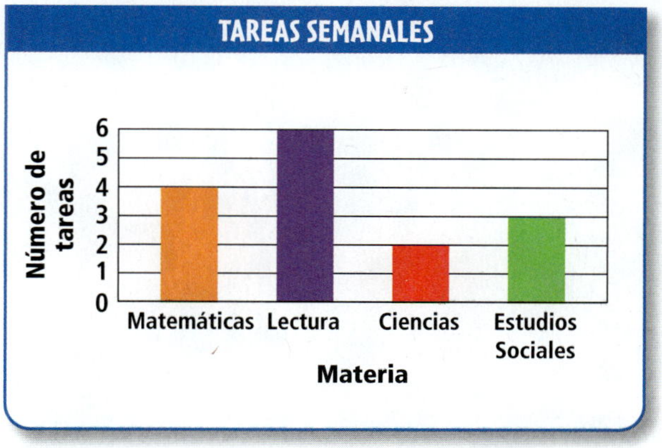

¿Cuál es la materia donde Jan recibe el **menor** número de tareas?

F matemáticas **H** estudios sociales

G lectura **J** ciencias

12. **Explícalo** La siguiente gráfica muestra el número de estudiantes que asistieron a la escuela primaria Depauw cada año.

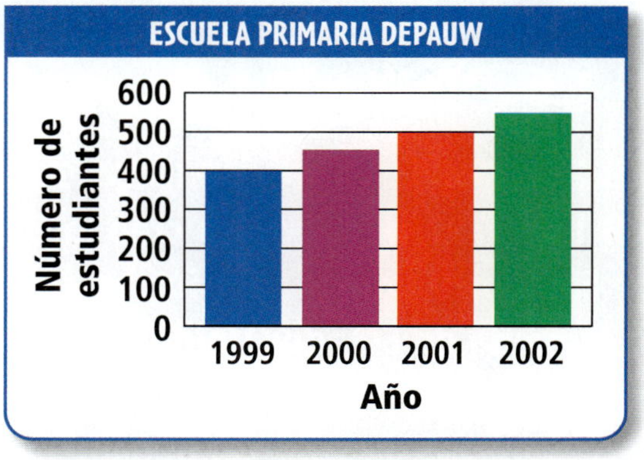

Si continuó la tendencia, ¿aproximadamente cuántos estudiantes asistieron en 2003? Explica tu razonamiento.

CAPÍTULO 4

Álgebra: Usar la suma y la resta

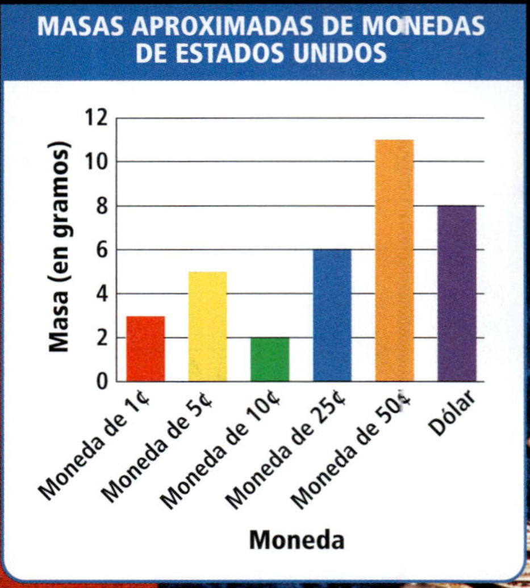

DATOS BREVES • ESTUDIOS SOCIALES El 2 de abril de 1792, el Congreso creó la Casa de la Moneda de Estados Unidos. La misión principal de la Casa de la Moneda de Estados Unidos es producir suficientes monedas para que las usen las personas. Ésta produce seis monedas de valores, tamaños y masas diferentes.

RESOLUCIÓN DE PROBLEMAS ¿La masa de qué moneda más la masa de una moneda de 10¢ es igual a la masa de un dólar?

Comprueba lo que sabes

Usa esta página para repasar y recordar destrezas importantes que se necesitan para el Capítulo 4.

SUMANDOS QUE FALTAN

Halla el número que falta.

1. $■ + 4 = 12$ **2.** $6 + ■ = 14$ **3.** $■ + 5 = 12$

4. $9 + ■ = 15$ **5.** $7 + ■ = 16$ **6.** $7 + ■ = 10$

7. $8 + ■ = 16$ **8.** $■ + 9 = 19$ **9.** $9 + ■ = 17$

FAMILIAS DE OPERACIONES

Copia y completa cada enunciado numérico.

10. $5 + 2 = ■$
$7 - 2 = ■$

11. $6 + 3 = ■$
$9 - 3 = ■$

12. $8 + 1 = ■$
$9 - 1 = ■$

13. $7 + 6 = ■$
$13 - 7 = ■$

14. $9 + 5 = ■$
$14 - 9 = ■$

15. $7 + 8 = ■$
$15 - 8 = ■$

16. $8 + 8 = ■$
$16 - 8 = ■$

17. $4 + 7 = ■$
$11 - 4 = ■$

PATRONES NUMÉRICOS

Escribe los tres números posibles que siguen en el patrón.

18. 10, 20, 30, 40, ■, ■, ■ **19.** 25, 30, 35, 40, ■, ■, ■

20. 30, 26, 22, 18, ■, ■, ■ **21.** 99, 88, 77, 66, ■, ■, ■

VOCABULARIO

REPASO

igual *adjetivo*

En matemáticas, la palabra *igual* se usa para describir cantidades con el mismo valor. Palabras comunes relacionadas incluyen *igualdad, igualar* y *desigual.* ¿En qué se relacionan los significados de estas palabras al significado matemático de *igual*?

PRESENTACIÓN

expresión
variable
ecuación
propiedad conmutativa
propiedad asociativa
propiedad de identidad

APRENDE en línea www.harcourtschool.com

LECCIÓN 1

Expresiones

Repaso rápido

Suma 15 a cada número.

1. 460 **2.** 523

3. 196 **4.** 837

5. 728

VOCABULARIO

expresión

variable

Aprende

FLORES ORNAMENTALES Sue tenía 12 flores. Lily le dio 4 flores más. Sue le dio 3 de sus flores a la maestra. ¿Cuántas le quedan?

Puedes escribir una expresión para hallar el número de flores que le quedan a Sue.

Una **expresión** tiene números y signos de operación. No tiene un signo de igualdad.

Piensa: 12 flores más 4 flores menos 3 flores

$$(12 + 4) - 3$$

Halla el valor de $(12 + 4) - 3$.

$(12 + 4) - 3$ Suma 12 y 4.

$16 - 3$ Réstale 3 a 16.

13

Entonces, $(12 + 4) - 3$ es 13. A Sue le quedan 13 flores.

Los paréntesis indican qué operación se debe hacer primero. Las expresiones con los mismos números y operaciones pueden tener diferentes valores dependiendo de dónde pongas los paréntesis.

Ejemplos

A Halla el valor de $(9 - 5) + 2$.

$(9 - 5) + 2$ Réstale 5 a 9.

$4 + 2$ Suma 4 y 2.

6

Entonces, el valor de $(9 - 5) + 2$ es 6.

B Halla el valor de $9 - (5 + 2)$.

$9 - (5 + 2)$ Suma 5 y 2.

$9 - 7$ Réstale 7 a 9.

2

Entonces, el valor de $9 - (5 + 2)$ es 2.

- ¿En qué se diferencia el ejemplo A del ejemplo B?

Expresiones con variables

Fergus plantó 3 filas en su jardín esta mañana. En la tarde, plantó algunas filas más. ¿Qué expresión puedes escribir para mostrar el número total de filas que plantó?

Puedes usar una variable para mostrar el número de filas que plantó en la tarde. Una **variable** es una letra o símbolo que representa cualquier número que no conoces.

3 filas plantadas en la mañana	más	unas cuantas filas más
↓	↓	↓
3	+	*n*

Entonces, la expresión que muestra el número total de filas es $3 + n$.

¿Cuántas filas plantó Fergus en total si plantó 4 filas en la tarde? Para hallar el valor de la expresión, reemplaza *n* con el número de filas que plantó en la tarde.

$3 + n$

$3 + 4$ ← Reemplaza *n* con 4 ya que plantó 4 filas en la tarde.

↓

7

Entonces, Fergus plantó 7 filas en total.

Enlace con la tecnología

Más práctica: Harcourt Mega Math Polar Planes, *Arctic Algebra*, Nivel G

Más ejemplos

C Halla el valor de $9 - c$ si $c = 2$.

$9 - c$ Reemplaza *c* con 2.

↓

$9 - 2$ Réstale 2 a 9.

↓

7

Entonces, el valor de la expresión es 7.

D Halla el valor de $8 + (m - 2)$ si $m = 6$.

$8 + (m - 2)$ Reemplaza *m* con 6.

↓

$8 + (6 - 2)$ Réstale 2 a 6.

↓

$8 + 4$ Suma 8 y 4.

↓

12

Entonces, el valor de la expresión es 12.

Comprueba

1. **Explica** cuándo necesitas usar una variable al escribir una expresión.

LA LECCIÓN CONTINÚA

Escribe una expresión.

2. Ocho personas estaban en una fiesta y luego llegaron 7 más.

3. Mike tenía 21 carritos de juguete. Le dio 4 a un amigo y luego obtuvo 5 más.

Escribe una expresión. Elige una variable para la incógnita. Di qué representa la variable.

4. Había 22 estudiantes en la clase pero algunos estaban ausentes.

5. Chris tenía 18 tarjetas. Luego compró algunas más pero perdió 7.

Halla el valor de cada expresión.

6. $5 + 2 + 6$

7. $(8 - 7) + 1$

8. $6 - (3 + 2)$

Halla el valor de cada expresión si $g = 6$.

9. $g + 9$

10. $(g - 4) + 7$

11. $5 + (12 - g)$

Práctica y resolución de problemas

Más práctica, página 82, Grupo A

Escribe una expresión.

12. La clase recopiló 15 bolsas de basura y luego recopiló 12 bolsas más.

13. Había 25 escritorios en un salón. Se agregaron cinco más y se sacaron 3.

Escribe una expresión. Elige una variable para la incógnita. Di qué representa la variable.

14. Susan tenía 24 estampillas. Usó algunas para enviar unas cartas.

15. Había 4 pizzas en la fiesta, luego las personas se comieron 3 y ordenaron unas cuantas más.

16. Nancy tenía 23 libros. Su papá compró algunos y le dio todos a Nancy menos 3.

17. Carly comienza con 37 caramelos. Le da uno a cada estudiante en su clase y uno a cada uno de sus 2 hermanos.

Halla el valor de cada expresión.

18. $17 - 9 - 6$

19. $(25 - 10) + 8$

20. $(62 - 40) + 31$

Halla el valor de cada expresión si $a = 12$ y $b = 7$.

21. $50 - a$

22. $a + 10$

23. $(b + 6) + a$

Escribe palabras que correspondan con cada expresión.

24. $14 + 9$

25. $c + (8 - 4)$

26. $80 - (47 - g)$

27. **Vocabulario** La palabra *operación* proviene de la palabra del latín "trabajo". ¿Cómo las operaciones de suma o resta "trabajan" en los números?

28. **¿Cuál es el error?** David dijo que el valor de $40 - (d + 16)$ es 40 si $d = 16$. Describe y corrige su error.

29. Un maestro donó 35 carpetas, 17 libros y 45 lápices a la feria escolar. ¿Cuántos objetos donó el maestro?

30. ¿Qué números enteros pueden ser k y m si la expresión $30 - (k + m)$ tiene un valor de 25?

Repaso y preparación para la prueba

Para los ejercicios 31–32, usa la gráfica.

31. ¿Cuántas muñecas más se vendieron en 2000 que en 2002?

32. ¿Cuál fue el número total de muñecas vendidas en los años 1999 a 2003?

33. Natalie leyó tres libros. Un libro tenía 368 páginas, otro tenía 331 y el último tenía 373 páginas. Ordena los libros del que tiene el mayor número de páginas al que tiene el menor número de páginas. (pág. 24)

34. **Preparación para la prueba** Si 256 personas asistieron a la presentación de una película a las 5:00 p.m. y 324 a la presentación de las 7:30 p.m., ¿cuántas personas asistieron a la película? (pág. 48)

A 680 **C** 570

B 580 **D** 500

35. **Preparación para la prueba** ¿Cuál da el mismo número así se redondee al millar más próximo o a la decena de millar más próxima? (pág. 30)

F 56,037

G 49,411

H 64,348

J 50,485

Resolución de problemas — Enlace con la Salud

La Guía pirámide de alimentos es una tabla que muestra los grupos alimenticios y el número de porciones recomendadas de cada grupo.

USA LOS DATOS **Para los ejercicios 1–2, usa la Guía pirámide de alimentos.**

1. Andy se comió 2 porciones del grupo de panes y cereales en el desayuno. Otras 3 porciones para el almuerzo y algunas para la cena. ¿Tuvo más del número mínimo de porciones recomendadas si se comió 3 porciones en la cena? Explica tu respuesta.

2. ¿Qué expresión podrías escribir para el número de porciones recomendado más alto del grupo de vegetales menos un número de porciones de brócoli?

LECCIÓN 2

Propiedades de la suma

Repaso rápido

1. $2 + (3 + 6)$
2. $14 - (6 + 7)$
3. $(13 - 8) + 5$
4. $(22 + 17) - 22$
5. $30 - (19 - 11)$

VOCABULARIO

propiedad conmutativa
propiedad asociativa
propiedad de identidad

Aprende

COLECCIONISTAS DE MONEDAS Lynda y su hermano Bill coleccionan monedas de 25¢ y monedas de 50¢. Lynda tiene 32 monedas de 25¢ y 20 monedas de 50¢. Bill tiene el mismo número de monedas en su colección. Si él tiene 20 monedas de 25¢, ¿cuántas monedas de 50¢ tiene?

Monedas de Lynda				Monedas de Bill		
32 monedas de 25¢	+	20 monedas de 50¢		20 monedas de 25¢	+	■ monedas de 50¢
↓	↓	↓		↓	↓	↓
32	+	20	=	20	+	■

Los números se pueden sumar en cualquier orden y la suma será igual. Esto se conoce como la propiedad de orden o **propiedad conmutativa**.

Como $32 + 20 = 20 + 32$, entonces ■ = 32.

Entonces, Bill tiene 32 monedas de 50¢.

Hay otras dos propiedades de la suma que puedes usar cuando sumas.

La propiedad de agrupación o **propiedad asociativa** afirma que la manera en que se agrupan los sumandos no altera la suma.

$(14 + 25) + 45 = 14 + (25 + 45)$
$39 + 45 = 14 + 70$
$84 = 84$

La propiedad del cero o **propiedad de identidad** afirma que cuando le sumas cero a cualquier número, la suma es ese número.

$56 + 0 = 56$
$0 + 56 = 56$

Ejemplos Evalúa la expresión.

A $12 + (28 + 30)$
$(12 + 28) + 30$
↓
$40 + 30$
↓
70

Usa la propiedad asociativa para agrupar números que son fáciles de sumar mentalmente.

B $16 + 9 + 4$
$16 + 4 + 9$
↓
$20 + 9$
↓
29

Usa la propiedad conmutativa para alterar el orden de los números.

Comprueba

1. **Explica** en qué se parecen y en qué se diferencian la propiedad conmutativa y la propiedad asociativa.

Halla el número que falta y di qué propiedad de la suma usaste.

2. $\blacksquare + 32 = 32$

3. $14 + 8 = 8 + \blacksquare$

4. $(4 + 9) + 5 = 4 + (\blacksquare + 5)$

5. $7 + 4 = \blacksquare + 7$

6. $0 + \blacksquare = 80$

7. $\blacksquare + (3 + 5) = (7 + 3) + 5$

Práctica y resolución de problemas

Más práctica, página 82, Grupo B

Halla el número que falta y di qué propiedad de la suma usaste.

8. $12 + 64 = \blacksquare + 12$

9. $14 = 0 + \blacksquare$

10. $(23 + 17) = (\blacksquare + 23)$

11. $90 + \blacksquare = 90$

12. $(1 + 17) + 1 = \blacksquare + (17 + 1)$

13. $(4 + 9) + \blacksquare = 4 + (9 + 1)$

Cambia el orden o grupo de sumandos para que los puedas sumar mentalmente. Halla la suma. Di qué propiedad usaste.

14. $17 + 40 + 3$

15. $34 + 46 + 7$

16. $13 + 30 + 70$

17. $23 + 12 + 77 + 12$

18. $800 + 347 + 3 + 200$

19. $1{,}500 + 1{,}500 + 1{,}490$

20. Escribe 3 expresiones diferentes que muestren la cantidad de dinero que posees si tienes una moneda de 25¢, una moneda de 10¢ y una moneda de 5¢.

21. **Por escrito** Explica por qué quisieras cambiar el orden o la agrupación de sumandos cuando hallas una suma.

22. ¿Qué expresión tiene un mayor valor: $18 - (19 - 17)$ o $17 + (19 - 18)$? Explica tu respuesta.

Repaso y preparación para la prueba

Para los ejercicios 23–24, halla el valor de cada expresión si $c = 17$. (pág. 64)

23. $c + 19 - 15$

24. $50 - (c + 2)$

25. Ordena los números 7,969; 7,964 y 7,975 de menor a mayor. (pág. 24)

26. $4{,}900 - 3{,}244$ (pág. 48)

27. **Preparación para la prueba** ¿Qué número hace que este enunciado sea verdadero? (pág. 24)

$$436{,}251 < \blacksquare < 526{,}251$$

A 536,251 **C** 436,251

B 526,251 **D** 456,251

LECCIÓN

3 Ecuaciones

Aprende

BUENAS VIBRACIONES Richard tiene 12 CD en su colección. Le regalaron unos cuantos CD más en su cumpleaños. Ahora tiene un total de 15 CD. ¿Qué ecuación puedes escribir para mostrarlo?

Una **ecuación** es una expresión numérica que afirma que dos cantidades son iguales.

12 CD más otros CD es igual a 15 CD.
↓ ↓ ↓ ↓ ↓
$12 + c = 15$

Entonces, la ecuación es $12 + c = 15$.
La variable c representa el número de CD que le regalaron a Richard en su cumpleaños.

Repaso rápido

1. $17 + 35 = ■$
2. $24 + ■ = 42$
3. $56 - 27 = ■$
4. $49 - ■ = 31$
5. $■ + 58 = 96$

VOCABULARIO

ecuación

Ejemplos

Escribe una ecuación. Elige una variable para la incógnita.

A 5 boletos más algunos boletos más son 45 boletos. Sea b el número de boletos adicionales.

5 + el número de boletos adicionales = 45
↓ ↓ ↓
$5 + b = 45$

La ecuación es $5 + b = 45$.

B Hay unos cuantos estudiantes. Ocho estudiantes se van. Ahora hay 24 estudiantes. Sea n el número de estudiantes al comienzo.

el número de estudiantes al comienzo − 8 = 24
↓ ↓ ↓
$n - 8 = 24$

La ecuación es $n - 8 = 24$.

- **RAZONAMIENTO** ¿Cómo escribirías la ecuación en el ejemplo B si se quedaran solamente 18 estudiantes?

Idea matemática Puedes usar una variable para representar una incógnita cuando escribes ecuaciones o expresiones.

Resolver ecuaciones mentalmente

¿Cuántos CD recibió Richard en su cumpleaños?

Una ecuación es verdadera si los valores son iguales a ambos lados del signo de igualdad. Resuelves una ecuación cuando hallas el valor de una variable que hace verdadera la ecuación. Puedes resolver esta ecuación usando cálculo mental.

$12 + c = 15$ **Piensa:** ¿Qué número más 12 es igual a 15?

$c = 3$

Comprueba: $12 + 3 \stackrel{?}{=} 15$ Reemplaza *c* con 3.

$15 = 15$ ✓ La ecuación es verdadera. El valor de *c* es 3.

Entonces, Richard recibió 3 CD en su cumpleaños.

Más ejemplos Resuelve la ecuación.

C $6 + m = 10$ **Piensa:** ¿Qué número más 6 es igual a 10?

$m = 4$

Comprueba: $6 + 4 \stackrel{?}{=} 10$ Reemplaza *m* con 4.

$10 = 10$ ✓ La ecuación es verdadera.

Entonces, el valor de *m* es 4.

D $g - 8 = 3$ **Piensa:** ¿Qué número menos 8 es igual a 3?

$g = 11$

Comprueba: $11 - 8 \stackrel{?}{=} 3$ Reemplaza *g* con 11.

$3 = 3$ ✓ La ecuación es verdadera.

Entonces, el valor de *g* es 11.

Comprueba

1. **Explica** cómo sabes que el valor de una variable en una ecuación es correcto.

Escribe una ecuación. Elige una variable para la incógnita. Di qué representa la variable.

2. Hay algunas cajas de cereal en un estante. Pauline toma 3 cajas. Ahora hay 12 cajas en el estante.
3. Hay 15 manzanas en la mesa. Cinco de ellas son rojas y las otras son verdes.

Resuelve la ecuación usando cálculo mental. Comprueba tu resultado.

4. $b + 7 = 17$
5. $d - 4 = 8$
6. $5 = 4 + r$
7. $22 - m = 10$
8. $6 = n - 7$
9. $12 + w = 14$

LA LECCIÓN CONTINÚA

Práctica y resolución de problemas

Más práctica, página 82, Grupo C

Para los ejercicios 10–15, escribe una ecuación. Elige una variable para la incógnita. Di qué representa la variable.

10. Hay 25 refrescos en la máquina. El Sr. Lee agrega más refrescos. Ahora hay 42 refrescos.

11. Randy tenía 10 pedazos de cuerda. Regaló un poco. Ahora tiene 3 pedazos de cuerda.

12. Hay 35 crayolas en una caja. Cuatro son rojas y el resto de diferentes colores.

13. Mina agregó 12 monedas de 1¢ a un frasco de monedas de 1¢. Ahora hay 74 monedas de 1¢ en el frasco.

14. Joe tenía 115 CD. Kate le dio unos cuantos más. Ahora Joe tiene 118 CD.

15. Javier tiene 420 puntos. Tiene 30 puntos menos que María.

Resuelve la ecuación usando cálculo mental. Comprueba tu solución.

16. $x + 12 = 17$

17. $8 + p = 14$

18. $q - 7 = 0$

19. $20 - c = 11$

20. $2 = 7 - m$

21. $15 = z + 5$

22. $3 + k = 3$

23. $13 - g = 12$

24. $n - 10 = 1$

Escribe las palabras que correspondan con la ecuación.

25. $c + 5 = 19$

26. $8 - m = 4$

27. $45 = 13 + g$

USA LOS DATOS **Para los ejercicios 28–29, usa la tabla.**

28. Escribe una ecuación usando la variable *n,* para mostrar el número total de CD de música clásica y jazz.

29. El salón de clases tenía algunos CD de música popular y luego obtuvo 4 más. Escribe una ecuación para mostrar el número de CD de música popular que tenía al principio. Di qué representa la variable.

COLECCIÓN DE CD DEL SALÓN DE CLASES

Tipo de música	Número de CD
Clásica	12
Jazz	11
Música internacional	3
Popular	7

30. El zoológico tiene 20 animales en su exhibición de monos. Hay 8 gorilas, 7 chimpancés y el resto son orangutanes y gibones. ¿Podría haber 2 orangutanes y 4 gibones? Explica tu respuesta.

31. **¿Cuál es la pregunta?** Kathy tiene 8 mascotas: 2 perros, 3 gatos y algunos pájaros. Usó la ecuación $5 + n = 8$. La respuesta es $n = 3$.

32. La oficina de correos vendió 2,567 estampillas el lunes y 1,614 el martes. ¿Cuántas estampillas más vendió el lunes que el martes?

33. **DATOS BREVES • CIENCIAS** Los CD de música aparecieron en 1982. Nueve años más tarde, por primera vez, se vendieron más CD que cintas de audio. Escribe una ecuación para determinar en qué año sucedió esto.

Repaso y preparación para la prueba

34. Heath tenía 24 revistas de tiras cómicas. Le dio 6 a Sam y luego compró 3 más. Escribe una expresión que muestre cuántas revistas de tiras cómicas tiene Heath ahora. (pág. 64)

35. $\begin{array}{r} 1{,}463 \\ +\ 2{,}896 \\ \hline \end{array}$ (pág. 48)

36. $\begin{array}{r} 6{,}000 \\ -\ 4{,}756 \\ \hline \end{array}$ (pág. 50)

Para los ejercicios 37–38, halla el valor de la expresión para $c = 12$. (pág. 64)

37. $c + 7$

38. $18 - (c + 1)$

39. **Preparación para la prueba** ¿Qué cifra es 1,000 más que 35,921? (pág. 2)

A 45,921
B 34,921
C 36,921
D 44,921

40. **Preparación para la prueba** ¿Qué propiedad de la suma muestra esta ecuación? (pág. 68)

$$12 + (45 + 28) = (12 + 45) + 28$$

F Propiedad conmutativa
G Propiedad de identidad
H Propiedad del cero
J Propiedad asociativa

Resolución de problemas
Piénsalo más

ECUACIONES EN UNA RECTA NUMÉRICA

A veces, puedes usar una recta numérica para resolver una ecuación.

Resuelve $16 + n = 22$.

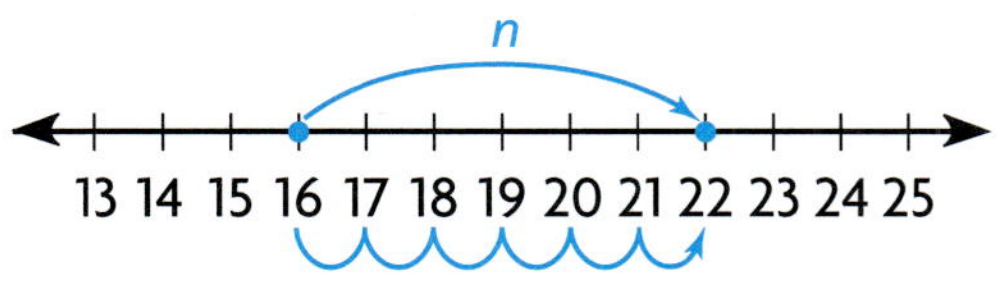

- Dibuja una recta numérica y traza 16 y 22.
- Cuenta el número de espacios desde 16 hasta 22. Este número es el valor de *n*.
- $n = 6$

Comprueba: $16 + 6 \stackrel{?}{=} 22$ Reemplaza *n* con 6.
$22 = 22$ ✓ La ecuación es verdadera.

Entonces, el valor de *n* es 6.

Resuelve $37 - m = 30$.

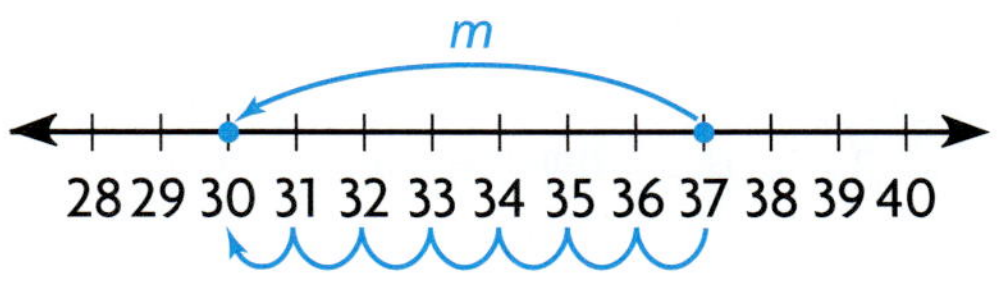

- Dibuja una recta numérica y traza 30 y 37.
- Cuenta el número de espacios desde 37 hasta 30. Este número es el valor de *m*.
- $m = 7$

Comprueba: $37 - 7 \stackrel{?}{=} 30$ Reemplaza *m* con 7.
$30 = 30$ ✓ La ecuación es verdadera.

Entonces, el valor de *m* es 7.

Usa una recta numérica para resolver la ecuación. Comprueba tu solución.

1. $c + 25 = 30$
2. $23 + m = 28$
3. $g - 4 = 41$
4. $24 = x - 8$
5. $24 = y + 15$
6. $17 - b = 13$
7. $38 + a = 49$
8. $32 = 39 - d$

LECCIÓN 4

Patrones: Hallar una regla

Repaso rápido

Suma 4 a cada número.

1. 4 **2.** 6
3. 10 **4.** 14
5. 24

Aprende

TRITURADOR DE NÚMEROS Cuando el Sr. Wiley mete el número 12 en una máquina numérica, sale el número 15. Cuando mete el 18, sale el 21, y cuando mete el 24, sale el 27. ¿Qué número sale cuando mete el número 30 en la máquina?

ENTRADA	SALIDA
12	15
18	21
24	27
30	■

SUGERENCIA: Busca un patrón para hallar una regla.

Patrón: Cada número de salida es 3 más que el de entrada.

Regla: Suma 3.

Entrada: 30   *Salida*: 33

Entonces, cuando el Sr. Wiley mete el número 30, el número de salida es 33.

Puedes escribir una ecuación para mostrar la regla. Usa variables para mostrar la entrada y la salida.

entrada **salida**

$$\underset{\downarrow}{x} + 3 = \underset{\downarrow}{y}$$

Piensa en la ecuación como una regla. Para hallar el valor de y, suma 3 a x.

Ejemplos Halla una regla. Escribe la regla como una ecuación. Usa la ecuación para extender el patrón.

A

ENTRADA	c	2	5	8	11	14
SALIDA	g	6	9	12	■	■

Regla: Suma 4.

$c + 4 = g$

Comprueba tu regla en cada par de números de la tabla.

$c + 4 = g$ $c + 4 = g$

$11 + 4 = 15$ $14 + 4 = 18$

Entonces, los dos números siguientes son 15 y 18.

B

ENTRADA	k	37	24	18	12	6
SALIDA	m	31	18	12	■	■

Regla: Resta 6.

$k - 6 = m$

Comprueba tu regla para cada par de números de la tabla.

$k - 6 = m$ $k - 6 = m$

$12 - 6 = 6$ $6 - 6 = 0$

Entonces, los dos números siguientes son 6 y 0.

Comprueba

1. **Explica** por qué es importante comprobar la regla con todos los números en la tabla.

Halla una regla. Escribe la regla como una ecuación. Usa la ecuación para extender el patrón.

2.

ENTRADA	*x*	6	15	18	23	28
SALIDA	*y*	13	22	25	■	■

3.

ENTRADA	*s*	43	32	21	11	7
SALIDA	*t*	37	26	15	■	■

Práctica y resolución de problemas

Más práctica, página 82, Grupo D

Halla una regla. Escribe la regla como una ecuación. Usa la ecuación para extender el patrón.

4.

ENTRADA	*b*	68	56	45	34	23	12
SALIDA	*c*	57	45	34	23	■	■

5.

ENTRADA	*d*	39	47	55	60	67	75
SALIDA	*f*	26	34	42	47	■	■

6.

ENTRADA	*w*	12	19	28	37	49	54
SALIDA	*z*	■	■	48	57	69	74

7.

ENTRADA	*r*	15	30	20	37	28	43
SALIDA	*s*	■	■	35	52	43	58

Usa la regla y la ecuación para hacer una tabla de entrada y salida.

8. Suma 8.
   $x + 8 = y$

9. Resta 6.
   $h - 6 = j$

10. Suma 12.
    $t + 12 = w$

11. Resta 9.
    $f - 9 = g$

12. Resta 10.
    $r - 10 = s$

13. Suma 21.
    $c + 21 = d$

14. Resta 14.
    $k - 14 = m$

15. Suma 24.
    $a + 24 = b$

16. El estadio cobra el mismo monto de servicio por cada boleto que se compra. El precio total para un boleto de $20 es $22, y el precio por un boleto de $25 es $27. ¿Cuál es el precio total por dos boletos de $30?

17. **Escribe un problema** usando una regla que se muestra en esta tabla. Luego, resuelve tu problema para hallar el número que falta.

ENTRADA	SALIDA
c	*g*
$15	$8
$18	$11
$24	$17
$40	■

Repaso y preparación para la prueba

18. 8,503 (pág. 48)
    −5,92

19. 7,768 (pág. 48)
    +4,309

Escribe el valor del dígito azul. (pág. 4)

20. 345,687

21. 982,521

22. **Preparación para la prueba** ¿Cuál es verdadero? (pág. 20)

A 5,341 > 5,431
B 6,236 = 6,226
C 4,357 < 4,135
D 3,964 > 3,694

LECCIÓN 5

Igualar ecuaciones

Aprende

TODO ES LO MISMO Las cantidades a ambos lados de un signo de igualdad tienen el mismo valor. ¿Qué sucede cuando sumas la misma cantidad a ambos lados de una ecuación?

Marisha y Tony tienen 1 moneda de 5¢ cada uno. La Sra. María le da a Marisha 1 moneda de 10¢ y Tony recibe 2 monedas de 5¢. ¿Tienen la misma cantidad? Usa las monedas para representar el problema.

MANOS A LA OBRA

Actividad

MATERIALES: monedas, tapete

- Divide tu tapete en dos partes. Piensa en cada lado del tapete como un lado de una ecuación.
- Coloca una moneda de 5¢ a cada lado. Luego agrega 1 moneda de 10¢ en el lado izquierdo. Coloca 2 monedas de 5¢ en el lado derecho.

- Compara el valor total de las monedas en cada lado. ¿Son iguales los valores?

Entonces, Tony y Marisha tienen la misma cantidad de dinero.

- Ahora quita una moneda de 5¢ de cada lado. ¿Cuáles son los valores? ¿Son iguales los dos lados? Explica tu respuesta.
- **¿Qué sucedería si** agregaras una moneda de 5¢ en un lado y 4 monedas de 1¢ al otro lado? ¿Serían iguales los dos lados?

Idea matemática Si agregas la misma cantidad a, o restas la misma cantidad de, ambos lados de una ecuación verdadera, los valores a ambos lados siguen siendo iguales y la ecuación sigue siendo verdadera.

Repaso rápido

Escribe la cantidad total de dinero.

1. 1 moneda de 5¢
2. 1 moneda de 5¢, 3 monedas de 1¢
3. 1 moneda de 10¢, 1 moneda de 5¢
4. 2 monedas de 5¢, 4 monedas de 1¢
5. 1 moneda de 10¢, 3 monedas de 5¢, 1 moneda de 1¢

Recuerda

En una ecuación, el lado izquierdo y el lado derecho son iguales. Ambos lados tienen el mismo valor.

Lado izquierdo		Lado derecho
↓		↓
6 + 3	=	9

Sumar o restar cantidades iguales

Ésta es una ecuación verdadera porque los valores a ambos lados son iguales.

$$\begin{array}{ccc} 5 + 4 & = & 9 \\ \downarrow & & \downarrow \\ 9 & = & 9 \end{array}$$

¿Qué sucedería si agregaras 3 al lado izquierdo de la ecuación? ¿La ecuación sigue siendo verdadera si se agrega 3 al lado derecho de la ecuación?

$$5 + 4 = 9$$

Suma 3 al lado izquierdo. → $5 + 4 + 3 = 9 + 3$ ← Suma 3 al lado derecho.

$12 = 12$ ← Compara ambos lados.

Entonces, sumando 3 a ambos lados hace que esta ecuación siga siendo verdadera.

Examples

A

$$9 + 8 = 17$$

Suma 7 al lado izquierdo. → $9 + 8 + 7 = 17 + 7$ ← Suma 7 al lado derecho.

$24 = 24$ ← Compara ambos lados.

B

$$46 = 15 + 31$$

Réstale 14 al lado izquierdo. → $46 - 14 = 15 + 31 - 14$ ← Réstale 14 al lado derecho.

$32 = 32$ ← Compara ambos lados.

Comprueba

1. **Explica** qué tienes que hacer a ambos lados de una ecuación para que la ecuación siga siendo verdadera.

Di si las ecuaciones son verdaderas. Escribe *sí* o *no*. Explica tu respuesta.

2. 2 monedas de 5¢ + 3 monedas de 5¢ = 5 monedas de 10¢
3. 1 moneda de 10¢ − 1 moneda de 5¢ = 5 monedas de 1¢

LA LECCIÓN CONTINÚA

Práctica y resolución de problemas

Más práctica, página 82, Grupo E

Di si las ecuaciones son verdaderas. Escribe *sí* o *no*. Explica tu respuesta.

4. 1 moneda de 25¢ − 2 monedas de 10¢ = 5 monedas de 1¢

5. 1 moneda de 25¢ = 2 monedas de 10¢ + 1 moneda de 5¢

6. 2 monedas de 5¢ + 4 monedas de 5¢ = 5 monedas de 10¢

7. 2 monedas de 10¢ − 3 monedas de 5¢ = 5 monedas de 1¢

8. 2 monedas de 10¢ + 2 monedas de 5¢ = 1 moneda de 10¢ + 4 monedas de 5¢

9. 1 moneda de 25¢ − 1 moneda de 10¢ = 1 moneda de 10¢ + 1 moneda de 5¢

10. 2 monedas de 10¢ + 4 monedas de 5¢ = 1 moneda de 25¢ +5 monedas de 1¢

11. 1 moneda de 10¢ + 10 monedas de 1¢ = 1 moneda de 10¢ + 2 monedas de 5¢

Completa para hacer que la ecuación sea verdadera.

12. 2 monedas de 5¢ + 1 moneda de 10¢ + 3 monedas de 1¢ = 4 monedas de 5¢ + ?

13. 2 monedas de 10¢ + 3 monedas de 5¢ = 1 moneda de 25¢ + ?

14. 2 monedas de 5¢ + 1 moneda de 10¢ − 4 monedas de 1¢ = 3 monedas de 5¢ + ?

15. 2 monedas de 10¢ + 2 monedas de 5¢ = 1 moneda de 25¢ + ?

16. 5 monedas de 5¢ + 3 monedas de 1¢ = 2 monedas de 10¢ + ?

17. 1 moneda de 10¢ + 2 monedas de 5¢ = 1 moneda de 25¢ − ?

18. 1 moneda de 5¢ + 1 moneda de 10¢ + 6 monedas de 1¢ = 4 monedas de 5¢ + ?

19. 3 monedas de 10¢ + 3 monedas de 5¢ = 1 moneda de 25¢ + ?

20. 15 + 3 = 15 + ■

21. 8 + 1 = ■ + 8

22. 8 + 2 + ■ = 10 + 4

23. 10 + 9 − ■ = 19 − 8

24. 20 − ■ = 15 + 5 − 1

25. 7 + 10 = ■ + 5 + 2

26. 15 − 8 = 14 − ■

27. 7 + 9 = ■ + 8

28. 10 + 2 + ■ = 6 + 8

29. 11 + 6 − ■ = 19 − 5

30. **¿Cuál es el error?** Stacey hizo este modelo. Describe su error. ¿Qué debe hacer Stacey para que los valores sean iguales?

31. Bob tiene 23 lápices de colores, 37 marcadores y 25 libretas en una caja. ¿Cuántos objetos hay en la caja de Bob?

32. Carin tenía $14. Su mamá le dio $2. Ella gastó $3 en el almuerzo. Entonces, ¿cuánto dinero tenía?

33. Phan y Li tienen 55¢ cada uno. El Sr. Lee le dio 4 monedas a Phan y 2 monedas a Li. ¿Tienen ellos la misma cantidad de dinero todavía? Explica tu respuesta.

34. Karen tenía 3 veces más monedas que Jon. ¿Podría Jon tener más dinero que Karen? Explica tu respuesta.

Repaso y preparación para la prueba

Para los ejercicios 35–36, usa la gráfica.

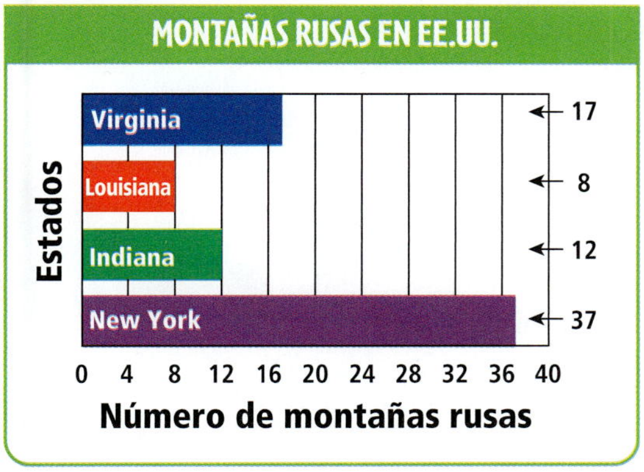

35. Completa: _?_ tiene 5 montañas rusas menos que _?_ .

36. Hay 576 montañas rusas en Estados Unidos. ¿Cuántas montañas rusas hay en los estados que no están listados en la gráfica?

37. Cada fila y columna de la tabla tiene la misma suma. Halla los números que faltan.

112	157	164
213	A	159
108	215	B

38. **Preparación para la prueba** ¿Cuál de las cifras es quinientos cinco mil cincuenta y dos en forma normal? (pág. 4)

A 5,052
B 55,052
C 505,052
D 5,005,052

39. **Preparación para la prueba** ¿Cuál es la solución para esta ecuación?

$$14 - c = 6$$

F $c = 6$
G $c = 8$
H $c = 12$
J $c = 20$

Resolución de problemas — Piénsalo más

ROMPECABEZAS DE DINERO Usa las claves para hallar la combinación y el orden de billetes o monedas.

1. ◯ ◯ ◯ ◯

- El valor de la primera moneda es 13¢ más que el total de las demás.
- La tercera y la cuarta monedas tienen el mismo valor.

2. ▭ ▭ ▭ ▭

- El valor total es un número impar menor que $30.
- El valor del último billete es 4 veces el valor del segundo.

LECCIÓN 6

Estrategia de resolución de problemas
Representar

Repaso rápido

1. 6 + 8 + ■ = 19
2. 7 + 2 + ■ = 18
3. 5 + ■ + 4 = 16
4. ■ + 3 + 8 = 17
5. 4 + ■ + 6 = 15

PROBLEMA Sally y Sam son muy buenos jugadores de ajedrez. Sally ganó 8 juegos. Sam ganó 2 juegos y luego ganó 6 más. El siguiente día Sally ganó 3 juegos más. ¿Cuántos juegos más tiene que ganar Sam para empatar con Sally?

COMPRENDE

- ¿Cuál es la pregunta?
- ¿Qué datos usarás?
- ¿Hay algún dato que no usarás? De ser así, ¿cuál es?

PLANEA

- ¿Qué estrategia puedes usar?
  Representar para mostrar cuántos juegos debe ganar Sam para empatar con Sally. Usa fichas para representar el número de juegos que Sally ganó y que Sam ganó.

RESUELVE

- ¿Cómo puedes usar la estrategia para resolver el problema?
  Usa un tapete y fichas para representar el número de juegos que cada persona ganó.

Sally: 8 + 3 → 11

Sam: 2 + 6 + ■ → 8 + 3 → 11

Usa el modelo para mostrar el número de juegos ganados. Luego escribe una ecuación para mostrar el modelo:
$8 + 3 = 2 + 6 + 3$

Entonces, Sam debe ganar 3 juegos más.

COMPRUEBA

- ¿Cómo puedes comprobar que tu respuesta es correcta?

Práctica • Resolución de problemas

Representa para resolver.

1. **¿Qué sucedería si** Sam ganara 5 juegos más de ajedrez después de empatar con Sally? Si Sam y Sally ganan el mismo número de juegos, ¿cuántos juegos más de ajedrez ganaría Sally después del empate?

2. Bart tenía 6 damas y encontró 7 más. Jenny tiene 8 damas. ¿Cuántas damas más necesitará para que ella y Bart tengan el mismo número de damas?

Estrategias

Resolución de problemas

- Hacer un diagrama o dibujo
- **Hacer un modelo o representar**
- Hacer una lista organizada
- Hallar un patrón
- Hacer una tabla o gráfica
- Predecir y probar
- Volver sobre los pasos
- Resolver un problema más simple
- Escribir una ecuación
- Usar razonamiento lógico

3. Stacey le dio 8 bolígrafos a Dan. Ahora ella tiene 15 bolígrafos. ¿Qué ecuación describe mejor este enunciado?

A $n - 8 = 15$ **C** $n + 8 = 15$
B $15 - 8 = n$ **D** $n + 15 = 2$

4. Lisa tenía 7 casetes. Mike le dio unos más. Ahora ella tiene 12 casetes. ¿Qué ecuación describe mejor este enunciado?

F $7 - c = 12$ **H** $12 - c = 19$
G $7 + c = 12$ **J** $c - 7 = 12$

5. **¿Cuál es el error?** John tomó 9 piezas de ajedrez. Carol tomó 4 piezas y luego tomó 3 más. Carol representa las jugadas y decide que necesita 5 piezas más para tener el mismo número que John. Describe su error. Escribe la respuesta correcta.

Práctica de estrategias mixtas

6. Ben cocina hamburguesas en un picnic. Compró 7 paquetes de panes de hamburguesas. Si cada paquete contiene 8 panes, ¿cuántos panes compró?

7. Kris tiene 3 monedas de 25¢. Zach tiene una cantidad igual de dinero en monedas de 10¢ y 5¢. Zach tiene 9 monedas. ¿Cuántas monedas de 10¢ tiene Zach? ¿Cuántas monedas de 5¢ tiene él?

8. Un juego tiene 24 cuadrados. Cada cuadrado es rojo o negro. El número de cuadrados rojos es 2 veces el número de cuadrados negros. ¿Cuántos cuadrados hay de cada color?

9. Heather tiene 6 lápices y pide prestados 4 más. John tiene 10 lapices. Si John regala 2 lápices, ¿qué debe hacer Heather para tener el mismo número?

Más práctica

Grupo A (págs. 64–67)

Halla el valor de cada expresión si $c = 30$.

1. $186 + c + 10$
2. $(96 - c) + 3$
3. $c + (34 - 10)$
4. $467 - (103 + c)$
5. $(4{,}765 - 3{,}041) + c$
6. $6{,}741 - (c + 1{,}231)$

Grupo B (págs. 68–69)

Halla el número que falta e indica qué propiedad de la suma usaste.

1. $■ + 45 = 45 + 17$
2. $34 + ■ = 34$
3. $(1 + 6) + 7 = 1 + (■ + 7)$
4. $■ + 89 = 89$
5. $9 + (■ + 5) = (9 + 8) + 5$
6. $130 + 79 = 79 + ■$

Grupo C (págs. 70–73)

1. Hay 17 mochilas en un salón. Se recogieron algunas y ahora quedan 7. Escribe una ecuación. Elige una variable para la incógnita. Indica lo que representa la variable.

Resuelve la ecuación usando cálculo mental. Comprueba tu solución.

2. $14 - c = 7$
3. $13 = m + 4$
4. $\$8 + g = \$20$
5. $21 = 6 + k$
6. $a + \$5 = \$14$
7. $4 = 16 - m$

Grupo D (págs. 74–75)

Halla una regla. Escribe la regla como una ecuación. Usa la ecuación para extender el patrón.

1.

ENTRADA	*r*	12	20	31	45	65
SALIDA	*s*	9	17	28	■	■

2.

ENTRADA	*w*	18	26	42	65	86
SALIDA	*v*	■	■	49	72	93

3.

ENTRADA	*x*	54	41	29	15	6
SALIDA	*y*	66	53	41	■	■

4.

ENTRADA	*d*	87	74	63	45	27
SALIDA	*f*	■	■	49	31	13

Grupo E (págs. 76–79)

Completa para que se cumpla la ecuación.

1. 2 monedas de 10¢ + 2 monedas de 5¢ + 3 monedas de 1¢ = 7 monedas de 5¢ − __?__
2. 1 moneda de 25¢ + 4 monedas de 10¢ = 2 monedas de 25¢ + 1 moneda de 10¢ + __?__
3. $5 + 7 = 7 + ■$
4. $26 - ■ = 15 + 5$

Repaso/Prueba

COMPRUEBA EL VOCABULARIO Y LOS CONCEPTOS

Elige el mejor término de la casilla.

ecuación
expresión
variable

1. Una letra o un símbolo que representa una incógnita es una _?_. (pág. 65)
2. Una _?_ combina números y operaciones pero no tiene un signo de igualdad. (pág. 64)

COMPRUEBA LAS DESTREZAS

Halla el valor de cada expresión si $g = 108$. (págs. 64–67)

3. $g - (20 + 12)$
4. $251 + g + 289$
5. $44{,}876 - (317 - g)$
6. $(240 + 52) - g$
7. $485 - (g + 93)$
8. $g + (169 - 47)$

Halla el número que falta e indica la propiedad de la suma que usaste. (págs. 68–69)

9. $■ + 9 = 9 + 6$
10. $(2 + 1) + ■ = 2 + (1 + 3)$
11. $0 + ■ = 55$

Resuelve la ecuación usando cálculo mental. (págs. 70–73)

12. $x + 8 = 14$
13. $23 - k = 11$
14. $9 = 15 - n$

15. Joaquín tenía 50 banderas deportivas. Intercambió 32 de sus banderas por 15 banderas nuevas. Escribe una expresión. ¿Cuántas banderas le quedan? (págs. 64–67)

16. 36 flores menos algunas flores es igual a 24 flores. Escribe una ecuación. Elige una variable para la cantidad desconocida. Indica lo que representa la variable. (págs. 70–73)

17. Completa para que se cumpla la ecuación. (págs. 76–79)

    5 monedas de 10¢ + 2 monedas de 5¢ = 3 monedas de 10¢ + _?_ + 5 monedas de 1¢

18. Halla una regla. Escribe la regla como una ecuación. Extiende el patrón. (págs. 74–75)

ENTRADA	*c*	47	54	62	84	96
SALIDA	*k*	56	■	71	93	■

COMPRUEBA LA RESOLUCIÓN DE PROBLEMAS

Para los ejercicios 19–20, representa para resolver. (págs. 80–81)

19. Karl y Erik trabajaron en un proyecto. Karl trabajó 8 horas. Juntos, ellos trabajaron 14 horas. ¿Cuántas horas trabajó Erik?

20. Había 23 miembros en la Tropa 102. Se inscribieron nuevos miembros y ahora hay 30 miembros. ¿Cuántos nuevos miembros se inscribieron?

CAPÍTULOS 1–4

Preparación para pruebas

PERCEPCIÓN NUMÉRICA, CONCEPTOS Y OPERACIONES

1. Andy hizo esta tabla del número de boletos vendidos en el concierto de primavera.

BOLETOS DEL CONCIERTO VENDIDOS	
Día	**Número**
Jueves	2,104
Viernes	2,459
Sábado	3,066
Domingo	3,006
Lunes	2,495

¿Qué enunciado es verdadero?

A Se vendieron más boletos el lunes que el sábado.

B Se vendieron menos boletos el sábado que el domingo.

C El viernes se vendió el mayor número de boletos.

D El jueves se vendió el menor número de boletos.

2. El monte McKinley, la montaña más alta de Estados Unidos, tiene 20,320 pies de altura. El monte Everest, la montaña más alta del mundo, tiene 29,035 pies de altura. ¿Cuánto más alto es el monte Everest que el monte McKinley?

F 9,715 pies **H** 8,715 pies

G 9,285 pies **J** 8,285 pies

3. **Explícalo** ¿Cuál es un número más razonable de canicas en el frasco lleno, 50 o 500? Explica tu razonamiento.

10 canicas

GEOMETRÍA Y ORIENTACIÓN ESPACIAL

4. ¿Qué figura muestra rectas secantes?

A
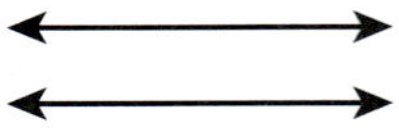

B

C

D
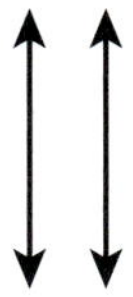

5. ¿Cuántos lados tienen los 5 cuadrados siguientes?

F 10

G 15

H 20

J 25

> **IDEA** **Fíjate en palabras importantes.** Mira el ejercicio 6. Una palabra importante es *vértices*. Los nombres de las figuras también son importantes. Determina cuántos vértices tiene cada figura.

6. **Explícalo** Ella quiere dibujar una figura plana sin vértices. ¿Qué figura debe dibujar Ella? Escribe *círculo, cuadrado, rectángulo* o *triángulo*. Explica cómo lo decidiste.

RAZONAMIENTO ALGEBRAICO

7. Ángela ahorró $\$85$ para comprar una bicicleta. Sea *m* la cantidad que Ángela aún necesita para comprar la bicicleta. ¿Qué expresión muestra cuánto cuesta la bicicleta?

A $m + 85$

B $m - 85$

C $m \times 85$

D $m \div 85$

8. Usa la recta numérica para resolver $26 + x = 33$.

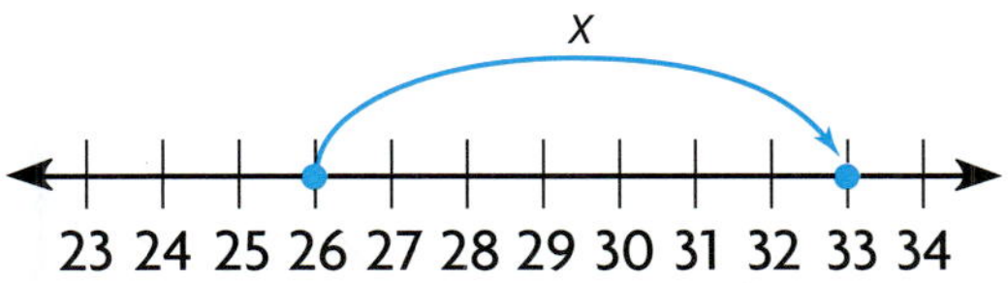

F $x = 1$

G $x = 7$

H $x = 26$

J $x = 33$

9. **Explícalo** Usa la ecuación $m + 11 = p$ para extender el patrón en la tabla.

ENTRADA	SALIDA
m	*p*
9	20
22	33
45	56
60	71
73	■
88	■
123	■

Explica cómo hallaste los números que faltan.

ANÁLISIS DE DATOS Y PROBABILIDAD

10. Si se hace girar una flecha giratoria 30 veces, ¿en qué color probablemente caerá la flecha la **mayor** cantidad de veces?

A rojo

B azul

C verde

D amarillo

11. ¿Cuál es la edad mediana en la siguiente tabla?

EDADES DE LOS PERROS (en años)

Perro	Bo	Fifi	Fido	Max	Jet
Edad	4	1	6	3	5

F 6

G 5

H 4

J 3

12. **Explícalo** Chris prepara su almuerzo para la escuela. Puede preparar un emparedado de queso o uno de pavo, y una manzana o una naranja o un plátano.

¿Cuántas combinaciones diferentes de almuerzo son posibles? Haz una lista para mostrar cómo decidiste tu respuesta.

Manualidades

Una cadena de valor posicional

PROYECTO Haz una cadena de valor posicional para practicar los conceptos de valor posicional al leer números mayores.

Materiales

- Anillos de 2 paquetes de 6 refrescos
- Tijeras
- 2 ganchos de patitas
- Marcadores
- Hoja de círculos con dígitos

Instrucciones

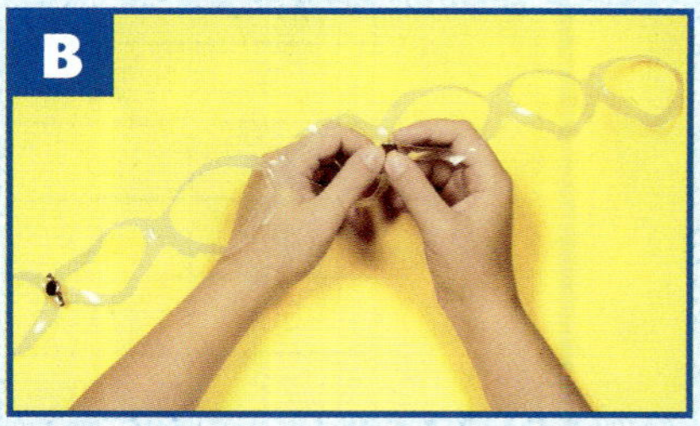

1. Recorta los anillos de 2 paquetes de 6 refrescos a lo largo para formar 4 cadenas de tres anillos. *(ilustración A)*
2. Une dos cadenas traslapando un extremo de cada cadena y sujetándolos con un gancho de patitas. Repite esto para unir otra cadena para formar una sola cadena larga de nueve anillos. *(ilustración B)*
3. Escribe *UNIDADES* arriba en el primer anillo, *DECENAS* arriba en el segundo anillo y *CENTENAS* arriba en el tercer anillo. Escribe el nombre del período para estas tres primeras posiciones—*UNIDADES*. Repite esto para los próximos 6 anillos e incluye el nombre del período en cada grupo de 3 anillos. *(ilustración C)*
4. Trabaja con un compañero. Coloca la cadena de valor posicional sobre tu pupitre. Cuando tu compañero lea un número, coloca círculos con dígitos en los anillos de valor posicional correspondientes en tu cadena para mostrar el número. También puedes colocar círculos con dígitos en la cadena de tu compañero y pedirle que él o ella lea el número.

Desafío

Otras bases

El sistema numérico decimal es un sistema de *base diez* porque cada valor posicional es diez veces el valor posicional a la derecha. El sistema usa los dígitos 0, 1, 2, 3, 4, 5, 6, 7, 8, y 9.

Los números también se pueden escribir con otras bases aparte de la base diez. Por ejemplo, en el sistema de *base cinco*, cada valor posicional es cinco veces el valor posicional a la derecha. Ese sistema usa los dígitos 0, 1, 2, 3, y 4.

Éstos son los primeros cuatro valores posicionales para las posiciones de los números en los sistemas de base diez y de base cinco.

Valor posicional de base diez	1,000	100	10	1
Valor posicional de base cinco	125	25	5	1

El valor de un número depende del sistema numérico en el cual está escrito. Para hallar el número de base diez que es equivalente a un número de base cinco, multiplica cada dígito por su valor posicional de base cinco y luego suma.

¿Cuál es el número de base diez que es equivalente al número 143 de base cinco?

PASO 1 Halla el valor de cada dígito multiplicando el dígito por su valor posicional.

Valor posicional de base cinco	125	25	5	1
Dígito		1	4	3

El valor del dígito **1** es $1 \times 25 = \mathbf{25}$.
El valor del dígito **4** es $4 \times 5 = \mathbf{20}$.
El valor del dígito **3** es $3 \times 1 = \mathbf{3}$.

PASO 2 Suma los valores.

$\mathbf{25 + 20 + 3 = 48}$

Entonces, el número de base diez que es equivalente al número 143 de base cinco es 48.

Usa la tabla de valor posicional anterior para escribir el número de base diez que es equivalente a cada número de base cinco.

1. 22 **2.** 404 **3.** 1214 **4.** 4302

Usa la siguiente tabla de valor posicional de números de base dos para escribir el número de base diez que sea equivalente a cada número de base dos.

5. 11 **6.** 110

7. 1011 **8.** 1100

Valor posicional de base dos	8	4	2	1

Guía de estudio y repaso

VOCABULARIO

Elige el mejor término de la casilla.

punto de referencia
ecuación
expresión
variable

1. Un número conocido de cosas que te ayuda a comprender el tamaño o la cantidad de un número diferente de cosas es un _?_. (pág. 10)
2. Un símbolo o letra que representa un número desconocido es una _?_. (pág. 65)
3. Una parte de un enunciado numérico que combina números y operaciones pero que no tiene un signo de igualdad es una _?_. (pág. 64)

ESTUDIA Y RESUELVE

Capítulo 1

Escribe el valor de un dígito.

Escribe el valor del dígito azul.

4,359,687

El dígito 5 está en la posición de las decenas de millar.

Entonces, el dígito 5 tiene un valor de 50,000.

Escribe el valor del dígito azul. (págs. 2–9)

4. 62,422
5. 382,755
6. 7,405,699
7. 1,469,302
8. 841,977,302
9. 354,821,638

Capítulo 2

Compara y ordena los números.

Ordena 6,824; 8,643; y 6,834 de *menor* a *mayor.*

6,824 ↓ $8 > 6$ 8,643 ↓ $8 > 6$ 6,834	6,824 ↓ $8 = 8$ 6,834	6,824 ↓ $2 < 3$ 6,834
8,643 es el número mayor.	Tienen el mismo número de centenas.	$6,824 < 6,834$

Entonces, $6,824 < 6,834 < 8,643$.

Escribe $<$, $>$ o $=$ para cada ●. (págs. 20–23)

10. 6,260 ● 6,620
11. 4,920 ● 4,290
12. 68,750 ● 68,750
13. 14,211 ● 4,321
14. 1,800,234 ● 1,801,254
15. Ordena los números 78,994; 87,497; y 78,499 de *menor a mayor.* (págs. 24–27)

Capítulo 3

Estima y halla las sumas y diferencias.

Halla la diferencia.

$$\begin{array}{r} \overset{4}{\cancel{5}},\overset{\overset{9}{10}}{\cancel{0}}\overset{\overset{9}{10}}{\cancel{0}}\overset{10}{\cancel{0}} \\ -3,567 \\ \hline 1,433 \end{array}$$

- Reagrupa cuando sea necesario.
- Resta las unidades.
- Resta las decenas.
- Resta las centenas.
- Resta los millares.

Halla la suma o diferencia. Estima para comprobar. (págs. 44–55)

16. $\begin{array}{r} 99,452 \\ -\ 6,803 \\ \hline \end{array}$

17. $\begin{array}{r} 132,741 \\ +104,458 \\ \hline \end{array}$

18. $\begin{array}{r} 13,000 \\ -10,687 \\ \hline \end{array}$

19. $\begin{array}{r} 400,561 \\ +592,625 \\ \hline \end{array}$

Capítulo 4

Escribe expresiones y ecuaciones que contengan variables.

20 tazas menos unas tazas más 3 tazas

$$(20 - t) + 3$$

Los paréntesis se usan para $20 - t$ ya que se eliminaron algunas tazas, t, antes de agregar 3 tazas.

Escribe una expresión o ecuación para cada problema. Elige una variable para la incógnita. (págs. 64–67, 70–73)

20. Sandy tenía 5 tarjetas. Regaló algunas.

21. Shanti tenía algunas estampillas. Le regaló 23 a Penny. Le quedan 71 estampillas a Shanti.

Resuelve las ecuaciones usando cálculo mental.

Resuelve la ecuación.

$12 + t = 20$ — **Piensa:** ¿12 más qué número es igual a 20?

$t = 8$

Comprueba: $12 + 8 = 20$ — Sustituye t por 8.

$20 = 20$ ✓ — La ecuación es verdadera.

El valor de t es 8.

Resuelve la ecuación usando cálculo mental. Comprueba tu solución. (págs. 70–73)

22. $m - 4 = 11$

23. $g + 9 = 13$

24. $12 = 24 - r$

25. $8 = 5 + w$

PRÁCTICA • RESOLUCIÓN DE PROBLEMAS (págs. 56–57, 80–81)

26. El Sr. Miller ha escrito 157 páginas de un libro. Quiere que el libro tenga unas 550 páginas. ¿Cerca de cuántas páginas más debe escribir? Indica si se necesita una respuesta exacta o una estimación y resuelve.

27. Jack y Mary juegan un juego. Jack tiene 7 tarjetas y toma una de la pila de tarjetas que no se han usado. Mary tiene 5 tarjetas. ¿Cuántas tarjetas más necesita Mary para tener el mismo número que Jack?

EVALUACIÓN DEL RENDIMIENTO

TAREA A • ESTUDIO DEMOGRÁFICO

Los estudiantes de la clase de María escriben unos informes sobre los países centroamericanos. En un almanaque, María lee que la población de El Salvador es cerca de 6,123,000; la población de Honduras es cerca de 6,250,000; la población de Costa Rica es cerca de 3,711,000; y la población de Nicaragua es cerca de 4,813,000.

a. Haz una tabla para organizar los datos demográficos de los cuatro países.

b. Describe el orden en el cual se listan las poblaciones. ¿Dónde está Nicaragua en tu lista?

c. María leyó que la población de Panamá es cerca de 2,800,000. Ella se imaginó que este número probablemente se redondeó a la centena de millar más próxima. Describe los números que podrían representar la población actual de Panamá. ¿Dónde listarías a Panamá en tu tabla?

TAREA B • COMPRAR UNA COMPUTADORA

Los Stockwell ahorraron $1,900 para comprar una computadora, un monitor y una impresora. La tabla muestra el costo de los artículos que podrían escoger.

Computadora		Monitor		Impresora	
Marca A	$1,029	15-pulgadas	$239	de chorro de tinta	$289
Marca B	$1,179	17-pulgadas	$379	láser	$429

a. Estima para hallar una posible opción de computadora, monitor e impresora que los Stockwell pudieran comprar con el dinero que tienen. Luego halla el costo total actual de estos artículos.

b. ¿Cuánto sobrará de los $1,900 si ellos compran los artículos que sugeriste?

c. Imagínate que los Stockwell deciden abrir otra cuenta de ahorros para comprar software. Depositan $100 en la cuenta. Sacan $45 para comprar un nuevo juego y luego depositan $20. Escribe una expresión para hallar la cantidad de dinero que queda en la cuenta. Luego halla el valor de la expresión.

Enlace con la tecnología

Ordenar números

Hay 16,549,000 acres de tierra forestal en Florida. North Carolina tiene 19,278,000 acres forestales, Virginia tiene 15,858,000 acres forestales y Alabama tiene 21,974,000 acres forestales. Coloca los estados en orden de mayor a menor cantidad de tierras forestales.

Hoja de cálculo

	A	B	C
1	Florida	16,549,000	
2	North Carolina	19,278,000	
3	Virginia	15,858,000	
4	Alabama	21,974,000	
5			

Puedes usar un programa de hojas de cálculo para ordenar una lista de datos.

- Entra los datos en dos columnas en una hoja de cálculo y resáltalos todos.
- Haz clic en *Datos*. Luego haz clic en *Ordenar*.
- Entonces puedes seleccionar la columna según la cual se va a ordenar. Para ordenar la lista de datos por número de acres, selecciona *Columna B*.
- Selecciona si vas a ordenar la lista en orden *ascendente* o *descendente*. Para ordenar de mayor a menor, selecciona *descendente*.
- Luego se ordenará la lista de mayor a menor.

Hoja de cálculo

	A	B	C
1	Alabama	21,974,000	
2	North Carolina	19,278,000	
3	Florida	16,549,000	
4	Virginia	15,858,000	
5			

Entonces, los estados en orden de mayor a menor cantidad de tierras forestales son Alabama, North Carolina, Florida y Virginia.

Práctica y resolución de problemas

Usa un programa de hojas de cálculo para ordenar los números.

1. La clase de Mark recogió 140 latas durante la primera semana, 134 latas durante la segunda semana y 143 latas durante la tercera semana. ¿En qué semana recogió más latas la clase de Mark?

2. North Carolina tiene 301 millas de litoral. Louisiana tiene 397 millas y Texas tiene 367 millas de litoral. ¿Cuál de estos estados tiene el litoral más corto?

APRENDE en línea

Glosario de matemáticas **www.harcourtschool.com**

Vocabulario Busca el término *dígito* en el Glosario de matemáticas. Escribe un problema que se pueda resolver ordenando tres números de 4 dígitos.

▲ El río Mississippi comienza como un arroyo, 20 pies de ancho, en el desagüe del lago Itasca, Minnesota.

RESOLUCIÓN DE PROBLEMAS POR EL PAÍS

en Minnesota

LAGOS

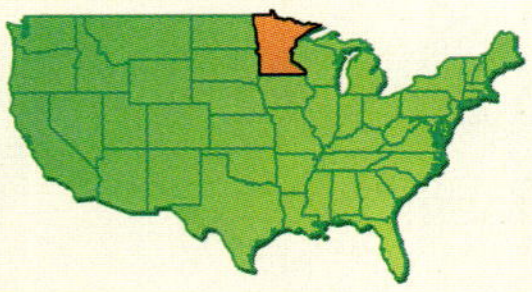

A Minnesota se le llama "la tierra de los 10,000 lagos", pero en realidad tiene más de 15,000 lagos.

USA LOS DATOS Para los ejercicios 1–5, usa la tabla.

TAMAÑOS DE LOS LAGOS DE MINNESOTA	
Lago	**Tamaño (en acres)**
Lago Cass	15,596
Lago Mille Lacs	132,516
Lago Minnetonka	14,004
Lago Vermilion	40,557
Lago Winnibigoshish	58,544
Lago Leech	111,527
Lago Otter Tail	13,725
Lago Upper Red	107,832

1. **RAZONAMIENTO** ¿Qué dos lagos tienen tamaños muy parecidos? ¿Cuál es la diferencia entre sus tamaños?
2. ¿Cuál es la diferencia en tamaño entre el lago más grande y el más pequeño?
3. ¿A qué posición tendrías que redondear los tamaños de los lagos Winnibigoshish y Leech para obtener el mismo número?
4. Tom pescó algunas percas en el lago Vermilion. Él puede pescar 5 percas más antes de alcanzar el límite diario de 20. Escribe una ecuación con una variable que muestre esto. Resuelve la ecuación.
5. **AMPLÍA TU CONOCIMIENTO** El lago Lower Red tiene cerca de 44,168 acres más que el lago Upper Red. Escribe una expresión que muestre el tamaño total de estos dos lagos conectados.

PARQUES

El río Mississippi de 2,348 millas de largo comienza en Minnesota, desde donde fluye a partir del lago Itasca. Puedes visitar las fuentes del río Mississippi en el Parque Estatal Itasca. El río Mississippi atraviesa 10 estados en su recorrido hacia el sur hasta el golfo de México.

USA LOS DATOS Para los ejercicios 1–5, usa la tabla.

1. Pon los estados en orden de *menor* a *mayor* población. ¿Qué estado posee la tercera población más grande?
2. Si redondeas la población de cada estado al millar más próximo, ¿en qué estados aumentará la población en 1 en la posición de los millares?
3. Escribe la población de Minnesota en forma desarrollada.
4. **¿Qué sucedería si** se mudaran algunas personas, p, a Illinois? ¿Qué expresión puedes escribir para mostrar el número de personas que vivirían allí si eso ocurriera?
5. ¿Cuántas personas más viven en Tennessee que en Louisiana?

POBLACIONES DE LOS ESTADOS QUE BORDEAN EL RÍO MISSISSIPPI

Estado	Población
Arkansas	2,551,373
Illinois	12,128,370
Iowa	2,869,413
Kentucky	3,960,825
Louisiana	4,372,035
Minnesota	4,775,508
Mississippi	2,768,619
Missouri	5,468,338
Tennessee	5,483,535
Wisconsin	5,250,446

El lago Vermilion es el sexto más grande en Minnesota. ▶

CAPÍTULO 5 Comprender la hora

Locomotora de vapor

DATOS BREVES • ESTUDIOS SOCIALES La primera compañía de ferrocarriles de Estados Unidos, la Baltimore & Ohio Railroad, fue fundada en 1827. Desde entonces, se han construido ferrocarriles en todo Estados Unidos. La siguiente gráfica lineal muestra cómo ha cambiado con el tiempo el número de millas de la línea férrea en Estados Unidos.

RESOLUCIÓN DE PROBLEMAS ¿Durante qué período de dos décadas ocurrió el mayor incremento en millas de la línea férrea?

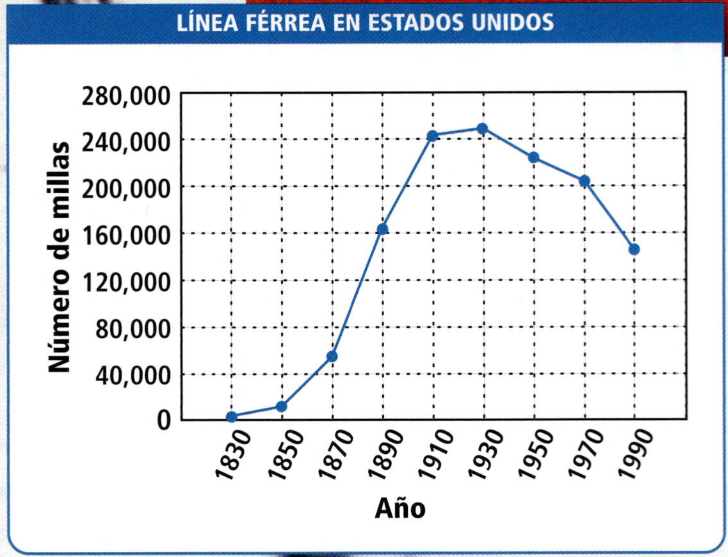

Comprueba lo que sabes

Usa esta página para repasar y recordar destrezas importantes que se necesitan para el Capítulo 5.

LA HORA AL MINUTO MÁS PRÓXIMO

Escribe la hora.

1. 

2. 

3. 

4. 

Escribe la hora en palabras.

5. 

6. 

7. 

8. 

USA UN CALENDARIO

Para los ejercicios 9–12, usa el calendario.

Noviembre						
Dom.	Lun.	Mar.	Mié.	Jue.	Vie.	Sáb.
					1	2
3	4	5	6	7	8	9
10	11	12	13	14	15	16
17	18	19	20	21	22	23
24	25	26	27	28	29	30

9. ¿Qué día de la semana es el 14 de noviembre?

10. ¿Cuál es la fecha del tercer martes de noviembre?

11. Si encierras en un círculo todas las fechas de los sábados y domingos de noviembre, ¿cuántas fechas estarían en un círculo?

12. Si las prácticas de fútbol son los lunes y miércoles, ¿cuántas prácticas de fútbol habrá en noviembre?

VOCABULARIO

REPASO

minuto *sustantivo*

Durante la Revolución Americana hubo un grupo de patriotas llamados *minutemen* (hombres del minuto). ¿Qué te dice este nombre acerca de la rapidez con la que estos hombres podían alistarse para la batalla?

PRESENTACIÓN

segundos
tiempo transcurrido
siglo
década

APRENDE en línea www.harcourtschool.com

LECCIÓN 1

Decir la hora

Repaso rápido

Indica la hora que es 15 minutos antes de cada hora.

1. 1:00 **2.** 11:30 **3.** 2:15

4. 5:45 **5.** 7:00

VOCABULARIO

segundos (seg)

Aprende

¿A TIEMPO? Esta mañana, la familia de Aaron viajará en el ferrocarril Tweetsie. El tren sale a las once en punto. La familia de Aaron está en la sala de espera de la estación. La hora actual se muestra en el reloj. ¿La familia de Aaron perdió el tren?

El reloj marca las 10:48, o sea, 12 minutos antes de las 11:00. Entonces, la familia de Aaron no perdió el tren.

En 1992, la locomotora #12, cuyo propietario era la Tweetsie Railroad en Blowing Rock, N.C., fue incluida en el Registro nacional de lugares históricos.

Ejemplos

A

Lee o escribe esta hora como:

- 9:50
- 50 minutos después de las nueve
- 10 minutos antes de las 10

B

Lee o escribe esta hora como:

- 2:24 y 16 segundos
- 24 minutos y 16 segundos después de las dos
- 44 segundos antes de las 2:25

Usa lo que sabes acerca de las unidades de tiempo para estimar cuánto durará una actividad.

- ¿Qué actividades puedes hacer en 1 segundo? ¿En 1 minuto? ¿En 5 minutos?

UNIDADES DE TIEMPO
60 segundos (seg) = 1 minuto (min)
60 minutos = 1 hora (hr)
24 horas = 1 día

Comprueba

1. **Explica** cómo hallar el número de segundos en 2 minutos.

Escribe la hora como se muestra en un reloj digital.

2. 38 minutos después de las seis

3. 16 minutos antes de las dos

4. 19 minutos después de las cuatro

Práctica y resolución de problemas

Más práctica, página 108, Grupo A

Escribe la hora como se muestra en un reloj digital.

5. 17 minutos después de las cuatro

6. 10 minutos antes de las cinco

7. 13 minutos antes de las siete

Escribe la hora que se muestra en el reloj en 2 formas diferentes.

8.

9.

10.

11.

12.

13.

Escribe la letra de la unidad usada para medir el tiempo.

a. días **b.** horas **c.** minutos **d.** segundos

14. parpadear

15. desayunar

16. del amanecer al atardecer

17. ¿Cuántos minutos hay en 3 horas 25 minutos?

18. ¿Cuántos segundos hay en 4 minutos 12 segundos?

19. Tu amigo va a ir a recogerte en la estación del tren. Necesitas decirle la hora de llegada de tu tren. ¿Deberías ser preciso al día, hora, minuto o segundo más próximo? Explica tu respuesta.

20. Normalmente, una persona parpadea 1 vez cada 6 segundos. ¿Cerca de cuántas veces parpadea una persona en 30 segundos? ¿Cerca de cuántas veces parpadea una persona en 1 minuto?

Repaso y preparación para la prueba

21. Escribe trescientos sesenta y cinco mil ochocientos cuarenta y dos en forma normal. (pág. 4)

Halla el número que falta. (pág. 76)

22. 16 + ■ = (11 + 5)

23. 14 + ■ = 7 + 7 + 6

24. La escuela Lowell tiene 513 estudiantes. Hay 284 niñas. ¿Cuántos niños menos que niñas hay? (pág. 48)

25. **Preparación para la prueba** La alcancía de Wendy tiene 7 monedas de 25¢, 11 monedas de 10¢, 16 monedas de 5¢ y 37 monedas de 1¢. ¿Cuánto dinero hay en su alcancía?

A \$3.57 **B** \$3.77 **C** \$4.02 **D** \$4.27

LECCIÓN 2

Tiempo transcurrido

Aprende

DE PRINCIPIO A FIN La escuela primaria Trail realiza una feria cultural. Usa el horario para saber cuánto durará la feria.

El **tiempo transcurrido** es el tiempo que pasa desde el comienzo hasta el final de una actividad. Puedes usar un reloj para contar hacia adelante a partir de la hora inicial hasta la hora final.

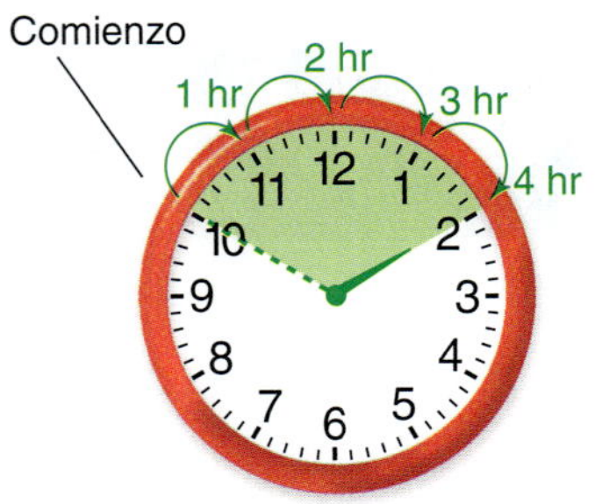

Piensa: De 10:00 a.m. a 2:00 p.m. han pasado 4 horas completas.

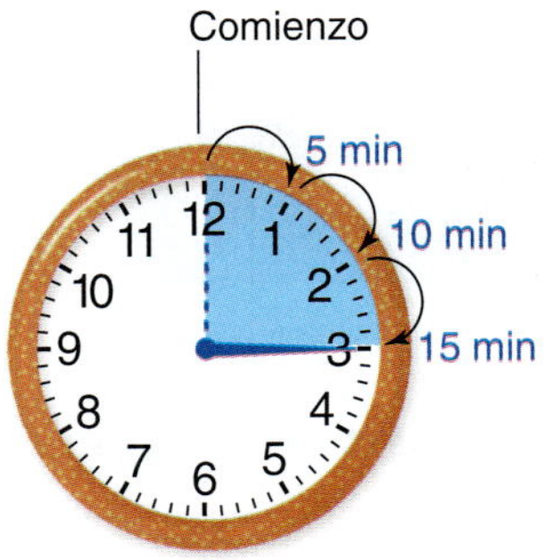

Piensa: De 2:00 p.m. a 2:15 p.m. han pasado 15 minutos.

Entonces, la feria durará 4 hr 15 min.

Repaso rápido

Escribe la hora usando a.m. o p.m.

1. cuando despiertas
2. cuando llegas a la escuela
3. cuando almuerzas
4. cuando se pone el so
5. cuando te acuestas

VOCABULARIO

tiempo transcurrido

Ejemplo 1

Se agregó una presentación de karate a las 2:30 p.m. Si dura 35 minutos, ¿a qué hora terminará?

De una manera

Cuenta hacia adelante en un reloj.

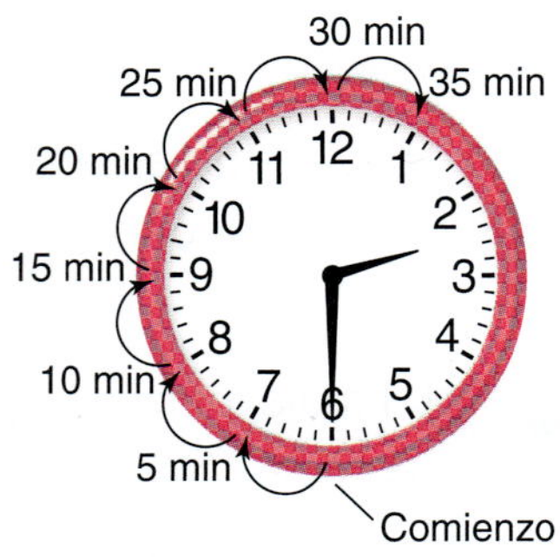

De otra manera

Usa la suma.

	2 hr 30 min
+	35 min
	2 hr 65 min

Piensa: 60 min = 1 hr

Entonces, 2 hr + 1 hr + 5 min = 3 hr 5 min.

Ambas maneras muestran que la presentación de karate terminará a las 3:05 p.m.

Recuerda

a.m. significa "antes del mediodía"
p.m. significa "después del mediodía"

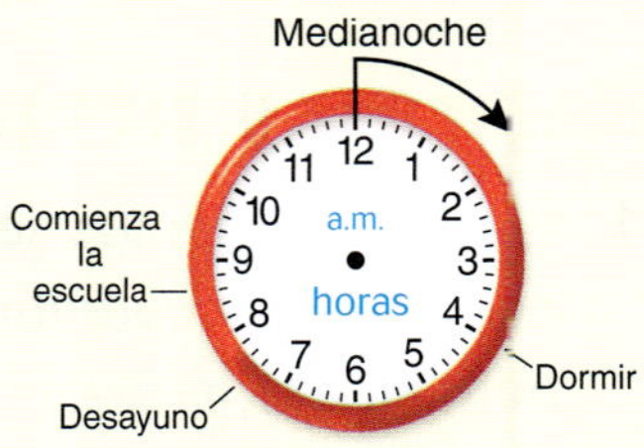

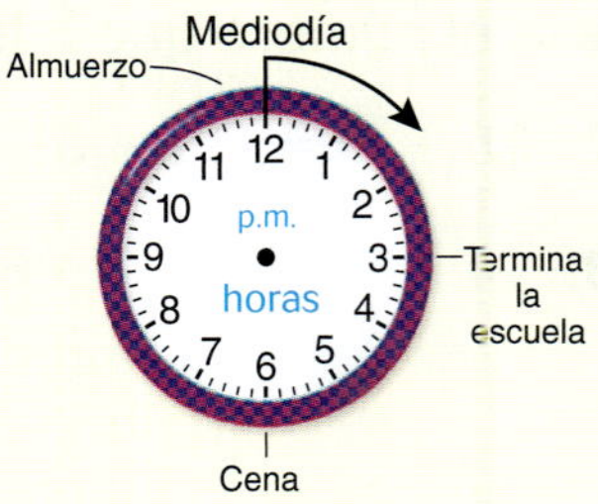

Ejemplo 2

El director quiere cambiar el espectáculo de baile para las 10:15 a.m. El desfile debe terminar a las 10:10 a.m. El desfile durará 45 minutos. Halla a qué hora comienza el desfile.

De una manera

Cuenta hacia atrás en un reloj.

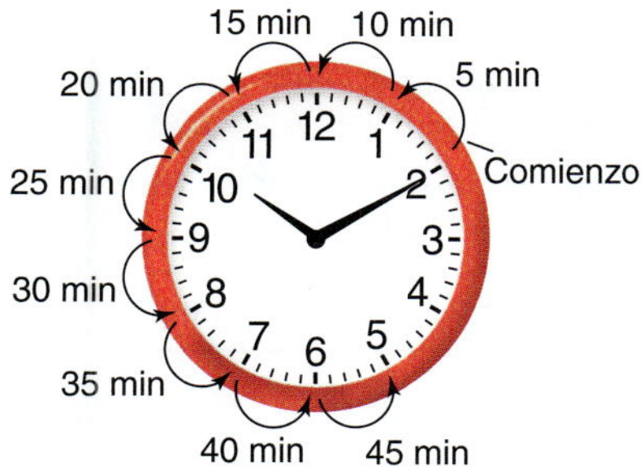

De otra manera

Usa la resta.

Piensa: 1 hr = 60 min
Convierte 10 hr 10 min
en 9 hr 70 min.
60 min + 10 min = 70 min

$$\begin{array}{r} \overset{9}{\cancel{10}}\text{ hr }\overset{70}{\cancel{10}}\text{ min} \\ -\quad 45\text{ min} \\ \hline 9\text{ hr }25\text{ min} \end{array}$$

El desfile debe empezar a las 9:25 a.m.

- La mamá de Rana puede asistir solo al espectáculo de transparencias y la demostración de comida. ¿Estará ella en la escuela durante más de 2 horas o durante menos de 2 horas? Explica tu respuesta.

Enlace con la tecnología

Más práctica: Harcourt Mega Math, The Number Games, *Tiny's Think Tank,* Nivel D

Comprueba

1. **Explica** cómo hallar el tiempo transcurrido desde el comienzo del espectáculo de transparencias hasta el final de mostrar y compartir en la feria cultural. Usa los datos de la página 98.

Halla el tiempo transcurrido.

2. **comienzo:** 9:30 a.m.
   final: 4:50 p.m.
3. **comienzo:** 11:10 a.m.
   final: 2:45 p.m.
4. **comienzo:** 1:20 p.m.
   final: 9:05 p.m.

USA LOS DATOS Para los ejercicios 5–6, usa el horario de cine.

5. ¿A qué hora termina cada película?
6. ¿Puedes ver todas las películas en un día? ¿Por qué sí o por qué no?
7. La película *En un instante* dura 90 minutos y termina a las 9:10 p.m. ¿A qué hora empieza?

Cada película dura 90 minutos.

HORARIO DE CINE	
Tormenta en el mar	1:15 p.m.
El vuelo del águila	2:35 p.m.
Viaje a la montaña	4:30 p.m.
Carrera hacia la meta	6:05 p.m.

LA LECCIÓN CONTINÚA

 Más práctica, página 108, Grupo B

Halla el tiempo transcurrido.

8. **comienzo:** 7:35 a.m.
final: 2:15 p.m.

9. **comienzo:** 9:10 a.m.
final: 11:53 a.m.

10. **comienzo:** 7:45 p.m.
final: 1:10 a.m.

11. **comienzo:** 11:35 a.m.
final: 3:10 p.m.

12. **comienzo:** 6:40 a.m.
final: 10:17 a.m.

13. **comienzo:** 4:25 p.m.
final: 12:38 a.m.

Copia y completa las tablas.

	HORA DE COMIENZO	HORA QUE TERMINÓ	TIEMPO TRANSCURRIDO
14.	10:50 a.m.	■	3 hr 5 min
16.	■	2:30 p.m.	2 hr 40 min
18.	10:45 a.m.	2:22 p.m.	■

	HORA DE COMIENZO	HORA QUE TERMINÓ	TIEMPO TRANSCURRIDO
15.	■	9:42 p.m.	4 hr 30 min
17.	8:12 a.m.	■	6 hr 33 min
19.	4:50 p.m.	8:05 p.m.	■

20. **¿Cuál es el error?** Jim dice que el tiempo transcurrido de 7:35 a.m. a 9:45 p.m. es 2 horas y 10 min. Describe su error. Escribe la respuesta correcta.

21. Mark pasa 3 horas haciendo quehaceres y comiendo. Él quiere visitar a sus amigos por 4 horas, ir de compras por 2 horas, leer por 3 horas y dormir por 10 horas. ¿Podrá Mark hacer todo en un día? Explica tu respuesta.

22. Usa el horario de vuelos. ¿Cuántos minutos más dura el vuelo de Atlanta a Boston que el vuelo de Miami a Atlanta?

HORARIO DE VUELOS DE KELLY	
Miami, FL a Atlanta, GA	**Atlanta, GA a Boston, MA**
SALE: 10:30 a.m.	SALE: 1:40 p.m.
LLEGA: 12:18 p.m.	LLEGA: 4:18 p.m.

23. ***DATOS BREVES*** • **ESTUDIOS SOCIALES** Mira la tabla de la derecha. La distancia del maratón olímpico de 1986 fue 40,000 metros. Desde 1924, la distancia ha sido 2,195 metros más larga. ¿Cuál es la distancia total que corrieron Carlos y Josia? ¿Cuánto más rápidos fueron sus tiempos que los de Spiridon?

MARATONES OLÍMPICOS		
AÑO	**Nombre**	**Tiempo**
1896	Spiridon Loues	2 hr 58 min 50 seg
1984	Carlos Lopes	2 hr 9 min 21 seg
1996	Josia Thugwane	2 hr 12 min 36 seg
2000	Gezahgne Abera	2 hr 10 min 11 seg

24. **Escribe un problema** acerca del tiempo que puede tomar para llegar a la escuela en la mañana. Incluye las horas del comienzo y del final. Compara tu tiempo transcurrido con el de tus compañeros de clase.

USA LOS DATOS **Para los ejercicios 25–27, usa el horario.**

25. ¿A qué hora llega cada vuelo a la ciudad de New York?

26. Si la Sra. Lane necesita estar en la ciudad de New York para una reunión a las 3:30 p.m., ¿en qué aerolínea puede volar?

27. El Sr. Wright llegó a New York a las 4:15 p.m. ¿A qué hora salió de Miami?

VUELOS DE MIAMI, FL, A LA CIUDAD DE NEW YORK, NY

Cada vuelo dura 2 horas y 45 minutos.

Aerolínea	Hora de salida
Aerolínea A	9:05 a.m.
Aerolínea B	11:10 a.m.
Aerolínea C	1:30 p.m.
Aerolínea D	2:45 p.m.

Repaso y preparación para la prueba

Escribe el valor del dígito azul. (págs. 2–6)

28. 45,623 **29.** 83,238

30. 172,908 **31.** 2,498,762

32. **Preparación para la prueba** 27 + 35 + 118 (pág. 40)

A 160 **B** 170 **C** 179 **D** 180

33. **Preparación para la prueba** Ryan tiene 32 tarjetas de béisbol. Ken le dio a Ryan 18 tarjetas. Ryan le dio 5 de esas tarjetas a Tran. Elige una expresión para el número de tarjetas que tiene ahora Ryan. (pág. 64)

F 32 − (18 − 5) **H** 32 + (18 + 5)

G 32 + (18 − 5) **J** 32 − (18 + 5)

Resolución de problemas — Enlace con la Lectura

ESTRATEGIA • USAR AYUDAS GRÁFICAS Las ayudas gráficas son tablas, líneas cronológicas, mapas y diagramas que organizan la información para que sea fácil de leer. Usa el mapa meteorológico para responder las preguntas.

1. Nombra los tipos de información que se muestran en el mapa.

2. Usa la rosa de los vientos para hallar las ciudades con lluvia que están al este de Chicago.

3. Hoy es 21 de noviembre. Hace ocho días, en Seattle y Minneapolis había 9 grados más que lo que se muestra. Di la fecha de hace 8 días y da las temperaturas en ambas ciudades.

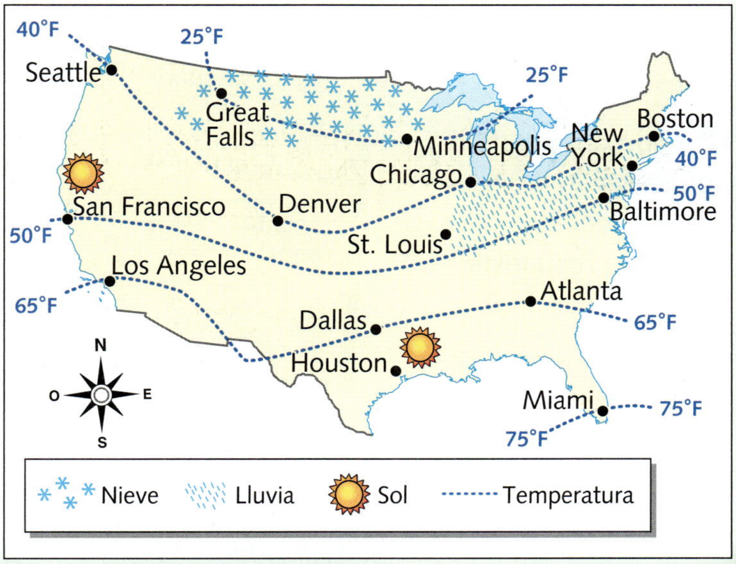

LECCIÓN 3

Destreza • Resolución de problemas
Ordenar información

Repaso rápido

Agrega 1 hora 40 minutos a cada hora.

1. 2:15 p.m. **2.** 9:25 a.m.

3. 4:13 p.m. **4.** 7:35 a.m.

5. 8:20 a.m.

COMPRENDE | PLANEA | RESUELVE | COMPRUEBA

PLANEA TU DÍA Sanjay planea escribir un reporte acerca de su visita a un parque de animales salvajes. Él debe ver ambas películas y el espectáculo de los lagartos. Estará en el parque desde las 8:30 a.m. hasta las 2:30 p.m. y almorzará desde las 11:30 hasta el mediodía. ¿Cómo puede programar su día Sanjay para completar estas actividades?

Cosas que debo hacer:
- película sobre los animales en peligro de extinción
- película sobre los bosques tropicales
- espectáculo de los lagartos
- almuerzo 11:30 - mediodía

Cosas que quiero hacer:
- espectáculo de los pájaros
- alimentar a los delfines
- comportamiento de los animales

Una manera de ordenar la información es poner los datos en orden de importancia.

Para usar el tiempo sensatamente, las cosas que se deben hacer deben estar al principio de la lista. Las cosas que podrías hacer otro día deben estar cerca del final.

Sanjay completó su horario como se muestra.

- ¿De qué otra manera podría Sanjay planear sus actividades? Explica tu respuesta.

PLANEA TU DÍA

- * Película sobre animales en peligro de extinción 9:30 a.m. – 9:55 a.m.
- * Película sobre los bosques tropicales 10:30 a.m. – 10:55 a.m.
- * Almuerzo 11:30 – mediodía
- * Espectáculo de los lagartos mediodía – 12:45 p.m.
- * Espectáculo de los pájaros 1:00 p.m. – 1:50 p.m.

* Debo hacer estas actividades

PARQUE DE ANIMALES horario

Alimentar a los delfines (15 min)
9:00 a.m.; 1:30 p.m.

Película sobre animales en peligro de extinción (25 min)
9:30 a.m.; 11:30 a.m.; 2:30 p.m.

Comportamiento de los animales (45 min)
10:00 a.m.; 11:30 a.m.; 2:30 p.m.

Espectáculo de los pájaros (50 min)
11:00 a.m.; 1:00 p.m.; 3:30 p.m.

Película sobre los bosques tropicales (25 min)
10:30 a.m.; 11:00 a.m.; mediodía

Espectáculo de los lagartos (45 min)
10:00 a.m.; mediodía.; 2:00 p.m.

Práctica • Resolución de problemas

USA LOS DATOS **Para los ejercicios 1–4, usa el horario y la siguiente información.**

Evelyn tiene certificados de regalo para el cine. Estará en el cine desde el mediodía hasta las 5:30 p.m., y ella realmente quiere ver una película nueva.

HORARIO DE CINE

Película	Horario
Safari	12:20–2:30; 2:30–4:40
La suave travesía	12:40–3:10; 2:30–5:00
Leones ¡Nueva!	12:40–3:00; 2:40–5:00
Aventuras salvajes	11:30–2:30; 2:40–5:40
El río enfurecido ¡Nueva!	12:20–2:40; 2:50–5:10
Maravillas de las ballenas	2:50–4:55; 3:20–5:25

1. ¿Cómo programarías la tarde de Evelyn?

2. ¿Qué película dura más: *Leones* o *Safari*?

3. ¿Qué películas podría ver Evelyn?
   - **A** *El río enfurecido, Aventuras salvajes*
   - **B** *Safari, Aventuras salvajes*
   - **C** *Safari, El río enfurecido*
   - **D** *Leones, La suave travesía*

4. ¿Cuáles son las dos películas que duran lo mismo?
   - **F** *Safari, Maravillas de las ballenas*
   - **G** *La suave travesía, Leones*
   - **H** *Aventuras salvajes, La suave travesía*
   - **J** *Leones, El río enfurecido*

Aplicaciones mixtas

USA LOS DATOS **Para los ejercicios 5–6, usa la tabla y la siguiente información.**

Amy está planeando una fiesta sorpresa para su amigo. Quiere que la fiesta dure menos de 4 horas. La tabla muestra las actividades que a ella le gustaría incluir. Los asteriscos indican las actividades que se deben hacer.

FIESTA SORPRESA

Actividad	Tiempo
* Comer el almuerzo y el pastel	30 min
* Abrir los regalos	45 min
* Ir a nadar	1 hr 30 min
Charadas	1 hr 30 min
Jugar voleibol	1 hr 15 min

5. ¿Puede incluir la fiesta todas las actividades con asterisco? ¿Por qué sí o por qué no?

6. ¿Puede incluir la fiesta todas las actividades? ¿Cómo planearías una fiesta sorpresa? Haz un horario.

7. Raúl compró una raqueta de tenis por $40.50 y 3 latas de pelotas de tenis por $3.00 cada una. A él le quedaron $7.37. ¿Cuánto dinero tenía antes de hacer su compra?

8. Ciento doce estudiantes participaron en la audición de la orquesta juvenil. Si fueron seleccionados 42 niños y 34 niñas, ¿cuántos estudiantes no fueron seleccionados?

9. **Escribe un problema** acerca del tiempo transcurrido usando el horario de cine anterior.

LECCIÓN 4

Tiempo transcurrido en un calendario

Repaso rápido

¿Qué día de la semana es 9 días

1. después del lunes?
2. antes del domingo?
3. después del jueves?
4. antes del viernes?
5. antes del martes?

VOCABULARIO

siglo   década

Aprende

UNA Y OTRA VEZ La obra de la escuela, *Viaje en el tiempo,* será presentada el 7 de marzo. Los ensayos empezarán el 25 de febrero. Hay 8 ensayos. Habrá 1 ensayo diario. No habrá ensayos ni sábados ni domingos. Halla el día y la fecha del último ensayo.

Para hallar el tiempo transcurrido, cuenta el número de días. Empieza contando el 25 de febrero.

FEBRERO

Dom.	Lun.	Mar.	Mié.	Jue.	Vie.	Sáb.
					1	2
3	4	5	6	7	8	9
10	11	12	13	14	15	16
17	18	19	20	21	22	23
24	25	26	27	28		

MARZO

Dom.	Lun.	Mar.	Mié.	Jue.	Vie.	Sáb.
					1	2
3	4	5	6	7	8	9
10	11	12	13	14	15	16
17	18	19	20	21	22	23
24/31	25	26	27	28	29	30

Recuerda

Unidades de tiempo

1 semana = 7 días
1 año = 12 meses
1 año = 52 semanas
1 año = 365 días
1 año bisiesto = 366 días

Entonces, el miércoles 6 de marzo, es el último ensayo.

- ¿Los ensayos durarán más de una semana o menos de una semana? ¿Cuántos días más o cuántos días menos?

Tito practica sus ejercicios vocales todos los días durante 4 semanas. Como 1 semana = 7 días, puedes decir que Tito practica sus ejercicios vocales durante 4 × 7 días, o sea, 28 días.

- ¿Qué sucede si Tito continúa practicando sus ejercicios vocales por 9 semanas más? ¿Cuántos días más practicará?

Enlace con la tecnología

Enlace con la tecnología
Más práctica: Harcourt Mega Math, The Number Games, *Tiny's Think Tank,* Nivel E

Siglo o década

El teatro de Ford en Washington, D.C., se inauguró en 1863. El teatro cumplió 1 siglo, 4 décadas y 1 año de antigüedad en 2004. ¿Cuántos años de antigüedad tenía el teatro en 2004?

1 **siglo** = 100 años
1 **década** = 10 años

▲ **El teatro de Ford en Washington, D.C.**

Ejemplo

Puedes multiplicar para cambiar de una unidad de tiempo más grande a una unidad de tiempo más pequeña.

1 década son 10 años, entonces 4 décadas son 4 × 10 años, o sea, 40 años.

$$\begin{array}{lcr} 1 \text{ siglo} & = & 100 \text{ años} \\ 4 \text{ décadas} & = & +\ \ 40 \text{ años} \\ \hline & & 140 \text{ años} \end{array}$$

1 siglo 4 décadas 1 año son 140 años + 1 año.
Entonces, el teatro tenía 141 años de antigüedad en 2004.

Comprueba

1. **Explica** cómo hallar el número de décadas en un siglo.

USA LOS DATOS Para los ejercicios 2–3, usa estos calendarios y los de la página 104.

2. Las boletas de calificaciones se enviaron por correo el 15 de marzo. Se enviarán otra vez en 9 semanas. ¿En qué fecha se enviarán por correo las boletas de calificaciones?
3. En un año bisiesto, febrero tiene 29 días en vez de 28. ¿Cuántos días hay entre el 24 de febrero y el 4 de marzo en un año regular? ¿En un año bisiesto?

ABRIL

Dom.	Lun.	Mar.	Mié.	Jue.	Vie.	Sáb.
	1	2	3	4	5	6
7	8	9	10	11	12	13
14	15	16	17	18	19	20
21	22	23	24	25	26	27
28	29	30				

MAYO

Dom.	Lun.	Mar.	Mié.	Jue.	Vie.	Sáb.
			1	2	3	4
5	6	7	8	9	10	11
12	13	14	15	16	17	18
19	20	21	22	23	24	25
26	27	28	29	30	31	

Halla el número que falta.

4. 5 semanas = ■ días
5. 800 años = ■ siglos
6. 7 décadas = ■ años
7. 2 años = ■ meses
8. 3 décadas = ■ años
9. 7 semanas = ■ días

LA LECCIÓN CONTINÚA ▶

Práctica y resolución de problemas

Más práctica, página 108, Grupo C

USA LOS DATOS **Para los ejercicios 10–13, usa los calendarios.**

Septiembre						
Dom.	Lun.	Mar.	Mié.	Jue.	Vie.	Sáb.
			1	2	3	4
5	6	7	8	9	10	11
12	13	14	15	16	17	18
19	20	21	22	23	24	25
26	27	28	29	30		

Octubre						
Dom.	Lun.	Mar.	Mié.	Jue.	Vie.	Sáb.
					1	2
3	4	5	6	7	8	9
10	11	12	13	14	15	16
17	18	19	20	21	22	23
24/31	25	26	27	28	29	30

10. La exhibición es del 2 de septiembre al 9 de octubre. ¿Cuántas semanas durará la exhibición?

11. Los anuncios publicitarios de la exhibición empezaron a mostrarse 2 meses antes de llegar al pueblo. ¿En qué mes se empezó a anunciar?

12. Cliff compró un boleto 5 semanas antes del último día de la exhibición. ¿En qué día y fecha compró Cliff su boleto?

13. La siguiente exhibición empezará 2 semanas y 2 días después del 9 de octubre. ¿Cuál es el día y la fecha de apertura de la nueva exhibición?

Halla el número que falta.

14. 2 años 3 semanas = cerca de ■ semanas

15. 5 siglos 3 décadas = ■ décadas

16. 3 siglos 4 décadas = ■ años

17. 6 décadas 7 años = ■ años

18. ¿Cuántos años son 4 décadas y 52 semanas?

19. ¿Qué año fue 1 siglo 2 décadas antes de 1913?

20. ¿Qué año fue 2 siglos 3 décadas después de 1728?

21. ¿Qué año fue 1 siglo 4 décadas 3 años después de 1789?

22. Liz salió de viaje el 23 de mayo y regresó el 7 de junio. Bridget salió de viaje el 4 de junio y regresó el 22 de junio. ¿Qué viaje duró más? ¿Cuánto más?

23. Joel leyó 134 páginas de su libro de ballenas. Él tiene 153 páginas más que leer. Escribe un enunciado numérico usando *n* para mostrar cuántas páginas hay en el libro.

24. **Por escrito** Explica cómo hallar dos fechas. La primera es 10 días después del 6 de octubre. La segunda es 2 semanas después de la primera. ¿Cuáles son las dos fechas?

25. **Vocabulario** La abreviación p.m. viene de dos palabras del latín *post* y *meridiem*. Juntas, las palabras significan "después del mediodía" en latín. ¿Cómo te puede ayudar esto a recordar qué horas son p.m.?

USA LOS DATOS Para los ejercicios 26–27, usa los calendarios de la página 106.

26. Si hoy es 12 de septiembre, ¿qué fecha y día de la semana será 11 días a partir de hoy?

27. **PATRONES** Mira las fechas en cualquiera de las columnas de un calendario. Describe el patrón.

Repaso y preparación para la prueba

28. Redondea 853,902 a la centena de millar más próxima. (pág. 30)

29. Suma 64,217 y 36,371. (pág. 52)

30. Halla la suma de 37,954 y el número 10,000 más que 82,149. (pág. 52)

31. Halla el valor de la expresión $92 + (35 + 6)$. (pág. 64)

32. $34{,}000 - 9{,}651$ (pág. 50)

33. $81{,}643 + 27{,}285$ (pág. 52)

34. **Preparación para la prueba** $3 \times \blacksquare = 6 \times 5$

A 1
B 3
C 5
D 10

35. **Preparación para la prueba**

$943 + \blacksquare = 8{,}352$ (pág. 76)

F 7,409
G 8,295
H 8,409
J 9,295

Resolución de problemas

Enlace con las Ciencias

Una línea cronológica muestra el orden de los sucesos. Los sucesos se enumeran según la fecha, desde el más antiguo hasta el más reciente. Esta línea cronológica muestra algunos de los sucesos en la historia del programa espacial de Estados Unidos.

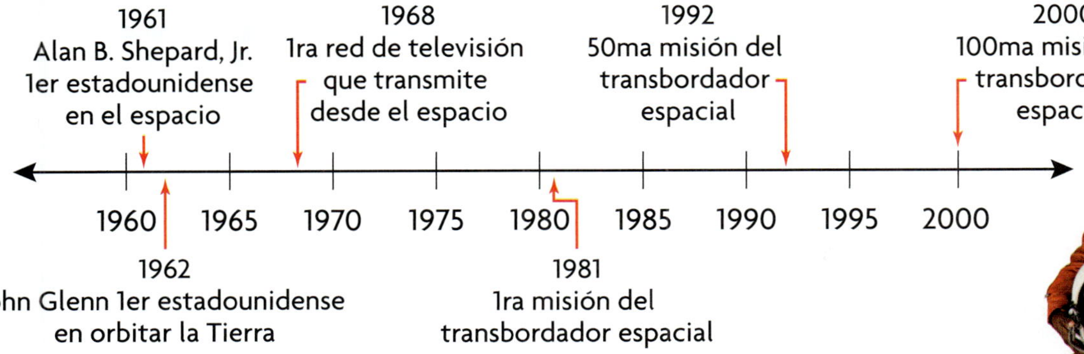

Dr. Mae Jemison

Para los ejercicios 1–4, usa la línea cronológica.

1. ¿Cuántas décadas pasaron entre el primer estadounidense en el espacio y la primera misión del transbordador espacial?

2. ¿Cuántos años antes del año 2000 se transmitió la primera señal de televisión desde el espacio?

3. La Dra. Mae Jemison, nacida en 1956, fue una especialista de misión en la quincuagésima misión del transbordador espacial. ¿Qué cumpleaños celebró en el año de su vuelo?

4. **RAZONAMIENTO** John Glenn regresó al espacio después de su septuagésimo séptimo cumpleaños en 1998. ¿Qué cumpleaños celebró en el año en que orbitó la Tierra por primera vez?

Más práctica

Grupo A (págs. 96–97)

Escribe la hora que se muestra en el reloj de dos maneras diferentes.

1. 

2. 

3. 

Escribe la hora como se muestra en un reloj digital.

4. 11 minutos antes de la una

5. 4 minutos después de las ocho

6. 37 minutos antes de las dos

Grupo B (págs. 98–101)

Halla el tiempo transcurrido.

1. comienzo: 9:20 a.m.
final: 12:07 p.m.

2. comienzo: 11:50 p.m.
final: 6:35 a.m.

3. comienzo: 5:35 p.m.
final: 1:58 a.m.

Copia y completa las tablas.

	HORA DE COMIENZO	HORA QUE TERMINÓ	TIEMPO TRANSCURRIDO
4.	9:05 a.m	11:35 a.m.	■
6.	■	2:23 p.m.	46 minutos
8.	3:35 p.m.	■	5 hr 17 min

	HORA DE COMIENZO	HORA QUE TERMINÓ	TIEMPO TRANSCURRIDO
5.	■	5:35 p.m.	1 hr 45 min
7.	10:40 a.m.	■	1 hr 50 min
9.	9:20 a.m.	12:35 p.m.	■

Grupo C (págs. 104–107)

Para los ejercicios 1–2, usa los calendarios.

1. Hoy es 19 de octubre. Janice tiene tres semanas para entrenar para el maratón. ¿Cuál es la fecha del maratón?

2. Una carrera está programada 16 días después del 1er jueves de noviembre. ¿Cuál es la fecha de la carrera?

3. ¿Qué año fue 3 siglos y 8 décadas antes de 1999?

Octubre

Dom.	Lun.	Mar.	Mié.	Jue.	Vie.	Sáb.
		1	2	3	4	5
6	7	8	9	10	11	12
13	14	15	16	17	18	19
20	21	22	23	24	25	26
27	28	29	30	31		

Noviembre

Dom.	Lun.	Mar.	Mié.	Jue.	Vie.	Sáb.
					1	2
3	4	5	6	7	8	9
10	11	12	13	14	15	16
17	18	19	20	21	22	23
24	25	26	27	28	29	30

Repaso/Prueba

COMPRUEBA EL VOCABULARIO Y LOS CONCEPTOS

Elige el mejor término de la casilla.

segundo
década
siglo

1. Un _?_ son 100 años. (pág. 105)

2. Una _?_ son 10 años. (pág. 105)

COMPRUEBA LAS DESTREZAS

Escribe la hora de dos maneras diferentes. (págs. 96–97)

3.

4.

5.

Halla el tiempo transcurrido. (págs. 98–101)

6. **comienzo:** 8:22 a.m.
final: 5:09 p.m.

7. **comienzo:** 3:18 p.m.
final: 11:59 p.m.

8. **comienzo:** 8:43 p.m.
final: 3:33 a.m.

9. **comienzo:** 7:26 a.m.
final: 9:12 a.m.

Halla el número que falta. (págs. 104–107)

10. 6 semanas 5 días = ■ días

11. 4 décadas 8 años = ■ años

12. 3 siglos 7 décadas = ■ años

13. 1 año 27 semanas = ■ semanas

COMPRUEBA LA RESOLUCIÓN DE PROBLEMAS

14. Usa la tabla para hacer un horario para Sharon entre las 10:30 a.m. y las 3:00 p.m. (págs. 102–103)

COSAS QUE HACER	
Actividad	**Tiempo**
Práctica de violín	1 hr
* Corte de cabello	1:30 p.m.–2:00 p.m.
* Tarea	45 min
Película	12:30 p.m.–2:20 p.m.
Almuerzo	30 min

*Las actividades con asterisco deben hacerse.

15. La feria del condado durará dos semanas. Si la feria termina el 27 de septiembre, ¿en qué fecha comienza? (págs. 104–107)

Septiembre						
Dom.	Lun.	Mar.	Mié.	Jue.	Vie.	Sáb.
1	2	3	4	5	6	7
8	9	10	11	12	13	14
15	16	17	18	19	20	21
22	23	24	25	26	27	28
29	30					

Preparación para pruebas

PERCEPCIÓN NUMÉRICA, CONCEPTOS Y OPERACIONES

1. Una revista nueva vendió 3,196 suscripciones durante el mes de junio y 2,962 suscripciones durante el mes de julio. ¿Cuál fue el número total de suscripciones vendidas durante esos dos meses?

A 10,158

B 6,158

C 5,158

D 4,158

2. ¿Cuál es el **mayor** número de 4 dígitos que se puede formar con estas tarjetas?

F 1,253

G 3,521

H 5,231

J 5,321

3. **Explícalo** Venus tiene un diámetro de 12,104 kilómetros. Marte tiene un diámetro de 6,794 kilómetros. ¿Cuánto mayor es el diámetro de Venus que el de Marte? Explica tu razonamiento.

MEDIDAS

4. ¿Qué medida te dice cuánto pesan las manzanas?

A 1 onza

B 10 onzas

C 1 libra

D 10 libras

IDEA **Comprueba tu trabajo.** Mira el ejercicio 5. Comprueba tu trabajo sumando 1 hora 15 minutos a tu respuesta. La suma debe ser el tiempo mostrado en el reloj.

5. Mia ha estado en la práctica de natación por 1 hora y 15 minutos. Este reloj muestra la hora actual. ¿A qué hora empezó su práctica Mia?

F 4:25

G 4:20

H 3:25

J 3:20

6. **Explícalo** ¿Cuál es la mejor estimación para describir la longitud de un lápiz nuevo? Escribe *7 libras, 7 millas* o *7 pulgadas.* Explica cómo lo decidiste.

RAZONAMIENTO ALGEBRAICO

7. Sasha tiene un nuevo empleo. Ella gana \$3 los lunes. Cada día después de eso, ella gana \$3 más que el día anterior. ¿Cuánto ganará Sasha el viernes?

DINERO GANADO				
Lun.	**Mar.**	**Mié.**	**Jue.**	**Vie.**
\$3	\$6	■	■	■

A \$9

B \$10

C \$12

D \$15

8. Jack tiene 45 canicas. Si *n* representa el número de canicas que Jack le da a un amigo, ¿qué expresión representa cuántas canicas le quedan a Jack?

F $45 + n$

G $45 - n$

H $45 \div n$

J $45 \times n$

9. **Explícalo** Alicia quiere comprar una bicicleta nueva que cuesta \$99. Ella ha ahorrado \$58. Si *m* representa la cantidad que le falta para comprar la bicicleta, ¿qué ecuación podría escribir para hallar cuánto dinero necesita? Explica cómo puedes comprobar tu respuesta.

GEOMETRÍA Y ORIENTACIÓN ESPACIAL

10. ¿Qué figuras parecen ser congruentes?

A 

B 

C 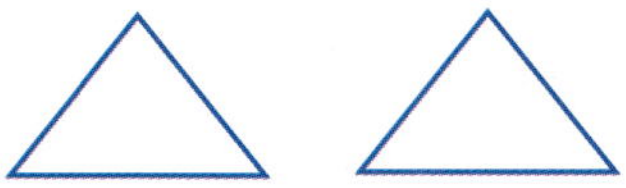

D 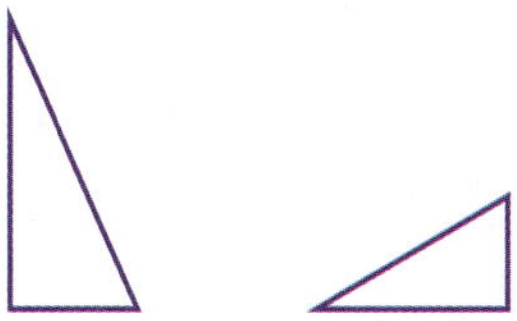

11. Mira el siguiente letrero.

¿Qué figura muestra el letrero al girarlo 180°?

F 

H 

G 

J 

12. **Explícalo** Juan dice que la letra mayúscula T se forma con rectas paralelas. Sue dice que se forma con rectas perpendiculares. ¿Quién tiene razón? ¿Cómo lo sabes?

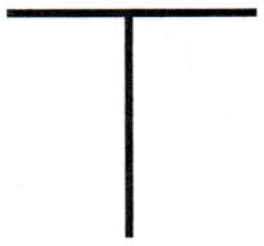

CAPÍTULO 6 Recopilar y organizar datos

DATOS BREVES • CIENCIAS Las aguas alrededor de Florida Keys son el hogar de más de 6,000 especies de plantas y animales marinos.

RESOLUCIÓN DE PROBLEMAS La tabla de conteo enumera los 5 tipos de peces más comúnmente vistos en Florida Keys y muestra cuántos peces de cada tipo vio un buzo durante una sumergida. Haz una gráfica de barras con los datos y ordena los tipos de peces de los más vistos a los menos vistos.

PECES VISTOS DURANTE UNA SUMERGIDA

Tipo de pez	Número visto
Espiga azul	卌 卌 卌 |||
Pez loro semáforo	卌 ||||
Cubera de cola amarilla	卌 卌 ||
Cabeza azul	|||
Sargento mayor	卌 |

Comprueba lo que sabes

Usa esta página para repasar y recordar destrezas importantes que se necesitan para el Capítulo 6.

LEE LOS PICTOGRAMAS

Para los ejercicios 1–4, usa el pictograma.

1. ¿Cuántos miembros del club de carreras están en cuarto grado?
2. Si se unen al club 5 miembros más del tercer grado, ¿cuántos símbolos habría para el tercer grado?
3. ¿Cuál es el número total de miembros en el club de carreras?
4. ¿Cuántos miembros del club de carreras son estudiantes de quinto grado?

TABLAS DE CONTEO A TABLAS DE FRECUENCIA

Para los ejercicios 5–7, usa la tabla.

5. Usa la tabla de conteo para hacer una tabla de frecuencia.
6. ¿Cuántas frutas se vendieron en las semanas 1 y 2?
7. ¿Cuántas frutas más se vendieron en las semanas 1 y 2 que en las semanas 3 y 4?

VOCABULARIO

REPASO

datos *sustantivo*

Los datos son la información recopilada sobre personas o cosas de las cuales se pueden sacar conclusiones. Hay muchas maneras diferentes de mostrar los datos recopilados. Describe algunas maneras en que se pueden mostrar los datos.

PRESENTACIÓN

- encuesta
- frecuencia
- frecuencia acumulativa
- diagrama de tallo y hojas
- moda
- mediana
- diagrama de puntos
- rango
- valor atípico
- media
- tallo
- hoja
- escala
- intervalo

APRENDE en línea www.harcourtschool.com

LECCIÓN 1

Recopilar y organizar datos

Repaso rápido

1. 315 + 70 **2.** 817 − 209

3. 257 + 43 **4.** 1,000 − 430

5. 15 + 25 + 16 + 24

VOCABULARIO

encuesta **frecuencia**
frecuencia acumulativa

Aprende

ELIGE LO QUE QUIERAS Realizas una **encuesta** cuando les preguntas a diferentes personas las mismas preguntas y anotas sus respuestas. Sigue estas reglas para obtener la información que quieres:

- Haz las preguntas claras y sencillas.
- Haz las preguntas a cada persona solo una vez.
- Usa marcas de conteo para anotar la respuesta de cada persona.

Recuerda

En una tabla de conteo, las marcas de conteo se usan para anotar los datos. Las marcas de conteo 𝍸 | representan 6.

Jason y Susie escribieron, cada uno, una pregunta para saber el color favorito de la clase para las decoraciones del Día del espíritu escolar. Compara los resultados de sus encuestas.

Color	Votos
Rojo	𝍸 𝍸
Azul	𝍸 𝍸 |
Amarillo	𝍸 |||

Color	Votos
Amarillo	|||
Verde	𝍸 𝍸
Azul	𝍸 |
Rojo	𝍸 |
Anaranjado	||||

Ambas encuestas hacen preguntas sobre los colores favoritos, pero la de Jason presenta más opciones de colores. Su encuesta acepta cualquier color como anaranjado o verde. La encuesta de Susie sólo acepta tres opciones de colores.

Tablas de frecuencia

Una tabla de frecuencia te ayuda a organizar los datos de una tabla de conteo. La **frecuencia** es el número de veces que ocurre una respuesta. La **frecuencia acumulativa** es el total continuo de las frecuencias.

NIDOS DE TORTUGAS MORDEDORAS ENCONTRADOS	
Día	**Conteo**
11 de mayo	||||
12 de mayo	~~||||~~ |
13 de mayo	~~||||~~ ||||
14 de mayo	~~||||~~ |

Estas tablas muestran el número de nidos de tortugas mordedoras marinas encontrados durante cuatro días en Fort Lauderdale Beach, Florida. Úsalas para hallar el día en que se halló el mayor número de nidos y el número total de nidos que se encontraron.

NIDOS DE TORTUGAS MORDEDORAS ENCONTRADOS

Día	Frecuencia (número de nidos encontrados)	Frecuencia acumulativa
11 de mayo	4	4
12 de mayo	6	10
13 de mayo	9	19
14 de mayo	6	25

← $4 + 6 = 10$
← $10 + 9 = 19$
← $19 + 6 = 25$ ← Número total de nidos encontrados

El 13 de mayo tiene la mayor frecuencia, por lo tanto el 13 de mayo fue el día en que se encontraron más nidos de tortugas. El número total de nidos encontrados fue 25.

Idea matemática Las tablas pueden usarse para recopilar, organizar y mostrar los datos.

Comprueba

1. **Escribe** una pregunta con opciones para una encuesta destinada a hallar el tipo de pizza favorito de tus compañeros de clase.

Usa los resultados de las encuestas de Jason y Susie de la página 114. Indica si los siguientes enunciados son *verdaderos* o *falsos*. Explica tu respuesta.

2. Los datos de Susie muestran que más estudiantes prefieren azul que rojo.

3. Los datos de Jason muestran que el rojo es el color favorito de los estudiantes.

Para los ejercicios 4–6, usa esta tabla de frecuencia.

4. ¿Cuántas rebanadas se vendieron en la hora 2?

5. Al final de la hora 3, ¿cuántas rebanadas se habían vendido?

6. ¿Cuántas rebanadas más se vendieron en la hora 1 que en la hora 4?

Rebanadas de pizza vendidas

Hora	Frecuencia	Frecuencia acumulativa
1	16	16
2	20	36
3	12	48
4	9	57

LA LECCIÓN CONTINÚA

Práctica y resolución de problemas

Más práctica, página 130, Grupo A

Gina les preguntó a sus amigos: "¿Cuál es tu tipo de fiesta favorito?" Ella puso los datos en una tabla.

TIPO DE FIESTA FAVORITO

Fiesta	Votos
Boliche	7
Patinar	3
Cine	4
Piscina	5

Para los ejercicios 7–9, usa la tabla para indicar si cada enunciado es *verdadero* o *falso*. Explica tu respuesta.

7. Los datos de Gina muestran que más amigos prefieren una fiesta de boliche que una fiesta de piscina.

8. Los datos de Gina muestran que una fiesta de piscina es la opción menos favorita.

9. Los datos de Gina muestran que la fiesta de patinar es la fiesta favorita para el mayor número de sus amigos.

10. Copia la tabla de fiestas y agrega una columna de frecuencia acumulativa. ¿A cuántos amigos entrevistó Gina?

11. Escribe una pregunta para una encuesta para hallar las frutas favoritas. Haz la encuesta a tus compañeros de clase. Haz una tabla de conteo y una tabla de frecuencia para tus datos.

12. **Escribe un problema** usando estos datos: Rosa compra cuatro artículos a un precio de $27, $12, $15 y $32.

Para los ejercicios 13–15, usa la tabla.

BOLETOS PARA PATINAR VENDIDOS

Día	Boletos vendidos	Frecuencia acumulativa
Martes	5	■
Miércoles	■	23
Jueves	10	■
Viernes	■	45

13. Copia y completa la tabla. ¿Cuántos boletos se vendieron el miércoles?

14. ¿Cuántos boletos se vendieron durante los cuatro días?

15. ¿En qué dos días se vendieron más boletos?

16. Nancy plantó un árbol de 4 años en el parque en 1988. ¿Qué edad tendrá el árbol en 2010?

17. La Sra. Baker tenía 34 años en 1998. ¿Cuántos años tenía en 1979?

Para los ejercicios 18–20, usa la gráfica de barras.

18. ¿Qué galleta es la favorita de los estudiantes?

19. ¿Cuántos estudiantes más escogieron las galletas con chispas de chocolate que las galletas con pasas?

20. **RAZONAMIENTO** ¿A cuántos estudiantes entrevistaron en total?

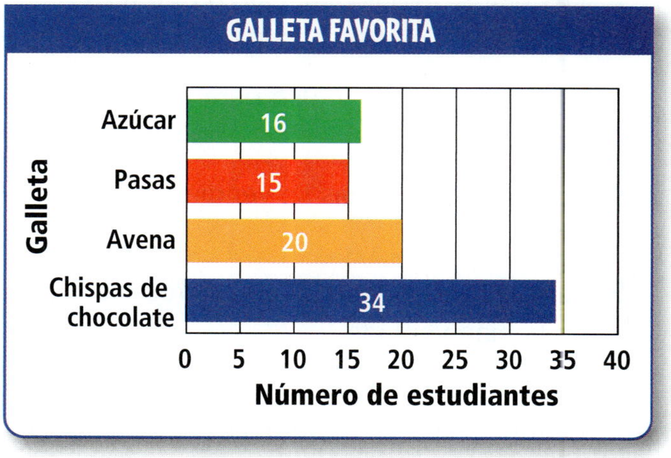

Para los ejercicios 21–23, usa la tabla.

21. ¿Cuántas botellas de jugo se vendieron el lunes y el martes?

22. ¿Cuántas botellas más se vendieron el jueves que el martes?

23. ¿Cuántas botellas de jugo se vendieron en total?

PUESTO DE JUGOS DE JOE

Día	Frecuencia	Frecuencia acumulativa
Lunes	140	140
Martes	197	337
Miércoles	259	596
Jueves	238	834

Repaso y preparación para la prueba

24. Redondea 56,341 a la decena de millar más próxima. (pág. 30)

25. ¿Cuál es mayor: 1,364,217 o 1,436,217? (pág. 20)

26. Resta 40,135 de 56,091. (pág 52)

27. Halla el número que falta en el patrón: 56,410; 45,410; ■; 23,410; Describe el patrón. (pág 74)

28. Halla la suma de 25,984 y el número que es 10,000 más que 31,092. (pág. 52)

29. Halla el valor de la expresión $(56 - 39) + 48$. (pág. 64)

30. $80{,}000 - 4{,}705$ (pág. 50)

31. $67{,}813 + 14{,}589$ (pág. 52)

32. Preparación para la prueba $10 \times ■ = 8 \times 5$

A 3 **C** 5
B 4 **D** 6

33. Preparación para la prueba
$2{,}890 + 3{,}678 + 4{,}722$ (pág. 48)

F 9,180 **H** 11,180
G 10,290 **J** 11,290

Resolución de problemas — Piénsalo más

Hacer una encuesta es una buena manera de predecir cómo votará la gente en una elección. Una encuesta al azar o aleatoria es aquélla en la que cada votante tiene la misma oportunidad de ser entrevistado. Una encuesta que no es aleatoria puede hacer la misma pregunta a un grupo de gente con intereses similares.

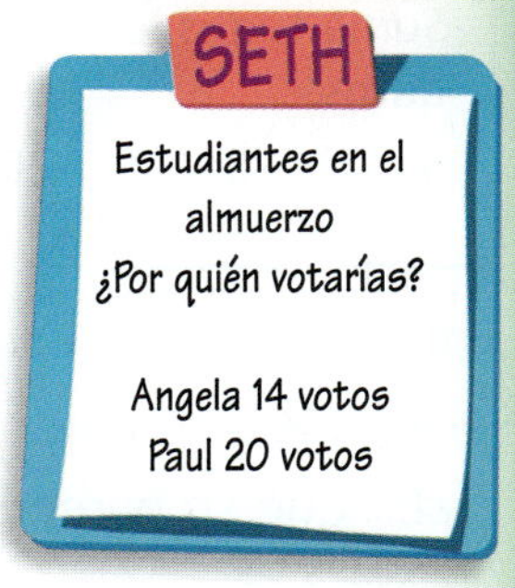

Angela y Paul se están postulando para presidentes de la clase. Angela ha prometido más tiempo en las computadoras si es elegida y Paul tiene muchos amigos en la banda.

Usa los resultados de la encuesta para contestar cada pregunta.

1. ¿Qué grupo de gente probablemente se eligió al azar?
2. Explica por qué piensas que los resultados de Kim fueron diferentes a los de Seth.
3. ¿Quién crees que ganará la elección? Indica por qué piensas de esta manera.

LECCIÓN 2

Hallar la media, la mediana y la moda

Repaso rápido

1. 3 + 4 + 4 + 5
2. 16 ÷ 4
3. 2 + 3 + 5 + 5 + 6
4. 20 ÷ 5
5. 4 + 5 + 8 + 9

VOCABULARIO

media
moda
mediana

Aprende

La clase del Sr. Humphrey fue a ver las ballenas. La tabla muestra cuántas ballenas vieron los estudiantes en la excursión. Halla la media del número de ballenas que vieron.

La **media** es el promedio de un grupo de números y se halla dividiendo la suma de un grupo de números entre el número de sumandos.

MANOS A LA OBRA

Actividad 1

MATERIALES: cubos interconectables

PASO 1

Haz pilas de cubos para hacer un modelo del número de ballenas que vio cada estudiante.

PASO 2

Ordena de nuevo las pilas para que sean iguales. La media es el número en cada pila.

BALLENAS QUE VIERON

Estudiante	Número de ballenas
Joni	3
Pablo	4
Emma	1
Mitchell	4
Chad	3

Entonces, la media del número de ballenas es 3 ballenas.

También puedes usar papel y lápiz para hallar la media del grupo de datos.

Ejemplo

Algunos estudiantes vieron delfines. Jennifer vio 3 delfines, Leon vio 5, Kari vio 5 y Josh vio 7. Halla la media del número de delfines.

PASO 1

Suma todos los números en el grupo de datos.

3 + 5 + 5 + 7 = 20

PASO 2

Divide la suma entre el número de sumandos. El cociente es la media.

20 ÷ 4 = 5

Entonces, la media del número de delfines es 5 delfines.

- ¿En qué se parece ordenar de nuevo las pilas de cubos y dividir?
- Travis vio 2 delfines y Sheri vio 2 delfines. Incluye los datos en el ejemplo de arriba. Luego halla la media.

Hallar la moda y la mediana

La clase del Sr. Alber anotó las temperaturas máximas de los primeros 11 días de octubre. Halla la moda y la mediana de los datos.

TEMPERATURAS MÁXIMAS DE OCTUBRE (en grados Fahrenheit)											
Fecha	1	2	3	4	5	6	7	8	9	10	11
Temp.	65	62	62	62	65	60	59	59	57	58	60

MANOS A LA OBRA

Actividad 2

MATERIALES: tarjetas

PASO 1

Halla la moda.

Escribe las 11 temperaturas en tarjetas. Ordena las tarjetas según los números. La **moda** es el número que ocurre más a menudo. Puede haber más de una moda o puede que no haya moda.

PASO 2

Halla la mediana.

Ordena las tarjetas de menor a mayor. Pon una tarjeta boca abajo en cada extremo. Sigue haciendo esto dirigiéndote hacia el medio, hasta que solo quede un número. Ese número es la **mediana**, o sea, el número del medio.

- ¿Cuál es la moda de los datos? ¿Cuál es la mediana?

Ejemplo

Halla la mediana del grupo de datos.

Ordena los datos de menor a mayor.

2, 3, 4, 4, **4**, **6**, 6, 7, 7, 7

↑ ↑ números del medio

Puntos anotados por Mia						
Puntos	2	3	4	5	6	7
Frecuencia	1	1	3	0	2	3

Cuando un grupo de datos tiene dos números del medio, la mediana es la media de los dos números.

PASO 1

Suma los dos números del medio.

$6 + 4 = 10$

PASO 2

Luego, divide la suma entre 2.

$10 \div 2 = 5$

Entonces, la mediana de los datos es 5.

LA LECCIÓN CONTINÚA

Comprueba

1. **Explica** cómo hallar la moda y la media de los datos en el ejemplo en la parte de abajo de la página 119.

Halla la media, la mediana y la moda.

2.

FRESAS RECOGIDAS					
Día	1	2	3	4	5
Canastas	5	7	6	4	3

3.

GATITOS NACIDOS						
Lechos	1	2	3	4	5	6
Gatitos	3	5	5	6	3	2

Halla la mediana.

4.

RESULTADOS DE LA PRUEBA DE CIENCIAS					
Prueba	1	2	3	4	5
Calificación	88	95	67	86	95

5.

CONCHAS RECOGIDAS							
Día	Dom.	Lun.	Mar.	Mié.	Jue.	Vie.	Sáb.
Conchas	31	17	18	15	19	23	31

Práctica y resolución de problemas

Más práctica, pág. 130, Grupo B

Halla la media, la mediana y la moda.

6.

PUNTOS ANOTADOS					
Juego	1	2	3	4	5
Puntos	12	12	7	9	10

7.

LAGARTOS VISTOS						
Día	1	2	3	4	5	6
Lagartos	4	2	4	4	2	2

Halla la mediana.

8.

ESTATURAS DE LOS ESTUDIANTES (en pulgadas)					
Estudiante	Ann	Bob	Carl	Dan	Ed
Estatura	54	53	56	54	55

9.

EQUIPO DE NATACIÓN				
Edad	9	10	11	12
Frecuencia	4	3	2	2

10. **¿Cuál es el error?** Jim dice que la mediana de los siguientes datos es 220 y la moda es 170. Describe su error y escribe la mediana y la moda correctas.

BOLETOS VENDIDOS					
Semana	1	2	3	4	5
Boletos	150	170	220	160	220

11. **RAZONAMIENTO** Las calificaciones de Carol fueron 89, 88, 93, 88, 85 y 93 en seis pruebas. Después de que tomó la séptima prueba, la moda fue 93. Halla la mediana de las siete calificaciones.

12. **Por escrito** Anota las temperaturas máximas para tu ciudad durante una semana y pon los datos en una tabla. Halla la mediana y la moda.

13. **Vocabulario** Las palabras *media* y *mediana* vienen de la misma palabra primitiva y originalmente significaban lo mismo. Explica la diferencia entre los significados de media y mediana de un grupo de datos hoy en día.

14. **ESTIMACIÓN** La temperatura de verano en Scottsdale, Arizona, puede ser 104 °F. La temperatura de verano en Anchorage, Alaska, puede ser 65 °F. ¿Cerca de cuántos grados más caliente puede ser Scottsdale que Anchorage?

15. El barco que va a llevar a la clase del Sr. Humphrey sale a las 9:40 a.m. El viaje dura 3 horas y 15 minutos. ¿A qué hora regresará la clase del viaje?

Repaso y preparación para la prueba

Para los ejercicios 16–17, escribe $<$ o $>$ para cada ●. (pág. 48)

16. 7,500 − 1,000 ● 7,400

17. 8,395 ● 7,059 + 1,300

Para los ejercicios 18–22, halla la suma o la diferencia. (pág. 48)

18. 549 + 301

19. 287 + 109 + 91

20. 867 − 329

21. 506 − 207

22. 8,467 + 1,212

23. **Preparación para la prueba** El Sr. Key va a viajar 832 millas. Él ha manejado 453 millas hasta ahora. ¿Cuántas millas más tiene que manejar? (pág. 48)

A 379
B 389
C 479
D 1,285

24. **Preparación para la prueba** ¿Qué ecuación muestra la propiedad asociativa de la suma? (pág. 68)

F $35 + 6 = 6 + 35$
G $(35 + 6) + 18 = 35 + (6 + 18)$
H $35 + 0 = 35$
J $35 + 6 + 18 = 59$

Resolución de problemas

Piénsalo más

MÁS SOBRE LA MODA La moda a menudo se usa cuando se trabaja con grupos de objetos que no son números. Mira la tabla de animales marinos favoritos. El delfín recibió la mayor cantidad de votos, entonces el delfín representa la moda.

ANIMAL MARINO FAVORITO

Animal	Frecuencia
Delfín	61
Foca	48
Tortuga	30

Halla la moda.

1.

VOTOS PARA PRESIDENTE DE LA CLASE			
Estudiante	Tammy	Kevin	Janice
Frecuencia	9	13	1

2.

MURCIÉLAGOS OBSERVADOS			
Tipo	Marrón	Rojo	Indiana
Frecuencia	15	7	5

LECCIÓN 3

Leer diagramas de puntos

Aprende

UNA "X" MARCA EL LUGAR Una gráfica que muestra la frecuencia de datos a lo largo de una recta numérica se llama **diagrama de puntos**. Este diagrama de puntos muestra el número de carreras que Cory anotó durante una temporada de béisbol.

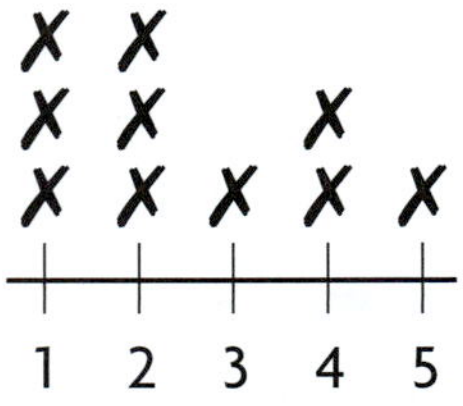

Carreras anotadas por Corey

Las tres X arriba del 2 en el diagrama de puntos muestran que Corey anotó 2 carreras en tres juegos diferentes.

Puedes usar un diagrama de puntos para hallar el rango. El **rango** es la diferencia entre el valor mayor y el menor en un grupo de datos.

$5 - 1 = 4$ El rango es 4.

Mira el diagrama de puntos del número de hermanos y hermanas. La mayoría de los datos forman un grupo de 0 a 3. El valor 7 se llama un valor atípico. Un **valor atípico** es un valor separado del resto de los datos.

Comprueba

1. **Explica** en qué se parecen un diagrama de puntos y una tabla de conteo.

Para los ejercicios 2–3, usa el diagrama de puntos de la biblioteca.

2. ¿Cuál es el rango de los datos?
3. ¿Qué valor sería considerado atípico? Explica tu respuesta.

Repaso rápido

1. $480 + 120$
2. $61 + 59$
3. $100 - 43$
4. $1{,}000 - 350$
5. $165 + 135$

VOCABULARIO

diagrama de puntos rango
valor atípico

Enlace con la tecnología

Más práctica: Harcourt Mega Math, The Number Games, *ArachnaGraph*, Niveles E y F

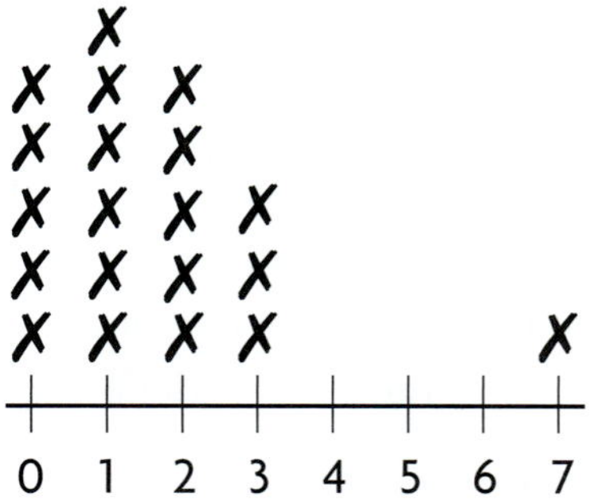

Número de hermanos y hermanas

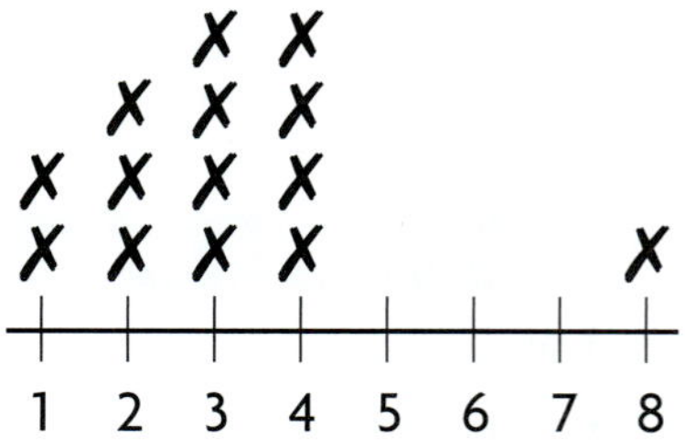

Libros prestados de la biblioteca

Práctica y resolución de problemas

Más práctica, página 130, Grupo C

Para los ejercicios 4–6, usa el primer diagrama de puntos.

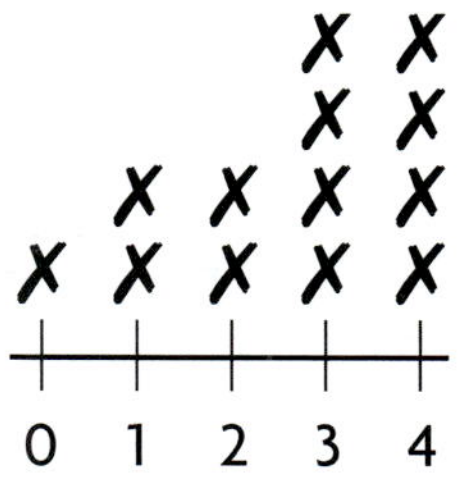

Carreras anotadas por cada equipo

4. ¿Cuántos equipos ganaron tres carreras? ¿Cuántas carreras hubo en total?

5. ¿Cuántos equipos se muestran? ¿Cómo lo sabes?

6. ¿Cuántas carreras se anotaron en total?

Para los ejercicios 7–9, usa el segundo diagrama de puntos.

7. Cada X en este diagrama de puntos se refiere a un jugador. ¿Qué significan los números en el diagrama de puntos?

8. ¿Qué valor sería considerado un valor atípico? Explica tu respuesta.

9. ¿Cuál es el rango del número de tiros libres anotados? ¿Cuál es la mediana?

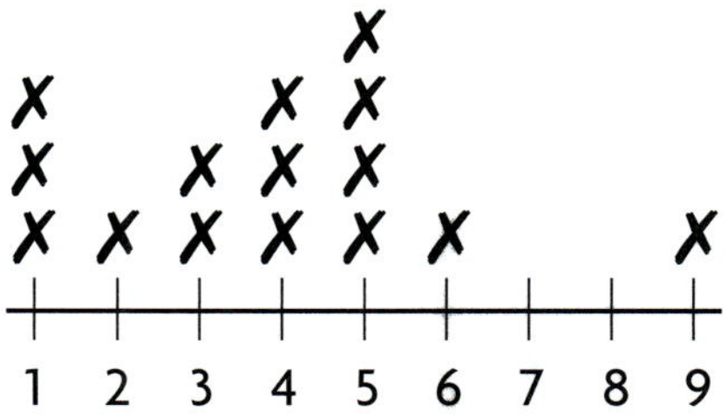

Tiros libres anotados

Para los ejercicios 10–12, usa esta tabla.

PAQUETES DE JUGO COMPRADOS	
Paquetes de jugo	Estudiantes
0	|
1	||
2	||
3	||||

10. Haz un diagrama de puntos con los datos. Halla la media, mediana, moda y rango del número de paquetes de jugo comprados.

11. **RAZONAMIENTO** Halla el número total de paquetes de jugo que compraron los estudiantes.

12. ¿Cuántos estudiantes compararon paquetes de jugo?

13. Jackie trabajó en el jardín durante 25 min. Después, sacó a caminar al perro durante 15 min. Si ella empezó a las 11:30 a.m., ¿a qué hora terminó?

14. **¿Cuál es la pregunta?** Molly tiene n monedas de 5¢. Ella le da 14 a su hermano. La respuesta es $n - 14$.

Repaso y preparación para la prueba

Redondea al millar más próximo. (pág. 30)

15. 75,391

16. 148,569

17. Escribe un número mayor que 23,487 y menor que 23,847. (pág. 24)

18. 378 + (813 − 72) (pág. 64)

19. **Preparación para la prueba** ¿Cuánto es 1,276 restado de 1,493? (pág. 48)

A 216
B 217
C 223
D 769

LECCIÓN 4

Hacer diagramas de tallo y hojas

CORAL VIVO Hay más de 50 diferentes corales conocidos en Florida Keys. Usa los datos del número de corales diferentes que vieron 9 buzos para hacer un diagrama de tallo y hojas.

NÚMERO DE CORALES DIFERENTES								
13	21	26	17	34	29	34	30	11

Un **diagrama de tallo y hojas** muestra grupos de datos ordenados según su valor posicional.

Repaso rápido

1. 330 + 50 + 200
2. 75 + 9
3. 47 + 16
4. 80 − 45
5. 66 − 38

VOCABULARIO

diagrama de tallo y hojas

tallo **hoja**

El arrecife de coral de Florida Keys es el único arrecife de coral viviente en el territorio continental de Estados Unidos. ▶

Ejemplo 1

PASO 1

Agrupa los datos según los dígitos de las decenas.

10: 13 17 11

20: 21 26 29

30: 34 34 30

PASO 2

En una columna, ordena los dígitos de las decenas de menor a mayor para formar los tallos. Dibuja una línea a la derecha de los tallos.

1	
2	
3	

A cada dígito de decena se le llama **tallo**.

PASO 3

Escribe cada dígito de unidad a la derecha de su dígito de decena.

1	3 7 1
2	1 6 9
3	4 4 0

A cada unidad se le llama **hoja**.

PASO 4

Ordena las hojas de menor a mayor. Incluye un título, nombres y la clave para mostrar lo que representa cada tallo y hoja.

Número de corales diferentes

Tallo	Hojas
1	1 3 7
2	1 6 9
3	0 4 4

2|1 = 21 corales.

Como el diagrama de tallo y hojas organiza los valores en orden de su valor posicional, puedes usarlo para hallar la media de un grupo de datos.

Ejemplo 2 Usa el diagrama de tallo y hojas para hallar la mediana.

Empieza por tachar la hoja menor y la hoja mayor en el diagrama.

Sigue tachando pares de hojas que sean las menores y mayores hasta que quede una sola hoja. Ese número es la mediana. Si quedan dos hojas, la mediana es la media de esas hojas.

Entonces, la mediana del número de corales que se vieron es 26.

Número de corales diferentes

Tallo	Hojas
1	~~1~~ 3 7
2	1 6 9
3	0 4 ~~4~~

Comprueba

1. **Explica** cómo podrías hallar la mediana en el Ejemplo 2 si otro buzo vio 32 corales.

Para los ejercicios 2–3, usa el diagrama de tallo y hojas de los diferentes peces vistos en Florida Keys.

2. ¿Cuáles son el número menor y el número mayor de peces vistos?

3. ¿Cuál es la moda? ¿La mediana?

Número de peces diferentes vistos

Tallo	Hojas
2	0 0 1
3	3 6 6 8 9
4	4 5 7 8
5	2

2|0 = 20 peces.

Práctica y resolución de problemas

Más práctica, página 130, Grupo D

Para los ejercicios 4–6, usa el diagrama de tallo y hojas para los puntajes del golf en miniatura.

4. ¿Qué dígitos son tallos?

5. ¿Cuál es la moda? ¿La mediana?

6. ¿Cuáles son los puntajes más bajos y más altos del golf en miniatura?

Puntajes del golf en miniatura

Tallo	Hojas
2	8
3	0 5 5 7
4	1 2 2 4 8
5	0 0 1 3 3 3 7

3|5 = 35.

Para los ejercicios 7–8, usa el diagrama de tallo y hojas de los puntajes de Kay en el boliche.

7. Escribe todos los puntajes mostrados en este diagrama de tallo y hojas.

8. ¿Cuál es la mediana de los puntajes de Kay en el boliche?

Puntajes de Kay en el boliche

Tallo	Hojas
10	0 3 8
11	0 4 5 6
12	3 7

10|0 = 100.

9. Las estaturas de los estudiantes del Sr. Jin son 53, 48, 55, 49, 49, 51, 55, 57, 57, 59, 54, 55 y 48 pulgadas. Haz un diagrama de tallo y hojas con estos datos. Halla la mediana y la moda de las estaturas.

10. Josie está haciendo un pictograma con una clave en la que cada símbolo representa 5 estudiantes. ¿Cuántos símbolos representan 20 estudiantes? ¿25 estudiantes?

11. **Por escrito** Explica la diferencia entre tallos y hojas en un diagrama de tallo y hojas.

Repaso y preparación para la prueba

12. $15{,}982 + 16{,}775$ (pág. 52)

13. $3{,}901 + 2{,}881$ (pág. 48)

14. Escribe una expresión usando la variable *n* para un número de tarjetas menos 8 tarjetas. (pág. 64)

15. Ordena 86,962; 86,923; 85,816 de *menor* a *mayor*. (pág. 24)

16. **Preparación para la prueba** Elige el número que *no* se redondea a 8,600. (pág. 30)

A 8,596 **C** 8,547
B 8,623 **D** 8,647

LECCIÓN

5 Comparar gráficas

Repaso rápido

1. $349 + 690$
2. $921 - 487$
3. $14 + \blacksquare + 6 = 38$
4. 3×4
5. 5×8

VOCABULARIO

escala intervalo

Aprende

ELEVA LA BARRA Las gráficas A y B muestran los mismos datos. Sin embargo, las gráficas se ven diferentes.

La **escala** de una gráfica es una serie de números colocados a distancias fijas o iguales. Ambas gráficas tienen una escala de 0–50. El valor más alto de la escala debe ser mayor que el valor mayor de los datos.

El **intervalo** de una gráfica es la diferencia entre dos números en la escala. La escala de la gráfica A tiene un intervalo de 5. La escala de la gráfica B tiene un intervalo de 10.

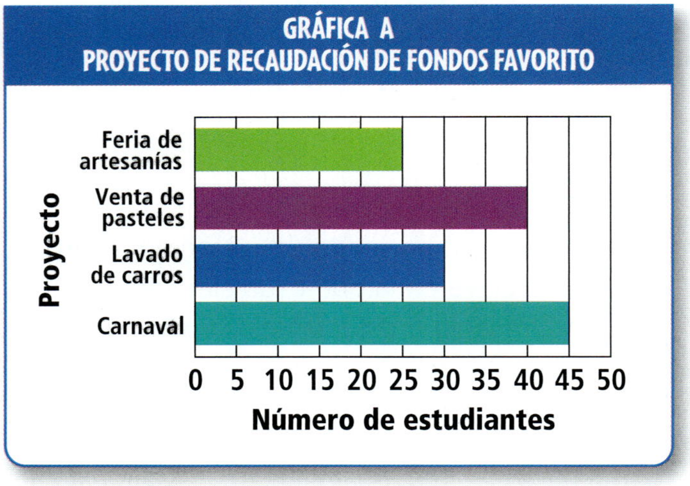

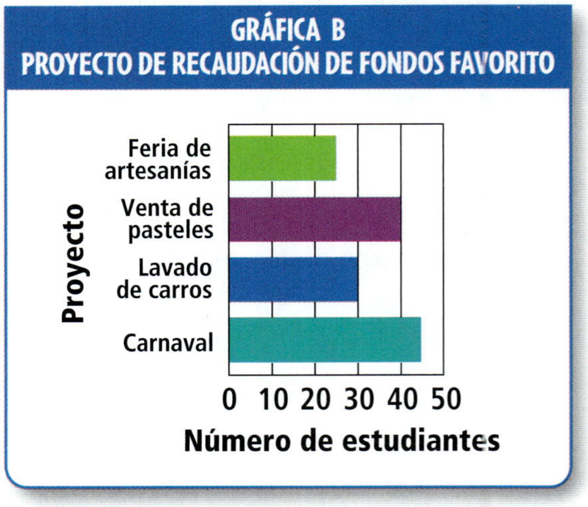

• ¿Por qué es más fácil comparar las barras en la gráfica A?

Comprueba

1. **Explica** por qué las longitudes de las barras en la gráfica A y las longitudes de las barras en la gráfica B son diferentes.

Para los ejercicios 2–3, explica cómo cambiaría la longitud de las barras en la gráfica B anterior.

2. si el intervalo fuera 20

3. si el intervalo fuera 2

Práctica y resolución de problemas

Más práctica, página 130, Grupo E

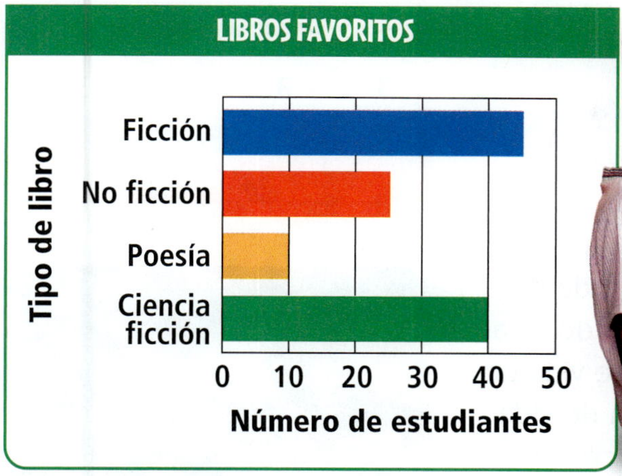

Para los ejercicios 4–7, explica cómo cambiarían las longitudes de las barras en la gráfica anterior.

4. si el intervalo fuera 1

5. si el intervalo fuera 2

6. si el intervalo fuera 20

7. si el intervalo fuera 25

8. ¿Cuál es la moda de los datos en la gráfica anterior?

9. ¿Cuál es la escala de la gráfica anterior?

Para los ejercicios 10–13, elige 5, 10 o 100 como el intervalo más razonable para cada grupo de datos. Explica tu selección.

10. 5, 16, 20, 11, 15

11. 15, 31, 48, 30, 69

12. 100, 200, 200, 450, 500, 300

13. 32, 50, 89, 60, 101

Para los ejercicios 14–16, usa la gráfica anterior.

14. Haz una gráfica nueva con un intervalo de 5. Explica cómo cambió la longitud de las barras.

15. **Escribe un problema** con una respuesta de 25 usando los datos de la gráfica.

16. **RAZONAMIENTO** La selección de Josef tuvo 15 votos más que la de no ficción. La selección de Zoe tuvo la menor cantidad de votos. La selección de Ali fue diferente de la de Josef y de la de Zoe, pero no fue ficción. ¿Qué eligió cada estudiante?

Repaso y preparación para la prueba

17. Escribe ochocientos setenta y dos mil, ciento seis en forma normal. (pág. 4)

18. $6{,}000 - 1{,}753$ (pág. 50)

19. $4{,}000 - 2{,}995$ (pág. 50)

20. Halla el valor de $(36 - 12) + 14$. (pág. 64)

21. **Preparación para la prueba** Elige la ecuación que mejor corresponda con estas palabras: Nueve huevos más otros huevos son 12 huevos. (pág. 70)

A $9 - n = 12$

B $12 + 9 = n$

C $9 + n = 12$

D $12 + n = 9$

LECCIÓN 6

Estrategia de resolución de problemas
Hacer una gráfica

Repaso rápido

1. 2×3 **2.** 4×3
3. 7×3 **4.** 8×3
5. 10×3

PROBLEMA Puedes determinar la edad de un pez por sus escamas, las cuales tienen anillos de crecimiento igual que los árboles. Cada anillo representa 1 año. La duración de vida de un pez ángel francés es de unos 14 años y la duración de vida de un pez loro reina es de unos 5 años. La duración de vida de un pez cochito reina es de unos 12 años y la duración de vida de una cabrilla chica es de unos 4 años. ¿Qué dos peces tienen la mayor diferencia en su duración de vida?

COMPRENDE

- ¿Qué debes hallar?
- ¿Qué información usarás?
- ¿Hay alguna información que no usarás? De ser así, ¿cuál no usarás?

PLANEA

- ¿Qué estrategia puedes usar para resolver el problema?
  Puedes *hacer una gráfica* para poder ver la información más fácilmente.

RESUELVE

- ¿Qué gráfica o diagrama puedes hacer para resolver el problema?
  Puedes hacer un pictograma para comparar las duraciones de vida de los peces.
  En la gráfica, el pez ángel francés tiene el mayor número de símbolos, por lo tanto su duración de vida es la más larga. La cabrilla chica tiene el menor número de símbolos, por lo tanto su duración de vida es la más corta.
  Entonces, el pez ángel francés y la cabrilla chica tienen la mayor diferencia en su duración de vida.

DURACIÓN DE VIDA DE LOS PECES

Tipo de pez	Duración de vida (en años)
Pez ángel francés	🐟 🐟 🐟 🐟 🐟 🐟 🐟
Pez loro reina	🐟 🐟 (½ 🐟)
Pez cochito reina	🐟 🐟 🐟 🐟 🐟 🐟
Cabrilla chica	🐟 🐟

Clave: Cada 🐟 = 2 años.

COMPRUEBA

- ¿Cómo puedes comprobar que tu gráfica está correcta?

Práctica • Resolución de problemas

1. **¿Qué sucedería si** quisieras agregar el pez macabí a tu pictograma? El pez macabí tiene una duración de vida de 10 años. ¿Cuántos símbolos usarías en tu pictograma para este pez?

2. **DATOS BREVES • CIENCIAS** La máxima longitud de un gobio neón es 5 cm. Para un pez mariposa del arrecife es 15 cm, para un pez loro rayado es 35 cm y para un pez morado del arrecife es 10 cm. Haz un pictograma de los datos. Halla la mediana.

Para los ejercicios 3–4, usa la tabla.

3. ¿Cuántos árboles plantó la escuela Tate?

   A 20 **C** 24
   B 23 **D** 25

4. ¿Cuántos árboles más plantó la escuela Tate en 2001 que en 2002?

   F 2 **H** 4
   G 3 **J** 5

Estrategias

- Hacer un diagrama o dibujo
- Hacer un modelo o representar
- Hacer una lista organizada
- Hallar un patrón
- **Hacer una tabla o gráfica**
- Predecir y probar
- Volver sobre los pasos
- Resolver un problema más simple
- Escribir una ecuación
- Usar razonamiento lógico

Resolución de problemas

ÁRBOLES PLANTADOS POR LA ESCUELA TATE

Año	Número de árboles
2001	卌 |||
2002	卌	
2003	卌 卌

Práctica de estrategias mixtas

5. Henri se enteró que 986 personas fueron a ver una película el viernes, 1,453 fueron el sábado y 1,622 fueron el domingo. ¿Cuántas personas fueron a ver la película en total?

6. Cada uno de los 24 estudiantes juega básquetbol o voleibol. Si 4 estudiantes se cambiaron de básquetbol a voleibol, habría un número igual que juegan cada deporte. ¿Cuántos estudiantes juegan voleibol?

7. Hay 57 camisas. Veinte de ellas son azules y las otras son amarillas. Escribe una ecuación usando la variable *y* para mostrar esto.

8. Ben tiene 3 veces el número de canicas que tiene Jon. Juntos tienen entre 18 y 25 canicas. ¿Cuántas canicas podría tener Jon?

9. Carmen compró una camisa por $14.99. Ella compró un suéter por $25.39. Estima al dólar más próximo la cantidad que gastó Carmen.

10. El producto de dos números es 36. Su suma es 13. ¿Cuáles son los números? ¿Cuál es la diferencia?

Más práctica

Grupo A (págs. 114–117)

Usa la tabla de frecuencia.

1. ¿Durante qué hora se vendieron más vasos de jugo?
2. ¿Cuántos vasos de jugo se vendieron en total?

VASOS DE JUGO VENDIDOS EN EL FESTIVAL		
Hora	**Frecuencia**	**Frecuencia acumulativa**
1	15	15
2	26	41
3	28	69
4	19	88

Grupo B (págs. 118–121)

Halla la media, la mediana y la moda.

1.

CARROS LAVADOS				
Hora	1	2	3	4
Carros	6	4	3	7

2.

PELÍCULAS VISTAS EN EL VERANO					
Estudiantes	Ed	Sue	Bob	Jan	Ann
Películas	7	6	9	4	4

Grupo C (págs. 122–123)

Usa el diagrama de puntos.

1. ¿Cuántos premios se ganaron en total?
2. Halla el rango, la(s) moda(s) y la mediana del número de premios ganados.

Grupo D (págs. 124–125)

Usa el diagrama de tallo y hojas.

1. ¿Cuál es la moda? ¿Cuál es la mediana?
2. Halla la calificación más baja y la más alta. ¿Cuál es el rango?

Resultados de la prueba de ortografía

Tallo	Hojas
7	1 4 4 6 6
8	2 2 3 5 8 8
9	2 2 4 4 4 4

Grupo E (págs. 126–127)

Usa la gráfica.

1. ¿Cuál es la escala de la gráfica? ¿Cuál es el intervalo?
2. ¿Cómo cambiarían las barras si el intervalo fuera 10? ¿Si fuera 3?

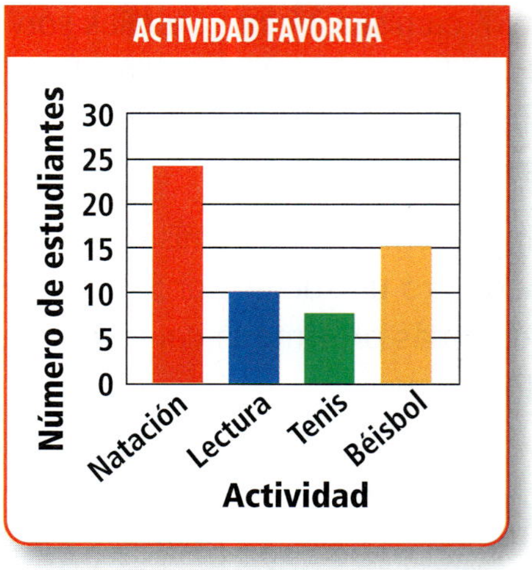

Repaso/Prueba

COMPRUEBA EL VOCABULARIO Y LOS CONCEPTOS

Elige el mejor término de la casilla.

diagrama de tallo y hojas
diagrama de puntos
encuesta

1. Estás realizando una _?_ cuando haces las mismas preguntas a varias personas y anotas sus respuestas. (pág. 114)

2. Un _?_ muestra grupos de datos ordenados según su valor posicional. (pág. 124)

COMPRUEBA LAS DESTREZAS

Para los ejercicios 3–4, usa la tabla de frecuencia. (págs. 114–117)

3. Copia y completa la tabla de frecuencia acumulativa de la derecha. ¿Cuántas latas se recogieron en total?

4. ¿Cuántas latas más se recogieron en las semanas 1 y 2 que en la semana 4?

LATAS DE COMIDA RECOGIDAS

Semana	Frecuencia	Frecuencia acumulativa
1	10	■
2	12	■
3	14	■
4	18	■

Para los ejercicios 5–6, usa la tabla. (págs. 118–123)

5. Haz un diagrama de puntos con los resultados de Laura.

6. ¿Cuál es la mediana y la moda de las calificaciones de Laura? ¿Cuál es el rango?

CALIFICACIONES DE LAS PRUEBAS DE LAURA

Prueba	1	2	3	4	5	6	7
Calificación	86	90	95	84	94	86	92

7. Josh fue a pescar en un viaje de 4 días. Él pescó 8 peces el primer día, 4 peces el segundo día, 7 peces el tercer día y 5 peces el cuarto día. ¿Cuál es la media para el número de peces que pescó Josh?

COMPRUEBA LA RESOLUCIÓN DE PROBLEMAS

Para los ejercicios 8–10, usa la tabla. (págs. 128–129)

8. La tabla muestra el número de juegos ganados por un equipo de hockey desde 2000 hasta 2003. Usa los datos en la tabla para hacer una gráfica de barras. Decide qué escala e intervalos usar y rotula tu gráfica.

9. ¿Entre qué años aumentó más el número de juegos ganados?

10. ¿Cuántos juegos ganaron los Tiburones en total desde 2000 hasta 2003?

REGISTRO DE JUEGOS GANADOS DE LOS TIBURONES

Año	Juegos ganados
2000	35
2001	40
2002	30
2003	44

Preparación para pruebas

PERCEPCIÓN NUMÉRICA, CONCEPTOS Y OPERACIONES

1. ¿Qué enunciado numérico muestra la propiedad conmutativa de la suma?

A $(4 + 3) + 2 = 4 + (3 + 2)$

B $2 + 7 = 7 + 2$

C $6 + 0 = 6$

D $5 + 1 = 3 + 3$

> **IDEA** **Comprende el problema.**
> Mira el ejercicio 2. Lee el problema cuidadosamente para asegurarte que entiendes lo que se pregunta. Piensa en los pasos que necesitarás seguir para resolver el problema.

2. La siguiente tabla muestra los costos de tres vacaciones de la familia Rodríguez. El presupuesto de la familia para las tres vacaciones fue $9,500.

COSTOS DE LAS VACACIONES

Lugar	Costo
Ft. Lauderdale, FL	$2,150
Myrtle Beach, SC	$3,285
Maui, HI	$4,010

¿Qué parte del presupuesto NO gastó la familia?

F $18,945 **H** $550

G $9,445 **J** $55

3. **Explícalo** Denzel gastó $18 en comestibles. Él pagó con un billete de $50. Explica cómo Denzel puede estimar cuánto cambio recibirá.

MEDIDAS

4. Sam salió de su casa a las 9:40. Llegó al centro comercial 1 hora y 30 minutos después. ¿Qué reloj muestra la hora en que Sam llegó al centro comercial?

A

C

B

D

5. El cumpleaños de Sam es el 3 de julio. El cumpleaños de Karen es 2 semanas y 4 días después del de Frank. ¿Cuál es la fecha del cumpleaños de Karen?

Julio

Dom.	Lun.	Mar.	Mié.	Jue.	Vie.	Sáb.
		1	2	3	4	5
6	7	8	9	10	11	12
13	14	15	16	17	18	19
20	21	22	23	24	25	26
27	28	29	30	31		

F 3 de julio **H** 17 de julio

G 7 de julio **J** 21 de julio

6. **Explícalo** Hay 365 días en la mayoría de los años. Indica cuántos años tienes y explica cómo podrías estimar el número de días que han pasado desde que naciste.

RAZONAMIENTO ALGEBRAICO

7. Julio plantó un jardín. El primer año, él puso 3 tulipanes en su jardín. Cada año, Julio agregó 5 tulipanes más. ¿En qué año tendrá 23 tulipanes su jardín?

   A cuarto año

   B quinto año

   C sexto año

   D séptimo año

8. ¿Qué enunciado numérico muestra que tres más un número es igual a nueve?

   F $3 + 9 = n$

   G $9 + 3 = n$

   H $3 + n = 9$

   J $3 + n = 10$

9. **Explícalo** Harold escogió un número y usó una regla para formar un nuevo número. Él hizo esto varias veces usando la misma regla. La siguiente tabla muestra sus resultados. ¿Qué regla podría haber usado Harold?

ENTRADA	SALIDA
c	*g*
2	8
6	12
3	9
10	16

Explica cómo lo decidiste.

ANÁLISIS DE DATOS Y PROBABILIDAD

10. ¿Qué diagrama de puntos muestra los mismos datos de la siguiente tabla?

ALQUILER DE VÍDEOS

Día	Número de vídeos
1	IIII
2	II
3	~~IIII~~ II
4	~~IIII~~
5	III

A

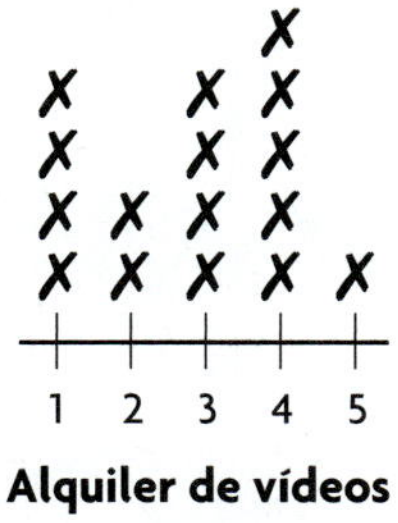

C

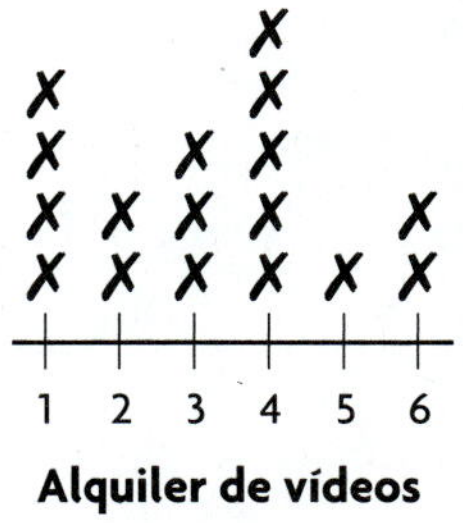

B

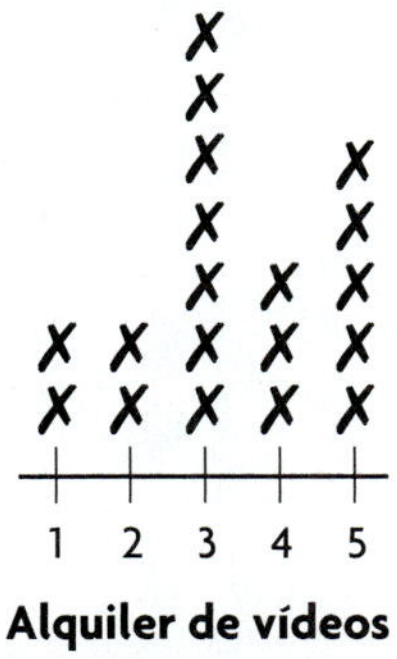

D

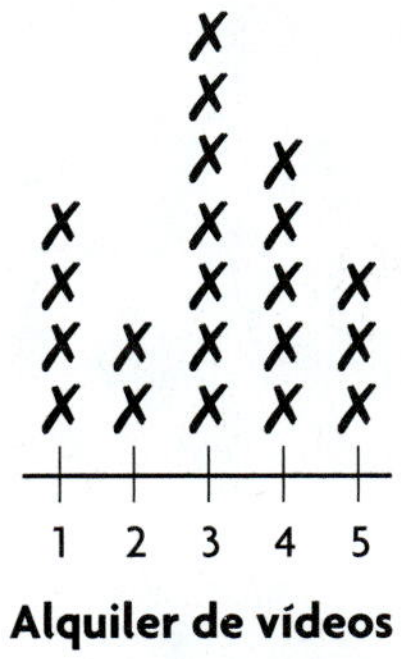

11. Amy está haciendo una gráfica de barras usando los siguientes datos.

    2, 2, 4, 8, 10, 14, 6, 6, 12

    ¿Qué intervalo es el **más** razonable para Amy?

    F 2

    G 10

    H 20

    J 100

12. **Explícalo** ¿Cuál es la media de los siguientes datos?

    2, 1, 6, 9, 7

    Explica cómo hallaste la respuesta.

CAPÍTULO 7

Analizar y hacer gráficas de datos

DATOS BREVES • CIENCIAS Los rayos ocurren en cualquier lugar de la Tierra más de 100 veces por segundo. Los científicos cuantifican el número de rayos durante las tormentas.

RESOLUCIÓN DE PROBLEMAS La gráfica de barras muestra el mayor número de rayos por milla cuadrada que ocurrieron en cada uno de los 8 estados durante una tormenta. ¿Aproximadamente cuántos rayos ocurrieron en Maryland? ¿Ocurrieron más rayos durante la tormenta en Tennessee o durante la tormenta en North Carolina?

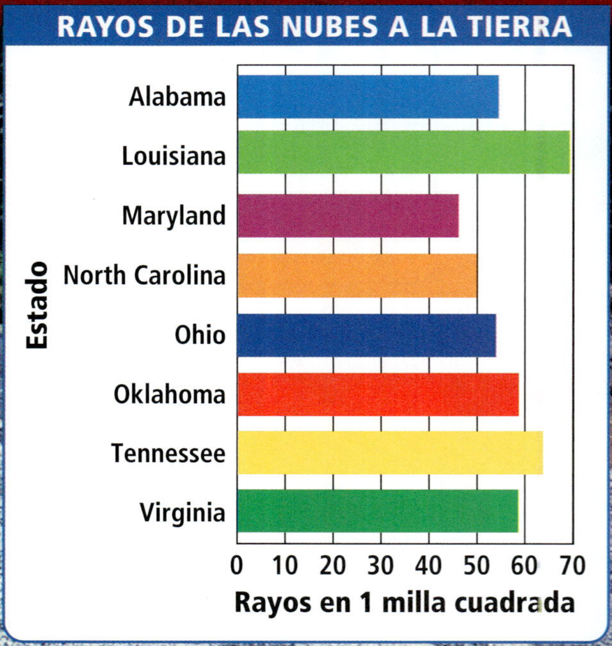

Comprueba lo que sabes

Usa esta página para repasar y recordar destrezas importantes que se necesitan para el Capítulo 7.

PARTES DE UNA GRÁFICA

Para los ejercicios 1–3, usa la primera gráfica de barras.

1. ¿Cuál es el título de esta gráfica?

2. ¿Qué título colocarías en la parte de abajo?

3. ¿Qué título colocarías en el lado izquierdo?

LEE GRÁFICAS DE BARRAS

Para los ejercicios 4–7, usa la segunda gráfica de barras.

4. ¿Qué forma de transporte para ir a la escuela usa la mayoría de los estudiantes?

5. ¿Cuántos estudiantes van a la escuela en carro?

6. ¿A cuántos estudiantes entrevistaron para hacer esta gráfica de barras?

7. ¿Cuántos estudiantes van a la escuela en carro o en bicicleta?

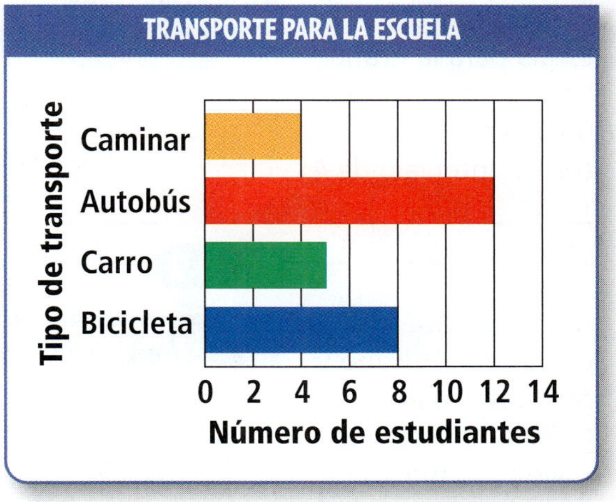

Vocabulario

REPASO

gráfica *sustantivo*

La palabra *gráfica* viene del latín *graphicus* y éste del griego *graphikós* que significa "escribir". Para los griegos, la escritura también incluía dibujos, grabados y marcas. ¿Cómo se relacionan esos significados con los pictogramas?

PRESENTACIÓN

gráfica de doble barra
gráfica lineal
tendencias
gráfica circular

APRENDE en línea

www.harcourtschool.com

LECCIÓN 1

MANOS A LA OBRA

Hacer gráficas de barras y de doble barra

Explora

Las **gráficas de doble barra** se usan para comparar tipos de datos similares. Haz una gráfica de doble barra que muestre los datos de la tabla.

Repaso rápido

Compara. Escribe <, > ● = para cada.

1. 77 ● 61
2. 43 ● 59
3. 22 ● 91
4. 66 ● 37
5. 85 ● 58

VOCABULARIO

gráfica de doble barra

Actividad

MATERIALES: patrón de gráfica de barras, crayolas de dos colores diferentes

PASO 1

Decide sobre el título, los rótulos y una escala para la gráfica. Para estos datos, usa una escala de 0–16 con un intervalo de 4.

CAÍDA DE NIEVE MENSUAL (en pulgadas)

Ciudad	Ene.	Feb.	Mar.
Chicago	11	8	7
Cleveland	12	12	10

PASO 2

Haz la gráfica. Usa un color para Chicago y otro color para Cleveland. Haz una clave para mostrar qué color representa cada ciudad.

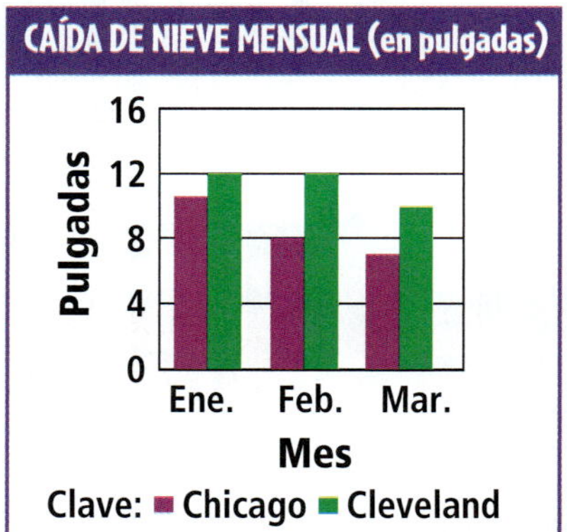

Enlace con la tecnología

Más práctica: Harcourt Mega Math The Number Games, *ArachnaGraph*, Nivel D

- ¿Qué muestra la gráfica sobre la caída de nieve mensual en Chicago y Cleveland?

Inténtalo

- Usa la tabla para hacer una gráfica de doble barra comparando los datos para niños y niñas.

ACTIVIDAD FAVORITA DE INVIERNO

Actividad	Niños	Niñas
Deslizarse en trineo	77	60
Patinar sobre hielo	35	78
Esquiar	75	70

Relaciona

Los datos de la tabla de la "Actividad favorita de invierno" de la página 136 se muestran en las siguientes dos gráficas de barras. Los mismos rótulos, intervalos y escalas se usan en ambas gráficas. No se necesita una clave cuando los datos se representan en gráficas separadas.

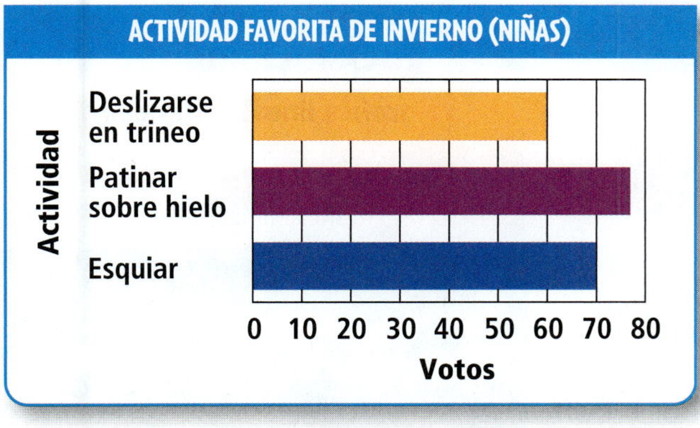

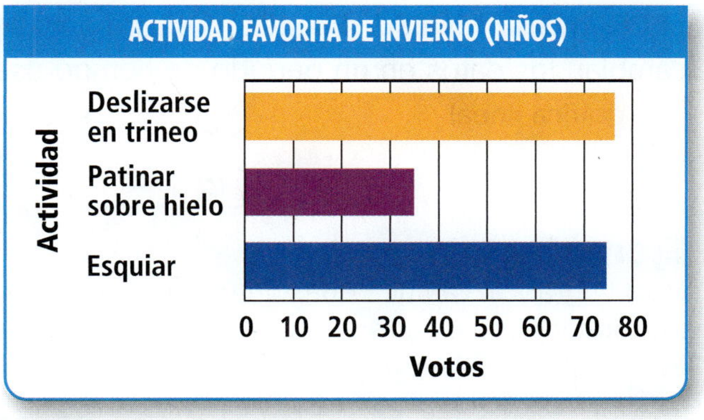

Práctica y resolución de problemas

Para los ejercicios 1–4, usa la tabla.

EVENTO FAVORITO DE LAS OLIMPÍADAS DE INVIERNO

Evento	Niños de tercer grado	Niños de quinto grado
Montar en bobsleigh	17	15
Salto con esquís	14	16
Patinaje artístico	9	10

1. Haz una gráfica de barras para cada grado para comparar los datos de las dos clases.

2. Haz una gráfica de doble barra para comparar los datos de las dos clases.

3. ¿Qué gráfica facilita la comparación de los datos de las dos clases? Explica tu respuesta.

4. **RAZONAMIENTO** Haz una encuesta para determinar los eventos favoritos de los estudiantes de cuarto grado. Haz una gráfica de triple barra usando los datos y la tabla de arriba. ¿Cuál es el número total de estudiantes de tercero, cuarto y quinto grados entrevistados?

5. ***DATOS BREVES* • ESTUDIOS SOCIALES** Durante las Olimpíadas de invierno de 2002, Estados Unidos ganó 10 medallas de oro, 13 medallas de plata y 11 medallas de bronce. Alemania ganó 12 de oro, 16 de plata y 7 de bronce. Haz una gráfica de doble barra que muestre los datos.

Repaso y preparación para la prueba

6. ¿Cuál es mayor: 314,689 o 341,869? (pág. 20)

7. Redondea 415,906 a la decena de millar más próxima. (pág. 30)

8. ¿Cuál es el valor de 6 en el número 48,602,751? (pág. 6)

9. ¿Cuánto es 13,847 restado de 23,005? (pág. 52)

10. **Preparación para la prueba** ¿Cuánto es la suma de 415,903 y 58,769? (pág. 52)

A 463,662
B 464,572
C 474,672
D 474,772

LECCIÓN 2

Leer gráficas lineales

Repaso rápido

1. 34 − 12 **2.** 76 − 45

3. 66 − 23 **4.** 98 − 53

5. 81 − 48

VOCABULARIO

gráfica lineal tendencias

Aprende

LEER ENTRE LÍNEAS Puedes mostrar cómo cambian los datos en un período de tiempo usando una **gráfica lineal**.

Ejemplo 1

Mira la gráfica. La línea que conecta los puntos muestra los cambios en las cantidades de nieve de cada mes. ¿Cuál es la cantidad de nieve para diciembre?

PASO 1

Halla la línea rotulada diciembre. Sigue esa línea hasta el punto (•).

PASO 2

Sigue esa línea hasta la escala en la izquierda para ubicar la caída de nieve para diciembre.

Entonces, la caída de nieve para diciembre es 30 pulgadas.

Ejemplo 2

Halla el rango de los datos.

PASO 1

Mira la gráfica para hallar el valor mayor y el valor menor.

30 pulgadas ←valor mayor

3 pulgadas ←valor menor

PASO 2

Resta el valor menor del valor mayor para hallar el rango.

$$\begin{array}{r} 30 \\ -\ 3 \\ \hline 27 \end{array}$$

Entonces, el rango para las cantidades de nieve es 27 pulgadas.

CAÍDA DE NIEVE NORMAL (SAULT STE. MARIE, MI)

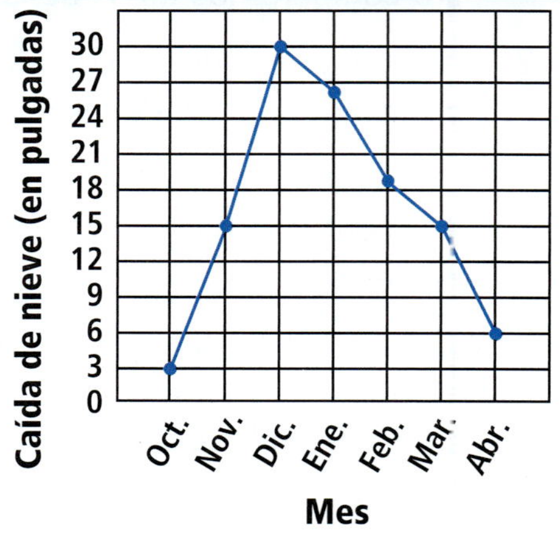

En la gráfica lineal de la afiliación al club de esquí, puedes ver **tendencias** o áreas donde los datos aumentan, disminuyen o se quedan igual por un tiempo. Se observa un aumento en las afiliaciones entre 2003 y 2004.

AFILIACIÓN AL CLUB DE ESQUÍ

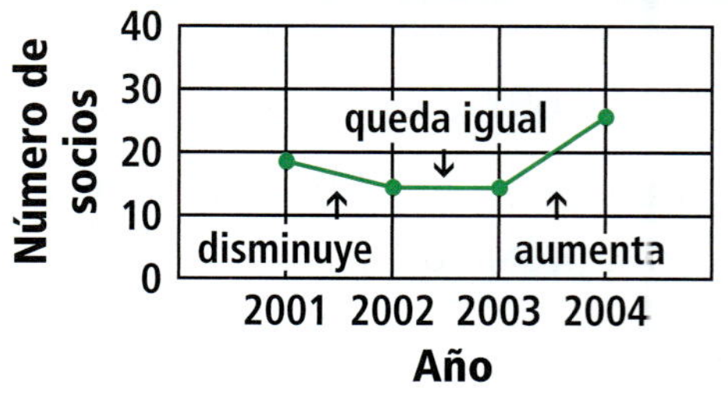

Comprueba

Para los ejercicios 1–4, usa la gráfica lineal de la derecha.

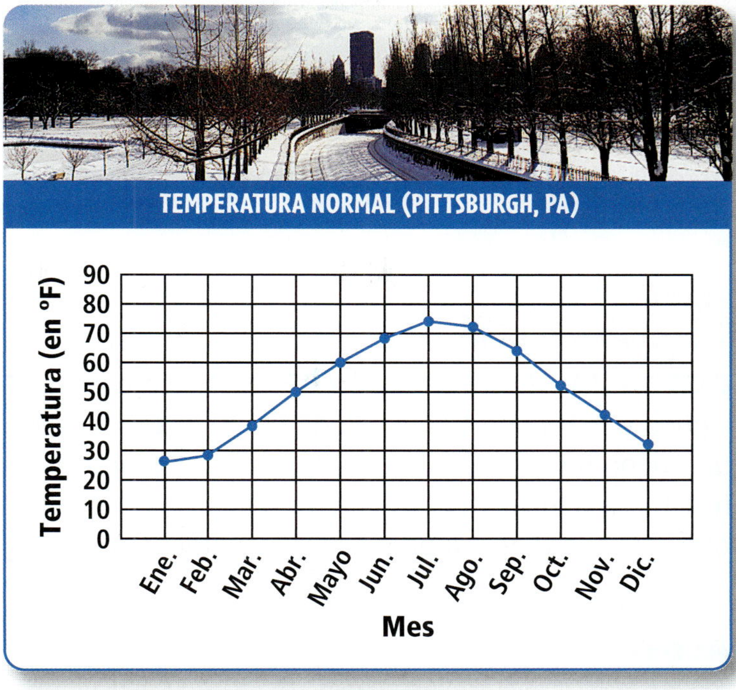

1. **Nombra** los dos meses en la gráfica lineal entre los cuales aumenta la temperatura de 39°F a 50°F.
2. ¿Cuál es la temperatura normal más baja para Pittsburgh?
3. ¿Qué mes tiene la temperatura normal más alta?
4. Compara la temperatura de febrero con la temperatura de junio.

Práctica y resolución de problemas

Más práctica, página 150, Grupo A

Para los ejercicios 5–7, usa la gráfica lineal de la derecha.

5. ¿Cuántas personas visitaron el museo en el año con la asistencia más baja?
6. ¿Cuántas personas visitaron el museo de 1999 a 2004?
7. ¿Entre qué años la asistencia se mantuvo igual?
8. **Escribe un problema** usando los datos de temperatura para Pittsburgh, PA.
9. **RAZONAMIENTO** Un grupo de 3 números tiene una suma de 110. La mediana de los números es 40. El rango es 30. ¿Cuáles son los números?

Repaso y preparación para la prueba

10. 35,842 − 18,764 = ■ (pág..52)
11. ¿Cuál es mayor: 46,731 o 46,781? (pág. 20)
12. Halla la moda de 2, 2, 3, 4, 6, 6, 7, 7, 9, 11, 11, 11. (pág. 118)
13. Halla la mediana de 2, 4, 7, 6, 9, 8, 10, 11, 5, 4, 6, 9, 9. (pág. 118)
14. **Preparación para la prueba** Halla la suma. 37,870 + 29,602 (pág. 52)

    A 56,472
    B 57,472
    C 67,472
    D 67,572

LECCIÓN 3

MANOS A LA OBRA

Hacer gráficas lineales

Repaso rápido

1. 200 − 33 **2.** 100 − 53

3. 400 − 47 **4.** 500 − 68

5. 300 − 81

MATERIALES
patrón de gráfica lineal

Explora

DISTANCIA DESDE LOS RAYOS ¿Te has preguntado alguna vez a qué distancia de donde tú te encuentras está un trueno o un rayo? Puedes contar los segundos para hallar la distancia. Usa la tabla de Distancia desde los rayos que está a la derecha para hacer una gráfica lineal.

DISTANCIA DESDE LOS RAYOS

Distancia (en mi)	Tiempo hasta que se oye el trueno (en seg)
1	5
2	10
3	15
4	20

Actividad 1

PASO 1

Selecciona una escala y un intervalo. Escribe los números de la escala a lo largo del lado izquierdo de la gráfica. Escribe los rótulos y el título de la gráfica.

PASO 2

Traza un punto para mostrar cada distancia y el número de segundos hasta que se oye el trueno. Conecta los puntos de izquierda a derecha.

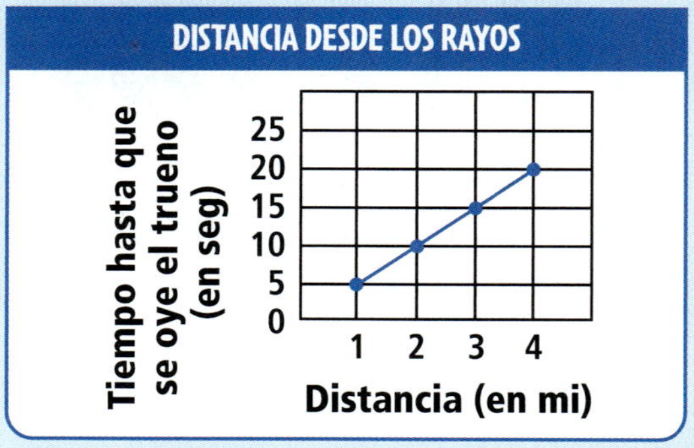

DISTANCIA DESDE LOS RAYOS

Distancia (en km)	Tiempo hasta que se oye el trueno (en seg)
1	3
2	6
3	9
4	12

Inténtalo

- También puedes determinar la distancia a la que están los rayos en kilómetros. Cada tres segundos equivale a un kilómetro. Haz una gráfica lineal de los datos. Asegúrate de ponerle título y rótulos a tu gráfica. Selecciona un intervalo y una escala apropiados.

Relaciona

Cada punto en una gráfica lineal puede describirse con los rótulos horizontal y vertical. El primer punto en la gráfica a la derecha se puede describir como lunes y 1 cm.

Actividad 2

Traza un punto en la gráfica lineal para el viernes y 2 cm.

PASO 1

Copia la gráfica. Halla el viernes en la escala horizontal y ve hacia arriba hasta que llegues a 2 cm en la escala vertical.

PASO 2

Traza un punto en tu gráfica donde las escalas vertical y horizontal se encuentren. Conecta el punto del jueves con el punto del viernes.

Práctica y resolución de problemas

Para los ejercicios 1–2, haz una gráfica lineal.

1.

LA PLANTA DE STEVE					
Semana	1	2	3	4	5
Altura (en pulgadas)	1	2	3	4	5

2.

LA PLANTA DE LEÓN					
Semana	1	2	3	4	5
Altura (en pulgadas)	0	1	3	5	6

3. Copia la gráfica. Traza los siguientes puntos: lunes y 4 cm, martes y 3 cm, miércoles y 5 cm, jueves y 1 cm y viernes y 0 cm.

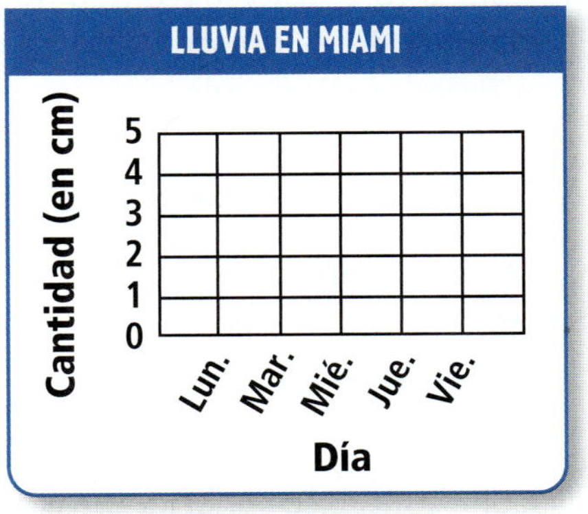

4. Mira la gráfica del ejercicio 3. ¿La lluvia de lunes a viernes es mayor o menor que 10 cm?

5. **Por escrito** Explica cómo puedes describir un punto en una gráfica lineal.

Repaso y preparación para la prueba

6. ¿Cuál es mayor: 1,238 o 1,543 − 308? (pág. 48)

7. Redondea 744,478 al millar más próximo. (pág. 30)

8. Halla 100,000 más que 2,843,715. (pág. 6)

9. 4,951 − 3,729 (pág. 48)

10. **Preparación para la prueba** ¿Qué expresión muestra 5 menos que un número, x? (pág. 64)

A $5 - x$
B $x - 5$
C $x + 5$
D $x - 5 - x$

LECCIÓN 4

MANOS A LA OBRA

Hacer gráficas circulares

Repaso rápido

1. 23 + 77
2. 66 + 34
3. 116 + 84
4. 155 + 45
5. 175 + 125

VOCABULARIO

gráfica circular

MATERIALES 5 hojas de papel, patrón de gráfica circular, marcadores, tijeras, cinta adhesiva

Explora

ESTACIÓN FAVORITA En una encuesta, Carol pidió a 200 estudiantes de la escuela primaria Lincoln que nombraran su estación favorita.

Puedes usar una gráfica de barras para hacer una gráfica circular. Una **gráfica circular** muestra los datos como un todo compuesto de diferentes partes.

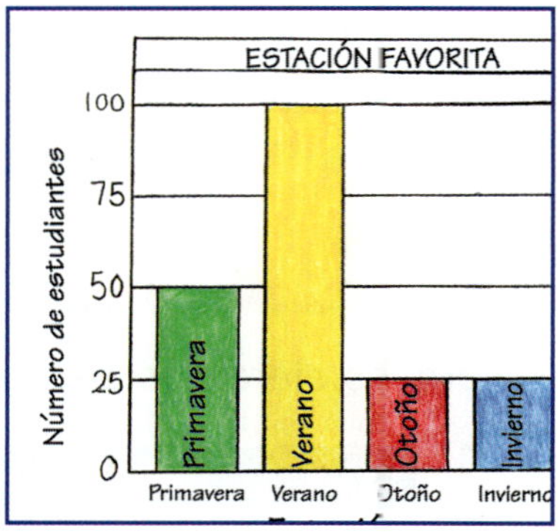

Actividad 1

PASO 1

Copia la gráfica de barras. Escribe el nombre en cada barra.

PASO 2

Recorta cada barra de tu gráfica. Pégalas una con otra por sus extremos con cinta adhesiva, sin traslaparlas para formar un círculo.

PASO 3

Coloca tu círculo sobre una hoja de papel y traza la silueta del círculo. Marca dónde empieza y dónde termina cada barra alrededor del círculo.

PASO 4

Marca el centro del círculo trazado. Dibuja un radio desde cada uno de los puntos que marcaste en el círculo.

PASO 5

Colorea las secciones del círculo. Rotula cada sección y titula tu gráfica circular.

Inténtalo

a. Usa los datos para hacer una gráfica de barras. Después usa tu gráfica de barras para hacer una gráfica circular.

PRESUPUESTO PARA EL VERANO DE NANCY	
Artículo	**Cantidad**
Dinero para diversión	$200
Ropa	$50
Ahorros	$150

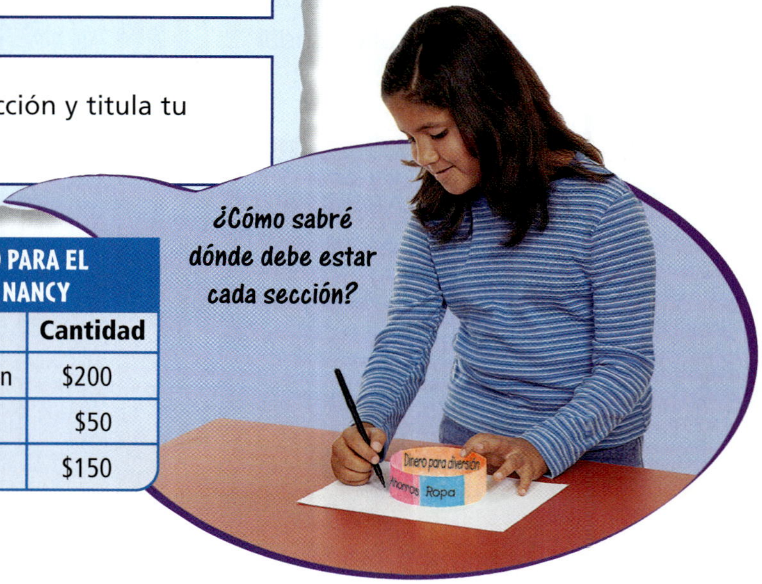

Relaciona

Puedes usar un patrón de gráfica circular para hacer una gráfica circular.

Actividad 1

Haz una gráfica circular.

PASO 1

Suma para hallar el número de estudiantes en los datos. Como el número de estudiantes es 10, usa un patrón de gráfica circular dividido en 10 secciones iguales.

PASO 2

Usa un color diferente para cada actividad. Sombrea 1 sección para el número de estudiantes que les gusta la lectura. Sombrea 5 secciones para el número de estudiantes que les gusta ver televisión. Sombrea 4 secciones para el número de estudiantes que les gusta jugar juegos de vídeo.

PASO 3

Rotula cada actividad en tu gráfica. Pon un título a tu gráfica.

ACTIVIDAD FAVORITA EN UN DÍA LLUVIOSO

Actividad	Número de estudiantes
Lectura	1
Televisión	5
Juegos de vídeo	4

Práctica y resolución de problemas

Para los ejercicios 1–2, haz una gráfica circular.

1.

ELECCIONES DE LA CLASE

Estudiante	Número de votos
Tom	30
Phillip	60
Alice	10

2.

DINERO SEMANAL DE RHONDA

Actividad	Cantidad
Películas	$5
Golosinas	$2
Patinar	$3

3. ¿Qué representa el círculo completo en el ejercicio 1?

4. ¿Qué representa el círculo completo en el ejercicio 2?

5. Pauline gastó $4 de su mesada semanal de $10 en libros. Ella ahorró el resto. ¿Cómo mostrarías esto en una gráfica circular?

Repaso y preparación para la prueba

6. Compara. 3,842,000 ● 3,842,100 (pág. 20)

7. Halla el tiempo transcurrido. Comienzo: 8:22 a.m. Final: 12:45 p.m. (pág. 98)

8. Halla el valor. 92 + (41 − 28) (pág. 64)

9. 37,000 − 8,952 (pág. 50)

10. **Preparación para la prueba** ¿Qué expresión tiene un valor de 33? (pág. 64)

A (32 + 11) − 10
B 42 + (11 − 10)
C (18 − 6) + 15
D 32 − (6 + 15)

LECCIÓN 5

Elegir la gráfica adecuada

Repaso rápido

Halla la moda.

1. 4, 3, 6, 5, 4

2. 6, 6, 12, 8, 9, 13

3. 11, 12, 14, 15, 17

4. 4, 7, 7, 8, 8, 8

5. 1, 9, 5, 5, 9, 4

Aprende

SIESTA NATURAL Algunos animales duermen la mayor parte del día y otros casi no duermen. Mira cómo Cindy, Joe y Elayna mostraron los datos de la tabla. ¿Qué gráfica o diagrama funciona mejor para los datos?

HORAS DE SUEÑO

Animal	Horas de sueño en un día
Jirafa	4
Mapache	13
Ardilla	14
Oso	8

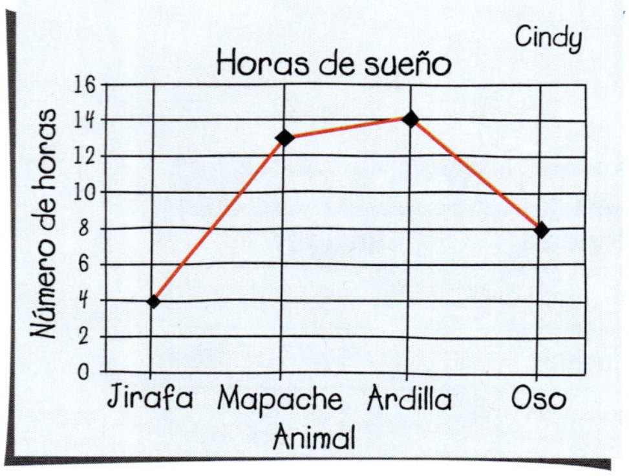

Una gráfica lineal se usa para mostrar cambios a través del tiempo.

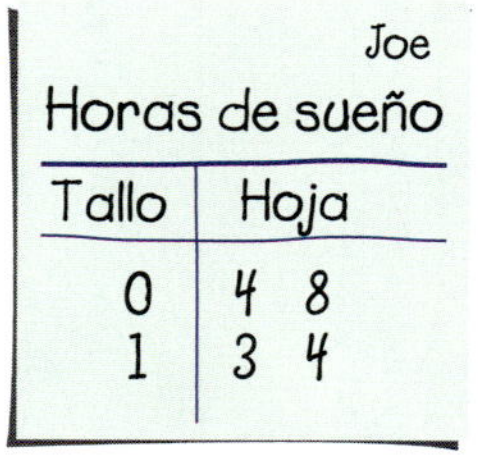

En un diagrama de tallo y hojas se ordenan los datos según su valor posicional.

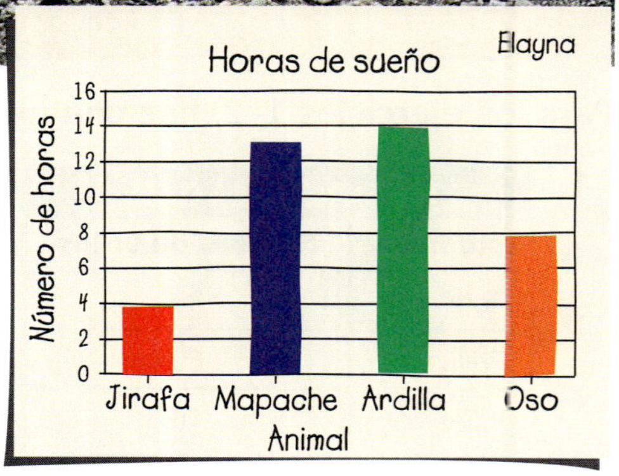

Una gráfica de barras se usa para comparar los datos de diferentes grupos.

Los datos muestran el número de horas por día que duermen los diferentes tipos de animales. Los datos no muestran cambios durante un período de tiempo y en el diagrama de tallo y hojas, no se muestra alguna información importante. Entonces, la gráfica de barras de Elayna es la mejor para mostrar los datos.

- ¿Una gráfica circular sería buena para los datos? Explica tu respuesta.

Diagrama de puntos o gráfica lineal

El tipo de gráfica que selecciones normalmente depende del tipo de información que quieras mostrar.

Elsa anotó las puntuaciones de sus pruebas de ciencias cada semana durante nueve semanas. Ella mostró los datos de dos maneras diferentes.

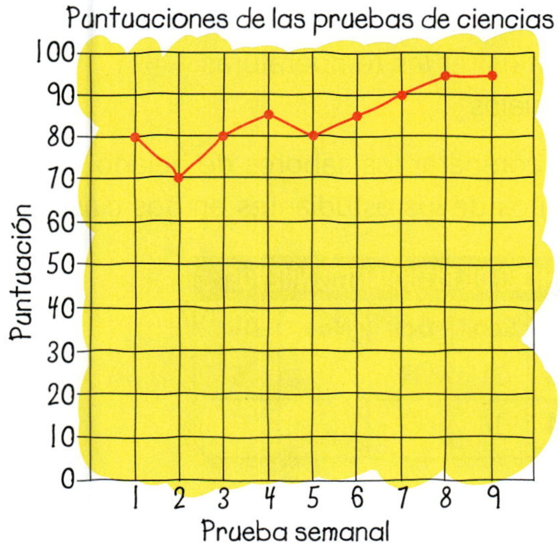

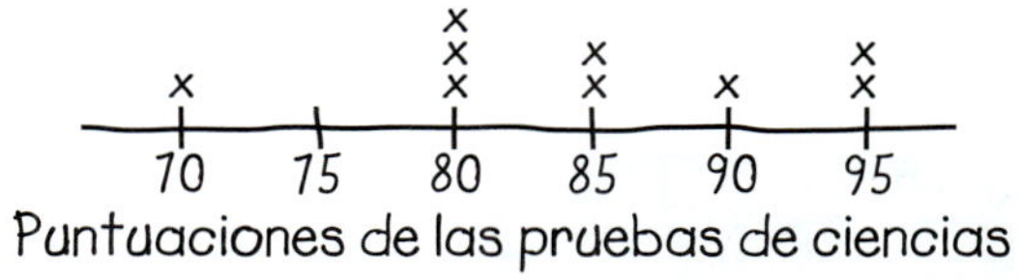

El diagrama de puntos de Elsa muestra todas las puntuaciones, pero la gráfica lineal también muestra la semana en que se tomó cada prueba.

- **RAZONAMIENTO** ¿Cuál es mejor para saber cuántas veces Elsa sacó 80 en una prueba de ciencias? Explica tu respuesta.

Comprueba

1. **Elige** cuál debe usar Elsa para mostrar que sus puntuaciones de ciencias han mejorado. Explica tu selección.

2. **Explica** las diferencias en los tipos de información que se muestran en un diagrama de tallo y hojas, una gráfica de barras, una gráfica circular y una gráfica lineal.

Para los ejercicios 3–6, escribe el tipo de gráfica o diagrama que seleccionarías.

3. para comparar las velocidades de cinco animales diferentes

4. para mostrar los votos totales en una elección

5. para mostrar las puntuaciones semanales de matemáticas de tus compañeros de clase

6. para mostrar tu estatura cada año desde que naciste

7. Lyn descubrió que había 9 carros, 4 camionetas, 6 bicicletas y 1 autobús en una calle. ¿Cuál sería la mejor opción para los datos de Lyn, una gráfica circular o una gráfica lineal?

8. Se anotó la temperatura cada hora desde las 6 a.m. hasta las 6 p.m. ¿Cuál sería una mejor alternativa para mostrar los datos, una gráfica de barras o una gráfica lineal?

9. **Por escrito** Explica cuál sería más fácil de usar para hallar la mediana y la moda de las puntuaciones de Elsa.

LA LECCIÓN CONTINÚA

Práctica y resolución de problemas

Más práctica, página 150, Grupo B

Para los ejercicios 10–17, escribe el tipo de gráfica o diagrama que usarías.

10. para comparar las materias favoritas de los estudiantes en dos clases de cuarto grado

11. para mostrar el número de goles anotados por todos los miembros del equipo de fútbol

12. para llevar un registro del crecimiento de una planta

13. para mostrar las temperaturas mensuales

14. para mostrar los deportes favoritos de los estudiantes del cuarto grado

15. para comparar los sabores de helado favoritos de los estudiantes en dos clases

16.

RESULTADOS DE LAS PRUEBAS DE LA CLASE

79	83	91	88	94
96	85	77	81	92

17.

NÚMERO DE ESTUDIANTES NUEVOS

	Sep.	Oct.	Nov.	Dic.
2003	31	11	10	6
2004	18	22	2	10

Para los ejercicios 18–21, usa la gráfica y el diagrama.

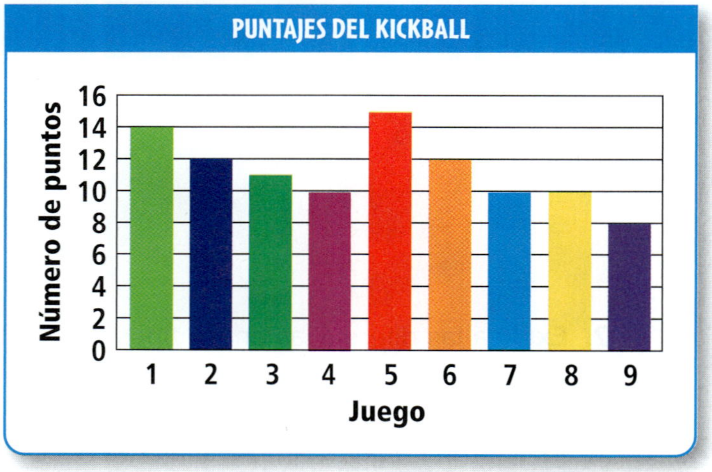

18. ¿Cuál muestra cuántos puntos anotó el equipo en el tercer juego?

19. ¿En qué juego el equipo anotó más puntos que en el primer juego? ¿Cuántos puntos más se anotaron?

20. ¿Cuál es la mediana de los puntajes del equipo? ¿Cuál es la moda?

21. ¿En cuántos juegos anotó el equipo más de 10 puntos?

22. **¿Cuál es el error?** Para ver las tendencias, Frank hizo un diagrama de puntos del número de horas que durmió cada noche durante una semana. Describe su error. Indica qué gráfica debería haber hecho.

23. Recopila datos sobre los idiomas que hablan los estudiantes en tu clase. Selecciona la mejor gráfica para mostrar tus datos. Haz la gráfica.

24. **Vocabulario** En las *gráficas lineales* y los *diagramas de puntos* se usan líneas pero los datos se muestran de diferente manera. ¿Cómo se usa la línea en cada uno para mostrar los datos?

25. **Por escrito** Escribe una pregunta y entrevista a 20 estudiantes. Selecciona y haz una gráfica apropiada para los datos. Indica por qué seleccionaste ese tipo de gráfica.

26. **PERCEPCIÓN NUMÉRICA** El número menor de dos dígitos que se redondea a 100 es 50. ¿Cuál es el número menor de tres dígitos que se redondea a 1,000? ¿Cuál es el número mayor de cuatro dígitos que se redondea a 1,000?

27. De lunes a miércoles se vendieron un total de 2,615 boletos para el concierto. Si se vendieron 543 boletos el lunes y 876 el martes, ¿cuántos boletos más se vendieron el miércoles que el martes?

Repaso y preparación para la prueba

28. $\begin{array}{r} 16{,}083 \\ +\ 8{,}564 \\ \hline \end{array}$ (pág. 52)

29. $\begin{array}{r} 60{,}004 \\ -46{,}937 \\ \hline \end{array}$ (pág. 50)

30. 34,985 – 12,607 (pág. 52)

31. Escribe una expresión usando la variable *y* para mostrar 25 cuentas menos algunas cuentas. (pág. 64)

32. **Preparación para la prueba** ¿Cuál expresión es mayor que 11,463 y menor que 11,600? (pág. 24)

A 11,375
B 11,459
C 11,552
D 11,673

33. **Preparación para la prueba** La clase de Cheri tiene 5 jaulas con 3 hámsters en cada una. ¿Cuántos hámsters tiene su clase?

F 8
G 9
H 12
J 15

Resolución de problemas

Piénsalo más

Un científico tomó notas acerca de la longitud de las colas de los animales. Ayuda a los científicos a hacer inferencias y predicciones.

Cuando haces una **inferencia,** sacas conclusiones basadas en la información que tienes. Cuando haces una **predicción,** adivinas lo que puede suceder basado en la información que tienes.

1. Usa las notas para hacer inferencias y para completar la tabla.
2. Predice cuál será la longitud de la cola de un elefante africano bebé cuando termine de crecer.
3. Indica por qué hiciste esa predicción.

NOTAS

A. Las colas del canguro rojo, la jirafa y el búfalo africano tienen la misma longitud.

B. La cola del elefante asiático es ocho pulgadas más larga que la cola del elefante africano.

C. La cola del leopardo es cuatro pulgadas más corta que la cola del elefante asiático.

LONGITUDES DE LAS COLAS DE LOS MAMÍFEROS

Mamíferos	Longitud (en pulgadas)
?	51
?	43
?	59
?	43
?	43
?	55

LECCIÓN 6

Destreza • Resolución de problemas
Sacar conclusiones

COMPRENDE | PLANEA | RESUELVE | COMPRUEBA

Repaso rápido

Compara. Escribe <, > o = para cada ●.

1. 34 ● 43

2. 91 ● 77

3. 145 ● 181

4. 293 ● 293

5. 1,980 ● 2,001

TEMPORADA DE LLUVIAS Bangladesh está en Asia en el océano Índico. A veces, el clima es muy seco y, a veces, hay lluvias fuertes. Durante la temporada de lluvias, o del monzón, a menudo la gente usa las vías de navegación fluvial en vez de las carreteras para transportarse.

Puedes usar una gráfica para comparar los datos. Usa los datos y lo que sabes para contestar preguntas y sacar conclusiones.

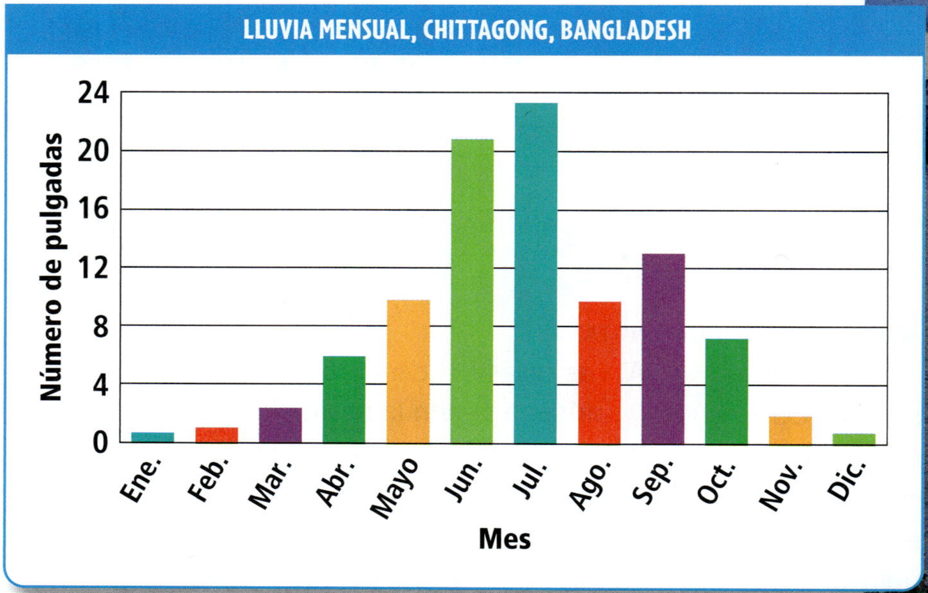

¿Qué meses del año crees que forman la temporada del monzón?

La temporada del monzón es un período de lluvias muy fuertes. De abril a octubre, Bangladesh normalmente recibe más de 5 pulgadas de lluvia cada mes. Durante junio y julio, la lluvia mensual puede ser más de 20 pulgadas.

Por lo tanto, junio y julio son, probablemente, la temporada del monzón en Bangladesh.

- Estima la lluvia anual en Chittagong.

Práctica • Resolución de problemas

Para los ejercicios 1–4, usa la gráfica de la página 148.

1. ¿Cuáles son los dos meses en los que Bangladesh recibe más lluvia?

2. ¿Cuáles son los dos meses en los que Bangladesh recibe menos lluvia?

3. ¿En qué meses es probable que se inunden los caminos en Bangladesh?

4. Haz una gráfica de doble barra para comparar la lluvia mensual en Chittagong con la lluvia mensual en tu pueblo.

Para los ejercicios 5–6, usa la gráfica.

Jennifer hizo una gráfica lineal para mostrar la caída de nieve de noviembre a febrero.

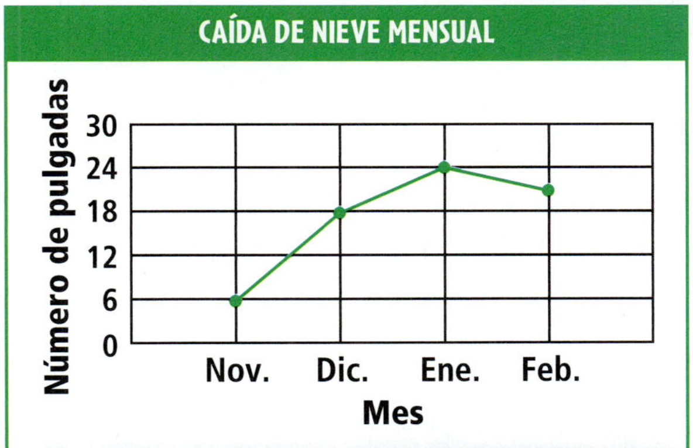

5. ¿Qué conclusión NO puedes sacar de estos datos?
   A Cae más nieve en enero que en febrero.
   B La caída de nieve bajó de noviembre a febrero.
   C Cayeron seis pulgadas más de nieve en enero que en diciembre.
   D En diciembre cayeron dieciocho pulgadas de nieve.

6. ¿Cuántas pulgadas de nieve cayeron en total?
   F 64 pulgadas
   G 65 pulgadas
   H 66 pulgadas
   J 69 pulgadas

Aplicaciones mixtas

7. La Sra. Porter quiere comprar un adhesivo para cada uno de sus 32 estudiantes. Si los adhesivos vienen en paquetes de 10, ¿cuántos paquetes de adhesivos necesitará comprar? Explica tu respuesta.

8. **RAZONAMIENTO** Escribe una expresión con un valor de 893 usando sólo suma y resta, pero no uses 3, 8 o 9 como dígitos.

9. El Sr. Milo va a viajar 731 millas. Él viaja 458 millas el sábado y completa el viaje el domingo. ¿Cuántas millas menos viajó el domingo?

10. **¿Cuál es la pregunta?** Mira la gráfica lineal de la caída de nieve mensual. La respuesta es 18.

Más práctica

Grupo A (págs. 138–139)

Para los ejercicios 1–5, usa la gráfica.

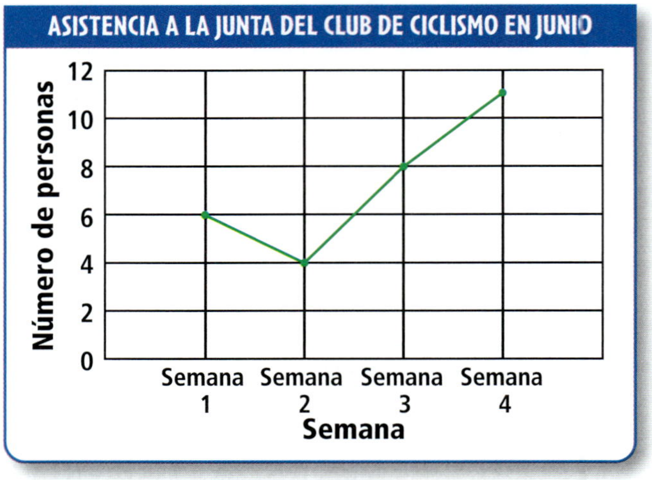

1. ¿Durante qué semana hubo mayor asistencia a la junta? ¿Durante cuál hubo menor asistencia?

2. ¿Durante qué semanas fueron más de 6 personas a la junta?

3. ¿Cuántas personas estuvieron presentes durante la tercera semana?

4. ¿Cuáles fueron las 2 semanas entre las cuáles hubo el mayor incremento de asistencia a la junta?

5. Si a la junta de julio asistieron 12 personas más que a la de junio, ¿cuántas personas asistieron en julio?

Grupo B (págs. 144–147)

Para los ejercicios 1–4, escribe el tipo de gráfica o diagrama que eligirías.

1. para mostrar tu peso cada año desde que naciste

2. para mostrar tu temporada de deportes favorita

3. para mostrar las puntuaciones de la prueba de ciencias de esta semana que obtuvieron tus compañeros

4. para mostrar los tipos de películas que han visto tus compañeros

5. El Sr. Carson entrevistó a sus estudiantes para determinar sus actividades favoritas. Él organizó los datos en una tabla. ¿Cuál es la mejor gráfica o el mejor diagrama para mostrar los datos? Haz la gráfica o el diagrama.

6. La Sra. Varga anotó la asistencia a la liga de boliche de Parkview durante 5 semanas. Ella organizó los datos en una tabla. ¿Cuál es la mejor gráfica o el mejor diagrama para mostrar los datos? Haz la gráfica o el diagrama.

ACTIVIDADES FAVORITAS

	Juegos de mesa	Patio de juegos	Cine	Rompecabezas
Niños	7	9	4	2
Niñas	5	7	2	3

ASISTENCIA A LA LIGA

Semana	1	2	3	4	5
Miembros	29	21	27	30	24

Repaso/Prueba

COMPRUEBA EL VOCABULARIO Y LOS CONCEPTOS

Elige el mejor término de la casilla.

gráfica de doble barra
gráfica lineal
diagrama de puntos
diagrama de tallo y hojas

1. Una gráfica que usa una línea para mostrar cómo cambia algo en un período de tiempo es una _?_. (pág. 138)
2. Una gráfica que se usa para comparar tipos similares de datos se llama una _?_. (pág. 136)

COMPRUEBA LAS DESTREZAS

Para los ejercicios 3–4, usa la gráfica lineal. (págs. 138–139)

3. La gráfica lineal muestra cuántas personas asistieron a la feria escolar cada año durante 4 años. ¿En qué años fue la asistencia menor que 240 personas?
4. ¿Cuál es el número total de personas que asistieron durante los 4 años?

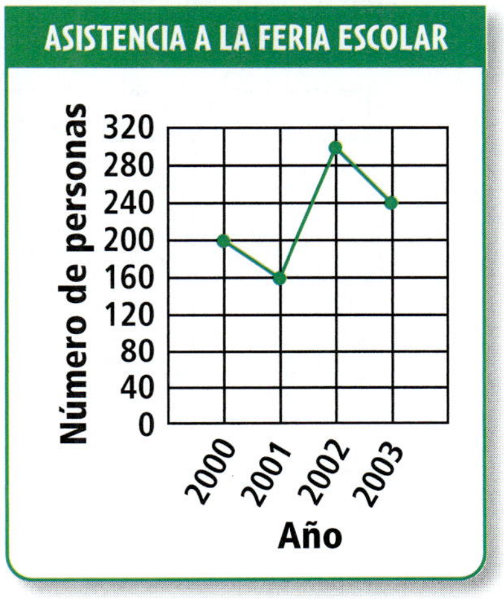

Para los ejercicios 5–8, escribe el tipo de gráfica o diagrama que elegirías. (págs. 144–147)

5. para comparar las películas favoritas de dos clases
6. para anotar la altura de un árbol durante seis meses
7. para comparar los sabores favoritos de helado de tus compañeros de clases
8. para anotar las puntuaciones de los estudiantes en una prueba reciente de historia

COMPRUEBA LA RESOLUCIÓN DE PROBLEMAS

Para los ejercicios 9–10, usa la tabla de frecuencia de animales favoritos. (págs. 136–137, 148–149)

9. Haz una gráfica de doble barra para comparar los datos de las clases de primer grado y tercer grado.
10. ¿Puedes concluir que a más estudiantes de primer grado les gustan los perros y los caballos que a los de tercer grado? Explica tu respuesta.

ANIMALES FAVORITOS

Animal	Estudiantes de primer grado	Estudiantes de tercer grado
Gato	3	5
Perro	7	9
Pez	2	7
Caballo	9	6

Preparación para pruebas

MEDIDAS

1. Ed se cortó el cabello el 8 de junio. Él se lo cortará otra vez en 6 semanas.

Junio						
Dom.	Lun.	Mar.	Mié.	Jue.	Vie.	Sáb.
		1	2	3	4	5
6	7	8	9	10	11	12
13	14	15	16	17	18	19
20	21	22	23	24	25	26
27	28	29	30			

Julio						
Dom.	Lun.	Mar.	Mié.	Jue.	Vie.	Sáb.
				1	2	3
4	5	6	7	8	9	10
11	12	13	14	15	16	17
18	19	20	21	22	23	24
25	26	27	28	29	30	31

¿Cuándo se cortará Ed el cabello otra vez?

A 15 de junio

B 6 de julio

C 8 de julio

D 20 de julio

2. Érica fue al cine. Las sinopsis empezaron a las 3:20 p.m. Las sinopsis duraron 15 minutos y la película terminó a las 5:30 p.m. ¿Cuánto duró la película?

F 2 horas 15 minutos

G 2 horas

H 1 hora 55 minutos

J 1 hora 5 minutos

3. **Explícalo** Tony está comprando un mueble para poner su colección de discos compactos. ¿Debería estimar el número de discos compactos que tiene o debería contarlos para hallar el número exacto? Explica tu respuesta.

GEOMETRÍA Y ORIENTACIÓN ESPACIAL

IDEA **Busca la información que necesitas.** Mira el ejercicio 4. Busca la relación entre las 3 figuras. Después mira las opciones de respuestas y selecciona la figura que NO concuerda con esta relación.

4. ¿Qué figura NO pertenece al grupo de las 3 figuras de abajo?

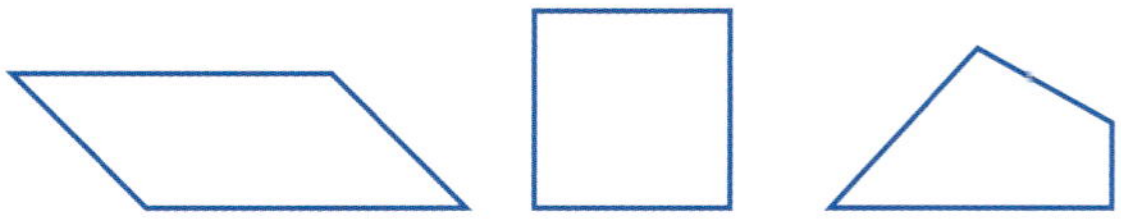

A

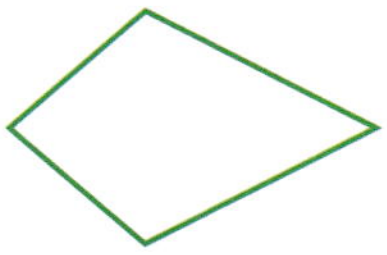

B

C

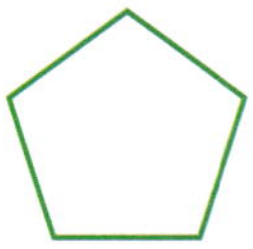

D

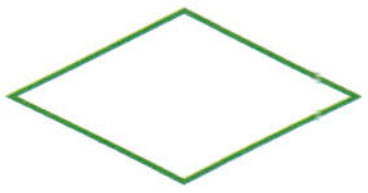

5. ¿Qué ángulo parece ser un ángulo obtuso?

F

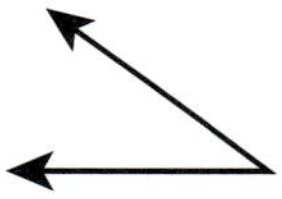

H

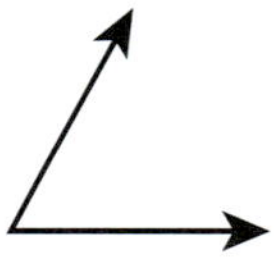

G

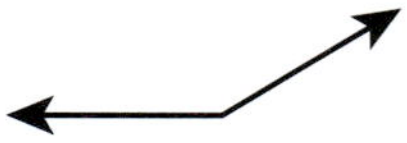

J

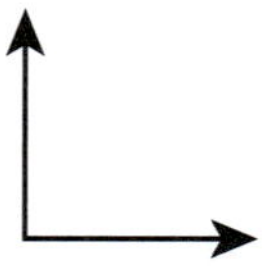

6. **Explícalo** La Sra. Vásquez empacó algunos platos en una caja para enviarlos a su hija. ¿Qué cuerpo geométrico representa la caja? ¿Cuántas caras tiene este cuerpo geométrico?

Explica cómo lo decidiste.

RAZONAMIENTO ALGEBRAICO

7. ¿A qué enunciado representa la siguiente ecuación?

$$b + 7 = 9$$

A Nueve más otro número es igual a siete.

B Siete veces un número es igual a nueve.

C Siete menos un número es igual a nueve.

D Siete más un número es igual a nueve.

8. ¿Qué regla podría describir el siguiente patrón?

7, 17, 27, 37, 47, 57, 67

F Suma 10.

G Resta 10.

H Multiplica por 10.

J Divide entre 10.

9. **Explícalo** La siguiente tabla muestra el número de visitantes a Micanopy, Florida, en un período de cuatro meses.

VISITANTES A MICANOPY	
Mes	**Número de personas**
Enero	1,130
Febrero	811
Marzo	1,635
Abril	1,706

Escribe una ecuación que se pueda usar para hallar cuánta gente visitó Micanopy en enero y febrero. Usa *p* para la variable. Explica tu respuesta.

ANÁLISIS DE DATOS Y PROBABILIDAD

10. Mia hizo una gráfica lineal para mostrar las ventas de carros de abril a julio.

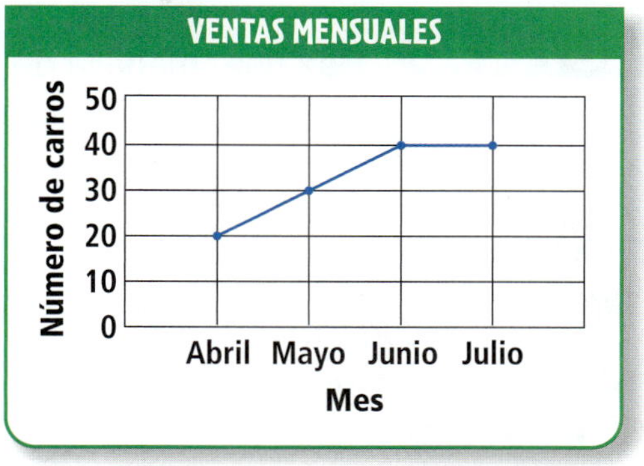

¿Qué conclusión puedes sacar de los datos?

A En abril se vendieron más carros que en mayo.

B Las ventas de carros subieron de abril a junio.

C En mayo se vendieron 20 carros más que en junio.

D Las ventas de carros en abril y julio fueron las mismas.

11. Mark invita a 6 amigos a una fiesta. Sus edades son 6, 7, 8, 8, 9 y 10. ¿Cuál es la mediana de las edades?

F 50 **G** 8 **H** 4 **J** 3

12. **Explícalo** Haz una gráfica que muestre los datos de la siguiente tabla.

TIEMPO QUE TRABAJÓ (en horas)			
Trabajador	**Lun.**	**Mar.**	**Mié.**
Sr. Ramírez	6	7	10
Sra. Allen	3	8	11

Nombra el tipo de gráfica que usaste para mostrar los datos. Explica tu selección.

Manualidades

MEDALLA DE ORO Y GRÁFICAS

PROYECTO Haz una "medalla de oro" para recopilar y organizar datos y para practicar los conceptos del tiempo.

Materiales

- Tijeras y perforadora
- Cartón dorado o amarillo
- 3 pies de cinta
- Marcadores
- Limpiapipas
- Gancho de patitas
- 2 pedazos de espuma de estireno
- Pegamento
- Hojas de papel cuadriculado y de tiempo

Instrucciones

1. Corta círculos de 5 pulgadas de diámetro del cartón y cada una de las gráficas circulares. Pon esto en una pila, con los círculos de cartón arriba y abajo y amárralos juntos con un limpiapipas. *(ilustración A)*
2. Inserta la cinta en un lazo en el limpiapipas y amarra las puntas para que la puedas meter por tu cabeza. *(ilustración B)*
3. Recorta la cara del reloj y pega los pedazos de espuma de estireno en el centro del reloj usando el gancho de patitas. Pega el reloj completo en la parte de atrás de tu medalla. *(ilustración C)*
4. Completa el diagrama de puntos, el diagrama de tallo y hojas y la gráfica circular en tu medalla recopilando datos de 10 de tus compañeros de clase.
5. En el reloj, muestra la hora que empiezan las clases en la mañana. Después, usando los datos del diagrama de tallo y hojas, calcula la hora en que tus compañeros de clase deben salir para la escuela para que lleguen a tiempo.

Desafío

Husos horario

El territorio continental de Estados Unidos está dividido en cuatro husos horario. Mira el mapa. Cuando se pasa de un huso al siguiente, hay una diferencia de 1 hora.

Ejemplos

A ¿Qué hora es en Raleigh, North Carolina, cuando son las 8:00 a.m. en Phoenix, Arizona?

Raleigh, North Carolina, está en el huso horario del este. Phoenix, Arizona, está en el huso horario de la montaña. La diferencia entre el huso horario de la montaña y el del este son 2 horas.

Entonces, son las 10:00 a.m. en Raleigh, North Carolina.

B ¿Qué hora es en el huso horario del Pacífico cuando son las 8 p.m. en el huso horario central?

CENTRAL	5 p.m.	6 p.m.	7 p.m.	8 p.m.
PACÍFICO	3 p.m.	4 p.m.	5 p.m.	■

Del huso horario central al del Pacífico el patrón es restar 2 horas.

Entonces, son las 6:00 p.m. en el huso horario del Pacífico cuando son las 8:00 p.m. en el huso horario central.

Inténtalo

Para los ejercicios 1–4, usa el mapa o un patrón para resolver.

1. ¿Qué hora es en el huso horario central cuando son las 8:00 p.m. en el huso horario del Pacífico?
2. ¿Cuál es la diferencia de horario entre la ciudad de New York y Denver?
3. Si son las 2 p.m. en Orlando, ¿qué hora es en Mobile?
4. Si son las 8:30 p.m. en Tulsa, ¿qué hora es en Seattle?

Halla la siguiente hora para cada patrón.

5. 12:00 p.m., 2:00 p.m., 4:00 p.m., ■
6. 3:15 p.m., 6:15 p.m., 9:15 p.m., ■

Guía de estudio y repaso

VOCABULARIO

Elige el mejor término de la casilla.

frecuencia acumulativa
mediana
moda
siglo
década

1. Un _?_ son 100 años. Una _?_ son 10 años. (págs. 104–107)

2. En un grupo de datos que está ordenado de menor a mayor, el número en el medio es la _?_. (págs. 118–121)

ESTUDIA Y RESUELVE

Capítulo 5

Lee y escribe la hora. Escribe el tiempo transcurrido.

Halla el tiempo transcurrido.

- Cuenta hacia adelante una hora a la vez desde las 10:45 a.m. hasta las 2:45 p.m., o sea, 4 horas.
- Cuenta hacia adelante un minuto a la vez desde las 2:45 p.m. hasta las 2:52 p.m., o sea, 7 minutos.

Hora de comienzo

Hora final

Entonces, el tiempo transcurrido es 4 horas y 7 minutos.

3. Escribe de dos maneras la hora que se muestra en el reloj. Incluye los segundos. (págs. 96–97)

Halla el tiempo transcurrido. (págs. 98–101)

4. **comienzo:** 8:15 a.m.
final: 6:48 p.m.

5. Si una película empezó a las 11:50 a.m. y duró 2 horas y 18 minutos, ¿a qué hora terminó la película?

Capítulo 6

Usa tablas de frecuencia acumulativa.

¿Cuántos pasteles se vendieron en el día 1 y el día 2?

PASTELES VENDIDOS EN EL FESTIVAL DE ARTE

Día	Frecuencia	Frecuencia acumulativa
1	16	16
2	23	39
3	14	53
4	24	77
5	19	96

Entonces, se vendieron 39 pasteles en el día 1 y el día 2.

Para los ejercicios 6–9, usa la tabla de frecuencia acumulativa. (págs. 114–123)

6. ¿Cuántos pasteles se vendieron el primer día?

7. ¿Cuántos pasteles más se vendieron en el día 2 que en el día 1?

8. ¿Cuál fue el número total de pasteles vendidos al final de los 5 días?

9. ¿Cuál es la mediana y el rango del número de pasteles vendidos?

Interpreta las gráficas usando una variedad de escalas.

¿Cómo cambiarían las alturas de las barras en la gráfica si el intervalo fuera 5?

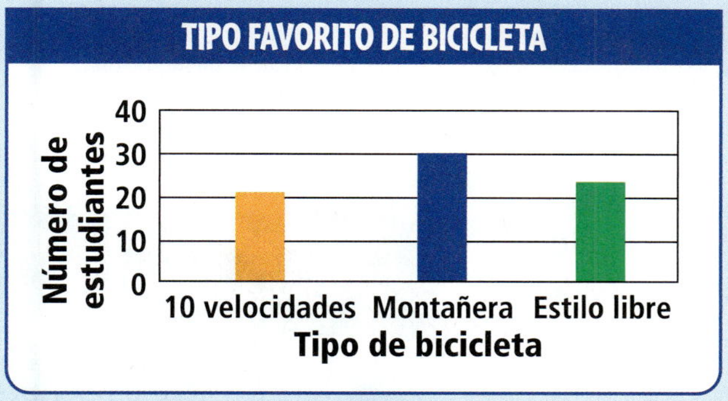

Las barras serían más altas si el intervalo fuera 5.

Para los ejercicios 10–13, elige 5, 10 o 100 como el intervalo más razonable para cada grupo de datos. (págs. 126–127)

10. 0, 50, 100, 100

11. 25, 30, 50, 75, 80

12. 5, 15, 20, 30, 35

13. 100, 150, 200, 200, 350

14. Usa la gráfica de barras de la izquierda. ¿Cómo cambiarían las alturas de las barras en la gráfica si el intervalo fuera 20?

Capítulo 7

Elige la gráfica apropiada.

Elige una gráfica para comparar el número de carpetas rojas vendidas por dos tiendas en una semana.

Una gráfica lineal muestra los cambios durante un período de tiempo.

Una gráfica de barras compara los diferentes grupos de datos.

Una gráfica de barras sería mejor ya que se están comparando dos grupos de datos.

Escribe el tipo de gráfica o diagrama que elegirías. (págs. 144–147)

15. para mostrar las puntuaciones de las pruebas de todos en la clase

16. para mostrar el tiempo de un corredor en cada milla en una carrera de 3 millas

17. para comparar los deportes favoritos de los niños y niñas del cuarto grado

PRÁCTICA • RESOLUCIÓN DE PROBLEMAS

Resuelve. (págs. 102–103,128–129, 148–149)

18. Usa la tabla para hacer un horario para Beth de la 1:00 a las 4:00 p.m. El horario debe incluir el almuerzo.

ACTIVIDAD	TIEMPO
Ver vídeos	1 hora 45 minutos
Almuerzo	45 minutos
Montar bicicleta	45 minutos
Jugar juego de mesa	30 minutos

19. Haz una gráfica con los datos de la tabla. ¿Entre qué años aumentaron más las ventas?

AÑO	VENTAS
1997	$250
1998	$180
1999	$220
2000	$270

EVALUACIÓN DEL RENDIMIENTO

TAREA A • TIEMPO PARA DIVERTIRSE

Daniel y su familia fueron al aeropuerto a reunirse con su primo, Michael, quien venía de visita. El avión de Michael estaba programado para llegar a las 9:35 a.m. Llegó 10 minutos tarde.

a. La familia se detuvo para comer algo rápido y manejó por 1 hora y 45 minutos para regresar a la casa de Daniel. Dibuja la esfera de un reloj para mostrar la hora que crees que llegaron a la casa de Daniel.

b. Los niños quieren planear una tarde de actividades que duren 4 horas. La tabla muestra las actividades que les gustaría incluir. Hay un asterisco junto a las actividades que definitivamente quieren incluir. ¿Qué otras actividades podrían agregar?

c. Haz un horario para lo que harán los niños en la tarde. Da la hora de comienzo, la hora final y el tiempo transcurrido de cada actividad.

TAREA B • ACTIVIDADES FAVORITAS

Carolina realizó una encuesta de las actividades extracurriculares favoritas de algunos de sus compañeros de clase. Ella les hizo esta pregunta: "¿Preferirían montar bicicleta, jugar fútbol o jugar juegos de vídeo?"

ACTIVIDAD EXTRACURRICULAR FAVORITA

Actividad	Niños	Niñas
Montar bicicleta	𝍸 𝍸 ||||	𝍸 𝍸 𝍸 𝍸 |
Jugar fútbol	𝍸 𝍸 𝍸 ||	𝍸 𝍸 𝍸 |||
Jugar juegos de vídeo	𝍸 𝍸 𝍸 |	𝍸 |||

a. ¿Carolina hizo una buena pregunta en su encuesta? ¿Por qué sí o por qué no?

b. Carolina anotó los resultados de la encuesta en la tabla. Haz un diagrama o una gráfica que pueda usar Carolina para mostrar los datos.

c. Escribe una pregunta que tus compañeros de clase puedan responder al ver la gráfica o diagrama que hiciste.

Enlace con la tecnología

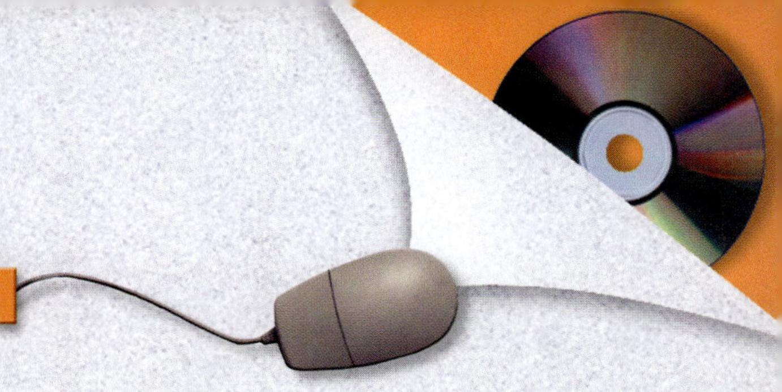

Hacer gráficas

Se realizó una encuesta para hallar los colores favoritos de 100 estudiantes de cuarto grado. Veintitrés votaron por el rojo, 36 por el azul, 12 por el amarillo, 18 por el verde y 11 por el morado. Haz una gráfica de barras para mostrar estos resultados.

Puedes usar un programa de hoja de cálculo para hacer una gráfica de barras.

	A	B	C	D	E
1	Rojo	Azul	Amarillo	Verde	Morado
2	23	36	12	18	11
3					
4					

- Pon los datos en dos renglones en una hoja de cálculo y márcalos todos.
- Haz clic en *Insertar*. Luego, haz clic en *Gráfica*.
- Selecciona un tipo de gráfica: Columna o barra para una gráfica de barras, línea para una gráfica lineal o círculo para una gráfica circular.
- Una ventana mostrará una revisión previa de la gráfica.
- Llena los nombres de la gráfica:

  Título de la gráfica: Colores favoritos
  Categoría del eje de las (X): Color
  Valor del eje de las (Y): Número de estudiantes

- Inserta la gráfica en la hoja de cálculo con los datos.
- Haz clic en *terminar* para ver la gráfica completa.

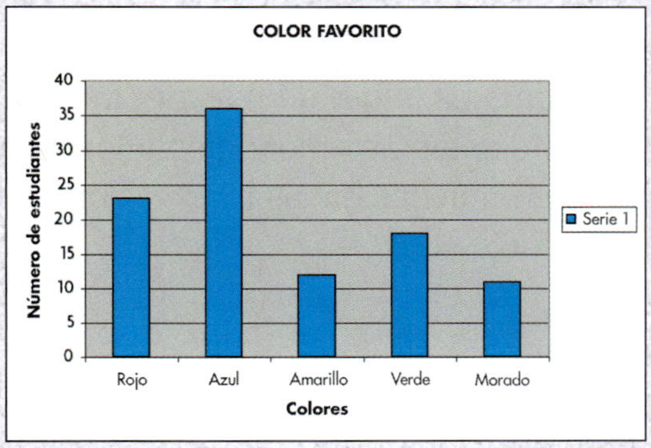

Práctica y resolución de problemas

Usa un programa de hoja de cálculo para hacer una gráfica de barras del número de niños que van al campamento.

NIÑOS QUE VAN DE CAMPAMENTO					
Semana	1	2	3	4	5
Niños	88	74	68	80	77

1. ¿Qué semana tiene la barra más corta? ¿Qué muestra esto?

2. ¿Durante qué semanas hay *más de* 75 niños en el campamento?

3. **Por escrito** Explica cómo puedes usar la gráfica de barras para hallar la semana en que el número mediano de niños va de campamento.

APRENDE en línea

Glosario de matemáticas

www.harcourtschool.com

Vocabulario Mira la *gráfica de barras* en el Glosario de matemáticas. Escribe un problema que pueda contestarse usando el ejemplo que muestra el glosario.

▲ La reservación de los osage es una de las más grandes en el estado. Cubre casi 1,500,000 acres en el centro norte de Oklahoma.

RESOLUCIÓN DE PROBLEMAS POR EL PAÍS

en Oklahoma

RESERVACIONES DE LOS AMERINDIOS

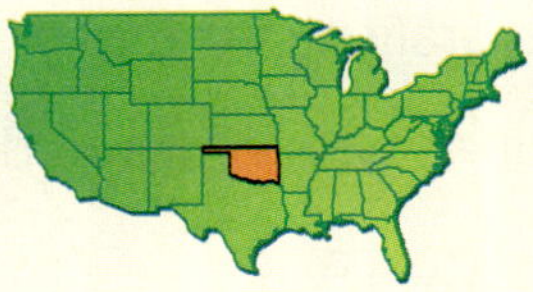

Oklahoma es hogar de más de 250,000 descendientes de amerindios. Algunos de ellos viven en muchas de las reservaciones que tiene el estado.

RESERVACIONES DE LOS AMERINDIOS DE OKLAHOMA	
Reservación	**Tamaño (en acres)**
Wichita	80,000
Otoe-Missouria	21,000
Cheyene-Arapajo	81,000
Choctaw	132,000
Seminole	36,000

La tabla muestra el tamaño de las 5 reservaciones más grandes en Oklahoma.

USA LOS DATOS Para los ejercicios 1–7, usa la tabla.

1. Haz una gráfica para comparar los tamaños de las reservaciones. Explica tu selección de la gráfica.
2. ¿Qué escala e intervalo usaste en tu gráfica? Explica tus selecciones.
3. ¿Cuál es el rango de los tamaños de las reservaciones?
4. ¿Cuál es la diferencia de tamaño entre la reservación de los choctaw y la reservación de los seminole?
5. ¿Qué reservación es 60,000 acres más pequeña que la reservación de los cheyene-arapaho?
6. ¿Cuáles son las 2 reservaciones que tienen un área combinada de 116,000 acres?
7. ¿Una gráfica lineal sería una buena forma de mostrar los datos de la tabla? ¿Por qué sí o por qué no?

MUSEO RED EARTH

El museo Red Earth, en Oklahoma City, recibe a más de 300,000 personas por año con sus programas educacionales y sus exhibiciones. El programa *Indígenas de Oklahoma* permite a los estudiantes explorar la historia y cultura de las 40 tribus de amerindios de Oklahoma.

▲ El museo Red Earth es el museo más grande en el país dedicado exclusivamente a las artes y cultura de los amerindios.

La tabla muestra cuántos estudiantes asistieron al programa *Indígenas de Oklahoma* durante 5 semanas.

PROGRAMAS EDUCACIONALES	
Semana	**Número de estudiantes**
1	58
2	59
3	63
4	39
5	41

USA LOS DATOS Para los ejercicios 1–4, usa la tabla.

1. ¿Qué tipo de gráfica sería mejor para mostrar los datos de la tabla? Explica tu respuesta.
2. ¿Cuál es el rango de los datos? ¿Cómo cambiaría el rango si 34 estudiantes hubieran asistido al programa en la semana 4?
3. ¿Cuáles fueron las dos semanas consecutivas que mostraron el mayor incremento en el número de estudiantes que asistieron al programa?
4. **Por escrito** Escribe un problema que use los datos de la tabla. Después resuelve tu problema.
5. El museo está abierto de 9:00 a.m. a 5:00 p.m. de martes a viernes, de 9:00 a.m. a 6:00 p.m. el sábado y de 11:00 a.m. a 6:00 p.m. el domingo. ¿Cuántas horas está abierto el museo cada semana?
6. *Indígenas de Oklahoma* empieza a las 11:00 a.m. y dura una hora. Un programa llamado *Hogares indígenas* empieza inmediatamente después de *Indígenas de Oklahoma* y dura 45 minutos. ¿A qué hora termina *Hogares indígenas?*

CAPÍTULO 8

Practicar las operaciones de multiplicación y división

DATOS BREVES • ESTUDIOS SOCIALES La orquesta filarmónica de New York fue la primera orquesta sinfónica en Estados Unidos. Fue fundada en 1842.

RESOLUCIÓN DE PROBLEMAS Mira el plano de distribución de asientos para una orquesta. Si cada músico de metales necesita 2 partituras de música, ¿cuántas partituras se necesitan para esta sección? Si dos músicos de instrumentos de viento de madera comparten un atril, ¿cuántos atriles se necesitan para esta sección?

PLAN DE DISTRIBUCIÓN DE ASIENTOS PARA LA ORQUESTA

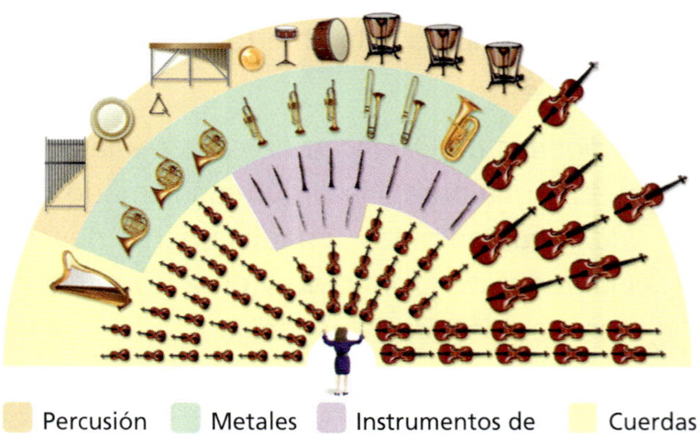

Comprueba lo que sabes

Usa esta página para repasar y recordar destrezas importantes que se necesitan para el Capítulo 8.

SIGNIFICADO DE LA MULTIPLICACIÓN

Usa la matriz para hallar el valor de cada expresión.

1. 

▢ filas de ▢ = ▢

▢ × ▢ = ▢

2. 

▢ filas de ▢ = ▢

▢ × ▢ = ▢

3. 

▢ filas de ▢ = ▢

▢ × ▢ = ▢

4. 

▢ filas de ▢ = ▢

▢ × ▢ = ▢

5. 

▢ filas de ▢ = ▢

▢ × ▢ = ▢

6. 

▢ filas de ▢ = ▢

▢ × ▢ = ▢

SIGNIFICADO DE LA DIVISIÓN

Contesta las preguntas para cada dibujo.

7. ¿Cuántas fichas hay en total?

8. ¿Cuántos grupos iguales hay?

9. ¿Cuántas fichas hay en cada grupo?

10. ¿Cuántas fichas hay en total?

11. ¿Cuántos grupos iguales hay?

12. ¿Cuántas fichas hay en cada grupo?

VOCABULARIO

REPASO

factor *sustantivo*

Un *factor* es un número que se multiplica por otro número para hallar un producto. *Ingrediente* es un sinónimo de *factor*. Describe la manera en que un factor es un ingrediente en un problema de multiplicación.

PRESENTACIÓN

- operaciones inversas
- familia de operaciones
- múltiplo
- propiedad de identidad
- propiedad del cero
- propiedad conmutativa
- propiedad asociativa

APRENDE en línea

www.harcourtschool.com

LECCIÓN 1

Álgebra: Relacionar multiplicación y división

Repaso rápido

1. 2×6
2. 4×3
3. 4×4
4. 8×2
5. 5×4

VOCABULARIO

operaciones inversas

familia de operaciones

Aprende

NOTAS EN EL INTERMEDIO La banda tocó 6 canciones durante el intermedio del juego de fútbol americano. Cada canción duró 3 minutos. ¿Cuánto tiempo tocó la banda?

$$6 \times 3 = n$$
$$\downarrow$$
$$6 \times 3 = 18$$
$$18 = n$$

Entonces, la banda tocó 18 minutos.

La banda tocó 18 minutos en otro juego de fútbol americano. Cada canción duró 3 minutos. ¿Cuántas canciones tocó la banda?

$$18 \div 3 = n$$

$$\underset{\text{factor}}{6} \times \underset{\text{factor}}{3} = \underset{\text{producto}}{18}, \text{ entonces } \underset{\text{dividendo}}{18} \div \underset{\text{divisor}}{3} = \underset{\text{cociente}}{6}$$

$$n = 6$$

Entonces, la banda tocó 6 canciones.

Idea matemática La multiplicación y división por el mismo número son operaciones opuestas, o sea, **operaciones inversas**. Una operación cancela la otra.

Un grupo de ecuaciones relacionadas de multiplicación y división con los mismos números es una **familia de operaciones**.

$6 \times 3 = 18$	$18 \div 3 = 6$	← familia de operaciones para 3, 6, 18
$3 \times 6 = 18$	$18 \div 6 = 3$	

Comprueba

1. **Explica** por qué puedes usar la multiplicación para hallar $24 \div 4$.

Halla el valor de la variable. Escribe una ecuación relacionada.

2. $2 \times 4 = n$ **3.** $12 \div 3 = x$ **4.** $28 \div 4 = y$ **5.** $5 \times 3 = z$

Práctica y resolución de problemas

Más práctica, página 178, Grupo A

Halla el valor de la variable. Escribe una ecuación relacionada.

6. $16 \div 2 = n$ **7.** $20 \div 4 = b$ **8.** $3 \times 4 = y$ **9.** $5 \times 4 = c$

10. $6 \times 3 = p$ **11.** $6 \times 5 = n$ **12.** $36 \div 4 = a$ **13.** $27 \div 3 = y$

14. $b \div 4 = 8$ **15.** $18 \div n = 2$ **16.** $y \times 4 = 40$ **17.** $8 \times n = 24$

Escribe la familia de operaciones para cada grupo de números.

18. 2, 3, 6 **19.** 4, 7, 28 **20.** 3, 7, 21

21. Nombra dos familias de operaciones que tengan solo dos ecuaciones. Explica tu respuesta.

USA LOS DATOS Para los ejercicios 22–24, usa la tabla.

22. Michael coleccionó tarjetas de béisbol por 3 meses. Él coleccionó 44 tarjetas en el primer mes y 29 tarjetas en el segundo mes. ¿Cuántas tarjetas coleccionó Michael en el tercer mes?

23. Michael coleccionó el mismo número de tarjetas de fútbol en cada una de las 4 semanas. ¿Cuántas tarjetas de fútbol coleccionó cada semana?

24. ¿Cuál es el número total de tarjetas que coleccionó Michael?

25. **Por escrito** Explica cómo puedes usar la multiplicación para resolver un problema de división. Da un ejemplo.

COLECCIÓN DE TARJETAS DE MICHAEL

Deporte	Cantidad coleccionada
Fútbol americano	64
Fútbol	28
Béisbol	110
Básquetbol	35

Repaso y preparación para la prueba

Para los ejercicios 26–29, halla la suma o la diferencia. (pág. 48)

26. $\begin{array}{r} 3{,}542 \\ 1{,}869 \\ +5{,}273 \\ \hline \end{array}$ **27.** $\begin{array}{r} 8{,}600 \\ -4{,}237 \\ \hline \end{array}$ **28.** $\begin{array}{r} 3{,}189 \\ -1{,}814 \\ \hline \end{array}$ **29.** $\begin{array}{r} 2{,}509 \\ 1{,}487 \\ +4{,}375 \\ \hline \end{array}$

30. **Preparación para la prueba** ¿Qué número es setecientos cinco en forma normal? (pág. 4)

A 75 **C** 7,005

B 705 **D** 7,500

LECCIÓN 2

Operaciones de multiplicación y división hasta 5

Repaso rápido

1. 6×2 **2.** $12 \div 2$
3. 5×3 **4.** $15 \div 3$
5. $6 \div 3$

Aprende

¡AL REVÉS! La Sra. Frazier les pidió a sus estudiantes que usaran modelos para mostrar que la división es el inverso de la multiplicación. Sus estudiantes mostraron de la siguiente manera que la división es el inverso de la multiplicación.

Emma

$3 \times 5 = 15$

$15 \div 3 = 5$

Primero hice 3 grupos de 5 palitos para obtener 15 palitos. Después, usé 15 palitos y los separé en 3 grupos para tener 5 en cada grupo.

Blake

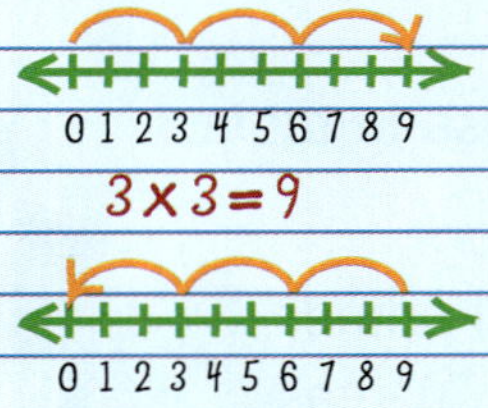

$3 \times 3 = 9$

$9 \div 3 = 3$

Empecé en 0 y avancé de 3 en 3 en la recta numérica hasta llegar a 9. Entonces, empecé en el 9 y salté de 3 en 3 hacia atrás hasta el 0.

Carlos

$5 \times 4 = 20$

$20 \div 4 = 5$

Hice 5 filas de 4 bloques para tener 20 bloques. Entonces, dividí los 20 bloques en 4 columnas para tener 5 en cada columna.

Latoya

→ Para multiplicar: Miré la fila del 6 y la columna del 4 para hallar el producto 24.
→ Para dividir: Hallé 24 mirando hacia abajo en la columna 4. Después, miré a la izquierda hasta hallar el cociente.

$6 \times 4 = 24$, entonces $24 \div 4 = 6$.

×	0	1	2	3	4	5	6	7	8	9
0	0	0	0	0	0	0	0	0	0	0
1	0	1	2	3	4	5	6	7	8	9
2	0	2	4	6	8	10	12	14	16	18
3	0	3	6	9	12	15	18	21	24	27
4	0	4	8	12	16	20	24	28	32	36
5	0	5	10	15	20	25	30	35	40	45
6	0	6	12	18	24	30	36	42	48	54

• ¿Qué modelo te gusta más? Explica tu respuesta.

Comprueba

1. Dibuja un modelo que muestre la operación inversa de 5×6. Después escribe la ecuación relacionada.

Escribe una ecuación de multiplicación o división relacionada.

2. $10 \div 2 = 5$

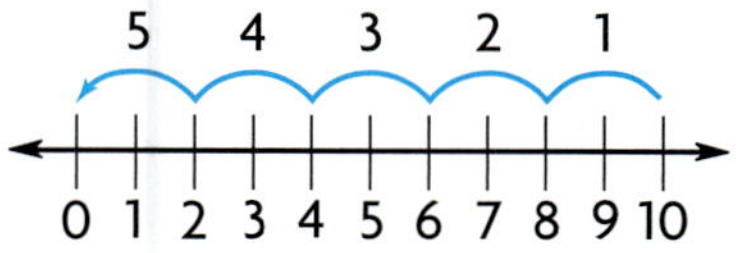

3. $4 \times 4 = 16$

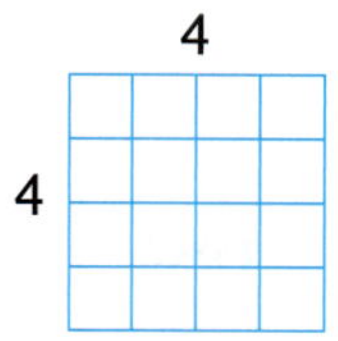

4. $4 \times 3 = 12$

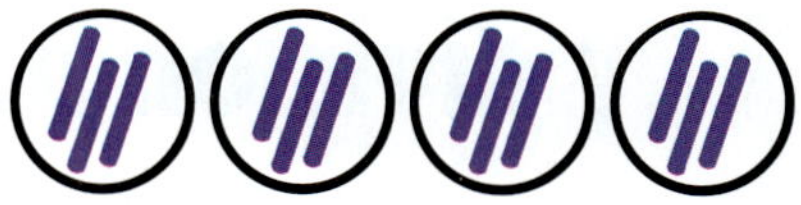

Práctica y resolución de problemas

Más práctica, página 178, Grupo B

Escribe una ecuación de multiplicación o división relacionada.

5. $2 \times 6 = 12$

6. $2 \times 3 = 6$

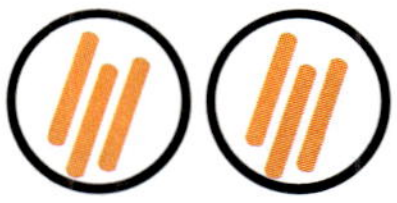

7. $4 \times 2 = 8$

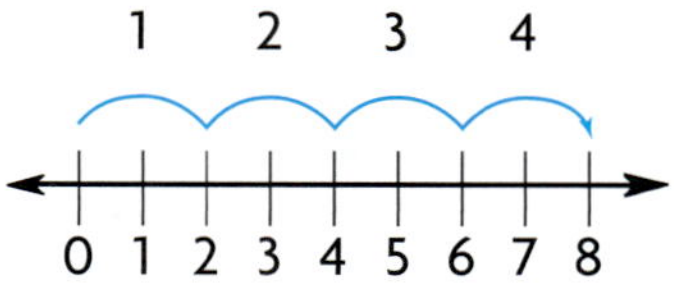

Halla el producto o cociente.

8. $14 \div 2$ **9.** 5×5 **10.** 5×7 **11.** $32 \div 4$ **12.** $28 \div 4$

13. 4×8 **14.** $36 \div 4$ **15.** 3×0 **16.** $8 \div 2$ **17.** 2×5

ÁLGEBRA **Halla el valor de la variable.**

18. $4 \times 2 = 8$, entonces $4 \times 2 \times 2 = n$.

19. $5 \times 5 = 25$, entonces $(5 \times 5) + 10 = a$.

20. $45 \div 5 = 9$, entonces $(45 \div 5) \times 2 = b$.

21. $3 \times 4 = 12$, entonces $3 \times 4 \times 2 = n$.

22. Hay 16 amigos jugando boliche. El mismo número de amigos juega boliche en cada una de las 4 líneas. ¿Cuántos amigos juegan boliche en cada línea?

23. El carro de control remoto de Felipe se desplaza 2 pies hacia delante y 2 pies hacia atrás. Si el carro de Felipe hace esto dos veces, ¿cuál es la distancia total que se habrá desplazado el carro?

24. **Escribe un problema** usando una división que puedas resolver usando la ecuación de multiplicación $7 \times 5 = 35$.

Repaso y preparación para la prueba

25. $354 + 1{,}234$ (pág. 48)

26. $586 + 4{,}821$ (pág. 48)

27. Redondea 8,754 a la centena más próxima. (pág. 30)

28. Redondea 14,842 al millar más próximo. (pág. 30)

29. **Preparación para la prueba** En la tienda, Martha compró maíz por $1.19, una cebolla por $0.35 y lechuga por $0.89. ¿Cuánto cambio recibió si pagó $5.00?

A $2.43 **C** $2.87
B $2.57 **D** $7.43

LECCIÓN 3

Operaciones de multiplicación y división hasta 10

Repaso rápido

1. 5×6 **2.** $30 \div 6$

3. 4×7 **4.** 7×3

5. $25 \div 5$

Aprende

DIVIDE Y VENCERÁS Tú puedes separar los números para que sea más fácil multiplicarlos. Halla el producto de 6 y 8.

MANOS A LA OBRA

Actividad

MATERIALES: papel cuadriculado en centímetros

¿Cuánto es 6×8?

PASO 1

Dibuja una matriz rectangular que tenga 6 unidades de ancho y 8 unidades de largo. Piensa en el área como 6×8.

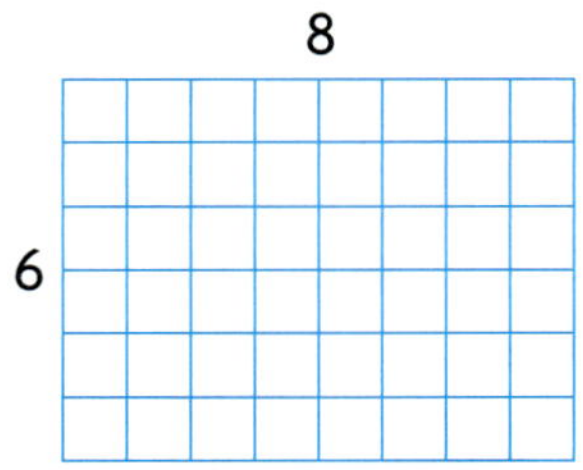

PASO 2

Corta para dividir la matriz en dos matrices más pequeñas para los productos que conoces.

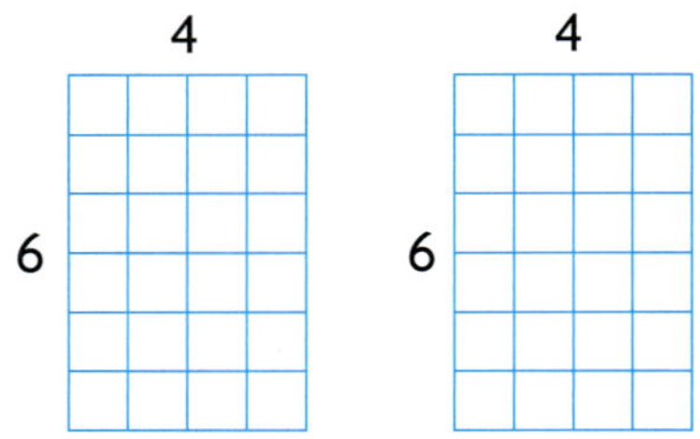

El factor 8 es ahora 4 más 4.

PASO 3

Halla la suma de los productos de las dos matrices más pequeñas.

$6 \times 4 = 24$

$6 \times 4 = 24$

$24 + 24 = 48$

Entonces, $6 \times 8 = 48$.

- ¿Cuáles serían dos matrices más pequeñas que podrías formar si separas partes iguales de la matriz 6×8 horizontalmente?
- Usa papel cuadriculado para hallar 8×10.

Idea matemática Si se te olvida una operación de multiplicación, puedes descomponer uno de los factores en productos que conozcas.

Enlace con la tecnología

Más práctica: Harcourt Mega Math, The Number Games, *Up, Up, and Array,* Niveles C y G

Más estrategias

Las estrategias pueden ayudarte a aprender las operaciones de multiplicación y división que no sabes.

×	0	1	2	3	4	5	6	7	8	9	10
0	0	0	0	0	0	0	0	0	0	0	0
1	0	1	2	3	4	5	6	7	8	9	10
2	0	2	4	6	8	10	12	14	16	18	20
3	0	3	6	9	12	15	18	21	24	27	30
4	0	4	8	12	16	20	24	28	32	36	40
5	0	5	10	15	20	25	30	35	40	45	50
6	0	6	12	18	24	30	36	42	48	54	60
7	0	7	14	21	28	35	42	49	56	63	70
8	0	8	16	24	32	40	48	56	64	72	80
9	0	9	18	27	36	45	54	63	72	81	90
10	0	10	20	30	40	50	60	70	80	90	100

↑ Operaciones para memorizar

Piensa en la operación inversa.

¿Cuánto es $36 \div 9$?

Piensa: $4 \times 9 = 36$

Entonces, $36 \div 9 = 4$.

Usa la propiedad de orden.

¿Cuánto es 8×5?

Piensa: $5 \times 8 = 40$

Entonces, $8 \times 5 = 5 \times 8 = 40$.

Usa un patrón.

¿Cuánto es 6×9?

Piensa: $6 \times 5 = 30$, entonces puedo contar de 6 en 6 a partir de 30 para las 4 veces que quedan.

Cuenta: 30 . . . 36, 42, 48, 54.

Entonces, $6 \times 9 = 54$.

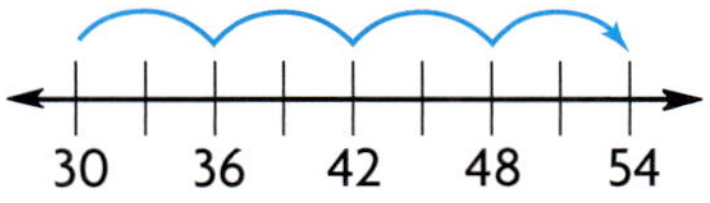

Usa la estrategia de *descomponer.*

¿Cuánto es 7×6?

Piensa: $6 = 2 + 4$

$7 \times 2 = 14$ y $7 \times 4 = 28$,
$7 \times 6 = 14 + 28$

Entonces, $7 \times 6 = 42$.

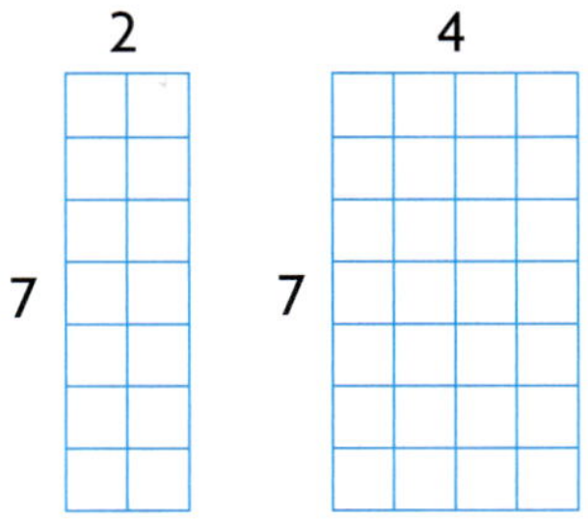

Comprueba

1. **Explica** cómo usar la estrategia de descomponer números te puede ayudar a hallar el producto de números más grandes.

Halla el producto o cociente. Muestra la estrategia que usaste.

2. 9×6 **3.** 3×10 **4.** 6×6 **5.** $42 \div 6$ **6.** $72 \div 9$

LA LECCIÓN CONTINÚA

Práctica y resolución de problemas

Más práctica, página 178, Grupo C

Muestra cómo se pueden usar las matrices para hallar el producto.

7. ¿Cuánto es 9×8?

$9 \times 4 = ■$

$9 \times 4 = ■$

$9 \times 8 = ■ + ■$

Entonces, $9 \times 8 = ■$.

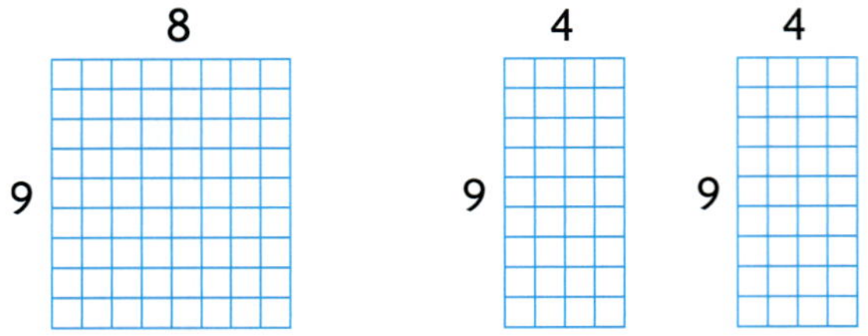

8. ¿Cuánto es 7×9?

$7 \times 3 = ■$

$7 \times 3 = ■$

$7 \times 3 = ■$

$7 \times 9 = ■ + ■ + ■$

Entonces, $7 \times 9 = ■$.

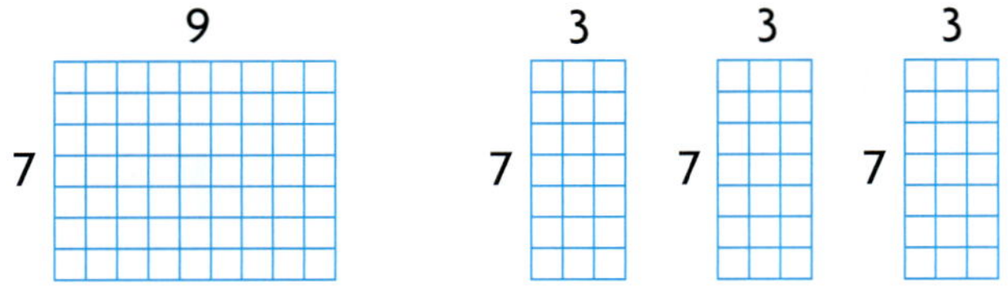

Halla el producto o cociente. Muestra la estrategia que usaste.

9. 5×9 **10.** 4×9 **11.** 4×6

12. 9×9 **13.** 8×8 **14.** 10×7

15. 9×7 **16.** 7×8 **17.** 8×9

18. $48 \div 6$ **19.** $72 \div 8$ **20.** $48 \div 8$

21. $70 \div 10$ **22.** $54 \div 6$ **23.** $63 \div 9$

ÁLGEBRA **Halla el factor que falta.**

24. $■ \times 6 = 60$ **25.** $7 \times ■ = 49$ **26.** $■ \times 9 = 81$

Para los ejercicios 27–30, busca los patrones en la tabla de multiplicación del nueve.

27. ¿Cómo se relaciona el patrón de los dígitos de las decenas en los productos con el patrón de los primeros factores?

28. ¿Cómo se relaciona cada producto con el segundo factor?

29. Explica cómo puedes usar patrones para hallar 9×9 sin la tabla.

30. **¿Cuál es el error?** Gwyn usó la estrategia de *descomponer* para resolver 8×9. Describe su error. Muestra una manera correcta de usar la estrategia.

$$8 \times 3 = 24 \quad \text{y} \quad 8 \times 3 = 24$$

$$24 + 24 = 48$$

Tabla de multiplicación del nueve

$1 \times 9 = 9$

$2 \times 9 = 18$

$3 \times 9 = 27$

$4 \times 9 = 36$

$5 \times 9 = 45$

$6 \times 9 = 54$

$7 \times 9 = 63$

$8 \times 9 = 72$

$9 \times 9 = 81$

31. Sandra compartió unas barajas equitativamente con María y Tom. Quedaron dos barajas. María tiene 11 barajas. ¿Cuántas barajas tenía Sandra al principio?

32. **Vocabulario** La palabra *inverso* significa "efecto opuesto". Describe por qué la división y la multiplicación son operaciones inversas. Da un ejemplo.

Repaso y preparación para la prueba

33. Escribe seiscientos setenta mil cincuenta y cuatro en forma normal. (pág. 4)

34. Escribe 5,241,211 en forma desarrollada. (pág. 6)

35. Ordena 111, 456 y 237 de mayor a menor. (pág. 24)

36. Ordena 35,314; 34,919; y 35,335 de menor a mayor. (pág. 24)

37. $\begin{array}{r} 47{,}345 \\ +24{,}399 \\ \hline \end{array}$ (pág. 52)

38. $\begin{array}{r} 90{,}260 \\ -18{,}435 \\ \hline \end{array}$ (pág. 52)

39. **Preparación para la prueba** En la práctica de bateo, Ellie bateó 10 pelotas seguidas antes de fallar una. Después, ella bateó 12 pelotas y luego 16 pelotas. ¿Cuántas pelotas bateó en total? (pág. 40)

A 10 **C** 26
B 22 **D** 38

40. **Preparación para la prueba** En la feria de arte, May compró 2 anillos por $3.50 cada uno. También compró un retrato por $7.50 y una bebida por $1.25. ¿Cuánto dinero gastó May en la feria de arte?

F $8.75 **H** $15.75
G $12.25 **J** $17.75

Resolución de problemas — Enlace con el Arte

A menudo, los romanos cubrían los pisos con azulejos pequeños de color hechos de materiales como mármol o piedra. La ilustración muestra parte de un piso romano. Las obras de arte hechas en este estilo se conocen como *mosaicos.*

Puedes usar lo que sabes acerca de la multiplicación para hallar el número total de azulejos que necesitarías para hacer un diseño que cubra parte de tu escritorio.

1. Dibuja una sección del diseño mostrado o haz tu propio diseño con patrones de figuras geométricas.
2. Anota el número de cada una de las diferentes figuras que usaste en tu diseño.
3. Escribe un enunciado de multiplicación para hallar el número total de azulejos de cada figura que necesitarás si haces 8 diseños como el que dibujaste.

LECCIÓN 4

MANOS A LA OBRA

Tabla de multiplicación hasta 12

Repaso rápido

1. 9×6 **2.** 8×5

3. $63 \div 9$ **4.** 7×7

5. $54 \div 6$

VOCABULARIO

múltiplo

MATERIALES tabla de multiplicación hasta 12 en blanco

Explora

Usa estrategias y patrones para aprender nuevas operaciones. Haz tu propia tabla de multiplicación para las operaciones de 0 a 12.

Actividad

ONCE

Completa la columna para el 11 hasta 10×11. Usa la descomposición de números para hallar 11×11 y 12×11.

Piensa:

$10 \times 11 = 110$
$1 \times 11 = 11$
$11 \times 11 = 110 + 11$
Entonces,
$11 \times 11 = 121$.

$10 \times 11 = 110$
$2 \times 11 = 22$
$12 \times 11 = 110 + 22$
Entonces,
$12 \times 11 = 132$.

Completa la fila para 11.

DOCE

Completa la columna para el 12 hasta 10×12. Usa la descomposición de números para hallar 12×12.

Piensa:

$10 \times 12 = 120$
$2 \times 12 = 24$
$12 \times 12 = 120 + 24$
Entonces,
$12 \times 12 = 144$.

Completa la fila para 12.

×	0	1	2	3	4	5	6	7	8	9	10	11	12
0	0	0	0	0	0	0	0	0	0	0	0		
1	0	1	2	3	4	5	6	7	8	9	10		
2	0	2	4	6	8	10	12	14	16	18	20		
3	0	3	6	9	12	15	18	21	24	27	30		
4	0	4	8	12	16	20	24	28	32	36	40		
5	0	5	10	15	20	25	30	35	40	45	50		
6	0	6	12	18	24	30	36	42	48	54	60		
7	0	7	14	21	28	35	42	49	56	63	70		
8	0	8	16	24	32	40	48	56	64	72	80		
9	0	9	18	27	36	45	54	63	72	81	90		
10	0	10	20	30	40	50	60	70	80	90	100		
11													
12													

- Explica cómo puedes usar la tabla de multiplicación para hallar $99 \div 11$.

Inténtalo

Usa tu tabla de multiplicación para hallar el producto.

a. 8×11 **b.** 3×11 **c.** 4×12

Relaciona

Un **múltiplo** es el producto de un número dado y otro número entero. Mira la fila o la columna para 6 en la tabla de la página 172. Halla los múltiplos de 6 que se muestran en la tabla.

Entonces, 6, 12, 18, 24, 30, 36, 42, 48, 54, 60, 66 y 72 son múltiplos de 6.

- ¿Cuáles son los múltiplos de 11 que se muestran en la tabla?
- ¿Qué patrón ves en los múltiplos de 11?

Enlace con la tecnología

Más práctica: Harcourt Mega Math, The Number Games, *Up, Up, and Array,* Niveles D y H y Fraction Action, *Number Line Mine,* Nivel D

Práctica y resolución de problemas

Usa la tabla de multiplicación para hallar el producto o cociente.

1. 1×12	**2.** 2×10	**3.** 3×11	**4.** 4×12
5. 5×9	**6.** 6×10	**7.** 7×11	**8.** 8×12
9. $120 \div 12$	**10.** $88 \div 11$	**11.** $90 \div 10$	**12.** $144 \div 12$
13. $110 \div 11$	**14.** $121 \div 11$	**15.** $100 \div 10$	**16.** $132 \div 11$

ÁLGEBRA **Halla el valor de la variable.**

17. $r \times 12 = 120$	**18.** $11 \times n = 121$	**19.** $100 \div s = 10$	**20.** $p \div 11 = 7$

21. **RAZONAMIENTO** Los primeros 6 múltiplos de 12 son 12, 24, 36, 48, 60 y 72. ¿Cuáles son los 6 múltiplos siguientes?

22. Rosa recogió 3 docenas de huevos y Peter recogió 7 docenas. ¿Cuántos huevos recogieron entre los dos?

23. ***DATOS BREVES*** **• MÚSICA** Un teclado de piano tiene 88 teclas. Si una octava son 8 teclas, ¿cuántas octavas tiene un teclado de piano?

24. **¿Cuál es la pregunta?** La respuesta es que un factor es 11 y el producto es 132.

Repaso y preparación para la prueba

Para los ejercicios 25–26, halla el valor de la expresión. (pág. 64)

25. $(15 - 9) + 3$

26. $(27 + 2) - 12$

27. ¿Cuánto es trescientos setenta y dos mil veinticinco en forma normal? (pág. 4)

28. ¿Cuánto tiempo transcurre entre las 11:30 a.m. y la 1:05 p.m.? (pág. 98)

29. **Preparación para la prueba** Ángel tenía \$310. Él gastó \$27. ¿Cuánto le queda a Ángel? (pág. 50)

A \$273 **C** \$293

B \$283 **D** \$383

LECCIÓN 5

Propiedades de la multiplicación

Repaso rápido

1. 4×3
2. 9×9
3. 10×8
4. 7×5
5. 12×4

VOCABULARIO

propiedad de identidad
propiedad del cero
propiedad conmutativa
propiedad asociativa

Aprende

Las propiedades de la multiplicación pueden ayudarte a hallar los productos de dos o más factores.

Propiedades

La **propiedad de identidad** dice que el producto de 1 y cualquier número es ese mismo número.

$1 \times 7 = 7$

La **propiedad del cero** dice que el producto de 0 y cualquier número es 0.

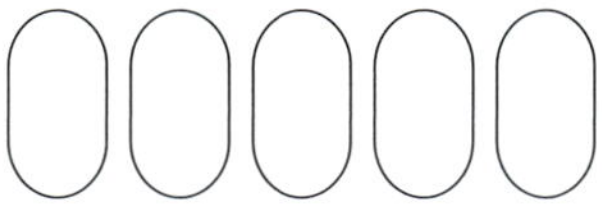

$5 \times 0 = 0$

La **propiedad conmutativa** dice que puedes multiplicar dos factores en cualquier orden y obtener el mismo producto.

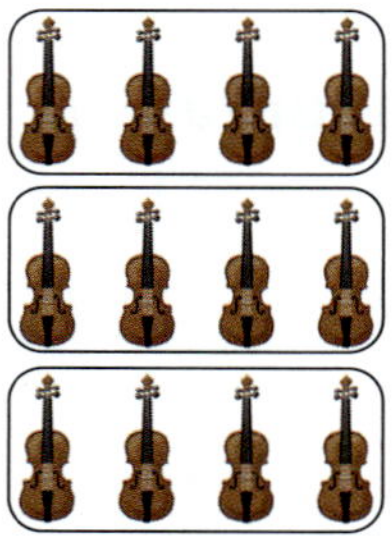

$3 \times 4 = 12$

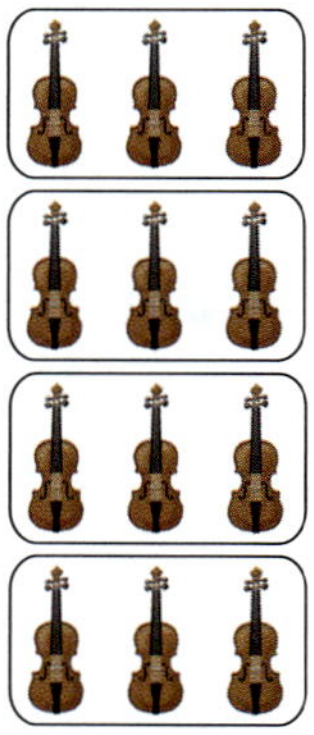

$4 \times 3 = 12$

La **propiedad asociativa** dice que puedes agrupar factores de diferentes maneras y obtener el mismo producto. Usa paréntesis para agrupar los factores que multiplicas primero.

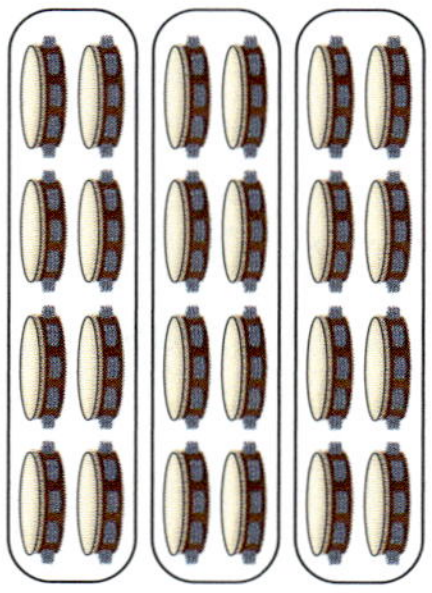

$(4 \times 2) \times 3 = 24$

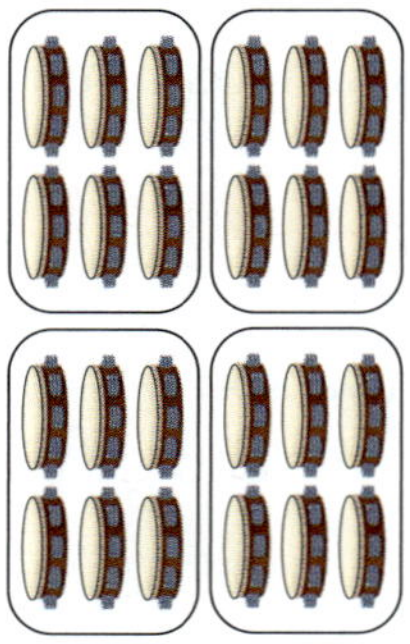

$4 \times (2 \times 3) = 24$

- Explica cómo hallar 8×6 si sabes que $6 \times 8 = 48$.

Comprueba

1. **Nombra** dos maneras en las que puedes agrupar $2 \times 5 \times 3$ para hallar el producto. ¿Son los productos iguales? Explica tu respuesta.

Halla el número que falta. Nombra la propiedad que usaste.

2. $■ \times 1 = 12$
3. $9 \times ■ = 0$
4. $(6 \times 2) \times 5 = 6 \times (■ \times 5)$

Práctica y resolución de problemas

Más práctica, página 178, Grupo D

Halla el número que falta. Nombra la propiedad que usaste.

5. $\blacksquare \times 11 = 11$ **6.** $7 \times 3 = \blacksquare \times 7$ **7.** $(4 \times 2) \times 2 = \blacksquare \times (2 \times 2)$

8. $0 = \blacksquare \times 5$ **9.** $8 \times 5 = 5 \times \blacksquare$ **10.** $\blacksquare \times 3 = 3$

11. $\blacksquare \times (3 \times 3) = (6 \times 3) \times 3$ **12.** $9 \times 10 = 10 \times \blacksquare$ **13.** $(5 \times 3) \times \blacksquare = 5 \times (3 \times 2)$

Muestra dos maneras de agrupar usando paréntesis.
Halla el producto.

14. $5 \times 2 \times 3$ **15.** $9 \times 1 \times 5$ **16.** $3 \times 2 \times 6$ **17.** $9 \times 0 \times 12$

18. $2 \times 2 \times 3$ **19.** $5 \times 2 \times 5$ **20.** $4 \times 3 \times 4$ **21.** $2 \times 2 \times 6$

Escribe el número que falta para cada ■. Luego halla el producto.

22. $8 \times 4 = 4 \times \blacksquare$ **23.** $2 \times 9 = \blacksquare \times 2$ **24.** $\blacksquare \times 3 = 3 \times 5$ **25.** $6 \times \blacksquare = 5 \times 6$

ÁLGEBRA **Escribe <, > o = para cada ●.**

26. $1 \times (4 \times 7) \bullet 7 \times (4 \times 1)$ **27.** $3 \times (3 \times 2) \bullet (9 \times 1) \times 4$

28. $10 \times (3 \times 1) \bullet 3 \times (3 \times 2)$ **29.** $1 \times 2 \times 3 \bullet 3 \times 1 \times 2$

30. $2 \times (2 \times 5) \bullet (2 \times 3) \times 5$ **31.** $9 \times (2 \times 3) \bullet 3 \times (6 \times 2)$

32. ¿Qué propiedad de la multiplicación usarías para hallar 356×1? Explica tu respuesta y escribe el producto.

33. **RAZONAMIENTO** Explica cómo la propiedad asociativa, puede hacer más fácil hallar $(9 \times 2) \times 3$. Escribe el producto.

34. Emanuel practica la guitarra 3 horas cada semana. Lois practica el piano 5 horas cada semana. ¿Cuántas horas más practica Lois que Emanuel en 4 semanas?

Repaso y preparación para la prueba

35. (pág. 48)
$$\begin{array}{r} 3{,}005 \\ 2{,}354 \\ +1{,}789 \\ \hline \end{array}$$

36. (pág. 48)
$$\begin{array}{r} 4{,}569 \\ 2{,}382 \\ +4{,}375 \\ \hline \end{array}$$

37. (pág. 52)
$$\begin{array}{r} 43{,}259 \\ -18{,}513 \\ \hline \end{array}$$

38. (pág. 52)
$$\begin{array}{r} 2{,}674 \\ -1{,}003 \\ \hline \end{array}$$

39. **Preparación para la prueba** Josh quiere recoger 108 manzanas. Hasta ahora, él ha contado 5 docenas. ¿Cuántas docenas de manzanas necesita para llegar a su meta? (pág. 172)

A 2 **B** 3 **C** 4 **D** 5

LECCIÓN 6

Destreza • Resolución de problemas
Elegir la operación

COMPRENDE | PLANEA | RESUELVE | COMPRUEBA

Repaso rápido

Halla el producto.

1. $3 \times (5 \times 2)$

2. $(4 \times 3) \times 6$

3. $(2 \times 6) \times 3$

4. $2 \times 5 \times 6$

5. $8 \times 2 \times 3$

OPERACIÓN PRECIPITACIÓN Estudia los problemas. Usa la tabla para elegir la operación que se necesita para cada problema.

Sumar	Unir grupos de diferentes tamaños
Restar	Quitar o comparar grupos
Multiplicar	Unir grupos del mismo tamaño
Dividir	Separar en grupos del mismo tamaño o hallar cuántos hay en cada grupo

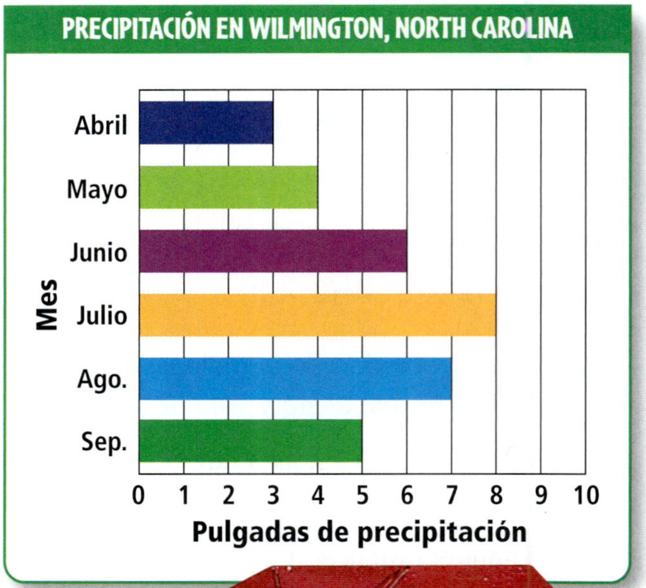

A. ¿Qué sucedería si en los próximos 5 meses Wilmington recibiera la misma cantidad de lluvia que en septiembre? ¿Cuál sería la cantidad de lluvia total para esos 5 meses?

B. ¿Alrededor de cuánta lluvia cayó cada semana en mayo?

C. ¿Cuánta más lluvia cayó de mayo a julio que en agosto y septiembre?

D. ¿Cuál es la cantidad total de lluvia para Wilmington de abril a septiembre?

- Resuelve los problemas A–D. Indica qué operación usaste.
- ¿Qué dos operaciones diferentes podrías usar para resolver el problema A? ¿Para resolver el problema B?

Explica lo que sabes

- ¿Qué palabras en el cuadro de la parte de arriba de la página te ayudan a decidir qué operación usar para cada uno de los problemas A–D?

Práctica • Resolución de problemas

Resuelve. Nombra la operación u operaciones que usaste.

1. Durante las pasadas 9 semanas, el coro escolar practicó un total de 36 horas. Si practicó el mismo número de horas cada semana, ¿cuántas horas practicó cada semana?

2. La cafetería sirvió 124 almuerzos en la escuela. Se cortaron 11 pizzas en 12 pedazos cada una. Si cada estudiante recibió 1 pedazo, ¿cuántos pedazos sobraron?

3. La Sra. Ling ordenó 12 pizzas cortadas en 8 pedazos cada una. ¿Cuántos pedazos ordenó?

4. El Sr. Davis cortó un pastel rectangular en 6 filas de 8 pedazos. ¿Cuántos pedazos de pastel hay en total?

Elige la letra de la respuesta correcta.

Antes del concierto, Michele vendió 12 sombrillas grandes. Cada sombrilla la compartieron 4 personas. ¿Cuántas personas usaron las sombrillas?

5. ¿Qué expresión podrías usar para resolver el problema?

   A $12 \div 4$ **C** 12×4
   B $12 - 4$ **D** $12 + 4$

6. ¿Cuántas personas usaron las sombrillas?

   F 4 **G** 8 **H** 16 **J** 48

Aplicaciones mixtas

USA LOS DATOS Para los ejercicios 7–10, usa la tabla.

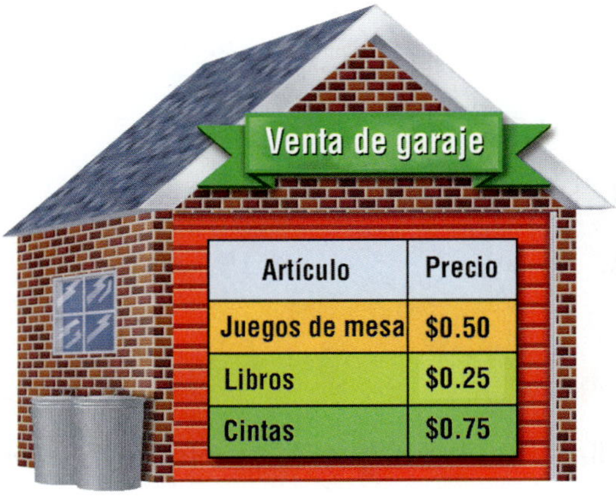

Artículo	Precio
Juegos de mesa	$0.50
Libros	$0.25
Cintas	$0.75

7. Ben compra 2 juegos de mesa y 4 libros. ¿Cuánto cambio recibe de $5.00?

8. Tyler compró 3 cintas y 2 libros. ¿Cuánto gastó?

9. **Escribe un problema** usando la información de la tabla.

10. Caro compró 2 cintas, un libro y un juego de mesa. Chad compró 4 cintas. ¿Cuánto más gastó Chad que Caro?

11. Un tren salió de Oakville a las 7:45 a.m. Llegó a Bay City a la 1:10 p.m. ¿Cuánto duró el viaje del tren?

Más práctica

Grupo A (págs. 164–165)

Halla el valor de la variable. Escribe una ecuación relacionada.

1. $15 \div 3 = c$ **2.** $7 \times 4 = b$ **3.** $4 \times 5 = k$ **4.** $27 \div 9 = y$

5. $24 \div 3 = a$ **6.** $2 \times 6 = n$ **7.** $8 \times 4 = d$ **8.** $25 \div 5 = z$

Escribe la familia de operaciones para cada grupo de números.

9. 3, 4, 12 **10.** 4, 6, 24 **11.** 2, 9, 18 **12.** 3, 7, 21

Grupo B (págs. 166–167)

Halla el producto o cociente.

1. 7×3 **2.** 8×4 **3.** 5×6 **4.** 4×4

5. $5 \div 5$ **6.** $36 \div 4$ **7.** $27 \div 3$ **8.** $12 \div 4$

9. 9×2 **10.** 5×4 **11.** 7×5 **12.** 5×8

13. $20 \div 5$ **14.** $16 \div 8$ **15.** $24 \div 4$ **16.** $45 \div 9$

Grupo C (págs. 168–171)

1. Para 7×6, dibuja una matriz que muestre la expresión. Después, usa la estrategia de descomponer números y dibuja dos matrices que puedan usarse para resolver el problema.

Halla el producto o cociente. Muestra la estrategia que usaste.

2. 7×4 **3.** 8×9 **4.** 6×6 **5.** 9×4

6. $55 \div 5$ **7.** $36 \div 6$ **8.** $27 \div 9$ **9.** $60 \div 5$

10. 9×11 **11.** 12×4 **12.** 7×7 **13.** 7×8

14. $54 \div 6$ **15.** $48 \div 8$ **16.** $63 \div 9$ **17.** $64 \div 8$

Grupo D (págs. 174–175)

Halla el número que falta. Nombra la propiedad que usaste.

1. $(4 \times 3) \times 3 = \blacksquare \times (3 \times 3)$ **2.** $0 = 7 \times \blacksquare$ **3.** $1 \times \blacksquare = 12$

4. $9 \times 4 = \blacksquare \times 9$ **5.** $3 \times (\blacksquare \times 8) = (3 \times 1) \times 8$ **6.** $6 \times \blacksquare = 8 \times 6$

Repaso/Prueba

COMPRUEBA EL VOCABULARIO Y LOS CONCEPTOS

Elige el mejor término de la casilla.

inversas
familia de operaciones
propiedad asociativa
cociente
propiedad conmutativa

1. La _?_ dice que cuando se cambia la forma de agrupar los factores, el producto permanece igual. (pág. 174)

2. Multiplicar y dividir por el mismo número son operaciones opuestas, o sea, _?_. Una operación deshace la otra. (pág. 164)

3. Un grupo de enunciados de multiplicación y división relacionados con los mismos números es una _?_. (pág. 164)

COMPRUEBA LAS DESTREZAS

Halla el valor de la variable. Escribe una ecuación relacionada. (págs. 164–165)

4. $18 \div 3 = n$ **5.** $6 \times 7 = a$ **6.** $y \div 4 = 5$ **7.** $9 \times c = 63$

Escribe una ecuación de división relacionada. (págs. 166–167)

8. $3 \times 5 = 15$

9. $3 \times 3 = 9$

10. $4 \times 2 = 8$

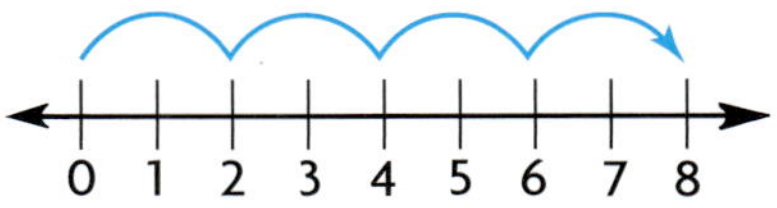

Halla el producto o cociente. (págs. 168–173)

11. 4×7 **12.** $18 \div 3$ **13.** $56 \div 8$ **14.** 9×8 **15.** 12×5

16. $144 \div 12$ **17.** 8×11 **18.** 10×9 **19.** $48 \div 6$ **20.** $121 \div 11$

Halla el número que falta. Nombra la propiedad que usaste. (págs. 174–175)

21. $8 \times (■ \times 3) = (8 \times 4) \times 3$ **22.** $■ \times 9 = 0$ **23.** $11 = ■ \times 1$

COMPRUEBA LA RESOLUCIÓN DE PROBLEMAS

Resuelve. Escribe la operación u operaciones que usaste. (págs. 176–177)

24. En una excursión de la clase, 42 estudiantes fueron a un museo. Si el museo acepta grupos de 7 estudiantes, ¿cuántos grupos fueron?

25. Jack quiere 6 paquetes de tarjetas. Si una tienda vende 1 paquete de tarjetas por $3 y un grupo de 6 paquetes de tarjetas por $15, ¿cuánto dinero ahorrará si compra el grupo de paquetes?

Preparación para pruebas

PERCEPCIÓN NUMÉRICA, CONCEPTOS Y OPERACIONES

1. La Parada del almuerzo cobra los siguientes precios por los emparedados y las bebidas.

MENÚ DE LA PARADA DEL ALMUERZO	
Artículo	**Precio**
Emparedado de atún	\$3
Emparedado de pollo	\$4
Ensalada de tomate	\$2
Agua mineral	\$1
Cola	\$1

Pablo compró un emparedado de pollo y una botella de agua mineral. ¿Cuánto cambio recibió si pagó \$10?

A \$3 **C** \$5

B \$4 **D** \$6

2. ¿Qué grupo de personas NO puede repartirse 8 monedas de 1¢ equitativamente?

F 2 personas **H** 6 personas

G 4 personas **J** 8 personas

3. **Explícalo** El estacionamiento A del aeropuerto tiene 4,508 carros estacionados en los espacios. El estacionamiento B tiene 6,916 carros estacionados en los espacios. ESTIMA el número de carros que están estacionados en los dos estacionamientos. Indica cómo hallaste tu respuesta.

RAZONAMIENTO ALGEBRAICO

4. ¿Cuál es el valor de la variable en el siguiente enunciado?

$3 \times 2 = 6$, entonces $(3 \times 2) + 8 = a$.

A 48 **C** 13

B 14 **D** 2

5. George tiene 5 peces en su pecera. Su amiga Ellie tiene 5 peces más que él en su pecera. Sea n el número de peces que tiene Ellie, ¿qué expresión podría usarse para hallar el número de peces en la pecera de Ellie?

F $5 + 5 = n$

G $5 - 5 = n$

H $5 \times 5 = n$

J $5 \div 5 = n$

6. **Explícalo** Carol compró algunas cuentas para hacer joyas. En enero, ella compró 1 paquete de cuentas. Cada mes después de eso, ella compró el doble del número que había comprado el mes anterior.

LAS CUENTAS DE CAROL	
Mes	**Número de paquetes**
Enero	1
Febrero	2
Marzo	4
Abril	■
Mayo	■
Junio	■

¿Cuántos paquetes de cuentas compró Carol en junio? Explica cómo lo decidiste.

ANÁLISIS DE DATOS Y PROBABILIDAD

7. ¿Qué representa la gráfica circular?

MASCOTAS FAVORITAS

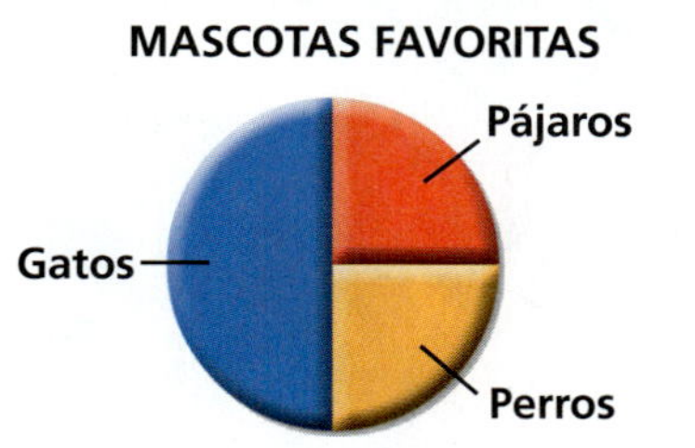

A El número total de votos para los perros.

B El número total de votos para los gatos.

C El número total de votos para los pájaros.

D El número total de votos para la mascota favorita.

8. ¿Cuál es la mediana de los datos en la tabla siguiente?

CARRERAS ANOTADAS				
Jugador	Ed	Kim	Suki	Bob
Carreras	5	2	7	3

F 17 **H** 4

G 8 **J** 1

9. **Explícalo** Si se gira esta flecha giratoria 25 veces, ¿en qué número probablemente caerá el **menor** número de veces?

Explica tu razonamiento.

GEOMETRÍA Y ORIENTACIÓN ESPACIAL

IDEA **Busca palabras importantes.** Mira el ejercicio 10. Una palabra importante es NO. Tres de las opciones de respuesta son enunciados verdaderos sobre las figuras planas. Tú vas a hallar el que NO es verdadero.

10. ¿Qué enunciado NO es verdadero?

A Un cuadrado tiene 4 lados y 4 ángulos.

B Un pentágono tiene 5 lados y 5 ángulos.

C Un triángulo tiene 3 lados y 4 ángulos.

D Un rectángulo tiene 4 lados y 4 ángulos.

11. ¿Qué cuerpo geométrico tiene las caras que se muestran?

F cilindro

G cubo

H cono

J esfera

12. **Explícalo** Nombra otro objeto que corresponda con los objetos siguientes.

Explica cómo lo decidiste.

CAPÍTULO 9

Álgebra: Usar las operaciones de multiplicación y división

DATOS BREVES

ESTUDIOS SOCIALES Los recipientes para galletas se empezaron a usar en Estados Unidos durante la Gran Depresión. Hoy en día, esos recipientes son artículos de colección populares. Incluso hay un museo de recipientes para galletas en Lemont, Illinois, ¡dónde se exhiben más de 2,000 recipientes!

RESOLUCIÓN DE PROBLEMAS Mira la ilustración de los estantes. Imagínate que tienes 12 recipientes para galletas con forma de gato que quieres exhibir. Quieres poner un número igual de recipientes en cada uno de los 3 estantes. Escribe y resuelve una ecuación para mostrar el número de recipientes en cada estante. Después, copia y completa la ilustración.

Comprueba lo que sabes

Usa esta página para repasar y recordar destrezas importantes que se necesitan para el Capítulo 9.

OPERACIONES DE MULTIPLICACIÓN Y DIVISIÓN

Halla el producto o cociente.

1. 6×10 **2.** 4×12 **3.** 5×6 **4.** 3×9

5. 8×2 **6.** 7×8 **7.** 9×9 **8.** 5×11

9. $49 \div 7$ **10.** $63 \div 7$ **11.** $45 \div 5$ **12.** $54 \div 6$

HALLA UNA REGLA

Escribe una regla para cada tabla. Copia y completa cada tabla.

13.

Bolsas	2	3	4	5	6
Manzanas	12	18	■	■	■

14.

Pulpo	2	3	4	5	6
Brazos	16	24	■	■	■

15.

Triciclos	3	4	5	6	7	8
Ruedas	9	12	15	■	■	■

16.

Monedas de 10¢	2	3	4	5	6	7
Monedas de 5¢	4	6	8	■	■	■

17.

Pájaros	5	6	7	8	9
Alas	10	12	■	■	■

18.

Perros	4	5	6	7	8
Patas	16	20	■	■	■

VOCABULARIO

REPASO

ecuación *sustantivo*

El significado de *ecuación* tiene sus raíces en la palabra del latín *aequare* que significa "nivel". Piensa en lo que es un sube y baja o una balanza. Explica cómo se relaciona una ecuación con un sube y baja o con una balanza.

PRESENTACIÓN

orden de las operaciones

APRENDE en línea www.harcourtschool.com

LECCIÓN 1

Expresiones

> **Repaso rápido**
>
> 1. 12 − (4 + 1)
> 2. 17 − (5 − 2)
> 3. 35 − (3 − 1)
> 4. (17 − 7) + 10
> 5. (50 − 20) + 5

Aprende

SUFICIENTES PÁGINAS Tyler colecciona libros de historietas. Él muestra su colección en 3 carpetas, con 10 libros de historietas en cada una. Cuando fue a la tienda, Tyler compró 2 libros de historietas nuevos. ¿Cuántos libros de historietas tiene ahora en su colección?

> **Recuerda**
>
> Una *expresión* es parte de un enunciado numérico que tiene números y signos de operación pero no tiene un signo de igualdad.

Puedes escribir una expresión para hallar el número de libros de historietas en la colección de Tyler.

Piensa: (3 carpetas × 10 libros de historietas en cada carpeta) + 2 libros de historietas nuevos

↓ ↓ ↓ ↓

(3 × 10) + 2

Halla el valor de (3 × 10) + 2.

(3 × 10) + 2	Haz lo que está en el paréntesis primero.
↓	
30 + 2	Multiplica 3 y 10.
↓	Luego, suma 30 y 2.
32	

Entonces, Tyler tiene 32 libros de historietas en su colección.

Ejemplos

Escribe una expresión. Después, halla el valor de la expresión.

A Grace tenía $50. Ella compró 6 boletos a $4 cada uno. ¿Cuánto dinero le queda?

$50 menos (6 boletos a $4 cada uno)

↓ ↓

50 − (6 × 4)

50 − (6 × 4) Halla el valor.

↓

50 − 24

↓

26

Entonces, a Grace le quedan $26.

B John tenía 15 rocas en su colección. Él dividió sus rocas en 3 cajas. ¿Cuántas rocas hay en cada caja?

15 rocas divididas en 3 cajas

↓ ↓

15 ÷ 3

15 ÷ 3 Halla el valor.

↓

5

Entonces, hay 5 rocas en cada caja.

Comprueba

Más práctica: Harcourt Mega Math Ice Station Exploration, *Arctic Algebra*, Nivel H

1. **Explica** dónde colocarías el paréntesis para que $8 \times 6 - 3$ tenga un valor de 24.

Halla el valor de la expresión.

2. $(4 \times 6) - 2$
3. $24 \div 3$
4. $(54 \div 9) - 1$
5. $(8 \times 9) + 7$

Escribe una expresión que concuerde con las palabras.

6. Eric dividió 45 adhesivos equitativamente entre 9 páginas.
7. Lauren tenía \$8 y luego trabajó 4 horas por \$5 cada hora.

Práctica y resolución de problemas

Más práctica, página 200, Grupo A

Halla el valor de la expresión.

8. $(26 - 6) \div 2$
9. $46 + (15 \div 3)$
10. $8 \times (7 + 2)$
11. $(3 \times 6) + 12$
12. $35 \div 5 \times 9$
13. $(14 - 2) \times 5$
14. $99 - (12 \times 8)$
15. $(2 \times 9) + 2$

Escribe las palabras que concuerden con la expresión.

16. $27 \div 3$
17. $9 \times (4 - 1)$
18. 8×7
19. $(6 \div 2) \times 5$

Para los ejercicios 20–21, escribe una expresión que concuerde con las palabras. Luego halla el valor de la expresión.

20. Lily tenía 15 tarjetas postales. Regaló 8 y compró 2 más. ¿Cuántas tarjetas tiene ahora?
21. Hay 6 filas con 5 pupitres en cada una y 2 pupitres que no están en las filas. ¿Cuántos pupitres hay en total?
22. ***DATOS BREVES*** • **ESTUDIOS SOCIALES** La biblioteca del Congreso tiene la colección de libros de historietas más grande de Estados Unidos, con unos 100,000 ejemplares. Cada mes, aumenta en 200 ejemplares. ¿Alrededor de cuántos ejemplares más tendrá la biblioteca en 3 meses?

Repaso y preparación para la prueba

Escribe <, > o = para cada ●. (pág. 20)

23. 1,945 ● 1,899
24. 34,785 ● 34,885

Halla el producto. (pág. 172)

25. 5×12
26. 11×12
27. $8 \times (3 \times 2)$ (pág. 174)

28. **Preparación para la prueba** Se comenzó a hacer publicidad para una película nueva 3 meses antes de su estreno. La película se estrenó el 4 de julio. ¿En qué mes se empezó la publicidad? (pág. 104)

A Marzo
B Abril
C Mayo
D Junio

LECCIÓN 2

MANOS A LA OBRA

Orden de las operaciones

Repaso rápido

1. $81 \div 9$ **2.** 8×9
3. $65 + 22$ **4.** $98 - 12$
5. $3 + (7 - 4)$

VOCABULARIO

orden de las operaciones

MATERIALES calculadora

Explora

Miguel y Jill están viendo la colección de recipientes para galletas de Miguel. Él tiene 20 recipientes y quiere poner 8 recipientes en cada uno de los 2 estantes. ¿Cuántos recipientes no estarán en los estantes?

$$20 - 8 \times 2$$

Actividad 1

- Trata de resolver el problema haciendo las operaciones en orden de izquierda a derecha. ¿Qué resultado obtuviste?
- Trata de resolver el problema restando primero y luego multiplicando. ¿Qué resultado obtuviste?
- Trata de resolver el problema multiplicando primero y luego restando. ¿Qué resultado obtuviste?

Cuando resuelves problemas con más de una operación, necesitas saber qué operación debes hacer primero. Un grupo de reglas especiales, llamado el **orden de las operaciones**, puede usarse para resolver las expresiones con más de una operación.

Primero, realiza las operaciones entre paréntesis.
Después, multiplica y divide de izquierda a derecha.
Luego, suma y resta de izquierda a derecha.

PASO 1

$20 - 8 \times 2$
↓
$20 - 16$

No hay paréntesis, entonces multiplica de izquierda a derecha.

PASO 2

$20 - 16$
↓
4

Luego resta.

Entonces, 4 recipientes de galletas no estarán en los estantes.

Inténtalo

Usa el orden de las operaciones para hallar el valor de cada expresión.

a. $(9 \times 3) + 8$ **b.** $1 + 6 \times 7$

c. $(16 + 4) \div 2$ **d.** $54 \div 9 - 3$

Para $(9 \times 3) + 3$, primero realizo la operación entre paréntesis. ¿Qué debería hacer después?

Relaciona

Puedes usar una calculadora que siga el orden de las operaciones para ayudarte a resolver problemas. No todas las calculadoras siguen el orden de las operaciones.

Ejemplo Evalúa $5 + 6 \times 3$ con una calculadora.

Sigue el orden de las operaciones	No sigue el orden de las operaciones
5 + 6 × 3 Enter → 23	5 + 6 × 3 = → 33

- Usa una calculadora para hallar el valor de $8 + 32 \div 4 + 2$. Luego, usa papel, lápiz y el orden de las operaciones para hallar el valor.
- ¿Tu calculadora sigue el orden de las operaciones? Explica tu respuesta.

Práctica y resolución de problemas

Escribe *correcto* si las operaciones se enumeran en el orden orrecto. Si no, escribe el orden correcto de las operaciones.

1. $(9 + 3) \times 4$ Multiplicar, sumar

2. $2 \times (3 + 4)$ Sumar, multiplicar

3. $27 - (14 \div 2)$ Restar, dividir

4. $(23 - 11) \div 4 + 2$ Dividir, restar, sumar

Sigue el orden de las operaciones para hallar el valor de cada expresión.

5. $95 - 8 \times 2$

6. $32 + 5 \times 7$

7. $63 \div 9 + 45$

8. $(30 - 6) \div 3$

9. $81 + (54 \div 6)$

10. $(28 - 16) \times 4$

11. $13 + (36 \div 4)$

12. $5 \times (23 - 18) + 7$

13. $(78 - 16) + 12 \div 3$

14. Una calculadora muestra 91 como el valor de $9 + 4 \times 7$. ¿La calculadora sigue el orden de las operaciones? Explica tu respuesta.

15. **Por escrito** Explica por qué necesitas usar el orden de las operaciones cuando hallas el valor de una expresión con más de una operación.

Repaso y preparación para la prueba

16. ¿Cuál es el valor del dígito 8 en? 98,745,021? (pág. 6)

17. Escribe tres millones, setecientos ocho mil, doscientos sesenta y cinco en forma normal. (pág. 6)

18. **Preparación para la prueba** Ken sacó 8, 7, 10, 6 y 8 en cinco pruebas. ¿Cuál es la mediana de las calificaciones de las cinco pruebas? (pág. 119)

A 6
B 7
C 8
D 10

LECCIÓN 3

Expresiones y ecuaciones con variables

Repaso rápido

Despeja *r*.

1. $6 + r = 16$ **2.** $7 + 5 = r$

3. $r + 8 = 17$ **4.** $r - 5 = 9$

5. $23 - r = 21$

Aprende

¡QUÉ NIEVE! Carly compró un adorno con copos de nieve en cada estado que visitó en las vacaciones. Ella visitó Michigan, Indiana y Ohio. Cada adorno costó la misma cantidad en los tres estados. ¿Qué expresión puedes escribir para hallar la cantidad que gastó?

Recuerda

- Una *variable* puede sustituir a cualquier número.
- Una *ecuación* es un enunciado numérico que muestra dos cantidades que son iguales.

Puedes usar una variable para representar el precio de cada adorno.

3 adornos × el precio de cada adorno
↓ ↓
$3 \times a$

La variable *a* representa el precio de cada adorno.

Imagínate que Carly haya pagado $4 por cada adorno. Para hallar el valor de la expresión, reemplaza *a* por el precio de cada adorno.

$3 \times a$
↓
3×4
↓
12

Reemplaza *a* con 4 ya que ella pagó $4 por cada adorno.

Entonces, Carly gastó $12 por 3 adornos.

EJEMPLOS En sus vacaciones, Alex compró unos imanes de $3. Su hermana, Mia, gastó $8 en unos llaveros.

A Imagínate que Alex haya comprado 5 imanes. Usa la expresión $i \times 3$ para hallar la cantidad que gastó.

$i \times 3$ Reemplaza *i* con 5.
↓
5×3 Evalúa la expresión.
↓
15

Entonces, Alex gastó $15 en 5 imanes.

B Imagínate que Mia haya comprado 4 llaveros. Usa la expresión $8 \div l$ para hallar la cantidad que gastó en cada llavero.

$8 \div l$ Reemplaza *l* con 4.
↓
$8 \div 4$ Evalúa la expresión.
↓
2

Entonces, Mia gastó $2 en cada llavero.

Ecuaciones con variables

Un fabricante de juguetes tiene 18 cajas de adornos con copos de nieve para enviar a 3 tiendas de recuerdos. Cada tienda obtendrá el mismo número de cajas. ¿Qué ecuación puedes escribir para mostrar esto?

18 cajas divididas equitativamente entre 3 tiendas es igual a un número de cajas.

$18 \div 3 \quad = \quad c$ ← *c* es el número de cajas enviadas a cada tienda.

Entonces, la ecuación es $18 \div 3 = c$.

Si la información que falta cambia, la ecuación cambia.

Ejemplos

A 18 cajas divididas equitativamente entre un número de tiendas es igual a 6 cajas.

$18 \div t \quad = \quad 6$ ← *t* es el número de tiendas.

La ecuación es $18 \div t = 6$.

B Un número de cajas dividido equitativamente entre 3 tiendas es igual a 6 cajas.

$n \div 3 \quad = \quad 6$ ← *n* es el número de cajas.

La ecuación es $n \div 3 = 6$.

Puedes resolver ecuaciones usando el cálculo mental.

Ejemplos

A

$9 \times g = 63$

$g = 7$

Piensa: ¿9 veces qué número es igual a 63?

Comprueba:

$9 \times 7 \stackrel{?}{=} 63$ Reemplaza *g* con 7.

$63 = 63$ ✓ La ecuación es verdadera. El valor de *g* es 7.

B

$48 \div n = 8$

$n = 6$

Piensa: ¿48 dividido entre qué número es igual a 8?

Comprueba:

$48 \div 6 \stackrel{?}{=} 8$ Reemplaza *n* con 6.

$8 = 8$ ✓ La ecuación es verdadera. El valor de *n* es 6.

Comprueba

1. **Explica** cómo escribir una ecuación que muestre que 5 estantes, con el mismo número de libros en cada uno, es igual a 25 libros.

Halla el valor de la expresión.

2. $4 \times p$ si $p = 7$ **3.** $5 \times w$ si $w = 7$ **4.** $16 \div g$ si $g = 4$ **5.** $54 \div x$ si $x = 6$

LA LECCIÓN CONTINÚA

Escribe una ecuación para cada problema. Elige una variable para la incógnita. Indica qué representa la variable.

6. Algunas latas de soda para cada una de las 6 personas son un total de 12 latas de soda.

7. 32 perros divididos equitativamente entre un número de personas que sacan a caminar a los perros son 4 perros por cada una.

Usa el cálculo mental para resolver cada ecuación. Comprueba tu trabajo.

8. $21 = a \times 7$ **9.** $48 \div c = 6$ **10.** $27 \div b = 3$ **11.** $h \times 5 = 25$

Práctica y resolución de problemas

Más práctica, página 200, Grupo B

Halla el valor de la expresión.

12. $9 \times z$ si $z = 7$ **13.** $9 \times d$ si $d = 9$ **14.** $56 \div n$ si $n = 8$ **15.** $96 \div x$ si $x = 12$

Escribe una expresión que concuerde con las palabras.

16. 7 por un número de páginas, *p*, en un álbum

17. 4 por el número de imanes, *i*, en una nevera

18. 36 llaves divididas entre un número de llaveros, *l*

19. un número de postales, *p*, por 8 pilas

Empareja la expresión con las palabras.

20. $(36 \div n) - 4$ **21.** $48 \div s$ **22.** $25 + (c \times 3)$ **23.** $6 \times g$

a. cuarenta y ocho dividido entre un número, *s*

b. veinticinco más el producto de *c* por tres

c. seis por un número, *g*

d. el cociente de treinta y seis dividido entre *n* menos cuatro

Escribe una ecuación para cada problema. Elige una variable para la incógnita. Indica qué representa la variable.

24. Un número de carros divididos equitativamente entre 6 filas es igual a 9 carros en cada fila.

25. Algunos lápices en 5 cajas son un total de 50 lápices.

26. 8 estudiantes en cada uno de los 8 grupos son el número total de estudiantes.

27. Un número de cubos de hielo divididos equitativamente entre 7 vasos es igual a 5 cubos de hielo.

Usa el cálculo mental para resolver cada ecuación. Comprueba tu trabajo.

28. $77 \div y = 11$ **29.** $m \times 6 = 36$ **30.** $12 \times k = 60$ **31.** $81 \div x = 9$

USA LOS DATOS **Para los ejercicios 32–33, usa la tabla.**

32. Ming y 4 de sus amigos comieron unas salchichas. Gastaron $20. Escribe una ecuación para mostrar el número de salchichas que comieron.

33. En la primera hora, el puesto de comida ganó un total de $36 solo por las hamburguesas. Escribe una ecuación para mostrar el número total de hamburguesas vendidas.

Hamburguesas y bocados

Comida/artículo	Costo
Hamburguesa	$3
Salchicha	$2
Soda	$2

34. **¿Cuál es el error?** Julio dice que $5 \times y$ es 10 si $y = 5$. Describe su error. Escribe la respuesta correcta.

35. Erin tiene 5 monedas de 25¢ en cada una de las 4 pilas. Tyra tiene 8 monedas de 25¢ en cada una de las 3 pilas. ¿Cuánto dinero más tiene Tyra que Erin?

Repaso y preparación para la prueba

Para los ejercicios 36–37, escribe una ecuación de división relacionada. (pág. 164)

36. $6 \times 9 = 54$

37. $9 \times 11 = 99$

38. $3{,}894 - 2{,}085$ (pág. 48)

39. $185 - 165$ (pág. 40)

40. $22{,}509 + 4{,}946$ (pág. 52)

41. **Preparación para la prueba** En el estacionamiento, hay 8 filas con 12 espacios cada una. Los carros están estacionados en 13 espacios. ¿Cuántos carros más se pueden estacionar en el estacionamiento? (pág. 172)

A 66
B 72
C 83
D 96

Resolución de problemas

Piénsalo más

PLACAS VALIOSAS Escribe una expresión usando los números en cada placa. Copia los números en orden de izquierda a derecha. Coloca paréntesis y signos de operación (+, −, × o ÷) para que la expresión sea igual al valor dado.

1.

Valor: 52

2.

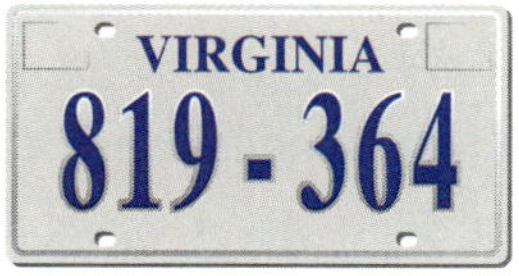

Valor: 81

3.

Valor: 20

4.

Valor: 69

5.

Valor: 19

6.

Valor: 6

LECCIÓN 4

Estrategia de resolución de problemas

Volver sobre los pasos

Repaso rápido

1. $3 \times n = 27$
2. $n \div 3 = 5$
3. $36 \div n = 9$
4. $5 \times n = 30$
5. $5 + n = 9 \times 8$

PROBLEMA Tony tenía algunas monedas de 10¢ en su alcancía. Él agregó 7 monedas de 5¢ y entonces tenía un total de 75¢. ¿Cuánto dinero tenía Tony en monedas de 10¢?

COMPRENDE

- ¿Qué debes hallar?
- ¿Qué información usarás?
- ¿Hay alguna información que no usarás? Explica tu respuesta.

PLANEA

- ¿Qué estrategia puedes usar para resolver el problema?

  Puedes escribir una ecuación con una variable. Luego, puedes resolver la ecuación al *volver sobre los pasos.*

RESUELVE

- ¿Cómo puedes resolver el problema?

  Escribe una ecuación. Sea d la cantidad de dinero en monedas de 10¢.

  $d + (7 \times 5) = 75$ ← 75¢ en total

  ↑ cantidad en monedas de 10¢

  Para hallar el valor de d, vuelve sobre los pasos.

  Cantidad en monedas de 10¢ → **Cantidad en monedas de 5¢** → **Total en la alcancía**

  d + **35¢** = **75¢**

  Total en la alcancía → **Cantidad en monedas de 5¢** → **Cantidad en monedas de 10¢**

  75¢ − **35¢** = **40¢**

  Entonces, la variable d, tiene un valor de 40. Tony tiene 40¢ en monedas de 10¢.

COMPRUEBA

- ¿Qué otras estrategias podrías usar para resolver el problema? Explica tu respuesta.

Práctica • Resolución de problemas

Escribe una ecuación y vuelve sobre los pasos para resolver.

1. **¿Qué sucedería si** Tony tuviera un total de 85¢ después de agregar 7 monedas de 5¢? ¿Cuánto tendría Tony en monedas de 10¢?

2. Sid tenía 5 tarjetas para intercambiar. Su mamá le dio algunos paquetes con 8 tarjetas en cada paquete. Sid tiene ahora 37 tarjetas. ¿Cuántos paquetes le dio su mamá?

Joey y Nicole juegan un juego de mesa. En los tres primeros turnos, Joey mueve su pieza 6 espacios hacia adelante, 3 hacia atrás y 4 hacia adelante. Nicole mueve su pieza 5 espacios hacia adelante, 1 hacia atrás y 5 hacia adelante.

3. ¿Quién está más adelante en el juego?
   - **A** Joey
   - **B** Nicole
   - **C** Lucy
   - **D** Están en el mismo espacio.

4. ¿Cuántos espacios de diferencia hay entre las piezas de Joey y Nicole?
   - **F** 2 espacios
   - **G** 3 espacios
   - **H** 4 espacios
   - **J** 5 espacios

Estrategias

Resolución de problemas

- Hacer un diagrama o dibujo
- Hacer un modelo o representar
- Hacer una lista organizada
- Hallar un patrón
- Hacer una tabla o gráfica
- Predecir y probar
- **Volver sobre los pasos**
- Resolver un problema más simple
- Escribir una ecuación
- Usar razonamiento lógico

Práctica de estrategias mixtas

5. En la fuente de soda de la pista de hielo local se usan 8 limones por cada 2 cuartos de limonada. ¿Cuántos limones se usarán para hacer 8 cuartos de limonada?

6. Ty tenía un poco de dinero en su alcancía. Él puso 3 monedas de 10¢ y 7 monedas de 1¢ en la alcancía y ahora tiene $1.17. ¿Cuánto dinero había en la alcancía al principio?

7. El domingo, la fuente de soda vendió 341 bebidas. El lunes, 85 bebidas se vendieron en la mañana y 163 en la tarde. ¿Cuántas bebidas más se vendieron el domingo que el lunes?

8. Taylor tenía 127 tarjetas de béisbol. Él le dio 18 tarjetas a Felisha. Felisha después le dio a Taylor algunas tarjetas. Taylor tenía un total de 114 tarjetas. ¿Cuántas tarjetas le dio Felisha a Taylor?

9. La lección de baile de Sally empieza a las 4:25 p.m. y dura 1 hr y 15 min. ¿A qué hora termina su lección?

10. **Escribe un problema** que tenga que ver con monedas y que se pueda resolver usando la estrategia de *volver sobre los pasos.* Luego, resuelve el problema.

LECCIÓN 5

Igualar ecuaciones

Repaso rápido

1. 8×2

2. 5×4

3. 3×4

4. $6 \div 3$

5. $21 \div 7$

Aprende

¿ES IGUAL? En esta actividad, multiplicarás ambos lados de una ecuación por el mismo número para probar si un lado sigue siendo igual al otro.

MANOS A LA OBRA

Actividad

MATERIALES: monedas, hojas de papel

Haz un tapete.

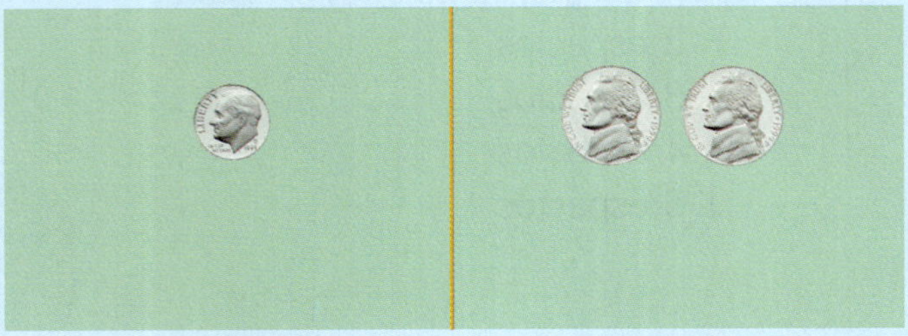

1 × 10¢ 2 × 5¢

Cada lado del tapete representa un lado de una ecuación.

Coloca 1 moneda de 10¢ en el lado izquierdo y 2 monedas de 5¢ en el lado derecho.

- Compara los dos lados. ¿Son iguales los valores de las monedas? Explica tu respuesta.
- Multiplica el valor total de monedas en cada lado por 4. Compara los dos lados. ¿Son iguales los dos valores? Explica tu respuesta.

4 × 10¢ 4 × (2 × 5¢)

- **¿Qué sucedería si** multiplicaras el valor total de las monedas de un lado por 4 y el valor total de las monedas en el otro lado por 2? ¿Sería igual el valor total en los dos lados? Explica tu respuesta.

Multiplicar o dividir ambos lados

Usa el tapete. Decide si ambos lados permanecen iguales.

a. Lado izquierdo: 10 monedas de 1¢; lado derecho: 2 monedas de 5¢; multiplica ambos lados por 3.

b. Lado izquierdo: 10 monedas de 1¢; lado derecho: 2 monedas de 5¢; divide ambos lados entre 2.

Idea matemática Cuando multiplicas o divides ambos lados de una ecuación por el mismo número, los dos lados permanecen iguales.

Ejemplos

Multiplica o divide ambos lados de la ecuación por el número dado. Halla los valores.

A $6 = 6$; multiplica por 2.

$$6 = 6$$
$$6 \times 2 = 6 \times 2 \leftarrow \text{Multiplica por 2.}$$
$$\downarrow \qquad \downarrow$$
$$12 = 12$$

B $12 = 2 \times 6$; multiplica por 4.

$$12 = 2 \times 6$$
$$12 \times 4 = (2 \times 6) \times 4 \leftarrow \text{Multiplica por 4.}$$
$$\downarrow \qquad \downarrow$$
$$48 = 12 \times 4$$
$$\downarrow \qquad \downarrow$$
$$48 = 48$$

C $(3 + 5) = (1 + 7)$; divide entre 2.

$$(3 + 5) = (1 + 7)$$
$$(3 + 5) \div 2 = (1 + 7) \div 2 \leftarrow \text{Divide entre 2.}$$
$$\downarrow \qquad \downarrow$$
$$8 \div 2 = 8 \div 2$$
$$\downarrow \qquad \downarrow$$
$$4 = 4$$

D $(3 \times 3) = (27 \div 3)$; divide entre 9.

$$(3 \times 3) = (27 \div 3)$$
$$(3 \times 3) \div 9 = (27 \div 3) \div 9 \leftarrow \text{Divide entre 9.}$$
$$\downarrow \qquad \downarrow$$
$$9 \div 9 = 9 \div 9$$
$$\downarrow \qquad \downarrow$$
$$1 = 1$$

Comprueba

1. **Explica** por qué los valores de los lados permanecen iguales cuando multiplicas ambos lados de la ecuación $(4 + 5) = (6 + 3)$ por el número 3.

Multiplica o divide ambos lados por el número dado. Halla el nuevo valor.

2. $10 = 10$; divide ambos lados entre 5.

3. $6 = 2 \times 3$; multiplica ambos lados por 8.

LA LECCIÓN CONTINÚA

Práctica y resolución de problemas

Más práctica, página 200, Grupo C

Multiplica o divide ambos lados por el número dado. Halla el nuevo valor.

4. 3 monedas de $5¢ = 3$ monedas de $5¢$; multiplica ambos lados por by 4.

5. 1 moneda de $10¢$ 2 monedas de $1¢ =$ 2 monedas de $5¢$ 2 monedas de $1¢$; multiplica ambos lados por 5.

6. 2 monedas de $5¢ = 1$ moneda de $10¢$; multiplica ambos lados por 7.

7. 5 monedas de $1¢ = 1$ moneda de $5¢$; multiplica ambos lados por 6.

8. $9 = 3 \times 3$; divide ambos lados entre 9.

9. $8 = 2 \times 4$; divide ambos lados entre 8.

10. $4 \times 3 = 12$; multiplica ambos lados por 5.

11. $12 = 3 \times 4$; multiplica ambos lados por 7.

12. $(4 + 2) = (2 \times 3)$; divide ambos lados entre 3.

13. $(2 + 6) = (2 \times 4)$; divide ambos lados entre 4.

14. $(3 + 7) = (2 \times 5)$; divide ambos lados entre 2.

15. $(8 + 4) = (6 \times 2)$; divide ambos lados entre 2.

USA LOS DATOS Para los ejercicios 16–19, usa la gráfica.

16. ¿Cuántos más pasteles de manzana que de coco se preparan?

17. La pastelería recibió un pedido de 40 pasteles de manzana. ¿Hay suficientes pasteles horneados para cumplir con el pedido? Explica tu respuesta.

18. La Sra. Holiday quiere 24 pasteles de durazno para un día de campo. ¿Cuántos pasteles más necesita hacer la pastelería?

19. El museo compró todos los pasteles de coco para una fiesta. ¿Cuántos pasteles compró el museo?

20. **¿Qué sucedería si** dividieras ambos lados de la ecuación $(4 + 2) = (42 \div 7)$ entre 2? ¿Aún serían iguales los valores de ambos lados de la ecuación?

21. **¿Cuál es el error?** Jan dice que si multiplicas el lado izquierdo de $5 = 5$ por 3 y el lado derecho por 2, la ecuación permanecerá igual. ¿Cuál es su error?

22. Ian invitó a 10 amigos a jugar boliche. Cada amigo jugó 3 juegos. Ian jugó 2 juegos. Escribe una expresión que muestre cuántos juegos se jugaron.

23. Había 12 filas de plantas. Cada fila tenía 4 flores. El Sr. Williams recogió 3 flores. Escribe una expresión para mostrar cuántas flores hay en el jardín ahora.

24. Hay 18 cajas. Hay dos veces más cajas grandes que cajas pequeñas. ¿Cuántas cajas grandes hay? ¿Cuántas cajas pequeñas hay?

Repaso y preparación para la prueba

25. Escribe 800,000 + 40,000 + 300 + 9 en forma normal. (pág. 4)

26. 123 + 656 (pág. 40)

27. 2,389 − 921 (pág. 48)

28. Denise tiene 3 cajas de bolígrafos. Cada caja tiene 6 paquetes. Cada paquete tiene 2 bolígrafos. ¿Cuántos bolígrafos tiene Denise? (pág. 174)

29. $\begin{array}{r} 2{,}173 \\ +3{,}584 \\ \hline \end{array}$ (pág. 48)

30. $\begin{array}{r} 9{,}314 \\ -6{,}763 \\ \hline \end{array}$ (pág. 48)

31. **Preparación para la prueba** Una estación local está mostrando una película que empieza a las 7:00 p.m. Dura 90 minutos. ¿A qué hora termina? (pág. 98)

A 5:00 p.m.
B 6:30 p.m.
C 8:00 p.m.
D 8:30 p.m.

Resolución de problemas

Enlace con la Lectura

ESTRATEGIA • CAUSA Y EFECTO Algunas veces una acción tiene un efecto sobre otra acción. La **causa** es la razón por la que sucede algo. El **efecto** es el resultado.

Estudia los planes para la fiesta de Karen en la tablilla con clip.

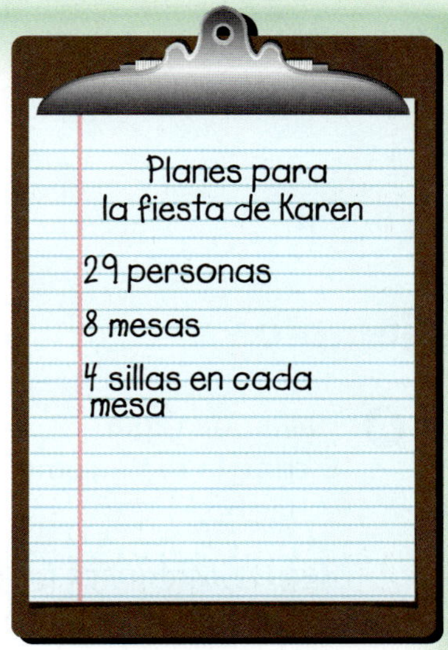

¿Qué sucedería si 4 personas más fueran a la fiesta de Karen? ¿Esto cambiaría sus planes para la fiesta?

Karen puede hacer una tabla para hacer sus planes.

CAUSA	EFECTO
4 personas más vienen a la fiesta.	Hay más personas en la fiesta de las esperadas.

Usa la tabla para resolver los ejercicios 1–3.

1. ¿Cuántas personas van a la fiesta?

2. ¿Qué sucederá debido a que va más gente?

3. ¿Tiene suficientes sillas? Explica tu respuesta.

4. Felix compró 7 paquetes de agua con 6 botellas en cada paquete para la excursión del cuarto grado. Él se bebió 2 botellas. Si 38 estudiantes van a la excursión, ¿habrá suficiente agua? Haz una tabla para resolver.

LECCIÓN 6

Patrones: Hallar una regla

Repaso rápido

1. 12 ÷ 3
2. 9 ÷ 3
3. 14 ÷ 7
4. 16 ÷ 4
5. 27 ÷ 9

Aprende

ENTRADA/SALIDA La fábrica de matemáticas ordena los números en cajas. Usa la tabla de entrada y salida para hallar qué número sale cuando se pone 45 en la máquina.

ENTRADA	SALIDA
25	5
30	6
35	7
40	8
45	■

SUGERENCIA: Busca un patrón que te ayude a hallar la regla.

Patrón: Cada salida es la entrada dividida entre 5.

Regla: Divide entre 5.

← *Entrada:* 45 *Salida:* $45 \div 5 = 9$

Entonces, cuando pones 45, la fábrica de matemáticas saca 9.

Puedes escribir una ecuación para mostrar la regla. Usa variables para mostrar la entrada y la salida.

entrada ↓ **salida** ↓

$x \div 5 = y$

Piensa en la ecuación como una regla. Para hallar el valor de *y*, divide *x* entre 5.

Ejemplos

A Halla una regla. Escribe la regla como una ecuación.

ENTRADA	*n*	3	4	5	6
SALIDA	*t*	18	24	30	36

Prueba tu regla con cada par de números de la tabla.

Regla: Multiplica por 6.

$n \times 6 = t$

B Halla una regla. Escribe la regla como una ecuación. Usa la ecuación para hallar los dos números siguientes en el patrón.

ENTRADA	*p*	72	63	54	45	36	27
SALIDA	*r*	8	7	6	5	■	■

Regla: Divide entre 9.

$p \div 9 = r$ $p \div 9 = r$

$36 \div 9 = 4$ $27 \div 9 = 3$

Los dos números siguientes en el patrón son 4 y 3.

Comprueba

1. **Explica** por qué es importante probar una regla con todos los pares de números en la tabla.

Halla una regla. Escribe la regla como una ecuación.

2.

ENTRADA	*x*	21	28	35	42
SALIDA	*y*	3	4	5	6

3.

ENTRADA	*s*	8	9	10	11
SALIDA	*t*	40	45	50	55

Práctica y resolución de problemas

Más práctica, página 200, Grupo D

Halla una regla. Escribe la regla como una ecuación. Halla los números que faltan.

4.

ENTRADA	*b*	12	11	9	7	■	■	■
SALIDA	*c*	24	22	18	14	12	8	4

5.

ENTRADA	*d*	16	32	48	64	80	96
SALIDA	*f*	2	4	6	8	■	■

6.

ENTRADA	*w*	■	■	6	8	10	12
SALIDA	*z*	24	48	72	96	120	144

7.

ENTRADA	*r*	6	12	18	24	30	36
SALIDA	*s*	■	■	6	8	10	12

Usa la regla y la ecuación para hacer una tabla de entrada y salida.

8. Dividir entre 11.
$x \div 11 = y$

9. Multiplicar por 4.
$h \times 4 = j$

10. Dividir entre 10.
$t \div 10 = w$

11. Multiplicar por 8.
$f \times 8 = g$

12. Multiplicar por 7.
$r \times 7 = s$

13. Dividir entre 6.
$c \div 6 = d$

14. Multiplicar por 3.
$k \times 3 = m$

15. Dividir entre 12.
$a \div 12 = b$

16. Las primeras tres entradas en el procesador de números son 48, 44 y 40. Las primeras tres salidas son 12, 11, y 10. Halla una regla. Escribe la regla como una ecuación y extiende el patrón para hallar los dos números siguientes de salida.

17. **Vocabulario** *Variable* se usó primero para describir los cambios o tonos del color de la ropa antigua hecha de cuero con manchas. ¿Cómo afecta el cambio en el valor de una variable de entrada al valor de una variable de salida?

Repaso y preparación para la prueba

18. 34,578 + 27,916 (pág. 52)

19. 98,521 − 85,769 (pág. 52)

20. Durante el fin de semana, la tienda de jardinería vendió 9,754 plantas en total. Vendió 4,675 plantas el viernes y 1,987 plantas el sábado. ¿Cuántas plantas vendió el domingo? (pág. 48)

21. ¿Cuánto es 12,784 escrito en forma desarrollada? (pág. 4)

22. **Preparación para la prueba** ¿Cuál **no** es verdadero? (pág. 20)

A $6{,}431 > 6{,}341$
B $6{,}236 = 6{,}236$
C $6{,}357 < 6{,}135$
D $6{,}964 > 6{,}694$

Más práctica

Grupo A (págs. 184–185)

Halla el valor de la expresión.

1. $4 \times 5 + 2$
2. $100 - (8 \times 5)$
3. $56 \div 7 + 20$
4. $13 + (5 \times 6)$
5. $(12 + 8) \div 4$
6. $(27 \div 3) \times 7$
7. $85 - (3 \times 7)$
8. $50 + (72 \div 9)$

Escribe una expresión que concuerde con las palabras.

9. Había 3 estantes con 7 pelotas de fútbol en cada uno. Lin se llevó 4 pelotas para el campo.
10. Las 5 cajas de comida para cachorritos contienen 10 bolsas cada una. Kate puso 6 bolsas más cerca de las cajas.

Grupo B (págs. 188–191)

Halla el valor de la expresión.

1. $12 \times h$ si $h = 3$
2. $36 \div s$ si $s = 9$
3. $8 \times y$ si $y = 7$
4. $24 \div m$ si $m = 4$

Escribe una ecuación para cada problema. Elige una variable para la incógnita. Indica qué representa la variable.

5. 4 cajas con 3 juegos en cada caja componen el total del número de juegos.
6. 25 personas en algunos carros son 5 personas en cada carro.

Grupo C (págs. 194–197)

Multiplica o divide ambos lados por el número dado. Halla el nuevo valor.

1. $(3 + 1) = (2 \times 2)$; multiplica ambos lados por 5.
2. $(5 + 7) = (4 \times 3)$; divide ambos lados entre 6.

Grupo D (págs. 198–199)

Halla una regla. Escribe la regla como una ecuación. Halla el número que falta.

1.

ENTRADA	SALIDA
b	*c*
18	9
14	7
10	5
6	■

2.

ENTRADA	SALIDA
d	*f*
2	6
4	12
6	18
8	■

3.

ENTRADA	SALIDA
w	*z*
■	54
8	72
10	90
12	108

4.

ENTRADA	SALIDA
r	*s*
33	■
27	9
24	8
21	7

Repaso/Prueba

COMPRUEBA LOS CONCEPTOS

1. Explica qué operación se debe realizar primero para hallar el valor de $2 + (3 \times 4)$. ¿Cómo lo sabes? (págs. 186–187)

2. Escribe una expresión que puedas usar para hallar el número de monedas de 25¢ que tienen el mismo valor que un número de dólares. (págs. 188–191)

COMPRUEBA LAS DESTREZAS

Halla el valor de la expresión. (págs. 184–187)

3. $(18 \div 3) + 2$

4. $6 \times 7 - 5$

5. $63 \div 7 - 9$

6. $25 + (4 \times 6)$

7. $(32 - 8) \div 8$

8. $7 - (72 \div 12)$

9. $45 - (7 \times 6)$

10. $(8 \times 9) + 21$

Escribe una ecuación para cada problema. Elige una variable para la incógnita. Indica qué representa la variable. (págs. 188–191)

11. Un número de libros dividido entre 9 lectores es igual a 18 libros.

12. \$42 divididos entre un número de personas es igual a \$6.

Multiplica o divide ambos lados por el número dado. Halla el nuevo valor. (págs. 194–197)

13. $6 = (2 \times 3)$; multiplica ambos lados por 9.

14. $(6 \times 2) = (4 + 8)$; divide ambos lados entre 3.

Halla una regla. Escribe la regla como una ecuación. Halla el número que falta. (págs. 198–199)

15.

ENTRADA	SALIDA
a	*b*
4	28
5	35
8	56
■	63

16.

ENTRADA	SALIDA
x	*y*
72	9
56	7
40	5
48	■

17.

ENTRADA	SALIDA
m	*n*
4	■
5	55
7	77
9	99

18.

ENTRADA	SALIDA
q	*r*
144	12
132	11
120	10
■	9

COMPRUEBA LA RESOLUCIÓN DE PROBLEMAS

Escribe una ecuación y vuelve sobre los pasos para resolver. (págs. 192–193)

19. Tommy tiene 3 monedas de 5¢. Ángela le dio algunas monedas de 25¢. Ahora él tiene 90¢. ¿Cuánto dinero tiene Tommy en monedas de 25¢?

20. Jack tenía algunas monedas de 10¢. Él gastó 4 monedas de 10¢ en dulces y le quedaron 30¢. ¿Cuántas monedas de 10¢ tenía Jack antes de comprar los dulces?

Preparación para pruebas

PERCEPCIÓN NUMÉRICA, CONCEPTOS Y OPERACIONES

1. ¿Cuál de las siguientes operaciones NO está relacionada con las demás?

A $6 \times 4 = 24$ **C** $24 \div 8 = 3$

B $24 \div 6 = 4$ **D** $24 \div 4 = 6$

2. ¿Qué operaciones se pueden usar en los círculos de abajo para hallar el menor resultado posible?

1 ● 5 ● 1

F × y ÷

G × y −

H + y ÷

J + y −

3. **Explícalo** La tienda de juguetes de Tom realiza una venta de ofertas. La siguiente tabla muestra los precios regulares y de oferta de varios artículos.

TIENDA DE JUGUETES DE TOM		
Artículo	**Precio regular**	**Precio de oferta**
Rompecabezas	$5.99	$3.19
Juego de mesa	$7.29	$5.95
Juego de computadora	$8.79	$6.25
Animal de peluche	$4.19	$3.89

Fred compró un juego de mesa, un rompecabezas y un juego de computadora a los precios de oferta. Él dijo que ahorró alrededor de $3.00 comparado con los precios regulares de los mismos artículos. Jenny dijo que Fred ahorró alrededor de $7.00. ¿Con quién estás de acuerdo? Explica tu razonamiento.

MEDIDAS

4. Los miembros de la familia Cohen fueron de vacaciones a la playa. Salieron el 10 de agosto y regresaron 2 semanas y 6 días después. ¿En qué día y fecha regresaron a casa?

Agosto						
Dom.	Lun.	Mar.	Mié.	Jue.	Vie.	Sáb.
1	2	3	4	5	6	7
8	9	10	11	12	13	14
15	16	17	18	19	20	21
22	23	24	25	26	27	28
29	30	31				

A Martes, 17 de agosto

B Lunes, 23 de agosto

C Martes, 24 de agosto

D Lunes, 30 de agosto

5. ¿Cuál es la **mejor** unidad de medida de capacidad para esta olla de sopa?

F mililitro

G metro

H litro

J gramo

6. **Explícalo** La Sra. Álvarez tiene una tapa de una caja cuadrada que mide 1 pie y 4 pulgadas en cada lado. Ella quiere pegar un borde alrededor de la orilla de la tapa. ¿La Sra. Álvarez debería estimar cuánto borde necesita o debería medir para hallar la longitud requerida? Explica tu respuesta.

GEOMETRÍA Y ORIENTACIÓN ESPACIAL

7. ¿Qué figura NO tiene un eje de simetría?

A 

C 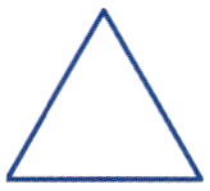

B 

D 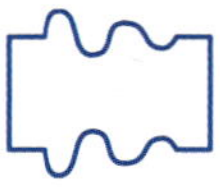

IDEA **Elimina opciones.** Mira el ejercicio 8. Piensa en los significados de *semejante* y *congruente*. Más de un par de figuras son semejantes, pero solo un par NO es congruente.

8. ¿Qué par de figuras es semejante pero NO es congruente?

F 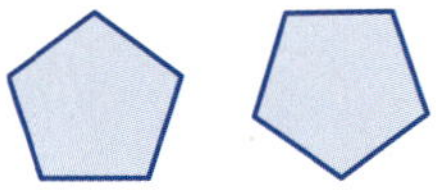

G 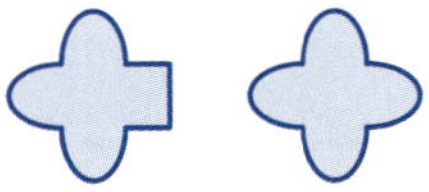

H 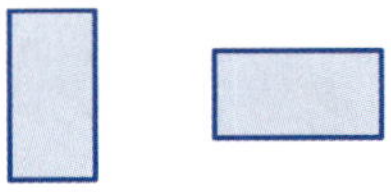

J 

9. **Explícalo** ¿Cuál es el par ordenado para el Museo de ciencias?

Explica cómo lo decidiste.

RAZONAMIENTO ALGEBRAICO

10. ¿Qué expresión concuerda con las siguientes palabras?

seis por el número de libros, *l*, en un librero

A $6 + l$

B $l - 6$

C $6 \times l$

D $6 \div l$

11. A Lauren le pagaron \$3 por cada hora que cuidó a su hermanita. A ella le pagaron \$12. Sea *h* el número de horas que Lauren cuidó a su hermana. ¿Cuál de las siguientes ecuaciones podría usarse para hallar el número total de horas que Lauren cuidó a su hermana?

F $\$3 + h = \$12$

G $\$3 \times h = \$12$

H $\$3 - h = \$12$

J $\$3 \div h = \$12$

12. **Explícalo** ¿Cuáles son los números que faltan en la siguiente tabla?

ENTRADA	SALIDA
x	*y*
18	9
20	10
22	11
24	12
26	13
28	14
30	■
32	■

Explica cómo lo decidiste.

Manualidades

Primeros auxilios matemáticos

PROYECTO Haz un botiquín de primeros auxilios para estudiar las operaciones básicas y escribir expresiones algebraicas.

Materiales

- Caja de vendas adhesivas (3 pulg x 4 pulg x $1\frac{1}{4}$ pulg)
- Tijeras
- Cartulina
- Marcadores, crayolas o lápices de colores
- Pegamento
- Hojas de vendas adhesivas

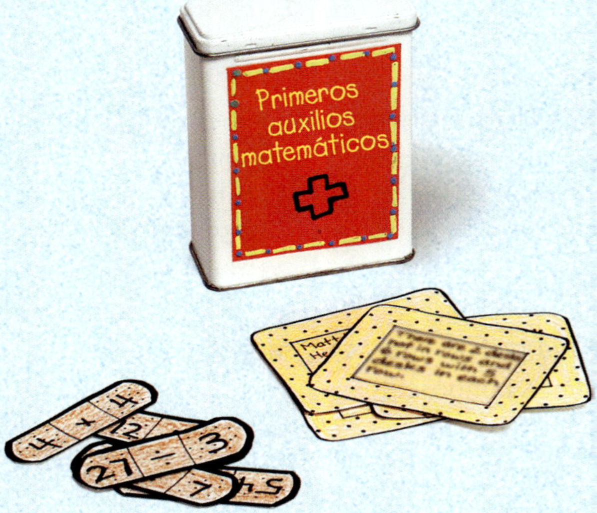

Instrucciones

1. Colorea y corta las vendas adhesivas. *(ilustración A)*

2. En las vendas adhesivas pequeñas, escribe operaciones básicas. En las más grandes, escribe problemas y la expresión correspondiente. Escribe la respuesta o la expresión para los problemas en la parte de atrás de las vendas adhesivas. *(ilustración B)*

3. Cubre y decora la caja de vendas adhesivas. Rotula la caja: *Primeros auxilios matemáticos. (ilustración C).*

4. Con un compañero, túrnense para hacerse preguntas entre sí usando las vendas adhesivas.

Desafío

Predecir patrones

Los patrones están a todo nuestro alrededor. Pueden hallarse en la naturaleza, la arquitectura, la música, el arte, el lenguaje y las matemáticas.

Emily usa fichas cuadradas para continuar un patrón.

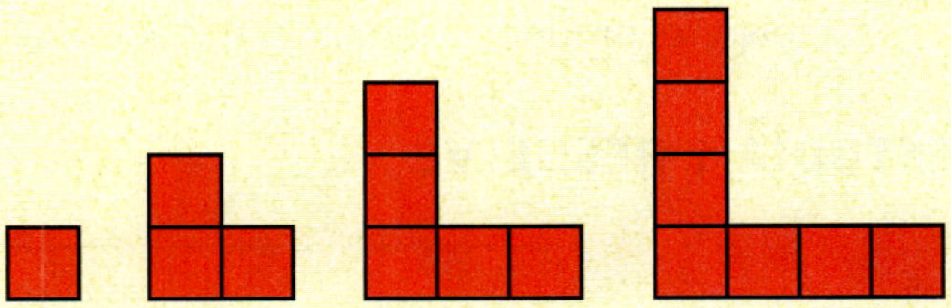

Ella puede predecir cuántas fichas habrá en su próximo diseño buscando una regla. Mira la siguiente tabla.

DISEÑO	DESCRIPCIÓN DEL PATRÓN	NÚMERO DE FICHAS
	El 1er diseño tiene una ficha cuadrada en su base y 0 fichas arriba.	1
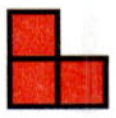	El 2do diseño tiene 2 fichas en su base y 1 ficha arriba.	3
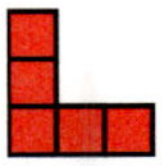	El 3er diseño tiene 3 fichas en su base y 2 fichas arriba.	5
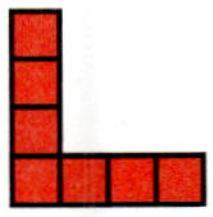	El 4to diseño tiene 4 fichas en su base y 3 fichas arriba.	7
n	**Regla:** El número de fichas en la parte de arriba es 1 menos que el número de fichas en la base. El *enésimo* diseño tiene n fichas en su base y $n - 1$ fichas arriba.	$n + (n - 1)$

Si $n = 5$, entonces $5 + (5 - 1)$ da el número de fichas en el 5to diseño.

- ¿Cómo podrías predecir el número de fichas para cualquier diseño en el patrón?

Inténtalo

Predice el número de objetos en el 5to diseño de cada patrón. Haz un dibujo para mostrar cómo se vería el patrón.

1.

2.

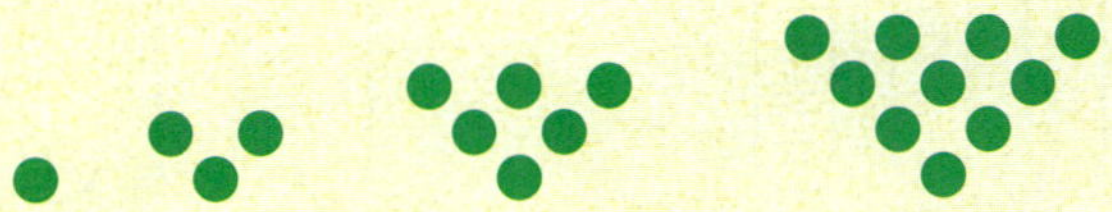

Guía de estudio y repaso

VOCABULARIO

Elige el mejor término de la casilla.

1. La multiplicación y la división por el mismo número se cancelan mutuamente. Son operaciones _?_. (pág. 164)
2. La _?_ dice que cuando se cambia la forma de agrupar los factores, el producto permanece igual. (pág. 174)

inversas
Propiedad asociativa
Propiedad conmutativa
familia de operaciones

ESTUDIA Y RESUELVE

Capítulo 8

Escribe operaciones de multiplicación y división relacionadas.

Halla el valor de *n*. Escribe una ecuación de multiplicación o división relacionada.

$28 \div 4 = n$

Multiplicación:	4	×	7	=	28
	↓		↓		↓
	factor		factor		producto
División:	28	÷	4	=	7
	↓		↓		↓
	dividendo		divisor		cociente

$4 \times 7 = 28$ está relacionada con $28 \div 4 = 7$.

Entonces, el valor de *n* es 7.

Halla el valor de la variable. Escribe una ecuación de multiplicación o división relacionada. (págs. 164–165, 166–173)

3. $88 \div 11 = y$
4. $9 \times 6 = h$
5. $3 \times 5 = s$
6. $18 \div 6 = n$
7. $90 \div 10 = p$
8. $6 \times 8 = a$
9. $8 \times 10 = x$
10. $144 \div 12 = b$
11. $72 \div 8 = t$
12. $6 \times 7 = k$

Usa las propiedades de la multiplicación para hallar los productos.

Propiedad conmutativa

Puedes multiplicar los factores en cualquier orden y obtener el mismo producto.

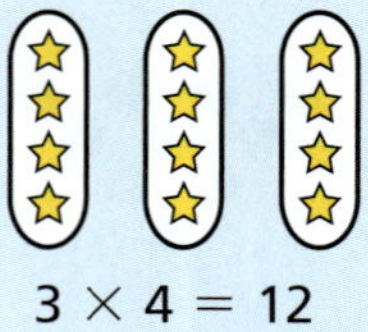

$3 \times 4 = 12$

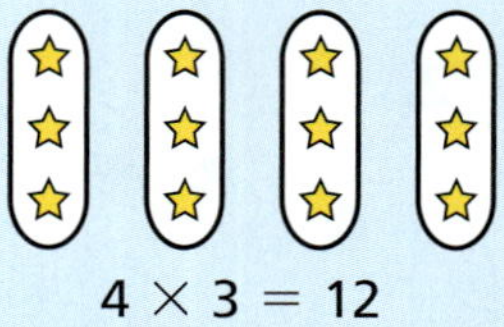

$4 \times 3 = 12$

Halla el número que falta. Nombra la propiedad que usaste. (págs. 174–175)

13. $(3 \times 2) \times 9 = ■ \times (2 \times 9)$
14. $9 \times 8 = ■ \times 9$
15. $■ \times 1 = 7$
16. $0 = 12 \times ■$
17. $8 \times (5 \times 2) = (8 \times ■) \times 2$

Capítulo 9

Escribe expresiones para las palabras. Halla los valores de las expresiones.

Erika tenía 12 lápices. Luego, compró 3 paquetes más con 5 lápices en cada paquete.

$12 + (3 \times 5)$
$\downarrow$
$12 + 15$
$\downarrow$
27

- Escribe una expresión para el número de lápices
- Multiplica el número de lápices que compró Erika.
- Halla el valor de la expresión.

Entonces, Erika ahora tiene 27 lápices.

Escribe una expresión. Luego halla el valor. (págs. 184–185)

18. María compró 4 lazos por \$3 cada uno y después gastó \$6 en cinta adhesiva. ¿Cuánto gastó en total?

19. Robin tenía 50¢. Regaló 2 monedas de 10¢. ¿Cuánto dinero tiene ahora?

Escribe expresiones con variables.

8 por el número de personas, *m*

8 por el número de personas
↓ ↓ ↓
$8 \times m$

- Elige una operación.
- Escribe la expresión.

Escribe una expresión que concuerde con las palabras. (págs. 188–191)

20. 7 por el número de personas, *p*, en un cuarto

21. \$60 dividido entre el número de cuentas de banco de igual saldo, *b*

Halla una regla para extender el patrón.

ENTRADA	*d*	5	6	8	9	10
SALIDA	*e*	10	12	16	18	■

Patrón: Cada salida, e, es la entrada *d*, multiplicada por 2.
Regla: Multiplicar por 2.

Entonces, cuando la entrada es 10, la salida es 10×2, o sea, 20.

Halla una regla. Escribe la regla como una ecuación. Halla los números que faltan. (págs. 198–199)

22.

ENTRADA	*s*	72	60	48	24
SALIDA	*t*	6	5	4	■

23.

ENTRADA	*d*	3	5	8	12
SALIDA	*e*	■	35	56	84

PRÁCTICA • RESOLUCIÓN DE PROBLEMAS

Resuelve. (págs. 176, 192)

24. Toni gana \$2 cuidando niños y \$4 podando césped cada semana. Si ella trabaja 8 semanas, ¿cuánto dinero ganará? Nombra la operación u operaciones que usaste.

25. Charlie tenía 12¢. Su papá le dio algunas monedas de 5¢ y ahora tiene 47¢. Escribe una ecuación para hallar cuántas monedas de 5¢ le dio su papá.

EVALUACIÓN DEL RENDIMIENTO

TAREA A • JUEGOS AL AIRE LIBRE

Después de la escuela, 36 estudiantes jugaron juegos al aire libre. Los estudiantes están divididos en equipos. Hay al menos 2 jugadores en un equipo y todos los equipos tienen el mismo número de jugadores.

a. Dibuja matrices para mostrar dos formas diferentes en las que pueden dividirse 36 estudiantes en equipos de igual tamaño.

b. Escribe un enunciado de multiplicación y uno de división para cada matriz que dibujaste. Explica cómo el enunciado que escribiste muestra que la división es el inverso de la multiplicación.

c. Supón que 4 estudiantes más quieren jugar. ¿Podrán quedarse los equipos del mismo tamaño que antes o necesitan formarse equipos de diferente tamaño?

TAREA B • HACER EJERCICIO

Después de la escuela y los fines de semana, Nicole y su hermana Amy ganan dinero. Nicole saca a caminar algunos perros de sus vecinos y Amy poda los jardines.

a. Nicole gana $2 por cada perro que saca a caminar. Escribe una expresión para hallar el número de dólares que ganará por sacar a caminar un número de perros. (Usa d para representar el número de perros). Después usa la expresión que escribiste para hallar cuánto ganará Nicole si ella saca a caminar 4 perros.

b. Amy hizo esta tabla de entrada y salida para saber cuánto dinero (d) ganará por podar diferentes números de jardines (j). ¿Cuánto gana Amy por cada jardín que poda? Escribe una ecuación que describa una regla para la tabla.

ENTRADA	SALIDA
j	d
1	6
2	12
3	18
4	24

c. Nicole y Amy quieren comprar un disco compacto que cuesta $16. ¿Cuál sería una forma de ganar los $16 entre las dos? Indica cuántos perros tendría que sacar a caminar Nicole y cuántos jardines tendría que podar Amy.

Enlace con la tecnología

Calculadora • Evaluar expresiones

Jamie quiere comprar unas revistas que cuestan $6 cada una. Ella también está comprando un libro por $17. ¿Cuál es el costo total si ella compra el libro más 3 revistas? ¿4 revistas?

Si r representa el número de revistas que compra Jamie, entonces la expresión $6 \times r + 17$ dará el costo total.

¿Cuál es el valor de la expresión $6 \times r + 17$ cuando $r = 3$ y cuando $r = 4$?

Usa las teclas Op1 y Op2 de la TI–15 para evaluar la expresión.

PASO 1 Presiona estas teclas para entrar la expresión.

Op1 × 6 Op1 Op2 + 1 7 Op2

PASO 2 Halla el valor cuando $r = 3$.

3 Op1 Op2

18 + 17 OP1 OP2
3 35

El valor es 35.

PASO 3 Halla el valor cuando $r = 4$.

4 Op1 Op2

24 + 17 OP1 OP2
4 41

El valor es 41.

Entonces, Jamie gastará $35 si compra el libro más 3 revistas. Ella gastará $41 si compra el libro más 4 revistas.

IDEA Antes de entrar un problema nuevo, borra las operaciones almacenadas.

Práctica y resolución de problemas

Usa las teclas Op1 y Op2 de la TI–15 para hallar el valor de la expresión.

1. $a \times 16 + 35$ si $a = 1, 2, 3, 4$
2. $y \div 15 - 17$ si $y = 300, 570, 630$
3. $b \times 72 + 115$ si $b = 16, 25, 39, 43$
4. $d \div 32 + 46$ si $d = 2{,}080; 3{,}008$
5. **Escribe un problema** usando una expresión con una variable y dos operaciones. Luego da dos valores para la variable.

APRENDE en línea

Glosario de matemáticas

www.harcourtschool.com

Vocabulario Busca el término *expresión* en el Glosario de matemáticas. ¿En qué se parece una expresión numérica a una expresión con variables? ¿En qué se diferencian? Da un ejemplo de cada tipo de expresión.

RESOLUCIÓN DE PROBLEMAS POR EL PAÍS

en Virginia

ESTEROS

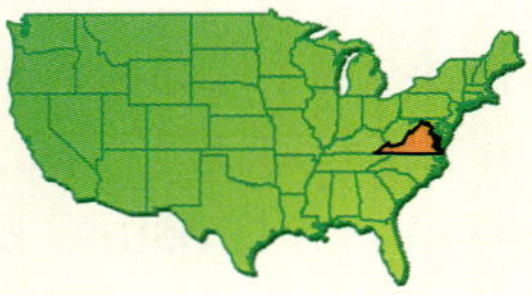

Los esteros son lagunas que se forman donde el océano se encuentra con la tierra. Los esteros proporcionan hogares para muchas plantas y animales del océano.

▲ Cada año, los visitantes van a Virginia Beach para nadar, hacer surf y pasear por la playa.

Para los ejercicios 1–3, escribe una ecuación con una variable que concuerde con cada enunciado. Indica qué representa la variable. Halla el valor de la variable.

1. 5 brazos en cada una de varias estrellas marinas son 35 brazos.
2. Algunos brazos en cada una de las 10 estrellas marinas son 60 brazos.
3. 12 cangrejos azules divididos entre 3 esteros da el número de cangrejos azules en cada estero.
4. Supón que ves 4 cangrejos violinistas en cada uno de 4 esteros y 5 cangrejos violinistas en cada uno de 2 esteros. ¿Cuántos cangrejos violinistas has visto en total? Escribe una ecuación que puedas usar para resolver el problema.

Muchos tipos de estrellas marinas tienen entre 5 y 10 "brazos". ►

5. La tabla muestra el número de tentáculos entre 1 y 5 octópodos. Halla una regla. Escribe la regla como una ecuación y completa la tabla.

ENTRADA	SALIDA
o	***t***
1	8
2	16
3	24
4	32
5	■

DELFINES NARIZ DE BOTELLA

Los delfines nariz de botella son el tipo de delfín más común que se halla a lo largo de la costa de Estados Unidos desde Cape Cod hasta el golfo de México. Con frecuencia puedes ver delfines nariz de botella si visitas las playas de Virginia.

1. Un delfín bebé se llama cría. Una cría come 4 veces cada hora durante la primera semana de vida. ¿Cuántas veces come en 8 horas durante este tiempo?

2. Los delfines viajan en grupos llamados cardúmenes. El tamaño promedio del cardumen es de 7 delfines. Si Madeleine vio 3 cardúmenes desde la playa, ¿alrededor de cuántos delfines vio?

3. Los delfines nariz de botella nadan casi 5 millas por hora. A esta velocidad, ¿cuánto le tomará a un delfín nadar las 40 millas de Newport News a Virginia Beach?

4. Los delfines nariz de botella regularmente se sumergen a profundidades de 10 a 150 pies. Si un delfín se sumerge 10 pies en su primera sumergida y 30 pies en la segunda, ¿cuántas veces más profunda que la primera sumergida es la segunda sumergida?

5. Los delfines comen peces, pulpo y crustáceos. Un delfín de 300 libras come 12 libras de comida al día. ¿Aproximadamente cuánta comida come un delfín de 300 libras en 5 días? ¿En una semana?

6. Hay 67,000 delfines nariz de botella en la parte del golfo de México de Estados Unidos y 11,700 en las aguas del Atlántico Norte de Estados Unidos. ¿Cuántos delfines hay en total? ¿Cuántos más hay en el golfo de México?

Un delfín abre su ▶ respiradero y empieza a sacar el aire bajo el agua. Cuando brincan fuera del agua, los delfines toman aire y cierran el respiradero.

CAPÍTULO 10

Multiplicar por números de 1 dígito

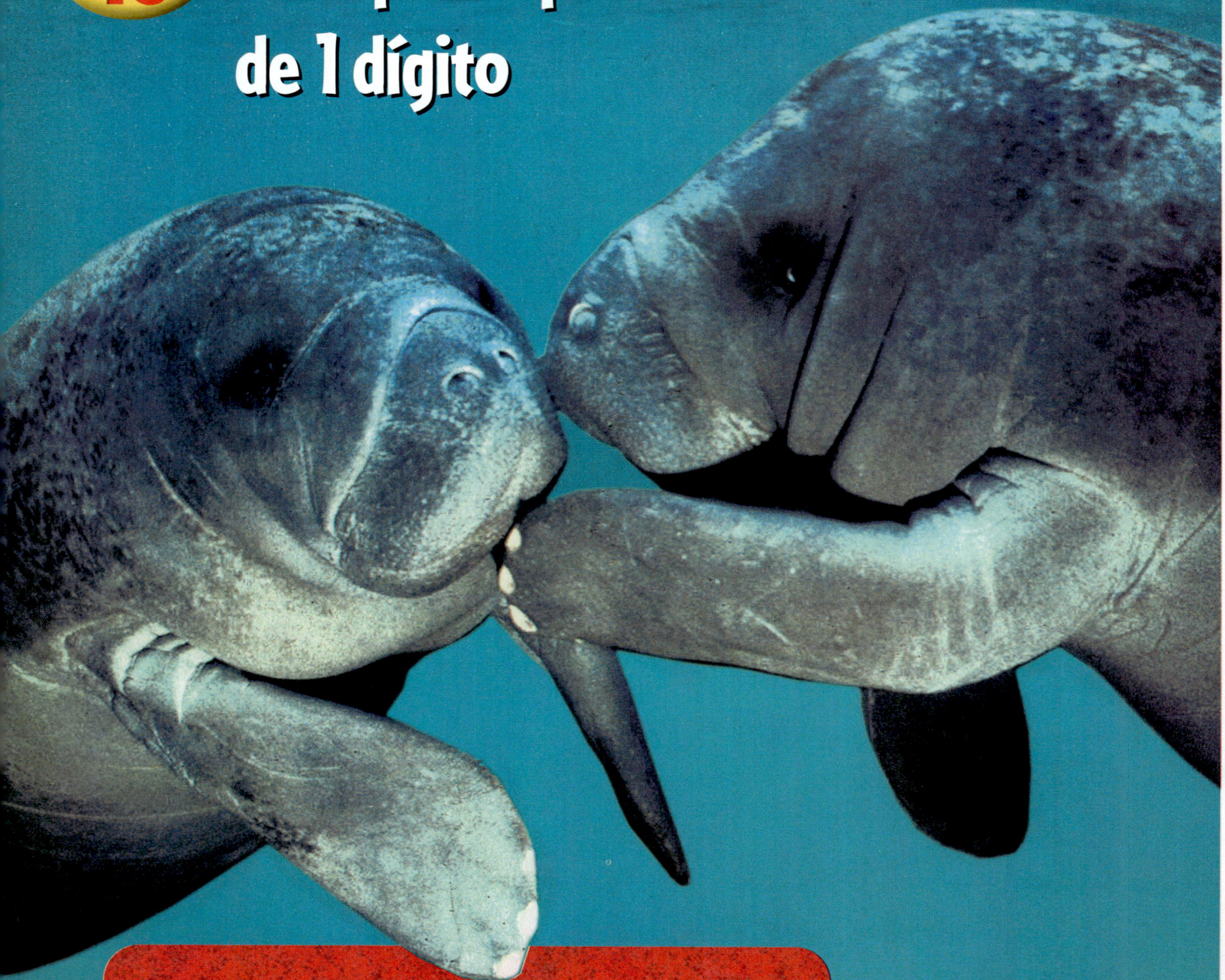

DATOS BREVES • CIENCIAS Los manatíes de Florida pasan la mayor parte del tiempo comiendo y descansando. Un manatí adulto promedio puede consumir hasta 108 libras de vegetación todos los días.

RESOLUCIÓN DE PROBLEMAS
¿Aproximadamente cuántas horas pasaría comiendo un manatí adulto durante el mes de octubre? ¿Cuánta vegetación podría comer durante una semana de ese mes?

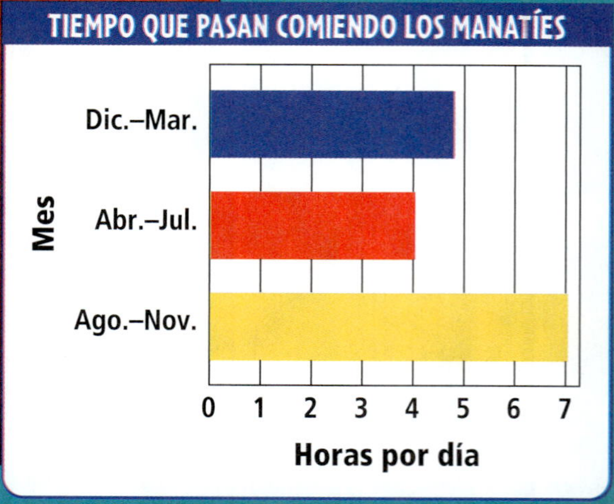

Comprueba lo que sabes

Usa esta página para repasar y recordar destrezas importantes que se necesitan para el Capítulo 10.

HAZ UN MODELO DE MULTIPLICACIÓN

Escribe un enunciado de multiplicación para el modelo.

1. 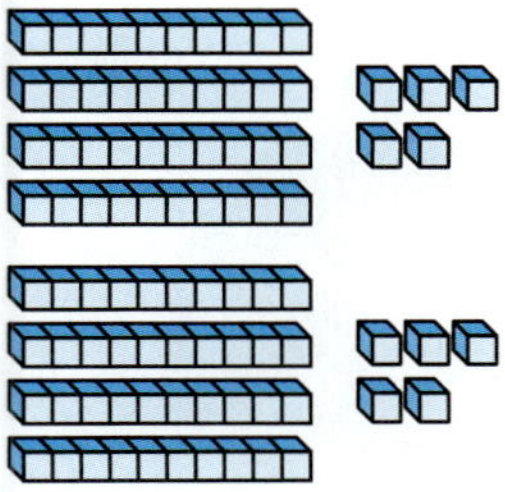

2. 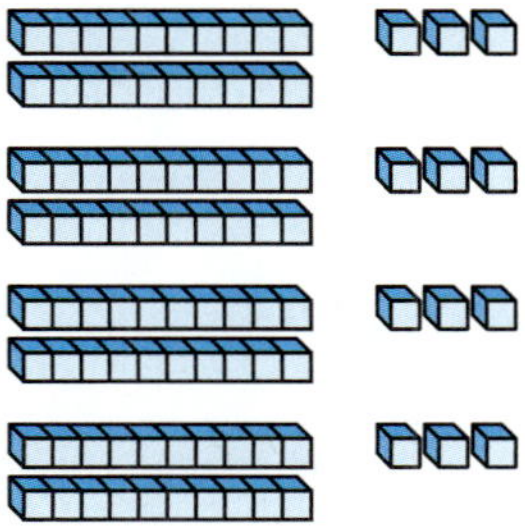

3. 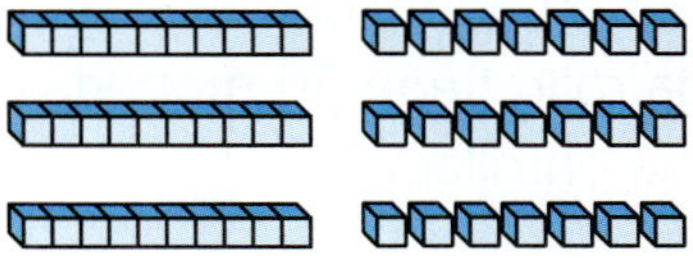

4. 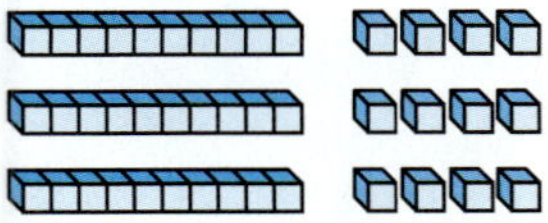

5. 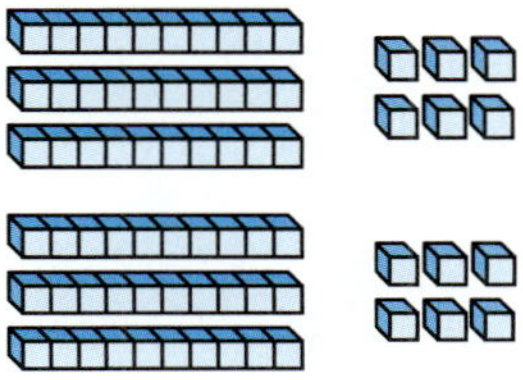

6. 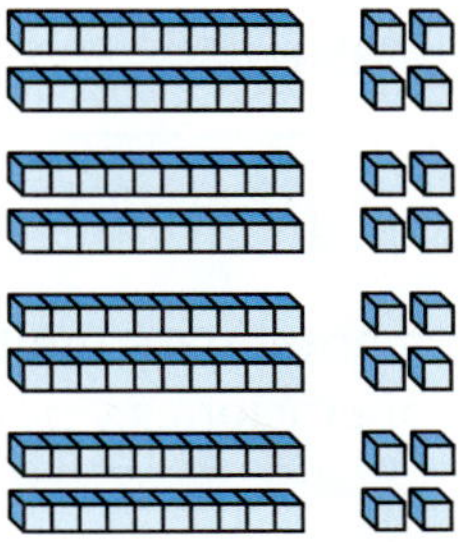

OPERACIONES DE MULTIPLICACIÓN

Halla cada producto.

7. 5×6

8. 8×3

9. 9×5

10. 9×8

11. 9×7

12. 2×6

13. 7×4

14. 3×5

VOCABULARIO

REPASO

multiplicación *sustantivo*

Las palabras *multiplicación* y *multivitamina* comienzan con *multi.* Piensa en palabras que comiencen con *multi* y busca su definición. ¿Qué tienen en común estas palabras?

PRESENTACIÓN

números compatibles

APRENDE en línea www.harcourtschool.com

LECCIÓN 1

Cálculo mental: Patrones de multiplicación

Repaso rápido

1. $6 \times 7 =$ ■ **2.** $8 \times 6 =$ ■

3. $5 \times 9 =$ ■ **4.** $9 \times 8 =$ ■

5. $8 \times 7 =$ ■

Aprende

DINERO AHORRADO Kim está ahorrando para un viaje porque quiere ver los manatíes. Está colocando monedas de 1¢ en un rollo para llevarlas al banco y ya tiene 7 rollos. Cada rollo tiene 50 monedas de 1¢. ¿Cuántas monedas de 1¢ ha enrollado?

Ejemplo

Multiplica.

$$\begin{array}{r} 50 \\ \times\ 7 \\ \hline 350 \end{array}$$

Piensa:
$7 \times 5 = 35$
7×5 decenas $= 35$ decenas
$7 \times 50 = 350$

Entonces, Kim ha enrollado 350 monedas de 1¢.

Usa el cálculo mental para multiplicar números mayores cuando sabes operaciones y patrones básicos.

Más ejemplos

A

$7 \times 2 = 14$
$7 \times 20 = 140$
$7 \times 200 = 1,400$
$7 \times 2,000 = 14,000$

B

$5 \times 8 = 40$
$5 \times 80 = 400$
$5 \times 800 = 4,000$
$5 \times 8,000 = 40,000$

Idea matemática A medida que aumenta el número de ceros en un factor, aumenta entonces el número de ceros en el producto.

Comprueba

1. **Explica** cómo usar una operación básica y un patrón para hallar $7 \times 5,000$.

Usa el cálculo mental para completar.

2. $3 \times 2 = 6$
$3 \times 20 = 60$
$3 \times 200 =$ ■
$3 \times 2,000 =$ ■

3. $4 \times 4 = 16$
$4 \times 40 =$ ■
$4 \times 400 =$ ■
$4 \times 4,000 =$ ■

4. $2 \times 6 =$ ■
$2 \times 60 =$ ■
$2 \times 600 =$ ■
$2 \times 6,000 =$ ■

5. $5 \times 2 =$ ■
$5 \times 20 =$ ■
$5 \times 200 =$ ■
$5 \times 2,000 =$ ■

Práctica y resolución de problemas

Más práctica, página 230, Grupo A

Usa el cálculo mental para completar.

6. $8 \times 6 = ■$
$8 \times 60 = ■$
$8 \times 600 = ■$
$8 \times 6{,}000 = ■$

7. $4 \times 3 = ■$
$4 \times 30 = ■$
$4 \times 300 = ■$
$4 \times 3{,}000 = ■$

8. $6 \times 5 = ■$
$6 \times 50 = ■$
$6 \times 500 = ■$
$6 \times 5{,}000 = ■$

9. $5 \times 4 = ■$
$5 \times 40 = ■$
$5 \times 400 = ■$
$5 \times 4{,}000 = ■$

Usa el cálculo mental. Escribe la operación básica y usa un patrón para hallar el producto.

10. 6×400 **11.** $7 \times 4{,}000$ **12.** 3×600 **13.** 5×600

14. $7 \times 60{,}000$ **15.** 6×90 **16.** $3 \times 7{,}000$ **17.** $3 \times 30{,}000$

ÁLGEBRA Halla el valor de *n*.

18. $5 \times 40{,}000 = n$ **19.** $n = 2 \times 3{,}000$ **20.** $6 \times n = 4{,}200$ **21.** $8 \times 6{,}000 = n$

22. $n = 7 \times 5{,}000$ **23.** $3 \times n = 2{,}700$ **24.** $5 \times n = 25{,}000$ **25.** $8 \times n = 72{,}000$

USA LOS DATOS Copia y completa cada tabla.

26. 1 rollo = 40 monedas de 5¢

Número de rollos	1	2	3	4	5	6
Número de monedas de 5¢	40	80	■	■	■	■

27. 1 rollo = 50 monedas de 10¢

Número de rollos	1	2	3	4	5	6
Número de monedas de 10¢	50	100	■	■	■	■

28. Durante dos años, Micah y su familia han ahorrado para ir al viaje del manatí. Tienen tres billetes de $100, seis billetes de $20 y cinco billetes de $10. ¿Cuánto dinero han ahorrado?

29. **¿Cuál es el error?** Renee tiene 20 rollos de monedas de 1¢. Cada rollo tiene 50 monedas de 1¢. Renee calcula que tiene 100 monedas de 1¢. Describe su error. Escribe la respuesta correcta.

30. **Por escrito** ¿Cuánto es $80{,}000 \times 7$? Explica cómo hallaste el resultado.

Repaso y preparación para la prueba

31. 12×12 (pág. 172) **32.** $8 \times 2 \times 5$ (pág. 174)

33. La clase de karate de Wendy comienza a las 11:40 a.m. y dura 1 hora y 50 minutos. ¿Cuándo termina la clase de Wendy? (pág. 98)

34. Evalúa $4 \times (8 - 2)$. (pág. 184)

35. **Preparación para la prueba** ¿Qué operación puedes colocar en la siguiente expresión para obtener el menor valor posible? (pág. 184)

$$(1 + 7) \bullet 2$$

A $+$ **C** $-$
B $\div$ **D** $\times$

LECCIÓN 2

Estimar productos

Aprende

UN GRAN ESTRUJÓN El Farmers Market hizo un pedido de 249 cuartos de jugo de naranja y los vendió por taza. Hay 4 tazas en un cuarto. ¿Aproximadamente cuántas tazas de jugo se vendieron?

Puedes estimar 4×249.

De una manera Redondea para estimar.

PASO 1

Redondea el mayor factor a la centena más próxima.

$4 \times 249 \rightarrow 4 \times 200$

PASO 2

Usa operaciones y patrones básicos.

$4 \times 2 = 8$
$4 \times 20 = 80$
$4 \times 200 = 800$

De otra manera Usa **números compatibles**.
Los números compatibles son números que se pueden calcular mentalmente con facilidad.

PASO 1

4×249
↓
4×250

Piensa: 4×25 es fácil de calcular mentalmente.

PASO 2

Multiplica.

Si $4 \times 25 = 100$
Entonces $4 \times 250 = 1{,}000$

Entonces, tanto 800 tazas como 1,000 tazas son estimaciones razonables de la cantidad de jugo de naranja que se vendió.

Repaso rápido

Redondea a la centena más próxima.

1. 572
2. 921
3. 1,726
4. 2,135
5. 5,834

VOCABULARIO

números compatibles

PRODUCCIÓN DE NARANJAS EN FLORIDA

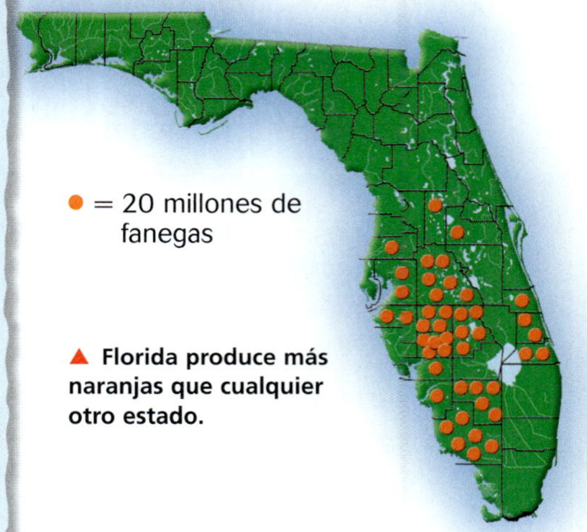

Más ejemplos Estima los productos.

A
$$\begin{array}{r} 63 \\ \times\ 7 \\ \hline \end{array} \rightarrow \begin{array}{r} 60 \\ \times\ 7 \\ \hline 420 \end{array}$$

B
$$\begin{array}{r} 2{,}479 \\ \times\ \ \ 3 \\ \hline \end{array} \rightarrow \begin{array}{r} 2{,}500 \\ \times\ \ \ 3 \\ \hline 7{,}500 \end{array}$$

C
$$\begin{array}{r} \$5.82 \\ \times\ \ \ 6 \\ \hline \end{array} \rightarrow \begin{array}{r} \$6 \\ \times\ 6 \\ \hline \$36 \end{array}$$

Comprueba

1. **Explica** cómo puedes indicar si las estimaciones de los productos en los ejemplos B y C son mayores que o menores que los productos exactos.

Estima el producto. Elige el método.

2. 6×23
3. 9×507
4. $3 \times 8{,}126$
5. $4 \times \$57.63$

Práctica y resolución de problemas

Más práctica, página 230, Grupo B

Estima el producto. Elige el método.

6. 187×4 **7.** 87×6 **8.** 764×5 **9.** 679×4

10. $\$11.89 \times 6$ **11.** 247×8 **12.** 389×7 **13.** $\$6.24 \times 7$

14. 8×26 **15.** $5 \times \$65.13$ **16.** 4×749 **17.** $9 \times 1{,}789$

18. $3 \times \$19.85$ **19.** 4×341 **20.** $7 \times \$812.15$ **21.** $2 \times 6{,}789$

ÁLGEBRA **Elige dos factores de la casilla para la estimación de cada producto ■ × ▲.**

4	7	392
6	123	989

22. 1,600 **23.** 600

24. 7,000 **25.** 2,400

USA LOS DATOS **Para los ejercicios 26–27, usa la gráfica.**

26. En 1980, ¿eran suficientes $8 para comprar 3 galones de jugo? Explica tu razonamiento.

27. Seis galones de jugo de naranja costaban cerca de $12 en 1978. ¿Cuánto más costaba la misma cantidad de jugo en 2000?

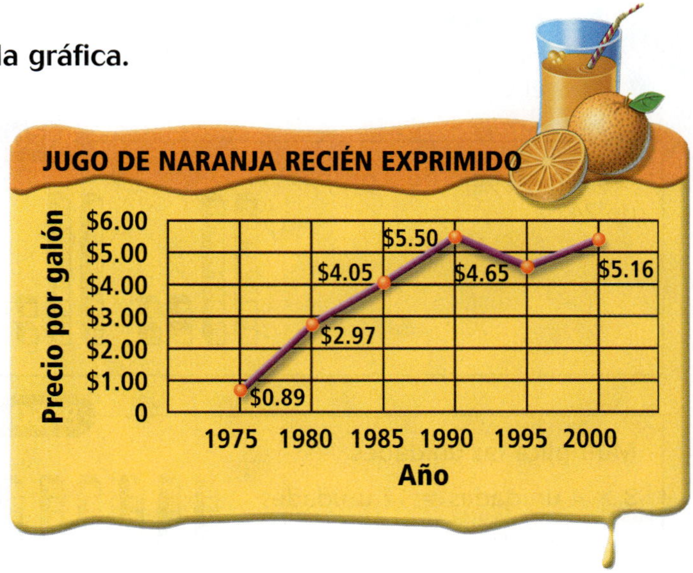

28. **DATOS BREVES • CIENCIAS** Cada naranjo de Florida produce cerca de 5 fanegas cada año. Una fanega de naranjas pesa cerca de 56 libras. ¿Cuántas libras de naranjas producirán 2 naranjos en un año?

Repaso y preparación para la prueba

29. Escribe <, > o = para ●. (pág. 20)
107,216 ● 170,206

30. ¿Cuál es la mediana de 23, 23, 15, 27 y 40? (pág. 119)

31. Redondea 2,678,213 a la centena de millar más próxima. (pág. 30)

32. **Preparación para la prueba** ¿Cuáles son los números que faltan en este patrón? (pág. 74)

101, 131, 161, ■, ■, 251

A 181, 191 **C** 191, 221
B 191, 211 **D** 207, 231

LECCIÓN 3

Multiplicar números de 2 dígitos

Repaso rápido

1. $7 \times 40 = \blacksquare$ **2.** $30 \times 4 = \blacksquare$

3. $8 \times 60 = \blacksquare$ **4.** $20 \times 5 = \blacksquare$

5. $6 \times 500 = \blacksquare$

MATERIALES bloques de base diez

Aprende

FRESAS FRESAS El año pasado 24 personas participaron en la competencia de comer pasteles de fresa en el festival de la fresa. Este año, el triple de ese número de personas se inscribió en la competencia. ¿Cuántas personas se inscribieron en la competencia este año?

Halla 3×24.

Estima. $3 \times 25 = 75$

MANOS A LA OBRA

Actividad

Haz un modelo y reagrupa para hallar el producto.

PASO 1

Haz un modelo de 3 grupos de 24.

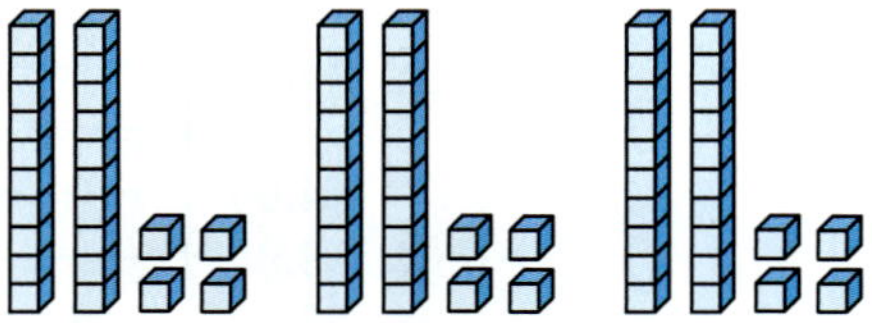

$$\begin{array}{r} 24 \\ \times\ 3 \\ \hline \end{array}$$

PASO 2

Multiplica las unidades.

3×4 unidades $= 12$ unidades

Reagrupa las unidades.

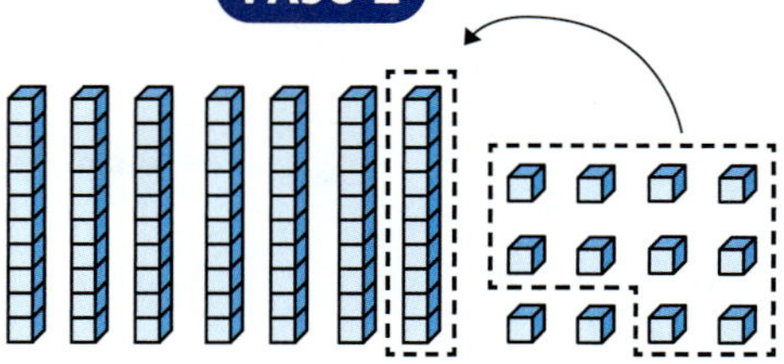

$$\begin{array}{r} {}^{1} \\ 24 \\ \times\ 3 \\ \hline 2 \end{array}$$

Reagrupa 12 unidades como 1 decena 2 unidades.

PASO 3

Multiplica las decenas.

3×2 decenas $= 6$ decenas

Suma las decenas reagrupadas.

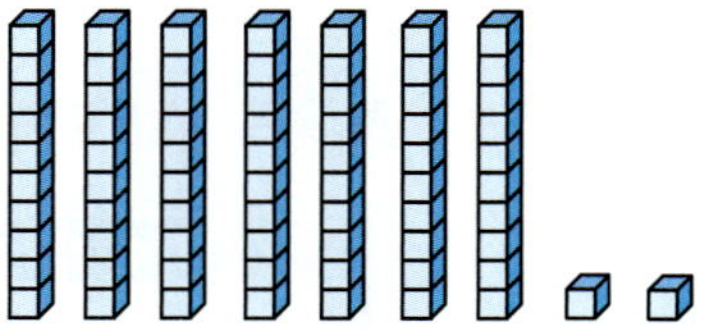

$$\begin{array}{r} {}^{1} \\ 24 \\ \times\ 3 \\ \hline 72 \end{array}$$

Entonces, 72 personas se inscribieron en la competencia de comer pasteles de fresa. Como 72 se acerca a la estimación de 75, esta respuesta es razonable.

- Haz un modelo y reagrupa para hallar el producto de 4×35.

Dos maneras para multiplicar

Puedes recoger tus propias fresas en el festival. Si hay 16 pintas de fresas en una caja, ¿cuántas pintas hay en 5 cajas?

Halla 5×16.

Enlace con la tecnología

Más práctica: Harcourt Mega Math The Number Games, *Up, Up, and Array*, Nivel J

De una manera Usa productos parciales.

PASO 1

Multiplica las unidades.

$$\begin{array}{r} 16 \\ \times\ 5 \\ \hline 30 \end{array} \longleftarrow 5 \times 6$$

PASO 2

Multiplica las decenas.

$$\begin{array}{r} 16 \\ \times\ 5 \\ \hline 30 \\ 50 \\ \hline \end{array} \longleftarrow 5 \times 10$$

PASO 3

Suma los productos.

$$\begin{array}{r} 16 \\ \times\ 5 \\ \hline 30 \\ +50 \\ \hline 80 \end{array}$$

De otra manera Usa reagrupar.

PASO 1

Multiplica las unidades.

$$\begin{array}{r} {}^{3} \\ 16 \\ \times\ 5 \\ \hline 0 \end{array}$$

PASO 2

Multiplica las decenas.

$$\begin{array}{r} {}^{3} \\ 16 \\ \times\ 5 \\ \hline 80 \end{array}$$

Entonces, hay 80 pintas de fresas en 5 cajas.

Más ejemplos

Productos parciales

A

$$\begin{array}{r} 42 \\ \times\ 7 \\ \hline 14 \\ +\ 280 \\ \hline 294 \end{array}$$

B

$$\begin{array}{r} 89 \\ \times\ 3 \\ \hline 27 \\ +\ 240 \\ \hline 267 \end{array}$$

Reagrupar

C

$$\begin{array}{r} {}^{1} \\ 23 \\ \times\ 5 \\ \hline 115 \end{array}$$

D

$$\begin{array}{r} {}^{4} \\ 58 \\ \times\ 6 \\ \hline 348 \end{array}$$

Comprueba

1. **Explica** cómo hallar 4×58 usando la reagrupación o el método de productos parciales.

Halla el producto. Estima para comprobar.

2. 3×43 **3.** 6×51 **4.** 4×24 **5.** 5×38 **6.** 7×16

LA LECCIÓN CONTINÚA

Práctica y resolución de problemas

Más práctica, página 230, Grupo C

Halla el producto. Estima para comprobar.

7. 46×2 **8.** 57×4 **9.** 39×7 **10.** 82×4 **11.** 27×3

12. 62×4 **13.** 48×5 **14.** 59×3 **15.** 36×6 **16.** 74×8

17. 93×3 **18.** 35×7 **19.** 67×4 **20.** 81×5 **21.** 49×6

22. 6×43 **23.** 9×62 **24.** 5×84 **25.** 7×49 **26.** 4×73

ÁLGEBRA **Halla el factor que falta.**

27. $5 \times$ ■ $= 230$ **28.** $4 \times$ ■ $= 304$ **29.** ■ $\times 37 = 222$

Compara. Escribe <, > o = para cada ●.

30. 8×37 ● 5×79 **31.** 6×27 ● 3×54 **32.** 9×58 ● 5×98

USA LOS DATOS **Para los ejercicios 33–35 y 37–38, usa la tabla.**

33. En un tazón grande caben 8 tazas de fresas frescas. ¿Cuántas calorías hay en el tazón de fresas frescas? (PISTA: 1 pinta = 2 tazas)

34. La Chef Marie cubre su pastel de fresas con 20 fresas enteras. Marie hizo 10 pasteles para el festival de fresas. ¿Aproximadamente cuántas semillas hay en la capa superior de los pasteles de la chef Marie?

35. Hay 26 estudiantes en la clase del cuarto grado de Cindy. ¿Aproximadamente cuántas libras de fresas, en promedio, comió la clase de Cindy el año pasado?

36. **¿Cuál es el error?** Cory dice que $7 \times 52 = 354$. Describe el error de Cory y halla el producto correcto.

37. **Escribe un problema** que use uno de los datos sobre las fresas y que implique la multiplicación de un número de 2 dígitos por un número de 1 dígito.

Datos sobre las fresas

- 1 pinta de fresas contiene solo 65 calorías.
- Hay cerca de 200 semillas en una fresa, que es la única fruta que tiene las semillas en la parte externa.
- La persona promedio consume cerca de 3 libras de fresas al año.
- Cerca de 23 millones de libras de fresas se cultivan cada año en North Carolina.

38. **¿Cuál es la pregunta?** Olivia se comió 1 pinta de fresas. Gabe y Matt compartieron 2 pintas de fresas. La respuesta es 195 calorías.

39. La Sra. Kuwana compró 12 paquetes de 8 panes cada uno para una fiesta en el vecindario. ¿Cuántos paquetes de 10 salchichas cada uno, va a necesitar para que todas las salchichas tengan un pan y no sobre ninguno?

40. Juan compró 5 cajas de galletas que contenían 24 galletas cada una y Sara compró 3 cajas de galletas que contenían 48 galletas cada una. Explica cómo determinar quién obtuvo más galletas.

Repaso y preparación para la prueba

41. $23 + 48$ (pág. 40)

42. $39 - 16$ (pág. 40)

43. Redondea 3,270,516 a la centena de millar más próxima. (pág. 30)

44. Halla el valor de la expresión.
$42 - (25 + 17)$ (pág. 64)

45. El dormitorio de Joy mide 3 yardas por 4 yardas. Halla el número de yardas cuadradas de alfombra que necesitará para cubrir el piso. Explica tu razonamiento.

46. **Preparación para la prueba** Carson sacó a caminar los 3 perros de su vecino durante 3 días. Ganó \$2 por perro cada día. ¿Cuánto dinero ganó Carson? (pág. 174)

A \$20
B \$18
C \$16
D \$12

Resolución de problemas — Enlace con la Lectura

ANALOGÍAS

Una analogía muestra una relación entre palabras e ideas.

Un brazo es al cuerpo como una rama es a un árbol.

Un producto es a × como el total es al +.

▲ es a 3 como ■ es a 4.

Completa cada analogía.

1. 2×14 es a 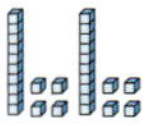 como 3×21 es a ___?___.

2. Un factor es a la multiplicación como un sumando es a la ___?___.

3. 14 unidades es a 1 decena 4 unidades como 14 decenas es a ___?___.

4. Sumar es a restar como multiplicar es a ___?___.

5. 2×38 es a $(2 \times 30) + (2 \times 8)$ como 3×45 es a ___?___.

IDEA Halla la relación entre el primer par. Luego, muestra la misma relación entre el segundo par.

LECCIÓN 4

Multiplicar números de 3 y 4 dígitos

Repaso rápido

1. 4×800 **2.** 600×7

3. $3{,}000 \times 5$ **4.** $9 \times 8{,}000$

5. $6 \times 1{,}200$

Aprende

DE VIAJE Kurt y su familia viajan de vacaciones desde Palatka, Florida, a Tampa, Florida. Van a manejar 156 millas para llegar a Tampa y regresarán usando la misma ruta. ¿Cuántas millas recorrerán en total?

Halla 2×156. Estima. $2 \times 150 = 300$

Ejemplo 1

PASO 1

Multiplica las unidades.

2×6 unidades $= 12$ unidades

Reagrupa las unidades.

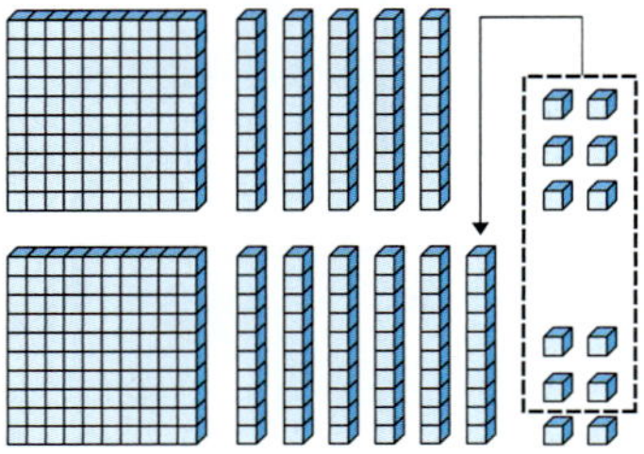

```
  1
 156
×  2
   2
```

Reagrupa las 12 unidades como 1 decena 2 unidades.

PASO 2

Multiplica las decenas.

2×5 decenas $= 10$ decenas

Suma la decena reagrupada.

Reagrupa las decenas.

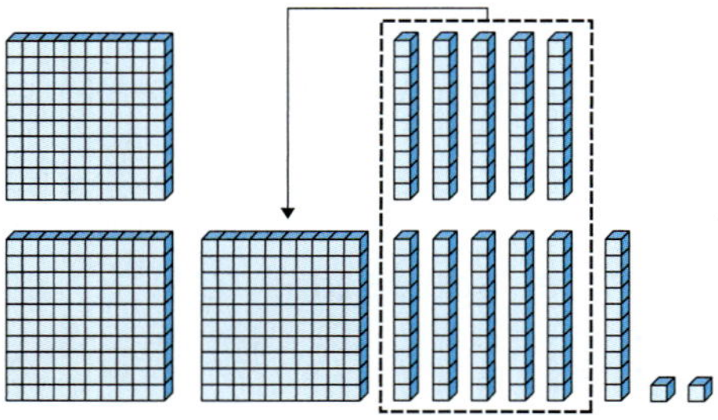

```
 11
 156
×  2
  12
```

Reagrupa las 11 decenas como 1 centena 1 decena.

PASO 3

Multiplica las centenas.

2×1 centena $= 2$ centenas

Suma la centena reagrupada.

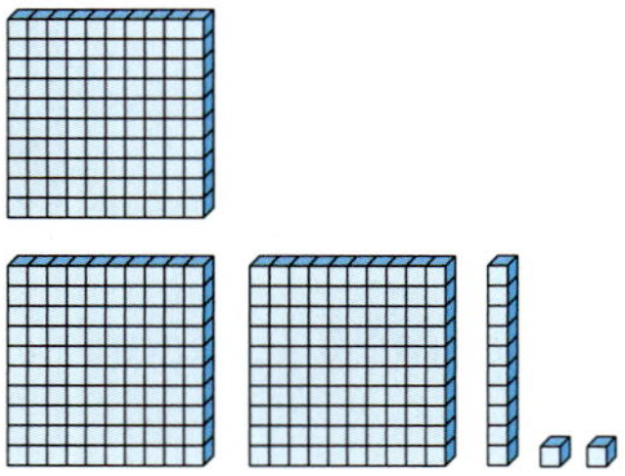

```
 11
 156
×  2
 312
```

Entonces, recorrerán 312 millas en total. Como 312 se acerca a la estimación de 300, es una respuesta razonable.

Multiplicar números de 4 dígitos

Mientras estaba de vacaciones, Kurt disfrutó la montaña rusa en un parque de atracciones. La montaña rusa puede transportar 1,276 personas cada hora. ¿Cuántas personas pueden subirse a la montaña rusa en 3 horas?

Halla $3 \times 1{,}276$.

Estima. $3 \times 1{,}300 = 3{,}900$

Ejemplo 2

PASO 1

Multiplica las unidades.

$$\begin{array}{r} ^{1} \\ 1{,}276 \\ \times \quad 3 \\ \hline 8 \end{array}$$

PASO 2

Multiplica las decenas.

$$\begin{array}{r} ^{21} \\ 1{,}276 \\ \times \quad 3 \\ \hline 28 \end{array}$$

PASO 3

Multiplica las centenas.

$$\begin{array}{r} ^{21} \\ 1{,}276 \\ \times \quad 3 \\ \hline 828 \end{array}$$

PASO 4

Multiplica los millares.

$$\begin{array}{r} ^{21} \\ 1{,}276 \\ \times \quad 3 \\ \hline 3{,}828 \end{array}$$

Entonces, 3,828 personas pueden subirse a la montaña rusa en 3 horas. Como 3,828 se acerca a la estimación de 3,900, es una respuesta razonable.

Más ejemplos

A
$$\begin{array}{r} ^{11} \\ 234 \\ \times \quad 3 \\ \hline 702 \end{array}$$

B
$$\begin{array}{r} ^{31} \\ 852 \\ \times \quad 6 \\ \hline 5{,}112 \end{array}$$

C
$$\begin{array}{r} ^{2\ \ 1} \\ 2{,}814 \\ \times \quad 3 \\ \hline 8{,}442 \end{array}$$

D
$$\begin{array}{r} ^{6\ 42} \\ 3{,}964 \\ \times \quad 7 \\ \hline 27{,}748 \end{array}$$

Comprueba

1. **Explica** cómo anotas las 28 unidades cuando multiplicas 4 por 7 en el ejemplo D.

Halla el producto. Estima para comprobar.

2. 136×5
3. 254×2
4. 321×3
5. 125×9
6. $2{,}371 \times 5$
7. $1{,}843 \times 9$
8. $3{,}655 \times 7$
9. $2{,}792 \times 3$
10. 3×437
11. $6 \times 2{,}317$
12. 7×173
13. $5 \times 2{,}533$

LA LECCIÓN CONTINÚA

Práctica y resolución de problemas

Más práctica, página 230, Grupo D

Halla el producto. Estima para comprobar.

14. 241×2

15. 632×4

16. 318×3

17. 653×5

18. $4{,}714 \times 6$

19. $7{,}105 \times 8$

20. $1{,}479 \times 2$

21. $2{,}935 \times 3$

22. 2×825

23. 7×402

24. 4×973

25. 8×531

26. $2 \times 3{,}322$

27. $5 \times 4{,}861$

28. $3 \times 2{,}507$

29. $8 \times 4{,}619$

Multiplica. Luego, suma para hallar el producto.

30. 3×472
$(3 \times 400) + (3 \times 70) + (3 \times 2)$

31. $3 \times 1{,}509$
$(3 \times 1{,}000) + (3 \times 500) + (3 \times 9)$

Compara. Escribe <, > o = para cada ●.

32. 4×326 ● 3×467

33. 8×199 ● 5×321

34. $2 \times 3{,}750$ ● $3 \times 2{,}500$

35. 5×272 ● 6×231

36. 7×408 ● 6×476

37. $4 \times 7{,}424$ ● $8 \times 3{,}695$

USA LOS DATOS Para los ejercicios 38–40, usa la gráfica.

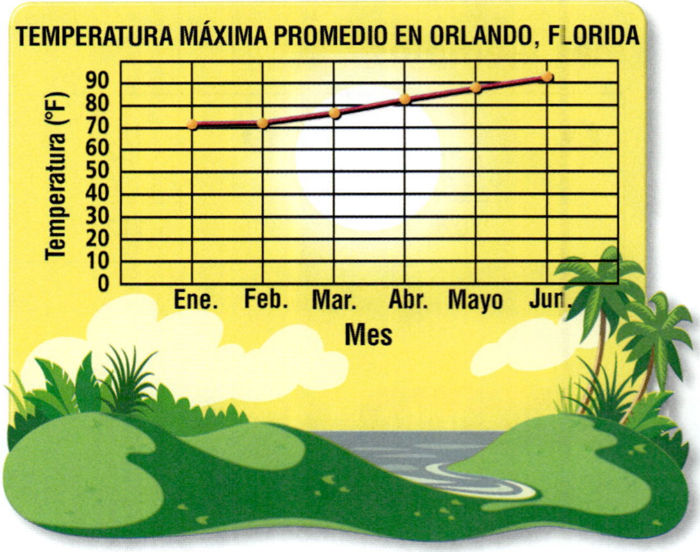

38. ¿Durante qué meses la temperatura máxima promedio fue mayor que 80°?

39. Nombra el mes durante el cuál la temperatura máxima promedio aumentó desde menos 90°F a más de 90°F.

40. ¿Qué mes tuvo casi la misma temperatura máxima promedio que febrero?

41. **¿Cuál es la pregunta?** Jamal, Tim y Lisa llevaron cada uno, 4 rollos de película de sus vacaciones. Pueden tomar 36 fotos con cada rollo. La respuesta es 432 fotos.

42. Los boletos para el parque para Tom y sus 2 hermanas cuestan $27 cada uno. Los boletos para sus padres cuestan $36 cada uno. ¿Cuánto costaron los boletos para la familia?

43. **RAZONAMIENTO** ¿Pueden dos problemas de multiplicación diferentes tener el mismo producto estimado?

44. **¿Cuál es el error?** Jeff se equivocó en su multiplicación. Describe su error y explica cómo hallar la respuesta exacta.

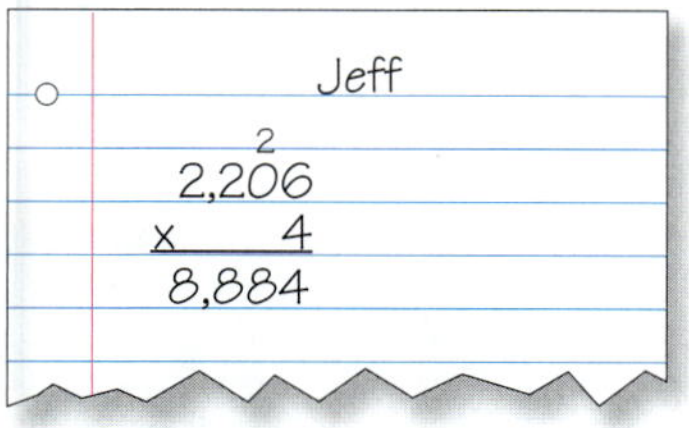

45. Halla los números que faltan en la hoja de Keisha. Explica tu razonamiento.

Repaso y preparación para la prueba

46. $\begin{array}{r} 6{,}899 \\ +2{,}267 \\ \hline \end{array}$ (pág. 48)

47. $\begin{array}{r} 8{,}902 \\ -5{,}730 \\ \hline \end{array}$ (pág. 48)

48. Halla el valor de $2 \times (3 + 6)$. (pág. 184)

49. $6 \times 5{,}000$ (pág. 214)

Halla el producto. Nombra la propiedad que usaste. (pág. 174)

50. 9×1

51. $(3 \times 3) \times 4$

52. **Preparación para la prueba** ¿Qué coordenadas describen la ubicación del árbol?

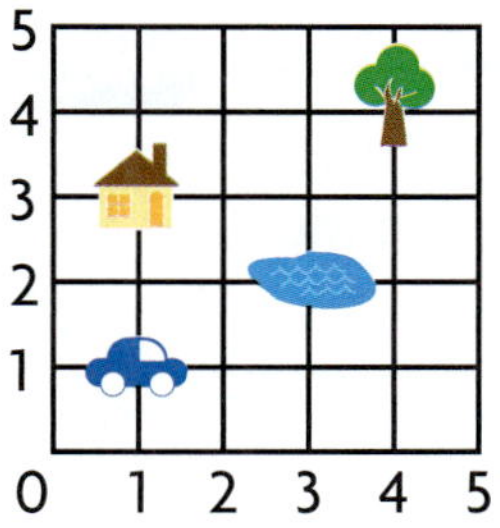

A (1,1) **B** (4,4) **C** (1,3) **D** (3,2)

Resolución de problemas — Piénsalo más

RAZONAMIENTO VISUAL Chris está haciendo un dibujo como ayuda para hallar el producto de 3×146.

Dibujó 146 usando un cuadrado grande para una centena, barras para las decenas y cuadrados pequeños para las unidades.

1. Copia y completa el dibujo de Chris para mostrar 3×146. ¿Cuál es el producto?
2. ¿Y si muestras 3×246? ¿Cómo cambiaría tu dibujo?

Dibuja para hallar los productos.

3. 3×423
4. 341×5
5. 4×209

LECCIÓN 5

Multiplicar con ceros

Repaso rápido

1. 3×200
2. $4 \times 6{,}000$
3. $2 \times 15{,}000$
4. $7 \times 20 \times 20$
5. $5 \times 60 \times 300$

▲ El sendero de los árboles parlantes está ubicado en Holmes Educational State Forest, North Carolina.

Aprende

ÁRBOL PARLANTE El sendero de los árboles parlantes tiene 7 árboles parlantes. Los árboles tienen mensajes grabados que relatan datos sobre los árboles, el sendero y el bosque. Supón que 1,005 personas visitan el sendero en junio. Si cada visitante escucha todos los mensajes, ¿cuántas veces se escuchan los mensajes?

Halla $7 \times 1{,}005$.
Estima. $7 \times 1{,}000 = 7{,}000$

Ejemplo

PASO 1

Multiplica las unidades.
Reagrupa las unidades.

$$\begin{array}{r} {\scriptstyle 3} \\ 1{,}005 \\ \times \quad 7 \\ \hline 5 \end{array}$$

← Reagrupa 35 unidades como 3 decenas 5 unidades.

PASO 2

Mutiplica las decenas.
Suma las decenas reagrupadas.

$$\begin{array}{r} {\scriptstyle 3} \\ 1{,}005 \\ \times \quad 7 \\ \hline 35 \end{array}$$

PASO 3

Multiplica las centenas.

$$\begin{array}{r} {\scriptstyle 3} \\ 1{,}005 \\ \times \quad 7 \\ \hline 035 \end{array}$$

PASO 4

Multiplica los millares.

$$\begin{array}{r} {\scriptstyle 3} \\ 1{,}005 \\ \times \quad 7 \\ \hline 7{,}035 \end{array}$$

Entonces, los mensajes se escuchan 7,035 veces. Como 7,035 se acerca a la estimación de 7,000, es una respuesta razonable.

Más ejemplos

A

$$\begin{array}{r} {\scriptstyle 5} \\ 5{,}070 \\ \times \quad 8 \\ \hline 40{,}560 \end{array}$$

B

$$\begin{array}{r} \$24.08 \\ \times \quad 4 \\ \hline \end{array} \rightarrow \begin{array}{r} {\scriptstyle 1\ 3} \\ 2408 \\ \times \quad 4 \\ \hline \$96.32 \end{array}$$

Multiplica cantidades de dinero de la misma manera en que multiplicas números enteros. Escribe el producto en dólares con centavos.

Comprueba

1. **Explica** por qué hay un 5 encima del lugar de las centenas en el ejemplo A.

Halla el producto. Estima para comprobar.

2. $\begin{array}{r} 460 \\ \times \quad 8 \\ \hline \end{array}$ **3.** $\begin{array}{r} 208 \\ \times \quad 7 \\ \hline \end{array}$ **4.** $\begin{array}{r} 1,509 \\ \times \quad 3 \\ \hline \end{array}$ **5.** $\begin{array}{r} \$60.30 \\ \times \quad 2 \\ \hline \end{array}$ **6.** $\begin{array}{r} 7,200 \\ \times \quad 5 \\ \hline \end{array}$

Práctica y resolución de problemas

Más práctica, página 230, Grupo E

Halla el producto. Estima para comprobar.

7. $\begin{array}{r} 290 \\ \times \quad 6 \\ \hline \end{array}$ **8.** $\begin{array}{r} 1,005 \\ \times \quad 8 \\ \hline \end{array}$ **9.** $\begin{array}{r} 4,080 \\ \times \quad 7 \\ \hline \end{array}$ **10.** $\begin{array}{r} 6,011 \\ \times \quad 3 \\ \hline \end{array}$ **11.** $\begin{array}{r} \$98.04 \\ \times \quad 5 \\ \hline \end{array}$

12. 5×704 **13.** 6×670 **14.** $8 \times 5,007$ **15.** $4 \times 8,090$ **16.** $8 \times 6,750$

Halla el producto. Estima para comprobar.

17. $(2 \times 403) \times 4$ **18.** $(3 \times \$20.08) \times 7$ **19.** $(8 \times 5,007) \times 6$

20. $(5 \times \$46.70) \times 3$ **21.** $(2 \times 8,040) \times 5$ **22.** $(6 \times \$37.90) \times 9$

23. **USA LOS DATOS** Justin subió hasta la cima del monte Mitchell, NC, cuya elevación es 3 veces la elevación en el sendero de los árboles parlantes. ¿Cuál es la altura del monte Mitchell?

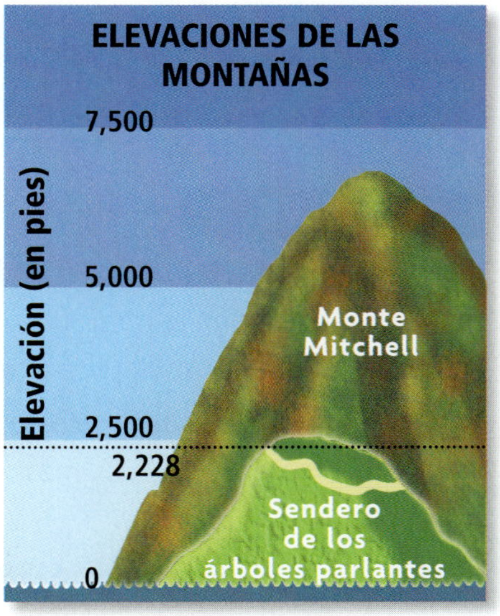

24. **Vocabulario** Cuando el prefijo *re-* se añade a una palabra puede significar "de nuevo", como por ejemplo, en "restablecer" ("establecer de nuevo"). ¿De qué modo esta información te ayuda a comprender lo que significa *reagrupar*?

25. Las cabañas montañesas se pueden alquilar por $170 la noche durante el verano o por $140 la noche durante el invierno. Quieres alquilar una cabaña por 6 noches. ¿Cuánto menos costaría tu estadía durante el invierno que durante el verano?

Repaso y preparación para la prueba

26. El martes, la clase de flauta de Sara es desde las 4:50 p.m. hasta las 5:20 p.m. y su clase de piano es desde las 6:00 p.m. hasta las 6:45 p.m. ¿Cuántos minutos pasa Sara en sus clases? (pág. 98)

27. Escribe 56,730 en forma desarrollada. (pág. 4)

28. **Preparación para la prueba** ¿Qué hora es 12 minutos antes de las 3:00? (pág. 96)

A 1:48 **B** 2:30 **C** 2:48 **D** 2:50

LECCIÓN 6

Estrategia de resolución de problemas
Escribir una ecuación

Repaso rápido

Halla el valor de *n*.

1. $5 \times 5 = 20 + n$
2. $10 \times n = 32 - 2$
3. $85 - 12 = 70 - n$
4. $n \div 6 = 19 - 11$
5. $12 \times n = 100 - 4$

PROBLEMA Rinata usa su computadora para hallar información en Internet para su proyecto sobre delfines. Cada servicio mensual de Internet cuesta $15.95. ¿Cuál es el costo total de Rinata por un servicio de Internet durante 6 meses?

COMPRENDE

- ¿Qué debes hallar?
- ¿Qué información usarás?
- ¿Hay alguna información que no usarás?

PLANEA

- ¿Qué estrategia puedes usar para hallar la respuesta?
  Puedes *escribir una ecuación*. Una ecuación puede mostrar cómo se relacionan las operaciones en el problema.

RESUELVE

- ¿Cómo puedes usar la estrategia para hallar la respuesta?
  Puedes *escribir una ecuación* que use *n* para el producto. Luego, multiplica para hallar el producto.

número de meses		costo por mes		costo total del servicio de Internet
↓		↓		↓
6	×	$15.95	=	*n*
		$95.70	=	*n*

Entonces, cuesta $95.70 for 6 meses de servicio.

COMPRUEBA

- Vuelve a mirar el problema. ¿Tiene sentido la respuesta al problema? Explica tu respuesta.

Práctica • Resolución de problemas

Para los ejercicios 1–3, escribe una ecuación y resuelve.

1. **¿Qué sucedería si** el acceso a Internet cuesta $19.95 por mes? ¿Cuánto le costaría a Rinata tener acceso a Internet durante 5 meses?
2. Leon compró 4 libros sobre la vida marina que costaban $12.45 cada uno. ¿Cuánto dinero gastó?
3. La Srta. Davies le permite a su clase de computación que usen 25 minutos cada día para probar nuevos programas. ¿Cuántos minutos es esto en 5 días?

Adam compitió en una carrera de 10 millas a un ritmo de 7 minutos por milla. ¿Cuántos minutos se demoró en completar la carrera?

4. ¿Qué ecuación puedes usar para contestar la pregunta?

   A $10 \times 7 = n$
   B $7 \times 5 = n$
   C $10 = 7 \times n$
   D $7 = 10 \times n$

5. ¿Cuál es la solución a la pregunta?

   F 55 minutos
   G 60 minutos
   H 70 minutos
   J 75 minutos

Estrategias

Resolución de problemas

- Hacer un diagrama o dibujo
- Hacer un modelo o representar
- Hacer una lista organizada
- Hallar un patrón
- Hacer una tabla o gráfica
- Predecir y probar
- Volver sobre los pasos
- Resolver un problema más simple
- **Escribir una ecuación**
- Usar razonamiento lógico

Práctica de estrategias mixtas

6. Hay cuatro estudiantes haciendo fila. Jane está parada 2 metros detrás de Kara y 1 metro delante de Chrissy. Chrissy está parada a igual distancia entre Kara y Paul. ¿A qué distancia está parado el primer estudiante del último?
7. Un laboratorio de computadoras tiene 8 filas de computadoras. Cada fila tiene 4 computadoras. También hay 4 computadoras agrupadas en el centro del salón. ¿Cuántas computadoras hay en el laboratorio?
8. Karen salió de su casa a la hora que muestra el reloj. Llegó a la casa de Kaitlyn 15 minutos más tarde. Pasaron 30 minutos almorzando y luego dieron un paseo de 15 minutos. ¿A qué hora terminaron su paseo?

9. Jason tomó 3 cursos mientras asistió al campamento de verano en un parque de vida marina. El costo total de los 3 cursos fue de $138.33. Usa la tabla para hallar el costo del curso "Mojémonos todos".

Más práctica

Grupo A (págs. 214–215)

Usa el cálculo mental para completar.

1. $3 \times 5 = $ ■
   $3 \times 50 = $ ■
   $3 \times 500 = $ ■
2. $4 \times 8 = $ ■
   $4 \times 80 = $ ■
   $4 \times 800 = $ ■
3. $2 \times 7 = $ ■
   $2 \times 70 = $ ■
   $2 \times 700 = $ ■
   $2 \times 7{,}000 = $ ■
4. $5 \times 9 = $ ■
   $5 \times 90 = $ ■
   $5 \times 900 = $ ■
   $5 \times 9{,}000 = $ ■
5. Ruiz tiene cuatro billetes de $20 y tres billetes de $5. ¿Cuánto dinero tiene?

Grupo B (págs. 216–217)

Estima el producto. Elige el método.

1. 728×7
2. 219×8
3. 704×4
4. 237×4
5. 590×4
6. 814×6
7. ¿Aproximadamente cuántas semanas hay en 4 años 4 semanas?

Grupo C (págs. 218–221)

Halla el producto. Estima para comprobar.

1. 18×3
2. 27×5
3. 58×4
4. 83×7
5. 64×9
6. 47×6

Grupo D (págs. 222–225)

Halla el producto. Estima para comprobar.

1. 403×7
2. 783×2
3. $3{,}991 \times 4$
4. $\$8.61 \times 6$
5. $\$11.74 \times 5$
6. $2{,}668 \times 6$
7. El Sr. Jones compró 4 cajas de pinceles para que sus estudiantes los usaran. Cada caja tiene 125 pinceles. ¿Cuántos pinceles compró?

Grupo E (págs. 226–227)

Halla el producto. Estima para comprobar.

1. $7 \times \$78.07$
2. $5 \times \$1{,}054$
3. $6 \times \$69.03$
4. $8 \times 2{,}007$
5. Amanda gana $12.70 cada semana cuidando a su prima. ¿Cuánto gana en 4 semanas?

Repaso/Prueba

COMPRUEBA EL VOCABULARIO Y LOS CONCEPTOS

Elige el mejor término de la casilla.

números compatibles
redondear
estimar

1. Puedes __?__ para hallar un número que se acerque a una cantidad exacta. (pág. 216)
2. Los números que son fáciles de calcular mentalmente se llaman __?__. (pág. 216)

COMPRUEBA LAS DESTREZAS

Usa el cálculo mental para completar. (págs. 214–215)

3. $5 \times 6 = \blacksquare$
   $5 \times 60 = \blacksquare$
   $5 \times 600 = \blacksquare$
4. $3 \times 7 = \blacksquare$
   $3 \times 70 = \blacksquare$
   $3 \times 700 = \blacksquare$
5. $4 \times 3 = \blacksquare$
   $4 \times 30 = \blacksquare$
   $4 \times 300 = \blacksquare$
   $4 \times 3{,}000 = \blacksquare$
6. $2 \times 8 = \blacksquare$
   $2 \times 80 = \blacksquare$
   $2 \times 800 = \blacksquare$
   $2 \times 8{,}000 = \blacksquare$

Estima el producto. Elige el método. (págs. 216–217)

7. 5×294
8. 5×66
9. 3×834
10. $6 \times \$5.36$

Halla el producto. Estima para comprobar. (págs. 218–221, 222–225, 226–227)

11. $\begin{array}{r} 45 \\ \times\ 5 \\ \hline \end{array}$
12. $\begin{array}{r} 1{,}068 \\ \times\ \quad 6 \\ \hline \end{array}$
13. $\begin{array}{r} 42 \\ \times\ 4 \\ \hline \end{array}$
14. $\begin{array}{r} 863 \\ \times\ \quad 3 \\ \hline \end{array}$
15. $\begin{array}{r} 3{,}122 \\ \times\ \quad 2 \\ \hline \end{array}$
16. $\begin{array}{r} 56 \\ \times\ 3 \\ \hline \end{array}$
17. $\begin{array}{r} 3{,}897 \\ \times\ \quad 5 \\ \hline \end{array}$
18. $\begin{array}{r} 3{,}045 \\ \times\ \quad 9 \\ \hline \end{array}$
19. $\begin{array}{r} \$8.21 \\ \times\ \quad 4 \\ \hline \end{array}$
20. $\begin{array}{r} \$10.96 \\ \times\ \quad 8 \\ \hline \end{array}$
21. $\begin{array}{r} \$7.50 \\ \times\ \quad 3 \\ \hline \end{array}$
22. $\begin{array}{r} \$38.05 \\ \times\ \quad 7 \\ \hline \end{array}$

COMPRUEBA LA RESOLUCIÓN DE PROBLEMAS

Resuelve. (págs. 228–229)

23. Carmen compra 8 revistas. Cada revista cuesta $3.28. ¿Cuánto gasta Carmen en revistas?
24. Hay 500 hojas de papel en cada paquete. ¿Cuántas hojas de papel hay en 9 paquetes?
25. Durante su órbita, el transbordador espacial recorre cerca de 286 millas cada minuto. ¿Qué distancia recorre en 5 minutos?

CAPÍTULOS 1–10

Preparación para pruebas

PERCEPCIÓN NUMÉRICA, CONCEPTOS Y OPERACIONES

1. Mike hizo una tabla para comparar las longitudes de algunas aves.

LONGITUDES DE AVES	
Ave	**Longitud (en pies)**
Vencejo	$\frac{6}{12}$
Canario	$\frac{5}{12}$
Petirrojo	$\frac{10}{12}$
Reyezuelo	$\frac{3}{12}$

¿Qué ave tiene la **mayor** longitud?

A Vencejo

B Canario

C Petirrojo

D Reyezuelo

2. Cerca de $\frac{29}{100}$ de la superficie terrestre es tierra. ¿Cuál de los siguientes tiene el mismo valor que $\frac{29}{100}$?

F 0.02

G 0.29

H 0.71

J 2.90

3. **Explícalo** Dos de los ríos más largos del mundo son el río Amazonas y el río Chang. El Amazonas mide 4,000 millas de largo. ¿Qué otra información necesitas para determinar cuánto más largo es el río Amazonas que el río Chang? Explica tu razonamiento.

MEDIDAS Y GEOMETRÍA

4. Sarah mide 4 pies 5 pulgadas de estatura. ¿Cuántas pulgadas mide de estatura?

1 pie = 12 pulgadas

A 20 pulgadas

B 45 pulgadas

C 48 pulgadas

D 53 pulgadas

IDEA **Comprueba tu trabajo.**
Mira el ejercicio 5. Revisa tu trabajo añadiendo 15 minutos a tu respuesta. El total debe ser la hora que muestra el reloj.

5. Albert lleva 15 minutos haciendo sus tareas. Este reloj muestra la hora en este momento. ¿A qué hora empezó Albert a hacer sus tareas?

F 4:00

G 4:05

H 5:00

J 5:05

6. **Explícalo** ¿Qué medida es la mejor estimación para describir la longitud del carrito de juguete?

Elige la mejor estimación. Escribe 2 *pulgadas*, 2 *millas* o 2 *libras*.

Explica cómo lo decidiste.

RAZONAMIENTO ALGEBRAICO

7. La temperatura promedio durante abril en Miami, Florida, es 75° Fahrenheit. La temperatura promedio en abril en Asheville, North Carolina, es 56° Fahrenheit. Sea *d* la diferencia entre las temperaturas promedio.

¿Cuál de las siguientes ecuaciones se puede usar para hallar la diferencia entre las temperaturas promedio en Miami y Asheville en abril?

A $d = 75 + 56$

B $d = 75 - 56$

C $d = 75 \times 56$

D $d = 75 \div 56$

8. Un artista pintó 8 cuadros. Vendió 2 de los cuadros y luego pintó más. ¿Cuál de las siguientes expresiones representa **mejor** el número de cuadros que tiene el artista?

F $(p + 8) - 2$

G $(p - 8) + 2$

H $(8 - 2) + p$

J $(8 - p) + 2$

9. **Explícalo** Esta tabla representa el costo de bolígrafos en una librería escolar. Copia y completa la tabla.

COSTO DE LOS BOLÍGRAFOS

Número de bolígrafos	1	2	3	4	5
Costo	\$2	\$4	\$6	■	■

Explica cómo cambia el costo de los bolígrafos a medida que cambia el número de bolígrafos.

ANÁLISIS DE DATOS Y PROBABILIDAD

10. Las edades de los estudiantes del club de ciencias son 11, 12, 11, 12, 12, 14 y 13. ¿Cuál es el rango de sus edades?

A 2

B 3

C 4

D 5

11. Los estudiantes de cuarto grado en la escuela elemental Walker votaron por su almuerzo favorito. La siguiente gráfica de barras muestra los resultados.

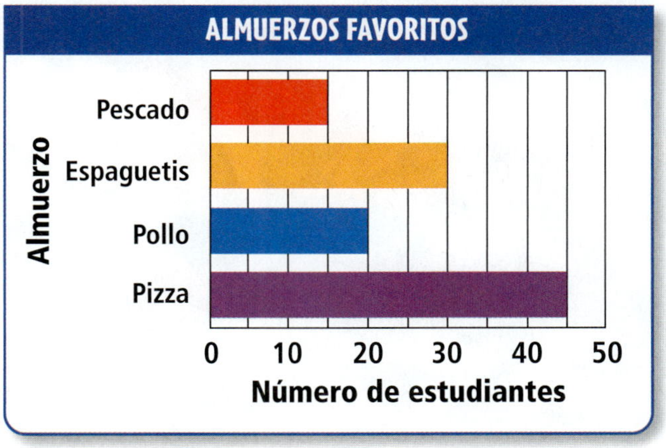

¿Cuántos estudiantes más votaron por pizza que por pollo y pescado juntos?

F 5

G 10

H 35

J 75

12. **Explícalo** Lynn tiene una camisa roja, una camisa azul, una camisa verde, pantalones negros y una camisa marrón en su ropero. Enumera todas las combinaciones posibles para hallar el número de combinaciones de ropa que puede formar. Explica tu razonamiento.

CAPÍTULO 11

Multiplicar por decenas

DATOS BREVES • ESTUDIOS SOCIALES Rafting (descenso de ríos) en aguas rápidas es una actividad popular en los ríos de West Virginia, Tennessee y North Carolina. Cada año, más de 7,900 personas descienden por el río Shenandoah en West Virginia.

RESOLUCIÓN DE PROBLEMAS Las personas que practican el *rafting* deben cumplir con un requisito mínimo de peso para poder practicar este deporte sin correr peligro. La tabla muestra los pesos mínimos que se requieren. Si hay 7 personas en una balsa que cumplen con el requisito mínimo, ¿cuál es la cantidad mínima de peso que puede soportar una balsa en cada uno de los tres ríos?

REQUISITOS MÍNIMOS DE PESO PARA *RAFTING* (por persona)

Río Shenandoah, WV Clase I-III	50 libras
Río Upper Pigeon, TN Clase III-IV	70 libras
Río Nantahala, NC Clase II-III	60 libras

Comprueba lo que sabes

Usa esta página para repasar y recordar destrezas importantes que se necesitan para el Capítulo 11.

MULTIPLICA POR DECENAS, CENTENAS Y MILLARES

Multiplica.

1. 3×900 **2.** 4×40 **3.** $2 \times 6{,}000$ **4.** 5×20

5. $8 \times 2{,}000$ **6.** 7×300 **7.** 9×50 **8.** $6 \times 1{,}000$

9. $\begin{array}{r} 10 \\ \times\ 9 \\ \hline \end{array}$ **10.** $\begin{array}{r} 5{,}000 \\ \times\ \ \ 3 \\ \hline \end{array}$ **11.** $\begin{array}{r} 900 \\ \times\ \ 2 \\ \hline \end{array}$ **12.** $\begin{array}{r} 600 \\ \times\ \ 5 \\ \hline \end{array}$

HAZ UN MODELO DE MULTIPLICACIÓN

Usa los bloques de base diez para hallar el producto.

13. $\begin{array}{r} 14 \\ \times\ 3 \\ \hline \end{array}$ 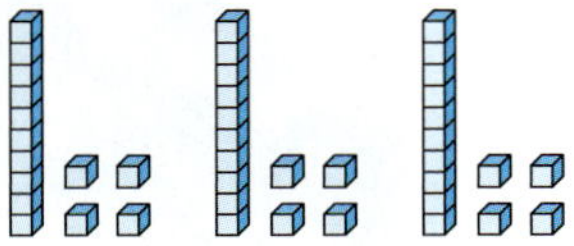

14. $\begin{array}{r} 25 \\ \times\ 2 \\ \hline \end{array}$ 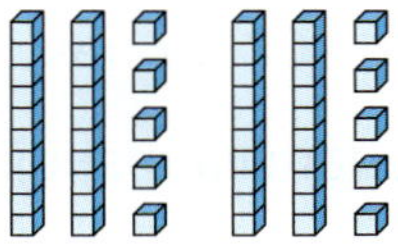

15. $\begin{array}{r} 27 \\ \times\ 2 \\ \hline \end{array}$ 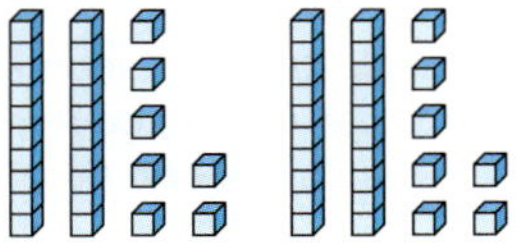

16. $\begin{array}{r} 17 \\ \times\ 3 \\ \hline \end{array}$ 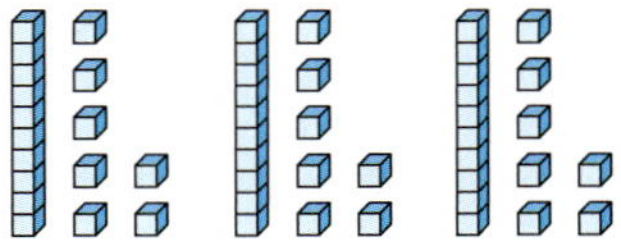

17. $\begin{array}{r} 12 \\ \times\ 5 \\ \hline \end{array}$ 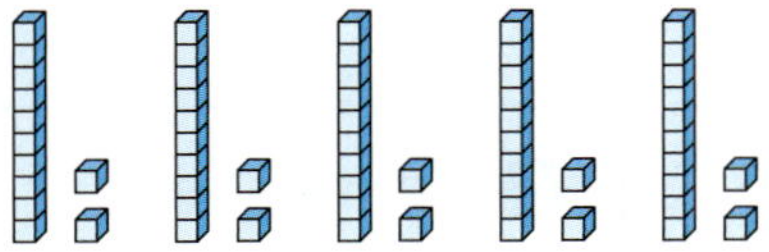

VOCABULARIO

REPASO

producto *sustantivo*

Un producto es el resultado de juntar cosas. Por ejemplo, un juguete es un producto de una fábrica de juguetes. ¿En qué se parece un producto, como un juguete, a un producto en la multiplicación? Explica tu respuesta.

PRESENTACIÓN

propiedad distributiva

APRENDE en línea www.harcourtschool.com

LECCIÓN 1

Cálculo mental: Patrones de multiplicación

Repaso rápido

1. 5 × 10 **2.** 8 × 20

3. 7 × 500 **4.** 9 × 600

5. 3,000 × 4

Aprende

A CAMPO TRAVIESA Luis y su familia manejaron desde la ciudad de New York hasta el Gran Cañón. Manejaron un total de 50 horas a una velocidad promedio de 50 millas por hora. ¿Aproximadamente qué distancia manejaron?

Multiplica. 50×50

Usa una operación básica y un patrón.

Factores		Producto
5×5	=	25
5×50	=	250
50×50	=	2,500
↑ 1 cero ↑ 1 cero		↑ 2 ceros

Piensa: Usa la operación básica $5 \times 5 = 25$. Busca un patrón de ceros.

Entonces, Luis y su familia manejaron cerca de 2,500 millas.

- ¿Qué observas sobre el patrón de ceros en los factores y en los productos?

▲ El Gran Cañón está ubicado en la parte norte de Arizona y rodea 277 millas del río Colorado.

Ejemplos Usa una operación básica y un patrón para hallar el producto.

A	B	C
4 × 1 = 4	7 × 6 = 42	6 × 5 = 30
4 × 10 = 40	70 × 60 = 4,200	60 × 5 = 300
4 × 100 = 400	70 × 600 = 42,000	60 × 50 = 3,000
4 × 1,000 = 4,000	70 × 6,000 = 420,000	600 × 50 = 30,000

Idea matemática Las operaciones básicas y los patrones se pueden usar como ayuda para hallar productos cuando multiplicas por múltiplos de 10, 100 o 1,000.

Enlace con la tecnología

Más práctica: Harcourt Mega Math The Number Games, *Tiny's Think Tank*, Nivel K

Comprueba

1. **Explica** por qué los productos del ejemplo C tienen más ceros que los factores.

Usa una operación básica y un patrón para hallar los productos.

2. 9×10
9×100
$9 \times 1{,}000$

3. 6×60
60×60
600×60

4. 8×50
80×50
800×50

5. 30×9
300×90
$300 \times 9{,}000$

Práctica y resolución de problemas

Más práctica, página 246, Grupo A

Usa una operación básica y un patrón para hallar el producto.

6. 80×600

7. 700×500

8. 60×30

9. 50×20

10. $80 \times 1{,}200$

11. $100 \times 1{,}000$

12. $300 \times 5{,}000$

13. $8 \times 3{,}000{,}000$

14. $\begin{array}{r} 90 \\ \times\ 6 \\ \hline \end{array}$

15. $\begin{array}{r} 8{,}000 \\ \times\ \ \ 60 \\ \hline \end{array}$

16. $\begin{array}{r} 40 \\ \times\ 30 \\ \hline \end{array}$

17. $\begin{array}{r} 600 \\ \times\ 12 \\ \hline \end{array}$

ÁLGEBRA **Halla el valor de *n*.**

18. $n \times 800 = 7{,}200$

19. $80 \times n = 720{,}000$

20. $8{,}000 \times n = 40{,}000$

21. $7{,}000 \times 10 = n$

22. Durante las vacaciones de Tori, su papá manejó cerca de 60 millas por hora durante 6 horas cada día. ¿Aproximadamente qué distancia manejó en 5 días?

23. Kim hizo ejercicios durante 6 minutos una semana, 9 minutos la segunda semana, 12 minutos la tercera semana y 15 minutos la cuarta semana. Si continúa este patrón, ¿cuánto tiempo ejercitará durante la sexta semana?

24. **¿Cuál es el error?** Describe el error de Sheldon. Escribe el resultado correcto.

Repaso y preparación para la prueba

25. Dana fue de campamento durante 3 semanas. Ella regresó a su casa el 31 de julio. ¿Cuándo partió para el campamento? (pág. 104)

Julio						
Dom.	Lun.	Mar.	Mié.	Jue.	Vie.	Sáb.
				1	2	3
4	5	6	7	8	9	10
11	12	13	14	15	16	17
18	19	20	21	22	23	24
25	26	27	28	29	30	31

26. $6{,}470 - 3{,}587$ (pág. 50)

27. Compara. Escribe <, > o = para el ●. (pág. 52)
$15{,}970 - 10{,}820$ ● $80{,}700 - 75{,}812$

28. $3 \times \$25.62$ (pág. 222)

29. **Preparación para la prueba** ¿Cuál es el rango para 2, 3, 2, 6, 5? (pág. 122)

A 2 **B** 3 **C** 4 **D** 5

LECCIÓN 2

MANOS A LA OBRA

La propiedad distributiva

Repaso rápido

Escribe cada número en forma desarrollada.

1. 62 **2.** 57

3. 23 **4.** 14

5. 77

VOCABULARIO

propiedad distributiva

MATERIALES papel cuadriculado, marcadores de diferentes colores

Explora

Cora y Mark van a plantar un jardín. Quieren plantar 8 filas con 22 girasoles en cada una. ¿Cuántos girasoles tendrán en su jardín?

Puedes usar la propiedad distributiva para resolver el problema. La **propiedad distributiva** establece que el producto de una suma por un número es igual a la suma de los productos del número por cada sumando.

Actividad 1 Multiplica. 8×22

Puedes hacer un modelo y usar la propiedad distributiva para hallar el producto.

PASO 1

Haz un rectángulo que mida 8 unidades de ancho por 22 unidades de largo. Piensa en el área como el producto.

22

8 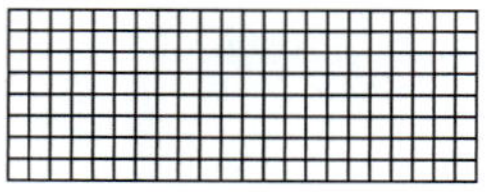

8×22

PASO 2

Separa el rectángulo contando 20 unidades desde la izquierda y trazando una línea.

20 2

8 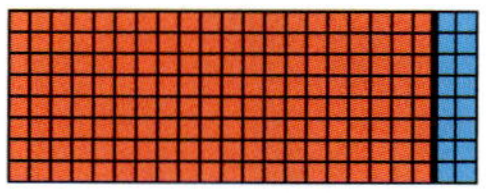

$8 \times (20 + 2)$

PASO 3

Usa la propiedad distributiva para mostrar la suma de dos productos. Multiplica primero lo que se encuentra entre paréntesis. Suma los productos parciales.

20 2

8 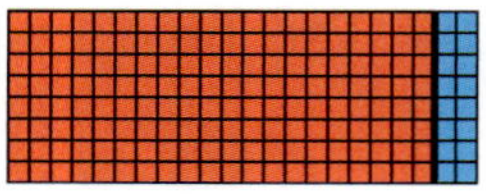

$(8 \times 20) + (8 \times 2)$

$\downarrow \qquad \downarrow$

$160 + 16 = 176$

Entonces, ellos tendrán 176 girasoles.

Inténtalo

Haz un modelo y usa la propiedad distributiva para hallar el producto.

a. 6×18 **b.** 5×27

c. 7×34

Relaciona

Puedes usar la propiedad distributiva para multiplicar por múltiplos de 10.

Actividad 2 Multiplica. 20×13

PASO 1

Muestra el modelo.
Separa el modelo contando 10 unidades desde la izquierda y trazando una línea.

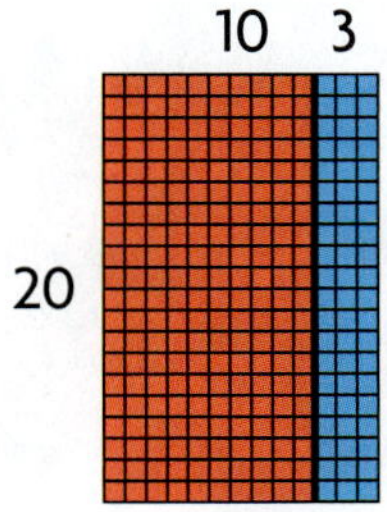

$20 \times 13 = 20 \times (10 + 3)$

PASO 2

Usa la propiedad distributiva para mostrar la suma de dos productos. Multiplica primero lo que se encuentra entre paréntesis. Suma los productos parciales.

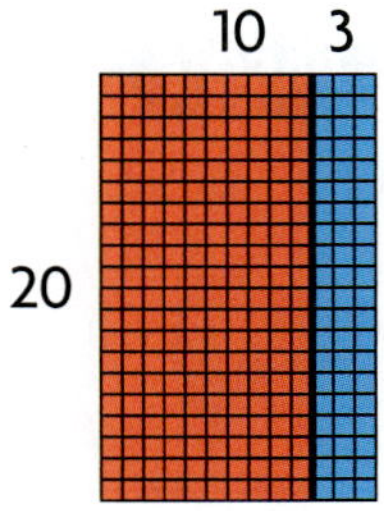

$(20 \times 10) + (20 \times 3)$

$200 + 60 = 260$

Entonces, 20×13 es 260.

Práctica y resolución de problemas

Usa un modelo y la propiedad distributiva para hallar el producto.

1. 7×37 **2.** 20×15 **3.** 10×13 **4.** 30×22 **5.** 20×26

6. 50×34 **7.** 40×93 **8.** 60×48 **9.** 70×52 **10.** 40×16

11. **Por escrito** Explica cómo hallar 20×82.

12. El vivero de Kyle plantó 30 filas de árboles con 35 árboles en cada una. Esto es 50 árboles menos que el año pasado. ¿Cuántos árboles plantó el vivero el año pasado?

Repaso y preparación para la prueba

13. La regla es *sumar 4*. Usa la regla y entra 5 para hallar el resultado. (pág. 74)

14. Corey compró 3 CD que costaban \$15.88 cada uno. ¿Cuánto cambio recibió de \$50.00? (pág. 222)

15. Ordena 23,465; 32,465; 23,465 y 23,465 de menor a mayor. (pág. 24)

16. **Preparación para la prueba** $(48 \div 8) - 2$ (pág. 184)

A 8 **B** 6 **C** 4 **D** 2

LECCIÓN 3

Multiplicar por decenas

Repaso rápido

1. 4×10
2. 4×100
3. $4 \times 1{,}000$
4. 5×10
5. 5×100

Aprende

RODEO En el rodeo, 30 rancheros juntaron en rebaño 52 vacas cada uno. ¿Cuántas vacas juntaron en total?

Ejemplo Multiplica. 30×52

PASO 1

Multiplica por las unidades. Coloca un cero en el lugar de las unidades.

$$\begin{array}{r} 52 \\ \times 30 \\ \hline 0 \end{array} \leftarrow 0 \text{ unidades} \times 52$$

PASO 2

Multiplica por las decenas.

$$\begin{array}{r} 52 \\ \times 30 \\ \hline 1{,}560 \end{array} \leftarrow 3 \text{ decenas} \times 52$$

Entonces, los rancheros juntaron 1,560 vacas.

Idea matemática Cuando multiplicas un número entero por un múltiplo de 10, el dígito en el lugar de las unidades del producto es siempre un cero.

Comprueba

1. **Indica** cuántos ceros hay en el producto de 18 y 20. ¿Cuántos ceros hay en el producto de 12 y 50? Explica cómo lo sabes antes de multiplicar.

Halla el producto.

2. $\begin{array}{r} 12 \\ \times 10 \\ \hline \end{array}$
3. $\begin{array}{r} 18 \\ \times 30 \\ \hline \end{array}$
4. $\begin{array}{r} 28 \\ \times 20 \\ \hline \end{array}$
5. $\begin{array}{r} 32 \\ \times 40 \\ \hline \end{array}$
6. $\begin{array}{r} 47 \\ \times 30 \\ \hline \end{array}$
7. $\begin{array}{r} 46 \\ \times 40 \\ \hline \end{array}$
8. $\begin{array}{r} 91 \\ \times 20 \\ \hline \end{array}$
9. $\begin{array}{r} 55 \\ \times 60 \\ \hline \end{array}$
10. $\begin{array}{r} 72 \\ \times 30 \\ \hline \end{array}$
11. $\begin{array}{r} 33 \\ \times 30 \\ \hline \end{array}$

Práctica y resolución de problemas

Más práctica, página 246, Grupo B

Halla el producto.

12. 16×10 **13.** 19×20 **14.** 34×40 **15.** 27×30 **16.** 48×50

17. 55×70 **18.** 78×80 **19.** 84×60 **20.** 34×50 **21.** 99×90

22. 45×50 **23.** 93×30 **24.** 56×20 **25.** 45×40 **26.** 87×30

27. 20×14 **28.** 30×24 **29.** 26×40 **30.** 36×50 **31.** 20×52

32. 70×39 **33.** 52×80 **34.** 50×54 **35.** 69×70 **36.** 90×18

Halla los dígitos que faltan.

37. ■0 × 40 = 400 **38.** 20 × ■0 = 600 **39.** ■7 × 40 = 680

40. 53 × ■0 = 3,180 **41.** 4■ × 50 = 2,250 **42.** 77 × 3■ = 2,■10

USA LOS DATOS Para los ejercicios 43–45, usa la gráfica de barras.

43. ¿Cuántos espectáculos presenta cada persona en 20 semanas?

44. ¿Cuántos espectáculos presenta Carrie en 50 semanas?

45. En 30 semanas, ¿cuántos espectáculos más presenta Jake que Floyd?

46. **Vocabulario** *Múltiplo* o *múltiple* significa "más de uno". Por ejemplo, hacer copias múltiples de un cuento. Explica de qué modo las copias múltiples se parecen a un múltiplo de un número como el 10.

47. **Escribe un problema** que se pueda resolver multiplicando por un múltiplo de 10 usando datos de la gráfica de barras.

48. **ÁLGEBRA** El Sr. Cano escribió la expresión ▲ × 80 = 64,000. Halla el valor de ▲.

Repaso y preparación para la prueba

49. $23{,}426 + 2{,}213$ (pág. 52)

50. $6{,}124 - 4{,}750$ (pág. 52)

51. Halla la mediana para estos datos: 40, 82, 27, 39 y 52. (pág. 118)

52. ¿En qué posición del valor posicional se halla el 7 en 7,324,980? (pág. 6)

53. **Preparación para la prueba** $(3 \times 4) \times 2 = n$ (pág. 174)

A $n = 8$ **C** $n = 14$

B $n = 12$ **D** $n = 24$

LECCIÓN 4

Estimar productos

Repaso rápido

1. 20 × 40
2. 3 × 200
3. 50 × 30
4. 6 × 600
5. 80 × 30

Aprende

CHAPOTEO La clase de Lauren va a ir de rafting en aguas rápidas. El viaje cuesta $112 por estudiante. Si Lauren tiene 24 compañeros de clase, ¿aproximadamente cuánto le costará a la clase ir de rafting?

Ejemplo 1 Estima. 24 × $112

PASO 1

Redondea cada factor.

$112 × 24 → $100 × 20

PASO 2

Multiplica. $100 × 20 = $2,000

Entonces, la clase de Lauren debe pagar $2,000 para ir de rafting.

- ¿Será mayor o menor que $2,000 el costo real? Explica tu respuesta.

Más ejemplos

A 73 × 42 → 70 × 40 = 2,800

B 254 × 65 → 300 × 70 = 21,000

Recuerda

Para redondear un número:

- Halla la posición que quieres redondear. Mira el dígito que se halla a su derecha.
- Si el dígito es menor que 5, el dígito en la posición de redondeo permanece igual.
- Si el dígito es 5 o mayor, el dígito en la posición de redondeo aumenta en 1.

Comprueba

1. **Explica** cómo puedes estimar el producto 52 × 168.

Redondea cada factor. Estima el producto.

2. 18 × 29
3. 389 × 64
4. $45 × 12
5. $259 × 41
6. 52 × 27
7. 76 × 31
8. 410 × 78
9. 197 × 16

Práctica y resolución de problemas

Más práctica, página 246, Grupo C

Redondea cada factor. Estima el producto.

10. $\$19 \times 12$ **11.** 278×33 **12.** $\$548 \times 45$ **13.** 38×27 **14.** 32×61

15. 419×72 **16.** 78×36 **17.** 64×67 **18.** 219×23 **19.** 634×55

20. 527×34 **21.** 56×39 **22.** 67×46 **23.** 915×32 **24.** 742×44

25. 13×85 **26.** 76×852 **27.** $\$49 \times 24$ **28.** 90×412 **29.** $18 \times \$319$

Estima para comparar. Escribe <, > o = para cada ●.

30. 20×132 ● $3,000$ **31.** $13,000$ ● 26×645 **32.** 49×42 ● $1,800$

USA LOS DATOS **Para los ejercicios 33–34, usa la tabla.**

Bolsas de manzanas vendidas

Bolsas	Número promedio de manzanas	Número de bolsas vendidas
Pequeña	11	27
Mediana	18	21
Grande	26	12

33. La tabla muestra el número promedio de manzanas en cada bolsa de distinto tamaño y el número de bolsas vendidas. Estima el número de manzanas vendidas por cada tamaño de bolsa.

34. Los estudiantes del cuarto grado de la escuela elemental Oak van a llevar 8 bolsas grandes de manzanas en su viaje de rafting. Estima el número total de manzanas que van a llevar.

35. ***DATOS BREVES*** **• ESTUDIOS SOCIALES** Cada mes, una persona común y corriente en Estados Unidos usa cerca de 46 libras de papel. Estima la cantidad de papel que esa persona en Estados Unidos usa en 1 año.

36. **Por escrito** Explica cómo estimarías el producto 16×934.

Repaso y preparación para la prueba

37. $2,357 + 4,987$ (pág. 48)

38. $6,998 - 4,736$ (pág. 48)

39. Escribe la hora que es 1 hora 50 minutos más tarde. (pág. 98)

40. $7 \times (2 \times 3) = n$ (pág. 174)

41. **Preparación para la prueba** Hay 4 pilas de 20 tarjetas de béisbol y 5 tarjetas más que no están apiladas. ¿Qué expresión muestra el número total de tarjetas de béisbol? (pág. 184)

A $(5 \times 20) + 4$
B $(4 \times 20) + 5$
C $(20 \times 5) + 4$
D $(4 \times 5) + 20$

LECCIÓN 5

Estrategia de resolución de problemas
Resolver un problema más simple

Repaso rápido

1. 6×20
2. 30×20
3. 9×30
4. 40×30
5. 30×500

PROBLEMA La Srta. Alexander compra artículos escolares para los 148 estudiantes de cuarto grado de su escuela. Ella estima que cada estudiante va a usar 50 hojas de papel de dibujo durante el año escolar. ¿Cuántas hojas de papel de dibujo debe comprar?

COMPRENDE

- ¿Qué debes hallar?
- ¿Qué información usarás?
- ¿Hay alguna información que no usarás? Explica tu respuesta.

PLANEA

- ¿Qué estrategia puedes usar para resolver el problema?
  Puedes hallar el producto de 50×148 al descomponer 148 en números que sean fáciles de multiplicar y luego *resolver el problema más simple*.

$$\begin{array}{r} 148 \\ \times\ 50 \\ \hline \end{array}$$

RESUELVE

- ¿Cómo puedes usar la estrategia para resolver el problema?
  Vuelve a escribir 148 como $100 + 40 + 8$. Multiplica cada sumando por 50 y suma los productos parciales.

$$\begin{array}{lr l} 148 = & 100 + 40 + 8 & \\ \times\ 50 & 50 & \leftarrow 50 \times (100 + 40 + 8) \\ \hline & 400 & \leftarrow 50 \times 8 \\ & 2{,}000 & \leftarrow 50 \times 40 \\ & +\ 5{,}000 & \leftarrow 50 \times 100 \\ \hline & 7{,}400 & \end{array}$$

Entonces, la Srta. Alexander debe comprar 7,400 hojas de papel de dibujo.

COMPRUEBA

- ¿Qué otra estrategia podrías usar para resolver el problema?

Práctica • Resolución de problemas

Divide el problema en partes más simples y luego resuelve.

1. **¿Qué sucedería si** hubiera 62 estudiantes de cuarto grado en una clase de arte? ¿Aproximadamente cuántas hojas de papel de dibujo se necesitarían para el año escolar?

2. Había 37 estudiantes en una clase de arte de verano. Cada estudiante hizo 50 dibujos. ¿Cuántos dibujos hicieron?

La maestra de arte compró 3,300 crayolas. Repartió 20 crayolas a cada uno de los 157 estudiantes de sus clases. ¿Cuántas crayolas les repartió a sus estudiantes?

3. ¿Qué expresión puedes usar como ayuda para contestar la pregunta?
   A 3,300 × (100 + 50 + 7)
   B 20 × (3,000 + 300)
   C 20 × (100 + 50 + 7)
   D 157 + 20

4. ¿Cuál muestra el número total de crayolas que la maestra les repartió a sus estudiantes?
   F 3,240 crayolas
   G 3,140 crayolas
   H 3,014 crayolas
   J 2,904 crayolas

Estrategias

- Hacer un diagrama o dibujo
- Hacer un modelo o representar
- Hacer una lista organizada
- Hallar un patrón
- Hacer una tabla o gráfica
- Predecir y probar
- Volver sobre los pasos
- **Resolver un problema más simple**
- Escribir una ecuación
- Usar razonamiento lógico

Resolución de problemas

Práctica de estrategias mixtas

USA LOS DATOS Para los ejercicios 5–6, usa la gráfica de barras.

5. ¿Cuántos libros leyeron en conjunto las clases del Sr. Mathhew, la del Sr. Stevens y la de la Srta. Kelsie?

6. **¿Cuál es la pregunta?** La diferencia en el número de libros leídos es de 75 libros.

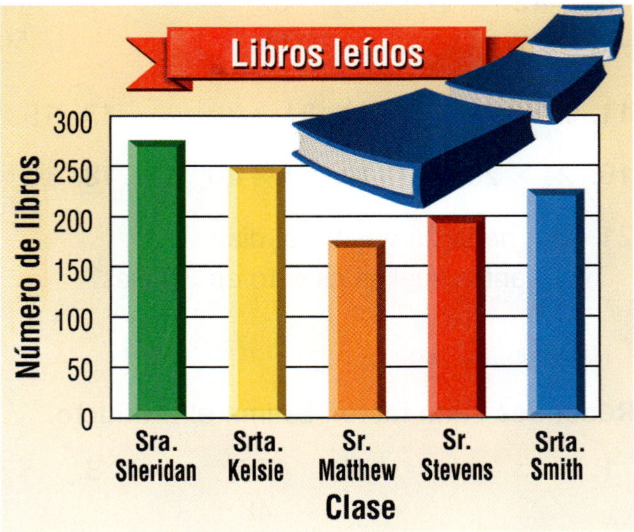

7. Julia toma clases de ballet después de su clase de gimnasia. Su clase de gimnasia comienza a las 3:30 p.m. y dura 1 hora y 15 minutos. Ella se demora 10 minutos caminando a su clase de ballet. ¿A qué hora llega Julia a su clase de ballet?

8. La maestra de inglés del noveno grado les pidió a sus estudiantes que escribieran un poema de 125 palabras. Hay 80 estudiantes en sus clases. ¿Aproximadamente cuántas palabras leerá la maestra?

9. El Sr. James compró 30 tizas para cada salón de clases. Hay 15 salones de clases en el segundo piso y 22 en el primer piso. ¿Cuántas tizas compró el Sr. James?

Más práctica

Grupo A (págs. 236–237)

Usa una operación básica y patrones para hallar el producto.

1. 90×500 **2.** $40 \times 8{,}000$ **3.** 90×30 **4.** 700×200

5. 80×60 **6.** $7{,}000 \times 200$ **7.** 800×50 **8.** 300×10

Halla el valor de *n*.

9. $10{,}000 \times n = 500{,}000$ **10.** $7{,}000 \times 7{,}000 = n$ **11.** $n \times 50 = 10{,}000$

12. $900 \times 12{,}000 = n$ **13.** $n \times 250{,}000 = 6{,}250{,}000$ **14.** $80 \times n = 320{,}000$

Grupo B (págs. 240–241)

Halla el producto.

1. 11×20 **2.** 45×30 **3.** 18×40 **4.** 25×30 **5.** 62×50

6. 43×20 **7.** 32×60 **8.** 17×50 **9.** 65×30 **10.** 84×40

11. 73×40 **12.** 21×70 **13.** 19×20 **14.** 55×30 **15.** 47×80

16. 24×20 **17.** 64×40 **18.** 16×30 **19.** 12×80 **20.** 38×60

21. Erin nada 25 vueltas al día.
¿Cuántas vueltas es esto en 30 días?

Grupo C (págs. 242–243)

Redondea cada factor. Estima el producto.

1. 13×22 **2.** 479×48 **3.** $\$73 \times 18$ **4.** 529×11 **5.** 91×27

6. $\$87 \times 61$ **7.** 52×48 **8.** 734×52 **9.** $\$618 \times 37$ **10.** 129×23

11. 32×79 **12.** 43×57 **13.** 89×531 **14.** 93×271 **15.** 32×197

16. 18×39 **17.** 58×129 **18.** 72×489 **19.** $21 \times \$625$ **20.** 42×385

Repaso/Prueba

COMPRUEBA LOS CONCEPTOS

1. Explica cómo una operación básica y un patrón te pueden ayudar a hallar el producto 60×400. (págs. 236–237)

2. Haz un modelo y usa la propiedad distributiva para hallar el producto 30×17. (págs. 238–239)

COMPRUEBA LAS DESTREZAS

Usa una operación básica y un patrón para hallar el producto. (págs. 236–237)

3. 20×900
4. 500×600
5. $9{,}000 \times 60$
6. 300×700

Halla el producto. (págs. 240–241)

7. 66×30
8. 44×60
9. 22×90
10. 75×80
11. 73×40
12. 36×30
13. 52×20
14. 64×50
15. 24×50
16. 86×20
17. 19×40
18. 93×70

Redondea cada factor. Estima el producto. (págs. 242–243)

19. 222×48
20. 252×14
21. 931×56
22. 79×68

COMPRUEBA LA RESOLUCIÓN DE PROBLEMAS

Para los ejercicios 23–25, divide el problema en partes más simples y luego resuelve. (págs. 244–245)

23. Un coro tiene 98 miembros y necesita comprar 20 partituras para cada miembro. ¿Cuántas partituras necesita comprar?

24. El almacén de juguetes tiene 248 estantes. Cada estante tiene 16 cajas de juguetes. ¿Cuántas cajas hay en los estantes?

25. Kevin está leyendo una serie de libros. Cada libro tiene 155 páginas y hay 25 libros en la serie. ¿Cuántas páginas en total habrá leído Kevin cuando complete la serie?

Preparación para pruebas

PERCEPCIÓN NUMÉRICA, CONCEPTOS Y OPERACIONES

1. El Sr. Wong tiene 60 paquetes de papel de dibujo. Cada paquete tiene 200 hojas de papel. ¿Cuántas hojas de papel hay?

A 120

B 260

C 12,000

D 120,000

2. La siguiente tabla muestra el número de personas que llaman para prometer dinero a una estación de televisión pública.

CAMPAÑA PARA FONDOS DE TELEVISIÓN PÚBLICA	
Cantidad prometida	**Número de personas que llaman**
$10	29
$50	11
$100	9

¿Cuál es la **mejor** estimación para calcular el dinero total prometido a la estación?

F unos $3,800 **H** unos $1,800

G unos $2,800 **J** unos $1,000

3. **Explícalo** La primera caja contiene 15 pajitas. Halla la **mejor** estimación para el número de pajitas que hay en la segunda caja. Explica cómo lo decidiste.

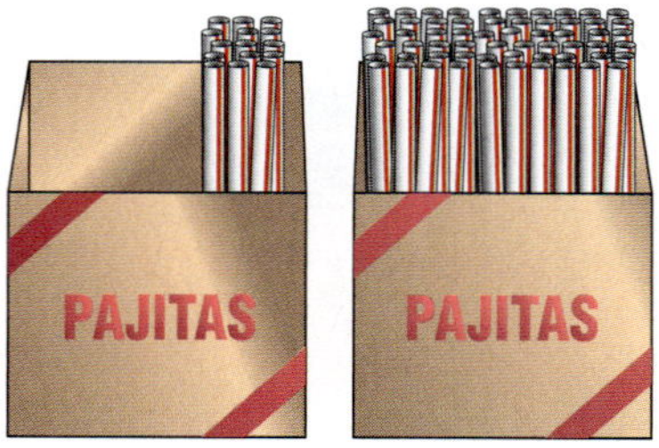

GEOMETRÍA Y ORIENTACIÓN ESPACIAL

4. ¿Qué pieza encajará en el siguiente diseño sin mostrar brechas o traslapos?

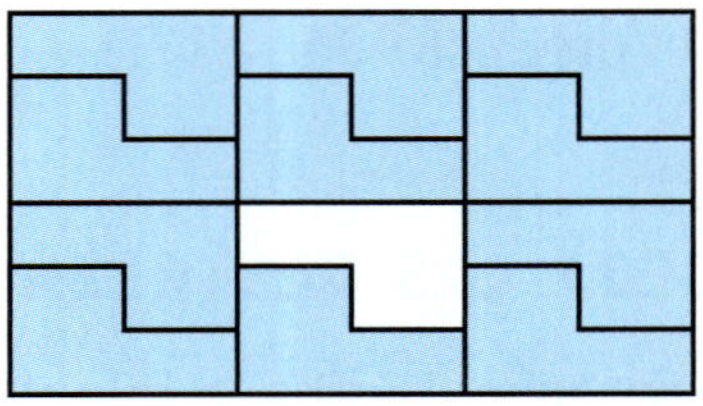

A 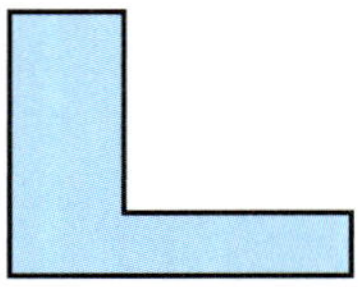

C 

B 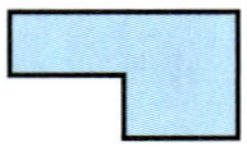

D 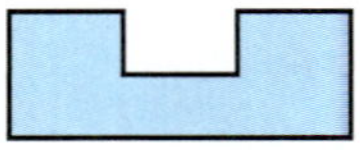

5. ¿Qué conjunto de coordenadas describe **mejor** la ubicación del puesto de salchichas?

F (1,3) **H** (4,2)

G (3,1) **J** (5,2)

6. **Explícalo** ¿Qué término describe las siguientes rectas?

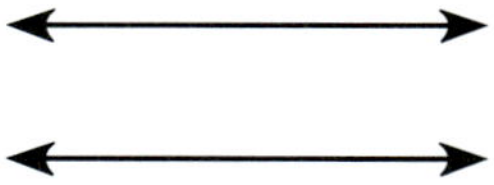

Escribe *paralelas, perpendiculares, secantes* o *agudas.* Explica tu razonamiento.

RAZONAMIENTO ALGEBRAICO

7. ¿Qué enunciado numérico sigue a continuación en el siguiente patrón?

$7 \times 1 = 7$

$7 \times 10 = 70$

$7 \times 100 = 700$

$7 \times 1{,}000 = 7{,}000$

A $5 \times 1{,}000 = 5{,}000$

B $7 \times 1{,}000 = 7{,}000$

C $7 \times 10{,}000 = 70{,}000$

D $7{,}000 \times 100 = 700{,}000$

8. Lisa tiene algunas monedas de 10¢. Tres veces el número de monedas de 10¢ que tiene es menos que 8. ¿Cuál de los siguientes podría usarse para calcular cuántas monedas de 10¢ tiene Lisa?

F $3 + n = 8$

G $3 \times n = 8$

H $3 \times n < 8$

J $3 \times n > 8$

IDEA **Obtén la información que necesitas.** Mira el ejercicio 9. Busca la relación de cada número al número que sigue a continuación. Piensa en una regla que concuerde con esta relación.

9. **Explícalo** Halla una regla para este patrón.

10, 20, 40, 80, 160, 320, 640, ■

Explica cómo usar tu regla para hallar el siguiente número en el patrón.

ANÁLISIS DE DATOS Y PROBABILIDAD

10. La siguiente tabla muestra las edades de varios miembros del club de cine.

MIEMBROS DEL CLUB DE CINE

Persona	Edad (en años)
Fred	10
Pablo	11
Joni	10
Luisa	10
Beth	12

¿Cuál es la moda de sus edades?

A 10 **C** 12

B 11 **D** 53

11. ¿Qué opción describe **mejor** la probabilidad de que la flecha caiga en rojo en esta flecha giratoria?

F menos probable

G más probable

H imposible

J seguro

12. **Explícalo** Los miembros de la familia Smith hicieron una gráfica circular para mostrar su presupuesto mensual.

PRESUPUESTO MENSUAL

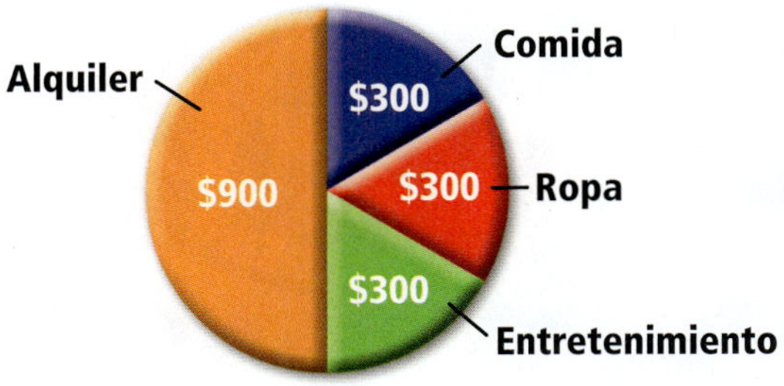

¿Cuánto más gasta la familia Smith en alquiler que en comida y ropa? Explica tu razonamiento.

CAPÍTULO 12

Multiplicar por números de dos dígitos

DATOS BREVES • **ESTUDIOS SOCIALES**

El conjunto de estampillas *Greetings from America* (Saludos desde Estados Unidos), lanzado al mercado en 2002, representa cada uno de los 50 estados. La tarifa postal para enviar una carta era entonces de 34 centavos. Antes de 1863, las tarifas se basaban en el número de hojas de una carta y la distancia que viajaría. A inicios de 1863, las tarifas empezaron a basarse solamente en el peso.

RESOLUCIÓN DE PROBLEMAS Mira la gráfica. ¿Cuánto costaba un paquete de 20 estampillas a fines de 2002? ¿Cuánto más costaba un paquete de 20 estampillas en 2002 que en 1982?

TARIFA POSTAL DE CARTAS EN ESTADOS UNIDOS

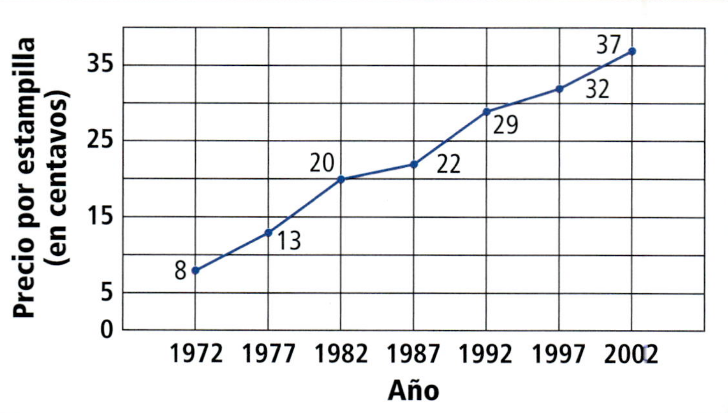

Comprueba lo que sabes

Usa esta página para repasar y recordar destrezas importantes que se necesitan para el Capítulo 12.

ESTIMA PRODUCTOS

Estima el producto.

1. 12×9
2. 14×6
3. 21×8
4. 18×5
5. 272×3
6. 350×7
7. 649×4
8. 212×7
9. 322×9
10. 817×2
11. 444×3
12. $9{,}145 \times 2$
13. $4 \times 2{,}781$
14. 5×550
15. $6 \times 7{,}317$
16. 4×385

MULTIPLICA POR NÚMEROS DE 1 DÍGITO

Halla el producto. Estima para comprobar.

17. 12×6
18. 43×4
19. 39×3
20. 61×5
21. 35×7
22. 25×5
23. 125×2
24. 163×3
25. 350×3
26. 100×5
27. 49×7
28. 101×9

VOCABULARIO

REPASO

dinero *sustantivo*

El término *dinero* proviene del latín *denarius,* nombre de una moneda cuyo valor era de diez ases. Escribe tres sinónimos para la palabra *dinero*. Usa cada palabra en una oración.

PRESENTACIÓN

problema de varios pasos

APRENDE en línea www.harcourtschool.com

LECCIÓN 1

Multiplicar números de 2 dígitos

Repaso rápido

1. 3 × 12	**2.** 2 × 25
3. 2 × 31	**4.** 2 × 40
5. 2 × 32	

Aprende

TOMATES A GRANEL El Sr. Henson cultiva tomates. Hay 35 plantas en cada bandeja. El Sr. Henson tiene 88 bandejas. ¿Cuántas plantas de tomate tiene en total?

Ejemplo 1

Multiplica. 35 × 88

↓ ↓

Estima. 40 × 90 = 3,600

Puedes usar el valor posicional y reagrupar para hallar 35 × 88.

PASO 1

Piensa en 35 como 3 decenas 5 unidades. Multiplica por 5 unidades.

$$\begin{array}{r} \scriptstyle 4 \\ 88 \\ \times 35 \\ \hline 440 \end{array} \leftarrow 5 \times 88$$

PASO 2

Multiplica por 3 decenas o 30.

$$\begin{array}{r} \scriptstyle \not{4}\,2 \\ 88 \\ \times 35 \\ \hline 440 \\ 2640 \end{array} \leftarrow 30 \times 88$$

PASO 3

Suma los productos.

$$\begin{array}{r} \scriptstyle \not{4}\,2 \\ 88 \\ \times 35 \\ \hline 440 \\ +2\,640 \\ \hline 3{,}080 \end{array}$$

Entonces, hay 3,080 plantas de tomate. Como 3,080 está cercano a la estimación de 3,600, el resultado es razonable.

Más ejemplos

A

$$\begin{array}{rl} \scriptstyle \not{7}\,2 & \\ 29 & \\ \times 38 & \\ \hline 232 & \leftarrow 8 \times 29 \\ +870 & \leftarrow 30 \times 29 \\ \hline 1{,}102 & \end{array}$$

B

$$\begin{array}{rl} \scriptstyle \not{1}\,3 & \\ \$55 & \\ \times\ 62 & \\ \hline 110 & \leftarrow 2 \times 55 \\ +3\,300 & \leftarrow 60 \times 55 \\ \hline \$3{,}410 & \end{array}$$

- Explica cómo sabes en qué lugar debes empezar cuando multiplicas por números de 2 dígitos.

Hallar productos

El invernadero tiene 45 bolsas de tierra para macetas. Cada bolsa tiene tierra suficiente para 29 plantas. ¿Cuántas plantas se pueden colocar en macetas?

Ejemplo 2

Multiplica. 45×29

$\downarrow \quad \downarrow$

Estima. $50 \times 30 = 1{,}500$

De una manera

Colleen usó reagrupar para hallar el producto.

Colleen

$$\begin{array}{r} \overset{\not{4}\,3}{29} \\ \times 45 \\ \hline 145 \leftarrow 5 \times 29 \\ +1\,160 \leftarrow 40 \times 29 \\ \hline 1{,}305 \end{array}$$

De otra manera

Brad usó productos parciales.

Brad

$$\begin{array}{r} 29 \\ \times 45 \\ \hline 45 \leftarrow 5 \times 9 \\ 100 \leftarrow 5 \times 20 \\ 360 \leftarrow 40 \times 9 \\ +800 \leftarrow 40 \times 20 \\ \hline 1{,}305 \end{array}$$

Entonces, hay suficiente tierra para colocar 1,305 plantas en macetas. Como 1,305 está cercano a la estimación de 1,500, la respuesta es razonable.

Idea matemática Puedes hallar productos usando el valor posicional y la reagrupación o puedes usar el método de los productos parciales.

- Explica por qué el segundo producto parcial es siempre mayor que el primer producto parcial cuando multiplicas dos números de 2 dígitos.

Enlace con la tecnología

Más práctica: Harcourt Mega Math, The Number Games, *Up, Up, and Array*, Nivel K

Comprueba

1. **Explica** cómo el método de productos parciales para hallar productos es diferente al método de reagrupación.

Elige cualquiera de los dos métodos para hallar el producto. Estima para comprobar.

2. $\begin{array}{r} 37 \\ \times 22 \\ \hline \end{array}$ **3.** $\begin{array}{r} 54 \\ \times 31 \\ \hline \end{array}$ **4.** $\begin{array}{r} 42 \\ \times 26 \\ \hline \end{array}$ **5.** $\begin{array}{r} 78 \\ \times 41 \\ \hline \end{array}$ **6.** $\begin{array}{r} \$23 \\ \times\ 34 \\ \hline \end{array}$

7. $\begin{array}{r} 67 \\ \times 14 \\ \hline \end{array}$ **8.** $\begin{array}{r} 93 \\ \times 76 \\ \hline \end{array}$ **9.** $\begin{array}{r} 82 \\ \times 47 \\ \hline \end{array}$ **10.** $\begin{array}{r} 51 \\ \times 79 \\ \hline \end{array}$ **11.** $\begin{array}{r} 38 \\ \times 64 \\ \hline \end{array}$

LA LECCIÓN CONTINÚA

Práctica y resolución de problemas

Más práctica, página 264, Grupo A

Elige cualquiera de los dos métodos para hallar el producto. Estima para comprobar.

12. $\begin{array}{r} 44 \\ \times 35 \\ \hline \end{array}$ **13.** $\begin{array}{r} 67 \\ \times 14 \\ \hline \end{array}$ **14.** $\begin{array}{r} \$63 \\ \times\ 42 \\ \hline \end{array}$ **15.** $\begin{array}{r} 81 \\ \times 22 \\ \hline \end{array}$ **16.** $\begin{array}{r} 72 \\ \times 59 \\ \hline \end{array}$

17. $\begin{array}{r} \$38 \\ \times\ 29 \\ \hline \end{array}$ **18.** $\begin{array}{r} 76 \\ \times 45 \\ \hline \end{array}$ **19.** $\begin{array}{r} 68 \\ \times 79 \\ \hline \end{array}$ **20.** $\begin{array}{r} 97 \\ \times 65 \\ \hline \end{array}$ **21.** $\begin{array}{r} 82 \\ \times 35 \\ \hline \end{array}$

22. $\begin{array}{r} 52 \\ \times 17 \\ \hline \end{array}$ **23.** $\begin{array}{r} 69 \\ \times 42 \\ \hline \end{array}$ **24.** $\begin{array}{r} \$53 \\ \times\ 74 \\ \hline \end{array}$ **25.** $\begin{array}{r} 22 \\ \times 85 \\ \hline \end{array}$ **26.** $\begin{array}{r} \$71 \\ \times\ 61 \\ \hline \end{array}$

27. 51×28 **28.** 38×17 **29.** 23×14 **30.** 61×51

31. $41 \times \$16$ **32.** $61 \times \$87$ **33.** 74×11 **34.** $76 \times \$68$

35. 14×65 **36.** 38×55 **37.** 46×34 **38.** 63×59

CÁLCULO MENTAL **Escribe el producto que falta.**

39. $20 \times 16 = 320$, entonces $20 \times 17 =$ ■.

40. $45 \times 28 = 1{,}260$, entonces $45 \times 29 =$ ■.

41. $13 \times 50 = 650$, entonces $13 \times 49 =$ ■.

42. $45 \times 17 = 765$, entonces $45 \times 16 =$ ■.

Copia y completa.

43.
$$\begin{array}{rl} 45 & \\ \times 72 & \\ \hline 10 & \leftarrow ■ \times ■ \\ 80 & \leftarrow ■ \times ■ \\ 350 & \leftarrow ■ \times ■ \\ +2\,800 & \leftarrow ■ \times ■ \\ \hline 3{,}240 & \end{array}$$

44.
$$\begin{array}{rl} 23 & \\ \times 98 & \\ \hline 24 & \leftarrow ■ \times ■ \\ 160 & \leftarrow ■ \times ■ \\ 270 & \leftarrow ■ \times ■ \\ +1\,800 & \leftarrow ■ \times ■ \\ \hline 2{,}254 & \end{array}$$

45. **ÁLGEBRA** Halla los números que faltan. Explica tu respuesta.

$$\begin{array}{r} 35 \\ \times 6■ \\ \hline 1■5 \\ +2\,100 \\ \hline 2{,}275 \end{array}$$

46. **¿Cuál es el error?** Describe el error de Emilia. Escribe el resultado correcto.

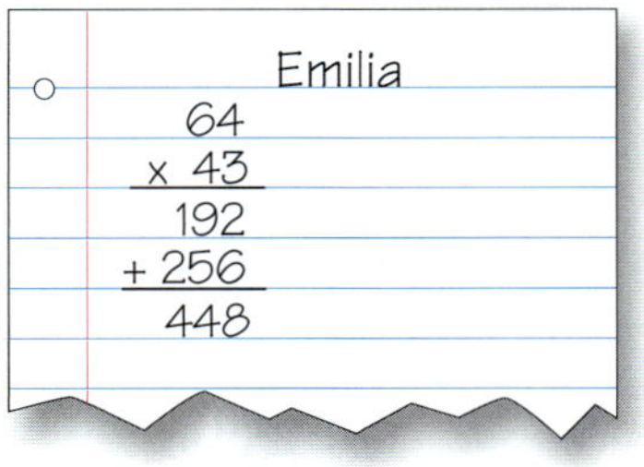

47. Vocabulario *Parcial* significa "relacionado a una parte y no a un todo". ¿Cómo se relaciona este significado a un producto parcial cuando multiplicas números de 2 dígitos?

48. **RAZONAMIENTO** ¿Es 12×22 mayor que o menor que 200? Explica tu respuesta.

USA LOS DATOS **Para los ejercicios 49–50, usa la gráfica.**

49. Grace y su papá pertenecen a un club de jardinería. ¿Cuántos más miembros había en 2004 que en 2001?

50. Cada miembro paga $32 en cuotas cada año. ¿Cuánto más se pagó en cuotas en 2004 que en 2002?

51. Como ejercicio, Ellie recorre 22 millas en bicicleta cada semana. ¿Cuál es el número total de millas que Ellie recorre en un año?

Repaso y preparación para la prueba

52. $\begin{array}{r} 9{,}213 \\ \times \quad 6 \\ \hline \end{array}$ (pág. 222)

53. $\begin{array}{r} 942 \\ \times \quad 5 \\ \hline \end{array}$ (pág. 222)

54. Una carga de ropa para lavar en una lavadora usa 49 galones de agua. El Sr. Porter lavó 17 cargas el mes pasado. ¿Cuánta agua usó? (pág. 252)

55. ¿Cuál es la mediana? 18, 19, 19, 26, 28, 35, 35, 40, 42 (pág. 118)

56. **Preparación para la prueba** Al tiene 14 filas de estampillas. Cada fila tiene 9 estampillas. El hermano de Al tiene 56 estampillas. ¿Cuántas estampillas tiene Al? (pág. 218)

A 94 **B** 126 **C** 182 **D** 443

57. **Preparación para la prueba** El Sr. Konrad tiene 56 bulbos de tulipanes. Los planta en 8 filas con el mismo número en cada fila. ¿Cuántos bulbos hay en cada fila? (pág. 168)

F 10 **G** 9 **H** 8 **J** 7

Resolución de problemas — Enlace con las Ciencias

REDES Una **red** es un sistema de partes conectadas. Por ejemplo, las computadoras de una oficina que están conectadas forman parte de una red.

Este diagrama muestra una red de trayectorias. Cada trayectoria tiene un valor.

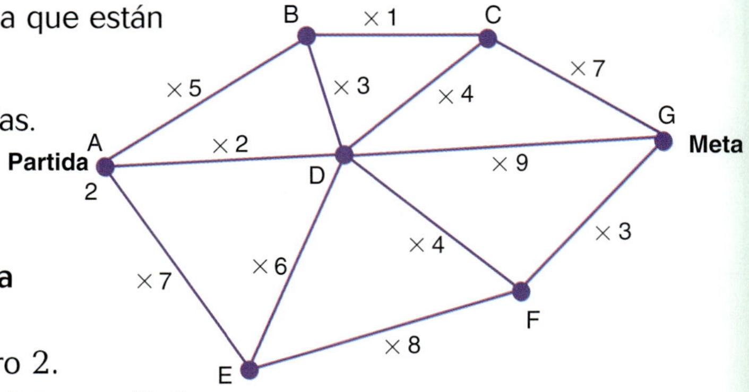

Para los ejercicios 1–2, sigue estos pasos.

a. Halla una trayectoria desde la **Partida** hasta la **Meta.**

b. Comienza en la Partida con el número 2.

c. A medida que te mueves de letra en letra, multiplica tus resultados por el número a lo largo de la trayectoria.

1. Menciona una trayectoria que tenga un producto mayor que 500.

2. Menciona una trayectoria que tenga un producto menor que 100.

LECCIÓN 2

Multiplicar números de 3 dígitos

Repaso rápido

1. 9 × 40
2. 10 × 30
3. 5 × 50
4. 7 × 20
5. 6 × 200

Aprende

OJALÁ QUE ESTUVIERAS AQUÍ La tienda de regalos Gulfside hizo un pedido de 36 cajas de tarjetas postales para la venta. Hay 124 tarjetas en cada caja. ¿Cuántas tarjetas tiene que vender la tienda?

Ejemplo

Multiplica. 36 × 124

Estima. 40 × 120 = 4,800

PASO 1

Multiplica por las unidades.

```
  12
 124
× 36
 744   ← 6 × 124
```

PASO 2

Multiplica por las decenas.

```
   1
  1 2
  124
×  36
  744
 3720   ← 30 × 124
```

PASO 3

Suma los productos.

```
     1
   1 2
   124
 ×  36
   744
+3 720
 4,464
```

Entonces, la tienda de regalos Gulfside tiene 4,464 tarjetas para vender.
Como 4,464 está cercano a la estimación de 4,800, la respuesta es razonable.

Más ejemplos

A

```
     1
   204
 ×  41
   204   ← 1 × 204
+8 160   ← 40 × 204
 8,364
```

B

```
     5
   109
 ×  60
   000   ← omitir.
+6 540   ← 60 × 109
 6,540
```

Estos ceros se deben omitir.

C

```
     1
     31
   $562
 ×   35
  2 810   ← 5 × 562
+16 860   ← 30 × 562
$19,670
```

Comprueba

1. **Explica** qué le sucedió al dígito reagrupado, 5, en el ejemplo B cuando el 0 se multiplicó por 60.

Halla el producto. Estima para comprobar.

2. 237×21 **3.** $\$103 \times 29$ **4.** 187×35 **5.** 417×72 **6.** 532×20

Práctica y resolución de problemas

Más práctica, página 264, Grupo B

Halla el producto. Estima para comprobar.

7. 888×22 **8.** $\$794 \times 25$ **9.** 204×41 **10.** 437×70 **11.** $\$837 \times 21$

12. 357×41 **13.** $\$627 \times 30$ **14.** 904×86 **15.** $\$790 \times 32$ **16.** 252×53

17. 23×256 **18.** 52×236 **19.** $85 \times \$299$ **20.** $80 \times \$567$ **21.** 50×108

ÁLGEBRA Halla el valor de *n* para que la ecuación sea verdadera.

22. $20 \times 543 = n$ **23.** $30 \times 147 = n$ **24.** $80 \times 209 = n$

25. $n \times 276 = 2{,}760$ **26.** $n \times 900 = 54{,}000$ **27.** $n \times 500 = 40{,}000$

USA LOS DATOS Para los ejercicios 28–29, usa la gráfica.

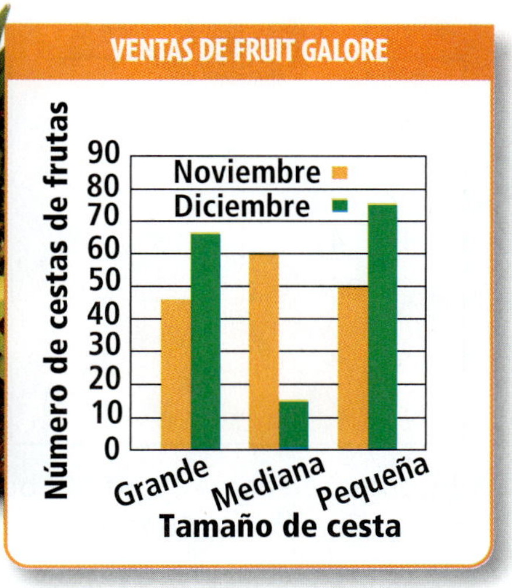

28. Las cestas de tamaño mediano se vendieron en \$16. ¿Cuál fue el valor total de ventas en diciembre para las cestas de tamaño mediano?

29. Las cestas pequeñas se vendieron en \$7. ¿Cuánto más dinero ganó Fruit Galore con las ventas de las cestas pequeñas en diciembre que en noviembre?

30. Maya compró 12 postales que costaron 57 centavos cada una. ¿Cuánto gastó Maya?

31. **RAZONAMIENTO** Halla el dígito que falta en la ecuación $908 \times 3\blacksquare = 31{,}780$. Explica cómo hallaste la respuesta.

Repaso y preparación para la prueba

32. $3{,}447 + 1{,}725$ (pág. 48)

33. $4{,}007 - 1{,}341$ (pág. 50)

34. $60 + (8{,}420 - 1{,}650)$ (pág. 64)

35. Compara. Escribe $<$, $>$ o $=$ para ●. (pág. 20)

2,076,355 ● 2,085,325

36. **Preparación para la prueba** Peter tiene 8 años más que Mark. Si Mark tiene 29 años de edad, ¿qué edad tiene Peter? (pág. 64)

A 21 años de edad
B 27 años de edad
C 31 años de edad
D 37 años de edad

LECCIÓN 3

Elegir un método

Repaso rápido

1. 80 × 100
2. 30 × 40
3. 90 × 70
4. 80 × 600
5. 40 × 700

Aprende

DIVISAS En Estados Unidos, se usa el dólar. En Venezuela, se usa el bolívar. El año pasado, cuando Elena visitó a sus abuelos en Venezuela, un dólar equivalía a 1,432 bolívares. Si Elena gastó 42 dólares en regalos, ¿cuántos bolívares gastó?

Ejemplo

Multiplica. 42 × 1,432

↓ ↓

Estima. 40 × 1,400 = 56,000

Luego, estima un método de cálculo que sea útil para los números dados.

Usa papel y lápiz. Halla el producto. 42 × 1,432 = ■

PASO 1

Multiplica por las unidades.

```
   1,432
 ×    42
   2 864  ← 2 × 1,432
```

PASO 2

Multiplica por las decenas.

```
    1 1
   1,432
 ×    42
   2 864
  57 280  ← 40 × 1,432
```

PASO 3

Suma los productos.

```
    1 1
   1,432
 ×    42
   2 864
 +57 280
  60,144
```

Entonces, Elena gastó 60,144 bolívares. Como 60,144 se aproxima a la estimación de 56,000, la respuesta es razonable.

Más ejemplos

A **Usa cálculo mental.**

40 × 5,025 = ■

Piensa: 40 × 5,000 = 200,000
y 40 × 25 = 1,000

Entonces, 40 × 5,025 = 201,000.

B **Usa una calculadora.**

24 × $3,701 = ■

2 4 × 3 7 0 1 =

88'824.

Estima para comprobar:
20 × 4,000 = 80,000

Entonces, 24 × $3,701 = $88,824.

Idea matemática Puedes hallar un producto usando papel y lápiz, una calculadora o el cálculo mental. Mira los números del problema antes de elegir un método.

Comprueba

1. **Explica** cuándo eligirías el cálculo mental en lugar de papel y lápiz.

Halla el producto. Estima para comprobar. Escribe el método que usaste.

2. $\begin{array}{r} 152 \\ \times\ 11 \\ \hline \end{array}$ **3.** $\begin{array}{r} \$31 \\ \times\ 22 \\ \hline \end{array}$ **4.** $\begin{array}{r} 1{,}700 \\ \times\ 5 \\ \hline \end{array}$ **5.** $\begin{array}{r} \$317 \\ \times\ 72 \\ \hline \end{array}$ **6.** $\begin{array}{r} 5{,}502 \\ \times\ 24 \\ \hline \end{array}$

Práctica y resolución de problemas

Más práctica, página 264, Grupo C

Halla el producto. Estima para comprobar. Escribe el método que usaste.

7. $\begin{array}{r} 434 \\ \times\ 28 \\ \hline \end{array}$ **8.** $\begin{array}{r} \$287 \\ \times\ 7 \\ \hline \end{array}$ **9.** $\begin{array}{r} 56 \\ \times\ 60 \\ \hline \end{array}$ **10.** $\begin{array}{r} \$504 \\ \times\ 31 \\ \hline \end{array}$ **11.** $\begin{array}{r} 7{,}200 \\ \times\ 8 \\ \hline \end{array}$

¿Cuál es el error? Los ejercicios 12–15 muestran 4 errores diferentes pero comunes. Describe cada error y corrígelo.

12. $\begin{array}{r} 1{,}274 \\ \times\ 67 \\ \hline 8\ 918 \\ +\ 7\ 644 \\ \hline 16{,}562 \end{array}$ **13.** $\begin{array}{r} 5{,}782 \\ \times\ 88 \\ \hline 40\ 646 \\ +\ 406\ 460 \\ \hline 447{,}106 \end{array}$ **14.** $\begin{array}{r} 2{,}500 \\ \times\ 32 \\ \hline 500 \\ +\ 7\ 500 \\ \hline 8{,}000 \end{array}$ **15.** $\begin{array}{r} 4{,}306 \\ \times\ 39 \\ \hline 38\ 754 \\ +129\ 180 \\ \hline 157{,}834 \end{array}$

16. Una compañía publicadora de revistas tiene 9,822 clientes. A cada cliente se le envían 2 ediciones cada año. ¿Cuántas revistas envía cada año la compañía?

17. Elena compró estampillas que costaban 70 centavos y postales que costaban 55 centavos. Ella gastó $5. ¿Cuántas compró de cada una?

18. ***DATOS BREVES*** • **SALUD** La porción recomendada de agua para la persona promedio es de 8 vasos diarios. ¿Cuántos vasos es eso en una semana? ¿En 30 días?

19. **RAZONAMIENTO** Halla el producto. Explica tu método. $\begin{array}{r} 684 \\ \times\ 306 \\ \hline \end{array}$

Repaso y preparación para la prueba

Halla el producto. (pág. 240)

20. $\begin{array}{r} 42 \\ \times 20 \\ \hline \end{array}$ **21.** $\begin{array}{r} 57 \\ \times 30 \\ \hline \end{array}$

22. El crucero por el río comenzó a las 9:15 a.m. y terminó a las 2:50 p.m. ¿Cuánto duró el crucero? (pág. 98)

23. $19 \times 27 = n$ (pág. 252)

24. **Preparación para la prueba** ¿Qué año es 2 siglos 1 década después de 1927? (pág. 104)

A 1937
B 2027
C 2037
D 2137

LECCIÓN 4

Practicar la multiplicación con dinero

Repaso rápido

1. 3×72
2. 4×49
3. 2×96
4. 3×86
5. 3×93

Aprende

BICICLETAS Bill es dueño de una tienda de bicicletas. El mes pasado, para su oferta de bicicletas, Bill vendió 24 bicicletas a $75.99 cada una. ¿Cuánto dinero recibió con la venta de estas bicicletas?

Ejemplo

Enlace con la tecnología

Más práctica: Harcourt Mega Math, The Number Games, *Buggy Bargains*, Nivel J

Multiplica. $24 \times \$75.99$

Estima. $20 \times \$80 = \$1,600$

Multiplica dinero de la manera en que multiplicas números enteros.

PASO 1

Multiplica las unidades.

```
  233
  7599
×   24
 30396 ←4 × 7,599
```

PASO 2

Multiplica las decenas.

```
   111
   233
  7599
×   24
 30396
151980 ←20 × 7,599
```

PASO 3

Suma los productos.

```
   111
   233
  7599
×   24
 30396
+151980
 182376
```

PASO 4

Escribe el resultado en dólares con centavos.
El producto es $1,823.76.

Entonces, Bill recibió $1,823.76. Como $1,823.76 se aproxima a la estimación de $1,600, la respuesta es razonable.

Más ejemplos

A

```
       1
       4
  $4,006
×     27
  28 042  ←7 × 4,006
 +80 120  ←20 × 4,006
$108,162
```

B

```
      3
      2
  $5.09
×    43
  15 27  ←3 × 509
+203 60  ←40 × 509
$218.87  ←Agrega el punto
           decimal y el signo
           de dólar.
```

Comprueba

1. **Explica** cómo sabes dónde poner el punto decimal en un problema de dinero.

Halla el producto. Estima para comprobar.

2. $\begin{array}{r} \$892 \\ \times\ 37 \\ \hline \end{array}$ **3.** $\begin{array}{r} \$5{,}637 \\ \times\ 51 \\ \hline \end{array}$ **4.** $\begin{array}{r} \$25.68 \\ \times\ 21 \\ \hline \end{array}$ **5.** $\begin{array}{r} \$2{,}015 \\ \times\ 24 \\ \hline \end{array}$ **6.** $\begin{array}{r} \$48.03 \\ \times\ 39 \\ \hline \end{array}$

Práctica y resolución de problemas

Más práctica, página 264, Grupo D

Halla el producto. Estima para comprobar.

7. $\begin{array}{r} \$1{,}735 \\ \times\ 43 \\ \hline \end{array}$ **8.** $\begin{array}{r} \$0.97 \\ \times\ 68 \\ \hline \end{array}$ **9.** $\begin{array}{r} \$37.45 \\ \times\ 28 \\ \hline \end{array}$ **10.** $\begin{array}{r} \$2.56 \\ \times\ 81 \\ \hline \end{array}$ **11.** $\begin{array}{r} \$1{,}505 \\ \times\ 79 \\ \hline \end{array}$

12. $3 \times \$2{,}954$ **13.** $56 \times \$8{,}221$ **14.** $20 \times \$1{,}076$ **15.** $31 \times \$2.25$ **16.** $48 \times \$126$

17. $29 \times \$4{,}151$ **18.** $72 \times \$1{,}407$ **19.** $68 \times \$7{,}521$ **20.** $99 \times \$9{,}998$ **21.** $55 \times \$30.63$

ÁLGEBRA Halla el número n que hace que la ecuación sea verdadera.

22. $45 \times \$236 = n$ **23.** $36 \times \$2{,}087 = n$ **24.** $93 \times \$47 = n$ **25.** $68 \times \$795 = n$

26. $24 \times n = \$24{,}000$ **27.** $80 \times n = \$72{,}000$ **28.** $12 \times n = \$1{,}440$

USA LOS DATOS Para los ejercicios 29–32, usa la tabla.

29. ¿Cuánto costarán los boletos al museo de trenes para 25 estudiantes?

30. ¿Cuánto más son dos boletos para adultos que dos boletos para estudiantes?

31. Bradley tiene $15. ¿Puede comprar un boleto para estudiante y un libro que cuesta $4.50? Explica tu respuesta.

32. **Escribe un problema** sobre la compra de boletos para más de 1 adulto y más de 1 estudiante que visitan el museo. Muestra la solución.

MUSEO DE TRENES

Boletos	Precio
Niños (menores de 6)	$5.25
Estudiante	$10.75
Adulto	$13.50

Repaso y preparación para la prueba

33. $\begin{array}{r} 7{,}805 \\ +2{,}678 \\ \hline \end{array}$ (pág. 48) **34.** $\begin{array}{r} 2{,}900 \\ -\ 407 \\ \hline \end{array}$ (pág 50)

35. $50{,}225 + 23{,}186$ (pág. 52)

36. $25{,}030 - 21{,}089$ (pág. 52)

37. $84{,}582 + 37{,}329$ (pág. 52)

38. **Preparación para la prueba** Rachel anotó 15 puntos y luego otros puntos más. Hacia el final del juego de básquetbol, había anotado 32 puntos. ¿Qué ecuación describe la situación? (pág. 70)

A $15 - p = 32$ **C** $32 + 15 = p$
B $15 + p = 32$ **D** $p - 15 = 32$

LECCIÓN 5

Destreza • Resolución de problemas
Problemas de varios pasos

COMPRENDE | PLANEA | RESUELVE | COMPRUEBA

Repaso rápido

1. 4 × 217
2. 2 × 340
3. 2 × 497
4. 3 × 526
5. 3 × 705

VOCABULARIO

problema de varios pasos

ALCANZA TU META Los jugadores de fútbol vendieron botellas de agua para recaudar dinero para su equipo. Cobraron $2.25 por cada botella de agua. Vendieron 52 botellas el sábado y 45 botellas el domingo. ¿Cuánto dinero recaudaron?

Idea matemática A veces se necesita más que un paso para resolver un problema. Para resolver **problemas de varios pasos**, decide *cuáles* son los pasos y *en qué orden* debes llevarlos a cabo.

Ejemplo

Para calcular cuánto dinero recaudó el equipo de fútbol, multiplica el número total de botellas vendidas por $2.25.

PASO 1

Suma para calcular el número total de botellas vendidas.

```
  52  ← botellas vendidas el sábado
 +45  ← botellas vendidas el domingo
 ---
  97
```

Los jugadores vendieron 97 botellas de agua.

PASO 2

Multiplica para hallar la cantidad de dinero recaudado.

```
  $2.25  ← precio de cada botella
 ×   97  ← número total de botellas
 ------
$218.25
```

Entonces, los jugadores recaudaron $218.25.

Explica lo que sabes

- ¿Podrías usar la ecuación $(52 + 45) \times \$2.25 = n$ para resolver el problema? Explica tu respuesta.
- ¿Obtendrías el mismo resultado si primero multiplicaras $52 \times \$2.25$ y $45 \times \$2.25$ y luego sumaras los dos productos? Explica tu respuesta.

Práctica • Resolución de problemas

1. **¿Qué sucedería si** si el equipo de fútbol hubiera cobrado $3.25 por cada botella de agua que vendió? ¿Cuánto más dinero habrían recaudado?

2. El entrenador de fútbol compró 12 uniformes nuevos a $17.25 cada uno y 6 pelotas de fútbol a $8.25 cada una. ¿Cuánto gastó él en total?

USA LOS DATOS Para los ejercicios 3–4, usa la tabla.

Durante la temporada de fútbol, el restaurante Darren vende almuerzos. Darren llevó cuenta de los platos vendidos en el partido de fútbol el sábado pasado.

Restaurante Darren – Especiales

Plato	Precio	Total vendidos
Ensalada de frutas	$2.59	33
Sándwich de pavo	$5.87	29
Sándwich de verduras	$4.38	18
Sopa de pollo	$1.39	15
Pastel de chocolate	$1.21	12

3. ¿Qué ecuación usarías para calcular la cantidad de dinero que obtuvo Darren de la venta de ensaladas de frutas y sándwiches de pavo?
   A $\$2.59 + \$5.87 = n$
   B $(\$2.59 \times 33) + (\$5.87 \times 29) = n$
   C $(\$2.59 \times 33) - (\$5.87 \times 29) = n$
   D $(\$2.59 + \$5.87) \times (33 + 29) = n$

4. ¿Cuánto más dinero obtuvo Darren de la venta de ensaladas de frutas que de la venta de sándwiches de verduras?
   F $4.37 más
   G $4.43 más
   H $6.63 más
   J $17.43 más

Aplicaciones mixtas

5. La Sra. Ling tenía una caja de crayolas. Le dio 14 crayolas a cada uno de sus 21 estudiantes. Si quedaron 131 crayolas en la caja, ¿cuántas crayolas había al comienzo?

6. Norman gastó $15.00 en una pizza y 2 ensaladas. La pizza costó el doble que las 2 ensaladas. ¿Cuál era el precio de cada plato?

7. Tommy y Helen estaban jugando. Primero, Helen tomó un número y le sumó 4. Luego multiplicó por 6. Por último, restó 3. El resultado fue 51. ¿Qué número tomó Helen?

8. Harry, Eli, Macy y Sandy hacen fila en la boletería del cine. Harry está detrás de Eli. Macy está entre Harry y Sandy. ¿Quién es el primero en la fila?

9. Los miembros de una banda practican desde las 3:00 p.m. hasta las 5:00 p.m. dos veces a la semana. ¿Cuántas horas practican en 4 semanas?

10. **Escribe un problema** que requiera más de dos pasos para su solución. Muestra la solución.

Más práctica

Grupo A (págs. 252–255)

Elige un método para hallar el producto. Estima para comprobar.

1. 71×64
2. $\$29 \times 23$
3. 92×33
4. 89×16
5. 46×96
6. 14×36
7. 22×81
8. $\$45 \times 15$
9. 93×39
10. 45×67

Grupo B (págs. 256–257)

Halla el producto. Estima para comprobar.

1. $\$226 \times 65$
2. 547×53
3. 924×38
4. 839×22
5. 409×28
6. 91×682
7. $59 \times \$474$
8. 47×567
9. 38×106
10. 35×750

Grupo C (págs. 258–259)

Halla el producto. Estima para comprobar. Escribe el método que usaste.

1. 325×4
2. $9{,}234 \times 9$
3. 805×66
4. $\$3{,}782 \times 21$
5. $7{,}760 \times 48$
6. $76 \times 6{,}432$
7. $4 \times 1{,}210$
8. $26 \times 7{,}031$
9. 37×108
10. $18 \times 5{,}160$

Grupo D (págs. 260–261)

Halla el producto. Estima para comprobar.

1. $\$19 \times 66$
2. $\$74 \times 76$
3. $\$805 \times 45$
4. $\$1{,}249 \times 64$
5. $\$3.95 \times 25$
6. $\$57 \times 20$
7. $\$8{,}019 \times 50$
8. $\$454 \times 18$
9. $\$7.68 \times 90$
10. $\$56.10 \times 32$

11. Lily compró 15 entradas para un concierto. Cada entrada costaba $27.75. ¿Cuánto gastó?

12. El equipo de natación vendió camisas para recaudar fondos. Si los miembros del equipo vendieron 68 camisas a $12.95 cada una, ¿cuánto dinero recaudaron?

Repaso/Prueba

COMPRUEBA EL VOCABULARIO Y LOS CONCEPTOS

Elige el mejor término de la casilla.

problema de varios pasos
estimación
productos parciales
unidades

1. Un _?_ requiere dos o más pasos para hallar la solución. (pág. 262)
2. Para comprobar si tu respuesta es razonable, compara la respuesta con la _?_. (pág. 252)
3. Cuando multiplicas por números de dos dígitos, sumas los _?_ para obtener el resultado final. (pág. 253)

COMPRUEBA LAS DESTREZAS

Halla el producto. Estima para comprobar. (págs. 252–261)

4. 39×16
5. 54×33
6. $\$143 \times 62$
7. 472×73
8. 92×58
9. $\$0.61 \times 29$
10. $2{,}303 \times 67$
11. $8{,}845 \times 53$
12. 67×82
13. $\$297 \times 34$
14. $9{,}709 \times 36$
15. $\$62.11 \times 85$
16. 604×55
17. 253×31
18. $\$43.26 \times 41$
19. $\$7{,}132 \times 18$
20. $5{,}853 \times 24$
21. 77×46
22. 935×25
23. 720×99

COMPRUEBA LA RESOLUCIÓN DE PROBLEMAS

Resuelve. (págs. 262–263)

24. Josh juega en un equipo de boliche. Hay 13 jugadores. Si 5 jugadores logran un promedio de 145 cada uno y 8 jugadores logran un promedio de 134 cada uno, ¿cuál es el promedio del puntaje total del equipo?

25. La tienda de productos elaborados hizo un pedido de 25 cajas de servilletas. En cada caja hay 275 servilletas. ¿Cuántas servilletas más habría obtenido la tienda si hubiera habido 29 cajas?

Preparación para pruebas

PERCEPCIÓN NUMÉRICA, CONCEPTOS Y OPERACIONES

IDEA **Define un plan.**
Mira el ejercicio 1. Piensa qué operación se necesitaría para resolver el problema. Luego, halla la expresión que lo muestra.

1. La escuela elemental Eagle tiene 3 clases de cuarto grado. Hay 22 estudiantes en cada clase. ¿Qué expresión se podría usar para hallar el número de estudiantes de cuarto grado de la escuela elemental Eagle?

A $22 + 3$ **C** 22×3

B $22 - 3$ **D** $22 \div 3$

2. ¿Qué operación de multiplicación podrías usar para calcular $60 \div 12$?

F $12 \times 60 = 720$

G $2 \times 30 = 60$

H $6 \times 10 = 60$

J $12 \times 5 = 60$

3. **Explícalo** La gráfica muestra el número de autos usados que se vendieron en 4 semanas.

LOTE DE AUTOS USADOS	
Semana	**Número de autos vendidos**
1	4
2	6
3	4
4	5

¿Aproximadamente cuántos autos vende en 12 semanas el lote de autos usados?

MEDIDAS

4. Jenny desea saber la temperatura que hace afuera. ¿Cuál de estas herramientas debe usar?

A 

regla

B 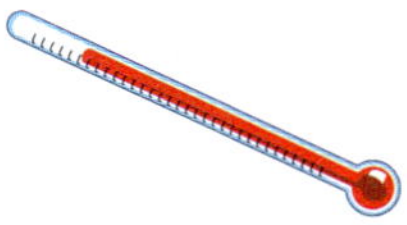 termómetro

C 

pesa de baño

D  taza para medir

5. ¿Cuál de los siguientes sería **mejor** para medir la longitud de un escritorio?

F  regla en centímetros

G 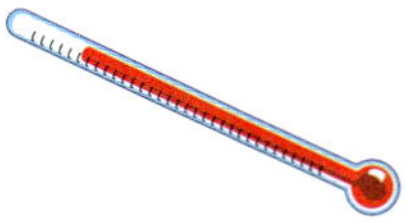 termómetro

H  balanza

J 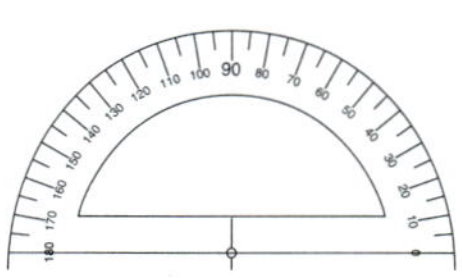 transportador

6. **Explícalo** ¿Aproximadamente cuántas libras pesa el gatito? Explica tu razonamiento.

GEOMETRÍA Y ORIENTACIÓN ESPACIAL

7. ¿Qué triángulo parece tener un ángulo recto?

A 

B 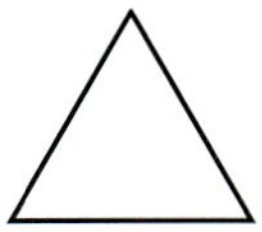

C 

D 

8. ¿Qué figuras tienen el mismo perímetro?

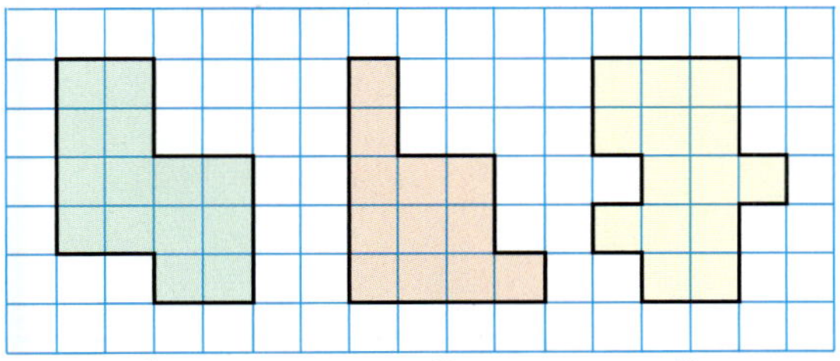

1 **2** **3**

F 1 y 2

G 1 y 3

H 2 y 3

J 1, 2 y 3

9. **Explícalo** Marla tiene un cuerpo geométrico. Éste tiene seis caras planas. Cuatro caras son rectángulos. Dos caras son cuadradas. ¿Qué nombre recibe el cuerpo geométrico de Marla? Escribe *cono, cilindro, cubo* o *prisma rectangular*. Explica tu decisión.

ANÁLISIS DE DATOS Y PROBABILIDAD

10. La gráfica lineal muestra el número de estudiantes que compraron almuerzos escolares durante una semana escolar.

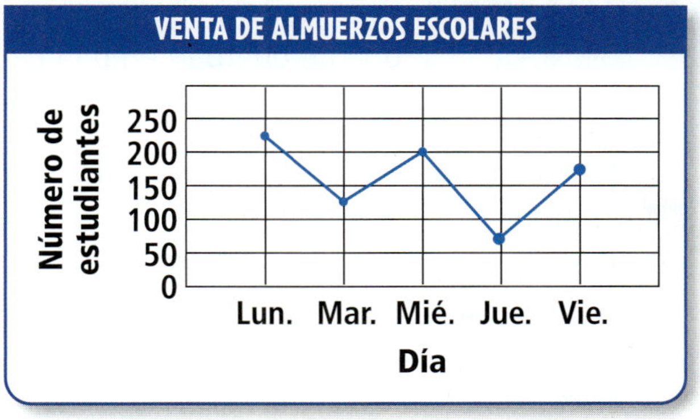

¿En qué día compró almuerzo el **mayor** número de estudiantes?

A lunes

B martes

C jueves

D viernes

11. Si se toma una carta sin mirarla, ¿qué número es **más probable** que se tome?

3	1	4	2	4	1	4	4

F 1 **H** 3

G 2 **J** 4

12. **Explícalo** El Sr. Ramírez le preguntó a un grupo de estudiantes de cuarto grado que eligieran su materia favorita. Matemáticas obtuvo 8 votos, ciencias obtuvo 12 votos y estudios sociales obtuvo 5 votos. Haz una gráfica para mostrar los datos. Indica por qué elegiste esa gráfica.

Manualidades

Multiplicación magnética

PROYECTO Practica la multiplicación usando números magnéticos que se guardan en una caja de metal.

Materiales

- 1 caja de metal pequeña
- 1 rollo de cinta magnética de $\frac{1}{2}$ pulgada
- Marcadores (1 permanente)
- Hoja de tiras con números
- Papel de color
- Pegamento
- Tijeras
- Regla

Instrucciones

1. Recorta unas tiras con números. Pega cada tira en el lado pegajoso de la cinta magnética.

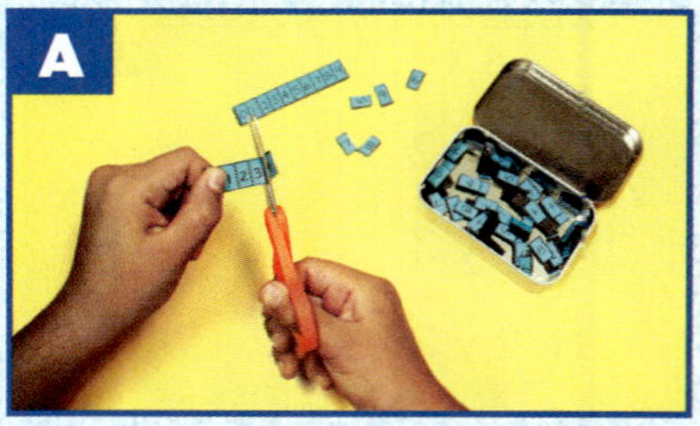

2. Corta a lo largo de las líneas para formar tarjetas cuadradas magnéticas. Pon todas las tarjetas en el lado profundo de la caja de metal. *(ilustración A)*

3. Voltea la caja de modo que quede en forma vertical. Dentro de la tapa, mide $\frac{1}{2}$ pulgada desde el fondo y dibuja una línea horizontal con un marcador permanente. Mide 1 pulgada desde esa línea y dibuja otra línea horizontal. Usa marcadores y una hoja de papel de color para rotular y decorar la parte externa de la tapa. *(ilustración B)*

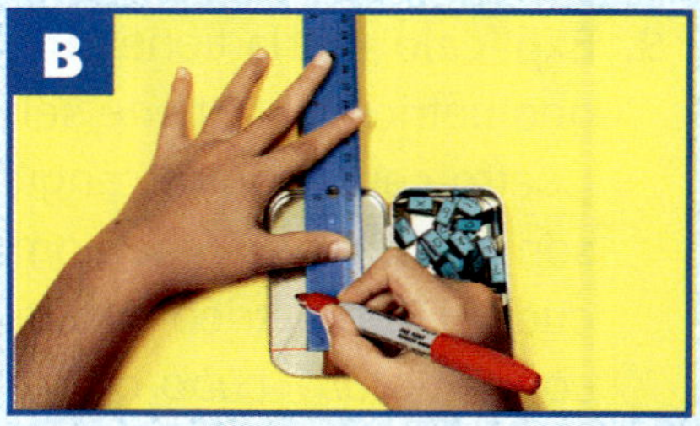

4. Toma números de la caja para obtener los dos factores de tu problema de multiplicación. No te olvides del signo X. Pon tu problema encima de la línea superior que está dibujada en la tapa. Realiza los problemas de la tapa como lo harías en papel. Con un compañero, túrnense para darse problemas para resolver. *(ilustración C)*

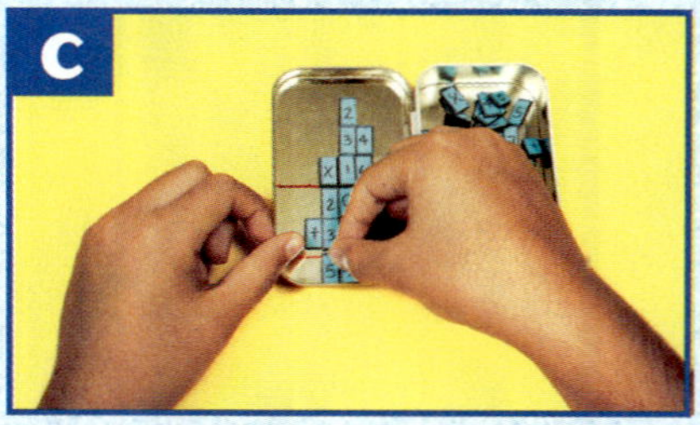

Desafío

Multiplicación mental

La tienda Instrumentos Hammond tiene una liquidación de trompetas. Si la familia de Jim paga $99 al mes durante 5 meses, ¿cuánto costará la trompeta en total?

A continuación se dan dos maneras de usar la propiedad distributiva para hallar productos.

Halla 5×99.

Una manera Usa la suma.

Piensa: $99 es $90 más $9.

$$\begin{aligned}5 \times 99 &= 5 \times (90 + 9)\\ &= (5 \times 90) + (5 \times 9)\\ &= 450 + 45\\ &= 495\end{aligned}$$

Entonces, la trompeta costará $495.

De otra manera Usa la resta.

Piensa: $99 es $1 menos que $100.

$$\begin{aligned}5 \times 99 &= 5 \times (100 - 1)\\ &= (5 \times 100) - (5 \times 1)\\ &= 500 - 5\\ &= 495\end{aligned}$$

Más ejemplos

A 8×74

Piensa: 74 es 70 más 4.

$$\begin{aligned}8 \times 74 &= 8 \times (70 + 4)\\ &= (8 \times 70) + (8 \times 4)\\ &= 560 + 32\\ &= 592\end{aligned}$$

B 3×146

Piensa: 146 es 4 menos que 150.

$$\begin{aligned}3 \times 146 &= 3 \times (150 - 4)\\ &= (3 \times 150) - (3 \times 4)\\ &= 450 - 12\\ &= 438\end{aligned}$$

Inténtalo

Usa la propiedad distributiva para hallar cada producto.

1. 5×49 **2.** 2×85 **3.** $7 \times \$25$ **4.** 78×3 **5.** 8×99

6. 8×17 **7.** 58×6 **8.** $2 \times \$39$ **9.** 29×9 **10.** $\$65 \times 3$

11. 197×8 **12.** $7 \times \$49$ **13.** 598×9 **14.** $\$59 \times 4$ **15.** $4 \times \$146$

Guía de estudio y repaso

VOCABULARIO

Elige el mejor término de la casilla.

números compatibles
propiedad distributiva
estimación

1. Los números que son fáciles de calcular mentalmente son los ___?___. (pág. 216)
2. La ___?___ establece que el producto de un número por un total es igual a la suma de los productos del número por cada sumando. (pág 238)

ESTUDIA Y RESUELVE

Capítulo 10

Escribe productos de números polidígitos multiplicados por números de un dígito.

$$\begin{array}{r} {}^{2\,3}\\ 259 \\ \times\ \ 4 \\ \hline 1{,}036 \end{array}$$

- Multiplica las unidades. $4 \times 9 = 36$ Reagrupa.
- Multiplica las decenas. $4 \times 5 = 20$ Reagrupa.
- Multiplica las centenas. $4 \times 2 = 8$

Multiplica. (págs. 218–227)

3. 61×2
4. 398×5
5. $2{,}608 \times 4$
6. $5{,}312 \times 3$
7. $\begin{array}{r} 406 \\ \times\ \ 9 \\ \hline \end{array}$
8. $\begin{array}{r} 2{,}060 \\ \times\ \ 6 \\ \hline \end{array}$
9. $\begin{array}{r} \$63.32 \\ \times\ \ 8 \\ \hline \end{array}$
10. $\begin{array}{r} \$70.86 \\ \times\ \ 7 \\ \hline \end{array}$

Capítulo 11

Multiplica por las decenas.

$$\begin{array}{r} 72 \\ \times\ 40 \\ \hline 2{,}880 \end{array}$$

- Multiplica por las unidades. 0 unidades $\times$ 72 = 0. Pon un cero en el lugar de las unidades.
- Multiplica por las decenas. 4 decenas $\times$ 72 = 2,880

Halla el producto. (págs. 240–241)

11. 15×10
12. 26×20
13. 74×30
14. 51×40
15. $\begin{array}{r} 92 \\ \times 60 \\ \hline \end{array}$
16. $\begin{array}{r} 49 \\ \times 50 \\ \hline \end{array}$
17. $\begin{array}{r} 33 \\ \times 80 \\ \hline \end{array}$
18. $\begin{array}{r} 67 \\ \times 70 \\ \hline \end{array}$

Capítulo 12

Multiplica números de dos dígitos.

$$\begin{array}{r l} \scriptstyle 1 & \\ 72 & \\ \times 46 & \\ \hline 432 & \leftarrow 6 \times 72 \\ +2\,880 & \leftarrow 40 \times 72 \\ \hline 3{,}312 & \end{array}$$

- Multiplica las unidades.
- Multiplica las decenas.
- Suma los productos.

Halla el producto. (págs. 252–255)

19. 84×68

20. 93×48

21. 705×27

22. 259×65

23. 51 × 24

24. 895 × 39

Multiplica números más grandes.

$$\begin{array}{r l} \scriptstyle 2\ \ 4 & \\ 5{,}407 & \\ \times\ \ 61 & \\ \hline 5\,407 & \leftarrow 1 \times 5{,}407 \\ +324\,420 & \leftarrow 60 \times 5{,}407 \\ \hline 329{,}827 & \end{array}$$

- Multiplica las unidades.
- Multiplica las decenas.
- Suma los productos.

Halla el producto. (págs. 256–259)

25. $5{,}904 \times 64$

26. $6{,}007 \times 81$

27. $8{,}753 \times 26$

28. $1{,}098 \times 79$

29. $\$65.09 \times 75$

30. $\$72.16 \times 52$

PRÁCTICA • RESOLUCIÓN DE PROBLEMAS

Resuelve. (págs. 228–229, 244–245, 262–263)

31. Había 246 personas en los juegos de vídeo y cada persona ganó 20 boletos. ¿Cuántos boletos se ganaron en total? Usa un problema más simple para resolver.

32. Martina camina 15 minutos por la mañana, 15 minutos por la tarde y 45 minutos al anochecer. Si camina todos los días durante 30 días, ¿cuántos minutos caminará?

33. Chris pidió prestados 6 vídeos de historia para una tarea. Cada vídeo duraba 75 minutos. Escribe una ecuación para mostrar cuánto se demoraría uno en mirar todos los vídeos. Resuelve.

34. El Sr. Uri compró camisas para el equipo de básquetbol de su hija. Había 14 niñas en el equipo. Cada camisa costó $12.48. ¿Cuánto gastó el Sr. Uri en las camisas?

EVALUACIÓN DEL RENDIMIENTO

TAREA A • UN CUENTO DE PECES

A Andy le regalaron un acuario para su cumpleaños. El leyó las siguientes instrucciones para montarlo.

- Añade entre 7 y 10 libras de gravilla.
- Añade 4 o 5 plantas.
- Añade tu selección de peces.

Andy ha ahorrado $35.00 para comprar gravilla, plantas y peces para el acuario. Quiere tener, por lo menos, dos de cada clase de peces que elija.

ARTÍCULOS PARA EL ACUARIO

Artículo	Precio
Gravilla	$0.65 por libra
Plantas	$3.25 cada una

PECES A LA VENTA

Pez	Precio por pez
Tetra	$1.79
Platy	$2.19
Molly	$2.99

a. Estima un costo total para la gravilla y las plantas. Luego, usa la estimación para hacer una lista de los números y clases de peces que podría comprar Andy de modo que los artículos junto con los peces cuesten $35 o menos.

b. ¿Cuál es el costo total de los artículos que elegiste?

c. Explica cómo puedes usar la multiplicación para resolver este problema.

TAREA B • ESCRIBIR RÁPIDAMENTE

MATERIALES: cronómetro o reloj con segundero

Esta tarea es una competencia para ver quién escribe más rápido.

a. Con un compañero que te tome el tiempo, escribe la palabra *suma* tantas veces como puedas en un minuto. Luego, cuenta y anota el número de veces que escribiste *suma*.

b. Si continuaras escribiendo a este ritmo, ¿cuántas veces podrías escribir la palabra *suma* en 30 minutos? ¿Cuántas veces podrías escribirla en 2 horas?

c. Usa lo que descubriste en la parte b para explicar cómo predecir el número de veces que podrías escribir la palabra *múltiplo* en 45 minutos.

Enlace con la tecnología

Calculadora • Patrones numéricos

Steve forma un patrón numérico. Su regla es: sumar 17 y luego multiplicar por 3. El primer número en el patrón es 1. ¿Cuáles son los tres números que siguen en el patrón?

Usa la calculadora T-15 para extender patrones numéricos.

Entra la primera operación. Oprime:	Opl + 1 7 Opl	Op1 +17
Entra la segunda operación. Oprime:	Op2 × 3 Op2	Op1 Op2 X3
Halla el segundo número del patrón. La esquina inferior derecha de la pantalla muestra el segundo número del patrón. Oprime:	1 Opl Op2	↑ 18 X 3 Op1 Op2 1 54
Halla el tercer número del patrón. Oprime:	Opl Op2	↑ 71 X 3 Op1 Op2 1 213
Halla el cuarto número del patrón. Oprime:	Opl Op2	↑ 230 X 3 Op1 Op2 1 690

Entonces, los tres números que siguen en el patrón son 54, 213 y 690.

IDEA Antes de entrar una nueva regla, borra las operaciones que guardaste.

Inténtalo

Usa las teclas TI–15 para hallar los tres números que siguen en el patrón.

1. **regla:** suma 7 y luego multiplica por 2
   primer número: 2
2. **regla:** resta 30 y luego divide entre 4
   primer número: 1,000
3. **Escribe un problema** que use una regla para un patrón. Incluye dos operaciones. Haz una lista de los primeros cinco números de tu patrón.

APRENDE en línea

Glosario de matemáticas

www.harcourtschool.com

Vocabulario Busca *problema de varios pasos* en el Glosario de matemáticas. Escribe un problema que se pueda responder usando el ejemplo.

RESOLUCIÓN DE PROBLEMAS POR EL PAÍS

en New Jersey

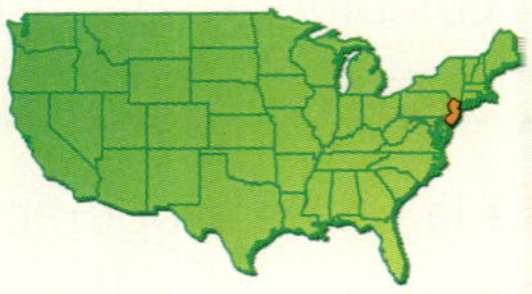

EXCURSIONES Y CICLISMO

New Jersey es el quinto estado más pequeño de Estados Unidos. El paisaje de New Jersey incluye montañas, valles, ríos y playas. Se ofrecen actividades al aire libre para personas de todas las edades.

▲ Los médanos conservados cerca de la costa de New Jersey

1. Leslie, Joanne y Will piensan ir de excursión por 3 horas en el parque estatal Allamuchy. Cada uno de ellos lleva 8 onzas de agua por cada hora que piensan ir de excursión. Escribe una ecuación que puedas usar para mostrar la cantidad de agua que llevarán en total. Resuelve la ecuación.

2. José maneja su bicicleta por el camino Old Mine en el Delaware Water Gap. Él maneja su bicicleta a una velocidad promedio de 19 millas por hora. ¿Se demorará más o menos de 2 horas para cubrir el trayecto de 37 millas de ida y vuelta? Explica cómo lo sabes.

3. Los miembros del club Outdoor están de excursión en el parque estatal High Point. Caminan a una rapidez promedio de 3 millas por hora. Les gustaría caminar un total de 16 horas en dos días. ¿Podrán completar 50 millas de caminata? Explica cómo lo sabes.

4. El parque estatal Wawayanda es uno de los mejores lugares para ir de ciclismo en las montañas. Suponte que se pueden alquilar bicicletas de montaña a \$5.25 la hora o a \$20 por día. Si quieres alquilar una bicicleta de montaña por 3 horas, ¿sería menos caro alquilarla por hora o por el día? Explica cómo lo sabes.

PIRAGÜISMO Y ESCALAR ROCAS

Estas dos actividades al aire libre son también muy populares en New Jersey.

1. A los visitantes les gusta pasear en canoa por el río Delaware en el área llamada Delaware Water Gap. ¿Qué sucedería si el alquiler de una canoa por 2 horas costara $35 y un grupo de visitantes alquilara 8 canoas por 2 horas? Escribe una ecuación que puedas usar para calcular el costo total. ¿Cuál es el costo total?

2. Cindy guía a un grupo en una excursión por el arroyo Cedar Swamp. Hay 3 personas en cada una de las 19 canoas. Cindy es la única persona en su canoa. Escribe una ecuación que puedas usar para hallar el número de personas en total. Resuelve la ecuación.

USA LOS DATOS Para los ejercicios 3–5, usa la tabla.

EQUIPO DE ALQUILER	
Artículo	**Precio**
zapatos para escalar	$6
mochila	$8
saco de dormir	$10

3. Las Heights of Madness y la Morning Sickness son dos buenos lugares para escalar en Delaware Water Gap. Si la tienda alquila 54 pares de zapatos para escalar y 45 mochilas, ¿cuánto recibirá en cuotas de alquiler?

4. ¿Cuánto le costará a una familia de cuatro si cada miembro alquila zapatos para escalar, una mochila y un saco de dormir?

5. Suponte que el vendedor de la tienda recibe de un grupo $320 por alquilar zapatos para escalar, mochilas y sacos de dormir. ¿Cuál podrá ser un grupo posible de artículos que se podrían haber alquilado?

▼ **El río Delaware forma una curva en forma de S entre New Jersey y Pennsylvania. Esta área se conoce como Delaware Water Gap.**

CAPÍTULO 13

Comprender la división

MIGRACIÓN DE BEROE

Fuente: Sea Turtle Survival League

Meses	Distancia nadada
jul.–ago.	800 km
sept.–oct.	200 km
nov.–dic.	400 km

DATOS BREVES • CIENCIAS **Las tortugas verdes del Atlántico migran cientos y, a veces, miles de kilómetros entre sus tierras de alimentación y sus playas de anidamiento.**

RESOLUCIÓN DE PROBLEMAS **La tabla muestra el número aproximado de kilómetros que Beroe, una tortuga verde del Atlántico, nadó desde julio hasta diciembre de 2001. ¿Aproximadamente cuántos kilómetros nadó Beroe cada semana durante noviembre y diciembre?**

Tortuga verde del Atlántico

Comprueba lo que sabes

Usa esta página para repasar y recordar destrezas importantes que se necesitan para el Capítulo 13.

OPERACIONES DE DIVISIÓN

Escribe la operación de división representada en cada dibujo.

1.

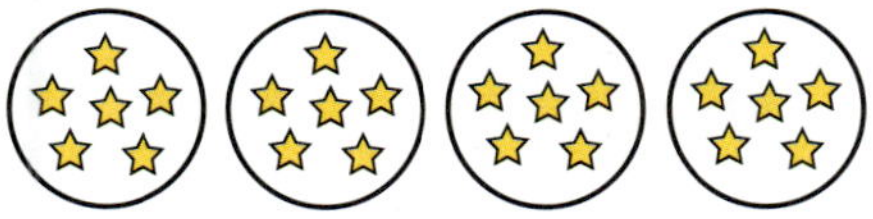

2.

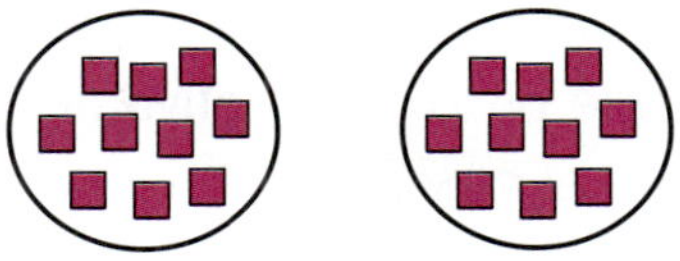

3.

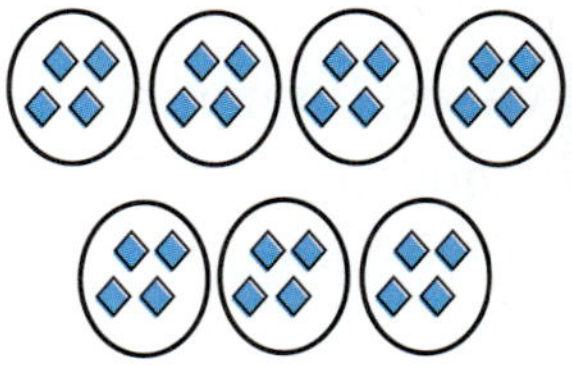

4.

5.

6.

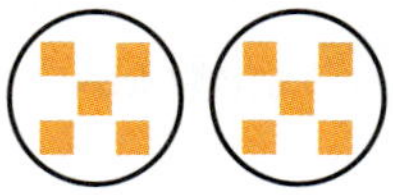

HALLA EL COCIENTE

Halla el cociente.

7. 30 ÷ 5 **8.** 28 ÷ 7 **9.** 72 ÷ 9 **10.** 54 ÷ 6

11. 48 ÷ 8 **12.** 24 ÷ 3 **13.** 14 ÷ 2 **14.** 36 ÷ 9

15. 12 ÷ 4 **16.** 81 ÷ 9 **17.** 40 ÷ 8 **18.** 42 ÷ 6

VOCABULARIO

REPASO

cociente *sustantivo*

El término *cociente* proviene del latín *quotiens* que significa "cuántas veces". Piensa en lo que es el cociente en un problema de división. Usa esta información para escribir una definición de *cociente*.

PRESENTACIÓN

residuo

APRENDE en línea www.harcourtschool.com

LECCIÓN 1

Dividir con residuos

Repaso rápido

1. 8×4
2. $15 \div 3$
3. 3×7
4. 6×4
5. $32 \div 4$

VOCABULARIO

residuo

Aprende

¡HAZ UN MODELO! Rico tiene 19 aviones de modelo que quiere colocar en algunos estantes. ¿Cuál es el mayor número de aviones que puede colocar en cada uno de 3 estantes? ¿Cuántos aviones le quedarán?

A veces, un número no se puede dividir equitativamente. La cantidad que queda se llama el **residuo**.

MANOS A LA OBRA

Actividad

MATERIALES: fichas

Haz un modelo para dividir 19 entre 3. Escribe $19 \div 3$ o $3\overline{)19}$.

PASO 1

Usa 19 fichas.

Escribe: $3\overline{)19}$

PASO 2

Dibuja tres círculos. Divide las 19 fichas en 3 grupos iguales.

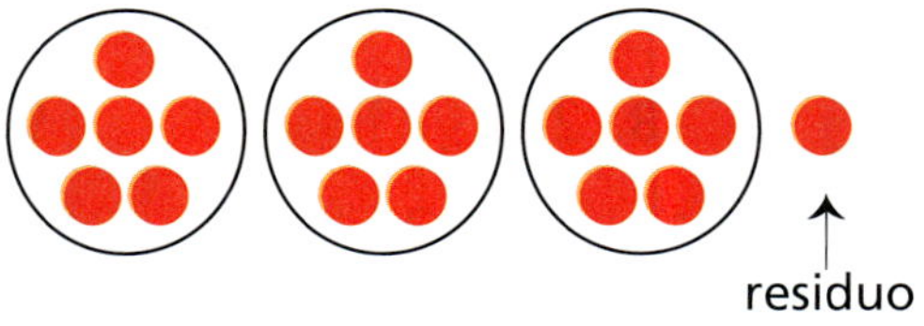

Anota:

$$\begin{array}{r} 6 \text{ r}1 \\ 3\overline{)19} \\ -18 \\ \hline 1 \end{array}$$

El cociente es 6. El residuo es 1. Entonces, $19 \div 3 = 6$ r1.

Entonces, Rico puede colocar 6 aviones en cada estante. Sobrará 1 avión.

Idea matemática El residuo es un número que es menor que el divisor.

Comprueba

1. **Explica** por qué la respuesta no podía ser 5 r4 para el modelo de la actividad.

Haz un modelo, anota y resuelve.

2. $15 \div 2$ **3.** $20 \div 3$ **4.** $22 \div 4$ **5.** $37 \div 6$

Práctica y resolución de problemas

Más práctica, página 290, Grupo A

Haz un modelo, anota y resuelve.

6. $29 \div 3$ **7.** $35 \div 4$ **8.** $57 \div 8$ **9.** $45 \div 6$

Divide. Usa las fichas si lo deseas.

10. $13 \div 4$ **11.** $65 \div 7$ **12.** $30 \div 4$ **13.** $39 \div 5$

14. $3\overline{)28}$ **15.** $4\overline{)37}$ **16.** $5\overline{)42}$ **17.** $5\overline{)49}$

18. $23 \div 4$ **19.** $75 \div 8$ **20.** $29 \div 4$ **21.** $53 \div 7$

22. $2\overline{)17}$ **23.** $5\overline{)22}$ **24.** $6\overline{)47}$ **25.** $4\overline{)26}$

26. $8\overline{)44}$ **27.** $4\overline{)19}$ **28.** $3\overline{)28}$ **29.** $7\overline{)38}$

30. El campamento de veraneo tiene 49 asistentes. Si los asistentes al campamento están divididos en 5 grupos iguales, ¿cuántas personas hay en cada grupo? ¿Cuántos quedan?

31. ***DATOS BREVES* • DEPORTES** Sammy Sosa obtuvo un récord de 20 jonrones en junio de 1998. Si junio tenía 4 semanas, ¿cuál es el número promedio de jonrones que logró cada semana?

32. Soy un número par de 4 dígitos con más unidades que decenas. Mi dígito de los millares es el cociente de $9 \div 3$ y mi dígito de las decenas es la suma de 3 y 3. No tengo centenas. ¿Qué número soy?

33. **¿Cuál es el error?** Bryan hizo este modelo para $4\overline{)23}$. Describe su error. Dibuja un modelo correcto.

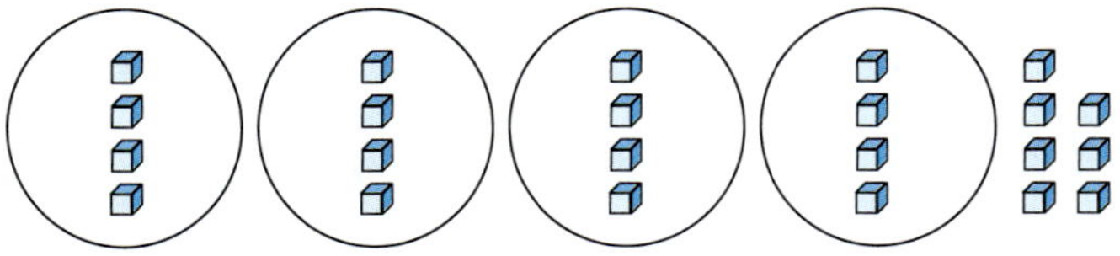

Enlace con la tecnología
Más práctica: Harcourt Mega Math The Number Games, *Up, Up, and Array*, Nivel L

Repaso y preparación para la prueba

Compara. Usa < o > para cada ●. (pág. 168)

34. 9×3 ● 6×4

35. $42 \div 7$ ● $56 \div 8$

36. 328×4 (pág. 222)

37. 295×3 (pág. 222)

38. **Preparación para la prueba** El castillo de modelo tiene 2 pisos con 14 puertas en cada piso, 3 pisos con 12 puertas en cada piso y 1 piso con 10 puertas. ¿Cuántas puertas hay en el castillo? (pág. 262)

A 36 **C** 74
B 41 **D** 89

LECCIÓN 2

MANOS A LA OBRA

Hacer un modelo de la división

Repaso rápido

1. 4 × 3 **2.** 20 ÷ 5

3. 12 ÷ 2 **4.** 3 × 6

5. 16 ÷ 4

MATERIALES
bloques de base diez

Explora

¡DALE UNA MIRADA! El museo Berkshire tiene fotografías de 48 animales extintos en 3 salas diferentes. Cada sala tiene el mismo número de fotografías. ¿Cuántas fotografías hay en cada sala?

Actividad 1

Divide 48 en 3 grupos iguales. Escribe 48 ÷ 3 o $3\overline{)48}$.
Haz un modelo para mostrar cuántas hay en cada grupo.

PASO 1 Muestra 48 como 4 decenas 8 unidades. Dibuja círculos para obtener 3 grupos iguales.

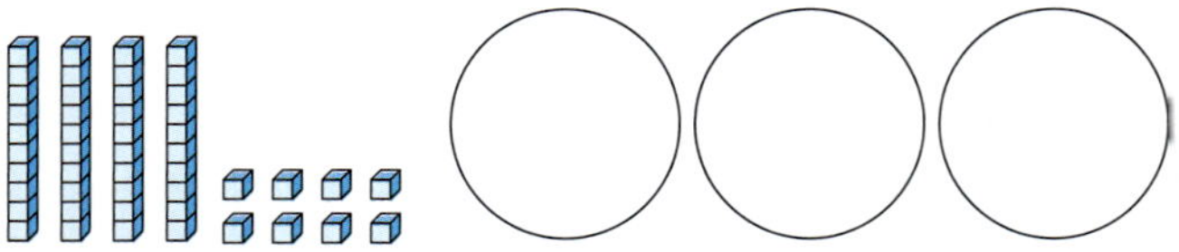

PASO 2 Coloca un número igual de decenas en cada grupo.

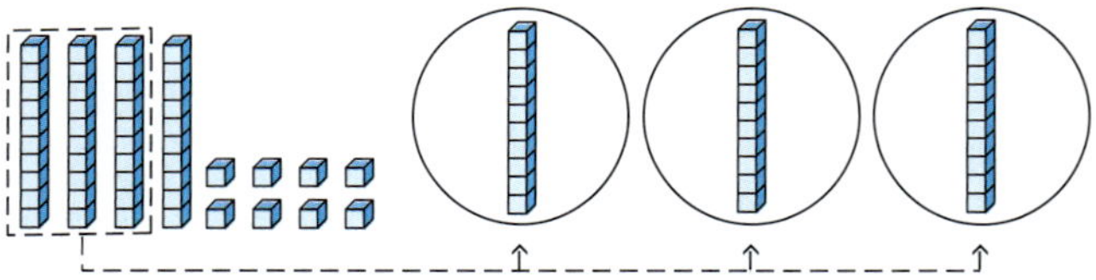

PASO 3 Reagrupa 1 decena 8 unidades como 18 unidades. Coloca un número igual de unidades en cada grupo.

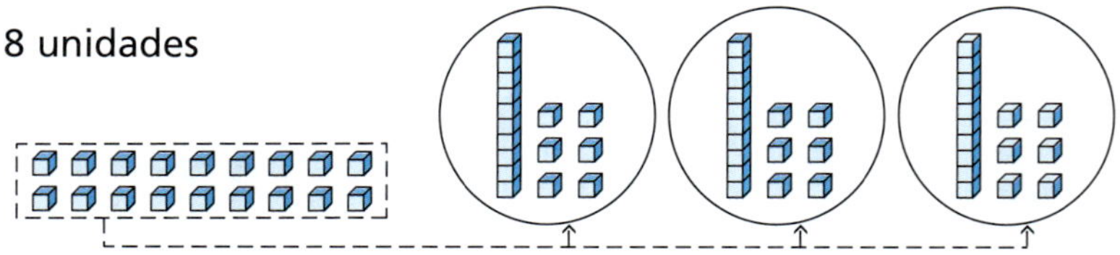

Entonces, hay 16 fotografías en cada sala.

- ¿Cuántos grupos obtuviste?
- ¿Cuántas hay en cada grupo?

Inténtalo

Haz un modelo. Di cuántos hay en cada grupo.

a. 26 ÷ 2 **b.** 42 ÷ 3 **c.** 64 ÷ 4

Relaciona

Actividad 2

Ésta es una manera de anotar la división. Divide 57 entre 2.

PASO 1 Muestra el modelo y 2 grupos iguales.

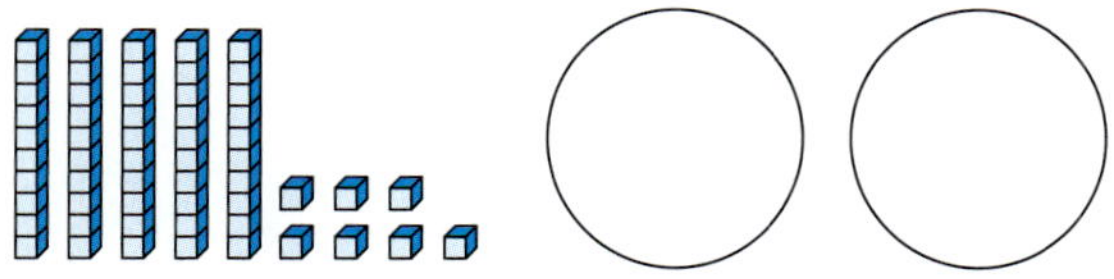

Anota:

$2\overline{)57}$

PASO 2 Divide las decenas.

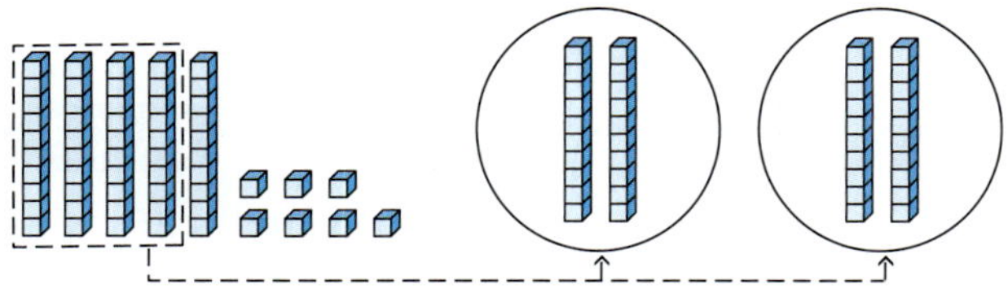

$$\begin{array}{r} 2 \\ 2\overline{)57} \\ \underline{-4} \\ 1 \end{array}$$

2 decenas en cada grupo

4 decenas usadas queda 1 decena

PASO 3 Reagrupa. Divide las unidades.

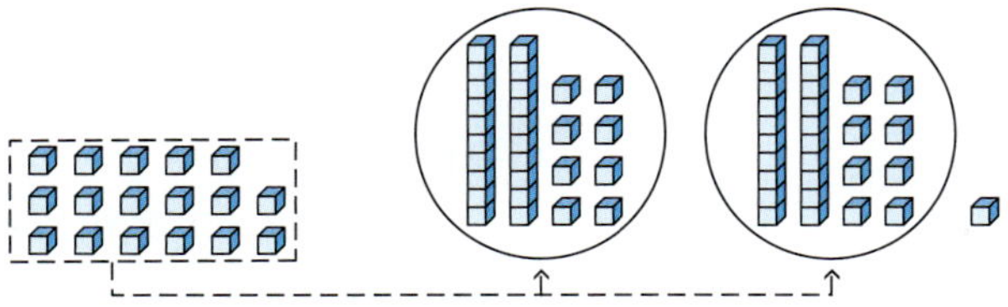

$$\begin{array}{r} 28 \text{ r1} \\ 2\overline{)57} \\ \underline{-4} \\ 17 \\ \underline{-16} \\ 1 \end{array}$$

8 unidades en cada grupo

16 unidades usadas queda 1 unidad

Entonces, $57 \div 2 = 28$ r1.

Lee: 57 dividido entre 2 es igual a 28 con un residuo de 1.

Práctica y resolución de problemas

Haz o dibuja un modelo. Anota y resuelve.

1. $35 \div 2$ **2.** $45 \div 3$ **3.** $49 \div 4$ **4.** $47 \div 2$ **5.** $72 \div 6$

6. $7\overline{)88}$ **7.** $3\overline{)56}$ **8.** $6\overline{)78}$ **9.** $5\overline{)66}$ **10.** $4\overline{)72}$

11. **¿Cuál es el error?** Emily hizo este modelo para $3\overline{)42}$. Describe su error. Dibuja un modelo correcto.

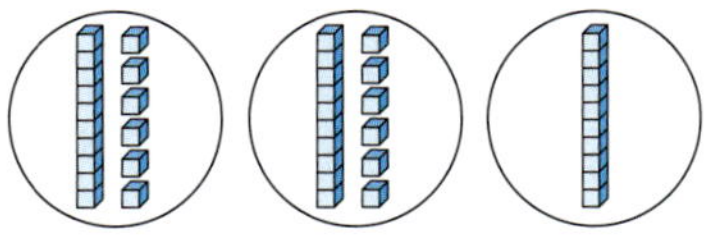

Repaso y preparación para la prueba

12. $\begin{array}{r} 1,909 \\ -\ 287 \\ \hline \end{array}$ (pág. 48)

13. $\begin{array}{r} 136 \\ \times\ 9 \\ \hline \end{array}$ (pág. 222)

14. $9\overline{)81}$ (pág. 168)

15. $\begin{array}{r} 2,368 \\ +7,416 \\ \hline \end{array}$ (pág. 48)

16. Preparación para la prueba ¿Qué hora es 2 hr 45 min más tarde que 9:35? (pág. 98)

A 10:15 **B** 11:35 **C** 12:20 **D** 1:45

LECCIÓN 3

Reglas de la división

Repaso rápido

1. 7×7 **2.** 3×3

3. 7×4 **4.** 5×9

5. 8×6

Aprende

RECIÉN SALIDOS DEL CASCARÓN Algunos voluntarios se han ofrecido para vigilar los nidos de tortugas en la playa. Hay 96 nidos. Si hay 7 voluntarios, ¿cuántos nidos vigila cada voluntario? ¿Cuántos nidos sobran?

Ejemplo

Divide 96 entre 7. Escribe $96 \div 7$ o $7\overline{)96}$.

PASO 1

Divide las 9 decenas.

```
   1
 7)96
  -7
   2
```

Divide. $9 \div 7$
Multiplica. 1×7
Resta. $9 - 7$
Compara. $2 < 7$

La diferencia, 2, debe ser menor que el divisor, 7.

PASO 2

Baja las 6 unidades.

```
   1
 7)96
  -7↓
   26
```

PASO 3

Divide las 26 unidades.

```
   13 r5
 7)96
  -7↓
   26
  -21
    5
```

Divide. $26 \div 7$
Multiplica. 3×7
Resta. $26 - 21$
Compara. $5 < 7$

Escribe el residuo al lado del cociente.

Entonces, cada voluntario vigila 13 nidos. Sobran 5 nidos para dárselos a un nuevo voluntario.

Idea matemática El orden de la división es como sigue: dividir, multiplicar, restar y comparar. Este orden se repite hasta que se haya completado la división.

- Cuando comparas, ¿qué debes hacer si la diferencia es igual a o mayor que el divisor?

Enlace con la tecnología

Más práctica: Harcourt Mega Math The Number Games, *Up, Up, and Array*, Nivel M

Dividir y comprobar

¿Qué sucedería si hubiera 5 voluntarios? ¿Cuántos nidos vigilaría cada voluntario si hubiera 6 voluntarios?

Divide para resolver estos problemas. Luego comprueba tus resultados. Para comprobarlos, puedes calcular: (divisor $\times$ cociente) $+$ residuo $=$ dividendo.

Ejemplos

A 5 voluntarios vigilan 96 nidos

$$\begin{array}{r} 19 \text{ r1} \\ 5\overline{)96} \\ -5\downarrow \\ \hline 46 \\ -45 \\ \hline 1 \end{array} \qquad \begin{array}{rl} \textbf{COMPRUEBA} & \\ 19 & \text{cociente} \\ \times\ 5 & \text{divisor} \\ \hline 95 & \\ +\ 1 & \text{residuo} \\ \hline 96 & \text{dividendo} \end{array}$$

Entonces, cada voluntario vigilaría 19 nidos y sobraría 1 nido.

B 6 voluntarios vigilan 96 nidos

$$\begin{array}{r} 16 \\ 6\overline{)96} \\ -6\downarrow \\ \hline 36 \\ -36 \\ \hline 0 \end{array} \qquad \begin{array}{rl} \textbf{COMPRUEBA} & \\ 16 & \text{cociente} \\ \times\ 6 & \text{divisor} \\ \hline 96 & \\ +\ 0 & \text{residuo} \\ \hline 96 & \text{dividendo} \end{array}$$

Entonces, cada voluntario vigilaría 16 nidos y no sobraría ningún nido.

- ¿Por qué el residuo del ejemplo B es cero?

Comprueba

1. **Explica** por qué puedes usar la multiplicación para comprobar un problema de división.

Divide y comprueba.

2. $4\overline{)58}$ 3. $3\overline{)65}$ 4. $5\overline{)84}$ 5. $5\overline{)79}$ 6. $7\overline{)99}$

7. $39 \div 2$ 8. $84 \div 6$ 9. $62 \div 4$ 10. $95 \div 8$ 11. $55 \div 3$

Usa la multiplicación para comprobar cada resultado.

12. $78 \div 6 = 13$ 13. $93 \div 7 = 13$ r2 14. $52 \div 3 = 17$ r1 15. $64 \div 5 = 12$ r4

16. Compara cada residuo en los ejercicios 2–5 con el divisor. ¿Por qué el residuo es siempre menor que el divisor?

LA LECCIÓN CONTINÚA

Práctica y resolución de problemas

Más práctica, página 290, Grupo B

Divide y comprueba.

17. $4\overline{)84}$ **18.** $4\overline{)51}$ **19.** $7\overline{)52}$ **20.** $2\overline{)46}$

21. $3\overline{)89}$ **22.** $5\overline{)67}$ **23.** $8\overline{)90}$ **24.** $3\overline{)76}$

25. $7\overline{)81}$ **26.** $6\overline{)93}$ **27.** $2\overline{)65}$ **28.** $8\overline{)91}$

29. $4\overline{)56}$ **30.** $4\overline{)59}$ **31.** $6\overline{)88}$ **32.** $5\overline{)69}$

33. $93 \div 8$ **34.** $73 \div 4$ **35.** $94 \div 3$ **36.** $87 \div 5$

Usa la multiplicación para comprobar cada resultado.

37. $57 \div 4 = 14$ r1 **38.** $85 \div 7 = 12$ r1 **39.** $39 \div 3 = 13$ **40.** $82 \div 7 = 11$ r5

Completa.

41. $(6 \times 12) + 3 = 75$, entonces $75 \div 6 = 12$ r■

42. $(3 \times 25) + 2 = 77$, entonces ■ $\div 3 = 25$ r2

43. $(6 \times 14) + 3 = 87$, entonces $87 \div 6 =$ ■ r3

44. $(5 \times 13) + 0 = 65$, entonces $65 \div$ ■ $= 13$

45. $(3 \times 14) + 1 = 43$, entonces $43 \div 3 = 14$ r■

46. $(4 \times 15) + 2 = 62$, entonces ■ $\div 4 = 15$ r2

ÁLGEBRA **Sea d = divisor y c = cociente. Halla el valor de cada variable.**

47. $97 \div 5 = 19$ r2
$(d \times c) + 2 = 97$

48. $97 \div 7 = 13$ r6
$(d \times c) + 6 = 97$

49. $97 \div 9 = 10$ r7
$(d \times c) + 7 = 97$

50. $97 \div 6 = 16$ r1
$(d \times c) + 1 = 97$

51. $97 \div 8 = 12$ r1
$(d \times c) + 1 = 97$

52. $97 \div 4 = 24$ r1
$(d \times c) + 1 = 97$

USA LOS DATOS **Para los ejercicios 53–56, usa la gráfica.**

53. **RAZONAMIENTO** La Srta. Juanita colocó a los voluntarios del jueves y del viernes en grupos iguales para las clases de entrenamiento. Cada clase tenía 8 miembros. ¿Cuántas clases necesitó la Srta. Juanita? Explica tu respuesta.

54. Los voluntarios del lunes y del martes se reunieron para almorzar. En cada mesa se pueden sentar 4 personas. ¿Cuántas mesas se necesitan para los voluntarios?

55. **¿Cuál es la pregunta?** La respuesta es 25 voluntarios.

56. **Escribe un problema** que requiera división, usando los datos de la gráfica.

57. Jeremy tiene 37 fotos de sus compañeros de clase. Quiere ordenarlas en grupos de 6. ¿Cuántos grupos puede obtener? ¿Cuántas fotos sobrarán?

58. **Vocabulario** *Quedar* significa "ser una parte que no se toma o no se usa completamente". ¿Cómo te ayuda esta información a entender lo que es un residuo?

Repaso y preparación para la prueba

59. $1,650 - 938$ (pág. 48)

60. $1,879 + 2,548$ (pág. 48)

61. 27×19 (pág. 252)

62. $4\overline{)65}$ (pág. 278)

63. ¿Qué números faltan en el patrón?
12, 24, ■, 48, 60, ■, 84 (pág. 172)

64. $20 \times 15 = 300$, entonces $20 \times 16 =$ ■. (pág. 252)

65. **Preparación para la prueba** Si 4 cajas contienen 60 libros, ¿cuántos libros hay en cada caja? (pág. 218)

A 14 C 64
B 15 D 240

USA LOS DATOS Para el ejercicio 66, usa la gráfica.

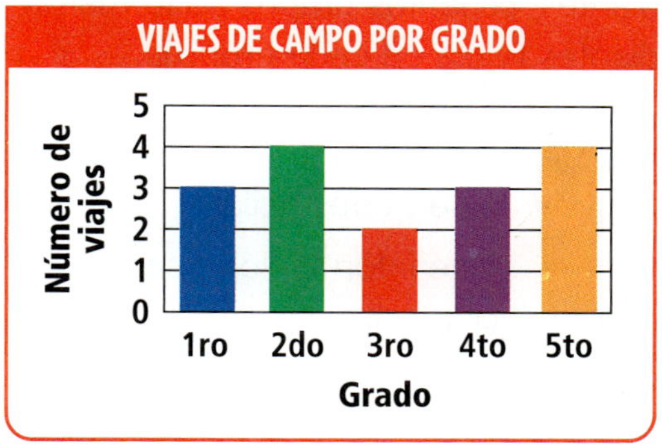

66. **Preparación para la prueba** El director de la escuela Meade está planificando el doble de viajes de campos para el próximo año. ¿Cuántos viajes de campo se están planificando? (pág. 218)

F 17 G 20 H 30 J 32

Resolución de problemas

Piénsalo más

RAZONAMIENTO Miranda tiene una colección de felinos salvajes y de animales marinos. Tiene 13 felinos y 11 animales marinos. Desea ponerlos en exhibición en unos estantes.

- Cada estante tendrá el mismo número de animales.
- Ningún estante tendrá solamente felinos o animales marinos.

Decide cuántos estantes necesita Miranda.
Usa modelos o dibuja un diagrama como ayuda.

1. ¿Cuántos estantes necesitará Miranda?
2. ¿Cuántos felinos y animales marinos colocará en cada estante?
3. Dibuja un diagrama para mostrar tu respuesta.

LECCIÓN 4

Estrategia de resolución de problemas
Predecir y probar

Repaso rápido

1. $20 \div 4$
2. $18 \div 3$
3. $9\overline{)18}$
4. $32 \div 8$
5. $5\overline{)51}$

PROBLEMA Había 81 estudiantes de visita en un museo. Cuando se colocaron en grupos iguales, sobraron 3 estudiantes. Si los grupos tenían entre 10 y 15 estudiantes, ¿cuántos grupos se formaron? ¿Cuántos estudiantes había en cada grupo?

COMPRENDE

- ¿Qué debes hallar?
- ¿Qué información usarás?
- ¿Hay alguna información que no usarás? De ser así, ¿cuál?

PLANEA

- ¿Qué estrategia puedes usar para resolver el problema?
  Puedes usar la estrategia de *predecir y probar.*

RESUELVE

- ¿Cómo puedes usar la estrategia para resolver el problema?
  Predice los divisores. Divide para probar cada predicción.

NÚMERO DE GRUPOS		EL RESIDUO	
Predecir	**Probar**	**Comparar con 3**	**¿Se comprueba?**
5	$81 \div 5 = 16$ r1	$1 < 3$	No
6	$81 \div 6 = 13$ r3	$3 = 3$	Sí
7	$81 \div 7 = 11$ r4	$4 > 3$	No
8	$81 \div 8 = 10$ r1	$1 < 3$	No
9	$81 \div 9 = 9$	$0 < 3$	No
10	$81 \div 10 = 8$ r1	$1 < 3$	No

Entonces, había 6 grupos con 13 estudiantes en cada grupo.

COMPRUEBA

- ¿Cómo puedes comprobar que tu respuesta está correcta?

Práctica • Resolución de problemas

Predice y prueba para resolver.

1. **¿Qué sucedería si** hubiera 86 estudiantes en el museo? Después de que se formaron grupos iguales de 15 y 20 sobró 1 estudiante. ¿Cuántos grupos se formaron? ¿Cuántos estudiantes había en cada grupo?

2. Eileen gastó $16.50 en la tienda de regalos. Compró 2 regalos. Uno de ellos costó $2.50 más que el otro. ¿Cuánto costó cada regalo?

Imagínate que tienes 35 materos de greda. Colocas un número igual de materos en las mesas y pones 2 materos en el piso. En cada mesa se pueden colocar hasta 15 materos.

3. ¿En cuántas mesas se han puesto los materos?
   A 2 **B** 3 **C** 15 **D** 35

4. ¿Cuántos materos hay en cada mesa?
   F 10 **G** 11 **H** 12 **J** 14

Estrategias

- Hacer un diagrama o dibujo
- Hacer un modelo o representar
- Hacer una lista organizada
- Hallar un patrón
- Hacer una tabla o gráfica
- **Predecir y probar**
- Volver sobre los pasos
- Resolver un problema más simple
- Escribir una ecuación
- Usar razonamiento lógico

Resolución de problemas

Práctica de estrategias mixtas

USA LOS DATOS Para los ejercicios 5–7, usa el horario.

5. Alex se demora 30 minutos en ir y venir de su casa al campamento y viceversa. Si llega al comienzo de las clases y las completa todas, ¿cuánto tiempo ha transcurrido cuando regresa a casa?

6. **¿Cuál es la pregunta?** El tiempo transcurrido es 2 horas con 15 minutos.

7. ¿En cuál de las 4 clases pasan la mayor parte del tiempo los asistentes al campamento? ¿Y el menor tiempo?

8. **Por escrito** Si 5 estudiantes comparten unas hojas de papel equitativamente, ¿sobrarán alguna vez más de 4 hojas? Explica cómo lo sabes.

9. Describe un patrón posible en la tabla.

Número	15	22	25	30
Resultado	60	88	100	120

10. Antes del partido, cuatro jugadores de fútbol hicieron una práctica. Sue terminó después que Jeremy. Emma terminó antes que Jeremy pero después que Mark. ¿Quién terminó primero?

LECCIÓN 5

Cálculo mental: Patrones de división

Repaso rápido

1. 3 × 20
2. 24 ÷ 3
3. 2 × 40
4. 18 ÷ 2
5. 3 × 300

Aprende

SUMAMENTE DIVERTIDO La tienda "Lo mejor para el deporte" hace un pedido de 1,800 patinetas que distribuirá equitativamente entre 3 de sus sucursales. ¿Cuántas patinetas recibirá cada sucursal?

Ejemplo

Halla 1,800 ÷ 3.

Usa operaciones y patrones básicos para hallar mentalmente los cocientes.

dividendo		divisor		cociente
18	÷	3	=	6
180	÷	3	=	60
1,800	÷	3	=	600
↑↑ dos ceros				dos ceros ↑↑

Entonces, cada sucursal recibirá 600 patinetas.

Idea matemática A medida que aumenta el número de ceros en el dividendo, también aumenta el número de ceros en el cociente.

Más ejemplos

A

40 ÷ 8 = 5 Piensa: 5 × 8 = 40
400 ÷ 8 = 50
4,000 ÷ 8 = 500

B

70 ÷ 10 = 7 Piensa: 7 × 10 = 70
700 ÷ 10 = 70
7,000 ÷ 10 = 700

- En el ejemplo A, ¿por qué hay un cero más en el dividendo que en el cociente?

Comprueba

1. **Di** cuántos ceros hay en el cociente 72,000 ÷ 9 y en el cociente 40,000 ÷ 8.

Usa una operación de división básica y patrones para escribir cada cociente.

2. **a.** $560 \div 7$ **b.** $5{,}600 \div 7$

3. **a.** $540 \div 6$ **b.** $5{,}400 \div 6$

4. **a.** $200 \div 5$ **b.** $2{,}000 \div 5$

5. **a.** $8{,}000 \div 8$ **b.** $80{,}000 \div 8$

Práctica y resolución de problemas

Más práctica, página 290, Grupo C

Usa una operación de división básica y patrones para escribir cada cociente.

6. **a.** $270 \div 3$ **b.** $2{,}700 \div 3$

7. **a.** $630 \div 9$ **b.** $6{,}300 \div 9$

8. **a.** $300 \div 5$ **b.** $3{,}000 \div 5$

9. **a.** $4{,}000 \div 10$ **b.** $40{,}000 \div 10$

Divide mentalmente. Escribe la operación de división básica y el cociente.

10. $450 \div 9$

11. $210 \div 7$

12. $160 \div 8$

13. $180 \div 9$

14. $2{,}800 \div 4$

15. $3{,}600 \div 9$

16. $15{,}000 \div 3$

17. $48{,}000 \div 6$

ÁLGEBRA **Escribe el valor de *n*.**

18. $420 \div 7 = n$

19. $n \div 9 = 30$

20. $350 \div n = 50$

21. $4{,}800 \div 8 = n$

22. $24{,}000 \div n = 8{,}000$

23. $72{,}000 \div 9 = n$

USA LOS DATOS **Para los ejercicios 24–27, usa el pictograma.**

24. Cada lata de pelotas de tenis contiene 3 pelotas. ¿Cuántas latas de pelotas de tenis tiene la tienda?

25. Si las pelotas de golf se venden en paquetes de 4 y cada lata de pelotas de tenis contiene 3 pelotas, ¿cuántas latas más de pelotas de tenis que paquetes de pelotas de golf tiene la tienda?

26. **Escribe un problema** sobre los datos del pictograma que se puedan resolver usando patrones y una operación de división básica.

27. **¿Qué sucedería si** la tienda recibe un nuevo envío de 2,000 pelotas, con un número igual de cada tipo de pelota? ¿Cuántas de cada tipo de pelota hay en la tienda ahora?

Repaso y preparación para la prueba

28. 45×27 (pág. 252)

29. $985 + 1{,}307$ (pág. 48)

30. Redondea 61,879 a la centena más próxima. (pág. 30)

31. Redondea 206,714 al millar más próximo. (pág. 30)

32. **Preparación para la prueba** ¿Cuántas caras tiene un cubo?

A 4 **B** 5 **C** 6 **D** 8

Más práctica

Grupo A (págs. 278–279)

Divide. Usa fichas si lo deseas.

1. $28 \div 4$ **2.** $84 \div 9$ **3.** $37 \div 5$ **4.** $39 \div 5$

5. $3\overline{)29}$ **6.** $4\overline{)19}$ **7.** $5\overline{)42}$ **8.** $6\overline{)59}$

9. Anton necesita 18 libras de tierra. La tierra viene en bolsas de 3 libras. ¿Cuántas bolsas necesitará?

Grupo B (págs. 282–285)

Divide y comprueba.

1. $5\overline{)84}$ **2.** $6\overline{)68}$ **3.** $2\overline{)47}$ **4.** $4\overline{)75}$ **5.** $3\overline{)31}$

6. $95 \div 3$ **7.** $69 \div 4$ **8.** $77 \div 6$ **9.** $58 \div 5$ **10.** $76 \div 9$

Usa la multiplicación para comprobar cada resultado.

11. $73 \div 9 = 8$ r1 **12.** $64 \div 5 = 12$ r4 **13.** $99 \div 6 = 16$ r3 **14.** $87 \div 7 = 12$ r3

15. Patty llevó 30 galletas a una fiesta. Cada uno de 7 niños tomó el mismo número de galletas. ¿Cuántas galletas sobraron?

16. La librería escolar piensa vender lápices en paquetes de 5. Si hay 83 lápices para la venta, ¿cuántos lápices no se pueden vender en un paquete?

Grupo C (págs. 288–289)

Usa una operación de división básica y patrones para escribir cada cociente.

1. $480 \div 6$ **2.** $210 \div 7$ **3.** $320 \div 4$ **4.** $360 \div 6$

$4{,}800 \div 6$ $2{,}100 \div 7$ $3{,}200 \div 4$ $3{,}600 \div 6$

Escribe el valor de *n*.

5. $36{,}000 \div 6 = n$ **6.** $n \div 6 = 200$ **7.** $2{,}800 \div n = 40$ **8.** $2{,}400 \div 8 = n$

9. $4{,}200 \div 7 = n$ **10.** $n \div 3 = 900$ **11.** $560 \div 8 = n$ **12.** $n \div 7 = 900$

13. La florista hizo un pedido de 120 margaritas. Usó las margaritas en 6 arreglos florales. ¿Cuántas margaritas había en cada arreglo floral?

14. La fábrica de juguetes hizo 5,400 ositos de peluche. Si 6 ositos caben en una caja, ¿cuántas cajas se necesitan para hacer el envío de los ositos?

Repaso/Prueba

COMPRUEBA EL VOCABULARIO Y LOS CONCEPTOS

Elige el mejor término de la casilla.

dividir
cociente
residuo

1. Un _?_ es la cantidad que queda cuando un número no se puede dividir equitativamente. (pág. 278)
2. El orden de la división es _?_, multiplicar, restar y comparar. (pág. 282)

Para los ejercicios 3–6, piensa en cómo hacer un modelo de $47 \div 3$. (págs. 278–281)

3. ¿Cuántos grupos iguales se necesitan para hacer un modelo del divisor?
4. Dibuja los bloques de base diez que se necesitan para mostrar el dividendo.
5. ¿Cuántos hay en cada grupo?
6. ¿Cuántos sobran?

COMPRUEBA LAS DESTREZAS

Divide y comprueba. (págs. 282–285)

7. $3\overline{)23}$
8. $4\overline{)33}$
9. $2\overline{)28}$
10. $6\overline{)72}$
11. $9\overline{)71}$
12. $5\overline{)85}$
13. $4\overline{)65}$
14. $5\overline{)69}$
15. $7\overline{)91}$
16. $6\overline{)79}$
17. $8\overline{)98}$
18. $7\overline{)90}$

Divide mentalmente. Escribe la operación de división básica y el cociente. (págs. 288–289)

19. $150 \div 5$
20. $210 \div 3$
21. $360 \div 6$
22. $4{,}500 \div 9$
23. $5{,}600 \div 8$

COMPRUEBA LA RESOLUCIÓN DE PROBLEMAS

Resuelve. (págs. 286–287)

24. Hay 93 estudiantes. Después de que se forman grupos iguales, sobran 5 estudiantes. ¿Cuántos grupos se forman? ¿Cuántos estudiantes hay en cada grupo?
25. Lyn tiene $73 para gastar en discos compactos. Compra varios al mismo precio y le quedan $3 ¿Cuántos discos compactos compra Lynn? ¿Cuánto cuesta cada uno?

Preparación para pruebas

PERCEPCIÓN NUMÉRICA, CONCEPTOS Y OPERACIONES

1. ¿Cuál de los siguientes muestra $22 \div 3$?

A 22 puntos en cada uno de 3 círculos

B 3 círculos, dos con 7 puntos y uno con 8 puntos

C

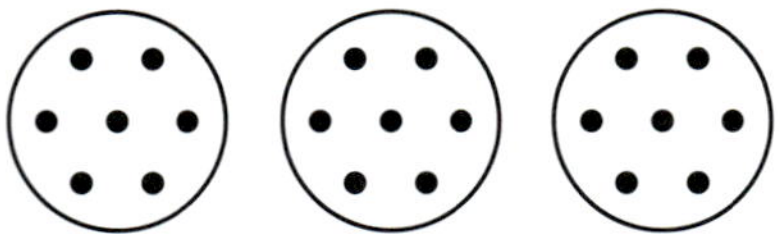

D

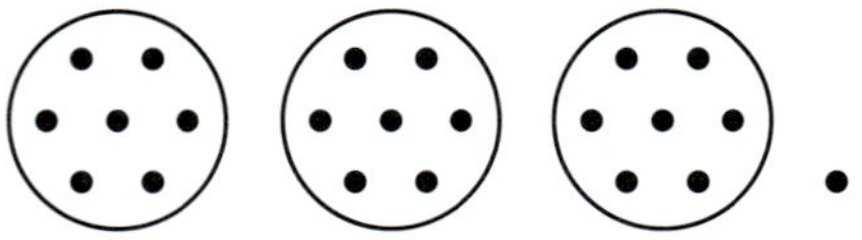

2. La siguiente tabla muestra el número de personas que asistieron a un partido de tenis en un período de tres días.

ASISTENCIA AL PARTIDO DE TENIS	
Día	**Número de personas**
Viernes	4,471
Sábado	5,396
Domingo	5,904

¿Alrededor de cuántas personas asistieron los tres días?

F entre 12,000 y 13,000

G entre 13,000 y 14,000

H entre 14,000 y 15,000

J entre 15,000 y 16,000

3. **Explícalo** Al va a colocar 68 fotografías en un álbum. Se pueden colocar 6 fotos en cada página. ESTIMA el número de páginas que va a necesitar. Explica cómo lo decidiste.

MEDIDAS

4. ¿Cuál es la **mejor** estimación para la longitud del brazo de un estudiante de cuarto grado?

A 2 pulgadas

B 22 pulgadas

C 220 pulgadas

D 22 pies

IDEA **Comprende el problema.** Mira el ejercicio 5. Piensa en lo que sabes sobre un *cuadrado.* Tendrás que usar lo que sabes sobre las longitudes de los lados para poder hallar el perímetro.

5. ¿Cuál es el perímetro del siguiente cuadrado?

3 pulgadas

3 pulgadas

3 pulgadas

3 pulgadas

F 3 pulgadas

G 6 pulgadas

H 7 pulgadas

J 12 pulgadas

6. **Explícalo** Tom salió de casa como a las 8:50 a.m. y caminó 20 minutos a la casa de su amigo. Salió de la casa de su amigo cerca de las 11:15 a.m. ¿Aproximadamente cuánto tiempo pasó Tom en la casa de su amigo? Explica tu razonamiento.

RAZONAMIENTO ALGEBRAICO

7. ¿Qué enunciado numérico sigue en este patrón?

$$25 \div 5 = 5$$
$$250 \div 5 = 50$$
$$2{,}500 \div 5 = 500$$

A $25{,}000 \div 10 = 2{,}500$

B $25{,}000 \div 5 = 5{,}000$

C $25{,}000 \div 1 = 25{,}000$

D $25 \div 5 = 5$

8. Se repartieron equitativamente unas canicas entre 4 personas. ¿Qué expresión se podría usar para describir esta situación?

F $c + 4$ **H** $c \times 4$

G $c - 4$ **J** $c \div 4$

9. **Explícalo** Cuando se introduce un número en esta máquina, sale un número diferente.

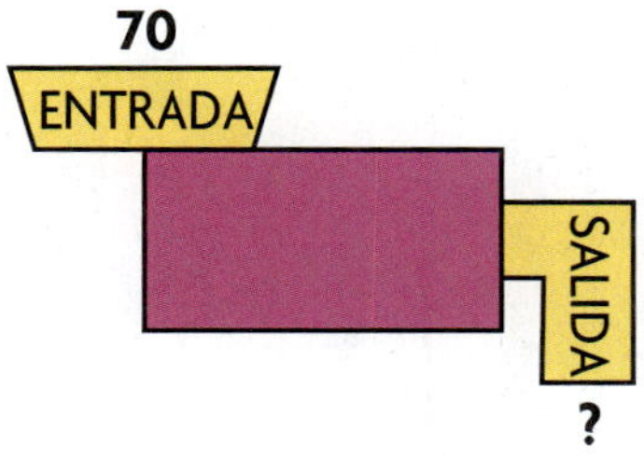

Si se introduce 14, sale 2.

Si se introduce 35, sale 5.

Si se introduce 56, sale 8.

Si se introduce 70, ¿qué número deberá salir?

Explica cómo lo decidiste.

ANÁLISIS DE DATOS Y PROBABILIDAD

10. La siguiente gráfica de barras muestra el número de latas que se recolectaron durante la campaña de alimentos del cuarto grado.

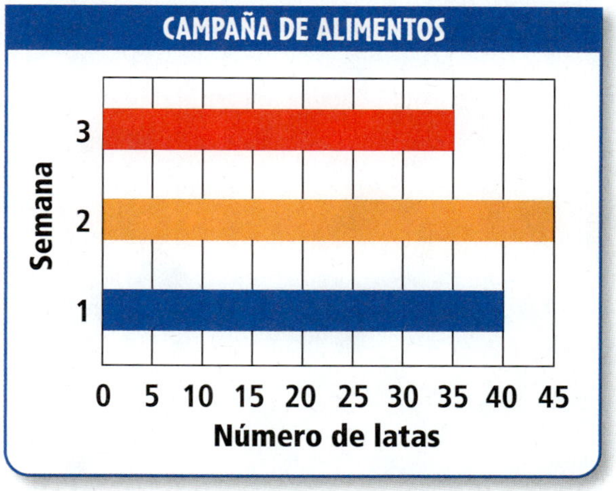

De acuerdo con la información de la gráfica, ¿cuántas latas se recolectaron en total durante las semanas 1 y 2?

A 35

B 45

C 80

D 85

11. ¿Qué tipo de gráfica sería la **mejor** para mostrar el crecimiento de la población de una ciudad durante varios años?

F gráfica de doble barra

G diagrama de tallo y hojas

H gráfica lineal

J gráfica de barras

12. **Explícalo** Jim escribió la edad de todos sus primos.

Edades: 2, 3, 11, 11, 12, 13, 13, 25, 26

¿Es la mediana de la edad de sus primos **mayor que, menor que** o **igual a** 12? Explica tu razonamiento.

CAPÍTULO 14

Dividir entre divisores de 1 dígito

DATOS BREVES • ESTUDIOS SOCIALES
A menudo, los hawaianos les dan la bienvenida a sus visitantes con guirnaldas de flores llamadas leis. Estas guirnaldas están hechas de 200 clases de flores que se hallan en Hawai.

RESOLUCIÓN DE PROBLEMAS **Usa la tabla para hallar el número de flores que se usan para hacer uno de cada tipo de lei.**

LEIS HAWAIANOS HECHOS EN UNA TIENDA

Tipo de lei	Número de flores	Número de leis
Clavel	350	7
Orquídea	375	5
Plumeria	495	9
Capullo	420	6
Nardo	320	8

Comprueba lo que sabes

Usa esta página para repasar y recordar destrezas importantes que se necesitan para el Capítulo 14.

VALOR POSICIONAL

Escribe el valor del dígito azul.

1. 394 **2.** 3,678 **3.** 2,786 **4.** 654 **5.** 5,073

RESTA DE 2 DÍGITOS

Halla la diferencia.

6. $\begin{array}{r} 92 \\ -24 \\ \hline \end{array}$ **7.** $\begin{array}{r} 79 \\ -44 \\ \hline \end{array}$ **8.** $\begin{array}{r} 66 \\ -29 \\ \hline \end{array}$ **9.** $\begin{array}{r} 53 \\ -37 \\ \hline \end{array}$ **10.** $\begin{array}{r} 45 \\ -18 \\ \hline \end{array}$

11. 87 − 56 **12.** 38 − 25 **13.** 71 − 52 **14.** 99 − 73 **15.** 64 − 35

DIVIDE CON RESIDUOS

Usa el modelo para hallar el cociente y el residuo.

16.
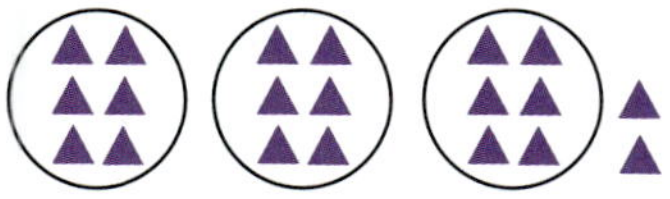
20 ÷ 3 = ■

17.
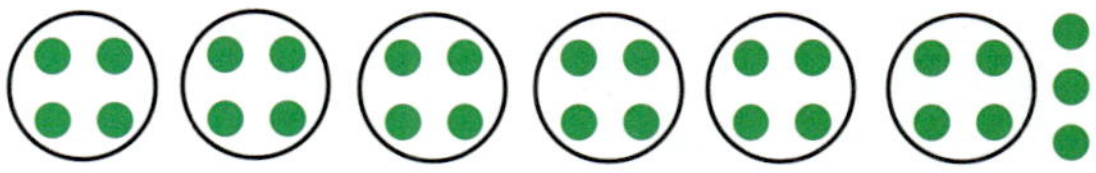
27 ÷ 6 = ■

18.

15 ÷ 7 = ■

19.
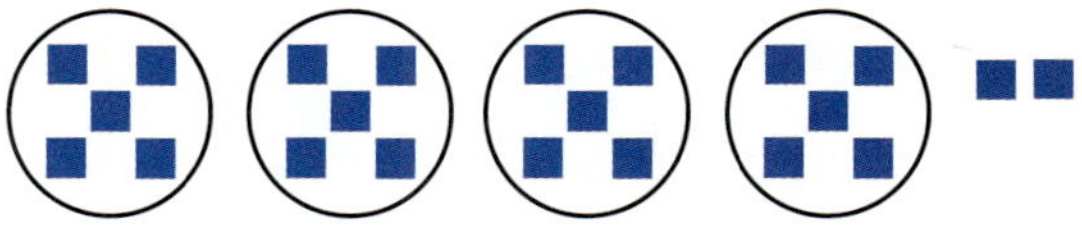
22 ÷ 4 = ■

VOCABULARIO

REPASO

números compatibles *sustantivo*

El término *compatible* se refiere a cosas que se pueden usar juntas sin ninguna dificultad. Explica cómo el uso de números compatibles puede facilitar la división.

APRENDE en línea **www.harcourtschool.com**

LECCIÓN 1

Estimar cocientes

Repaso rápido

1. 4×7
2. 4×70
3. 4×700
4. $280 \div 4$
5. $2{,}800 \div 4$

Aprende

UN COMILÓN Kendra y Jamal están investigando acerca de los elefantes. Aprendieron que un elefante bebé consume alrededor de 538 libras de alimento en una semana. ¿Aproximadamente cuánto come un elefante bebé en un día?

Estima. $528 \div 7$

Recuerda que los números compatibles se pueden usar para estimar cocientes.

Usa operaciones de división con 7 para hallar los números compatibles para 528.

Piensa: $49 \div 7 = 7$ y $56 \div 7 = 8$

Entonces, puedes usar 490 o 560 para 528.

$490 \div 7$

$560 \div 7$

Piensa: 528 está entre 490 y 560. Entonces, usa estos números compatibles como dividendos.

Kendra	Jamal
$490 \div 7$ $490 \div 7 = 70$	$560 \div 7$ $560 \div 7 = 80$
El elefante bebé come unas 70 libras de alimento cada día.	El elefante bebé come unas 80 libras de alimento cada día.

Entonces, tanto 70 libras de alimento como 80 libras de alimento son estimaciones razonables.

- ¿Sería la respuesta exacta mayor o menor que 70 libras? Explica tu respuesta.
- ¿Estaría la respuesta exacta más próxima a 70 o a 80?
- Suponte que estimas $346 \div 7$ redondeando el dividendo a 300. ¿Es 300 una buena opción? Explica tu respuesta.

Comprueba

1. **Explica** cómo hallar números compatibles para estimar $331 \div 4$.

Elige la letra de la mejor estimación.

2. $267 \div 7$	**a.** 3 o 4	**b.** 5 o 6	**c.** 30 o 40
3. $348 \div 5$	**a.** 6 o 7	**b.** 40 o 50	**c.** 60 o 70

Práctica y resolución de problemas

Más práctica, página 310, Grupo A

Elige la letra de la mejor estimación.

4. $242 \div 3$	**a.** 6 o 7	**b.** 8 o 9	**c.** 80 o 90
5. $372 \div 6$	**a.** 60 o 70	**b.** 50 o 60	**c.** 6 o 7
6. $4{,}000 \div 9$	**a.** 400 o 500	**b.** 300 o 400	**c.** 40 o 50

Estima usando números compatibles.

7. $5\overline{)47}$	**8.** $9\overline{)59}$	**9.** $4\overline{)137}$	**10.** $6\overline{)492}$
11. $8\overline{)444}$	**12.** $9\overline{)660}$	**13.** $8\overline{)713}$	**14.** $9\overline{)6{,}800}$
15. $9\overline{)3{,}150}$	**16.** $5\overline{)232}$	**17.** $3\overline{)2{,}720}$	**18.** $7\overline{)4{,}570}$

Usa la estimación para indicar qué cociente es mayor.

19. $190 \div 3$ o $165 \div 4$	**20.** $475 \div 8$ o $365 \div 5$	**21.** $349 \div 5$ o $703 \div 8$
22. $555 \div 7$ o $303 \div 6$	**23.** $777 \div 8$ o $888 \div 7$	**24.** $2{,}000 \div 7$ o $999 \div 2$

25. Por lo general, un grupo de familias de elefantes consiste aproximadamente en 8 miembros. Una parte de la sabana tiene 125 elefantes. Otra parte tiene 268 elefantes. Estima la diferencia en el número de grupos de familias que se hallan en cada parte de la sabana.

26. **¿Cuál es el error?** Un elefante puede comer unas 3,080 libras de alimento en una semana. Mike estimó que un elefante come unas 600 libras de alimento en un día. Describe su error. Da una estimación más razonable.

Repaso y preparación para la prueba

27. $\begin{array}{r} 13{,}238 \\ -8{,}179 \\ \hline \end{array}$ (pág. 48)

28. $26 \div 9$ (pág. 282)

29. Halla el producto. (pág. 174)
$6 \times 4 \times 3$

30. Halla el valor de n en la ecuación $18 - 9 = n + 2$. (pág. 76)

31. **Preparación para la prueba** Jim comenzó su caminata a las 11:15 a.m. y se detuvo a las 12:45 p.m. para almorzar en 30 minutos. Luego, caminó de regreso a casa. Llegó a su casa a las 2:00 p.m. ¿Cuánto tiempo caminó? (pág. 98)

A 1 hr 45 min
B 2 hr 15 min
C 2 hr 30 min
D 2 hr 45 min

LECCIÓN 2

Colocar el primer dígito

Repaso rápido

1. $36 \div 4$	**2.** 8×3
3. 7×5	**4.** $49 \div 7$
5. $25 \div 5$	

Aprende

PÉTALOS DE PAPEL La Sra. Bond hizo un pedido de 265 hojas de papel crepé para repartirlas equitativamente entre 5 clases de arte. ¿Cuántas hojas le tocará a cada clase?

De una manera Estima para colocar el primer dígito en el cociente.

Divide 265 entre 5. Escribe 5)265.

PASO 1

Estima.

Piensa:

$\begin{array}{r} 50 \\ 5\overline{)250} \end{array}$ o $\begin{array}{r} 60 \\ 5\overline{)300} \end{array}$

$\begin{array}{r} \blacksquare \\ 5\overline{)265} \end{array}$ Entonces, el primer dígito se halla en el lugar de las decenas.

PASO 2

Divide las 26 decenas.

$\begin{array}{r} 5 \\ 5\overline{)265} \\ -25 \\ \hline 1 \end{array}$

Divide. 5)26
Multiplica. 5×5
Resta. $26 - 25$
Compara. $1 < 5$

PASO 3

Baja las 5 unidades.
Divide las 15 unidades.

$\begin{array}{r} 53 \\ 5\overline{)265} \\ -25\downarrow \\ \hline 15 \\ -15 \\ \hline 0 \end{array}$

Divide. 5)15
Multiplica. 5×3
Resta. $15 - 15$
Compara. $0 < 5$

Entonces, a cada clase le tocarán 53 hojas de papel crepé.

De otra manera Usa el valor posicional para colocar el primer dígito en el cociente.

Divide 253 entre 4. Escribe 4)253.

PASO 1

Usa el valor posicional para colocar el primer dígito. Observa las centenas.

4)253 $2 < 4$, entonces observa las decenas.

$\begin{array}{r} \blacksquare \\ 4\overline{)253} \end{array}$ $25 > 4$, entonces, usa 25 decenas. Coloca el primer dígito en el lugar de las decenas.

PASO 2

Divide las 25 decenas.

$\begin{array}{r} 6 \\ 4\overline{)253} \\ -24 \\ \hline 1 \end{array}$

Divide. 4)25
Multiplica. 4×6
Resta. $25 - 24$
Compara. $1 < 4$

PASO 3

Baja las 3 unidades.
Divide las 13 unidades.

$\begin{array}{r} 63\text{ r1} \\ 4\overline{)253} \\ -24\downarrow \\ \hline 13 \\ -12 \\ \hline 1 \end{array}$

Divide. 4)13
Multiplica. 4×3
Resta. $13 - 12$
Compara. $1 < 4$

Comprueba

1. **Explica** cómo usar el valor posicional para colocar el primer dígito en el cociente de $903 \div 3$.

Indica dónde colocar el primer dígito. Luego divide.

2. $6\overline{)38}$ **3.** $4\overline{)81}$ **4.** $2\overline{)182}$ **5.** $5\overline{)85}$ **6.** $6\overline{)771}$

Práctica y resolución de problemas

Más práctica, página 310, Grupo B

Indica dónde colocar el primer dígito. Luego divide.

7. $6\overline{)45}$ **8.** $3\overline{)125}$ **9.** $5\overline{)558}$ **10.** $7\overline{)371}$ **11.** $3\overline{)634}$

Divide.

12. $2\overline{)87}$ **13.** $4\overline{)189}$ **14.** $5\overline{)170}$ **15.** $6\overline{)378}$ **16.** $3\overline{)801}$

17. $6\overline{)318}$ **18.** $4\overline{)239}$ **19.** $5\overline{)678}$ **20.** $8\overline{)488}$ **21.** $7\overline{)917}$

22. $462 \div 9$ **23.** $694 \div 5$ **24.** $969 \div 6$ **25.** $998 \div 8$ **26.** $891 \div 9$

27. La Sra. Williams compró útiles para el proyecto de su clase de arte. Compró brillo por $2.49, cinta por $4.89 y pintura por $5.30. ¿Cuánto cambio le dieron de un billete de $20.00?

28. Un total de 144 figuras de origami estaban en exhibición. Había el mismo número de figuras en cada una de 6 mesas. ¿Cada mesa tenía 244 figuras, 24 figuras o 2 figuras? Explica tu respuesta.

29. **Vocabulario** Cuando divides un número, lo separas en partes iguales. *Separar* es un sinónimo de la palabra *dividir*. ¿En qué otros sinónimos de *dividir* puedes pensar? Haz una lista.

30. **Por escrito** Explica cómo puedes decidir dónde colocar el primer dígito en un problema de división.

Repaso y preparación para la prueba

31. $3 \times 3 \times 2$ (pág. 174)

32. $600 - 79$ (pág. 40)

33. Halla el producto de 16 y 4. (pág. 218)

34. Halla la suma. $706 + 552$ (pág. 40)

35. **Preparación para la prueba** La obra de teatro comenzó a las 7:15 p.m. Duró 90 minutos y hubo un intermedio de 15 minutos. ¿A qué hora terminó la obra? (pág. 98)

A 8:15 p.m. **C** 9:00 p.m.
B 8:45 p.m. **D** 9:15 p.m.

LECCIÓN 3

Dividir números de 3 dígitos

Repaso rápido

1. 21 ÷ 3
2. 4 × 2
3. 5 × 3
4. 35 ÷ 5
5. 7)44

Aprende

AVENTURAS ISLEÑAS La compañía Aloha Tour dividió 178 volantes para giras turísticas equitativamente entre 3 balnearios. ¿Cuántos volantes le tocó a cada balneario?

Ejemplo

Divide 178 entre 3. Escribe 3)178.

PASO 1

Estima para colocar el primer dígito en el cociente.

Piensa: 3)150 (50) o 3)180 (60)

■ sobre 3)178 — Coloca el primer dígito en el lugar de las decenas.

PASO 2

Divide las 17 decenas.

```
    5
 3)178   Divide.
  -15    Multiplica.
    2    Resta.
         Compara.
```

PASO 3

Baja las 8 unidades. Divide las 28 unidades.

```
   59 r1
 3)178   Divide.
  -15↓   Multiplica.
   28    Resta.
  -27    Compara.
    1
```

PASO 4

Para comprobar, multiplica el cociente por el divisor. Luego, súmale el residuo.

```
   2
  59   cociente
 × 3   divisor
 177
 + 1   residuo
 178   dividendo
```

Entonces, a cada balneario le tocarán 59 volantes y sobrará 1 volante. Como 59 se halla entre 50 y 60, la respuesta es razonable.

Más ejemplos

A

```
   $1.93
 2)$3.86
  -2
   18
  -18
    06
   - 6
     0
```

Divide las cantidades de dinero como lo haces con los números enteros. Escribe el cociente en dólares y centavos.

B

```
   226 r2
 3)680
  -6
   08
  - 6
    20
   -18
     2
```

Las cataratas Kapoloa de Hawaii descienden 1,400 pies y llegan al suelo del valle Pololu.

• ¿Por qué hay 3 dígitos en el cociente del ejemplo B?

Comprueba

1. **Explica** cómo hallar el primer dígito en el cociente de $324 \div 7$.

Divide y comprueba.

2. $4\overline{)187}$ 3. $2\overline{)453}$ 4. $5\overline{)592}$ 5. $7\overline{)241}$ 6. $6\overline{)687}$

Práctica y resolución de problemas

Más práctica, página 310, Grupo C

Divide y comprueba.

7. $6\overline{)178}$ 8. $4\overline{)472}$ 9. $7\overline{)241}$ 10. $9\overline{)709}$ 11. $3\overline{)470}$

12. $5\overline{)337}$ 13. $2\overline{)\$3.72}$ 14. $8\overline{)697}$ 15. $4\overline{)\$4.68}$ 16. $6\overline{)749}$

17. $7\overline{)\$9.24}$ 18. $9\overline{)530}$ 19. $4\overline{)617}$ 20. $5\overline{)386}$ 21. $8\overline{)\$9.44}$

22. $186 \div 3$ 23. $247 \div 8$ 24. $546 \div 5$ 25. $\$3.02 \div 2$ 26. $614 \div 6$

ÁLGEBRA **Halla el valor de $448 \div n$ para cada valor de n.**

27. $n = 2$ 28. $n = 3$ 29. $n = 4$ 30. $n = 5$ 31. $n = 6$

32. **Cálculo mental** ¿Cuál es mayor, $345 \div 2$ o $345 \div 3$?

33. ¿Cuál es mayor, $2\overline{)452}$ o $4\overline{)452}$? ¿Cuánto mayor?

USA LOS DATOS Para los ejercicios 34–37, usa esta información. El teatro de Island Tours tiene capacidad para 45 personas. Hay 210 personas en la gira turística.

34. Los turistas están divididos en grupos iguales. Si cada grupo tiene 7 personas, ¿cuántos grupos habrá?

35. Cada entrada a la obra cuesta $8. El guía turístico le da a la cajera $1,800. ¿Cuánto cambio recibe el guía?

36. ¿Cuántos grupos de 7 personas pueden ver una obra a la vez? ¿Cuántas veces se presentará la obra para que todos los grupos puedan verla?

37. **Escribe un problema** sobre Island Tours en que se use la división de tres dígitos.

Repaso y preparación para la prueba

38. $7,500 - 896$ (pág. 50)

39. $2,300 \times 4$ (pág. 222)

40. $6\overline{)83}$ (pág. 280)

41. $7\overline{)37}$ (pág. 278)

42. **Preparación para la prueba** ¿Cuál es el valor de n? $n + 4 = 15$ (pág. 76)

A $n = 60$
B $n = 19$
C $n = 15$
D $n = 11$

LECCIÓN 4

Los ceros en la división

Repaso rápido

1. $4\overline{)28}$ **2.** $4\overline{)36}$

3. $7\overline{)63}$ **4.** $2\overline{)22}$

5. $4\overline{)41}$

Aprende

TARIFAS POSTALES La oficina de correo vendió 432 estampillas en 4 horas. Si se vendió el mismo número de estampillas cada hora, ¿cuántas estampillas se vendieron cada hora?

Ejemplo

Divide 432 entre 4. Escribe $4\overline{)432}$.

PASO 1

Estima para colocar el primer dígito en el cociente.

Piensa:

$$\begin{array}{r} 100 \\ 4\overline{)400} \end{array} \quad \text{o} \quad \begin{array}{r} 200 \\ 4\overline{)800} \end{array}$$

$$\begin{array}{r} \blacksquare \\ 4\overline{)432} \end{array}$$

Entonces, coloca el primer dígito en el lugar de las centenas.

PASO 2

Divide las 4 centenas.

$$\begin{array}{r} 1 \\ 4\overline{)432} \\ -4 \\ \hline 0 \end{array}$$

PASO 3

Baja las 3 decenas. Divide las 3 decenas.

$$\begin{array}{r} 10 \\ 4\overline{)432} \\ -4\downarrow \\ \hline 03 \\ -\ 0 \\ \hline 3 \end{array}$$

4 > 3, entonces escribe un 0 en el cociente.

PASO 4

Baja las 2 unidades. Divide las 32 unidades.

$$\begin{array}{r} 108 \\ 4\overline{)432} \\ -4 \\ \hline 03 \\ -\ 0\downarrow \\ \hline 32 \\ -32 \\ \hline 0 \end{array}$$

Entonces, la oficina de correo vendió 108 estampillas cada hora.

Más ejemplos

A

$$\begin{array}{r} 101 \text{ r1} \\ 5\overline{)506}\phantom{\text{ r1}} \\ -5\phantom{\text{ r1}} \\ \hline 00\phantom{\text{ r1}} \\ -\ 0\phantom{\text{ r1}} \\ \hline 06\phantom{\text{ r1}} \\ -\ 5\phantom{\text{ r1}} \\ \hline 1\phantom{\text{ r1}} \end{array}$$

B

$$\begin{array}{r} 130 \\ 6\overline{)780} \\ -6 \\ \hline 18 \\ -18 \\ \hline 00 \\ -\ 0 \\ \hline 0 \end{array}$$

C

$$\begin{array}{r} 104 \text{ r6} \\ 7\overline{)734}\phantom{\text{ r6}} \\ -7\phantom{\text{ r6}} \\ \hline 03\phantom{\text{ r6}} \\ -\ 0\phantom{\text{ r6}} \\ \hline 34\phantom{\text{ r6}} \\ -28\phantom{\text{ r6}} \\ \hline 6\phantom{\text{ r6}} \end{array}$$

- Explica qué sucedería en el ejemplo A si no escribieras un cero en el lugar de las decenas del cociente.
- Explica cómo puedes comprobar el resultado del ejemplo C.

Corregir cocientes

Los estudiantes de cuarto grado coleccionaron estampillas. Colocaron 4 estampillas en cada página de un álbum. Los estudiantes de la clase de Lee Ann coleccionaron 240 estampillas. ¿Cuántas páginas necesitaron?

Mira la hoja de papel de Lee Ann. Lee Ann dividió 240 entre 4.

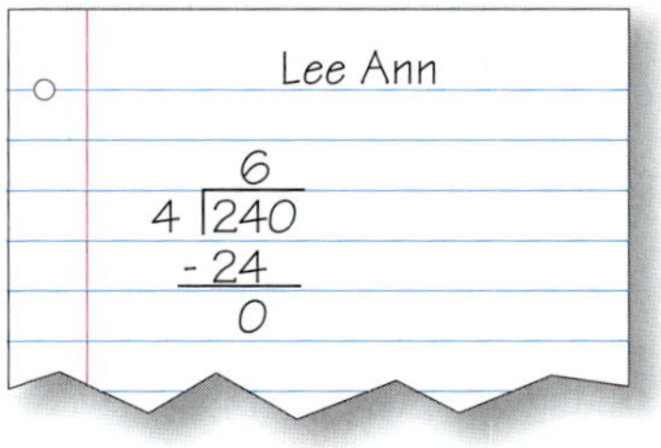

- Describe su error. Escribe la división de manera correcta.

Los estudiantes de la clase de Craig coleccionaron 412 estampillas. ¿Cuántas páginas necesitaron?

Mira la hoja de papel de Craig. Craig dividió 412 entre 4.

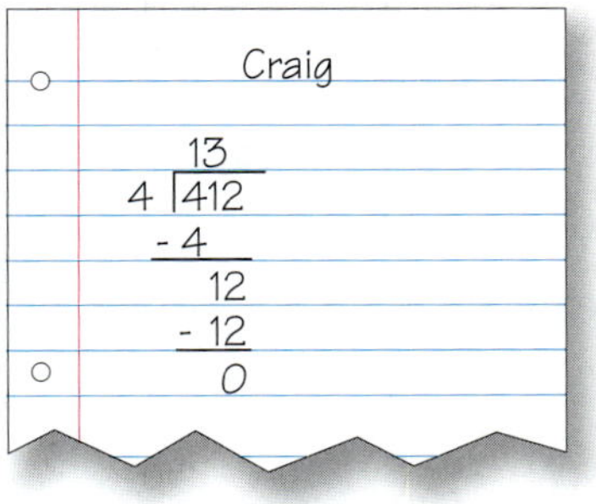

- Describe su error. Escribe la división de manera correcta.

Idea matemática Estima para decidir cuántos dígitos debe haber en el cociente de modo que no se te olvide incluir los ceros.

Enlace con la tecnología

Más práctica: Harcourt Mega Math The Number Games, *Up, Up, and Array,* Nivel P

Comprueba

1. **Explica** cómo podría ayudarte una estimación para que no te olvides de colocar un cero en un cociente.
2. **Explica** cómo sabes si un cociente es razonable.

Escribe el número de dígitos en cada cociente.

3. $4\overline{)406}$ **4.** $7\overline{)610}$ **5.** $5\overline{)309}$ **6.** $4\overline{)804}$ **7.** $5\overline{)650}$

Divide y comprueba.

8. $5\overline{)800}$ **9.** $9\overline{)308}$ **10.** $3\overline{)609}$ **11.** $3\overline{)305}$ **12.** $5\overline{)407}$

LA LECCIÓN CONTINÚA

Práctica y resolución de problemas

Más práctica, página 310, Grupo D

Escribe el número de dígitos en cada cociente.

13. $8\overline{)818}$ **14.** $6\overline{)510}$ **15.** $3\overline{)207}$ **16.** $4\overline{)600}$ **17.** $5\overline{)405}$

Divide y comprueba.

18. $6\overline{)40}$ **19.** $8\overline{)60}$ **20.** $5\overline{)70}$ **21.** $7\overline{)80}$ **22.** $9\overline{)97}$

23. $5\overline{)405}$ **24.** $4\overline{)240}$ **25.** $6\overline{)243}$ **26.** $7\overline{)636}$ **27.** $8\overline{)706}$

28. $7\overline{)308}$ **29.** $6\overline{)230}$ **30.** $4\overline{)580}$ **31.** $5\overline{)306}$ **32.** $4\overline{)803}$

33. $4\overline{)260}$ **34.** $7\overline{)605}$ **35.** $8\overline{)900}$ **36.** $3\overline{)620}$ **37.** $9\overline{)951}$

38. $402 \div 7$ **39.** $362 \div 9$ **40.** $760 \div 3$ **41.** $860 \div 8$ **42.** $603 \div 6$

43. $361 \div 3$ **44.** $247 \div 8$ **45.** $654 \div 5$ **46.** $421 \div 2$ **47.** $642 \div 6$

ÁLGEBRA **Escribe +, −, × o ÷ para cada ●.**

48. (35 ● 5) ● 5 = 2 **49.** (9 ● 8) ● 4 = 18 **50.** (36 ● 4) ● 3 = 27

USA LOS DATOS **Para los ejercicios 51–54, usa la tabla.**

COSTOS DE ENVÍO DE LA COMPAÑÍA DE JUGUETES

Peso	Costo por lb
0–9.99 lb	\$0.80
10–19.99 lb	\$0.75
20–34.99 lb	\$0.70

51. Juan hizo un pedido de tres juguetes. Un juego de tablero pesa 4 libras. Un escúter pesa 8 libras y un juego de tren pesa 21 libras. ¿Cuánto pagó Juan por el envío de sus juguetes?

52. **RAZONAMIENTO** Madeleine pagó \$9.00 en costos de envío por 4 animalitos de peluche que pesan 3 libras cada uno. ¿Su pedido pesó de 0 a 9.99 libras o de 10 a 19.99 libras?

53. Alex tiene \$4.50. ¿Tiene suficiente dinero para pagar por el envío de un globo terráqueo que pesa 5 libras? ¿Cuánto costará el envío?

54. **¿Cuál es la pregunta?** Lucy tiene \$13.00. Una cámara fotográfica de juguete pesa 2 libras, una muñeca pesa 3 libras y un juego de útiles de arte pesa 3 libras. A Lucy le sobran \$6.60.

55. **Por escrito** Explica cómo puedes decidir cuántos dígitos habrá en un cociente.

56. **DATOS BREVES • ESTUDIOS SOCIALES** Un cartero reparte correspondencia a unas 500 direcciones cada día. Si reparte correspondencia durante 4 horas, ¿aproximadamente a cuántas direcciones entrega correspondencia por hora?

57. **¿Cuál es el error?** Describe el error y luego muestra la manera correcta de dividir.

$$\begin{array}{r} 5 \text{ r2} \\ 9\overline{)47} \\ -45 \\ \hline 2 \end{array}$$

58. Yoko toma el tren a la ciudad y regresa en tren a su casa 4 veces cada mes. Viaja un total de 376 millas. ¿A qué distancia se encuentra la ciudad?

59. ¿Cuál es el valor de ocho billetes de $10, seis billetes de $1, 17 monedas de 10¢ y 9 monedas de 1¢?

Repaso y preparación para la prueba

Para los ejercicios 60–61, escribe en forma normal. (pág. 4)

60. setecientos once mil cuarenta y cinco

61. sesenta y cuatro mil novecientos cincuenta y dos

62. Escribe el número que es 10,000 menos que doscientos cincuenta mil ciento dieciséis. (pág. 52)

63. $\begin{array}{r} 6{,}983 \\ -2{,}094 \\ \hline \end{array}$ (pág. 48)

64. $\begin{array}{r} 7{,}682 \\ +6{,}749 \\ \hline \end{array}$ (pág. 48)

65. $4 \times \blacksquare = 30 - 2$ (pág. 192)

66. $\begin{array}{r} 400 \\ -283 \\ \hline \end{array}$ (pág. 40)

67. $\begin{array}{r} 732 \\ -165 \\ \hline \end{array}$ (pág. 40)

68. **Preparación para la prueba** Sami tiene 960 cuentas en 8 colores diferentes para hacer unas joyas. Tiene el mismo número de cada color. ¿Cuántas cuentas tiene de cada color? (pág. 298)

A 100 **B** 110 **C** 120 **D** 130

69. **Preparación para la prueba** Nelson compró 8 libras de naranjas. Pagó con $5.00 y le dieron $1.96 de cambio. ¿Cuanto costó 1 libra de naranjas? (pág. 300)

F 29¢ **H** 38¢
G 31¢ **J** 42¢

Resolución de problemas

Enlace con los Estudios Sociales

El 3 de abril de 1860, el Pony Express comenzó a llevar correspondencia entre Missouri y California. Los portadores de correspondencia viajaban unas 150 millas cada día: casi el doble de la distancia de un viaje diario en diligencia.

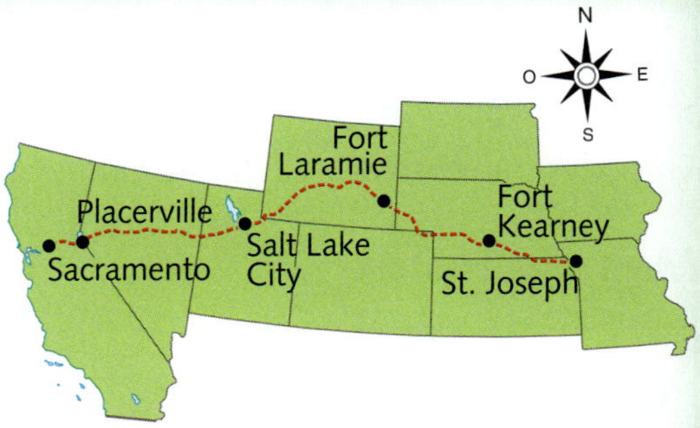

USA LOS DATOS Para los ejercicios 1–4, usa la información del mapa.

1. Los portadores de correspondencia de Pony Express se demoraban unos 11 días en viajar desde St. Joseph, Missouri, hasta Sacramento, California. ¿Aproximadamente cuántas millas viajaban?

2. Un portador de correspondencia de Pony Express salió de Sacramento a las 2:45 a.m. y llegó a Placerville a las 6:40 a.m. ¿Cuánto se demoró en viajar a Placerville?

3. Buffalo Bill hizo uno de los viajes directos más largos. Viajó durante aproximadamente 22 horas a unas 15 millas por hora. Usó 21 caballos diferentes. ¿Aproximadamente cuántas millas viajó?

4. **DESAFÍO** Pony Express llevó un total de 34,753 cartas y encomiendas en 308 viajes de 2,000 millas cada uno. ¿Cuántas millas recorrieron los portadores de correspondencia de Pony Express?

LECCIÓN 5

Elegir un método

Repaso rápido

1. $3\overline{)63}$
2. $2\overline{)424}$
3. $5\overline{)315}$
4. $4\overline{)884}$
5. $6\overline{)1,806}$

Aprende

RESERVACIONES Para una competencia de gimnasia nacional, se reservó un total de 1,650 habitaciones en 6 hoteles. Las habitaciones se dividieron equitativamente entre los hoteles. ¿Cuántas habitaciones se reservaron en cada hotel?

Elige un método de división que funcione fácilmente para los números dados.

Usa papel y lápiz Divide 1,650 entre 6. Escribe $6\overline{)1,650}$.

PASO 1

Estima para colocar el primer dígito en el cociente.

Piensa:

$$\begin{array}{r} 200 \\ 6\overline{)1,200} \end{array} \quad \text{o} \quad \begin{array}{r} 300 \\ 6\overline{)1,800} \end{array}$$

$$\begin{array}{r} \blacksquare \\ 6\overline{)1,650} \end{array}$$

Entonces, coloca el primer dígito en el lugar de las centenas.

PASO 2

Divide las 16 centenas.

$$\begin{array}{r} 2 \\ 6\overline{)1,650} \\ -1\,2 \\ \hline 4 \end{array}$$

PASO 3

Baja las 5 decenas. Divide las 45 decenas.

$$\begin{array}{r} 27 \\ 6\overline{)1,650} \\ -1\,2 \\ \hline 45 \\ -42 \\ \hline 3 \end{array}$$

PASO 4

Bala las 0 unidades. Divide las 30 unidades.

$$\begin{array}{r} 275 \\ 6\overline{)1,650} \\ -1\,2 \\ \hline 45 \\ -42 \\ \hline 30 \\ -30 \\ \hline 0 \end{array}$$

Entonces, se reservaron 275 habitaciones en cada hotel.

Más ejemplos

A Usa el cálculo mental

2,480 ÷ 4 = ■

Piensa: 2,400 ÷ 4 = 600
80 ÷ 4 = 20

Entonces,
2,480 ÷ 4 = 620.

B Usa una calculadora

7,812 ÷ 5 = ■

7 8 1 2 ÷R 5 = =1562 R2

Entonces,
7,812 ÷ 5 = 1,562 r2.

Idea matemática Puedes dividir usando papel y lápiz, cálculo mental o una calculadora. Observa los números en el problema antes de que elijas un método.

Comprueba

1. **Explica** cómo te puede ayudar a elegir un método para hallar el cociente si observas los números en un problema.

Divide.

2. $5\overline{)1{,}440}$ **3.** $3\overline{)2{,}329}$ **4.** $8\overline{)17{,}120}$ **5.** $7\overline{)5{,}030}$ **6.** $6\overline{)4{,}091}$

Práctica y resolución de problemas

Más práctica, página 310, Grupo E

Divide. Escribe el método que usaste.

7. $4\overline{)3{,}420}$ **8.** $3\overline{)\$83.70}$ **9.** $6\overline{)\$91.20}$ **10.** $8\overline{)7{,}200}$ **11.** $2\overline{)1{,}382}$

12. $5\overline{)185}$ **13.** $7\overline{)5{,}643}$ **14.** $9\overline{)398}$ **15.** $3\overline{)483}$ **16.** $6\overline{)737}$

17. $4\overline{)236}$ **18.** $2\overline{)3{,}892}$ **19.** $6\overline{)\$52.14}$ **20.** $8\overline{)408}$ **21.** $9\overline{)\$61.47}$

22. $7\overline{)3{,}273}$ **23.** $3\overline{)24{,}090}$ **24.** $4\overline{)\$78.04}$ **25.** $7\overline{)3{,}961}$ **26.** $5\overline{)20{,}050}$

27. En el torneo de gimnasia, había 276 gimnastas. Había un número igual de gimnastas en cada uno de los 4 eventos diferentes. ¿Cuántos gimnastas había en cada evento?

28. En el evento de acrobacia, la presentación de 32 gimnastas duró 4 minutos cada una y la de 23 gimnastas duró 3 minutos cada una. ¿Cuántos minutos en total duraron las presentaciones?

USA LOS DATOS **Para los ejercicios 29–30, usa la tabla.**

29. Thao quiere comprar 3 libras de plátanos y 2 libras de coco. Tiene $10.00. ¿Tiene suficiente dinero?

30. La mamá de Holly compró 2 libras de cada fruta que se muestra en la lista para preparar una mezcla de frutas secas. ¿Cuánto gastó en las frutas secas?

FRUTAS SECAS

Fruta	Costo por cada libra
Pasas	$0.97
Plátanos	$1.49
Coco	$2.36
Manzanas	$3.24

Repaso y preparación para la prueba

31. 238×6 (pág. 222)

32. $5{,}000 - 2{,}198$ (pág. 50)

33. $21{,}000 \div 7$ (pág. 288)

34. Reshanda trabaja 27 horas cada semana en la tienda de vídeos. Gana $6.50 por hora. ¿Cuánto dinero gana Reshanda en 3 semanas? (pág. 262)

35. **Preparación para la prueba** Jen tiene 3 monedas de 25¢, 2 monedas de 10¢, 4 monedas de 5¢ y 1 moneda de 1¢. ¿Qué combinación de monedas es posible si Jen saca 4 monedas de su bolsillo?

A 4 monedas de 1¢
B 3 monedas de 10¢ y 1 moneda de 5¢
C 2 monedas de 1¢ y 2 monedas de 25¢
D 2 monedas de 25¢ y 2 monedas de 5¢

LECCIÓN 6

Destreza • Resolución de problemas
Interpretar el residuo

Repaso rápido

1. $54 \div 6$
2. $8\overline{)64}$
3. $5\overline{)65}$
4. $9\overline{)84}$
5. $7\overline{)220}$

COMPRENDE › PLANEA › RESUELVE › COMPRUEBA

¿QUÉ SOBRA? Portia y Preston están planeando el carnaval escolar.

Cuando resuelves un problema de división que tiene un residuo, la manera en que interpretas el residuo depende de la situación en el problema.

Ejemplos

A Elimina el residuo y aumenta el cociente en 1.

Necesitan 250 latas de refrescos para el puesto de comida. En una caja caben 6 latas de refrescos. ¿Cuántas cajas de refrescos tendrán que comprar?

$$\begin{array}{r} 41\text{ r4} \\ 6\overline{)250} \\ -24 \\ \hline 10 \\ -6 \\ \hline 4 \end{array}$$

Como en 41 cajas caben menos de 250 latas, aumenta el cociente en 1.

Entonces, necesitan comprar 42 cajas de refrescos.

B Elimina el residuo.

Tienen un rollo de papel de 250 pies de largo para hacer carteles para el carnaval. Van a cortar el rollo en carteles de 3 pies. ¿Cuántos carteles tendrán?

$$\begin{array}{r} 83\text{ r1} \\ 3\overline{)250} \\ -24 \\ \hline 10 \\ -9 \\ \hline 1 \end{array}$$

Elimina el residuo.

El residuo no es suficiente para otro cartel de 3 pies.

Entonces, tendrán un total de 83 carteles.

C Usa el residuo como la respuesta.

Portia horneó 126 galletas para vender. Dividió las galletas en paquetes de 4 y le regaló las galletas sobrantes a su hermano. ¿Cuántas galletas le dio?

$$\begin{array}{r} 31\text{ r2} \\ 4\overline{)126} \\ -12 \\ \hline 06 \\ -4 \\ \hline 2 \end{array}$$

Usa el residuo como la respuesta.

Entonces, le dio a su hermano 2 galletas.

Explica lo que sabes

- ¿Por qué 41 cajas de refrescos no es la respuesta correcta para la primera pregunta?
- ¿Por qué se elimina el residuo para poder contestar la segunda pregunta?

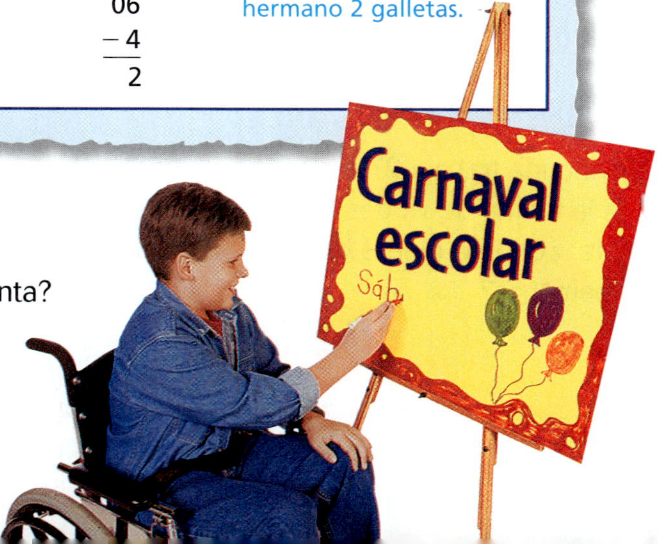

Práctica • Resolución de problemas

Resuelve. Luego, escribe *a, b* o *c* para indicar cómo interpretaste el residuo.

a. aumentar el residuo en 1

b. eliminar el residuo

c. usar el residuo como la respuesta

1. Un trozo de alambre de 85 pulgadas se debe cortar en longitudes de 9 pulgadas. ¿Cuántas longitudes de 9 pulgadas resultarán?

2. Dave debe empacar 55 botellas de jugo. En las cajas para las botellas caben 8 botellas. ¿Cuántas cajas se necesitan?

3. Lena tiene un rollo de cinta de 50 pies. Corta la cinta en trozos de 9 pies para hacer lazos. ¿Cuántos trozos de 9 pies tendrá?

4. Dora necesita comprar páginas para su álbum de fotografías. En cada página caben 6 fotos. ¿Cuántas páginas necesitará para 94 fotos?

5. La fábrica de almohadas de Jan rellena cada almohada con 3 libras de plumas de pato. Jan tiene 67 libras de plumas. ¿Cuántas libras de plumas sobrarán?

6. La tienda de materiales para piscinas tenía 179 juegos al aire libre. Envió el mismo número de juegos a cada una de 8 tiendas. ¿Cuántos juegos al aire libre quedaron en la tienda?

Aplicaciones mixtas

USA LOS DATOS Para los ejercicios 7–9, usa la gráfica de barras.

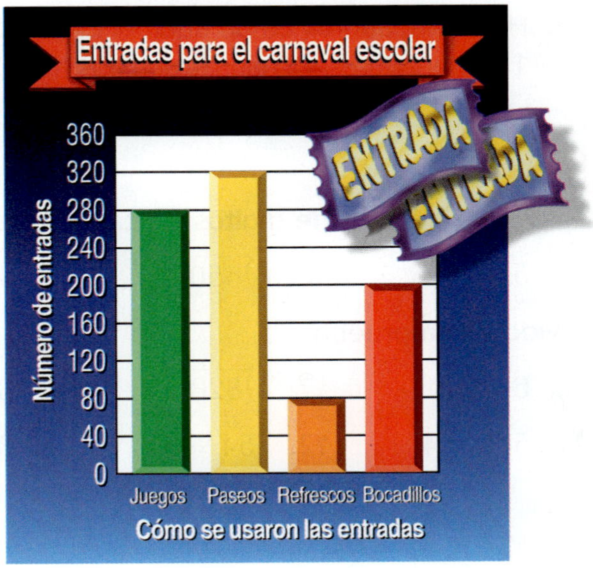

7. Si se vendieron 900 entradas en el carnaval, ¿cuántas entradas no se usaron?

A 20 **B** 40 **C** 120 **D** 140

8. Si cada entrada costó 50¢, ¿cuál fue el total que se gastó en bocadillos?

F $50 **G** $80 **H** $100 **J** $120

9. Cada juego y cada bocadillo costaban 2 entradas. Los refrescos costaban 1 entrada cada uno y cada paseo costaba 4 entradas. ¿Cuál fue la selección más popular?

10. Un teatro tiene 23 filas de asientos. Cada fila tiene 15 asientos. Hay 20 asientos más en el balcón. ¿Cuántos asientos hay en el teatro?

11. Nick compró dos revistas por $18.50. La diferencia en el costo de las revistas fue de $2.50. ¿Cuánto costó cada revista?

12. **Escribe un problema** en el cual la solución requiera que aumentes el cociente en 1.

Más práctica

Grupo A (págs. 296–297)

Estima usando números compatibles.

1. $48 \div 9$	**2.** $51 \div 7$	**3.** $298 \div 6$	**4.** $359 \div 5$
5. $602 \div 8$	**6.** $183 \div 5$	**7.** $282 \div 4$	**8.** $709 \div 8$
9. $341 \div 6$	**10.** $675 \div 9$	**11.** $193 \div 3$	**12.** $244 \div 9$

Grupo B (págs. 298–299)

Indica dónde colocar el primer dígito. Luego divide.

1. $3\overline{)242}$	**2.** $8\overline{)679}$	**3.** $2\overline{)469}$	**4.** $5\overline{)412}$	**5.** $7\overline{)887}$
6. $9\overline{)851}$	**7.** $3\overline{)297}$	**8.** $5\overline{)751}$	**9.** $7\overline{)460}$	**10.** $2\overline{)263}$

Grupo C (págs. 300–301)

Divide y comprueba.

1. $4\overline{)672}$	**2.** $9\overline{)121}$	**3.** $2\overline{)496}$	**4.** $5\overline{)453}$	**5.** $3\overline{)587}$

6. Hay 8 nadadores en un equipo. El club de natación tiene 152 nadadores. ¿Cuántos equipos tiene el club de natación?

Grupo D (págs. 302–305)

Escribe el número de dígitos en cada cociente.

1. $5\overline{)709}$	**2.** $8\overline{)650}$	**3.** $4\overline{)407}$	**4.** $5\overline{)360}$	**5.** $7\overline{)620}$

Divide y comprueba.

6. $6\overline{)700}$	**7.** $4\overline{)828}$	**8.** $3\overline{)921}$	**9.** $5\overline{)740}$	**10.** $7\overline{)370}$
11. $570 \div 4$	**12.** $754 \div 8$	**13.** $310 \div 4$	**14.** $890 \div 7$	**15.** $820 \div 4$

Grupo E (págs. 306–307)

Divide.

1. $9\overline{)2,899}$	**2.** $6\overline{)4,827}$	**3.** $6\overline{)\$31.50}$	**4.** $8\overline{)7,609}$

5. Rashad tiene 1,386 tarjetas de béisbol. Si coloca un número igual en cada una de 7 cajas, ¿cuántas tarjetas hay en cada caja?

Repaso/Prueba

COMPRUEBA EL VOCABULARIO Y LOS CONCEPTOS

Elige el mejor término de la casilla.

números compatibles
residuo
cociente
divisor

1. Los números que son fáciles de calcular mentalmente son _?_. (pág. 296)
2. La manera como interpretas el _?_ depende de la situación dada en el problema. (pág. 308)
3. Puedes estimar o usar el valor posicional para colocar el primer dígito en un _?_. (pág. 298)

COMPRUEBA LAS DESTREZAS

Estima usando números compatibles. (págs. 296–297)

4. $67 \div 8$ **5.** $84 \div 9$ **6.** $543 \div 6$ **7.** $281 \div 9$

8. $207 \div 8$ **9.** $413 \div 7$ **10.** $312 \div 4$ **11.** $429 \div 5$

Indica dónde colocar el primer dígito. Luego divide. (págs. 298–299)

12. $9\overline{)75}$ **13.** $6\overline{)143}$ **14.** $4\overline{)346}$ **15.** $3\overline{)194}$

16. $5\overline{)275}$ **17.** $473 \div 6$ **18.** $534 \div 5$ **19.** $935 \div 3$

Divide. (págs. 300–301)

20. $809 \div 7$ **21.** $299 \div 8$ **22.** $124 \div 3$ **23.** $234 \div 4$

24. $569 \div 5$ **25.** $831 \div 7$ **26.** $971 \div 8$ **27.** $325 \div 3$

28. $\$26.28 \div 6$ **29.** $3,957 \div 2$ **30.** $4,864 \div 6$ **31.** $\$35.20 \div 8$

COMPRUEBA LA RESOLUCIÓN DE PROBLEMAS

Resuelve. (págs. 308–309)

32. Tyrone y Jimmy desean construir una casita en un árbol. Necesitan 153 pies de maderos. Si los maderos vienen en longitudes de 8 pies, ¿cuántos maderos necesitan?

33. Ling tiene 231 fotografías. Si coloca 8 fotos en una página, ¿cuántas páginas necesitará para su álbum de fotografías?

Preparación para pruebas

PERCEPCIÓN NUMÉRICA, CONCEPTOS Y OPERACIONES

1. El Sr. Miller compró 4 paquetes de bolígrafos para corregir pruebas. Cada paquete tiene 8 bolígrafos. ¿Cuántos bolígrafos compró el Sr. Miller?

A 12

B 16

C 20

D 32

2. La siguiente tabla muestra el costo de algunos artículos en la tienda de mascotas Pedrito. ¿Cuál es el costo por cada libra de semillas para pájaros?

TIENDA DE MASCOTAS PEDRITO

Artículo	Costo
Bolsa de comida para gatos	$5.98
Bolsa de comida para perros	$5.98
5 libras de semillas para pájaros	$6.45
Collar para perros	$3.89
Paquete de 3 juguetes para gatos	$1.77
Acuario	$15.29

F $6.45

G $2.29

H $1.39

J $1.29

3. **Explícalo** La tienda de juegos vendió 325 juegos de computadora en un período de 6 días. ESTIMA el número de juegos vendidos cada día. Explica tu razonamiento.

MEDIDAS

4. Sandra va de campamento el 17 de abril. El último día del campamento es el 30 de junio. ¿Cuántos días dura el campamento?

Abril

Dom.	Lun.	Mar.	Mié.	Jue.	Vie.	Sáb.
				1	2	3
4	5	6	7	8	9	10
11	12	13	14	15	16	17
18	19	20	21	22	23	24
25	26	27	28	29	30	

Mayo

Dom.	Lun.	Mar.	Mié.	Jue.	Vie.	Sáb.
						1
2	3	4	5	6	7	8
9	10	11	12	13	14	15
16	17	18	19	20	21	22
23/30	24/31	25	26	27	28	29

Junio

Dom.	Lun.	Mar.	Mié.	Jue.	Vie.	Sáb.
		1	2	3	4	5
6	7	8	9	10	11	12
13	14	15	16	17	18	19
20	21	22	23	24	25	26
27	28	29	30			

A 75

B 44

C 31

D 30

5. La computadora de William pesa 16 libras. ¿Cuántas onzas pesa?

1 libra = 16 onzas

F 1 onza

G 32 onzas

H 256 onzas

J 356 onzas

6. **Explícalo** Maude tiene las siguientes monedas y billetes en su cartera.

ESTIMA al dólar más próximo la cantidad de dinero que tiene Maude en su cartera. Explica cómo lo decidiste.

GEOMETRÍA Y ORIENTACIÓN ESPACIAL

7. Carlos desea escribir un número diferente en cada cara de un cubo. ¿Cuántos cubos usará?

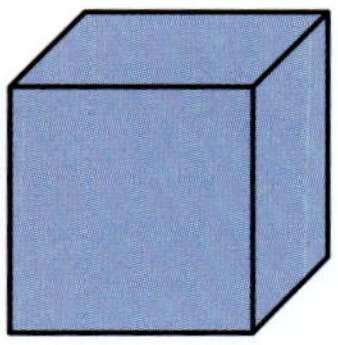

A 3

B 4

C 5

D 6

IDEA **Elimina opciones.** Mira el ejercicio 8. Piensa en el número de lados que tiene un triángulo. Elimina las opciones que no sean múltiplos de ese número. Luego, determina la respuesta de las opciones que quedan.

8. ¿Cuántos lados tienen 4 triángulos?

F 3

G 4

H 8

J 12

9. **Explícalo** Dibuja una figura de 4 lados y nómbrala. Escribe *cuadrado, rectángulo, rombo, trapecio* u *otra*.

Explica por qué le diste ese nombre a tu figura.

ANÁLISIS DE DATOS Y PROBABILIDAD

10. Bob hizo un diagrama de tallo y hojas para mostrar el número de estudiantes en varias clases de su escuela.

Tamaños de clases

Tallo	Hojas
1	8 8 9
2	0 1 5 5
3	0 0 0 1

¿Cuántas clases tienen 20 o más estudiantes?

A 11 **C** 4

B 8 **D** 1

11. ¿En qué número es **más** probable que caiga la flecha?

F 20 **H** 10

G 15 **J** 5

12. **Explícalo** Los uniformes del equipo Los tiburones de básquetbol, consisten en una camiseta negra o roja y pantalones cortos negros, rojos o blancos.

¿Cuántos uniformes diferentes son posibles? Explica cómo lo decidiste.

CAPÍTULO 15

Dividir entre divisores de 2 dígitos

DATOS BREVES • CIENCIAS
En la antigua China, se usaban las cometas para enviar mensajes y para espiar a los enemigos. En la época moderna, las cometas se han usado como modelos para la invención del avión, para recopilar datos meteorológicos y como recreación.

RESOLUCIÓN DE PROBLEMAS La cola de una cometa no sirve sólo como decoración. Ayuda a mantener firme la cometa en el aire. La cola debe tener cerca de 7 veces la longitud del espinazo. El espinazo es la longitud vertical del centro de la cometa. Completa la tabla para hallar la longitud del espinazo para cada tipo de cometa.

COLAS DE COMETAS

Tipo de cometa	Longitud de la cola	Longitud del espinazo
Diamante	525 pulg	■
Delta	322 pulg	■
Trineo	252 pulg	■
Mariposa	98 pulg	■

Comprueba lo que sabes

Usa esta página para repasar y recordar destrezas importantes que se necesitan para el Capítulo 15.

USA NÚMEROS COMPATIBLES

Estima usando números compatibles.

1. $7\overline{)59}$	**2.** $5\overline{)48}$	**3.** $9\overline{)38}$
4. $6\overline{)26}$	**5.** $8\overline{)61}$	**6.** $7\overline{)54}$
7. $8\overline{)68}$	**8.** $5\overline{)47}$	**9.** $4\overline{)35}$
10. $6\overline{)63}$	**11.** $7\overline{)51}$	**12.** $9\overline{)76}$
13. $9\overline{)49}$	**14.** $7\overline{)67}$	**15.** $5\overline{)38}$

DIVIDE ENTRE DIVISORES DE 1 DÍGITO

Divide.

16. $58 \div 4$	**17.** $73 \div 5$	**18.** $37 \div 7$
19. $93 \div 8$	**20.** $69 \div 9$	**21.** $43 \div 3$
22. $6\overline{)77}$	**23.** $7\overline{)46}$	**24.** $2\overline{)39}$
25. $5\overline{)52}$	**26.** $8\overline{)74}$	**27.** $4\overline{)66}$
28. $2\overline{)73}$	**29.** $3\overline{)88}$	**30.** $6\overline{)58}$

VOCABULARIO

REPASO

dividir *verbo*

El verbo *dividir* contiene la raíz *vidua,* la cual significa "separar". Explica lo que separas cuando divides en matemáticas.

APRENDE en línea www.harcourtschool.com

LECCIÓN 1

Usar patrones de división para estimar

Repaso rápido

1. 125 ÷ 5 **2.** 64 ÷ 4
3. 136 ÷ 8 **4.** 270 ÷ 9
5. 560 ÷ 7

Aprende

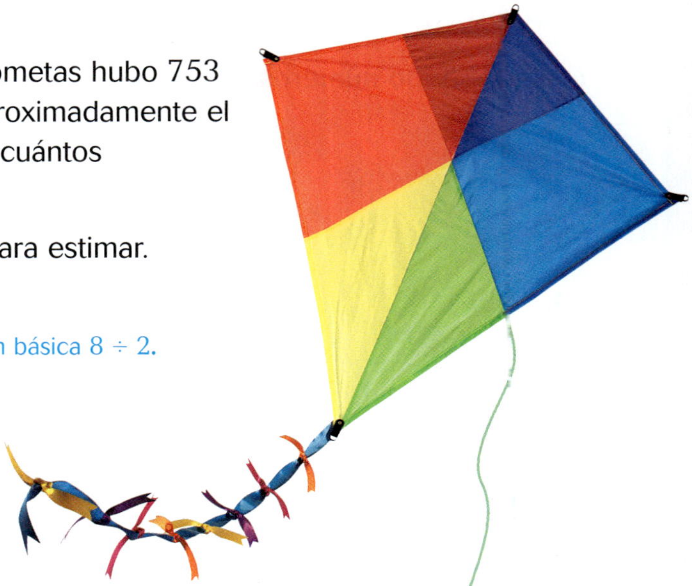

VOLANDO ALTO En una competencia escolar de cometas hubo 753 concursantes de 18 escuelas. Cada escuela envió aproximadamente el mismo número de concursantes. ¿Aproximadamente cuántos concursantes había de cada escuela?

Puedes usar operaciones básicas y múltiplos de 10 para estimar.

Estima.

753 ÷ 18
↓   ↓
800 ÷ 20

Busca un patrón.

8 ÷ 2 ← **Piensa:** Usa la operación básica 8 ÷ 2.
80 ÷ 20 = 4
800 ÷ 20 = 40

Entonces, hubo unos 40 concursantes de cada escuela.

Ejemplos

A
6 ÷ 3 = 2 ← operación básica
60 ÷ 30 = 2
600 ÷ 30 = 20
6,000 ÷ 30 = 200

B
18 ÷ 6 = 3 ← operación básica
180 ÷ 60 = 3
1,800 ÷ 60 = 30
18,000 ÷ 60 = 300

C
40 ÷ 5 = 8 ← operación básica
400 ÷ 50 = 8
4,000 ÷ 50 = 80
40,000 ÷ 50 = 800

Idea matemática Las operaciones básicas y un patrón te pueden ayudar a estimar cocientes.

Comprueba

1. Explica cómo hallar el cociente 90,000 ÷ 30 sin tener que dividir. Escribe el número de ceros en el cociente.

Escribe el número que usarías para estimar el cociente. Luego estima.

2. 103 ÷ 11 **3.** 479 ÷ 39

4. 636 ÷ 81 **5.** 544 ÷ 93

Práctica y resolución de problemas

Más práctica, página 330, Grupo A

Escribe los números que usarías para estimar el cociente. Luego estima.

6. $99 \div 18$ **7.** $450 \div 51$ **8.** $623 \div 82$ **9.** $523 \div 47$

10. $94 \div 11$ **11.** $82 \div 21$ **12.** $93 \div 33$ **13.** $184 \div 31$

14. $313 \div 59$ **15.** $498 \div 55$ **16.** $813 \div 91$ **17.** $478 \div 59$

Copia y completa las tablas.

	DIVIDENDO		DIVISOR		COCIENTE
18.	80	÷	40	=	■
19.	800	÷	40	=	■
20.	8,000	÷	40	=	■
21.	80,000	÷	40	=	■

	DIVIDENDO		DIVISOR		COCIENTE
22.	50	÷	50	=	■
23.	■	÷	50	=	10
24.	5,000	÷	50	=	■
25.	■	÷	50	=	10,000

26. Hay 125 personas que se matricularon en una clase de confección de cometas. Cada grupo estará formado por 13 personas. ¿Aproximadamente cuántos grupos se formarán?

27. Angel llegó al parque a las 10:45 a.m. Observó el concurso de las cometas y se fue después de 2 horas con 35 minutos. ¿A qué hora se fue del parque?

28. La clase de la Srta. Lang está haciendo cometas. Cada estudiante necesita 280 pulgadas de cuerda. Si hay 24 estudiantes en la clase, ¿cuántos pies de cuerda usarán? (SUGERENCIA: 12 pulgadas = 1 pie)

29. Los estudiantes tuvieron 3 horas para terminar sus cometas. ¿Cuánto es esto en minutos?

30. Los Pittsfield Mets regalaron unas 12,080 gorras de béisbol en julio. ¿Aproximadamente cuántas gorras regalaron cada día?

31. **Por escrito** Explica cómo puedes usar operaciones básicas y un patrón para estimar $72{,}000 \div 90$.

Repaso y preparación para la prueba

Escribe cada número de dos otras maneras. (pág. 4)

32. $2{,}000 + 500 + 40 + 3$

33. siete mil sesenta

Halla la suma o la diferencia. (pág. 48)

34. $\begin{array}{r} 2{,}421 \\ +1{,}247 \\ \hline \end{array}$

35. $\begin{array}{r} 3{,}631 \\ -1{,}485 \\ \hline \end{array}$

36. **Preparación para la prueba** El equipo de Brenden anotó 67 puntos, 83 puntos, 95 puntos y 79 puntos en sus últimos 4 juegos. ¿Cuál es la media de puntos anotados? (pág. 118)

A 71 **C** 91

B 81 **D** 101

LECCIÓN 2

Hacer modelos de la división

MANOS A LA OBRA

Repaso rápido

1. $7\overline{)210}$
2. $9\overline{)45}$
3. $8\overline{)480}$
4. $4\overline{)160}$
5. $123 \div 5$

MATERIALES bloques de base diez

Explora

HORA DEL TÉ La tienda de regalos Ann tiene 65 tazas de té para poner en la vitrina. En cada estante caben 31 tazas. ¿Cuántos estantes se llenarán con tazas de té? ¿Cuántas tazas sobrarán?

Actividad 1

Divide. $65 \div 31$

Haz un modelo para dividir con un divisor de dos dígitos.

PASO 1

Muestra 65 como 6 decenas 5 unidades.

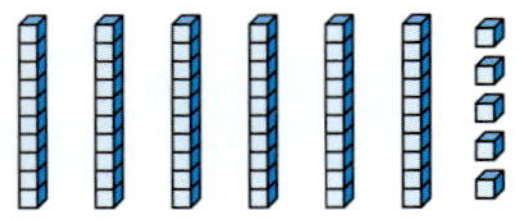

PASO 2

Obtén 1 grupo de 31.

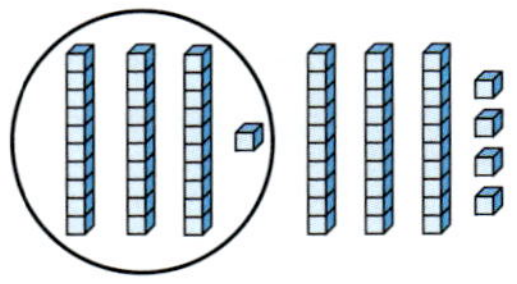

PASO 3

Obtén 2 grupos de 31. Cuenta cuántas unidades sobran.

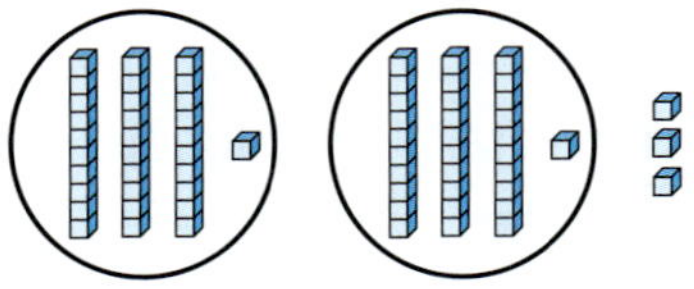

$65 \div 31 = 2$ r3

Entonces, se colocarán tazas en 2 estantes. Sobrarán 3 tazas.

- **Explica** cómo puedes comprobar el cociente y el residuo.

Inténtalo

Usa bloques de base diez para resolver cada problema de división.

a. $89 \div 22$

b. $76 \div 14$

c. $92 \div 18$

d. $64 \div 12$

Relaciona

Actividad 2 A continuación se te muestra una manera de anotar la división. Divide 65 entre 21.

PASO 1 Escribe el problema 65 ÷ 21.

Haz un modelo

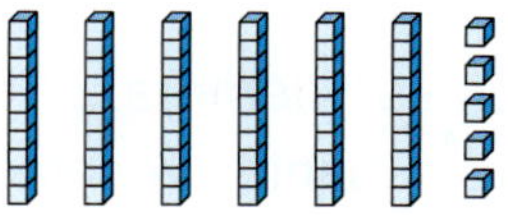

Anota

$21\overline{)65}$

PASO 2 Estima. 65 ÷ 21

Piensa: 60 ÷ 20 = 3

Intenta 3 grupos de 21.

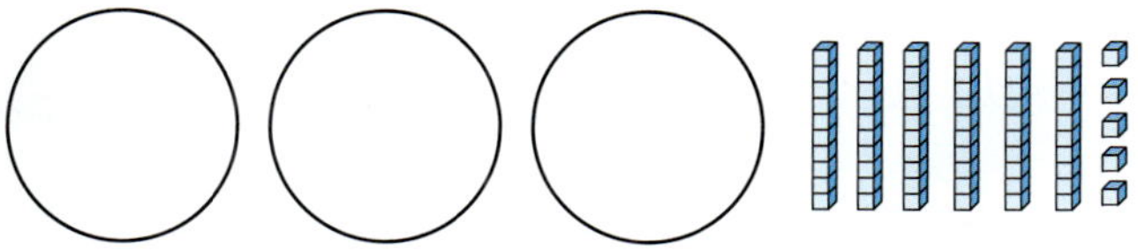

$$\begin{array}{r} 3 \\ 21\overline{)65} \end{array}$$

PASO 3 Forma 3 grupos de 21.

Multiplica. 3 × 21 = 63
Cuenta cuántas unidades sobran.
Resta. 65 − 63 = 2
Compara. 2 < 21

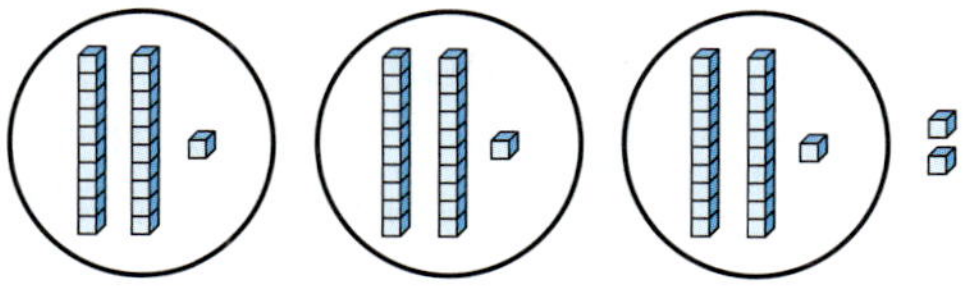

$$\begin{array}{r} 3 \text{ r2} \\ 21\overline{)65} \\ \underline{-63} \\ 2 \end{array}$$

Práctica y resolución de problemas

Haz un modelo para dividir.

1. $17\overline{)58}$ **2.** $18\overline{)77}$ **3.** $35\overline{)108}$ **4.** $41\overline{)129}$

Divide. Si lo deseas, usa bloques de base diez.

5. 259 ÷ 51 **6.** 158 ÷ 25 **7.** 237 ÷ 35 **8.** 301 ÷ 29

9. La Sra. Ching tiene 8 cajas de 6 tazas. Puede exhibir 14 tazas en cada estante. ¿Cuántos estantes necesita la Sra. Ching para sus tazas?

10. **RAZONAMIENTO** Había 6 grupos con 3 bloques de decenas y 1 bloque de unidades en cada grupo. ¿Qué ecuación de división puedes escribir para indicar el tamaño de cada grupo?

11. **¿Cuál es el error?** Silvia hizo este modelo para 59 ÷ 14. Describe su error. Dibuja el modelo correcto.

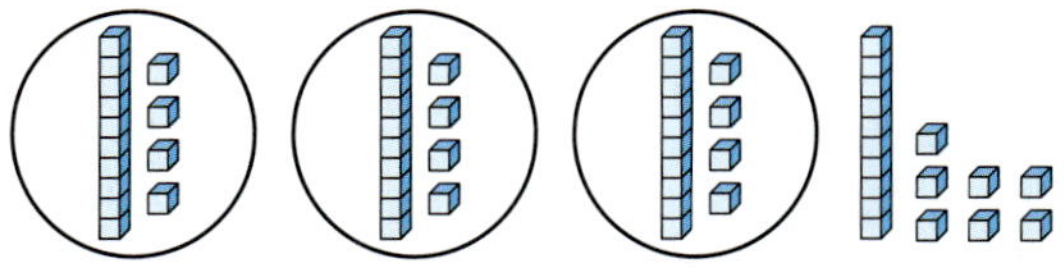

Repaso y preparación para la prueba

Compara. Escribe <, > o = para cada ●. (pág.20)

12. 6,209 ● 6,290 **13.** 4,873 ● 4,783

Halla el tiempo transcurrido. (pág. 98)

14. **comienzo:** 6:30 a.m. **final:** 2:15 p.m.

15. 36 × 185 (pág. 258)

16. **Preparación para la prueba** (47 + 7) ÷ (3 × 3) (pág. 186)

A 9 **C** 6
B 8 **D** 4

LECCIÓN 3

Reglas de la división

Repaso rápido

1. $3\overline{)96}$ **2.** $5\overline{)144}$

3. $7\overline{)219}$ **4.** $6\overline{)512}$

5. $9\overline{)136}$

Aprende

LAS FASES LUNARES La Luna se demora 27 días en girar alrededor de la Tierra. ¿Cuántas veces gira la Luna alrededor de la Tierra en 365 días?

Ejemplo

Divide. $365 \div 27$ o $27\overline{)365}$

PASO 1

Estima para colocar el primer dígito en el cociente.

Piensa:

$30\overline{)300}$ = 10 o $30\overline{)360}$ = 12

$27\overline{)365}$ Entonces, coloca el primer dígito en el lugar de las decenas.

PASO 2

Divide 36 decenas. Escribe un 1 en el lugar de las decenas en el cociente.

$$\begin{array}{r} 1 \\ 27\overline{)365} \\ -27 \\ \hline 9 \end{array}$$

Multiplica. 27×1
Resta. $36 - 27$
Compara. $9 < 27$

PASO 3

Baja las 5 unidades.
Divide las 95 unidades.

$$\begin{array}{r} 13 \text{ r}14 \\ 27\overline{)365} \\ -27\downarrow \\ \hline 95 \\ -81 \\ \hline 14 \end{array}$$

Multiplica. 27×3
Resta. $95 - 81$
Compara. $14 < 27$

Escribe el residuo.

$365 \div 27 = 13$ r14
Entonces, la Luna gira alrededor de la Tierra 13 veces en 365 días.

- ¿Qué sucedería si la diferencia en el paso 2 fuera mayor que el divisor?
- ¿Cómo puedes comprobar para ver si el resultado en el paso 3 está correcto?

Enlace con la tecnología

Más práctica: Harcourt Mega Math The Number Games, *Up, Up, and Array,* Nivel R

Comprueba

1. Explica cómo es útil una estimación cuando divides números de dos dígitos.

Divide.

2. $32\overline{)972}$ **3.** $25\overline{)582}$ **4.** $12\overline{)286}$ **5.** $17\overline{)365}$

Práctica y resolución de problemas

Más práctica, página 330, Grupo B

Divide.

6. $13\overline{)246}$ **7.** $20\overline{)483}$ **8.** $12\overline{)148}$ **9.** $15\overline{)258}$

10. $11\overline{)201}$ **11.** $54\overline{)612}$ **12.** $21\overline{)825}$ **13.** $34\overline{)749}$

14. $32\overline{)676}$ **15.** $27\overline{)543}$ **16.** $41\overline{)784}$ **17.** $53\overline{)582}$

Completa.

18. $(17 \times 18) + 4 = 310$, entonces $310 \div 17 = 18$ r■.

19. $(36 \times 20) + 1 = 721$, entonces ■ $\div 36 = 20$ r1.

20. $(25 \times 31) + 5 = 780$, entonces $780 \div 25 =$ ■ r5.

21. $(14 \times 30) + 3 = 423$, entonces $423 \div 14 = 30$ r■.

22. $(40 \times 22) + 8 = 888$, entonces $888 \div$ ■ $= 22$ r8.

23. $(52 \times 14) + 40 = 768$, entonces $768 \div$ ■ $= 14$ r40.

USA LOS DATOS **Para los ejercicios 24–26, usa el mapa.**

24. Los Benson y los Reed se reunieron en Chicago. Los Benson manejaron desde Minneapolis y los Reed manejaron desde Louisville. Después de permanecer una semana en Chicago, regresaron a casa. ¿Quiénes manejaron una mayor distancia? ¿Cuánto más fue esa distancia?

25. Si la velocidad promedio de viaje fue de 60 mph, ¿aproximadamente cuánto se demoraría manejar desde Chicago hasta Minneapolis? ¿Desde Chicago hasta Louisville?

26. **¿Cuál es la pregunta?** Felix y su familia manejaron desde Philadelphia hasta Chicago y luego de regreso a Philadelphia. La respuesta es 1,476 millas.

27. **DATOS BREVES • CIENCIAS** La mayor distancia desde la Tierra hasta la Luna es 251,927 millas y la menor distancia es 225,745 millas. ¿Cuánto más cerca está la Luna de la Tierra desde su menor distancia?

Repaso y preparación para la prueba

Halla la suma o diferencia. (pág. 48)

28.
$$\begin{array}{r} 83{,}204 \\ +\ 1{,}423 \\ \hline \end{array}$$

29.
$$\begin{array}{r} 63{,}128 \\ -47{,}129 \\ \hline \end{array}$$

30. $20 - (3 \times 2)$ (pág. 186)

31. $12 \times 5 \times 7$ (pág. 174)

32. **Preparación para la prueba** Joshua viaja 23 millas a su trabajo y 23 millas a su casa 5 días a la semana. ¿Cuántas millas viaja en 4 semanas? (pág. 176)

A 920 millas
B 890 millas
C 720 millas
D 690 millas

LECCIÓN 4

Corregir cocientes

Repaso rápido

1. $20\overline{)800}$
2. $80\overline{)720}$
3. $40\overline{)840}$
4. $25\overline{)150}$
5. $50\overline{)350}$

Aprende

DESFILE DE BANDAS Hay 184 miembros de banda que van a asistir al festival Cherry Blossom en Washington, D.C. Las normas escolares requieren que haya un chaperón por cada 21 estudiantes. ¿Cuántos chaperones se necesitan?

Como se necesita un chaperón por cada 21 estudiantes, divide 184 entre 21.

Ejemplo

Divide. $184 \div 21$ o $21\overline{)184}$

Estima. $180 \div 20 = 9$

PASO 1

Intenta la estimación, 9.
$21 \times 9 = 189$

$$\begin{array}{r} 9 \\ 21\overline{)184} \\ -189 \end{array}$$

Como $189 > 184$, la estimación es demasiado alta.

PASO 2

Intenta con el 8.
$21 \times 8 = 168$

$$\begin{array}{r} 8 \\ 21\overline{)184} \\ -168 \end{array}$$

PASO 3

Resta para hallar el residuo.

$$\begin{array}{r} 8 \text{ r}16 \\ 21\overline{)184} \\ -168 \\ \hline 16 \end{array}$$

Compara. $16 < 21$

Hay 8 chaperones, cada uno a cargo de 21 estudiantes y se necesita 1 chaperón más para los 16 estudiantes restantes. Entonces, se necesitan 9 chaperones.

Más ejemplos

A Divide. $244 \div 27$
Estima. $240 \div 30 = 8$

Intenta con el 8.

$$\begin{array}{r} 8 \\ 27\overline{)244} \\ -216 \\ \hline 28 \end{array}$$

Como $28 > 27$, la estimación es demasiado baja.

Intenta con el 9.

$$\begin{array}{r} 9 \text{ r}1 \\ 27\overline{)244} \\ -243 \\ \hline 1 \end{array}$$

B Divide. $319 \div 84$
Estima. $320 \div 80 = 4$

Intenta con el 4.

$$\begin{array}{r} 4 \\ 84\overline{)319} \\ -336 \end{array}$$

Como $336 > 319$, la estimación es demasiado alta.

Intenta con el 3.

$$\begin{array}{r} 3 \text{ r}67 \\ 84\overline{)319} \\ -252 \\ \hline 67 \end{array}$$

$67 < 84$

Comprobar estimaciones

Para comprobar si tu estimación es demasiado alta, demasiado baja o sencillamente correcta, multiplícala por el divisor. Luego compara el producto con el dividendo. Si es posible, resta.

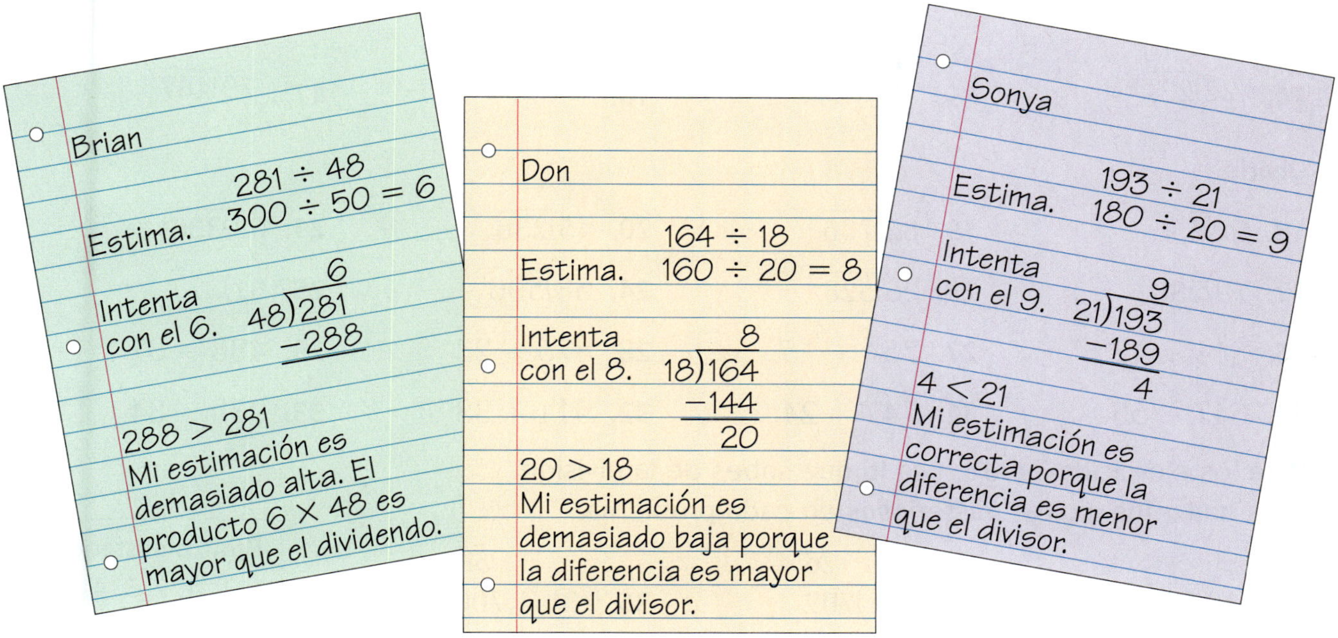

Idea matemática A veces, tu selección para el primer dígito de un cociente no es correcta. Puedes corregirla aumentando o disminuyendo el primer dígito.

- ¿Cómo deben corregir Brian y Don sus cocientes?

Comprueba

1. Explica cómo corregir un cociente.

Escribe *demasiado alta, demasiado baja* o *correcta* para cada estimación. Luego divide.

2. $\begin{array}{r}8\\27\overline{)257}\end{array}$ **3.** $\begin{array}{r}9\\43\overline{)362}\end{array}$ **4.** $\begin{array}{r}6\\86\overline{)536}\end{array}$ **5.** $\begin{array}{r}9\\51\overline{)462}\end{array}$

Divide.

6. $15\overline{)146}$ **7.** $31\overline{)236}$ **8.** $75\overline{)536}$ **9.** $67\overline{)436}$

LA LECCIÓN CONTINÚA

Práctica y resolución de problemas

Más práctica, página 330, Grupo C

Escribe *demasiado alta, demasiado baja* o *correcta* para cada estimación. Luego divide.

10. $\begin{array}{r} 6 \\ 18\overline{)108} \end{array}$ **11.** $\begin{array}{r} 5 \\ 35\overline{)215} \end{array}$ **12.** $\begin{array}{r} 9 \\ 85\overline{)798} \end{array}$ **13.** $\begin{array}{r} 3 \\ 85\overline{)367} \end{array}$

14. $\begin{array}{r} 10 \\ 22\overline{)221} \end{array}$ **15.** $\begin{array}{r} 9 \\ 45\overline{)369} \end{array}$ **16.** $\begin{array}{r} 25 \\ 36\overline{)853} \end{array}$ **17.** $\begin{array}{r} 5 \\ 79\overline{)487} \end{array}$

Divide.

18. $52\overline{)456}$ **19.** $82\overline{)736}$ **20.** $45\overline{)236}$ **21.** $62\overline{)336}$

22. $79\overline{)238}$ **23.** $86\overline{)528}$ **24.** $68\overline{)596}$ **25.** $81\overline{)377}$

26. $511 \div 42$ **27.** $754 \div 15$ **28.** $875 \div 23$ **29.** $488 \div 37$

30. $647 \div 53$ **31.** $747 \div 24$ **32.** $911 \div 33$ **33.** $939 \div 84$

Para los ejercicios 34–36, usa lo que sabes de la división para hallar los dígitos misteriosos en cada problema.

34. $\begin{array}{r} ■■ \\ 28\overline{)364} \end{array}$ **35.** $\begin{array}{r} 26 \\ ■■\overline{)702} \end{array}$ **36.** $\begin{array}{r} 5■ \\ 3■\overline{)1,700} \end{array}$

Dígitos misteriosos
0, 1, 2, 3, 4, 7

USA LOS DATOS **Para los ejercicios 37–40, usa la tabla.**

La banda escolar

Grupo	Número de miembros
Clarinetes	24
Flautas	20
Trompetas	12
Percusión	16
Tubas	4
Estandartes	20

37. El director de la banda desea que los miembros desfilen en filas de 14. ¿Cuántas filas tendrá la banda? ¿Cuántos miembros no estarán en una fila de 14?

38. Los clarinetistas y los flautistas necesitan desfilar juntos. Si la banda desfila en filas de 14, ¿cuántas filas habrá de clarinetistas y de flautistas?

39. Los percusionistas y los trompetistas desfilan en filas de igual número de ejecutantes en cada fila. ¿Cuántas filas podría haber? ¿Cuántos ejecutantes hay en cada fila?

40. **Escribe un problema** sobre la banda escolar usando la división.

41. Paul tenía 10 textos escolares, 45 libros de ficción, 35 libros didácticos y 78 libros de ciencia ficción. Regaló 10 libros de ficción y 15 libros de ciencia ficción. ¿Cuántos libros le quedan?

42. **¿Cuál es el error?** Primero Susan estimó $322 \div 42$ como 8. Luego corrigió el cociente escribiendo 9. Describe su error e indica lo que ella debería haber escrito.

43. **Vocabulario** *Estimar* significa "dar un valor aproximado". El sustantivo es *estimación*. ¿Qué significa este sustantivo?

44. Phillip colocó $5 en una máquina que da cambio en monedas de 25¢. ¿Cuántas monedas debe recibir Phillip?

Repaso y preparación para la prueba

Halla la suma o la diferencia. (pág. 48)

45. $\begin{array}{r} 2{,}690 \\ +7{,}421 \\ \hline \end{array}$

46. $\begin{array}{r} 5{,}682 \\ -1{,}900 \\ \hline \end{array}$

Halla el producto. (pág. 174)

47. $2 \times (3 \times 4)$

48. $4 \times (5 \times 2)$

49. **Preparación para la prueba** Si $9 \times n = 72$, ¿cuánto es n? (pág. 168)

A 5 **B** 6 **C** 7 **D** 8

50. **Preparación para la prueba** Un grupo de 52 niños, 67 niñas y 4 maestros van a hacer un viaje an autobús. Si cada autobús puede acomodar a 48 personas, ¿cuántos autobuses se necesitarán? (pág. 320)

F 2 **G** 3 **H** 4 **J** 5

Resolución de problemas

Enlace con la Lectura

ESTRATEGIA · SINTETIZAR INFORMACIÓN

Cuando un problema presenta una gran cantidad de información, es útil sintetizar o combinar los hechos o datos relacionados. Puedes agrupar los hechos o los datos relacionados en una tabla.

Usa la gráfica y la tabla para hallar cuántos rollos de cada tipo de moneda tendrá Charlie.

Sintetiza la información agrupando los datos relacionados.

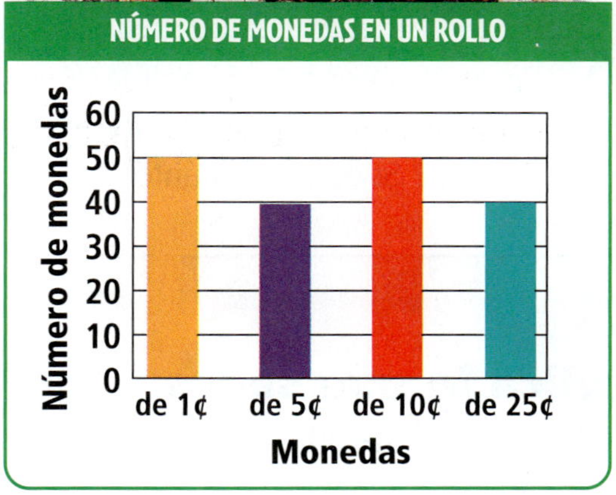

1. ¿Cuántas monedas hay en un rollo de monedas de 10¢? ¿En un rollo de monedas de 25¢?

2. Copia y completa la tabla.

MONEDAS	LAS MONEDAS DE CHARLIE	NÚMERO DE MONEDAS EN UN ROLLO	NÚMERO DE ROLLOS
Monedas de 1¢	845	50	■
Monedas de 5¢	164	40	■
Monedas de 10¢	495	■	■
Monedas de 25¢	282	■	■

LECCIÓN 5

Destreza • Resolución de problemas
Elegir la operación

Repaso rápido

1. 12×5 **2.** $72 \div 8$

3. $17 + 43$ **4.** $133 - 21$

5. $144 \div 12$

COMPRENDE | PLANEA | RESUELVE | COMPRUEBA

DIBUJOS ANIMADOS El Sr. Regis enseña clases de animación. Lee los problemas A–D. Usa la tabla sobre las operaciones y las notas del Sr. Regis para resolver los problemas.

Sumar	• Unir grupos de tamaños diferentes
Restar	• Quitar o comparar grupos
Multiplicar	• Unir grupos de tamaños iguales
Dividir	• Separar en grupos de tamaños iguales • Hallar cuántos hay en cada grupo

A ¿Cuántos estudiantes toman clase de animación en la escuela de arte?

B En la clase de los martes, hay 25 hojas de papel de dibujo para cada estudiante. ¿Cuántas hojas de papel hay en total?

C ¿Cuántos más dibujos hizo el grupo de María que el grupo de Jerry?

D Por cada segundo de animación, se necesitan 12 dibujos. ¿Cuánto durará la animación de Tran? ¿Sobrarán algunos dibujos? Si es así, ¿cuántos?

Matrícula en la escuela de arte

Día	Estudiantes
Lunes	95
Martes	123
Jueves	78
Sábado	107

Dibujos animados

Grupo	Dibujos
Jerry	501
Maria	810
Greg	642
Tran	756

Explica lo que sabes

- ¿Cómo puedes decidir qué operación u operaciones debes usar para cada problema?
- Resuelve los problemas A–D.
- ¿Qué operación u operaciones usaste en cada uno de los problemas A–D?

Práctica • Resolución de problemas

Resuelve. Nombra la operación o las operaciones que usaste.

1. Eric llevó 5 rollos de película para sus vacaciones. Puede tomar 24 fotografías con cada rollo de película. ¿Cuántas fotos puede tomar?

2. Eric tomó 18 fotos en Alemania, 28 en Francia, 13 en España y 11 en Portugal. ¿Cuántas fotos tomó?

Mary tomó 96 fotos el año pasado. Si cada rollo de película tenía 24 fotos, ¿cuántos rollos usó?

3. ¿Qué operación usarías para resolver el problema?
   A multiplicación **C** suma
   B división **D** resta

4. ¿Cuántos rollos de película usó Mary?
   F 5 **G** 4 **H** 3 **J** 2

Aplicaciones mixtas

USA LOS DATOS **Para los ejercicios 5–7, usa la gráfica.**

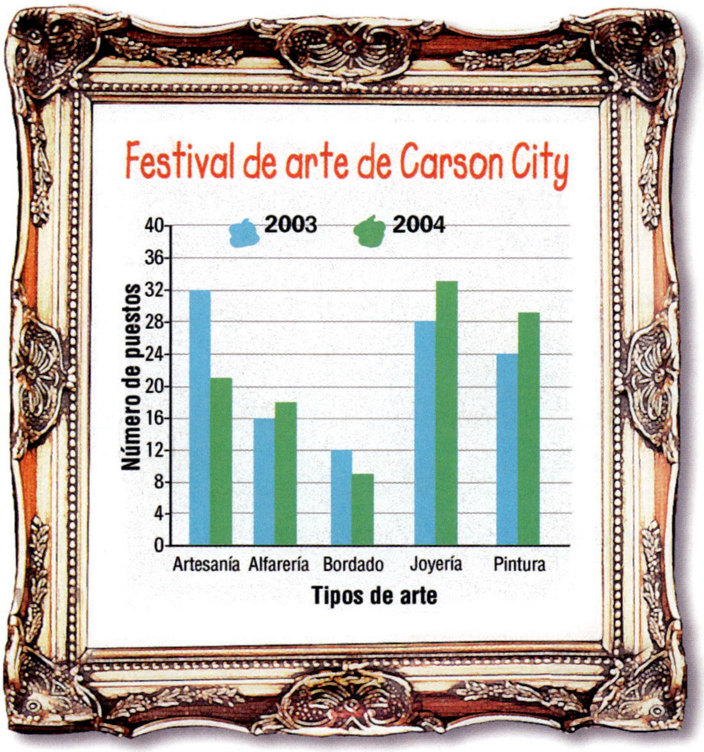

5. En 2004, Jon visitó todos los puestos de alfarería, joyería y artesanías. ¿Cuál fue el número total de puestos que visitó?

6. En 2003, el Sr. Marcel pasó 10 minutos hablando con cada dueño de puestos. ¿Cuántos minutos pasó el Sr. Marcel hablando con los dueños de puestos? ¿Cuántas horas y minutos es esto?

7. ¿En qué año hubo más puestos en el festival de arte de Carson City? ¿Cuántos más?

8. Hubo 265,980 personas en un desfile en 2003 y 298,125 personas en un desfile en 2004. ¿Hubo más personas en el desfile de 2003 o de 2004? ¿Cuántas más?

9. **RAZONAMIENTO** Hay 45 personas en una reunión. Hay el doble de mujeres que hombres en la reunión. ¿Cuántas mujeres hay? ¿Cuántos hombres?

LECCIÓN 6

Hallar la media

Repaso rápido

1. 12 + 11 + 25
2. 9 + 22 + 8
3. 22 + 34 + 5
4. 23 + 17 + 40
5. 36 + 45 + 27 + 9

Aprende

PASEANDO A PERROS Janet gana dinero sacando a pasear a los perros de su vecino. En 4 días ganó \$4.75, \$3.60, \$8.25 y \$5.00. ¿Cuál es la media o promedio de la cantidad que ganó Janet cada día?

Ejemplo

PASO 1

Suma las cantidades que ganó.

$$\begin{array}{r} \$4.75 \\ \$3.60 \\ \$8.25 \\ +\ \$5.00 \\ \hline \$21.60 \end{array}$$

4 sumandos; \$21.60 ← total

PASO 2

Divide el total entre el número de sumandos.

número de sumandos → 4)\$21.60 ← total; \$5.40 ← media

$$\begin{array}{r} \$5.40 \\ 4\overline{)\$21.60} \\ -20 \\ \hline 16 \\ -16 \\ \hline 00 \\ -\ 0 \\ \hline 0 \end{array}$$

Divide las cantidades de dinero como lo haces cuando divides números enteros. Escribe el cociente en dólares con centavos.

Entonces, la media o promedio de la cantidad que ganó Janet fue de \$5.40 por día.

Puedes usar una calculadora para hallar la media.
Halla la media de 49, 14, 70, 53, 67, 72, 44, 58, 64 y 59.

4 9 + 1 4 + 7 0 + 5 3 +
6 7 + 7 2 + 4 4 + 5 8 +
6 4 + 5 9 = 550

5 5 0 ÷ 1 0 = 55

Entonces, la media o promedio es 55.

Comprueba

1. **Explica** con tus propias palabras cómo hallar la media de un conjunto de datos.

Escribe el problema de división para hallar la media. Luego halla la media.

2. 15, 12, 16, 13
3. 358, 460, 733, 197
4. \$26.35, \$47.83, \$62.29

Práctica y resolución de problemas

Más práctica, página 330, Grupo D

Escribe el problema de división para hallar la media. Luego halla la media.

5. 46, 37, 55, 67, 93, 45, 61, 91, 72, 63

6. \$5.88, \$1.75, \$6.49, \$4.96, \$3.55, \$2.15, \$8.99, \$6.36, \$2.53, \$8.67, \$1.26, \$3.69

7. 1,471, 680, 820, 453, 325, 162, 783, 573, 941, 1,071, 278

Halla la media.

8. 119, 241, 67, 74, 212, 65, 99, 211, 79, 523

9. 598; 1,045; 822; 971; 400; 84; 2,673; 3,399

10. 2,176; 3,211; 543; 1,287; 753; 970

11. 95, 88, 84, 85, 93, 89

12. 60, 85, 74, 79, 67

13. \$3.75, \$1.98, \$6.75

Halla el número que falta.

14. 8, 10, 12, ■ La media es 11.

15. ■, 12, 15, 17, 21 La media es 15.

USA LOS DATOS **Para los ejercicios 16–18, usa la tabla.**

16. Halla el número promedio de puntos por competencia que ganaron los pastores escoceses esta temporada.

17. Halla el número promedio de puntos por competencia que ganaron los perros de agua esta temporada.

18. Escribe < o > para comparar el número promedio de puntos para los pastores escoceses con los puntos promedio de los perros de agua.

TOTALES DE PUNTOS EN LA COMPETENCIA CANINA

Competencia	Pastores escoceses	Perros de agua
1	45	71
2	56	35
3	79	45
4	32	61
5	44	71
6	56	53

19. **RAZONAMIENTO** Para los ejercicios 5–13, mira el número menor y el número mayor en cada conjunto. Compara estos números con la media del conjunto. ¿Qué observas?

Repaso y preparación para la prueba

Escribe en orden de menor a mayor. (pág. 24)

20. 56; 34; 92; 86; 2; 45

21. 12,543; 12,453; 12,354

22. 903 + 745 (pág. 40)

23. 513 × 17 (pág. 256)

24. **Preparación para la prueba** Jan tiene 84 puntos en un juego. Mike tiene 28 puntos menos que Jan. ¿Cuántos puntos tiene Mike? (pág. 176)

A 56 **C** 102

B 90 **D** 112

Más práctica

Grupo A (págs. 316–317)

Escribe los números que usarías para estimar el cociente. Luego estima.

1. $832 \div 21$
2. $394 \div 19$
3. $542 \div 38$
4. $407 \div 72$
5. $163 \div 43$
6. $269 \div 56$
7. $658 \div 65$
8. $808 \div 91$
9. Jim quiere hacer un álbum de recortes. En cada página puede colocar 6 tarjetas de béisbol. Tiene 123 tarjetas de béisbol. ¿Aproximadamente cuántas páginas necesitará?
10. Los 12 miembros de una tropa de exploradores vendieron 230 bolsas de palomitas de maíz. ¿Aproximadamente cuántas bolsas de palomitas vendió cada miembro?

Grupo B (págs. 320–321)

Divide.

1. $12\overline{)645}$
2. $24\overline{)721}$
3. $18\overline{)212}$
4. $34\overline{)310}$
5. $15\overline{)927}$
6. $13\overline{)172}$
7. $26\overline{)525}$
8. $37\overline{)454}$
9. Un fabricante de bolígrafos empacó 718 bolígrafos. En cada paquete hay 12 bolígrafos. ¿Cuántos paquetes hay? ¿Cuántos bolígrafos sobran?
10. Los miembros del club de ciclismo recorrieron 375 millas en 15 días. Si recorrieran el mismo número de millas cada día, ¿cuántas millas recorrieron cada día?

Grupo C (págs. 322–325)

Escribe *demsiado alta, demasiado baja* o *correcta* para cada estimación. Luego divide.

1. $\begin{array}{r} 7 \\ 78\overline{)612} \end{array}$
2. $\begin{array}{r} 8 \\ 34\overline{)312} \end{array}$
3. $\begin{array}{r} 6 \\ 26\overline{)156} \end{array}$
4. $\begin{array}{r} 9 \\ 56\overline{)448} \end{array}$

Divide.

5. $49\overline{)872}$
6. $63\overline{)917}$
7. $14\overline{)275}$
8. $32\overline{)564}$
9. $25\overline{)743}$
10. $52\overline{)816}$
11. $17\overline{)194}$
12. $21\overline{)836}$

Grupo D (págs. 328–329)

Halla la media.

1. 58, 89, 77, 93, 64, 45
2. \$4.54, \$3.77, \$5.31
3. 310, 211, 405, 111, 98
4. 22, 35, 19, 47, 56, 73, 62, 42, 39, 16, 26, 55
5. 2,031; 241; 176; 366; 371; 35; 78; 91; 32; 79
6. 974; 2,765; 2,062; 2,235; 687; 1,093

Repaso/Prueba

COMPRUEBA EL VOCABULARIO Y LOS CONCEPTOS

Elige el mejor término de la casilla.

divisor
media
cociente
residuo

1. Multiplica el cociente por el ? y suma el ? al producto para comprobar el cociente y el residuo de un problema de división. (pág. 320)

2. La ? es el número que se obtiene al dividir el total de un conjunto de números por el número de sumandos. (pág. 328)

COMPRUEBA LAS DESTREZAS

Escribe los números que usarías para estimar el cociente. Luego estima. (págs. 316–317)

3. $623 \div 22$
4. $294 \div 19$
5. $761 \div 37$
6. $82 \div 21$
7. $385 \div 48$
8. $649 \div 52$

Divide. (págs. 318–321)

9. $19\overline{)98}$
10. $25\overline{)237}$
11. $32\overline{)453}$
12. $43\overline{)518}$
13. $27\overline{)394}$
14. $34\overline{)619}$
15. $17\overline{)123}$
16. $56\overline{)767}$

Escribe *demasiado alta, demasiado baja* o *correcta* para cada estimación. Luego divide. (págs. 322–325)

17. $\begin{array}{r} 5 \\ 48\overline{)288} \end{array}$
18. $\begin{array}{r} 4 \\ 35\overline{)175} \end{array}$
19. $\begin{array}{r} 7 \\ 37\overline{)260} \end{array}$
20. $\begin{array}{r} 8 \\ 71\overline{)513} \end{array}$
21. $\begin{array}{r} 8 \\ 52\overline{)468} \end{array}$

Halla la media. (págs. 328–329)

22. 124, 130, 100, 122, 124, 100, 150, 205, 170, 202, 213, 285, 250, 315, 285

23. $12.20, $24.56, $13.20, $25.60, $14.75, $18.32, $21.48, $16.81, $10.79, $9.83, $12.50, $11.48

COMPRUEBA LA RESOLUCIÓN DE PROBLEMAS

Resuelve. Nombra la operación u operaciones que usaste. (págs. 326–327)

24. Jeremy guarda sus estampillas en un álbum. En cada hoja del álbum caben 18 estampillas. ¿Cuántas hojas necesitará para 234 estampillas?

25. El Sr. Davis está escribiendo un libro de 450 páginas. Durante 25 días ha estado escribiendo 13 páginas por día. ¿Cuántas páginas más necesita escribir?

Preparación para pruebas

PERCEPCIÓN NUMÉRICA, CONCEPTOS Y OPERACIONES

IDEA **Busca palabras importantes.**
Mira el ejercicio 1. Las palabras importantes son *estima* y *producto*. Estima cada producto antes de elegir el mayor.

1. Estima cada producto. ¿Cuál es el **mayor**?

   A 76×28

   B 67×48

   C 59×31

   D 43×43

2. Un tiburón ballena pesa 46,297 libras. ¿Qué dígito en el número 46,297 tiene un valor posicional de diez millares?

   F 2

   G 4

   H 6

   J 9

3. **Explícalo** El año pasado un grupo de 612 personas recorrieron Europa en 23 autobuses. Cada autobús acomdó a casi el mismo número de personas. ESTIMA el número de personas en cada autobús. Explica tu razonamiento.

GEOMETRÍA Y ORIENTACIÓN ESPACIAL

4. ¿Para qué figura la línea punteada NO es un eje de simetría?

   A

   B

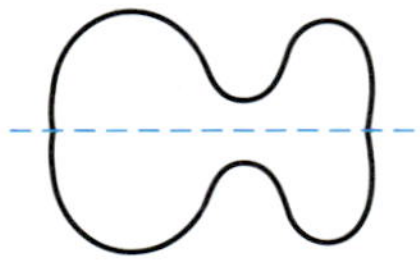

   C

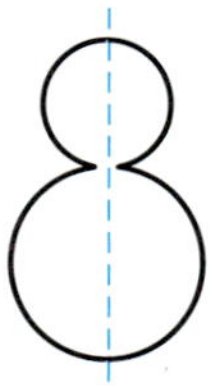

   D

5. ¿Qué enunciado sobre una pirámide cuadrada es verdadero?

   F Ninguna de sus caras son triángulos.

   G Todas sus caras son círculos.

   H Algunas de sus caras son triángulos.

   J Ninguna de sus caras son cuadrados.

6. **Explícalo** Compara las siguientes figuras.

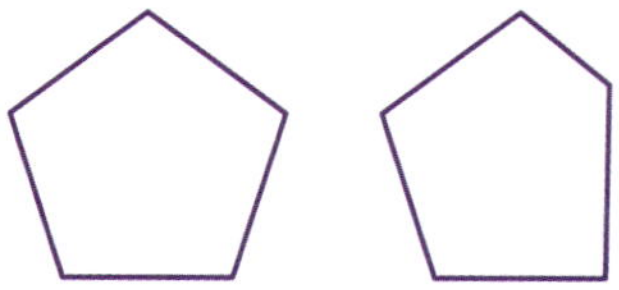

   Explica en qué se parecen y en qué se diferencian.

RAZONAMIENTO ALGEBRAICO

7. Mohammed hizo la siguiente tabla para mostrar el número de barajitas deportivas de su colección.

COLECCIÓN DE BARAJITAS DEPORTIVAS	
Tipo de barajita	**Número**
Béisbol	73
Fútbol americano	72
Básquetbol	90
Hockey	29

¿Cuál de los siguientes se puede usar para hallar cuántas barajitas de béisbol más tiene Mohammed que tarjetas de hockey?

A $73 + 29 = n$

B $73 - 72 = n$

C $73 - 29 = n$

D $73 + n = 100$

8. ¿Qué enunciado numérico sigue en el siguiente patrón?

$$140 \div 70 = 2$$
$$1{,}400 \div 70 = 20$$
$$14{,}000 \div 70 = 200$$

F $140{,}000 \div 70 = 2{,}000$

G $1{,}400{,}000 \div 70 = 20{,}000$

H $1{,}400{,}000 \div 20 = 70{,}000$

J $1{,}400{,}000 \div 14 = 100{,}000$

9. **Explícalo** Escribe una regla para el siguiente patrón.

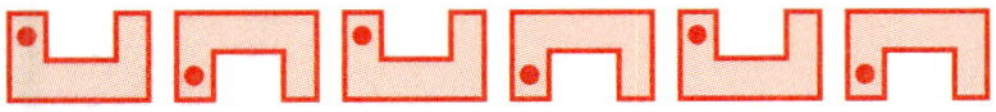

Explica cómo lo decidiste.

ANÁLISIS DE DATOS Y PROBABILIDAD

10. Las edades de los parientes que fueron a la fiesta de Jamie son 24, 18, 39, 12 y 7. ¿Cuál es la media de sus edades?

A 39

B 24

C 20

D 7

11. La siguiente gráfica lineal muestra el número de pares de zapatos de goma vendidos en la tienda Corredor durante un período de seis meses.

¿Durante qué mes se vendió el **segundo** número **menor** de pares de zapatos?

F Abril

G Mayo

H Junio

J Julio

12. **Explícalo** La siguiente tabla muestra la mesada de Alberto en diferentes edades.

MESADAS DE ALBERTO	
Edad	**Cantidad**
8 años de edad	\$1.60
9 años de edad	\$1.80
10 años de edad	\$2.00

¿La mesada de Alberto a la edad de 11 años será **más de** o **menos de** \$2.00? Explica cómo lo sabes.

CAPÍTULO 16 Teoría numérica

DATOS BREVES • ARTE

A Billie Ruth Sudduth la honraron con el Living Treasure (Tesoro viviente) del estado de North Carolina en 1997. Ella es la décima galardonada con este premio y la primera mujer en recibir este honor. Sudduth usa la secuencia Fibonacci, un patrón numérico famoso, para tejer cestas. Ella usa relaciones matemáticas para determinar el tamaño, el tejido y los diseños lineales de sus cestas.

RESOLUCIÓN DE PROBLEMAS Mira los números en la secuencia Fibonacci. Explica el patrón numérico.

Fibonacci 8

NÚMEROS EN LA SECUENCIA FIBONACCI

1ro	2do	3ro	4to	5to	6to	7mo	8vo	9no	10mo	11ro	12do	13ro
1	1	2	3	5	8	13	21	34	55	89	144	233

Comprueba lo que sabes

Usa esta página para repasar y recordar destrezas importantes que se necesitan para el Capítulo 16.

MATRICES

Usa una matriz para hallar el producto.

1. 

■ × ■ = ■

2. 

■ × ■ = ■

3. 

■ × ■ = ■

OPERACIONES DE MULTIPLICACIÓN

Halla el producto.

4. 5×2
5. 4×8
6. 6×2
7. 7×5
8. 9×7
9. 9×6
10. 4×5
11. 6×0
12. 8×5
13. 7×8

FACTORES QUE FALTAN

Halla el factor que falta.

14. 1 × ■ = 10
15. ■ × 3 = 9
16. ■ × 3 = 27
17. 12 × ■ = 24
18. 6 × ■ = 42
19. ■ × 4 = 28
20. 12 × ■ = 60
21. ■ × 9 = 63

VOCABULARIO

REPASO

patrón *sustantivo*

Un sinónimo de la palabra *patrón* es *orden*. Mira la definición de *orden*. Explica cómo se relacionan *patrón* y *orden*.

PRESENTACIÓN

divisible
número primo
número compuesto
número cuadrado
raíz cuadrada

APRENDE en línea www.harcourtschool.com

LECCIÓN 1

Reglas de divisibilidad

Repaso rápido

Halla el cociente. Indica si el cociente es *par* o *impar*.

1. 48 ÷ 6 **2.** 63 ÷ 7

3. 20 ÷ 5 **4.** 45 ÷ 9

5. 32 ÷ 4

VOCABULARIO

divisible

Aprende

UNA COMBINACIÓN PAREJA Un número es **divisible** entre otro cuando el cociente es un número entero y el residuo es cero.

Número	Regla de divisibilidad
2	El ultimo dígito debe ser par.
3	La suma de los dígitos debe ser divisible entre 3.
5	El último dígito debe ser 0 o 5.
9	La suma de los dígitos debe ser divisible entre 9.
10	El último dígito debe ser 0.

El número del armario de Max es uno de estos números.

425 450 480 486

El número de su armario es divisible entre 2, 3, 5, 9 y 10. ¿Cuál es el número de su armario?

Usa las reglas de divisibilidad para hallar el número del armario de Max.

Ejemplo

PASO 1

Comprueba la divisibilidad entre 2.

El último dígito debe ser par.

~~425~~ 450 480 486

Tacha 425.

PASO 2

Comprueba la divisibilidad entre 5.

El último dígito debe 0 o 5.

~~425~~ 450 480 ~~486~~

Tacha 486.

PASO 3

Comprueba la divisibilidad entre 10.

El último dígito debe ser 0.

~~425~~ 450 480 ~~486~~

450 y 480 son divisibles entre 10.

PASO 4

Comprueba la divisibilidad entre 3 de 450 y 480.
La suma de los dígitos debe ser divisible entre 3.

$450 \rightarrow 4 + 5 + 0 = 9$ $9 \div 3 = 3$
$480 \rightarrow 4 + 8 + 0 = 12$ $12 \div 3 = 4$

~~425~~ 450 480 ~~486~~

450 y 480 son divisibles entre 3.

PASO 5

Comprueba la divisibilidad entre 9 de 450 y 480.
La suma de los dígitos debe ser divisible entre 9.

$450 \rightarrow 4 + 5 + 0 = 9$ $9 \div 9 = 1$
$480 \rightarrow 4 + 8 + 0 = 12$ $12 \div 9 = 1$ r3

~~425~~ 450 ~~480~~ ~~486~~

Tacha 480.

Entonces, el número del armario de Max es 450 ya que 450 es el único número divisible entre 2, 3, 5, 9 y 10.

Comprueba

1. **Explica** en qué se parece comprobar la divisibilidad entre 3 y comprobar la divisibilidad entre 9. Explica en qué se diferencia.

Indica si el número es divisible entre 2, 3, 5, 9 o 10.

2. 96 **3.** 120 **4.** 738 **5.** 4,516 **6.** 9,882

Práctica y resolución de problemas

Más práctica, página 350, Grupo A

Indica si el número es divisible entre 2, 3, 5, 9 o 10.

7. 33 **8.** 65 **9.** 3,750 **10.** 13,467 **11.** 2,130

12. 6,452 **13.** 9,876 **14.** 73,821 **15.** 3,459 **16.** 27,000

RAZONAMIENTO **Escribe *verdadero* o *falso* para cada enunciado. Explica tu respuesta.**

17. Todos los números pares son divisibles entre 10.

18. Todos los números divisibles entre 5 también son divisibles entre 10.

19. Todos los números que son divisibles entre 9 también son divisibles entre 3.

20. Todos los números que son divisibles entre 3 también son divisibles entre 9.

21. Todos los números que son divisibles entre 10 también son divisibles entre 5.

22. Todos los números divisibles entre 2 y 3 también son divisibles entre 5.

Para los ejercicios 23–24, usa los siguientes números de armarios.

23. El número de armario de Jen se muestra arriba. Su número de armario es divisible entre 3 y 9. ¿Cuál es el número de su armario?

24. El número de armario de Dan se muestra arriba. Su número de armario *no* es divisible ni entre 2 ni entre 9. ¿Cuál es el número de su armario?

25. **Escribe un problema** con una respuesta que sea divisible entre 2, 3, 5, 9 y 10. Muestra la solución.

26. **Vocabulario** Explica cómo se relacionan las palabras *divisible* y *dividir*.

Repaso y preparación para la prueba

27. 567 × 23 (pág. 256)

28. 1,789 × 65 (pág. 258)

29. Ordena de menor a mayor. 1,267,898; 1,278,987; 1,456,892; 1,987 (pág. 24)

30. **Preparación para la prueba** James reparte periódicos en la mañana, 7 días a la semana. Su ruta tiene 26 millas de largo. ¿Cuántas millas recorre en 4 semanas? (pág. 222)

A 104 millas
B 182 millas
C 286 millas
D 728 millas

LECCIÓN 2

Factores y múltiplos

Repaso rápido

1. $5 \times ■ = 50$
2. $4 \times ■ = 44$
3. $5 \times ■ = 60$
4. $■ \times ■ = 25$
5. $■ \times ■ = 49$

Aprende

USAR PRODUCTOS Cada número entero tiene, por lo menos, dos factores: ese número y 1.

$$1 \times 11 = 11 \qquad 9 \times 1 = 9$$

Muchos números se pueden descomponer en factores de diferentes maneras.

$$16 = 4 \times 4 \qquad 16 = 2 \times 8 \qquad 16 = 1 \times 16$$

Puedes usar matrices para mostrar los factores de números enteros.

MANOS A LA OBRA

Actividad **MATERIALES:** fichas cuadradas

Haz tantas matrices como puedas que tengan 36 cuadrados.

$1 \times 36 = 36$

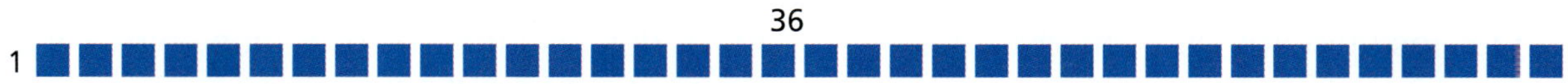

Esta matriz tiene una longitud de 36 y un ancho de 1, entonces 36 y 1 son factores de 36.

$2 \times 18 = 36$

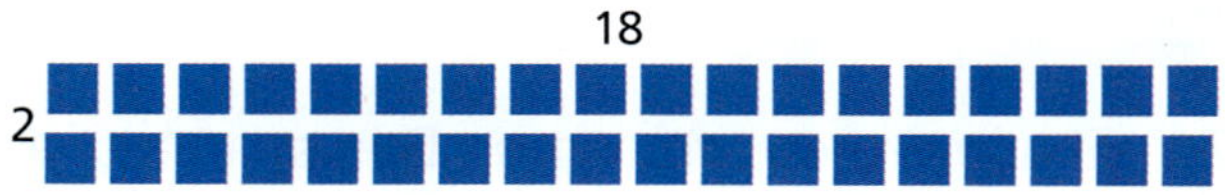

Esta matriz tiene una longitud de 18 y un ancho de 2, entonces 18 y 2 son factores de 36.

$3 \times 12 = 36$

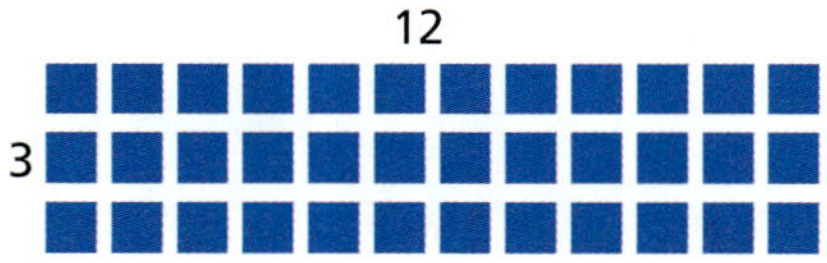

Esta matriz tiene una longitud de 12 y un ancho de 3, entonces 12 y 3 son factores de 36.

$4 \times 9 = 36$

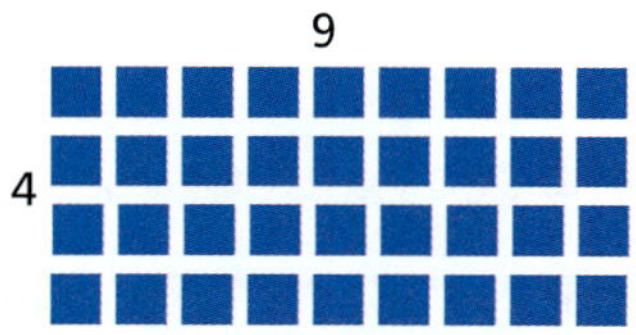

Esta matriz tiene una longitud de 9 y un ancho de 4, entonces 9 y 4 son factores de 36.

$6 \times 6 = 36$

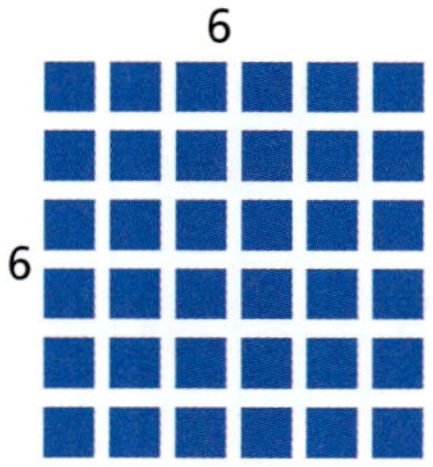

Esta matriz tiene una longitud de 6 y un ancho de 6, entonces 6 y 6 son factores de 36.

Entonces, los factores de 36 son 1, 2, 3, 4, 6, 9, 12, 18 y 36.

- ¿Hay otras maneras de formar las matrices y mostrar los mismos factores? Explica tu respuesta.

Múltiplos

Kayla tiene una lección de piano cada siete días durante el mes de marzo. Su primera lección es el 7 de marzo. ¿En qué otros días de marzo tendrá una lección de piano?

Marzo						
Dom.	Lun.	Mar.	Mié.	Jue.	Vie.	Sáb.
		1	2	3	4	5
6	7	8	9	10	11	12
13	14	15	16	17	18	19
20	21	22	23	24	25	26
27	28	29	30	31		

Las fechas de las lecciones de Kayla son múltiplos de 7.

Un múltiplo es el producto de un número dado y otro número entero. Para hallar múltiplos de cualquier número, multiplica por los números naturales 1, 2, 3, 4 y así sucesivamente. Los primeros cuatro múltiplos de 7 se muestran abajo.

Un múltiplo de 7 es cualquier producto que tiene 7 como un factor.

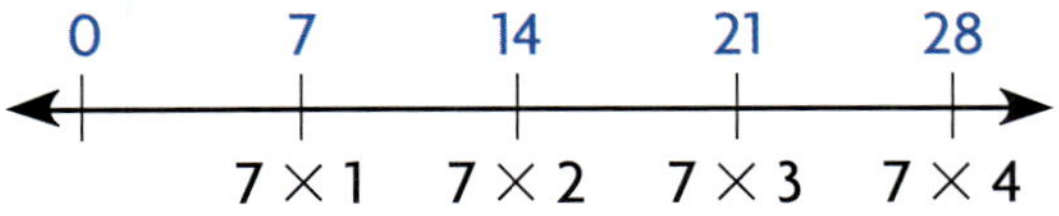

Entonces, Kayla tendrá lecciones de piano el 14, 21 y 28 de marzo.

• ¿Cuáles son los primeros 6 múltiplos de 4?

También puedes hacer una lista o contar salteado en una recta numérica para hallar múltiplos.

Ejemplos

Haz una lista	Usa una recta numérica
Primeros 6 múltiplos de 10: 10, 20, 30, 40, 50, 60	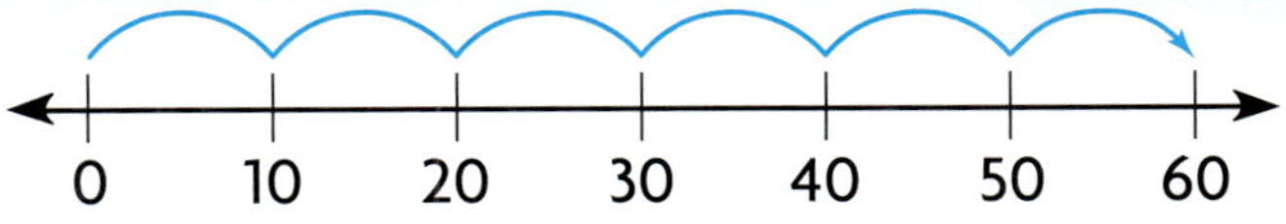
Primeros 6 múltiplos de 3: 3, 6, 9, 12, 15, 18	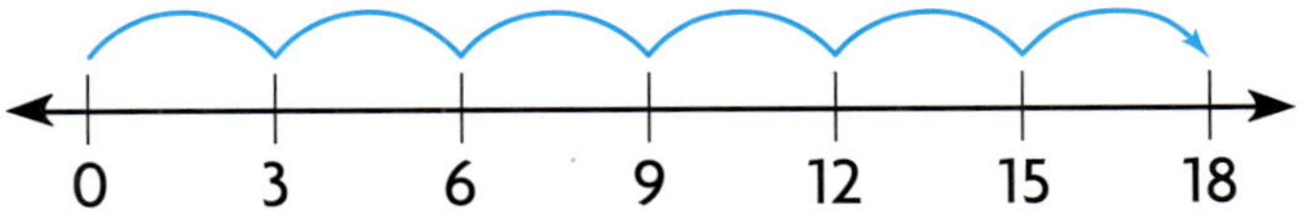

Comprueba

1. **Explica** cómo una recta numérica te puede ayudar a hallar múltiplos.

Usa matrices para hallar todos los factores de cada producto.

2. 42 **3.** 54 **4.** 63 **5.** 30

6. 28 **7.** 66 **8.** 45 **9.** 72

Haz una lista de los primeros 3 múltiplos de cada número.

10. 3 **11.** 5 **12.** 10 **13.** 12

LA LECCIÓN CONTINÚA

Práctica y resolución de problemas

Más práctica, página 350, Grupo B

Usa matrices para hallar todos los factores de cada producto.

14. 10 **15.** 9 **16.** 44 **17.** 21

18. 81 **19.** 40 **20.** 24 **21.** 35

22. 56 **23.** 64 **24.** 48 **25.** 100

Haz una lista de los primeros 6 múltiplos de cada número.

26. 2 **27.** 9 **28.** 6 **29.** 8

30. 7 **31.** 11 **32.** 4 **33.** 1

Halla el múltiplo que falta.

34. ■, 24, 30, 36 **35.** ■, 14, 21, 28 **36.** 8, 16, 24, ■ **37.** 10, 20, ■, 40

38. 12, 15, ■, 21 **39.** 36, ■, 54, 63 **40.** 70, 80, ■, 100 **41.** 22, ■, 44, 55

USA LOS DATOS **Para los ejercicios 42–45, usa la tabla.**

42. ¿Alrededor de cuánto dinero necesitará Todd para comprar 6 peces ángel? Explica cómo lo decidiste.

43. Rachel compró 2 peces dorados para cada uno de sus 3 amigos. ¿Cuánto dinero gastó?

44. Molly compró 3 peces espada. Pagó con un billete de $10. ¿Cuánto cambio recibió?

VENTA DE PECES TROPICALES

Pez	Precio
Pez ángel	$3.09
Guppy	$1.89
Pez dorado	$0.79
Pez espada	$1.19

45. Jeremy recibió $5.00 por su cumpleaños. ¿Puede comprar 1 pez guppy y 2 espadas? Explica tu respuesta.

46. Usa el calendario de la derecha. La mamá de Sam llenó el tanque de gasolina de su carro cada ocho días en el mes de julio, comenzando el 8 de julio. ¿Cuántas veces llenó su tanque en julio? ¿En qué fechas?

Julio

Dom.	Lun.	Mar.	Mié.	Jue.	Vie.	Sáb.
				1	2	3
4	5	6	7	8	9	10
11	12	13	14	15	16	17
18	19	20	21	22	23	24
25	26	27	28	29	30	31

47. Sara quiere hacer un diseño rectangular con 24 fichas cuadradas. ¿Qué matrices puede hacer? Haz un dibujo y escribe los factores de cada matriz.

48. Yuri va a comprar unas velas para ponerlas en un pastel. Las velas vienen en cajas de 4. ¿Cuántas cajas de velas necesitará comprar para tener 10 velas en el pastel?

49. **RAZONAMIENTO** ¿Puede un factor de un número ser un múltiplo del mismo número? Explica tu respuesta.

50. **PERCEPCIÓN NUMÉRICA** El producto es 32. Un factor es 2 veces el otro factor. ¿Cuáles son los factores?

51. **¿Cuál es el error?** Brian escribe 6, 12, 18, 24, 30 como los factores de 6. Describe su error. Escribe la respuesta correcta.

52. **Por escrito** Liz dice que halló los factores de 12 en una tabla de multiplicar. Explica cómo ella pudo hallar los factores para 12.

Repaso y preparación para la prueba

53. Halla $25 - y$ si $y = 4$ (pág. 70)

54. Compara: 75,526 ● 75,562 (pág. 20)

55. ¿Cuál es la moda de los datos 2, 2, 4, 5, 7, 8, 6, 6, 5, 4, 3, 2? (pág. 118)

56. **Preparación para la prueba** 10 décadas = ■ (pág. 104)

A 110 años
B 1 siglo
C 50 años
D 10 años

57. Escribe las palabras que correspondan con la expresión. $(12 \div 3) \times 8$ (pág. 188)

58. **Preparación para la prueba** Kevin sacó las siguientes puntuaciones en sus pruebas: 85, 90, 85, 78, 86, 93 y 92. ¿Cuál es la mediana de las puntuaciones de las pruebas de Kevin? (pág. 118)

F 85
G 86
H 87
J 90

Resolución de problemas

Piénsalo más

DILEMA DE PERROS CALIENTES Jasmine va a planear una comida al aire libre. Ella quiere servirles perros calientes a sus invitados, pero no sabe cuántas salchichas y panes comprar. Las salchichas vienen en paquetes de 10 y los panes en paquetes de 8. ¿Cuántos paquetes de cada uno necesitará comprar Jasmine para tener el mismo número de salchichas y panes?

Jasmine puede usar múltiplos para resolver el dilema. Ella hace dos tablas.

Paquetes de salchichas	1	2	3	4	5	6	7	8	9	10
Número de salchichas	10	20	30	40	50	60				

Paquetes de panes	1	2	3	4	5	6	7	8	9	10
Número de panes	8	16	24	32	40	48				

- Copia y completa las tablas. Encierra en un círculo los múltiplos que tienen ambas tablas en común.
- ¿Cuál es el menor número de paquetes que Jasmine necesita comprar para tener el mismo número de salchichas y panes?

Haz una lista de los primeros 10 múltiplos de los números en cada par. Encierra en un círculo los múltiplos que tienen en común.

1. 3, 4
2. 4, 9
3. 5, 8
4. 2, 6

LECCIÓN 3

Números primos y compuestos

Repaso rápido

1. 5 × (2 × 2)
2. 2 × (2 × 4)
3. 2 × (3 × 3)
4. (2 × 5) × 6
5. (3 × 3) × 5

VOCABULARIO

número primo

número compuesto

MATERIALES fichas cuadradas

Aprende

EN FILA Julio tiene 5 trenes a escala que quiere ordenar en filas iguales. ¿De cuántas maneras los puede ordenar?

MANOS A LA OBRA Actividad 1

Haz todas las matrices que puedas con 5 fichas cuadradas para mostrar todos los factores del número 5.

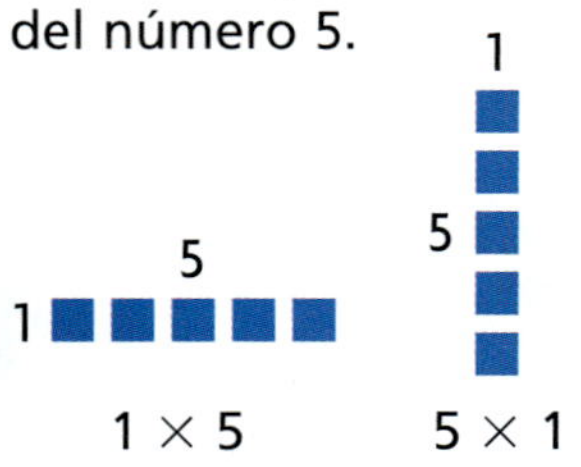

Entonces, Julio puede ordenar los trenes de 2 maneras: 1 fila de 5 trenes o 5 filas con 1 tren cada una.

El número 5 tiene dos factores: 1 y 5. Un **número primo** tiene exactamente dos factores: 1 y el mismo número. Entonces, 5 es un número primo.

MANOS A LA OBRA Actividad 2

Lizette tiene 12 materos de flores para su jardín cuadrado. ¿De cuántas maneras los puede ordenar en filas iguales? Haz todas las matrices que puedas con 12 fichas cuadradas para mostrar todos los factores del número 12.

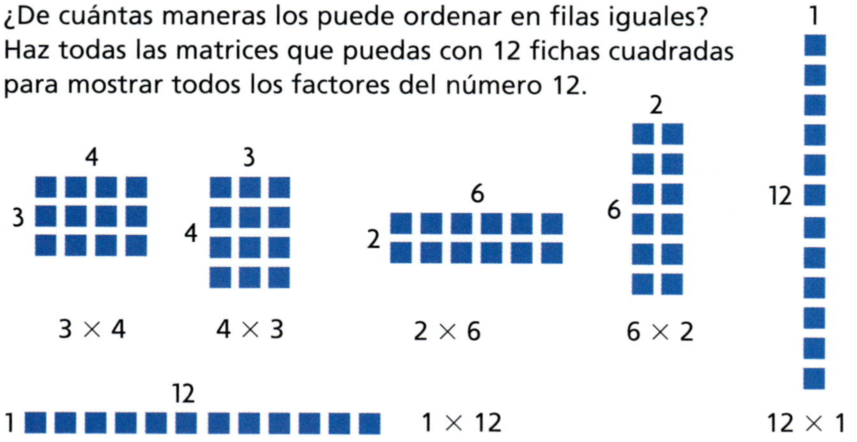

Entonces, Lizette puede ordenar sus materos de 6 maneras diferentes.

Los factores de 12 son 1, 2, 3, 4, 6 y 12. Un **número compuesto** tiene más de dos factores. Entonces, 12 es un número compuesto.

Matrices y factores

El número 1 no es ni primo ni compuesto ya que tiene un solo factor, 1.

Idea matemática Mediante una matriz puedes determinar si un número es primo o compuesto.

MANOS A LA OBRA

Actividad 3

Usa fichas cuadradas para hacer todas las matrices que puedas para los números del 2 al 11. Haz una tabla como la siguiente para mostrar las matrices y los factores para cada número.

Número	Matrices	Factores	¿Primo o compuesto?
2		1, 2	primo
3	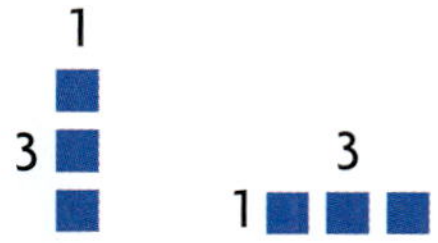	1, 3	primo
4	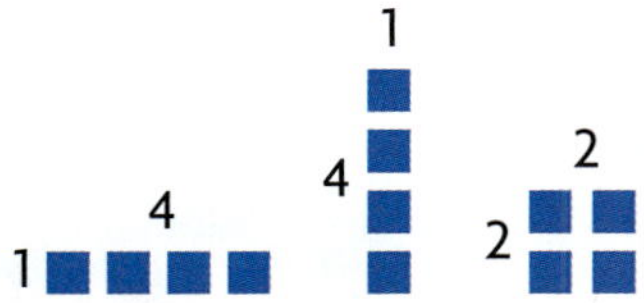	1, 2, 4	compuesto
5			

- Mira tu tabla. Para cada número, cuenta las matrices y los factores. ¿En qué se relacionan?

Comprueba

1. **Explica** cómo puedes saber si un número es primo o compuesto mirando la columna de los factores de tu tabla.

Haz matrices para hallar los factores. Escribe *primo* o *compuesto* para cada número.

2. 16 **3.** 27 **4.** 13 **5.** 19 **6.** 21

LA LECCIÓN CONTINÚA

Práctica y resolución de problemas

Más práctica, página 350, Grupo C

Haz matrices para hallar los factores. Escribe *primo* o *compuesto* para cada número.

7. 31	**8.** 20	**9.** 15	**10.** 29	**11.** 45
12. 17	**13.** 18	**14.** 37	**15.** 22	**16.** 24

Escribe *primo* o *compuesto* para cada número.

17. 23	**18.** 36	**19.** 47	**20.** 63	**21.** 50
22. 33	**23.** 144	**24.** 132	**25.** 121	**26.** 28
27. 26	**28.** 81	**29.** 41	**30.** 35	**31.** 43

Vincent tiene que apilar algunos libros en una mesa de la biblioteca. Cada pila debe tener un número igual de libros. ¿De cuántas maneras puede apilar los libros que halló en cada caja? Haz una lista de las maneras.

32.

33.

34.

35.

36. **¿Cuál es el error?** Nick hizo una lista de los primeros cinco números primos como 2, 3, 7, 11, 13. Describe su error. Escribe la respuesta correcta.

37. **¿Cuál es la pregunta?** Irene hizo una lista de los factores 1, 2, 4, 8, 16 y 32.

38. **RAZONAMIENTO** Josh tiene 2 años más que Brianna. Sally es 5 años menor que Josh. Josh tiene 12 años. ¿Qué edad tienen Brianna y Sally?

39. Ross hizo 3 dibujos el lunes, el martes hizo el doble de dibujos que el lunes y el miércoles hizo el doble que el martes. ¿Cuántos dibujos hizo en total?

40. Lita sacó casi 90 puntos en cada prueba. Si tomó 20 pruebas, ¿alrededor de cuántos puntos sacó?

41. En agosto, Erin tiene lecciones de baile cada tercer día. Su primera lección es el 3 de agosto. ¿En qué fechas de agosto son sus otras lecciones? ¿Qué fecha tiene un número primo?

42. **CÁLCULO MENTAL** Chelsea compró 10 cuentas para hacer una pulsera. Pagó \$0.12 por cada cuenta. Si le dio \$2.00, al vendedor, ¿cuánto cambio recibió?

Repaso y preparación para la prueba

43. $\begin{array}{r} 4{,}380 \\ +2{,}647 \\ \hline \end{array}$ (pág. 48)

44. $\begin{array}{r} 6{,}007 \\ -2{,}150 \\ \hline \end{array}$ (pág. 50)

Halla la suma o diferencia. (pág. 52)

45. 472,804 + 216,865

46. 28,586 − 10,399

Compara. Escribe < o > para cada ●. (pág. 20)

47. 3,840 ● 3,804

48. 6,790 ● 6,970

49. **RAZONAMIENTO** Diane tenía 2 monedas de 25¢, una moneda de 10¢ y una moneda de 5¢. Gastó 25¢ en una galleta y 36¢ en una manzana. ¿Cuánto dinero le queda? (pág. 40)

Para los ejercicios 50–51, usa la gráfica. (pág. 136)

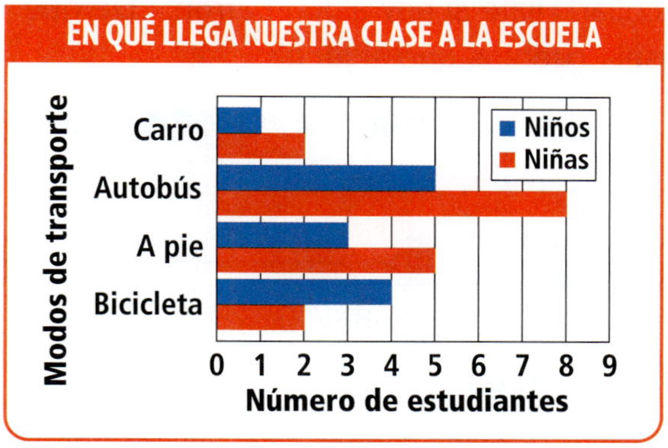

50. **Preparación para la prueba** ¿Cuántas niñas más llegan en autobús que en bicicleta a la escuela?

A 5 **B** 6 **C** 10 **D** 15

51. **Preparación para la prueba** En total, ¿cuántos estudiantes hay en la clase?

F 15 **G** 20 **H** 25 **J** 30

Resolución de problemas — Enlace con la Historia

Eratóstenes fue un matemático griego. Cerca de 200 b.C., él inventó un método de eliminar los números compuestos dejando solo los primos. Éste se denomina la criba de Eratóstenes.

Copia la tabla en papel cuadriculado.

1	2	3	4	5	6	7	8	9	10
11	12	13	14	15	16	17	18	19	20
21	22	23	24	25	26	27	28	29	30
31	32	33	34	35	36	37	38	39	40
41	42	43	44	45	46	47	48	49	50

1. Tacha el 1. No es ni primo ni compuesto.
2. Encierra en un círculo 2, 3, 5 y 7. Todos son primos. Explica cómo lo sabes.
3. Tacha todos los múltiplos de 2, 3, 5 y 7. ¿Qué tipo de número son? Explica tu respuesta.
4. Encierra en un círculo los números que no están tachados. ¿Cuántos factores tiene cada uno? ¿Qué tipo de números son?
5. Sigue la tabla hasta 100. Haz una lista de todos los números primos.
6. **RAZONAMIENTO** Explica por qué 2 es el único número primo que es par.

LECCIÓN 4

Estrategia de resolución de problemas
Hallar un patrón

Repaso rápido

Halla los números que faltan en el patrón.

1. 5, 10, 15, ■, ■, 30
2. 6, 12, 18, ■, ■, 36
3. 2, 10, 3, 15, 4, 20, ■, ■, 6, 30
4. 12, 24, ■, 48, ■, 72
5. 2, 3, 6, 7, 14, 15, 30, ■, ■, 63

PROBLEMA En la clase de arte, los estudiantes hacen joyas con cuentas. Janis va a usar cuentas rojas y azules para hacer un collar. Fíjate si hay algún patrón. ¿De qué color deben ser las seis cuentas que siguen?

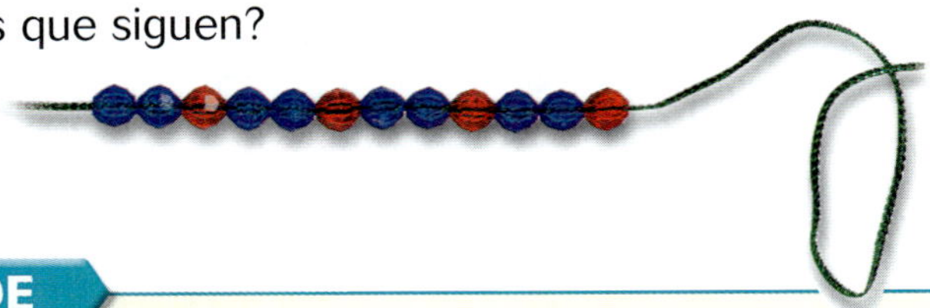

COMPRENDE

- ¿Qué debes hallar?
- ¿Qué información usarás?
- ¿Hay alguna información que no usarás? Explica tu respuesta.

PLANEA

- ¿Qué estrategia puedes usar para resolver el problema?
  Puedes *hallar un patrón* en los colores de las cuentas.

RESUELVE

- ¿Cómo puedes usar la estrategia para resolver el problema?
  Puedes escribir el número de cada cuenta roja para ver un patrón.

↓ 3 ↓ 6 ↓ 9 ↓ 12 ↓ 15 ↓ 18

Entonces, las seis cuentas que siguen podrían ser azul, azul, rojo, azul, azul, rojo.

Patrón: Los números de las cuentas rojas son todos múltiplos de 3. Los siguientes múltiplos de 3 son 15 y 18, entonces la decimoquinta y decimoctava cuentas serán rojas.

COMPRUEBA

- ¿Qué otra estrategia podrías usar?

Práctica • Resolución de problemas

Haz un patrón para resolver.

1. **¿Qué sucedería si** Janis cambiara el patrón para que los colores fueran azul, azul, azul, rojo? ¿Cuáles podrían ser las seis cuentas que siguen?
2. Halla una regla. Usa tu regla para hallar los números que faltan en el patrón: 72, 63, 54, ■, ■, 27.

Estrategias

- Hacer un diagrama o dibujo
- Hacer un modelo o representar
- Hacer una lista organizada
- **Hallar un patrón**
- Hacer una tabla o gráfica
- Predecir y probar
- Volver sobre los pasos
- Resolver un problema más simple
- Escribir una ecuación
- Usar razonamiento lógico

Resolución de problemas

Un número triangular es un número que se puede mostrar en una matriz que parece un triángulo. Mira el patrón de puntos. El número de puntos que se usó para hacer las matrices triangulares muestra los cuatro primeros números triangulares.

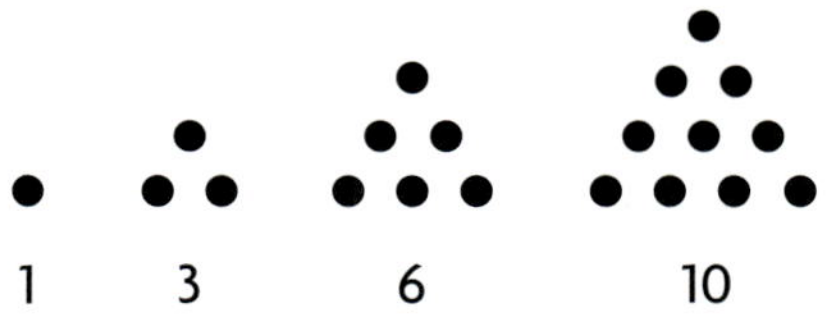

3. ¿Cuántos puntos debe haber en el dibujo que sigue?
   A 12 **C** 14
   B 13 **D** 15
4. ¿Cuáles son los dos números triangulares que siguen? 1, 3, 6, 10, ■, ■.
   F 12, 15 **H** 15, 21
   G 15, 19 **J** 25, 27

Práctica de estrategias mixtas

5. Halla una regla y extiende el patrón.

   1 1
   1 2 1
   1 3 3 1
   1 4 6 4 1
   ■ ■ ■ ■ ■ ■

6. Marina ganó \$6 por hora en las primeras 40 horas que trabajó por semana. Ganó \$9 por hora por cada adicional. Si trabajó 43 horas en una semana, ¿cuánto ganó?
7. **ÁLGEBRA** Edith tiene un acertijo para sus compañeros de clases. Cuando dice 12, la respuesta es 24. Cuando dice 15, la respuesta es 27. Cuando dice 20, la respuesta es 32. ¿Cuál es un patrón posible?
8. Una mueblería tiene 6 filas de sofás. Cada fila tiene 5 sofás. También hay 4 sofás agrupados en el centro de la tienda. ¿Cuántos sofás hay en la mueblería?
9. Matthew manejó su bicicleta hacia y desde la escuela por 20 días. Él vive a 3 millas de la escuela. ¿Cuántas millas recorrió?
10. **RAZONAMIENTO** Tami escribió los siguientes números en el pizarrón: 1, 2, 6, 30, 210, ■, ■. Halla una regla y predice los dos números que siguen basándote en tu regla.

LECCIÓN 5

Números cuadrados

Repaso rápido

Escribe *primo* o *compuesto*.

1. 2 **2.** 5
3. 18 **4.** 24
5. 45

VOCABULARIO

número cuadrado

raíz cuadrada

Aprende

PRIMER CUADRADO Un número que se puede representar con una matriz cuadrada se denomina un número cuadrado.

Un **número cuadrado** es un número que es el producto de cualquier número por sí mismo.

Para hallar algunos números cuadrados, comienza por multiplicar 1 por 1.

$1 \times 1 = 1$, entonces 1 es un número cuadrado.

$2 \times 2 = 4$, entonces 4 es un número cuadrado.

$3 \times 3 = 9$, entonces 9 es un número cuadrado.

- Mira el patrón de números cuadrados en la tabla. ¿Cuál es el número cuadrado para 7×7?

El inverso de un número cuadrado es una raíz cuadrada. La **raíz cuadrada** de un número es uno de los dos factores iguales de ese número.

$11 \times 11 = 121$, entonces 11 es la raíz cuadrada de 121.

$12 \times 12 = 144$, entonces 12 es la raíz cuadrada de 144.

×	1	2	3	4	5	6	7	8	9	10	11	12
1	1	2	3	4	5	6	7	8	9	10	11	12
2	2	4	6	8	10	12	14	16	18	20	22	24
3	3	6	9	12	15	18	21	24	27	30	33	36
4	4	8	12	16	20	24	28	32	36	40	44	48
5	5	10	15	20	25	30	35	40	45	50	55	60
6	6	12	18	24	30	36	42	48	54	60	66	72
7	7	14	21	28	35	42	49	56	63	70	77	84
8	8	16	24	32	40	48	56	64	72	80	88	96
9	9	18	27	36	45	54	63	72	81	90	99	108
10	10	20	30	40	50	60	70	80	90	100	110	120
11	11	22	33	44	55	66	77	88	99	110	121	132
12	12	24	36	48	60	72	84	96	108	120	132	144

▲ Los números cuadrados forman una línea diagonal en la tabla de multiplicación.

Comprueba

Enlace con la tecnología

Más práctica: Harcourt Mega Math Ice Station Exploration, *Arctic Algebra*, Nivel P

1. Explica cómo usar la tabla para hallar el número cuadrado de 9×9.

Nombra el número cuadrado y la raíz cuadrada para cada matriz.

2. 

3. 

4. 

5. 

Práctica y resolución de problemas

Más práctica, página 350, Grupo D

Nombra el número cuadrado y la raíz cuadrada para cada matriz.

6. 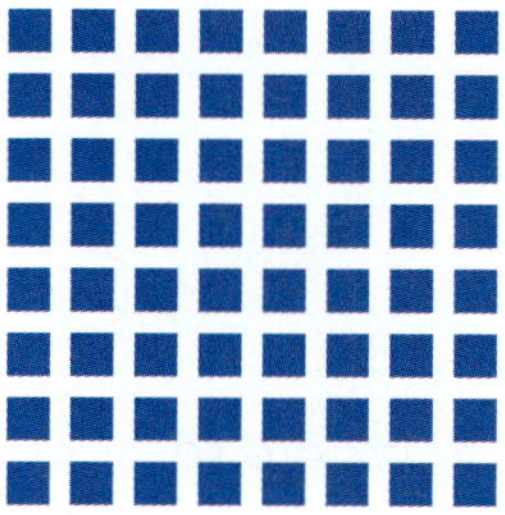

7. 

8. 

9. 

Halla el número cuadrado.

10. 4×4 **11.** 6×6 **12.** 9×9 **13.** 5×5

14. 3×3 **15.** 7×7 **16.** 10×10 **17.** 1×1

Usa la tabla de multiplicación para hallar la raíz cuadrada.

18. 4 **19.** 144 **20.** 64 **21.** 49

22. 25 **23.** 121 **24.** 81 **25.** 9

26. **RAZONAMIENTO** Tienes unas bolsas con 4, 6, 9, 12, 16, 24 y 25 fichas cuadradas. ¿Cuál de estas bolsas se puede usar para formar un cuadrado si se usan todas las fichas? Explica tu respuesta.

27. Becky compró 2 libras de duraznos por \$1.99 la libra y 3 libras de plátanos por \$0.59 la libra. ¿Cuánto gastó?

28. ***DATOS BREVES*** • **CIENCIAS** La secuencia Fobonacci se puede ver en el patrón de crecimiento de una planta. Esta planta comenzó con un pedúnculo. Creció por un mes y en el segundo mes le salió un pedúnculo nuevo. Un mes después le salió otro pedúnculo. Después de seis meses, la planta tenía todos los pedúnculos que se muestran. ¿Cuántos pedúnculos tendrá el mes siguiente?

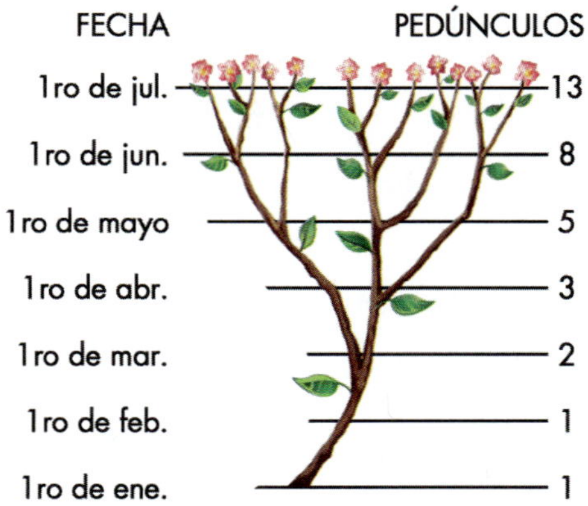

Repaso y preparación para la prueba

Para los ejercicios 29–30, halla el número que falta. Nombra la propiedad que usaste. (pág. 174)

29. $6 \times ■ = 5 \times 6$

30. $■ \times 1 = 10$

31. $32 \div x$ si $x = 8$ (pág. 188)

32. $12 + ■ = 9 + 3 + 8$ (pág. 76)

33. **Preparación para la prueba** Hay 79 niños que se inscribieron para jugar béisbol. Cada equipo necesita 9 jugadores. ¿Cuántos jugadores más se necesitan para que cada equipo tenga suficientes jugadores? (pág. 308)

A 3 **C** 1

B 2 **D** 0

Más práctica

Grupo A (págs. 336–337)

Indica si el número es divisible entre 2, 3, 5, 9 o 10.

1. 82
2. 567
3. 6,292
4. 830
5. 19,244
6. 32,670
7. 421,845
8. 765,949

Grupo B (págs. 338–341)

Halla los factores para cada producto.

1. 45
2. 56
3. 20
4. 28

Haz una lista de los primeros 6 múltiplos de cada número.

5. 12
6. 7
7. 3
8. 8
9. David tiene práctica de fútbol cada sexto día de junio, comenzando el 6 de junio. ¿Cuáles son las fechas de sus otras prácticas en junio?
10. Leah planea visitar a sus abuelos cada cuarto día de mayo. Su primera visita será el 4 de mayo. ¿Cuántas veces visitará a sus abuelos en mayo?

Grupo C (págs. 342–345)

Escribe *primo* o *compuesto* para cada número.

1. 8
2. 25
3. 39
4. 17
5. 2
6. 84
7. 31
8. 43
9. 72
10. 21
11. 41
12. 16

Grupo D (págs. 348–349)

Halla el número cuadrado y la raíz cuadrada para cada matriz.

1. 
2. 
3. 
4. 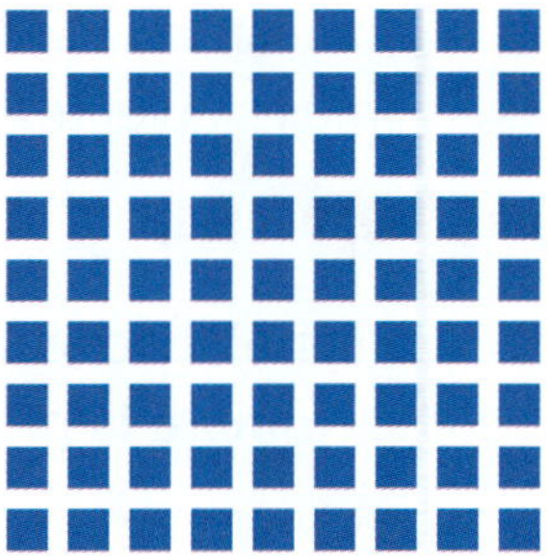
5. Jorge mostró algunas tarjetas de béisbol en una matriz cuadrada. ¿Cuántas tarjetas mostró Jorge?
6. Adrienne plantó un jardín de rosas en forma cuadrada. ¿Plantó 12, 20, 35 o 64 rosales?

Repaso/Prueba

COMPRUEBA EL VOCABULARIO Y LOS CONCEPTOS

Elige el mejor término de la casilla.

factor
múltiplo
número primo
número compuesto

1. Un _?_ tiene exactamente dos factores, 1 y sí mismo. (pág. 342)
2. Un producto de un número dado y otro número entero es un _?_. (pág. 338)
3. Un _?_ tiene más de dos factores. (pág. 342)

COMPRUEBA LAS DESTREZAS

Indica si el número es divisible entre 2, 3, 5, 9 o 10. (págs. 336–337)

4. 420 **5.** 1,245 **6.** 5,400 **7.** 60,462

Halla los factores para cada producto. (págs. 338–341)

8. 100 **9.** 77 **10.** 12 **11.** 36

Haz una lista de los primeros 6 múltiplos de cada número. (págs. 338–341)

12. 6 **13.** 9 **14.** 11 **15.** 10

Escribe *primo* o *compuesto* para cada número. (págs. 342–345)

16. 9 **17.** 49 **18.** 11 **19.** 39

Nombra el número cuadrado y la raíz cuadrada para cada matriz. (págs. 348–349)

20. 

21. 

22. 

23. 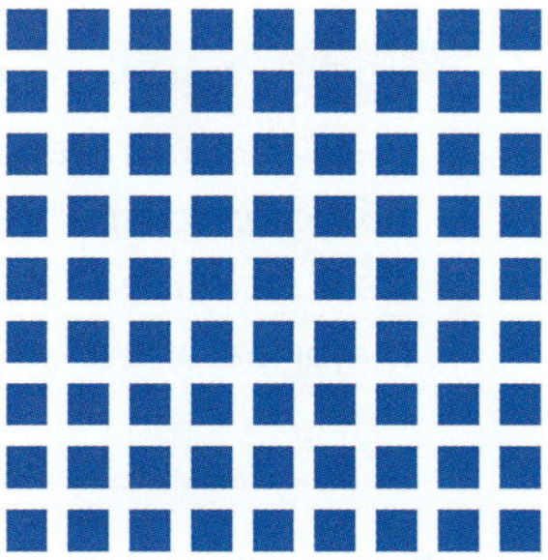

COMPRUEBA LA RESOLUCIÓN DE PROBLEMAS

Resuelve. (págs. 346–347)

24. Mónica hace 30 ejercicios abdominales cada día. De ahora en adelante, ella quiere hacer 3 ejercicios más que el día anterior. ¿Cuántos ejercicios abdominales hará en 8 días a partir de ahora?

25. Emanuel escribió estos números en el pizarrón: 2, 3, 5, 7, 8, 10, ■, ■. Predice los dos números que faltan. Explica tu respuesta.

Preparación para pruebas

PERCEPCIÓN NUMÉRICA, CONCEPTOS Y OPERACIONES

1. Los estudiantes de cuarto grado van a ir a una excursión. Hay 3 padres voluntarios, 3 maestros y 84 estudiantes. ¿Cuántos estudiantes deben asignarse a cada adulto para que cada grupo tenga un número igual de estudiantes?

A 42

B 24

C 16

D 14

2. Alan hizo una lista para mostrar los factores de 6. ¿Cuál es el factor que falta?

Los factores de 6: 1, 2, ■, 6

F 3

G 4

H 5

J 8

IDEA **Decide un plan.** Mira el ejercicio 3. Piensa en estrategias de estimación como *usar números compatibles, usar números de referencia* y *redondear,* y decide qué estrategia sería la mejor para resolver el problema.

3. **Explícalo** Tony trabaja 8 horas al día. Si trabajó 158 horas el mes pasado, ¿cerca de cuántos días trabajó? Nombra la estrategia de estimación que usaste. Explica tu razonamiento.

MEDIDAS

4. Richard comenzó a leer a la 1:15. Este reloj muestra la hora actual.

¿Cuánto tiempo ha leído Richard?

A 35 minutos

B 45 minutos

C 50 minutos

D 1 hora 45 minutos

5. Elena hizo la siguiente tabla para mostrar los pesos de varios objetos en su salón de clases.

OBJETOS EN MI SALÓN	
Objeto	**Peso**
Globo terráqueo	2 libras 5 onzas
Libro de matemáticas	48 onzas
Diccionario	3 libras 1 onza
Planta	80 onzas

¿Qué objeto es el **más pesado**?

F globo terráqueo

G libro de matemáticas

H diccionario

J planta

6. **Explícalo** Sarah y Bill midieron la longitud de esta crayola.

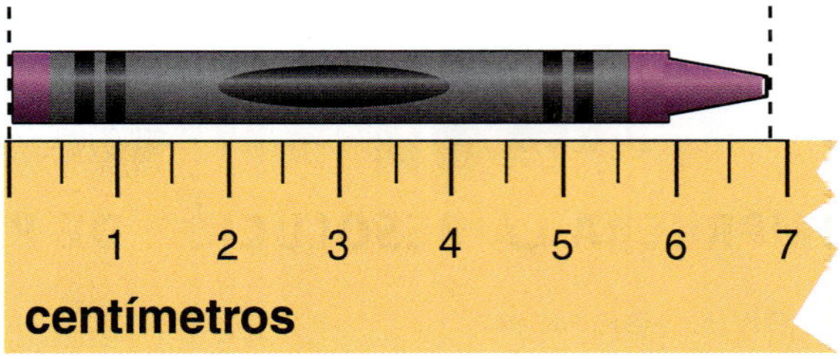

Sarah dijo que medía cerca de 5 centímetros de largo. Bill dijo que medía cerca de 7 centímetros de largo. ¿Quién tiene la razón? Explica tu razonamiento.

GEOMETRÍA Y ORIENTACIÓN ESPACIAL

7. ¿Qué figura muestra rectas perpendiculares?

A 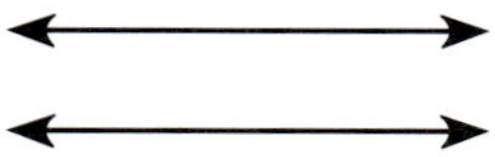

B 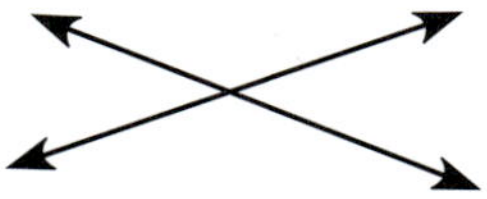

C 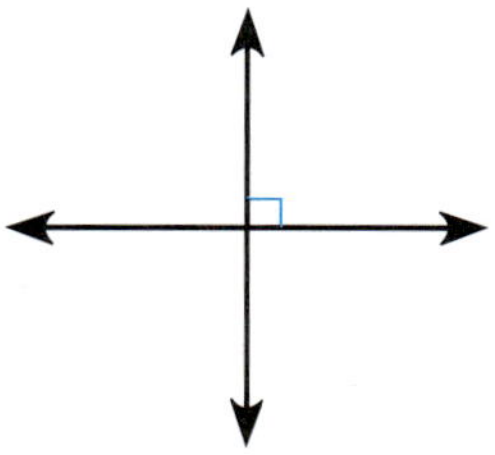

D 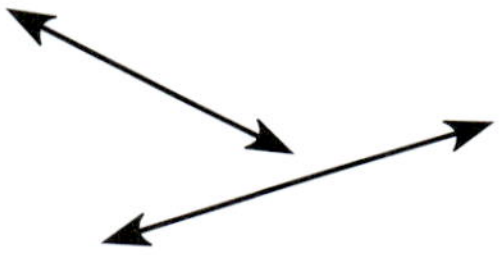

8. ¿Qué figura es el siguiente objeto?

F cubo

G prisma rectangular

H cilindro

J esfera

9. **Explícalo** Dibuja una figura con 6 lados iguales y 6 ángulos. ¿Qué nombre tiene tu figura? Explica tu razonamiento.

RAZONAMIENTO ALGEBRAICO

10. María usa cuadrados verdes y morados para hacer este patrón.

Si María continúa este patrón, ¿qué colores de cuadrados usará ella para los siguientes 6 cuadrados?

A verde, verde, verde, morado, morado, morado

B verde, verde, morado, verde, verde, morado

C morado, verde, morado, morado, verde, morado

D verde, morado, verde, verde, morado, verde

11. Había varias personas en una fiesta a las 2:00 p.m. Luego, llegaron 2 personas más a las 3:00 p.m. Sea p el número de personas en la fiesta a las 2:00 p.m. ¿Qué expresión representa el número de personas en la fiesta a las 3:00 p.m.?

F $p + 2$

G $p \times 2$

H $p \div 2$

J $p - 2$

12. **Explícalo** Mira la siguiente tabla.

Entrada	1	2	3	4	5
Salida	1	4	9	■	25

¿Qué número falta? Explica cómo lo decidiste.

Manualidades

Libritos de división en forma de acordeón

PROYECTO Haz unos libritos en forma de acordeón para representar problemas de división.

Materiales

- Cartulina (hojas de 11 pulg x 17 pulg)
- Marcadores
- Tijeras
- Regla

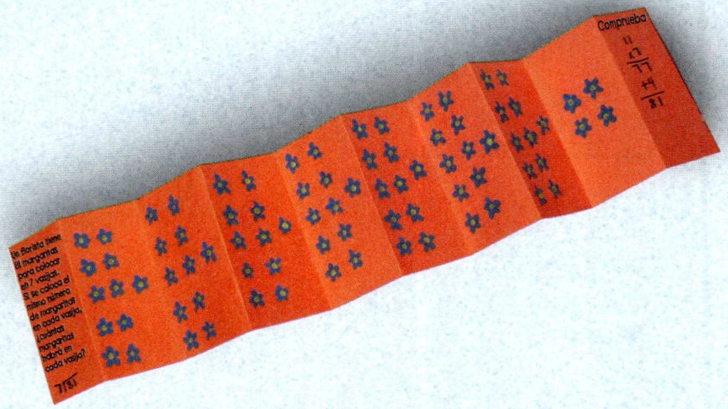

Instrucciones

1. Lee el siguiente problema modelo: Un florista tiene 81 margaritas para colocar en 7 vasijas. Si se coloca el mismo número de margaritas en cada vasija, ¿cuántas margaritas habrá en cada vasija?
2. Recorta una tira de 3 pulg de ancho de la cartulina. Suma 3 al divisor del problema modelo. Dobla, en forma de acordeón, la tira de cartulina tantas veces como indique el número de partes resultante. Escribe el problema en el primer panel y la palabra *Comprueba* en el último panel. *(ilustración A)*
3. En cada uno de los paneles que quedan, haz un dibujo para mostrar cuántas margaritas hay en cada vasija. *(ilustración B)*
4. En el último panel, comprueba tu trabajo. *(ilustración C)*
5. Trabaja con un compañero para escribir y resolver sus propios problemas de división usando libritos en forma de acordeón.

Desafío

Hallar factores primos

Cualquier número compuesto se puede escribir como un producto de números primos llamados **factores primos**. Para hallar los factores primos, haz un **árbol de factores**.

Se muestra un árbol de factores para 20.

PASO 1

Halla dos factores de 20.

20
/ \
10 × 2

PASO 2

Sigue descomponiendo en factores hasta que solo queden factores primos.

20
/ \
10 × 2
/ \ \
5 × 2 × 2

Anota los factores de menor a mayor.

Entonces, $20 = 2 \times 2 \times 5$.

Ejemplos

A

30
/ \
10 × 3
/ \ \
2 × 5 × 3

Entonces, $30 = 2 \times 3 \times 5$.

B

36
/ \
9 × 4
/ \ / \
3 × 3 × 2 × 2

Entonces, $36 = 2 \times 2 \times 3 \times 3$.

Explica lo que sabes

¿Cómo podrías comprobar tu respuesta para el ejemplo B?

Inténtalo

Escribe cada uno como un producto de factores primos.

1. 9	**2.** 15	**3.** 24	**4.** 99	**5.** 8
6. 25	**7.** 22	**8.** 40	**9.** 21	**10.** 90
11. 44	**12.** 16	**13.** 48	**14.** 12	**15.** 84
16. 14	**17.** 60	**18.** 10	**19.** 120	**20.** 210

Guía de estudio y repaso

VOCABULARIO

1. Un _?_ tiene exactamente dos factores, 1 y a sí mismo. (pág. 342)

número primo
número compuesto

ESTUDIA Y RESUELVE

Capítulo 13

Divide números de 2 dígitos.

$$\begin{array}{r} 16 \text{ r}3 \\ 4\overline{)67} \\ -\underline{4} \\ 27 \\ -\underline{24} \\ 3 \end{array}$$

- Divide.
- Multiplica.
- Resta.
- Compara la diferencia con el divisor.
- Baja el siguiente número.
- Repite si es necesario.

Comprueba:

$$\begin{array}{r} 16 \\ \underline{\times 4} \\ 64 \\ \underline{+3} \\ 67 \end{array}$$

Divide y comprueba. (págs. 278–285)

2. $6\overline{)72}$ **3.** $4\overline{)95}$

4. $3\overline{)76}$ **5.** $2\overline{)58}$

6. $5\overline{)83}$ **7.** $7\overline{)96}$

8. $8\overline{)97}$ **9.** $4\overline{)79}$

Capítulo 14

Divide números de 3 y 4 dígitos.

$$\begin{array}{r} 39 \text{ r}3 \\ 6\overline{)237} \\ -\underline{18} \\ 57 \\ -\underline{54} \\ 3 \end{array}$$

- Usa el orden de la división para hallar el cociente.
- Repite el orden hasta que se complete la división.

Comprueba:

$$\begin{array}{r} 39 \\ \underline{\times 6} \\ 234 \\ \underline{+\ \ 3} \\ 237 \end{array}$$

Divide y comprueba. (págs. 298–307)

10. $6\overline{)383}$ **11.** $2\overline{)\$1.54}$

12. $3\overline{)218}$ **13.** $5\overline{)4{,}128}$

14. $7\overline{)2{,}943}$ **15.** $8\overline{)\$24.48}$

16. $4\overline{)1{,}862}$ **17.** $9\overline{)5{,}097}$

Capítulo 15

Divide con números de 2 dígitos.

$$\begin{array}{r} 21 \text{ r}11 \\ 16\overline{)347} \\ -\underline{32} \\ 27 \\ -\underline{16} \\ 11 \end{array}$$

- Divide.
- Multiplica.
- Resta.
- Compara la diferencia con el divisor.
- Baja el siguiente número.
- Repite si es necesario.

Comprueba:

$$\begin{array}{r} 21 \\ \underline{\times 16} \\ 126 \\ \underline{+210} \\ 336 \\ \underline{+\ 11} \\ 347 \end{array}$$

Divide. (págs. 318–325)

18. $17\overline{)361}$ **19.** $64\overline{)904}$

20. $24\overline{)583}$ **21.** $52\overline{)813}$

22. $31\overline{)843}$ **23.** $47\overline{)666}$

24. $73\overline{)952}$ **25.** $28\overline{)898}$

Halla la media de un conjunto de datos.

Halla la media.

- Suma. \$18 + \$29 + \$110 + \$145 + \$173 = \$475
- Divide. \$475 ÷ 5 = \$95

Entonces, la media es \$95.

Halla la media. (págs. 328–329)

26. 185, 410, 518, 619

27. 13, 25, 29, 35, 48, 52, 64

28. \$98, \$93, \$89, \$85, \$75, \$80, \$77, \$83, \$72, \$70, \$100, \$110

Capítulo 16

Escribe si el número es primo o compuesto.

Un **número primo** tiene exactamente dos factores.

Un **número compuesto** tiene más de dos factores.

A. 5 solo tiene dos factores, 5 y 1.
Es primo.

B. 6 tiene más de 2 factores, 1, 2, 3 y 6.
Es compuesto.

Escribe *primo* o *compuesto* para cada número. (págs. 342–345)

29. 11	**30.** 27	**31.** 52
32. 72	**33.** 17	**34.** 81
35. 132	**36.** 49	**37.** 31
38. 29	**39.** 72	**40.** 91

PRÁCTICA • RESOLUCIÓN DE PROBLEMAS

Resuelve. (págs. 286–287, 308–309, 326–327, 346–347)

41. Hay 78 flores. Después de formar ramos iguales, sobraron 3 flores. ¿Cuántos ramos se formaron? ¿Cuántas flores hay en cada ramo?

42. Éste es el patrón numérico de Hugo.
3, 6, 12, 24, 48, 96, ■, ■, ■
Describe su posible patrón. Halla los números que faltan.

43. Mia hace unos disfraces. Tiene 108 yardas de tela. Cada disfraz necesita 5 yardas de tela. ¿Cuántos disfraces puede hacer Mia? ¿Cómo interpretaste el residuo?

44. La ferretería vendió 126 bisagras. Había 3 bisagras en cada paquete. ¿Cuántos paquetes de bisagras vendió la ferretería? ¿Qué operación usaste?

EVALUACIÓN DEL RENDIMIENTO

TAREA A • VACACIONES DE VERANO

La familia Turner vive en Minneapolis, Minnesota. Están planificando un viaje para este verano. Cada miembro de la familia nombró una ciudad a visitar. Las ciudades y sus distancias desde Minneapolis se muestran en la tabla.

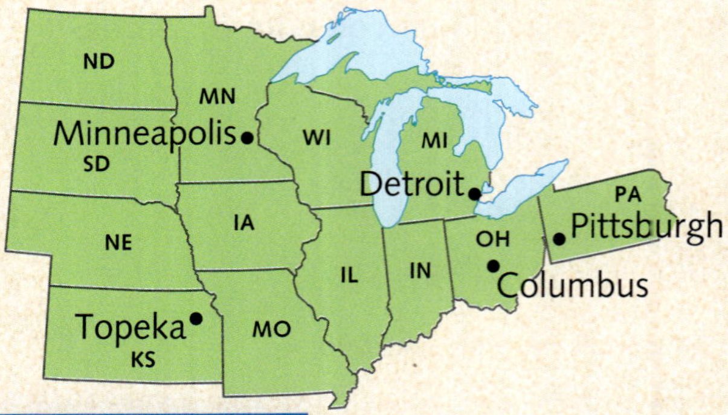

VACACIONES DE VERANO DE LA FAMILIA TURNER			
Ciudad	**Distancia desde Minneapolis (en millas)**	**Millas por día**	**Velocidad promedio estimada (en mph)**
Columbus, OH	778	■	■
Detroit, MI	686	■	■
Pittsburgh, PA	886	■	■
Topeka, KS	504	■	■

a. Los Turner viajarán por 2 días a la ciudad que seleccionen. Recorrerán el mismo número de millas cada día de su viaje. Copia la tabla y usa esta información para completar la columna de "Millas por día".

b. El plan de los Turner es manejar 7 o menos horas cada día. Explica cómo podrías usar números compatibles para estimar la velocidad promedio (millas por hora) a la que tendrán que manejar cada día. Luego, escribe tus estimaciones en la tabla.

TAREA B • PROBAR CON LAS FICHAS CUADRADAS

Ryan y Kendra usan fichas cuadradas para hacer diseños rectangulares para las superficies de mesas. Ryan tiene 20 fichas cuadradas. Kendra tiene 19.

a. ¿Cuántos rectángulos diferentes de 20 fichas cuadradas puede hacer Ryan? Dibuja y rotula los diferentes rectángulos.

b. Kendra solo podría hacer un rectángulo que usara las 19 fichas cuadradas. Explica por qué.

c. Kendra decidió usar más fichas cuadradas. Elige un número de fichas cuadradas entre 21 y 25. Luego, determina cuántos rectángulos diferentes pueden hacerse con el número total que ella tiene. Dibuja y rotula los rectángulos.

Enlace con la tecnología

Calculadora • Residuos

La Srta. Lee escribió estos problemas en el pizarrón:
1,130 ÷ 125 = ■, 680 ÷ 75 = ■ y 518 ÷ 57 = ■.
Linda dice que todos tienen el mismo cociente.
Greg dice que no es así. ¿Quién tiene razón?

Puedes usar una calculadora para probar que tanto Linda como Greg tienen razón.

El método de Linda Usa la [÷R] para dividir.	**El método de Greg** Usa la [÷] para dividir.
Halla cada cociente. **a.** [1] [1] [3] [0] [÷R] [1] [2] [5] [=] =9 R5 **b.** [6] [8] [0] [÷R] [7] [5] [=] =9 R5 **c.** [5] [1] [8] [÷R] [5] [7] [=] =9 R5	Halla cada cociente. **a.** [1] [1] [3] [0] [÷] [1] [2] [5] [=] =9.04 **b.** [6] [8] [0] [÷] [7] [5] [=] =9.0666667 **c.** [5] [1] [8] [÷] [5] [7] [=] =9.0877193

• ¿Qué observas en las partes de números enteros de los cocientes de Linda y Greg?

Práctica y resolución de problemas

Usa [÷R] y [÷] para hallar el cociente de dos maneras.

1. 356 ÷ 95 **2.** 685 ÷ 103 **3.** 958 ÷ 621 **4.** 1,090 ÷ 55

5. 4,118 ÷ 32 **6.** 62,179 ÷ 33 **7.** 4,092 ÷ 915 **8.** 93,702 ÷ 208

APRENDE en línea

Glosario de matemáticas **www.harcourtschool.com**

Vocabulario Busca *residuo* en el Glosario de matemáticas. Mira el ejemplo. Explica qué método de los anteriores usarías para mostrar el residuo.

RESOLUCIÓN DE PROBLEMAS POR EL PAÍS

en Ohio

EL PARQUE ZOOLÓGICO METROPARKS DE CLEVELAND

El área de Northern Trek del parque zoológico Metroparks de Cleveland es el hogar de muchas especies de animales de clima frío, como los osos polares y grises, los tigres siberianos, los camellos bactrianos, los renos y los venados de labios blancos. En la zona natural de lobos de esta área viven lobos grises, castores y muchas especies de tierras pantanosas.

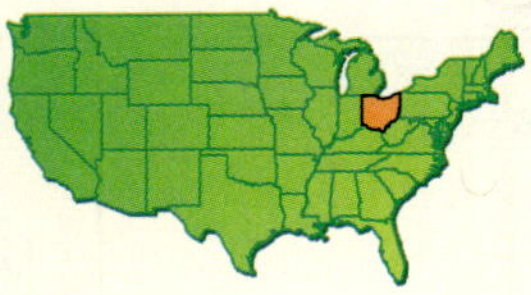

▲ Los tigres siberianos pueden desplazarse 33 pies en un solo salto.

1. Los tigres siberianos gemelos, Danya y Dasha, pesaron 3 libras cada uno al nacer. Cuando cumplieron el año, ya pesaban 60 veces su peso al nacer. ¿Cuánto pesaban los gatitos cuando tenían un año?

2. Si un bebé humano creciera al mismo ritmo que un tigre siberiano, ¿cuánto pesaría un bebé de un año de edad si su peso al nacer fuera 7 libras?

3. Las manadas de lobos por lo general tienen entre 5 y 8 lobos. Si se vieron 48 lobos en un bosque, ¿cerca de cuántas manadas se vieron?

4. La longitud de los osos polares varía entre 96 y 132 pulgadas. ¿Cuánto es eso en pies? (SUGERENCIA: 12 pulgadas = 1 pie)

5. Investiga otros animales del área Northern Trek del parque zoológico. Escribe un problema usando tus datos e intercambiando problemas con un compañero para resolverlos.

▼ El tamaño promedio de camada del lobo gris es 6 cachorros.

▲ Los osos polares son excelentes nadadores y, a menudo, se pueden ver a 100 millas mar adentro.

AVENTURA AUSTRALIANA

Los visitantes del parque zoológico Metroparks de Cleveland pueden "viajar al sur" en la exposición de la aventura australiana. Se pueden ver koalas todo el año en Koala Junction y canguros saltando en Wallaby Walkabout.

1. Un canguro adulto puede desplazarse 27 pies en un solo salto. ¿Cuántos pies se desplazaría un canguro en 3 saltos?

2. Los koalas duermen alrededor de 140 horas por semana. ¿Alrededor de cuántas horas duermen en un día?

3. Un koala come entre 300 y 500 libras de hojas de eucalipto en un año. ¿El koala come más o menos de dos libras de hojas en un día? Explica cómo lo sabes.

4. Cuando nacen, los bebés canguros, o joeys, pasan unos 235 días en la bolsa de sus madres antes de independizarse totalmente. ¿Alrededor de cuántas semanas es esto?

5. **AMPLÍA TU CONOCIMIENTO** De las 150 especies en el parque zoológico Metroparks de Cleveland, 50 están en peligro de extinción. ¿Cuántas veces más especies que no están en peligro de extinción hay que especies que están en peligro de extinción? Explica cómo hallaste tu respuesta.

Koala significa "sin beber" en el lenguaje aborigen. Por lo general, los koalas obtienen toda el agua que necesitan de las hojas que consumen.

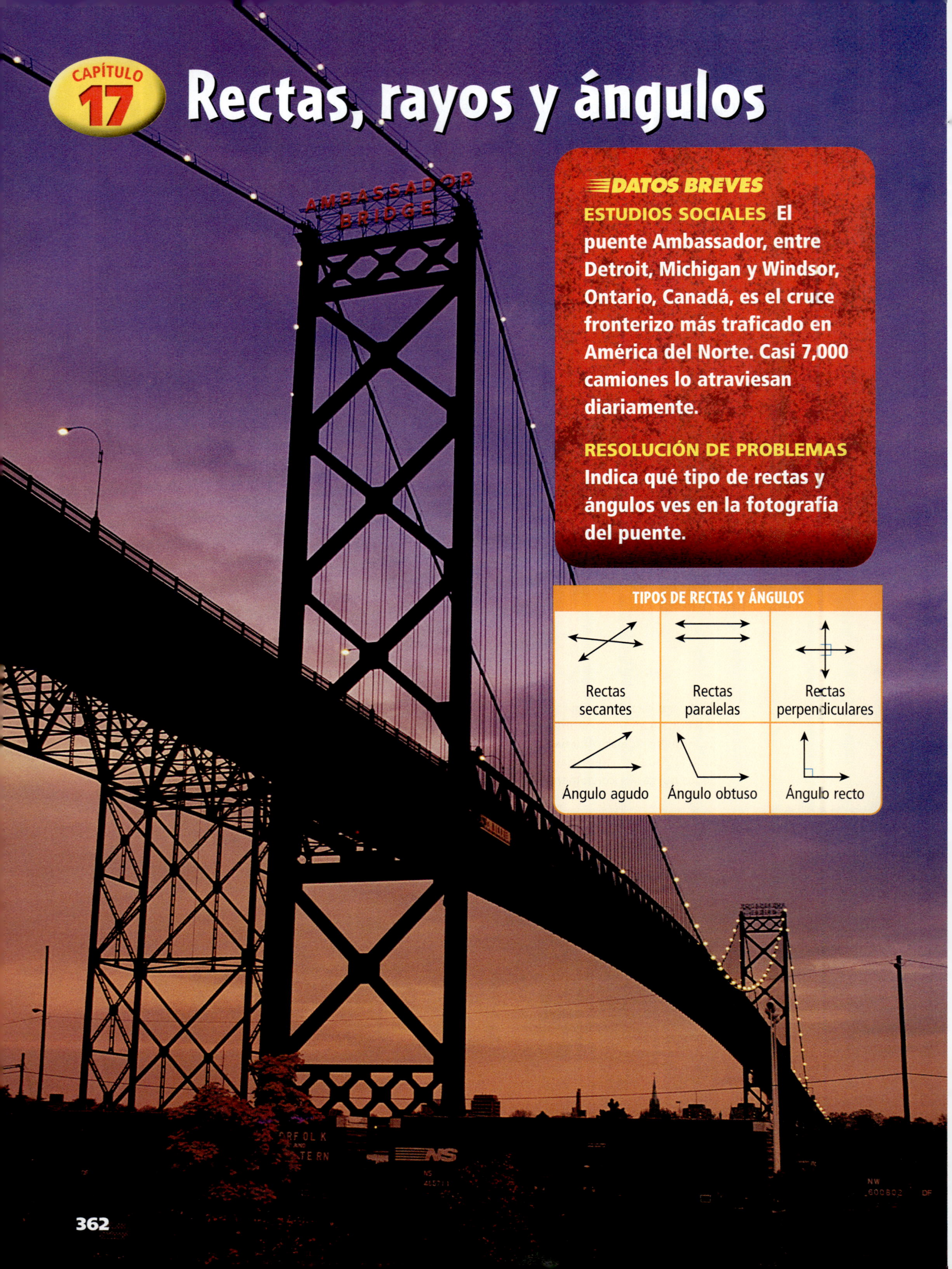

CAPÍTULO 17

Rectas, rayos y ángulos

DATOS BREVES

ESTUDIOS SOCIALES El puente Ambassador, entre Detroit, Michigan y Windsor, Ontario, Canadá, es el cruce fronterizo más traficado en América del Norte. Casi 7,000 camiones lo atraviesan diariamente.

RESOLUCIÓN DE PROBLEMAS Indica qué tipo de rectas y ángulos ves en la fotografía del puente.

TIPOS DE RECTAS Y ÁNGULOS

Rectas secantes	Rectas paralelas	Rectas perpendiculares
Ángulo agudo	Ángulo obtuso	Ángulo recto

Comprueba lo que sabes

Usa esta página para repasar y recordar destrezas importantes que se necesitan para el Capítulo 17.

IDENTIFICA FIGURAS GEOMÉTRICAS

Escribe el nombre de cada figura.

1. 
2.
3. 
4. 
5. 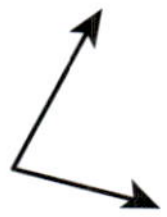
6. 

IDENTIFICA ÁNGULOS

Di si cada ángulo es un *ángulo recto, mayor que* un ángulo recto o *menor que* un ángulo recto.

7. 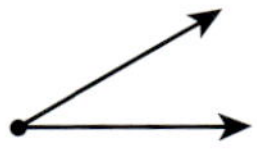
8. 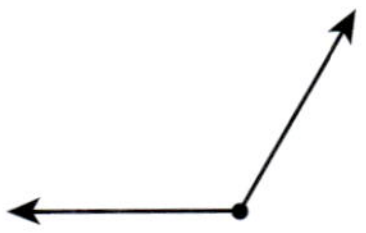
9. 
10. 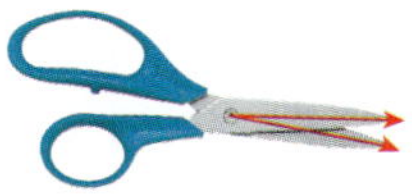
11. 

12. 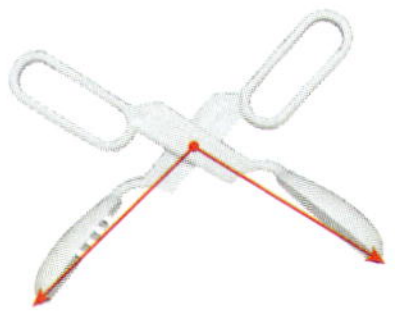

VOCABULARIO

REPASO

geometría *sustantivo*

Geometría proviene de la palabra griega para *Gê (Tierra)* y del término griego *métron* (medida). Entonces, *geometría* significa "medición de la Tierra". En tus propias palabras, di qué incluye el estudio de la geometría.

PRESENTACIÓN

punto	transportador
recta	ángulo recto
segmento	ángulo agudo
rayo	ángulo obtuso
plano	ángulo recto
ángulo	rectas secantes
vértice	rectas paralelas
grado (°)	rectas perpendiculares

APRENDE en línea

www.harcourtschool.com

LECCIÓN 1

Rectas y rayos

Repaso rápido

1. 96 ÷ 9 **2.** 115 ÷ 33

3. 643 ÷ 50 **4.** 406 ÷ 20

5. 118 ÷ 25

VOCABULARIO

punto **rayo**
recta **plano**
segmento

Aprende

¡GEOMETRÍA POR TODAS PARTES! Puedes observar puntos, rectas y rayos por cualquier parte, en la naturaleza y en las cosas que hacemos. Puedes usar las siguientes ideas y los siguientes términos para describir el mundo que te rodea.

Término y definición	Dibújalo	Léelo	Escríbelo
Un **punto** nombra una ubicación exacta en el espacio.		punto *A*	punto *A*
Una **recta** es un camino recto de puntos que sigue sin fin en ambas direcciones. No tiene extremos.		recta *KL*	$\overleftrightarrow{KL}$
Un **segmento** es parte de una recta. Éste tiene dos extremos y todos los puntos entre ellos. Es la menor distancia entre dos puntos.	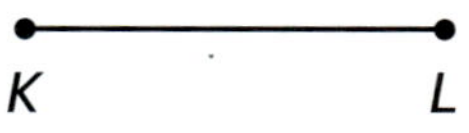	segmento *KL*	$\overline{KL}$
Un **rayo** es parte de una recta. Éste tiene un extremo y sigue sin fin en una dirección.	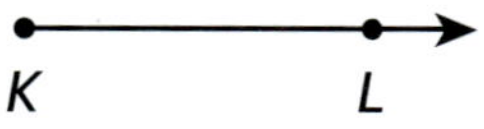	rayo *KL*	$\overrightarrow{KL}$
Un **plano** es una superficie plana que sigue sin fin en todas direcciones. Se nombra un plano, por lo menos, con tres puntos en el plano.	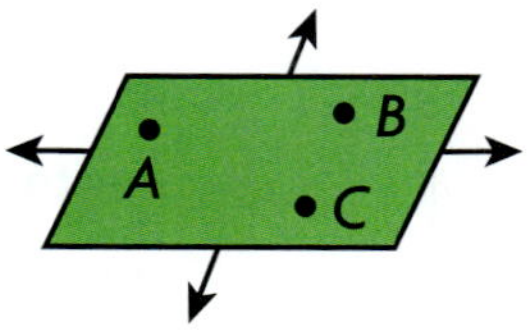	plano *ABC*	plano *ABC*

- Halla tantos ejemplos de estos términos como sea necesario en la fotografía. Describe cómo corresponden las definiciones de los términos con las figuras.

Comprueba

1. **Da** algunos ejemplos de segmentos que ves en tu salón de clases.

Nombra un término geométrico que describa cada uno.

2. el borde lateral de una puerta
3. la punta afilada de un lápiz
4. un rayo láser

Práctica y resolución de problemas

Más práctica, página 374, Grupo A

Nombra un término geométrico que describa cada uno.

5. asta de una bandera
6. estacionamiento
7. punta de una tachuela

Dibuja y rotula un ejemplo de cada uno.

8. recta *BC*
9. segmento *PQ*
10. punto *G*
11. plano *RST*
12. recta *ST*
13. rayo *XY*

Dibuja cada segmento con la longitud dada.

14. $\overline{BC}$, 3 cm
15. $\overline{AE}$, 2 in.
16. $\overline{JK}$, $3\frac{1}{2}$ in.
17. $\overline{RS}$, 6 cm

18. **RAZONAMIENTO** ¿Qué distancia es la más corta entre el punto *C* y el punto *D*? Explica cómo lo sabes.

19. Escribe todos los nombres para la siguiente recta.

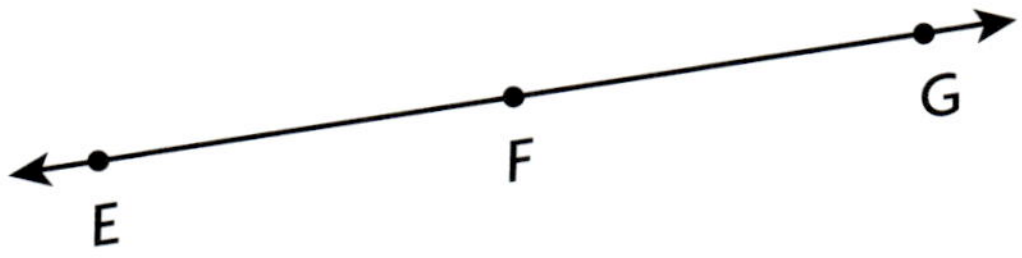

20. Mia compra una comida caliente por $1.75 y leche por $0.50 todos los días para el almuerzo. ¿Cuál es el menor número de billetes de $1 que le puede dar su mamá para que tenga suficiente dinero para el almuerzo por 5 días?

21. Nombra un término geométrico que describa el piso de tu salón de clases.

22. **Por escrito** Explica las diferencias entre una recta, un rayo y un segmento.

Enlace con la tecnología

Más práctica: Harcourt Mega Math Ice Station exploration, *Polar Planes*, Nivel A

Repaso y preparación para la prueba

23. 500 − 490 (pág. 48)
24. 703 − 585 (pág. 48)
25. 6,435 + 797 + 285 (pág. 48)
26. ¿Es 15 un número primo o compuesto? (pág. 342)

27. **Preparación para la prueba** ¿Cuál es el valor del dígito azul en 45,67**8**,342? (pág. 6)

A 800 **C** 80,000

B 8,000 **D** 800,000

LECCIÓN 2

Medir y clasificar ángulos

Repaso rápido

Haz una lista de los factores para cada producto.

1. 14 **2.** 25
3. 27 **4.** 12
5. 29

VOCABULARIO

ángulo
vértice
transportador
grado (°)
ángulo recto
ángulo agudo
ángulo obtuso
ángulo llano

Aprende

DESDE TODOS LOS ÁNGULOS Dos rayos con el mismo extremo forman un **ángulo**. El extremo se denomina **vértice**.

Dibújalo	Léelo	Escríbelo
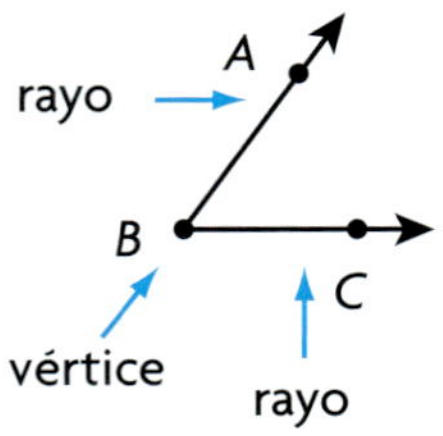	ángulo *ABC* ángulo *CBA* ángulo *B*	$\angle ABC$ $\angle CBA$ $\angle B$
	NOTA: El vértice siempre es la letra del medio o la letra única que nombra el ángulo.	

Un **transportador** es una herramienta que mide el tamaño de un ángulo. La unidad que se usa para medir los ángulos es un **grado (°)**. La escala en un transportador se marca desde 0° hasta 180°.

MANOS A LA OBRA

Actividad MATERIALES: transportador
Usa un transportador para medir el ángulo *ABC*.

PASO 1

Coloca el centro del transportador sobre el vértice del ángulo.

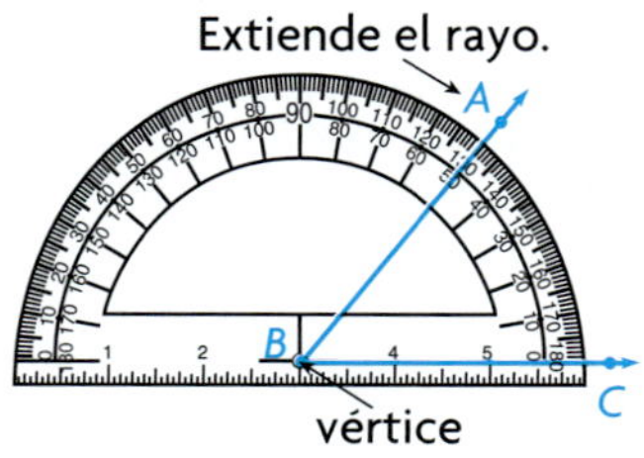

PASO 2

Alinea el punto central y la marca de 0° sobre el transportador con un rayo del ángulo.

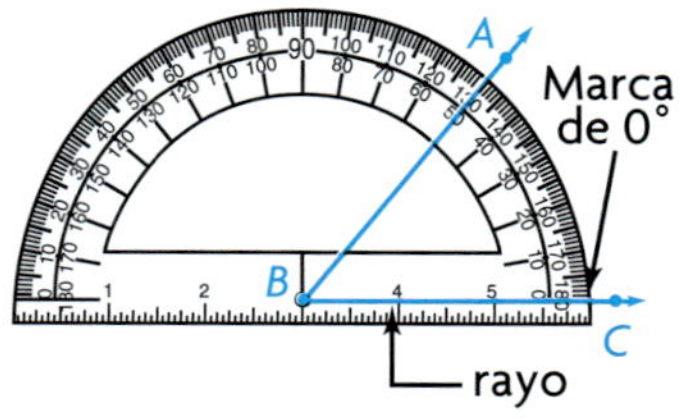

PASO 3

Lee la medida del ángulo donde el otro rayo atraviesa la escala. Usa la escala que tenga sentido para el tamaño del ángulo.

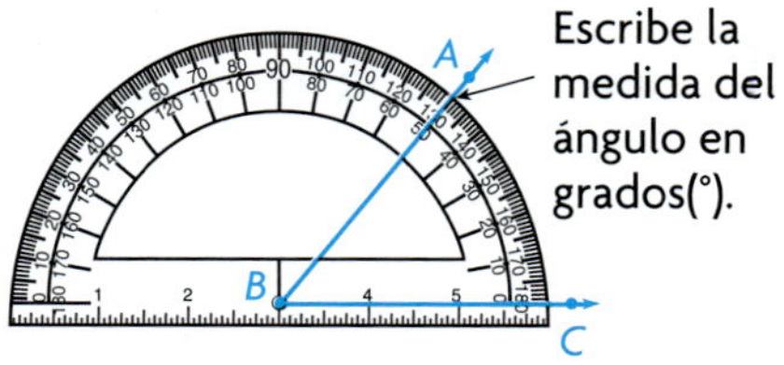

La medida de $\angle ABC = 50°$.

• Traza cada ángulo. Luego, usa un transportador para medir el ángulo.

a.

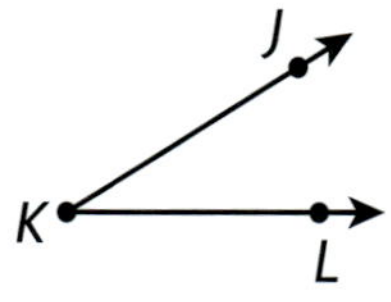

b.

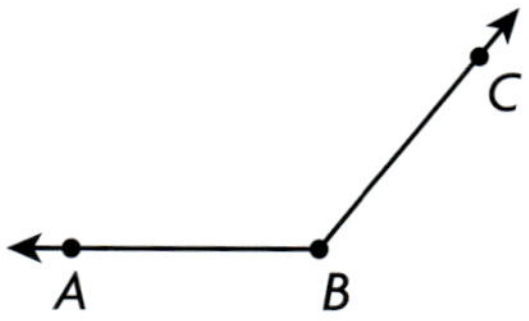

c.

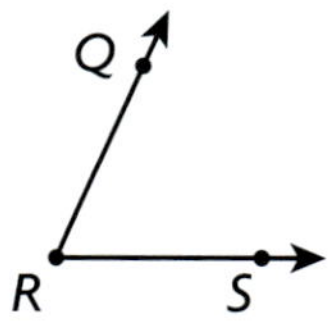

Tipos de ángulos

MANOS A LA OBRA

Actividad MATERIALES: papel

Haz un ángulo usando una hoja de papel. Dobla dos veces el papel para formar un ángulo como éste. El ángulo que hiciste se denomina ángulo recto.
Usa el ángulo recto que hiciste para determinar cuál de los siguientes también son ángulos rectos. Escribe *sí* o *no*.

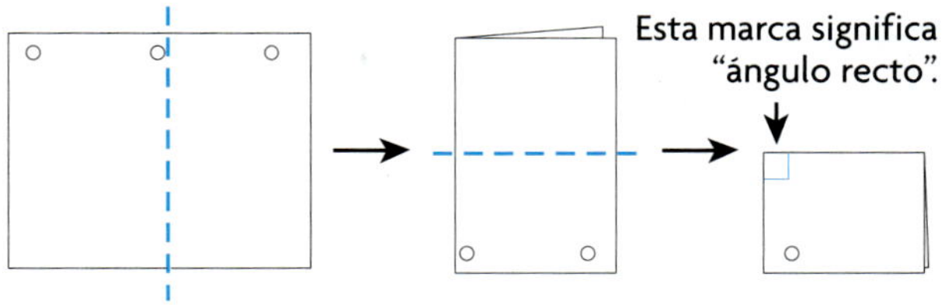

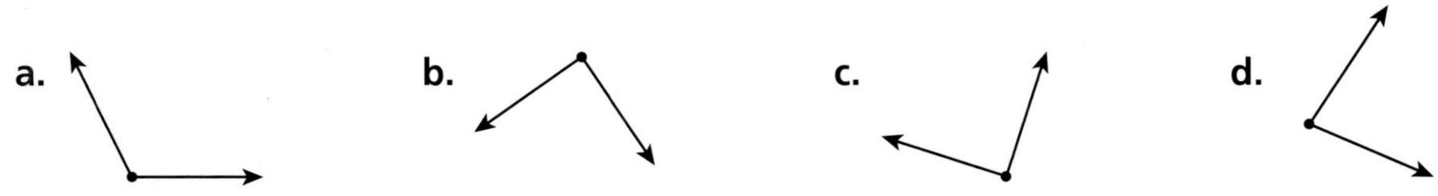

Un ángulo se puede clasificar de acuerdo con el tamaño de la abertura entres sus rayos.

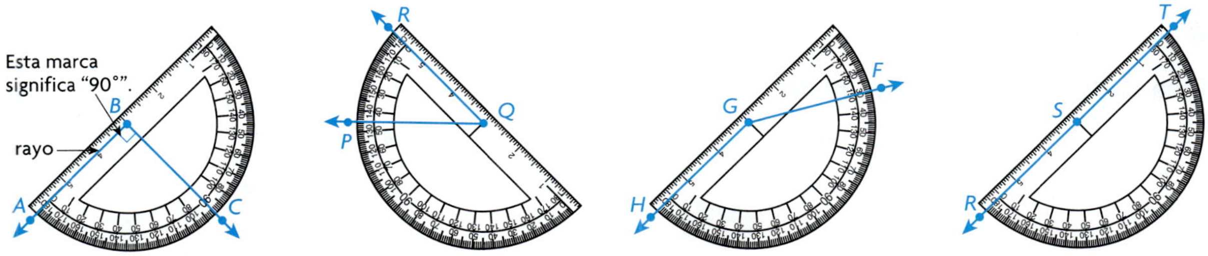

La medida de $\angle B = 90°$.

Un **ángulo recto** mide 90°. Un ángulo recto forma una esquina cuadrada.

La medida de $\angle Q = 45°$.

Un **ángulo agudo** mide más que 0° y menos que 90°.

La medida de $\angle G = 150°$.

Un **ángulo obtuso** mide más que 90° y menos que 180°.

La medida de $\angle S = 180°$.

Un **ángulo llano** mide 180°. Un ángulo llano forma una recta.

- Halla tantos ejemplos como puedas de cada tipo de ángulo en la pintura *Tres músicos* por Pablo Picasso. Quizás quieras trazar el ángulo y usar un transportador para medirlo.
- ¿Necesitas siempre un transportador para determinar si un ángulo es agudo, obtuso, recto o llano? Explica tu respuesta.

LA LECCIÓN CONTINÚA

Comprueba

1. **Haz un dibujo** de un objeto que tenga un ángulo recto, un ángulo agudo y un ángulo llano. Rotula cada ángulo.

Traza cada ángulo. Usa un transportador para medir el ángulo. Luego, escribe *agudo, obtuso, recto* o *llano*.

2. 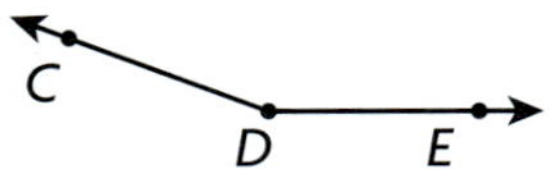

3. 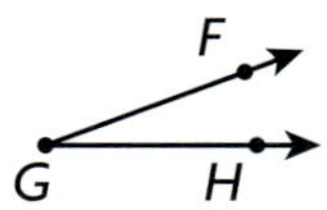

4. 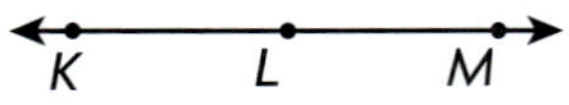

Práctica y resolución de problemas

Más práctica, página 374, Grupo B

Traza cada ángulo. Usa un transportador para medir el ángulo. Luego, escribe *agudo, obtuso, recto* o *llano*.

5. 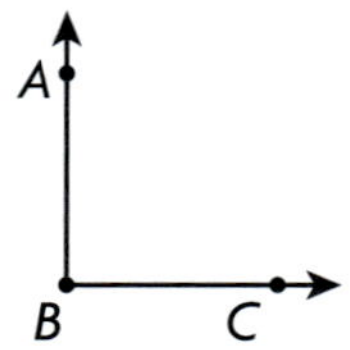

6. 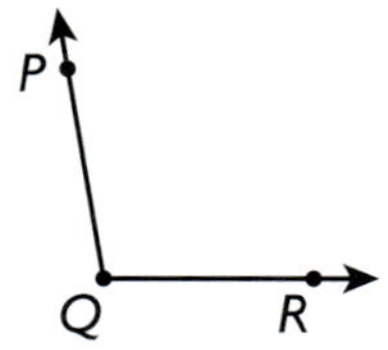

7. 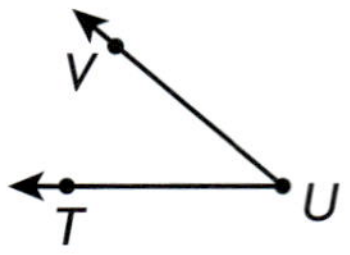

Traza y rotula un ejemplo de cada uno.

8. ángulo obtuso *RST*
9. ángulo agudo *JKL*
10. ángulo recto *E*

Clasifica cada ángulo. Escribe *recto, agudo, obtuso* o *llano*.

11. 

12. 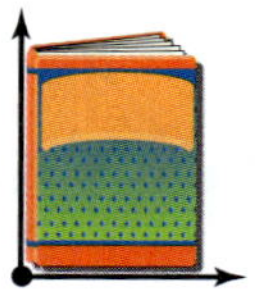

13. 

Escribe la letra de la frase que mejor describa cada ángulo.

14. 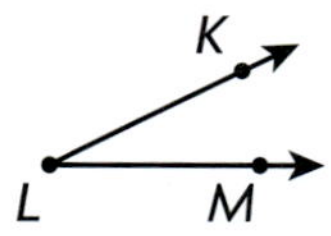

a. menor que 45°
b. mayor que 90°

15. 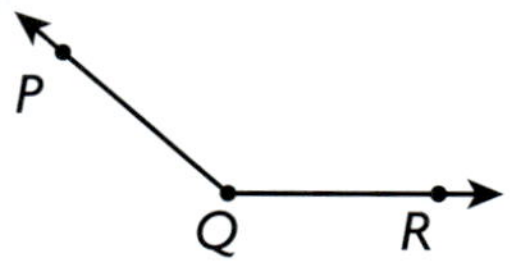

a. menor que 180°
b. menor que 90°

16. 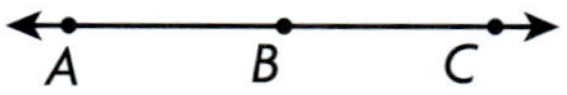

a. menor que 45°
b. igual que 180°

17. Mira la siguiente figura. Nombra la figura de tres formas diferentes.

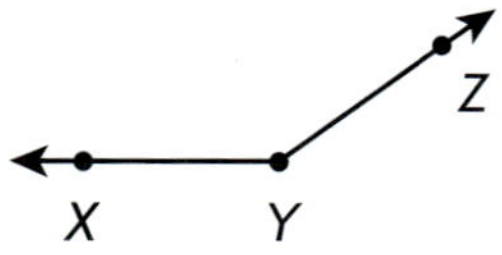

18. **¿Cuál es el error?** Wanda dijo que la letra *W* tiene dos ángulos. ¿Qué error cometió?

W

19. **RAZONAMIENTO** Usa la esquina de una hoja de papel para comprobar o refutar que los tres ángulos en la letra *M* son rectos.

M

20. Indica una hora en la que las manecillas de un reloj representen cada tipo de ángulo: agudo, obtuso, recto y llano.

21. Suchada gastó $15 en la tienda de regalos. Más tarde, su papá le dio $10 para comprar el almuerzo pero solo gastó $7. Al final del día, Suchada tenía $10. ¿Cuánto dinero tenía al comienzo del día?

22. **Vocabulario** Puedes usar una *balanza* para medir el peso. Una balanza tiene una escala. Compara y contrasta la escala de una balanza con la escala de un transportador. ¿En qué se parecen? ¿En qué se diferencian?

Repaso y preparación para la prueba

23. (3 + 4) × 2 (pág. 184)

24. 1,400 ÷ 2 (pág. 288)

25. ■ ÷ 8 = 16 (pág. 300)

26. 900 ÷ 3 (pág. 288)

27. Kim abrió un cartón de 12 huevos. Puso 4 huevos en cada uno de 2 recipientes. ¿Cuántos huevos quedaron en el cartón? Escribe la expresión que usaste. (pág. 184)

28. **Preparación para la prueba** ¿Cuánto es 745,864 redondeado a la decena de millar más próxima? (pág.30)

A 700,000 **C** 745,000
B 740,000 **D** 750,000

29. **Preparación para la prueba** Pam tarda 40 minutos en caminar de la escuela a la casa. Si salió de la escuela a las 11:45 a.m., ¿a qué hora llegará a la casa? (pág. 98)

F 12:10 p.m. **H** 12:25 p.m.
G 12:20 p.m. **J** 12:45 p.m.

Resolución de problemas

Enlace con el Arte

Cuando los arquitectos diseñan casas o edificios, trazan varias vistas usando puntos, planos, segmentos y ángulos.

Este dibujo muestra solo la vista frontal de un edificio.

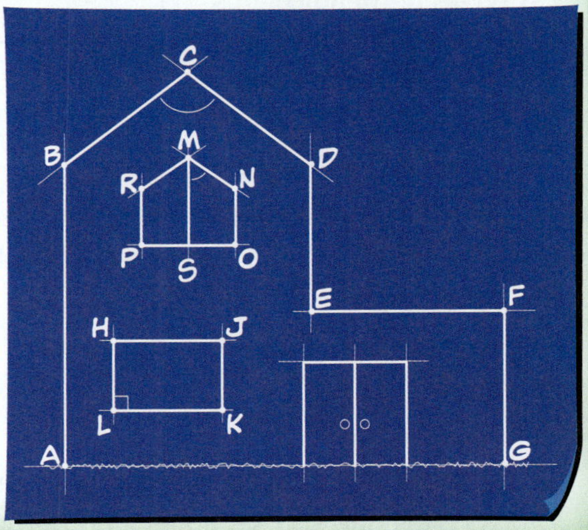

Usa el dibujo y da un ejemplo de cada uno de los siguientes.

1. segmento
2. ángulo recto
3. ángulo obtuso
4. ángulo agudo
5. punto
6. plano

LECCIÓN 3

Relaciones lineales

Aprende

SIGUE LAS LÍNEAS Mira el término y la definición para la relación de cada recta. Halla estas mismas relaciones en el mapa vial.

Repaso rápido

Escribe *primo* o *compuesto.*

1. 17 **2.** 6

3. 31 **4.** 45

5. 22

VOCABULARIO

rectas secantes

rectas paralelas

rectas perpendiculares

Término y definición	Dibújalo	Léelo	Escríbelo
Las **rectas secantes** son rectas que se cruzan entre sí exactamente en un punto. Éstas forman cuatro ángulos.	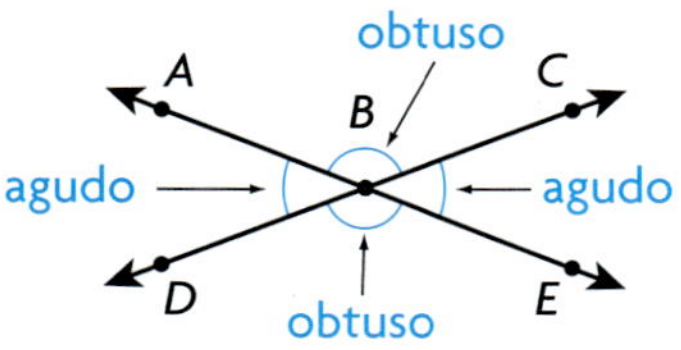	La recta *AE* interseca la recta *DC* en el punto *B*.	$\overleftrightarrow{AE}$ interseca a $\overleftrightarrow{DC}$ en el punto *B*.
Las **rectas paralelas** son rectas en el mismo plano que nunca se cruzan y siempre están a la misma distancia.	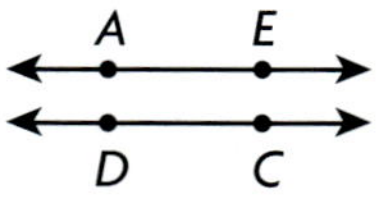	La recta *AE* es paralela a la recta *DC*.	$\overleftrightarrow{AE} \parallel \overleftrightarrow{DC}$
Las **rectas perpendiculares** son rectas que se intersecan para formar cuatro ángulos rectos.	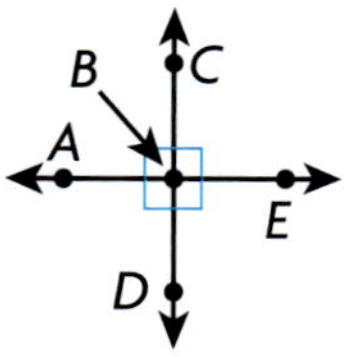	La recta *AE* es perpendicular a la recta *DC*.	$\overleftrightarrow{AE} \perp \overleftrightarrow{DC}$

- ¿Qué término identifica la relación entre la calle Tercera y la calle Segunda en el mapa?

Enlace con la tecnología

Más práctica: Harcourt Mega Math Ice Station Exploration, *Polar Planes*, Nivel C

Comprueba

1. Nombra dos calles en el mapa que son perpendiculares. Nombra dos calles que son secantes y no perpendiculares.

Nombra cualquier relación lineal que veas en cada figura. Escribe ***secante, paralela*** **o** ***perpendicular*****.**

2. 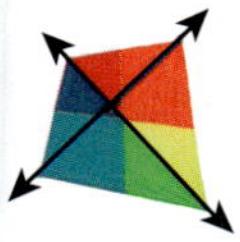

3. 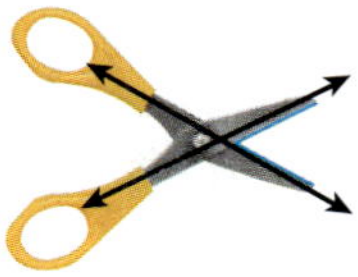

4. 

Práctica y resolución de problemas

Más práctica, página 374, Grupo C

Nombra cualquier relación lineal que veas en cada figura. Escribe ***secante, paralela*** **o** ***perpendicular*****.**

5. 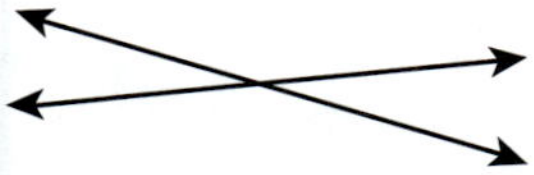

6. 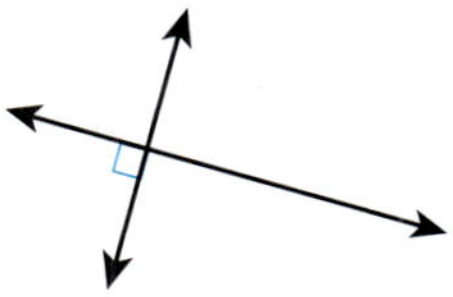

7. 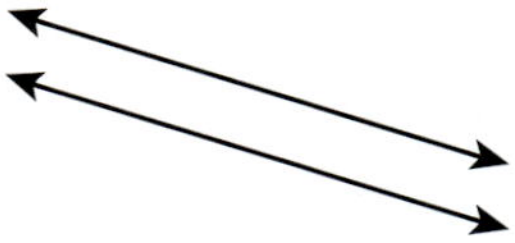

Para los ejercicios 8–14, usa el dibujo de la derecha.

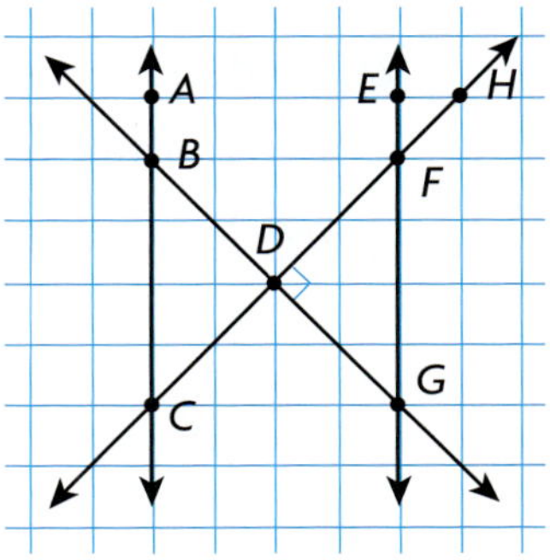

8. Nombra un ángulo recto.

9. Nombra dos rectas paralelas.

10. Nombra un ángulo agudo.

11. Nombra un ángulo obtuso.

12. Nombra cuatro segmentos que incluyan el punto G.

13. Nombra dos rectas secantes.

14. Nombra dos rectas perpendiculares.

Usa un papel cuadriculado para dibujar cada relación lineal.

15. rectas perpendiculares

16. rectas paralelas

17. rectas secantes

18. El producto de dos números es 45. Su suma es 18. ¿Cuáles son los números?

19. **Por escrito** Explica cómo sabes la diferencia entre rectas secantes y paralelas.

20. **RAZONAMIENTO** ¿Es este enunciado verdadero o falso? "Las rectas perpendiculares también son rectas secantes". Explica tu respuesta.

21. **¿Cuál es el error?** Tricia dijo que todas las rectas secantes son perpendiculares. Explica su error. Incluye un dibujo con tu explicación.

Repaso y preparación para la prueba

22. 542×6 (pág. 222)

23. $804 \div 5$ (pág. 302)

24. ¿Cuáles son los dos números que faltan en el patrón? (pág. 346)
20, 18, 16, ■, 12, 10, ■, 6

25. 96,784 + 8,400 (pág. 52)

26. **Preparación para la prueba** ¿En qué posición está el 9 en 3,902,817? (pág. 6)

A millares
B decenas de millar
C centenas de millar
D millones

LECCIÓN 4

Estrategia de resolución de problemas
Hacer un diagrama

Repaso rápido

1. 12 + 18 + 9
2. 19 + 21 + 6
3. 8 + 24 + 8
4. 10 + 15 + 23
5. 22 + 8 + 11 + 6

PROBLEMA La escuela primaria Fairglen planea una carrera de obstáculos para la feria escolar. La carrera comenzará en el lado sur del patio de recreo. Desde el punto de partida, la carrera va 7 unidades al norte hacia el tobogán. Luego, va 7 unidades al este y 4 unidades al sur hasta los columpios. De los columpios, la carrera sigue 4 unidades al oeste, 2 unidades al sur y 6 unidades al oeste hasta las barras. ¿Cuál es la longitud de la carrera cuando cruce su propia trayectoria?

COMPRENDE

- ¿Qué debes hallar?
- ¿Qué información usarás?
- ¿Hay alguna información que no usarás? De ser así, ¿qué es?

PLANEA

- ¿Qué estrategia puedes usar para resolver el problema?

Puedes *hacer un diagrama* para mostrar un mapa de la carrera de obstáculos.

RESUELVE

- ¿Cómo puedes hacer un diagrama?

Puedes usar papel cuadriculado. Rotula tu cuadrícula *Norte, Este, Sur* y *Oeste*. Sigue las instrucciones. Traza un segmento para mostrar el recorrido. Rotula las distancias y ubicaciones. Luego, suma las unidades a lo largo de la trayectoria hasta que ésta se cruce.

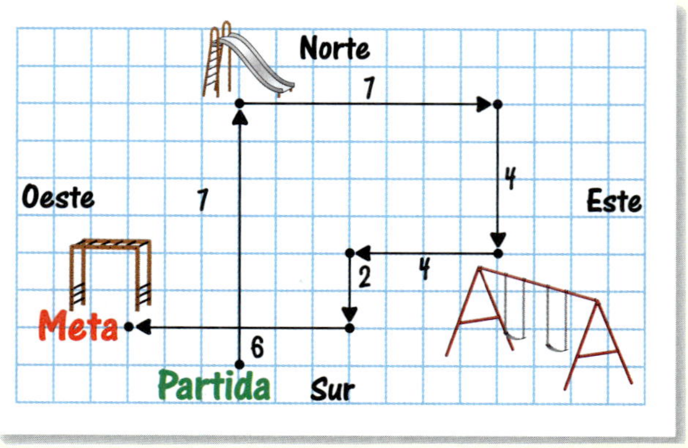

Entonces, la carrera de obstáculos tiene 27 unidades de longitud cuando cruza su propia trayectoria.

COMPRUEBA

- ¿Cómo puedes comprobar tu respuesta?

Práctica • Resolución de problemas

1. **¿Qué sucedería si** la carrera de obstáculos continuara desde la meta 3 unidades al norte, 7 unidades al este y luego 4 unidades al norte? ¿Cuál sería la longitud de la carrera cuando cruzara su propia trayectoria una tercera vez?

2. Imagínate que te dieron estas direcciones para llegar a un museo. En la calle Principal ve 28 millas al norte. Dobla a la derecha en la autopista 33 y luego sigue hacia el este por 187 millas. ¿Cuántas millas recorrerías hasta el museo?

Estrategias

- **Hacer un diagrama o dibujo**
- Hacer un modelo o representar
- Hacer una lista organizada
- Hallar un patrón
- Hacer una tabla o gráfica
- Predecir y probar
- Volver sobre los pasos
- Resolver un problema más simple
- Escribir una ecuación
- Usar razonamiento lógico

Resolución de problemas

DATOS BREVES • ESTUDIOS SOCIALES **Alrededor de un tercio de los 1,500 laberintos de Estados Unidos se construyeron en el año 2000. A diferencia de los dédalos, los laberintos son senderos para caminar sin salida. Estudia el sendero del laberinto ilustrado.**

3. ¿Cuántos segmentos puedes hallar en el laberinto desde el comienzo hasta el final?

   A 10 segmentos
   B 14 segmentos
   C 15 segmentos
   D 18 segmentos

4. ¿Qué tipo de ángulo muestran los segmentos en el laberinto?

   F ángulo agudo
   G ángulo obtuso
   H ángulo recto
   J ángulo escaleno

▲ **El laberinto en los estudios Forestheart en Woodsboro, Maryland, tiene casi 560 pies de longitud.**

Práctica de estrategias mixtas

5. Si Carrie toma una clase de guitarra a la semana, ¿cuánto costará tomar cuatro lecciones en la tienda, incluidos el alquiler de libros?

Matrícula de lecciones de guitarra

1 lección	Costo	Alquiler de libro
En la casa	$10.00	Sin costo
En la tienda	$7.00	$0.50/semana

6. El Sr. Ross diseña dédalos. Hizo 2 dédalos la primera semana, 3 la segunda semana y 5 la tercera semana. Si el Sr. Ross sigue este patrón, ¿cuántos dédalos hará durante la cuarta semana?

7. Zack le muestra a su hermano 90° usando las manecillas de un reloj. Di algunas de las horas que puede usar para mostrar 90° en un reloj.

Más práctica

Grupo A (págs. 364–365)

Dibuja y rotula un ejemplo de cada uno.

1. segmento *DC* **2.** punto *J* **3.** rayo *JK*

4. plano *RST* **5.** segmento *AB* **6.** recta *GH*

7. Da algunos ejemplos de rectas que ves todos los días.

8. Nombra un objeto de tu salón de clases que se parezca a un segmento.

Grupo B (págs. 366–369)

Traza cada ángulo. Usa un transportador para medir el ángulo. Luego escribe *agudo, obtuso, recto* o *llano*.

1.
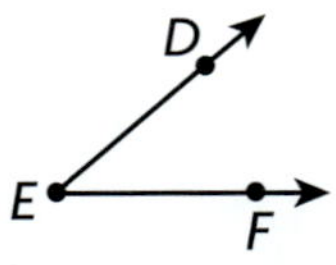

2.
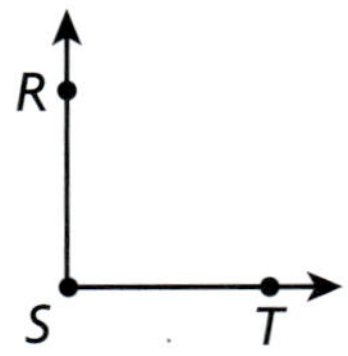

3.
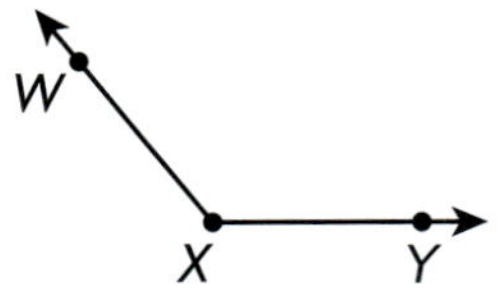

Dibuja y rotula un ejemplo de cada uno.

4. ángulo obtuso *MNP* **5.** ángulo agudo *B* **6.** ángulo llano *DEF*

7. Las ramas de un árbol forman ángulos con el tronco del árbol. Clasifica los ángulos A y B en este árbol como *agudo, obtuso* o *recto*.

8. La medida de $\angle XYZ$ es un número impar. La suma de los dos dígitos es 12. El dígito de las decenas es 2 más que el dígito de las unidades. ¿Cuál es la medida de $\angle XYZ$?

Grupo C (págs. 370–371)

Nombra cualquier relación lineal que veas en cada figura. Escribe *secante, paralela* o *perpendicular*.

1.
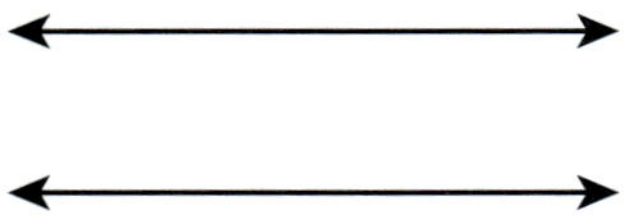

2.
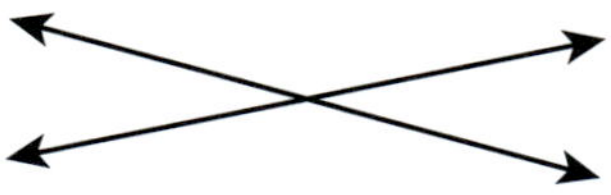

3.
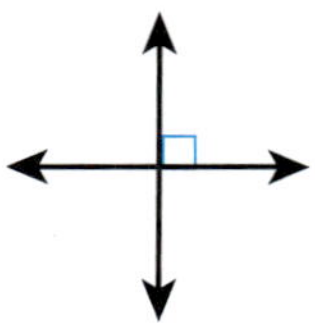

Repaso/Prueba

COMPRUEBA EL VOCABULARIO Y LOS CONCEPTOS

Elige el mejor término de la casilla.

ángulo
grado
recta

1. La unidad que se usa para medir un ángulo se denomina un _?_. (pág. 366)
2. Dos rayos con el mismo extremo forman un _?_. (pág. 366)

COMPRUEBA LAS DESTREZAS

Nombra el término que describa cada uno. Escribe *punto, plano, recta, segmento* o *rayo*. (págs. 364–365)

3. 

4. 

5. 

6. 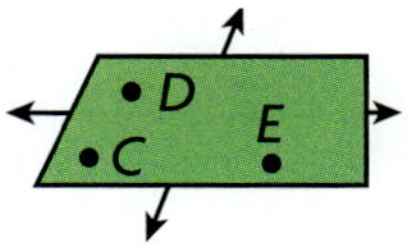

Traza un ángulo. Usa un transportador para medir el ángulo. Luego escribe *agudo, obtuso, recto* o *llano*. (págs. 366–369)

7. 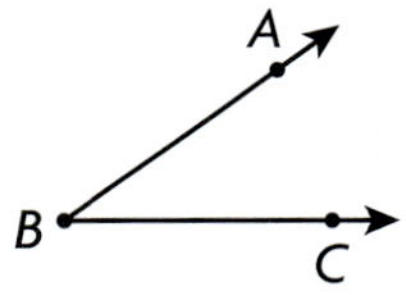

8. 

9. 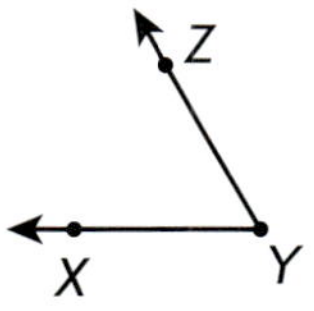

10. 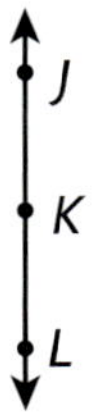

Para los ejercicios 11–13, usa el dibujo de la derecha. (págs. 370–371)

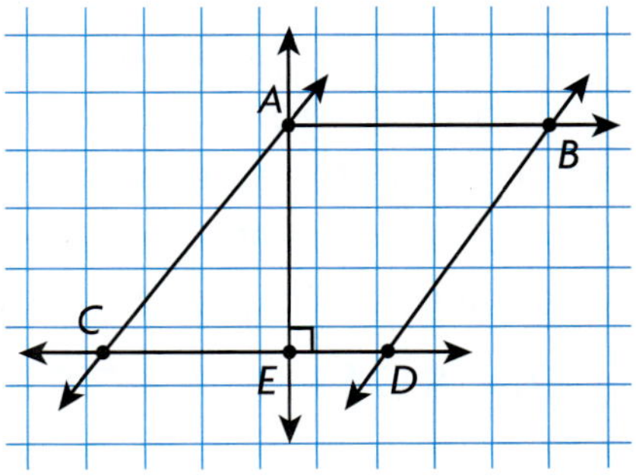

11. Nombra dos rectas paralelas.
12. Nombra dos rectas secantes.
13. Nombra dos rectas perpendiculares.

COMPRUEBA LA RESOLUCIÓN DE PROBLEMAS

Resuelve. (págs. 372–373)

14. Kyle necesita la dirección para llegar a la casa nueva de Taylor. Taylor dibujó un mapa para Kyle. Desde la casa de Kyle, ve 4 cuadras al sur y luego 2 cuadras al oeste. Dobla a la izquierda. Sigue 5 cuadras más al sur. La casa de Taylor es la primera a mano derecha. Dibuja un diagrama del mapa de Taylor.

15. Desde su apartamento, Ellie camina 5 cuadras al norte y 3 cuadras al sur. Luego, dobla a la derecha y camina 1 cuadra más hasta la biblioteca. ¿A cuántas cuadras está la biblioteca del apartamento de Ellie?

Preparación para pruebas

PERCEPCIÓN NUMÉRICA, CONCEPTOS Y OPERACIONES

1. ¿Cuál es la **mejor** estimación para $309 \div 5$?

A 6 o 7 **C** 60 o 70

B 8 o 9 **D** 80 o 90

2. La tabla muestra el número de artículos vendidos en el vivero.

NÚMERO DE ARTÍCULOS VENDIDOS

Artículo	Mayo	Junio	Julio
Plantas	212	238	165
Materos	167	111	67
Tierra	54	71	82
Mangueras	23	31	45

¿Cuántos artículos más se vendieron en junio que en julio?

F 451 **H** 92

G 359 **J** 5

3. La tienda Natural tenía unas ofertas de orquídeas. El precio de cada orquídea es \$15. Vendieron 43 orquídeas el domingo, 66 el lunes y 62 el martes. ¿Cuál fue el total de las ventas durante los 3 días de la oferta de orquídeas?

A \$171 **C** \$2,415

B \$1,026 **D** \$2,565

4. **Explícalo** El Sr. Hill recogió unas manzanas. Llenó 19 cestas con manzanas. Cada cesta tenía casi 58 manzanas. ESTIMA el número de manzanas que recogió. Explica tu razonamiento.

RAZONAMIENTO ALGEBRAICO

5. ¿Cuál podría ser la figura que sigue en el patrón?

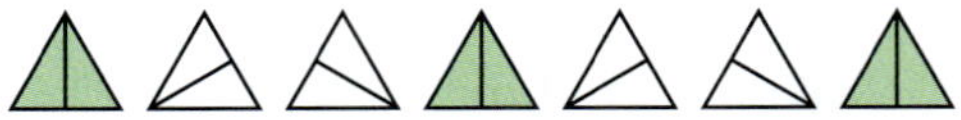

F 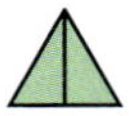

G 

H 

J 

6. Jake tiene 10 años de edad. Steve es mayor que Jake. Sea *y* el número de años que tiene Steve más que Jake. ¿Qué expresión muestra la edad de Steve?

A $10 + y$

B $10 - y$

C $10 \times y$

D $10 \div y$

7. **Explícalo** Suki está colocando luces en su patio posterior para una parrillada. Ella usa el siguiente patrón.

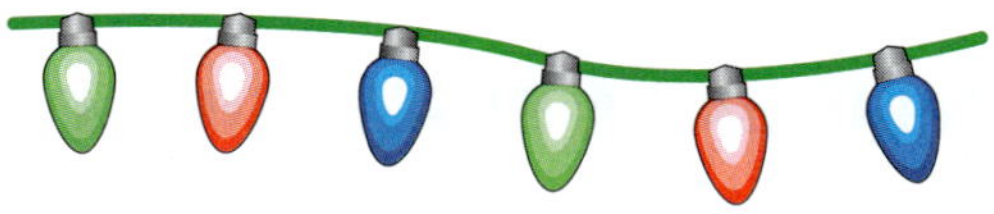

¿Qué color usará Suki para la decimoquinta luz? Explica tu razonamiento.

ANÁLISIS DE DATOS Y PROBABILIDAD

IDEA **Elige la respuesta.** Mira el ejercicio 8. Usa la ilustración para hallar la probabilidad de sacar cada color. Relaciona cada opción de respuesta con el problema y elige la mejor respuesta.

8. Mira la siguiente bolsa de canicas. ¿Cuáles dos colores son **igualmente probables** que salgan?

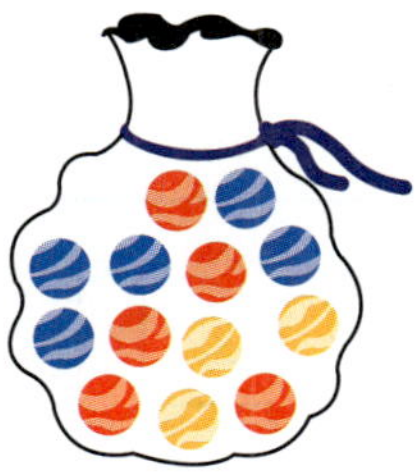

F rojo y amarillo

G rojo y azul

H azul y amarillo

J amarillo y verde

9. ¿Cuál es el rango de 2, 11, 3, 7, 2?

A 2 **C** 11

B 9 **D** 25

10. **Explícalo** La siguiente gráfica circular muestra los tipos de clima para el mes de junio.

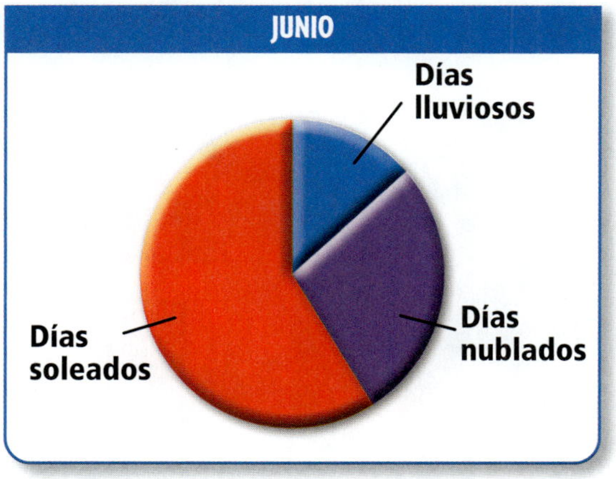

¿Qué puedes concluir de los datos de la gráfica? Explica tu razonamiento.

MEDIDAS

11. ¿Cuál es la **mejor** estimación de la medida del siguiente ángulo?

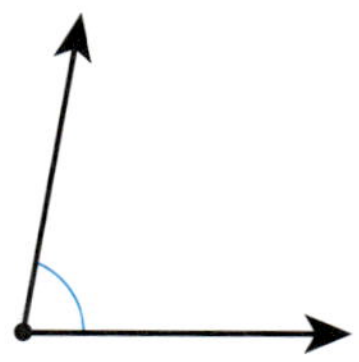

F entre 10° y 30°

G entre 30° y 45°

H entre 45° y 70°

J entre 70° y 90°

12. Ryan tiene práctica de fútbol a las 3:00. Un viaje en autobús tomará 35 minutos. ¿Qué autobús debe tomar Ryan para llegar a tiempo a la práctica?

HORARIO DE AUTOBUSES

Autobús	Hora de partida
A	2:10
B	2:30
C	2:35
D	2:40

A Autobús A **C** Autobús C

B Autobús B **D** Autobús D

13. **Explícalo** Este reloj muestra la hora actual.

Si Jane practica el piano durante los próximos 23 minutos, ¿aproximadamente a qué hora terminará? Explica tu razonamiento.

CAPÍTULO 18

Figuras planas

DATOS BREVES • ESTUDIOS SOCIALES Seaside, una comunidad planificada de Florida, adoptó el modelo de los vecindarios tradicionales de las décadas de 1920 y 1930. Seaside abarca 80 acres a lo largo del golfo de México. La gente que vive allí puede caminar fácilmente o montar bicicleta para ir al mercado o a la playa. Se construyen casas de campo con porches, cercas blancas de 3 pies de alto y techos de estaño.

RESOLUCIÓN DE PROBLEMAS ¿Qué tipos de figuras planas puedes ver en la foto de Seaside?

TIPOS DE FIGURAS PLANAS

triángulo	cuadrilátero	pentágono
hexágono	octágono	círculo

Comprueba lo que sabes

Usa esta página para repasar y recordar destrezas importantes que se necesitan para el Capítulo 18.

CLASIFICA ÁNGULOS

Indica si cada ángulo es *agudo, recto* u *obtuso*.

1. 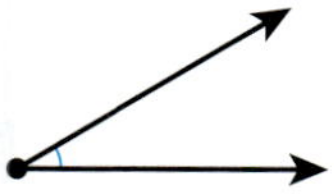
2. 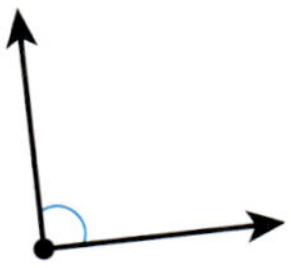
3. 
4. 

IDENTIFICA FIGURAS PLANAS

Escribe el nombre de cada figura.

5. 
6. 
7. 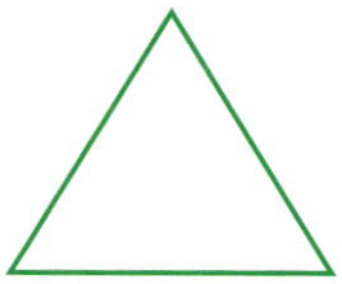
8. 

IDENTIFICA LOS CUADRILÁTEROS

Indica si el polígono es o *no* un *cuadrilátero*.

9. 
10. 
11. 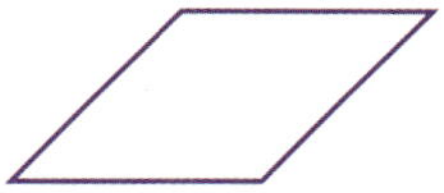
12. 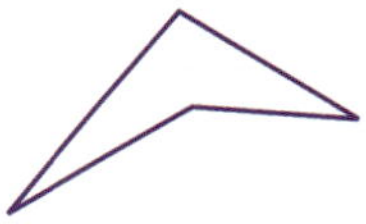

VOCABULARIO

REPASO

agudo *adjetivo*

La palabra *agudo* proviene del latín *acutus* que significa "aguja". Una aguja es afilada o puntiaguda en un extremo. ¿Cómo te ayuda esta información a definir *ángulo agudo?*

PRESENTACIÓN

- polígono regular
- triángulo equilátero
- triángulo isósceles
- triángulo escaleno
- trapecio
- diagrama de Venn
- cuerda
- diámetro
- radio
- compás

APRENDE en línea www.harcourtschool.com

LECCIÓN 1

Polígonos

Aprende

LADOS Y ÁNGULOS Un **polígono** es una figura plana cerrada con lados rectos. Los polígonos se nombran según el número de lados o el número de ángulos que tengan. Éstos son algunos polígonos.

triángulo

3 lados
3 ángulos

cuadrilátero

4 lados
4 ángulos

pentágono

5 lados
5 ángulos

hexágono

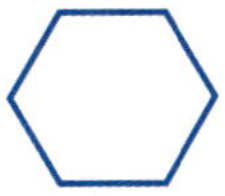

6 lados
6 ángulos

octágono

8 lados
8 ángulos

En un **polígono regular** todos los lados tienen la misma longitud y todos los ángulos tienen la misma medida.

Repaso rápido

Escribe el número de lados que tiene cada figura.

1. 
2. 
3. 
4. 
5. 

VOCABULARIO

polígono
triángulo
cuadrilátero
polígono regular
pentágono
hexágono
octágono

Ejemplos

Estos polígonos son regulares.

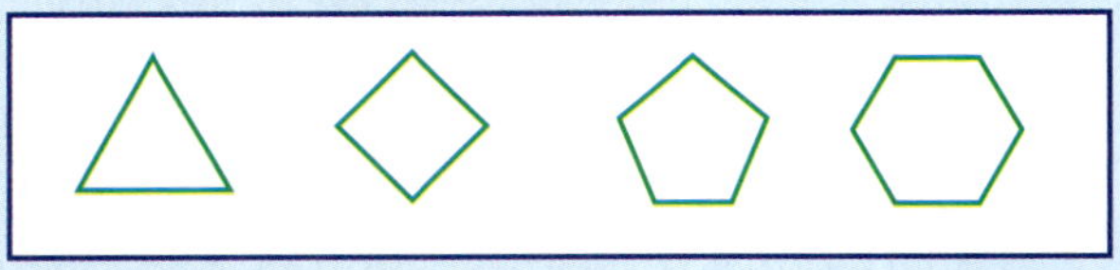

Estos polígonos no son regulares.

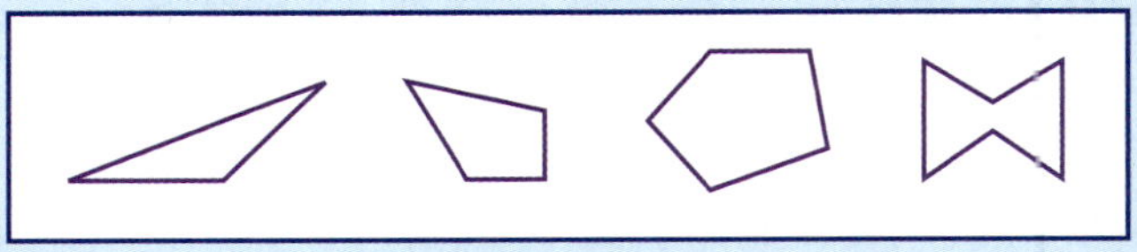

MANOS A LA OBRA

Actividad

MATERIALES: papel punteado, regla

Dibuja un triángulo regular.

PASO 1

Marca tres puntos que estén separados por la misma distancia.

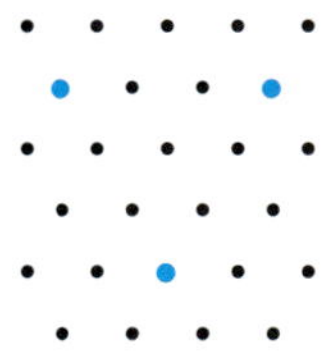

PASO 2

Conecta los tres puntos para formar un triángulo.

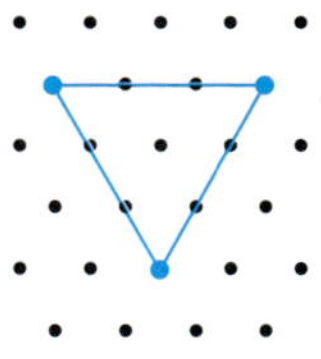

Dibuja un triángulo que no es regular.

PASO 1

Marca tres puntos que no estén separados por la misma distancia.

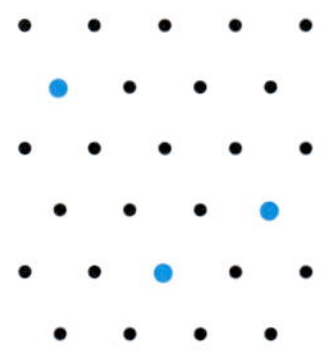

PASO 2

Conecta los tres puntos para formar un triángulo.

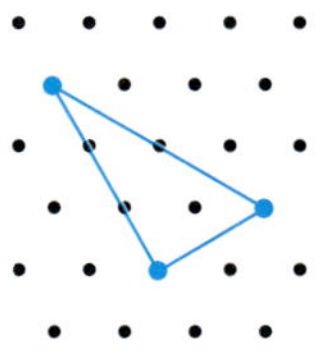

- ¿En qué se parecen los dos triángulos? ¿En qué se diferencian?

Comprueba

1. **Explica** en qué se diferencian un polígono regular y un polígono que no es regular.

Nombra el polígono. Indica si parece que es o *no es regular*.

2. 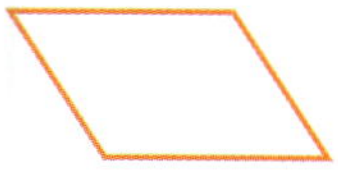
3. 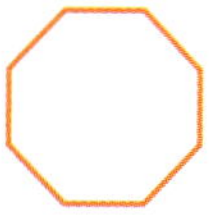
4. 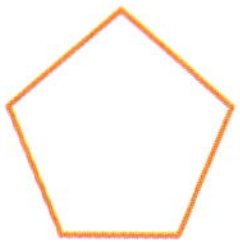
5. 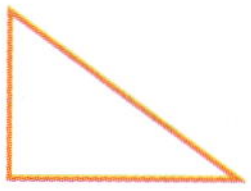

Práctica y resolución de problemas

Más práctica, página 14, Grupo A

Nombra el polígono. Indica si parece que es o *no es regular*.

6. 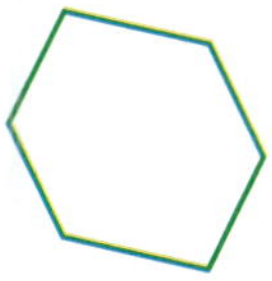
7. 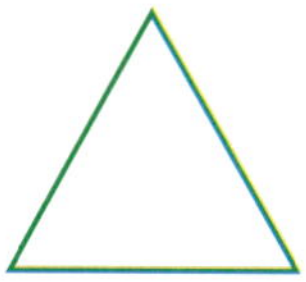
8. 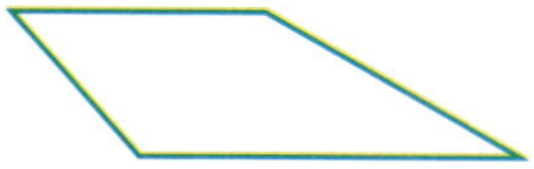
9. 

Usa papel punteado para dibujar cada polígono.

10. un pentágono que no es regular
11. un triángulo regular
12. un cuadrilátero que no es regular
13. un hexágono regular
14. Un mosaico tiene 600 fichas cuadradas. Hay 80 fichas cuadradas más que fichas triangulares. ¿Cuántas fichas hay de cada una?
15. Dibuja dos polígonos regulares que tengan la misma forma pero tamaños diferentes.
16. ¿Qué tipos de polígonos ves en la pantalla de la lámpara?
17. **Por escrito** Explica cómo puedes determinar qué tipo de polígono es una figura.

▲ Lámpara de vidrio de color de Tiffany Studios

Repaso y preparación para la prueba

18. Haz una lista de seis múltiplos de 5. (pág. 338)
19. ¿Cuál es el cuadrado de 12? (pág. 348)
20. Escribe 38,016 en forma desarrollada. (pág. 4)
21. Indica si 452 es divisible entre 2, 3, 5, 9 o 10. (pág. 336)
22. **Preparación para la prueba** ¿Qué término geométrico describe mejor las franjas en la bandera de EE.UU.? (pág. 370)

    A rectas paralelas
    B planas
    C punto
    D triángulo

LECCIÓN 2

Clasificar triángulos

Aprende

DEL LADO DE Los triángulos se pueden clasificar de acuerdo con las longitudes de sus lados o las medidas de sus ángulos.

Clasifica los triángulos según las longitudes de sus lados.

Un triángulo con 3 lados iguales es un **triángulo equilátero**.

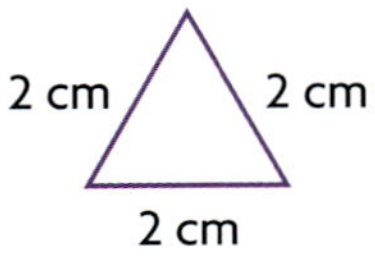

Un triángulo con 2 lados iguales es un **triángulo isósceles**.

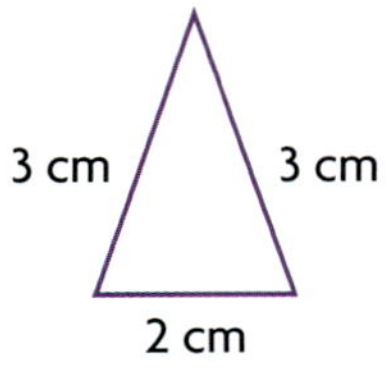

Un triángulo sin ningún lado igual es un **triángulo escaleno**.

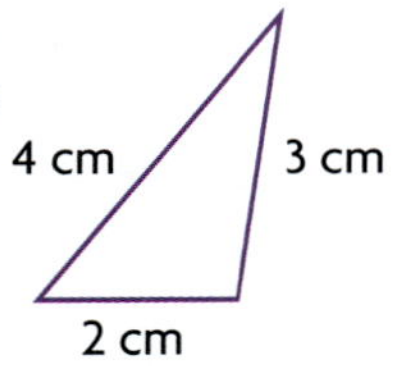

Clasifica los triángulos según las medidas de sus ángulos.

Un triángulo que tiene un ángulo recto es un **triángulo rectángulo**.

Un triángulo que tiene 3 ángulos agudos es un **triángulo acutángulo**.

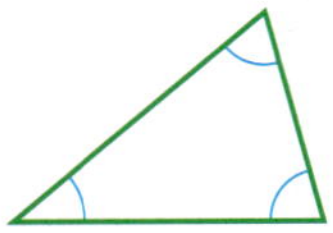

Un triángulo que tiene 1 ángulo obtuso es un **triángulo obtusángulo**.

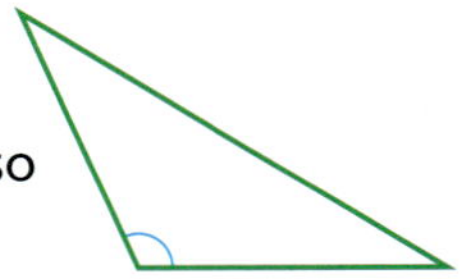

- El triángulo equilátero anterior también es un triángulo acutángulo. ¿El triángulo escaleno anterior es un triángulo rectángulo, acutángulo u obtusángulo?

Repaso rápido

Resta cada número de 300.

1. 158 **2.** 238
3. 163 **4.** 209
5. 179

VOCABULARIO

triángulo equilátero
triángulo isósceles
triángulo escaleno
triángulo rectángulo
triángulo acutángulo
triángulo obtusángulo

Comprueba

1. Explica la diferencia entre un triángulo rectángulo, uno acutángulo y uno obtusángulo.

Clasifica cada triángulo. Escribe *isósceles, escaleno* o *equilátero*. Luego escribe *rectángulo, acutángulo* u *obtusángulo*.

2.

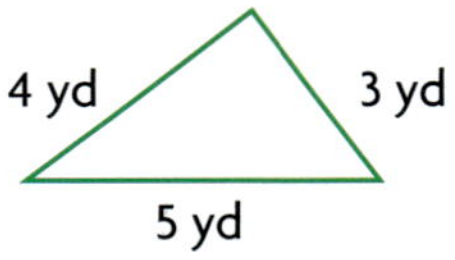

3.

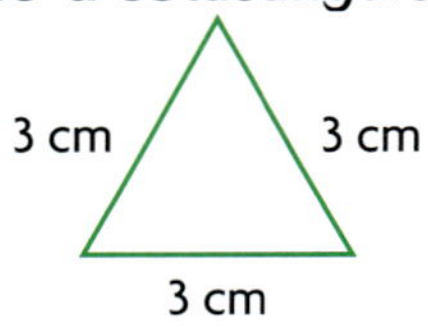

4.

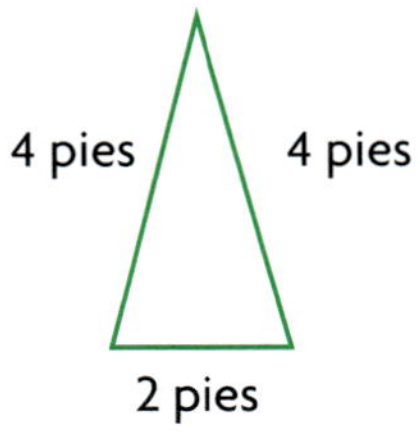

Práctica y resolución de problemas

Más práctica, página 392, Grupo B

Clasifica cada triángulo. Escribe *rectángulo, escaleno* o *equilátero*. Luego escribe *rectángulo, acutángulo* u *obtusángulo*.

5.
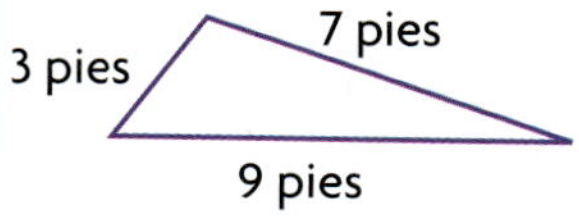

6.
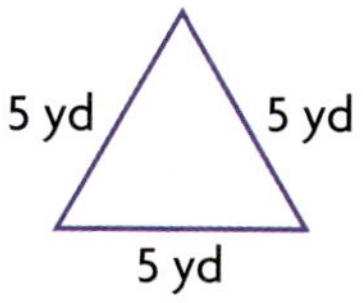

7.
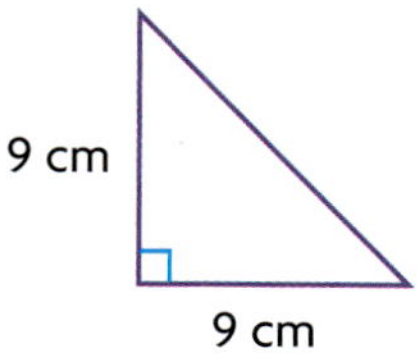

8.
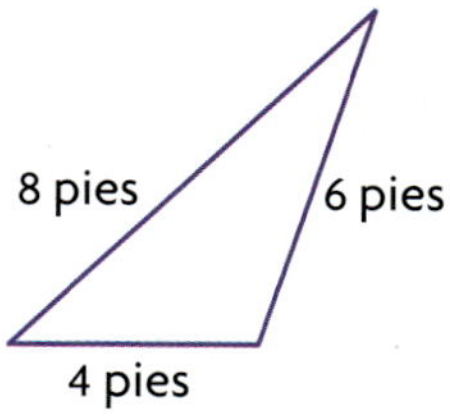

9.

10.

11.

12.

Clasifica cada triángulo según las longitudes de sus lados. Escribe *isósceles, escaleno* o *equilátero*.

13. 12 pies, 12 pies, 12 pies
14. 9 cm, 7 cm, 4 cm
15. 13 mm, 13 mm, 8 mm
16. 6 pulg, 14 pulg, 14 pulg
17. 43 mm, 43 mm, 43 mm
18. 29 yd, 28 yd, 6 yd

Clasifica cada triángulo según las longitudes de sus lados. Escribe *isósceles, escaleno,* o *equilátero*.

19.
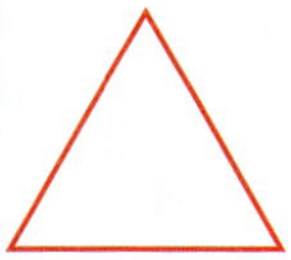

20.
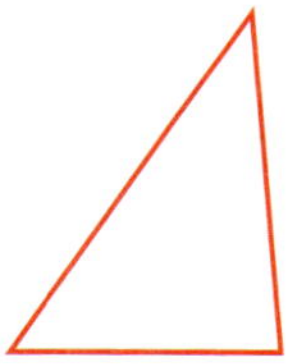

21.
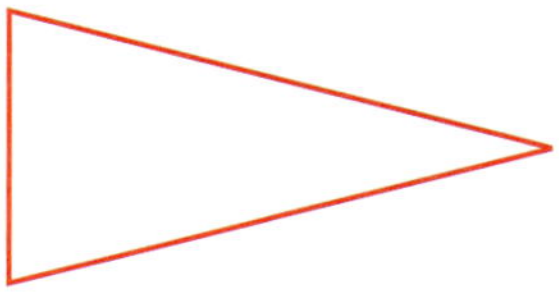

22. Tengo 3 lados y 3 ángulos. Solo 2 de mis ángulos son agudos. ¿Qué tipos de figuras podría ser?

23. Dibuja un triángulo con 1 ángulo recto y 2 lados iguales que miden 3 unidades cada uno. Usa una hoja de papel punteado. Nombra el triángulo.

Repaso y preparación para la prueba

24. Si caben 60 cajas en 5 estantes, ¿en cuántos estantes cabrán 144 cajas? (pág. 172)

25. En junio, Irma manejó su bicicleta 8 millas al día durante 15 días. ¿Qué distancia recorrió Irma en su bicicleta? (pág. 218)

26. $7\overline{)362}$ (pág. 300)

27. $5\overline{)235}$ (pág. 300)

28. **Preparación para la prueba** ¿Cuál es la mediana de este conjunto de números? (pág. 118)

12, 14, 14, 9, 14, 8, 12

A 14 **B** 12 **C** 8 **D** 4

LECCIÓN 3

Clasificar cuadriláteros

Aprende

LÍNEAS CLÁSICAS Una figura con 4 lados y 4 ángulos es un cuadrilátero. Hay muchos tipos de cuadriláteros. Éstos se pueden clasificar según sus características.

MANOS A LA OBRA

Actividad

MATERIALES: geotabla, elásticos, papel punteado

Copia cada cuadrilátero en una geotabla. Usa papel punteado para anotar tu trabajo.

A 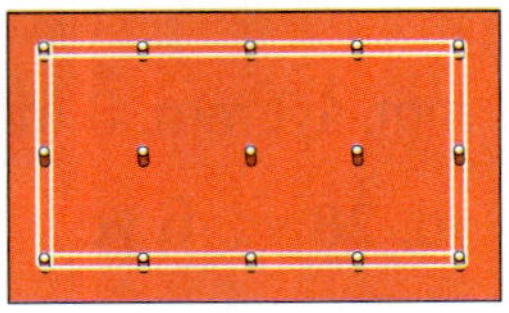

B 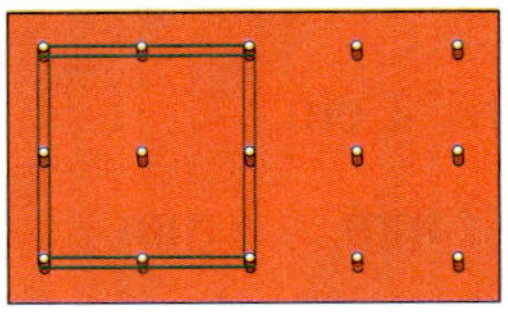

C 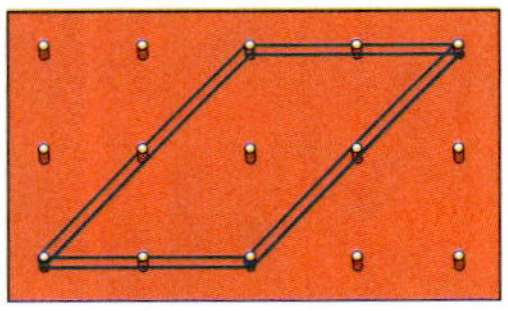

D 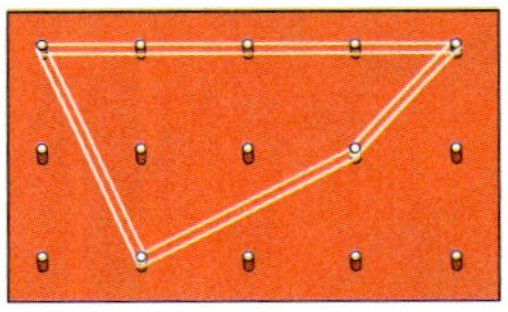

E 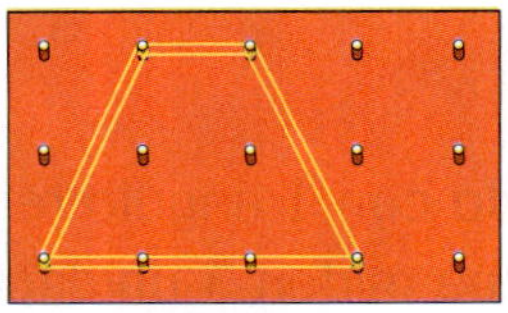

F 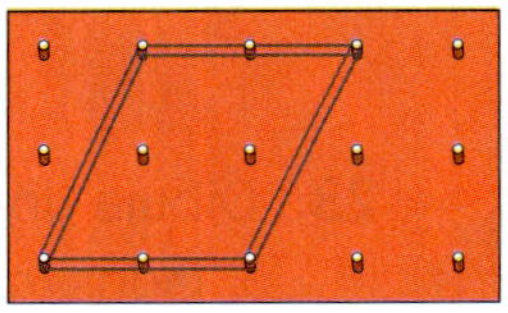

- ¿Cuál tiene 2 pares de lados paralelos?
- ¿Cuál tiene 4 ángulos rectos?
- ¿Cuál tiene ambos pares de lados opuestos iguales?
- ¿Cuál tiene solo 1 par de lados paralelos?
- ¿Cuál no tiene ningún par de lados paralelos?

Repaso rápido

Nombra cualquier relación lineal que veas en cada figura.

1. 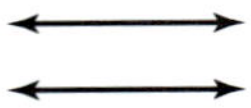
2. 
3. 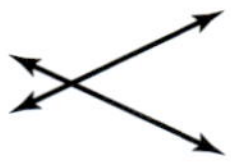
4. 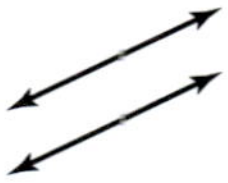
5. 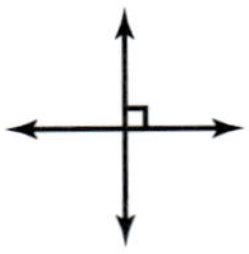

VOCABULARIO

paralelogramo
rombo
trapecio

▲ En 1930, Walter Dorwin Teague diseñó la cámara Núm. 2A Beau Brownie con un tema de "art deco" usando cuadrados y rectángulos. Originalmente costó $5.

Cuadriláteros especiales

Hay cinco tipos especiales de cuadriláteros: **paralelogramo**, cuadrado, rectángulo, **rombo**, y **trapecio**. Cada uno tiene diferentes características y algunos pueden clasificarse de más de una manera. Usa el diagrama para identificar cada tipo de cuadrilátero.

El diagrama muestra que todos los rectángulos son paralelogramos y cuadriláteros.

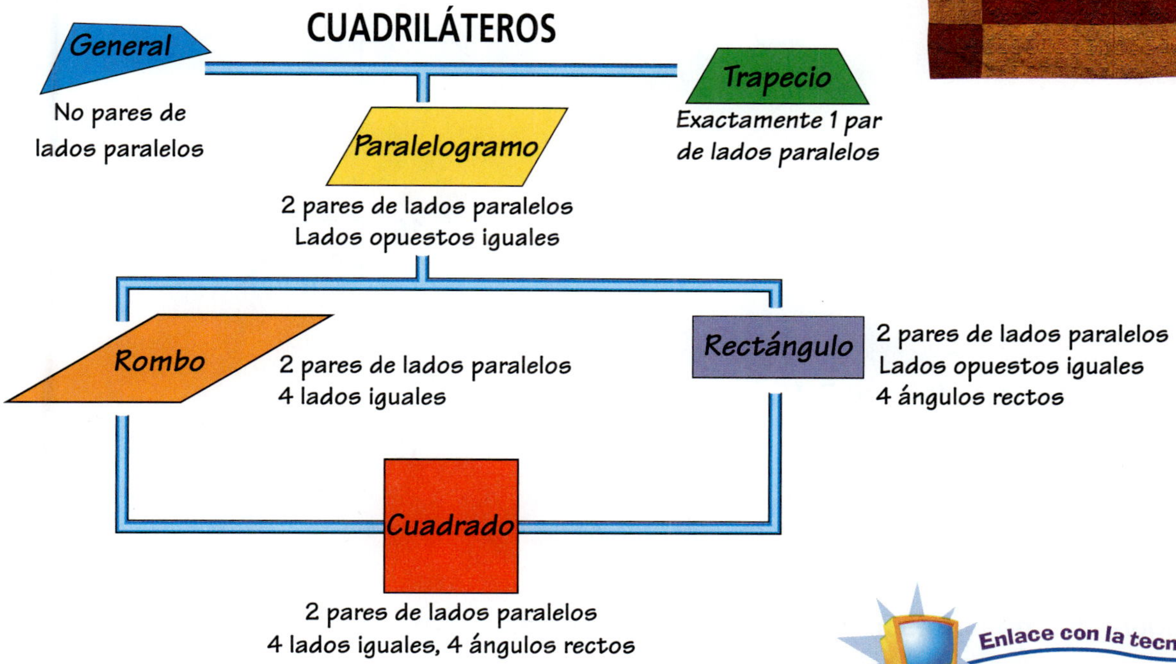

Enlace con la tecnología

Más práctica: Harcourt Mega Math Ice Station Exploration, *Polar Planes*, Nivel G

- Un paralelogramo tiene 4 lados iguales. ¿Qué figura podría ser?

Comprueba

1. **Compara y contrasta** un trapecio y un paralelogramo.

Clasifica cada figura de tantas maneras como sea posible. Escribe *cuadrilátero, paralelogramo, rombo, rectángulo, cuadrado* o *trapecio*.

2. 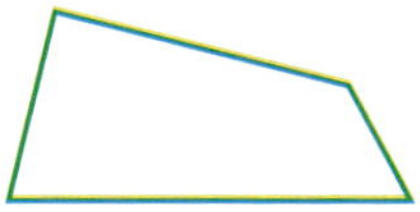

3. 

4. 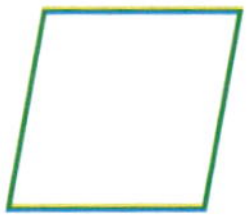

Dibuja un ejemplo de cada cuadrilátero.

5. Tiene 4 lados iguales y ningún ángulo recto.

6. Sus lados opuestos son paralelos y tiene 4 ángulos rectos.

7. Es un trapecio con 2 lados iguales.

LA LECCIÓN CONTINÚA

Práctica y resolución de problemas

Más práctica, página 392, Grupo C

Clasifica cada figura de tantas maneras como sea posible. Escribe *cuadrilátero, paralelogramo, rombo, rectángulo, cuadrado* o *trapecio*.

8. 

9. 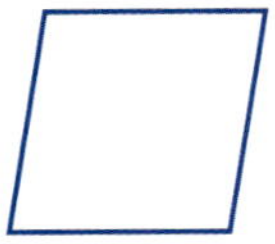

10. 

11. 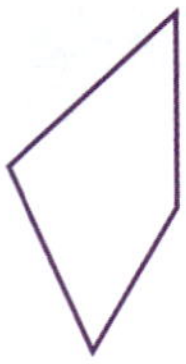

12. 

13. 

14. 

15. 

16. 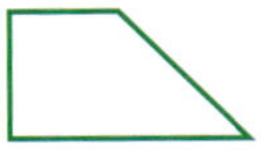

Dibuja un ejemplo de cada cuadrilátero.

17. Tiene 2 pares de lados paralelos y los lados opuestos son iguales.

18. Los 4 lados son iguales y tiene 4 ángulos rectos.

19. Tiene exactamente 1 par de lados paralelos.

Elige la figura que no corresponde. Explica tu respuesta.

20. **a.** 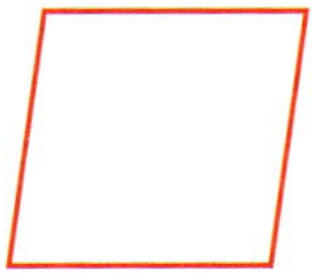 **b.**  **c.**  **d.** 

21. **a.** 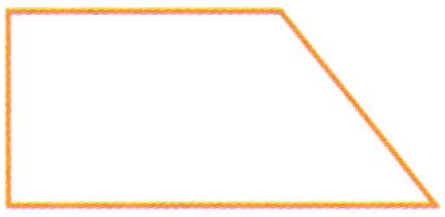 **b.**  **c.**  **d.** 

22. **RAZONAMIENTO** ¿Un cuadrado también es un rombo? Explica cómo lo sabes.

23. Tengo 4 lados y 4 ángulos. Por lo menos 1 de mis ángulos es agudo. ¿Qué figuras podría ser?

24. Dibuja un cuadrado que mida 2 pulgadas en cada lado. ¿Qué figuras puedes hacer si dibujas una línea que divide el cuadrado por la mitad?

25. **Escribe un problema** sobre un cuadrilátero misterioso. Da por lo menos tres claves que pueden ayudar a identificar el cuadrilátero.

26. Al amanecer, la temperatura fue 72°F. Al mediodía fue 19° más cálida. En la noche enfrió 12°. ¿Cuál fue la temperatura en la noche?

27. **Vocabulario** La palabra *rectángulo* proviene de las palabras *angulus rectus* que significan "ángulo recto". ¿Cómo se relaciona el significado con un rectángulo?

Repaso y preparación para la prueba

28. 3×184 (pág. 222)

29. $\$7{,}426 + \$2{,}915$ (pág. 48)

30. $\$5{,}003 - \$1{,}879$ (pág. 50)

31. ■ $\times 8 = 64$ (pág. 168)

32. 7×48 (pág. 218)

33. $804 \div$ ■ $= 67$ (pág. 320)

34. En septiembre, los miembros del club de lectura vendieron 1,032 boletos de cine. En octubre, vendieron 2,940 boletos. En noviembre, vendieron 125 boletos más que en septiembre. ¿Cuántos pases vendieron en total? (pág. 48)

35. **Preparación para la prueba** Halla la hora que se muestra en el reloj. (pág. 96)

A 4:08
B 4:40
C 8:20
D 8:40

36. **Preparación para la prueba** Hay un total de 42 estudiantes en 6 equipos. Cada equipo tiene el mismo número de estudiantes. ¿Qué ecuación se puede usar para hallar *n*, el número de estudiantes en cada equipo? (pág. 192)

F $n \times 6 = 42$ **H** $6 \times 42 = n$
G $n \div 6 = 42$ **J** $n \times 42 = 6$

Resolución de problemas — Enlace con la Lectura

ESTRATEGIA • CLASIFICAR Y CATEGORIZAR

Cuando *clasificas* información, agrupas información semejante. Cuando *categorizas*, nombras los grupos que clasificaste.

En el diagrama de la página 385, se clasifica y categoriza información sobre los cuadriláteros.

Para los ejercicios 1–6, usa el diagrama. Indica si el enunciado es *verdadero* o *falso*. Si el enunciado es falso, explica por qué.

1. Todos los rectángulos son cuadrados.

2. Todos los rombos son paralelogramos.

3. Todos los cuadrados son rectángulos.

4. Algunos trapecios son paralelogramos.

5. Algunos rombos son cuadrados.

6. Ningún trapecio tiene 2 pares de lados paralelos.

LECCIÓN 4

Estrategia de resolución de problemas
Hacer un diagrama

Repaso rápido

1. 50 − 10
2. 50 − 1
3. 500 − 100
4. 500 − 1
5. 5,000 − 1,001

VOCABULARIO

diagrama de Venn

COMPRENDE › PLANEA › RESUELVE › COMPRUEBA

PROBLEMA La Sra. Stein pidió a sus estudiantes que clasificaran estas figuras en dos grupos según el número de lados iguales que tenga cada figura. ¿Cómo se pueden clasificar las figuras?

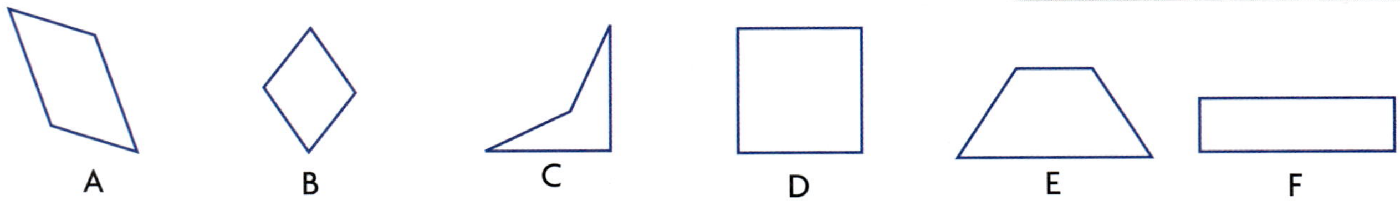

COMPRENDE

- ¿Qué te piden?
- ¿Qué información usarás?
- ¿Hay algún dato que no usarás? Explica tu respuesta.

PLANEA

- ¿Qué estrategia puedes usar para resolver el problema?

Hacer un diagrama para resolver el problema.

RESUELVE

- ¿Qué tipo de diagrama puedes hacer?

  Haz un diagrama de Venn que muestre 2 círculos separados para clasificar las figuras. Los diagramas de Venn muestran las relaciones entre los conjuntos de cosas.

  Rotula un círculo *Con 4 lados iguales*. Pon las figuras B y D en este círculo. Rotula el otro círculo *Sin 4 lados iguales*. Pon las figuras A, C, E y F en este círculo.

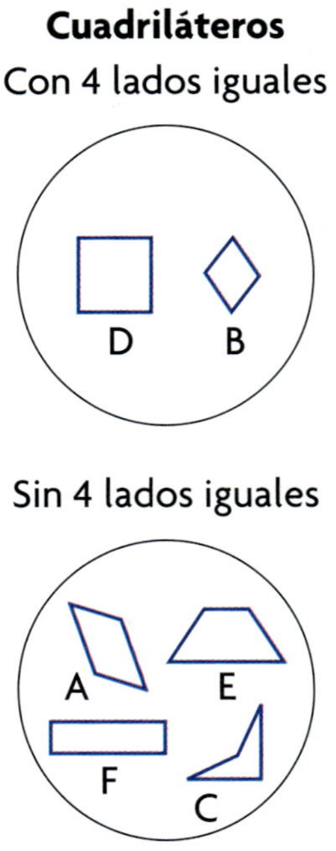

COMPRUEBA

- ¿Cómo saben que la respuesta es correcta?

Práctica • Resolución de problemas

Usa *hacer un diagrama* para resolver los problemas.

1. **¿Qué sucedería si** la Sra. Stein hubiera pedido a los estudiantes que clasificaran las figuras A–F en dos grupos, uno con 2 pares de lados paralelos y uno con menos de 2 pares de lados paralelos? Haz un diagrama que muestre esos grupos.

2. Clasifica estos números en un diagrama de Venn que muestre qué números son *Divisibles entre 2* y *No divisibles entre 2:*
2, 3, 4, 6, 8, 9, 10, 12.

Estrategias

- **Hacer un diagrama o dibujo**
- Hacer un modelo o representar
- Hacer una lista organizada
- Hallar el patrón
- Hacer una tabla o gráfica
- Predecir y probar
- Volver sobre los pasos
- Resolver un problema más simple
- Escribir una ecuación
- Usar razonamiento lógico

Resolución de problemas

Mira el diagrama de Venn. La sección B muestra qué tienen en común las figuras.

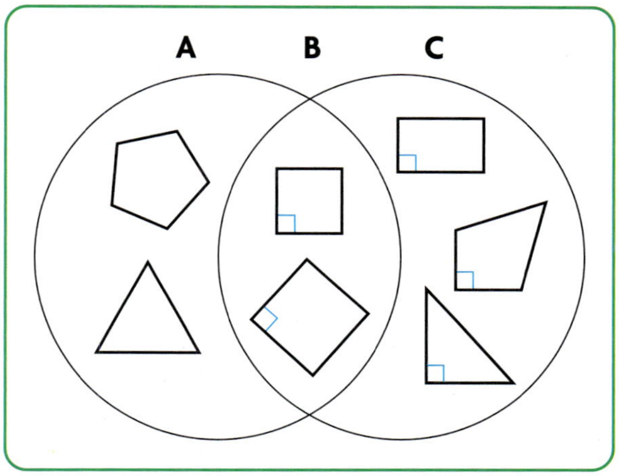

3. ¿Qué rótulo describe mejor los polígonos de la sección A?
   A regular
   B no regular
   C cuadriláteros
   D no cuadriláteros

4. ¿Qué rótulo describe mejor los polígonos de la sección B?
   F regular con un ángulo agudo
   G no regular con un ángulo agudo
   H regular con un ángulo recto
   J no regular con un ángulo recto

Práctica de estrategias mixtas

Para los ejercicios 5–6, usa el diagrama de tallo y hojas.

Estaturas de los amigos de Jamie (en pulgadas)

Tallo	Hojas
5	7 8 9
6	0 1 1 2 4 5

5. ¿A cuántos amigos de Jamie los midieron?

6. ¿Cuál es la moda?

7. Dibuja un diagrama de Venn para clasificar las figuras A–F de la página 388 en estos grupos: *Con solo ángulos rectos* y *Con otros tipos de ángulos.*

8. **Por escrito** Describe una regla para este patrón: 1, 2, 4, 8, 16, 32, 64.

9. Dibuja un trapecio. ¿Qué figura harías si extendieras los dos lados no paralelos desde los extremos del lado más corto?

10. **RAZONAMIENTO** ¿Cuál es la longitud de un lado del cuadrado más pequeño donde podría caber un plato de 12 pulgadas? Haz un dibujo para probar tu respuesta.

LECCIÓN 5

Círculos

Aprende

VUELTA Y VUELTA Un **círculo** es una figura plana cerrada compuesta de puntos que están a la misma distancia del **centro**. Un círculo puede recibir el nombre de su centro.

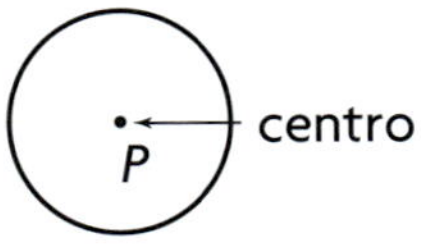

Círculo *P*

Otras partes de un círculo:

Una **cuerda** es un segmento cuyos extremos están en el círculo.

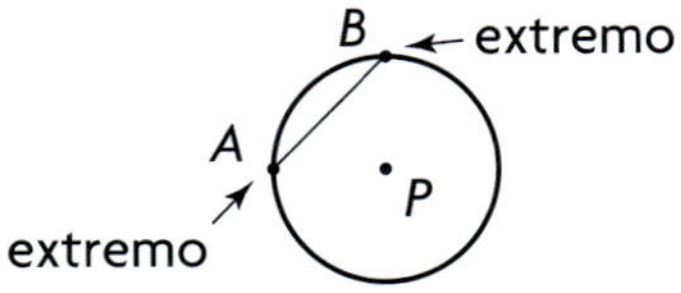

cuerda: $\overline{AB}$

Un **diámetro** es una cuerda que atraviesa el centro.

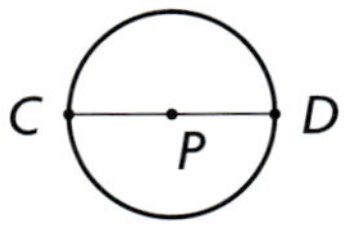

diámetro: $\overline{CD}$

Un **radio** es un segmento con un extremo en el centro del círculo y el otro extremo en el círculo.

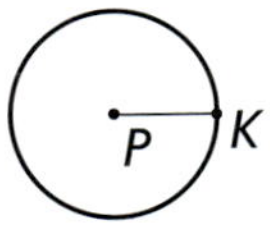

radio: $\overline{PK}$

El radio de un círculo mide la mitad de la longitud del diámetro.

Repaso rápido

1. 305 ÷ 5
2. 805 ÷ 5
3. 608 ÷ 8
4. 506 ÷ 2
5. 708 ÷ 3

VOCABULARIO

círculo, diámetro, centro, radio, cuerda, compás

Un **compás** es un instrumento que se usa para hacer círculos.

MANOS A LA OBRA

Actividad

MATERIALES: compás, regla

PASO 1

Dibuja un punto para que sea el centro del círculo. Rotúlalo con la letra *P*.

PASO 2

Fija el compás con la longitud del radio que quieras.

PASO 3

Pon la punta del compás en el punto *P* y mueve el compás para formar el círculo.

Comprueba

1. **Explica** cómo puedes hallar la longitud del diámetro de un círculo que tiene un radio de 3 pulgadas.

Dibuja el círculo *P* con un radio de 2 pulgadas. Rotula cada parte del círculo.

2. radio: $\overline{PQ}$
3. cuerda: $\overline{JK}$
4. diámetro: $\overline{XY}$

Práctica y resolución de problemas

Más práctica, página 392, Grupo D

Para los ejercicios 5–10, usa el dibujo del círculo *M* y una regla en centímetros. Copia y completa la tabla.

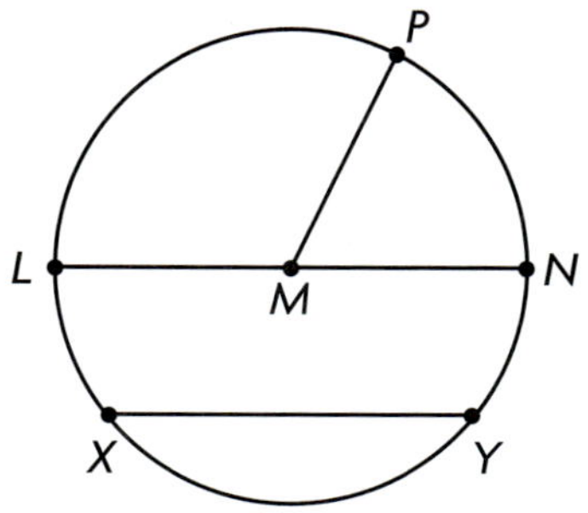

	NOMBRE	PARTE DEL CÍRCULO	LONGITUD EN CM
5.	$\overline{MP}$	?	■
6.	$\overline{XY}$	?	■
7.	$\overline{MN}$	?	■
8.	$\overline{LN}$	?	■

9. El centro del círculo es el punto __?__.

10. Dos puntos del círculo son __?__ y __?__.

11. Dibuja un círculo con un radio de 3 pulgadas. Rotula el punto del centro como *E*. Dibuja un radio: $\overline{EF}$. Dibuja un diámetro: $\overline{GH}$.

USA LOS DATOS Para los ejercicios 12–13, usa la ilustración a la derecha.

▼ Zona de no vuelo

12. **DATOS BREVES • CIENCIAS** En 2001, NASA expandió la "zona de no vuelo" alrededor de la pista de lanzamiento del transbordador espacial hasta un radio de 56 kilómetros. Halla el diámetro de la zona de no vuelo.

13. No deben volar aviones en la zona de no vuelo. Si un avión volara a 65 kilómetros de la pista de lanzamiento, ¿estaría en la zona de no vuelo? Explica tu respuesta.

14. **Por escrito** ¿Puede ser la longitud de una cuerda mayor que el diámetro del círculo? Explica tu respuesta.

Repaso y preparación para la prueba

15. 7×9 (pág. 168)

16. 8×8 (pág. 168)

17. Halla el valor. $24 \times (72 \div 9)$ (pág. 184)

18. Halla la media de 2, 4, 7, 2, 10. (pág. 118)

19. **Preparación para la prueba** ¿Cuál expresión es verdadera? (pág. 20)

   A $5,126 < 5,216$
   B $5,261 < 5,216$
   C $5,126 > 5,621$
   D $5,216 > 5,612$

Más práctica

Grupo A (págs. 380–381)

Nombra el polígono. Indica si parece que *es regular* o *no es regular*.

1. 

2. 

3. 

4. 

Grupo B (págs. 382–383)

Clasifica cada triángulo. Escribe *isósceles, escaleno* o *equilátero*. Luego escribe *rectángulo, acutángulo* u *obtusángulo*.

1. 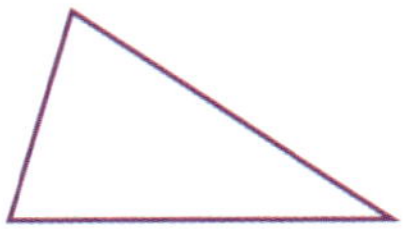

2. 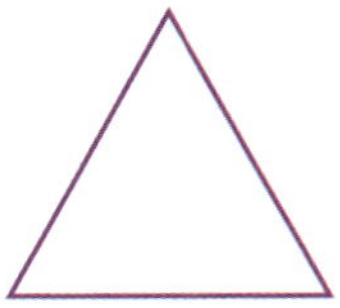

3. 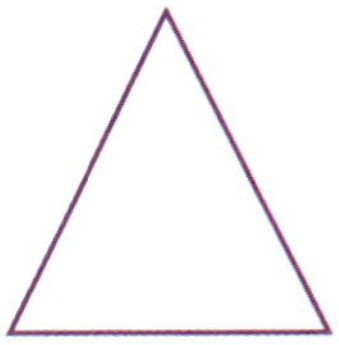

4. 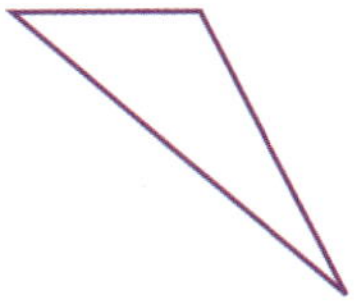

Clasifica cada triángulo según las longitudes de sus lados. Escribe *isósceles, escaleno* o *equilátero*.

5. 4 pies, 4 pies, 4 pies

6. 8 yardas, 10 yardas, 7 yardas

7. 7 pulgadas, 4 pulgadas, 7 pulgadas

Grupo C (págs. 384–387)

Clasifica cada figura de tantas maneras como sea posible. Escribe *cuadrilátero, paralelogramo, rombo, rectángulo, cuadrado* o *trapecio*

1. 

2. 

3. 

4. 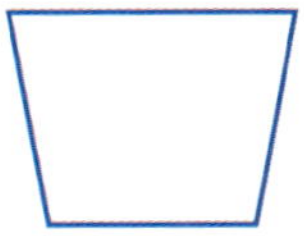

Grupo D (págs. 390–391)

Para los ejercicios 1–3, usa el dibujo del círculo *P* y una regla en pulgadas.

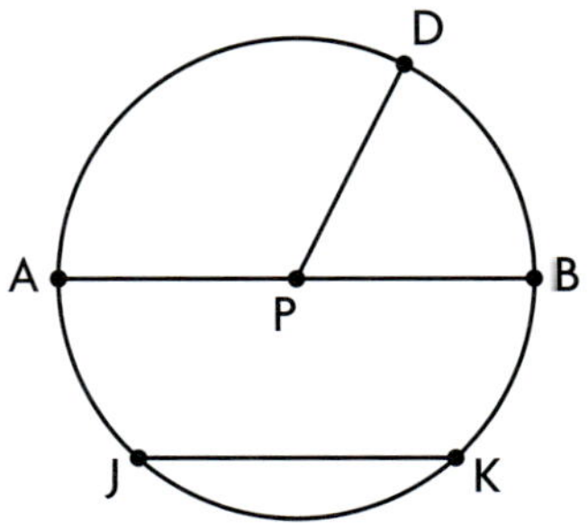

1. El segmento *AB* es un(a) ? . Mide ? pulgadas.

2. El segmento *JK* es una ? .

3. El segmento *PD* es un ? . Mide ? pulgadas.

4. El radio de un círculo es 5 pulgadas más largo que el radio de otro círculo. Juntos miden 29 pulgadas. ¿Qué longitud tiene cada radio?

Repaso/Prueba

COMPRUEBA EL VOCABULARIO Y LOS CONCEPTOS

Elige el mejor término de la casilla.

equilátero
pentágono
rombo
cuadrado

1. Un paralelogramo con 4 lados iguales es un __?__ o un __?__. (pág. 385)

2. Un triángulo que tiene 3 lados iguales es __?__. (pág. 382)

COMPRUEBA LAS DESTREZAS

Nombra el polígono. Indica si parece que *es regular* o *no es regular*. (págs. 380–381)

3.

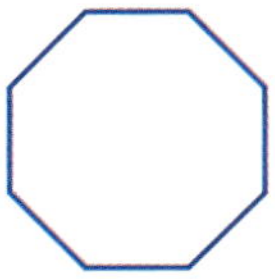

4.

5.

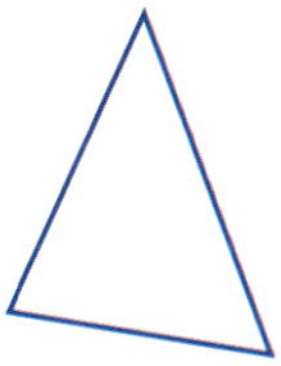

Clasifica cada triángulo al medir las longitudes de sus lados. Escribe *isósceles, escaleno* o *equilátero*. (págs. 382–383)

6. 17 pies, 22 pies, 16 pies

7. 5 cm, 5 cm, 5 cm

8. 11 mm, 11 mm, 8 mm

Clasifica cada figura de tantas maneras como sea posible. Escribe *cuadrilátero, paralelogramo, rombo, rectángulo, cuadrado* o *trapecio*. (págs. 384–387)

9.

10.

11.

Para los ejercicios 12–13, usa el dibujo del círculo *O*. (págs. 390–391)

12. Nombra una cuerda.

13. Nombra un radio.

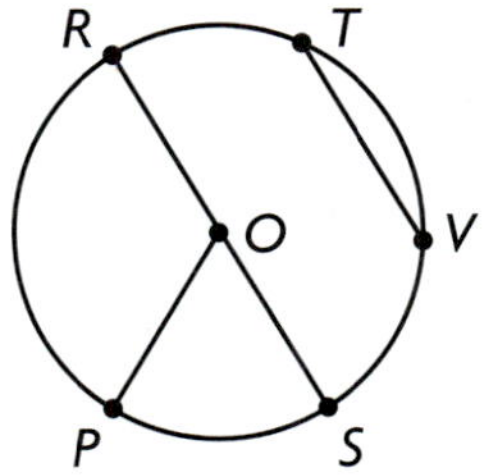

COMPRUEBA LA RESOLUCIÓN DE PROBLEMAS (págs. 388–389)

14. Clasifica estos números en un diagrama de Venn que muestre los números *Divisibles entre* 5 y *No divisibles entre* 5: 1, 5, 10, 12, 16, 20, 24.

15. Dibuja un diagrama de Venn para clasificar estas figuras en dos grupos: *Con solo 2 lados iguales* y *Con 4 lados iguales*.

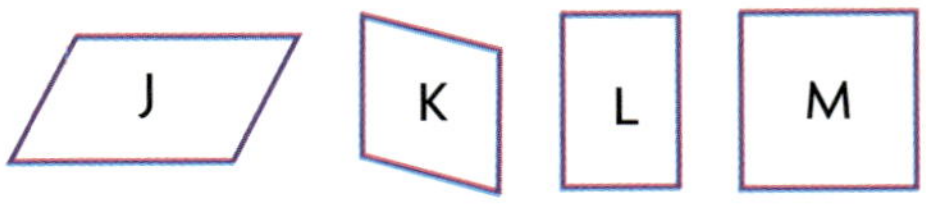

Preparación para pruebas

PERCEPCIÓN NUMÉRICA, CONCEPTOS Y OPERACIONES

1. Cada equipo de béisbol necesita 9 jugadores. Hasta ahora, 77 niños se han inscrito. ¿Cuántos niños más se necesitan para que cada equipo tenga 9 niños?

A 4

B 3

C 2

D 0

2. Carmen compró 20 rollos de película. Puede tomar 36 fotos con cada rollo. ¿Qué operación sería mejor para hallar el número total de fotos que Carmen puede tomar?

F suma

G resta

H multiplicación

J división

3. **Explícalo** Jessie quiere comprar 4 unidades del mismo artículo. Ella estima que su total será cerca de $16. ¿Qué artículo quiere comprar ella? Explica cómo lo decidiste.

PRECIOS DE LA TIENDA DE DEPORTES

Artículo	Costo
1 lata con pelotas de tenis	$4.08
1 par de pantalones cortos para correr	$17.59
1 paquete de tees de golf	$2.75
1 pelota de béisbol	$1.83

GEOMETRÍA Y ORIENTACIÓN ESPACIAL

4. ¿Qué término geométrico describe **mejor** la esquina del marco de pintura?

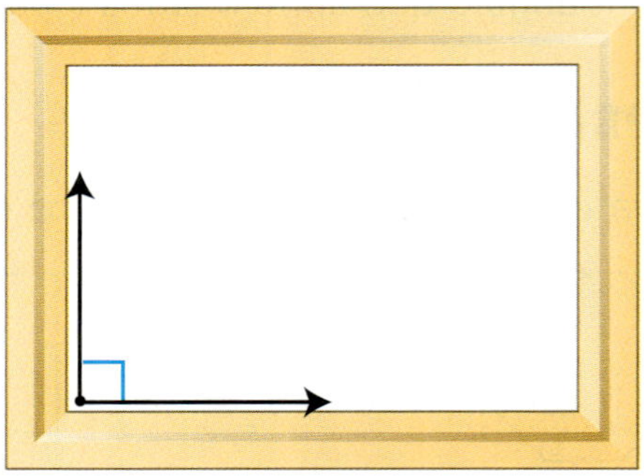

A rayo

B ángulo agudo

C ángulo recto

D segmento

5. Jackie compró la bufanda cuadrada siguiente.

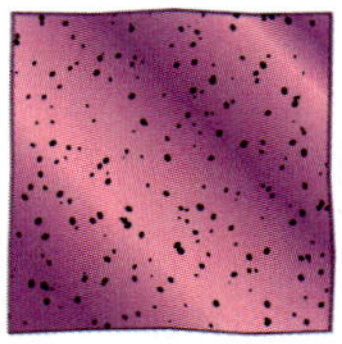

22 pulgadas

¿Cuál es el perímetro de la bufanda?

F 22 pulgadas

G 44 pulgadas

H 88 pulgadas

J 484 pulgadas

6. **Explícalo** ¿El siguiente enunciado es *verdadero* o *falso?*

"Un rectángulo siempre es un rombo".

Explica tu razonamiento.

RAZONAMIENTO ALGEBRAICO

7. ¿Cuál es el valor de ■?

■ $+ 3 = 10$

$10 - 3 =$ ■

A 7

B 4

C 1

D 0

> **IDEA** **Decide un plan.** Mira el ejercicio 8. Halla una relación entre los números que se siguen entre sí en el patrón. Aplica esa relación para determinar qué número va después.

8. Chan escribió este patrón numérico: 1, 3, 5, 7, 9, 11, ■. ¿Cuál podría ser el siguiente número en el patrón?

F 22

G 14

H 13

J 9

9. **Explícalo** Mira la siguiente tabla.

ENTRADA	SALIDA
5	25
8	40
6	30
2	10
■	60
1	5
11	55
9	45

Escribe una regla. ¿Cuál es el número que falta? Explica cómo lo decidiste.

ANÁLISIS DE DATOS Y PROBABILIDAD

10. ¿Cuál es la puntuación mediana de las pruebas?

Puntuaciones de las pruebas

Tallo	Hojas
7	6 6 8
8	0 8
9	0 0 0 7

A 76 **C** 88

B 80 **D** 97

11. ¿Cuál es el **mejor** título para la gráfica?

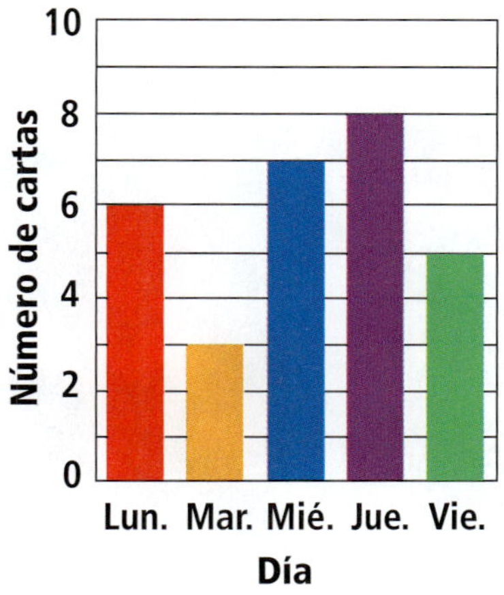

F Días de la semana

G Cartas recibidas

H Costos de envío

J Número de días

12. **Explícalo** ¿Crees que el número de estudiantes del cuarto grado es más probable que aumente o disminuya el año que viene? Explica tu razonamiento.

ESTUDIANTES DE CUARTO GRADO DE LA ESCUELA SPRING LAKE	
Cuándo	**Número de estudiantes**
Hace dos años	109
El año pasado	113
Este año	120

CAPÍTULO 19

Geometría en movimiento

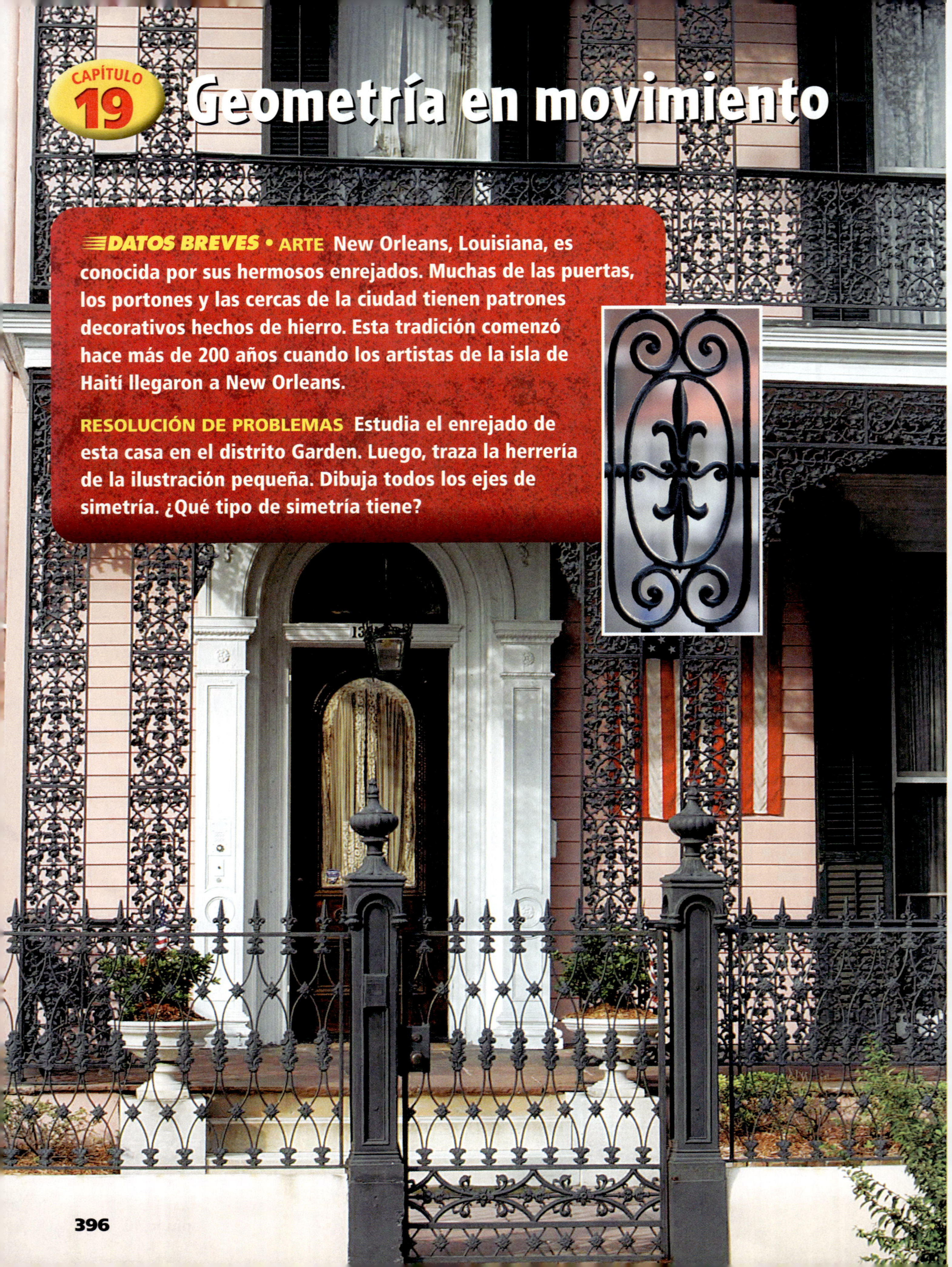

DATOS BREVES • ARTE New Orleans, Louisiana, es conocida por sus hermosos enrejados. Muchas de las puertas, los portones y las cercas de la ciudad tienen patrones decorativos hechos de hierro. Esta tradición comenzó hace más de 200 años cuando los artistas de la isla de Haití llegaron a New Orleans.

RESOLUCIÓN DE PROBLEMAS Estudia el enrejado de esta casa en el distrito Garden. Luego, traza la herrería de la ilustración pequeña. Dibuja todos los ejes de simetría. ¿Qué tipo de simetría tiene?

Comprueba lo que sabes

Usa esta página para repasar y recordar destrezas importantes que se necesitan para el Capítulo 19.

IDENTIFICA FIGURAS SIMÉTRICAS

¿Es la línea azul un eje de simetría? Escribe *sí* o *no*.

1. 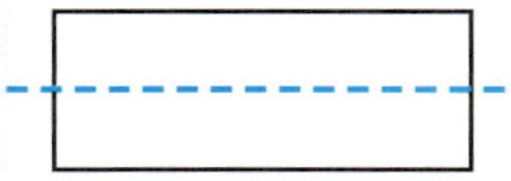

2. 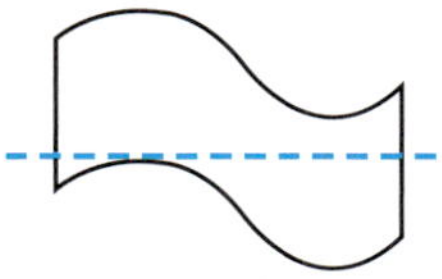

3. 

4. 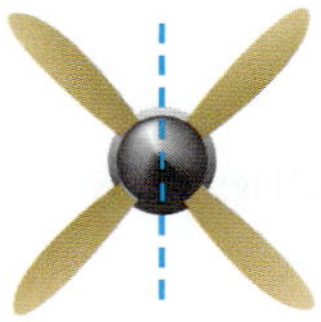

COMPARA FIGURAS

¿Son las figuras de la misma forma y el mismo tamaño? Escribe *sí* o *no*.

5. 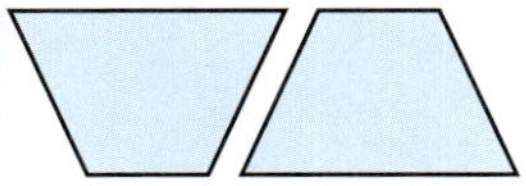

6. 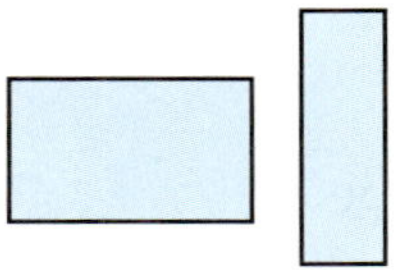

7. 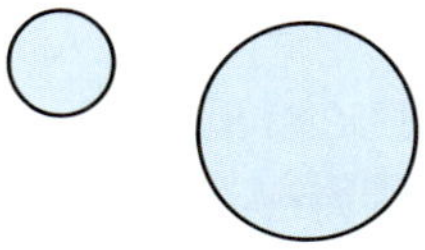

TRASLACIONES, INVERSIONES Y GIROS

Indica qué tipo de movimiento se usó para desplazar cada figura plana. Escribe *traslación, inversión* o *giro*.

8. 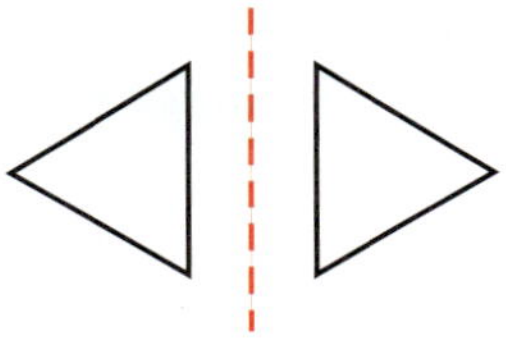

9. 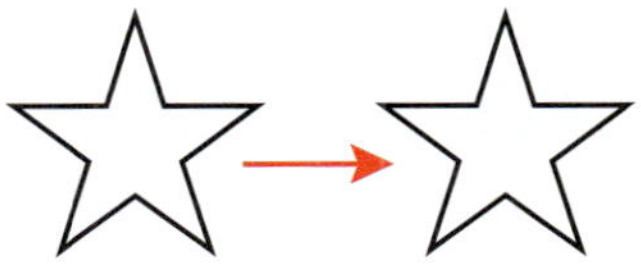

10. 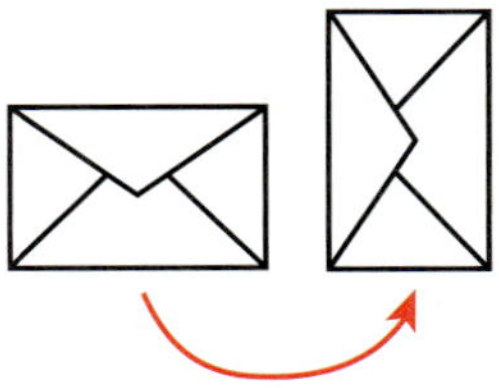

VOCABULARIO

REPASO

trasladar *verbo*

Trasladar significa "mover suavemente a lo largo de una superficie". Una persona se traslada de un lugar a otro. Nombra otras actividades en las que alguien se pudiera trasladar.

PRESENTACIÓN

- **simetría axial**
- **simetría rotacional**
- **congruente**
- **semejante**
- **transformación**
- **traslación**
- **reflexión**
- **rotación**
- **teselación**

APRENDE en línea **www.harcourtschool.com**

LECCIÓN

Giros y simetría

Repaso rápido

Nombra cada ángulo. Escribe *recto, agudo, obtuso* o *llano.*

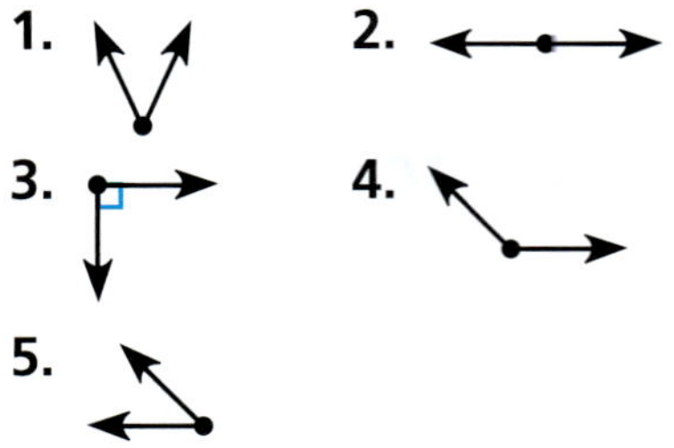

VOCABULARIO

simetría axial

simetría rotacional

Aprende

Girar el rayo $\overrightarrow{CD}$ alrededor del círculo forma ángulos de tamaños diferentes. Un giro completo alrededor del círculo es 360°.

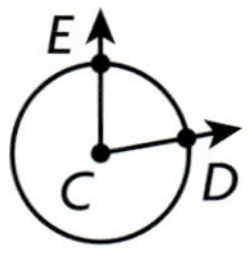

El rayo $\overrightarrow{CD}$ se puede girar en el sentido de las manecillas del reloj o en sentido contrario a las manecillas del reloj.

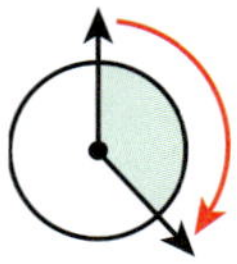

sentido de las manecillas del reloj

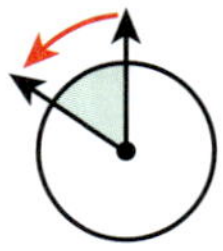

sentido contrario a las manecillas del reloj

MANOS A LA OBRA

Actividad

MATERIALES: 2 tiras de papel, sujetapapeles

Usa los giros de una geotira para mostrar diferentes ángulos.

PASO 1

Abre la geotira para formar un ángulo de 90°

Éste es $\frac{1}{4}$ o un cuarto de giro alrededor de un círculo.

PASO 2

Ahora, abre la geotira $\frac{1}{4}$ de giro más para formar un ángulo de 180°.

Éste es $\frac{1}{2}$ o medio giro alrededor de un círculo.

PASO 3

Abre tu geotira otro $\frac{1}{4}$ turno para formar un ángulo de 270°.

Éste es $\frac{3}{4}$ o tres cuartos de giro alrededor de un círculo.

- Explica cómo el resultado de un giro de 270° en el sentido de las manecillas del reloj puede verse como el resultado de un giro de 90° en el sentido contrario de las manecillas del reloj.
- ¿Cuántos giros de $\frac{1}{4}$ son iguales que un giro completo?

Idea matemática La medida de un ángulo se puede relacionar con un giro completo (360°), un giro de $\frac{3}{4}$ (270°), $\frac{1}{2}$ giro (180°) o un $\frac{1}{4}$ de giro (90°).

Figuras simétricas

La simetría se encuentra a nuestro alrededor, en la naturaleza, en el arte y en la música. Una figura puede tener **simetría axial**, **simetría rotacional** o ambas.

Dobla esta figura a lo largo de una recta para que sus dos partes correspondan exactamente. Ésta tiene simetría axial. Algunas figuras pueden tener más de un eje de simetría.

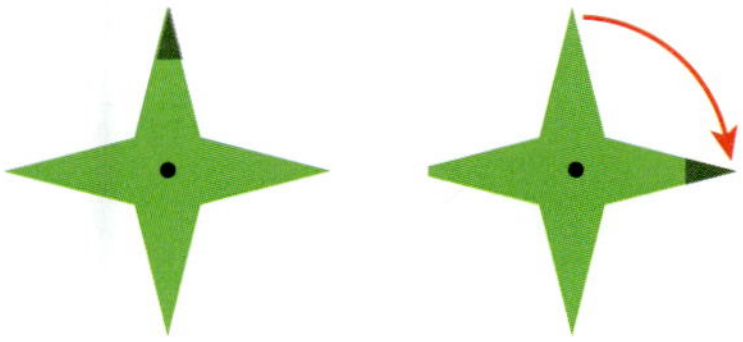

Gira esta figura alrededor del punto central. Ésta es igual cada $\frac{1}{4}$ de giro. Tiene simetría rotacional.

▲ La estrella de mar y los erizos de mar aplanados son ejemplos de pentágonos regulares en el océano.

- ¿Cuál de las figuras de la ilustración tiene más de un eje de simetría? ¿Cuál tiene tanto simetría axial como simetría rotacional?

MANOS A LA OBRA

Actividad **MATERIALES:** papel cuadriculado, regla, tijeras

PASO 1

Dibuja un cuadrado en el papel cuadriculado. Marca el interior y el exterior de una esquina. Recorta el cuadrado.

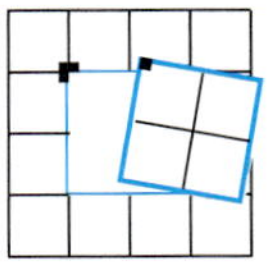

PASO 2

Dobla el cuadrado dos veces por la mitad como se indica. El punto central es el punto donde se encuentran los dos pliegues. Marca este punto.

PASO 3

Gira el cuadrado $\frac{1}{4}$ de giro sobre su punto central. ¿Cuántas veces debes girar el cuadrado antes de que estén alineadas de nuevo tus marcas de la esquina?

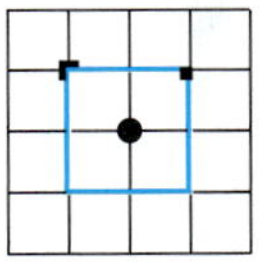

Se debe girar el cuadrado cuatro veces.

- ¿Cuántos ejes de simetría tiene el cuadrado? Haz un dibujo para explicar.

Comprueba

1. **Di** cuál de estas letras mayúsculas no tiene simetría axial. Explica cómo lo sabes.

B N

Di si los rayos del círculo muestran $\frac{1}{4}$ de giro, $\frac{1}{2}$ giro, $\frac{3}{4}$ de giro o un giro completo.

2. 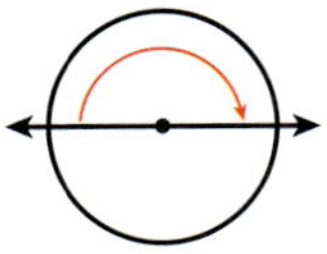

3. 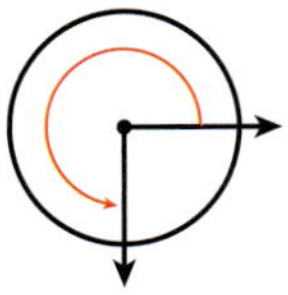

4. 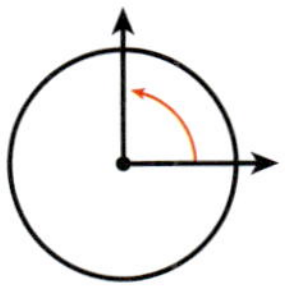

5. 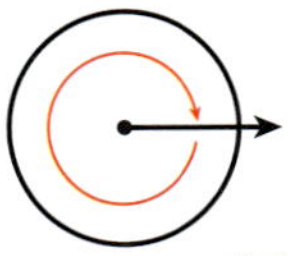

LA LECCIÓN CONTINÚA

Di si la figura tiene *simetría axial, simetría rotacional* o *ambas*.

6. 

7. 

8. 

9. 

Práctica y resolución de problemas

Más práctica, página 414, Grupo A

Di si los rayos del círculo muestran $\frac{1}{4}$ de giro, $\frac{1}{2}$ giro, $\frac{3}{4}$ de giro o un giro completo.

10. 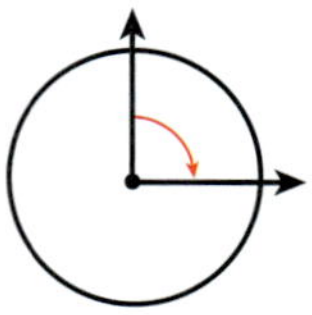

11. 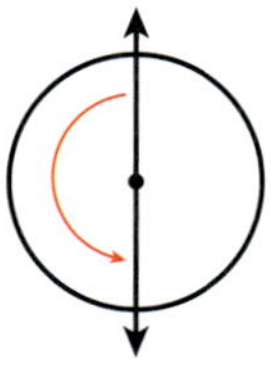

12. 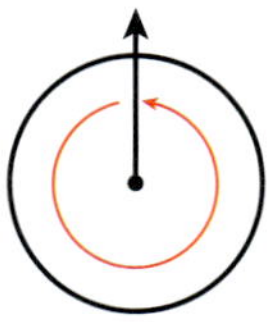

13. 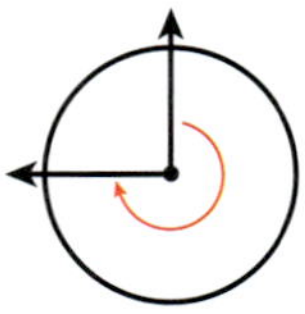

Di si la figura tiene *simetría axial, simetría rotacional* o *ambas*.

14. 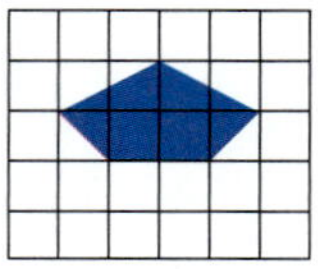

15. 

16. 

17. 

18. 

19. 

Di si se giró la figura $90°$, $180°$, $270°$ o $360°$.

20. 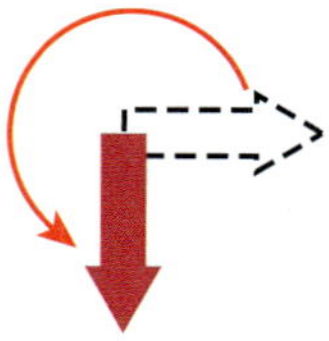

21. 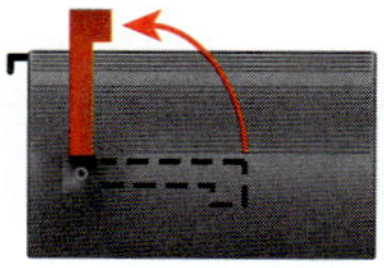

22. 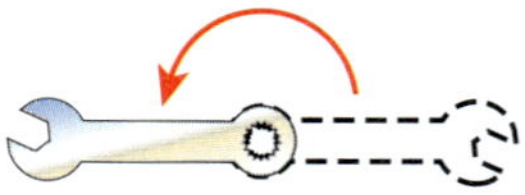

Copia cada diseño en el papel punteado. Completa cada diseño para mostrar simetría axial.

23. 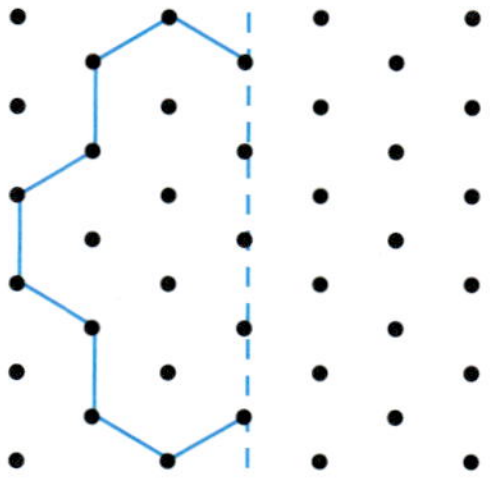

24. 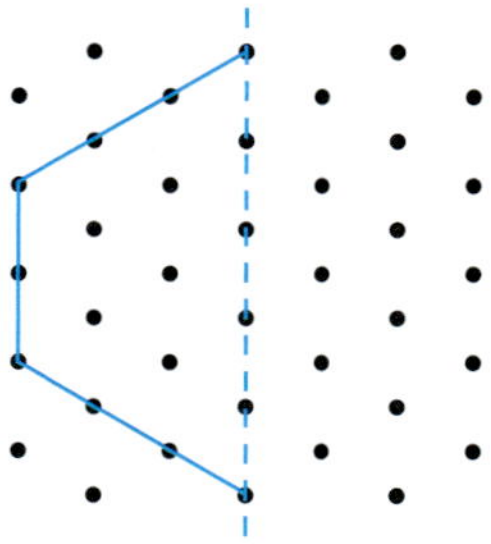

25. 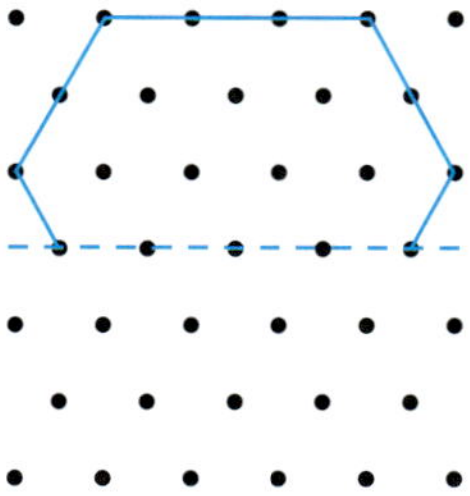

26. Copia el triángulo equilátero. Dibuja todos sus ejes de simetría. ¿Qué tipo de simetría tiene?

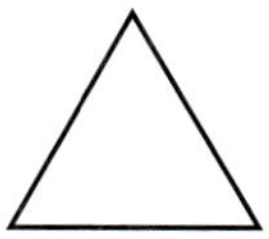

27. Traza la figura de la derecha. Recorta 8 copias. Úsalas para diseñar una puerta que tenga, por lo menos, 1 eje de simetría.

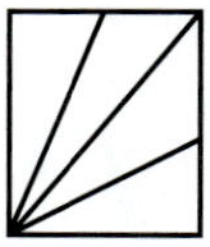

28. La palabra DEDO tiene un eje de simetría horizontal. Halla otras dos palabras que tengan un eje de simetría horizontal.

29. ¿Cuántos ángulos de 30° se pueden dibujar en un círculo sin que se traslapen? Explica tu respuesta.

30. **¿Cuál es la pregunta?** El minutero de un reloj se mueve de las 12 a las 4. La respuesta es 120°.

Repaso y preparación para la prueba

31. 56×143 (pág. 256) **32.** $430 + 178$ (pág. 48)

33. ¿Cómo se escribe 32,704 en forma desarrollada? (pág. 4)

34. **Preparación para la prueba** ¿Cuánto es 48 dividido entre 2? (pág. 282)

A 50 **B** 46 **C** 36 **D** 24

35. **Preparación para la prueba** ¿Qué propiedad puedes usar para hallar $x + 5 = 5 + 2$? (pág. 68)

F Propiedad asociativa de la suma
G Propiedad conmutativa de la suma
H Propiedad del cero
J Propiedad distributiva

Resolución de problemas — Enlace con las Ciencias

SIMETRÍA FLORAL Los científicos que clasifican flores se fijan en las simetrías axiales. Las flores que tienen más de un eje de simetría son regulares. Las flores que tienen un solo eje de simetría son irregulares.

flor regular

flor irregular

Di si la flor es *regular* o *irregular*.

1.

2.

3.

4.

LECCIÓN 2

Figuras congruentes y semejantes

Aprende

MISMA FORMA, MISMO TAMAÑO Las figuras que tienen la misma forma y el mismo tamaño son **congruentes**. Las figuras no tienen que estar en la misma posición para ser congruentes.

congruente

no congruente

MANOS A LA OBRA — Actividad 1 **MATERIALES:** papel punteado, reglas, tijeras

PASO 1
Copia cada par de figuras en papel punteado.

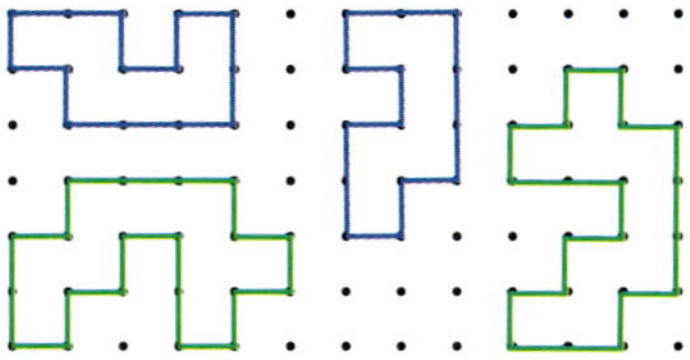

PASO 2
Recorta una en cada par y muévela en cualquier dirección para ver la congruencia.

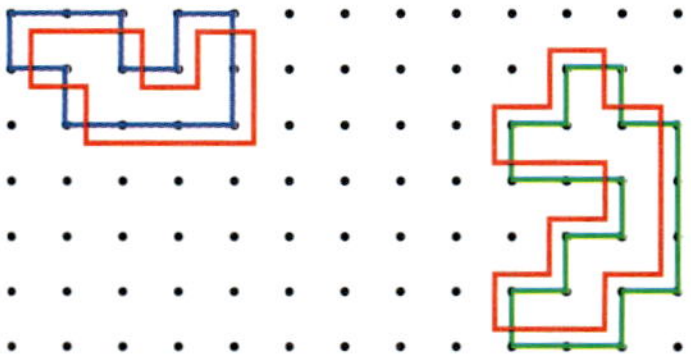

Las figures que tienen la misma forma pero pudieran tener diferentes tamaños son **semejantes**. Cuando agrandas o reduces una figura al multiplicar o dividir las dimensiones por el mismo número, la nueva figura es semejante a la figura original.

semejante

diferente

MANOS A LA OBRA — Actividad 2 **MATERIALES:** papel punteado en centímetros, reglas, tieras

PASO 1
Dibuja un cuadrado de 2 cm por 2 cm en un papel punteado.

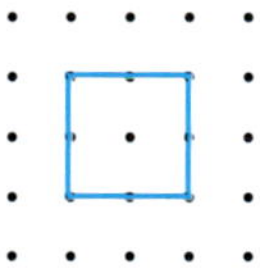

PASO 2
Agranda el cuadrado multiplicando por 2 la longitud de cada lado del cuadrado original.

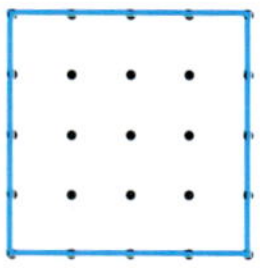

PASO 3
Reduce el cuadrado dividiendo entre 2 la longitud de cada lado del cuadrado original.

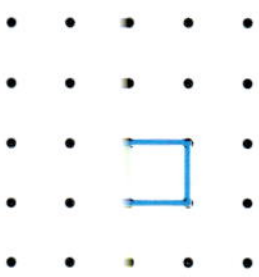

Repaso rápido

¿Tienen las figuras la misma forma y el mismo tamaño? Escribe *sí* o *no*.

1. 

2. 

3. 

4. 

5. 

VOCABULARIO

congruente **semejante**

▲ Las Flores de vidrio, la colección de Harvard de modelos botánicos, incluyen 847 modelos de tamaño natural y 3,000 flores aumentadas de tamaño y secciones de plantas hechas de vidrio.

Comprueba

1. **Explica** por qué dos figuras que son congruentes también son semejantes.

Di si las dos figuras parecen ser *congruentes, semejantes, ambas* o *ninguna*.

2. 

3. 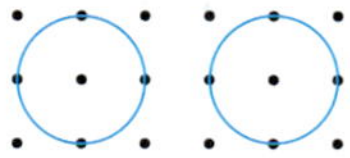

4. 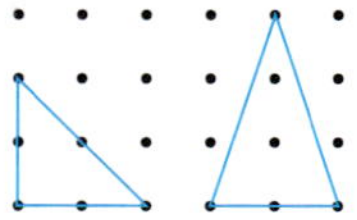

Práctica y resolución de problemas

Más práctica, página 414, Grupo B

Di si las dos figuras parecen ser *congruentes, semejantes, ambas* o *ninguna*.

5. 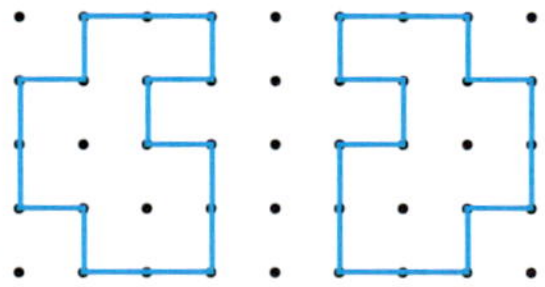

6. 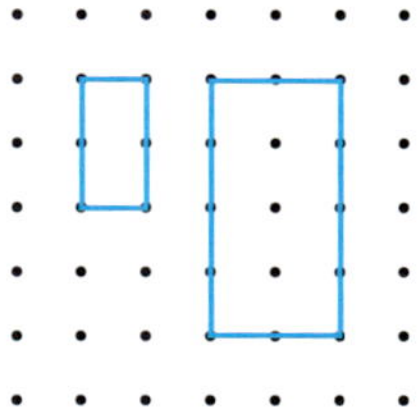

7. 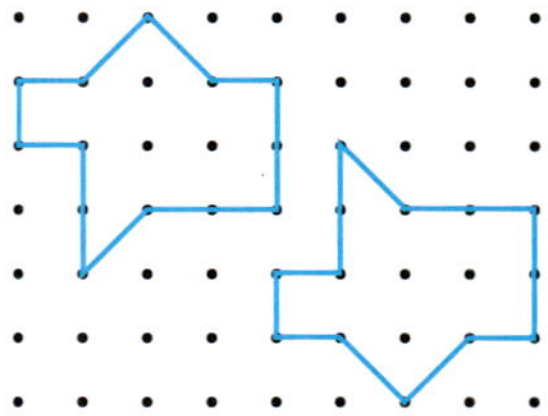

Para los ejercicios 8–9, usa los siguientes cuadriláteros.

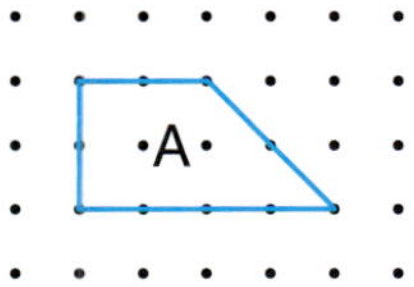

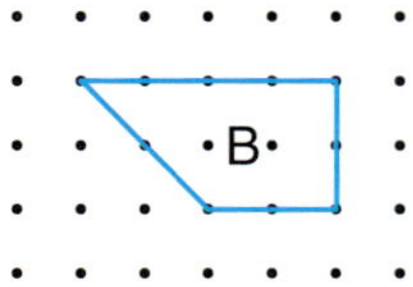

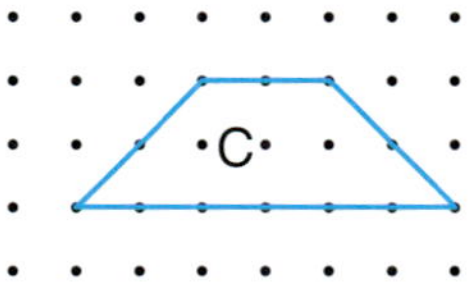

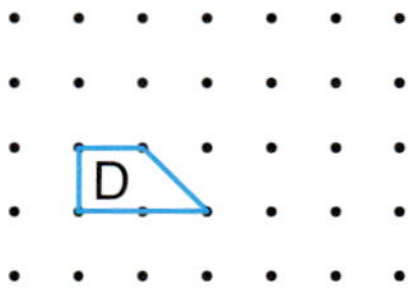

8. ¿Qué cuadrilátero parece ser congruente al cuadrilátero *A*? Explica cómo lo sabes.

9. ¿Qué cuadrilátero parece ser semejante a pero no congruente con el cuadrilátero *A*? Explica cómo lo sabes.

10. En papel punteado, dibuja dos figuras que son congruentes. Explica cómo lo sabes.

11. **Por escrito** Explica por qué todos los cuadrados son semejantes.

Repaso y preparación para la prueba

12. ¿Qué letra tiene simetría axial? Explica cómo lo sabes. (pág 398)

Z M F P

13. Compara. Escribe <, > o = para ●. (pág. 20)

35,406 ● 35,046

Halla el valor de la variable. (pág. 172)

14. $8 \times n = 56$

15. $p \times 5 = 45$

16. **Preparación para la prueba** ¿Cuál podría ser el número que falta en el patrón? (pág 74)

24, 21, 18, 15, ■ 9, 6, 3

A 11

B 12

C 13

D 14

LECCIÓN 3

Estrategia de resolución de problemas

Hacer un modelo

Repaso rápido

Multiplica por 500 cada número.

1. 5 **2.** 20

3. 300 **4.** 900

5. 7,000

PROBLEMA Terry ayuda a decorar un tablero de anuncios sobre geometría. Él quiere hacer un dibujo más grande del diseño geométrico de la derecha. ¿Cómo puede hacer un modelo que le sirva como ayuda?

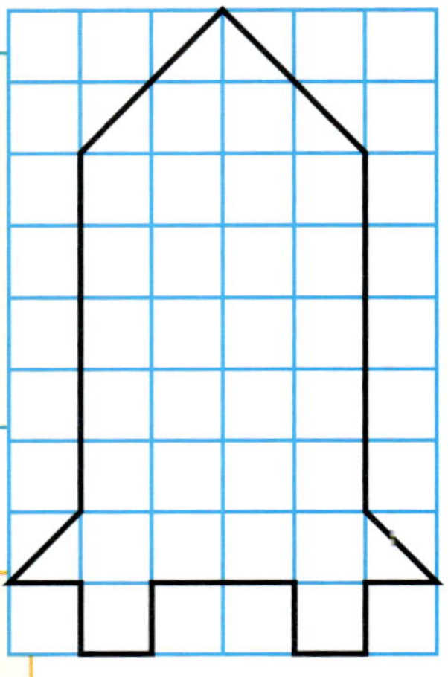

COMPRENDE

- ¿Qué te piden?
- ¿Qué información usarás?
- ¿Hay alguna información que no usarás? Si es así, ¿cuál es?

PLANEA

- ¿Qué estrategia puedes usar para resolver el problema?

  Puedes *hacer un modelo* del diseño que sea más grande pero semejante al que se muestra aquí.

RESUELVE

- ¿Cómo puedes hacer un modelo?

  Puedes usar un papel cuadriculado de 1 pulgada para agrandar la figura. Copia el dibujo, cuadrado por cuadrado, para hacer un dibujo más grande.

COMPRUEBA

- ¿Cómo podría Terry hacer un dibujo aún más grande?

Práctica • Resolución de problemas

Para los ejercicios 1–2, haz un modelo para resolver.

1. Grant quiere reducir la siguiente figura para ponerla en una postal. Usa un papel cuadriculado de 0.5 cm para hacer un dibujo más pequeño.

2. **¿Qué sucedería si** quisieras hacer un dibujo más grande de la figura de la derecha para poner en un cartel? Usa papel cuadriculado de 1 centímetro para hacer un dibujo más grande.

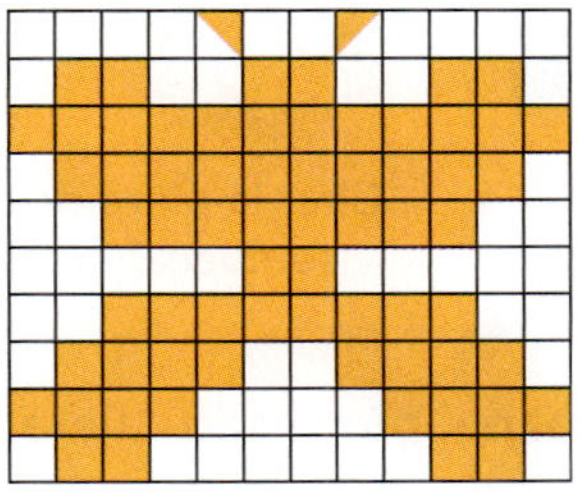

Dos cuadrados tienen 4 unidades de cada lado. Se dibuja un cuadrado en papel cuadriculado de 0.5 cm y el otro en papel cuadriculado de 1 centímetro.

3. ¿Cuál es la longitud de un lado del cuadrado en el papel de 0.5 cm?

A 20 cm
B 10 cm
C 2 cm
D 0.02 cm

4. ¿Cuántos cuadrados de la cuadrícula de 0.5 cm cabrán en un cuadrado de la cuadrícula de 1 centímetro sin traslaparse?

F 2
G 4
H 6
J 8

Estrategias

Hacer un diagrama o dibujo
Hacer un modelo o representar
Hacer una lista organizada
Hallar un patrón
Hacer una tabla o gráfica
Predecir y probar
Volver sobre los pasos
Resolver un problema más simple
Escribir una ecuación
Usar razonamiento lógico

Resolución de problemas

Práctica de estrategias mixtas

5. Lizette compró 2 boletos para el teatro por $3.75 cada uno. ¿Cuánto gastó Lizette en total?

6. La suma de dos números es 23. Su diferencia es 5. ¿Cuáles son los números?

7. Luisa compró una bebida por $0.75, un perro caliente por $1.25 y 3 bolsas de cacahuates por $0.30 cada una en un quiosco. Le dieron $2.10 de vuelto. ¿Con cuánto dinero comenzó?

8. La banda de Jack tenía 56 boletos para un concierto. Cada uno de los 7 miembros recibió el mismo número de boletos. ¿Cuántos boletos recibió cada miembro?

9. Dennos tenía 42 canicas. Regaló algunas y ahora tiene 14 canicas. Escribe una ecuación que se pueda usar para hallar cuántas canicas regaló.

10. Dibuja dos polígonos regulares que tengan la misma forma pero que tengan diferente tamaño y posición.

LECCIÓN 4

Transformaciones

Repaso rápido

Di si los rayos del círculo muestran $\frac{1}{4}$ de giro, $\frac{1}{2}$ de giro, $\frac{3}{4}$ de giro o un giro completo.

1. 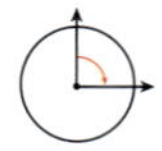
2. 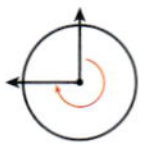
3. 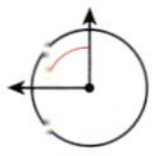
4. 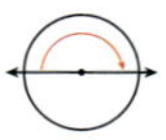
5. 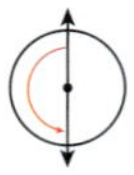

VOCABULARIO

transformación	**reflexión**
traslación	**rotación**

Aprende

APARATO ROTATIVO Una **transformación** es un movimiento de una figura. A continuación, hay algunos ejemplos comunes de transformaciones.

Trasladar una ficha de damas.

Invertir un dominó.

Girar la pieza de un rompecabezas.

MANOS A LA OBRA

Actividad

MATERIALES: papel punteado, tijeras

Puedes mostrar transformaciones de una figura plana moviéndola y luego dibujándola.

PASO 1

Dibuja una figura en papel punteado. Recórtala y trázala. Rotula tu dibujo *original.*

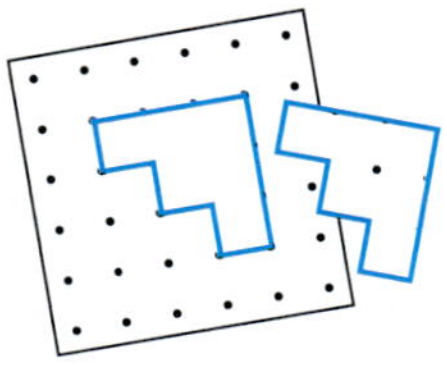

PASO 2

Traslada la figura y trázala. Rotula tu dibujo *traslado*.

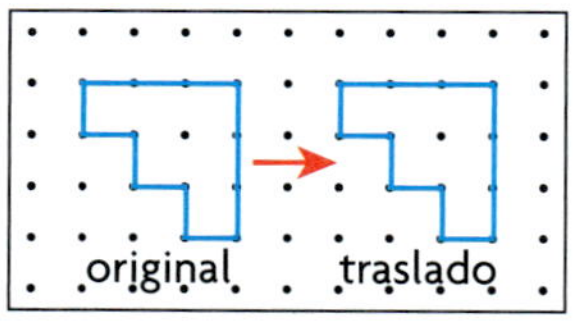

PASO 3

Invierte la figura sobre una línea y trázala. Rotula tu dibujo *inversión.*

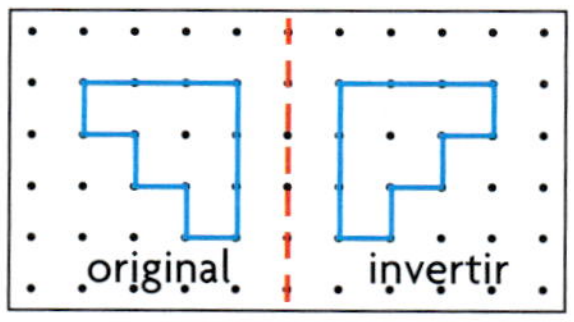

PASO 4

Gira la figura 180° en dirección de las manecillas de un reloj y trázala. Rotula tu dibujo *giro*.

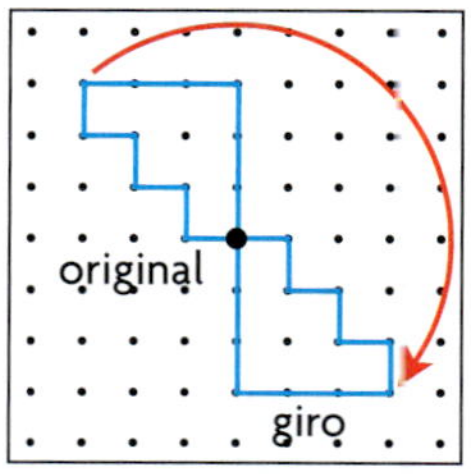

- Describe cómo se vería tu dibujo en el paso 4 si lo rotaras 180° en sentido contrario a las manecillas del reloj. Explica tu respuesta.

Ejemplos

A Una **traslación**, mueve una figura a una posición nueva a lo largo de una línea recta.

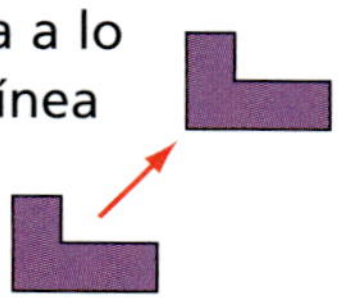

B Una inversión o **reflexión**, invierte una figura sobre una línea.

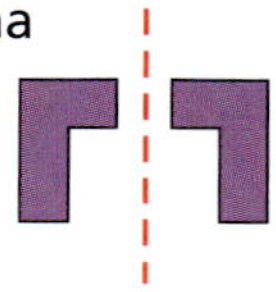

C Un giro o **rotación**, mueve una figura alrededor de un punto.

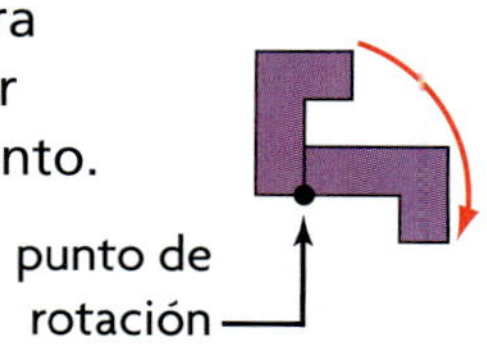

Traslaciones, reflexiones y rotaciones

Puedes usar papel para calcar para determinar qué movimientos se usaron para transformar una figura.

MANOS A LA OBRA

Actividad **MATERIALES:** papel para calcar

Predice cómo se movió cada figura. Traza cada figura de la izquierda. Luego, prueba tu predicción al trasladar, reflejar y rotar tu dibujo para emparejar cada figura en su nueva posición.

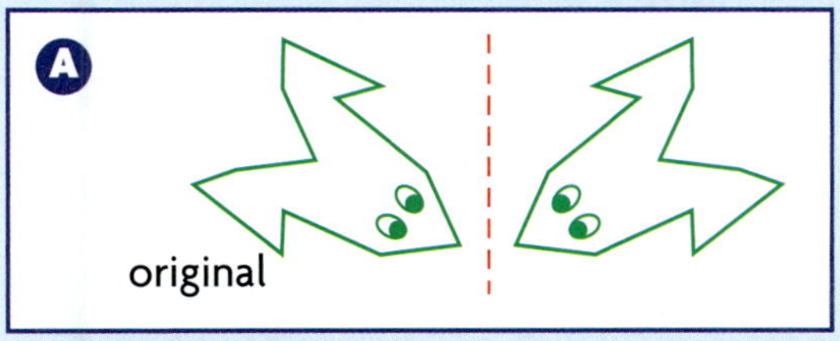

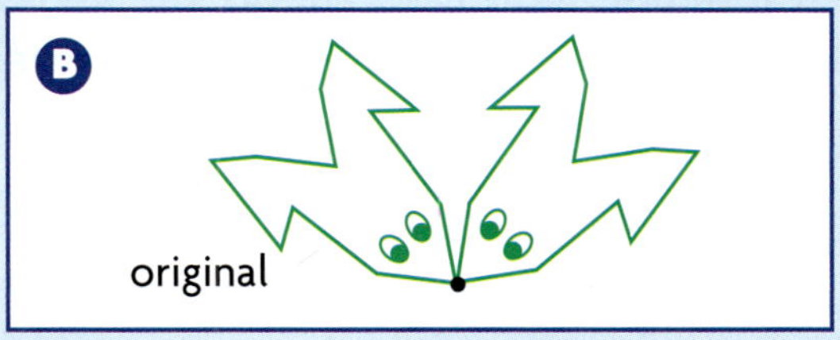

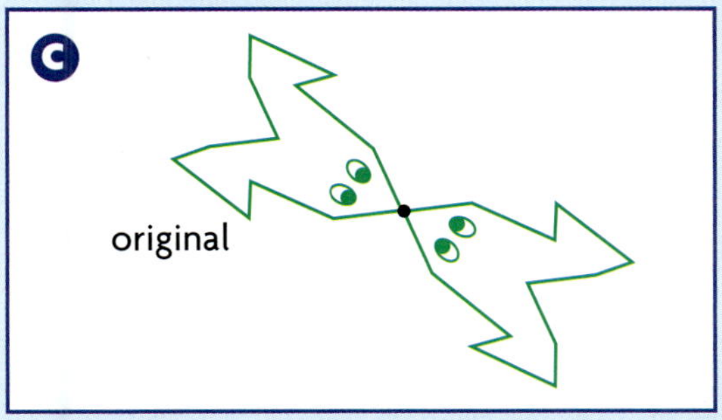

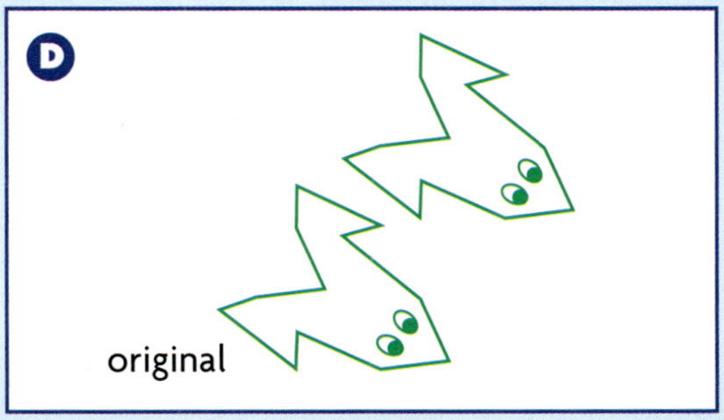

- ¿Qué transformación usaste para emparejar las figuras A–D?
- ¿En qué se parece la figura A original a la figura transformada? ¿En qué se diferencia?
- En B, ¿giraste tu dibujo 90° en sentido de las manecillas del reloj o 90° en sentido contrario a las manecillas del reloj para emparejar la figura transformada?

Idea matemática Cuando transformas una figura, no cambias su forma o tamaño.

Enlace con la tecnología

Más práctica: Harcourt Mega Math Ice Station Exploration, *Polar Planes*, Nivel M

Comprueba

1. **Explica** cómo se vería un círculo si lo rotaras 90° en sentido contrario de las manecillas del reloj.

Di cómo se movió cada figura. Escribe *traslación, reflexión* o *rotación*.

2. 

3. 

4. 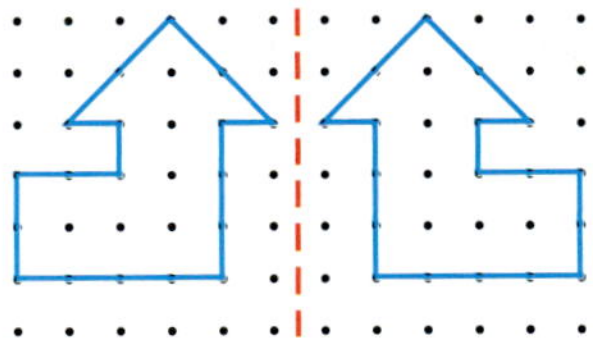

LA LECCIÓN CONTINÚA

Práctica y resolución de problemas

Más práctica, página 414, Grupo C

Di cómo se movió cada figura. Escribe *traslación, reflexión* o *rotación*.

5. 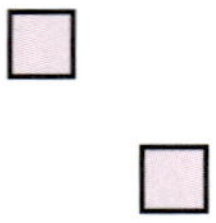

6. 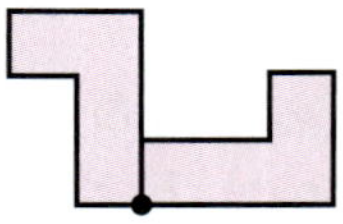

7. 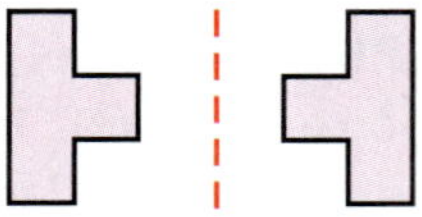

8. 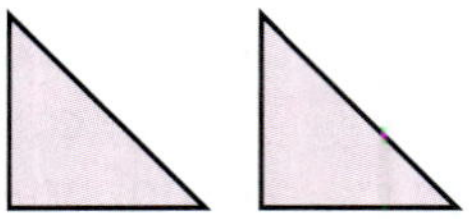

Copia cada figura en papel punteado. Luego, dibuja figuras para mostrar una traslación, una reflexión y una rotación de cada una.

9. 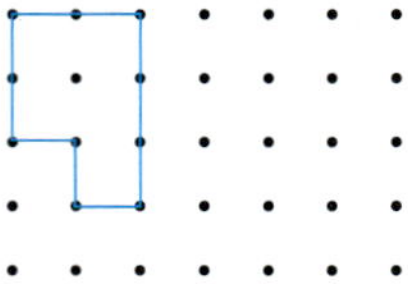

10. 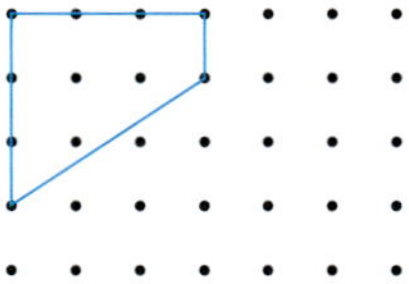

11. 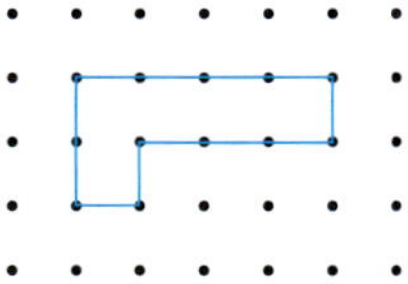

12. 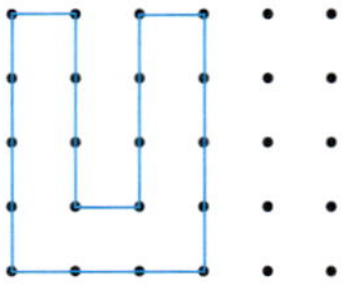

Para los ejercicios 13–15, escribe la letra de la figura que muestre cómo se verá la figura de la derecha después de cada transformación.

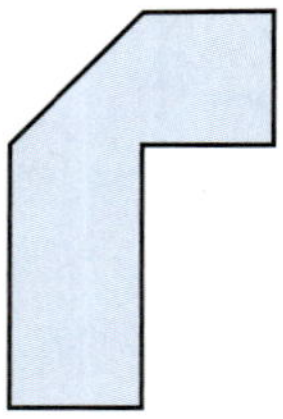

13. traslación

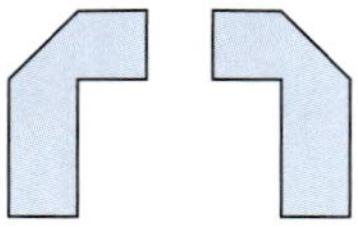

a. **b.**

14. reflexión

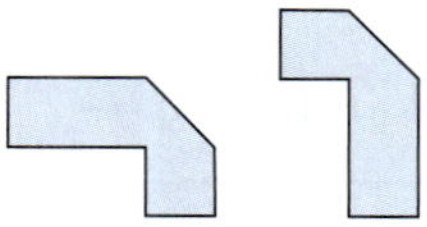

a. **b.**

15. rotación

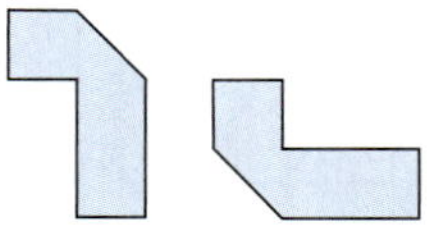

a. **b.**

16. **¿Cuál es la pregunta?** La maestra de George dibujó las figuras que se muestran a la derecha. La respuesta que dieron los estudiantes fue reflexión.

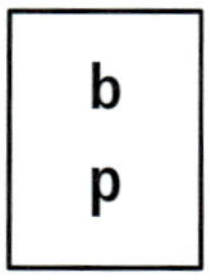

17. Usa las transformaciones para determinar si las dos figuras que se muestran a la derecha son congruentes. Explica cómo lo sabes.

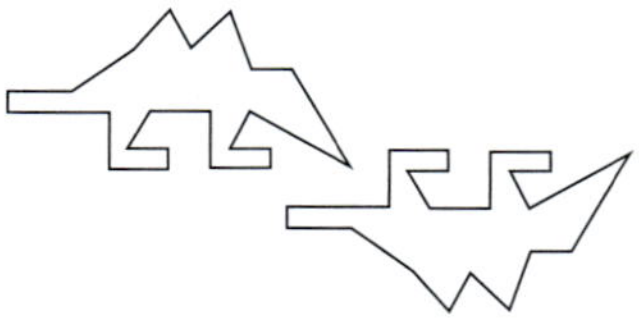

18. **Por escrito** Dibuja una figura en papel punteado. Transforma la figura, por lo menos, de dos maneras. Dibuja el resultado. Intercambia hojas con un compañero de clases. Describe cómo se transformó la figura.

19. **DATOS BREVES • ESTUDIOS SOCIALES** En julio de 1942, unas 500 revistas acordaron presentar la bandera estadounidense en sus portadas. Las reglas eran que la bandera tenía que ondear de izquierda a derecha y que no debía aparecer ninguna impresión sobre ésta. ¿Qué transformación puedes usar para hacer que esta bandera hondee de izquierda a derecha?

Esta bandera ondea de derecha a izquierda.

20. **Vocabulario** *Poner* significa asignar un lugar a un objeto. Si el prefijo *tras-* significa "a través de", ¿qué significa "trasponer"? Dibuja un ejemplo.

21. Lydia compró unas tachuelas por $3, papel por $2 y adhesivos por $3. Luego, Tom le dio a Lydia $2. Entonces Lydia tenía $5. ¿Cuánto más dinero tenía Lydia antes de que comprara los artículos?

Repaso y preparación para la prueba

22. 118×53 (pág. 256)

23. $625 \div 5$ (pág. 300)

24. Amanda le dijo a su mamá que regresaría en una hora y diez minutos. ¿Cuántos minutos serán en total? (pág. 98)

25. 7×21 (pág. 218)

26. $17\overline{)210}$ (pág. 320)

27. Tonya tiene 45 monedas de 1¢ más que Cari. Si Tonya tiene 139 monedas de 1¢, ¿cuántas tiene Cari? (pág. 40)

28. **Preparación para la prueba** ¿Cuál es la media de 88, 84, 75, 60 y 93? (pág. 328)

A 80 **C** 87
B 84 **D** 90

29. **Preparación para la prueba** La señorita Sharma compró un libro por $25 y un juguete por $12. ¿Cuánto cambio debe recibir de un billete de $100? (pág. 40)

F $63 **H** $75
G $73 **J** $88

Resolución de problemas
Piénsalo más

OBSERVACIÓN El rompecabezas tangrama apareció primero en un libro de China en 1813. Un grupo de tangramas está formado por 7 piezas. Estas piezas se pueden unir para formar un cuadrado y muchos otros dibujos.

1. Dibuja el patrón del tangrama y recorta las piezas. Usa todas las piezas para formar un cuadrado. Describe las transformaciones que usaste.

Ordena de nuevo tus piezas de tangrama para formar los siguientes dibujos.

2. 

3. 

4. 

LECCIÓN 5

Teselaciones

Aprende

SIN ABERTURAS NI TRASLAPOS Los azulejos de la terraza de Cà d'Zan en Sarasota, Florida, forman un patrón periódico. Un patrón de figuras cerradas que cubre una superficie sin brechas ni traslapos es una **teselación**, o un patrón enlosado.

• ¿Dónde has visto teselaciones?

Repaso rápido

Di cómo se movió cada figura. Escribe *traslación, reflexión* o *rotación.*

1. 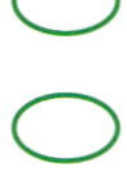

2. 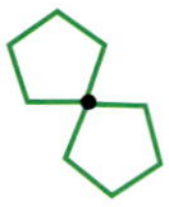

3. 

4. 

5. 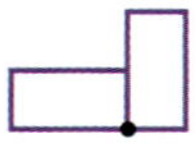

VOCABULARIO

teselación

MANOS A LA OBRA

Actividad **MATERIALES:** cartón, cartulina, regla, tijeras

PASO 1

Dibuja y recorta un triángulo que sea casi del tamaño de una tarjeta usando un cartón.

PASO 2

Dibuja tu triángulo y recorta aproximadamente veinte triángulos.

PASO 3

Usa tus triángulos para diseñar una teselación que cubra tu escritorio.

• ¿Formaron una teselación los triángulos de tus compañeros de clases?
• ¿Qué transformaciones usaste para diseñar tu teselación?

Puedes usar una o más figuras para formar teselaciones.

Ejemplos ¿La figuras o las figuras forman una teselación?

A

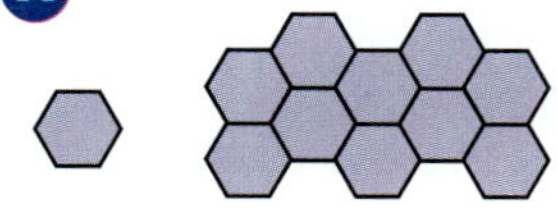

Ésta forma una teselación.

B

Éstas forman una teselación.

C

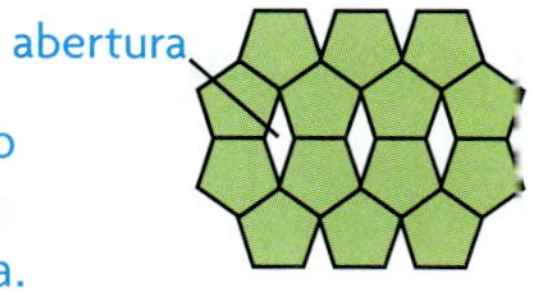

El pentágono no encaja en esta abertura.

Ésta no forma una teselación.

Comprueba

1. **Explica** cómo sabes si un patrón de figuras forma una teselación.

Dibuja y recorta varias de cada figura. Di si la figura hará una teselación. Escribe *sí* o *no*.

2. 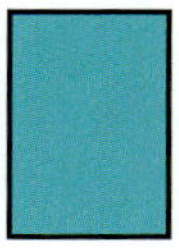

3. 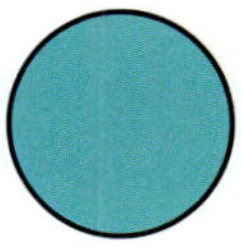

4. 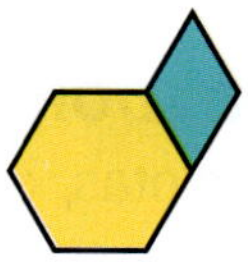

Práctica y resolución de problemas

Más práctica, página 414, Grupo D

Traza y recorta varias de cada figura. Di si la figura hará una teselación. Escribe *sí* o *no*.

5. 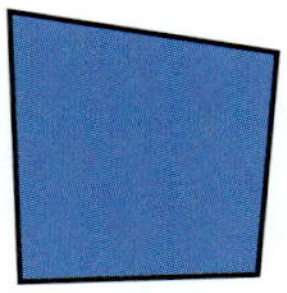

6. 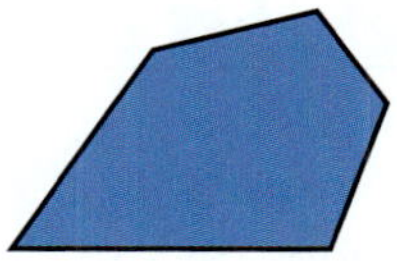

7. 

¿Estas figuras harán una teselación? Escribe *sí* o *no*.

8. 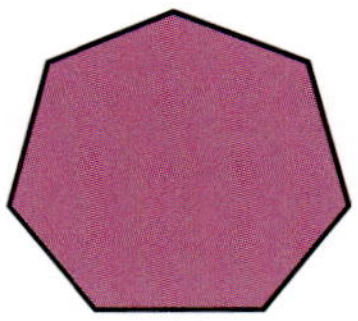

9. 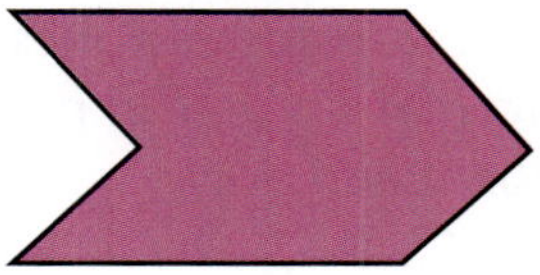

10. 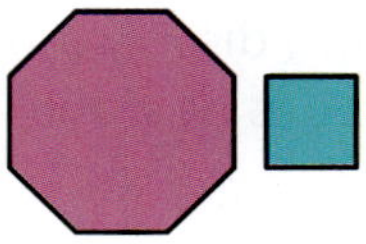

11. Usa papel cuadriculado para hacer un diseño de fichas cuadradas que formen una teselación. Usa una o dos figuras en tu diseño. Repite tu diseño para hacer una teselación. Píntala para hacer un diseño agradable.

12. **Por escrito** Di si estas figuras forman una teselación. Explica cómo puedes comprobar tu respuesta.

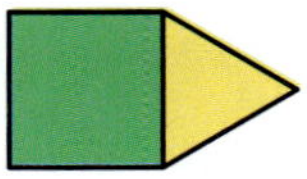

Figura A

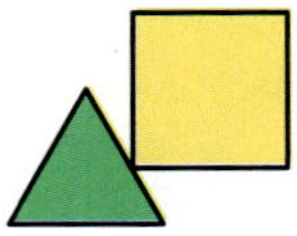

Figura B

13. ¿Todos los triángulos forman una teselación? Explica tu razonamiento.

Repaso y preparación para la prueba

14. $\$348 \times 52$ (pág. 256)

15. $365 \div 17$ (pág. 320)

16. Melinda invitó a 8 amigos a su fiesta. Tenía 42 sorpresas. Le dio el mismo número de sorpresas a cada amigo. ¿Cuántas sorpresas quedaron? (pág. 278)

17. ¿Cuál es el valor del dígito azul en 6,598,253? (pág. 6)

18. **Preparación para la prueba** Jim tenía un billete de diez dólares. Compró 2 libros con un valor de $3.50 cada uno. ¿Cuánto le queda a Jim? (pág. 262)

A $2.00
B $3.00
C $4.00
D $5.50

LECCIÓN 6

Patrones geométricos

Repaso rápido

Escribe una regla. Halla los 2 números posibles que siguen en el patrón.

1. 22, 20, 18, 16, ■, ■

2. 12, 15, 18, 21, ■, ■

3. 3, 6, 12, 24, ■, ■

4. 48, 42, 36, ■, ■

5. 5, 10, 15, 20, ■, ■

Aprende

MIRA A TU ALREDEDOR Los patrones geométricos se usan para decorar telas, cintas, cerámica, colchas, cestas, puertas, paredes y edificios. Los patrones de friso se repiten en una dirección. A menudo se usan como adornos en los edificios. Estudia este patrón de friso. Fíjate como se refleja la figura una y otra vez.

MANOS A LA OBRA

Actividad

MATERIALES: seis cuadrados de 1 pulgada de papel para calcar, lápices de colores

PASO 1

Dibuja el mismo diseño sencillo en los seis cuadrados de papel para calcar.

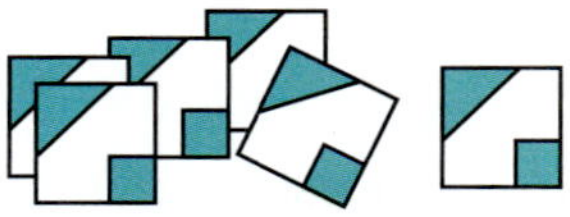

PASO 2

Usa transformaciones para formar un patrón periódico con los cuadrados.

- Describe un patrón que se muestre en el paso 2. Luego, describe el patrón que hiciste.

Idea matemática Los patrones de las figuras geométricas se pueden basar en el color, el tamaño, la figura, la posición o el número de figuras.

Ejemplos

A Escribe una regla para el patrón. Dibuja la figura que sigue.

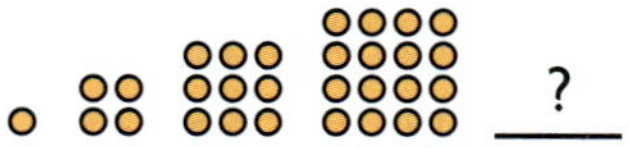

Regla: Aumenta el número de filas de puntos y columnas de puntos en 1.

Entonces, la figura que sigue es .

B Escribe una regla para el patrón. Dibuja la figura que falta.

Regla: Disminuye el número de lados en 1.

Entonces, la figura que falta es .

Comprueba

1. **Dibuja** un patrón geométrico que use un rectángulo.

Escribe una regla para el patrón. Luego, dibuja las dos figuras que siguen.

2. 

3. 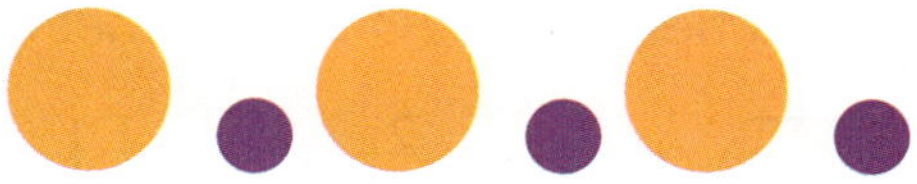

Práctica y resolución de problemas

Más práctica, página 414, Grupo E

Escribe una regla para el patrón. Luego dibuja las dos figuras que siguen.

4. 

5. 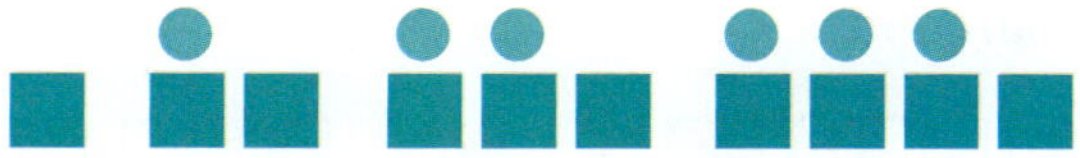

6. 

7. 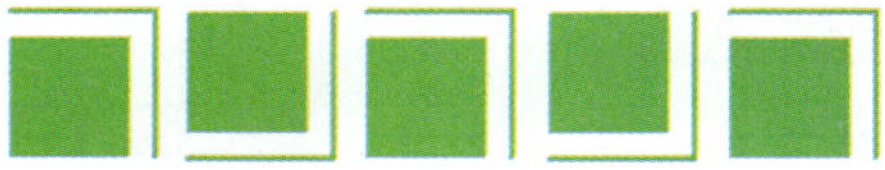

Escribe una regla para el patrón. Luego dibuja las figuras que faltan.

8. 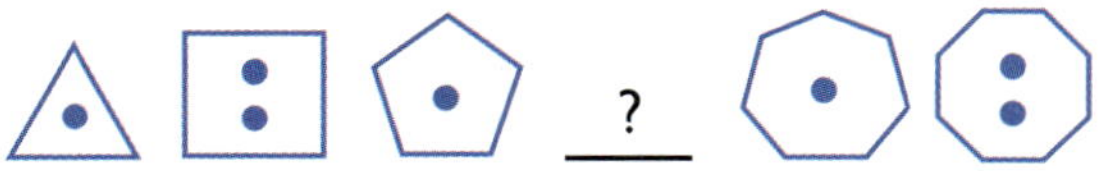

9. 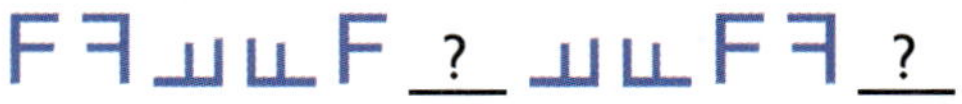

10. Phil hizo este diseño para una mesa. Describe su patrón. Luego, copia el patrón y agrega tres piezas para extender su patrón.

11. Caro usó esta regla para un patrón: Agregar 2 puntos más a cada rectángulo para formar la figura que sigue. Dibuja un patrón que quizás hizo ella.

12. **PERCEPCIÓN NUMÉRICA** 75 es producto de 2 factores. Un factor es 3 veces el otro factor. ¿Cuáles son los factores?

13. Dibuja un patrón geométrico para una tira de papel tapiz. Pide a un compañero de clases que describa y extienda tu patrón.

Repaso y preparación para la prueba

Para los ejercicios 14–16, di si el número es divisible entre 2, 3, 5, 9 o 10. (pág. 336)

14. 75 **15.** 210 **16.** 1,386

17. La práctica de fútbol de Jennifer comienza a las 4:15 p.m. y dura 1 hora y 20 minutos. ¿A qué hora termina su práctica? (pág. 98)

18. **Preparación para la prueba** Durante 4 meses la biblioteca gastó $125, $240, $176 y $235 en libros nuevos. ¿Cuál es la cantidad promedio que gastó cada mes? (pág. 328)

A $176 **C** $294
B $194 **D** $776

Más práctica

Grupo A (págs. 398–401)

Di si la figura tiene *simetría axial, simetría rotacional* o *ambas*.

1. 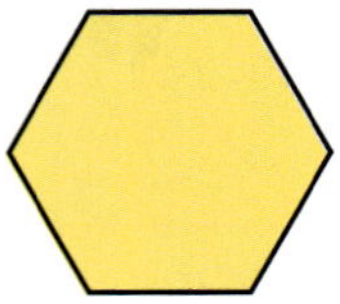

2. 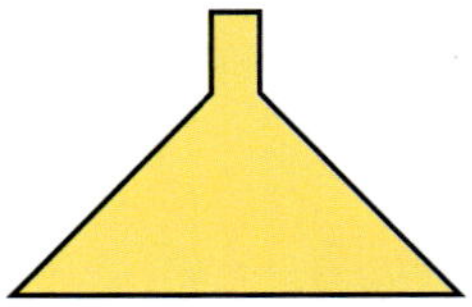

3. 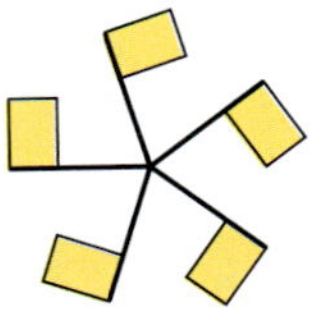

4. 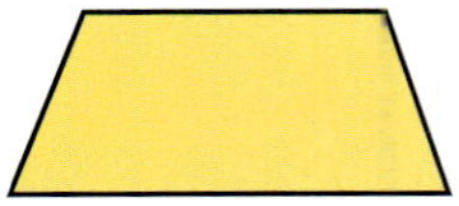

Grupo B (págs. 402–403)

Di si las dos figuras parecen ser *congruentes, semejantes, ambas* o *ninguna*.

1. 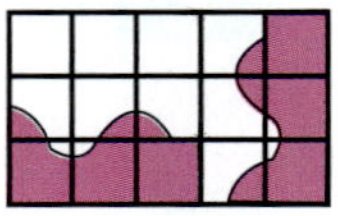

2. 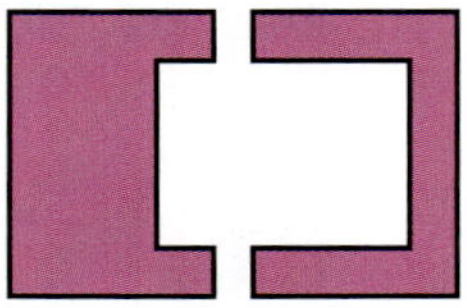

3. 

4. 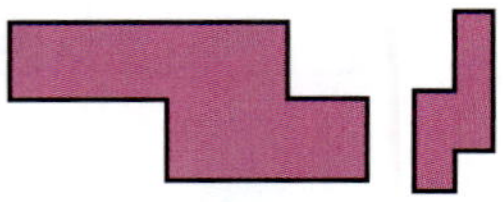

Grupo C (págs. 406–409)

Di cómo se movió cada figura. Escribe *traslación, reflexión* o *rotación*.

1. 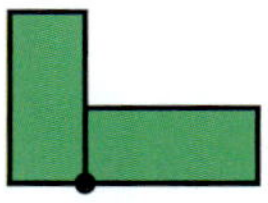

2. 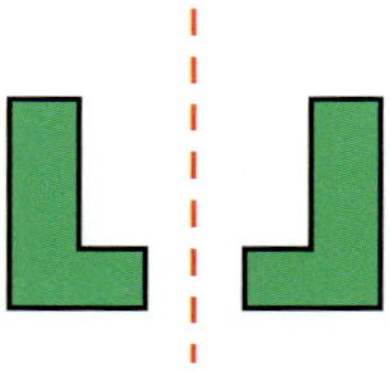

3. 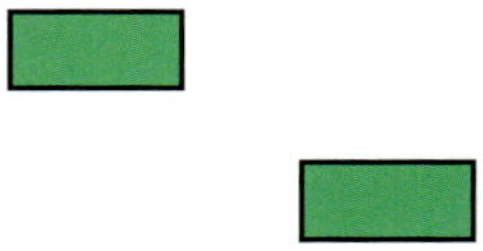

4. 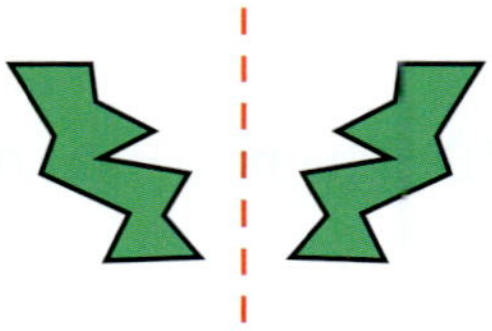

Grupo D (págs. 410–411)

Dibuja y recorta varias de cada una de las figuras.
Di si la figura se hará una teselación. Escribe *sí* o *no*.

1. 

2. 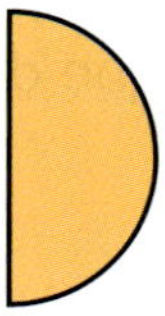

3. 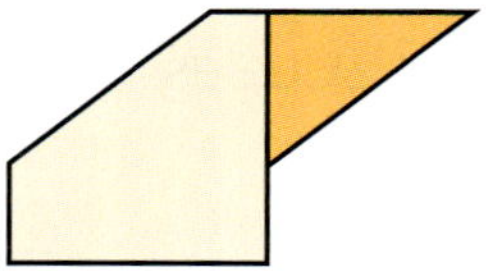

4. 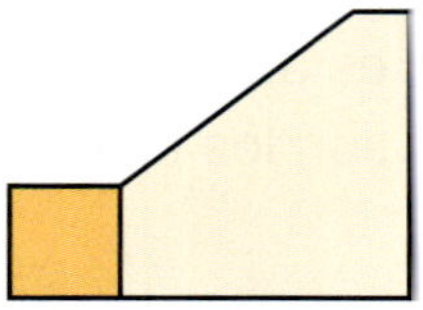

Grupo E (págs. 412–413)

Escribe una regla para el patrón. Luego, dibuja las dos figuras que siguen.

1. 

2. 

Repaso/Prueba

COMPRUEBA EL VOCABULARIO Y LOS CONCEPTOS

Elige el mejor término de la casilla.

congruente
giro completo
medio giro
semejante

1. La medida del ángulo de _?_ es 180°. (pág. 398)
2. Las figuras que tienen la misma forma pero que pudieran tener diferentes tamaños son _?_. (pág. 402)

COMPRUEBA LAS DESTREZAS

Di si cada figura tiene *simetría axial, simetría rotacional* o *ambas*. (págs. 398–401)

3. 
4. 
5. 
6. 

Di si las dos figuras parecen ser *congruentes, semejantes, ambas* o *ninguna*. (págs. 402–403)

7. 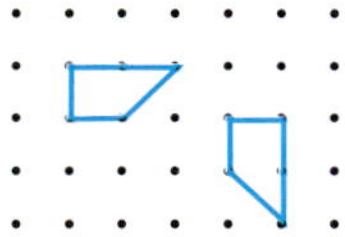
8. 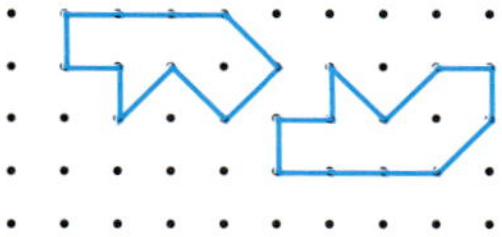
9. 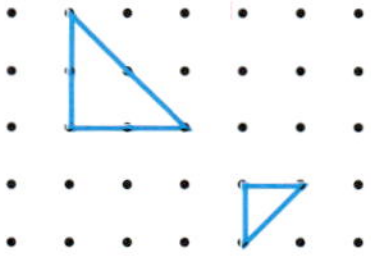
10. 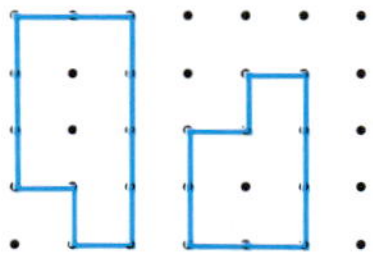

Di cómo se movió cada figura. Escribe *traslación, reflexión* o *rotación*. (págs. 406–409)

11. 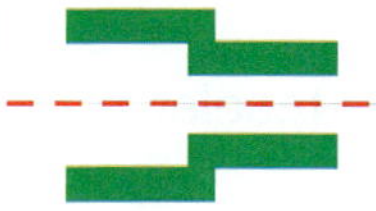
12. 
13. 
14. 

Escribe una regla para el patrón. Luego, dibuja las dos figuras que siguen. (págs. 412–413)

15. 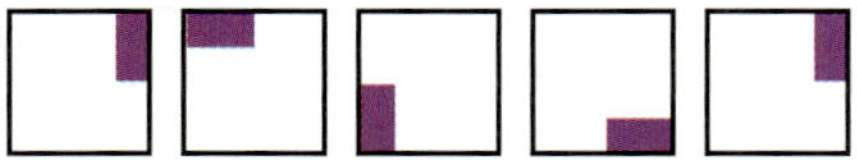
16. 
17. 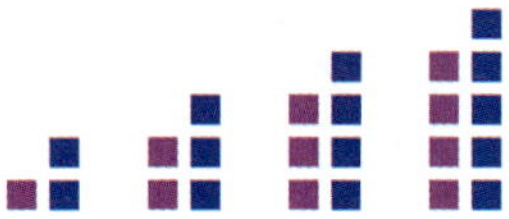
18. 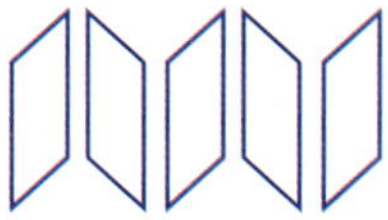

COMPRUEBA LA RESOLUCIÓN DE PROBLEMAS

Resuelve. (págs. 404–405)

19. Fred tiene un mapa de Kansas en su libro. También hay un mapa de Kansas en un diccionario. ¿Son semejantes los mapas? ¿Por qué?
20. Lucy eligió un dibujo en papel cuadriculado de 1 centímetro para reducir el tamaño. ¿Debe elegir papel cuadriculado de 0.5 cm o papel cuadriculado de centímetros? Explica tu respuesta.

Preparación para pruebas

MEDIDAS

1. ¿Cuál es la medida de $\angle ABC$?

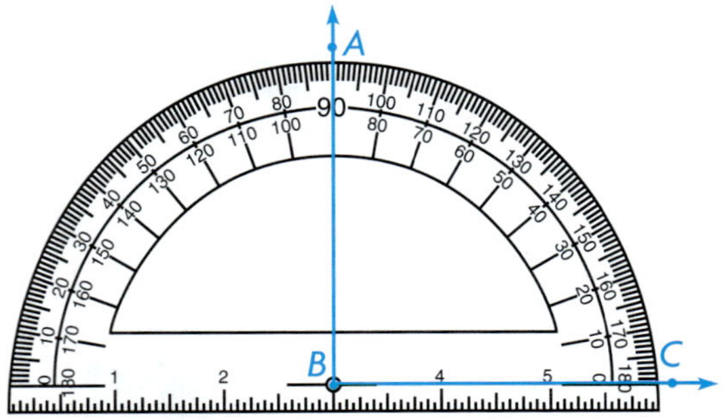

A 45° **C** 120°

B 90° **D** 180°

2. Daniel ha estado cortando el césped por 20 minutos. Son las 2:15. ¿A qué hora comenzó Daniel a cortar el césped?

F 1:45 **H** 2:00

G 1:55 **J** 2:35

3. **Explícalo** Salina compró 3 pizzas grandes y 5 botellas de agua potable.

LISTA DE PRECIOS DE LAS PIZZAS	
Artículo	**Precio**
Pizza grande	$9.95
Pizza pequeña	$7.95
Ensalada	$2.49
Agua potable	$0.89

Ella pagó por su pedido con los billetes y las monedas siguientes.

ESTIMA al $1.00 más próximo la cantidad de cambio que recibirá Salina. Explica tu razonamiento.

GEOMETRÍA Y ORIENTACIÓN ESPACIAL

4. ¿Qué figura se giró 180°?

A

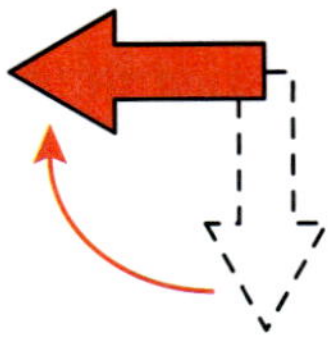

B

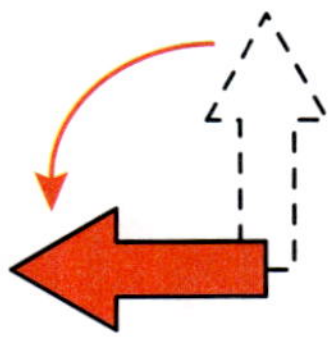

C

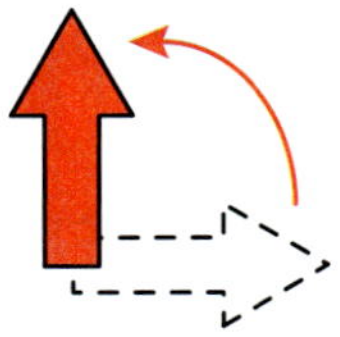

D

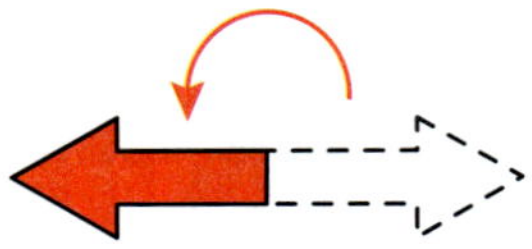

5. ¿Qué figura NO hará una teselación?

F

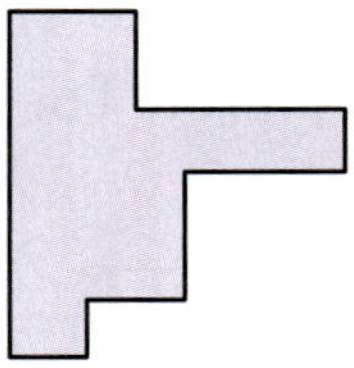

H

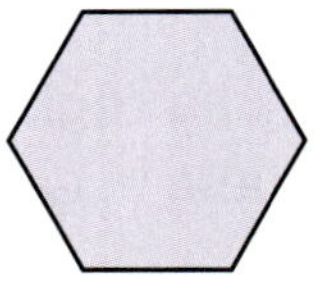

G

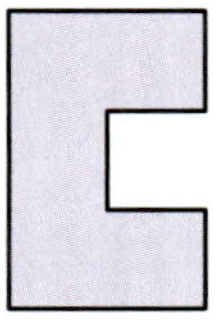

J

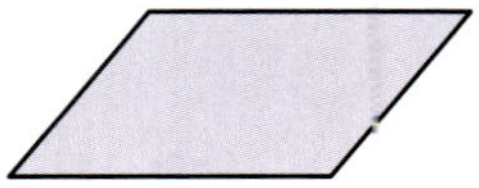

6. **Explícalo** Dibuja un cuadrilátero que tenga 2 pares de lados paralelos, 4 lados congruentes y 4 ángulos rectos. ¿Tu cuadrilátero es un *rombo*, un *rectángulo*, un *cuadrado* o un *trapecio*? Explica cómo decidiste.

RAZONAMIENTO ALGEBRAICO

IDEA **Decide un plan.** Mira el ejercicio 7. Halla el número de puntos negros en las primeras cuatro figuras. Piensa en cómo cambia el número de puntos negros de una figura a otra. Identifica el patrón. Luego, usa el patrón para hallar el número de puntos negros en la sexta figura.

7. ¿Cuántos puntos negros tendrá la sexta figura del patrón?

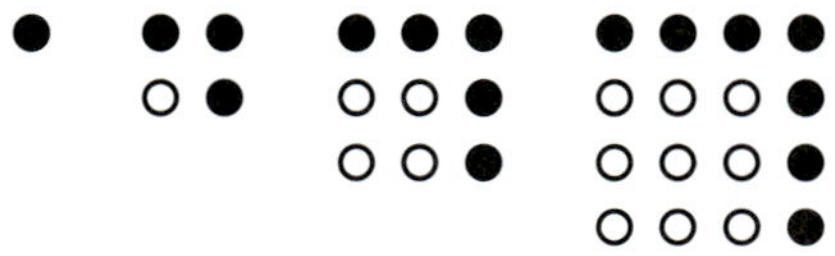

A 9

B 11

C 25

D 36

8. Bob escribió un patrón numérico. El número que sigue en su patrón es 320. ¿Qué patrón podría ser el que escribió Bob?

F 1, 4, 16, 64, 256, 512

G 800, 400, 200, 100, 50, 25

H 10, 40, 20, 80, 40, 160, 80

J 7, 14, 7, 14, 7, 14, 7, 14

9. **Explícalo** Una compañía empaca 5 cajas con el mismo número de latas en cada caja. Escribe una expresión que represente el número total de latas empacadas. Usa *c* para el número de latas en cada caja. Explica por qué escribiste esa expresión.

ANÁLISIS DE DATOS Y PROBABILIDAD

10. La siguiente tabla muestra el número de boletos vendidos para una película.

TEATRO DE LA CALLE PRINCIPAL

Día	Boletos vendidos
Miércoles	28
Jueves	25
Viernes	30
Sábado	42
Domingo	25

¿Qué enunciado es verdadero para el grupo de boletos vendidos?

A La mediana es 22.

B La mediana es 25.

C La moda es 25.

D La moda es 28.

11. Mira la siguiente gráfica.

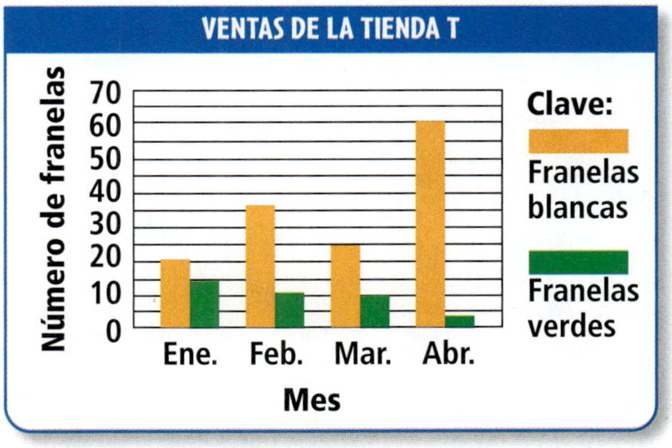

¿Cuántas franelas blancas vendió la tienda T en marzo?

F 10 **H** 25

G 20 **J** 30

12. **Explícalo** Mira la gráfica de arriba. El dueño de la tienda T cree que debe abastecerse de franelas verdes. ¿Estás de acuerdo? Explica tu razonamiento.

CAPÍTULO 20

Álgebra: Explorar números negativos y gráficas

MAPA DEL HURACÁN HUMBERTO

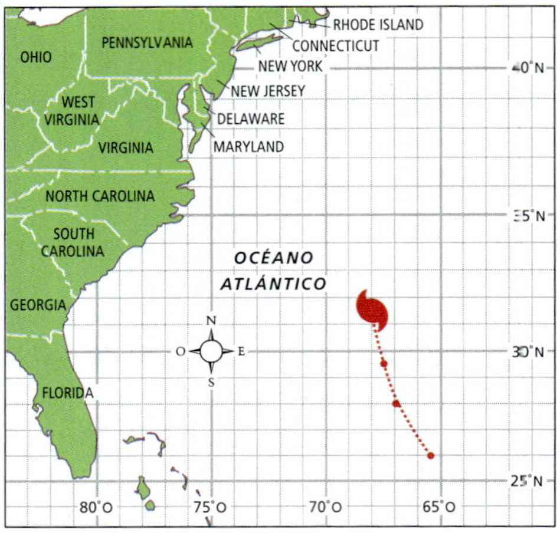

DATOS BREVES • CIENCIAS El Centro nacional de huracanes en Coral Gables, Florida, ha rastreado y monitoreado huracanes del Atlántico desde 1967. La posición de una tormenta se da usando la longitud y la latitud, y se puede rastrear en un mapa con una cuadrícula de coordenadas.

RESOLUCIÓN DE PROBLEMAS Usa la tabla de posiciones de la derecha y el mapa de arriba para indicar si el huracán Humberto azotó a Estados Unidos en 2001. Describe cómo lo sabes.

RASTREO DEL HURACÁN HUMBERTO, 2001

Latitud	Longitud
32.5° N	67.5° O
33.0° N	67.0° O
34.5° N	66.5° O
35.5° N	66.5° O
36.5° N	65.0° O
37.0° N	64.0° O
38.0° N	63.0° O
39.0° N	62.0° O
39.5° N	61.0° O

Comprueba lo que sabes

Usa esta página para repasar y recordar destrezas importantes que se necesitan para el Capítulo 20.

ORDENA NÚMEROS EN UNA RECTA NUMÉRICA

Escribe los números en orden de *menor* a *mayor*. Usa la recta numérica si necesitas ayuda.

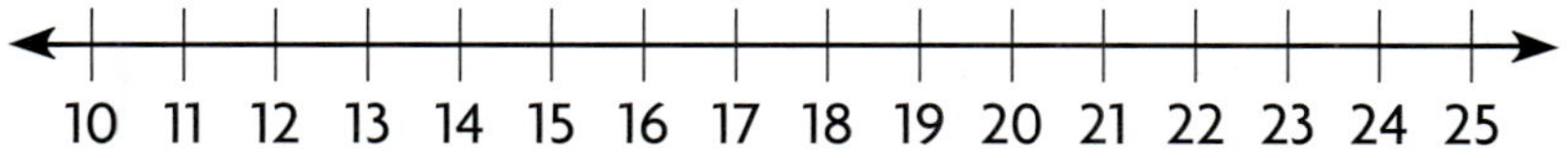

1. 15, 20, 13 **2.** 24, 18, 17 **3.** 21, 23, 14

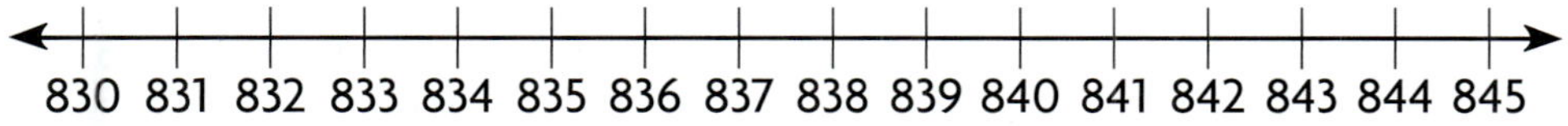

4. 842, 832, 845 **5.** 840, 838, 830 **6.** 831, 836, 839

IDENTIFICA PUNTOS EN UNA CUADRÍCULA

Mira el mapa de Hamilton. Nombra el sitio que hallas en cada punto.

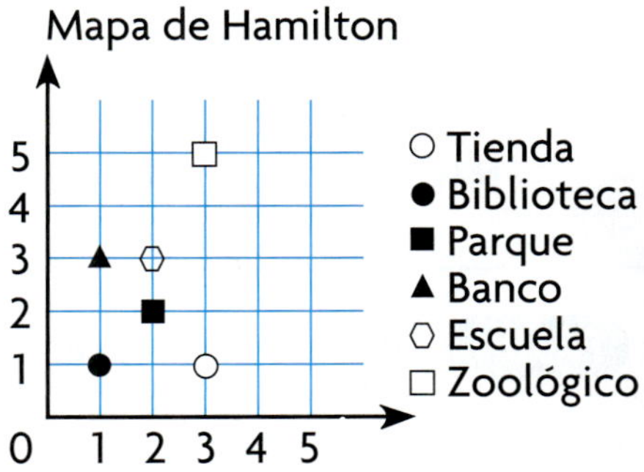

7. (3,5) **8.** (2,3) **9.** (1,1)

10. (1,3) **11.** (3,1) **12.** (2,2)

VOCABULARIO

REPASO

cero *sustantivo*

En matemáticas, *cero* significa "ninguno". En la vida diaria, hay otras palabras que usan las personas para referirse a *cero,* como *zapatero* en dominó o cortar el cabello al *ras.* Pregunta a tus amigos y familiares qué palabras usan para *cero* y haz una lista de esas palabras.

PRESENTACIÓN

grados Fahrenheit (°F)
grados Celsius (°C)
números positivos
números negativos
opuestos
par ordenado
desigualdad
eje de la *x*
coordenada *x*
eje de la *y*
coordenada *y*

APRENDE en línea www.harcourtschool.com

LECCIÓN 1

Temperatura: Fahrenheit

Aprende

BAJO CERO Los **grados Fahrenheit (°F)** son unidades del sistema inglés para medir la temperatura.

Lee 68°F como "68 grados Fahrenheit".

Algunas temperaturas son menores que 0°F. Éstas son temperaturas negativas. La temperatura más baja que se marca en el termómetro de la derecha es $^{-}10$°F.

Lee $^{-}10$°F como "10 grados Fahrenheit bajo cero".

Ejemplo

Mira la tabla. ¿Cuánto cambiaría la temperatura si bajara de la máxima alta a la mínima normal?

MINNEAPOLIS-ST. PAUL, MINNESOTA, EN ENERO	
Máxima normal: 16°F	**Mínima normal:** $^{-}2$°F

PASO 1 Primero halla el cambio en la temperatura de 16°F a 0°F.

El cambio en la temperatura es 16°F.

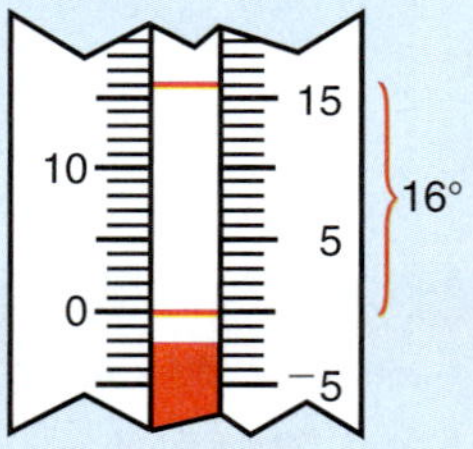

PASO 2 Luego, halla el cambio en la temperatura de 0°F a $^{-}2$°F.

El cambio en la temperatura es 2°F.

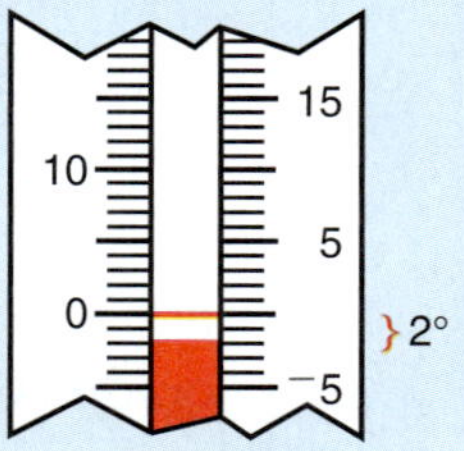

PASO 3 Suma los dos cambios.
16°F + 2°F = 18°F

Entonces, el cambio en la temperatura de 16°F a $^{-}2$°F es 18°F.

Repaso rápido

Escribe la temperatura que es 20°F más cálida.

1. 60°F
2. 15°F
3. 0°F
4. 49°F
5. 192°F

VOCABULARIO

grados Fahrenheit (°F)

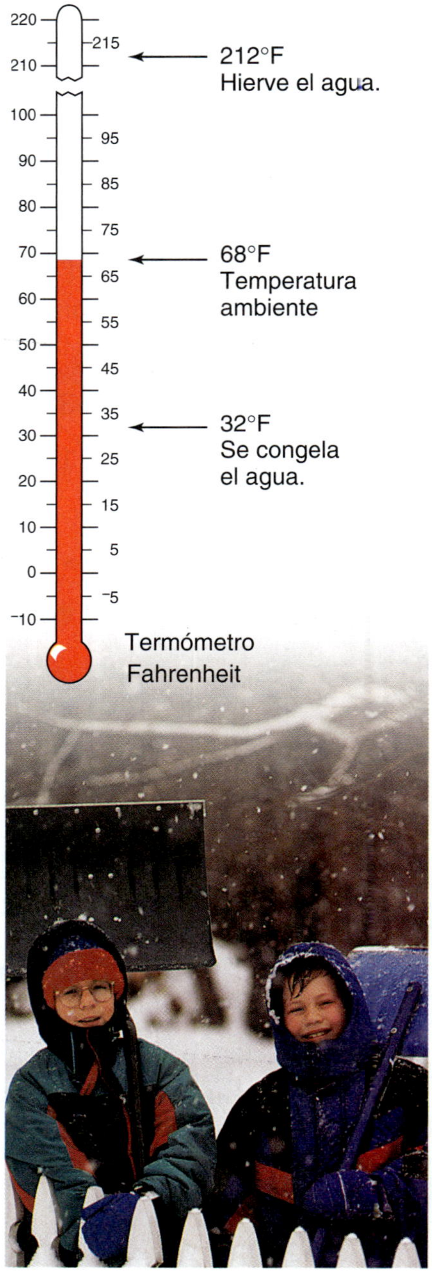

Comprueba

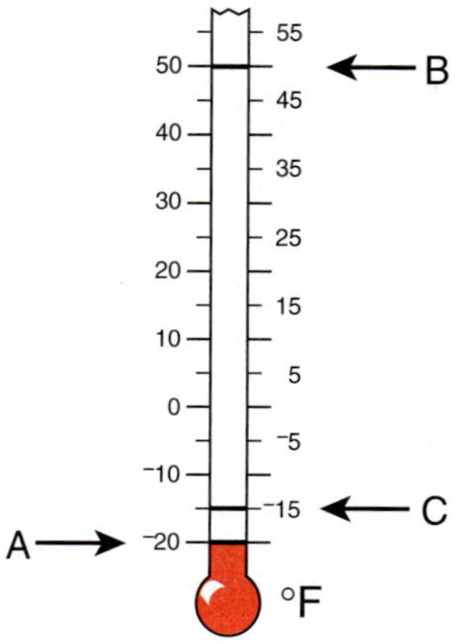

1. **Explica** cómo estimarías el cambio de temperatura de un día que comienza cálido y que después se pone fresco.

Usa el termómetro para hallar la temperatura que representa cada letra.

2. A **3.** B **4.** C

5. Usa el termómetro para ordenar las temperaturas A, B y C de *menor* a *mayor*.

Práctica y resolución de problemas

Más práctica, página 432, Grupo A

Usa el termómetro para hallar la temperatura, en °F.

6.

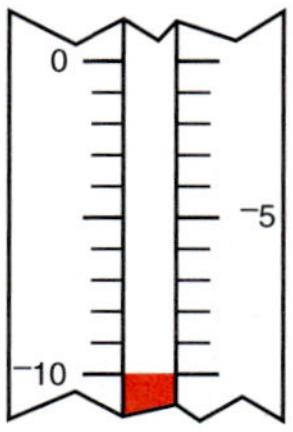

7.

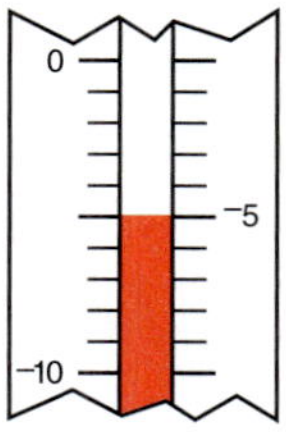

8.

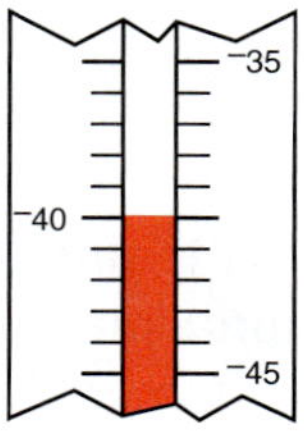

9. Ordena las temperaturas de los ejercicios 6–8 de *menor* a *mayor*.

Usa un termómetro para hallar el cambio en la temperatura.

10. $^{-}10$°F a 20°F **11.** 40°F a 115°F **12.** 25°F a 82°F

13. 45°F a 90°F **14.** $^{-}5$°F a 20°F **15.** $^{-}5$°F a $^{-}30$°F

Elige la temperatura que sea una mejor estimación.

16. un tazón de sopa caliente 85°F o 185°

17. un cubo de hielo 30°F o 100°F

18. un salón de clases 75°F o 125°F

19. La temperatura el lunes en la tarde era 55°F y bajó a 12°F esa noche. La temperatura el miércoles en la tarde era 52°F y bajó a 8°F esa noche. ¿Qué noche fue más fría?

Repaso y preparación para la prueba

20. Divide. $375 \div 15$ (pág. 320)

21. $3,640 − $2,891 (pág. 48)

22. Multiplica. $5{,}000 \times 12$ (pág. 236)

23. $2{,}435 + 7{,}892$ (pág. 48)

24. **Preparación para la prueba** Halla la mediana. 36, 42, 85, 18, 24 (pág. 118)

A 24 **B** 36 **C** 41 **D** 42

LECCIÓN 2

Temperatura: Celsius

Repaso rápido

Escribe la temperatura que es 20°C más fría.

1. 40°C **2.** 20°C

3. 36°C **4.** 100°C

5. 23°C

VOCABULARIO

grados Celsius (°C)

Aprende

BRRR... Los grados Celsius (°C) son unidades métricas para medir la temperatura.

Lee 20°C como "20 grados Celsius".

Algunas temperaturas son menores que 0°C. La temperatura más baja que se marca en el termómetro de la derecha es $^{-}50$°C.

Lee $^{-}50$°C como "50 grados Celsius bajo cero".

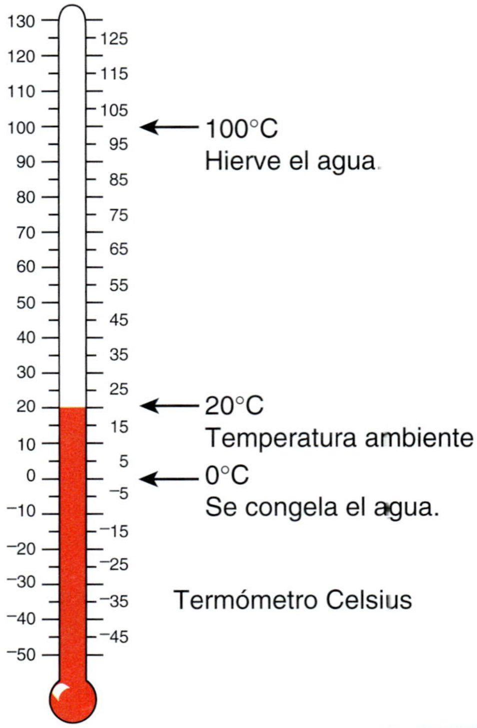

Termómetro Celsius

Ejemplo

De febrero a abril, la temperatura promedio en Moline, Illinois, aumenta aproximadamente de $^{-}4$°C a 10°C. ¿En cuántos grados aumenta la temperatura?

PASO 1 Primero halla el cambio en la temperatura de $^{-}4$°C a 0°C.

El cambio en la temperatura es 4°C.

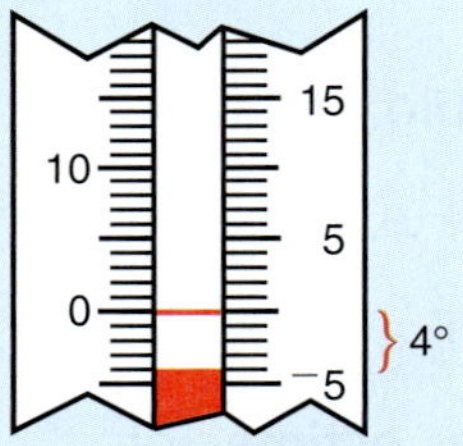

PASO 2 Luego, halla el cambio en la temperatura de 0°C a 10°C.

El cambio en la temperatura es 10°C.

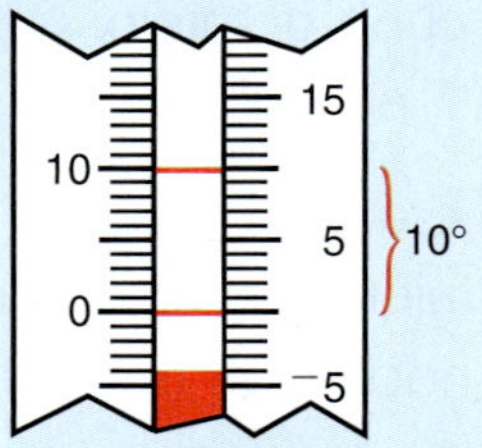

PASO 3 Suma los dos cambios.
4°C + 10°C = 14°C

Entonces, el cambio en la temperatura de $^{-}4$°C a 10°C es 14°C.

• ¿Cuál es el cambio en la temperatura de $^{-}10$°C a 23°C?

Comprueba

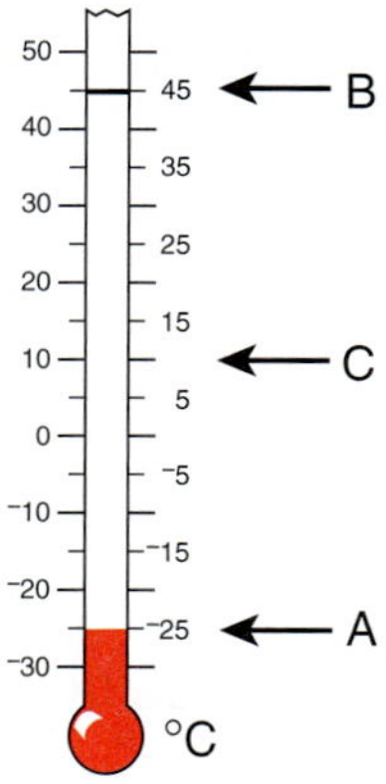

1. **Compara** $^{-}15$°C y $^{-}5$°C para determinar cuál es menos fría. ¿Cuál es la diferencia en la temperatura?

Usa el termómetro para hallar la temperatura que representa cada letra.

2. A
3. B
4. C
5. Usa el termómetro para ordenar las temperaturas A, B y C de *menor* a *mayor.*

Práctica y resolución de problemas

Más práctica, página 432, Grupo B

Usa el termómetro para hallar la temperatura, en °C.

6. 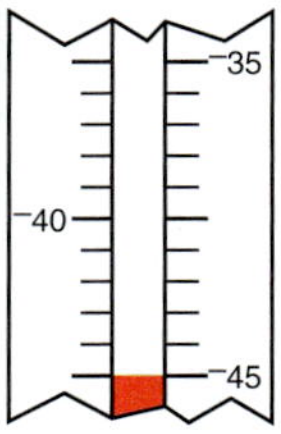

7. 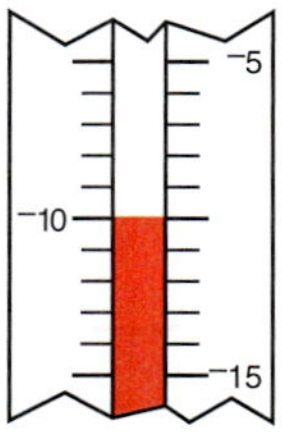

8. 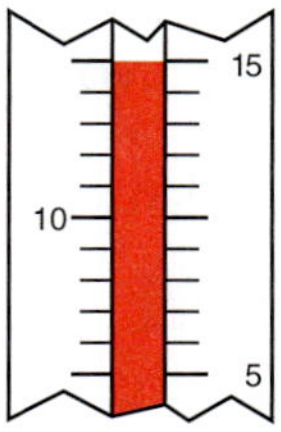

9. Ordena las temperaturas de los ejercicios 6, 7 y 8 de *mayor* a *menor.*

Usa un termómetro para hallar el cambio en la temperatura.

10. $^{-}12$°C a 5°C
11. 0°C a $^{-}30$°C
12. 5°C a 82°C
13. 40°C a 90°C
14. 5°C a $^{-}2$°C
15. $^{-}20$°C a 11°C

Ordena las temperaturas de *mayor* a *menor*.

16. **a.** una taza de chocolate caliente **b.** un vaso de leche **c.** el interior de una biblioteca
17. **a.** una piscina **b.** un día soleado en Florida **c.** una bola de nieve
18. ¿Qué temperatura está más cerca de 5°C, 17°C o $^{-}4$°C?
19. **¿Cuál es la pregunta?** La diferencia en temperaturas es 32°.

Repaso y preparación para la prueba

20. 7 + (72 ÷ 6) (pág. 184)
21. Ordena de *menor* a *mayor.* (pág. 24)
88,404; 84,808; 88,040
22. Halla el número que falta. (pág. 104)
6 semanas = ■ días
23. Divide. 597 ÷ 5 (pág. 300)
24. **Preparación para la prueba** ¿Cuánto es mil menos que 5,679? (pág. 2)

A 4,679 **C** 5,669
B 5,579 **D** 6,679

LECCIÓN 3

Explorar números negativos

Repaso rápido

Compara. Escribe <, > o = para cada ●.

1. 32 ● 42
2. 12 ● 12.0
3. 119 ● 109
4. 400 ● 40
5. 1,231 ● 1,230

VOCABULARIO

números negativos
números positivos
opuestos

Aprende

CUENTA REGRESIVA A los 9 minutos antes de que despegue una nave espacial, o sea $^{-}9$ minutos, la tripulación se asegura de que las condiciones ambientales sean aptas para el despegue.

Mira la recta numérica. Todos los números a la izquierda de 0 se llaman **números negativos**. Entonces $^{-}9$, que se lee como "nueve negativo", es un número negativo. Todos los números a la derecha de 0 se llaman **números positivos**. El número 0 ni es positivo ni negativo.

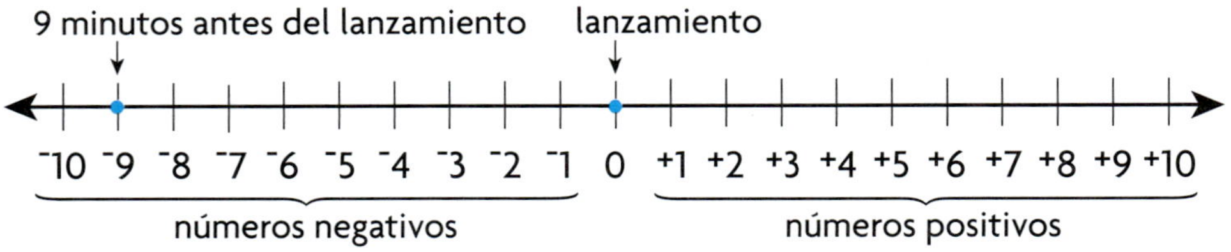

- ¿Cómo sabes que un número negativo siempre es menor que un número positivo?

En un termómetro, los números negativos están debajo de 0. El termómetro muestra $^{-}5$°F.

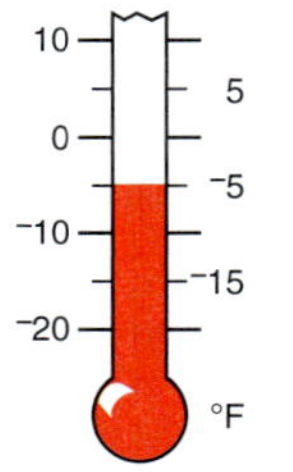

Para cada número positivo, hay un número opuesto, negativo. Los números **opuestos** están a la misma distancia de 0 en una recta numérica pero en direcciones opuestas.

Ejemplo

Estos pares de números son opuestos en la recta numérica.

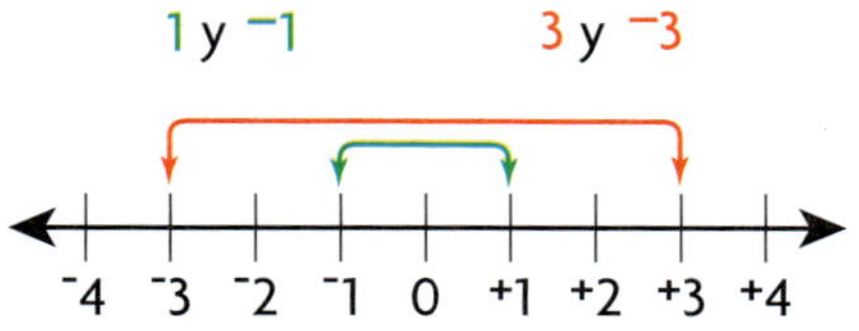

Comprueba

1. **Explica** en qué se parece un termómetro a una recta numérica.

Usa la recta numérica para nombrar el número que representa cada letra.

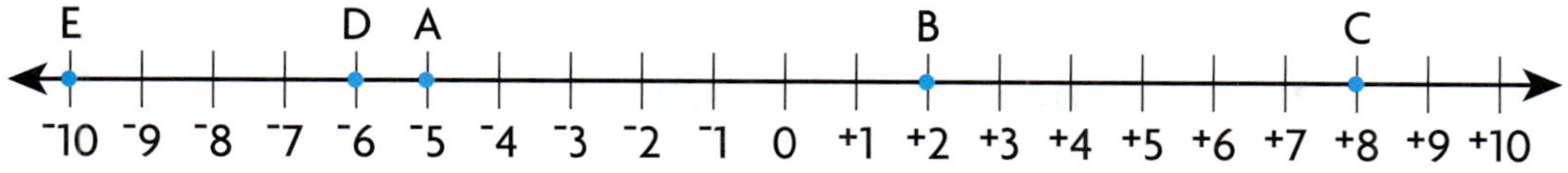

2. A **3.** B **4.** C **5.** D **6.** E

Dibuja una recta numérica y haz una gráfica de cada número y su opuesto.

7. $^{+}5$ **8.** $^{-}2$ **9.** $^{-}10$ **10.** $^{+}8$ **11.** $^{-}4$

Práctica y resolución de problemas

Más práctica, página 432, Grupo C

Usa la recta numérica para nombrar el número que representa cada letra.

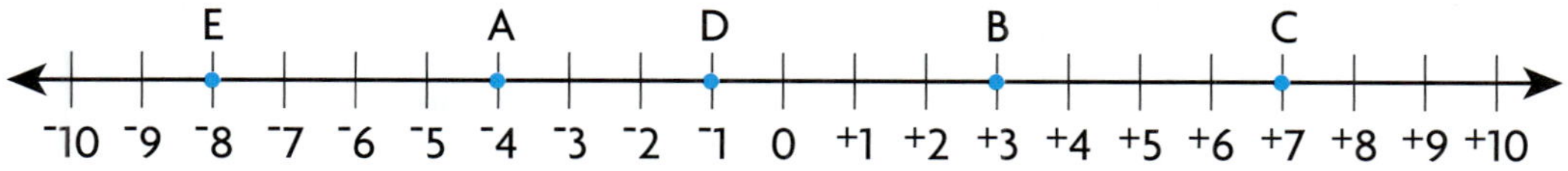

12. A **13.** B **14.** C **15.** D **16.** E

Dibuja una recta numérica y haz una gráfica de cada número y su opuesto.

17. $^{-}6$ **18.** $^{+}7$ **19.** $^{+}9$ **20.** $^{-}1$ **21.** $^{-}5$

Compara. Escribe <, > o = para cada ●.

22. $^{-}10$ ● $^{+}3$ **23.** $^{-}4$ ● $^{+}1$ **24.** $^{+}10$ ● $^{-}9$ **25.** $^{+}2$ ● $^{-}3$

26. A los 3 minutos antes del lanzamiento, se presuriza el tanque de oxígeno de la nave espacial. Después de cinco minutos, se separan los impulsores del cohete sólido de la nave espacial. ¿Después de cuánto tiempo del lanzamiento se separan los impulsores?

27. Vocabulario La raíz *termo* significa "calor" y la raíz *metro* significa "medidor". Usa estas palabras primitivas para explicar qué hace un termómetro.

Repaso y preparación para la prueba

28. Haz una lista de los factores de 27. (pág. 338)

29. Multiplica. 51 × 244 (pág. 256)

30. Halla la media. (pág. 328)

53, 57, 53, 55, 62

31. Divide. 580 ÷ 4 (pág. 302)

32. **Preparación para la prueba** ¿Cuál de estas letras NO tiene un eje de simetría? (pág. 398)

A T B S C W D E

LECCIÓN 4

Destreza • Resolución de problemas
Hacer generalizaciones

COMPRENDE → PLANEA → RESUELVE → COMPRUEBA

Repaso rápido

Nombra el número que posiblemente sigue en cada patrón.

1. 3, 6, 9, 12, ■
2. 10, 20, 30, ■
3. 480, 240, 120, ■
4. $^{-}20$, $^{-}15$, $^{-}10$, ■
5. $^{-}10$, $^{-}5$, 0, ■

ROMPEVIENTOS Cuando sopla el viento, el aire afuera se siente más frío que la temperatura real. La siguiente tabla indica la sensación térmica. Ésa es la temperatura que se siente cuando sopla el viento.

Imagínate que la temperatura es 30°F y que el viento sopla a 15 millas por hora. ¿Cómo se siente la temperatura afuera? ¿En qué se parecen las dos temperaturas?

TABLA DE SENSACIÓN TÉRMICA

Velocidad del viento (mph) \ Temperatura real (°F)	35	30	25	20	15	10
5	32	27	22	16	11	6
10	22	16	10	3	$^{-}3$	$^{-}9$
15	16	9	2	$^{-}5$	$^{-}11$	$^{-}18$
20	12	4	$^{-}3$	$^{-}10$	$^{-}17$	$^{-}24$
25	8	1	$^{-}7$	$^{-}15$	$^{-}22$	$^{-}29$

Halla la columna con la temperatura real. Halla la fila con la velocidad del viento. El número que está donde coinciden la columna y la fila indica la sensación térmica.

Entonces, cuando el viento sopla a 15 millas por hora y la temperatura real es 30°F, la sensación térmica es 9°F.

Explica lo que sabes

- ¿Cuál es la sensación térmica cuando hace 20°F y el viento sopla a 25 millas por hora?
- ¿Qué generalizaciones puedes hacer sobre cómo se siente la temperatura a medida que el viento sopla más fuerte?

Práctica • Resolución de problemas

1. Darcy quiere caminar 1 milla desde su casa hasta la tienda. La temperatura real es 20°F y el viento sopla a 10 mph. ¿Cuál es la sensación térmica?

2. Krista se prepara para caminar a la escuela. La temperatura real es 0°C y el viento sopla a 11 mph. ¿Se sentirá más cálido o más frío que la temperatura real? Explica tu respuesta.

En el verano cuando la humedad es alta, la temperatura se puede sentir más cálida que la temperatura real.

USA LOS DATOS Para los ejercicios 3–4, usa la siguiente tabla de índice térmico.

TABLA DE ÍNDICE TÉRMICO

Humedad relativa \ Temperatura real (°F)	70	75	80	85	90	95	100
60%	70	76	82	90	100	114	132
70%	70	77	85	93	106	124	144
80%	71	78	86	97	113	136	157
90%	71	79	88	102	122	150	170

3. Halla el índice térmico para una temperatura real de 85°F con una humedad relativa de 80%.
A 86°F **B** 93°F **C** 97°F **D** 102°F

4. ¿Cuál sería la humedad relativa si la temperatura está a 90°F con un índice térmico de 106°F?
F 70% **H** 90% **G** 80% **J** 95%

Aplicaciones mixtas

5. Claude practicó piano por 15 minutos el lunes, 20 minutos el martes, 45 minutos el miércoles y una hora el jueves. ¿Cuál es la media del número de minutos que practicó Claude?

6. La Sra. Sloan compró un estéreo por $280. Dio una cuota inicial de $100 y pagó el resto en pagos iguales de $60 cada mes. ¿Cuántos meses tardó en pagar el estéreo?

USA LOS DATOS Para los ejercicios 7–8, usa la siguiente tabla de índice térmico.

7. ¿Qué generalización puedes hacer sobre el índice térmico cuando la temperatura está a o sobre 75°F y la humedad relativa es mayor que 70%?

8. **¿Cuál es el error?** La humedad relativa era 90% y la temperatura real era 80°F. Kaley dijo que el índice térmico era 113°F. Describe y corrige su error.

9. **Escribe un problema** que muestre un cambio entre las temperaturas alta y baja características en tu cumpleaños. Compara el cambio con los cambios de tus compañeros de clase.

LECCIÓN 5

Explorar desigualdades

Repaso rápido

Escribe <, > o = para cada ●.

1. $^{+}5$ ● $^{+}2$ **2.** $^{-}5$ ● $^{+}2$

3. $^{+}5$ ● $^{-}2$ **4.** $^{+}5$ ● $^{-}10$

5. $^{+}5$ ● 0

VOCABULARIO

desigualdad

Aprende

¡ESTOY CANSADO! Todos los estudiantes de tu clase duermen más de 5 horas cada noche. La mayoría duerme menos de 10 horas cada noche. ¿Cuáles son los números de horas posibles que duermen los estudiantes de tu clase?

Una **desigualdad** muestra la relación entre dos cantidades que no son equivalentes.

MANOS A LA OBRA

Actividad **MATERIALES:** balanza Equabeam™

Usa una balanza para mostrar todos los números mayores que 5 y menores que 10.

- Pon un peso en el 5 del lado izquierdo.
- Pon un peso en el 10 del lado derecho. ¿Qué le sucede a tu balanza?
- Mueve el peso del lado izquierdo a un número mayor que 5. Repite hasta que halles todos los números enteros mayores que 5 y menores que 10. ¿Qué números hallaste?

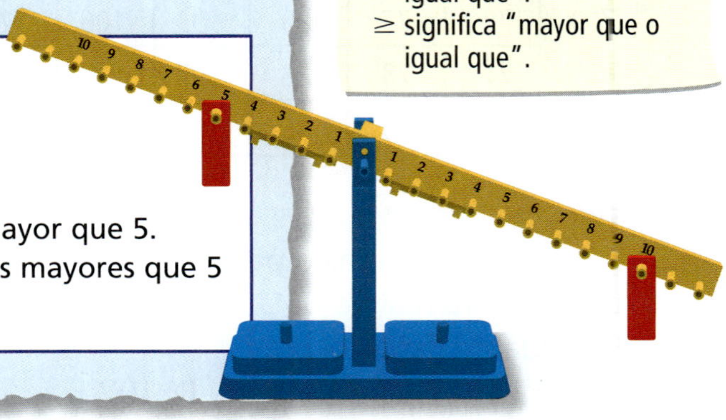

Recuerda

$\leq$ significa "menor que o igual que".
$\geq$ significa "mayor que o igual que".

Ejemplos

A ¿Cuáles de los números 5 y 6 hacen verdadera esta desigualdad?

$c > 5$

Intenta 5. → $5 > 5$ No

Intenta 6. → $6 > 5$ Sí

Entonces, 6 hace verdadera esta desigualdad.

B ¿Cuál de los números 14 y 15 hacen verdadera esta desigualdad?

$g - 3 \leq 11$

Intenta 14. → $14 - 3 \leq 11$ Sí

Intenta 15. → $15 - 3 \leq 11$ No

Entonces, 14 hace verdadera esta desigualdad.

Más ejemplos

Puedes hacer una gráfica para mostrar una desigualdad usando puntos en una recta numérica para mostrar números enteros que la hagan verdadera.

C $d < 6$

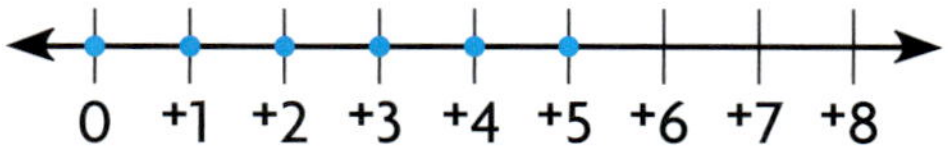

D $m + 4 \geq 2$

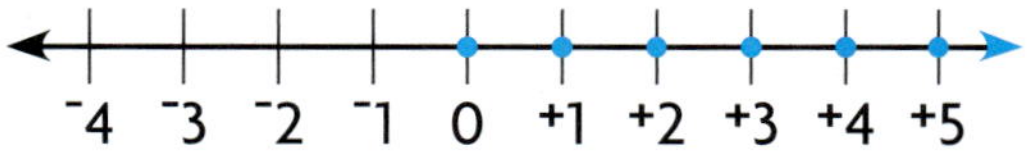

Comprueba

Enlace con la tecnología

Más práctica: Harcourt Mega Math Fraction Action, *Number Line Mine*, Nivel T

1. **Explica** cómo sabes si un número hace verdadera una desigualdad.

¿Cuáles de los números 1, 2, 4 y 5 hacen verdadera cada desigualdad?

2. $k < 3$
3. $n \geq 4$
4. $x + 4 \leq 5$
5. $y - 0 > 4$

Dibuja una recta numérica y haz una gráfica de tres números enteros que hacen verdadera cada desigualdad.

6. $b \geq 2$
7. $z < 6$
8. $f - 2 > 2$
9. $p - 3 \leq 0$

Práctica y resolución de problemas

Más práctica, página 432, Grupo D

¿Cuáles de los números 5, 7 y 12 hacen verdadera cada desigualdad?

10. $a < 7$
11. $h > 10$
12. $c < 6$
13. $m \geq 12$
14. $d - 12 = 0$
15. $g + 6 > 12$
16. $4 + r \geq 7$
17. $w - 5 < 7$

Dibuja una recta numérica y haz una gráfica de tres números enteros que hacen verdadera cada desigualdad.

18. $q \geq 2$
19. $7 - r > 1$
20. $k \leq 4$
21. $4 < n + 3$
22. $5 + p > 5$
23. $8 \leq z + 7$
24. $b + 1 \geq 3$
25. $2 < x - 6$

26. **¿Cuál es el error?** Los que se montan en una montaña rusa deben medir, por lo menos, 48 pulgadas de alto. John escribió la desigualdad $48 \geq t$ para mostrar quiénes podrían montarse. Describe y corrige su error.

27. **DATOS BREVES • CIENCIAS** Los koalas duermen un promedio de 22 horas diarias. Escribe una desigualdad usando *k* para mostrar la cantidad que cada koala pasa durmiendo si ésta es menor que el promedio.

Repaso y preparación para la prueba

28. Halla la mediana y la moda. (pág. 118)

    34, 32, 22, 28, 28, 30, 35

29. $11 \times \$3.50$ (pág. 260)

30. Michael tardó 40 minutos en ir al parque y llegó a las 12:30 p.m. ¿A qué hora salió para ir al parque? (pág. 98)

31. 4,267 + 3,493 (pág. 48)

32. **Preparación para la prueba** Susan va a poner su colección de 146 piedras en cartones de huevo. En cada cartón caben 12 piedras. ¿Cuántos cartones necesita? (pág. 308)

    A 10
    B 11
    C 12
    D 13

LECCIÓN 6

Usar una cuadrícula de coordenadas

Repaso rápido

1. $3 + x$ si $x = 6$
2. $7 \times y$ si $y = 3$
3. $a - 4$ si $a = 12$
4. $b \div 7$ si $b = 14$
5. $(5 \times c) - 8$ si $c = 4$

VOCABULARIO

par ordenado
eje de la *x* **coordenada *x***
eje de la *y* **coordenada *y***

Aprende

Usa un **par ordenado** (x,y) para ubicar puntos en una cuadrícula de coordenadas. Una cuadrícula de coordenadas tiene un **eje de la *x*** (una línea horizontal) y un **eje de la *y*** (una línea vertical).

En un par ordenado, como (x,y), la **coordenada *x*** indica la distancia que se debe mover horizontalmente a lo largo del eje de la *x*. La **coordenada *y*** indica la distancia que se debe mover verticalmente a lo largo del eje de la *y*.

(5,9)
coordenada *x* ↑ ↑ coordenada *y*

Ejemplo 1 Un jardinero usó una cuadrícula de coordenadas para representar el lugar donde sembró cada tipo de flor. ¿Qué sembró en (7,3)?

PASO 1

Comienza en 0. Cuenta 7 unidades horizontalmente.

PASO 2

Luego, cuenta 3 unidades verticalmente.

Entonces, el jardinero sembró tulipanes en (7,3).

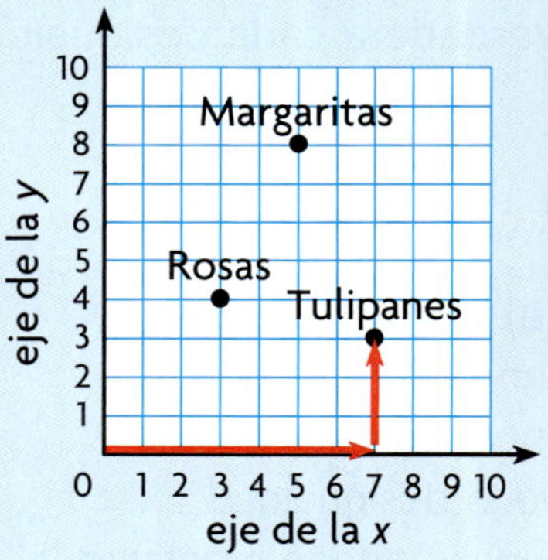

Ejemplo 2 ¿Qué par ordenado indica el lugar donde están las rosas?

PASO 1

Comienza en el punto rotulado Rosas. Mira el eje de la *x*. Está a 3 unidades a la derecha de 0. La coordenada *x* es 3.

PASO 2

Luego mira el eje de la *y*. Está a 4 unidades hacia arriba de 0. La coordenada *y* es 4 unidades.

Entonces, el par ordenado (3,4) indica dónde están las rosas.

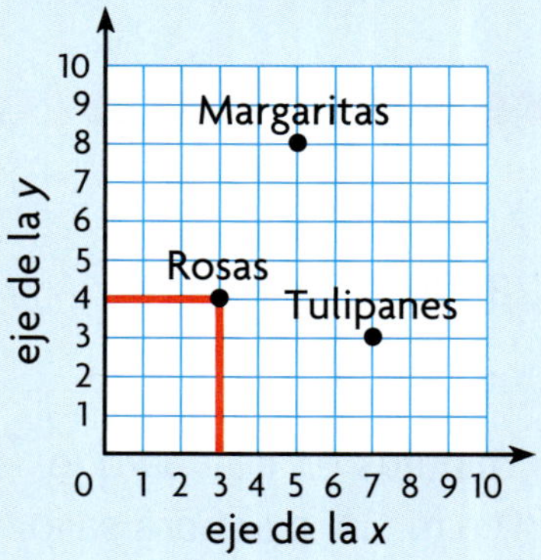

- ¿Qué figura plana se muestra si los puntos de la cuadrícula están conectados?

Comprueba

1. **Explica** cómo ubicar un punto en (6,5).
2. **Nombra** el par ordenado que ubica las margaritas en el mapa del jardín en la página 430.

Haz una gráfica para representar cada par ordenado en una cuadrícula de coordenadas.

3. (2,2) **4.** (6,5) **5.** (3,4) **6.** (8,1) **7.** (10,10) **8.** (1,8)

Escribe el par ordenado para cada objeto del mapa.

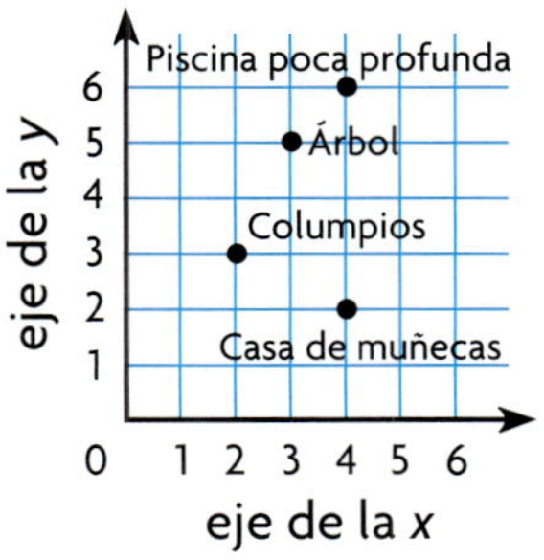

9. árbol
10. casa de muñecas
11. columpios
12. piscina poco profunda

Práctica y resolución de problemas

Más práctica, página 432, Grupo E

Haz una gráfica de cada par ordenado en una cuadrícula de coordenadas.

13. (1,5) **14.** (1,3) **15.** (5,1) **16.** (4,9) **17.** (0,7) **18.** (4,1)

Escribe el par ordenado para cada punto en la cuadrícula de coordenadas.

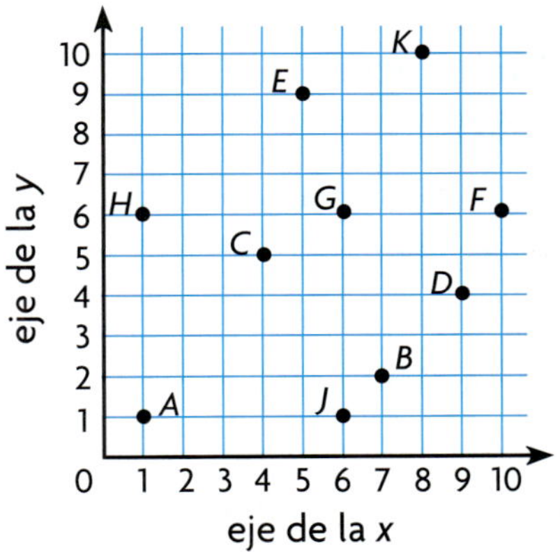

19. punto *A* **20.** punto *B* **21.** punto *C*

22. punto *D* **23.** punto *E* **24.** punto *F*

25. ¿Qué puntos nombrados con letras en la cuadrícula de coordenadas forman un cuadrado cuando se conectan? ¿Qué puntos forman un triángulo isósceles?
26. Susan hizo una gráfica de los puntos (2,1), (2,4) y (4,4) en una cuadrícula de coordenadas. ¿Qué punto debe dibujar a continuación si quiere que los puntos sean los vértices de un rectángulo?

Repaso y preparación para la prueba

27. ¿Cuál es el valor del dígito azul? 2,390,410 (pág. 6)
28. ¿Qué temperatura es 8°C menos fría que $^{-}5$°C? (pág. 422)
29. 1,396 + ■ = 1,404 (pág. 48)
30. ■ − 13 = 2,977 (pág. 48)
31. **Preparación para la prueba** ¿Cuál es la media de este grupo de números? 1, 3, 5, 7, 9 (pág. 118)

A 3 **C** 5

B 4 **D** 8

Más práctica

Grupo A (págs. 420–421)

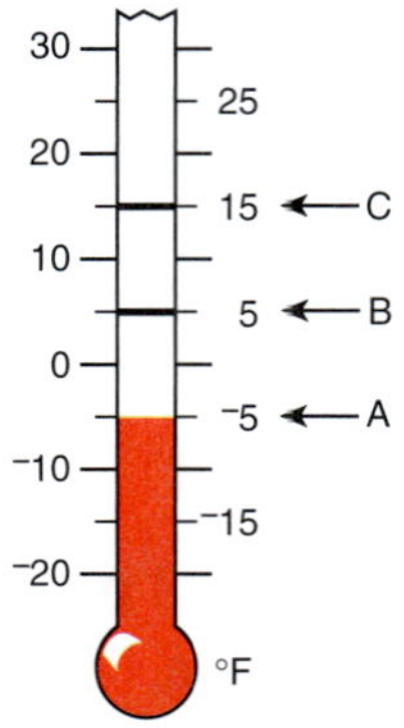

Usa el termómetro para hallar la temperatura para cada letra.

1. A **2.** B **3.** C

Elige la temperatura que es una mejor estimación.

4. helado
31°F o 55°F

5. vaso de jugo de naranja
45°F o 100°F

6. plátano
34°F o 68°F

Grupo B (págs. 422–423)

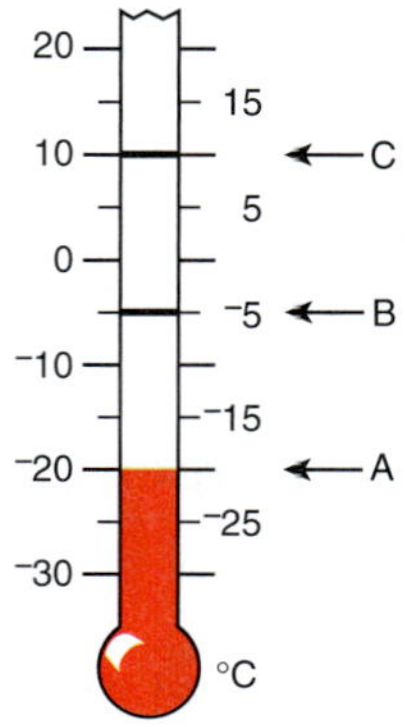

Usa el termómetro para hallar la temperatura para cada letra.

1. A **2.** B **3.** C

Usa el termómetro para hallar el cambio en la temperatura.

4. $^-20$°C a 5°C **5.** $^-11$°C a $^-26$°C

Grupo C (págs. 424–425)

Usa la recta numérica para nombrar el número para cada letra.

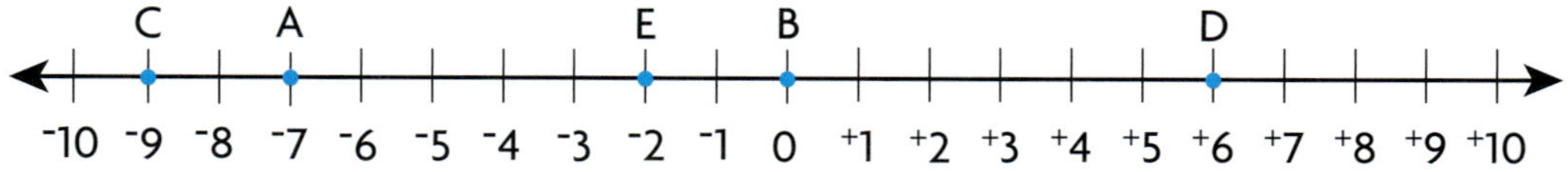

1. A **2.** B **3.** C **4.** D **5.** E

Grupo D (págs. 428–429)

¿Cuáles de los números 4, 6 y 8 hacen verdadera cada desigualdad?

1. $c < 8$ **2.** $m + 7 > 12$ **3.** $5 - g \geq 1$ **4.** $2 + d \leq 8$

Grupo E (págs. 430–431)

Escribe el par ordenado para cada punto en la cuadrícula de coordenadas.

1. punto *A* **2.** punto *B*

3. punto *C* **4.** punto *D*

5. punto *E* **6.** punto *F*

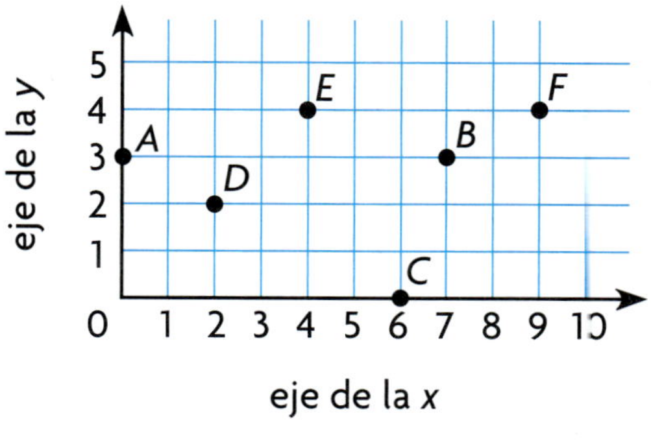

Repaso/Prueba

COMPRUEBA EL VOCABULARIO Y LOS CONCEPTOS

Elige el mejor término de la casilla.

números negativos
números positivos
grados Celsius (°C)
grados Fahrenheit (°F)

1. Las unidades métricas para medir la temperatura son los _?_. (pág. 422)
2. Las unidades del sistema inglés para medir la temperatura son los _?_. (pág. 420)
3. Los números a la izquierda de 0 en la recta numérica se denominan _?_. (pág. 424)

COMPRUEBA LAS DESTREZAS

Usa el termómetro para hallar la temperatura. (págs. 420–423)

4.
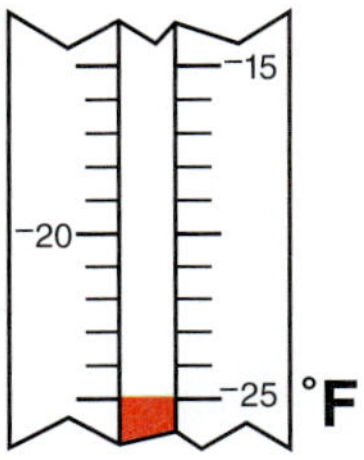

5.
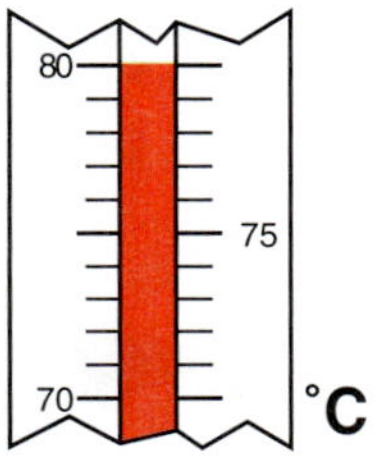

6.
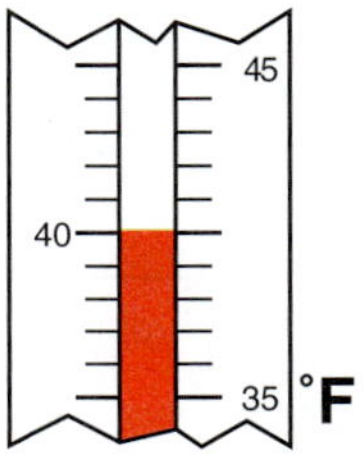

Usa un termómetro para hallar el cambio en la temperatura. (págs. 420–423)

7. 40°F a $^{-}3$°F **8.** $^{-}5$°C a 13°C **9.** 17°C a 32°C **10.** $^{-}11$°F a $^{-}2$°F

¿Cuáles de los números 1, 2 y 3 hacen verdadera cada desigualdad? (págs. 428–429)

11. $x \leq 2$ **12.** $y - 1 < 2$ **13.** $5 + z \geq 8$ **14.** $3 - p \geq 1$

Escribe el par ordenado para cada punto en la cuadrícula de coordenadas. (págs. 430–431)

15. punto *A* **16.** punto *B*

17. punto *C* **18.** punto *D*

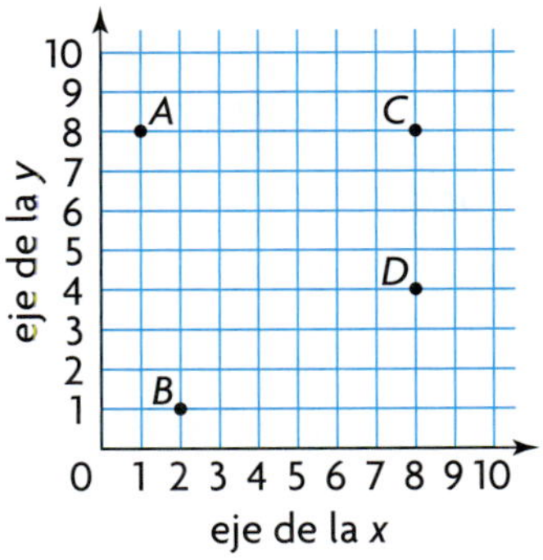

COMPRUEBA LA RESOLUCIÓN DE PROBLEMAS

Resuelve. (págs. 420–421, 426–427)

19. Usa la tabla del índice térmico de la página 427 y halla la humedad relativa si la temperatura es 80°F con un índice térmico de 86°F.

20. Cuando Fran salió de su casa la temperatura afuera estaba a 12°F. Cuando regresó a la casa la temperatura estaba a $^{-}7$°F. ¿Cuál fue el cambio en la temperatura?

Preparación para pruebas

PERCEPCIÓN NUMÉRICA, CONCEPTOS Y OPERACIONES

1. ¿Cuál NO es verdadera?

A $^{-}8 < 0$

B $^{-}8 > 0$

C $7 > {}^{-}9$

D $^{-}9 < 7$

2. El director del museo de ciencias hizo la siguiente tabla para mantener un registro del número de personas que visitó el museo durante un período de cuatro días.

VISITANTES DEL MUSEO DE CIENCIAS	
Día	**Número de visitantes**
Sábado	1,942
Domingo	2,086
Lunes	854
Martes	651

¿Cuál de los siguientes enunciados es verdadero?

F La asistencia total para los cuatro días fue mayor que 8,000.

G La asistencia total para los cuatro días fue menor que 4,000.

H La asistencia total para los cuatro días fue mayor que 5,000.

J La asistencia total para los cuatros días fue mayor que 7,000.

3. **Explícalo** Una sala de conciertos tiene 48 filas con 28 asientos en cada fila. ESTIMA el número de programas que se deben imprimir para una presentación en esta sala de conciertos. Explica qué estrategia usaste para estimar.

MEDIDAS

4. ¿Qué temperatura representa la letra W?

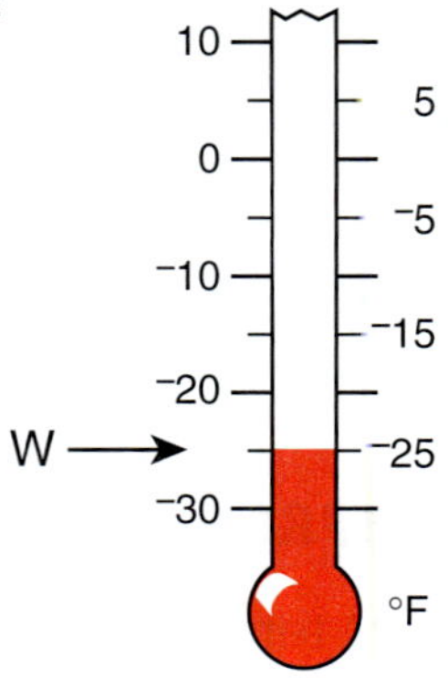

A $^{-}25°F$

B $^{-}25°C$

C $^{-}20°F$

D $^{-}20°C$

5. ¿Cuál es la longitud de la hoja a la $\frac{1}{2}$ pulgada más próxima?

F $1\frac{1}{2}$ pulgadas

G 2 pulgadas

H $2\frac{1}{2}$ pulgadas

J 3 pulgadas

6. **Explícalo** ESTIMA el tiempo transcurrido. Explica cómo obtuviste el resultado.

Comienzo **Final**

GEOMETRÍA Y ORIENTACIÓN ESPACIAL

7. ¿Cuál es el par ordenado para el punto *C* en la cuadrícula de coordenadas?

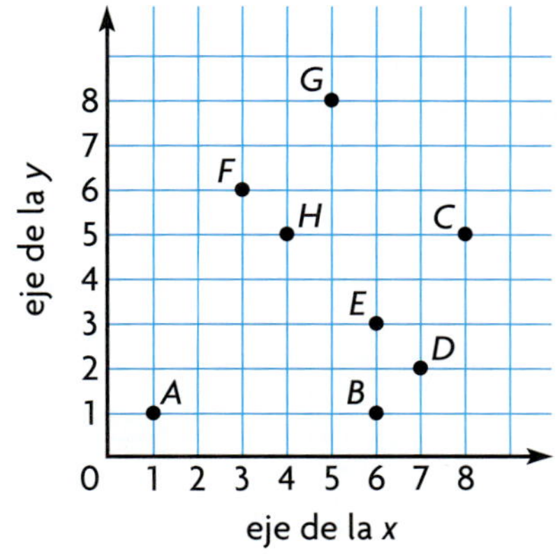

A (5,8)

B (8,5)

C (3,6)

D (6,3)

8. La familia Smith tenía un letrero que colgaba de la puerta de su casa.

Uno de los clavos en la parte superior del letrero se despegó, lo cual hizo que el letrero rotara 90° en el sentido de las manecillas del reloj. ¿Cuál de los siguientes muestra cómo se ve el letrero ahora?

F

H

G

J

9. **Explícalo** Compara un rectángulo y un cuadrado. Identifica una manera en que se parecen y una en que se diferencian.

RAZONAMIENTO ALGEBRAICO

10. ¿Qué número hace verdadero este enunciado?

$$n - 2 = 8$$

A 2

B 6

C 8

D 10

> **IDEA** **Busca la información que necesitas.**
> Mira el ejercicio 11. Busca una relación entre *p* y *r* que sea la misma para cada par de números de la tabla. Halla la ecuación que corresponda con esta relación.

11. ¿Qué ecuación describe una regla en esta tabla?

ENTRADA	SALIDA
p	*r*
45	31
39	25
33	19
27	13

F $r - 14 = p$

G $p + 14 = r$

H $r - p = 14$

J $p - 14 = r$

12. **Explícalo** Antes de que comenzara la película, había 57 personas en la sala del cine. Algunas personas llegaron después de que había comenzado la película. Escribe una expresión, usando *n*, para mostrar el número total de personas en el cine después de que comenzó la película. Explica tu razonamiento.

Manualidades

Coordinar tesoros

PROYECTO Haz un “mapa del tesoro” en una cuadrícula de coordenadas para dibujar y clasificar figuras planas.

Materiales

- *Un pedazo de una bolsa de papel marrón de $8\frac{1}{2}$-pulgadas por $8\frac{1}{2}$-pulgadas*
- *Una hoja de transparencia de $8\frac{1}{2}$-pulgadas por $8\frac{1}{2}$-pulgadas*
- *Un pedazo de yute o lana de 4 pies*
- *Perforadora*
- *Regla*
- *Lápices de colores*
- *Marcador de punta fina*

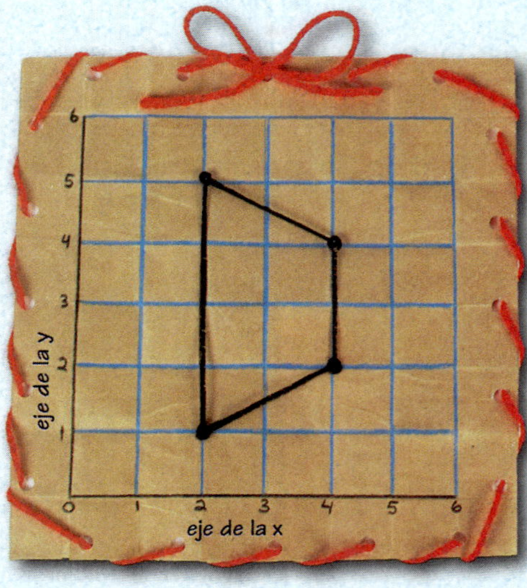

Instrucciones

1. Dobla por la mitad el pedazo de bolsa de papel marrón. Luego dóblalo por la mitad, a lo ancho, otra vez por la mitad y de nuevo por la mitad. (*ilustración A*)
2. Gira el papel $90°$ y repite el paso 1. (*ilustración B*)
3. Usa una regla, dibuja una cuadrícula de coordenadas de 6 por 6 a lo largo de los pliegues. Rotula el lado izquierdo como eje de la *y*. Rotula la parte de abajo como eje de la *x*. Rotula cada escala de 0 a 6. (*ilustración C*)
4. Coloca la hoja de transparencia sobre la cuadrícula. Sostén las dos hojas. En cada borde, abre una fila de huecos a casi $1\frac{1}{2}$ pulgadas de separación. Pasa la lana por los huecos y haz un lazo.
5. Usa un marcador para dibujar una figura plana conectando los puntos en la cuadrícula. Nombra los pares ordenados para un compañero de clases. Él o ella debe dibujar la figura en su cuadrícula, identificar la figura y clasificarla de tantas maneras como sea posible. Luego, borra el mapa del tesoro y desempeña el papel del otro compañero.

A

B

C

Desafío

Explorar el plano de coordenadas

Un **plano de coordenadas** está formado por dos rectas numéricas secantes y perpendiculares. Las rectas se cruzan en un punto llamado el **origen** o (0,0).

Las coordenadas del punto *A* son $(^{+}4,^{-}5)$.

El primer número describe la distancia a la izquierda o derecha del origen. Los números a la izquierda del origen son negativos.

El segundo número describe la distancia sobre o debajo del origen. Los números debajo del origen son negativos.

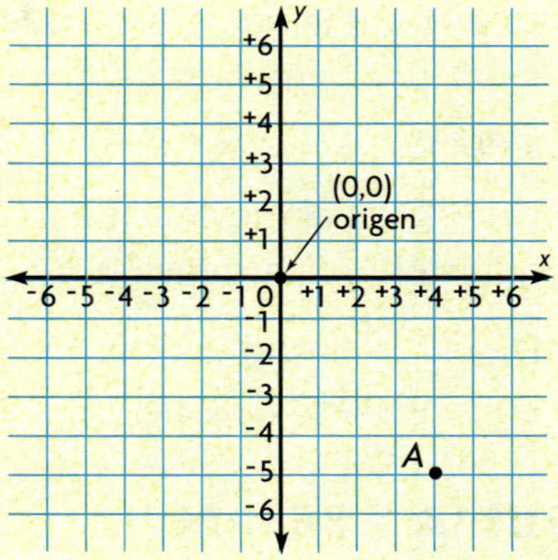

Ejemplos

A

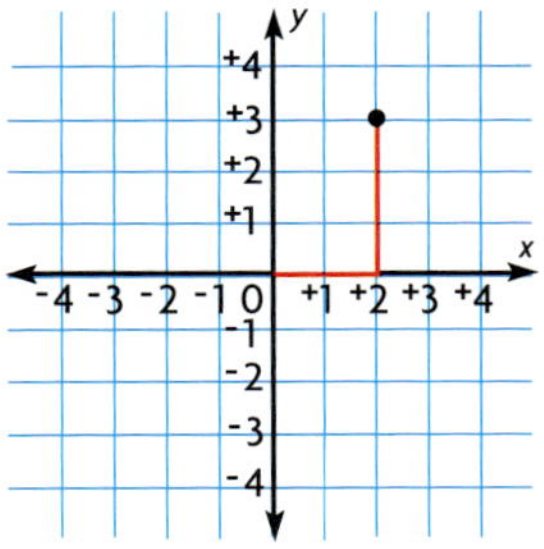

$(^{+}2,^{+}3)$ te indica que te muevas 2 espacios a la derecha y 3 espacios sobre el origen.

B

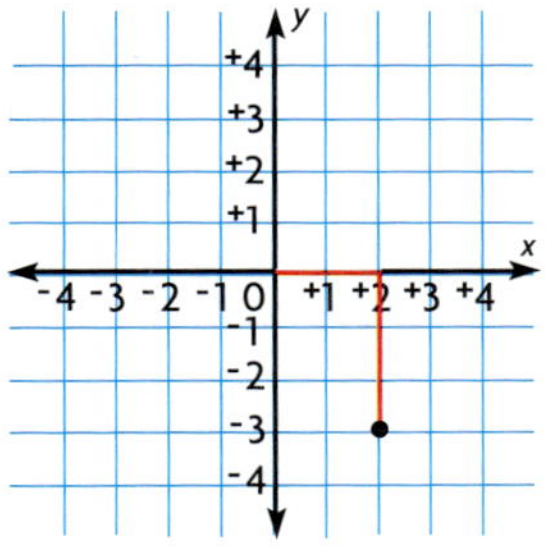

$(^{+}2,^{-}3)$ te indica que te muevas 2 espacios a la derecha y 3 espacios debajo del origen.

C

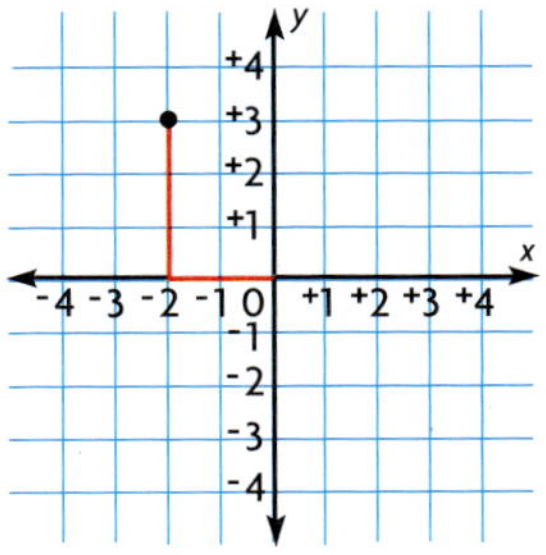

$(^{-}2,^{+}3)$ te indica que te muevas 2 espacios a la izquierda y 3 espacios sobre el origen.

D

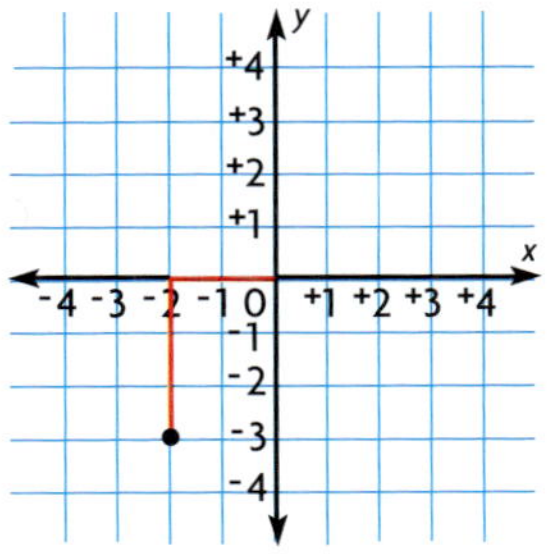

$(^{-}2,^{-}3)$ te indica que te muevas 2 espacios a la izquierda y 3 espacios debajo del origen.

Inténtalo

Escribe el par ordenado para cada punto.

1. punto *F* **2.** punto *C* **3.** punto *E* **4.** punto *A*

Nombra el punto para cada par ordenado.

5. $(^{-}5,^{-}4)$ **6.** $(^{-}2,0)$ **7.** $(^{+}4,^{+}4)$ **8.** $(^{+}3,^{-}6)$

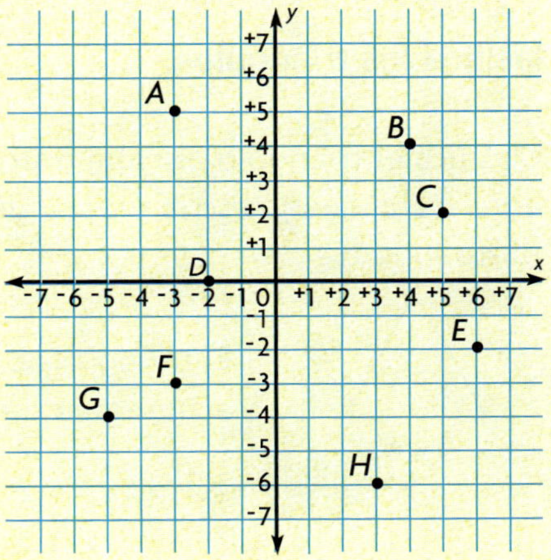

UNIDAD 6

Guía de estudio y repaso

VOCABULARIO

Elige el mejor término de la casilla.

transformación
desigualdad
ecuación
simetría rotacional
simetría axial

1. Una figura tiene _?_ si se puede girar sobre un punto y aún verse igual, por lo menos, en dos posiciones diferentes. (pág.399)
2. Una _?_ es el movimiento de una figura por una traslación, una reflexión o una rotación. (pág. 406)
3. Una _?_ muestra una relación entre dos cantidades que no son equivalentes. (pág. 428)

ESTUDIA Y RESUELVE

Capítulo 17

Identifica rectas, rayos, ángulos y relaciones lineales.

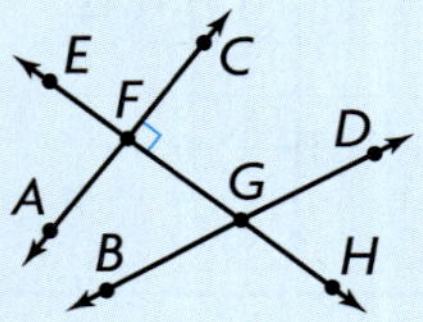

Nombra 2 ángulos agudos en la figura de arriba.

Tanto $\angle BGF$ como $\angle DGH$ miden más que 0° y menos que 90°.

Entonces, $\angle BGF$ y $\angle DGH$ son ángulos agudos.

Para los ejercicios 4–9, usa el dibujo de la izquierda. (págs. 364–371)

4. Nombra 4 segmentos.
5. Nombra 3 rectas.
6. Nombra un rayo.
7. Nombra 2 ángulos obtusos.
8. Nombra 2 rectas perpendiculares.
9. Nombra 2 rectas secantes.

Capítulo 18

Clasifica los triángulos.

Clasifica el triángulo. Escribe *isósceles, escaleno* o *equilátero.* Luego escribe *rectángulo, acutángulo* u *obtusángulo.*

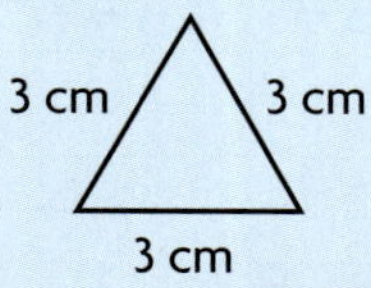

El triángulo es equilátero y acutángulo.

Clasifica cada triángulo. Escribe *isósceles, escaleno* o *equilátero.* Luego escribe *rectángulo, acutángulo* u *obtusángulo.* (pp. 382–383)

10. 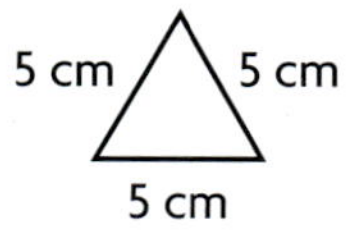

11. 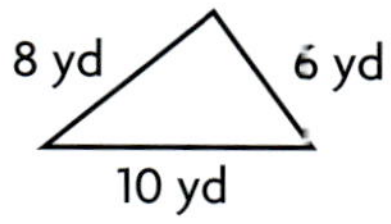

Clasifica cuadriláteros.

Clasifica la figura de tantas maneras como sea posible. Escribe *cuadrilátero, paralelogramo, rombo, rectángulo, cuadrado* o *trapecio.*

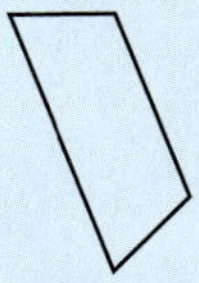

4 lados, 1 par de lados paralelos

Entonces, esta figura es un cuadrilátero y un trapecio.

Clasifica cada figura de tantas maneras como sea posible. Escribe *cuadrilátero, paralelogramo, rombo, rectángulo, cuadrado* o *trapecio.* (págs. 384–387)

12. 

13. 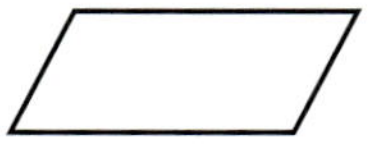

Capítulo 19

Identifica figuras congruentes y semejantes.

Di si las dos figuras parecen ser *congruentes, semejantes, ambas* o *ninguna.*

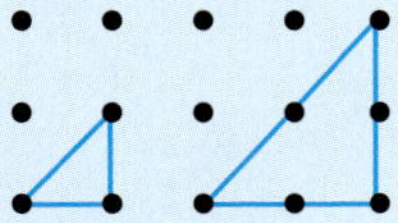

Como las figuras tienen la misma forma, son semejantes.

Di si las dos figuras parecen ser *congruentes, semejantes, ambas* o *ninguna*. (págs. 402–403)

14. 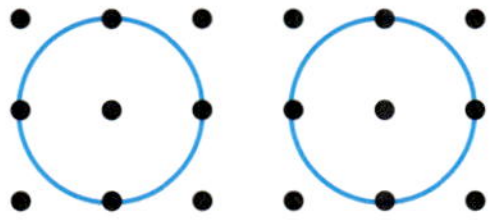

15. 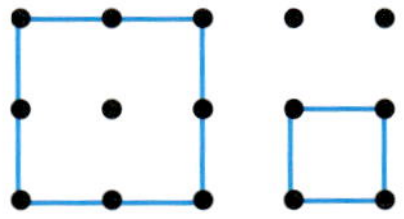

16. 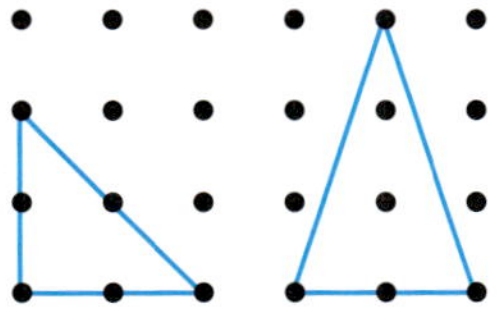

17. 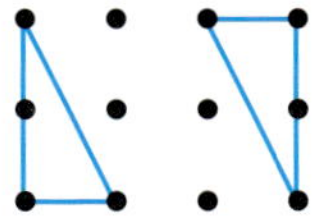

Capítulo 20

Escribe pares ordenados para los puntos en una cuadrícula de coordenadas.

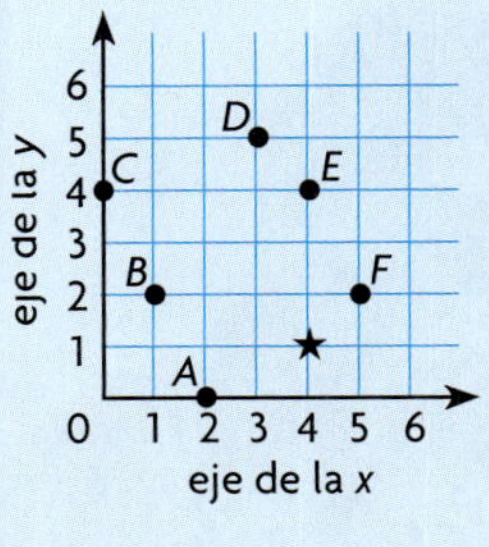

Comienza en 0.

Cuenta 4 unidades horizontalmente. Luego cuenta 1 unidad verticalmente.

El ★ está en (4,1).

Escribe el par ordenado para cada punto en la cuadrícula de coordenadas de la izquierda. (págs. 430–431)

18. punto *A*

19. punto *B*

20. punto *C*

21. punto *D*

22. punto *E*

23. punto *F*

PRÁCTICA • RESOLUCIÓN DE PROBLEMAS

Resuelve los problemas. (págs. 388–389, 404–405)

24. Tracy dibujó un cuadrado con lados de 6 unidades en papel cuadriculado de 1 centímetro. ¿Qué longitud tendría cada lado del cuadrado si Tracy usa papel cuadriculado de 0.5 cm?

25. Clasifica los números 2–20 en un diagrama de Venn que muestre *Primos* y *Compuestos.*

EVALUACIÓN DEL RENDIMIENTO

TAREA A • IMAGÍNATE ESTO

La familia Rodríguez visitó el museo de arte moderno en la ciudad de New York. Vieron figuras planas en muchas de las pinturas y dibujos.

a. Haz un dibujo que incluya las figuras planas de la lista A.

b. Escribe una descripción de tu dibujo usando los términos de la lista B.

c. Di si tu dibujo tiene simetría axial o simetría rotacional.

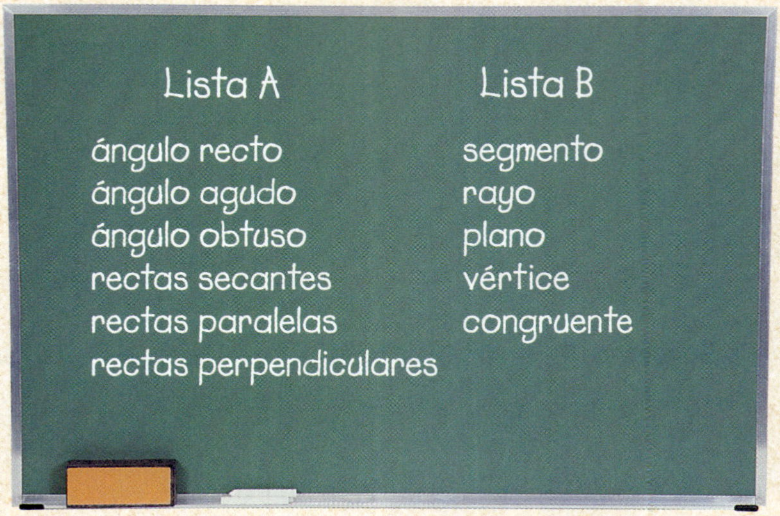

TAREA B • ¿QUIÉN SOY?

Jaime halló esta adivinanza en un libro.

Tengo 4 lados congruentes.
Todos mis ángulos son rectos.
¿Quién soy?
Soy un cuadrado.

Él quiere tener una colección de adivinanzas como ésta.

a. Escribe tres adivinanzas para Jaime. Cada una de las respuestas a las adivinanzas debe ser el nombre de una figura plana.

b. Di si hay más de una respuesta para cualquiera de tus adivinanzas.

Enlace con la tecnología

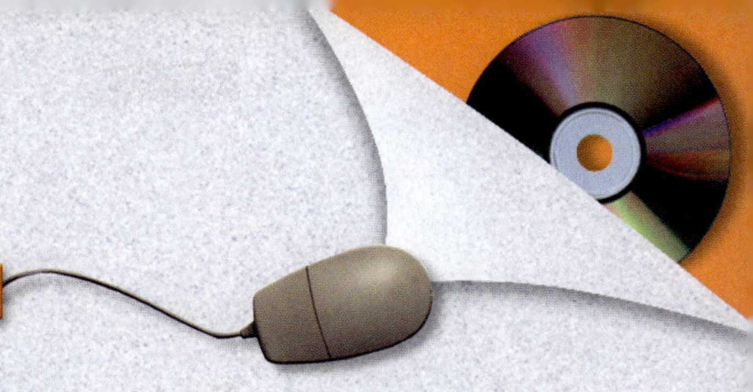

Transformar figuras planas

Morgan hace un diseño para la portada de su libro de reportes usando un programa para dibujar. Para su diseño, planea transformar un triángulo.

Paso 1
Haz clic en *Figuras* o *Polígono* en la barra de herramientas. Elige la figura que quieras. En la página, haz clic donde quieras que comience la figura. Arrastra el indicador hasta el tamaño que quieras.

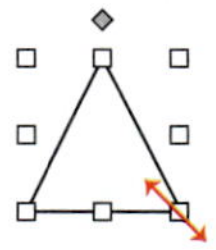

Paso 2
Selecciona la figura.
Haz clic en *Copiar.*
Luego haz clic en *Pegar.*
Traslada la copia.

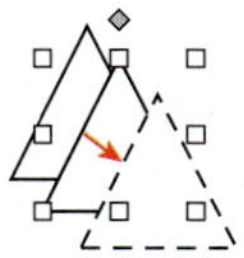

Paso 3
Selecciona la copia. Haz clic en *Copiar.* Luego haz clic en *Pegar.* Haz clic en *Dibujar* o *Transformar* en la barra de herramientas para dibujar. Selecciona *Reflejar* o *Voltear Vertical*. Traslada la copia.

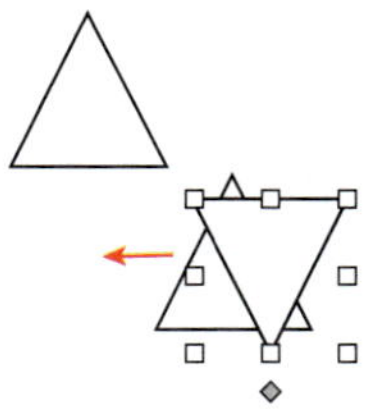

Paso 4
Selecciona la copia. Haz clic en *Copiar.* Luego haz clic en *Pegar.* Haz clic en *Dibujar* o *Transformar* en la barra de herramientas para dibujar. Selecciona *Rotar a la derecha*. Traslada la copia.

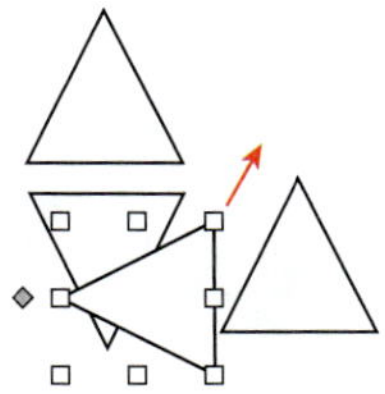

Paso 5
Para completar el diseño, selecciona una figura. Haz clic en *Llenar el color* y selecciona el color que quieras. Repite este paso para cada figura.

Práctica y resolución de problemas

Dibuja y transforma cada figura plana.

1. Dibuja y rota un rectángulo.
2. Dibuja y traslada un paralelogramo.
3. Dibuja y refleja un rombo.
4. Dibuja y traslada un trapecio y luego reflájalo.
5. Haz tu propio diseño. Describe las transformaciones que usaste.

APRENDE en línea

Glosario de matemáticas
www.harcourtschool.com
Vocabulario Busca *transformación* en el glosario de matemáticas. Dibuja una figura y úsala para mostrar ejemplos de cada tipo de transformación.

▲ La rueda gigante de Navy Pier mide 150 pies de alto y le caben 240 personas.

RESOLUCIÓN DE PROBLEMAS POR EL PAÍS

en Illinois

NAVY PIER

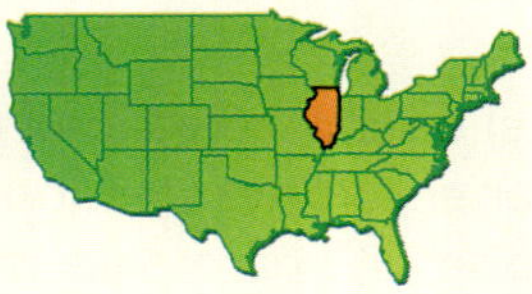

Navy Pier es un destino turístico popular en Chicago en el lago Michigan. Éste ofrece muchas atracciones, incluidos los paseos, los museos, los teatros y las tiendas. Navy Pier se construyó en 1916 y comenzó como un puerto comercial y de embarque.

1. La pantalla de un teatro en Navy Pier tiene seis pisos de altura y mide 60 por 80 pies. Erika dice que la pantalla tiene la forma de un rectángulo. Ian dice que la pantalla tiene la forma de un paralelogramo. ¿Quién tiene la razón? Explica tu respuesta.

2. En el museo Smith de vitrales hay una ventana hecha de triángulos equiláteros, isósceles y escalenos. Haz un dibujo de cómo se vería el dibujo. Rotula cada tipo de triángulo.

3. A lo largo del lago Michigan, la brisa del lago puede hacer que la temperatura se sienta más de 10°F más fría. Imagínate que la temperatura fuera 22°F. ¿Cómo se sentiría la temperatura con brisa?

4. El diámetro del carrusel en Navy Pier es 44 pies. ¿Qué longitud tiene el radio del carrusel?

◄ **Centro de Chicago**

OTROS LUGARES DE INTERÉS DE CHICAGO

Chicago también tiene un acuario, un planetario, y muchos museos y edificios únicos.

1. ¿Qué relaciones lineales puedes identificar en la fotografía del John Hancock Center? ¿Qué tipos de ángulos ves? ¿Qué tipo de triángulos puedes hallar? Dibuja un diagrama con rótulos para mostrar tu respuesta.

2. Traza uno de los triángulos que se muestran en la fotografía del John Hancock Center.
  a. Dibuja un triángulo que sea congruente al triángulo que trazaste.
  b. Haz un dibujo en que traslades, reflejes y rotes el triángulo. Rotula cada movimiento.

3. Imagínate que la descripción del marco para una pintura del Museo de Arte Contemporáneo es 4 lados congruentes, 2 pares de lados paralelos y ningún ángulo recto.
  a. Haz un dibujo para mostrar la forma del marco.
  b. Escribe un nombre para el cuadrilátero que dibujaste.

4. Puedes identificar la ubicación de lugares en un mapa al igual que puedes identificar puntos en una cuadrícula de coordenadas. En el mapa de arriba puedes hallar la Torre Sears en A2.
  a. ¿Cuál es la ubicación del Navy Pier en el mapa?
  b. ¿Cuál es la ubicación del John Hancock Center en el mapa?

▼ **El John Hancock Center es uno de los 10 edificios más altos del mundo.**

CAPÍTULO 21

Comprender fracciones

DATOS BREVES • ESTUDIOS SOCIALES En febrero de 2002, el patinador estadounidense Apolo Ohno ganó medallas de oro y plata en patinaje de velocidad en pista corta.

RESOLUCIÓN DE PROBLEMAS El grosor de las cuchillas de los patines varía dependiendo del evento olímpico y se puede medir en fracciones de una pulgada. Usa la tabla para determinar qué tipos de patines tienen cuchillas más gruesas que las que se usan en el evento de Apolo Ohno.

ANCHO DE LAS CUCHILLAS DE LOS PATINES

Tipo de patín	Ancho de la cuchilla (en pulgadas)
Patinaje de velocidad en pista corta	$\frac{2}{25}$
Patinaje de velocidad en pista larga	$\frac{1}{20}$
Patinaje artístico	$\frac{3}{20}$
Portero de *hockey*	$\frac{4}{25}$

Comprueba lo que sabes

Usa esta página para repasar y recordar destrezas importantes que se necesitan para el Capítulo 21.

PARTES DE UN ENTERO

Elige la palabra para nombrar las partes iguales en cada entero.

mitades   tercios   cuartos   sextos

1. 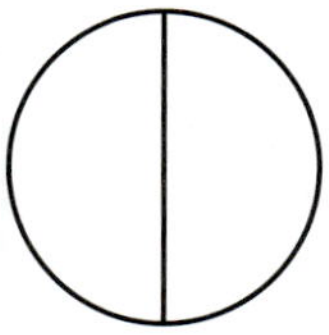

2. 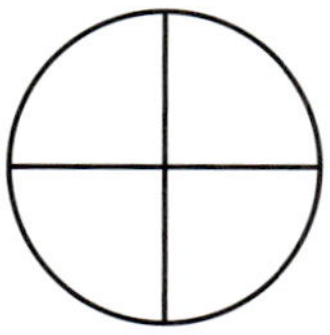

3. 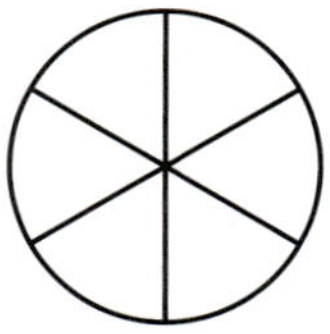

4. 

Escribe una fracción para cada parte sombreada.

5. 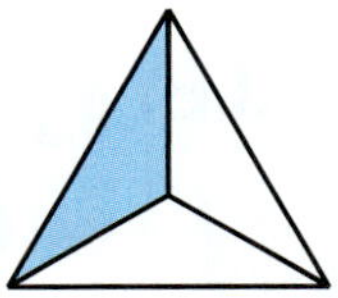

6. 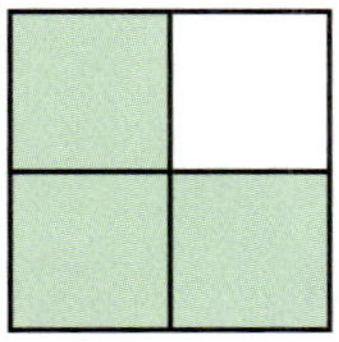

7. 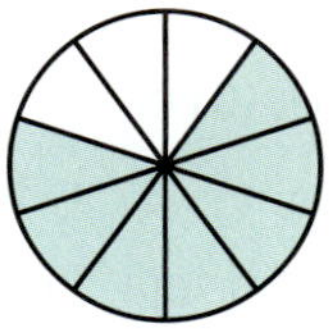

8. 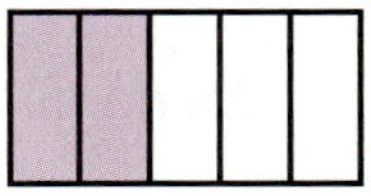

PARTES DE UN GRUPO

Escribe una fracción para la parte sombreada.

9. 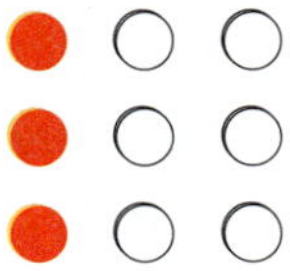

10. 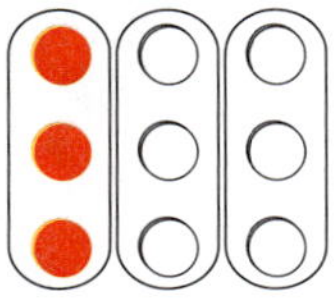

11. 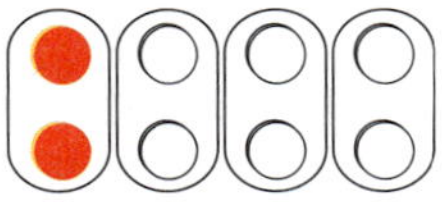

12. 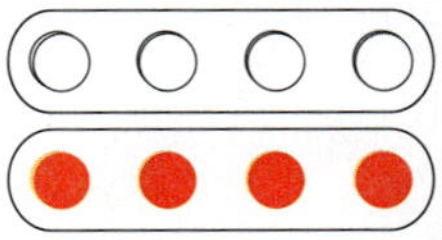

VOCABULARIO

REPASO

equivalente *adjetivo*

La palabra *equivalente* proviene del latín *aequivalens* que significa “igual”. ¿Qué te indica el origen de la palabra *equivalente* sobre dos cantidades que son equivalentes?

PRESENTACIÓN

fracción
numerador
denominador
fracciones equivalentes
mínima expresión
número mixto

APRENDE en línea

www.harcourtschool.com

LECCIÓN 1

Leer y escribir fracciones

Repaso rápido

1. 20 ÷ 5 = ■ + 1
2. 4 × ■ = 10 × 2
3. ■ ÷ 6 = 7 − 4
4. ■ × 3 = 12 ÷ 2
5. 30 − 2 = 4 × ■

VOCABULARIO

fracción
numerador
denominador

Aprende

GALLETAS GUAU GUAU Mario quiere hacer la mitad de la receta de galletas para perros. ¿Qué fracción muestra la cantidad de avena que necesita?

Una **fracción** es un número que puede nombrar una parte de un entero. Un entero se puede dividir en 2 partes iguales.

cada parte → 1 ← **numerador**
total de partes iguales → 2 ← **denominador**

Lee: un medio
uno dividido entre dos

Escribe: $\frac{1}{2}$

Entonces, Mario necesita $\frac{1}{2}$ taza de avena.

Mario horneó 8 galletas en una bandeja. Le dio 2 galletas a su cachorro. ¿Qué fracción de las galletas se comió?

Una fracción también puede nombrar una parte de un grupo.

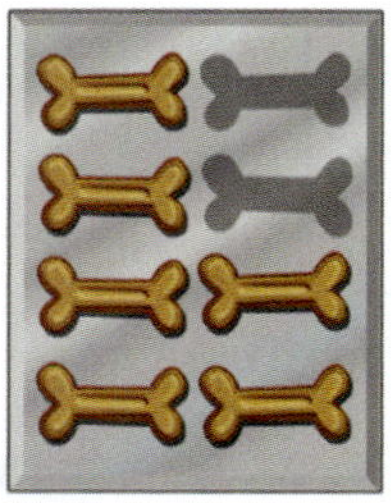

número que se comió → 2 ← numerador
número en el grupo → 8 ← denominador

Lee: dos octavos
dos de ocho

Escribe: $\frac{2}{8}$

Entonces, el cachorro se comió $\frac{2}{8}$ de las galletas.

Comprueba

1. **Explica** cómo determinar qué fracción de las galletas **no** se comió el cachorro.

Escribe una fracción para la parte sombreada. Escribe una fracción para la parte que no está sombreada.

2. 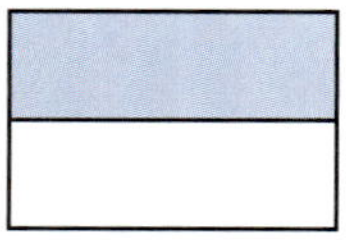

3. 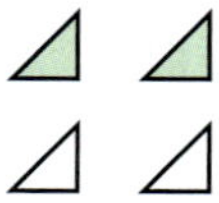

4. 

5. 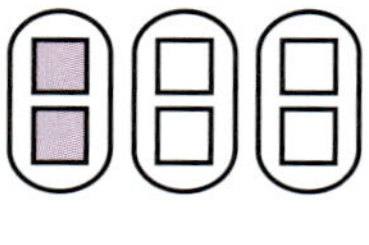

Práctica y resolución de problemas

Más práctica, página 462, Grupo A

Escribe una fracción para la parte sombreada. Escribe una fracción para la parte que no está sombreada.

6. 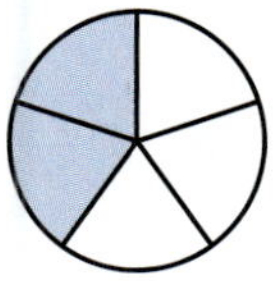

7. 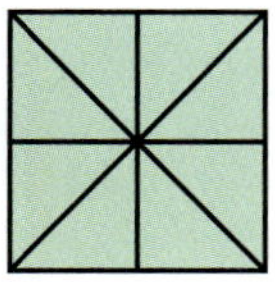

8. 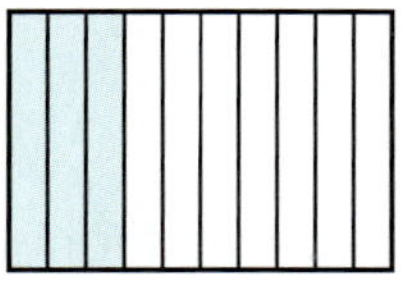

9. 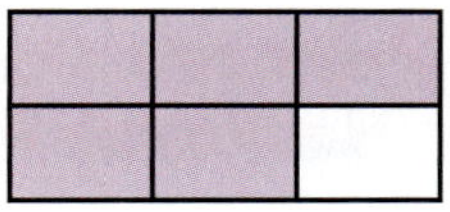

10. 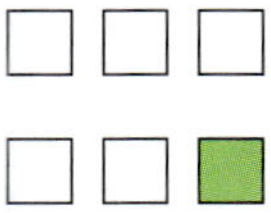

11. 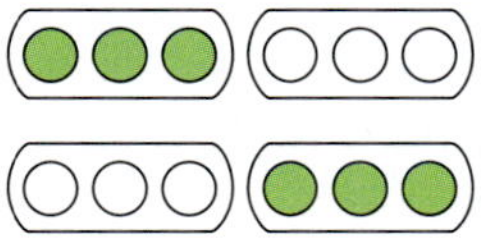

12. 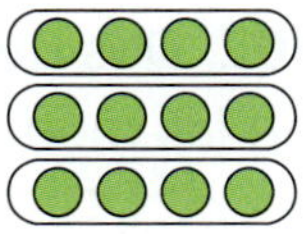

13. 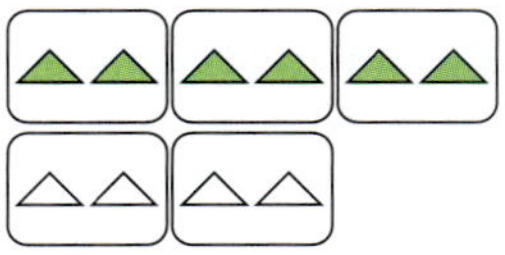

Haz un dibujo y sombrea parte de éste para mostrar la fracción. Escribe una fracción para la parte que no está sombreada.

14. $\frac{3}{5}$ **15.** $\frac{1}{2}$ **16.** $\frac{4}{6}$ **17.** $\frac{6}{8}$ **18.** $\frac{1}{8}$ **19.** $\frac{3}{10}$

20. $\frac{2}{7}$ **21.** $\frac{4}{4}$ **22.** $\frac{2}{3}$ **23.** $\frac{10}{12}$ **24.** $\frac{6}{6}$ **25.** $\frac{1}{5}$

Escribe la fracción para cada uno.

26. uno de nueve **27.** dos dividido entre cuatro **28.** ocho veinteavos **29.** un cuarto

Para los ejercicios 30–32, usa la figura de la derecha. Escribe una fracción para cada parte de la figura.

30. verde **31.** rojo **32.** ni amarillo ni rojo

33. ¿Cuánto dinero puede ahorrar el Sr. Drew si compra 1 caja grande de galletas para perros por $0.96 en vez del mismo número de galletas para perros en 2 cajas pequeñas por $0.59 cada una?

Repaso y preparación para la prueba

34. $3,456 - 2,785$ (pág. 48)

35. 921×45 (pág. 258)

36. $4 \times 4 \times 2$ (pág. 174)

37. Thomas llegó a la biblioteca a las 11:45 a.m. Salió de la biblioteca 1 hora y 40 minutos más tarde. ¿A qué hora salió Thomas de la biblioteca? (pág. 98)

38. **Preparación para la prueba** ¿Qué término describe un triángulo con solo 2 lados de la misma longitud? (pág. 382)

A equilátero
B escaleno
C acutángulo
D isósceles

LECCIÓN **2**

Fracciones equivalentes

Repaso rápido

Halla el número que falta.

1. $\frac{0}{6}, \frac{1}{6}, \frac{2}{6}, \frac{■}{6}$
2. $\frac{3}{2}, \frac{2}{2}, \frac{■}{2}, \frac{0}{2}$
3. $\frac{1}{4}, \frac{2}{4}, \frac{3}{4}, \frac{4}{■}$
4. $\frac{1}{5}, \frac{2}{5}, \frac{■}{5}, \frac{4}{5}$
5. $\frac{4}{8}, \frac{5}{8}, \frac{■}{■}, \frac{7}{8}$

VOCABULARIO

fracciones equivalentes

mínima expresión

Aprende

POR LA DE ORO Los patinadores estadounidenses de pista corta y de velocidad ganaron 8 medallas de oro en las Olimpíadas de invierno de 2002. Dos de éstas fueron medallas de oro. ¿Qué fracción de las medallas representan?

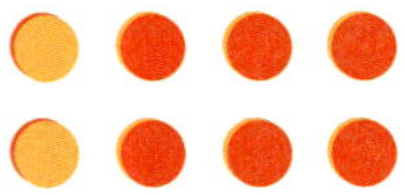

$\frac{2}{8}$ → medallas de oro / → total de medallas

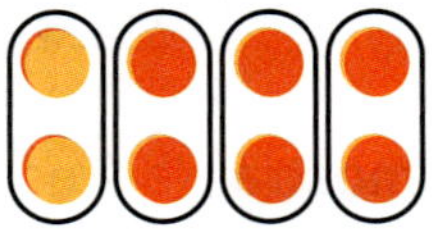

$\frac{1}{4}$ → grupo de medallas de oro / → todos los grupos

Entonces, $\frac{2}{8}$ o $\frac{1}{4}$, de las medallas fueron de oro. $\frac{2}{8}$ y $\frac{1}{4}$ se llaman **fracciones equivalentes** porque nombran la misma cantidad.

MANOS A LA OBRA

Actividad Halla una fracción equivalente para $\frac{3}{4}$.

MATERIALES: barras de fracciones

De una manera Usa barras de fracciones.

PASO 1

Alinea las barras de fracciones para mostrar $\frac{3}{4}$.

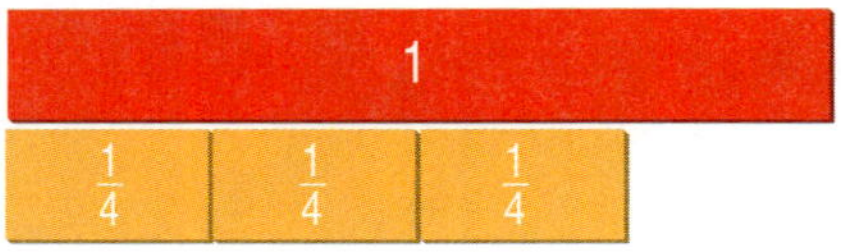

PASO 2

Luego, alinea otras barras de fracciones del mismo tipo que muestren la misma cantidad que $\frac{3}{4}$.

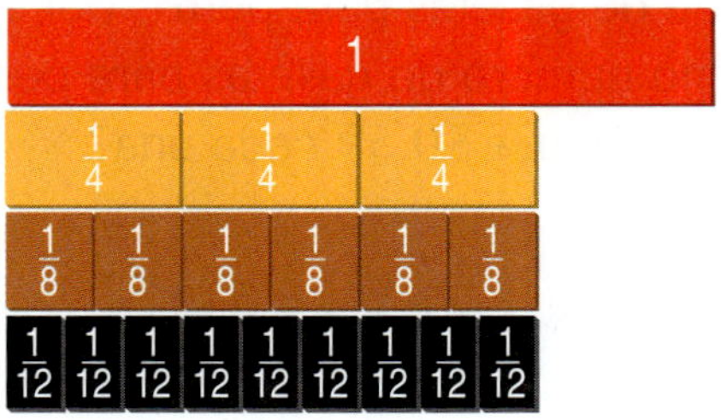

De otra manera Usa rectas numéricas.

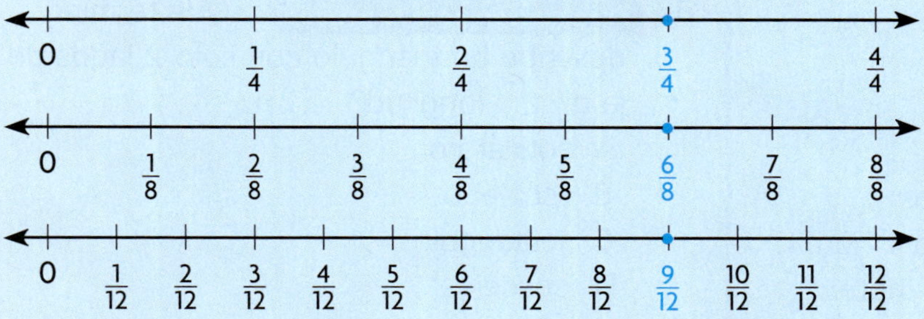

Las fracciones que se alinean con $\frac{3}{4}$ son equivalentes a $\frac{3}{4}$.

Entonces, $\frac{6}{8}$ y $\frac{9}{12}$ son equivalentes a $\frac{3}{4}$.

Multiplicar o dividir

También puedes multiplicar el numerador y el denominador por cualquier número excepto cero para hallar fracciones equivalentes. A veces, puedes dividir para hallar fracciones equivalentes.

Halla fracciones equivalentes para $\frac{4}{6}$.

De una manera Multiplica el numerador y denominador por el mismo número.

Prueba con 3. $\frac{4}{6} = \frac{4 \times 3}{6 \times 3} = \frac{12}{18}$

Entonces, $\frac{4}{6}$ es equivalente a $\frac{12}{18}$.

De otra manera Divide el numerador y denominador entre el mismo número.

Prueba con 2. $\frac{4}{6} = \frac{4 \div 2}{6 \div 2} = \frac{2}{3}$

Entonces, $\frac{4}{6}$ es equivalente a $\frac{2}{3}$.

Si sigues dividiendo hasta que el 1 sea el único número por el que se pueda dividir equitativamente el numerador y el denominador, hallas la fracción en su **mínima expresión**. Entonces, $\frac{4}{6}$ en su mínima expresión es $\frac{2}{3}$.

Enlace con la tecnología

Más práctica: Harcourt Mega Math Fraction Action, *Fraction Flare-Up*, Niveles D y E

Ejemplo

Halla la mínima expresión de $\frac{45}{60}$.

Prueba con 5. Divide el numerador y el denominador entre 5. $\frac{45}{60} = \frac{45 \div 5}{60 \div 5} = \frac{9}{12}$

Ahora prueba con 3. Divide el numerador y el denominador entre 3. $\frac{9}{12} = \frac{9 \div 3}{12 \div 3} = \frac{3}{4}$

Ahora el único número por el que se puede dividir equitativamente el numerador y el denominador de $\frac{3}{4}$ es 1.

Entonces, la mínima expresión de $\frac{45}{60}$ es $\frac{3}{4}$.

También puedes escribir fracciones equivalentes para números enteros.

$1 = \frac{1}{1} = \frac{1 \times 2}{1 \times 2} = \frac{2}{2}$

Entonces, $\frac{2}{2}$ es equivalente a 1.

$3 = \frac{3}{1} = \frac{3 \times 3}{1 \times 3} = \frac{9}{3}$

Entonces, $\frac{9}{3}$ es equivalente a 3.

Comprueba

1. **Explica** cómo puedes hallar la mínima expresión de $\frac{18}{24}$.

Escribe dos fracciones equivalentes para cada ilustración.

2. 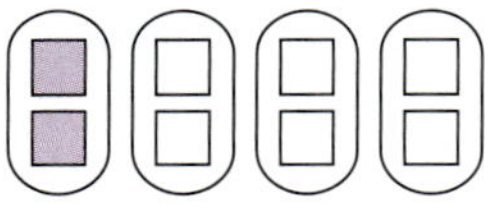

3. 

4. 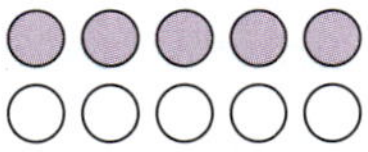

LA LECCIÓN CONTINÚA

Práctica y resolución de problemas

Más práctica, página 462, Grupo B

Escribe dos fracciones equivalentes para cada ilustración.

5. 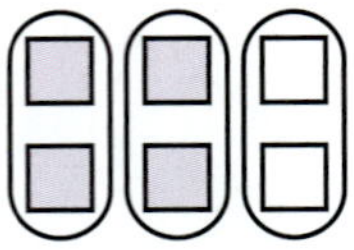

6. 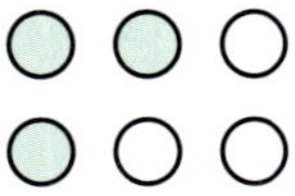

7. 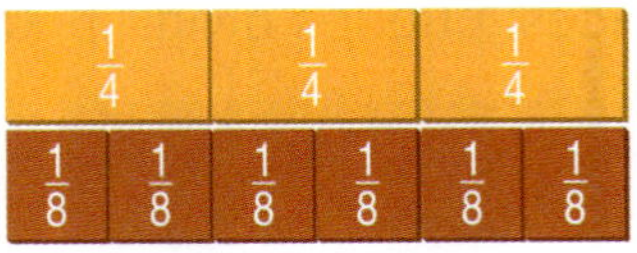

Usa las rectas numéricas para escribir una fracción equivalente para cada fracción.

8. $\frac{2}{3}$

9. $\frac{6}{12}$

10. $\frac{4}{12}$

11. $\frac{6}{6}$

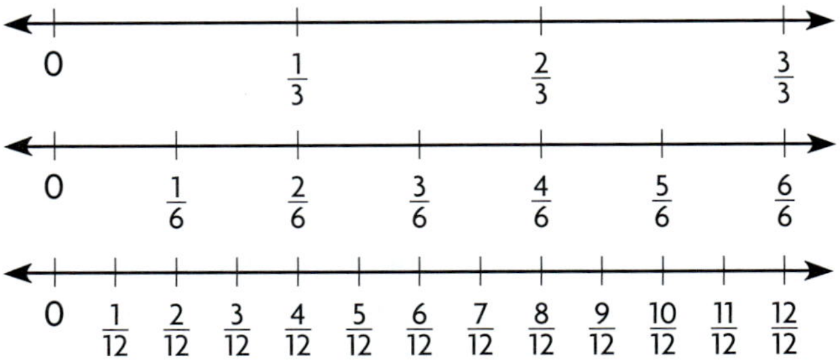

Escribe dos fracciones equivalentes para cada fracción.

12. $\frac{8}{12}$ **13.** $\frac{4}{10}$ **14.** $\frac{4}{2}$ **15.** $\frac{1}{2}$ **16.** $\frac{2}{4}$ **17.** $\frac{3}{9}$

18. $\frac{5}{6}$ **19.** $\frac{3}{5}$ **20.** $\frac{2}{8}$ **21.** $\frac{9}{3}$ **22.** $\frac{3}{3}$ **23.** $\frac{6}{10}$

Indica si cada fracción está en su mínima expresión. Si no está, escríbela en su mínima expresión.

24. $\frac{2}{4}$ **25.** $\frac{1}{3}$ **26.** $\frac{6}{9}$ **27.** $\frac{3}{4}$ **28.** $\frac{1}{4}$ **29.** $\frac{15}{5}$

30. $\frac{13}{20}$ **31.** $\frac{9}{21}$ **32.** $\frac{12}{32}$ **33.** $\frac{11}{44}$ **34.** $\frac{10}{25}$ **35.** $\frac{18}{27}$

ÁLGEBRA **Halla el numerador o el denominador que falta.**

36. $\frac{2}{3} = \frac{■}{18}$ **37.** $\frac{■}{10} = \frac{2}{5}$ **38.** $\frac{9}{3} = \frac{18}{■}$ **39.** $\frac{3}{■} = \frac{9}{12}$ **40.** $\frac{4}{4} = \frac{■}{8}$

41. $\frac{3}{■} = \frac{6}{10}$ **42.** $\frac{■}{9} = \frac{4}{18}$ **43.** $\frac{3}{7} = \frac{12}{■}$ **44.** $\frac{5}{8} = \frac{■}{56}$ **45.** $\frac{5}{6} = \frac{20}{■}$

46. Halla una fracción posible que falta. Explica tu patrón.

a. $\frac{1}{2}, \frac{2}{4}, \frac{3}{6}, \frac{4}{8}, \frac{■}{■}$

b. $\frac{5}{15}, \frac{4}{12}, \frac{3}{9}, \frac{2}{6}, \frac{■}{■}$

47. **Por escrito** Escribe una regla que puedas usar para indicar si una fracción está en su mínima expresión.

48. **¿Cuál es el error?** Babs dice que $\frac{3}{4}$ y $\frac{3}{8}$ son fracciones equivalentes basándose en el modelo que ella hizo. Describe y corrige su error.

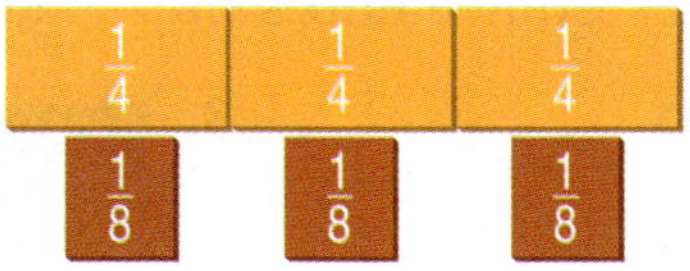

49. James y sus amigos recogieron naranjas en un huerto. James recogió 19 naranjas, Sal recogió 22, Tara recogió 12 y Pam recogió 11 naranjas. Si comparten las naranjas equitativamente, ¿cuántas naranjas obtendrá cada persona?

50. **DATOS BREVES • ESTUDIOS SOCIALES** Estados Unidos ganó un total de 34 medallas en las Olimpíadas de invierno de 2002. De estas medallas, 10 fueron de oro. Escribe dos fracciones equivalentes que muestren cuántas medallas eran de oro.

51. El perro de Sally se comió 2 de 6 galletas para perros. ¿Qué fracción de las galletas para perros quedó? Escribe la fracción en su mínima expresión.

52. **RAZONAMIENTO** ¿Es el producto de un número de 4 dígitos y un número de 2 dígitos siempre un número de 6 dígitos? Explica tu respuesta.

Repaso y preparación para la prueba

¿Qué cociente es mayor? (pág. 300)

53. $160 \div 2$ o $180 \div 3$

54. $295 \div 5$ o $312 \div 6$

55. **Preparación para la prueba** $8,924 + 3,452$ (pág. 48)

A 11,276 **C** 12,276
B 11,376 **D** 12,376

56. **Halla el valor de *n*.** (pág. 214)

$n \times 46 = 2,300$

57. **Preparación para la prueba** ¿Qué polígono tiene cinco lados y cinco ángulos? (pág. 380)

F hexágono **H** octágono
G pentágono **J** cuadrilátero

Resolución de problemas

Enlace con la Música

En música, una unidad es equivalente a dos $\frac{1}{2}$ notas, cuatro $\frac{1}{4}$ de nota y ocho $\frac{1}{8}$ de nota. El diagrama muestra cómo se relacionan las notas.

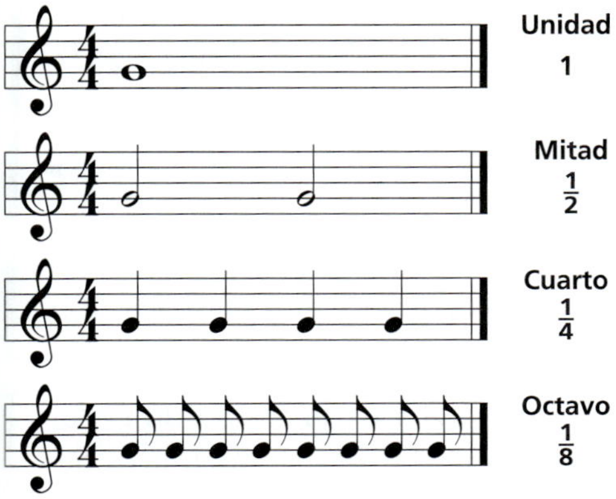

Copia y completa.

1. __?__ $\frac{1}{4}$ de nota son iguales a dos $\frac{1}{2}$ notas.
2. Dos $\frac{1}{8}$ de nota son iguales a __?__ de nota.
3. Una unidad es igual a $\frac{1}{2}$ nota y __?__ $\frac{1}{4}$ de nota.

LECCIÓN

3 Comparar y ordenar fracciones

Repaso rápido

Halla una fracción equivalente para cada fracción.

1. $\frac{2}{3}$ **2.** $\frac{4}{16}$ **3.** $\frac{4}{5}$

4. $\frac{14}{28}$ **5.** $\frac{6}{8}$

Aprende

¡QUÉ NIEVE! Eva Marie hizo una encuesta entre sus compañeros de clase para determinar qué actividades de invierno han intentado hacer. ¿Más de sus compañeros de clase han patinado sobre hielo o han hecho un muñeco de nieve?

Actividades de invierno

Patinaje sobre hielo:	$\frac{1}{3}$ de la clase
Hacer un muñeco de nieve:	$\frac{2}{3}$ de la clase
Tirarse en trineo:	$\frac{1}{2}$ de la clase

MANOS A LA OBRA

Actividad 1

MATERIALES: fichas de dos colores, barras de fracciones

Compara fracciones con denominadores iguales

A Compara $\frac{1}{3}$ y $\frac{2}{3}$.

$\frac{1}{3}$ $\frac{2}{3}$

Compara el número de fichas rojas. $1 < 2$, entonces $\frac{1}{3} < \frac{2}{3}$. Entonces, más de sus compañeros de clase han hecho un muñeco de nieve.

Idea matemática Cuando comparas fracciones con denominadores iguales, necesitas comparar solo los numeradores.

Compara fracciones con denominadores distintos

B ¿Más de sus compañeros de clase se han tirado en trineo o han hecho un muñeco de nieve?

Compara $\frac{1}{2}$ y $\frac{2}{3}$ usando barras de fracciones.

Comienza con la barra para 1.

Alinea las barras de fracciones para $\frac{1}{2}$ y $\frac{2}{3}$.

Compara estas dos filas de barras de fracciones. La fila más larga representa la fracción más grande.

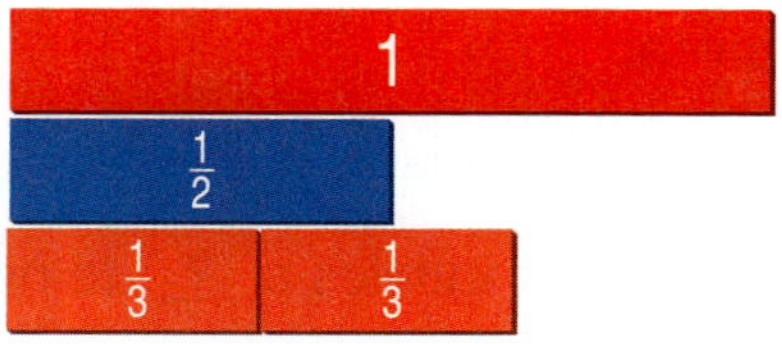

$\frac{2}{3} > \frac{1}{2}$, entonces más de sus compañeros de clase han hecho un muñeco de nieve.

C ¿Más de sus compañeros de clase han patinado sobre hielo o se han tirado en trineo?

Compara $\frac{1}{3}$ y $\frac{1}{2}$ usando una recta numérica.

Dibuja una recta numérica. Coloca $\frac{1}{3}$ y $\frac{1}{2}$ en la recta numérica.

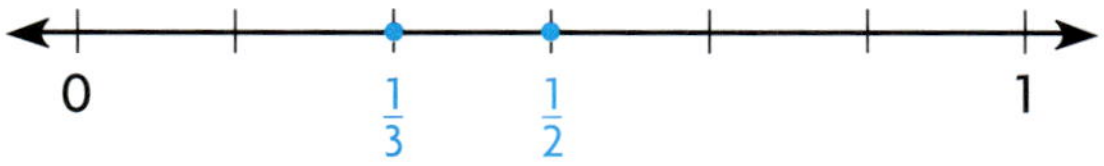

La fracción más a la derecha es la fracción más grande.

$\frac{1}{2}$ está más cerca del 1 en la recta numérica, entonces $\frac{1}{2} > \frac{1}{3}$. Más de sus compañeros de clase se han tirado en trineo.

Ordenar fracciones

Puedes usar una recta numérica o barras de fracciones para ordenar tres o más fracciones.

MANOS A LA OBRA

Actividad 2 **MATERIALES:** barras de fracciones

A Ordena $\frac{1}{2}$, $\frac{1}{6}$ y $\frac{2}{3}$ de *menor* a *mayor.*

Dibuja una recta numérica.

Coloca $\frac{1}{2}$, $\frac{1}{6}$ y $\frac{2}{3}$ en la recta numérica. La fracción más a la derecha es la mayor. La fracción más a la izquierda es la menor.

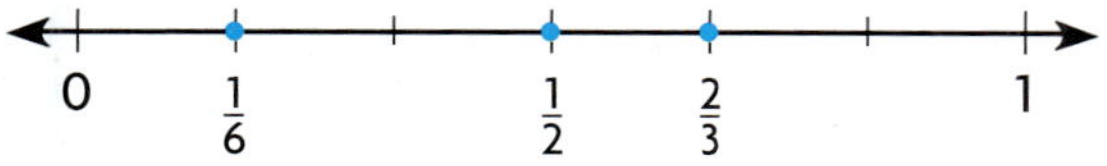

$\frac{2}{3}$ está más a la derecha, entonces es la mayor de estas fracciones.

$\frac{1}{6}$ está más a la izquierda, entonces es la menor de estas fracciones.

Entonces, el orden de menor a mayor es $\frac{1}{6}$, $\frac{1}{2}$, $\frac{2}{3}$.

B Ordena $\frac{1}{4}$, $\frac{5}{12}$ y $\frac{1}{3}$ de *mayor* a *menor.*

Comienza con la barra para 1.

Alinea las barras de fracciones para $\frac{1}{4}$, $\frac{5}{12}$ y $\frac{1}{3}$ debajo de ésta.

Compara estas filas de barras de fracciones. La fila más larga representa la fracción más grande.

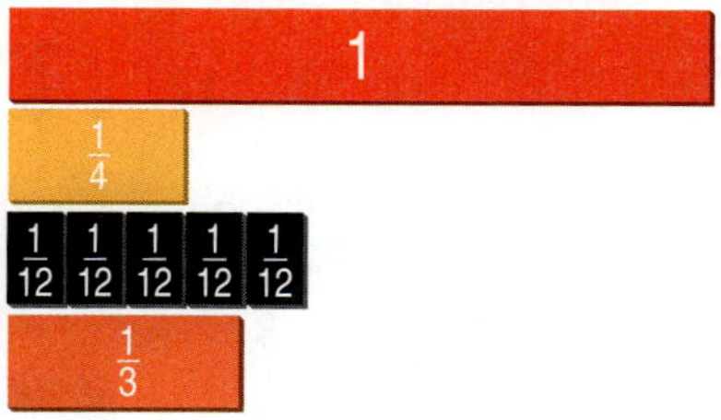

Entonces, el orden de mayor a menor es $\frac{5}{12}$, $\frac{1}{3}$, $\frac{1}{4}$.

Usa $<$, $>$ o $=$ cuando compares y ordenes fracciones. Entonces, para las fracciones en la actividad 2A, puedes escribir $\frac{1}{6} < \frac{1}{2} < \frac{2}{3}$.

- Ordena las fracciones en la actividad 2B de *menor* a *mayor* usando símbolos.

Comprueba

1. Explica cómo puedes comparar fracciones que tienen denominadores iguales pero numeradores distintos, como $\frac{2}{5}$ y $\frac{3}{5}$.

Compara las fracciones. Escribe $<$, $>$ o $=$ para cada ●.

2. $\frac{2}{5}$ ● $\frac{1}{5}$

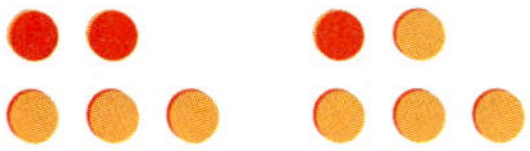

3. $\frac{3}{4}$ ● $\frac{3}{8}$

4. $\frac{2}{6}$ ● $\frac{1}{3}$

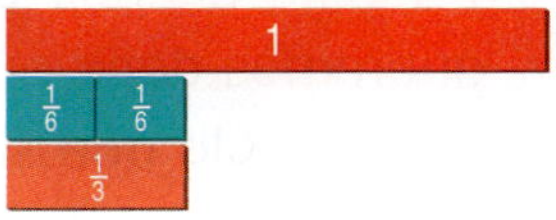

LA LECCIÓN CONTINÚA

Práctica y resolución de problemas

Más práctica, página 462, Grupo C

Compara las fracciones. Escribe <, > o = para cada ●.

5. $\frac{2}{8}$ ● $\frac{5}{8}$

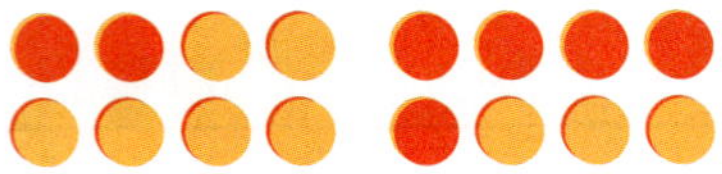

6. $\frac{4}{8}$ ● $\frac{1}{4}$

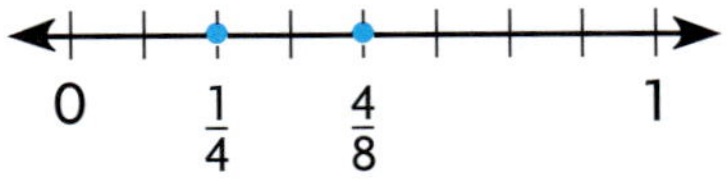

7. $\frac{6}{10}$ ● $\frac{2}{3}$

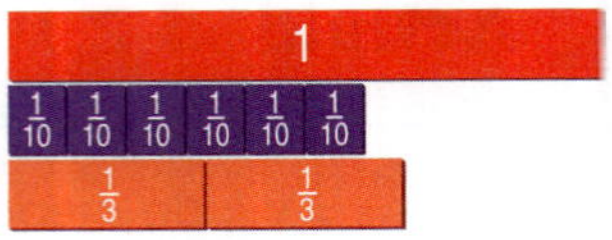

Escribe <, > o = para cada ●.

8. $\frac{7}{8}$ ● $\frac{3}{8}$
9. $\frac{2}{6}$ ● $\frac{1}{3}$
10. $\frac{5}{8}$ ● $\frac{5}{6}$
11. $\frac{10}{3}$ ● 4
12. $\frac{5}{7}$ ● $\frac{4}{7}$
13. $\frac{16}{8}$ ● 2
14. $\frac{6}{12}$ ● $\frac{7}{14}$
15. $\frac{3}{9}$ ● 3

Ordena las fracciones de *menor* a *mayor*.

16. $\frac{1}{2}, \frac{1}{3}, \frac{1}{4}$

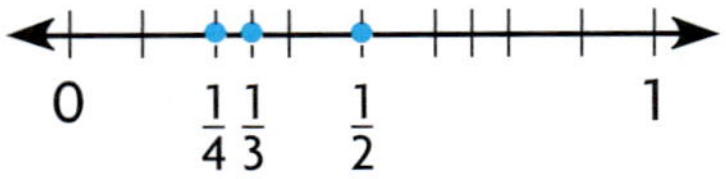

17. $\frac{3}{5}, \frac{3}{8}, \frac{4}{6}$

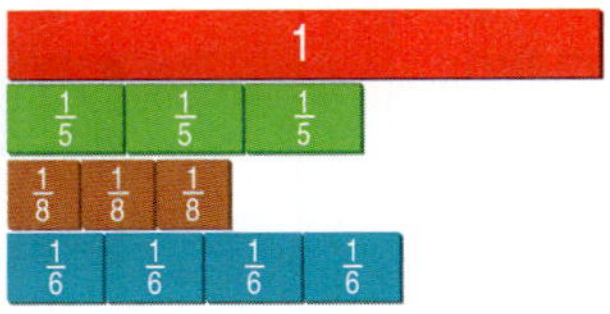

18. $\frac{1}{10}, \frac{2}{3}, \frac{4}{12}$

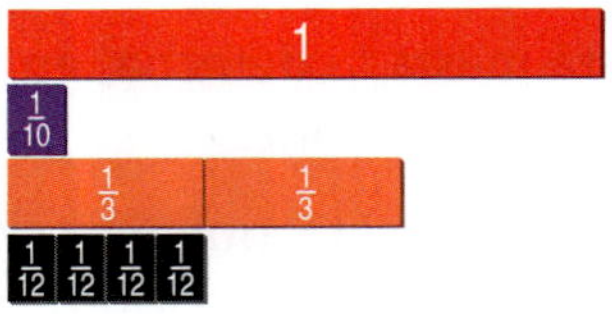

19. $\frac{3}{4}, \frac{3}{6}, \frac{3}{5}$
20. $\frac{7}{8}, \frac{1}{4}, \frac{5}{8}$
21. $\frac{2}{12}, \frac{3}{6}, \frac{2}{3}$
22. $\frac{2}{4}, \frac{9}{12}, \frac{1}{8}$
23. $\frac{2}{4}, \frac{2}{7}, \frac{2}{6}$
24. $\frac{5}{6}, \frac{5}{9}, \frac{5}{10}$
25. $\frac{3}{8}, \frac{4}{16}, \frac{3}{4}$
26. $\frac{5}{6}, \frac{5}{12}, \frac{2}{3}$

Ordena las fracciones de *mayor* a *menor*.

27. $\frac{1}{4}, \frac{3}{4}, \frac{2}{4}$
28. $\frac{2}{6}, \frac{1}{12}, \frac{3}{4}$
29. $\frac{1}{4}, \frac{1}{2}, \frac{1}{3}$
30. $\frac{5}{10}, \frac{4}{5}, \frac{2}{5}$

31. **ÁLGEBRA** Nombra todos los valores de números enteros posibles para *n* cuando $\frac{1}{2} > \frac{n}{3}$.

USA LOS DATOS **Para los ejercicios 32–33, usa la lista de precios.**

32. **RAZONAMIENTO** Si Jane compra $\frac{1}{2}$ libra de mezcla de lujo, ¿pagará más o menos de $1.35? Explica tu respuesta.

33. **Escribe un problema** usando las fracciones en la lista de precios.

34. **Vocabulario** Cuando decimos que una cosa es *semejante* a otra, queremos decir que es igual o parecida. ¿Cómo te ayuda esto a deducir lo que son las *fracciones semejantes*?

LISTA DE PRECIOS

Artículo	Precio
$\frac{1}{3}$ de libra de almendras	$1.95
$\frac{1}{2}$ libra de anacardos	$3.15
$\frac{1}{4}$ de libra de mezcla de lujo	$1.35

35. Jordan se comió $\frac{1}{3}$ de la pizza. James se comió $\frac{7}{15}$ de ésta y Matthew se comió $\frac{1}{5}$. ¿Quién comió más pizza? ¿Quién comió menos?

36. A Michelle le quedaba $\frac{1}{3}$ de taza de pasas y $\frac{1}{2}$ taza de semillas de girasol de su mezcla de semillas para pájaros. ¿Qué cantidad es mayor?

37. Lee sacó 91 puntos en una prueba de matemáticas. En la siguiente prueba sacó 13 puntos menos. En la tercera prueba sacó 92. ¿Cuál es la diferencia entre la puntuación mayor y la menor de Lee?

Repaso y preparación para la prueba

Para los ejercicios 38–39, escribe cada fracción en su mínima expresión. (pág. 448)

38. $\frac{9}{12}$

39. $\frac{5}{10}$

40. $2{,}422 \times 4$ (pág. 222)

41. $29{,}000 - 13{,}752$ (pág. 50)

42. Halla la media para 59, 63, 53, 75, 65, 81, 73. (pág. 328)

43. María compró 2 bolsas de palomitas de maíz por $1.05 cada una. Felipe compró 2 bebidas para un total de $2.25. ¿Quién gastó más? ¿Cuánto más? (pág. 262)

44. $64 \div 4$ (pág. 282)

45. $521 \div 3$ (pág. 300)

46. **Preparación para la prueba** ¿Cuáles son los números que faltan en el patrón? (pág. 346)

23, 38, 53, 68, ■, ■, ■, 128

- **A** 78, 83, 93
- **B** 83, 98, 113
- **C** 88, 93, 103
- **D** 98, 108, 113

47. **Preparación para la prueba** El Sr. Edwards maneja un total de 25 millas de ida y vuelta al trabajo diariamente. Él trabaja 6 días a la semana. ¿Cuántas millas maneja en 4 semanas? (pág. 222)

- **F** 200 millas
- **G** 400 millas
- **H** 500 millas
- **J** 600 millas

Resolución de problemas — Piénsalo más

DIVERSIÓN CON FRACCIONES Resuelve cada problema. Luego, empareja cada respuesta con la barra de fracciones que falta. Las letras en las barras de fracciones van a deletrear la respuesta a la adivinanza que sigue. Se muestra el primer problema como ejemplo.

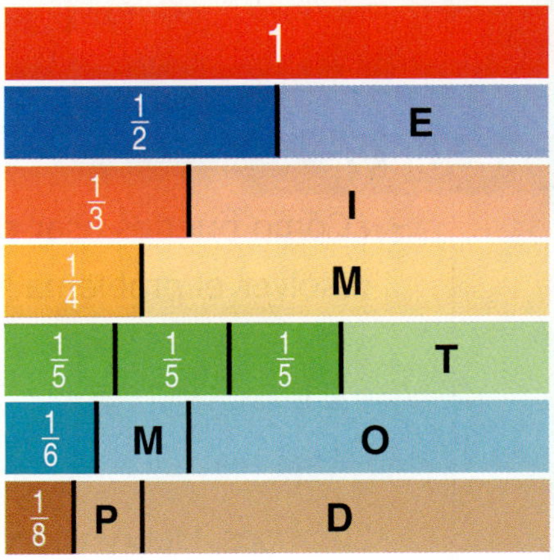

¿Qué fracción es mayor?

1. $\frac{1}{6}, \frac{1}{2}$ (circled: $\frac{1}{2}$) M

2. $\frac{3}{4}, \frac{4}{6}$ ■

3. $\frac{1}{8}, \frac{6}{8}$ ■

4. $\frac{1}{3}, \frac{2}{8}$ ■

5. $\frac{4}{6}, \frac{2}{5}$ ■

¿Qué fracción es menor?

6. $\frac{2}{3}, \frac{2}{5}, \frac{1}{2}$ ■

7. $\frac{3}{4}, \frac{2}{3}, \frac{6}{8}$ ■

8. $\frac{2}{3}, \frac{3}{4}, \frac{1}{2}$ ■

9. $\frac{1}{6}, \frac{3}{4}, \frac{6}{8}$ ■

10. $\frac{1}{2}, \frac{2}{5}, \frac{1}{8}$ ■

11. $\frac{4}{2}, \frac{2}{4}, \frac{1}{6}$ ■

Adivinanza: ¿Cuándo puedes oír tocar a la banda?

LECCIÓN 4

Estrategia de resolución de problemas
Hacer un modelo

Repaso rápido

Compara. Escribe <, > o = para cada ●.

1. $\frac{3}{5}$ ● $\frac{2}{5}$
2. $\frac{1}{2}$ ● $\frac{3}{6}$
3. $\frac{3}{10}$ ● $\frac{3}{8}$
4. $\frac{1}{2}$ ● $\frac{7}{8}$
5. $\frac{1}{2}$ ● $\frac{3}{4}$ ● $\frac{7}{8}$

PROBLEMA Sammy, Henry y Jeb son tortugas de tierra. Se están entrenando para una carrera de 1 yarda. En la primera semana, ¿quién corrió la mayor distancia? ¿Quién corrió la menor distancia?

ENTRENAMIENTO DE LAS TORTUGAS

Nombre	Yardas que corrió la primera semana
Sammy	$\frac{1}{2}$
Henry	$\frac{3}{4}$
Jeb	$\frac{2}{3}$

COMPRENDE

- ¿Qué debes hallar?
- ¿Qué información usarás?
- ¿Hay alguna información que no usarás? De ser así, ¿qué información es?

PLANEA

- ¿Qué estrategia puedes usar para resolver el problema?
  Hacer un modelo usando una recta numérica. Ubica y marca los puntos para representar $\frac{1}{2}$ yd, $\frac{3}{4}$ de yd y $\frac{2}{3}$ de yd.

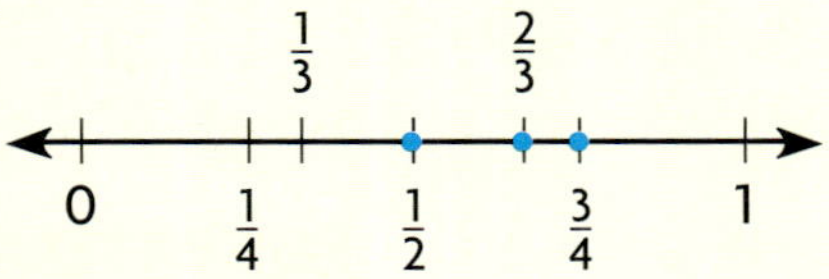

RESUELVE

- ¿Cómo puedes usar el modelo para resolver el problema?
  $\frac{3}{4}$ está más a la derecha, entonces es la fracción más grande.
  $\frac{1}{2}$ está más a la izquierda, entonces es la fracción más pequeña.
  Entonces, Henry corrió la mayor distancia y Sammy corrió la menor distancia.

COMPRUEBA

- ¿Qué otra estrategia puedes usar?

Práctica • Resolución de problemas

Haz un modelo para resolver.

1. **¿Qué sucedería si** Sammy corriera 1 yarda la primera semana? ¿Habría corrido más de lo que Henry corrió la primera semana? Explica tu respuesta.

Estrategias

Resolución de problemas

- Hacer un diagrama o dibujo
- **Hacer un modelo o representar**
- Hacer una lista organizada
- Hallar un patrón
- Hacer una tabla o gráfica
- Predecir y probar
- Volver sobre los pasos
- Resolver un problema más simple
- Escribir una ecuación
- Usar razonamiento lógico

Una flecha giratoria tiene 12 secciones iguales. Dos de las secciones son azules, 3 secciones son amarillas, 2 secciones son rojas y 5 secciones son verdes.

2. ¿Qué color cubre $\frac{1}{4}$ de la flecha giratoria?
   A rojo **C** verde
   B azul **D** amarillo

3. Si las secciones rojas se cambiaran a azul, ¿qué fracción de la flecha giratoria sería azul?
   F $\frac{2}{12}$ **G** $\frac{1}{8}$ **H** $\frac{1}{3}$ **J** $\frac{1}{4}$

Práctica de estrategias mixtas

4. La salsa de tomate de Ty tiene $\frac{1}{4}$ de cucharadita de albahaca, $\frac{1}{2}$ cucharadita de orégano y $\frac{1}{8}$ de cucharadita de pimienta. Ordena las cantidades de mayor a menor.

5. **RAZONAMIENTO** Explica cómo sabes si Ty usó más o menos de 1 cucharadita de condimentos en la salsa de tomate.

6. Beatrice leyó 3 páginas de su libro el lunes, 6 páginas el martes, 12 el miércoles y 24 el jueves. Si sigue este patrón, ¿cuántas páginas podría leer el viernes?

7. Jon y su hermana hicieron pastelitos. Cada uno se comió 2 pastelitos. Jon se llevó 12 pastelitos a la escuela y dejó 8 en su casa. ¿Qué fracción de los pastelitos llevó Jon para la escuela?

USA LOS DATOS Para los ejercicios 8–10, usa la tabla.

HORARIO DE REUNIONES DE LA MAÑANA	
Kindergarten y primer grado	8:45–9:15
Segundo y tercer grados	9:30–10:15
Cuarto y quinto grados	10:30–11:20

8. ¿Cuánto durará cada reunión?

9. ¿Qué reunión será la más larga? ¿La más corta?

10. ¿Cuánto más tiempo durará la reunión más larga que la más corta?

11. Cindy está haciendo un diseño cuadrado con 16 fichas cuadradas. Las fichas de las 4 esquinas son rojas y el resto de las fichas del borde exterior son azules. Ella pone 4 fichas verdes en el medio. Muestra cómo se verá el diseño de Cindy.

LECCIÓN 5

Números mixtos

Repaso rápido

1. 8×7 **2.** 3×6

3. $13 \div 4$ **4.** $27 \div 5$

5. 12×11

VOCABULARIO

número mixto

Aprende

SALTA, SALTA Susan le dio una y un cuarto de tazas de comida para conejos a su conejo Bigotes.

Un **número mixto** está formado por un número entero y una fracción. Mira la ilustración que representa una y un cuarto de tazas de comida.

Lee: una y un cuarto

Escribe: $1\frac{1}{4}$

Ejemplo 1 Escribe un número mixto para cada ilustración.

A

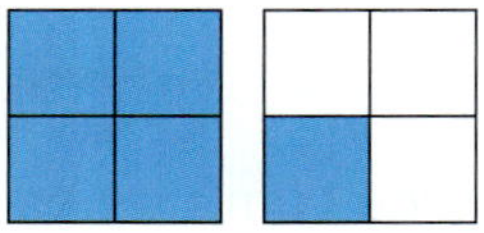

$1\frac{1}{4}$

B

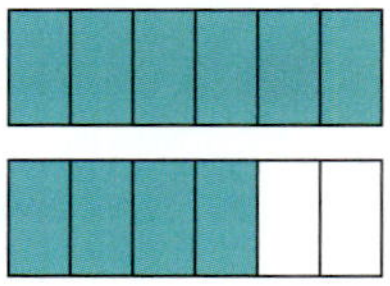

$1\frac{4}{6}$ o $1\frac{2}{3}$

C

$3\frac{1}{12}$

- Mira el ejemplo 1A. ¿Cuántos cuartos pueden formar dos enteros?

Puedes comparar números mixtos al igual que comparas fracciones.

Ejemplo 2

A Compara $2\frac{1}{2}$ y $2\frac{1}{3}$ usando barras de fracciones.

Haz un modelo de $2\frac{1}{2}$, luego debajo de éste, alinea las barras para $2\frac{1}{3}$.

Compara las dos filas de barras de fracciones. La fila más larga representa el número mixto mayor.

Entonces, $2\frac{1}{2} > 2\frac{1}{3}$.

B Compara $6\frac{1}{4}$ y $5\frac{1}{2}$ usando una recta numérica.

Coloca $6\frac{1}{4}$ y $5\frac{1}{2}$ en una recta numérica.

El número mixto más a la derecha en la recta numérica es mayor.

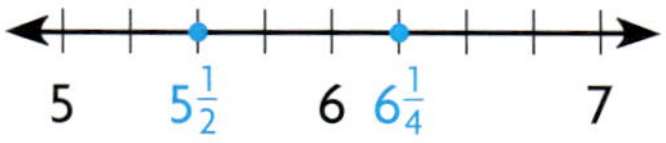

$6\frac{1}{4}$ está más a la derecha en la recta numérica, entonces $6\frac{1}{4} > 5\frac{1}{2}$.

Convertir fracciones y números mixtos

A veces, el numerador de una fracción es mayor que el denominador. Estas fracciones tienen un valor mayor que 1. Se pueden convertir en números mixtos.

Ejemplo 3

A Convierte $\frac{15}{4}$ en un número mixto.

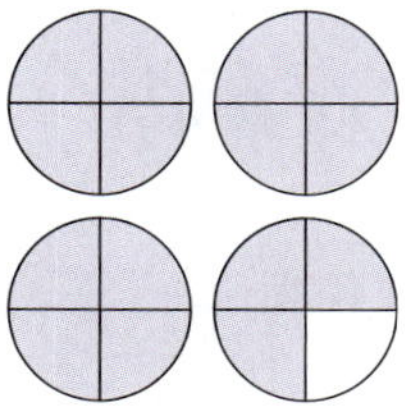

Piensa: ¿Cuántos cuartos se muestran?

Como $\frac{15}{4}$ significa $15 \div 4$, puedes usar la división para convertir una fracción mayor que 1 en un número mixto.

$$\begin{array}{r} 3\text{ r}3 \\ 4\overline{)15} \\ -12 \\ \hline 3 \end{array}$$

denominador → 4; 15 ← numerador; 3 ← número de cuartos que sobra

Escribe el cociente como el entero del número. Luego, escribe el residuo como el numerador y el divisor como el denominador.

Entonces, $\frac{15}{4}$ convertido en un número mixto es $3\frac{3}{4}$.

B Convierte $1\frac{3}{5}$ en una fracción.

Usa las barras de fracciones para convertir el número mixto en una fracción.

Haz un modelo de $1\frac{3}{5}$ usando barras de fracciones.

Pon las barras de $\frac{1}{5}$ debajo de la barra de 1.

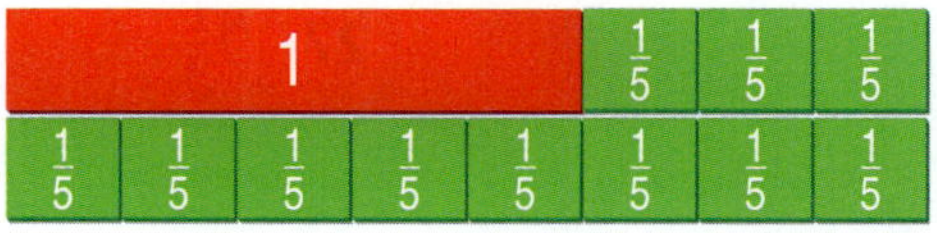

El número total de barras de $\frac{1}{5}$ es el numerador de la fracción. El numerador de la fracción es 8.

Entonces, $1\frac{3}{5}$ convertido en una fracción es $\frac{8}{5}$.

A veces, una fracción mayor que 1 se llama una *fracción impropia*.

Entonces, $\frac{15}{4}$ y $\frac{8}{5}$ son ejemplos de fracciones impropias.

Comprueba

1. **Explica** cómo puedes saber que una fracción es mayor que 1.

Escribe un número mixto para cada ilustración.

2. 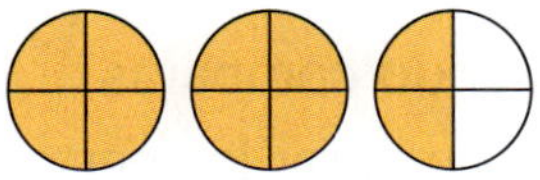

3. 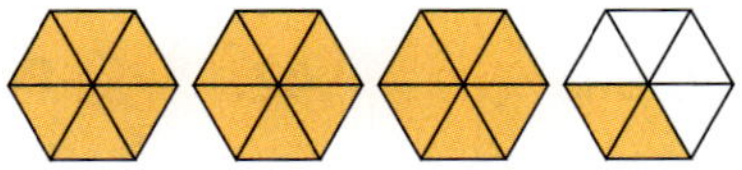

4. 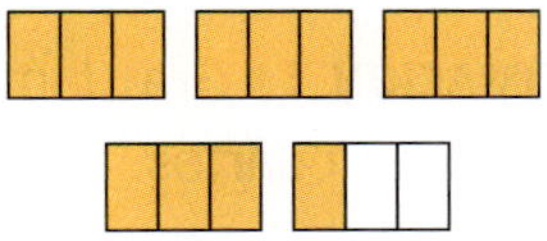

Compara. Escribe <, > o = para cada ●.

5. $3\frac{1}{2}$ ● $3\frac{2}{3}$ 6. $5\frac{1}{3}$ ● $5\frac{2}{6}$ 7. $8\frac{1}{4}$ ● $7\frac{3}{4}$ 8. $\frac{12}{7}$ ● $\frac{3}{2}$

Convierte cada fracción en un número mixto y cada número mixto en una fracción. Quizás quieras hacer un dibujo.

9. $\frac{4}{3}$ 10. $4\frac{3}{4}$ 11. $\frac{13}{4}$ 12. $9\frac{1}{6}$ 13. $\frac{5}{2}$

LA LECCIÓN CONTINÚA

Práctica y resolución de problemas

Más práctica, página 462, Grupo D

Escribe un número mixto para cada ilustración.

14. 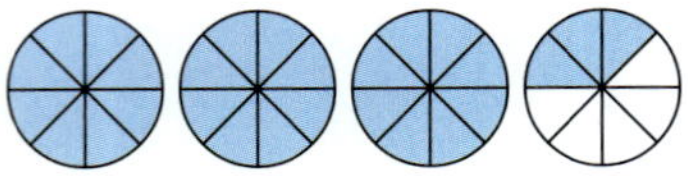

15. 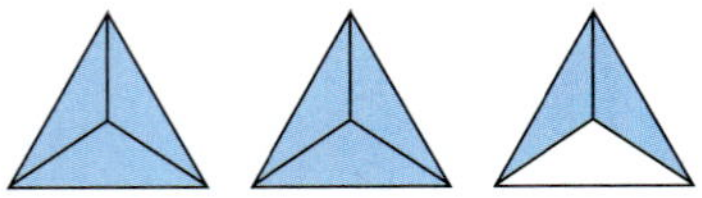

16. 

Compara. Escribe <, > o = para cada ●.

17. $\frac{10}{6}$ ● 3

18. $\frac{13}{4}$ ● $\frac{5}{2}$

19. $4\frac{2}{6}$ ● $4\frac{1}{3}$

20. $\frac{17}{8}$ ● $\frac{22}{7}$

21. $3\frac{3}{4}$ ● $6\frac{1}{2}$

22. 6 ● $\frac{37}{7}$

23. $\frac{19}{3}$ ● $9\frac{1}{2}$

24. $\frac{10}{8}$ ● $1\frac{1}{4}$

25. $3\frac{3}{4}$ ● $\frac{25}{9}$

Convierte cada fracción en un número mixto y cada número mixto en una fracción. Quizás quieras hacer un dibujo.

26. $\frac{5}{2}$

27. $9\frac{1}{3}$

28. $\frac{10}{8}$

29. $5\frac{1}{4}$

30. $4\frac{5}{12}$

31. $\frac{21}{8}$

32. $7\frac{4}{7}$

33. $\frac{25}{9}$

Para los ejercicios 34–38, usa las figuras de la derecha.

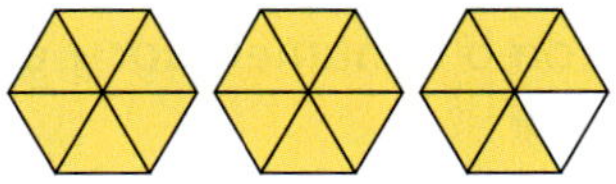

34. Escribe una fracción para la parte sombreada en la tercera figura.

35. ¿Cuántas figuras enteras están sombreadas en la ilustración?

36. ¿Qué fracción y número mixto puedes escribir para la ilustración?

37. ¿Cómo puedes cambiar la ilustración para mostrar 3 enteros?

38. ¿Cómo puedes cambiar la ilustración para mostrar $1\frac{4}{6}$?

39. A una taza le caben 8 onzas de líquido. Mary usó 24 onzas de leche para hacer panqueques. ¿Cuántas tazas de leche usó?

40. Para la merienda, Tim bebió $\frac{1}{2}$ vaso de jugo y Cory bebió $\frac{3}{4}$ de vaso de jugo. ¿Quién bebió más de $\frac{5}{8}$ de vaso de jugo?

41. **ESTIMACIÓN** La Sra. James cortó una toronja en cuartos. Usó 9 cuartos para hacer jugo. ¿Es eso más próximo a 2 o 3 toronjas enteras?

42. **Por escrito** Cuando comparas $4\frac{5}{8}$ y $5\frac{4}{8}$, ¿necesitas comparar las partes fraccionarias de cada número mixto? Explica tu respuesta.

43. En 1940, un hombre estableció un récord mundial al manejar su bicicleta unas 200 millas cada día durante 500 días. ¿Alrededor de cuántas millas recorrió?

44. Una ración de comida para conejos es $1\frac{1}{4}$ tazas. Si tienes $\frac{3}{2}$ tazas de comida, ¿tienes suficiente para una ración completa? Explica tu respuesta.

Repaso y preparación para la prueba

45. $3{,}524 + 1{,}524$ (pág. 48)

46. $67{,}004 - 9{,}386$ (pág. 52)

47. Redondea 2,316,790 al millar más próximo. (pág. 30)

Escribe <, > o = para cada ●.

48. 5,236,909 ● 5,237,987 (pág. 20)

49. $\frac{3}{8}$ ● $\frac{6}{5}$ (pág. 452)

50. $\$98.02 \times 6$ (pág. 260)

51. **Preparación para la prueba** ¿Cuántos ceros hay en el producto de 65 y 40,000? (pág. 236)

A 2
B 3
C 4
D 5

52. **Preparación para la prueba** ¿Qué producto es diferente de los demás? (pág. 174)

F $3 \times 3 \times 2$
G $2 \times 2 \times 2 \times 3$
H $3 \times 2 \times 4$
J $2 \times 2 \times 6$

Resolución de problemas — Piénsalo más

RAZÓN Double Dutch (doble cuerda) es un juego de saltar la cuerda que, a menudo, se juega en las calles. Equipos de 4 saltadores hacen varias acrobacias en los torneos. Cada equipo de 4 saltadores usa 2 cuerdas para saltar.

Una **razón** compara dos cantidades. Hay tres maneras de escribir una razón comparando el número de saltadores con el número de cuerdas para saltar que se usarán:

4:2 $\quad \frac{4}{2} \quad$ 4 a 2

Todas estas razones se leen "4 a 2".

La razón del número de saltadores al número de cuerdas para saltar será equivalente a 4:2 sin importar cuántos equipos hay.

Escribe una razón para comparar el número de saltadores con el número de cuerdas. Escribe cada razón de tres maneras.

1. 8 saltadores
2. 6 cuerdas
3. 16 saltadores
4. 10 cuerdas

Más práctica

Grupo A (págs. 446–447)

Escribe una fracción para la parte sombreada.

1. 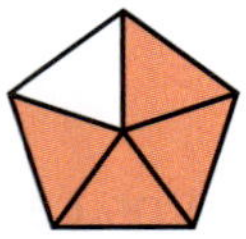

2. 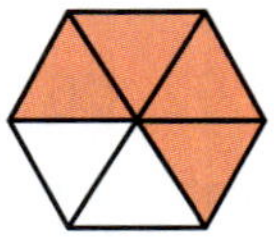

3. 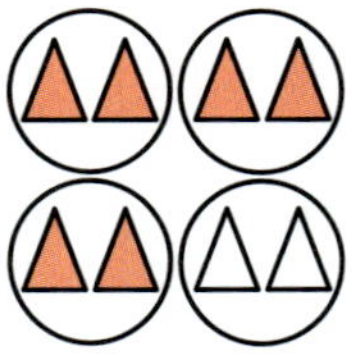

4. 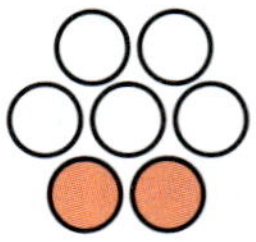

Haz un dibujo y sombrea parte de éste para mostrar la fracción. Escribe una fracción para la parte que no está sombreada.

5. $\frac{1}{3}$ 6. $\frac{8}{8}$ 7. $\frac{5}{12}$ 8. $\frac{3}{3}$ 9. $\frac{2}{6}$

Grupo B (págs. 448–451)

Escribe dos fracciones equivalentes para cada fracción.

1. $\frac{2}{4}$ 2. $\frac{4}{4}$ 3. $\frac{6}{10}$ 4. $\frac{4}{12}$ 5. $\frac{6}{9}$

Indica si cada fracción está en su mínima expresión. Si no está, escríbela en su mínima expresión.

6. $\frac{1}{5}$ 7. $\frac{2}{12}$ 8. $\frac{2}{5}$ 9. $\frac{6}{8}$ 10. $\frac{5}{7}$

Grupo C (págs. 452–455)

Ordena las fracciones de *mayor* a *menor*.

1. $\frac{2}{3}, \frac{2}{5}, \frac{1}{2}$ 2. $\frac{3}{4}, \frac{1}{2}, \frac{2}{3}$ 3. $\frac{1}{6}, \frac{3}{4}, \frac{2}{5}$ 4. $\frac{1}{5}, \frac{1}{3}, \frac{1}{2}$

5. $\frac{4}{12}, \frac{1}{10}, \frac{3}{5}$ 6. $\frac{5}{6}, \frac{1}{2}, \frac{2}{3}$ 7. $\frac{1}{8}, \frac{3}{5}, \frac{1}{2}$ 8. $\frac{3}{8}, \frac{1}{4}, \frac{3}{4}$

Grupo D (págs. 458–461)

Escribe un número mixto para cada ilustración.

1. 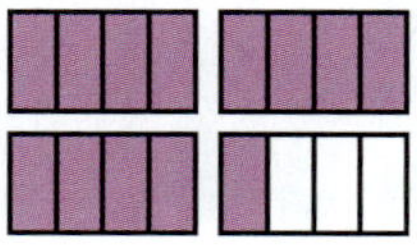

2. 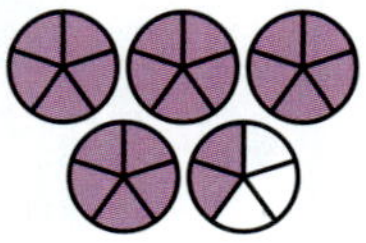

3. 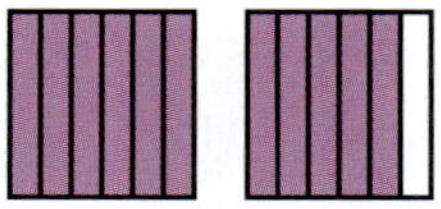

Convierte cada fracción en un número mixto y cada número mixto en una fracción.

4. $\frac{7}{2}$ 5. $\frac{13}{8}$ 6. $\frac{11}{5}$ 7. $\frac{14}{6}$

8. $2\frac{3}{4}$ 9. $5\frac{1}{2}$ 10. $4\frac{11}{12}$ 11. $7\frac{6}{7}$

CAPÍTULO 21

Repaso/Prueba

COMPRUEBA EL VOCABULARIO Y LOS CONCEPTOS

Elige el mejor término de la casilla.

fracciones equivalentes
número mixto
mínima expresión

1. Fracciones diferentes que nombran la misma cantidad se denominan _?_. (pág. 448)

2. Un _?_ está formado por un número entero y una fracción. (pág. 458)

COMPRUEBA LAS DESTREZAS

Escribe la fracción o número mixto para la parte sombreada. (págs. 446–447, 458–461)

3. 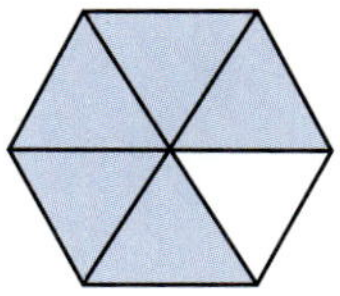

4. 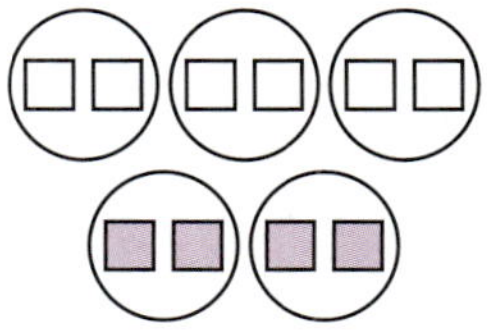

5. 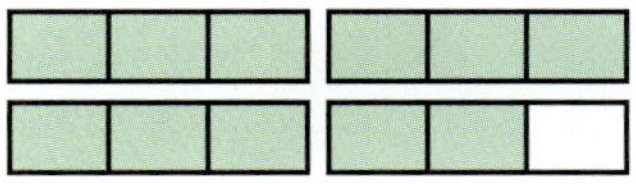

Escribe dos fracciones equivalentes para cada fracción. (págs. 448–451)

6. $\frac{1}{2}$ **7.** $\frac{3}{4}$ **8.** $\frac{7}{8}$ **9.** $\frac{4}{10}$ **10.** $\frac{2}{5}$

Escribe cada fracción en su mínima expresión. (págs. 448–451)

11. $\frac{9}{12}$ **12.** $\frac{6}{10}$ **13.** $\frac{4}{6}$ **14.** $\frac{10}{12}$ **15.** $\frac{6}{4}$

Escribe <, > o = para cada ●. (págs. 452–455)

16. $\frac{3}{8}$ ● $\frac{5}{8}$ **17.** $\frac{3}{6}$ ● $\frac{4}{8}$ **18.** $\frac{2}{3}$ ● $\frac{1}{4}$ **19.** $\frac{11}{12}$ ● $\frac{5}{6}$

Convierte cada fracción en un número mixto y cada número mixto en una fracción. (págs. 458–461)

20. $\frac{7}{2}$ **21.** $8\frac{1}{3}$ **22.** $\frac{16}{3}$ **23.** $1\frac{1}{12}$

COMPRUEBA LA RESOLUCIÓN DE PROBLEMAS

Haz un modelo para resolver. (págs. 456–457)

24. Tom encestó $\frac{1}{3}$ de sus tiros libres y María encestó $\frac{4}{6}$ de los suyos. ¿Quién encestó una mayor parte de sus tiros libres?

25. Sue tiene un grupo de llaves de tuerca. Tres de los tamaños son $\frac{1}{2}$, $\frac{3}{4}$ y $\frac{5}{8}$ de pulgada. Ordena los tamaños de *menor* a *mayor*.

Preparación para pruebas

PERCEPCIÓN NUMÉRICA, CONCEPTOS Y OPERACIONES

1. John se comió $\frac{3}{8}$ de una pizza. ¿Qué modelo muestra cuánta pizza se comió John?

A
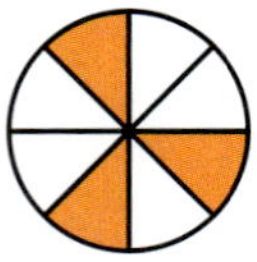

C
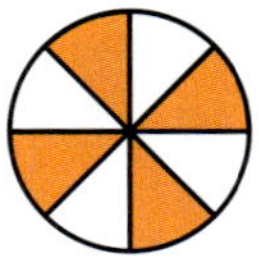

B
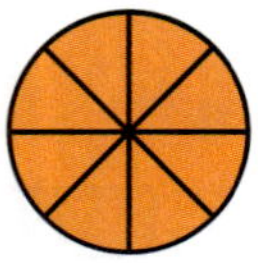

D
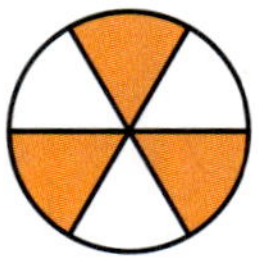

IDEA **Elimina opciones.** Mira el ejercicio 2. Piensa en una fracción que nombre la parte del grupo. Elimina opciones con un denominador incorrecto.

2. ¿Qué fracción de este grupo de globos tiene puntos?

F $\frac{5}{2}$

G $\frac{2}{3}$

H $\frac{3}{5}$

J $\frac{2}{5}$

3. **Explícalo** El sábado pasado asistieron 3,921 personas a un juego de béisbol. Este sábado asistieron 4,210 personas. Marge ESTIMÓ que casi 5,000 personas asistieron en los dos días. ¿Tenía razón? Explica cómo lo decidiste.

MEDIDAS

4. Cuando Cy verificó la temperatura a las 9:00 a.m., estaba en $^{-}3$°C. A las 10:00 a.m. la temperatura había descendido 5°. ¿Cuál era la temperatura a las 10:00 a.m.?

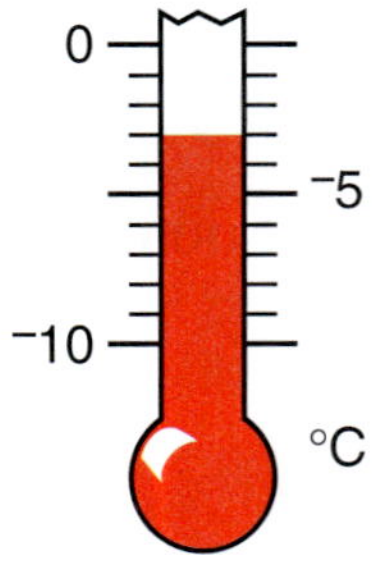

A 8°C

B 2°C

C $^{-}5$°C

D $^{-}8$°C

5. La temperatura a la 1:00 p.m. era $^{-}18$°F. A las 3:00 p.m. la temperatura había subido 8°. ¿Cuál era la temperatura a las 3:00 p.m.?

F 26°F

G 10°F

H $^{-}10$°F

J $^{-}26$°F

6. **Explícalo** Suzanne hizo el siguiente horario para su vuelo desde Baltimore hasta Houston.

HORARIO DE VUELO DE SUZANNE	
De Baltimore a Jacksonville	
Sale a las 9:00 a.m.	Llega a las 11:38 a.m.
De Jacksonville a Houston	
Sale a la 1:50 p.m.	Llega a las 3:36 p.m.

A los 5 minutos más próximos, ¿aproximadamente cuánto tiempo esperará Suzanne entre los vuelos? Explica tu razonamiento.

RAZONAMIENTO ALGEBRAICO

7. Jared escribió estas fracciones.

$$\frac{2}{4}, \frac{3}{6}, \frac{4}{8}, \frac{5}{10}$$

Él se dio cuenta de un patrón. Si sigue el mismo patrón, ¿qué fracción seguirá?

A $\frac{6}{11}$

B $\frac{6}{12}$

C $\frac{7}{10}$

D $\frac{7}{12}$

8. ¿Cuál NO es un valor para *n* en la siguiente desigualdad?

$$\frac{2}{5} > \frac{n}{10}$$

F 1

G 2

H 3

J 4

9. **Explícalo** Mira la siguiente tabla.

ENTRADA	SALIDA
$\frac{1}{3}$	$\frac{2}{3}$
$\frac{3}{7}$	$\frac{6}{7}$
$\frac{2}{12}$	$\frac{4}{12}$
$\frac{1}{9}$	$\frac{2}{9}$
$\frac{4}{10}$	$\frac{8}{10}$
$\frac{2}{5}$	■

Escribe una regla. ¿Cuál es la fracción que falta? Explica cómo lo decidiste.

ANÁLISIS DE DATOS Y PROBABILIDAD

10. La gráfica muestra las películas favoritas de una clase de estudiantes de cuarto grado.

¿Cuántos estudiantes más eligieron películas de dibujos animados que películas de acción?

A 1

B 4

C 5

D 6

11. ¿Cuál es la fracción de números pares en un cubo numerado del 1 al 6?

F $\frac{3}{4}$

G $\frac{2}{3}$

H $\frac{1}{2}$

J $\frac{1}{3}$

12. **Explícalo** El Palacio de las pizzas vende pizzas pequeñas y grandes. Los aderezos incluyen salchichón, salchicha y pimentones.

¿Cuántas combinaciones diferentes de pizza con un aderezo son posibles usando estos tres aderezos y dos tamaños? Haz una lista para mostrar cómo lo decidiste.

CAPÍTULO 22

Sumar y restar fracciones y números mixtos

DATOS BREVES • CIENCIAS Los lémures son primates oriundos de la isla de Madagascar. El Centro de Primates de la universidad Duke en Durham, North Carolina, es el hogar de más de 250 lémures que representan 21 especies diferentes.

RESOLUCIÓN DE PROBLEMAS El pictograma muestra las cantidades de comida seca que los investigadores les dan a algunas especies de lémures a diario. ¿Cuánta más comida seca le dan al lémur de cola anillada que al lémur manso gris a diario?

DIETA DIARIA DE LOS LÉMURES

Lémur mangosta	
Lémur de cola anillada	
Lémur coronado	
Lémur manso gris	

Clave: Cada = $\frac{1}{4}$ de taza de comida seca.

Comprueba lo que sabes

Usa esta página para repasar y recordar destrezas importantes que se necesitan para el Capítulo 22.

FRACCIONES EQUIVALENTES

Escribe dos fracciones equivalentes para cada ilustración.

1. 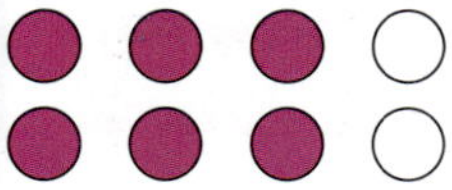

2. 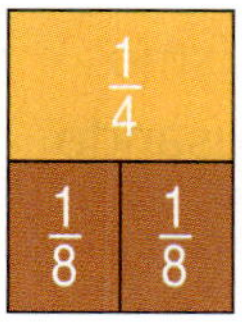

3. 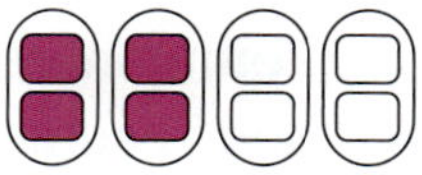

MÍNIMA EXPRESIÓN

Indica si cada fracción está en su mínima expresión. De no ser así, escríbela en su mínima expresión.

4. $\frac{2}{4}$
5. $\frac{3}{5}$
6. $\frac{8}{12}$
7. $\frac{16}{4}$
8. $\frac{3}{7}$
9. $\frac{15}{3}$

NÚMEROS MIXTOS

Escribe un número mixto para cada dibujo.

10. 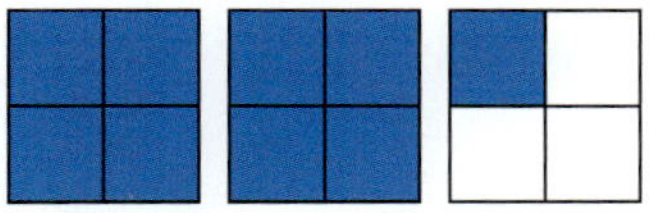

11. 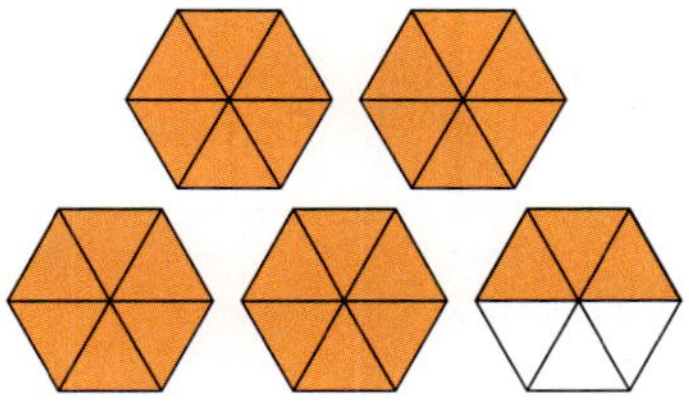

12. 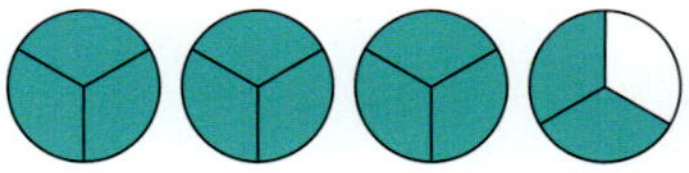

VOCABULARIO

REPASO

fracción *sustantivo*

La palabra *fracción* proviene del latín *fractio* que significa "romper". Otra palabra española que proviene de la misma palabra primitiva es *fraccionado* que significa "roto". Explica cómo una *fracción* puede representar una parte de un todo "fraccionado".

PRESENTACIÓN

fracciones semejantes

fracciones no semejantes

APRENDE en línea www.harcourtschool.com

LECCIÓN 1

Sumar fracciones semejantes

Repaso rápido

Escribe una fracción equivalente para cada una.

1. $\frac{12}{15}$ **2.** $\frac{9}{18}$ **3.** $\frac{4}{6}$

4. $\frac{6}{24}$ **5.** $\frac{7}{28}$

VOCABULARIO

fracciones semejantes

Aprende

UN PASO A LA VEZ Pam caminó $\frac{1}{4}$ de milla hasta la casa de Lori. Luego, las dos niñas caminaron juntas $\frac{2}{4}$ de milla hasta la clase de cerámica. ¿Pam caminó más o menos de 1 milla?

Las **fracciones semejantes** son fracciones con el mismo denominador. Puedes sumar fracciones semejantes usando barras de fracciones o dibujos.

De una manera Usa barras de fracciones.

Halla $\frac{1}{4} + \frac{2}{4}$ y compara con 1.

PASO 1

Alinea una de las barras de fracciones de $\frac{1}{4}$ debajo de la barra de 1.

PASO 2

Alinea dos barras de fracciones más de $\frac{1}{4}$. Cuenta las barras de fracciones de $\frac{1}{4}$. $\frac{1}{4} + \frac{2}{4} = \frac{3}{4}$

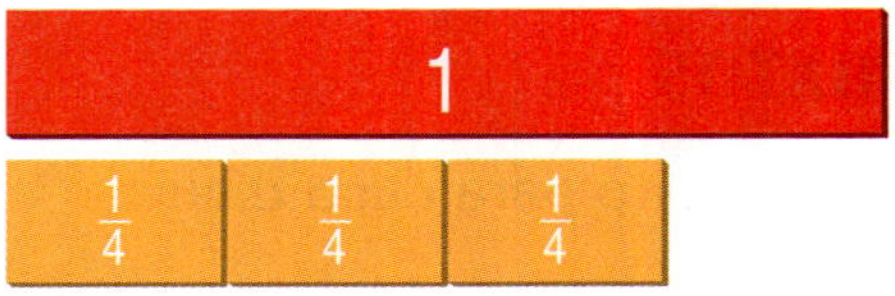

Compara. $\frac{3}{4} < 1$

Entonces, Pam caminó menos de 1 milla.

De otra manera Usa dibujos.

En una clase de cerámica, Pam y Lori dividieron un bloque de arcilla en 8 pedazos iguales. Pam usó 2 pedazos de la arcilla y Lori usó 3 pedazos. ¿Qué fracción del bloque usaron?

PASO 1

Dibuja un rectángulo dividido en 8 partes iguales. Haz un modelo de $\frac{2}{8}$ sombreando 2 de las partes.

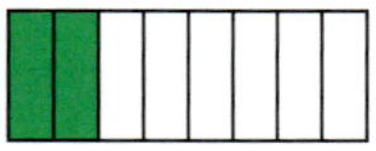

PASO 2

Suma $\frac{3}{8}$ sombreando 3 partes más. Hay 5 partes sombreadas.

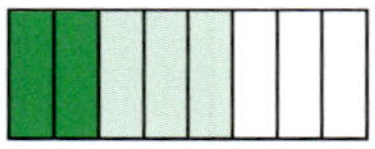

$\frac{2}{8} + \frac{3}{8} = \frac{5}{\blacksquare}$

PASO 3

Hay 8 partes iguales, entonces el denominador permanece igual. Escribe la suma de los numeradores sobre el denominador.

$\frac{2}{8} + \frac{3}{8} = \frac{5}{8}$

Entonces, Pam y Lori usaron $\frac{5}{8}$ del bloque de arcilla.

Sumar numeradores

¿Qué sucedería si Pam caminara $\frac{3}{10}$ de milla desde el salón hasta la biblioteca y $\frac{7}{10}$ de milla hasta la casa? ¿Cuánto caminaría Pam?

También puedes sumar fracciones con denominadores iguales sumando los numeradores.

Distancia a la biblioteca		Distancia a la casa		Distancia total	
↓		↓		↓	
$\frac{3}{10}$	$+$	$\frac{7}{10}$	$=$	$\frac{10}{10}$	← Suma los numeradores. ← El denominador permanece igual.

Entonces, Pam caminó un total de 1 milla.

Ejemplos

A $\frac{2}{10} + \frac{6}{10}$

$\frac{2}{10} + \frac{6}{10} = \frac{8}{10}$

Escribe la suma en su mínima expresión.

$\frac{8}{10} = \frac{8 \div 2}{10 \div 2} = \frac{4}{5}$

B $\frac{3}{8} + \frac{5}{8}$

$\frac{3}{8} + \frac{5}{8} = \frac{8}{8}$

Escribe la suma como un número entero.

$\frac{8}{8} = 1$

C $\frac{2}{6} + \frac{5}{6}$

$\frac{2}{6} + \frac{5}{6} = \frac{7}{6}$

Escribe la suma como un número mixto.

$\frac{7}{6} = \frac{6}{6} + \frac{1}{6} = 1\frac{1}{6}$

Idea matemática Para sumar fracciones semejantes, suma los numeradores. Usa el mismo denominador que en las fracciones semejantes.

Comprueba

1. **Explica** por qué solo se suman los numeradores cuando se suman fracciones semejantes.

Halla la suma.

2. 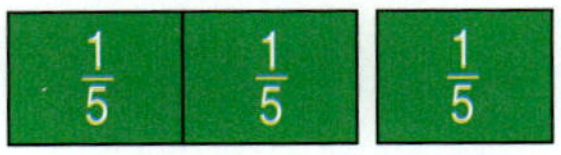

$\frac{2}{5} + \frac{1}{5}$

3. 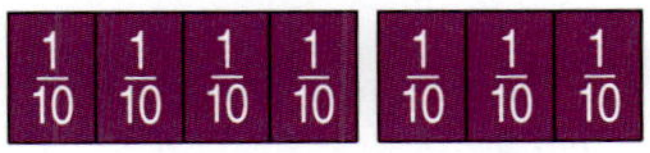

$\frac{4}{10} + \frac{3}{10}$

4. 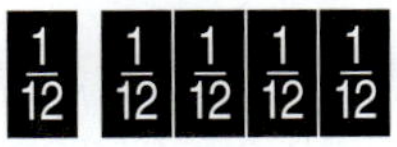

$\frac{1}{12} + \frac{4}{12}$

5. $\frac{1}{2} + \frac{1}{2}$

6. $\frac{3}{4} + \frac{1}{4}$

7. $\frac{4}{8} + \frac{2}{8}$

8. $\frac{1}{3} + \frac{1}{3}$

LA LECCIÓN CONTINÚA

Práctica y resolución de problemas

Más práctica, página 484, Grupo A

Halla la suma.

9. 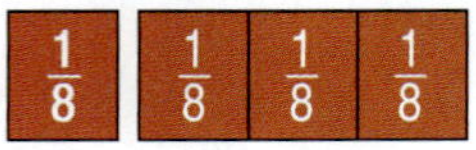

$\frac{1}{8} + \frac{3}{8}$

10. 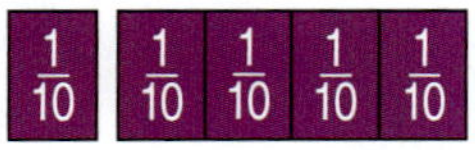

$\frac{1}{10} + \frac{4}{10}$

11. 

$\frac{4}{6} + \frac{3}{6}$

12. $\frac{2}{6} + \frac{4}{6}$ **13.** $\frac{3}{4} + \frac{2}{4}$ **14.** $\frac{3}{7} + \frac{4}{7}$ **15.** $\frac{2}{3} + \frac{2}{3}$

16. $\frac{3}{12} + \frac{5}{12}$ **17.** $\frac{9}{12} + \frac{10}{12}$ **18.** $\frac{3}{10} + \frac{7}{10}$ **19.** $\frac{3}{3} + \frac{1}{3}$

Compara. Escribe <, > o = para cada ●.

20. $\frac{1}{4} + \frac{2}{4}$ ● $\frac{1}{2}$ **21.** $\frac{1}{6} + \frac{3}{6}$ ● $\frac{2}{3}$ **22.** $\frac{4}{8} + \frac{3}{8}$ ● 1 **23.** $\frac{1}{5} + \frac{1}{5}$ ● $\frac{3}{10}$

24. $\frac{1}{3} + \frac{1}{3}$ ● $\frac{1}{2}$ **25.** $\frac{1}{12} + \frac{6}{12}$ ● $\frac{1}{2}$ **26.** $\frac{4}{10} + \frac{1}{10}$ ● $\frac{2}{5}$ **27.** $\frac{2}{8} + \frac{4}{8}$ ● $\frac{3}{4}$

ÁLGEBRA **Para los ejercicios 28–35, halla el valor de *n*.**

28. $\frac{7}{10} + \frac{2}{n} = \frac{9}{10}$ **29.** $\frac{5}{n} + \frac{3}{n} = 1$ **30.** $\frac{5}{n} + \frac{3}{n} = \frac{8}{12}$ **31.** $\frac{4}{n} + \frac{3}{n} = \frac{7}{9}$

32. $\frac{n}{4} + \frac{n}{4} = \frac{2}{4}$ **33.** $\frac{1}{7} + \frac{2}{n} = \frac{3}{n}$ **34.** $\frac{3}{8} + \frac{3}{8} = \frac{n}{4}$ **35.** $\frac{4}{n} + \frac{3}{n} = \frac{7}{11}$

36. Vocabulario La palabra *denominador* proviene de una palabra del latín que significa "nombrar". Explica cómo el denominador ayuda a nombrar una fracción.

37. Por escrito Describe cómo podrías hacer un modelo de un cartón de huevos para hallar la suma de $\frac{3}{12} + \frac{5}{12}$. Resuelve.

38. RAZONAMIENTO Los tres frascos idénticos a la derecha contienen barniz. ¿Cabrá todo el barniz en un solo frasco? Explica tu respuesta.

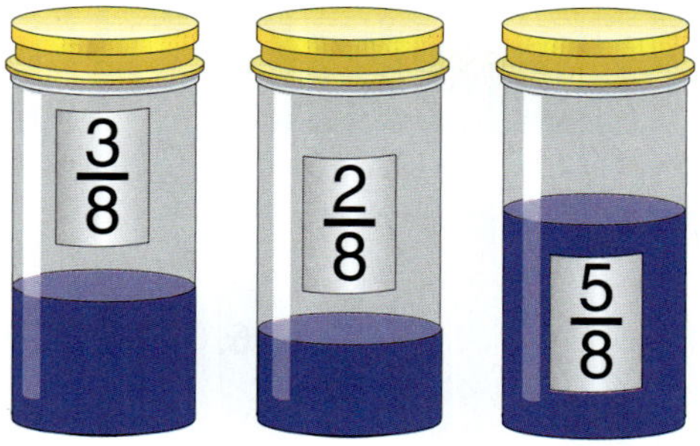

39. ¿Cuál es el error? Allen dice que la suma $\frac{3}{5} + \frac{2}{5}$ es igual a $\frac{5}{10}$. Describe su error. Escribe la respuesta correcta.

40. Cada vuelta alrededor de una pista de atletismo es $\frac{1}{4}$ de milla. Leslie dio 1 vuelta a la pista el sábado y 2 vueltas el domingo. ¿Cuánto caminó Leslie el sábado y el domingo en millas?

41. Durante la clase de cocina, una hogaza de pan se rebanó en 9 pedazos iguales. Wendy, Peter y Jack recibieron $\frac{1}{9}$ de hogaza cada uno. ¿Qué fracción del pan entero obtuvieron en total? ¿A cuántos pedazos equivale?

Repaso y preparación para la prueba

42. Ordena $\frac{1}{2}$, $\frac{1}{4}$ y $\frac{2}{3}$ de mayor a menor. (pág. 452)

43. 983×6 (pág. 222)

44. $1{,}820 \times 54$ (pág. 258)

45. Las clases comienzan a las 8:15 a.m. y terminan a las 2:50 p.m. ¿Cuánto tiempo dura el día escolar? (pág. 98)

46. 82×51 (pág. 252)

47. $275 \div 8$ (pág. 300)

48. **Preparación para la prueba** ¿Qué fracción está en su mínima expresión? (pág. 448)

A $\frac{2}{10}$ **B** $\frac{3}{6}$ **C** $\frac{2}{3}$ **D** $\frac{6}{8}$

49. **Preparación para la prueba** Evie tenía 3 paquetes de bolígrafos con 10 bolígrafos en cada paquete. Le dio n bolígrafos a Toby. Elige una expresión que muestre cuántos le quedan a Evie. (pág. 188)

F $(3 \times 10) + n$ **H** $(3 + n) \times 10$

G $(3 \times 10) - n$ **J** $(3 - n) \times 10$

Resolución de problemas — Piénsalo más

ESTIMAR SUMAS DE FRACCIONES Puedes usar puntos de referencia para estimar las sumas de fracciones.

Estima la suma $\frac{3}{8} + \frac{7}{8} + \frac{1}{8}$.

Usa una recta numérica para redondear las fracciones a un punto de referencia de 0, $\frac{1}{2}$ o 1.

$$\frac{3}{8} + \frac{7}{8} + \frac{1}{8}$$
$$\downarrow \quad \downarrow \quad \downarrow$$
$$\frac{1}{2} + 1 + 0 = 1\frac{1}{2}$$

Entonces, $\frac{3}{8} + \frac{7}{8} + \frac{1}{8}$ es casi $1\frac{1}{2}$.

Puntos de referencia

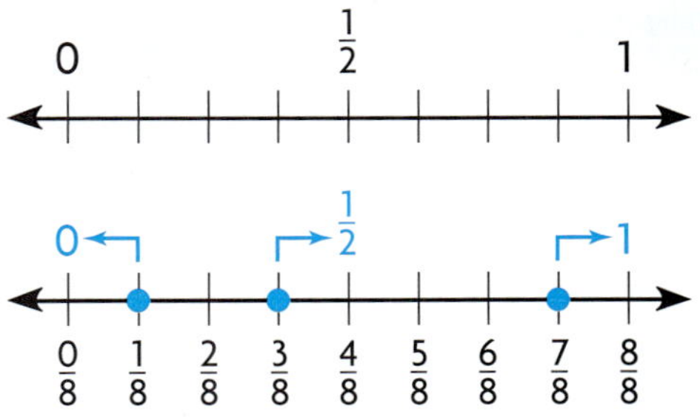

Redondea cada fracción a su punto de referencia más próximo.

Estima cada suma y da los puntos de referencia que usaste. Luego, halla la suma real y compárala con la estimación para determinar si tu respuesta es razonable.

1. $\frac{1}{6} + \frac{4}{6}$

2. $\frac{3}{8} + \frac{5}{8}$

3. $\frac{7}{12} + \frac{4}{12} + \frac{1}{12}$

4. $\frac{5}{6} + \frac{1}{6} + \frac{3}{6}$

LECCIÓN 2

MANOS A LA OBRA

Restar fracciones semejantes

Repaso rápido

Escribe cada fracción en su mínima expresión.

1. $\frac{3}{6}$ **2.** $\frac{14}{21}$ **3.** $\frac{6}{24}$

4. $\frac{8}{40}$ **5.** $\frac{8}{12}$

MATERIALES barras de fracciones

Explora

¿Cómo puedes restar dos fracciones con denominadores iguales?

Actividad Usa barras de fracciones para hallar $\frac{5}{6} - \frac{3}{6}$.

De una manera Quita barras de fracciones.

PASO 1

Alinea 5 de las barras de $\frac{1}{6}$.

PASO 2

Quita 3 de las barras de $\frac{1}{6}$.

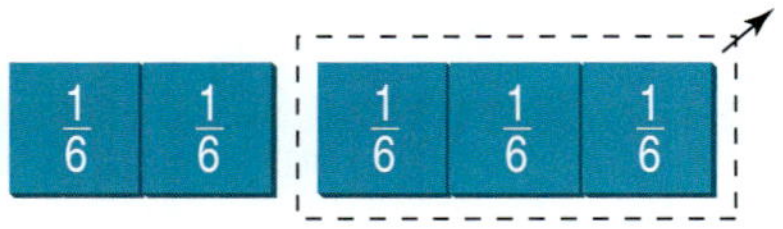

PASO 3

Cuenta las barras de $\frac{1}{6}$ que quedan.

Quedan dos barras de $\frac{1}{6}$.

De otra manera Compara dos grupos de barras de fracciones.

PASO 1

Alinea 5 de las barras de $\frac{1}{6}$.

PASO 2

Alinea 3 de las barras de $\frac{1}{6}$.

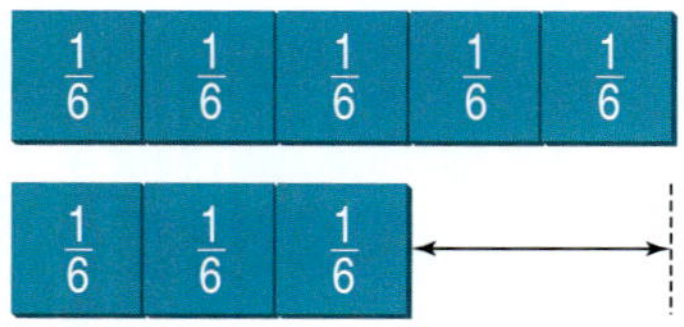

PASO 3

Compara las filas de barras. Halla la diferencia.

La diferencia es dos barras de $\frac{1}{6}$.

Entonces, $\frac{5}{6} - \frac{3}{6} = \frac{2}{6}$, o $\frac{1}{3}$.

Inténtalo

Halla la diferencia.

a. $\frac{7}{8} - \frac{2}{8}$ **b.** $\frac{8}{12} - \frac{6}{12}$

c. $\frac{5}{10} - \frac{2}{10}$ **d.** $\frac{3}{4} - \frac{2}{4}$

Relaciona

Puedes hacer dibujos para restar fracciones semejantes.

Ejemplo Usa un dibujo para hallar $\frac{7}{8} - \frac{3}{8}$.

PASO 1

Dibuja un rectángulo dividido en 8 partes iguales. Haz un modelo de $\frac{7}{8}$ sombreando 7 de las partes.

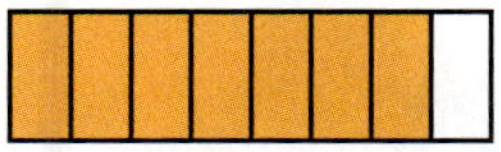

PASO 2

Resta $\frac{3}{8}$ tachando 3 de las partes sombreadas. Hay 4 partes sombreadas que no se tacharon.

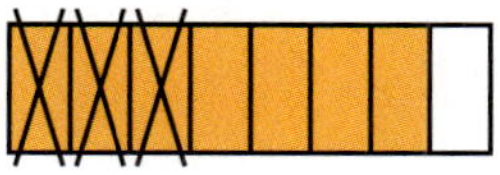

$\frac{7}{8} - \frac{3}{8} = \frac{4}{\blacksquare}$

PASO 3

El denominador permanece igual. Escribe la diferencia sobre el denominador.

$\frac{7}{8} - \frac{3}{8} = \frac{4}{8}$

Escribe la respuesta en su mínima expresión.

$\frac{4}{8} = \frac{1}{2}$

Entonces, $\frac{7}{8} - \frac{3}{8} = \frac{1}{2}$.

- Halla la diferencia en los numeradores de $\frac{7}{8} - \frac{3}{8}$. ¿Cómo se compara esta respuesta con el numerador de la diferencia, $\frac{4}{8}$, que se halló en el ejemplo?

Idea matemática Para restar fracciones semejantes, usa las barras de fracciones, haz un dibujo o resta los numeradores. Usa el mismo denominador que el de las fracciones semejantes.

Práctica y resolución de problemas

Usa barras de fracciones o haz un dibujo para hallar la diferencia.

1. $\frac{3}{5} - \frac{1}{5}$ **2.** $\frac{8}{10} - \frac{1}{10}$ **3.** $\frac{9}{9} - \frac{1}{9}$ **4.** $\frac{11}{12} - \frac{5}{12}$

Halla la diferencia.

5. $\frac{5}{8} - \frac{4}{8}$ **6.** $\frac{6}{10} - \frac{2}{10}$ **7.** $\frac{4}{6} - \frac{1}{6}$ **8.** $\frac{5}{8} - \frac{2}{8}$

9. En una encuesta, $\frac{4}{10}$ de los estudiantes eligió un animal como mascota. El resto eligió un personaje de tiras cómicas. ¿Qué tipo de mascota recibió más votos? Explica tu respuesta.

Repaso y preparación para la prueba

10. Haz una lista de los factores de 36. (pág. 338)

11. Escribe los primeros cinco múltiplos de 7. (pág. 338)

12. $595 \div 5$ (pág. 300) **13.** $438 \div 2$ (pág. 300)

14. **Preparación para la prueba** Hannah puede poner 32 nombres en cada página del directorio escolar. Ella tiene 416 nombres. ¿Cuántas páginas necesita? (pág. 320)

A 12 **B** 13 **C** 14 **D** 17

LECCIÓN 3

Sumar y restar números mixtos

Repaso rápido

1. $\frac{1}{4} + \frac{2}{4}$ **2.** $\frac{1}{3} + \frac{2}{3}$

3. $\frac{2}{5} + \frac{1}{5}$ **4.** $\frac{4}{6} - \frac{1}{6}$

5. $\frac{5}{8} - \frac{3}{8}$

Aprende

HORA DE CENAR Susan ayuda a preparar las frutas para los animales en el centro de primates. Ella mezcló $2\frac{2}{4}$ tazas de rebanadas de plátanos con $1\frac{1}{4}$ tazas de rebanadas de manzanas. ¿Cuánta fruta preparó?

Ejemplo 1

Suma. $2\frac{2}{4} + 1\frac{1}{4}$

PASO 1

Haz un dibujo para cada número mixto. Suma primero las fracciones.

$$\begin{array}{r} 2\frac{2}{4} \\ +1\frac{1}{4} \\ \hline \frac{3}{4} \end{array}$$

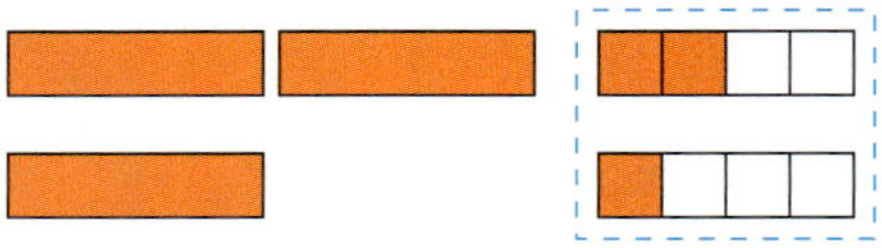

PASO 2

Luego, suma los números enteros.

$$\begin{array}{r} 2\frac{2}{4} \\ +1\frac{1}{4} \\ \hline 3\frac{3}{4} \end{array}$$

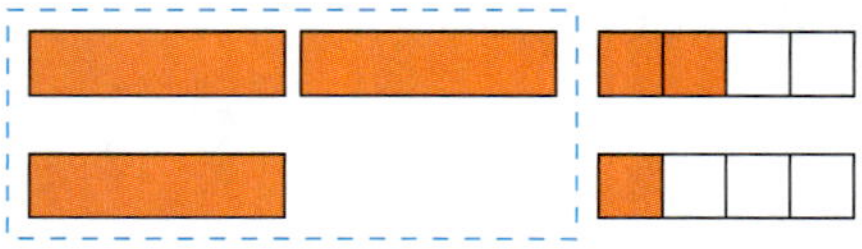

Entonces, Susan preparó $3\frac{3}{4}$ tazas de fruta.

Más ejemplos

A

$$\begin{array}{r} 2\frac{1}{3} \\ +2\frac{1}{3} \\ \hline 4\frac{2}{3} \end{array}$$

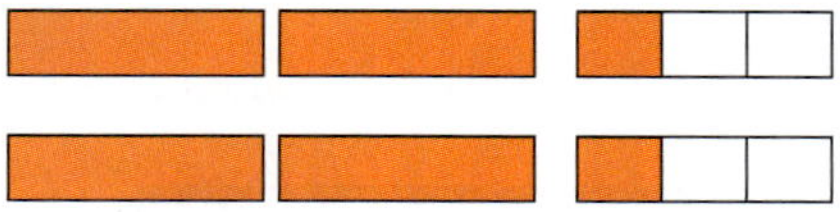

B

$$\begin{array}{r} \frac{3}{5} \\ +1\frac{4}{5} \\ \hline 1\frac{7}{5} = 1 + 1\frac{2}{5} = 2\frac{2}{5} \end{array}$$

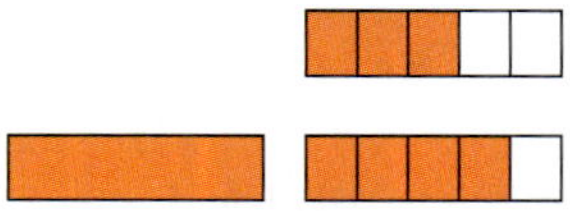

Idea matemática Cuando sumes números mixtos, suma primero las fracciones y luego suma los números enteros.

Restar números mixtos

La resta de números mixtos es semejante a la suma de números mixtos.

Susan tiene $3\frac{5}{8}$ tazas de comida seca. Le da $2\frac{1}{8}$ tazas a un grupo de lémures de cola anillada. ¿Cuánta comida seca le queda?

Ejemplo 2

Resta. $3\frac{5}{8} - 2\frac{1}{8}$

PASO 1

Dibuja un modelo para el primer número mixto. Resta primero las fracciones.

$$\begin{array}{r} 3\frac{5}{8} \\ -2\frac{1}{8} \\ \hline \frac{4}{8} \end{array}$$

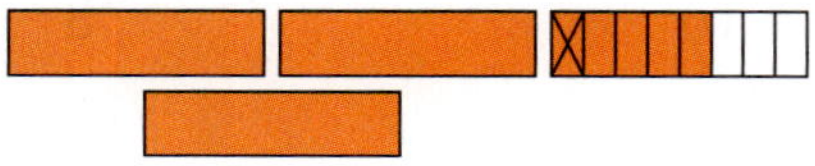

PASO 2

Luego, resta los números enteros.

$$\begin{array}{r} 3\frac{5}{8} \\ -2\frac{1}{8} \\ \hline 1\frac{4}{8}\text{, o } 1\frac{1}{2} \end{array}$$

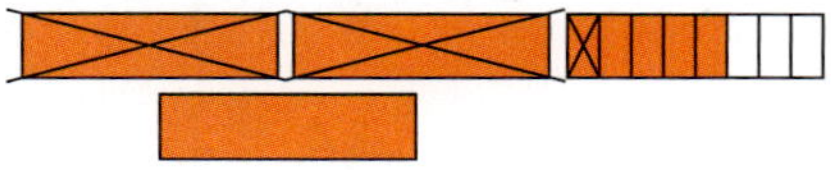

Entonces, a Susan le quedan $1\frac{1}{2}$ tazas de comida seca.

Más ejemplos

A

$$\begin{array}{r} 5\frac{3}{4} \\ -2\frac{2}{4} \\ \hline 3\frac{1}{4} \end{array}$$

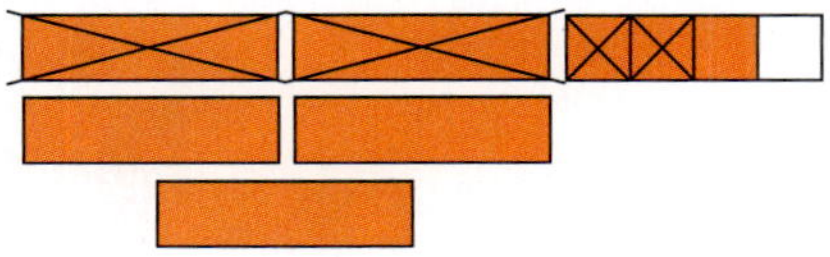

B

$$\begin{array}{r} 2\frac{9}{12} \\ -2\frac{3}{12} \\ \hline \frac{6}{12} \text{ o } \frac{1}{2} \end{array}$$

Comprueba

1. **Explica** cómo puedes comprobar si tu respuesta al problema de resta es correcta.

Halla la suma o la diferencia.

2. $\begin{array}{r} 2\frac{1}{4} \\ +3\frac{3}{4} \\ \hline \end{array}$ **3.** $\begin{array}{r} 4\frac{3}{5} \\ +1\frac{3}{5} \\ \hline \end{array}$ **4.** $\begin{array}{r} 2\frac{3}{5} \\ -1\frac{1}{5} \\ \hline \end{array}$ **5.** $\begin{array}{r} 2\frac{5}{6} \\ -1\frac{3}{6} \\ \hline \end{array}$

LA LECCIÓN CONTINÚA

Práctica y resolución de problemas Más práctica, página 484, Grupo B

Halla la suma o la diferencia.

6. $3\frac{1}{3} + 2\frac{1}{3}$

7. $4\frac{3}{4} - 1\frac{1}{4}$

8. $5\frac{1}{4} + 1\frac{2}{4}$

9. $3\frac{5}{6} - 2\frac{2}{6}$

10. $6\frac{10}{12} - 2\frac{4}{12}$

11. $8\frac{1}{6} + 1\frac{5}{6}$

12. $5\frac{8}{10} - 3\frac{3}{10}$

13. $7\frac{2}{9} + 4\frac{8}{9}$

14. $4\frac{3}{6} + 2\frac{4}{6}$

15. $4\frac{2}{2} - 3\frac{1}{2}$

16. $8\frac{7}{10} + 7\frac{2}{10}$

17. $4\frac{6}{8} - 1\frac{2}{8}$

18. $3\frac{5}{6} - 1\frac{4}{6}$

19. $5\frac{3}{8} + 1\frac{5}{8}$

20. $6\frac{5}{8} - 3\frac{2}{8}$

21. $7\frac{9}{12} + 4\frac{2}{12}$

Compara. Escribe <, > o = para cada ●.

22. $1\frac{2}{8} + 3\frac{3}{8} \bullet 4\frac{1}{2}$

23. $5\frac{3}{5} + 4\frac{2}{5} \bullet 10$

24. $7\frac{2}{4} + 9\frac{1}{4} \bullet 16\frac{7}{8}$

25. $4\frac{5}{6} - 2\frac{2}{6} \bullet 2\frac{1}{2}$

26. $12\frac{8}{10} - 8\frac{2}{10} \bullet 4\frac{4}{5}$

27. $12\frac{4}{5} - 7\frac{2}{5} \bullet 5\frac{3}{10}$

28. $5\frac{2}{3} - 3\frac{1}{3} \bullet 8\frac{2}{3}$

29. $6\frac{5}{6} - 1\frac{2}{6} \bullet 5\frac{1}{2}$

30. $4\frac{3}{8} + 6\frac{1}{8} \bullet 10\frac{1}{4}$

ÁLGEBRA **Para los ejercicios 31–33, halla el valor de *n*.**

31. $3\frac{6}{8} + 5\frac{2}{8} = n$

32. $9\frac{6}{10} + 11\frac{n}{10} = 20\frac{9}{10}$

33. $7\frac{4}{6} - 4\frac{1}{6} = 3\frac{3}{6}$ o $3\frac{1}{n}$

USA LOS DATOS **Para los ejercicios 34–35, usa la tabla.**

34. ¿Cuál es el área total de los recintos de las cebras y las jirafas?

35. ¿Cuánto más grande es el recinto de las cebras que el de los leones?

36. **¿Cuál es la pregunta?** Dos números mixtos son $1\frac{1}{4}$ y $2\frac{1}{4}$. La respuesta es $3\frac{1}{2}$.

ÁREAS DE LOS RECINTOS DE ANIMALES

Animales	Área (en acres)
Jirafas	$5\frac{1}{6}$
Cebras	$9\frac{4}{6}$
Leones	$3\frac{2}{6}$

37. **DATOS BREVES • CIENCIAS** La cola de un lémur de cola anillada mide cerca de $15\frac{1}{8}$ pulgadas de largo. Su cabeza y cuerpo miden cerca de $11\frac{3}{4}$ pulgadas de largo. ¿Cuál es el largo total del lémur de cola anillada?

38. Haz dibujos para representar los números mixtos $3\frac{1}{4}$ y $1\frac{1}{2}$. Explica cómo podrías dibujar de nuevo el segundo número mixto para que pudieras sumar los dos números.

Repaso y preparación para la prueba

39. $5{,}463 \times 8$ (pág. 222)

40. $\$7{,}492 \times 28$ (pág. 258)

41. La Sra. Troy tenía 6 latas de jugo de manzana. Keisha, Geoffry y Latika bebieron 1 lata cada uno. El Sr. Troy bebió 2 latas. ¿Qué fracción queda del jugo de manzana? (pág. 472)

42. $(\blacksquare \times 6) - 13 = 35$ (pág. 188)

43. **Preparación para la prueba** Si una botella para enfriar agua puede contener 12 galones de agua, ¿cuántos galones pueden contener 150 botellas? (pág. 256)

A 180 **C** 18,000
B 1,800 **D** 180,000

44. **Preparación para la prueba** Halla el tiempo transcurrido de las 12:45 p.m. a las 5:18 p.m. (pág. 98)

F 3 hr 40 min **H** 4 hr 33 min
G 4 hr 5 min **J** 5 hr 20 min

Resolución de problemas — Piénsalo más

ESTIMAR CON FRACCIONES Puedes usar modelos de fracciones para estimar si las fracciones son mayores o menores que $\frac{1}{2}$.

Se corta una pizza en octavos. Ty y Ron comen $\frac{3}{8}$ de la pizza. La parte que quedó, ¿es *mayor que* o *menor que* $\frac{1}{2}$ pizza?

Mira el dibujo. Compara $\frac{5}{8}$ con $\frac{1}{2}$. Puedes ver que $\frac{5}{8} > \frac{1}{2}$.

Compara. Escribe <, > o = para cada ●.

1. $\frac{3}{4} ● \frac{1}{2}$ 2. $\frac{1}{3} ● \frac{1}{2}$ 3. $\frac{3}{8} ● \frac{1}{2}$ 4. $\frac{3}{5} ● \frac{1}{2}$

Puedes redondear fracciones y números mixtos al número entero más próximo. Si la parte fraccionaria de un número mixto es igual o mayor que $\frac{1}{2}$, el número entero aumenta en 1. Por ejemplo, en $2\frac{5}{8}$, $\frac{5}{8} > \frac{1}{2}$. Entonces, $2\frac{5}{8}$ se redondea a 3. Si la fracción es menor que $\frac{1}{2}$, el número entero queda igual.

Redondea cada número mixto al número entero más próximo. Luego, estima la suma o diferencia.

5. $1\frac{1}{4} + 4\frac{3}{4}$ 6. $3\frac{1}{5} + 5\frac{1}{5}$ 7. $2\frac{4}{5} - 2\frac{3}{5}$ 8. $2\frac{3}{4} + 5\frac{1}{4}$ 9. $4\frac{1}{3} - 1\frac{2}{3}$ 10. $3\frac{1}{8} + 6\frac{5}{8}$

LECCIÓN 4

Destreza • Resolución de problemas
Elegir la operación

COMPRENDE · PLANEA · RESUELVE · COMPRUEBA

Repaso rápido

1. $\frac{2}{4} + \frac{1}{4}$
2. $\frac{3}{7} + \frac{4}{7}$
3. $\frac{4}{9} + \frac{2}{9}$
4. $\frac{5}{8} + \frac{4}{8}$
5. $\frac{3}{4} - \frac{2}{4}$

¿DESEA UNAS MOSCAS COMO ACOMPAÑAMIENTO?

Los gorilas y los chimpancés tienen dietas semejantes en la naturaleza. Estas gráficas circulares muestran la composición de la dieta de cada animal.

Estudia los datos. Luego, lee los problemas A y B.

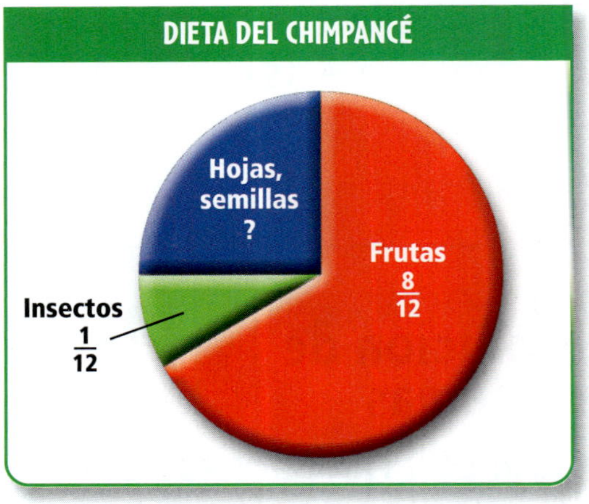

A. ¿Qué fracción de la dieta del gorila está compuesta de hojas, semillas e insectos?

B. ¿Cuánto más de la dieta del chimpancé está compuesta de frutas que de insectos?

Idea matemática Antes de resolver un problema, léelo detalladamente y piensa en cómo se relacionan los números. Luego, decide qué operación se necesita para resolver el problema.

Explica lo que sabes

- Comenta cómo resolverías los problemas A y B. Luego resuelve.
- ¿Qué operación usarías para hallar la fracción de la dieta de un chimpancé que está compuesta de frutas u hojas y semillas? Explica cómo lo sabes.
- ¿Qué operación usarías para determinar cuánto mayor es la fracción de insectos en la dieta de un gorila que en la de un chimpancé? Explica cómo lo sabes.
- ¿Qué fracción de la dieta de un gorila está compuesta de frutas? ¿Qué fracción de la dieta de un chimpancé está compuesta de hojas y semillas? Copia y completa las gráficas circulares.

Práctica • Resolución de problemas

Escribe la operación. Luego, resuelve el problema.

1. Mei comió $\frac{1}{12}$ de la sandía y Bill comió $\frac{2}{12}$. ¿Qué fracción de la sandía se comieron?

2. Michelle practicó el piano por $\frac{5}{6}$ de hora y Seth practicó por $\frac{3}{6}$ de hora. ¿Cuánto más practicó Michelle que Seth?

Para un informe de ciencias sobre los monos, Lloyd dice que él escribió $\frac{2}{4}$ de página más que Mary y Bob juntos. Mary escribió $\frac{3}{4}$ de página y Bob escribió $1\frac{1}{4}$ páginas. ¿Cuántas páginas escribió Lloyd?

3. ¿Qué expresión podrías usar para resolver el problema?

   A $\left(\frac{5}{4} - \frac{3}{4}\right) - \frac{2}{4}$ **C** $\left(\frac{5}{4} - \frac{3}{4}\right) + \frac{2}{4}$

   B $\left(\frac{3}{4} + \frac{5}{4}\right) + \frac{2}{4}$ **D** $\left(\frac{5}{4} + \frac{3}{4}\right) - \frac{2}{4}$

4. ¿Cuál NO es una respuesta a la pregunta?

   F $\frac{10}{4}$ **H** $2\frac{2}{4}$

   G $\frac{6}{4}$ **J** $2\frac{1}{2}$

Aplicaciones mixtas

USA LOS DATOS Para los ejercicios 5–7, usa la gráfica.

El Sr. Smith midió la cantidad de precipitación durante cinco días. Se muestran las medidas en la gráfica.

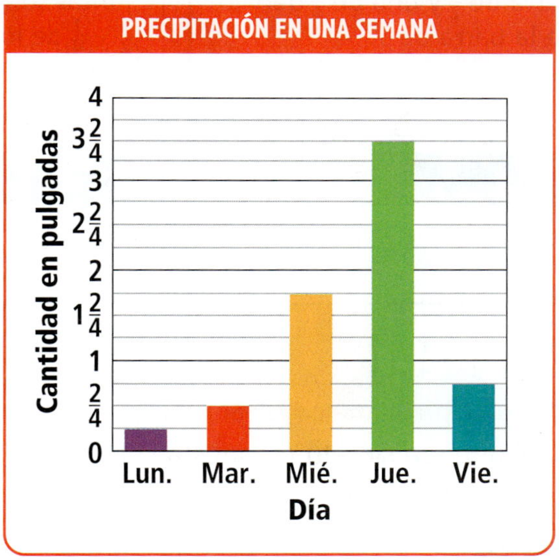

5. ¿Cuál fue la diferencia en las cantidades de precipitación del viernes y el miércoles?

6. Halla la cantidad total de precipitación para los cinco días.

7. ¿Fue mayor la precipitación total en los dos primeros días que la cantidad de precipitación del viernes? Explica tu respuesta.

8. Arjun gastó 3 de sus 8 monedas de 25¢ en la tienda. Le dio 2 monedas de 25¢ a un amigo. ¿Qué fracción de sus monedas le queda?

9. **Por escrito** Explica cómo sabes que es la operación que debes usar para resolver un problema.

10. **RAZONAMIENTO** Halla un número que podría ser el próximo en la secuencia. 0, $\frac{1}{2}$, 1, $\frac{3}{2}$, 2, $\frac{5}{2}$, ■. Escribe una regla.

11. Halla el valor para ▲ que hace verdadera la ecuación.

    ▲ × 3,000 = 360,000

LECCIÓN 5

MANOS A LA OBRA

Sumar fracciones no semejantes

Repaso rápido

1. $\frac{7}{8}+\frac{2}{8}$
2. $\frac{2}{6}+\frac{3}{6}$
3. $\frac{3}{5}+\frac{1}{5}$
4. $\frac{10}{12}+\frac{3}{12}$
5. $\frac{9}{18}+\frac{2}{18}$

VOCABULARIO

fracciones no semejantes

MATERIALES barras de fracciones

Explora

Las **fracciones no semejantes** son fracciones con distintos denominadores. Cuando sumas fracciones, necesitas denominadores iguales. Esta actividad muestra cómo usar las barras de fracciones para sumar fracciones no semejantes.

Actividad 1

Halla $\frac{1}{2}+\frac{1}{4}$.

PASO 1

Haz un modelo con barras de fracciones. Coloca una barra de $\frac{1}{2}$ y una de $\frac{1}{4}$ debajo de la barra de 1.

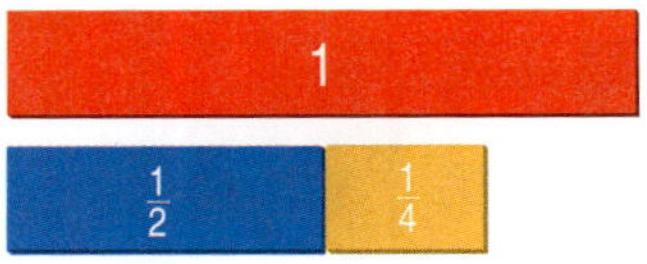

PASO 2

Halla las barras de fracciones semejantes que juntas son equivalentes a $\frac{1}{2}+\frac{1}{4}$ de longitud.

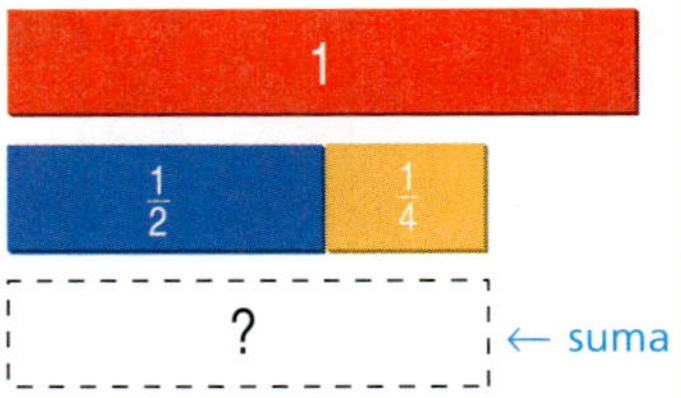

PASO 3

Como $\frac{1}{2}=\frac{2}{4}$, tres barras de $\frac{1}{4}$ tienen la misma longitud que $\frac{1}{2}+\frac{1}{4}$.

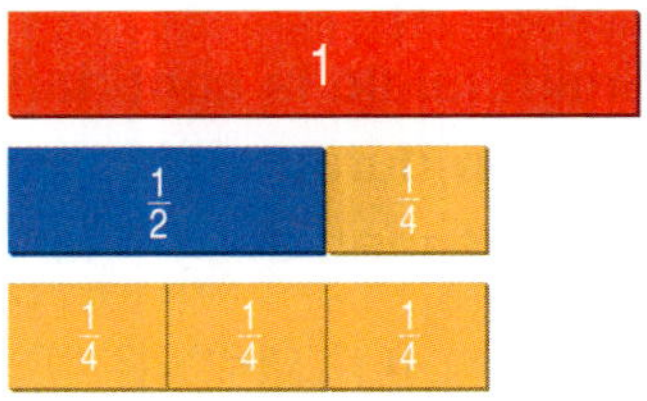

Entonces, $\frac{1}{2}+\frac{1}{4}=\frac{3}{4}$.

- ¿Cuál hubiera sido tu respuesta si hubieras usado barras de fracciones de $\frac{1}{8}$ en vez de $\frac{1}{4}$? ¿Cómo se relaciona ese número con $\frac{3}{4}$?

Inténtalo

Usa barras de fracciones para hallar la suma. Haz un dibujo de tu modelo.

a. $\frac{1}{4}+\frac{3}{8}$

b. $\frac{1}{3}+\frac{1}{6}$

c. $\frac{1}{6}+\frac{5}{12}$

d. $\frac{3}{4}+\frac{1}{6}$

Relaciona

Cuando sumes fracciones con denominadores distintos, necesitas hallar fracciones equivalentes con denominadores iguales.

Actividad 2

Halla $\frac{2}{3} + \frac{1}{2}$.

PASO 1

Coloca dos barras de fracciones de $\frac{1}{3}$ debajo de la barra de 1. Luego, coloca una barra de fracciones de $\frac{1}{2}$ al lado de las dos barras de $\frac{1}{3}$.

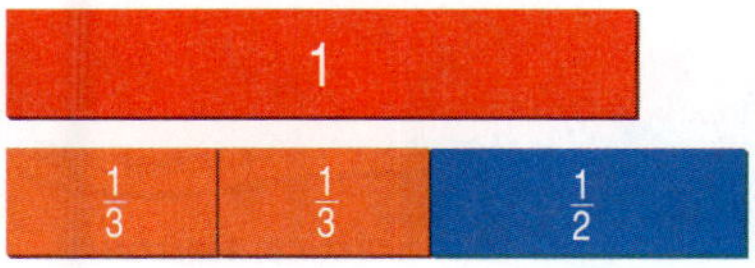

PASO 2

Halla barras de fracciones semejantes que sean equivalentes a $\frac{2}{3}$ y $\frac{1}{2}$.

$\frac{2}{3} = \frac{4}{6}$ $\frac{1}{2} = \frac{3}{6}$

PASO 3

Suma las fracciones semejantes. Escribe la respuesta como un número mixto.

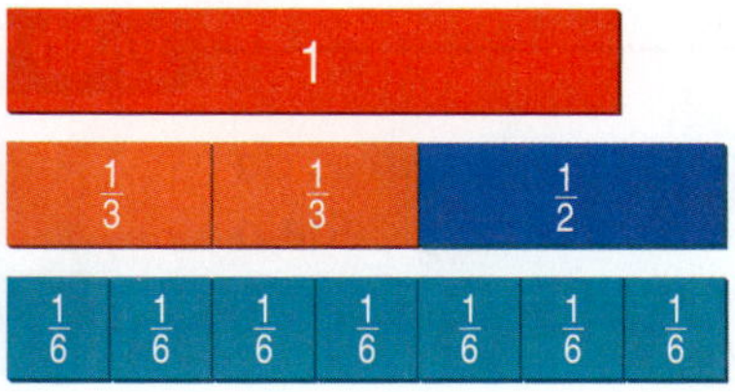

Entonces, $\frac{2}{3} + \frac{1}{2} = \frac{4}{6} + \frac{3}{6} = \frac{7}{6}$, o sea, $1\frac{1}{6}$.

Práctica y resolución de problemas

Usa barras de fracciones para hallar la suma. Haz un dibujo de tu modelo.

1. $\frac{1}{10} + \frac{3}{5}$

2. $\frac{1}{3} + \frac{2}{6}$

3. $\frac{2}{4} + \frac{1}{6}$

4. $\frac{2}{5} + \frac{1}{2}$

5. $\frac{2}{3} + \frac{1}{4}$

6. $\frac{1}{12} + \frac{3}{4}$

7. $\frac{1}{5} + \frac{3}{10}$

8. Lisa está haciendo un lazo con varias capas y tiene $9\frac{7}{12}$ yardas de cinta. Si ella necesita $5\frac{2}{3}$ yardas para el lazo pequeño, ¿cuántas yardas le quedarán?

9. **¿Cuál es la pregunta?** Kathy corrió $2\frac{2}{10}$ millas el sábado y $4\frac{7}{10}$ millas el domingo. La respuesta es $2\frac{1}{2}$ millas.

Repaso y preparación para la prueba

Ordena de *menor* a *mayor*. (pág. 452)

10. $\frac{1}{3}, \frac{1}{2}, \frac{1}{10}$

11. $\frac{3}{6}, \frac{2}{8}, \frac{3}{9}$

12. $24\overline{)369}$ (pág. 320)

13. $32\overline{)512}$ (pág. 320)

14. **Preparación para la prueba** Eric comió $\frac{4}{3}$ de manzanas. ¿Qué número mixto representa la cantidad de manzanas que comió Eric? (p. 458)

A $1\frac{4}{3}$ **B** $1\frac{3}{3}$ **C** $1\frac{1}{3}$ **D** 1

LECCIÓN 6

MANOS A LA OBRA

Restar fracciones no semejantes

Repaso rápido

1. $\frac{6}{10} - \frac{2}{10}$
2. $\frac{10}{12} - \frac{3}{12}$
3. $\frac{6}{14} - \frac{2}{14}$
4. $\frac{10}{15} - \frac{9}{15}$
5. $\frac{8}{9} - \frac{2}{9}$

MATERIALES barras de fracciones

Explora

Usa barras de fracciones para hallar $\frac{5}{8} - \frac{1}{4}$.

Actividad 1

PASO 1

Coloca cinco barras de fracciones de $\frac{1}{8}$ debajo de la barra de 1. Luego, coloca una barra de fracciones de $\frac{1}{4}$ debajo de las cinco barras de $\frac{1}{8}$.

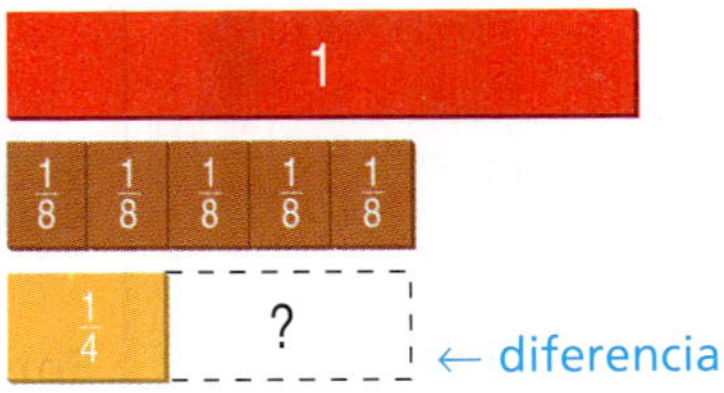

PASO 2

Compara las barras. Halla barras de fracciones semejantes que encajen exactamente debajo de la diferencia de $\frac{5}{8} - \frac{1}{4}$.

Tres barras de $\frac{1}{8}$ encajan → debajo de la diferencia.

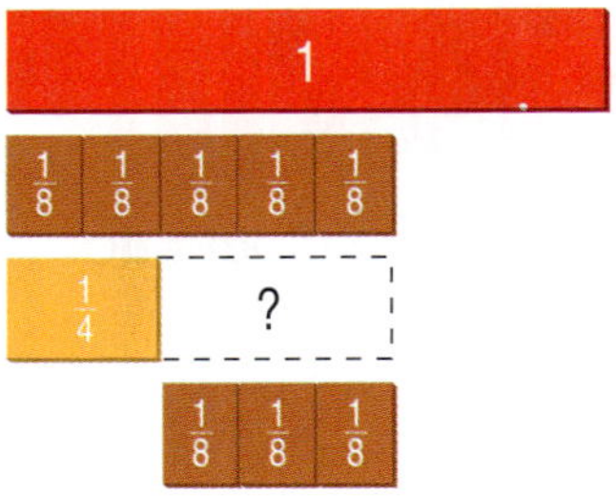

Entonces, $\frac{5}{8} - \frac{1}{4} = \frac{3}{8}$.

Enlace con la tecnología

Más práctica: Harcourt Mega Math Fraction Action, *Fraction Flare-Up*, Niveles J y K

• **RAZONAMIENTO** Imagínate que el problema es $\frac{6}{8} - \frac{1}{4}$. ¿Cuál es la diferencia?

Inténtalo

Usa barras de fracciones para hallar la diferencia. Haz un dibujo de tu modelo.

a. $\frac{5}{6} - \frac{1}{3}$ **b.** $\frac{7}{8} - \frac{1}{4}$

c. $\frac{1}{2} - \frac{1}{4}$ **d.** $\frac{9}{10} - \frac{2}{5}$

Relaciona

Cuando restas fracciones no semejantes, necesitas hallar fracciones equivalentes con denominadores iguales.

Actividad 2

Halla $\frac{2}{3} - \frac{1}{4}$.

PASO 1

Coloca dos barras de fracciones de $\frac{1}{3}$ debajo de una barra de 1. Luego, coloca una barra de fracciones de $\frac{1}{4}$ debajo de las dos barras de $\frac{1}{3}$.

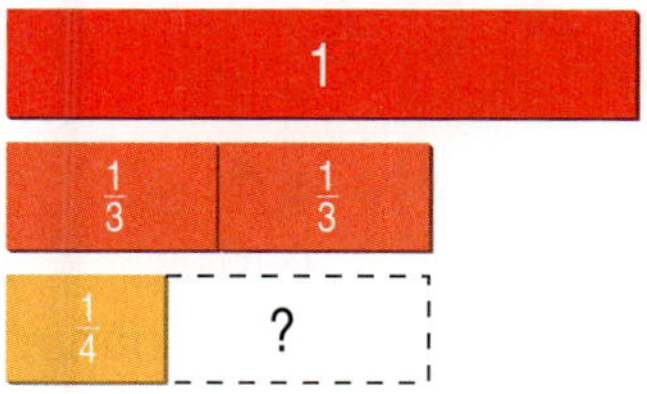

PASO 2

Halla barras de fracciones semejantes que sean equivalentes a $\frac{2}{3}$ y $\frac{1}{4}$.

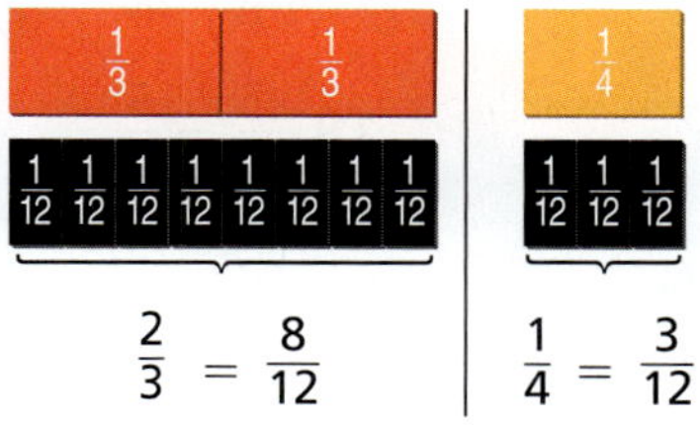

PASO 3

Compara las filas de barras. Halla el número de barras de $\frac{1}{12}$ que encajan perfectamente debajo de la diferencia $\frac{2}{3} - \frac{1}{4}$.

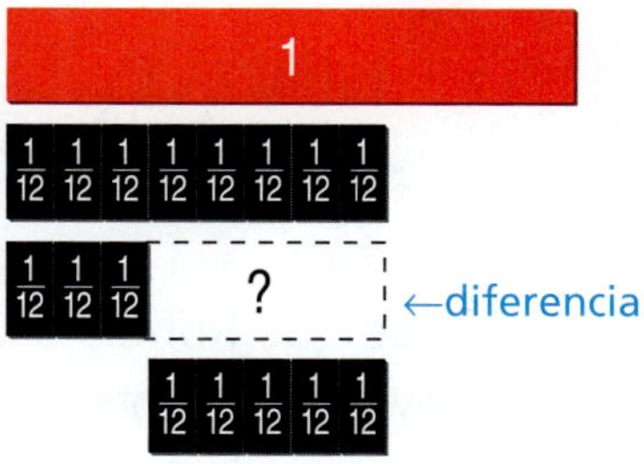

Entonces, $\frac{2}{3} - \frac{1}{4} = \frac{8}{12} - \frac{3}{12} = \frac{5}{12}$.

Práctica y resolución de problemas

Usa barras de fracciones para hallar la diferencia. Haz un dibujo de tu modelo.

1. $\frac{3}{4} - \frac{1}{3}$ **2.** $\frac{6}{8} - \frac{1}{4}$ **3.** $\frac{9}{10} - \frac{3}{5}$ **4.** $\frac{7}{12} - \frac{1}{4}$

5. Crystal tiene $\frac{11}{12}$ de taza de azúcar para hacer dos pasteles. Para el primer pastel se necesitan $\frac{2}{3}$ de taza de azúcar y para el segundo se necesita $\frac{1}{4}$ de taza. ¿Tiene ella suficiente azúcar para hacer los dos pasteles? Explica tu respuesta.

6. Halla la distancia, en millas, desde York hasta Camden.

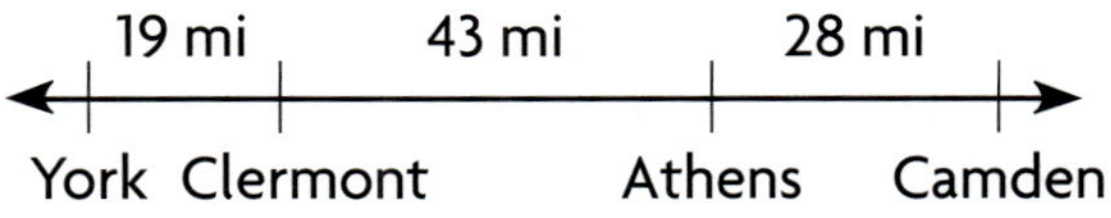

Repaso y preparación para la prueba

7. Haz una lista de los factores de 7. ¿Es 7 un número primo o compuesto? (pág. 342)

Convierte a números mixtos. (pág. 458)

8. $\frac{11}{4}$ **9.** $\frac{10}{3}$ **10.** $\frac{8}{5}$

11. **Preparación para la prueba** John y su hermano comieron $\frac{3}{8}$ de un pastel. Sus hermanas comieron $\frac{1}{4}$ del mismo pastel. ¿Cuánto pastel se comieron en total? (pág. 480)

A $\frac{1}{8}$ **B** $\frac{3}{4}$ **C** $\frac{1}{2}$ **D** $\frac{5}{8}$

Más práctica

Grupo A (págs. 468–471)

Halla la suma.

1. $\frac{1}{8} + \frac{5}{8}$
2. $\frac{2}{6} + \frac{1}{6}$
3. $\frac{4}{12} + \frac{5}{12}$
4. $\frac{3}{10} + \frac{4}{10}$
5. $\frac{1}{4} + \frac{2}{4}$
6. $\frac{2}{7} + \frac{3}{7}$
7. $\frac{2}{10} + \frac{5}{10}$
8. $\frac{4}{10} + \frac{6}{10}$
9. $\frac{4}{8} + \frac{2}{8}$
10. $\frac{7}{12} + \frac{5}{12}$
11. $\frac{4}{5} + \frac{3}{5}$
12. $\frac{8}{12} + \frac{2}{12}$
13. $\frac{4}{5} + \frac{2}{5}$
14. $\frac{6}{7} + \frac{1}{7}$
15. $\frac{5}{8} + \frac{1}{8}$
16. $\frac{3}{4} + \frac{3}{4}$
17. $\frac{3}{10} + \frac{2}{10}$
18. $\frac{5}{12} + \frac{8}{12}$
19. $\frac{5}{6} + \frac{5}{6}$
20. $\frac{2}{3} + \frac{2}{3}$

21. Quedaron $\frac{2}{3}$ de taza de leche en la nevera después de que Robbie usara $\frac{1}{3}$ de taza para su avena. ¿Cuánta leche había en la nevera antes de que Robbie comiera su avena?

22. El lunes cayeron $\frac{3}{10}$ de pulgada de nieve en el patio de Leigh. El martes cayeron $\frac{7}{10}$ de pulgada de nieve. ¿Cuánta nieve cayó en total?

Grupo B (págs. 474–477)

Halla la suma o la diferencia.

1. $4\frac{2}{5} + 3\frac{1}{5}$
2. $3\frac{2}{4} + 3\frac{3}{4}$
3. $2\frac{1}{3} + 4\frac{1}{3}$
4. $3\frac{5}{9} + 4\frac{4}{9}$
5. $3\frac{2}{10} + 6\frac{3}{10}$
6. $8\frac{1}{2} + 7\frac{1}{2}$
7. $5\frac{2}{3} - 4\frac{1}{3}$
8. $8\frac{8}{12} - 5\frac{3}{12}$
9. $5\frac{4}{6} - 1\frac{3}{6}$
10. $7\frac{4}{5} - 3\frac{2}{5}$
11. $4\frac{5}{10} - 3\frac{2}{10}$
12. $3\frac{3}{4} - 1\frac{1}{4}$

13. Joseph les dio de comer a sus perros. A Brewster le dio $2\frac{1}{4}$ tazas de comida seca para perros y a Beatrice le dio $1\frac{1}{4}$ tazas. ¿Cuánta comida seca para perros se usó en total?

14. El informe sobre un libro de Sam es de $3\frac{4}{8}$ páginas. El de Mary es de $2\frac{2}{8}$ páginas. ¿Cuál informe es más largo? ¿Cuántas páginas más tiene?

Repaso/Prueba

COMPRUEBA EL VOCABULARIO Y LOS CONCEPTOS

Elige el mejor término de la casilla.

fracciones semejantes
fracciones no semejantes
numeradores
denominadores

1. Las fracciones con distintos denominadores son ?. (pág. 480)
2. Las fracciones que tienen el mismo denominador son ?. (pág. 468)
3. Suma fracciones semejantes sumando los ? y usando el mismo denominador. (pág. 468)

COMPRUEBA LAS DESTREZAS

Halla la suma. (págs. 468–471; 474–477)

4. $\frac{2}{8} + \frac{5}{8}$
5. $\frac{2}{3} + \frac{1}{3}$
6. $\frac{1}{12} + \frac{4}{12}$
7. $\frac{2}{10} + \frac{6}{10}$
8. $3\frac{1}{4} + 12\frac{3}{4}$
9. $2\frac{2}{3} + 1\frac{2}{3}$
10. $2\frac{1}{4} + 8\frac{2}{4}$
11. $7\frac{6}{8} + 5\frac{3}{8}$

Halla la diferencia. (págs. 472–477)

12. $\frac{5}{8} - \frac{2}{8}$
13. $\frac{3}{4} - \frac{1}{4}$
14. $\frac{5}{5} - \frac{2}{5}$
15. $\frac{10}{12} - \frac{3}{12}$
16. $5\frac{8}{12} - 2\frac{5}{12}$
17. $3\frac{3}{5} - \frac{2}{5}$
18. $9\frac{5}{8} - 7\frac{3}{8}$
19. $2\frac{11}{12} - 2\frac{5}{12}$

Usa barras de fracciones para hallar la suma o diferencia. (págs. 480–483)

20. $\frac{1}{4} + \frac{1}{3}$
21. $\frac{3}{8} + \frac{3}{4}$
22. $\frac{7}{8} - \frac{1}{4}$
23. $\frac{1}{2} - \frac{2}{5}$

COMPRUEBA LA RESOLUCIÓN DE PROBLEMAS

Escribe la operación u operaciones. Luego, resuelve el problema. (págs. 478–479)

24. Justin comió $\frac{1}{2}$ de la pizza y Julie comió $\frac{1}{3}$ de la pizza. ¿Cuánta pizza queda?

25. Ed trabajó $2\frac{3}{4}$ horas y Tom trabajó $3\frac{1}{4}$ horas. Halla el tiempo total que trabajaron.

Preparación para pruebas

PERCEPCIÓN NUMÉRICA, CONCEPTOS Y OPERACIONES

1. Allison leyó $\frac{1}{4}$ de su libro el viernes, $\frac{1}{10}$ el sábado y $\frac{1}{2}$ el domingo. ¿Qué operaciones podrías usar para hallar la fracción del libro que aún le queda por leer?

A suma y luego resta

B resta y luego suma

C suma y luego suma

D resta y luego resta

2. El ornitorrinco puede aguantar su respiración por 10 minutos. La nutria puede aguantar su respiración por $\frac{5}{10}$ del tiempo que el ornitorrinco puede aguantar la suya. ¿Qué fracción es equivalente a $\frac{5}{10}$?

F $\frac{1}{4}$

G $\frac{3}{8}$

H $\frac{1}{2}$

J $\frac{3}{4}$

3. **Explícalo** Zack pasó $\frac{1}{6}$ de hora leyendo, $\frac{4}{6}$ de hora en su computadora y $\frac{5}{6}$ de hora ayudando a su papá.

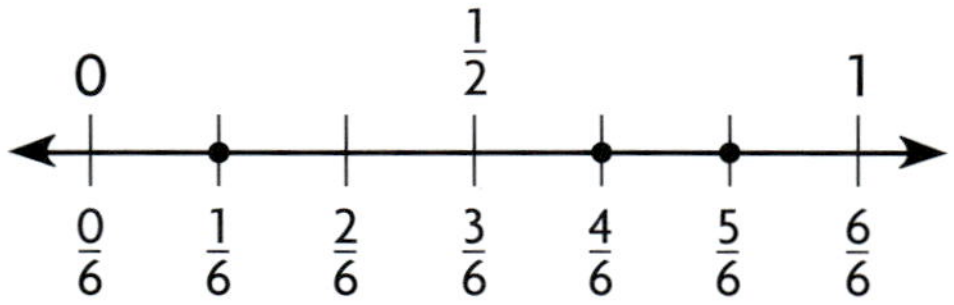

Explica cómo puedes usar la recta numérica para ESTIMAR la cantidad de tiempo que Zack pasó en todas estas actividades.

MEDIDAS

4. Fred hizo la siguiente tabla para mostrar las longitudes de varios objetos en su casa.

OBJETOS EN MI CASA	
Objeto	**Longitud**
Horno microondas	2 pies
Toalla	38 pulgadas
Alfombra	1 yarda
Computadora	1 pie 5 pulgadas

¿Cuál objeto es **el más largo**?

A horno microondas

B toalla

C alfombra

D computadora

5. ¿Cuál de las siguientes es **la mejor** estimación para la medida del $\angle DEF$?

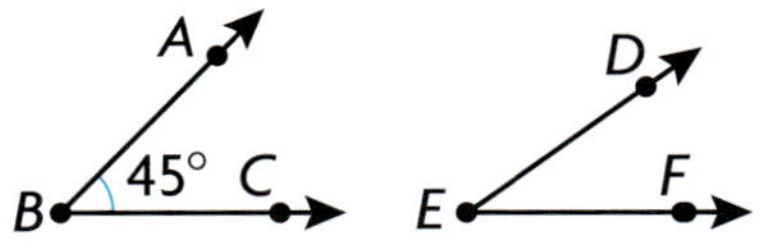

F 90°

G 65°

H 35°

J 5°

6. **Explícalo** Explica cómo puedes ESTIMAR el perímetro del siguiente cuadrado si sabes que el lápiz mide cerca de 7 pulgadas de largo.

RAZONAMIENTO ALGEBRAICO

IDEA **Elimina opciones.** Mira el ejercicio 7. Piensa en la palabra *aumentó*. Elimina las opciones que usan operaciones que no aumentan las cantidades. Luego, determina cuál de las opciones que queda es la respuesta.

7. ¿Qué expresión describe la siguiente situación? Sea *a* el número original de adhesivos en la colección de Sally.

El número de adhesivos, *a*, en la colección de Sally aumentó en 7.

A $a + 7$

B $a - 7$

C $a \times 7$

D $a \div 7$

8. ¿Cuál es probablemente la figura que sigue en el patrón?

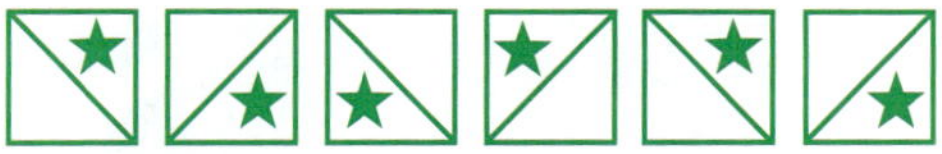

F 

G 

H 

J 

9. **Explícalo** Usa la variable *n* para escribir una expresión que signifique "cuatro por un número". Explica por qué escribiste esa expresión.

ANÁLISIS DE DATOS Y PROBABILIDAD

10. ¿Cuál describe **mejor** la probabilidad de que la flecha caiga en 3?

A seguro

B probable

C poco probable

D imposible

11. En mayo, la agencia Amigos de los perros adoptó 7 perros. En junio, adoptó 3 perros. En julio, adoptó 6 perros. ¿Qué gráfica muestra esta información?

F

H
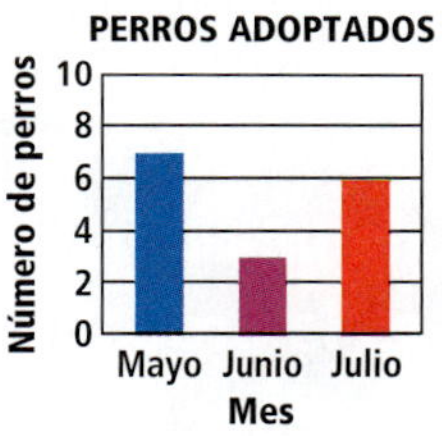

G
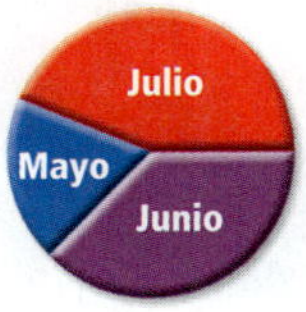

J

12. **Explícalo** Billy hizo esta lista para anotar los números de goles que anotó en 3 juegos de *hockey*.

Juego 1	2
Juego 2	3
Juego 3	4

Si sigue la tendencia de sus puntajes, ¿anotará Billy **más** o **menos de** 4 goles en el juego 4? Explica tu razonamiento.

CAPÍTULO 23

Resultados y probabilidad

DATOS BREVES • ESTUDIOS SOCIALES

La piñata se ha usado en muchas celebraciones tradicionales latinoamericanas desde principios del siglo dieciséis. A los niños se les tapan los ojos y se les da un palo para que traten de romper la piñata para que salgan las sorpresas que contiene.

RESOLUCIÓN DE PROBLEMAS

La gráfica circular muestra el contenido de una piñata. ¿Cuál es la probabilidad de obtener un caramelo de esta piñata cuando se rompa?

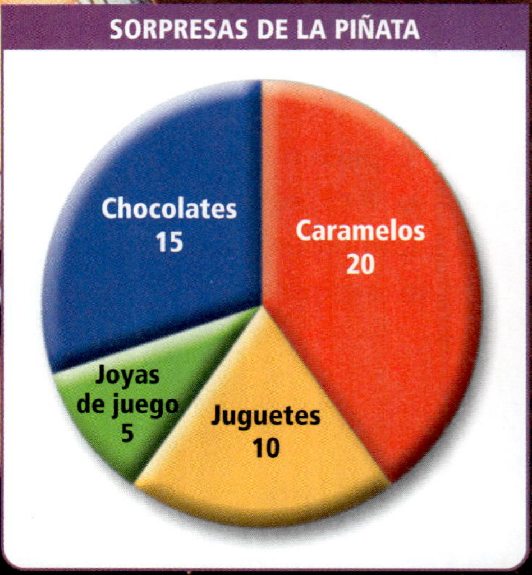

Comprueba lo que sabes

Usa esta página para repasar y recordar destrezas importantes que se necesitan para el Capítulo 23.

IDENTIFICA RESULTADOS POSIBLES

Haz una lista de los resultados posibles para cada suceso.

1. hacer girar la flecha de esta flecha giratoria

2. sacar una canica de esta bolsa

3. sacar una canica de esta bolsa

SEGURO E IMPOSIBLE

Indica si cada suceso es *seguro* o *imposible*.

4. sacar un lápiz rojo de una caja de lápices azules
5. sacar una moneda de 25¢ de una bolsa llena de monedas de 25¢
6. sacar un número menor que 7 al hacer rodar un cubo numerado de 1 a 6
7. sacar un número menor que 10 al girar una flecha giratoria marcada con los números 9, 2, 8, 4 y 6

PARTES DE UN GRUPO

Escribe una fracción para la parte del grupo indicada.

8. círculos
9. cuadrados
10. triángulos o cuadrados

11. canicas verdes
12. canicas rojas
13. canicas azules o verdes

VOCABULARIO

REPASO

experimento *sustantivo*

La palabra *experimento* proviene del latín *experimentum* que significa "ensayar" o "probar". Da un ejemplo de un experimento que hayas hecho en matemáticas o ciencias para *probar* algo.

PRESENTACIÓN

resultados
suceso
predecir
probable
poco probable
igualmente probable
probabilidad matemática
diagrama de árbol

APRENDE en línea www.harcourtschool.com

LECCIÓN 1

MANOS A LA OBRA

Anotar resultados

Repaso rápido

1. ■ × 2 = 8 + 2
2. 6 × 6 = ■ × 4
3. 63 ÷ 9 = ■ × 7
4. 320 ÷ 8 = 10 × ■
5. 7 × 6 = ■ ÷ 2

VOCABULARIO

resultados **suceso**

MATERIALES moneda; flecha giratoria dividida en 4 secciones de colores rojo, azul, amarillo y verde; flecha giratoria dividida en 3 secciones de colores azul, verde y rojo; cubo numerado de 1 a 6

Explora

Puedes usar una tabla para anotar los **resultados** de un experimento. Un **suceso** puede ser un resultado o un conjunto de resultados.

Haz un experimento en el que lances al aire una moneda y hagas girar la flecha de una flecha giratoria con cuatro secciones iguales.

Actividad 1

PASO 1

Haz una tabla para mostrar todos los resultados posibles. Hay 8 resultados posibles:

- La moneda cae cara arriba (C) y la flecha cae en rojo, azul, amarillo o verde: C rojo, C azul, C amarillo, C verde.
- La moneda cae sello arriba (S) y la flecha cae en rojo, azul, amarillo o verde: S rojo, S azul, S amarillo, S verde.

PASO 2

Lanza la moneda al aire y haz girar la flecha. Anota el resultado en tu tabla.

Repite esto 20 veces y anota los resultados después de cada lanzamiento y giro.

moneda	Color			
	rojo	azul	amarillo	verde
cara	|		|	|
sello		||	|	

Enlace con la tecnología

Más práctica: Harcourt Mega Math Fraction Action, *Last Chance Canyon*, Nivel C

Inténtalo

- Haz una tabla para anotar los resultados de lanzar una moneda al aire y hacer girar la flecha de una flecha giratoria con tres secciones iguales de color azul, amarillo y rojo. Anota 20 resultados.

Relaciona

Es importante incluir todos los resultados posibles en tu tabla.

¿Cómo puedes organizar los resultados de un experimento en el que usas una flecha giratoria con 3 secciones iguales de color rojo, azul y verde y lanzas un cubo numerado de 1 a 6?

Actividad 2

PASO 1

Haz una tabla. Usa los 18 resultados posibles del experimento para nombrar las partes de la tabla. Hay 18 resultados posibles:

- La flecha cae en rojo, azul o verde, y el cubo muestra 1, 2, 3, 4, 5 o 6.

PASO 2

Haz girar la flecha y lanza el cubo 20 veces. Después de cada giro y lanzamiento, anota los resultados en la tabla.

RESULTADOS DEL EXPERIMENTO

	Número					
Color	**1**	**2**	**3**	**4**	**5**	**6**
rojo	I				I	
azul			I			
verde		I				

- **RAZONAMIENTO** ¿Habrá más de 1 marca de conteo para cualquier resultado de tu tabla? Explica cómo lo sabes.

Práctica y resolución de problemas

USA LOS DATOS Para los ejercicios 1–3, usa la tabla.

Bernadette y Charles organizaron sus resultados en esta tabla. Ellos lanzaron una ficha y usaron una flecha giratoria marcada 1, 2, 3 y 4.

1. Nombra los resultados posibles para este experimento.

2. ¿Cuántos resultados posibles hay?

3. ¿Cuántos resultados habría si hubieran usado una flecha giratoria con 6 números diferentes?

4. Un avión salió a las 10:02 a.m. El vuelo llegó 3 hr 17 min después de despegar. Si el vuelo ha debido llegar a las 12:45 p.m., ¿cuánto tiempo de retraso tuvo el avión?

Repaso y preparación para la prueba

5. 6 semanas = ■ días (pág. 104)

6. 48 meses = ■ años (pág. 104)

7. ¿Cuántos lados tiene un hexágono? (pág. 380)

8. Halla el valor de $58 - (3 + 9)$. (pág. 64)

9. Preparación para la prueba ¿Cuál es la solución para $14 - c = 6$? (pág. 70)

A $c = 20$
B $c = 9$
C $c = 8$
D $c = 6$

LECCIÓN 2

Predecir resultados de experimentos

Aprende

¿QUÉ ES POSIBLE? La bolsa A tiene 28 canicas rojas y 2 canicas azules. La bolsa B tiene 15 canicas rojas y 15 canicas azules. Si sacas una canica de cada bolsa, ¿qué colores crees que sacarás?

Antes de hacer un experimento, puedes **predecir** lo que probablemente sucederá.

Bolsa A

La bolsa A tiene más canicas rojas que azules.

Entonces, es **probable**, pero no seguro, que saques una canica roja de la bolsa A.

Es **poco probable**, pero no imposible, que saques una canica azul de la bolsa A.

Bolsa B

La bolsa B tiene el mismo número de canicas rojas que azules.

Entonces, es **igualmente probable** que saques una canica roja o azul. Cada color tiene la misma probabilidad de que se saque.

Repaso rápido

Compara. Escribe <, > o = para cada ●.

1. 17 ● 15

2. 31 ● 301

3. 42 ● 42

4. 1,001 ● 1,100

5. 7,546 ● 7,564

VOCABULARIO

predecir

poco probable

probable

igualmente probable

Ejemplos

Mira el cubo numerado de 1 a 6. Indica si los sucesos son *probables, poco probables* o *igualmente probables.*

A sacar un 2; sacar un 3
igualmente probable

B sacar un número compuesto
poco probable

C sacar un número mayor que 5
poco probable

D sacar un número menor que 6
probable

Resultados predichos contra resultados reales

En la siguiente actividad, hay seis resultados posibles: azul, azul, azul, rojo, rojo, amarillo. Puedes hacer predicciones basadas en la probabilidad de cada resultado.

Actividad

MATERIALES: flecha giratoria dividida en 6 secciones; marcador; crayolas azul, roja y amarilla; clip; clavito

PASO 1 Colorea 3 secciones de la flecha giratoria de azul, 2 secciones de rojo y 1 sección de amarillo.

PASO 2 Copia la tabla. Predice los resultados de hacer girar la flecha 30 veces. Usa marcas de conteo para mostrar el número de veces que creas que la flecha caerá en cada color.

Color	Resultados predichos	Resultados reales
rojo		
azul		
amarillo		

PASO 3 Ahora haz girar la flecha 30 veces. Anota los resultados reales en tu tabla. Compara tus predicciones del Paso 2 con los resultados reales que obtuviste.

- ¿Qué resultado es más probable: azul o rojo? ¿Cómo lo sabes?

Comprueba

1. **Explica** cómo hiciste tus predicciones en la actividad.

Escribe *probable, poco probable* o *igualmente probable* para los sucesos.

2. sacar un número primo en un cubo numerado 3, 5, 7, 9, 11, 13
3. sacar un 1; sacar un 3; en un cubo numerado 1 a 6
4. sacar una canica verde de una bolsa que tiene 1 canica verde, 6 amarillas y 5 rojas
5. sacar un número par en una flecha giratoria con 6 secciones iguales marcadas 1, 3, 5, 7, 9, 10

LA LECCIÓN CONTINÚA

Práctica y resolución de problemas

Más práctica, página 504, Grupo A

Escribe *probable, poco probable* o *igualmente probable* para los sucesos.

6. sacar una canica verde

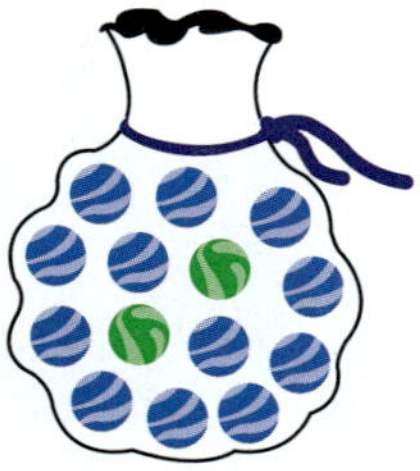

7. sacar un 5

8. el primer nombre de un estudiante de tu clase comienza con *S*, *T* o *N*

9. sacar un 6; sacar un 1; cubo numerado 1–6

Para los ejercicios 10–12, mira la flecha giratoria.

10. ¿Qué suma de 2 giros es más probable que sea 2 o 3, o son igualmente probables?

11. ¿Qué suma es la más probable que saques si giras la la flecha 2 veces?

12. Haz una flecha giratoria como la que se muestra. Haz girar la flecha dos veces y anota la suma. Haz esto 11 veces más. Explica cómo se comparan tus resultados con tus respuestas anteriores.

Para los ejercicios 13–14, mira la bolsa de canicas.

13. ¿Qué color es más probable que saques de la bolsa? ¿Por qué?

14. ¿Qué color de canica es menos probable que saques? ¿Por qué?

15. Describe un cubo numerado en el cual sería poco probable sacar un número par.

16. **¿Cuál es la pregunta?** Scott tenía unas estampillas. Regaló 5 y luego organizó el resto en 6 filas de 12. La respuesta es 77 estampillas.

17. **¿Cuál es el error?** Sally tiene un cubo numerado marcado 3, 5, 7, 8, 9 y 11. Ella dice que es seguro que saque un número impar. Describe su error.

18. **Por escrito** ¿Es *probable* o *poco probable* que llueva en un día en que se pronostica un 90% de probabilidad de lluvia? Explica tu respuesta.

19. Ángela tiene 1 moneda de 5¢, 2 monedas de 10¢ y 3 monedas de 25¢ en su bolsillo. ¿Es *seguro* o *imposible* que saque menos de $0.20 si saca 3 monedas al mismo tiempo?

20. **Vocabulario** Busca las definiciones de *"predicción"* y *"estimación"*. Compara las dos palabras. ¿En qué se parecen? ¿En qué se diferencian?

Repaso y preparación para la prueba

21. Escribe $\frac{35}{50}$ en su mínima expresión. (pág. 448)

Para los ejercicios 22–23, compara. Escribe <, > o = para cada ●. (pág. 424)

22. $^{-}3$ ● 2

23. 5 ● $^{-}7$

24. $\frac{3}{4} - \frac{1}{3}$ (pág. 482)

25. 14×25 (pág. 252)

26. **Preparación para la prueba** ¿Cuál de los siguientes solo tiene un par de lados paralelos? (pág. 384)

A trapecio
B cuadrado
C rombo
D rectángulo

27. **Preparación para la prueba** ¿Cuál es un número primo? (pág. 342)

F 4
G 6
H 7
J 9

Resolución de problemas
Enlace con la Lectura

ESTRATEGIA • CLASIFICAR Y CATEGORIZAR

Clasificar información es agrupar información semejante. *Categorizar* información es rotular los grupos clasificados, o sea, las categorías.

Daisy elige un disfraz de payaso. Ella tiene un traje de lunares, una peluca con los colores del arco iris y un traje de rayas. Ella también tiene unas botas negras, una peluca rosada y unos zapatos flojos rojos de payaso.

Categoriza → / Clasifica

PELUCAS	TRAJES	ZAPATOS
rosada	?	?
?	?	?

1. Copia y completa la tabla usando la información anterior.

2. ¿Cuántos disfraces (1 peluca, 1 traje, 1 par de zapatos) tiene ella?

3. Daisy prepara sorpresas de fiesta para repartir. Ella tenía unos globos azules, blancos y verdes y cinta dorada. Compró globos rojos y cinta plateada. ¿Cómo puedes clasificar y categorizar la información? ¿Cuántos tipos de sorpresas puede preparar?

LECCIÓN 3

Probabilidad como una fracción

Repaso rápido

Escribe una fracción equivalente para cada una.

1. $\frac{1}{2}$
2. $\frac{2}{3}$
3. $\frac{8}{10}$
4. $\frac{2}{6}$
5. $\frac{10}{30}$

VOCABULARIO

probabilidad matemática

Aprende

CÍRCULO CROMÁTICO La flecha giratoria tiene seis colores que son resultados igualmente probables: azul, verde, amarillo, anaranjado, rojo y morado. ¿Cuál es la probabilidad de que la flecha caiga en rojo?

La **probabilidad matemática** es una comparación del número de resultados favorables al número de resultados posibles. La probabilidad de un suceso se puede escribir como una fracción.

Probabilidad de rojo $= \frac{1}{6}$ ← **un resultado favorable (rojo)**
← **total de resultados posibles (azul, verde, amarillo, anaranjado, rojo, morado)**

Entonces, la probabilidad de que la flecha caiga en rojo es $\frac{1}{6}$, o sea, 1 de 6.

La probabilidad de que ocurra un suceso puede expresarse como 0, 1 o una fracción entre 0 y 1.

Enlace con la tecnología

Más práctica: Harcourt Mega Math Fraction Action, *Last Chance Canyon*, Niveles F y G

Mientras la probabilidad sea más próxima a 1, más probable será el suceso. Mientras más próxima sea a 0, el suceso será menos probable. Una probabilidad de $\frac{1}{2}$ significa que el suceso tiene igual probabilidad de ocurrir que de no ocurrir.

Ejemplo

Usa la flecha giratoria para hallar la probabilidad de que la flecha caiga en 3 o 4.

Probabilidad de 3 o 4 $= \frac{2}{6}$ ← resultados favorables (3 o 4)
← total de resultados posibles (1, 2, 3, 4, 5, 6)

Una fracción equivalente para $\frac{2}{6}$ es $\frac{1}{3}$. Entonces, la probabilidad de que la flecha caiga en 3 o 4 se puede escribir como $\frac{2}{6}$ o $\frac{1}{3}$.

Comprueba

1. **Explica** qué suceso es más probable, uno con probabilidad de $\frac{1}{4}$ o uno con probabilidad de $\frac{3}{4}$.

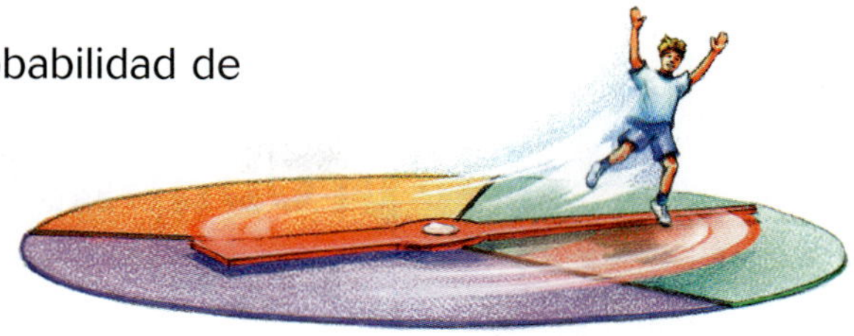

Mira la flecha giratoria en la página 496. Halla la probabilidad de cada suceso.

2. el número 7
3. *ni* 3 ni 4
4. un número mayor que 3
5. un número primo

Práctica y resolución de problemas

Más práctica, página 504, Grupo B

Mira la flecha giratoria en la página 496. Halla la probabilidad de cada suceso.

6. azul
7. anaranjado o rojo
8. negro
9. *no es marrón*

Mira la bolsa de canicas. Escribe *imposible, probable, poco probable* o *seguro* para cada suceso y halla la probabilidad.

10. una canica que *no* es azul
11. una canica azul
12. una canica verde
13. una canica roja, azul o amarilla
14. una canica que *no* es amarilla
15. una canica anaranjada
16. **¿Cuál es el error?** Rita dice que un suceso con una probabilidad de $\frac{1}{2}$ es más probable que ocurra que un suceso con una probabilidad de $\frac{3}{5}$. Explica su error.
17. **DATOS BREVES • ESTUDIOS SOCIALES** Las máquinas para hacer canicas de vidrio se introdujeron cerca de 1895. ¿Hace cuántos años fue eso?
18. **GEOMETRÍA** Una flecha giratoria tiene 6 secciones iguales. Dos secciones tienen un triángulo y tres tienen un cuadrado. Una sección tiene un pentágono. ¿Qué probabilidad tiene la flecha de caer en una figura con menos de 5 lados?

Repaso y preparación para la prueba

19. Escribe 3 de 6 como una fracción. (pág. 446)
20. $3,202 - 476$ (pág. 48)
21. ¿Cuál tiene una medida mayor, un ángulo agudo o uno recto? (pág. 366)
22. $739 \div 8$ (pág. 300)
23. **Preparación para la prueba** ¿Qué suceso es imposible cuando lanzas un cubo numerado 1 a 6? (pág. 490)
    - **A** un número par
    - **B** un número impar
    - **C** un número mayor que 6
    - **D** un número menor que 2

LECCIÓN 4

MANOS A LA OBRA

Más sobre la probabilidad

Repaso rápido

Escribe cada fracción en su mínima expresión.

1. $\frac{4}{12}$
2. $\frac{3}{9}$
3. $\frac{10}{20}$
4. $\frac{8}{10}$
5. $\frac{6}{8}$

MATERIALES cubo numerado 1 a 6

Enlace con la tecnología

Más práctica: Harcourt Mega Math Fraction Action, *Last Chance Canyon*, Nivel 1

Explora

La probabilidad matemática de sacar cada número con un cubo numerado 1 a 6 es $\frac{1}{6}$. Cuando realizas un experimento, tus resultados quizá no correspondan con esta probabilidad.

Mary lanzó doce veces un cubo numerado 1 a 6. Mira la tabla. Los resultados de Mary muestran que en su experimento, 3 de 12 veces ella sacó un 5. También puedes escribir $\frac{3}{12}$ o $\frac{1}{4}$.

EXPERIMENTO DE MARY						
Número	1	2	3	4	5	6
Frecuencia	3	2	2	1	3	1

Actividad

PASO 1

Haz una tabla de conteo. Lanza el cubo numerado 12 veces y anota los resultados en la tabla de conteo.

PASO 2

Haz una tabla de frecuencia como la de Mary. Usa tu tabla de conteo para completar la tabla de frecuencia.

- Usando tus resultados, escribe una fracción que muestre los resultados para obtener cada número. ¿Cómo se comparan tus resultados con la probabilidad matemática de sacar cada número?

Explica lo que sabes

- Haces girar 10 veces la flecha de una flecha giratoria. La flecha cae en amarillo 4 veces y en azul 6 veces. Basado en este experimento, ¿qué fracción de veces la flecha cae en azul? ¿Qué fracción de veces cae en amarillo?

Relaciona

A medida que aumenta el número de intentos, la fracción para cada suceso en el experimento se acerca más a la probabilidad matemática del suceso.

Kiley combinó sus 10 lanzamientos con los de nueve de sus compañeros.

EXPERIMENTO DE LANZAR AL AIRE UNA MONEDA				
	Caras	**Fracción**	**Sellos**	**Fracción**
Kiley	4	$\frac{4}{10}$ o $\frac{40}{100}$	6	$\frac{6}{10}$ o $\frac{60}{100}$
Total	52	$\frac{52}{100}$	48	$\frac{48}{100}$

- Mira la tabla. ¿Qué fracción para caras está más cerca de la probabilidad matemática de $\frac{1}{2}$?

Piensa: ¿$\frac{40}{100}$ está más cerca de $\frac{50}{100}$ que $\frac{52}{100}$?

Práctica y resolución de problemas

1. Lanza al aire una moneda 50 veces. Anota tus resultados. Escribe la fracción de lanzamientos que mostró caras y la fracción que mostró sellos basándote en tu experimento.

2. **RAZONAMIENTO** Piensa en una flecha giratoria con secciones iguales marcadas 1 a 5. ¿Es razonable decir que la flecha caerá en 4 dos veces en 10 giros? Explica tu respuesta.

USA LOS DATOS **Para los ejercicios 3–5, usa la flecha giratoria y la tabla.**

EXPERIMENTO DE LA FLECHA GIRATORIA (100 GIROS)				
Resultado	**Rojo**	**Azul**	**Amarillo**	**Verde**
Marca de conteo	卌 卌 卌 卌 卌 III	卌 卌 卌 卌 II	卌 卌 卌 卌 卌 IIII	卌 卌 卌 卌 I

3. ¿Cuál es la probabilidad matemática de que la flecha caiga en cada color de la flecha giratoria?

4. Usa la tabla para hallar la fracción de giros en los que la flecha cayó en verde. ¿Cómo se compara esto con la probabilidad matemática?

5. **Por escrito** ¿Cómo se compara la fracción de giros en los que la flecha cayó en verde o amarillo con la probabilidad matemática de ese suceso?

Repaso y preparación para la prueba

Para los ejercicios 6–7, halla el valor para $c = 8$. (pág. 64)

6. $c - (5 + 2)$

7. $14 + c - 6$

8. ¿Cuál es la media de este conjunto de números? (pág. 118)

8, 8, 9, 7, 3

9. 6,904 − 5,826 (pág. 48)

10. **Preparación para la prueba** ¿Cuál es la probabilidad de sacar un número par con un cubo numerado 3, 4, 6, 7, 9, 11? (pág. 496)

A 0

B $\frac{1}{3}$

C $\frac{1}{2}$

D $\frac{2}{3}$

LECCIÓN 5

Combinaciones

Repaso rápido

1. $36 \div 3 = 3 \times \blacksquare$
2. $640 \div 8 = \blacksquare \times 8$
3. $19 + 8 = \blacksquare \times 9$
4. $1{,}200 \div 40 = \blacksquare \times 5$
5. $4 \times 4 \times 3 = 24 \times \blacksquare$

VOCABULARIO

diagrama de árbol

Aprende

DECISIONES, DECISIONES Betsy elegirá un sabor de helado de yogur y una cubierta para su helado. Puede elegir yogur de limón, vainilla o durazno y cubierta de cereza o nueces. ¿Cuántos helados diferentes puede formar Betsy? Haz una lista de los diferentes helados.

Un **diagrama de árbol** muestra todas las combinaciones o los resultados posibles.

Yogur	Cubierta	Combinaciones
limón	cereza	*yogur de limón con cubierta de cereza*
	nueces	*yogur de limón con cubierta de nueces*
vainilla	cereza	*yogur de vainilla con cubierta de cereza*
	nueces	*yogur de vainilla con cubierta de nueces*
durazno	cereza	*yogur de durazno con cubierta de cereza*
	nueces	*yogur de durazno con cubierta de nueces*

Entonces, Betsy puede hacer 6 helados diferentes.

RAZONAMIENTO Hay 6 combinaciones posibles con 3 sabores de yogur y 2 cubiertas. ¿Qué enunciado numérico podrías escribir para hallar el número de combinaciones?

Idea matemática Puede usar un diagrama de árbol para hacer una lista de todas las combinaciones posibles y hallar el número de combinaciones total.

Comprueba

1. **Explica** cómo sabes cuántos helados de durazno puede hacer Betsy.

Halla el número de combinaciones posibles haciendo un diagrama de árbol.

2. Puedes sembrar un tipo de flor en un sitio.
   Tipo: tulipán, rosas o lirios
   Sitio: jardín del frente, jardín de atrás o el jardín lateral

Práctica y resolución de problemas Más práctica, página 504, Grupo C

Para los ejercicios 3–5, elige uno de cada uno. Halla el número de combinaciones posibles haciendo un diagrama de árbol.

3. Opciones del suceso
Suceso: ir al teatro, ir al cine, ir al zoológico o ir al concierto
Día: viernes, sábado o domingo

4. Opciones de ropa
Pantalones: azul, negro o habano
Camisa: roja o verde

5. Opciones de emparedado
Carne: jamón, pavo, rosbif o pastrami
Queso: americano, suizo, jack o colby

6. Bill tiene 8 conjuntos diferentes de 1 camisa y 1 corbata. Esto quiere decir que podría tener 1 camisa y 8 corbatas. Haz una lista de otras 3 posibilidades para el número de camisas y corbatas que podría tener Bill.

7. Julie puede elegir de tres tipos de pasta: rigatoni, linguini y fettucine. Puede hacer salsa a la marinara, de carne, Alfredo o de vegetales. ¿Cuántas combinaciones posibles hay?

USA LOS DATOS Para los ejercicios 8–11, usa la tabla.

LISTA DE PRECIOS DE LA TIENDA DE BICICLETAS			
Casco:	$18	Botella de agua:	$2
Bocina:	$4	Reflector:	$2
Camiseta:	$12	Bocadillo:	$1

8. Nick compró un casco y un bocadillo. Joan compró 2 reflectores, una camiseta y una botella de agua. ¿Quién gastó más? ¿Cuánto más?

9. Josh tiene $16. Compra una camiseta y quiere comprar 2 artículos más. ¿Qué artículos puede comprar?

10. **Escribe un problema** usando dos o más artículos de la lista de precios de la tienda de bicicletas.

11. ¿Cuántas combinaciones de 2 artículos diferentes dan un precio total de $6 por los 2 artículos?

Repaso y preparación para la prueba

Para los ejercicios 12–14, da la probabilidad de cada suceso usando la flecha giratoria.
(pág. 496)

12. 1

13. 1, 2 o 3

14. 4 o 5

15. $4\frac{5}{8} - 2\frac{1}{8}$ (pág. 474)

16. **Preparación para la prueba** Halla el tiempo transcurrido entre las 10:35 a.m. y las 4:17 p.m. (pág. 98)

A 5 hr 18 min
B 5 hr 42 min
C 6 hr 18 min
D 6 hr 42 min

LECCIÓN **6**

Estrategia de resolución de problemas
Hacer una lista organizada

Repaso rápido

1. $7 \times 8 = \blacksquare - 4$
2. $14 - 9 = \blacksquare \div 5$
3. $36 \div 4 = \blacksquare \times 9$
4. $8 \times \blacksquare = 28 - 4$
5. $\blacksquare \times 6 = 12 \times 2$

PROBLEMA Winnie está jugando un juego en la feria usando una flecha giratoria de 3 secciones rotuladas 1, 2 y 3. Ella se gana un premio si el total para dos de sus giros es mayor que 4. Muestra todos los resultados posibles de los dos giros y determina cómo Winnie puede ganar un premio.

COMPRENDE

- ¿Qué debes hallar?
- ¿Qué información usarás?
- ¿Hay alguna información que no usarás? Explica tu respuesta.

PLANEA

- ¿Qué estrategia puedes usar para resolver el problema?

  Hacer una lista organizada.

RESUELVE

- ¿Cómo puedes usar la estrategia para resolver el problema?

  Haz una lista de los 9 resultados posibles.
  Tres resultados tienen un total mayor que 4.

Resultados posibles		
1, 1	2, 1	3, 1
1, 2	2, 2	3, 2
1, 3	2, 3	3, 3

Entonces, ella puede ganar un premio si sus giros son 2, 3; 3, 2; o 3, 3

COMPRUEBA

- ¿Qué otra estrategia podrías usar?

Práctica • Resolución de problemas

Haz una lista organizada para resolver.

1. **¿Qué sucedería si** la flecha giratoria de la página 502 se rotulara 3, 4, 5? Haz una lista de los resultados posibles al girar dos veces la flecha. Escribe el número total de resultados.
2. Gwen elige un proyecto de computación. Puede hacer una tarjeta, un calendario, una postal o un banderín. Puede usar tinta negra o roja. ¿De cuántas maneras puede hacer el proyecto?

Estrategias

- Hacer un diagrama o dibujo
- Hacer un modelo o representar
- **Hacer una lista organizada**
- Hallar un patrón
- Hacer una tabla o gráfica
- Predecir y probar
- Volver sobre los pasos
- Resolver un problema más simple
- Escribir una ecuación
- Usar razonamiento lógico

Resolución de problemas

Para los ejercicios 3–4, halla los resultados posibles de girar una vez cada flecha.

3. ¿Cuántos resultados posibles hay?

   A 6 **B** 10 **C** 12 **D** 24

4. ¿Cuántos resultados posibles incluyen rojo?

   F 1 **G** 3 **H** 6 **J** 12

Práctica de estrategias mixtas

5. Una tienda de muebles vende sofás de vinilo, cuero o tela. Cada tipo de sofá viene en verde, azul o negro. Haz una lista organizada. ¿Cuántas opciones de sofás hay?
6. El Sr. Jonson contó su cambio. Tenía 4 monedas de 25¢, 8 monedas de 10¢, 9 monedas de 5¢ y 19 monedas de 1¢. ¿Cuál fue el total del dinero?
7. La Sra. Landry quiere usar una cuerda para mostrar dónde estarán los lados de su jardín. Usa el diagrama para hallar el número de pies de cuerda que necesita.

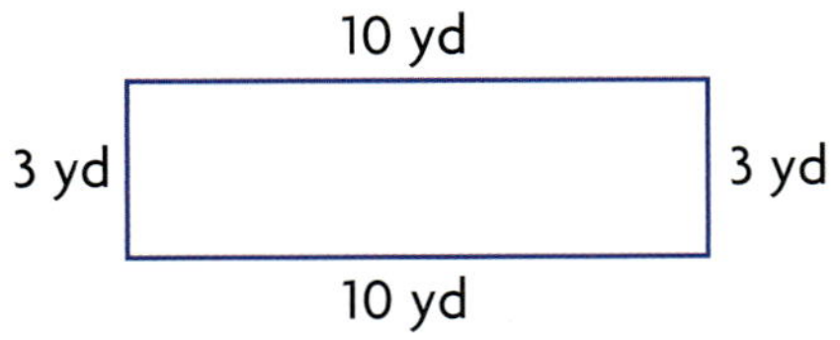

8. Cinco estudiantes jugaron básquetbol. Bob, Mike y Jill anotaron 8 puntos cada uno. Lynn anotó la mitad de los puntos que anotó Chris. El número total de puntos anotados fue 54. ¿Cuántos puntos anotaron Lynn y Chris?
9. Kathy tiene 23 flores. Ella coloca un número de flores igual en algunos jarrones y le sobran 2. A cada jarrón le caben 6 flores. ¿Cuántos jarrones usa ella?
10. Cada lado de un patio cuadrado tiene 10 pies de longitud. Hay una planta cada 2 pies alrededor del borde del patio comenzando en una esquina. ¿Cuántas plantas hay alrededor del patio?

Más práctica

Grupo A (págs. 492–495)

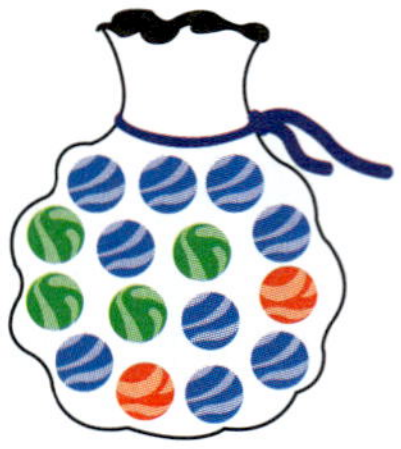

Para los ejercicios 1–3, mira la bolsa de canicas y la flecha giratoria de la derecha.

1. ¿Qué colores son poco probables que saques de la bolsa?
2. ¿Es probable o poco probable que la flecha caiga en azul?
3. ¿En qué dos colores es igualmente probable que caiga la flecha?

Escribe ***probable, poco probable o igualmente probable*** **para los sucesos.**

4. sacar un 4; sacar un 6; en un cubo numerado del 1 al 6
5. caer en un número impar en una flecha giratoria rotulada 1, 3, 6, 9, 12, 15
6. sacar una moneda de 25¢ de una bolsa de 10 monedas de 25¢ y 4 monedas de 10¢
7. sacar una media blanca de una gaveta con 10 medias negras y 2 medias blancas

Grupo B (págs. 496–497)

Mira la flecha giratoria. Halla la probabilidad de cada suceso.

1. amarillo
2. un número impar
3. 6
4. un número par
5. amarillo o número par
6. un número menor que 6
7. Una flecha giratoria tiene 8 secciones iguales. Dos son moradas, $\frac{1}{2}$ es verde y el resto de las secciones es azul. ¿Cuál es la probabilidad de sacar azul?
8. En un cubo, dos lados tienen un 8, $\frac{1}{3}$ de los lados tienen un 5, $\frac{1}{6}$ tiene un 3, y $\frac{1}{6}$ tiene un 4. ¿Cuál es la probabilidad de sacar un 5?

Grupo C (págs. 500–501)

Para los ejercicios 1–4, elige una de cada una. Halla el número de combinaciones posibles haciendo un diagrama de árbol.

1. Decoraciones
   Tipo: globos, gallardetes
   Color: azul, dorado, plateado, blanco, morado
2. Actividades
   Deporte: fútbol, tenis, fútbol americano
   Día: Lun., Mar., Mié., Jue.
3. Ropa
   Prenda de arriba: suéter, blusa, camiseta
   Prenda de abajo: pantalones jeans, falda, pantalones cortos
4. Almuerzo
   Principal: rollo de carne, sándwich, taco
   Acompañante: ensalada, fruta
5. La familia Smith se va de vacaciones. Puede ir a la playa, las montañas o al lago. Pueden ir en junio, julio o agosto. ¿Cuántas opciones tiene?
6. Sam puede comprar leche o jugo de naranja. Cada uno viene en envase de una pinta, un cuarto o un galón. ¿Cuántas opciones tiene Sam?

Repaso/Prueba

COMPRUEBA EL VOCABULARIO Y LOS CONCEPTOS

Elige el mejor término de la casilla.

resultado
probabilidad matemática
suceso

1. Puedes usar una tabla para anotar cada _?_ o consecuencia de un experimento. (pág. 490)
2. Una comparación del número de resultados favorables con el número de resultados posibles es _?_. (pág. 496)

COMPRUEBA LAS DESTREZAS

3. Tonia lanza al aire una moneda y hace girar una flecha giratoria con colores rojo, blanco, azul y dorado. Nombra todos los resultados posibles. (págs. 490–491)

Para los ejercicios 4–5, mira la flecha giratoria. Escribe *probable o poco probable* para los sucesos. (págs. 492–495)

4. caer en un número mayor que 10
5. caer en un número impar

Usa la flecha giratoria para determinar la probabilidad de cada suceso. (págs. 496–497)

6. rojo
7. *no* es verde
8. rojo o azul
9. amarillo
10. morado o verde
11. marrón

Halla el número de resultados posibles haciendo un diagrama de árbol. (págs. 500–501)

12. Deportes invernales
    Deporte: esquí, patinaje, tirarse en trineo
    Día: viernes, sábado, domingo
13. Guitarras
    Tipo: eléctrica, acústica
    Color: habano, marrón, negro

COMPRUEBA LA RESOLUCIÓN DE PROBLEMAS

Para los ejercicios 14–15, haz una lista organizada para resolver. (págs. 502–503)

14. Claire tenía pollo, carne, brócoli y zanahorias. Compró maíz, pan blanco y pan de trigo. ¿Cuántas opciones de 1 tipo de carne, 1 vegetal y 1 tipo de pan hay?
15. Anna va a ordenar una falda. Puede elegir negro, blanco, verde, azul o gris, y corta o larga. ¿Cuántas opciones tiene?

Preparación para pruebas

MEDIDAS

1. David hizo un patio usando cuadrados de concreto como se muestra abajo. Cada cuadrado de concreto mide 1 pie en cada lado. ¿Cuál es el perímetro de su patio?

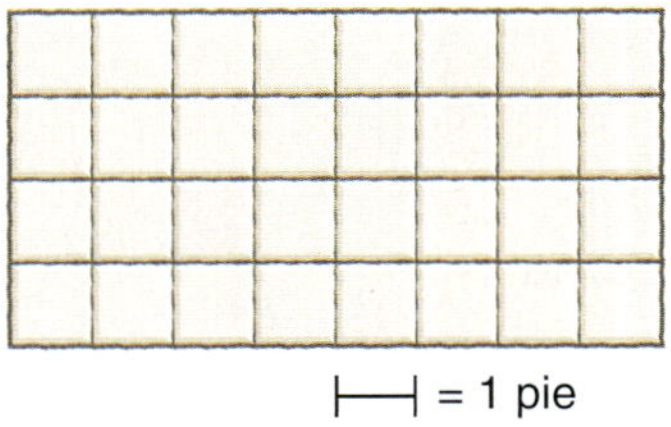

A 12 pies
B 16 pies
C 24 pies
D 32 pies

2. ¿Qué cuerpo geométrico tiene **el mayor** volumen?

F 

G 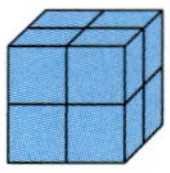

H 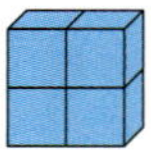

J 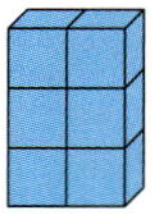

3. ¿Cuál es **la mejor** unidad para medir la distancia entre Miami, Florida, y la ciudad de New York, New York?

A pulgada
B pie
C yarda
D milla

4. **Explícalo** Susan se llevó $\$30$ al centro comercial y compró un CD por $\$13.95$, gastó en el almuerzo $\$6.12$ y compró un gancho para el cabello por $\$3.79$. ¿Alrededor de cuánto dinero le queda a Susan? Explica cómo obtuviste tu respuesta.

GEOMETRÍA Y ORIENTACIÓN ESPACIAL

5. ¿Qué término describe **mejor** el movimiento que muestra la letra N a continuación?

F reflexión
G teselación
H rotación
J traslación

6. ¿Qué figura no tiene ejes de simetría?

A 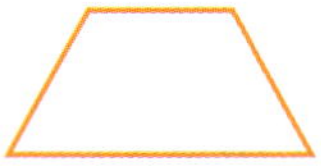

C 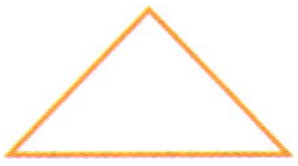

B 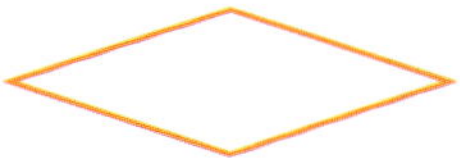

D 

7. **Explícalo** Miguel hizo la siguiente tabla para clasificar algunos polígonos.

POLÍGONOS		
Nombre	**Lados**	**Ángulos**
Triángulo	3	3
Cuadrado	4	4
Rectángulo	4	4
Pentágono	5	5
Hexágono	6	6

Basándote en los datos de la tabla de Miguel, ¿cuántos ángulos tiene un polígono de siete lados? Explica cómo lo decidiste.

RAZONAMIENTO ALGEBRAICO

IDEA **Elige la respuesta.** Mira el ejercicio 8. Determina una regla que se aplique al patrón en la tabla. Relaciona cada opción de respuestas a la regla una por una y elige la mejor respuesta.

8. ¿Cuál es el factor que falta en la siguiente tabla?

ENTRADA	$\frac{2}{7}$	$\frac{4}{10}$	$\frac{1}{3}$	$\frac{3}{5}$	■	$\frac{9}{12}$
SALIDA	$\frac{2}{6}$	$\frac{4}{9}$	$\frac{1}{2}$	$\frac{3}{4}$	$\frac{6}{7}$	$\frac{9}{11}$

F $\frac{5}{7}$ **H** $\frac{6}{8}$

G $\frac{5}{8}$ **J** $\frac{7}{8}$

9. ¿Qué enunciado sigue en este patrón?

$$1 \times 2 = 2$$
$$10 \times 20 = 200$$
$$100 \times 200 = 20{,}000$$
$$1{,}000 \times 2{,}000 = 2{,}000{,}000$$

A $1{,}000 \times 2{,}000 = 2{,}000{,}000$

B $1{,}000 \times 20{,}000 = 20{,}000{,}000$

C $10{,}000 \times 2{,}000 = 20{,}000{,}000$

D $10{,}000 \times 20{,}000 = 200{,}000{,}000$

10. **Explícalo** Brett dibujó el siguiente patrón.

Él dijo que la segunda figura es la rotación de 180° de la primera figura. ¿Estás de acuerdo? Explica cómo lo decidiste.

ANÁLISIS DE DATOS Y PROBABILIDAD

11. ¿Cuál es la probabilidad de que la flecha se detenga en 10 o 20 en esta flecha giratoria?

F $\frac{1}{8}$

G $\frac{1}{4}$

H $\frac{3}{8}$

J $\frac{1}{2}$

12. Este cubo numerado está rotulado del 7 al 12.

Pauline lanza una vez el cubo. ¿Qué suceso es **poco probable** que ocurra?

A número par

B número menor que 12

C número mayor que 7

D número primo

13. **Explícalo** Kathy lanzó al aire 20 veces una moneda. Esta tabla muestra los resultados de su experimento.

EXPERIMENTO DE LANZAR MONEDAS		
Resultado	Cara	Sello
Marca de conteo	~~||||~~ ~~||||~~ ||	~~||||~~ |||

¿Qué fracción de los lanzamientos mostró sello? Explica tu razonamiento.

Manualidades

Platos de fracciones de pizza

PROYECTO Haz modelos de pizza para practicar operaciones con fracciones.

Materiales

- 8 platos desechables
- Marcadores, crayolas o lápices de colores
- Tijeras
- Hojas de círculos fraccionarios
- Pegamento

Instrucciones

1. Colorea la parte de arriba de los platos desechables para que parezcan pizzas con tus aderezos favoritos. *(ilustración A)*

2. Recorta un círculo fraccionario diferente para cada uno de tus grupos de pizza y pega los círculos en la parte posterior de los platos. *(ilustración B)*

3. Recorta tus pizzas en pedazos cortando a lo largo de las líneas de los círculos fraccionarios. *(ilustración C)*

4. Coloca juntos todos los pedazos de grupos de pizza, boca arriba, en una mesa.

5. Toma pedazos de diferentes tamaños de la mesa y trata de unirlos para formar una pizza completa. Voltea los pedazos una vez que hayas formado una pizza completa. Escribe una ecuación que muestre la suma de las fracciones.

6. Agarra dos pedazos de diferentes tamaños de la mesa, voltéalos y compara las dos fracciones. Luego, halla la suma y la diferencia de las fracciones.

Desafío

Prueba la equidad

Víctor y Brian están jugando un juego. Se turnan usando una flecha giratoria. Víctor anota 1 punto cuando saca un número impar. Brian anota 1 punto cuando saca un número par. ¿Cuál de las flechas se debe elegir para que el juego sea equitativo?

Flecha giratoria A

Flecha giratoria B

Equidad en un juego significa que un jugador es más probable que gane que otro jugador. Entonces, cada jugador tiene igual probabilidad de ganar.

Flecha giratoria C

Ejemplo

PASO 1

Halla la probabilidad de sacar un número impar en cada giro.

Flecha giratoria A: $\frac{1}{2}$

Flecha giratoria B: $\frac{1}{3}$

Flecha giratoria C: $\frac{3}{4}$

PASO 2

Halla la probabilidad de sacar un número par en cada giro.

Flecha giratoria A: $\frac{1}{2}$

Flecha giratoria B: $\frac{2}{3}$

Flecha giratoria C: $\frac{1}{4}$

PASO 3

Halla la flecha giratoria con iguales probabilidades de sacar un número impar y un número par.

	IMPAR	PAR
Flecha giratoria A:	$\frac{1}{2}$	$\frac{1}{2}$
Flecha giratoria B:	$\frac{1}{3}$	$\frac{2}{3}$
Flecha giratoria C:	$\frac{3}{4}$	$\frac{1}{4}$

Hay la misma probabilidad de sacar un número impar como un número par en la Flecha giratoria A. Entonces, para que el juego sea equitativo se debe elegir la flecha giratoria A.

Inténtalo

Mira la flecha giratoria. Cada jugador anota 1 punto cuando la flecha se detiene en su opción. Escribe *sí* o *no* para decir si cada juego es equitativo. Explica tu respuesta.

1. Jugador A: número entre 8 y 15
   Jugador B: número mayor que 10

2. Jugador A: número primo
   Jugador B: número que se pueda dividir equitativamente entre 4

Cada jugador elige una figura diferente en la flecha giratoria. Cada jugador anota 1 punto cuando la flecha se detiene en su opción.

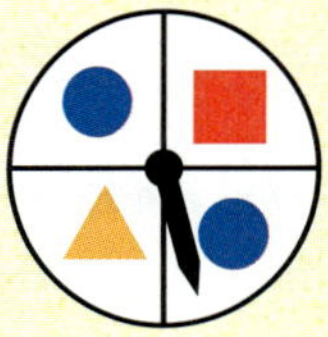

3. ¿Cuál es la probabilidad de que la flecha se detenga en cada figura?

4. ¿Cómo podrías cambiar el juego para hacerlo equitativo?

Guía de estudio y repaso

VOCABULARIO

Elige el mejor término de la casilla.

1. Un número que nombra una parte de un todo es una _?_. (pág. 446)
2. Las fracciones que nombran la misma cantidad son _?_. (pág. 448)
3. Si sigues dividiendo hasta que el 1 sea el único número por el que se pueda dividir el numerador y el denominador equitativamente hallas la fracción en su _?_. (pág. 449)
4. Las fracciones con denominadores diferentes son _?_. (pág. 480)
5. Cuando comparas el número de resultados favorables con el número de resultados posibles hallas la _?_. (pág. 496)

probabilidad matemática
fracción
fracciones equivalentes
fracciones no semejantes
mínima expresión
números mixtos

ESTUDIA Y RESUELVE

Capítulo 21

Halla fracciones equivalentes.

Halla fracciones equivalentes multiplicando o dividiendo.

Multiplica el numerador y el denominador por 2.

$\frac{6}{12} = \frac{6 \times 2}{12 \times 2} = \frac{12}{24}$

Entonces, $\frac{6}{12}$ es equivalente a $\frac{12}{24}$.

Divide el numerador y el denominador entre 6.

$\frac{6}{12} = \frac{6 \div 6}{12 \div 6} = \frac{1}{2}$

Entonces, $\frac{6}{12}$ es equivalente a $\frac{1}{2}$.

Halla una fracción equivalente para cada una. (págs. 448–451)

6. $\frac{2}{3}$
7. $\frac{3}{4}$
8. $\frac{2}{5}$
9. $\frac{1}{6}$
10. $\frac{4}{8}$
11. $\frac{6}{10}$
12. $\frac{6}{9}$
13. $\frac{4}{12}$
14. $\frac{10}{12}$
15. $\frac{7}{14}$
16. $\frac{6}{8}$
17. $\frac{4}{6}$

Capítulo 22

Suma y resta fracciones y números mixtos.

Resta.

$2\frac{3}{5} - 1\frac{1}{5}$

$$\begin{array}{r} 2\frac{3}{5} \\ -\ 1\frac{1}{5} \\ \hline 1\frac{2}{5} \end{array}$$

- Resta primero las fracciones.
- Luego, resta los números enteros.

Halla la suma o la diferencia. (págs. 468–479)

18. $\frac{7}{12} + \frac{6}{12}$
19. $\frac{7}{8} - \frac{3}{8}$
20. $9\frac{6}{9} - 4\frac{3}{9}$
21. $1\frac{3}{5} + 7\frac{2}{5}$
22. $2\frac{3}{8} + 3\frac{1}{8}$
23. $5\frac{4}{6} - 4\frac{3}{6}$

Capítulo 23

Escribe la probabilidad de un suceso simple.

Halla la probabilidad de que la flecha se detenga en el color rojo.

La probabilidad de rojo $= \frac{2}{6}$ o $\frac{1}{3}$

Entonces, la probabilidad de que la flecha se detenga en rojo es $\frac{1}{3}$.

Una bolsa de canicas tiene 7 azules, 3 verdes, 5 moradas y 3 rojas. Halla la probabilidad de cada suceso. (págs. 496–497)

24. una canica verde

25. una canica azul

26. una canica morada

27. una canica que no es morada

Anota los resultados de un experimento en maneras diferentes.

Carne: Pavo, rosbif
Vegetales: Zanahorias, maíz, brócoli

Carne	Vegetal	Resultados
Pavo	Zanahorias	Pavo con zanahorias
	Maíz	Pavo con maíz
	Brócoli	Pavo con brócoli
Rosbif	Zanahorias	Rosbif con zanahorias
	Maíz	Rosbif con maíz
	Brócoli	Rosbif con brócoli

Halla el número de combinaciones posibles haciendo un diagrama de árbol. (págs. 500–501)

28. Opciones de actividades
Actividad: voleibol, tenis o básquetbol
Día: sábado o domingo

29. Opciones del sundae
Helado: vainilla o chocolate
Aderezos: nueces o pacanas picadas

PRÁCTICA • RESOLUCIÓN DE PROBLEMAS

Resuelve. (págs. 456–457, 478–479, 502–503)

30. Jim y Brianna cada uno se comió $\frac{5}{12}$ de la pizza. ¿Qué fracción queda de la pizza? Nombra la operación u operaciones que usaste.

31. Ling tiene un juego de tazas para medir. Tres de los tamaños son $\frac{3}{4}$, $\frac{1}{3}$ y $\frac{1}{2}$ tazas. Ordena los tamaños de menor a mayor.

32. Andy diseña una camisa para su equipo de fútbol. La camisa puede ser verde, azul, morada o roja. Puede ser a rayas o de un solo color. ¿Cuántas combinaciones de diseños diferentes hay?

33. Una flecha giratoria tiene 8 secciones iguales. Dos de las secciones son anaranjadas, 4 secciones son verdes y 2 secciones son azules. ¿Qué dos colores cubren $\frac{1}{2}$ de la flecha giratoria?

EVALUACIÓN DEL RENDIMIENTO

TAREA A • COMPARTIR TU PIZZA

Curtis, Joe, Sara y Laura tienen un cupón para una pizza gratis en el Palacio de las pizzas. Todos quieren el mismo número de pedazos.

a. Di qué tamaño de pizza deben ordenar. Explica tu respuesta.

b. Escribe una fracción que nombre cuánto de la pizza quedará después de que cada persona se coma 1 pedazo. Escribe una fracción equivalente para esa cantidad.

c. ¿Deben ordenar los amigos el mismo tamaño de pizza si Laura decide que no quiere pizza? Explica tu respuesta.

TAREA B • VISITAR A LA ABUELA

Robyn planea visitar a su abuela por una semana. Ella quiere empacar suficientes pantalones cortos y camisas para tener suficientes combinaciones de ropa que ponerse durante la semana.

a. Robyn quiere llevar más camisas que pantalones cortos. ¿Cuántos de cada uno debe empacar? Haz un diagrama de árbol para mostrar que tu respuesta es correcta.

b. Imagínate que Robyn empaca su camisa roja favorita. Si saca de su maleta una camisa sin mirar, ¿es probable o poco probable que sacará la camisa roja?

c. Robyn compra una camisa más durante su visita. ¿Cuántas combinaciones diferentes será capaz de formar ahora?

Enlace con la tecnología

Calculadora • Sumar y restar números mixtos

Kathy usa $3\frac{1}{8}$ tazas de harina de sémola y $3\frac{5}{8}$ tazas de harina para hacer su masa para pastas. ¿Cuánta harina usa en total?

Puedes usar una calculadora para sumar y restar números mixtos.

PASO 1	Entra el número entero del número mixto $3\frac{1}{8}$. Presiona [3] [Unit].	
PASO 2	Entra la parte fraccionaria de $3\frac{1}{8}$ usando las teclas del numerador y denominador. Presiona [1] [n] [8] [d]. Presiona la tecla de operación [+].	$3\frac{1}{8}$ + ◄
PASO 3	Entra el segundo número mixto. Presiona [3] [Unit] [5] [n] [8] [d]. Presiona [Enter =].	$\frac{N}{D} \to \frac{n}{d}$ $3\frac{1}{8} + 3\frac{5}{8}$ - $6\frac{6}{8}$
PASO 4	Halla la mínima expresión para la respuesta. Presiona [Simp] [Enter =].	$\frac{N}{D} \to \frac{n}{d}$ $6\frac{6}{8}$ ► S $6\frac{3}{4}$

Entonces, ella usa $6\frac{3}{4}$ tazas de harina en total.

Práctica y resolución de problemas

Usa una calculadora para hallar cada suma o diferencia. Escribe la respuesta en su mínima expresión.

1. $4\frac{1}{2} + 3\frac{1}{2}$

2. $5\frac{5}{8} - 3\frac{1}{8}$

3. $8\frac{1}{6} + 5\frac{2}{6}$

4. $10\frac{3}{4} - 7\frac{1}{4}$

5. $14\frac{2}{3} - 13\frac{2}{3}$

6. $12\frac{3}{5} + 20\frac{4}{5}$

APRENDE en línea

Glosario de matemáticas

www.harcourtschool.com

Vocabulario Busca *número mixto* y *mínima expresión* en el Glosario de matemáticas. Da un ejemplo de un número mixto que no esté en su mínima expresión. Luego, escribe el número mixto en su mínima expresión.

▲ El Capitolio del estado de Idaho en Boise, terminado en 1920, fue un modelo del Capitolio de EE.UU.

RESOLUCIÓN DE PROBLEMAS POR EL PAÍS

en Idaho

CENTRO DE BOISE

Boise, la capital estatal, está ubicada por el río Boise en el suroeste de Idaho. El área del centro es un centro cultural y es la sede de muchos parques y museos.

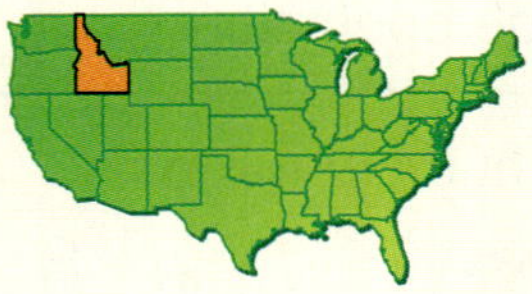

1. Susan caminó $\frac{3}{4}$ de milla desde el Capitolio hasta el parque Julia Davis y luego $\frac{1}{2}$ milla por el parque en su visita a Boise. Si caminara de regreso al Capitolio por la misma ruta, ¿cuánto caminaría?

2. La construcción de la sección central y el domo del Capitolio tomó alrededor de 8 años. Las dos alas para el edificio se construyeron en casi 2 años. Escribe una fracción que muestre cuánto del tiempo de construcción se pasó en las alas.

3. Estando en el parque, María pasó 2 horas en el Museo histórico de Idaho, 3 horas en el zoológico Boise y 3 horas en el Centro de descubrimientos de Idaho. ¿Qué fracción de su tiempo en el parque pasó María en el Centro de descubrimientos o el Museo histórico?

4. Las áreas verdes de Boise ofrecen un sendero a lo largo del río Boise para caminar, correr, montar en bicicleta y patinar en línea. Michael patinó $7\frac{3}{5}$ millas a lo largo del sendero y Pauline patinó $8\frac{4}{5}$ millas. ¿Quién patinó más y cuánto más?

5. Lynda tiene tiempo antes del almuerzo para visitar el Capitolio o caminar por el río. Después del almuerzo puede ir al Museo histórico, el zoológico o el Centro de descubrimientos. Haz una lista de las combinaciones posibles de actividades para el día.

PARQUE ESTATAL LUCKY PEAK

El parque estatal Lucky Peak está ubicado a lo largo del río Boise a casi 18 millas al este de Boise. El parque está formado por tres áreas alrededor de la represa Lucky Peak y es un sitio popular para pasear en bote, nadar, ir de excursión y pescar.

1. Chris y su famila manejaron sus bicicletas desde Boise a lo largo de sus áreas verdes hasta el parque. Manejaron $11\frac{3}{4}$ millas antes de tomar un descanso. ¿Cuánto más tuvieron que manejar para llegar al parque?

2. La represa Lucky Peak tiene casi 45 millas de costa. Katie paseó en bote a lo largo de casi 18 millas de la costa. ¿Qué fracción del total de la costa recorrió Katie?

3. La marina del parque tiene capacidad para casi 200 botes. Hay puestos para casi 125 botes pequeños, 50 botes medianos y 25 botes grandes. ¿Qué fracción del número total de puestos en la marina es para botes pequeños o medianos?

4. La represa está surtida de truchas arco iris y truchas de garganta cortada. Allí también viven las truchas toro. Si hay un número igual de cada tipo de truchas, ¿cuál es la probabilidad de pescar una trucha arco iris o una de garganta cortada?

5. Mac pasó $\frac{1}{4}$ de su tiempo en el parque nadando, $\frac{1}{3}$ de su tiempo paseando y $\frac{5}{12}$ de su tiempo pescando. ¿En qué actividad pasó la mayor parte del tiempo?

6. La parte Sandy Point del parque mide casi $\frac{2}{12}$ del tamaño de la parte Spring Shores. Escribe dos fracciones equivalentes para $\frac{2}{12}$.

▲ El parque estatal Lucky Peak recientemente fue seleccionado como uno de los 25 parques principales del noroeste.

CAPÍTULO 24 Medidas comunes

DATOS BREVES • DEPORTES Cada fin de semana del Día de los Caídos, el estruendo de los carros de carrera llena el aire de la pista de carreras de Indianapolis. Las 500 millas de Indianapolis se han realizado desde 1911. Los carros en esta carrera alcanzan velocidades de más de 200 millas por hora alrededor de la pista ovalada.

RESOLUCIÓN DE PROBLEMAS Cuatro vueltas alrededor de la pista es igual a 10 millas. ¿Cuál es la distancia total de la carrera de carros Indy? ¿De la carrera de carros modificados?

Pista de carreras automotoras de Indianapolis

Comprueba lo que sabes

Usa esta página para repasar y recordar destrezas importantes que se necesitan para el Capítulo 24.

MIDE A LA PULGADA Y A LA MEDIA PULGADA MÁS PRÓXIMAS

Mide la longitud de cada uno a la pulgada más próxima.

1. 

2. 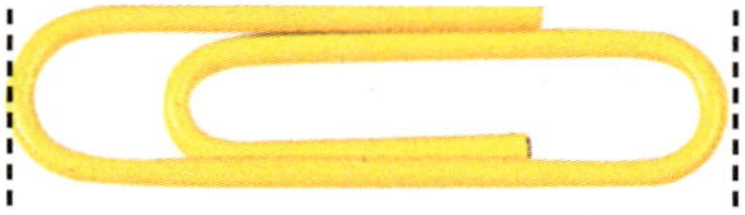

Mide la longitud de cada uno a la $\frac{1}{2}$ pulgada más próxima.

3. 

4. 

MULTIPLICACIÓN

Halla el producto.

5. 16×3 **6.** 36×3 **7.** 12×4 **8.** 16×4 **9.** 12×7

10. 12×2 **11.** $1{,}760 \times 3$ **12.** $5{,}280 \times 2$ **13.** 12×12 **14.** $2{,}000 \times 9$

DIVISIÓN

Divide.

15. $27 \div 3$ **16.** $36 \div 12$ **17.** $33 \div 3$ **18.** $60 \div 2$

19. $525 \div 7$ **20.** $702 \div 6$ **21.** $72 \div 4$ **22.** $84 \div 12$

VOCABULARIO

REPASO

longitud *sustantivo*

La palabra *longitud* proviene del latín *longitudo,* que significa "largo". ¿Qué unidades comunes de longitud puedes usar para medir el largo de algo?

PRESENTACIÓN

unidades lineales
yarda (yd)
milla (mi)
capacidad
cucharadita (cdta)
cucharada (cda)
galón (gal)
onza (oz)
libra (lb)
tonelada (T)

APRENDE en línea www.harcourtschool.com

LECCIÓN 1

Longitud: Elegir la unidad adecuada

Aprende

¡A MEDIR! ¿Alguna vez te has preguntado qué distancia has recorrido al manejar tu bicicleta o al caminar? Puedes usar unidades arbitrarias, como una rotación de los pedales de una bicicleta y la longitud de tu zapato o puedes usar unidades comunes, como millas y yardas.

Repaso rápido

Compara. Escribe <, > o = para cada ●.

1. 12 ● 8

2. 24 ● 26

3. $9\frac{1}{2}$ ● $9\frac{2}{4}$

4. $2\frac{3}{5}$ ● $2\frac{1}{3}$

5. 2 min ● 60 seg

VOCABULARIO

unidades lineales
pulgada (pulg)
pie (pie)
yarda (yd)
milla (mi)

MANOS A LA OBRA

Actividad 1 **MATERIALES:** cinta para medir o regla de 1 yarda

- Estima y mide la distancia desde tu pupitre hasta la puerta del salón usando tu pie como la unidad de medida. Anota tu estimación y la distancia real. Compara tus resultados con los de tus compañeros de clases.
- Estima y mide la misma distancia en pies usando una cinta para medir o regla de 1 yarda. Anota tu estimación y la distancia real. Compara tus resultados con los de tus compañeros de clase.
- ¿En qué se parece tu estimación y la distancia que hallaste usando una cinta para medir o una regla de 1 yarda?

Las **unidades lineales** se usan para medir la longitud, el ancho, la altura y la distancia. Comprender los tamaños de las diferentes unidades lineales comunes te ayudará a elegir las unidades de medida adecuadas.

Ejemplos

A Una **pulgada (pulg)** es casi la longitud de tu dedo pulgar desde el nudillo hasta la punta.

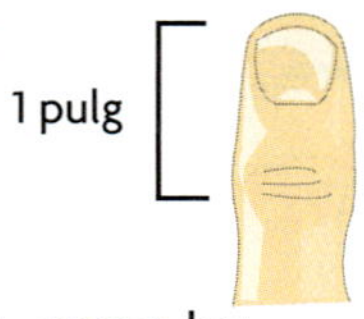

Los objetos más pequeños, como los lápices o los clavos, se miden en pulgadas.

B Un **pie** es casi la longitud de una hoja de papel.

La altura o la longitud de un salón se mide en pies.

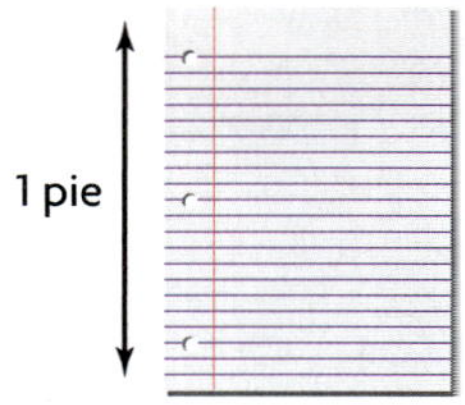

C Una **yarda (yd)** es casi la longitud de un bate de béisbol.

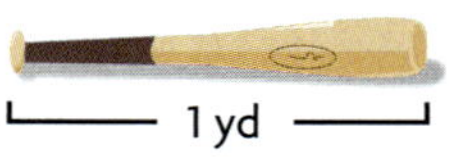

La longitud de un campo de fútbol americano se mide en yardas.

D Una **milla (mi)** es casi la distancia que puedes caminar en 20 minutos.

La distancia que recorre una persona en un carro se mide en millas.

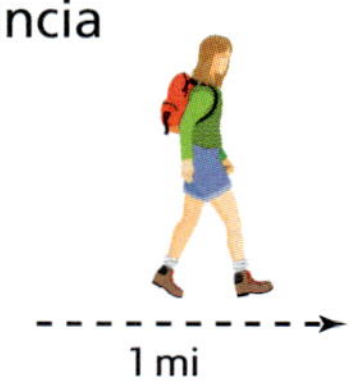

Más sobre las unidades lineales

En la feria del estado de Minnesota, se alinean los vegetales grandes para que los jueces decidan cuál es el más grande. Los jueces usan una cuerda para comparar los vegetales grandes.

Puedes usar una medida indirecta para comparar la longitud de un objeto con la longitud de otro.

Actividad 2

MATERIALES: 2 manzanas, 2 pedazos de cuerda, tijeras

- Usa una cuerda para hallar la distancia alrededor de la primera manzana. Mide horizontalmente alrededor de la parte más grande de la manzana.
- Corta o marca la cuerda para mostrar la distancia alrededor de la manzana.
- Luego, mide la segunda manzana usando otro pedazo de cuerda.
- Compara las cuerdas. ¿Cómo se comparan las dos manzanas?

Comprueba

1. **Explica** cómo puedes decidir qué unidad lineal debes usar.

Elige la unidad de medida más razonable.
Escribe *pulg, pie(s), yd* o *mi*.

2. El ancho de un libro es casi 8 _?_.
3. La longitud de un carro es casi 14 _?_.
4. Ayer, Jordan corrió 3 _?_.
5. La longitud de una placa es casi 1 _?_.
6. El ancho de mi dedo pulgar es casi 1 _?_.
7. La longitud de 15 campos de fútbol americano es casi 1 _?_.

Nombra la medida más grande.

8. 2 yd o 2 mi
9. 16 pies o 16 pulg
10. 32 pulg o 32 yd
11. 24 pulg o 24 mi
12. 3 pies o 3 yd
13. 56 mi o 56 yd

LA LECCIÓN CONTINÚA

Práctica y resolución de problemas

Más práctica, página 534, Grupo A

Elige la unidad de medida más razonable.
Escribe *pulg, pie(s), yd* o *mi*.

14. La distancia desde New York hasta Los Angeles es 2,794 __?__.

15. La longitud del patio de recreo es 22 __?__.

16. La longitud de un pez dorado es casi 3 __?__.

17. La puerta de un salón de clases mide casi 1 __?__ de ancho.

18. El ancho de mi cuaderno es casi 10 __?__.

19. La altura de un pupitre es 2 __?__.

Nombra la medida más grande.

20. 400 pies o 400 yd

21. 10 pulg o 10 pies

22. 20 yd o 20 mi

Nombra la medida más pequeña.

23. 10 yd o 10 pies

24. 128 pulg o 128 yd

25. 30 pulg o 30 pies

USA LOS DATOS **Para los ejercicios 26–29, usa la tabla.**

26. Compara las longitudes de los carros. Escribe los tipos de carros en orden del más pequeño al más grande.

27. ¿Cuántas pulgadas más de longitud tiene el carro más grande que el carro más pequeño? ¿Cuál es la longitud del carro mediano?

28. El garaje de la casa de Jim tiene 228 pulgadas de longitud. Si Jim compra un sedán de cuatro puertas, ¿cabrá el carro en su garaje? Explica tu respuesta.

LONGITUDES PROMEDIO DE CARROS
(de parachoque a parachoque)

Tipo de carro	Longitud (en pulgadas)
Sedán de dos puertas	175
Sedán de cuatro puertas	215
SUV	206
Camioneta	198

29. **Por escrito** Explica por qué crees que los fabricantes de carros describen las longitudes de los carros en pulgadas y no en pies o yardas.

30. Karen compró 2 yardas de cinta por $2 la yarda y 2 yardas de tela por $6 la yarda. Le dio un billete de $20 al vendedor. ¿Cuánto cambio recibió?

31. Liz viajó desde Baltimore, Maryland, hasta Huntsville, Alabama. ¿Qué unidad de medida usarías para describir la distancia entre estas dos ciudades?

32. Mide la longitud de tu libro de matemáticas usando la longitud de tu dedo pulgar desde el primer nudillo hasta la punta. ¿Cuál es la longitud del libro usando esta unidad? ¿A cuántas pulgadas equivale?

33. Piensa en la longitud de una yarda. Luego, estima en yardas la distancia desde la dirección de la escuela hasta tu salón. Elige una herramienta y una unidad, y mide la distancia. Anota tu estimación y medida.

34. **Escribe un problema** sobre elegir una unidad de medida común para resolver un problema.

Repaso y preparación para la prueba

35. $\frac{3}{6} + \frac{2}{6}$ (pág. 468)

36. $\frac{7}{8} - \frac{3}{8}$ (pág. 472)

37. $4\frac{3}{8} + 7\frac{1}{8}$ (pág. 474)

38. $512 \div 8$ (pág. 300)

39. **Preparación para la prueba** ¿Cuál muestra una fracción equivalente a $\frac{12}{20}$? (pág. 448)

A $\frac{3}{5}$ **B** $\frac{72}{100}$ **C** $\frac{2}{4}$ **D** $\frac{2}{5}$

40. **Preparación para la prueba** Bradley está empacando para unas vacaciones. Empacó 5 franelas diferentes y 4 pares de pantalones jeans. ¿Cuántas combinaciones diferentes puede formar Bradley? (pág. 500)

F 9 **G** 10 **H** 20 **J** 24

Resolución de problemas — Piénsalo más

INSTRUMENTOS PARA MEDIR Cada vez que tengas que medir un objeto o una distancia, debes elegir el instrumento adecuado según el tamaño del objeto o la distancia.

¿Qué instrumentos podrías usar para medir la distancia desde tu casa a tu escuela?

podómetro

rueda medidora

odómetro

Podrías usar un podómetro, una rueda medidora o un odómetro.

INSTRUMENTOS

Distancias mayores que 1 yarda:
- Odómetro: milla
- Podómetro: pie, milla
- Rueda medidora: pie

Longitudes menores que 1 pie:
- Regla: pulgada

Longitudes mayores que 1 pie:
- Cinta para medir: pulgada, pie, yarda
- Regla de 1 yarda: pulgada, pie, yarda
- Regla plegadiza: pulgada, pie, yarda

Da un ejemplo de un objeto o una distancia que medirías usando el instrumento.

1. regla **2.** cinta para medir **3.** odómetro

4. rueda medidora **5.** podómetro **6.** regla de 1 yarda

LECCIÓN

2 Medir partes fraccionarias

Repaso rápido

Compara. Escribe <, > o = para cada ●.

1. $\frac{1}{2}$ ● $\frac{1}{4}$ **2.** $9\frac{2}{8}$ ● $9\frac{1}{4}$

3. $9\frac{1}{2}$ ● $9\frac{3}{4}$ **4.** $9\frac{5}{8}$ ● $9\frac{1}{4}$

5. 1 ● $\frac{4}{4}$

Aprende

LECCIÓN DE HOJAS Mary recogió y clasificó unas hojas para su proyecto de ciencias. Parte de su tarea era medir cada hoja al $\frac{1}{4}$ de pulgada y $\frac{1}{8}$ de pulgada más próximos.

Las unidades fraccionarias, como $\frac{1}{2}$ pulgada, $\frac{1}{4}$ de pulgada y $\frac{1}{8}$ de pulgada, se usan para medir longitudes que están entre dos unidades enteras.

Medir a la unidad fraccionaria más próxima es como redondear un número.

Ejemplos

A Mide al $\frac{1}{4}$ de pulgada más próximo.

La longitud está más cerca de $2\frac{2}{4}$ pulg que de $2\frac{1}{4}$ pulg. Entonces, la longitud de la hoja es alrededor de $2\frac{2}{4}$ o $2\frac{1}{2}$ pulg.

B Mide al $\frac{1}{8}$ de pulgada más próximo.

La longitud está más cerca de $1\frac{6}{8}$ pulg que de $1\frac{7}{8}$ pulg.
Entonces, la longitud de la hoja es alrededor de $1\frac{6}{8}$ o $1\frac{3}{4}$ pulg.

Enlace con la tecnología

Más práctica: Harcourt Mega Math Ice Station Exploration, *Linear Lab,* Nivel F

Actividad

MANOS A LA OBRA

MATERIALES: 5 objetos, regla, regla de 1 yarda

OBJETO	ESTIMACIÓN	MEDIDA REAL A LA PULG O FRACCIÓN DE PULG MÁS PRÓXIMA:			
		1 pulg	$\frac{1}{2}$ pulg	$\frac{1}{4}$ de pulg	$\frac{1}{8}$ de pulg
?	■	■	■	■	■

PASO 1

Haz una tabla como la que se muestra. Estima las longitudes de 5 objetos a la pulgada más próxima y anota las estimaciones en tu tabla.

PASO 2

Mide la longitud de cada objeto a la pulgada, $\frac{1}{2}$ pulgada, $\frac{1}{4}$ de pulgada y $\frac{1}{8}$ de pulgada más próximas. Anota las medidas en tu tabla.

- Para cada objeto, ¿qué medida está más cerca de la longitud real?
- Imagínate que quisieras medir la altura de un libro para decidir si cabría en un estante. ¿Se necesitaría una medida real o una estimación para decidir si el libro cabría en el estante?

Idea matemática Puedes medir la longitud a la pulgada, $\frac{1}{2}$ pulgada, $\frac{1}{4}$ de pulgada o $\frac{1}{8}$ de pulgada más próxima. La unidad de medida que se usa depende de la razón por la que midas algo. Aunque ninguna medida es siempre exacta, las medidas que usan unidades más pequeñas están más cerca de las longitudes reales.

Comprueba

1. **Explica** cómo hallar las marcas de $\frac{1}{2}$ pulg y $\frac{1}{4}$ de pulg en una regla.

Estima a la pulgada más próxima. Luego, mide al $\frac{1}{4}$ de pulg más próximo.

2. 

3. 

Estima a la $\frac{1}{2}$ pulgada más próxima. Luego, mide al $\frac{1}{8}$ de pulgada más próximo.

4. 

5. 

Ordena las medidas de *menor* a *mayor*.

6. $2\frac{1}{2}$ pulg, $1\frac{7}{8}$ pulg, $2\frac{3}{8}$ pulg, $2\frac{3}{4}$ pulg

7. $5\frac{1}{4}$ pulg, $5\frac{1}{8}$ pulg, $5\frac{1}{2}$ pulg

LA LECCIÓN CONTINÚA

Práctica y resolución de problemas

Más práctica, página 534, Grupo B

Estima a la pulgada más próxima. Luego, mide al $\frac{1}{4}$ de pulgada más próximo.

8.

9.

Estima a la $\frac{1}{2}$ pulgada más próxima. Luego, mide al $\frac{1}{8}$ de pulgada más próximo.

10.

11.

Ordena las medidas de *menor* a *mayor*.

12. $1\frac{3}{4}$ pulg, $2\frac{3}{8}$ pulg, 1 pulg, $2\frac{1}{2}$ pulg

13. $\frac{3}{4}$ pulg, $\frac{2}{8}$ pulg, $\frac{1}{2}$ pulg, $\frac{7}{8}$ pulg

Ordena las medidas de *mayor* a *menor*.

14. $\frac{5}{8}$ pulg, $1\frac{1}{4}$ pulg, $1\frac{1}{8}$ pulg, 1 pulg

15. $2\frac{7}{8}$ pulg, 2 pulg, $2\frac{1}{2}$ pulg, $2\frac{3}{4}$ pulg

Usa una regla. Traza una recta para cada longitud.

16. 2 pulg

17. $1\frac{1}{2}$ pulg

18. $3\frac{3}{4}$ pulg

19. $\frac{5}{8}$ pulg

20. $4\frac{3}{8}$ pulg

21. $5\frac{1}{4}$ pulg

22. $2\frac{7}{8}$ pulg

23. $6\frac{6}{8}$ pulg

USA LOS DATOS **Para los ejercicios 24–25, usa la ilustración.**

24. Halla la longitud de la piedra a la pulgada y $\frac{1}{2}$ pulgada más próximas.

25. Halla la longitud de la hoja fosilizada en la piedra a la pulgada más próxima.

26. **Vocabulario** *Pulgada* proviene del latín *pollicata* y ésta del latín *pollicáris*, que significa "pulgar" o "dedo gordo". Una pulgada equivale aproximadamente a la duodécima parte de un pie. ¿Cuál es la relación entre pulgada y pollicáris?

27. Tu clase quiere ir a una excursión al museo de historia natural a la 1:15 p.m. Son las 11:38 a.m. en estos momentos. ¿Cuánto falta para que comience la excursión?

28. **¿Cuál es el error?** Max dice que su medida de $2\frac{3}{8}$ pulg está más cerca de 2 pulg que de $2\frac{1}{2}$ pulg. Describe y corrige su error.

29. **Por escrito** ¿Podrías medir un objeto al $\frac{1}{4}$ de pulg más próximo y obtener una medida que sea un número entero? Explica tu respuesta.

30. **DATOS BREVES • CIENCIAS** La altura de un caballo se mide en una unidad llamada manos. Una mano es 4 pulgadas o casi el ancho de la mano de un adulto. La altura promedio de un caballo árabe es 15 manos. ¿Cuál es la altura promedio en pulgadas?

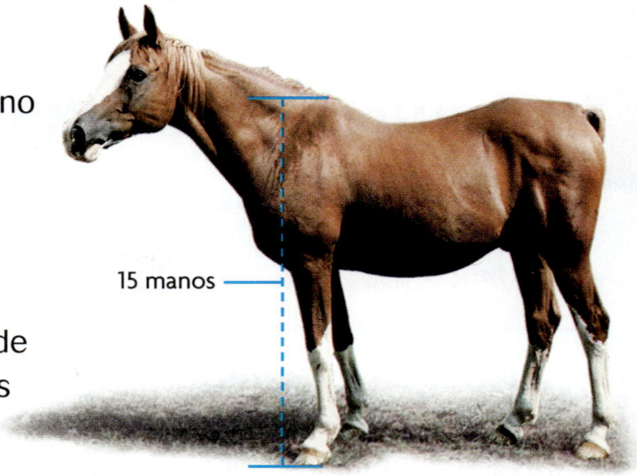

31. El proyecto de Ken incluía una hoja de arce de $5\frac{3}{4}$ pulg de longitud, una hoja de cerezo de $5\frac{1}{2}$ pulg y una hoja de tulipanero de $5\frac{3}{8}$ pulg de longitud. Ordena las longitudes de menor a mayor.

Repaso y preparación para la prueba

32. Compara. Escribe $<$ o $>$ para el ●. (pág. 424)
$^{-}7$ ● $^{+}9$

33. $6\frac{2}{3} - 2\frac{1}{3}$ (pág. 474)

34. Escribe 23 minutos antes de las doce como aparecería en un reloj digital. (pág. 96)

35. Redondea 214,568 a la centena de millar más próxima. (pág. 30)

36. Escribe $\frac{10}{12}$ como una fracción en su mínima expresión. (pág. 448)

37. **Preparación para la prueba** 12×345 (pág. 256)
   - **A** 3,000
   - **B** 3,600
   - **C** 4,060
   - **D** 4,140

38. **Preparación para la prueba** $816 \div 34$ (pág. 320)
   - **F** 20
   - **G** 24
   - **H** 28
   - **J** 30

Resolución de problemas — Piénsalo más

ESTIMA O MIDE A veces, una estimación es todo lo que necesitas para contestar un problema y, a veces, necesitas hallar una medida exacta. La decisión de si debes estimar o medir depende de la situación.

Ejemplos

Decide si necesitas una estimación o una medida exacta.

A La ferretería vende las cadenas por pie.

medida exacta

B El entrenador se pregunta si el agua está demasiado fría para nadar.

estimación

C La enfermera le da un jarabe para la tos a su paciente.

medida exacta

Decide si necesitas una estimación o una medida exacta. Escribe ***estimación*** **o** ***medida.***

1. longitud de tablas para hacer una cerca
2. distancia desde la casa hasta la tienda
3. cantidad de agua que se necesita para llenar una piscina

LECCIÓN 3

Álgebra: Convertir unidades lineales

Repaso rápido

1. 3×16 **2.** $72 \div 3$

3. 5×12 **4.** $96 \div 12$

5. $180 \div 3$

Aprende

¿TIENES LA ESTATURA? Renee tiene que medir, por lo menos, 48 pulgadas de estatura para poder montarse en una montaña rusa. Renee mide 5 pies de estatura. ¿Ella es lo suficientemente alta como para montarse en la montaña rusa?

Medidas equivalentes

1 pie (pie) = 12 pulgadas (pulg)
1 yarda (yd) = 3 pies
1 milla (mi) = 1,760 yardas o 5,280 pies

Ejemplo 1

5 pies = ■ pulgadas

Un pie es una unidad más grande que una pulgada. Cuando conviertes unidades más grandes en unidades más pequeñas, necesitas más unidades pequeñas, entonces multiplicas.

pie	×	pulgadas en 1 pie	=	total de pulgadas
↓		↓		↓
5	×	12	=	60

60 pulgadas es mayor que 48 pulgadas.
Entonces, Renee es lo suficientemente alta como para montarse en la montaña rusa.

Ejemplo 2

¿Cuántas yardas hay en 10,560 pies?

Piensa: 10,560 pies = ■ yardas

Cuando conviertes unidades más pequeñas en unidades más grandes, necesitas menos unidades grandes, entonces divides.

Puedes dividir 10,560 entre 3 con una calculadora.

1 0 5 6 0 ÷ 3 Enter

10560 ÷ 3 =
3520

Entonces, 10,560 pies es igual que 3,520 yardas.

Puedes usar una ecuación para convertir unidades.

Ejemplo 3

Usa $y = p \div 3$ para completar la tabla.

Pies, p	Yardas, y
24	■
30	■
36	■

$y = p \div 3$

$y = 24 \div 3$, entonces $y = 8$.
$y = 30 \div 3$, entonces $y = 10$.
$y = 36 \div 3$, entonces $y = 12$.

Pies, p	Yardas, y
24	8
30	10
36	12

Comprueba

1. **Explica** si multiplicarías o dividirías para convertir millas en yardas.

Completa. Indica si multiplicas o divides.

2. 36 pulg = ■ pies
3. 2 mi = ■ pies
4. 5 yd = ■ pies

Práctica y resolución de problemas

Más práctica, página 534, Grupo C

Completa. Indica si multiplicas o divides.

5. 8 pies = ■ pulg
6. 1,200 pies = ■ yd
7. 3 mi = ■ pies
8. 48 pulg = ■ pies
9. 432 pulg = ■ yd
10. 2 mi = ■ yd

USA LOS DATOS Para los ejercicios 11–12, escribe una ecuación que se pueda usar para completar cada tabla. Copia y completa la tabla.

11.

Pies, p	2	3	4	5	7	9
Pulgadas, g	■	36	■	60	84	■

12.

Pulgadas, g	36	72	108	144	252	324
Yardas, y	1	2	■	■	■	9

Compara. Escribe <, > o = para cada ●.

13. 144 pulg ● 5 yd
14. 1,820 yd ● 1 mi
15. 525 pies ● 6,300 pulg
16. 22 pulg ● 2 pies
17. 16 yd ● 45 pies
18. 6 pies ● 72 pulg
19. Usa una regla de 1 yarda para medir la longitud de tu salón de clases en yardas. Anota la medida. ¿Cuál es la longitud de tu salón de clases en pies? Explica cómo convertiste yardas en pies.
20. **RAZONAMIENTO** Para hacer un banco para su casa de juegos, los niños necesitan una tabla de 80 pulgadas de longitud. Tienen una tabla de $6\frac{1}{2}$ pies de longitud. ¿Tiene la tabla la longitud suficiente? Explica tu respuesta.
21. *Raven*, una montaña rusa en Holiday World en Indiana, exige que los que se monten tengan 46 pulgadas de estatura. Si Fernando tiene 4 pies de estatura, ¿se puede montar en *Raven*?
22. Russ compró 3 pies de cuerda. Luego, cortó 7 pulgadas de cuerda para pegarla alrededor del borde de un matero. ¿Cuántas pulgadas de cuerda le sobraron a Russ?

Repaso y preparación para la prueba

23. $4 \times (25 + 4)$ (pág. 186)

Compara. Escribe <, > o = para cada ●.

24. $\frac{5}{8}$ ● $\frac{4}{6}$ (pág. 452)
25. $5\frac{3}{4}$ ● $\frac{23}{4}$ (pág. 458)
26. 250 + ■ = 532 (pág. 40)
27. **Preparación para la prueba** ¿Qué unidad usarías para medir la longitud de un cuarto? (pág. 518)

  A cuarto
  B pie
  C milla
  D libra

LECCIÓN 4

MANOS A LA OBRA

Capacidad

Repaso rápido

Multiplica cada número por 4.

1. 8 **2.** 9 **3.** 12

4. 7 **5.** 20

VOCABULARIO

capacidad
cucharadita (cdta)
cucharada (cda)
taza (t)
pinta (pt)
cuarto (ct)
galón (gal)

MATERIALES recipientes de 1 taza, 1 pinta, 1 cuarto y 1 galón, agua

Explora

La **capacidad** de un recipiente es la cantidad que le cabe cuando se llena. Las unidades comunes para medir la capacidad son **cucharadita**, **cucharada**, **taza**, **pinta**, **cuarto** y **galón**.

Actividad

¿Cuántas tazas llenan una pinta? ¿Un cuarto? ¿Un galón?

PASO 1

Copia la tabla. Estima el número de tazas que se necesitan para llenar cada recipiente. Anota tu estimación.

RECIPIENTE	NÚMERO DE TAZAS	
¿Cuántas tazas hay en cada uno?	Estimación	Real
Pinta	■	■
Cuarto	■	■
Galón	■	■

PASO 2

Llena la taza con agua hasta la línea de 1 taza.

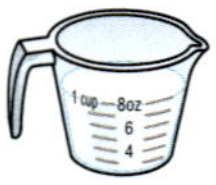

PASO 3

Vierte el agua en cada recipiente. Anota en tu tabla el número real de tazas. Luego, compara tus medidas con las de tus compañeros de clase.

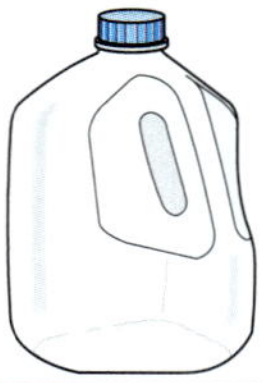

- **RAZONAMIENTO** Imagínate que quieres determinar la capacidad de una piscina para niños. ¿Cuál sería la unidad más adecuada que se debe usar, un balde pequeño o un vaso de cartón? Explica tu respuesta.

Inténtalo

Estima. Luego mide.

a. ¿Cuántas pintas llenan un recipiente de un galón?

b. ¿Cuántas tazas llenan recipientes de 2 cuartos?

c. ¿Cuántas tazas llenan recipientes de 3 pintas?

d. ¿Cuántos cuartos llenan recipientes de 4 galones?

Relaciona

Puedes convertir unidades de capacidad de una unidad a otra. Usa la tabla de medidas y multiplica o divide.

Unidades comunes para medir líquidos		
1 cucharada (cda)	=	3 cucharaditas (cdtas)
1 pinta (pt)	=	2 tazas (t)
1 cuarto (ct)	=	2 pintas
1 galón (gal)	=	4 cuartos

Ejemplos

A ¿Cuántos cuartos hay en 2 galones?

2 gal = ■ ct

galones		cuartos en 1 galón		cuartos
↓		↓		↓
2	×	4	=	8

Entonces, 2 galones es igual a 8 cuartos.

B ¿Cuántas pintas son iguales a 6 tazas?

6 t = ■ pt

tazas		tazas en 1 pinta		pintas
↓		↓		↓
6	÷	2	=	3

Entonces, 6 tazas es igual a 3 pintas.

Práctica y resolución de problemas

Copia y completa las tablas. Convierte las unidades.

1.

Taza	2	8	14
Pinta	■	■	■

2.

Pinta	8	24	■
Galón	■	■	8

3.

Cucharadita	3	■	15
Cucharada	■	4	■

Elige la unidad de capacidad más razonable. Escribe *a*, *b* o *c*.

4. 

a. taza
b. cucharada
c. galón

5. 

a. galón
b. taza
c. cuarto

6. 

a. cuarto
b. taza
c. cucharadita

7. Alice compró 5 medios galones de jugo de naranja, 2 cuartos de jugo de piña y 2 galones de limonada para hacer ponche de frutas. ¿Cuántos galones de bebida compró en total?

8. ÁLGEBRA Usa la ecuación $t = 16 \times g$ para hallar el número de tazas en 7 galones.

t = número de tazas
g = número de galones

Repaso y preparación para la prueba

9. 4 pies = ■ pulg (pág. 526)

10. 6 yd = ■ pies (pág. 526)

11. Escribe $\frac{12}{16}$ en su mínima expresión. (pág. 448)

12. 4,008 − 1,992 (pág. 50)

13. **Preparación para la prueba** ¿Cuál es igual a 36? (pág. 184)

A $2 \times 2 \times 3$
B $2 \times 2 \times 9$
C $2 \times 3 \times 4$
D 2×8

LECCIÓN 5

MANOS A LA OBRA

Peso

Repaso rápido

Multiplica cada número por 16.

1. 8 **2.** 10

3. 6 **4.** 5

5. 14

VOCABULARIO

onza (oz) **libra (lb)**

tonelada (T)

MATERIALES balanza de resorte, 5 objetos del salón de clases

Explora

¿Cómo describirías el peso de un carrito de juguete? ¿De un carro real?

Las unidades comunes para medir peso son **onza (oz)**, **libra (lb)** y **tonelada (T)**.

Un carrito de juguete pesa casi 1 oz.

Un carrito a control remoto pesa casi 1 lb.

Un carro real pesa casi 1 T.

Actividad

Elige 5 objetos del salón de clases que puedas pesar con tu balanza.

PASO 1

Haz una tabla. Estima el peso de cada objeto en onzas o libras. Anota el objeto y el peso estimado.

OBJETO	ESTIMACIÓN	REAL
?	■	■

PASO 2

Pesa cada objeto. Anota cada peso real en tu tabla. Compara tu medida real con tu estimación.

- ¿Son razonables tus estimaciones?
- ¿Qué herramienta crees que se usa para medir el peso de un carro?

Inténtalo

Elige *onza* o *libra* para cada objeto. Luego, mide el peso.

a. una engrapadora **b.** una caja de crayolas

Relaciona

Puedes multiplicar o dividir para convertir unidades de peso.

Pesos equivalentes		
16 onzas (oz)	=	1 libra (lb)
2,000 libras (lb)	=	1 tonelada (T)

Ejemplos

A ¿Cuántas onzas hay en 7 libras?

7 lb = ■ oz

libras		onzas en 1 libra		onzas
↓		↓		↓
7	×	16	=	112

Entonces, 7 libras es igual a 112 onzas.

B ¿Cuántas toneladas equivalen a 4,000 libras?

4 0 0 0 ÷

2 0 0 0 Enter

4000 ÷ 2000 = 2

Entonces, 4,000 libras equivalen a 2 toneladas.

Práctica y resolución de problemas

Elige la medida más razonable.

1. 15 oz o 15 lb

2. 1 lb o 1 T

3. 14 oz o 14 lb

Completa. Indica si multiplicas o divides.

4. 3 lb = ■ oz

5. 5 T = ■ lb

6. 160 oz = ■ lb

Convierte en libras.

7. 32 oz

8. 2 T

9. 3 T

10. 96 oz

11. Tamiza pesó 7 lb 6 oz al nacer. Su peso se duplicó en tres meses. ¿Cuánto pesaba al final de los tres meses?

12. **¿Cuál es el error?** Byron necesita 2 lb de mezcla de cereal y frutas secas. Él compró dos paquetes de 8 oz. Describe su error. Indica qué ha debido comprar Byron.

13. ¿Cuál es menor, 3,000 lb o 2 T? Explica tu respuesta.

14. ¿Cuál es mayor, 5 lb u 88 oz? Explica tu respuesta.

Repaso y preparación para la prueba

15. Redondea 213,467 a la decena más próxima. (pág. 30)

16. $5\frac{4}{5} - 3\frac{1}{5}$ (pág. 474)

17. $\begin{array}{r} 4{,}306 \\ -2{,}987 \\ \hline \end{array}$ (pág. 48)

18. 5 pies = ■ pulg (pág. 526)

19. **Preparación para la prueba** ¿Cuántas pulgadas hay en 8 yardas? (pág. 526)

A 24 pulg

B 96 pulg

C 288 pulg

D 324 pulg

LECCIÓN 6

Estrategia de resolución de problemas
Comparar estrategias

Repaso rápido

Nombra el número posible que sigue en cada patrón.

1. 16, 32, 48, 64, ■
2. 2, 4, 6, 8, ■
3. 12, 24, 36, 48, ■
4. 4, 8, 12, 16, ■
5. 3, 6, 9, 12, ■

PROBLEMA La mamá de Carol está haciendo ponche para 8 niños. Si mezcla 5 pintas de jugo de piña y 2 cuartos de jugo de naranja, ¿podrá cada niño beberse 2 tazas de ponche?

COMPRENDE

- ¿Qué debes hallar?
- ¿Qué información usarás?
- ¿Hay alguna información que no usarás?

PLANEA

- ¿Qué estrategia puedes usar?
  A menudo, puedes usar más de una estrategia para resolver un problema. Usa *hacer un dibujo* o *hacer una tabla.*

RESUELVE

- ¿Cómo resolverás el problema?

Hacer un dibujo Muestra cómo hallar el total de tazas de ponche.

Jugo de piña
1 pt = 2 t

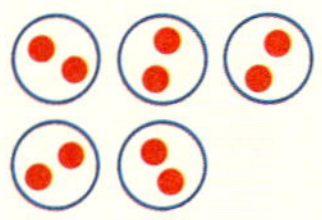

5 pt = 10 t

Jugo de naranja
1 ct = 2 pt

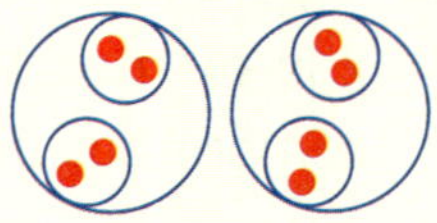

2 ct = 4 pt
4 pt = 8 t

10 + 8 = 18 o 18 tazas

Hacer una tabla Muestra las relaciones entre tazas, pintas y cuartos.

1 pt = 2 t

JUGO DE PIÑA					
pintas	1	2	3	4	5
tazas	2	4	6	8	10

1 ct = 2 pt

JUGO DE NARANJA		
cuartos	1	2
pintas	2	4
tazas	4	8

5 pintas de jugo de piña equivalen a 10 tazas y 2 cuartos de jugo de naranja equivalen a 8 tazas.

10 + 8 = 18 o 18 tazas

Entonces, la mamá de Carol necesita 2 × 8 o 16 tazas de ponche. Como 18 > 16, entonces habrá suficiente ponche para que cada niño beba 2 tazas.

COMPRUEBA

- ¿Qué otra estrategia podrías usar?

Práctica • Resolución de problemas

Elige una estrategia para resolver. Explica tu selección.

1. **¿Qué sucedería si** la mamá de Carol mezclara 2 cuartos de jugo de naranja y 1 cuarto de jugo de piña? ¿Habría suficiente para que cada niño bebiera 2 tazas de ponche? Explica tu respuesta.

2. Deborah está haciendo ponche. Con una taza de jugo concentrado se hace 1 cuarto de ponche. Si Deborah compra 3 pintas de jugo concentrado, ¿cuántos cuartos de ponche puede hacer?

Estrategias

Resolución de problemas

- **Hacer un diagrama o dibujo**
- Hacer un modelo o representar
- Hacer una lista organizada
- Hallar un patrón
- **Hacer una tabla o gráfica**
- Predecir y probar
- Volver sobre los pasos
- Resolver un problema más simple
- Escribir una ecuación
- Usar razonamiento lógico

Luisa está cosiendo ropa para muñecas y usa una cinta para el adorno. Cada vestido necesita 1 pie de cinta. Luisa compra 2 yardas de cinta.

3. ÁLGEBRA ¿Qué ecuación representa el número de vestidos al que Luisa le puede colocar una cinta?
y = yardas, v = número de vestidos
A $y = 3 + v$ **C** $v = 3 + y$
B $v = 3 \div y$ **D** $v = y \times 3$

4. ¿Cuántos vestidos para muñecas puede adornar Luisa?
F 5 **H** 11
G 6 **J** 12

Práctica de estrategias mixtas

5. Angelo pescó un pez que medía 2 pies de longitud. Mitch pescó un pez que era 5 pulgadas más pequeño que el de Angelo. ¿Qué longitud tenía el pez que pescó Angelo?

6. Las puntuaciones de las pruebas de cuatro estudiantes fueron 85, 93, 77 y 92. La puntuación de Jackie fue 8 puntos más alta que la de Mark pero 7 puntos menos que la de Mary. Nick obtuvo la puntuación más alta. ¿Cuál fue la puntuación de cada estudiante?

USA LOS DATOS **Para los ejercicios 7–8, usa la gráfica.**

7. María llevaba un registro de cuántas millas caminaba alrededor de una pista cada día escolar. 4 vueltas alrededor de la pista equivalen a 1 milla. ¿Cuántas vueltas alrededor de la pista caminó María en una semana?

8. **¿Cuál es el error?** Anna dice que la distancia que María caminó durante la semana fue más de 16,000 yardas. Describe y corrige su error.

Más práctica

Grupo A (págs. 518–521)

Elige la unidad de medida más razonable.
Escribe *pulg, pie(s), yd* o *mi*.

1. La longitud de mi pie es casi 8 __?__.
2. La altura de mi perro es casi 3 __?__.
3. El ancho de mi cuarto es 4 __?__.

Nombra la medida más grande.

4. 15 pies o 15 yd
5. 300 mi o 300 pies
6. 39 pulg o 39 yd
7. 72 pulg o 72 pies
8. 4 pies o 4 mi
9. 93 yd o 93 pies

Grupo B (págs. 522–525)

Estima a la pulgada más próxima. Luego, mide al $\frac{1}{4}$ de pulgada más próximo.

1. 
2. 

Estima a la $\frac{1}{2}$ pulgada más próxima.
Luego, mide al $\frac{1}{8}$ de pulgada más próximo.

3. 
4. 

Ordena las medidas de *menor* a *mayor*.

5. $7\frac{1}{2}$ pulg, $7\frac{5}{8}$ pulg, $7\frac{1}{4}$ pulg
6. $4\frac{1}{8}$ pulg, $4\frac{3}{4}$ pulg, $3\frac{7}{8}$ pulg
7. $2\frac{1}{2}$ pulg, $2\frac{3}{8}$ pulg, $2\frac{5}{8}$ pulg

Grupo C (págs. 526–527)

Completa. Indica si multiplicas o divides.

1. 60 pulg = ■ pies
2. 12 yd = ■ pulg
3. 5 mi = ■ yd
4. 900 pies = ■ yd

Compara. Escribe <, > o = para cada ●.

5. 7 pies ● 80 pulg
6. 4 mi ● 2,200 pies
7. 108 pulg ● 2 yd
8. 36 pulg ● 1 yd
9. 210 pies ● 75 yd
10. 3 pies ● 36 pulg
11. 144 pulg ● 3 yd
12. 3,520 yd ● 3 mi
13. 20 pies ● 60 yd

Repaso/Prueba

COMPRUEBA EL VOCABULARIO Y LOS CONCEPTOS

Elige el mejor término de la casilla.

capacidad
taza
pie
lineales
milla
onza
libra
tonelada
yarda

1. La _?_ de un recipiente es la cantidad que le cabe cuando está lleno. (pág. 528)

2. Las unidades para medir longitud, ancho, alto y distancia son unidades _?_. (pág. 518)

3. Las unidades comunes para peso son _?_, _?_ y _?_. (pág. 530)

COMPRUEBA LAS DESTREZAS

Elige la unidad de medida más razonable.
Escribe *pulg, pie(s), yd* o *mi*. (págs. 518–521)

4. La altura de un pupitre es casi 3 _?_.

5. La longitud de una ruta de autobús es casi 10 _?_.

6. El ancho de una puerta es casi 36 _?_.

Nombra la medida más grande. (págs. 518–521, 528–529, 530–531)

7. 300 yd o 300 pies

8. 3 t o 3 pt

9. 4 T o 4 lb

10. 64 oz o 3 lb

11. Mide al $\frac{1}{4}$ de pulgada más próximo. (págs. 522–525)

12. Mide al $\frac{1}{8}$ de pulgada más próximo. (págs. 522–525)

Completa. Indica si multiplicas o divides. (págs. 526–527, 528–529, 530–531)

13. 2 lb = ■ oz

14. 2 yd = ■ pulg

15. 48 pulg = ■ pies

16. 2 mi = ■ yd

17. 3 T = ■ lb

18. 4 pt = ■ ct

COMPRUEBA LA RESOLUCIÓN DE PROBLEMAS

Elige una estrategia para resolver. Explica tu selección. (págs. 532–533)

19. Hay 22 estudiantes en la clase. Si cada estudiante se va a tomar 1 taza de ponche, ¿cuántas pintas se necesitan?

20. La abuela de Karl necesita 72 pulgadas de cinta para su colcha. La cinta cuesta \$3 la yarda. ¿Cuánto pagará?

Preparación para pruebas

PERCEPCIÓN NUMÉRICA, CONCEPTOS Y OPERACIONES

IDEA **Comprueba tu trabajo.** Mira el ejercicio 1. Comprueba tu trabajo dividiendo tu respuesta entre uno de los factores. El cociente debe ser otro factor.

1. La siguiente tabla muestra el número de algunos libros en el salón de cuarto grado del Sr. Durán.

BIBLIOTECA DE LA CLASE DEL SR. DURÁN	
Tipo de libro	**Número**
Ciencias	34
Historia	19
Poesía	12

La biblioteca escolar tiene 5 veces la misma cantidad de libros que los que tiene el Sr. Durán en la biblioteca de su clase. ¿Cuántos libros de poesía hay en la biblioteca escolar?

A 50 **C** 60

B 55 **D** 70

2. ¿Qué par de fracciones son equivalentes?

F $\frac{1}{4}$ y $\frac{1}{8}$ **H** $\frac{2}{4}$ y $\frac{3}{8}$

G $\frac{1}{4}$ y $\frac{3}{8}$ **J** $\frac{2}{4}$ y $\frac{4}{8}$

3. **Explícalo** ¿Cuál es un número de monedas más razonable en el frasco que está lleno: 120 o 1,200?

12 monedas

Explica tu razonamiento.

MEDIDAS

4. Rosa tiene un gran danés que tiene 2 pies 6 pulgadas de altura. ¿Cuántas pulgadas de altura tiene el gran danés de Rosa?

1 pie = 12 pulgadas

A 24 pulgadas

B 30 pulgadas

C 36 pulgadas

D 42 pulgadas

5. ¿Galones sería la **mejor** unidad para medir la capacidad de qué objeto?

F

G

H

J

6. **Explícalo** ¿Qué objeto pesa casi 10 onzas: un muñeco de peluche, un gato o un tigre? Explica cómo lo decidiste.

GEOMETRÍA Y ORIENTACIÓN ESPACIAL

7. ¿Qué dos figuras parecen ser congruentes?

A

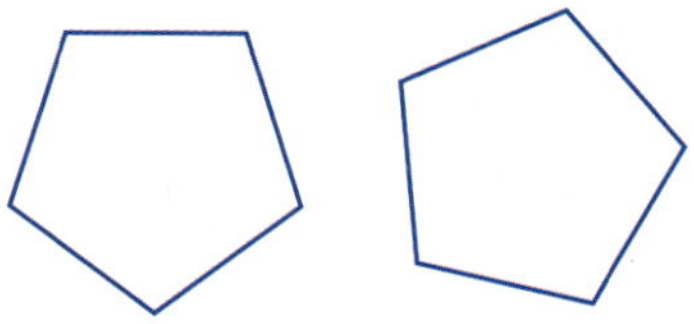

B

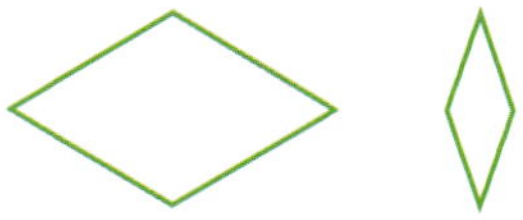

C

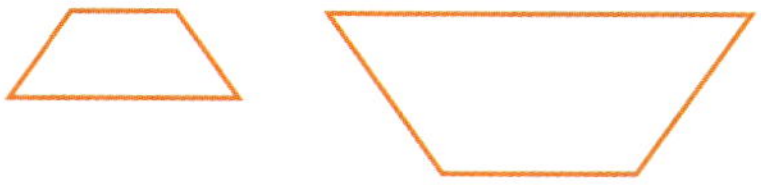

D

8. ¿Qué líneas son paralelas?

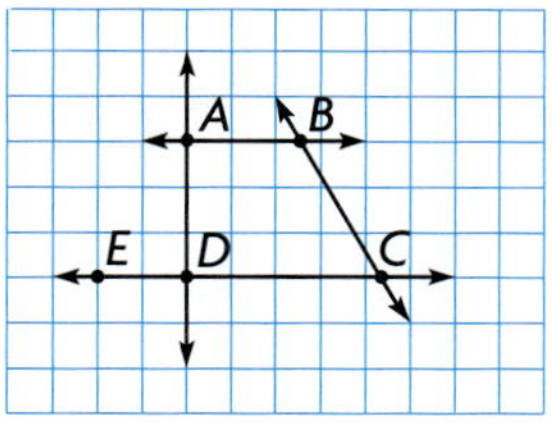

F $\overleftrightarrow{AB}$ y $\overleftrightarrow{BC}$ **H** $\overleftrightarrow{AD}$ y $\overleftrightarrow{BC}$

G $\overleftrightarrow{AB}$ y $\overleftrightarrow{EC}$ **J** $\overleftrightarrow{AD}$ y $\overleftrightarrow{EC}$

9. **Explícalo** Halla la suma de los números que están dentro de los cuadriláteros.

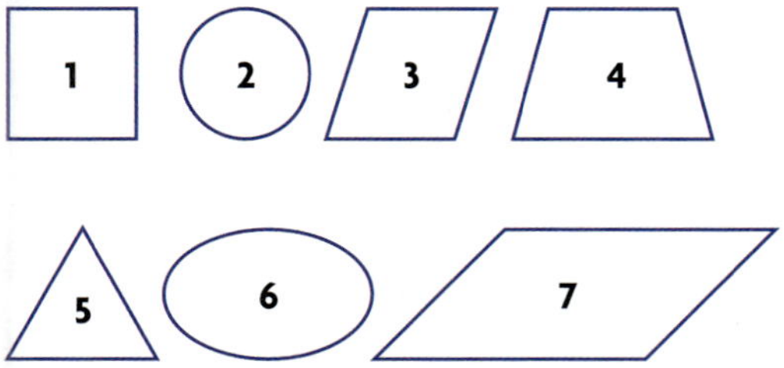

Explica tu razonamiento.

ANÁLISIS DE DATOS Y PROBABILIDAD

10. George entrevistó a varios amigos para determinar su deporte favorito que ven en televisión. La siguiente gráfica muestra los resultados.

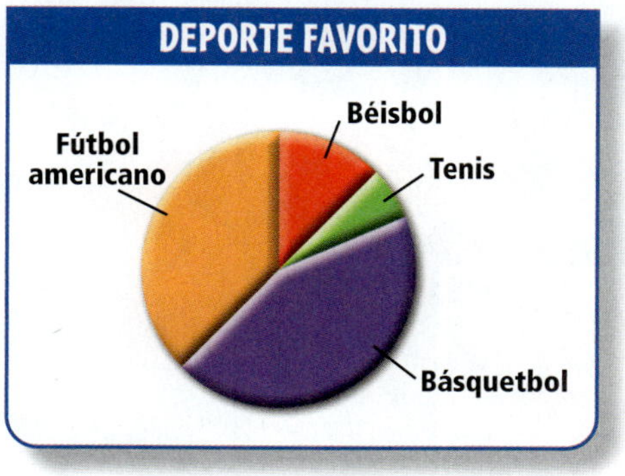

¿Cuál es el deporte **menos** popular?

A tenis **C** béisbol

B básquetbol **D** fútbol americano

11. ¿Cuál es la probabilidad de sacar sin mirar, una canica anaranjada de la siguiente bolsa?

F $\frac{1}{6}$ **H** $\frac{5}{12}$

G $\frac{1}{3}$ **J** $\frac{1}{2}$

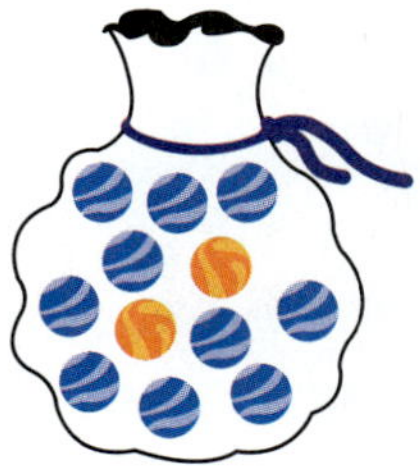

12. **Explícalo** John anotó por cuatro días el tiempo que pasó en el gimnasio.

TIEMPO QUE PASÓ EN EL GIMNASIO	
Día	**Tiempo (en minutos)**
Jueves	40
Viernes	65
Sábado	90
Domingo	30

¿Cuál es el rango de sus tiempos? Explica cómo lo decidiste.

CAPÍTULO 25 Medidas métricas

Oso gris

Cardenal

Mapache

HUELLAS DE ANIMALES

Huella	Animal	Longitud
	Avestruz	14 cm
	Oso gris	18 cm
	Cardenal	3 cm
	Mapache	8 cm

DATOS BREVES • CIENCIAS

Cuando los animales caminan por un suelo suave, a menudo dejan huellas. Podemos mirar las huellas y determinar qué tipo de animal ha pasado por allí. Por ejemplo, las huellas con cuatro dedos en las patas delanteras y cinco dedos en las patas posteriores las dejó un roedor.

RESOLUCIÓN DE PROBLEMAS Mira los dibujos de las huellas de animales. ¿Qué animal tiene la huella más grande? ¿La más pequeña? Mide uno de tus pies. ¿Cómo se compara con las huellas?

Comprueba lo que sabes

Usa esta página para repasar y recordar destrezas importantes que se necesitan para el Capítulo 25.

MIDE AL CENTÍMETRO MÁS PRÓXIMO

Mide la longitud de cada objeto al centímetro más próximo.

1. 

2. 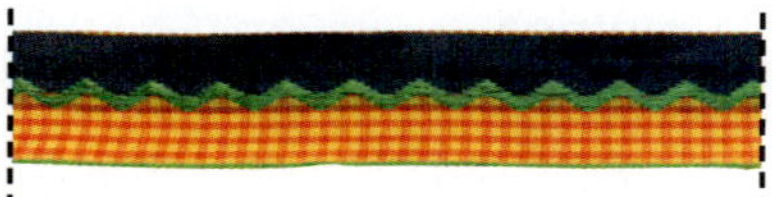

3. 

CÁLCULO MENTAL: PATRONES DE MULTIPLICACIÓN

Usa un patrón para hallar cada producto.

4. 3×10
3×100
$3 \times 1{,}000$

5. 6×10
6×100
$6 \times 1{,}000$

6. 8×10
8×100
$8 \times 1{,}000$

7. 12×10
12×100
$12 \times 1{,}000$

CÁLCULO MENTAL: PATRONES DE DIVISIÓN

Usa un patrón para hallar cada cociente.

8. $70 \div 10$
$700 \div 10$
$7{,}000 \div 10$

9. $40 \div 10$
$400 \div 10$
$4{,}000 \div 10$

10. $90 \div 10$
$900 \div 10$
$9{,}000 \div 10$

11. $50 \div 10$
$500 \div 10$
$5{,}000 \div 10$

VOCABULARIO

REPASO

medida *sustantivo*

Medida significa "unidad usada para comparar". El verbo, *medir* significa "hallar el tamaño, la cantidad, el tiempo o el grado de algo". Nombra algunos instrumentos que se usan para medir.

PRESENTACIÓN

milímetro (mm)
centímetro (cm)
decímetro (dm)
metro (m)
kilómetro (km)
mililitro (mL)
kilogramo (kg)
litro (L)
masa
gramo (g)

APRENDE en línea www.harcourtschool.com

LECCIÓN 1

Longitud métrica

Repaso rápido

1. 10×10
2. 10×7
3. 100×3
4. 800×100
5. 10×100

VOCABULARIO

milímetro (mm) **centímetro (cm)** **decímetro (dm)** **metro (m)** **kilómetro (km)**

Aprende

¿CUÁL ES EL LARGO? La mariposa occidental pigmea azul es una de las más pequeñas. Mide el ancho de su envergadura al centímetro más próximo usando una regla métrica.

La envergadura de esta mariposa mide entre 2 y 3 centímetros. Al centímetro más próximo, la envergadura mide 2 centímetros.

Puedes usar diferentes unidades métricas para medir la longitud o la distancia.

Un **milímetro (mm)** es casi igual al ancho de una moneda de 10¢.

Un **centímetro (cm)** es casi igual al ancho de tu dedo pulgar.

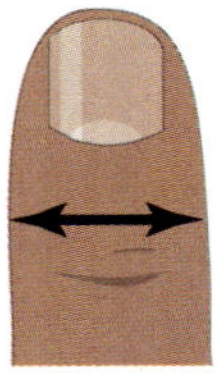

Un **decímetro (dm)** es casi igual al ancho de la mano de un adulto.

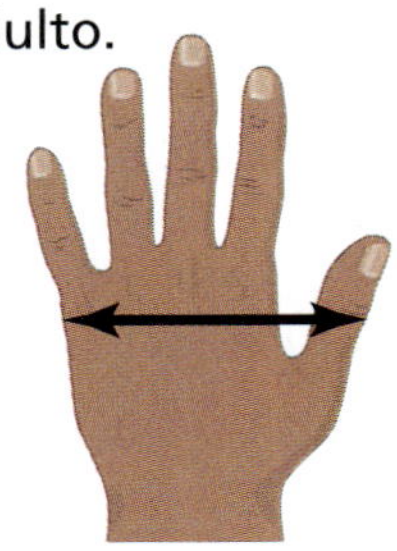

Un **metro (m)** es casi igual al ancho de una puerta.

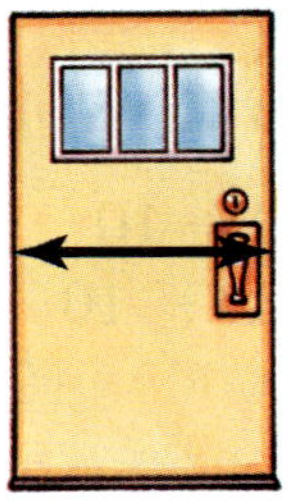

MANOS A LA OBRA

Actividad 1

MATERIALES: regla en centímetros, regla de un metro

- Estima y luego mide las longitudes de 5 objetos en tu salón de clases al milímetro, centímetro, decímetro o metro más próximo. Anota las estimaciones y las medidas reales en una tabla.
- ¿Cómo estimaste la longitud de cada objeto?
- Ordena los objetos que mediste de menor a mayor longitud.

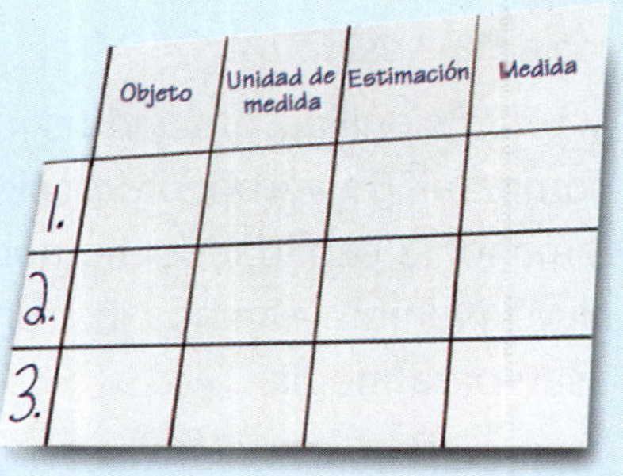

Longitudes más grandes

MANOS A LA OBRA

Actividad 2

MATERIALES: regla en centímetros, regla de un metro

Ahora mide tu pupitre.

- Elige una unidad de medida. Anota todas las medidas lineales de tu pupitre al centímetro, decímetro o metro más próximo.
- Compara tus resultados con los de tus compañeros. ¿Son iguales las medidas de sus pupitres? De no ser así, ¿por qué?

La clase de la Sra. Chen va a ir al zoológico en autobús. Ella quiere saber a qué distancia está el zoológico de la escuela. ¿Qué unidad de medida debe usar?

Las distancias y las longitudes más grandes se pueden medir en kilómetros. Un **kilómetro (km)** es casi igual a la longitud de 10 campos de fútbol americano.

Entonces, la Sra. Chen debe medir la distancia de la escuela al zoológico en kilómetros.

Enlace con la tecnología

Más práctica: Harcourt Mega Math Ice Station Exploration, *Linear Lab*, Niveles I y J

Idea matemática El milímetro, el centímetro, el decímetro, el metro y el kilómetro son unidades métricas de longitud o distancia.

Comprueba

1. **Estima** y mide la longitud de un cartel o tablero de anuncios en tu salón de clases. Luego, explica cómo decidiste qué unidad de medida se debe usar.

Usa una regla en centímetros o una regla de un metro para medir cada artículo. Escribe la medida y la unidad de medida que usaste.

2. longitud de una tachuela
3. longitud de una engrapadora
4. longitud de un salón de clases

Elige la unidad de medida más razonable.
Escribe *mm, cm, dm, m* o *km*.

5. 

La longitud de una pista de un aeropuerto es casi 3 ?.

6. 

La longitud de un bate de béisbol es casi 1 ?.

7. 

La longitud de una llave es casi 5 ?.

LA LECCIÓN CONTINÚA

Práctica y resolución de problemas

Más práctica, página 554, Grupo A

Usa una regla en centímetros o una regla de un metro para medir cada artículo. Escribe la medida y la unidad de medida que usaste.

8. longitud de un lápiz

9. ancho de un cartel

10. longitud de un pizarrón

Elige la unidad de medida más razonable. Escribe *mm, cm, dm, m* o *km*.

11.

La altura de la mesa es casi 76 __?__.

12.

La longitud del gusano es casi 10 __?__.

13.

La longitud del carro es casi 4 __?__.

14. la distancia entre dos ciudades

15. la altura de un árbol de arce

16. el grueso de una cuerda

Compara. Escribe $<$ o $>$ para cada ●.

17. 98 cm ● 98 m

18. 100 dm ● 100 km

19. 87 mm ● 87 cm

Usa una regla de un metro. Traza una recta para cada longitud.

20. 20 centímetros

21. 35 milímetros

22. 2 decímetros

Para los ejercicios 23–24, usa la regla para hallar la distancia.

23. entre los puntos A y B

24. entre los puntos B y D

25. Hudson corrió una carrera de 5 kilómetros. Usa la tabla para hallar cuántos minutos corrió en total. Si la carrera comenzó a las 7:35 a.m., ¿cuándo cruzó la meta final?

CARRERA DE HUDSON

Kilómetro	Tiempo (cada kilómetro)
1 y 2	5 min 30 seg
3, 4 y 5	6 min

26. Di si el ancho de tu cuaderno, el escritorio de tu maestro y tu pupitre miden *casi un metro, menos de un metro* o *más de un metro*. Luego, ordena los anchos de mayor a menor.

27. **RAZONAMIENTO** La regla partida de Cary comienza en la marca de 16 cm. Si ella traza una recta de 7 cm que empieza en la marca de 16 cm, ¿en qué marca se detendrá?

28. Cinco estudiantes tienen estas estaturas: 149 centímetros, 151 centímetros, 139 centímetros, 152 centímetros y 144 centímetros. ¿Cuál es la estatura promedio?

29. En las primeras 3 semanas de su proyecto de ciencias, la planta de Lea creció 197 milímetros y la de Stacy creció 211 milímetros. ¿Cuánto más creció la planta de Stacy que la de Lea?

Repaso y preparación para la prueba

30. Evalúa $5 \times (2 + 3)$. (pág. 186)

31. Halla la media de 14, 16, 17, 17, 18, 19, 22, 23, 25. (pág. 328)

32. ¿Cuáles son los factores de 36? (pág. 338)

33. Ordena $\frac{1}{3}$, $\frac{5}{6}$, $\frac{4}{9}$ y $\frac{1}{6}$ de menor a mayor. (pág. 452)

34. **Preparación para la prueba** ¿Cuántas pulgadas hay en 3 pies? (pág. 526)

A 9 pulg **C** 32 pulg
B 12 pulg **D** 36 pulg

35. **Preparación para la prueba** ¿Qué fracción es equivalente a $\frac{8}{12}$? (pág. 448)

F $\frac{2}{6}$ **G** $\frac{2}{4}$ **H** $\frac{4}{8}$ **J** $\frac{2}{3}$

Resolución de problemas

Enlace con la Lectura

ESTRATEGIA • USAR MEDIOS GRÁFICOS

Algunos mapas muestran distancias con unidades métricas. En muchos países, las distancias entre una ciudad y otra se miden en kilómetros. La escala de un mapa muestra cómo se comparan las distancias de un mapa con las distancias reales. Esta escala muestra 1 centímetro = 32 kilómetros.

Usa la escala para hallar la distancia real de París a Clermont.

Usando una regla en centímetros, mide la longitud entre las ciudades del mapa. La longitud es casi 2 centímetros. Como hay 32 kilómetros en cada centímetro, multiplica 2 por 32.

Entonces, 2 longitudes $\times$ 32 kilómetros = 64 kilómetros.

Estima las distancias en centímetros. Luego, usa la escala para hallar las distancias reales.

1. Tours a Versailles
2. Gien a París
3. Chartres a Château-Renault
4. Briare a Tours

LECCIÓN 2

Álgebra: Convertir unidades lineales

Repaso rápido

1. 60×10 **2.** $9{,}000 \div 10$
3. $4 \times 1{,}000$ **4.** $600 \div 10$
5. 300×10

Aprende

UN ANIMAL INGENIERO En cinco horas, un topo puede cavar un túnel de 500 decímetros de largo. ¿Cuántos centímetros de largo tendría el túnel?

Piensa: 500 dm = ■ cm

Medidas equivalentes

1 centímetro (cm) = 10 milímetros (mm)
1 decímetro (dm) = 10 centímetros (cm)
1 metro (m) = 1,000 milímetros
1 metro = 10 decímetros
1 kilómetro (km) = 1,000 metros

Un decímetro es una unidad más grande que un centímetro. Cuando conviertes unidades más grandes en unidades más pequeñas, necesitas más unidades pequeñas, entonces multiplicas por 10, 100 o 1,000.

Longitud del túnel en decímetros		Centímetros en 1 decímetro		Longitud del túnel en centímetros
↓		↓		↓
500	×	10	=	5,000

Entonces, el túnel tendría 5,000 centímetros de largo.

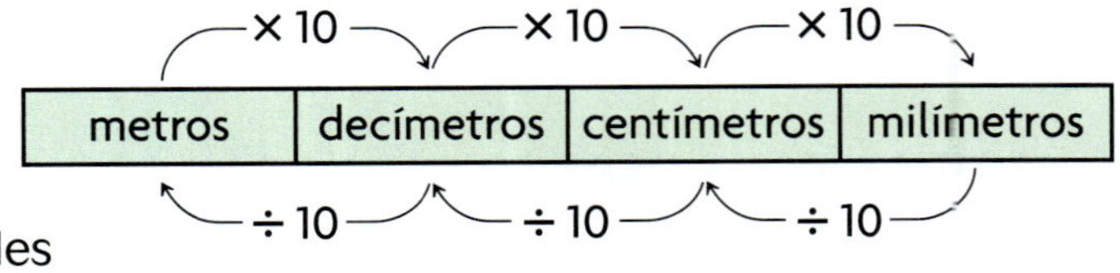

Cuando conviertes unidades más pequeñas en unidades más grandes, necesitas menos unidades grandes, entonces divides entre 10, 100 o 1,000.

Ejemplos

A 300 milímetros = ■ centímetros

Como un milímetro es una unidad más pequeña que un centímetro, divide.

milímetros		milímetros en 1 centímetro		centímetros
↓		↓		↓
300	÷	10	=	30

Entonces, 300 milímetros = 30 centímetros.

B 7,000 milímetros = ■ metros

Como un milímetro es una unidad más pequeña que un metro, divide.

Puedes dividir 7,000 entre 1,000 con una calculadora.

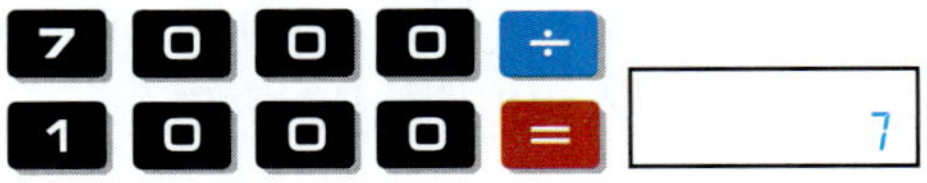

Entonces, 7,000 milímetros = 7 metros.

Comprueba

1. Explica si multiplicarías por o dividirías entre 100 para convertir metros en centímetros.

Completa. Indica si multiplicarías por o dividirías entre 10, 100 o 1,000.

2. 5 m = ■ dm **3.** 16 m = ■ cm **4.** 900 mm = ■ cm

Práctica y resolución de problemas

Más práctica, página 554, Grupo B

Completa. Indica si multiplicarías por o dividirías entre 10, 100 o 1,000.

5. 500 dm = ■ mm **6.** 35 m = ■ cm **7.** 10 mm = ■ cm

8. 10 m = ■ dm **9.** 8,000 m = ■ km **10.** 2 km = ■ m

Escribe la unidad correcta.

11. 20 dm = 200 ? **12.** 40 cm = 400 ? **13.** 6 ? = 60 dm

14. 8 ? = 80 cm **15.** 500 ? = 50 m **16.** 14 m = 1,400 ?

Compara. Escribe <, > o = para cada ●.

17. 8 m ● 400 cm **18.** 40 cm ● 10 dm **19.** 900 m ● 9 km

20. 2,000 cm ● 20 m **21.** 10 dm ● 1,000 mm **22.** 1 km ● 500 m

Ordena de menor a mayor.

23. 3 dm; 120 cm; 18 dm; 1 m **24.** 20 m; 2 km; 2,100 dm; 2,000 mm

Para los ejercicios 25–26, usa esta información. El dique de un castor puede alcanzar 300 m de largo. Algunos castores cavan canales para poder transportar ramas a sus diques. Estos canales tienen casi 40 cm de profundidad, 50 cm de ancho y pueden llegar a tener 210 m de largo.

25. Escribe el largo del canal y el dique de un castor en cm. ¿Cuántos cm es esto en total?

26. Escribe el ancho y la profundidad del canal de un castor en milímetros.

27. La parte superior de la cabaña de un castor está a 130 cm por encima del nivel del agua. ¿Esto es *más de* o *menos de* 2 m? Explica tu respuesta.

28. **¿Cuál es el error?** Ed mide 2 m más de estatura con zapatos. Sin zapatos, Ed mide 3 cm menos de estatura. Él escribió que su estatura sin zapatos era 1,997 cm. Describe su error. Escribe la estatura correcta.

Repaso y preparación para la prueba

29. 2,000 − 876 (pág. 50)

30. Escribe una expresión 2 más que un número. Usa la variable *n*. (pág. 64)

31. $\frac{3}{4} + \frac{5}{8}$ (pág. 480)

32. 2 pies = ■ pulg (pág. 526)

33. **Preparación para la prueba** Elige la medida más razonable para la altura de la puerta del frente de una casa. (pág. 518)

A 7 pulgadas **C** 7 yardas

B 7 pies **D** 7 millas

LECCIÓN 3

MANOS A LA OBRA

Capacidad

Repaso rápido

1. ▪ dm = 10 cm
2. 100 cm = ▪ dm
3. ▪ dm = 1 m
4. ▪ cm = 3 m
5. 2 km = ▪ m

VOCABULARIO

mililitro (mL) **litro (L)**

MATERIALES envase de 1 litro, taza para medir métrica, vaso de plástico pequeño, balde, vaso de plástico grande, gotero

Explora

Para mantenerse sana, la mayoría de la gente bebe más de $1\frac{1}{2}$ litros de agua al día.

Un **mililitro (mL)** y un **litro (L)** son unidades métricas de capacidad.

1 mL

1 L

1 L = 1,000 mL

¿Cuál es la capacidad de un vaso de plástico? ¿De un balde? Puedes medir la capacidad de un envase usando agua.

Actividad

PASO 1 Copia la tabla. Escribe una estimación de la capacidad de cada envase en tu tabla.

PASO 2 Mide la capacidad real de cada envase usando el gotero, la taza de medir métrica o el envase de 1 litro. Anota las medidas reales al mililitro o al litro más próximo en tu tabla.

ENVASE	ESTIMACIÓN	REAL
vaso pequeño		
vaso grande		
balde		

- Compara tus estimaciones con las medidas reales. ¿Son razonables tus estimaciones? Explica tu respuesta.
- Ordena las medidas reales de menor a mayor.

Inténtalo

Elige *mL* o *L* para cada uno. Luego, mide la capacidad.

a. cuchara pequeña
b. jarra de agua
c. vaso pequeño
d. vaso de precipitación

Relaciona

Puedes usar la multiplicación para convertir litros en mililitros.
Puedes usar la división para convertir mililitros en litros.

Capacidad equivalente
1 L = 1,000 mL

Ejemplos

A 2 L = ■ mL

Piensa: Hay 1,000 mL en 1 L.

2 L = 2 × 1,000 = 2,000 mL

Entonces, 2 L = 2,000 mL.

B 4,000 mL = ■ L

Piensa: Hay 1,000 mL en 1 L.

4 0 0 0 ÷ 1 0 0 0 = 4

Entonces, 4,000 mL = 4 L.

Práctica y resolución de problemas

Elige la unidad de medida más razonable. Escribe *mL* o *L*.

1. una gota de lluvia **2.** agua en una piscina **3.** jugo en una ponchera

Elige la mejor estimación. Escribe *a, b* o *c*.

4. 
a. 25 mL
b. 250 mL
c. 25 L

5. 

a. 6 mL
b. 600 mL
c. 6 L

6. 
a. 2 mL
b. 20 mL
c. 2 L

Estima e indica si cada objeto tiene una capacidad de *casi un litro, menos de un litro* o *más de un litro*.

7. 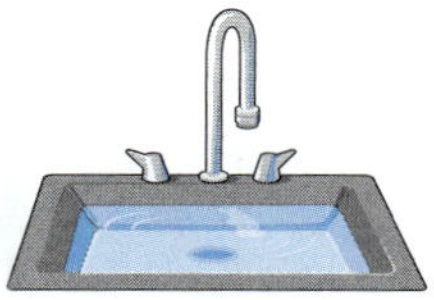

8. 

9. 

Completa. Indica si multiplicas o divides.

10. 3 L = ■ mL **11.** 5,000 mL = ■ L **12.** 10 L = ■ mL

13. Eric bebe 8 vasos de agua al día. Cada vaso contiene 300 mililitros. Anna bebe 2 litros de agua al día. ¿Quién bebe más agua? ¿Cuánto más?

14. **Por escrito** Explica cómo dos envases diferentes pueden tener la misma capacidad. Da un ejemplo.

Repaso y preparación para la prueba

15. 82 × 63 (pág. 252) **16.** 216 ÷ 12 (pág. 320)

17. $\frac{9}{10} - \frac{2}{10}$ (pág. 472) **18.** 78 × 43 (pág. 252)

19. **Preparación para la prueba** ¿Cuál muestra $\frac{20}{100}$ escrito en su mínima expresión? (pág. 448)

A $\frac{1}{5}$ **B** $\frac{2}{10}$ **C** $\frac{1}{2}$ **D** $\frac{5}{10}$

LECCIÓN 4

MANOS A LA OBRA

Masa

Repaso rápido

1. 3 × 1,000
2. 10 cm = 1 __?__
3. 1,000 × 2
4. 100 __?__ = 1 m
5. 5,000 ÷ 10

VOCABULARIO

masa **gramo (g)**
kilogramo (kg)

MATERIALES balanza, pesas en gramos y en kilogramos

Explora

La materia es de lo que están hechos todos los objetos. La **masa** es la cantidad de materia en un objeto. Las unidades métricas de masa son el **gramo (g)** y el **kilogramo (kg)**.

La masa de un billete de un dólar o un clip pequeño es casi 1 gramo.

La masa de un bate de béisbol es casi 1 kilogramo.

Actividad

Usa una balanza para hallar la masa de otros objetos.

PASO 1

Halla la masa de cada uno de los 5 objetos. Haz una tabla. Estima la masa de cada objeto en gramos o kilogramos. Anota el objeto y la masa estimada en la tabla.

PASO 2

Coloca cada objeto en una balanza. Anota las medidas reales al gramo o kilogramo más próximo en tu tabla.

OBJETO	ESTIMACIÓN	REAL
1.		
2.		
3.		
4.		
5.		

- Explica cómo se deben ordenar los artículos que mediste de menor a mayor masa.

Inténtalo

Elige *g* o *kg* para cada masa. Luego, mide la masa.

a. la masa de una engrapadora
b. la masa de un libro

Relaciona

Puedes usar la multiplicación para convertir kilogramos en gramos.
Puedes usar la división para convertir gramos en kilogramos.

Masa equivalente
1 kg = 1,000 g

Ejemplos

A 6 kg = ■ g

Piensa: Hay 1,000 g en 1 kg.

6 kg = 6 × 1,000 = 6,000 g

Entonces, 6,000 g = 6 kg.

B 5,000 g = ■ kg

Piensa: Hay 1,000 g en 1 kg.

5 0 0 0 ÷ 1 0 0 0 = 5

Entonces, 5,000 g = 5 kg.

Práctica y resolución de problemas

Elige la medida más razonable.

1. 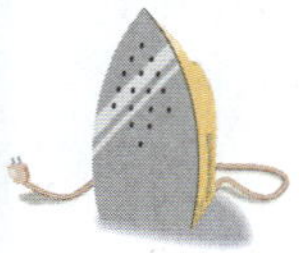
1 g o 1 kg

2. 
20 g o 200 g

3. 
10 g o 10 kg

4. 

40 kg o 4,000 kg

Completa. Indica si multiplicas o divides.

5. 4 kg = ■ g

6. 7,000 g = ■ kg

7. 3,000 g = ■ kg

8. 10 kg = ■ g

USA LOS DATOS **Para los ejercicios 9–10, usa la gráfica de barras.**

9. Halla el vegetal cuyas ventas aumentaron del día 1 al día 2. ¿Cuántos kilogramos más de vegetales se vendieron el día 2?

10. Halla la masa total de los vegetales vendidos en los dos días.

11. ÁLGEBRA Escribe una ecuación que se puede usar para convertir kilogramos en gramos. Usa *g* para el número de gramos y *k* para el número de kilogramos.

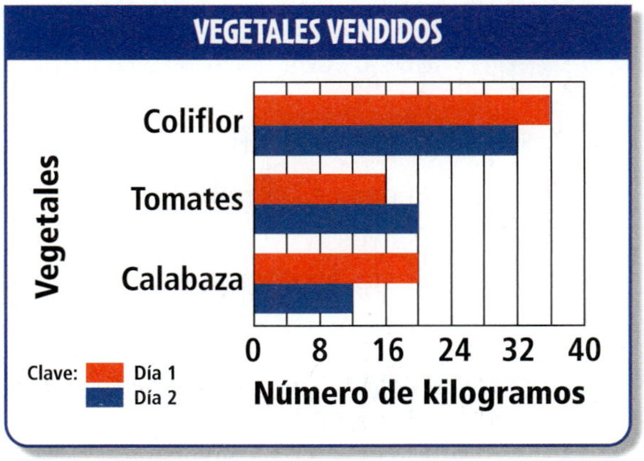

Repaso y preparación para la prueba

12. 6,580 − 2,461 (pág. 48)

13. 18 × 35 (pág. 252)

Halla el número que falta.

14. 3,000 − ■ = 1,284 + 254 (pág. 70)

15. **Preparación para la prueba** Hay 256 galletas para colocar en 8 bandejas. ¿Cuántas galletas habrá en cada bandeja? (pág. 300)

A 22 **B** 23 **C** 32 **D** 37

LECCIÓN 5

Estrategia de resolución de problemas
Hacer un diagrama

Repaso rápido

1. 3 dm = 30 ?
2. 4 ? = 400 cm
3. 100 cm = 10 ?
4. 15 m = 1,500 ?
5. 800 cm = 8 ?

PROBLEMA Darrell y Charles pescaron un pez cada uno cuando estaban pescando en alta mar. Los dos peces tienen una masa de 10 kilogramos. La masa del pez de Charles tiene 1 kilogramo más que el doble de la masa del pez de Darrell. ¿Cuál es la masa de cada pez?

COMPRENDE

- ¿Qué debes hallar?
- ¿Qué información usarás?
- ¿Hay alguna información que no usarás?

PLANEA

- ¿Qué estrategia puedes usar para resolver el problema?
  Puedes *hacer un diagrama.*

RESUELVE

- ¿Cómo puedes usar la estrategia para resolver el problema?
  Haz un diagrama para mostrar la relación entre las masas de los dos peces.

El pez de Charles	■ kg	■ kg	1 kg	La masa total es 10 kilogramos.
El pez de Darrell	■ kg			

Resta 1 kilogramo de 10 kilogramos para hallar la suma de las tres partes iguales. $10 - 1 = 9$

Divide la suma entre 3 para hallar el valor de cada parte. $9 \div 3 = 3$

Cada parte es igual a 3 kilogramos, entonces el pez de Darrell tiene una masa de 3 kilogramos y el de Charles tiene una masa de $3 + 3 + 1$ o 7 kilogramos.

COMPRUEBA

- ¿Qué otra estrategia podrías usar?

Práctica • Resolución de problemas

Haz un diagrama para resolver.

1. Val, Brent y Don pescaron un total de 24 peces. Val pescó 4 peces más que Brent. Don pescó dos veces la cantidad que pescó Brent. ¿Cuántos peces pescó cada uno?

Para los ejercicios 2–3, usa esta información. El perro de Matt es 15 centímetros más grande que el perro de Michael. El perro de Derek es 9 centímetros más grande que el doble del largo del perro de Michael. El perro de Michael mide 3 decímetros de largo.

2. ¿Qué debes hacer para convertir la unidad de longitud del perro de Michael de decímetros a centímetros?
   - **A** dividir entre 100
   - **B** dividir entre 10
   - **C** multiplicar por 100
   - **D** multiplicar por 10

3. ¿Cuáles son las longitudes de los perros de Matt, Michael y Derek en centímetros?
   - **F** 18 cm; 30 cm; 15 cm
   - **G** 45 cm; 30 cm; 69 cm
   - **H** 45 cm; 30 cm; 60 cm
   - **J** 180 cm; 30 cm; 150 cm

Estrategias

Resolución de problemas

- **Hacer un diagrama o dibujo**
- Hacer un modelo o representar
- Hacer una lista organizada
- Hallar un patrón
- Hacer una tabla o gráfica
- Predecir y probar
- Volver sobre los pasos
- Resolver un problema más simple
- Escribir una ecuación
- Usar razonamiento lógico

Práctica de estrategias mixtas

USA LOS DATOS **Para los ejercicios 4–5, usa la tabla.**

4. Los Martin fueron a pescar el fin de semana. Alquilaron un bote de pesca por 4 horas. También alquilaron 3 cañas de pescar y compraron un balde de carnada. ¿Cuánto dinero gastaron los Martin?

Campamento de pesca Lakeside

Abierto diariamente a las 10 a.m.

Alquiler de botes...............$25 por hora
Alquiler de cañas de pescar..$4 por día
Balde de carnada...............$5 cada uno

5. Los Kell llegaron al campamento de pesca Lakeside cuando abrió. Pasaron $4\frac{1}{2}$ horas pescando, 30 minutos almorzando y 90 minutos manejando de la casa al campamento. ¿A qué hora llegaron a su casa?

6. Jay y Norma son guías de pesca. Cada uno trabaja un día sí y un día no. Si Norma trabaja este sábado, ¿quién trabajará el sábado en 4 semanas a partir de este sábado? ¿Quién trabajará el sábado en 7 semanas a partir de ahora?

7. Felipe tiene un pedazo de bambú de 3 metros de largo. Para hacer una caña de pescar, lo acortó en 60 centímetros. ¿Qué largo tiene la caña de pescar?

8. **Escribe un problema** que pueda resolverse dibujando un diagrama. Intercambia problemas con un compañero de clase y resuelve.

LECCIÓN 6

Relacionar medidas de referencia

Repaso rápido

1. $2\frac{1}{2} + 2\frac{1}{2} + 2\frac{1}{2}$
2. 1,600 + 1,600 + 1,600
3. $\frac{1}{2} + \frac{1}{2} + \frac{1}{2} + \frac{1}{2}$
4. 1,200 ÷ 2
5. 112 ÷ 28

Aprende

RELACIONAR El oso negro americano puede pesar hasta 500 libras. ¿Alrededor de cuántos kilogramos puede pesar el oso negro americano?

Puedes usar medidas de referencia para relacionar medidas métricas y comunes.

Piensa: 1 kg es un poco más de 2 lb.

1 kg ≈ 2 lb
↑
≈ significa "es aproximadamente igual a".

500 lb ≈ ■ kg
500 ÷ 2 = 250

Entonces, el oso negro americano puede pesar hasta casi 250 kilogramos.

TABLA DE CONVERSIONES

Lineales
- 1 pulgada es casi $2\frac{1}{2}$ centímetros.
- 1 metro es un poco más de 1 yarda.
- 1 kilómetro es un poco más de $\frac{1}{2}$ milla.
- 1 milla es casi 1,600 metros.
- 1 milla es un poco más de $1\frac{1}{2}$ kilómetros.

Capacidad
- 1 litro es un poco más de 1 cuarto.

Masa/peso
- 1 onza es casi 28 gramos.
- 1 kilogramo es un poco más de 2 libras.

Ejemplos

Usa la tabla de puntos de referencia relacionados para estimar las conversiones.

A 4 oz ≈ ■ g

Piensa: 1 oz es casi 28 g.
4 × 28 = 112

Entonces, 4 oz es casi 112 g.

B 1 gal ≈ ■ L

Piensa: 1 L es un poco más de 1 ct.
Hay 4 ct en 1 gal.

Entonces, 1 gal es casi 4 L.

C 5 pulg. ≈ ■ cm

Piensa: 1 pulg es casi $2\frac{1}{2}$ cm.
$2\frac{1}{2} + 2\frac{1}{2} + 2\frac{1}{2} + 2\frac{1}{2} + 2\frac{1}{2} = 12\frac{1}{2}$

Entonces, 5 pulg es casi $12\frac{1}{2}$ cm.

D 2 yd ≈ ■ m

Piensa: 1 m es un poco más de 1 yd.

Entonces, 2 yd es un poco menos que o cas igual a 2 m.

Comprueba

1. **Explica** cómo puedes hallar el número de onzas que pesa un objeto usando clips. Un clip pesa casi 1 gramo.

Estima la conversión.

2. 15 mi ≈ ■ m

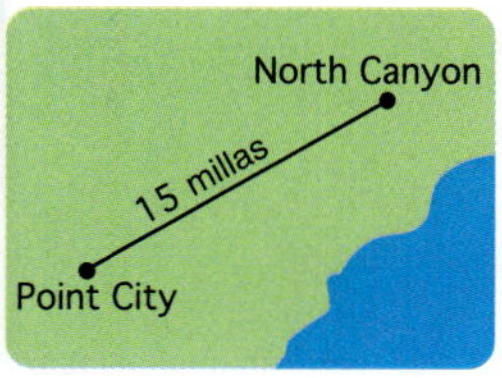

3. 7 kg ≈ ■ lb

4. 6 oz ≈ ■ g

Práctica y resolución de problemas

Más práctica, página 554, Grupo C

Estima la conversión.

5. 2 pulg ≈ ■ cm

6. 56 g ≈ ■ oz

7. 2 mi ≈ ■ m

8. 9 pies ≈ ■ m

9. 3 kg ≈ ■ lb

10. 8 L ≈ ■ ct

11. 10 lb ≈ ■ kg

12. 14 ct ≈ ■ L

13. 2 mi ≈ ■ km

Compara. Escribe < o > para cada ●.

14. 5 km ● 2 mi

15. 4 oz ● 100 g

16. 5 cm ● 4 pulg

17. 2 kg ● 2 lb

18. 1 m ● 4 pies

19. 1 L ● 3 ct

20. ¿Una milla es mayor que o menor que un kilómetro? Explica tu respuesta.

21. ¿Qué es más pesado: 20 libras o 20 kilogramos? Explica tu respuesta.

22. ÁLGEBRA Usando las variables *p* para *pulgada* y *c* para *centímetro,* escribe una ecuación para convertir pulgadas en centímetros.

23. La longitud de un clip es casi una pulgada. ¿Cuál es la longitud de un clip en centímetros?

24. **Vocabulario** El prefijo *kilo-* proviene del griego *khílion,* que significa "mil". Un kilogramo es igual a 1,000 gramos y un kilómetro es igual a 1,000 metros. ¿Cuántos vatios crees que hay en un kilovatio? Explica tu respuesta.

25. **DATOS BREVES •CIENCIAS** El elefante africano puede pesar hasta 7,000 kilogramos y crecer hasta $7\frac{3}{10}$ metros de largo. Estima el peso del elefante africano en libras.

Repaso y preparación para la prueba

26. 592 × 16 (pág. 256) **27.** 276 ÷ 21 (pág. 320)

28. ¿Cuál es la media de 75, 82, 90, 86 y 72? (pág. 328)

29. ¿El ángulo que se muestra es recto, agudo u obtuso? (pág. 366)

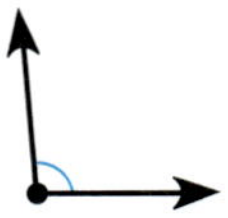

30. **Preparación para la prueba** Anton compró $1\frac{1}{8}$ libras de mandarinas, $\frac{5}{8}$ de libra de uvas y $2\frac{3}{8}$ libras de manzanas. ¿Cuántas libras de frutas compró Anton? (pág. 474)

A 4 libras

B $4\frac{1}{8}$ libras

C $5\frac{1}{8}$ libras

D $5\frac{5}{8}$ libras

Más práctica

Grupo A (págs. 540–543)

Elige la unidad de medida más razonable.
Escribe *mm, cm, dm, m* o *km*.

1. El ancho de un libro es casi 22 __?__.
2. La longitud de un marcador es casi 13 __?__.
3. La altura de un escritorio es casi 10 __?__.
4. longitud de un maní
5. grosor de un CD
6. altura de un edificio

Compara. Escribe $<$ o $>$ para cada ●.

7. 750 m ● 750 dm
8. 20 cm ● 20 dm
9. 2 cm ● 2 mm
10. 70 dm ● 70 m
11. 500 m ● 500 km
12. 200 m ● 200 cm

Grupo B (págs. 544–545)

Completa. Indica si multiplicas por o divides entre 10, 100 o 1,000.

1. 3 m = ■ dm
2. 7 m = ■ mm
3. 500 cm = ■ m
4. 150 cm = ■ dm
5. 28 dm = ■ cm
6. 3 km = ■ m

Escribe la unidad correcta.

7. 5 __?__ = 50 cm
8. 40 mm = 4 __?__
9. 3 __?__ = 300 cm

Compara. Escribe $<$, $>$ o $=$ para cada ●.

10. 45 cm ● 4 dm
11. 60 mm ● 3 cm
12. 30 dm ● 3 m
13. 72 m ● 95 cm
14. 9,000 cm ● 6,400 dm
15. 70 km ● 700 m

Grupo C (págs. 552–553)

Estima la conversión.

1. 5 cm ≈ ■ pulg
2. 10 lb ≈ ■ kg
3. 56 g ≈ ■ oz

Compara. Escribe $<$ o $>$ para cada ●.

4. 1 lb ● 1 kg
5. 5 L ● 4 ct
6. 5,000 m ● 10 mi
7. En una carrera de relevo, 4 personas corrieron 3,000 metros cada una. En una carrera de distancia, John corrió 15 kilómetros. ¿Quién corrió más, todo el equipo o John? ¿Cuánto más?
8. Josh corrió 1,600 metros el sábado y 3,200 metros el domingo. ¿Cuántos metros corrió en total? ¿Eso es *más de* o *menos de* 5 kilómetros?

Repaso/Prueba

COMPRUEBA EL VOCABULARIO Y LOS CONCEPTOS

Elige el mejor término de la casilla.

mililitro
masa
decímetro
metro

1. Las unidades métricas de capacidad son _?_ y litro. (pág. 546)
2. La cantidad de materia en un objeto es la _?_. (pág. 548)
3. El ancho de la mano de un adulto es casi igual a un _?_. (pág. 540)

COMPRUEBA LAS DESTREZAS

Completa. Indica si multiplicas por o divides entre 10, 100 o 1,000.
(págs. 544–545, 546–547, 548–549)

4. 6 L = ■ mL
5. ■ cm = 8 m
6. 30 m = ■ cm
7. 800 mm = ■ cm
8. 20 kg = ■ g
9. 12 m = ■ dm
10. 90 dm = ■ m
11. ■ g = 2 kg

Compara. Escribe <, > o = para cada ●. (págs. 544–545)

12. 16 cm ● 12 dm
13. 4 m ● 40 cm
14. 90 dm ● 10 m

Elige la unidad de medida más razonable. Escribe *mm, cm, dm, m, km, mL, L, g* o *kg*. (págs. 540–543, 546–547, 548–549)

15. la masa de un alfiler
16. la altura de una puerta
17. la capacidad de una taza

Estima la conversión. (págs. 552–553)

18. 84 oz ≈ ■ g
19. 6 mi ≈ ■ m
20. 15 ct ≈ ■ L

Compara. Escribe <, > o ≈ para cada ●. (págs. 552–553)

21. 5 yd ● 6 m
22. 12 kg ● 10 lb
23. 4 km ● 3 mi

COMPRUEBA LA RESOLUCIÓN DE PROBLEMAS

Resuelve. (pág. 544–545, 550–551)

24. Vince construye una mesa. Cada pata tendrá 75 centímetros de largo. Él tiene un pedazo de madera de 3 metros de largo. ¿Puede hacer 4 patas para la mesa? Explica tu respuesta.

25. La masa de una caja de galletas dulces es 60 gramos. La masa de una caja de galletas saladas es 3 gramos más que el doble de la masa de la caja de galletas dulces. ¿Cuál es la masa de la caja de galletas saladas?

Preparación para pruebas

MEDIDAS

1. ¿Los mililitros serían la **mejor** unidad para medir la capacidad de qué objeto?

A 

C 

B 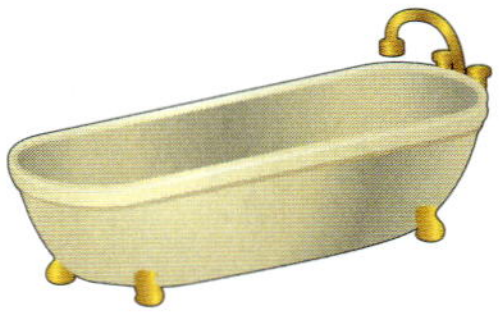

D 

2. Ellen quiere hacer un marco rectangular para una foto como el que se muestra abajo. ¿Cuál es la longitud **más corta** de madera que necesita comprar?

15 cm

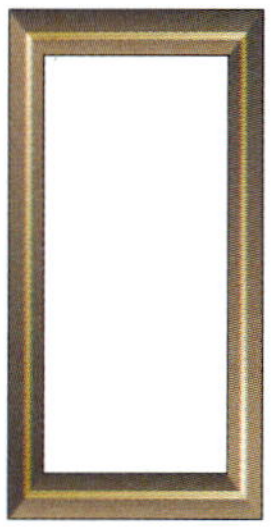

30 cm

F 45 centímetros

G 90 centímetros

H 1 metro

J 90 metros

3. **Explícalo** ¿Qué objeto tiene una masa de casi 10 gramos: *un bolígrafo, un ladrillo* o *un zapato?* Explica tu razonamiento.

GEOMETRÍA Y ORIENTACIÓN ESPACIAL

4. ¿Qué figura hará una teselación?

A 

C 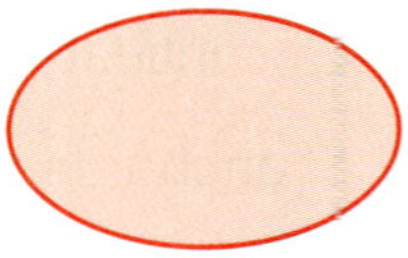

B 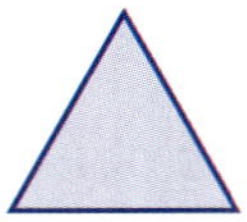

D 

5. ¿Qué figura se ha girado 90° en el sentido de las manecillas del reloj desde la figura original?

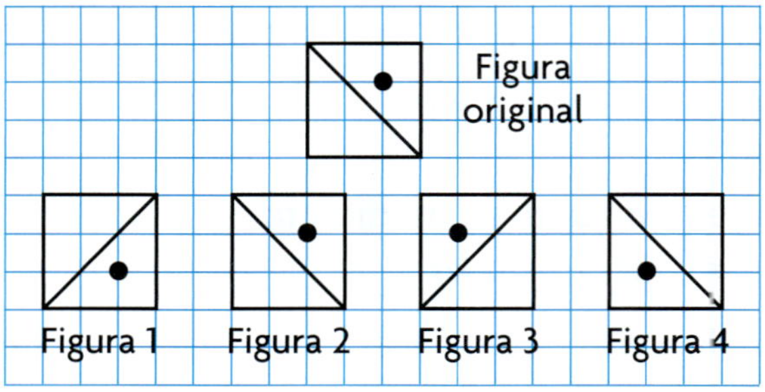

F Figura 1

G Figura 2

H Figura 3

J Figura 4

IDEA **Busca palabras importantes.**
Mira el ejercicio 6. Las palabras importantes son *cara* y *prisma rectangular.* Piensa en cómo es un prisma rectangular y cuántas caras, o sea, superficies planas, tiene.

6. **Explícalo** Tom pinta cada cara de un prisma rectangular con un color diferente. ¿Cuántos colores diferentes usará? Explica cómo lo decidiste.

RAZONAMIENTO ALGEBRAICO

7. ¿Qué ecuación se puede usar para convertir libras en kilogramos? Sea k el número de kilogramos y l el número de libras.

1 kilogramo $\approx$ 2 libras

A $k \approx 2 \times l$

B $k \approx 5 \times l$

C $k \approx l \div 2$

D $l \approx 2 + k$

8. ¿Qué ecuación describe una regla para el patrón de esta tabla?

ENTRADA	SALIDA
a	***m***
2	6
7	21
1	3
9	27

F $a + 3 = m$

G $a - 3 = m$

H $a \times 3 = m$

J $m \times 3 = a$

9. **Explícalo** Usa la variable c para escribir una expresión que signifique "3 mililitros menos que la capacidad, c, de un envase."

Explica por qué escribiste esa expresión.

ANÁLISIS DE DATOS Y PROBABILIDAD

10. ¿De qué conjunto de tarjetas sería **más probable** que seleccionaras un 2?

A	2	1	3	5	1	4
B	1	4	2	3		
C	3	7	1	6	8	5
D	2	1	2	1	2	

11. La tabla muestra las estaturas de varios jugadores de básquetbol.

JUGADORES DE BÁSQUETBOL

Jugador	Estatura (en centímetros)
Allan Alvarez	204
Brian Johnson	210
Larry Fox	201
Joe Peters	205
Norm O'Hara	201

¿Cuál es la moda de las estaturas?

F 9

G 201

H 204

J 210

12. **Explícalo** Karol hizo la siguiente lista para mostrar la temperatura al mediodía durante cinco días.

Lunes	67°F
Martes	71°F
Miércoles	70°F
Jueves	73°F
Viernes	73°F

Haz una gráfica para mostrar los datos. Indica por qué usaste esa gráfica.

CAPÍTULO 26

Comprender decimales

DATOS BREVES • ESTUDIOS SOCIALES En julio de 1968, Chicago fue el anfitrión de 1,000 atletas en los primeros Juegos olímpicos especiales internacionales. Hoy en día, en los Juegos olímpicos especiales participan más de 1.5 millones de niños y adultos con discapacidades en más de 180 países.

RESOLUCIÓN DE PROBLEMAS La tabla lista los tiempos en una carrera de 100 metros en una competencia reciente de los Juegos olímpicos especiales. ¿Cuál fue el tiempo más rápido? ¿Qué tiempo fue el más lento?

TIEMPOS DE LA CARRERA DE 100 METROS (en segundos)			
20.18	21.35	22.40	21.03
23.86	20.88	20.07	21.63

Comprueba lo que sabes

Usa esta página para repasar y recordar destrezas importantes que se necesitan para el Capítulo 26.

HAZ MODELOS DE FRACCIONES

Escribe la fracción para la parte sombreada.

1. 

2. 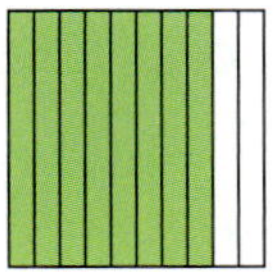

3. 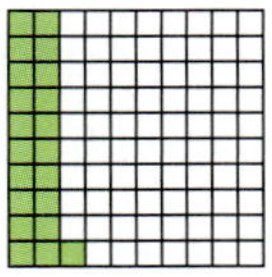

4. 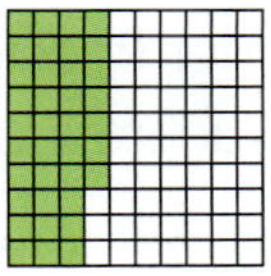

DECIMALES Y DINERO

Escribe el nombre de la moneda que se describe.

5. 0.1 de un dólar es una _?_.

6. 0.01 de un dólar es una _?_.

Escribe un decimal para la cantidad de dinero.

7. dos dólares y quince centavos

8. tres dólares y doce centavos

FRACCIONES CON DENOMINADORES DE 10 Y 100

Escribe una fracción para cada uno.

9. cinco décimas

10. nueve centésimas

11. cincuenta y tres centésimas

Completa para mostrar fracciones equivalentes.

12. $\frac{6}{10} = \frac{\blacksquare}{100}$

13. $\frac{1}{10} = \frac{\blacksquare}{100}$

14. $\frac{9}{10} = \frac{\blacksquare}{100}$

VOCABULARIO

REPASO

mayor que (>) *adjetivo*

El símbolo $>$ se usó por primera vez en una publicación de matemáticas en 1631. También se usaban otros símbolos para mostrar "mayor que" incluso en el siglo dieciocho. Inventa tu propio símbolo para "mayor que". Explica cómo podría ser útil al comparar dos números.

PRESENTACIÓN

decimal

punto decimal

milésima

decimales equivalentes

APRENDE en línea

www.harcourtschool.com

LECCIÓN 1

Relacionar fracciones y decimales

Repaso rápido

Haz un modelo para cada uno.

1. $\frac{3}{10}$ **2.** $\frac{7}{10}$ **3.** $\frac{9}{10}$

4. $\frac{15}{100}$ **5.** $\frac{4}{100}$

VOCABULARIO

decimal **punto decimal**

Aprende

¡PRÓXIMO BATEADOR! Un **decimal** es un número con uno o más dígitos a la derecha del **punto decimal**.

Comprender fracciones que tienen un denominador de 10 o 100 te ayudará a entender los decimales.

Gina juega en un equipo de liga de menores. Gina anotó 14 de las 100 carreras de su equipo este año. En los tres últimos juegos, ella tuvo 10 turnos al bate y bateó 6 hits o sencillos.

Ejemplo Gina bateó 6 sencillos en 10 turnos al bate.

Modelo	Fracción	Decimal
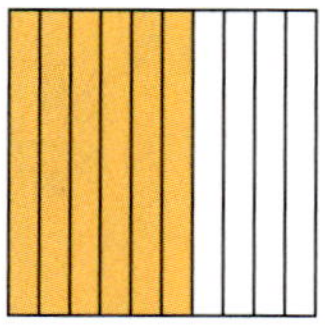	**Escribe:** $\frac{6}{10}$ **Lee:** seis décimas	**Escribe:** 0.6 **Lee:** seis décimas

Gina anotó 14 de las 100 carreras de su equipo este año.

Modelo	Fracción	Decimal
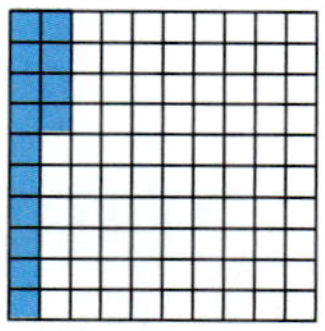	**Escribe:** $\frac{14}{100}$ **Lee:** catorce centésimas	**Escribe:** 0.14 **Lee:** catorce centésimas

Gina obtuvo un sencillo $\frac{6}{10}$ o 0.6, de sus turnos al bate recientemente y anotó $\frac{14}{100}$ o 0.14 de las carreras de su equipo este año.

Más ejemplos

A

Escribe: $\frac{5}{10}$ o 0.5

Lee: cinco décimas

B

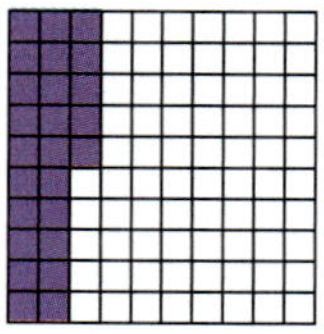

Escribe: $\frac{25}{100}$ o 0.25

Lee: veinticinco centésimas

Leer y escribir decimales

Los decimales, como los números enteros, se pueden escribir en forma normal, en palabras y en forma desarrollada. Mira estos números en la tabla de valor posicional.

Ejemplos

Unidades	.	Décimas	Centésimas
0	.	8	
0	.	1	2

Forma normal	En palabras	Forma desarrollada
0.8	ocho décimas	0.8
0.12	doce centésimas	0.1 + 0.02

Puedes escribir un decimal para una fracción que tiene un denominador que no es ni 10 ni 100. Primero escribe la fracción usando un denominador de 10 o 100.

Ejemplo

¿Qué decimal muestra la misma cantidad que $\frac{1}{2}$?

$\frac{1}{2} = \frac{1 \times 5}{2 \times 5} = \frac{5}{10}$ $\frac{5}{10} = 0.5$

Entonces, $\frac{1}{2}$ muestra la misma cantidad que 0.5.

Una recta numérica dividida en 100 partes iguales se puede usar para hacer modelos de fracciones y decimales que muestren la misma cantidad en décimas o centésimas.

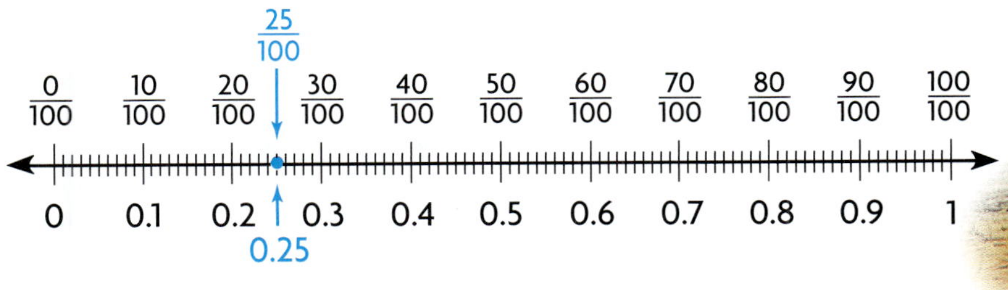

Entonces, el decimal 0.25 muestra la misma cantidad que $\frac{25}{100}$ o $\frac{1}{4}$.

LA LECCIÓN CONTINÚA

Comprueba

1. **Explica** cómo el modelo de décimas es diferente del modelo de centésimas.

Escribe el decimal y la fracción que muestra cada modelo o recta numérica.

2. 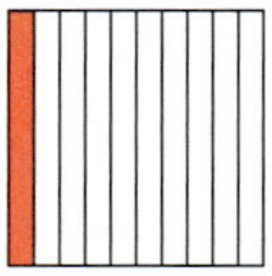

3. 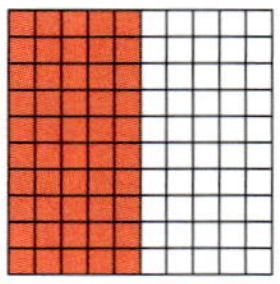

4. 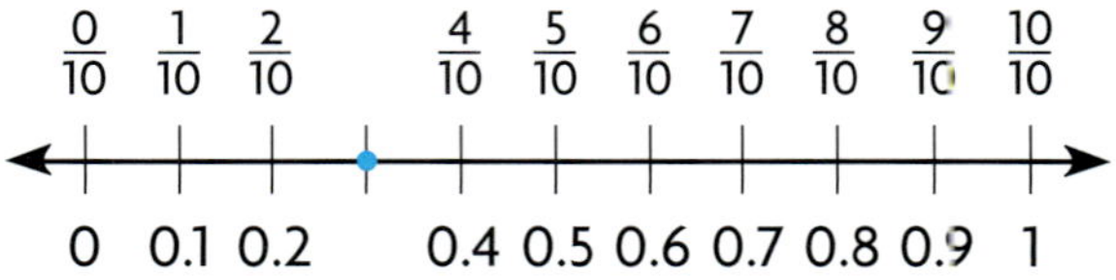

Práctica y resolución de problemas

Más práctica, página 578, Grupo A

Escribe el decimal y la fracción que muestra cada modelo o recta numérica.

5. 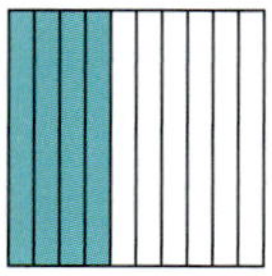

6. 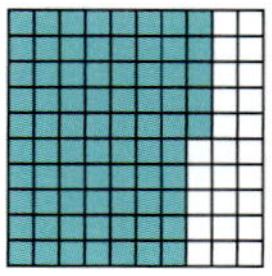

7. 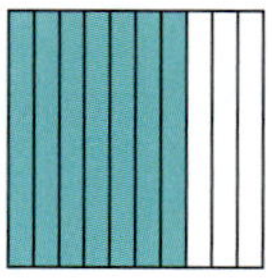

8. 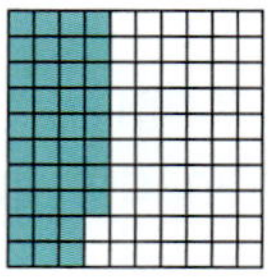

9. 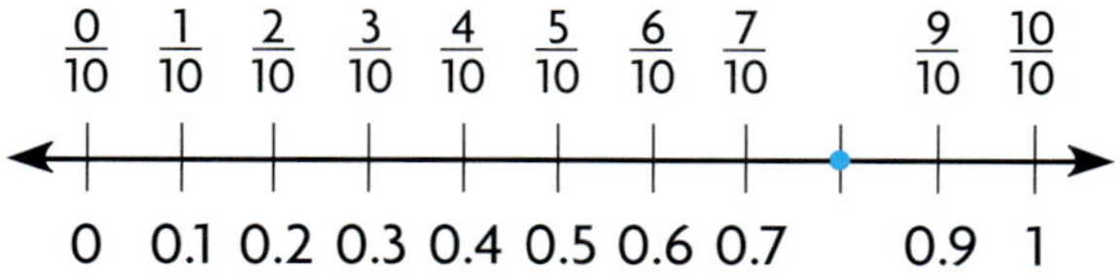

10. 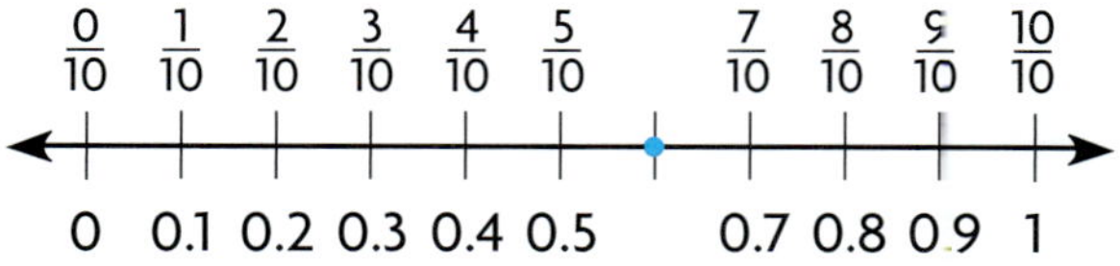

Escribe cada fracción como un decimal. Usa un modelo como ayuda.

11. $\frac{8}{10}$ **12.** $\frac{7}{10}$ **13.** $\frac{60}{100}$ **14.** $\frac{25}{100}$ **15.** $\frac{4}{100}$

16. $\frac{32}{100}$ **17.** $\frac{1}{5}$ **18.** $\frac{2}{100}$ **19.** $\frac{2}{4}$ **20.** $\frac{4}{5}$

21. $\frac{5}{10}$ **22.** $\frac{3}{5}$ **23.** $\frac{47}{100}$ **24.** $\frac{7}{100}$ **25.** $\frac{9}{10}$

ÁLGEBRA **Halla el número o dígito que falta para escribir cada fracción como un decimal.**

26. $\frac{\square}{10} = 0.70$ **27.** $\frac{3}{\square} = 0.75$ **28.** $\frac{\square}{4} = 0.50$ **29.** $\frac{\square}{5} = 0.40$ **30.** $\frac{1}{\square} = 0.25$

Escribe el decimal de dos maneras diferentes.

31. 0.1 **32.** 0.4 + 0.07 **33.** 0.4 **34.** 8 décimas

35. Durante tres semanas, un teatro vendió \$9,500 en boletos por semana. Durante las 2 semanas siguientes, el teatro vendió \$7,200 en boletos por semana. ¿Cuál fue la venta de boletos en total?

36. **Por escrito** Aline caminó $\frac{3}{4}$ de milla a la escuela. Dave caminó 0.75 millas a la escuela. Aline dijo que caminó más lejos que Dave. ¿Tiene razón? Explica tu respuesta.

USA LOS DATOS **Para los ejercicios 37–39, usa la gráfica.**

37. La gráfica muestra qué hace Pepe en 100 minutos de la práctica de béisbol. Él pasa $\frac{28}{100}$ del tiempo corriendo las bases. ¿Cómo representas esto en forma decimal?

38. Escribe un decimal para mostrar qué parte del tiempo total pasa en calentamiento.

39. **Escribe un problema** sobre el tiempo que pasa Pepe atrapando pelotas en los jardines y lanzando pelotas.

Repaso y preparación para la prueba

40. Redondea 23,425 a la centena más próxima. (pág. 30)

41. 398×11 (pág. 256)

42. $\$5.21 \times 8$ (pág. 222)

43. $\frac{2}{3} + \frac{1}{3}$ (pág. 468)

44. 543×23 (pág. 256)

45. **Preparación para la prueba** ¿Cuánto es $\frac{6}{10}$ en su mínima expresión? (pág. 448)

A $\frac{1}{4}$ **B** $\frac{2}{5}$ **C** $\frac{1}{2}$ **D** $\frac{3}{5}$

46. **Preparación para la prueba** ¿Qué número NO se divide equitativamente entre 210? (pág. 300)

F 2 **G** 3 **H** 4 **J** 5

Resolución de problemas — Piénsalo más

RAZONAMIENTO Puedes usar una regla de un metro para hacer un modelo de números decimales.

metro (m)	decímetro (dm)	centímetro (cm)
	Deci significa "décima".	*Centi* significa "cien".
1.0 metro	1 decímetro = 0.1 o $\frac{1}{10}$ metros.	1 centímetro = 0.01 o $\frac{1}{100}$ metros.

Escribe 3.26 metros como metros + decímetros + centímetros.

0.2 metros = 2 decímetros 0.06 metros = 6 centímetros

Entonces, 3.26 metros = 3 metros + 2 decímetros + 6 centímetros.

Completa.

1. $\frac{4}{10}$ m = ■ dm

2. 0.23 m = ■ cm

3. $\frac{9}{100}$ m = ■ cm

4. 4.52 m = 4 m + ■ dm + ■ cm

5. 0.51 m = ■ m + ■ dm + ■ cm

LECCIÓN 2

Decimales a milésimas

Repaso rápido

Escribe cada fracción como un decimal.

1. $\frac{4}{10}$ 2. $\frac{34}{100}$ 3. $\frac{1}{10}$

4. $\frac{61}{100}$ 5. $\frac{50}{100}$

VOCABULARIO

milésima

Aprende

PARTES DIMINUTAS Las milésimas son partes aún más pequeñas que las centésimas. Si una centésima se dividiera en diez partes iguales, cada parte representaría una **milésima**.

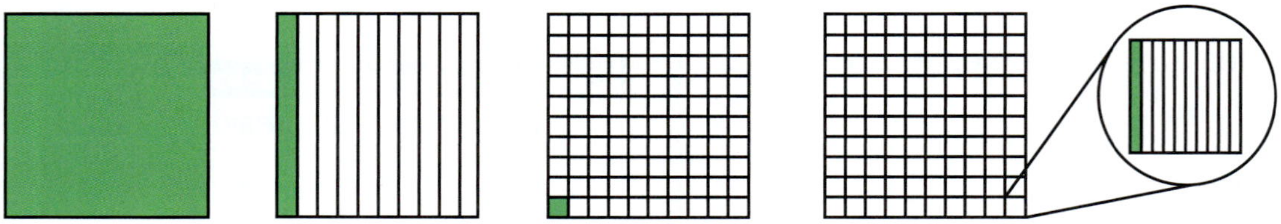

Fracción:	$\frac{1}{1}$	$\frac{1}{10}$	$\frac{1}{100}$	$\frac{1}{1,000}$
Decimal:	1	0.1	0.01	0.001
Lee:	uno	una décima	una centésima	una milésima

Ejemplos Puedes usar una tabla de valor posicional para comprender las milésimas.

Unidades	.	Décimas	Centésimas	Milésimas
0	.	4	6	3
0	.	0	1	9
0	.	0	0	2

Forma normal	En palabras	Forma desarrollada
0.463	cuatrocientas sesenta y tres milésimas	0.4 + 0.06 + 0.003
0.019	diecinueve milésimas	0.01 + 0.009
0.002	dos milésimas	0.002

Ty Cobb tiene el promedio de bateo más alto de todos los tiempos, .367. ▼

- ¿Cuál es el valor del dígito 6 en el promedio de bateo de la carrera de Ty Cobb?

Comprueba

1. **Explica** cuántas milésimas hay en una centésima. ¿Cuántas milésimas hay en uno?

Escribe cada decimal como una fracción.

2. 0.095 **3.** 0.418 **4.** 0.639 **5.** 0.002 **6.** 0.007

Práctica y resolución de problemas

Más práctica, página 578, Grupo B

Escribe cada decimal como una fracción.

7. 0.005 **8.** 0.749 **9.** 0.038 **10.** 0.001 **11.** 0.634

Escribe cada fracción como un decimal.

12. $\frac{6}{1,000}$ **13.** $\frac{134}{1,000}$ **14.** $\frac{56}{1,000}$ **15.** $\frac{785}{1,000}$ **16.** $\frac{10}{1,000}$

Usa una tabla de valor posicional para escribir el valor del dígito 5 en cada decimal.

17. 0.025 **18.** 0.519 **19.** 0.153 **20.** 0.465 **21.** 0.593

Escribe el decimal de dos maneras diferentes.

22. 0.025 **23.** cuarenta y dos milésimas **24.** 0.451 **25.** ciento cinco milésimas

Completa.

26. 0.36■ = 0.3 + 0.06 + 0.004

27. 0.903 = _?_ tres milésimas

28. 0.408 = 0.4 + ■

29. 0.072 = setenta y dos _?_

30. 0.8■6 = 0.8 + 0.02 + ■

31. 0.184 = ciento ■ ■ ■ milésimas

32. Una lección de piano de 1 hora cuesta $18. Los estudiantes reciben 1 lección gratis por cada 8 lecciones pagadas. ¿Cuánto costarán 36 lecciones?

33. Pam practicó el piano por $\frac{1}{6}$ de hr el miércoles y $\frac{1}{3}$ de hr el viernes. ¿Cuántos minutos practicó en total?

Repaso y preparación para la prueba

34. Escribe 0.14 en palabras. (pág. 560)

35. $4 \times (25 \times 2)$ (pág. 184)

36. $427 \div 7$ (pág. 300)

37. $4\frac{2}{3} + 5\frac{2}{3}$ (pág. 474)

38. **Preparación para la prueba** ¿Cuál es cinco millones dos mil ochocientos dieciséis? (pág. 6)

A 502,816
B 5,002,816
C 5,020,816
D 5,028,160

LECCIÓN 3

MANOS A LA OBRA

Decimales equivalentes

Repaso rápido

1. $3.\blacksquare = 3\frac{2}{10}$
2. $2.6 = 2\frac{\blacksquare}{10}$
3. $7\frac{41}{\blacksquare} = 7.41$
4. $8.9 = 8\frac{9}{\blacksquare}$
5. $6.\blacksquare = 6\frac{49}{100}$

VOCABULARIO
decimales equivalentes

MATERIALES modelos de décimas y centésimas; marcadores

Explora

Los **decimales equivalentes** son decimales que nombran el mismo número.

Usa los modelos y dobla papel para hallar decimales equivalentes. ¿Son 0.2 y 0.20 decimales equivalentes?

Actividad

PASO 1

Sombrea 0.2 del modelo de décimas y 0.20 del modelo de centésimas.

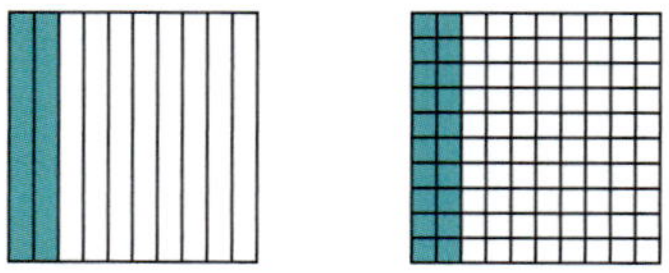

dos décimas
2 de 10

veinte centésimas
20 de 100

PASO 2

Dobla 0.2 del modelo de décimas y 0.20 del modelo de centésimas. Luego, compara los modelos.

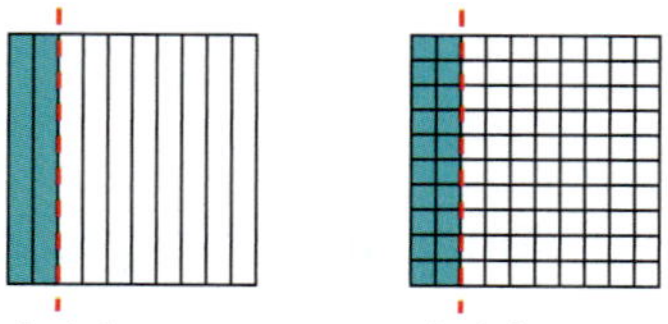

dobla

dobla

Las partes dobladas de los modelos son del mismo tamaño.

Entonces, 0.2 y 0.20 son decimales equivalentes.

Enlace con la tecnología
Más práctica: Harcourt Mega Math Fraction Action, *Fraction Flare-Up*, Nivel M

Inténtalo

Usa un modelo de décimas y uno de centésimas. ¿Son equivalentes los dos decimales? Escribe *equivalentes* o *no equivalentes*.

a. 0.50 y 0.6 **b.** 0.3 y 0.30
c. 0.70 y 0.75 **d.** 0.8 y 0.80

Relaciona

Felipe dijo que $0.30 es 3 décimas de un dólar. Lea dijo que $0.30 es 30 centésimas de un dólar. ¿Quién tiene razón?

Ejemplo Compara los modelos.

Felipe usó un modelo de décimas para mostrar $0.30 = 3 décimas.

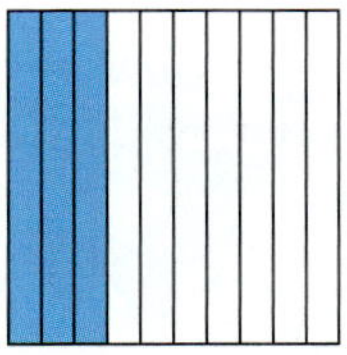

Cada columna es igual a 0.1 o una décima de un dólar.

0.3 de un dólar

Lea usó un modelo de centésimas para mostrar $0.30 = 30 centésimas.

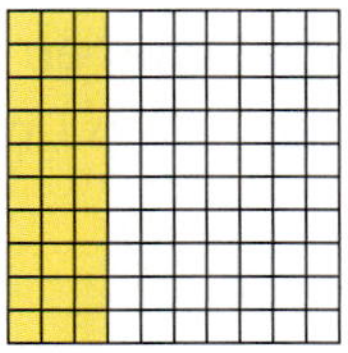

Cada cuadrado es igual a 0.01 o una centésima de un dólar.

0.30 de un dólar

Los dos modelos muestran que 3 décimas de un dólar es igual a 30 centésimas de un dólar. Entonces, Felipe y Lea tienen razón.

- ¿De qué otra manera se puede leer $0.30?

Práctica y resolución de problemas

¿Son equivalentes los dos decimales? Escribe *equivalentes* o *no equivalentes*.

1. 0.7 y 0.70 **2.** 0.04 y 0.4 **3.** 0.9 y 0.09

4. 0.28 y 0.82 **5.** 0.17 y 0.07 **6.** 0.1 y 0.10

Escribe un decimal equivalente para cada uno. Quizás quieras usar modelos decimales.

7. 0.8 **8.** 0.7 **9.** 0.90 **10.** 0.2

11. 0.5 **12.** 0.10 **13.** 0.40 **14.** 0.6

15. **CÁLCULO MENTAL** La familia de Erin siembra un jardín en 0.5 acres de su terreno. Escribe un decimal equivalente para esta cantidad.

16. **Por escrito** Haz un modelo para mostrar que 0.8 y 0.80 son equivalentes. Explica tu modelo.

Repaso y preparación para la prueba

17. $\frac{4}{5} + \frac{4}{5}$ (pág. 468)

18. $5\frac{5}{7} - 2\frac{2}{7}$ (pág. 474)

19. $4\overline{)580}$ (pág. 300)

20. $785 \div 7$ (pág. 300)

21. **Preparación para la prueba** ¿Qué número NO es un factor de 320? (pág. 338)

A 4 **B** 6 **C** 8 **D** 10

LECCIÓN 4

Relacionar números mixtos y decimales

Aprende

LAS BANANAS DE ANA Los plátanos, una variedad de las bananas, se cultivan en México. Ana compró dos y tres décimas de libra de plátanos en la tienda. ¿Cómo puedes escribir este peso como un número mixto y como un decimal?

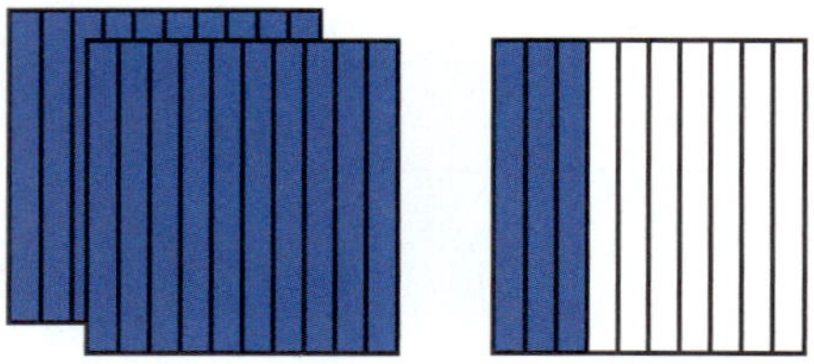

Número mixto: $2\frac{3}{10}$

Decimal: 2.3

Lee: dos y tres décimas

Entonces, escribe el peso como $2\frac{3}{10}$ o 2.3 libras.

- **¿Qué sucedería si** Ana también comprara $3\frac{4}{10}$ libras de maní? ¿Qué decimal mostrará una escala decimal si ella tiene la cantidad correcta?

Repaso rápido

Escribe cada uno como un número mixto.

1. $\frac{4}{3}$ **2.** $\frac{7}{2}$ **3.** $\frac{11}{4}$

4. $\frac{15}{4}$ **5.** $\frac{27}{5}$

▲ Hay 300 variedades de bananas a nivel mundial.

Ejemplos

A

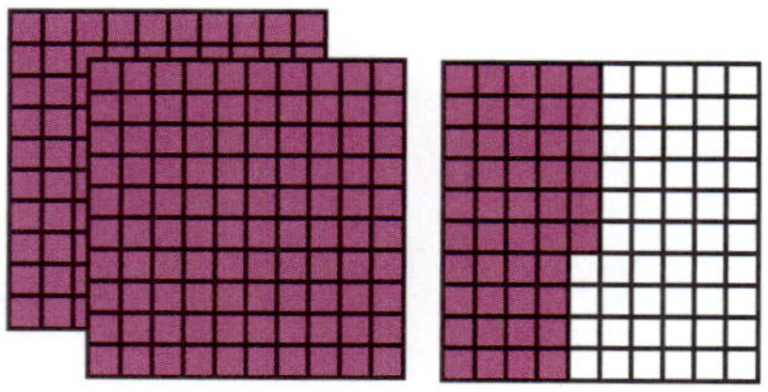

Número mixto: $2\frac{46}{100}$

Decimal: 2.46

Lee: dos y cuarenta y seis centésimas

B

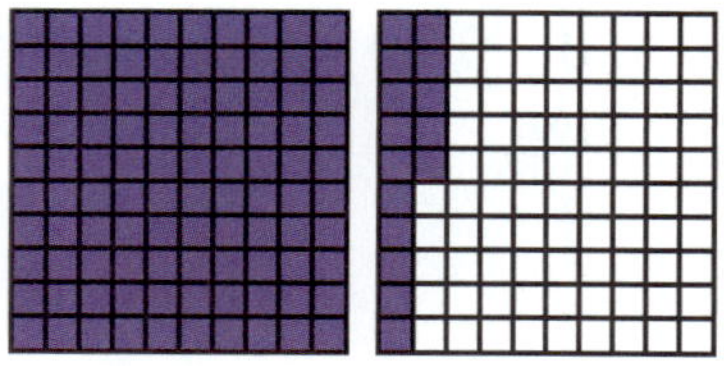

Número mixto: $1\frac{15}{100}$

Decimal: 1.15

Lee: uno y quince centésimas

- **RAZONAMIENTO** ¿Cómo puedes escribir cuatro y cincuenta y un centésimas como un número mixto y un decimal?

Enlace con la tecnología

Más práctica: Harcourt Mega Math Fraction Action, *Number Line Mine*, Nivel O

Decimales equivalentes

Sandy y Bill llevaron $2\frac{1}{2}$ libras de bananas al picnic de la clase. El decimal equivalente para $2\frac{1}{2}$ se puede hallar usando una recta numérica o un modelo decimal.

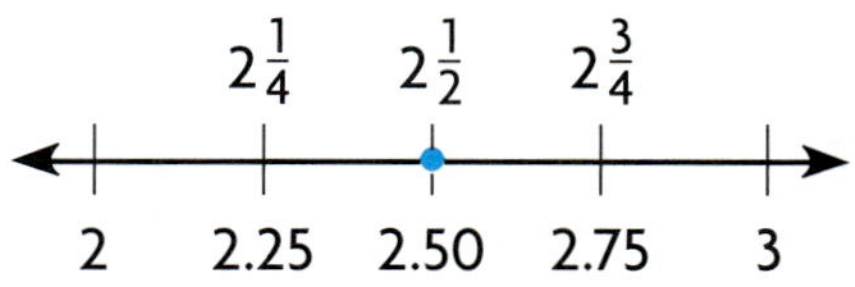

$2\frac{1}{2} = 2.50$

La recta numérica y el modelo decimal muestran que $2\frac{1}{2}$ y 2.50 nombran la misma cantidad.

Más ejemplos Puedes usar modelos decimales para mostrar otros números mixtos y decimales que son equivalentes.

A

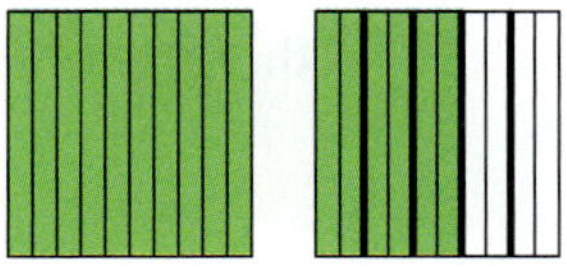

$1.60 = 1\frac{6}{10} = 1\frac{3}{5}$

B

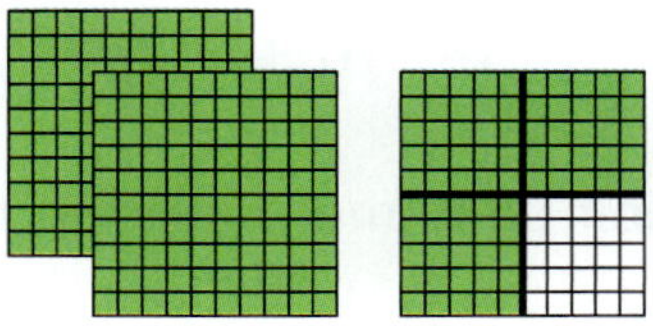

$2.75 = 2\frac{75}{100} = 2\frac{3}{4}$

- Son equivalentes $2\frac{1}{4}$ y 2.25? Explica tu respuesta.

Comprueba

1. **Explica** cómo puedes usar una recta numérica o un modelo decimal para relacionar números mixtos y decimales.

Escribe un decimal equivalente y un número mixto para cada modelo decimal. Luego escríbelo en palabras.

2. 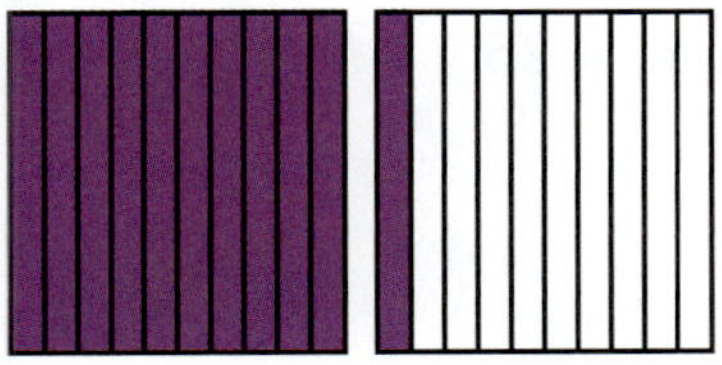

3. 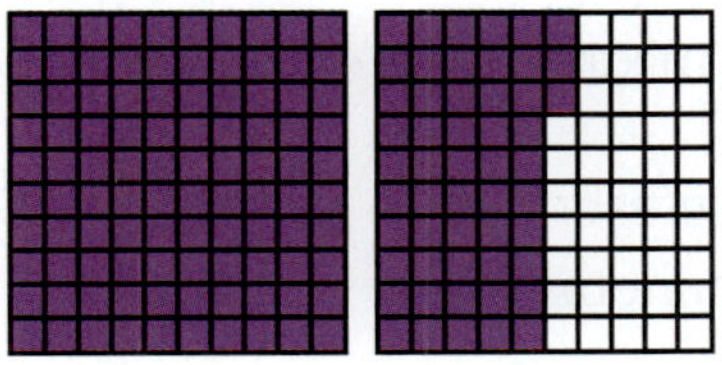

4. 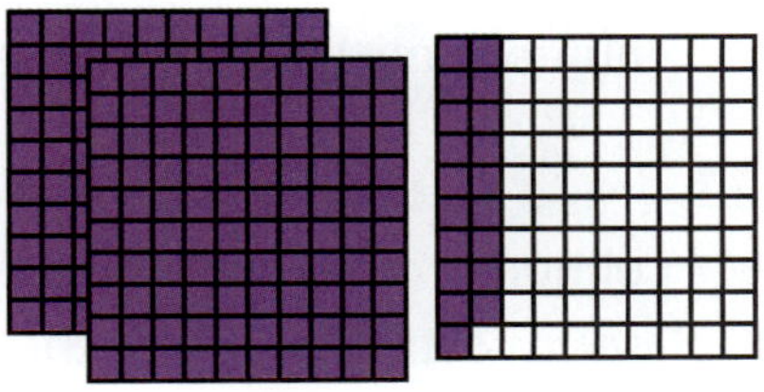

LA LECCIÓN CONTINÚA

Práctica y resolución de problemas

Más práctica, página 578, Grupo C

Escribe un decimal equivalente y un número mixto para cada modelo decimal. Luego escríbelo en palabras.

5. 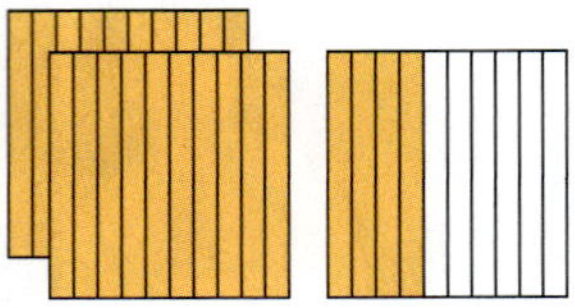

6. 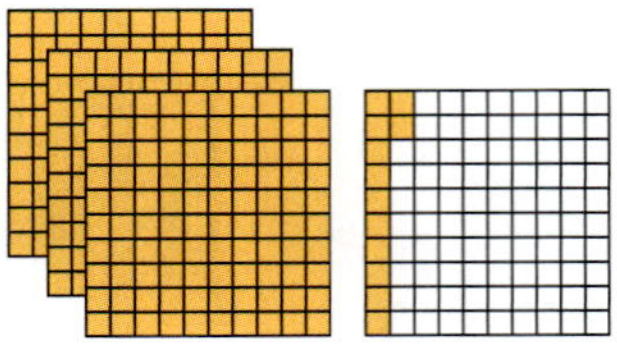

7. 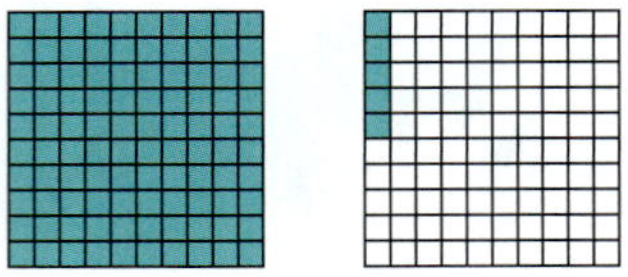

8. 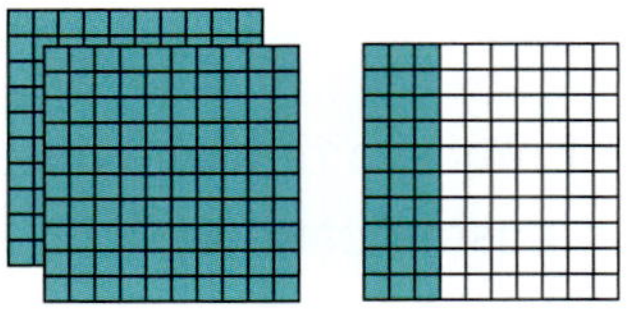

Escribe un número mixto o un decimal equivalente.

9. 11.50 **10.** $9\frac{1}{4}$ **11.** 7.25 **12.** $4\frac{1}{5}$ **13.** 7.7

14. $4\frac{2}{5}$ **15.** 8.06 **16.** 16.3 **17.** $27\frac{3}{5}$ **18.** $6\frac{1}{2}$

Usa la recta numérica para escribir un número mixto o decimal equivalente para cada letra.

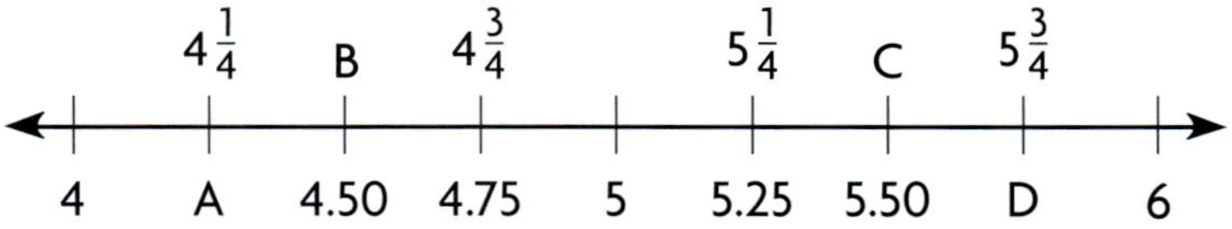

19. C **20.** B **21.** A **22.** D

23. Kerri fue a la tienda con $100. Gastó $22 en una camisa, $12 en un sombrero y $45 en un par de sillas de patio para sus padres. ¿Cuánto dinero le quedó a Kerry?

24. Lance dijo que había gastado veinticuatro dólares y dieciocho centavos en un candado para su bicicleta. Escribe esta cantidad en forma normal.

25. **Vocabulario** Los números, como $1\frac{1}{2}$ y $2\frac{3}{5}$ se llaman *números mixtos*. ¿Por qué un número mixto se dice que es "mixto"?

26. Usa la recta numérica de arriba para nombrar dos números mixtos y dos decimales entre 4.25 y 4.50.

27. **¿Cuál es el error?** Kris escribió el número mixto $2\frac{7}{10}$ de dos maneras que se muestran a la derecha. Describe su error. Escribe la respuesta correcta.

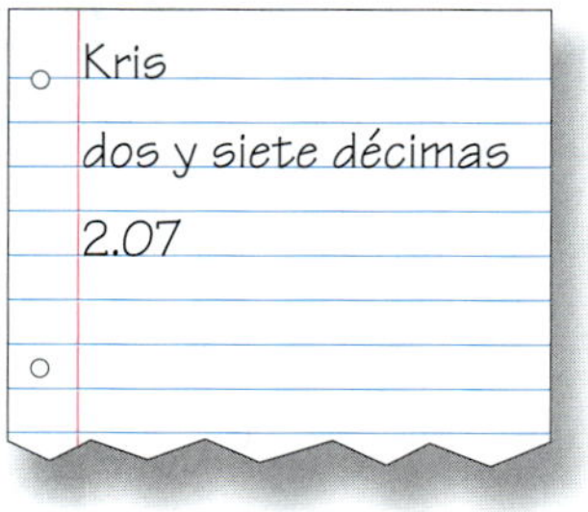

28. Tasha compra 16 carteles. Cada cartel cuesta \$3. Si le da \$60 al cajero, ¿cuánto es su cambio?

29. Sumi corrió 10.75 millas. Larry corrió $10\frac{4}{5}$ millas. ¿Quién corrió más? Explica tu respuesta.

Repaso y preparación para la prueba

30. Ordena de menor a mayor: 27,654; 26,654; 27,754; 27,652 (pág. 24)

31. Kara anotó estas temperaturas cada día durante una semana: 65°F, 72°F, 74°F, 68°F, 67°F, 62°F, 65°F. ¿Cuál es la mediana? (pág. 118)

32. Haz una lista de los factores de 21. (pág. 338)

33. $\$2.17 \times 5$ (pág. 222)

34. $3{,}425 \times 9$ (pág. 222)

35. 26×24 (pág. 252)

36. $441 \div 9$ (pág. 300)

37. Escribe $\frac{6}{9}$ en su mínima expresión. (pág. 448)

38. **Preparación para la prueba** ¿Qué fracción es la mayor? (pág. 452)

A $\frac{2}{3}$ B $\frac{3}{4}$ C $\frac{4}{5}$ D $\frac{5}{6}$

39. **Preparación para la prueba** ¿Cuál es equivalente a 2.4? (pág. 568)

F 2.04 G $2\frac{4}{10}$ H $2\frac{4}{100}$ J 2.41

Resolución de problemas
Piénsalo más

PORCENTAJE Una tienda de costura vende 100 botones en una tarjeta. La mitad de los botones es verde. ¿Qué porcentaje es esto?

Has visto cómo se relacionan los decimales y las fracciones. Vamos a explorar cómo se relacionan con los porcentajes.

Porcentaje (%) significa "por ciento". Entonces, puedes escribir un porcentaje como una fracción o un decimal.

$100\% = \frac{100}{100} = 1.0$

Piensa: 100 de 100 cuadrados están sombreados.

$50\% = \frac{50}{100} = 0.50$

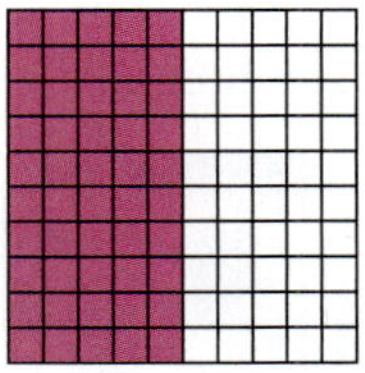

Piensa: 50 de 100 cuadrados están sombreados.

$25\% = \frac{25}{100} = 0.25$

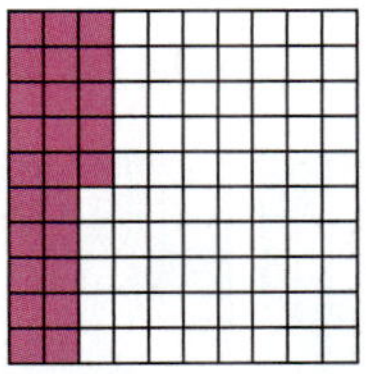

Piensa: 25 de 100 cuadrados están sombreados.

Entonces, 50% de los botones en una tarjeta son verdes.

Escribe los siguientes decimales o fracciones como porcentajes.

1. 0.10
2. $\frac{40}{100}$
3. 0.80
4. $\frac{33}{100}$
5. 0.30

LECCIÓN 5

Comparar y ordenar decimales

Repaso rápido

Escribe un decimal equivalente para cada uno.

1. 0.50 **2.** 0.60

3. 0.1 **4.** 0.20

5. 0.9

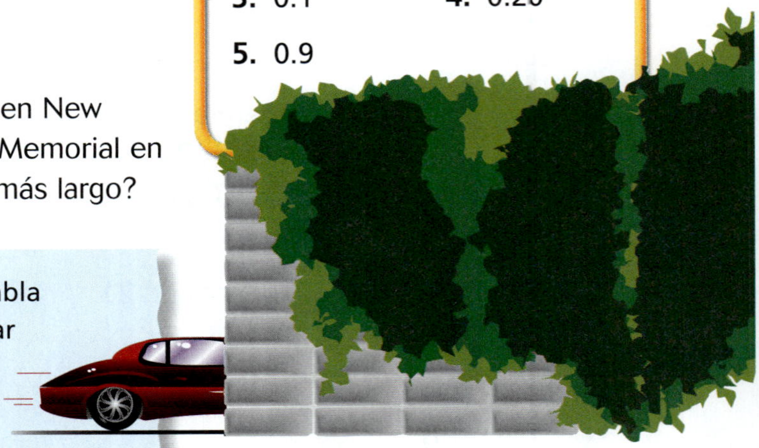

Aprende

VIAJAR POR UN TÚNEL El túnel Brooklyn-Battery en New York tiene 1.73 millas de largo. El túnel E. Johnson Memorial en Colorado tiene 1.70 millas de largo. ¿Qué túnel es más largo?

Ejemplo Puedes usar una recta numérica, una tabla de valor posicional o un modelo decimal para comparar decimales.

Usa una recta numérica.

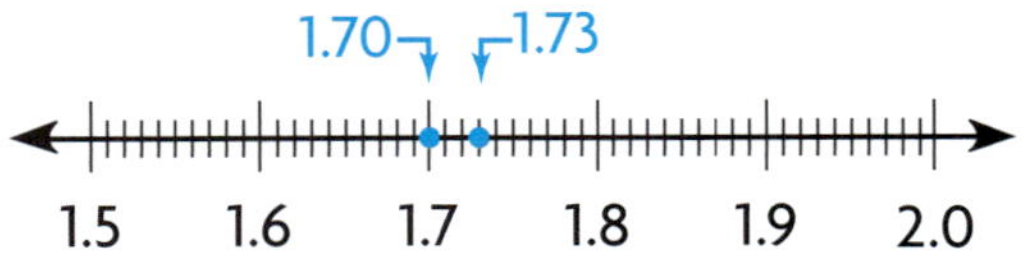

Como 1.73 está a la derecha de 1.70, 1.73 > 1.70.

Usa una tabla de valor posicional.

UNIDADES	.	DÉCIMAS	CENTÉSIMAS
1	.	7	3
1	.	7	0
1 = 1		7 = 7	3 > 0

Piensa: Alinea los puntos decimales. Compara los dígitos comenzando con el mayor valor posicional.

Como 3 > 0, 1.73 > 1.70.

Usa una tabla de valor posicional.

Piensa: Compara el número de cuadrados sombreados.

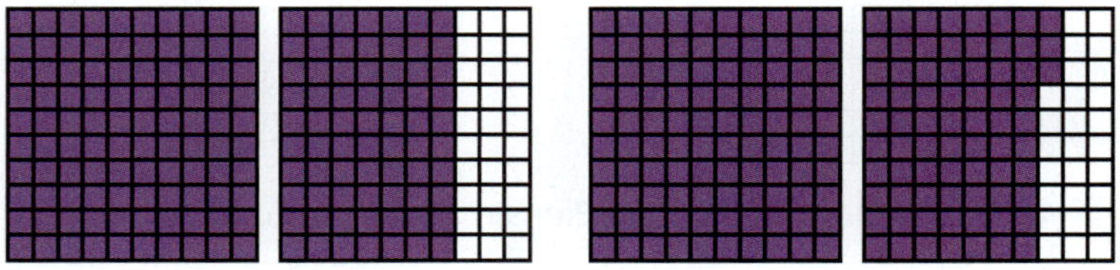

Como el modelo para 1.73 tiene 3 cuadrados sombreados más, 1.73 > 1.70.

Entonces, el túnel Brooklyn-Battery es más largo.

Recuerda

En una recta numérica, los números a la derecha son más grandes que los números a la izquierda.

Ordenar decimales

De una manera Usa una recta numérica para ordenar decimales. Ordena 9.4, 9.63 y 9.27 de mayor a menor.

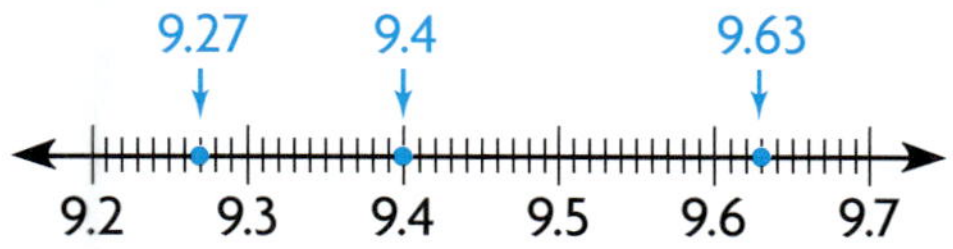

Entonces, el orden es 9.63, 9.4, 9.27.

De otra manera Usa el valor posicional para ordenar decimales. Ordena 1.23, 0.98 y 1.28 de menor a mayor.

PASO 1

Alinea los puntos decimales. Compara los dígitos en la posición mayor.

1.23
↓
0.98 $0 < 1$
↓
1.28

Como $0 < 1$, 0.98 es el menor.

PASO 2

Compara las décimas.

1.23
↓ $2 = 2$
1.28

Hay el mismo número de décimas.

PASO 3

Compara las centésimas.

1.23
↓ $3 < 8$
1.28

Entonces, el orden de menor a mayor es 0.98, 1.23, 1.28.

- **¿Qué sucedería si** quisieras escribir los decimales de mayor a menor? ¿Cómo cambiaría el orden?

Ejemplo

Ordena 0.813, 0.6, 0.65 de menor a mayor.

0.813		**Piensa:** $8 > 6$, entonces 0.813 es el mayor.
↓		
0.6	0.600	0.6 es equivalente a 0.600.
↓	↓	0.65 es equivalente a 0.650.
0.65	0.650	$0 < 5$, entonces 0.6 es el menor.

El orden de menor a mayor es 0.6, 0.65, 0.813.

LA LECCIÓN CONTINÚA

Comprueba

1. **Explica** cómo puedes usar modelos decimales para comparar decimales.

Compara. Escribe $<$, $>$ o $=$ para cada ●.

2. 0.45 ● 0.35 **3.** 0.5 ● 0.7 **4.** \$0.03 ● \$0.30 **5.** 5.4 ● 5.243 **6.** 1.036 ● 1.308

Usa la recta numérica para ordenar los decimales de *menor* a *mayor*.

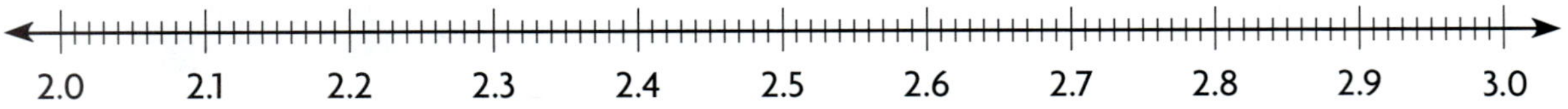

7. 2.01, 2.10, 2.2, 2.02

8. 2.7, 2.67, 2.76, 2.6

Práctica y resolución de problemas

Más práctica, página 578, Grupo D

Compara. Escribe $<$, $>$ o $=$ para cada ●.

9. 0.82 ● 0.93 **10.** \$0.81 ● \$0.18 **11.** 0.5 ● 0.51 **12.** 0.20 ● 0.02

13. 1.0 ● 1.029 **14.** 0.600 ● 0.6 **15.** \$2.31 ● \$2.63 **16.** 0.74 ● 0.53

Usa la recta numérica de arriba para ordenar los decimales de *menor* a *mayor*.

17. 2.01, 2.11, 2.13, 2.10 **18.** 2.23, 2.45, 2.32, 2.5 **19.** 2.94, 2.49, 2.4, 3.00

Ordena los decimales de *mayor* a *menor*.

20. \$1.04, \$4.11, \$0.41, \$1.40

21. 0.96, 1.06, 0.9, 1.6

22. 4.08, 4.3, 4.803, 4.038

23. 2.007, 2.714, 2.09, 2.97

24. 0.086, 8.6, 8.069, 0.006

25. 1.703, 1.037, 1.37, 1.073

26. **¿Cuál es la pregunta?** Wes tiene \$4 más que June. Debbie tiene \$7 menos que Wes. June tiene \$5. La respuesta es \$2.

27. Compara los decimales 0.8 y 0.2 usando $<$ o $>$. Luego, explica cómo puedes usar una recta numérica para hallar la diferencia entre éstos.

28. **RAZONAMIENTO** ¿Cuál de estos números tiene el mismo valor que el dígito 7 en el número 136.074?

70, 7, 0.7, 0.07, 0.007

29. **RAZONAMIENTO** Haz una lista de todos los dígitos posibles para el dígito que falta.

12.34 $<$ 12.■6 $<$ 12.77

USA LOS DATOS **Para los ejercicios 30–32, usa la tabla.**

30. ¿Cuál fue el tiempo del corredor más rápido? ¿Cuál fue el tiempo del corredor más lento?
SUGERENCIA: El menor tiempo es el más rápido.

31. Mia también corrió la carrera de 50 yardas. Su tiempo fue 6.48 segundos. Ordena los tiempos de menor a mayor.

32. Keisha corrió la carrera de 50 yardas en 6.43 segundos. Compara su tiempo con el de Jessica. ¿Quién fue más rápida?

CARRERA DE 50 YARDAS

Corredor	Tiempo (en segundos)
Lisa	6.50
Jessica	6.45
Kelly	6.40

Repaso y preparación para la prueba

33. Escribe $\frac{9}{12}$ en su mínima expresión. (pág. 448)

34. $3{,}618 \div 9$ (pág. 306)

35. Haz una lista de los factores de 36. (pág. 338)

36. 32×100 (pág. 236)

37. Escribe una fracción equivalente a 0.73. (pág. 560)

38. Escribe un decimal equivalente a 5.4. (pág. 566)

39. **Preparación para la prueba** Elige la letra de la fracción equivalente a 1.06. (pág. 568)

A $1\frac{6}{10}$ **C** $1\frac{60}{10}$

B $1\frac{6}{100}$ **D** $1\frac{60}{100}$

40. **Preparación para la prueba** Elige la letra de la fracción más grande. (pág. 452)

F $\frac{1}{3}$ **H** $\frac{1}{2}$

G $\frac{1}{6}$ **J** $\frac{1}{8}$

Resolución de problemas — Piénsalo más

RAZONAMIENTO LABERÍNTICO

MATERIALES: Hoja de trabajo para un laberinto decimal

1. En la hoja de trabajo, traza un camino por el laberinto de A a B. Para cada paso, muévete a un número de mayor valor.

2. En la hoja, traza un camino por el laberinto de C a D. Para cada paso, muévete a un número de menor valor.

3. Luego, usando el laberinto en blanco en la hoja, haz tu propio laberinto. Trata de hacer que tu camino sea la única manera posible de recorrer el laberinto. Dale tu laberinto a un compañero para que lo resuelva.

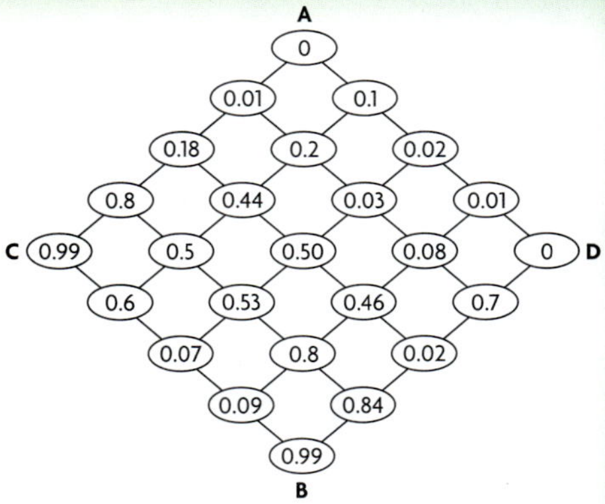

LECCIÓN 6

Estrategia de resolución de problemas
Usar razonamiento lógico

Repaso rápido

¿Cuál es mayor?

1. 0.5 o 0.9 **2.** 0.12 o 0.21

3. 3.1 o 2.5 **4.** 5.50 o 5.35

5. 37.0 o 37.10

PROBLEMA La Srta. Epps usó un cronómetro para tomar el tiempo de Max, Jenna y Dalia en una carrera. Los tiempos fueron 25.15 seg, 30.50 seg y 34.10 seg. Jenna fue más lenta que Dalia. Un niño llegó de segundo. ¿Quién llegó en primer lugar, segundo y tercero?

▲ **Este cronómetro muestra trece y quince centésimas de segundo.**

COMPRENDE

- ¿Qué debes hallar?
- ¿Qué información usarás?
- ¿Hay alguna información que no usarás?

PLANEA

- ¿Qué estrategia puedes usar para resolver el problema?

  Usa *razonamiento lógico* para determinar el orden en que terminaron los estudiantes.

RESUELVE

- ¿Cómo puedes usar la estrategia?

  Organiza lo que sabes en una tabla. Muestra todas las posibilidades.

A Un niño llegó de segundo.

Max es el único niño, entonces debe tener el tiempo del medio. No hay dos personas que tengan el mismo tiempo, entonces solo puede haber un *sí* en cada fila y columna.

	25.15	30.50	34.10
Max	NO	SÍ	NO
Dalia		NO	
Jenna		NO	

B Jenna fue más lenta que Dalia.

Como 34.10 seg es más lento que 25.15 seg, entonces el tiempo de Dalia debe ser 25.15 seg.

	25.15	30.50	34.10
Max	NO	SÍ	NO
Dalia	SÍ	NO	NO
Jenna	NO	NO	SÍ

Entonces, Dalia fue la primera, Max el segundo y Jenna la tercera.

COMPRUEBA

- ¿Qué otra estrategia podrías usar?

Práctica • Resolución de problemas

Usa razonamiento lógico y resuelve.

1. **¿Qué sucedería si** después de la carrera, Max, Dalia y Jenna tuvieran sed? Una persona tenía una bebida deportiva. El ganador eligió jugo y otra persona tenía agua. A Max no le gustan las bebidas deportivas. ¿Qué bebió cada una de las personas?

La semana pasada, las temperaturas fueron 85°F, 75°F, 77°F, 83° y 81°. El lunes fue el día más caluroso y el jueves fue el más frío. El miércoles hizo más frío que el viernes pero más calor que el martes.

2. ¿En qué día la temperatura fue 83°F?
   - **A** lunes
   - **B** martes
   - **C** miércoles
   - **D** viernes

3. ¿En qué día se registró la mediana de temperatura?
   - **F** lunes
   - **G** martes
   - **H** miércoles
   - **J** viernes

Estrategias

Hacer un diagrama o dibujo
Hacer un modelo o representar
Hacer una lista organizada
Hallar un patrón
Hacer una tabla o gráfica
Predecir y probar
Volver sobre los pasos
Resolver un problema más simple
Escribir una ecuación
Usar razonamiento lógico

Resolución de problemas

Práctica de estrategias mixtas

4. Tim gana $4.00 la hora cortando césped. Él trabajó desde las 12:00 p.m. hasta las 5:00 p.m. ¿Cuánto ganó?

5. ¿Qué dos números siguen en este patrón? Explica tu respuesta.

   32, 28, 23, 17, ■, ■

6. 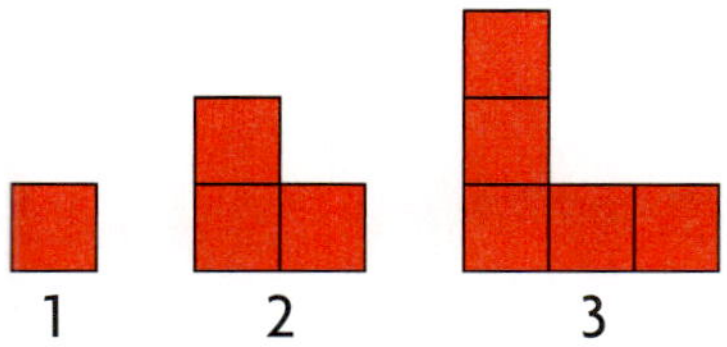

   Si este patrón continúa, ¿cuántos cuadrados habrá en la séptima figura? Explica tu respuesta.

7. 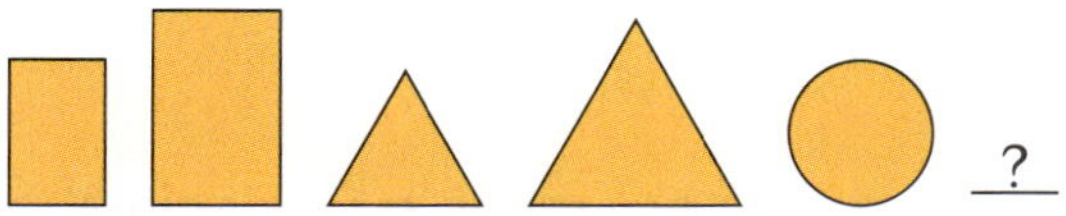

   Mira el patrón. Describe el patrón. Dibuja la figura que sigue.

8. Una flecha giratoria está dividida en 3 partes iguales: una blanca, una azul y una anaranjada. Haz una lista de los resultados posibles al hacer girar la flecha dos veces. Escribe el número de resultados posibles.

9. Bruno, David y Zack salieron a desayunar. El mesonero les lleva huevos y tocineta, panqueques y cereal a la mesa. Bruno necesita sirope y a David no le gusta la carne. ¿De quién es cada orden?

10. Escribe los decimales mayor y menor de cuatro dígitos expresados en centésimas sin un cero en la posición de las centésimas.

Más práctica

Grupo A (págs. 560–563)

Escribe el decimal y la fracción que muestra cada modelo o recta numérica.

1. 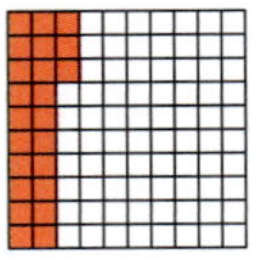

2. 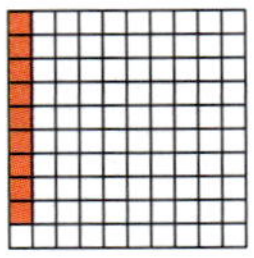

3. 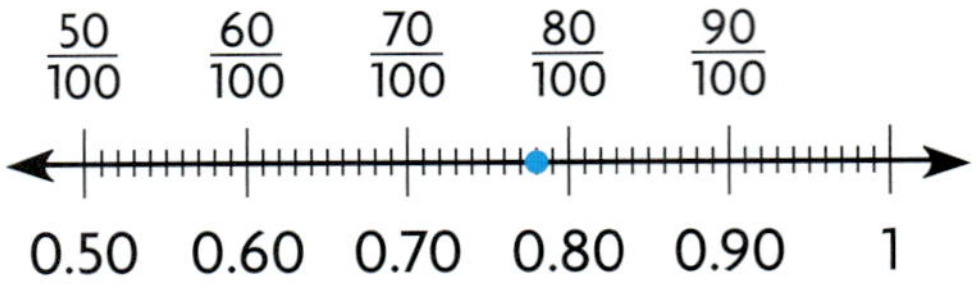

Escribe cada fracción como un decimal.

4. $\frac{2}{10}$ **5.** $\frac{33}{100}$ **6.** $\frac{8}{100}$ **7.** $\frac{9}{10}$ **8.** $\frac{84}{100}$

9. Patty tiene $\frac{3}{4}$ de dólar. ¿Cuánto dinero tiene?

Grupo B (págs. 564–565)

Escribe cada decimal como una fracción.

1. 0.372 **2.** 0.025 **3.** 0.009 **4.** 0.461 **5.** 0.073

Escribe el decimal de dos maneras diferentes.

6. 0.548 **7.** 0.029 **8.** 0.004 **9.** 0.473 **10.** 0.081

11. ochenta y tres milésimas **12.** $0.7 + 0.01 + 0.006$ **13.** ocho milésimas

Grupo C (págs. 568–571)

Escribe un número mixto o un decimal equivalente.

1. 6.5 **2.** $7\frac{1}{4}$ **3.** $\frac{6}{4}$ **4.** 3.75 **5.** 8.25

6. 9.75 **7.** $5\frac{1}{2}$ **8.** $\frac{8}{3}$ **9.** $\frac{61}{7}$ **10.** $\frac{73}{9}$

Grupo D (págs. 572–575)

Compara. Escribe <, > o = para cada ●.

1. 0.30 ● 0.3 **2.** 5.67 ● 6.75 **3.** 3.60 ● 3.06 **4.** 1.2 ● 1.20

Ordena los decimales de *menor* a *mayor*.

5. 0.19; 0.21; 0.91; 0.12; 1.69 **6.** 4.35; 3.45; 5.43; 4.53; 3.54

7. Juan corrió 1.65 millas durante la práctica de pista y Evan corrió 1.68 millas. ¿Quién corrió la mayor distancia?

Repaso/Prueba

COMPRUEBA EL VOCABULARIO Y LOS CONCEPTOS

Elige el mejor término de la casilla.

decimal
punto decimal
decimales equivalentes

1. Un número con uno o más dígitos a la derecha del punto decimal es un _?_. (pág. 560)
2. Los decimales que nombran el mismo número son _?_. (pág. 566)

COMPRUEBA LAS DESTREZAS

Escribe cada fracción como un decimal. (págs. 560–565)

3. $\frac{6}{10}$ **4.** $\frac{1}{100}$ **5.** $\frac{9}{25}$ **6.** $\frac{48}{1,000}$ **7.** $\frac{2}{5}$

Escribe un decimal equivalente para cada uno. (págs. 566–567)

8. 0.60 **9.** 0.9 **10.** 0.4 **11.** 0.50 **12.** 0.70

Escribe un número mixto o un decimal equivalente. (págs. 568–571)

13. $6\frac{79}{100}$ **14.** $1\frac{67}{1,000}$ **15.** $3\frac{5}{100}$ **16.** 8.16 **17.** 4.002

Compara. Escribe <, > o = para cada ●. (págs. 572–575)

18. 0.71 ● 0.63 **19.** 0.56 ● 0.837 **20.** 2.603 ● 2.61 **21.** 1.4 ● 1.40

Ordena los decimales de *mayor* a *menor*. (págs. 572–575)

22. 1.23, 2.23, 1.32, 0.89, 2.03 **23.** 3.06, 3.97, 3.614, 3.8

COMPRUEBA LA RESOLUCIÓN DE PROBLEMAS

Resuelve. (págs. 576–577)

24. May, Peg, Lon y Tim compraron cada uno un regalo. Los regalos costaron \$9.57, \$8.64, \$9.32 y \$8.97. El regalo de May costó más que el de Tim pero menos que el de Lon. El de Lon costó más que el de Peg. El regalo de Tim costó \$8.97. Nombra a cada niño y la cantidad de su regalo.

25. Cuatro corredores corrieron una milla en 6.52 min, 7.20 min, 6.59 min y 7.16 min. Elena terminó después que Lara pero antes que Nick. Jan fue el más rápido. Haz una lista de los corredores con sus tiempos de primer a cuarto lugar.

Preparación para pruebas

PERCEPCIÓN NUMÉRICA, CONCEPTOS Y OPERACIONES

1. Martha escribe un enunciado numérico en el pizarrón. Luego, tapa uno de los números con un borrador.

$8 \times$ 

$= 40$

¿Qué número está debajo del borrador?

A 3

B 4

C 5

D 6

2. ¿Cuál de los siguientes es **verdadero**?

F $0.53 > 0.55$

G $0.03 > 0.019$

H $0.072 < 0.059$

J $0.02 = 0.2$

3. **Explícalo** ESTIMA el número de cambios de aceite que la estación Cambio de aceite completó de lunes a viernes. Explica tu razonamiento.

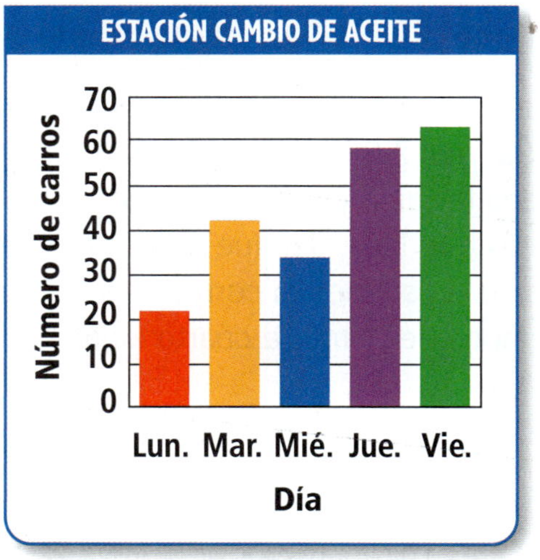

MEDIDAS

4. Hayley compra 6 botellas de un litro de agua. ¿Cuántos mililitros es eso?

1 litro = 1,000 mililitros

A 60 mililitros

B 600 mililitros

C 6,000 mililitros

D 6,500 mililitros

IDEA **Decide un plan.** Mira el ejercicio 5. Halla la información que necesitas en la tabla. Luego, usa la relación entre onzas y libras para resolver el problema.

5. La tabla muestra los tamaños de las porciones de las comidas favoritas de Liam.

COMIDAS FAVORITAS

Comida	Tamaño de la porción (en onzas)
Mantequilla de maní	3
Pollo	5
Cereal	4
Ponquecitos	6

Liam compra una caja de cereal de 1 libra. ¿Cuántas porciones hay en ésta?

1 libra = 16 onzas

F 2

G 3

H 4

J 5

6. **Explícalo** Allison salió de la escuela a las 3:23. Tardó 9 minutos en llegar a la casa. Luego, Allison habló por teléfono con su amiga por 37 minutos. A los 5 minutos más próximos, ESTIMA qué hora era cuando Allison dejó de hablar con su amiga. Explica tu razonamiento.

RAZONAMIENTO ALGEBRAICO

7. La siguiente tabla muestra los precios regular y de oferta de varios muebles.

VENTA DE LA TIENDA DE MUEBLES		
Artículo	**Precio**	**Precio de oferta**
Sofá	\$875	\$875 − s
Silla	\$630	\$630 − s
Mesa	\$599	\$599 − s

Si $s = \$75$, ¿cuál es el precio de oferta de una silla?

A \$705

B \$555

C \$525

D \$75

8. José anotó algunos puntos en su primer juego de básquetbol. En su segundo juego, anotó 8 puntos más que en el primero. Sea p el número de puntos que anotó José en el primer juego, ¿qué expresión muestra cuántos puntos anotó en el segundo juego?

F $p + 8$

G $p - 8$

H $p \times 8$

J $p \div 8$

9. **Explícalo** David recogió 6 veces el mismo número de fresas que Matthew. Matthew recogió 52 fresas. ¿Cuántas fresas recogió David? Sea d el número de fresas que recogió David, escribe una ecuación para el problema. Explica tu razonamiento.

ANÁLISIS DE DATOS Y PROBABILIDAD

10. Un gimnasta anotó 6 en su primer ejercicio y 8 en el segundo. La media de sus puntajes en tres ejercicios fue 7. ¿Cuánto anotó en su tercer ejercicio?

A 21

B 8

C 7

D 2

11. ¿Cuál es la probabilidad de sacar un número par con un cubo numerado rotulado del 1 al 6?

F $\frac{1}{6}$

G $\frac{1}{3}$

H $\frac{1}{2}$

J $\frac{2}{3}$

12. **Explícalo** La planta A estaba en una ventana soleada. La planta B estaba en la esquina de una habitación y recibía menos luz solar. Greta midió la altura de las dos plantas una vez a la semana. Los resultados se muestran en la tabla.

ALTURA DE LA PLANTA		
Semana	**Planta A**	**Planta B**
Semana 1	4 pulgadas	4 pulgadas
Semana 2	5 pulgadas	$4\frac{1}{2}$ pulgadas
Semana 3	6 pulgadas	5 pulgadas
Semana 4		

Predice las alturas de la planta A y la planta B en la semana 4. Explica tu razonamiento.

CAPÍTULO 27

Sumar y restar decimales

Escultura de una lechuza hecha de nieve en Alaska

DATOS BREVES • CIENCIAS

La primera estación meteorológica en Alaska se estableció en Anchorage en 1915. Diciembre es el mes en que cae más nieve en Anchorage con una nevada promedio de 14.8 pulgadas.

RESOLUCIÓN DE PROBLEMAS La siguiente gráfica muestra la nevada anual durante 5 años en Anchorage. ¿Cuál es el rango de las cantidades que se muestran?

NEVADA ANUAL EN ANCHORAGE, ALASKA

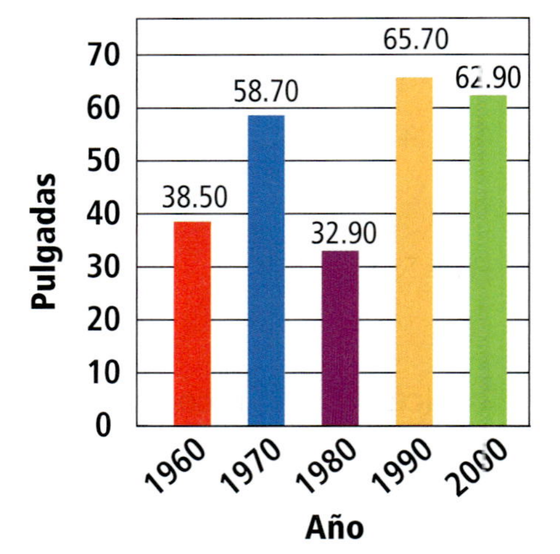

Comprueba lo que sabes

Usa esta página para repasar y recordar destrezas importantes que se necesitan para el Capítulo 27.

HAZ MODELOS DE DECIMALES

Escribe el decimal para la parte sombreada.

1. 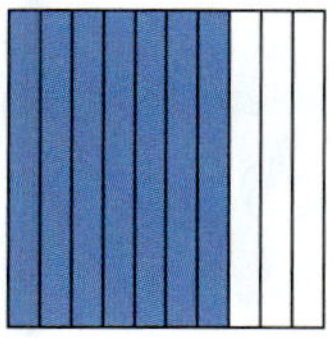

2. 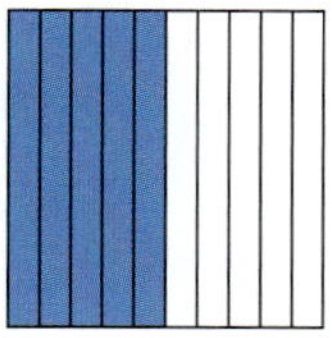

3. 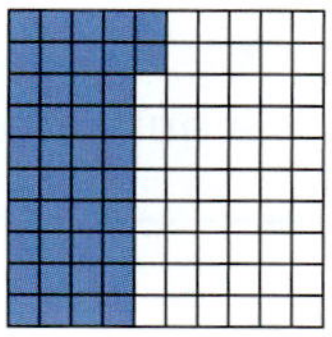

4. 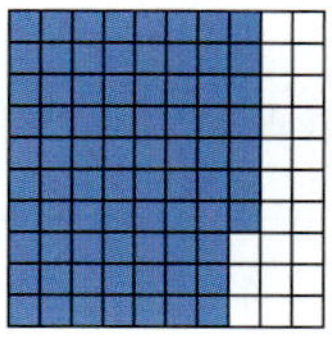

VALOR POSICIONAL DECIMAL

Escribe el valor del dígito azul en cada decimal.

5. 0.13 **6.** 0.45 **7.** 0.137 **8.** 0.689

9. 0.101 **10.** 0.748 **11.** 0.56 **12.** 0.352

REDONDEA NÚMEROS ENTEROS

Redondea a la centena y decena más próximas.

13. 145 **14.** 281 **15.** 764 **16.** 115

17. 405 **18.** 327 **19.** 575 **20.** 391

VOCABULARIO

REPASO

decimal *sustantivo*

Decimal comienza con el prefijo *deci-,* que significa "un décimo". Basado en lo que sabes de los decimales, explica por qué el prefijo *deci-* te ayuda a comprender lo que es un decimal.

APRENDE en línea www.harcourtschool.com

LECCIÓN 1

Redondear decimales

Repaso rápido

Redondea cada número a la decena más próxima.

1. 56 **2.** 84 **3.** 938
4. 4,892 **5.** 15,284

Aprende

TRAVESÍA SOBRE NIEVE Lisa y unos amigos fueron a esquiar a campo traviesa. Recorrieron 4.2 millas.

Redondea 4.2 al número entero más próximo.

De una manera Usa una recta numérica.

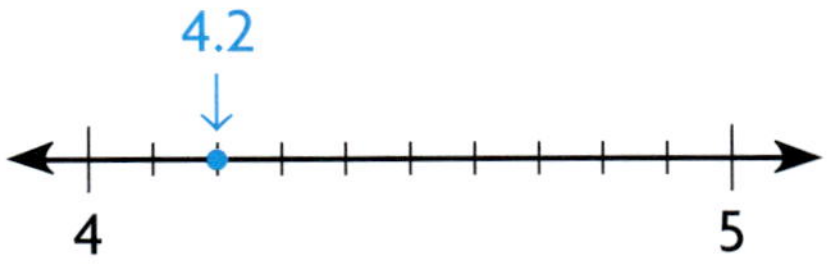

4.2 está entre 4 y 5, pero está más cerca de 4.

De otra manera Usa las reglas para redondear.

Mira la posición de las décimas. 4.2

Como $2 < 5$, el dígito 4 permanece igual.

Entonces, 4.2 redondeado al número entero más próximo es 4.

Recuerda

Reglas para redondear:
- Halla la posición a la que quieres redondear.
- Mira el dígito a su derecha.
- Si ese dígito es menor que 5, el dígito en la posición a la que se va a redondear permanece igual.
- Si ese dígito es 5 o mayor, el dígito en la posición a la que se va a redondear aumenta en 1.

Ejemplos

A Redondea 6.48 a la décima más próxima. Mira la recta numérica.

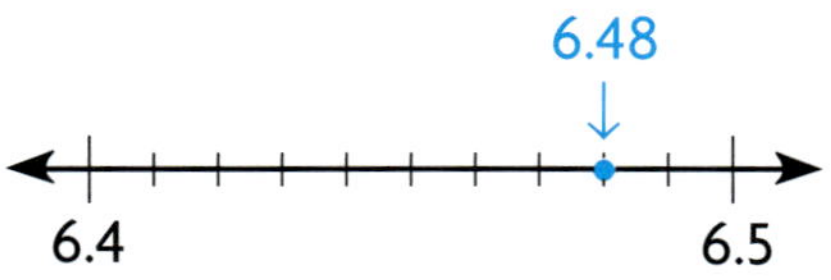

6.48 está más cerca de 6.5 que de 6.4.
Entonces, 6.48 se redondea a 6.5.

B Redondea 5.076 a la centésima más próxima.

Usa las reglas para redondear.

Mira la posición de las milésimas. 5.076

Como $6 > 5$, el dígito 7 se aumenta en 1.

Entonces, 5.076 se redondea a 5.08.

Idea matemática Los decimales se pueden redondear usando una recta numérica o las reglas para redondear.

Comprueba

1. **Explica** cómo usar una recta numérica para redondear 3.4 al número entero más próximo.

Redondea cada número a la posición del dígito azul.

2. 2.2 3. 1.8 4. $16.98 5. 7.305 6. 6.327

Redondea a la décima más próxima. Usa las rectas numéricas o las reglas para redondear.

7. 4.50 8. 4.55 9. 4.61 10. 9.67 11. 9.52

Práctica y resolución de problemas

Más práctica, página 598, Grupo A

Redondea cada número a la posición del dígito azul.

12. 5.84 13. 3.18 14. $1.43 15. $7.71 16. $36.52

17. 13.68 18. 49.274 19. 27.643 20. $83.54 21. $54.91

Redondea a la centésima más próxima.

22. 10.076 23. 61.349 24. 5.181 25. 9.413 26. 24.259

27. Redondea 5.261 y 5.19 a la décima más próxima y compara.

28. **RAZONAMIENTO** ¿Para qué dígitos se redondeará 43.9■5 a 43.9?

29. David compró una chaqueta rebajada por $32.49. ¿Cuánto costó la chaqueta de David a la decena de dólar más próxima?

30. ¿Cuánto es dos y cincuenta y un milésimas redondeado a la centésima más próxima? ¿A la décima más próxima?

31. **RAZONAMIENTO** James pagó $5.82 por un juego de pintura. Él le dijo a Pete que le había costado unos $6.00. ¿Fue $6.00 una cantidad redondeada razonable? Explica tu respuesta.

32. **¿Cuál es la pregunta?** Ted tiene la mitad de la cantidad de canicas que tiene Joel y 25 menos que las que tiene Spencer. Spencer tiene 60 canicas. La respuesta es 70 canicas.

Repaso y preparación para la prueba

33. Escribe un decimal equivalente para 8.3. (pág. 566)

34. Escribe 235,617 en forma desarrollada. (pág. 4)

35. Redondea 217,627 a la decena de millar más próxima. (pág. 30)

36. Halla el valor de $n + 8$ si $n = 16$. (pág. 64)

37. **Preparación para la prueba** ¿Qué número NO es un múltiplo de 9? (pág. 338)

 A 3 **C** 18
 B 9 **D** 90

LECCIÓN 2

Estimar sumas y diferencias de decimales

Repaso rápido

1. 58 + 72
2. 130 + 45
3. 216 + 194
4. 125 − 32
5. 1,089 − 59

Aprende

¡PREPAREN SUS MALETAS! La tabla muestra los tres países que tuvieron más turistas en el año 2000. ¿Cerca de cuántas personas viajaron a estos países en total?

▲ Prado primaveral, Francia

MEJORES PAÍSES PARA EL TURISMO (2000)

País	Turistas (en millones)
Francia	74.5
Estados Unidos	52.7
España	48.5

Estima redondeando a la decena más próxima.

$$\begin{array}{rcr} 74.5 & \rightarrow & 70 \\ 52.7 & \rightarrow & 50 \\ +48.5 & \rightarrow & 50 \\ \hline & & 170 \end{array}$$

- Alinea los puntos decimales.
- Redondea a la decena más próxima.

Entonces, en total casi 170 millones de personas visitaron Francia, Estados Unidos y España en 2000.

Una revista turística mostró que en New Orleans, Louisiana, cada turista gastó un promedio de \$82.98 por día. En París, Francia, la cantidad fue equivalente a \$97.55. ¿Cerca de cuánto más gastó cada turista en París por día?

Estima redondeando al dólar más próximo.

$$\begin{array}{rcr} \$97.55 & \rightarrow & \$98 \\ -\$82.98 & \rightarrow & -\$83 \\ \hline & & \$15 \end{array}$$

- Alinea los puntos decimales.
- Redondea al dólar más próximo.

Entonces, cada turista gastó cerca de \$15 más por día en París.

- Nombra algunas situaciones en las que solo necesitarías una suma o diferencia estimada.

Comprueba

1. **Explica** cómo determinarías si un costo total de \$19.48 es razonable para una guía turística que cuesta \$12.99 y un cartel que cuesta \$6.49.

Estima la suma o diferencia.

2. $\begin{array}{r} \$24.76 \\ +\$\ \ 5.21 \\ \hline \end{array}$

3. $\begin{array}{r} 5.25 \\ +7.06 \\ \hline \end{array}$

4. $\begin{array}{r} 2.314 \\ -1.238 \\ \hline \end{array}$

5. $\begin{array}{r} \$7.80 \\ -\$2.07 \\ \hline \end{array}$

6. $\begin{array}{r} 17.136 \\ +19.785 \\ \hline \end{array}$

Práctica y resolución de problemas

Más práctica, página 598, Grupo B

Estima la suma o diferencia.

7. 2.8 − 0.5 **8.** \$21.06 − \$4.11 **9.** 1.07 + 1.54 **10.** 2.903 + 2.541

11. 3.59 − 3.37 **12.** 7.99 − 1.93 **13.** 7.126 + 7.719 **14.** \$11.99 + \$10.58

Estima para comparar. Escribe $<$ o $>$ para cada ●.

15. 12.853 − 8.021 ● 15.95 − 9.99 **16.** 82.85 + 3.70 ● 96.20 − 11.04

USA LOS DATOS Para los ejercicios **17–20**, usa la gráfica.

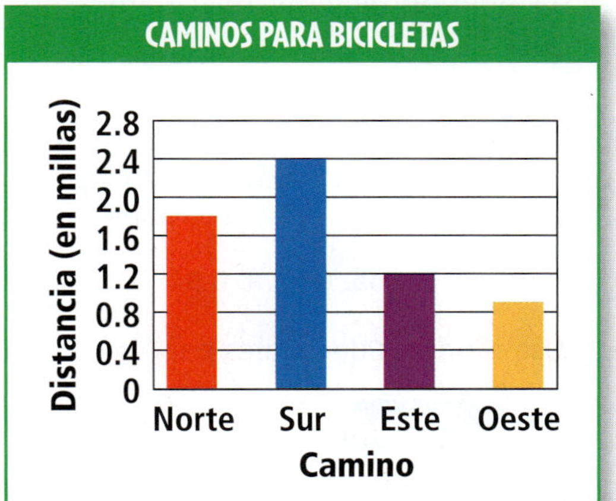

17. Ann recorrió los caminos norte y sur. Carly recorrió los caminos este y oeste. A la milla más próxima, ¿alrededor de cuántas millas más recorrió Ann que Carly?

18. Brett y Rob recorrieron los cuatro caminos. A la milla más próxima, ¿cuánto recorrió cada uno?

19. **RAZONAMIENTO** Trudy quiere recorrer un camino para bicicletas con una distancia mayor que $1\frac{1}{2}$ millas. ¿Qué caminos podría elegir Trudy?

20. Sandy recorrió un total de 2.1 millas. Becky recorrió 0.9 de milla más que Sandy. ¿Qué caminos recorrió Becky? ¿Qué caminos recorrió Sandy?

21. **Vocabulario** Cuando *redondeas* un número como 5.28 a la décima más próxima, cambias el número. Explica cómo se cambia un número al redondearlo.

22. Pam compró un casco de bicicleta por \$22.29, una luz por \$21.79 y una mochila por \$21.99 incluido el impuesto. Estima el costo total y el cambio que ella debería recibir de \$70.00.

Repaso y preparación para la prueba

Compara. Escribe $<$ o $>$ para cada ●. (págs. 20, 572)

23. 3,980 ● 3,907 **24.** 5.32 ● 5.03

25. 4 × 50 = 200. Entonces, 40 × 50 = ■. (pág. 214)

26. 30 × 6 = 180. Entonces, 30 × 60 = ■. (pág. 214)

27. **Preparación para la prueba** ¿Cuál es el promedio de las puntuaciones de pruebas: 98, 72, 84 y 86? (pág. 328)

A 98 **B** 85 **C** 80 **D** 70

LECCIÓN

3 Sumar decimales

Repaso rápido

1. $1.10 + $0.25
2. $0.85 + $0.20
3. $3.05 + $0.45
4. $7.03 + $0.05
5. $0.75 + $0.25

Aprende

POCA PROBABILIDAD DE LLUVIA La familia Marco estará en Tucson, AZ, en noviembre y diciembre. El promedio de precipitación es 0.62 pulg en noviembre y 0.94 pulg en diciembre. ¿Cuántas pulgadas de precipitación puede esperar la familia Marco mientras está en Tucson?

▲ Tucson, Arizona

MANOS A LA OBRA

Actividad

MATERIALES: modelos decimales, lápices de colores

Suma. 0.62 + 0.94 Estima. 1 + 1 = 2

Usa modelos decimales para hallar 0.62 + 0.94.

PASO 1

Sombrea 0.62 de rojo.

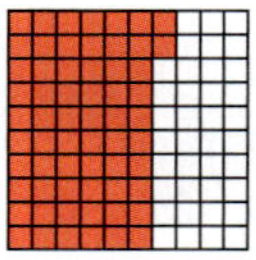

PASO 2

Sombrea 0.94 de azul. Halla la suma.

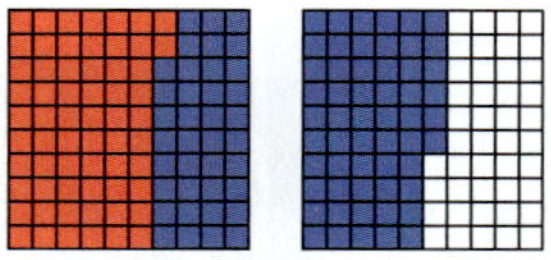

0.62 + 0.94 = 1.56

La respuesta de 1.56 se aproxima a la estimación de 2, entonces la respuesta es razonable.

Entonces, la cantidad total de precipitación que se espera es 1.56 pulgadas.

Idea matemática Puedes sumar decimales de la misma manera que sumas números enteros si primero alineas los puntos decimales.

Ejemplos

A

$$\begin{array}{r} 0.41 \\ +\ 0.36 \\ \hline 0.77 \end{array}$$

Alinea los puntos decimales.

Coloca el punto decimal en la suma.

B

$$\begin{array}{r} {\scriptstyle 1} \\ \$4.26 \\ +\ \$0.54 \\ \hline \$4.80 \end{array}$$

C

$$\begin{array}{r} {\scriptstyle 1\ 11} \\ 5.076 \\ +\ 3.928 \\ \hline 9.004 \end{array}$$

• ¿Qué ejemplos se pueden resolver usando cálculo mental? Explica tu respuesta.

Comprueba

1. **Haz** un modelo para hallar la suma 1.42 + 0.55. Haz un dibujo de tu modelo.

Halla la suma. Estima para comprobar.

2. 0.8 + 0.1 **3.** 0.6 + 2.5 **4.** 3.72 + 5.03 **5.** 0.695 + 4.231

Práctica y resolución de problemas

Más práctica, página 598, Grupo C

Halla la suma. Estima para comprobar.

6. 0.9 + 0.5 **7.** 1.66 + 0.32 **8.** 0.364 + 2.289 **9.** \$5.61 + \$2.69

10. $\begin{array}{r} 0.73 \\ +0.49 \\ \hline \end{array}$ **11.** $\begin{array}{r} \$7.05 \\ +\$0.95 \\ \hline \end{array}$ **12.** $\begin{array}{r} 1.89 \\ +1.54 \\ \hline \end{array}$ **13.** $\begin{array}{r} 24.918 \\ +21.703 \\ \hline \end{array}$ **14.** $\begin{array}{r} \$49.99 \\ +\$71.99 \\ \hline \end{array}$

Escribe la letra del modelo que corresponda con el problema. Resuelve.

a. 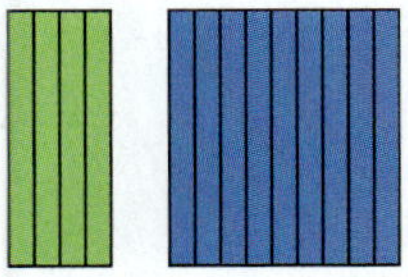

b. 

c. 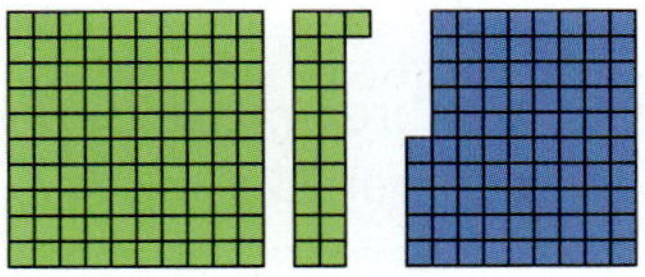

15. 1.21 + 0.85 = *n* **16.** 0.4 + 0.9 = *n* **17.** 0.43 + 0.57 = *n*

ÁLGEBRA **Usa el cálculo mental para hallar el sumando que falta.**

18. ■ + 5.25 = 9.5 **19.** 1.1 + 0.6 + ■ = 1.8 **20.** 1.111 + ■ = 2.222

USA LOS DATOS **Para los ejercicios 21–22, usa la tabla.**

21. ¿Cuántas pulgadas más de nieve cayeron en los primeros tres meses de 2001 que de 2002?

22. **DATOS BREVES • CIENCIAS** La nevada récord para enero en Pittsburgh es 40.2 pulgadas. ¿Esta cantidad es mayor o menor que la cantidad total de nieve para los primeros tres meses de 2001 y 2002? ¿Por cuánto?

NEVADA EN PITTSBURGH, PA (en pulgadas)

	2001	2002
Enero	13.7	10.0
Febrero	2.7	6.4
Marzo	8.0	4.0

Repaso y preparación para la prueba

23. Escribe los primeros cinco múltiplos de 8. (pág. 338)

24. Escribe un decimal equivalente para $\frac{21}{100}$. (pág. 560)

25. Redondea 3.27 a la décima más próxima. (pág. 584)

26. Haz una lista de los factores de 8. (pág. 338)

27. **Preparación para la prueba**
5 × (20 + 2) = ■ (pág. 184)
A 30 **B** 102 **C** 110 **D** 200

LECCIÓN 4

Restar decimales

Repaso rápido

1. $3.50 − $1.00
2. $0.85 − $0.25
3. $1.20 − $0.90
4. $5.25 − $0.75
5. $0.89 − $0.10

Aprende

LUGARES PEQUEÑOS Uno de los países más pequeños del mundo es Mónaco con un área de 1.8 kilómetros cuadrados. Central Park en la ciudad de New York tiene un área de 3.2 kilómetros cuadrados. ¿Cuánto más grande es Central Park que Mónaco?

MANOS A LA OBRA

Actividad **MATERIALES:** modelos decimales, lápices de colores, tijeras

Resta. 3.2 − 1.8 Estima. 3 − 2 = 1

Modelo de quitar

Usa modelos decimales.

PASO 1

Sombrea modelos decimales para mostrar 3.2.

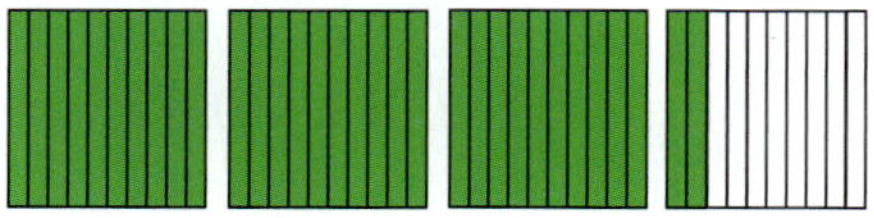

PASO 2

Quita 18 décimas. Quedan 14 décimas.

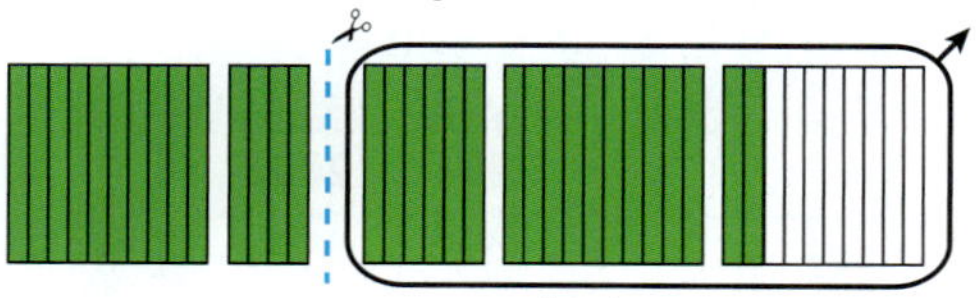

3.2 − 1.8 = 1.4

▲ El principado de Mónaco

Enlace con la tecnología

Más práctica: Harcourt Mega Math The Number Games, *Tiny's Think Tank*, Nivel L

La respuesta de 1.4 se aproxima a la estimación de 1, entonces la respuesta es razonable. Entonces, el área de Central Park tiene 1.4 kilómetros cuadrados más que el área de Mónaco.

Ejemplos

A 2.3 − 1.4

```
 1 13
 2̸.3̸
−1.4
----
 0.9
```

Alinea los puntos decimales.

Coloca el punto decimal en la diferencia.

B $18.56 − $4.93

```
    7 15
 $18̸.5̸6
−$ 4.93
--------
 $13.63
```

C 84.063 − 26.057

```
 714  513
 8̸4̸.06̸3̸
−26.057
-------
 58.006
```

Comprueba

1. **Explica** en qué se parece la reagrupación para restar decimales a la reagrupación para restar números enteros.

Halla la diferencia. Estima para comprobar.

2. $\begin{array}{r} 0.8 \\ -0.5 \\ \hline \end{array}$ **3.** $\begin{array}{r} \$20.82 \\ -\$\ \ 7.71 \\ \hline \end{array}$ **4.** $\begin{array}{r} 22.3 \\ -11.9 \\ \hline \end{array}$ **5.** $\begin{array}{r} 3.426 \\ -0.249 \\ \hline \end{array}$ **6.** $\begin{array}{r} 2.914 \\ -1.685 \\ \hline \end{array}$

Práctica y resolución de problemas

Más práctica, página 598, Grupo D

Halla la diferencia. Estima para comprobar.

7. $\begin{array}{r} 0.9 \\ -0.2 \\ \hline \end{array}$ **8.** $\begin{array}{r} \$6.93 \\ -\$0.54 \\ \hline \end{array}$ **9.** $\begin{array}{r} 1.6 \\ -0.8 \\ \hline \end{array}$ **10.** $\begin{array}{r} 41.97 \\ -10.38 \\ \hline \end{array}$ **11.** $\begin{array}{r} \$52.72 \\ -\$21.28 \\ \hline \end{array}$

12. $\begin{array}{r} 2.453 \\ -2.386 \\ \hline \end{array}$ **13.** $\begin{array}{r} 3.517 \\ -1.274 \\ \hline \end{array}$ **14.** $\begin{array}{r} 4.768 \\ -2.993 \\ \hline \end{array}$ **15.** $\begin{array}{r} 16.702 \\ -\ \ 5.178 \\ \hline \end{array}$ **16.** $\begin{array}{r} 5.083 \\ -2.226 \\ \hline \end{array}$

17. \$7.89 − \$4.37 **18.** 9.84 − 3.87 **19.** 8.2 − 6.9 **20.** \$29.53 − \$18.98

21. 9.124 − 3.076 **22.** 4.237 − 2.819 **23.** 13.207 − 11.496 **24.** 9.532 − 4.107

ÁLGEBRA **Usa el cálculo mental para hallar los dígitos que faltan.**

25. $\begin{array}{r} 2.■ \\ -■.1 \\ \hline 1.2 \end{array}$ **26.** $\begin{array}{r} ■.5 \\ -4.■ \\ \hline 0.2 \end{array}$ **27.** $\begin{array}{r} 6.■ \\ -■.6 \\ \hline 5.1 \end{array}$ **28.** $\begin{array}{r} ■.8 \\ -7.■ \\ \hline 3.5 \end{array}$

29. **RAZONAMIENTO** La diferencia de dos números decimales de 3 dígitos es 1.34. Un número tiene un 6 en la posición de las unidades y de las centésimas. El otro tiene un 6 en la posición de las décimas. ¿Cuáles son los dos números?

30. **¿Cuál es el error?** Josh hizo este modelo para 4.6 − 2.9 = 1.7. Describe su error. Dibuja un modelo correcto.

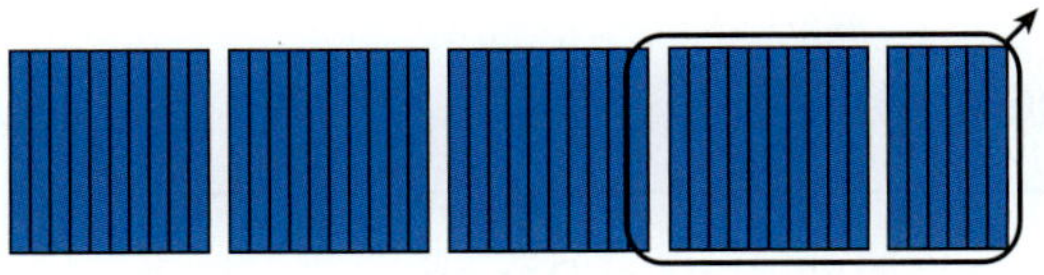

31. Molly ahorró \$600 para un viaje a Francia con el club de francés. Necesita dos veces esa cantidad más \$50 adicionales. ¿Cuánto cuesta el viaje?

Repaso y preparación para la prueba

32. Haz una lista de los factores de 18. (pág. 338)

33. Ordena 5.82, 4.95 y 5.89 de *menor* a *mayor.* (pág. 572)

34. 8 × 136 (pág. 222) **35.** 156 ÷ 4 (pág. 300)

36. **Preparación para la prueba** Halla 5 × 13. (pág. 218)

A 55 **B** 60 **C** 65 **D** 70

LECCIÓN 5

Sumar y restar decimales y dinero

Repaso rápido

Compara. Escribe <, > o = para cada ●.

1. 47.5 ● 4.81 **2.** 3.2 ● 2.3

3. 0.75 ● 0.72 **4.** 2.8 ● 2.84

5. 9.9 ● 9.90

Aprende

¡ALÉJATE LLUVIA! Danny está haciendo un informe del clima de Iowa. En Des Moines caen casi 33 pulgadas de lluvia cada año. Usa la tabla para hallar el promedio total de precipitación de abril a junio.

PRECIPITACIÓN PROMEDIO (DES MOINES, IA)

Mes	Cantidad de lluvia (en pulgadas)
Abril	3.21
Mayo	3.96
Junio	4.18

Ejemplo 1

Suma. 3.21 + 3.96 + 4.18

Estima. 3 + 4 + 4 = 11

PASO 1

Alinea el punto decimal y el valor posicional de cada número.

$$\begin{array}{r} 3.21 \\ 3.96 \\ +\,4.18 \\ \hline \end{array}$$

PASO 2

Suma como lo haces con los números enteros. Coloca el punto decimal en la suma.

$$\begin{array}{r} {\scriptstyle 1\ \ 1\ \ } \\ 3.21 \\ 3.96 \\ +\,4.18 \\ \hline 11.35 \end{array}$$

Como la respuesta de 11.35 se aproxima a la estimación de 11, la respuesta es razonable. Entonces, el promedio total de precipitación es 11.35 pulgadas.

Ejemplo 2

¿Qué sucedería si Danny quisiera comparar la precipitación promedio de abril y junio? En promedio, ¿cuántas pulgadas más caen en junio?

Resta. 4.18 − 3.21

Estima. 4 − 3 = 1

$$\begin{array}{r} {\scriptstyle 3\ \ 11\ } \\ \not{4}.\not{1}8 \\ -\,3.21 \\ \hline 0.97 \end{array}$$

Alinea los puntos decimales.

Como la respuesta de 0.97 se aproxima a la estimación de 1, la respuesta es razonable. Entonces, la precipitación promedio es casi 0.97 pulgadas más en junio que en abril.

Decimales equivalentes

A veces, un número tiene más posiciones decimales después del punto decimal que otro. Escribe decimales equivalentes con el mismo número de posiciones decimales antes de sumar o restar.

Andrea va a la tienda a comprar una visera que cuesta $12.56. Ella le da al cajero $20. ¿Cuánto cambio debería recibir?

Ejemplo

Resta. $20 − $12.56   Estima. $20 − $13 = $7

PASO 1

Alinea los puntos decimales. Coloca ceros a la derecha del punto decimal para que cada número tenga el mismo número de dígitos después del punto decimal.

```
 $20.00
−$12.56
```

PASO 2

Resta como lo haces con números enteros. Coloca el punto decimal en la diferencia.

```
   9  9
  1 10 10 10
 $20.00
−$12.56
 $ 7.44
```

Entonces, Andrea recibirá $7.44 de cambio.

- ¿Cuánto cambio debería recibir Andrea si le da al cajero $20.01? ¿Por qué haría esto?

Más ejemplos

A $25 − $16.33

```
   14  9
  1 4 10 10
 $25.00
−$16.33
 $ 8.67
```

B $32 + $57.89

```
 $32.00
+$57.89
 $89.89
```

C 57.68 − 38.567

```
 4 17   7 10
 57.680
−38.567
 19.113
```

También puedes usar una calculadora para sumar y restar decimales.

2 5 − 1 6 • 3 3 Enter

25 − 16.33 =
8.67

LA LECCIÓN CONTINÚA

Comprueba

1. **Explica** por qué a veces se agregan ceros a la derecha del punto decimal de los números.

Halla la suma o diferencia. Estima para comprobar.

2. $21 − $10.20 **3.** 5.4 + 0.39 **4.** $13 + $9.12 **5.** 15.03 − 9.647

Práctica y resolución de problemas

Más práctica, página 598, Grupo E

Halla la suma o diferencia. Estima para comprobar.

6. $\begin{array}{r} 9.5 \\ +2.52 \\ \hline \end{array}$ **7.** $\begin{array}{r} 6.4 \\ -2.26 \\ \hline \end{array}$ **8.** $\begin{array}{r} \$3 \\ -\$1.39 \\ \hline \end{array}$ **9.** $\begin{array}{r} 3.8 \\ +4.073 \\ \hline \end{array}$ **10.** $\begin{array}{r} \$21.28 \\ -\$\ 8 \quad \\ \hline \end{array}$

11. $\begin{array}{r} 43.8 \\ +\ 1.73 \\ \hline \end{array}$ **12.** $\begin{array}{r} \$7 \\ -\$3.18 \\ \hline \end{array}$ **13.** $\begin{array}{r} 5.3 \\ -2.87 \\ \hline \end{array}$ **14.** $\begin{array}{r} 56.123 \\ -\ 8 \qquad \\ \hline \end{array}$ **15.** $\begin{array}{r} 16.2 \\ +\ 9.5 \\ \hline \end{array}$

16. $\begin{array}{r} \$19 \\ -\$\ 4.37 \\ \hline \end{array}$ **17.** $\begin{array}{r} 79.142 \\ -\ 3.861 \\ \hline \end{array}$ **18.** $\begin{array}{r} 7.9 \\ -2.58 \\ \hline \end{array}$ **19.** $\begin{array}{r} 74.68 \\ +\ 8.3 \ \ \\ \hline \end{array}$ **20.** $\begin{array}{r} 43 \\ -\ 6.507 \\ \hline \end{array}$

21. $6.99 + $2.09 **22.** 1.3 − 0.4 **23.** 18.7 − 5.941 **24.** $65 − $30.50

25. 56.83 − 0.67 **26.** $1.34 + $12.09 **27.** 41.36 − 7.89 **28.** 69.4 + 7.802

29. 4.5 + 19 + 6.032 **30.** 14.4 + 19 + 7.74 **31.** $45 + $31.50 + $20

ÁLGEBRA **Halla el número que falta.**

32. 2.51 − 0.8 = ■ **33.** 2.32 − 1.6 = ■ **34.** ■ − 0.90 = 0.2

35. 3.02 − ■ = 1.31 **36.** 0.9 + 2.25 = ■ **37.** ■ + 0.52 = 1.12

38. 4.76 − ■ = 2.93 **39.** 15.86 + 3.79 = ■ **40.** ■ − 6.5 = 21.89

41. Halla dos decimales de 3 dígitos cuya diferencia sea 7.09.

42. Halla tres decimales de 3 dígitos cuya suma sea 16.5.

43. **¿Cuál es el error?** María sumó 3.16, 1.04 y 0.07 y obtuvo un total de 42.7. Describe su error. Escribe la respuesta correcta.

44. **Escribe un problema** usando una suma o una resta en la que el resultado sea $9.21.

45. Alex fue a la tienda con $10 y salió de la tienda con $5.98. Compró leche, huevos y pan. La leche costó $1.49 y los huevos costaron $0.89. ¿Cuánto costó el pan?

46. Trevor anotó 2 carreras en un juego de béisbol universitario. Usa el diagrama para hallar cuántos pies corrió Trevor para anotar 2 carreras.

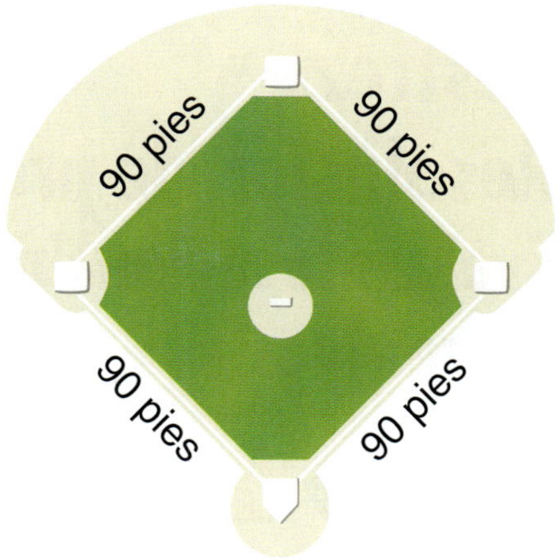

47. Will camina hacia el campo de béisbol, que está a 2.3 kilómetros de su casa. Caminó 0.8 kilómetros. ¿Cuánto más debe caminar?

Repaso y preparación para la prueba

48. $\frac{5}{6} - \frac{1}{6}$ (pág. 472)

49. $40 \times 8{,}000$ (pág. 236)

50. 9×367 (pág. 222)

51. $\frac{3}{5} + \frac{1}{10}$ (pág. 480)

52. Redondea 9.81 al número entero más próximo. (pág. 584)

53. Halla el valor de $(17 - 8) \times 7$. (pág. 184)

54. **Preparación para la prueba** ¿Cuánto es $456 \div 7$? (pág. 300)

A 46 r1 **B** 65 r1 **C** 65 **D** 65 r4

55. **Preparación para la prueba** ¿Cuál es equivalente a 9.1? (pág. 568)

F $\frac{9}{10}$ **G** $\frac{91}{100}$ **H** $9\frac{1}{10}$ **J** $9\frac{9}{10}$

Resolución de problemas — Piénsalo más

DECIMALES DE REFERENCIA

Redondear decimales a puntos de referencia como 0, 0.5 y 1 en una recta numérica puede ayudarte a estimar sumas y diferencias.

Josh y Maya fueron a un paseo para recoger diferentes tipos de hojas para la clase de ciencias. En la primera hora caminaron 0.46 mi. En la segunda hora caminaron 0.85 mi. ¿Cerca de cuántas millas caminaron?

Estima. $0.46 + 0.85$

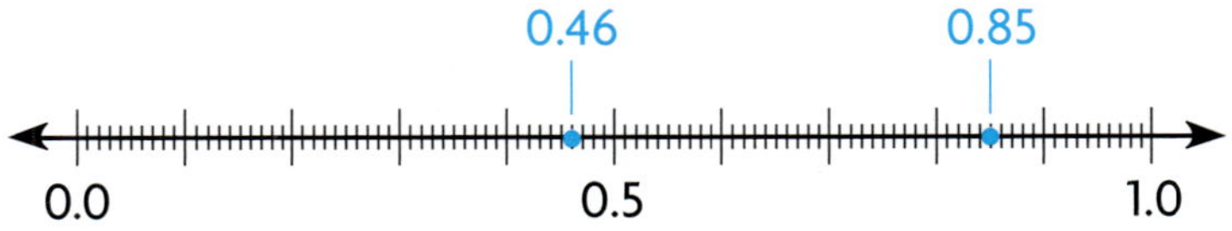

$0.46 \rightarrow 0.5$ 0.46 está entre 0 y 0.5, pero más cerca de 0.5.

$+0.85 \rightarrow 1.0$ 0.85 está entre 0.5 y 1, pero más cerca de 1.

1.5

Entonces, Josh y Maya caminaron cerca de 1.5 millas.

Usa una recta numérica y decimales de referencia para estimar cada suma o diferencia.

1. $0.55 + 0.32$ 2. $0.79 - 0.53$ 3. $0.33 + 0.55$ 4. $0.89 - 0.41$ 5. $0.08 + 0.64$

LECCIÓN 6

Destreza • Resolución de problemas
Evaluar la racionabilidad de las respuestas

Repaso rápido

Escribe cada número mixto como un decimal.

1. $3\frac{1}{10}$
2. $1\frac{28}{100}$
3. $9\frac{7}{10}$
4. $4\frac{2}{5}$
5. $7\frac{1}{4}$

COMPRENDE › PLANEA › RESUELVE › COMPRUEBA

VIAJE POR CARRETERA La Sra. Pate maneja un autobús tres días a la semana. La tabla muestra las ciudades de Virginia que visitó la semana pasada. ¿Cuántas millas manejó la Sra. Pate la semana pasada si hizo un viaje de ida y vuelta a cada ciudad?

MILLAS DESDE RICHMOND, VA

Ciudad	Distancia
Charlottesville	70.5
Danville	162.7
Norfolk	91.4
Roanoke	192.0

¿Cuál es una respuesta más razonable?

a. Joe obtuvo una respuesta de 516.6 millas.
b. Jane obtuvo una respuesta de 1,033.2 millas.

Idea matemática Si estimas antes de resolver un problema, entonces puedes comparar tu respuesta con la estimación. Si tu respuesta se aproxima a tu estimación, entonces tu respuesta es razonable.

Estima redondeando a la decena más próxima.

$$\begin{array}{ccccccc} 70.5 & + & 162.7 & + & 91.4 & + & 192.0 \\ \downarrow & & \downarrow & & \downarrow & & \downarrow \\ 70 & + & 160 & + & 90 & + & 190 = 510 \end{array}$$

$$510 + 510 = 1{,}020$$

Piensa: 510 millas es la estimación para los viajes de una sola vía.

Puedes sumar para darte cuenta que Jane contestó el problema correctamente.

$70.5 + 162.7 + 91.4 + 192.0 = 516.6$
$516.6 + 516.6 = 1{,}033.2$

1,033.2 millas se aproxima más a la estimación de 1,020 millas.

Entonces, la respuesta de Jane es razonable. La Sra. Pate manejó 1,033.2 millas la semana pasada.

Explica lo que sabes

- ¿Por qué es útil estimar para saber si una respuesta es razonable?
- ¿Por qué la respuesta de Joe no es razonable para el problema?

Práctica • Resolución de problemas

1. Mark corrió 3 millas el viernes, 4.4 millas el sábado y 3.5 millas el domingo. ¿Cuál de las siguientes es razonable? Explica tu respuesta.
   a. Mark corrió un total de 10.9 millas.
   b. Mark corrió un total de 6.5 millas.

2. Joe compra un cuaderno que cuesta $2.25, un borrador que cuesta $0.99 y un bolígrafo que cuesta $1.25. ¿Cuál de los siguientes es razonable? Explica tu respuesta.
   a. Los materiales de Joe cuestan $11.74.
   b. Los materiales de Joe cuestan $4.49.

Tim tiene 3 horas para manejar hasta la casa de su abuela que está a 129.5 millas. Él manejó 52.3 millas la primera hora y 47.7 millas la segunda hora.

3. ¿Cuál es la mejor estimación del número de millas que Tim manejó en 2 horas?
   A 75 millas
   B 100 millas
   C 130 millas
   D 180 millas

4. ¿Cuál es una respuesta razonable para el número de millas que Tim debe recorrer en la última hora?
   F 10 millas
   G 30 millas
   H 60 millas
   J 230 millas

Aplicaciones mixtas

5. Jodie nadó 2.8 millas el lunes. Nadó 0.5 millas más el martes que el lunes. Si nadó un total de 8 millas de lunes a miércoles, ¿cuántas millas más nadó el miércoles?

6. Katie completó la primera mitad de una carrera en 8.6 minutos y la segunda mitad en 11.1 minutos. ¿Es razonable decir que Katie terminó la carrera en unos 20 minutos?

USA LOS DATOS **Para los ejercicios 7–10, usa la tabla de los puntajes finales de clasificación general de Amy Chow en los Juegos olímpicos de 2000.**

7. ¿Cuál fue el puntaje total de Amy?
8. Escribe los puntajes de Amy en orden de menor a mayor.
9. ¿En qué evento recibió Amy su mayor puntaje? ¿Su menor puntaje?
10. Halla la diferencia entre el puntaje más alto y el más bajo de Amy.
11. **Por escrito** ¿Por qué estimar es una buena manera de comprobar la racionabilidad de tu respuesta?

PUNTAJES DE AMY CHOW

Evento	Resultado
Salto de caballo	9.443
Barras asimétricas	9.737
Viga de equilibrio	9.225
Ejercicios libres	9.187

Más práctica

Grupo A (págs. 584–585)

Redondea cada número a la posición del dígito azul.

1. 9.301 **2.** $5.79 **3.** $8.65 **4.** 4.531 **5.** $3.49

6. $8.93 **7.** 4.57 **8.** 16.895 **9.** 39.472 **10.** $7.65

Grupo B (págs. 586–587)

Estima la suma o diferencia.

1. $2.80 + $2.30

2. 2.356 + 1.192

3. 2.356 − 0.918

4. $23.47 − $14.96

5. 18.92 + 39.45

Grupo C (págs. 588–589)

Halla la suma. Estima para comprobar.

1. 10.29 + 33.46

2. $15.98 + $12.04

3. 6.419 + 7.234

4. 7.98 + 2.31

5. 6.29 + 8.88

6. 0.31 + 4.57 **7.** 4.875 + 8.136 **8.** 7.5 + 8.3 **9.** 5.76 + 2.18

10. Bob fue a la tienda. Compró unas naranjas por $1.32, un jugo por $1.48 y unos huevos por $1.10. ¿Cuánto dinero gastó?

Grupo D (págs. 590–591)

Halla la diferencia. Estima para comprobar.

1. 2.56 − 1.38

2. 13.287 − 3.534

3. $11.27 − $ 7.55

4. $75.43 − $18.63

5. 67.30 − 31.72

6. $0.78 − $0.51 **7.** 5.94 − 5.76 **8.** $9.49 − $6.23 **9.** $7.65 − $1.85

Grupo E (págs. 592–595)

Halla la suma o diferencia. Estima para comprobar.

1. $13.95 + $21.76

2. 22.49 + 14.3

3. $26.00 − $18.94

4. 74.3 − 6.794

5. 14.28 + 8.5

6. 16.3 + 1.094 **7.** $8 − $3.78 **8.** 3.7 − 1.99 **9.** 46 − 3.059

Repaso/Prueba

COMPRUEBA EL VOCABULARIO Y LOS CONCEPTOS

Elige el mejor término de la casilla.

puntos decimales
decimales equivalentes
décimas

1. Cuando sumes o restes decimales, primero alinea los _?_. (págs. 588, 590)

2. 0.6 y 0.60 son _?_ ya que son nombres diferentes para la misma cantidad. (pág. 593)

COMPRUEBA LAS DESTREZAS

Redondea cada número a la posición del dígito azul. (págs. 584–585)

3. 8.294
4. $4.68
5. $9.76
6. 3.49

Redondea a la centésima más próxima. (págs. 584–585)

7. 7.695
8. 3.504
9. 1.635
10. 14.839

Estima la suma o diferencia. (págs. 586–587)

11. $\begin{array}{r} 1.29 \\ +3.46 \\ \hline \end{array}$
12. $\begin{array}{r} \$5.98 \\ +\$9.04 \\ \hline \end{array}$
13. $\begin{array}{r} 16.104 \\ +87.259 \\ \hline \end{array}$
14. $\begin{array}{r} 14.337 \\ -\ 4.652 \\ \hline \end{array}$

Halla la suma o diferencia. Estima para comprobar. (págs. 588–595)

15. 5.7 + 8.4
16. $9.61 + $0.81
17. 16.309 + 9.743
18. $3.67 – $0.59
19. 23.107 – 5
20. $78.41 – $42.83
21. 1.94 + 0.8
22. 42.51 + 22.4
23. 20 – 8.684

COMPRUEBA LA RESOLUCIÓN DE PROBLEMAS

Resuelve. (págs. 596–597)

24. Dave ganó $8.00 de su venta de garaje. Los artículos a la venta fueron una silla por $2.50, un radio por $1.25, 3 camisetas por $2.75 y un televisor viejo por $5.25. ¿Es razonable decir que Dave vendió todos los artículos? Explica tu respuesta.

25. Joanna tiene $5.50. Ella necesita comprar huevos por $0.98, pan por $1.19 y leche por $2.69. ¿Es razonable decir que Joanna tiene suficiente dinero para comprar todos estos artículos? Explica tu respuesta.

Preparación para pruebas

PERCEPCIÓN NUMÉRICA, CONCEPTOS Y OPERACIONES

1. ¿Qué enunciado numérico concuerda con el siguiente modelo?

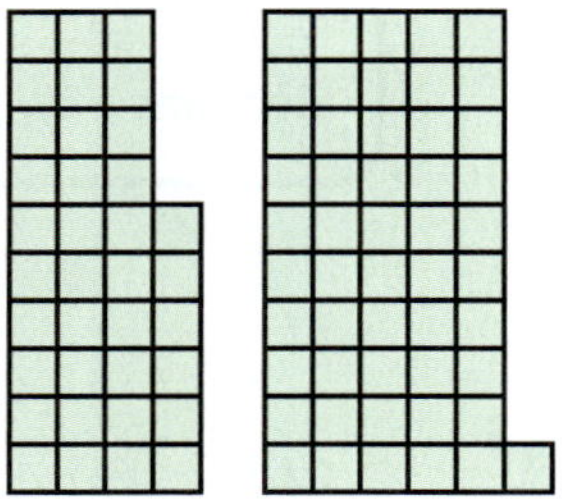

A $0.36 + 0.2 = 0.56$

B $0.36 + 0.51 = 0.87$

C $0.46 + 0.52 = 0.98$

D $0.46 + 0.62 = 0.87$

> **IDEA** **Busca palabras importantes.**
> Mira el ejercicio 2. La palabra NO es importante. Un número que NO es un múltiplo de un número es un número que NO es un producto de ese número y otro número.

2. ¿Qué número NO es un múltiplo de 8?

F 40

G 32

H 8

J 4

3. **Explícalo** Evan compró un CD por $14.89, una patineta por $39.29 y una gorra de béisbol por $7.99 incluido el impuesto. ESTIMA el costo total y el cambio que él debería recibir si da $65.00. Explica tu razonamiento.

GEOMETRÍA Y ORIENTACIÓN ESPACIAL

4. Una servilleta doblada se ve como este dibujo.

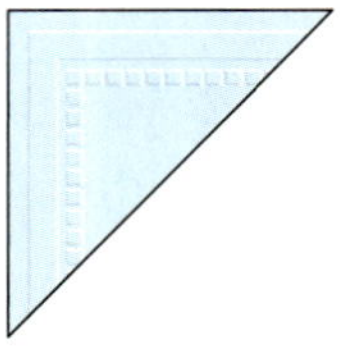

¿Qué tipos de ángulos tiene la servilleta doblada?

A 2 ángulos agudos y 1 ángulo recto

B 2 ángulos obtusos y 1 ángulo recto

C 2 ángulos rectos y 1 ángulo obtuso

D 2 ángulos agudos y 1 ángulo obtuso

5. ¿Qué línea entrecortada muestra un eje de simetría para esta figura?

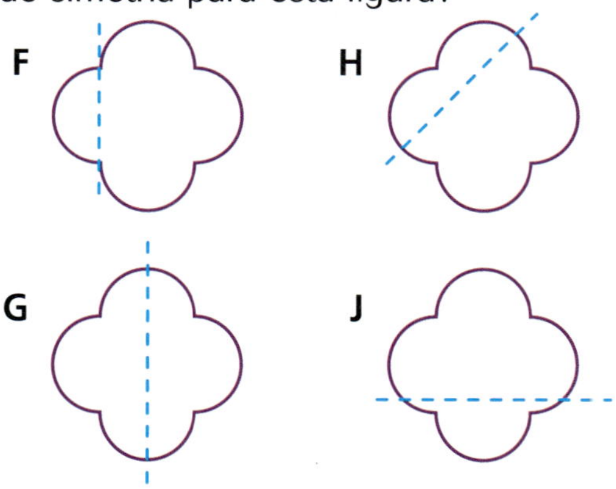

6. **Explícalo** Escribe el par ordenado que describe la ubicación de la casa de Claudia. Explica tu respuesta.

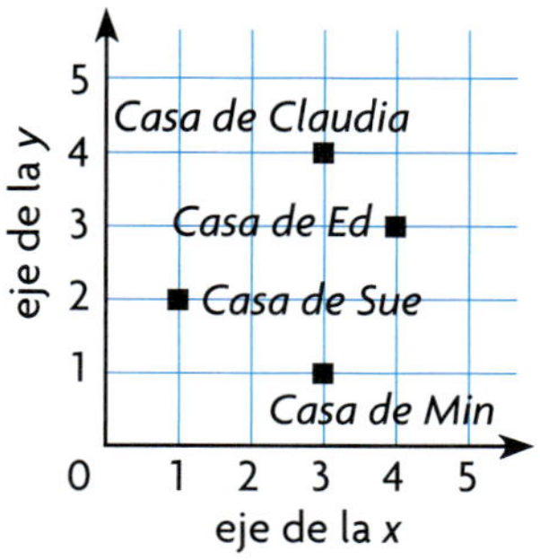

RAZONAMIENTO ALGEBRAICO

7. ¿Cuál podría ser el octavo número del siguiente patrón?

$$3, 7, 11, 15, \ldots$$

A 16 **C** 31
B 19 **D** 32

8. Cuando se introduce un número en la siguiente máquina numérica, sale un número diferente.

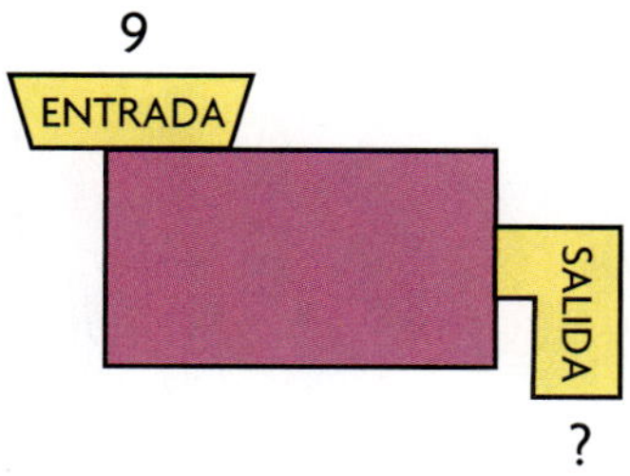

Si entra un 1, sale un 5.

Si entra un 3, sale un 15.

Si entra un 7, sale un 35.

Si entra un 9, ¿qué número saldrá?

F 90 **H** 18
G 45 **J** 0

9. La Sra. Summers compró 8 paquetes de lápices. Cada paquete tiene 48 lápices. ¿Cuántos lápices compró la Sra. Summers?

A 6 **C** 330
B 56 **D** 384

10. **Explícalo** Sea *a* la edad actual de Alan. Escribe una expresión que muestre la edad de Alan hace 4 años. Explica tu razonamiento.

ANÁLISIS DE DATOS Y PROBABILIDAD

11. Jared anotó los siguientes puntos en sus primeros cuatro juegos: 3 puntos, 5 puntos, 6 puntos y 4 puntos. ¿Qué gráfica muestra esta información?

F
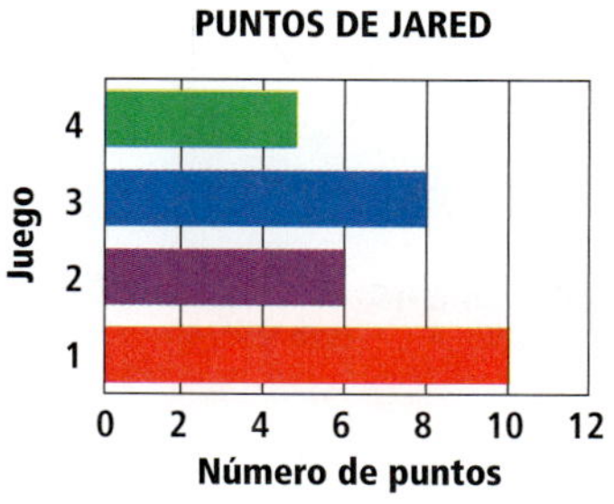

G

H

J
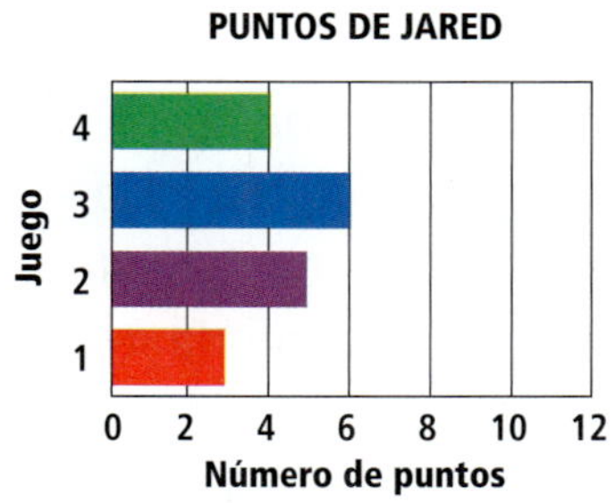

12. **Explícalo** Las siguientes fichas cuadradas con letras están boca abajo en una mesa.

Escribe una fracción para indicar la probabilidad de seleccionar una *M*. Explica tu razonamiento.

Manualidades

Vistas de dos caras

PROYECTO Haz un dibujo tipo acordeón de dos caras.

Materiales

- 2 carpetas tamaño carta
- 2 dibujos de 11 pulg × 7 pulg
- Tijeras
- Barra de pegamento
- Regla
- Lápiz

Instrucciones

1. Colorea un dibujo boca abajo. Con una regla, mide y traza siete franjas verticales de 1 pulgada en el dibujo. Rotula las franjas *7A, 6A, 5A, 4A, 3A, 2A* y *1A*. Corta las franjas. *(ilustración A)*
2. Repite el paso 1 con el segundo dibujo. Rotula las franjas *7B, 6B, 5B, 4B, 3B, 2B* y *1B*. Corta las franjas.
3. Recorta las lengüetas de las carpetas para hacer un rectángulo de 16 pulg $\times 11\frac{3}{4}$ pulg cuando se abre la carpeta. Traza 15 líneas en la carpeta con 1 pulgada de separación. Comenzando en la segunda franja desde el margen izquierdo, rotula las franjas *1A, 1B, 2A, 2B, 3A, 3B, 4A, 4B, 5A, 5B, 6A, 6B, 7A* y *7B*. Dobla la carpeta como un acordeón. *(ilustración B)*
4. Pega las franjas de dibujo a las franjas de carpeta correspondientes. Dobla hacia atrás los márgenes izquierdo y derecho de la carpeta y pégalos a un rectángulo de 8 pulg $\times 11\frac{3}{4}$ pulg cortado de la segunda carpeta. *(ilustración C)*
5. Verás una vista diferente del lado derecho y del lado izquierdo. ¿Qué fracción del dibujo entero corresponde a uno de tus dibujos? Escribe un decimal para la fracción.

Desafío

Convertir cantidades

La mamá de Hannah planea servir chocolate caliente en la fiesta de piyama de Hannah. Para 2 porciones, ella necesita 12 onzas de leche y 4 cucharadas de sirope de chocolate. ¿Cuántas onzas de leche necesitará para 8 porciones?

Puedes usar razones para resolver el problema. Una **razón** es una comparación de dos cantidades. La receta es para 2 porciones por cada 12 onzas de leche. La razón de porciones a onzas es 2 a 12. Puedes escribir una razón como una fracción.

porciones → / onzas → $\frac{2}{12} = \frac{8}{■}$ ← porciones / ← onzas

De una manera

Usa una tabla de razones.

Porciones, *p*	2	4	6	8
Onzas, *l*	12	24	36	48

← aumenta en 2
← aumenta en 12

Entonces, $\frac{2}{12} = \frac{8}{48}$.

De otra manera

Halla una razón equivalente.

Puedes hallar razones equivalentes de la misma manera en que hallas fracciones equivalentes.

$\frac{2}{12} = \frac{2 \times 4}{12 \times 4} = \frac{8}{48}$

Piensa: $2 \times 4 = 8$
Multiplica el numerador y el denominador por el mismo número.

Entonces, se necesitan 48 onzas de leche para preparar 8 porciones.

- ¿Cuántas cucharadas de sirope de chocolate necesitará ella? Explica cómo lo decidiste.

Inténtalo

Copia y completa la tabla de razones.

1.

Porciones, *p*	2	4	6	8
Tazas, *t*	3	6	■	■

2.

Porciones, *p*	2	4	6	■
Libras, *m*	10	20	■	40

3. Karen tiene todos los ingredientes que necesita para hacer galletas en forma de animales excepto la avena. Para 6 porciones, ella necesita 2 tazas de avena. ¿Cuántas tazas de avena necesitará para 18 porciones?

UNIDAD 8

Guía de estudio y repaso

VOCABULARIO

Elige el mejor término de la casilla.

capacidad
masa
decimales equivalentes
unidades lineales

1. Las unidades que se usan para medir el largo, el ancho, la altura y la distancia son _?_. (pág. 518)
2. La cantidad que puede contener un envase es su _?_. (pág. 528)
3. La cantidad de materia en un objeto es su _?_. (pág. 548)

ESTUDIA Y RESUELVE

Capítulo 24

Multiplica y divide para convertir unidades en el sistema común.

4 pies = ■ pulg

pies
↓
4 × 12 = ■
↑
pulgadas en 1 pie

4 × 12 = 48
Entonces,
4 pies = 48 pulg.

- Cuando conviertes unidades más grandes en unidades más pequeñas, necesitas más unidades pequeñas, entonces multiplicas.

Completa. Indica si multiplicas o divides. (págs. 526–531)

4. 5 pies = ■ pulg
5. 32 oz = ■ lb
6. 2 mi = ■ pies
7. 2 T = ■ lb
8. 3 gal = ■ pt
9. 8 ct = ■ pt
10. 16 t = ■ ct
11. 4 gal = ■ t
12. 6 cdtas = ■ cdas
13. 21 pies = ■ yd
14. 48 pulg = ■ pies
15. 6 ct = ■ pt

Capítulo 25

Multiplica y divide para convertir unidades en el sistema métrico.

30 dm = ■ m

decímetros
↓
30 ÷ 10 = ■
↑
decímetros en 1 metro

30 ÷ 10 = 3
Entonces, 30 dm = 3 m.

- Cuando conviertes unidades más pequeñas en unidades más grandes, necesitas menos unidades grandes, entonces divides.

Completa. Indica si multiplicas por o divides entre 10, 100 o 1,000. (págs. 544–549)

16. 200 cm = ■ dm
17. 7 m = ■ cm
18. 7 km = ■ dm
19. 9,000 mL = ■ L
20. 480 cm = ■ mm
21. 500 dm = ■ m
22. 5 kg = ■ g
23. 3 km = ■ m
24. 6 L = ■ mL

Capítulo 26

Compara y ordena decimales.

Indica qué número es mayor: 3.45 o 3.46. Comienza con los dígitos a la izquierda del punto decimal.

UNIDADES	.	DÉCIMAS	CENTÉSIMAS
3	.	4	5
3	.	4	6

$3 = 3$ $\quad 4 = 4$ $\quad 6 > 5$

Como $6 > 5$, $3.46 > 3.45$.

- Alinea los puntos decimales.
- Compara los dígitos comenzando con el mayor valor posicional.

Compara. Escribe $<$, $>$ o $=$ para cada ●. (págs. 572–575)

25. 3.65 ● 3.54

26. 6.89 ● 7.32

27. 1.059 ● 1.127

Ordena los decimales de *menor* a *mayor*.

28. 3.48, 3.79, 3.02

29. 8.43, 5.62, 8.47

30. 1.928, 1.849, 1.959

Capítulo 27

Suma y resta decimales.

Resta. $4.53 - 3.47$

```
   4 13
  4.5̸3̸
- 3.4 7
-------
  1.0 6
```

- Alinea los puntos decimales.
- Resta.
- Coloca el punto decimal.

Halla la suma o diferencia. Estima para comprobar. (págs. 588–595)

31. $2.4 + 5.1$

32. $5.87 - 4.72$

33. $9.62 + 3.79$

34. $2.76 - 1.68$

35. $6.273 - 3.864$

36. $3.825 + 7.519$

PRÁCTICA • RESOLUCIÓN DE PROBLEMAS

Resuelve. (págs. 532–533, 550–551, 576–577, 596–597)

37. Margaret necesita 30 vasos de jugo. Ella compró un galón de jugo de naranja, 2 pintas de jugo de uva y 3 cuartos de jugo de arándano. ¿Compró suficiente jugo? Explica tu respuesta.

38. Heidi, Debbie, Frank y Carrie pintaron unos dibujos. Carrie pintó un sol. Alguien pintó una casa. Un niño pintó una granja. Heidi no pintó el gato. ¿Qué pintó cada uno de los niños?

39. Los miembros del equipo de gimnasia anotaron los siguientes puntajes: 8.75, 9.20, 8.60 y 9.55. ¿Es razonable decir que el puntaje total fue 50? Explica tu respuesta.

40. Los dos perros de Jean, Nicky y Alex, tienen una masa de 23 kilogramos entre los dos. Nicky tiene 2 kilogramos más que el doble de la masa de Alex. ¿Cuál es la masa de cada perro?

EVALUACIÓN DEL RENDIMIENTO

TAREA A • FIESTA DE LA CLASE

Estás en un comité para organizar la fiesta de la clase. Necesitas asegurarte de que haya suficiente jugo para todos los invitados de la fiesta. Habrá 24 estudiantes y 2 maestros.

La tabla muestra el tipo de jugo y la cantidad de cada tipo disponible.

a. ¿Cuánto jugo se necesitará para que cada persona beba 2 vasos?

b. ¿Cuántos vasos puede beber cada persona si se usa todo el jugo de la lista?

c. Decide qué cantidad de jugo se necesita para la fiesta. Indica cómo llegaste a esa decisión. Elige por lo menos 4 tipos y cantidades diferentes de jugo que podrías usar para tener esa cantidad.

Jugos	Cantidad
Toronja	1 cuarto
Piña	4 pintas
Naranja	1 galón
Kiwi	2 cuartos 1 pinta
Manzana	1 galón 1 cuarto
Uva	3 cuartos
Cereza	2 pintas
Fresa	2 galones 1 pinta

TAREA B • AL BORDE

Tina gana dinero adicional en la primavera instalando bordillos alrededor de los jardines de los vecinos. La tabla muestra cuántos pies de bordillo ella necesitará por cada vecino.

En los viveros se venden rollos de bordillo de 10.5 pies y 15 pies.

a. Tina decidió comprar los rollos de bordillo de 10.5 pies. ¿Cuántos rollos necesitará comprar? Explica cómo lo sabes.

b. ¿Qué combinaciones de diferentes tamaños de rollo de bordillo podría comprar Tina para que sobre la menor cantidad de bordillo?

c. Imagínate que Tina te pide que vayas al vivero a comprar 22 pies de bordillo. ¿Cuántos rollos de cada tamaño comprarías?

BORDILLO PARA LOS VECINOS

Vecino	Longitud
Sra. Jones	9 pies
Sr. Morgan	6.5 pies
Sr. Rodriguez	11.25 pies
Srta. O'Donnell	8.75 pies

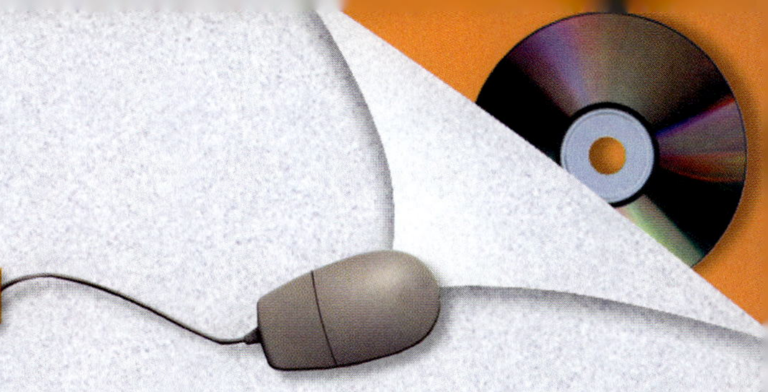

Enlace con la tecnología

Calculadora • Fracciones y decimales

Olivia caminó por un camino natural que tiene 0.85 millas de largo. ¿Qué fracción de una milla caminó Olivia?

Puedes usar una calculadora para convertir un decimal en una fracción equivalente y una fracción en un decimal equivalente.

Usa [F↔D] para determinar qué fracción de una milla caminó Olivia.

- Convierte 0.85 en una fracción.

[.] [8] [5] [F↔D] → $\frac{17}{20}$

Entonces, Olivia caminó $\frac{17}{20}$ millas.

Para convertir una fracción en un decimal equivalente, puedes dividir. Escribe la fracción como un problema de división. Usa la tecla [÷] para dividir.

- Convierte $\frac{7}{8}$ en un decimal.

$\frac{7}{8}$ = [7] [÷] [8] [=] → 0.875

Entonces, $\frac{7}{8}$ es equivalente a 0.875.

Práctica y resolución de problemas

Usa la tecla [F↔D] para escribir cada decimal como una fracción.

1. 0.64 **2.** 0.35 **3.** 0.6 **4.** 0.36 **5.** 0.125

Usa la tecla [÷] para escribir cada fracción como un decimal.

6. $\frac{1}{20}$ **7.** $\frac{3}{8}$ **8.** $\frac{4}{5}$ **9.** $\frac{16}{25}$ **10.** $\frac{7}{80}$

11. **RAZONAMIENTO** Explica cómo usar una calculadora para ayudarte a comparar 0.58 y $\frac{2}{5}$. Luego, usa $>$ para comparar 0.58 y $\frac{2}{5}$.

APRENDE en línea

Glosario de matemáticas www.harcourtschool.com

Vocabulario Busca *equivalente* en el Glosario de matemáticas. Escribe un problema que se pueda resolver hallando una fracción equivalente a un decimal.

▲ Los excursionistas pueden recorrer el sendero entero en 5 a 6 meses.

RESOLUCIÓN DE PROBLEMAS POR EL PAÍS en New York

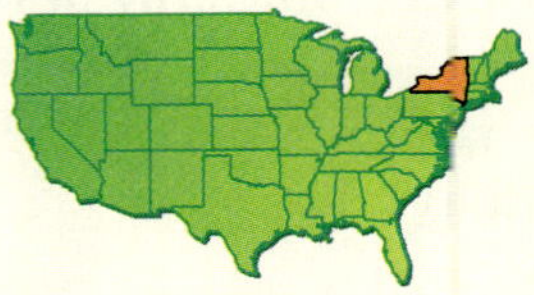

EL SENDERO PINTORESCO NACIONAL DE LOS APALACHES

El sendero pintoresco nacional de los Apalaches es un sendero de 2,167 millas (3,488 kilómetros) a lo largo de las cordilleras de los montes Apalaches y a través de valles desde Katahdin en Maine hasta el monte Springer en Georgia. El sendero atraviesa 14 estados, incluido New York.

USA LOS DATOS **Para los ejercicios 1–3 y 6, usa la tabla.**

1. Ordena los senderos según la longitud de menor a mayor. ¿Qué sendero es el más largo? ¿Cuál es el más corto?
2. Mike caminó los tres senderos de monte Bear. ¿Cuál es la longitud total de estos senderos?
3. En una semana, Calvin caminó el sendero de monte Hosner a Cat Rocks. En la misma semana, Kelsey caminó los senderos del bosque Sterling y el monte Bear—Oeste. ¿Quién caminó más? ¿Cuánto más caminó esa persona?
4. Casi 88 millas del sendero atraviesan New York. ¿Cuántos pies hay en 88 millas?
5. En New York, el punto más alto en el sendero está a 1,433 pies. A medida que el sendero pasa por el monte Bear, desciende a su punto más bajo a 124 pies. Halla la diferencia entre el punto más bajo y el más alto.
6. **Escribe un problema** sobre los senderos usando los datos de la tabla.

SENDERO DE LOS APALACHES EN NEW YORK

Sendero	Longitud (en millas)
Monte Bear—Este	12.7
Monte Bear—Oeste	5.7
Puente del monte Bear y Anthony's Nose	6.7
Monte Corbin y Reserva natural Pawling	9.5
Parque estatal Fahnestock	10.4
Monte Hosner a Cat Rocks	16.8
Bosque Sterling	12.3

▲ Un puente para peatones conduce a los excursionistas sobre un arroyo al oeste de Taconic Parkway.

LA BATALLA DE LAS SILLAS

No muy lejos del sendero de los Apalaches se encuentra Wingdale, New York, el hogar de dos sillas muy altas. A través de los años, varios pueblos han debatido por tener el honor de poseer la silla más alta del mundo. La primera silla grande de Wingdale, la silla tipo chimenea más grande del mundo, se construyó en 1978. Tenía 25 pies de alto y 14 pies de ancho. Demolida en 1980, se reconstruyó en 1996. La nueva silla tenía 30 pies de alto.

ALGUNAS SILLAS MUY ALTAS

Lugar	Tipo	Altura
Gardner, MA	Misión	15 pies
Washington, D.C.	Duncan Phyfe	19 pies 6 pulg
Thomasville, NC	Duncan Phyfe	18 pies
Anniston, AL	Oficina	33 pies
Binghamton, NY	Espaldar tipo escalera	24 pies 9 pulg
Wingdale, NY	Chimenea	30 pies

▼ **Para construir la silla chimenea más grande del mundo en Wingdale, New York, se usaron 2 toneladas de madera. En 2001, una tormenta primaveral la destruyó.**

◀ **Mientras que muchas sillas han surgido y desaparecido, Thomasville, North Carolina, aún proclama que tiene la "silla más alta del mundo".**

USA LOS DATOS Para los ejercicios 1–4 y 7, usa la tabla.

1. ¿Cuántas yardas de alto tenía la silla de Wingdale?
2. ¿Cuántas pulgadas de alto tiene la silla de Thomasville?
3. ¿Qué sillas tienen más de 8 yardas de alto? Explica tu respuesta.
4. ¿Cuánto más alta era la silla de Wingdale que la de Binghamton?
5. Darrell viajó 81.6 millas para ver la silla en Thomasville. Rosa viajó $81\frac{3}{4}$ millas para ver la silla. ¿Quién manejó más? Explica tu respuesta.
6. **AMPLÍA TU CONOCIMIENTO** Para hacer la primera silla tipo chimenea más alta del mundo se usó más de una tonelada y media de madera. ¿Cerca de cuántas libras de madera se usaron para hacer esta silla?
7. La altura de la silla alta de Thomasville es 6 veces mayor que la altura de la silla original Duncan Phyfe que está en el Smithsonian. ¿Qué altura tiene la silla original en pulgadas?

CAPÍTULO 28

Perímetro de figuras planas

La rueda gigante de Navy Pier en Chicago, Illinois, se construyó según el modelo de la primera rueda gigante.

DATOS BREVES • ESTUDIOS SOCIALES La primera rueda gigante se construyó para la feria mundial de Chicago en 1893. Pesaba 1,200 toneladas y tenía 264 pies de alto.

RESOLUCIÓN DE PROBLEMAS Mira la tabla de los diámetros de algunas ruedas gigantes. ¿Cómo crees que se relacionan el diámetro y la circunferencia de cada rueda? Usa esta relación para estimar las circunferencias que faltan en la tabla.

TAMAÑOS DE RUEDAS GIGANTES

Diámetro	Circunferencia (redondeada al pie más próximo)
35 pies	110 pies
40 pies	126 pies
50 pies	157 pies
60 pies	188 pies
88 pies	■
105 pies	■
164 pies	■
203 pies	■
250 pies	■

Comprueba lo que sabes

Usa esta página para repasar y recordar destrezas importantes que se necesitan para el Capítulo 28.

SUMA

Halla la suma.

1. $5 + 2 + 5$

2. $3 + 7 + 6$

3. $1 + 5 + 9$

4. $4 + 4 + 6$

5. $9 + 8 + 2$

6. $8 + 8 + 3$

7. $7 + 8 + 3$

8. $5 + 7 + 5$

HALLA EL PERÍMETRO

Cuenta para hallar el perímetro de cada figura.

9. 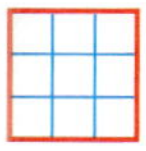

10. 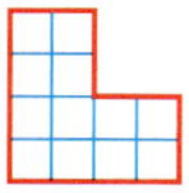

11. 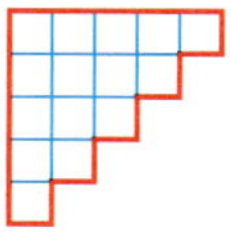

12. 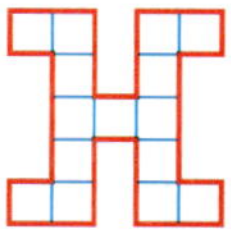

EXPRESIONES CON VARIABLES

Halla el valor de la expresión.

13. $6 + 2 + x$ si $x = 6$

14. $3 + a + 5$ si $a = 4$

15. $y + 16 + 8$ si $y = 7$

16. $4 + b + 4 + 8$ si $b = 8$

17. $3 + 3 + 2 + x$ si $x = 2$

18. $5 + a + 3 + 6$ si $a = 9$

19. $5 + 5 + 5 + 5 + x$ si $x = 5$

20. $8 + 5 + 3 + b + 2$ si $b = 3$

21. $3 + 8 + 4 + 2 + y$ si $y = 2$

Vocabulario

REPASO

polígono *sustantivo*

Polígono proviene de la palabra primitiva del griego *polýs* que significa "mucho" y *gonía* que significa "ángulo". ¿Cómo se relacionan el número de ángulos y el número de lados en un polígono?

PRESENTACIÓN

perímetro

fórmula

circunferencia

APRENDE en línea

www.harcourtschool.com

LECCIÓN 1

MANOS A LA OBRA

Explorar el perímetro

Repaso rápido

1. 4 + 9 + 4 + 9
2. 23 + 15 + 23 + 15
3. 34 + 18 + 22
4. 16 + 16 + 16 + 16
5. 24 + 6 + 24 + 6

VOCABULARIO

perímetro

MATERIALES clips pequeños, clips grandes, hojas de trabajo triangulares, geotabla, papel punteado

Explora

¿Alguna vez te has preguntado qué longitud tiene la cerca alrededor de un patio de recreo? El **perímetro** es la distancia alrededor de una figura. Para medir el perímetro puedes usar unidades arbitrarias, como clips, palillos de dientes y cuerda o unidades comunes y corrientes, como pulgadas, pies, millas, centímetros, metros y kilómetros. Por ejemplo, para medir el perímetro de un patio de recreo, podrías hallar el número de tablas que se usaron.

Actividad

PASO 1

Usa clips pequeños para medir el perímetro de tu triángulo. Anota el número de clips pequeños que usaste.

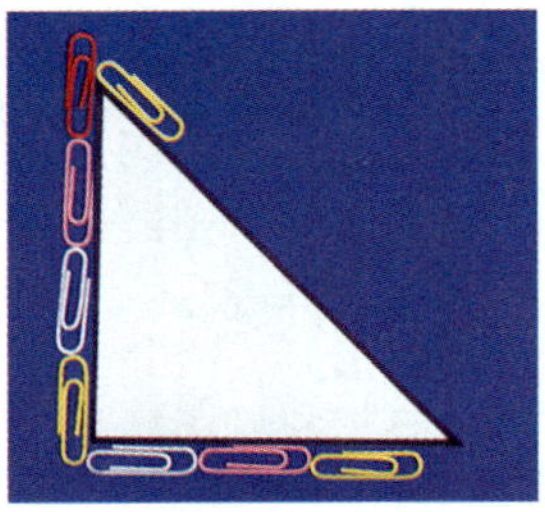

PASO 2

Usa clips grandes para medir el perímetro de tu triángulo. Anota el número de clips grandes que usaste.

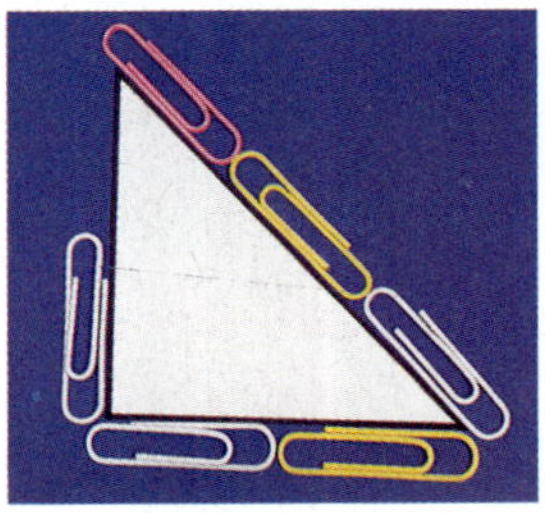

- ¿En qué se parece y se diferencia el perímetro que hallaste con clips pequeños a los perímetros que hallaron tus compañeros de clase?
- ¿Necesitaste más clips pequeños o más clips grandes para medir el perímetro del triángulo? Explica tu respuesta.
- Describe algunas situaciones en las que podrías necesitar hallar el perímetro.

Inténtalo

Usa los clips para medir el perímetro de cada objeto.

a. una hoja de papel de cuaderno

b. una tarjeta

Relaciona

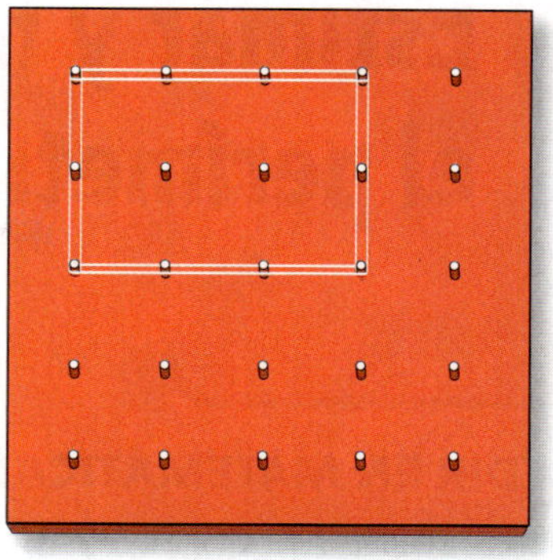

Puedes hallar los perímetros de los rectángulos construidos en una geotabla o en papel punteado contando el número de unidades en cada lado.

Este rectángulo tiene 3 unidades de longitud y 2 unidades de ancho. Entonces, el perímetro del rectángulo es 3 unidades + 2 unidades + 3 unidades + 2 unidades, o sea, 10 unidades.

Práctica y resolución de problemas

Halla el perímetro de cada figura.

1. 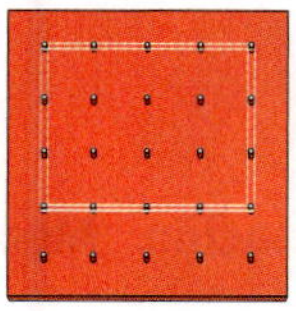
2. 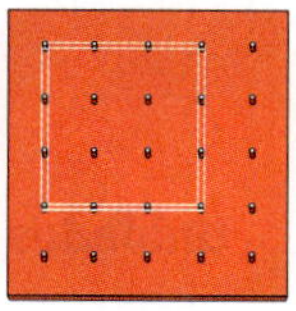
3. 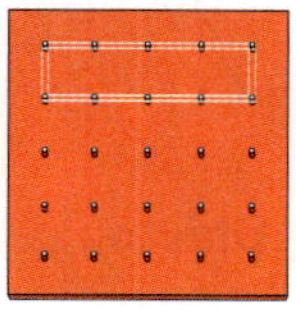
4. 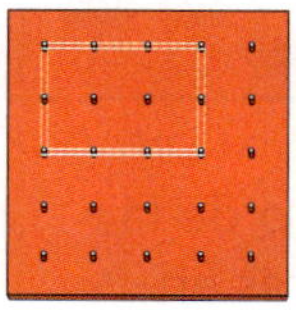
5. 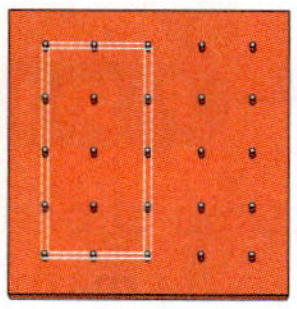
6. 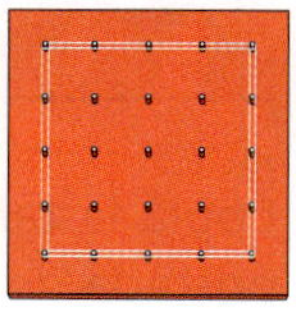

Usa papel punteado para dibujar un rectángulo con el perímetro dado. Luego, anota las longitudes de los lados.

7. 8 unidades
8. 16 unidades
9. 10 unidades

Sophie quiere hacer una jaula rectangular para conejos que tenga un perímetro de 36 unidades.

10. En papel punteado, dibuja las diferentes jaulas que puede hacer Sophie. Rotula la longitud de cada lado.

11. Si cada lado se mide en unidades enteras, ¿cuántas figuras rectangulares diferentes puede hacer Sophie para la jaula?

Repaso y preparación para la prueba

12. $\begin{array}{r} 1{,}096 \\ \times \quad 8 \\ \hline \end{array}$ (pág. 222)

13. $24\overline{)372}$ (pág. 320)

14. Réstale 1.38 a 3.07. (pág. 590)

15. Halla la mediana para este grupo de números: 60, 62, 64, 64, 64, 68, 68, 68, 68 (pág. 118)

16. **Preparación para la prueba** Traci quiere comprar un estéreo que cuesta $130. Ella ahorra $14 cada semana. ¿Cuántas semanas tardará Traci en ahorrar suficiente dinero para comprar el estéreo? (pág. 320)

A 8 semanas
B 9 semanas
C 10 semanas
D 11 semanas

LECCIÓN

2 Estimar y hallar el perímetro

Repaso rápido

1. 2×12
2. 4×8
3. $24 + 16$
4. $20 + (9 \times 2)$
5. $(2 \times 7) + 12$

VOCABULARIO

fórmula

Aprende

MEDIR EN MATEMÁTICAS Puedes usar lo que sabes sobre las unidades de longitud para estimar y medir el perímetro.

MANOS A LA OBRA

Actividad **MATERIALES:** regla común y regla métrica

PASO 1

Copia la tabla. Estima el perímetro de la portada de tu libro de matemáticas en centímetros. Anota tu estimación.

PERÍMETRO			
Objeto	**Unidades**	**Estimación**	**Medidas**
libro de matemáticas	cm		

PASO 2

Mide la longitud de cada lado al centímetro más próximo. Luego, suma las longitudes de los lados para hallar el perímetro.

PASO 3

Elige dos objetos para medir en tu salón de clases. Elige la unidad de medida más adecuada para cada objeto. Estima el perímetro y luego mídelo.

- ¿Cómo se comparan tus medidas con tus estimaciones?
- ¿Cómo decidiste qué unidad usar para medir cada objeto?

Ejemplos Halla el perímetro.

A Suma las longitudes de los lados

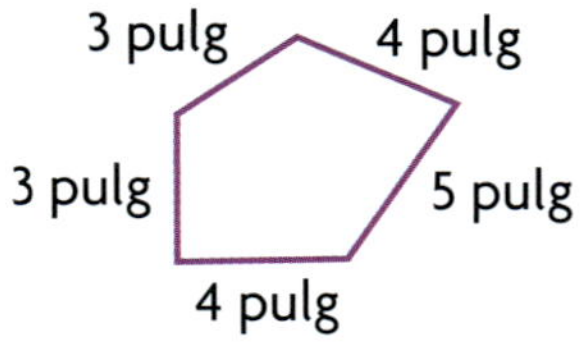

3 pulg + 4 pulg + 5 pulg + 4 pulg + 3 pulg = 19 pulg
El perímetro es 19 pulgadas.

B Suma las longitudes de los lados.

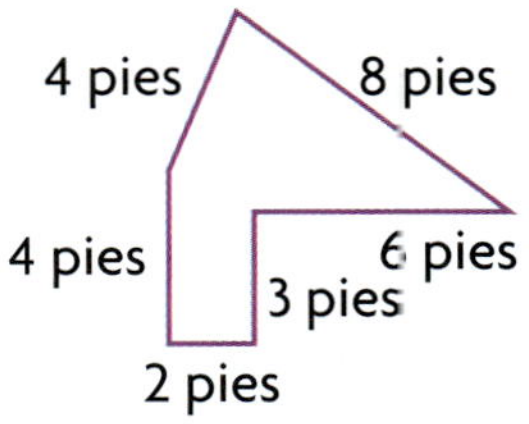

4 pies + 4 pies + 8 pies + 6 pies + 3 pies + 2 pies = 27 pies
El perímetro es 27 pies.

Usar una fórmula para hallar el perímetro

El parque de atracciones tiene una cerca de seguridad alrededor de su carrusel. ¿Cuál es el perímetro de la cerca?

Puedes usar una **fórmula** o regla matemática para hallar el perímetro. Como la cerca de seguridad del carrusel tiene 5 lados usa una fórmula que tenga 5 variables.

P = suma de la longitud de las lados

$P = a + b + c + d + e$

Usa una variable para representar la longitud de cada lado

$P = 14 + 17 + 13 + 15 + 16$

$P = 75$

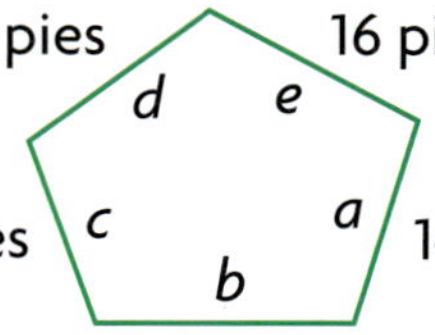

Entonces, el perímetro de la cerca de seguridad es 75 pies.

Puedes usar una fórmula para hallar el perímetro de un rectángulo y de un cuadrado.

Polígono	Perímetro	Fórmula
rectángulo 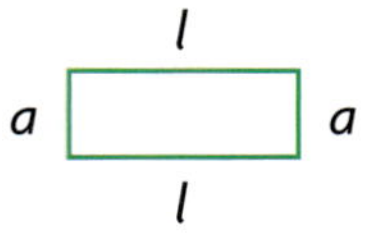	Perímetro = longitud + ancho + longitud + ancho o Perímetro = 2 × longitud + 2 × ancho	$P = l + a + l + a$ o $P = (2 \times l) + (2 \times a)$
cuadrado 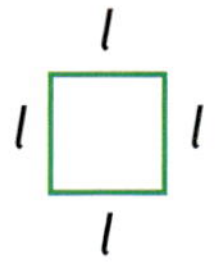	Perímetro = lado + lado + lado + lado o Perímetro = 4 × lado	$P = l + l + l + l$ o $P = 4 \times l$

Más ejemplos

C

Usa la fórmula.

$P = (2 \times l) + (2 \times a)$
$P = (2 \times 7) + (2 \times 5)$
$P = 14 + 10$
$P = 24$

El perímetro es 24 pulgadas.

D

Usa la fórmula.

$P = 4 \times l$
$P = 4 \times 3$
$P = 12$

El perímetro es 12 pies.

Comprueba

1. **Estima** el perímetro de tu pupitre en pulgadas. Luego, mide el perímetro al $\frac{1}{4}$ de pulgada más próximo y compara la medida con tu estimación.

LA LECCIÓN CONTINÚA

Halla el perímetro.

2.
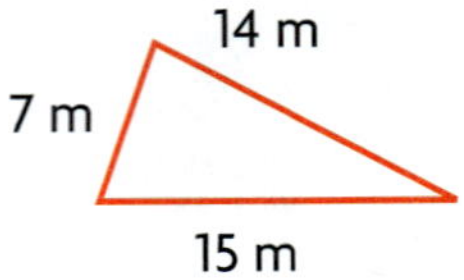

3.
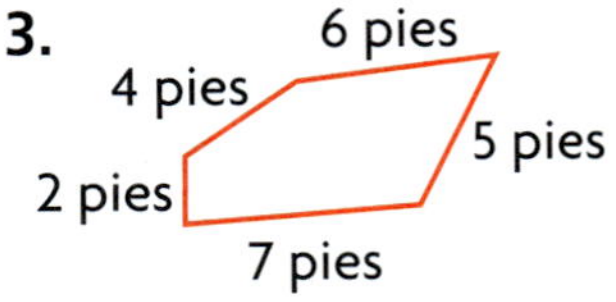

4.
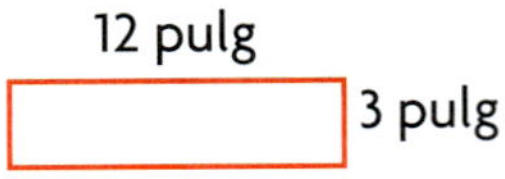

5.
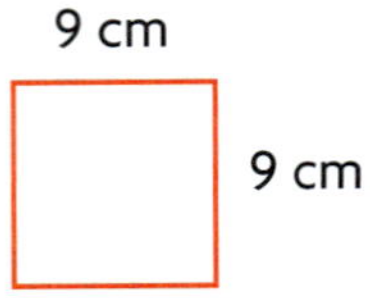

Práctica y resolución de problemas

Más práctica, página 622, Grupo A

Halla el perímetro.

6.
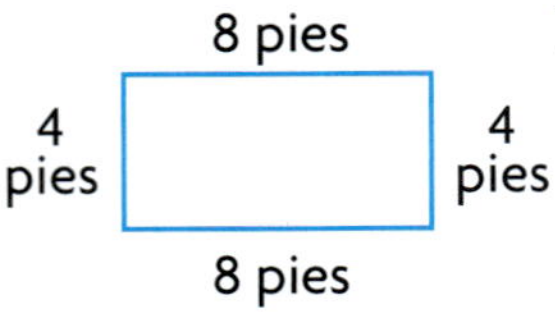

7.
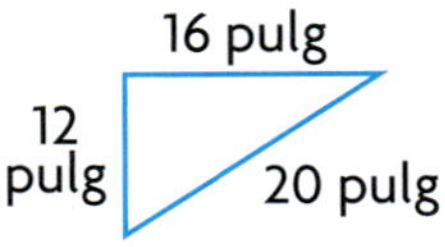

8.
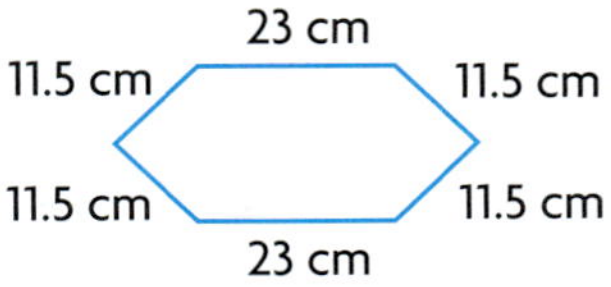

9.
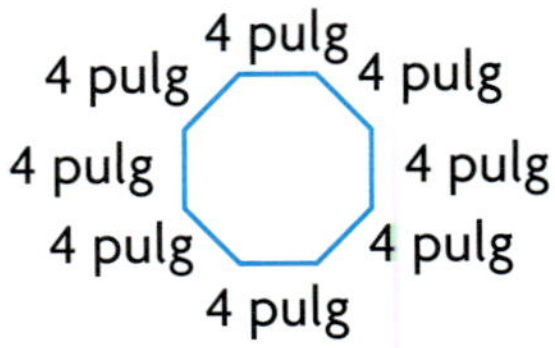

10.
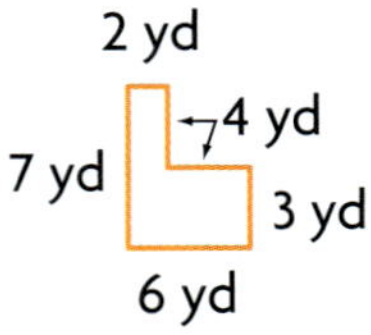

11.
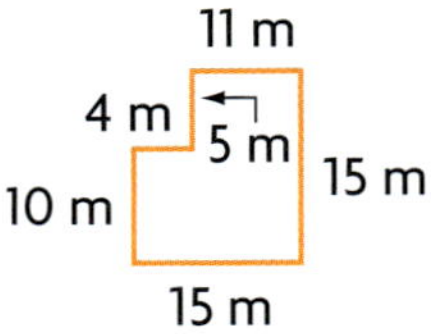

12.
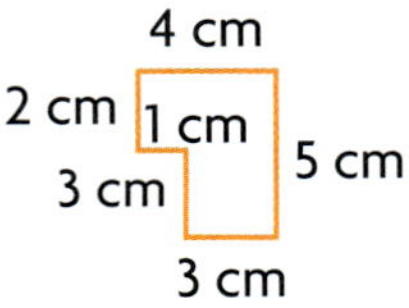

13.
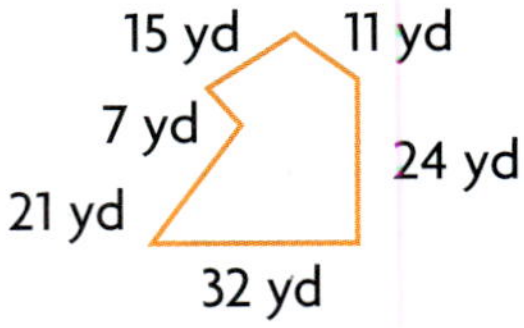

Usa una fórmula para hallar el perímetro.

14.
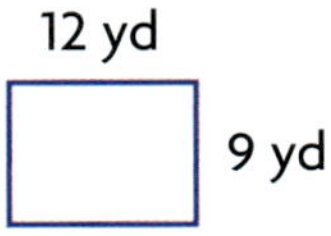

15.
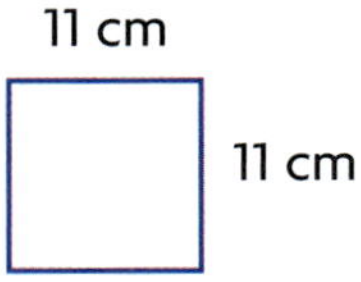

16.
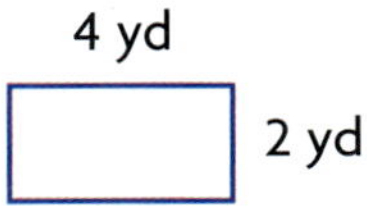

17.
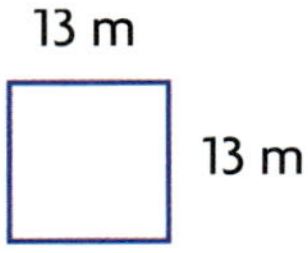

Mide con una regla para hallar el perímetro.

18.
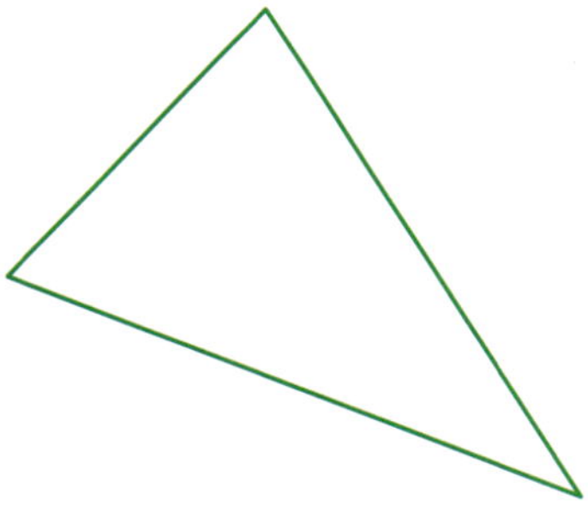

19.

20.

21. **RAZONAMIENTO** Un triángulo equilátero y un cuadrado tienen un perímetro de 24 pulgadas cada uno. Dibuja cada figura.

22. **Por escrito** Explica cómo podrías escribir una fórmula para el perímetro de un triángulo equilátero.

23. **¿Cuál es la pregunta?** Un cuadrilátero tiene lados con longitudes de 4 pies, 5 pies, 8 pies y 10 pies. La respuesta es 27 pies.

24. **RAZONAMIENTO** El perímetro de un rectángulo es 26 centímetros. La longitud es 8 centímetros. ¿Cuál es el ancho?

25. Los Wegner ponen una cerca alrededor de su jardín. Su jardín rectangular tiene 60 pies de ancho por 24 pies de largo. Si cada tabla de 6 pies cuesta $21, ¿cuánto costará la cerca?

26. **Vocabulario** *Perímetro* proviene de las palabras griegas *peri* que significa "alrededor" y *metron* que significa "medida". En tus propias palabras escribe una definición para *perímetro*.

Repaso y preparación para la prueba

27. $\frac{3}{8} + \frac{1}{4}$ (pág. 480)

28. $\frac{2}{3} - \frac{1}{6}$ (pág. 482)

29. $356 \div 67$ (pág. 320)

30. Haz una lista de 6 múltiplos de 3. (pág. 172)

31. Redondea 2.35 a la décima más próxima. (pág. 584)

32. Escribe 24,607 en forma desarrollada. (pág. 4)

33. **Preparación para la prueba** Mike compró una linterna por $6.95 y un CD por $10.99. ¿Cuánto cambio recibió de su billete de $20? (pág. 592)

A $13.05 **C** $3.06
B $9.01 **D** $2.06

34. **Preparación para la prueba** El escenario para la banda en el parque tiene 5 lados. ¿Cuál es otro nombre que se le da a un polígono de 5 lados? (pág. 380)

F cuadrilátero **H** hexágono
G pentágono **J** octágono

Resolución de problemas

Enlace con la Arquitectura

Los diseñadores de interiores usan papel tapiz para decorar las habitaciones. Esta tabla se puede usar para estimar el número de rollos de papel tapiz que se necesitan para cubrir las paredes de una habitación.

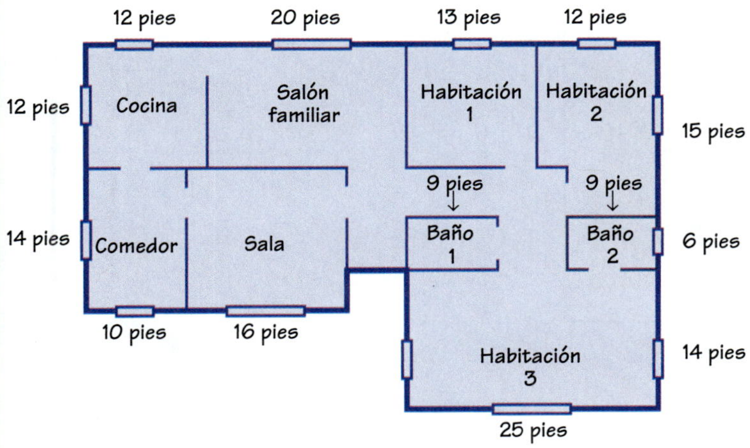

PAPEL TAPIZ PARA CUBRIR PAREDES

Perímetro de la habitación (en pies)	Rollos necesarios: Paredes de 8 pies	Rollos necesarios: Paredes de 10 pies
25–32	4	5
33–40	5	7
41–48	6	8
49–56	7	9
57–64	8	10
65–72	9	11
73–80	10	13

USA LOS DATOS **Para los ejercicios 1–4, usa el plano de piso y la tabla de papel tapiz para hallar el número de rollos de papel que se necesitan para cada habitación.**

1. habitación 1 con paredes de 8 pies
2. comedor con paredes de 10 pies
3. cocina con paredes de 8 pies
4. salón familiar con paredes de 10 pies

LECCIÓN 3

Circunferencia

Explora

La **circunferencia** de un círculo es la distancia alrededor del círculo.

Actividad

Usa una regla y una cuerda para hallar la circunferencia y el diámetro de un objeto circular, como una tapa.

PASO 1

Rodea con una cuerda un objeto circular. Marca y corta la cuerda para mostrar la distancia alrededor del objeto.

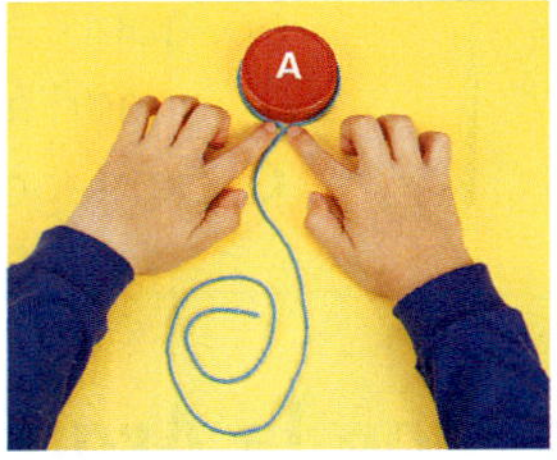

PASO 2

Mide la cuerda en centímetros. La longitud de la cuerda es la circunferencia del círculo.

PASO 3

Traza tu objeto. Dibuja el diámetro y luego mídelo. Anota la circunferencia y el diámetro.

Repaso rápido

Mide al centímetro más próximo.

1. ____
2. ____
3. ____
4. ____
5. ____

VOCABULARIO

circunferencia

MATERIALES cuerda, regla métrica, objeto circular, lata, frasco, tijeras

Recuerda

Un **diámetro** es una cuerda que pasa por el centro de un círculo.

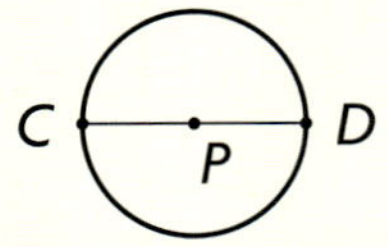

diámetro: $\overline{CD}$

Inténtalo

Usa una cuerda y una regla métrica para hallar la circunferencia y el diámetro de cada objeto al centímetro más próximo.

a. lata **b.** frasco

Puse una cuerda alrededor de la lata. ¿Qué hago ahora para hallar la circunferencia?

Relaciona

Mira los datos de cada círculo en la tabla. ¿Alrededor de cuántas veces el tamaño del diámetro es la circunferencia de cada círculo?

CÍRCULO	DIÁMETRO	CIRCUNFERENCIA ESTIMADA
A	2 cm	alrededor de 6 cm
B	3 cm	alrededor de 9 cm
C	4 cm	alrededor de 12 cm
D	5 cm	alrededor de 15 cm

La circunferencia de un círculo es alrededor de 3 veces el diámetro del círculo. Si conoces el diámetro de un círculo, puedes estimar su circunferencia.

Estima la circunferencia de un círculo con un diámetro de 6 centímetros.

Piensa: $6 \times 3 = 18$

Entonces, la circunferencia es aproximadamente 18 centímetros.

Práctica y resolución de problemas

Estima la circunferencia.

1. 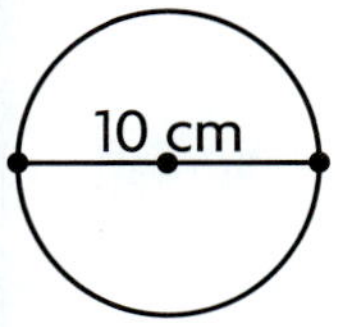

2. 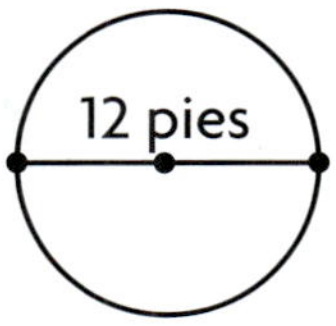

3. 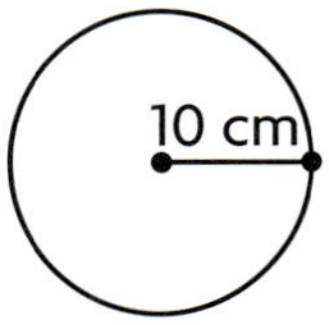

4. Diámetro: 38 pies

5. Diámetro: 19 millas

6. Diámetro: 42 metros

USA LOS DATOS **Para los ejercicios 7–8, usa la gráfica.**

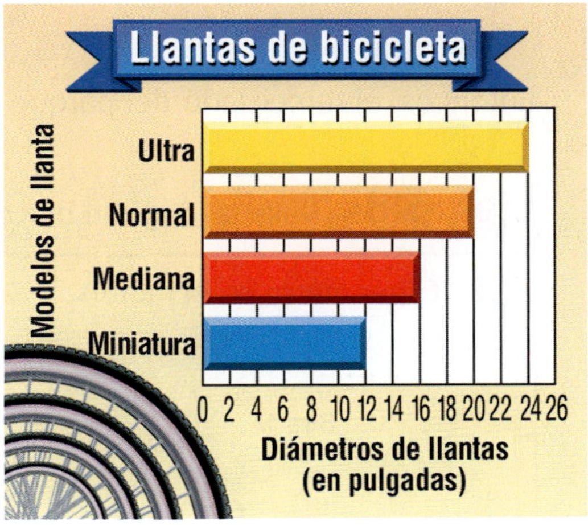

7. ¿Alrededor de cuánto más pequeña es la circunferencia de la llanta mediana que la circunferencia de la ultra?

8. Estima la circunferencia de la llanta normal.

9. **¿Cuál es el error?** El diámetro de un círculo que Nina midió es 18 pulgadas. Nina estimó que la circunferencia era aproximadamente 6 pulgadas. Describe y corrige su error.

Repaso y preparación para la prueba

10. $46 \div 3$ (pág. 278)

11. $79 \div 5$ (pág. 278)

12. Escribe quinientos mil treinta en forma normal. (pág. 4)

13. Escribe cinco mil doscientos treinta y cuatro en forma desarrollada. (pág. 4)

14. **Preparación para la prueba** ¿Qué término describe mejor la relación lineal de las manecillas del reloj? (pág. 370)

A perpendiculares
B paralelas
C obtusas
D agudas

LECCIÓN 4

Destreza • Resolución de problemas
Usar una fórmula

Repaso rápido

1. $4 + \blacksquare = 20$
2. $3 + \blacksquare + 2 = 10$
3. $4 + \blacksquare = 13$
4. $\blacksquare + 2 + 6 = 15$
5. $54 = 12 + 18 + \blacksquare$

COMPRENDE · PLANEA · RESUELVE · COMPRUEBA

PARQUE MUNICIPAL El parque Aboussie, el parque municipal más pequeño de Saint Louis, tiene la forma de un triángulo y un perímetro de 942 pies. Uno de sus lados mide 80 pies y otro lado mide 426 pies. ¿Cuál es la longitud del tercer lado del parque?

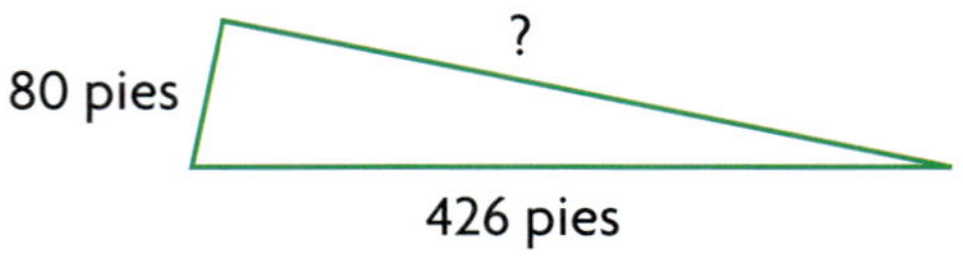

▲ El parque Aboussie en St. Louis, Missouri.

Puedes usar una fórmula para hallar la longitud de un lado de un triángulo si conoces el perímetro y las longitudes de dos de los lados.

$P = a + b + c$

$942 = 80 + 426 + c$ — Reemplaza P con 942, a con 80 y b con 426.

$942 = 506 + c$ — Suma.

$942 - 506 = c$ — Como la resta es el inverso la suma, resta 506.

$436 = c$

Entonces, el tercer lado del parque Aboussie mide 436 pies de longitud.

Ejemplos Halla la longitud desconocida.

A El perímetro es 24 metros.

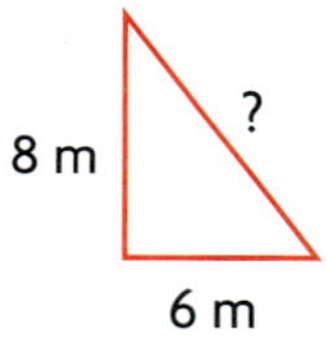

$P = a + b + c$
$24 = 6 + 8 + c$
$24 = 14 + c$
$24 - 14 = c$
$10 = c$

La longitud es 10 metros.

B El perímetro es 42 centímetros.

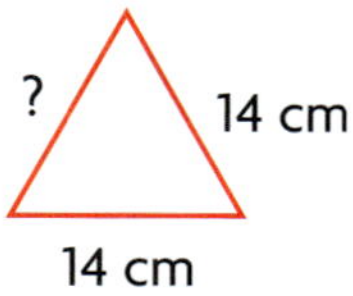

$P = a + b + c$
$42 = 14 + 14 + c$
$42 = 28 + c$
$42 - 28 = c$
$14 = c$

La longitud es 14 centímetros.

- **RAZONAMIENTO** Explica cómo hallar la longitud de un lado de un cuadrado que tiene un perímetro de 36 pulgadas. ¿Cuál es la longitud de cada lado?

Práctica • Resolución de problemas

Usa una fórmula para resolver.

1. **¿Qué sucedería si** el perímetro de otro parque triangular fuera 2.25 millas? Si uno de sus lados midiera 0.75 millas y el otro midiera 1.2 millas, ¿cuál sería la longitud del tercer lado?

2. Nancy trota alrededor del perímetro de un parque triangular. El perímetro del parque es 2.5 millas. Hasta el momento ha trotado alrededor de dos lados que miden 0.5 millas y 0.75 millas. ¿Cuánto le falta por trotar?

Un patio de recreo triangular tiene un perímetro de 120 pies. Uno de sus lados mide 30 pies y el otro mide 40 pies.

3. ¿Qué fórmula usarías para hallar la longitud del lado desconocido?

   A $P = a + b + c + d + e$
   B $P = a + b + c + d$
   C $P = a + b + c$
   D $P = a + b$

4. ¿Cuál es la longitud desconocida?

   F 30 pies
   G 40 pies
   H 50 pies
   J 60 pies

Aplicaciones mixtas

5. Un rectángulo tiene un ancho que es 7 pulgadas menor que su longitud. El perímetro es 26 pulgadas. ¿Cuál es su longitud y su ancho?

6. La media de las puntuaciones de Brad en tres pruebas es 89. Sus dos últimas puntuaciones fueron 94 y 78. ¿Cuál fue su primera puntuación?

7. Olivia pidió a 24 estudiantes que nombraran su tipo de música favorito. A dos les gusta el rock, a 12 el jazz, a 4 la música country y a 6 la música pop. Haz una gráfica de los datos.

8. Jon le dio al cajero \$20.00 para pagar por un semillero de 12 plantas que cuesta \$14.52 con impuesto. ¿Cuánto cambio recibió Jon?

9. Halla la longitud desconocida. El perímetro es 160 centímetros.

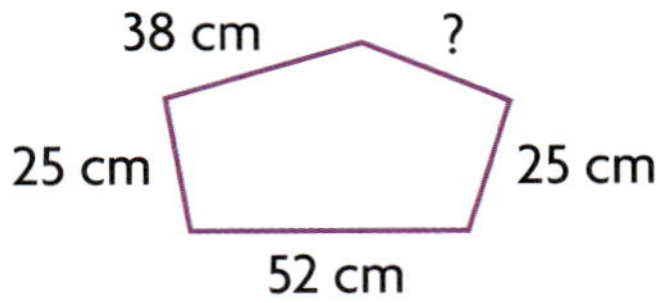

10. **Por escrito** Explica cómo hallar la longitud de un lado de un triángulo si sabes que su perímetro es 41 pies, uno de sus lados es 11 pies y otro lado es 14 pies. ¿Cuál es la longitud del lado desconocido?

11. **DATOS BREVES • ESTUDIOS SOCIALES** El jardín público de Boston fue el primer jardín botánico público en Estados Unidos. Alrededor del año 1862 se colocó una cerca alrededor del perímetro por un costo de \$25,000. Halla el perímetro.

Más práctica

Grupo A (págs. 614–617)

Halla el perímetro.

1.

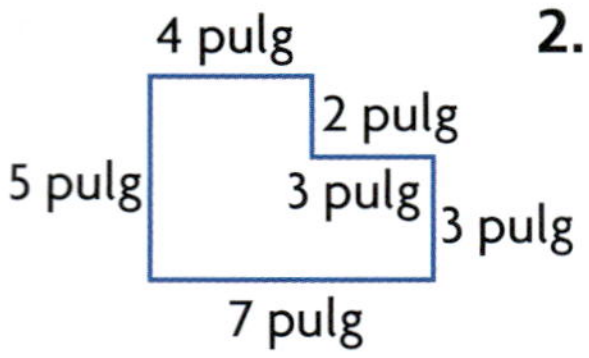

2.

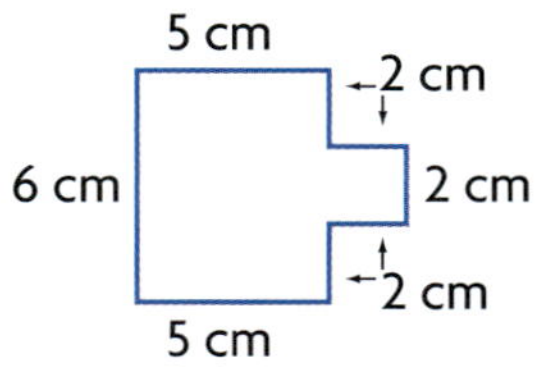

3.

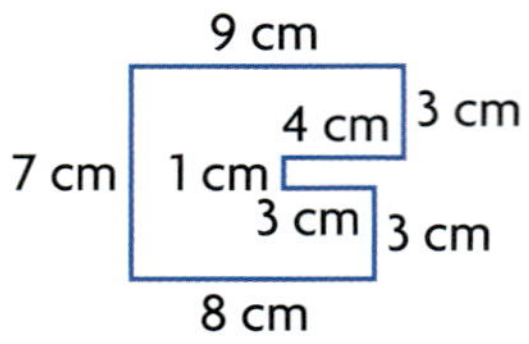

4.

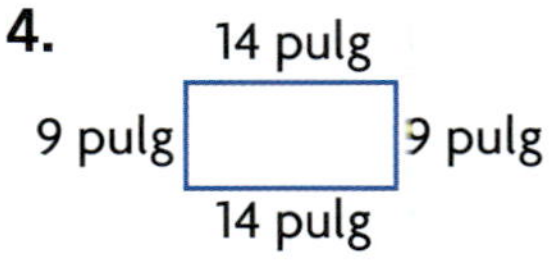

5.

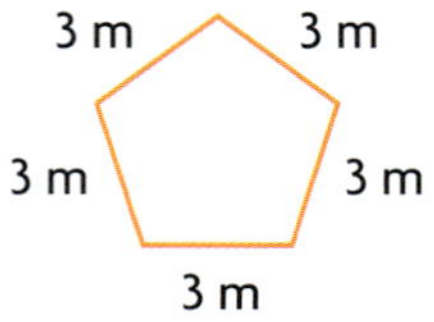

6.

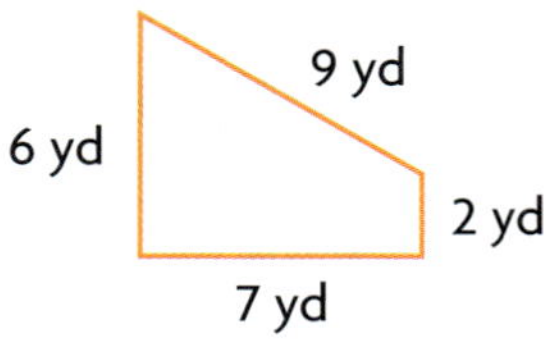

7.

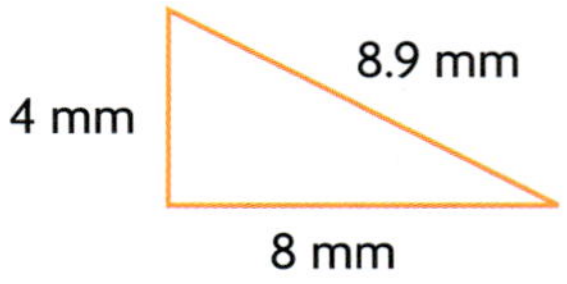

8.

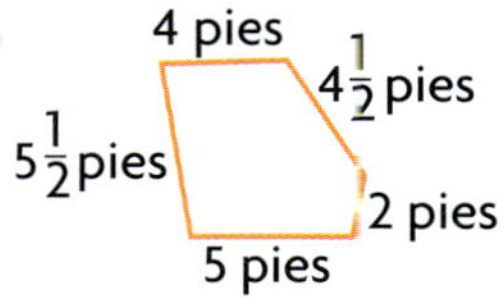

Usa una fórmula para hallar el perímetro.

9.

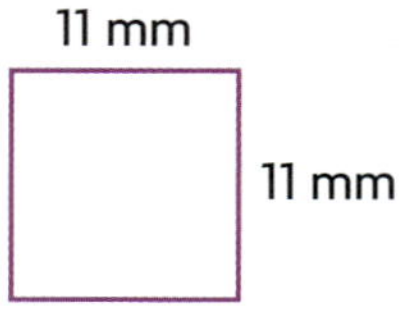

10.

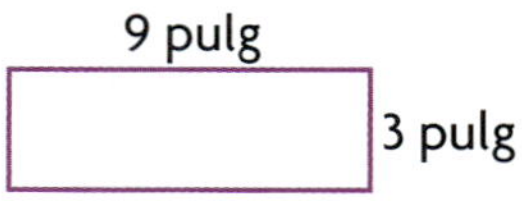

11.

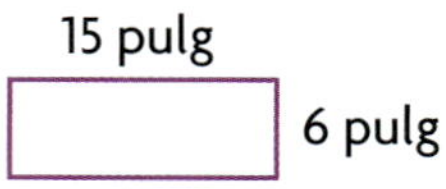

12.

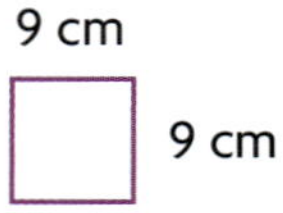

13.

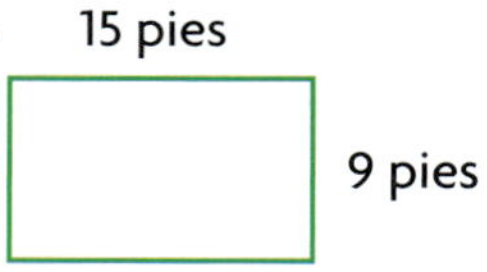

14.

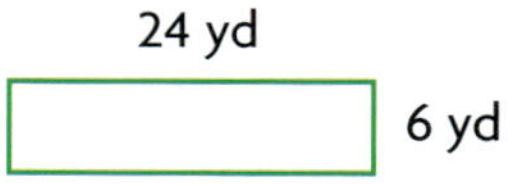

15.

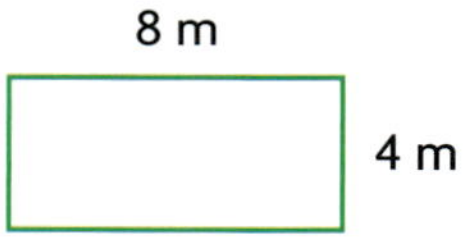

16.

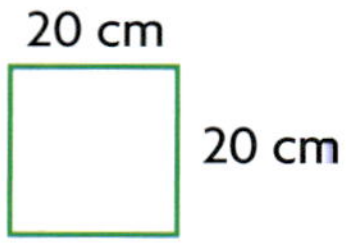

17. Escribe una fórmula para el perímetro de un hexágono.

18. A la hora del almuerzo, Jaco caminó alrededor del perímetro del campo de la derecha. Usa las medidas del dibujo para hallar el perímetro del campo.

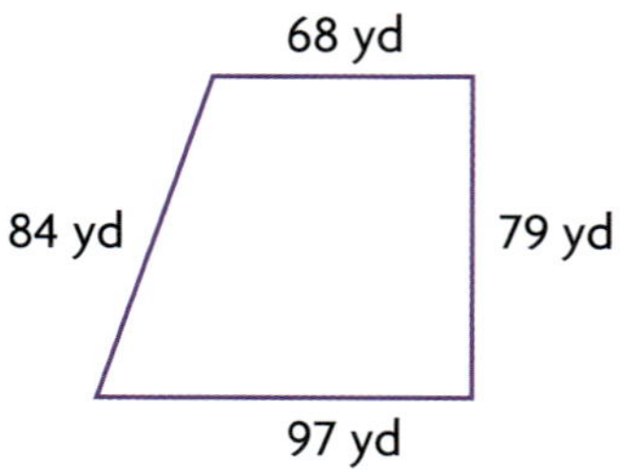

19. Mai caminó 3 veces alrededor del perímetro del patio de recreo. El patio rectangular tiene 25 metros de longitud y 15 metros de ancho. ¿Cuánto caminó Mai?

20. El perímetro de un triángulo es 24 pulgadas. Dos lados del triángulo miden 10 pulgadas y 6 pulgadas. ¿Cuál es la longitud del tercer lado?

Repaso/Prueba

COMPRUEBA EL VOCABULARIO Y LOS CONCEPTOS

Elige el mejor término de la casilla.

circunferencia
fórmula
perímetro
polígono

1. La distancia alrededor de una figura es su _?_. (pág. 612)
2. Puedes usar una regla matemática o _?_, para hallar el perímetro de una figura. (pág. 615)
3. La distancia alrededor de un círculo es su _?_. (pág. 618)

COMPRUEBA LAS DESTREZAS

Halla el perímetro. (págs. 612–617)

4. 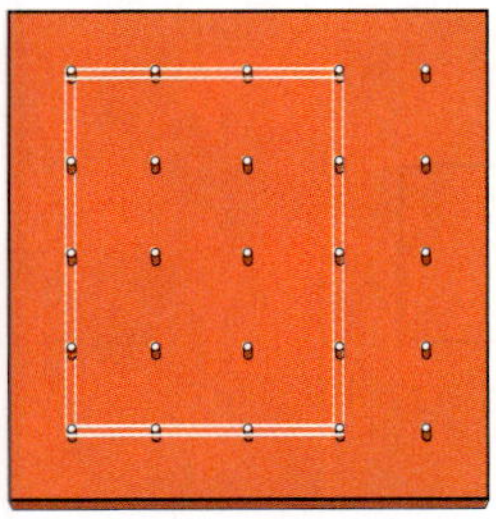

5. 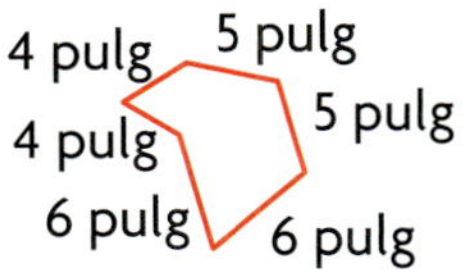

6. 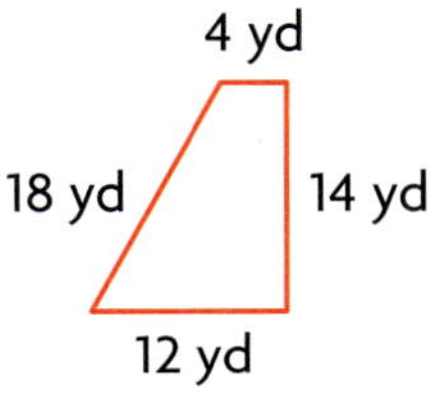

7. 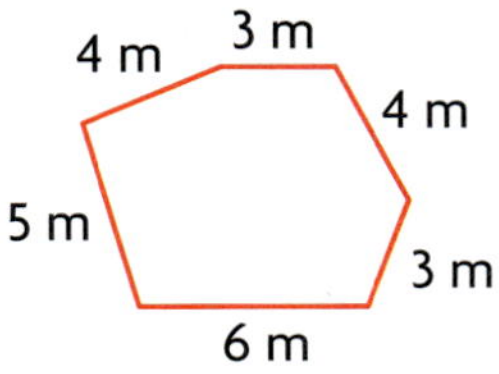

Usa una fórmula para hallar el perímetro. (págs. 614–617)

8. 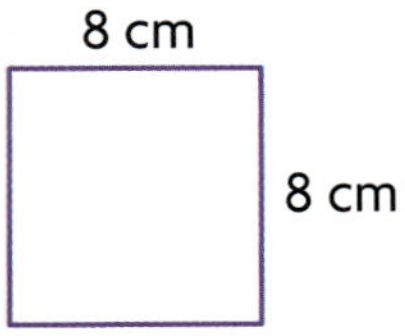

9. 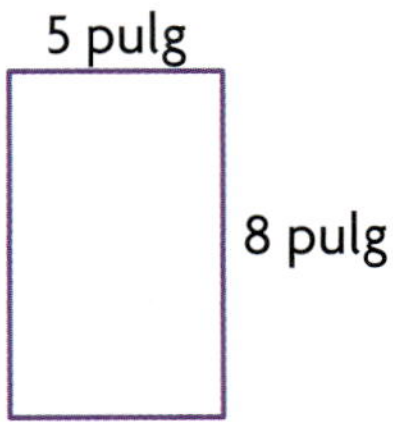

10. 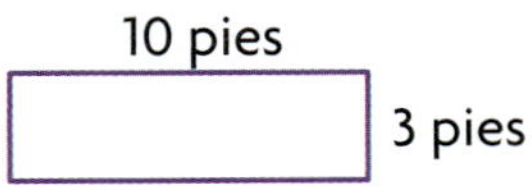

Estima la circunferencia. (págs. 618–619)

11. 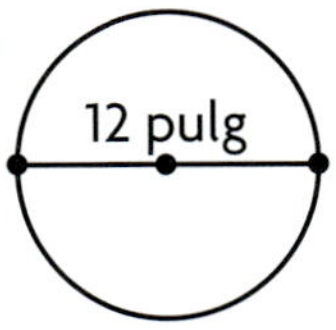

12. 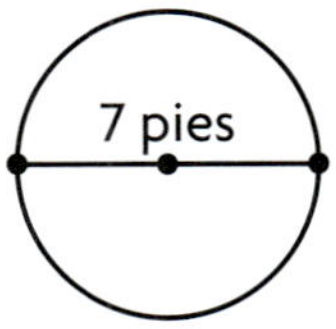

13. 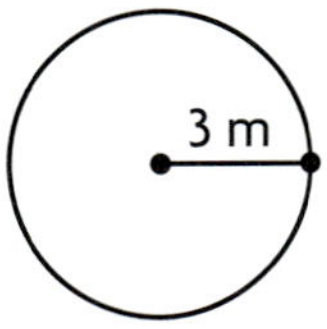

COMPRUEBA LA RESOLUCIÓN DE PROBLEMAS

Resuelve. (págs. 620–621)

14. El perímetro de un triángulo es 36 pulgadas. Dos lados del triángulo miden 9 pulgadas y 12 pulgadas. ¿Cuál es la longitud del tercer lado?

15. El perímetro de un rectángulo es 24 metros. La longitud del rectángulo es 2 veces el ancho. ¿Cuál es la longitud y el ancho del rectángulo?

Preparación para pruebas

MEDIDAS

1. Cada cuadrado en la cuadrícula mide 1 pulgada cuadrada. ¿Cuál es el área de la figura sombreada?

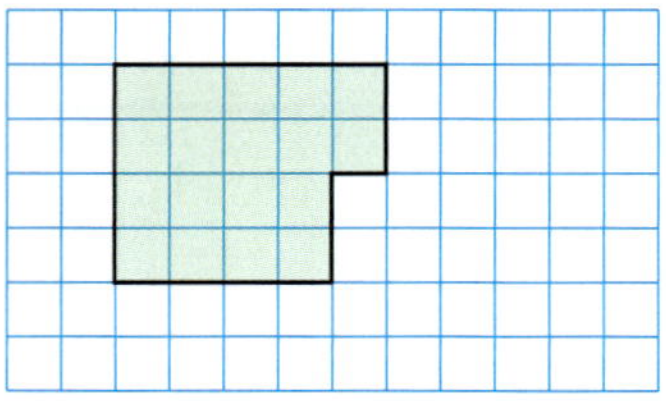

A 16 pulgadas cuadradas

B 17 pulgadas cuadradas

C 18 pulgadas cuadradas

D 19 pulgadas cuadradas

2. La siguiente tabla muestra los perímetros de varios artículos en el armario de lencería de Sue.

ARTÍCULOS DEL ARMARIO DE LENCERÍA

Artículo	Perímetro (en yardas)
Cobija	15
Sábana	10
Toalla de playa	6
Colcha	12

La colcha de Sue es un cuadrado. ¿Cuál es la longitud de uno de sus lados?

F 3 yardas **H** 6 yardas

G 4 yardas **J** 48 yardas

3. **Explícalo** ESTIMA en centímetros el perímetro de un sobre como el de abajo.

10 centímetros

Explica tu razonamiento.

GEOMETRÍA Y ORIENTACIÓN ESPACIAL

IDEA **Elimina opciones.** Mira el ejercicio 4. Mira las figuras que son del mismo tamaño. Elimina las que no lo son.

4. ¿Qué dos figuras parecen congruentes?

A

B

C

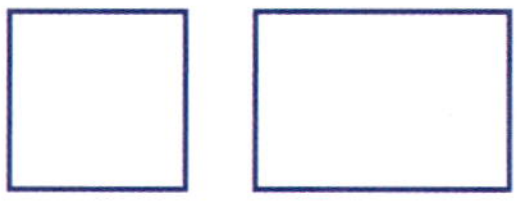

D

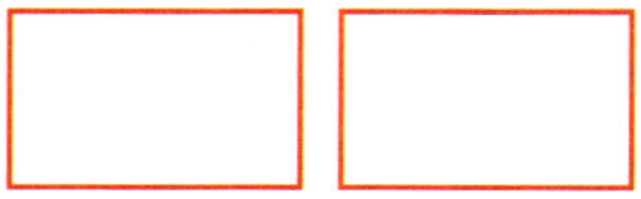

5. ¿Qué término describe **mejor** un patrón de figuras cerradas que cubre una superficie sin aberturas ni traslapos?

F redondo

G simétrico

H teselación

J semejante

6. **Explícalo** ¿Cómo clasificarías este triángulo? Escribe *escaleno, isósceles* o *equilátero*.

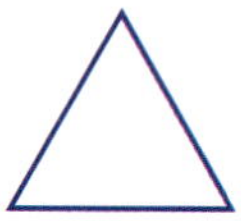

Explica cómo lo decidiste.

RAZONAMIENTO ALGEBRAICO

7. ¿Qué ecuación describe una regla para el patrón en esta tabla?

ENTRADA	SALIDA
f	z
3	30
17	170
25	250
30	300
48	480
61	610
77	770
83	830

A $f \div z = 10$

B $f \times z = 10$

C $f \div 10 = z$

D $f \times 10 = z$

8. ¿Cuál es el valor de x para $8.7 - 6.9 = x$?

F 1.86

G 1.8

H 1.6

J 1.46

9. **Explícalo** Allie escribió el siguiente patrón numérico.

2, 6, 18, 54, 162

Ella dijo que una regla para su patrón es sumar 3. ¿Estás de acuerdo? Explica tu razonamiento.

ANÁLISIS DE DATOS Y PROBABILIDAD

10. ¿Cuál es la probabilidad de sacar una crayola verde de la siguiente caja?

A $\frac{1}{10}$

B $\frac{3}{10}$

C $\frac{2}{5}$

D $\frac{7}{10}$

11. Marla hizo un diagrama de tallo y hojas que muestra los pesos de varios perros en su vecindario.

Peso de los perros (en libras)

Tallo	Hojas
1	0 1 7 7 8
2	2 2 8
3	1 4 5 5

¿Cuántos perros pesan **menos de** 30 libras?

F 4

G 8

H 12

J 28

12. **Explícalo** Haz un diagrama de árbol para mostrar los resultados de elegir una combinación de pantalones jeans o pantalones cortos con una camisa blanca, negra o roja. ¿Cuántas combinaciones diferentes son posibles? Explica cómo lo decidiste.

CAPÍTULO 29

Área de figuras planas

DATOS BREVES • ARTE Estás volando en un avión sobre los campos en Eudora, Kansas. Miras hacia abajo y distingues... ¡un enorme florero lleno de girasoles! Esta imagen fue creada por el artista Stan Herd. Con el uso de materiales como cultivos, rocas y montículos de tierra, él diseña grandes imágenes que abarcan de $\frac{1}{4}$ de acre hasta 160 acres. Para crear el *Campo de girasoles,* Herd plantó 10,000 girasoles.

RESOLUCIÓN DE PROBLEMAS Usa la cuadrícula para estimar el área del florero únicamente. Cada cuadrado equivale a 1 acre.

***CAMPO DE GIRASOLES* POR STAN HERD**

Comprueba lo que sabes

Usa esta página para repasar y recordar destrezas importantes que se necesitan para el Capítulo 29.

OPERACIONES DE MULTIPLICACIÓN

Halla el producto.

1. 5×5 **2.** 6×8 **3.** 11×4 **4.** 8×3

5. 3×4 **6.** 12×10 **7.** 7×7 **8.** 9×2

HALLA EL ÁREA

Cuenta para hallar el área de cada figura en unidades cuadradas.

9.
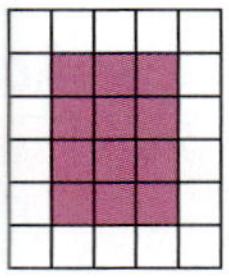

10.
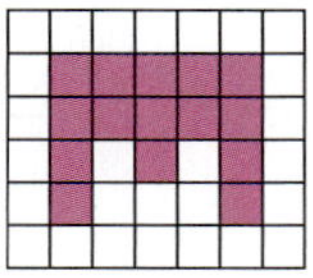

11.
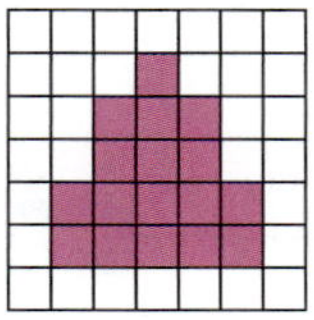

12.
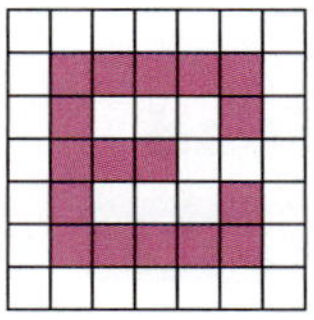

13.
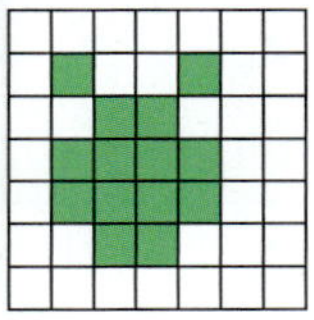

14.
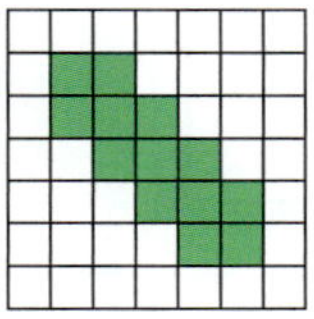

15.
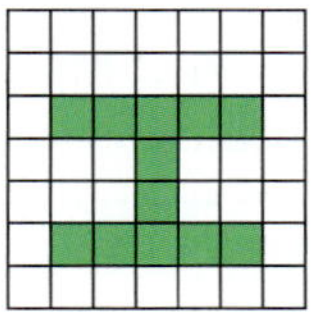

16.
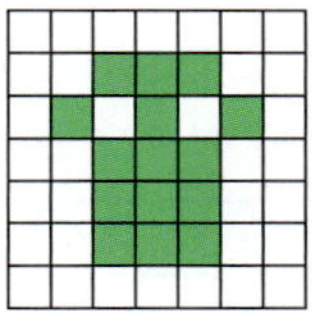

EXPRESIONES CON VARIABLES

Halla el valor de la expresión.

17. $4 \times y$ si $y = 5$ **18.** $7 \times n$ si $n = 3$ **19.** $y \times 6$ si $y = 2$ **20.** $2 \times n$ si $n = 12$

21. $3 \times n$ si $n = 2$ **22.** $6 \times y$ si $y = 7$ **23.** $y \times 5$ si $y = 8$ **24.** $9 \times n$ si $n = 11$

VOCABULARIO

REPASO

cuadrado *sustantivo*

La palabra *cuadrado* se relaciona con el verbo cuadrar que significa "dar a una cosa figura de cuadro y más propiamente de cuadrado". ¿Podría esta explicación ayudarte a entender el término de *unidad cuadrada*?

PRESENTACIÓN

área

APRENDE en línea

www.harcourtschool.com

LECCIÓN 1

MANOS A LA OBRA

Estimar el área

Repaso rápido

1. 48 ÷ 2
2. 88 ÷ 2
3. 22 ÷ 2
4. 36 ÷ 2
5. 50 ÷ 2

VOCABULARIO

área

MATERIALES

papel cuadriculado
tres lápices de colores diferentes

Explora

El **área** representa el número de unidades cuadradas que se necesitan para cubrir una superficie.

El Sr. Luu usó papel cuadriculado para dibujar un diagrama donde se muestra una parte de su casa, la acera y la jardinera. Él quiere estimar el área que ocupa su jardinera. Cada cuadrado de su cuadrícula equivale a 1 pie cuadrado. ¿Cómo el Sr. Luu puede usar la cuadrícula para estimar el área de su jardinera?

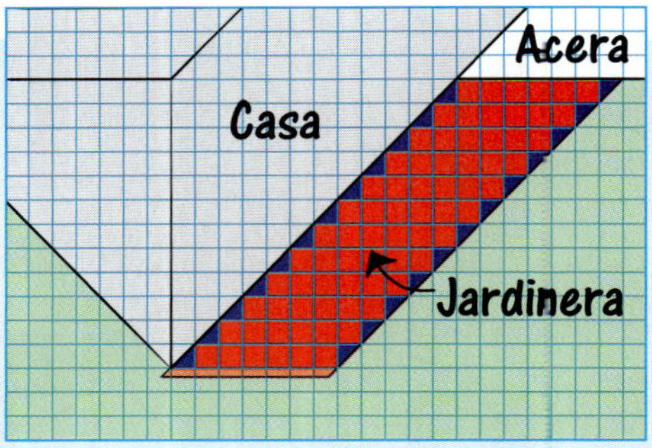

Actividad

PASO 1

Copia en papel cuadriculado la jardinera que se muestra a la derecha.

PASO 2

Rellena de un color todos los cuadrados que están completos y cuéntalos.

cuadrados completos pintados de rojo: 72

PASO 3

Rellena de otro color todos los cuadrados que estén partidos a la mitad y cuéntalos. Dos cuadrados partidos a la mitad equivalen a un cuadrado completo.

cuadrados azules partidos a la mitad: 24

$24 \div 2 = 12$ cuadrados completos

PASO 4

Halla la suma de los cuadrados que contaste. $72 + 12 = 84$

Entonces, el área de la jardinera del Sr. Luu es aproximadamente 84 pies cuadrados.

Inténtalo

Estima el área de cada figura. Cada cuadrado equivale a 1 metro cuadrado.

a.

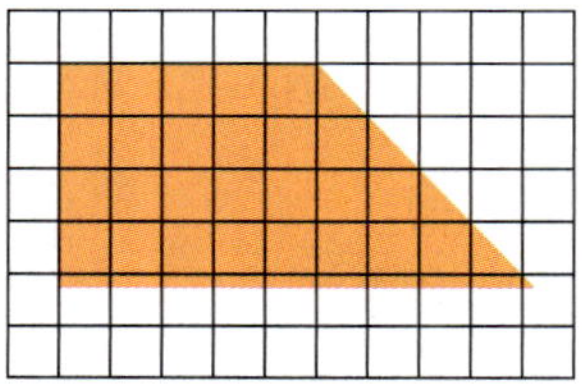

b.

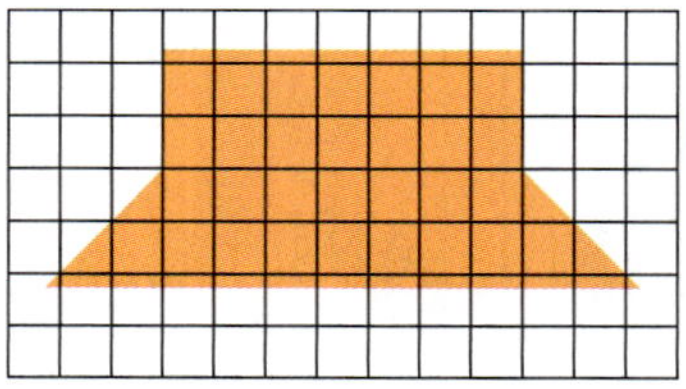

Relaciona

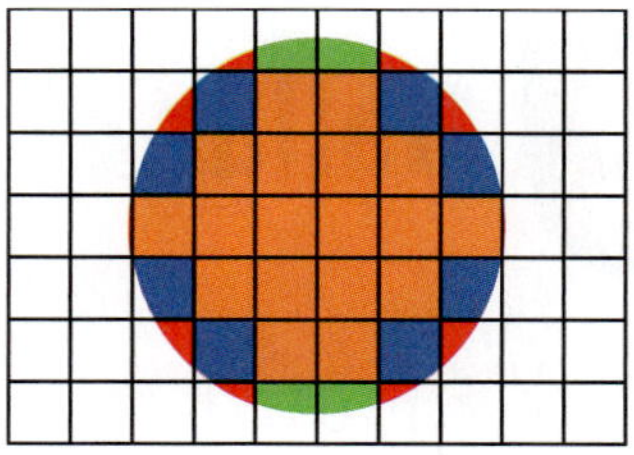

Algunas veces una figura sobre una cuadrícula tiene unidades cuadradas que están casi totalmente completas y otras unidades que quedan con menos de la mitad. Para estimar el área necesitarás contar cada cuadrado que esté completo, los que están casi completos y los que estén partidos a la mitad. Estima el área del círculo. Cada cuadrado equivale a 1 pulgada cuadrada.

Cuenta los cuadrados completos.	cuadrados completos anaranjados: 18
Cuenta los cuadrados que están casi completos.	cuadrados casi completos azules: 8
Cuenta los cuadrados partidos a la mitad.	cuadrados partidos a la mitad verdes: $4 \div 2 = 2$ cuadrados completos.
No cuentes los cuadrados que estén llenos a menos de la mitad.	
Halla la suma de los cuadrados que contaste.	$18 + 8 + 2 = 28$

Entonces, el área del círculo es aproximadamente 28 pulg cuadradas.

Práctica y resolución de problemas

Estima el área de cada figura. Cada cuadrado equivale a 1 yarda cuadrada.

1. 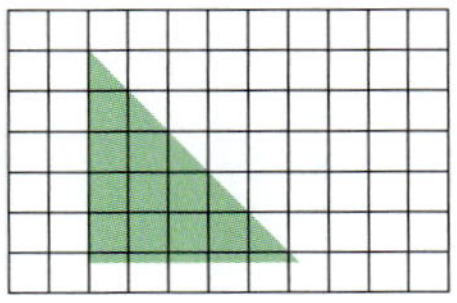

2. 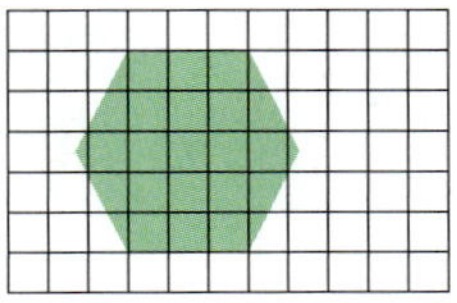

3. 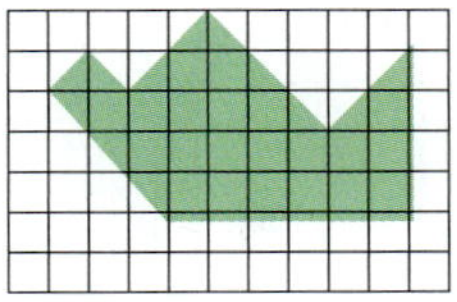

4. 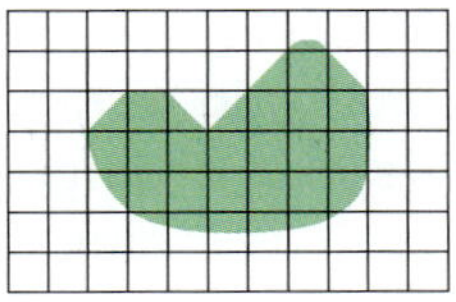

5. Dibuja un círculo en papel cuadriculado. Luego, estima el área en unidades cuadradas.

6. Dibuja un triángulo en papel cuadriculado. Luego, estima el área en unidades cuadradas.

7. Un campo de béisbol se divide en dos triángulos congruentes. Si el área de un triángulo es 50 metros cuadrados, ¿cuál es el área del campo de béisbol?

8. **Por escrito** Explica qué debes hacer para estimar el área de una figura que se muestra en papel cuadriculado.

Repaso y preparación para la prueba

9. $\frac{2}{3} + \frac{5}{6}$ (pág. 480)

10. $\frac{7}{8} - \frac{1}{4}$ (pág. 482)

11. ¿Qué número está representado por la letra *M* en la recta numérica? (pág. 424)

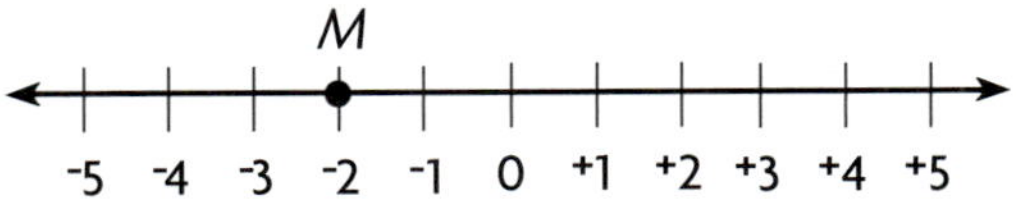

12. $3{,}892 \div 2$ (pág. 306)

13. **Preparación para la prueba** Amy decide el 1 de abril que va a sembrar un jardín de flores. El paquete de semillas dice que deben sembrarse el 10 de mayo. ¿Cuántos días debe esperar Amy para sembrar las semillas de flores? (pág. 104)

A 20 días
B 25 días
C 32 días
D 40 días

LECCIÓN 2

Hallar el área

Repaso rápido

1. 4×9 **2.** 5×6

3. 8×7 **4.** 7×7

5. 6×8

Aprende

DE FILA EN FILA El Sr. Jones está colocando azulejos de cerámica de 1 pie cuadrado en la pared de la ducha de su baño. Estima el número de losas que él necesita para cubrir la pared.

Piensa: ¿Cuántos cuadrados hay en cada fila? Aproximadamente 6 cuadrados

¿Cuántas filas se necesitan? Aproximadamente 8 filas

$6 \times 8 = 48$

Entonces, el Sr. Jones necesita aproximadamente 48 azulejos de 1 pie cuadrado para cubrir el área de la pared de su ducha.

Ejemplo

De una manera Puedes contar las unidades cuadradas para hallar el área.

PASO 1

Con el uso de una regla en centímetros y papel cuadriculado, dibuja un rectángulo de 7 cm de largo y 5 cm de ancho.

PASO 2

Cuenta el número de cuadrados.

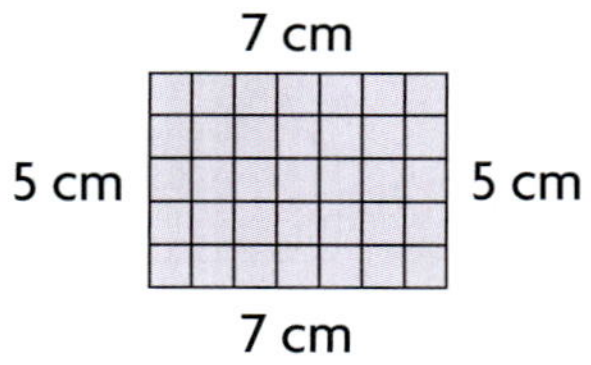

PASO 3

Anota tu respuesta en unidades cuadradas.

$A = 35$

De otra manera También puedes usar una fórmula.

La fórmula para el área de un rectángulo es Área = longitud × ancho o $A = l \times a$.

Usa la fórmula para hallar el área.

$A = l \times a$

$A = 7 \times 5$

$A = 35$

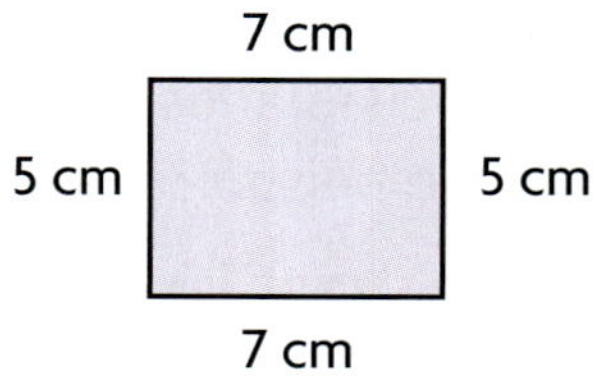

Entonces, el área es 35 centímetros cuadrados.

- ¿En qué se parece el uso de una matriz al uso de una fórmula para hallar el área del rectángulo anterior?
- Describe situaciones en las que alguien quizás necesite hallar el área.

Dividir las figuras en partes

¿Cuál es el área de esta figura?

Es más fácil calcular el área de algunas figuras si primero se dividen en rectángulos.

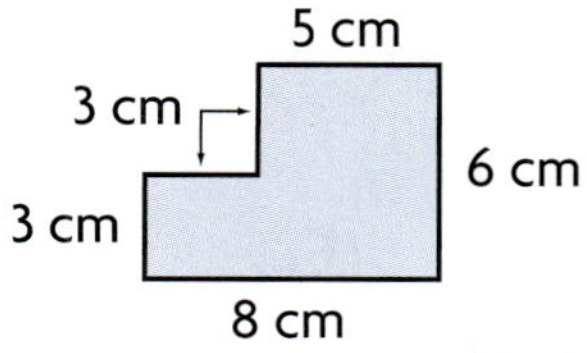

Ejemplo

PASO 1

Divide la figura en dos rectángulos.

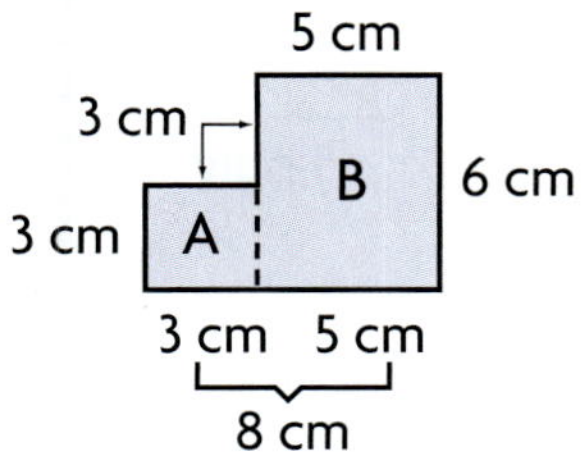

PASO 2

Halla el área de cada parte.

Figura A

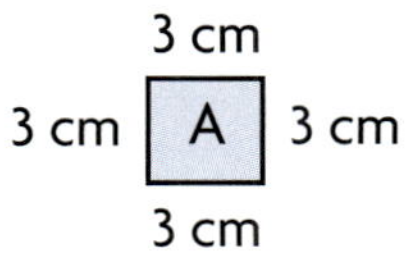

$A = l \times a$
$A = 3 \times 3$
$A = 9$

El área es 9 cm cuadrados.

Figura B

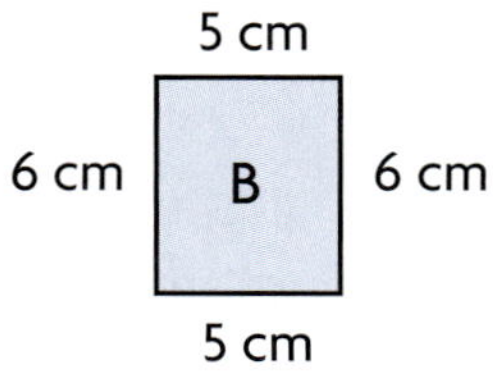

$A = l \times a$
$A = 5 \times 6$
$A = 30$

El área es de 30 cm cuadrados.

PASO 3

Suma las áreas para hallar el área total de la figura.

$9 + 30 = 39$

Entonces, el área total es 39 cm cuadrados.

- Explica por qué puedes usar la fórmula $A = l \times l$ para el área de un cuadrado.

Enlace con la tecnología

Más práctica: Harcourt Mega Math Ice Station Exploration, *Polar Planes*, Nivel R

Comprueba

1. **Dibuja** esta figura y demuestra una manera de dividirla en rectángulos para hallar el área.

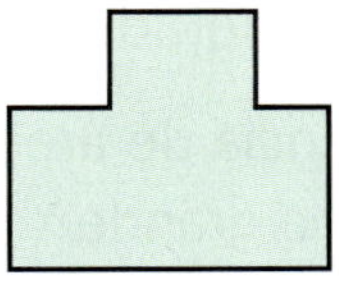

Halla el área.

2.

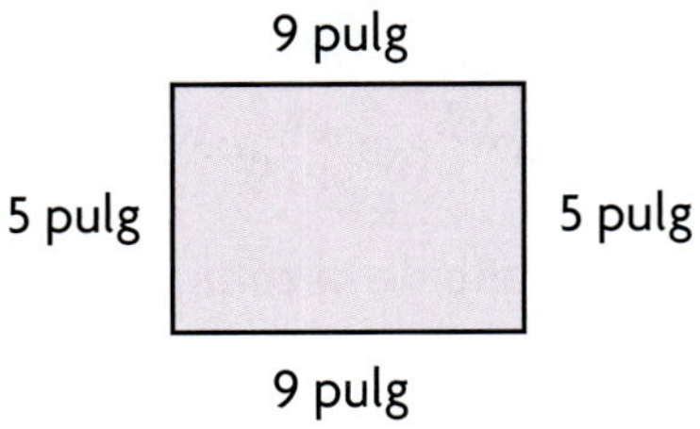

3.

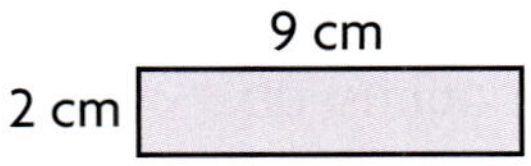

4.

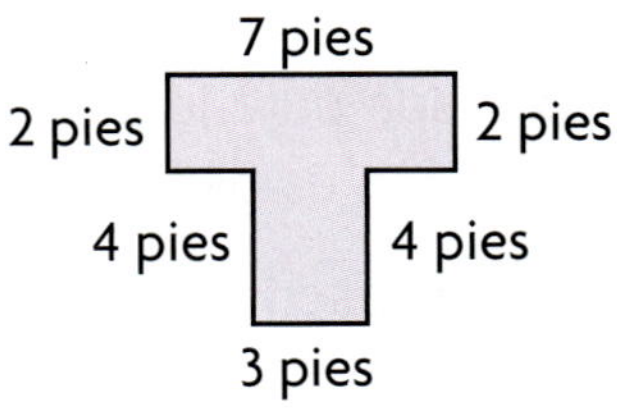

LA LECCIÓN CONTINÚA

 Más práctica, página 638, Grupo A

Halla el área.

5.
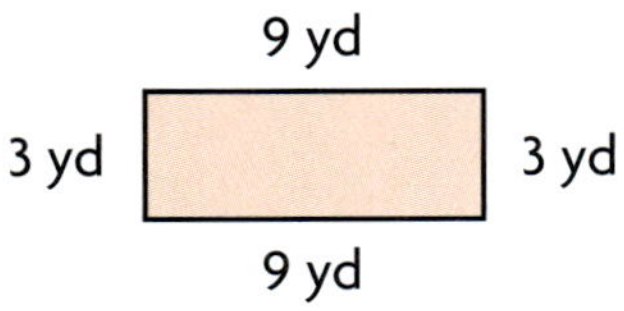

6.
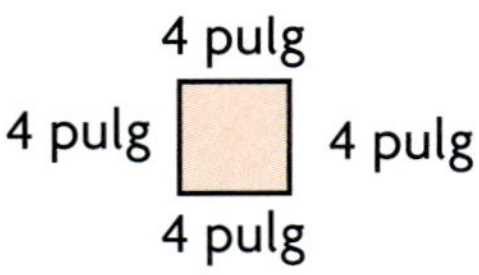

7.
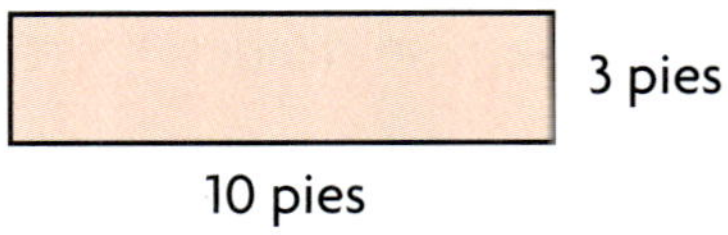

8.
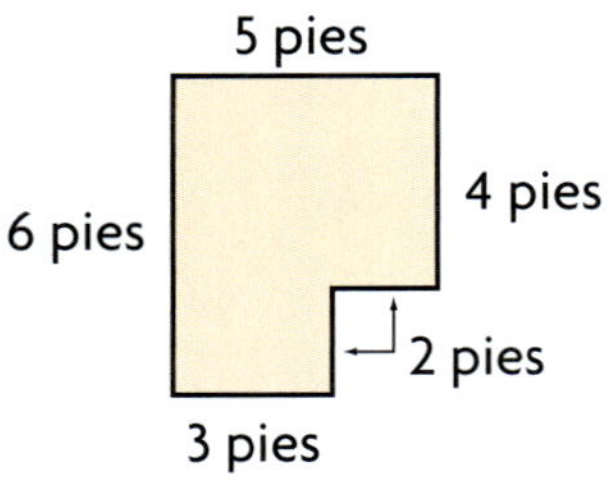

9.
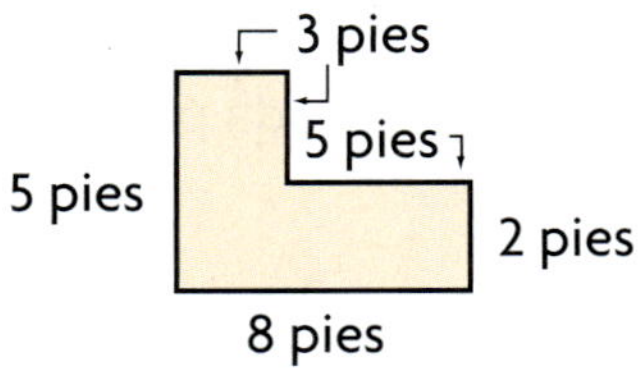

10.
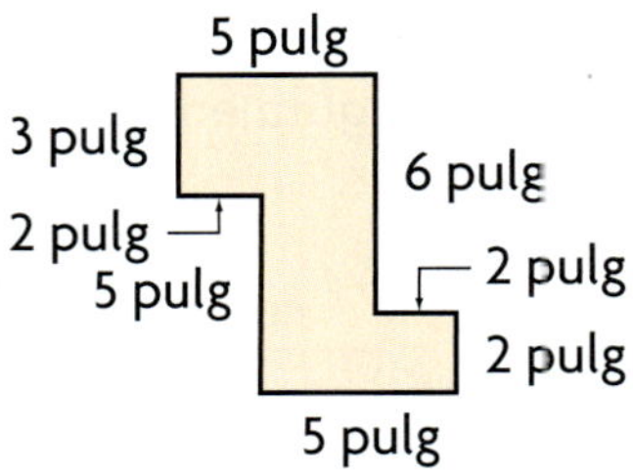

ÁLGEBRA **Halla la longitud desconocida.**

11.
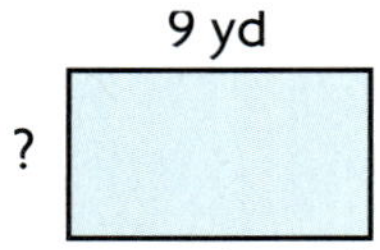

Área = 45 yd cuadradas

12.
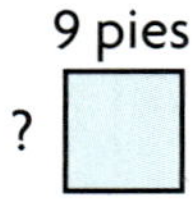

Área = 81 pies cuadrados

13.
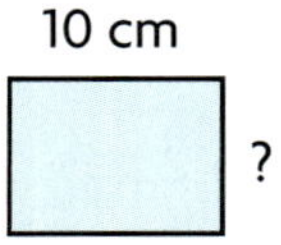

Área = 70 cm cuadrados

Usa una regla en centímetros para medir cada figura. Halla el área y el perímetro.

14.

15.
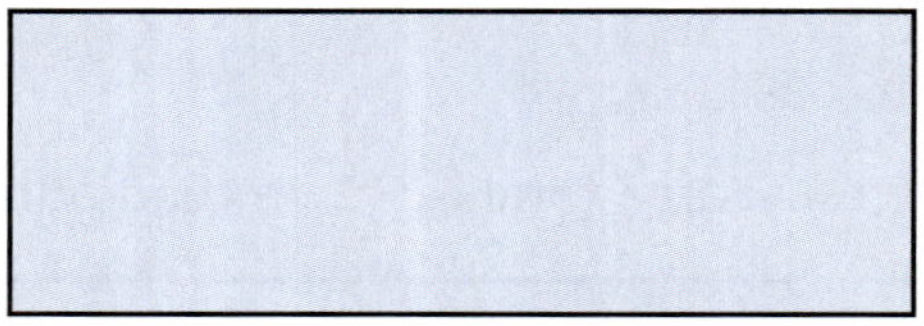

USA LOS DATOS **Para los ejercicios 16–17, usa la gráfica de barras. La longitud de cada cobija es de 90 pulgadas.**

16. ¿Cuál es la diferencia de área entre una cobija matrimonial y una individual?

17. ¿Cuál es la diferencia de área entre una cobija extra grande y una grande?

18. **¿Cuál es la pregunta?** El patio de la escuela tiene un área de 90 pies cuadrados reservada para jugar a la rayuela. La longitud de la sección es de 10 pies. La respuesta es 9 pies.

19. **Por escrito** Una cartelera tiene forma de rectángulo. Otra tiene forma de cuadrado. Explica cómo pueden colocarse 16 fotografías cuadradas para cubrir cada una.

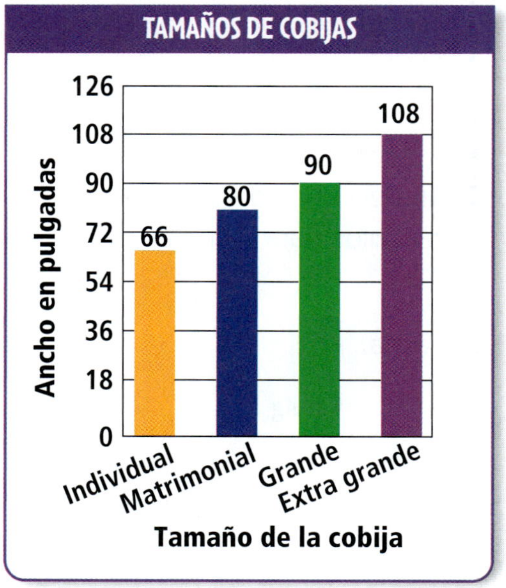

20. La sala de la casa de Andrea mide 4 yardas de ancho. El perímetro es 20 yardas. ¿Cuál es el área?

21. Don está colocando alfombra en una habitación que mide 14 pies por 12 pies. ¿Cuántos pies cuadrados de alfombra necesita Don?

22. **Vocabulario** La palabra *fórmula* puede significar "forma" o "receta". Una receta te indica cómo preparar una comida determinada. ¿En qué se parecen la fórmula para el área de un rectángulo y una receta?

23. **DATOS BREVES • ESTUDIOS SOCIALES** La bandera de Estados Unidos más grande, "la Superbandera", mide 505 pies por 255 pies. Esa bandera se lleva a eventos alrededor del país. Se necesitan al menos 700 personas para desplegar la bandera. ¿Cuál es el área de la bandera?

Repaso y preparación para la prueba

24. $\begin{array}{r} 7{,}218 \\ -2{,}643 \\ \hline \end{array}$ (pág. 48)

25. $\begin{array}{r} 5{,}207 \\ -1{,}958 \\ \hline \end{array}$ (pág. 48)

26. $3\frac{3}{8} + 7\frac{1}{8}$ (pág. 474)

27. $2\frac{2}{5} + 4\frac{1}{5}$ (pág. 474)

Halla el valor de cada expresión. (pág. 64)

28. $(36 - 12) + 8$

29. $36 - (12 + 8)$

30. **Preparación para la prueba** ¿Qué número equivale a $\frac{30}{6}$ en su mínima expresión? (pág. 448)

A $\frac{1}{6}$ **B** 5 **C** 24 **D** 180

31. **Preparación para la prueba** ¿Qué número equivale a 0.7? (pág. 566)

F 0.0007 **G** 0.007 **H** 0.07 **J** 0.70

Resolución de problemas

Piénsalo más

FIGURAS COMBINADAS Observa el dibujo de la granja de Carl. Se divide en un rectángulo y un cuadrado. ¿Carl necesitará una cerca adicional para cerrar los dos terrenos por separado o puede cerrar los dos terrenos juntos? ¿Cómo se compara el área total de los dos terrenos con el área de los dos terrenos juntos?

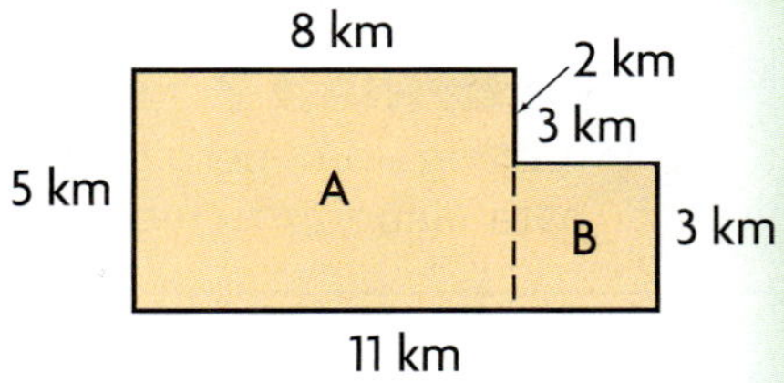

DOS TERRENOS		TERRENOS JUNTOS
Terreno A $P = 8 + 5 + 8 + 5 = 26$ El perímetro es 26 km. $A = 8 \times 5 = 40$ El área es 40 km cuadrados.	**Terreno B** $P = 3 + 3 + 3 + 3 = 12$ El perímetro es 12 km. $A = 3 \times 3 = 9$ El área es 9 km cuadrados.	$P = 8 + 2 + 3 + 3 + 11 + 5 = 32$ El perímetro es 32 km. Suma las áreas de ambos terrenos para hallar el área de los dos terrenos juntos. $A = 40 + 9 = 49$ El área equivale a 49 km cuadrados.
Área total $= 40 + 9 = 49$ km cuadrados		

Como 26 km + 12 km o 38 km es mayor que 32 km, Carl va a necesitar más cerca para cerrar los dos terrenos por separado que si encierra ambos terrenos juntos. Las áreas son iguales.

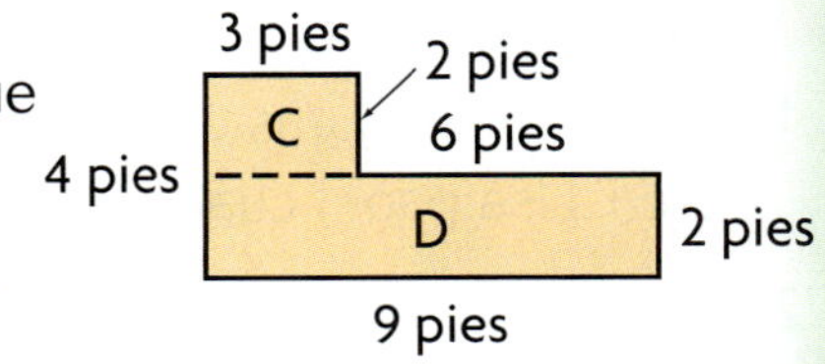

1. Usa la figura a la derecha. Halla los perímetros y las áreas de ambas secciones por separado y juntas.

LECCIÓN 3

Relacionar área y perímetro

Repaso rápido

Compara. Usa $<$, $>$ o $=$ para cada ●.

1. 3×4 ● $8 + 3$
2. 34 ● 9×4
3. $9 + 8$ ● 4×4
4. 9×2 ● $29 - 11$
5. $25 + 19$ ● 7×7

Aprende

ÁREA CONTRA PERÍMETRO Dos figuras pueden tener la misma área y sus perímetros pueden ser diferentes o pueden tener áreas diferentes y un mismo perímetro.

MANOS A LA OBRA

MATERIALES: fichas cuadradas, papel cuadriculado

Actividad 1

Copia cada figura usando fichas cuadradas. Usa papel cuadriculado para anotar tu trabajo. Luego, halla el área y el perímetro de cada figura.

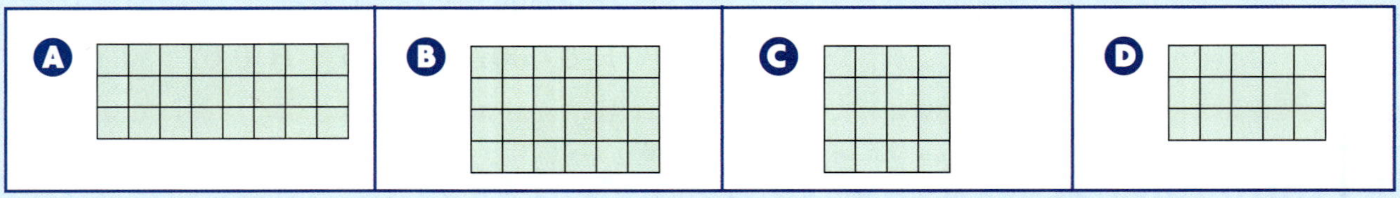

- Compara y contrasta las figuras A y B.
- Compara y contrasta las figuras C y D.

Actividad 2 Muestra un rectángulo que tenga la misma área que el rectángulo R, pero un perímetro diferente. Puedes usar fichas cuadradas para elaborar tu modelo.

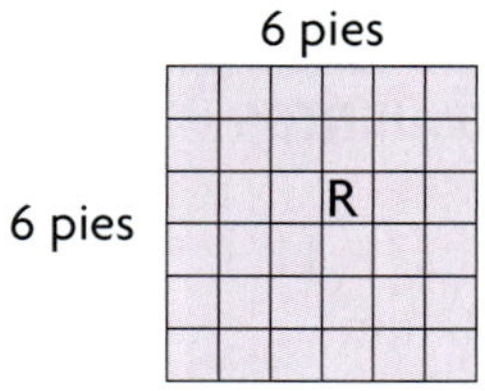

Área = 36 pies cuadrados
Perímetro = 24 pies

Un rectángulo posible:

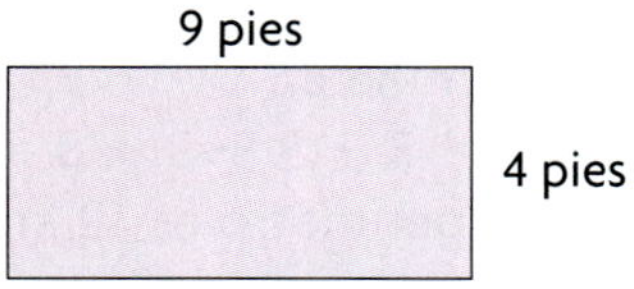

Área = 36 pies cuadrados
Perímetro = 26 pies

- Describe la diferencia entre área y perímetro.

Comprueba

1. **Dibuja** dos figuras que tengan perímetros diferentes, pero la misma área. Usa papel cuadriculado.
2. **Dibuja** dos figuras que tengan áreas diferentes, pero el mismo perímetro. Usa papel cuadriculado.

Práctica y resolución de problemas

Más práctica, página 638, Grupo B

Para los ejercicios 3–8 halla el área y el perímetro de cada figura. Luego, dibuja otra figura que tenga el mismo perímetro, pero un área diferente.

3.
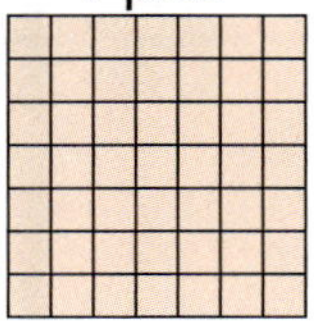

4.

5.

6.

7.

8.

Para los ejercicios 9–12, halla el área y el perímetro de cada figura. Luego, dibuja otra figura que tenga la misma área, pero un perímetro diferente.

9.
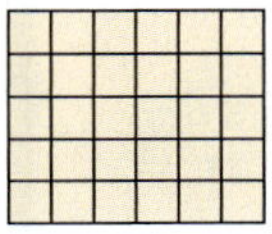

10.

11.

12.

Para los ejercicios 13–14, usa las figuras a–d.

13. ¿Cuáles de las figuras siguientes tienen la misma área pero perímetros diferentes?

14. ¿Cuáles de las figuras siguientes tienen el mismo perímetro pero áreas diferentes?

a.
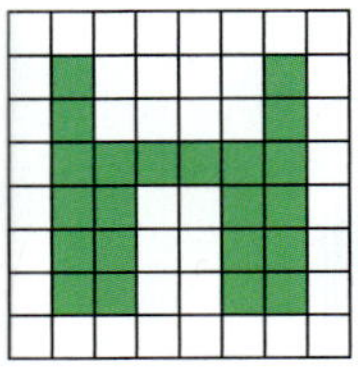

b.
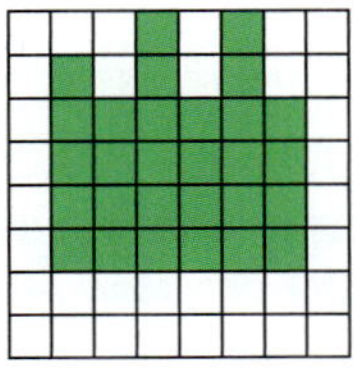

c.
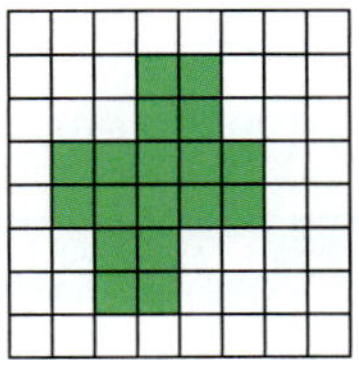

d.
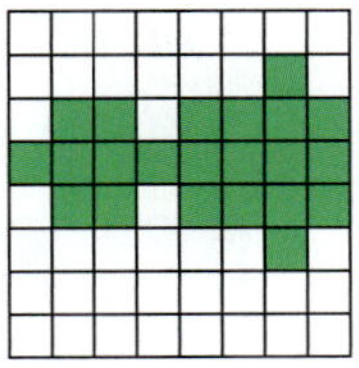

15. **Escribe un problema** sobre el piso cuadrado de una casa en un árbol que mide 8 pies en cada lado.

16. **RAZONAMIENTO** El área de un jardín rectangular es 24 pies cuadrados. Da 4 perímetros posibles para el jardín.

Repaso y preparación para la prueba

17. 47×22 (pág. 252)

18. 71×18 (pág. 252)

19. $938 \div 31$ (pág. 320)

20. Ordena de menor a mayor. (pág. 572)
29.6, 23.2, 29.5, 25.78

21. **Preparación para la prueba** Cindy tenía 416 tarjetas para intercambiar. Ella le dio 72 a su hermana y recibió 37 en su cumpleaños. ¿Cuántas tarjetas le quedaron al final? (pág. 262)

A 109 **B** 344 **C** 379 **D** 381

LECCIÓN 4

Estrategia de resolución de problemas
Hallar un patrón

Repaso rápido

1. 99 ÷ 11 **2.** 360 ÷ 15

3. 504 ÷ 14 **4.** 132 ÷ 12

5. 700 ÷ 35

PROBLEMA El Sr. Jiménez quiere construir almacenes de tamaños diferentes, así que dibujó algunos planos de los almacenes. Algunos de los almacenes serán el doble de largo que otros, pero tendrán el mismo ancho. El Sr. Jiménez quiere saber cómo se relacionan las áreas de estos almacenes. ¿Cómo cambian las áreas?

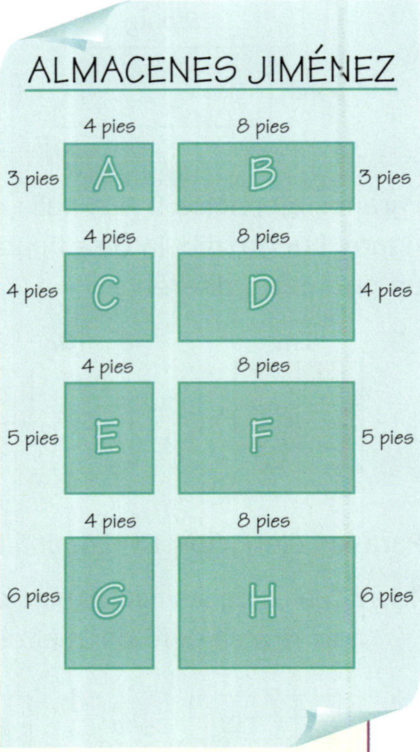

COMPRENDE

- ¿Qué debes hallar?
- ¿Qué sabes?

PLANEA

- ¿Qué estrategia puedes usar para resolver el problema?
  Puedes *hallar un patrón* para resolver el problema.

RESUELVE

- ¿Cómo puedes usar la estrategia de *hallar un patrón* para resolver el problema?
  Busca un patrón en las áreas.

	LONGITUD	ANCHO	ÁREA		LONGITUD	ANCHO	ÁREA
Almacén A	4	3	12	Almacén C	4	4	16
Almacén B	8	3	24	Almacén D	8	4	32
Almacén E	4	5	20	Almacén G	4	6	24
Almacén F	8	5	40	Almacén H	8	6	48

Las áreas cambian de 12 a 24, de 16 a 32, de 20 a 40 y de 24 a 48.

Entonces, cuando la longitud de un lado se duplica, el área también se duplica.

COMPRUEBA

- Explica cómo puedes comprobar tu respuesta.

Práctica • Resolución de problemas

Usa *hallar un patrón* y resuelve.

1. **¿Qué sucedería si** el Sr. Jiménez quisiera saber cómo cambian las áreas de sus almacenes cuando se duplican ambos lados? Haz una tabla para demostrar cómo cambian las áreas. Explica tu respuesta.

2. El Sr. Jiménez también quiere saber qué sucede con los perímetros de sus almacenes cuando ambos lados se duplican. Haz una tabla para demostrar cómo cambian los perímetros. Explica tu respuesta.

Estrategias

- Hacer un diagrama o dibujo
- Hacer un modelo o representar
- Hacer una lista organizada
- **Hallar un patrón**
- Hacer una tabla o gráfica
- Predecir y probar
- Volver sobre los pasos
- Resolver un problema más simple
- Escribir una ecuación
- Usar razonamiento lógico

Las piscinas rectangulares tienen diferentes tamaños. Usa la tabla para hallar cómo se relacionan los perímetros de las piscinas.

TAMAÑOS DE LAS PISCINAS

Piscina	Longitud	Ancho	Perímetro
A	12 pies	20 pies	64 pies
B	12 pies	30 pies	84 pies
C	12 pies	40 pies	104 pies
D	12 pies	50 pies	124 pies

3. ¿Cómo cambia el ancho de las piscinas?
   - **A** disminuye en 20 pies
   - **B** disminuye en 30 pies
   - **C** aumenta en 10 pies
   - **D** aumenta en 20 pies

4. ¿Qué patrón observas en el perímetro de las piscinas?
   - **F** aumenta en 20 pies
   - **G** se duplica en tamaño
   - **H** disminuye en 10 pies
   - **J** disminuye a la mitad

Práctica de estrategias mixtas

5. En una cuadrícula de coordenadas haz una gráfica de un rectángulo con vértices (1,2), (6,2), (1,5) y (6,5). Luego, halla el perímetro y el área del rectángulo.

6. Tres adhesivos cuestan 15¢. Seis adhesivos cuestan 30¢ y 9 adhesivos cuestan 45¢. ¿Cuánto costarán 15 adhesivos? ¿Cuánto costarán 30 adhesivos?

7. Mark viaja 14.75 millas para su práctica de fútbol. Primero, él recorre 5.25 millas para recoger a John, luego recorre 3.75 millas para recoger a Harold y al final recorre 2.25 millas más para recoger a Frank. ¿Cuántas millas más le quedan por recorrer hasta llegar a la práctica de fútbol?

8. **Por escrito** Explica cómo hallar la longitud desconocida.

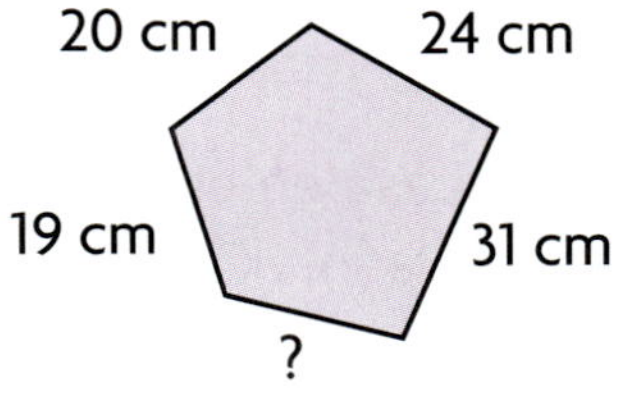

Perímetro = 115 cm

Más práctica

Grupo A (págs. 630–633)

Halla el área.

1. 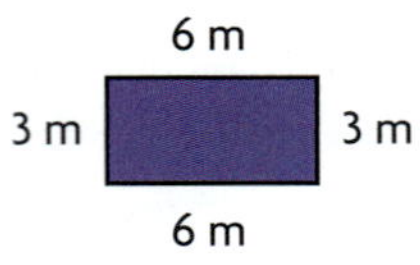

2. 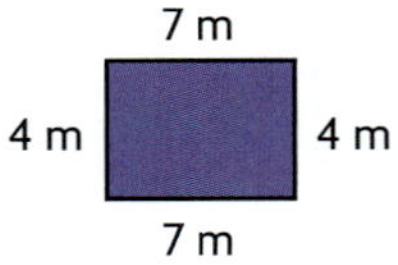

3. 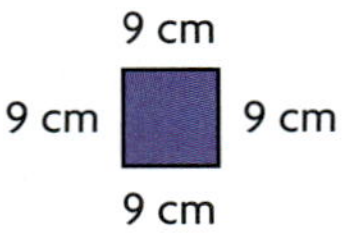

4. 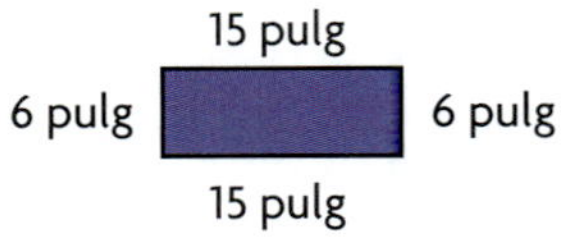

5. 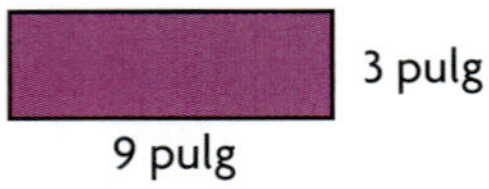

6. 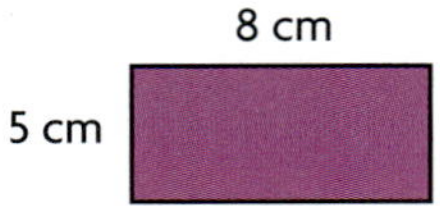

7. 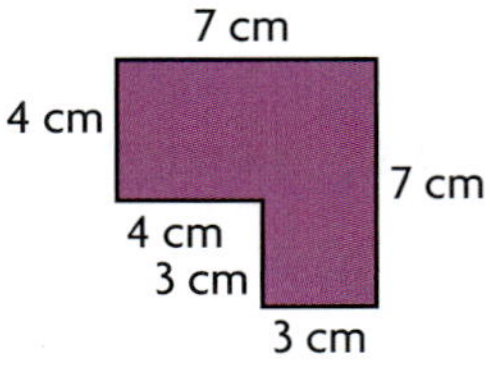

8. 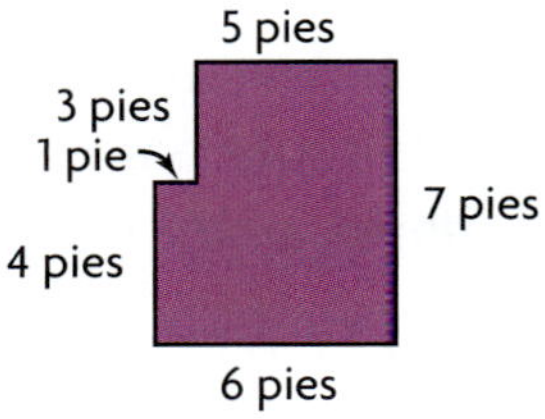

9. El salón de Mandy está pintando un mural en una pared. La pared mide 6 pies de alto y 4 pies de ancho. ¿Cuál es el área de la pared?

10. Ivonne quiere saber cuántos cuadrados de tela tiene su colcha. La colcha tiene 12 cuadrados de largo y 6 cuadrados de ancho. ¿Cuántos cuadrados de tela tiene la colcha?

Grupo B (págs. 634–635)

Halla el área y el perímetro de cada figura. Luego, dibuja otra figura que tenga la misma área, pero un perímetro diferente.

1. 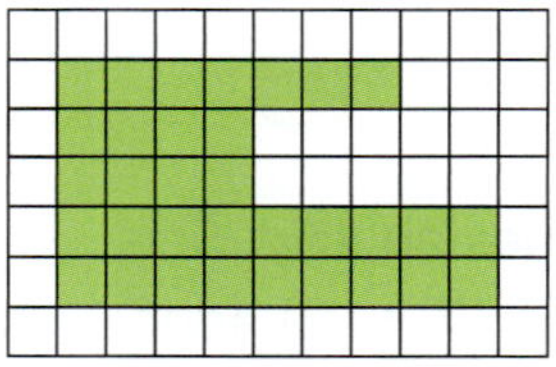

2. 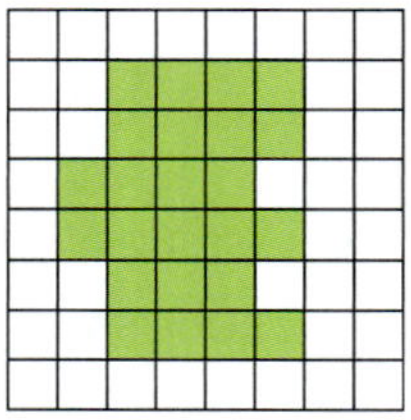

3. 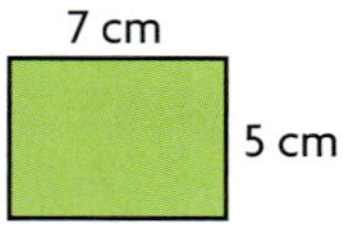

4. 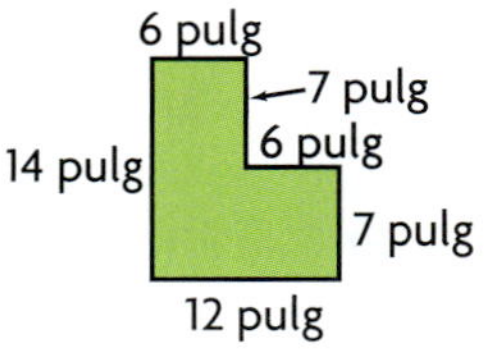

5. 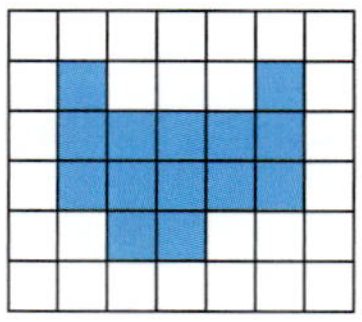

6. 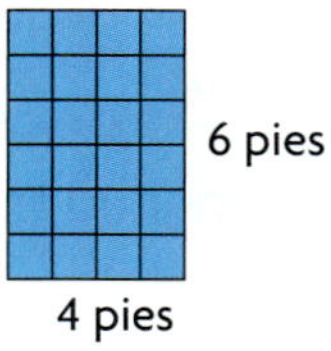

7. 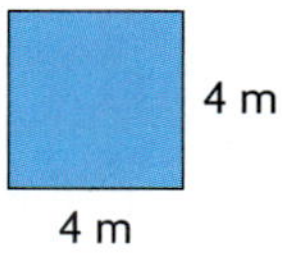

8. 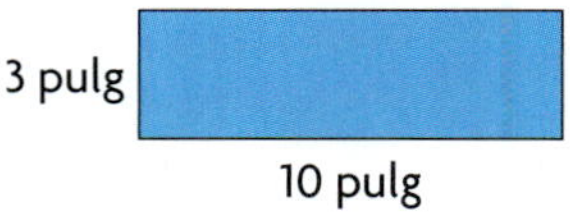

9. El piso de la casa en el árbol de Ben es un cuadrado que mide 6 pies a cada lado. ¿Cuáles son el área y el perímetro del piso?

10. El techo de la sala de la casa de Debbie es 16 pies por 14 pies. ¿Cuáles son el área y el perímetro del techo?

Repaso/Prueba

COMPRUEBA EL VOCABULARIO Y LOS CONCEPTOS

Elige el mejor término de la casilla.

área
fórmula
longitud
perímetro

1. La fórmula para calcular el área de un rectángulo es *Área* = ? × *ancho*. (pág 630)
2. El número de unidades cuadradas que se necesitan para cubrir una superficie es su ?. (pág. 628)
3. Dos figuras pueden tener áreas diferentes pero el mismo ?. (pág. 634)

Estima el área de cada figura. Cada cuadrado equivale a 1 centímetro cuadrado. (págs. 628–629)

4. 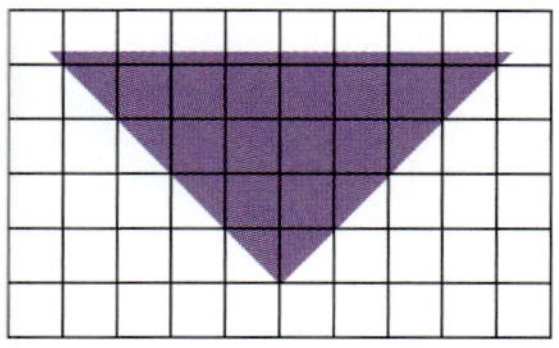

5. 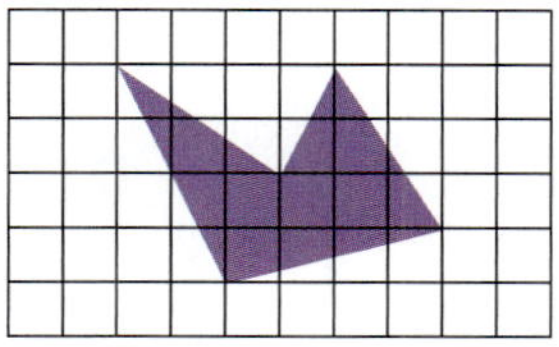

6. 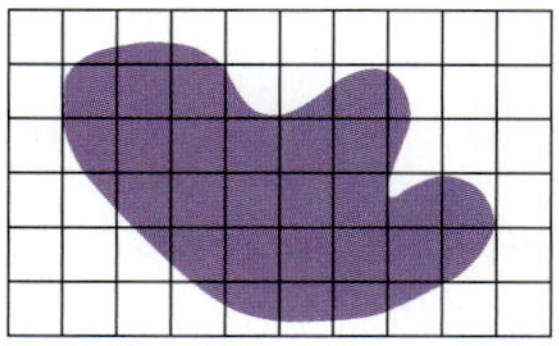

COMPRUEBA LAS DESTREZAS

Halla el área. (págs. 630–633)

7. 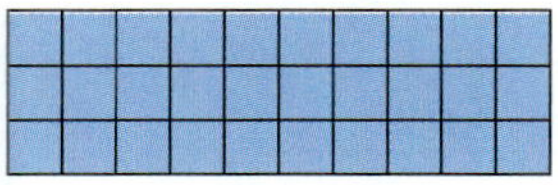

8. 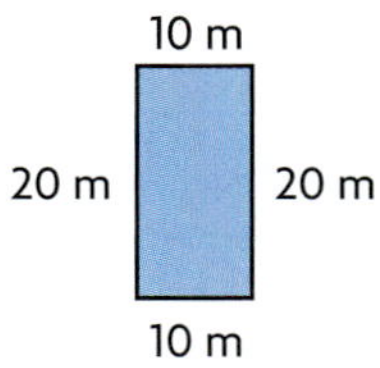

9. 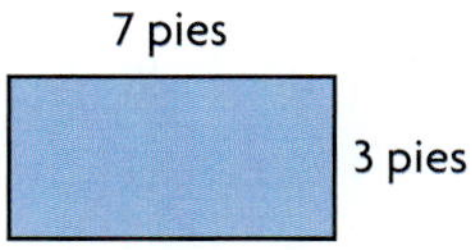

10. 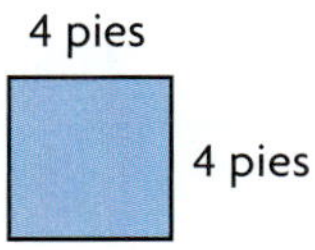

Halla el área y el perímetro de cada figura. Luego, dibuja otra figura que tenga el mismo perímetro pero un área diferente. (págs. 634–635)

11. 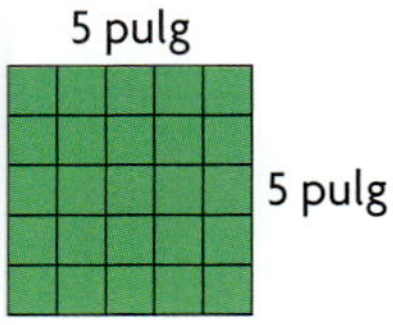

12. 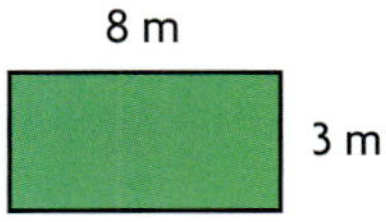

13. 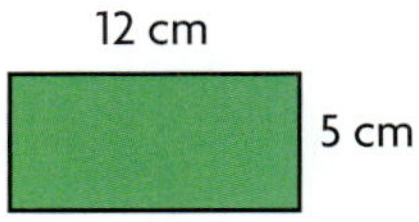

COMPRUEBA LA RESOLUCIÓN DE PROBLEMAS

Resuelve. (págs. 636–637)

14. El porche del frente de la casa del Sr. Walker es 6 pies por 8 pies. Él quiere duplicar la longitud y el ancho de este porche. ¿Cómo cambiará el área del porche?

15. Una pared de piedra tiene 28 piedras en la primera capa, 24 piedras en la segunda capa y 20 piedras en la tercera capa. ¿Cuántas piedras tiene la quinta capa?

Preparación para pruebas

MEDIDAS

1. ¿Cuál es el área de la figura sombreada?

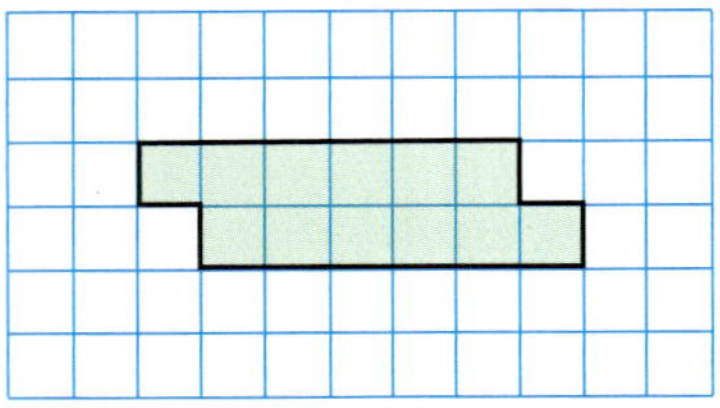

A 8 unidades cuadradas

B 10 unidades cuadradas

C 12 unidades cuadradas

D 20 unidades cuadradas

2. ¿Cuál ciudad tiene la temperatura promedio más cálida?

TEMPERATURAS PARA MARZO (en grados Fahrenheit)

Ciudad	Temperaturas para 5 días				
Atlanta	68	62	65	62	67
New York	40	45	50	48	48
Raleigh	77	71	68	70	67
Miami	72	70	75	73	77

F Atlanta

G New York

H Raleigh

J Miami

3. **Explícalo** Imagínate que quieres determinar la longitud de la cinta que aparece a continuación a la $\frac{1}{2}$ pulgada más próxima.

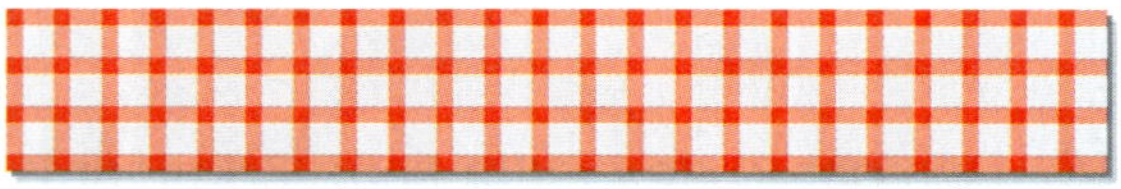

Explica los pasos que seguirías para medir la longitud de la cinta.

RAZONAMIENTO ALGEBRAICO

4. Grady practica piano durante 12 horas cada semana.

Siendo p el número de semanas que Grady practica, ¿cuál expresión puedes escribir para mostrar el número total de horas que él practica durante un número de semanas?

A $12 + p$

B $12 \times p$

C $12 \div p$

D $12 - p$

5. ¿Qué ecuación describe una regla en esta tabla?

Entrada	Salida
a	***b***
2	11
16	25
21	30
34	43
42	51

F $a - 9 = b$

G $b + 9 = a$

H $a + 9 = b$

J $a - b = 9$

6. **Explícalo** ¿Qué número se necesita para que este enunciado sea verdadero?

$$n + 6 = 10$$

Explica tu razonamiento.

ANÁLISIS DE DATOS Y PROBABILIDAD

7. Si giras la flecha, ¿qué fracción indica la probabilidad de que caiga en el 2?

A $\frac{5}{6}$

B $\frac{1}{2}$

C $\frac{1}{3}$

D $\frac{1}{6}$

8. Observa la gráfica lineal a continuación.

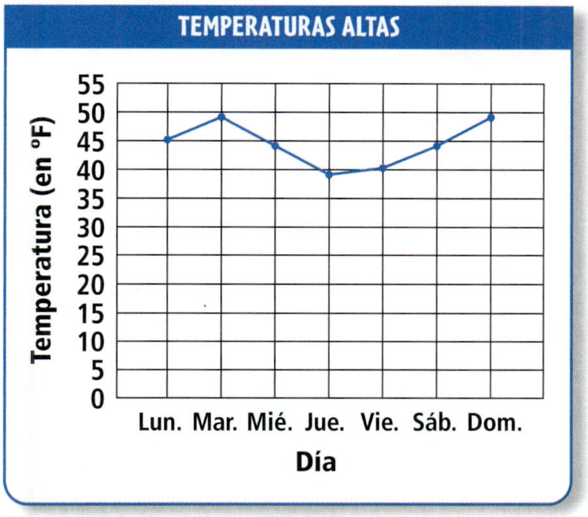

¿Cuál de los siguientes enunciados es verdadero?

F El lunes hizo más frío que el sábado.

G El miércoles hizo más frío que el domingo.

H El viernes hizo más calor que el martes.

J El domingo hizo más frío que el jueves.

9. **Explícalo** Martin tenía 1 moneda de 5¢, 2 de 10¢ y 1 de 25¢ en su bolsillo. Él sacó 1 moneda de su bolsillo sin mirarla. Usa una fracción para demostrar si es probable o poco probable que el valor de la moneda fuera mayor de 5¢. Explica tu razonamiento

GEOMETRÍA Y ORIENTACIÓN ESPACIAL

10. ¿Qué par de figuras a continuación parecen congruentes?

A

B
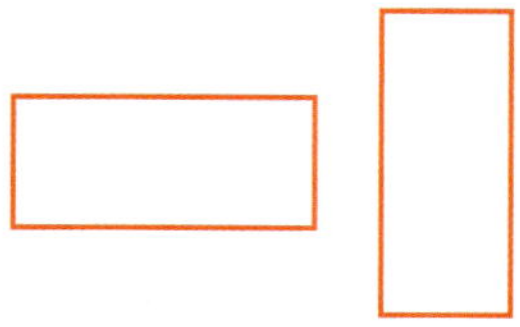

C

D
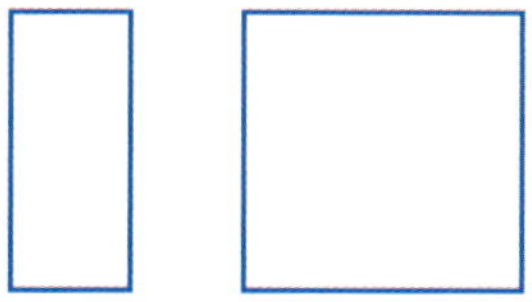

IDEA **Comprende el problema.** Mira el ejercicio 11. Coloca tu mano en la misma posición como se muestra en el dibujo. Mueve tu mano de la misma forma como se movió la figura sobre la línea punteada. Busca el término que describe este movimiento.

11. ¿Qué término describe correctamente el movimiento que se muestra en la figura?

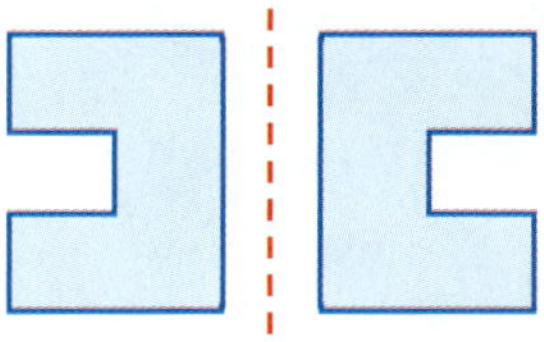

F traslación

G reflexión

H rotación

J no congruente

12. **Explícalo** Explica el enunciado siguiente.

"Las rectas perpendiculares siempre se cruzan, pero las rectas que se cruzan no siempre son perpendiculares".

CAPÍTULO 30

Cuerpos geométricos y volumen

DATOS BREVES • CIENCIAS ¿Crecen los arbustos de forma natural como los de esta fotografía? La respuesta es no. Los jardineros podan y entrenan con cuidado estos arbustos ornamentales para que crezcan con formas geométricas y de animales. Toma de 3 a 10 años para que cada arbusto adquiera la forma deseada.

RESOLUCIÓN DE PROBLEMAS Los arbustos ornamentales en este jardín tienen 20 formas diferentes, entre ellas, conos, cubos, espirales y aves. ¿Qué cuerpos geométricos se usan para hacer el arbusto ornamental del diagrama?

ARBUSTO ORNAMENTAL

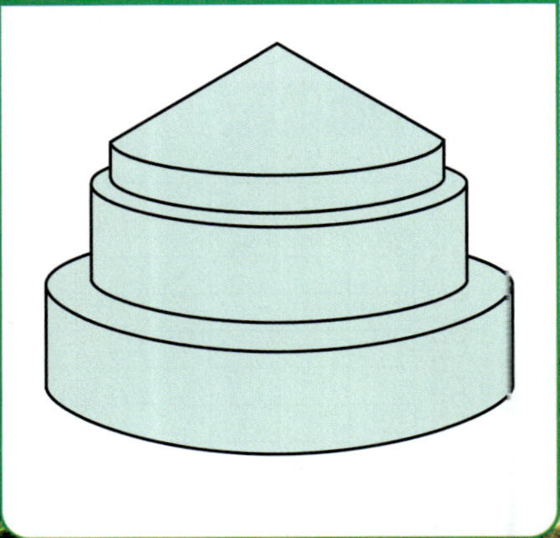

Jardín de arbustos ornamentales en Longwood Gardens, Kennett Square, Pennsylvania

Comprueba lo que sabes

Usa esta página para repasar y recordar destrezas importantes que se necesitan para el Capítulo 30.

IDENTIFICA CUERPOS GEOMÉTRICOS

Elige un nombre de la lista para cada cuerpo geométrico.

cubo	cono
esfera	cilindro
pirámide cuadrada	
prisma rectangular	

1. 

2. 

3. 

4. 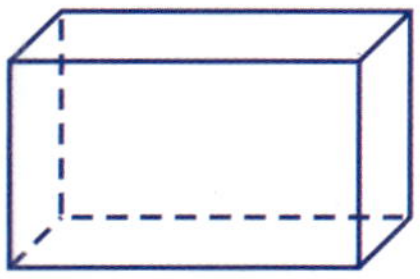

5. 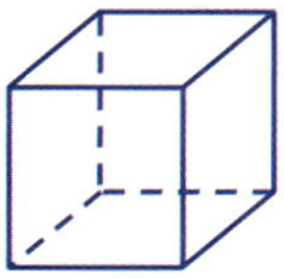

6. 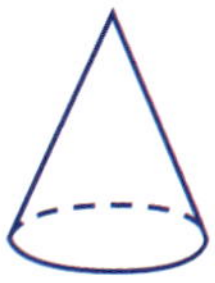

DIBUJA POLÍGONOS

Usa papel punteado para dibujar cada polígono.

7. triángulo **8.** cuadrado **9.** rectángulo **10.** pentágono

MULTIPLICA TRES FACTORES

Muestra dos formas de agrupar usando paréntesis. Halla el producto.

11. $4 \times 2 \times 2 = ■$ **12.** $5 \times 2 \times 1 = ■$ **13.** $2 \times 5 \times 5 = ■$

14. $7 \times 2 \times 3 = ■$ **15.** $8 \times 5 \times 2 = ■$ **16.** $9 \times 5 \times 2 = ■$

Vocabulario

REPASO

dimensión *sustantivo*

Dimensión proviene del latín *dimetiri* que significa "medir en todos los sentidos". La definición del glosario de *dimension* es "medición en una dirección". ¿Qué dimensiones de un prisma crees que medirías?

PRESENTACIÓN

bidimensional
tridimensional
prisma triangular
pirámide triangular
cara
arista
vértice
plantilla
volumen
unidades cúbicas

APRENDE en línea www.harcourtschool.com

LECCIÓN 1

Caras, aristas y vértices

Repaso rápido

Indica el número de lados.

1. cuadrado **2.** triángulo

3. rectángulo **4.** pentágono

5. hexágono

VOCABULARIO

bidimensional
tridimensional
prisma triangular
pirámide triangular
cara
arista
vértice

Aprende

OTRA DIMENSIÓN Los polígonos solo tienen largo y ancho, por lo que son figuras **bidimensionales**.

Los cuerpos geométricos tienen largo, ancho y altura, por lo que son figuras **tridimensionales**.

Estudia estos cuerpos geométricos. Un polígono que forma la superficie plana de un cuerpo geométrico es una **cara**. Busca polígonos que forman las caras de cada cuerpo geométrico.

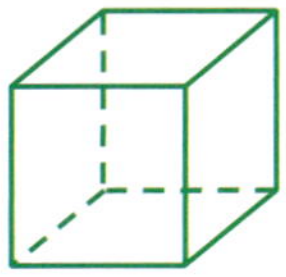
cubo

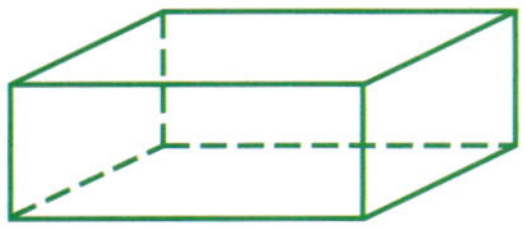
prisma rectangular

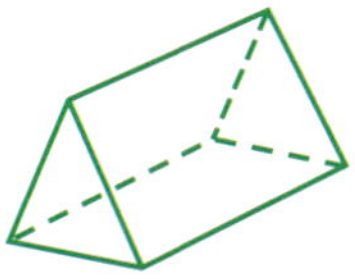
prisma triangular

pirámide triangular

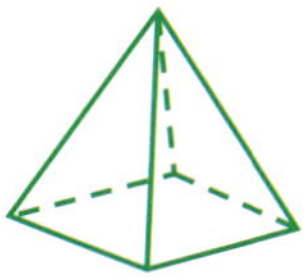
pirámide cuadrada

▲ Las pirámides de Gizeh, Egipto

- Nombra las figuras planas que se hallan en las caras de cada cuerpo geométrico anterior.

Observa con atención las caras de la pirámide cuadrada de abajo. Las caras de una pirámide cuadrada son triángulos y un cuadrado.

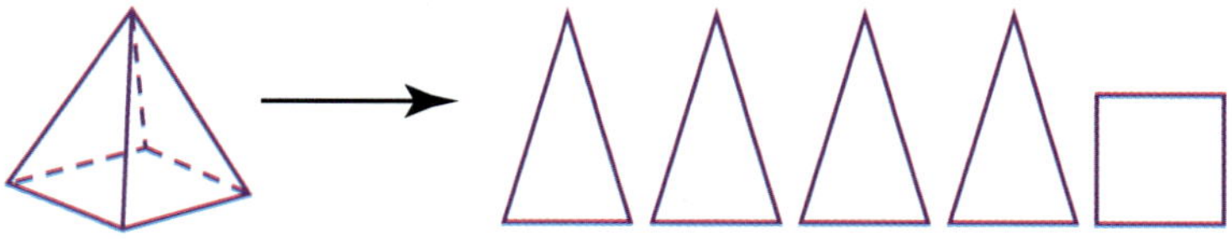

Enlace con la tecnología

Más práctica: Harcourt Mega Math Ice Station Exploration, *Frozen Solids*, Niveles F y G

Algunos cuerpos geométricos tienen superficies curvas en vez de caras.

cilindro

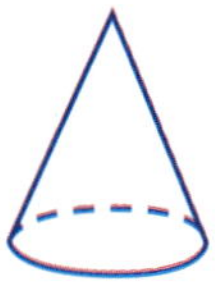
cono

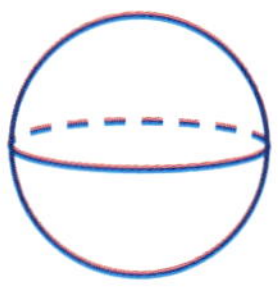
esfera

MANOS A LA OBRA Actividad

Halla el número de caras, aristas y vértices de los cuerpos geométricos de la tabla de abajo.

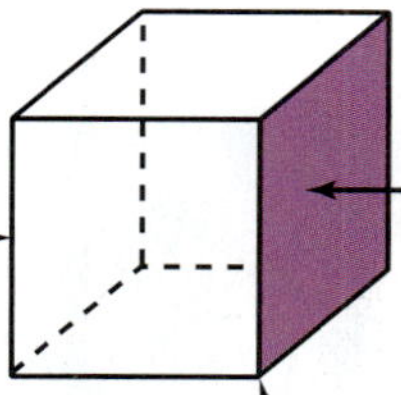

El segmento donde dos caras se encuentran se llama **arista**.

Un polígono que forma una superficie plana es una **cara**.

El punto donde tres o más lados se encuentran es un **vértice**.

Copia y completa la tabla.

FIGURA	NOMBRE DE LA FIGURA	NÚMERO DE CARAS	NÚMERO DE ARISTAS	NÚMERO DE VÉRTICES
	Cubo	6	12	8
	Prisma rectangular	■	■	■
	Prisma triangular	■	■	■
	Pirámide triangular	■	■	■
	Pirámide cuadrada	■	■	■

▲ La escultura de David Smith, *Cubi XX*, está formada por un cilindro y prismas rectangulares.

- Observa la tabla. Halla la relación entre el número de caras y el número de aristas de un prisma rectangular.

Comprueba

1. **Nombra** tres cuerpos geométricos que no tienen ni caras ni aristas rectas.

Nombra el cuerpo geométrico que se describe.

2. 9 aristas
3. 5 vértices
4. más de 5 caras

LA LECCIÓN CONTINÚA

Práctica y resolución de problemas

Más práctica, página 656, Grupo A

Nombra el cuerpo geométrico que se describe.

5. algunas o todas las caras son triangulares
6. algunas o todas las caras son rectangulares
7. superficies curvas
8. 8 vértices, 12 aristas, 6 caras

¿Qué cuerpo geométrico ves en cada ilustración?

9. 

10. 

11. 

12. 

Escribe los nombres de las figuras planas que son las caras de cada cuerpo geométrico.

13. 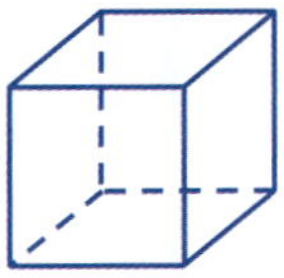
cubo

14. 
pirámide triangular

15. 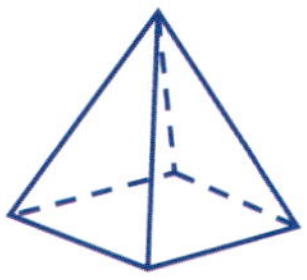
pirámide cuadrada

16. 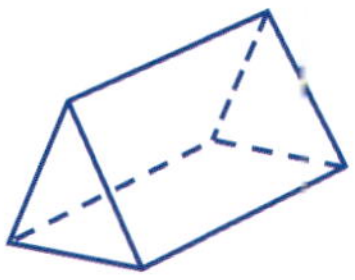
prisma triangular

Copia los dibujos. Encierra en un círculo cada vértice, traza con color rojo cada arista y sombrea una cara con color amarillo.

17. 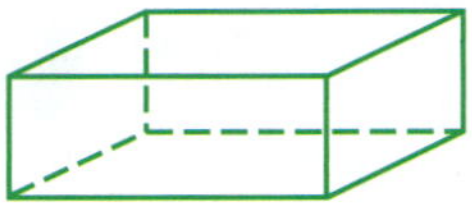

18. 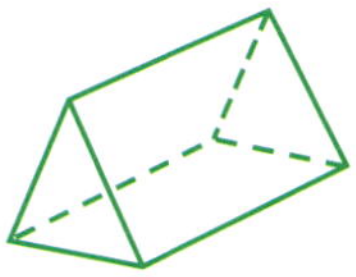

19. 

20. 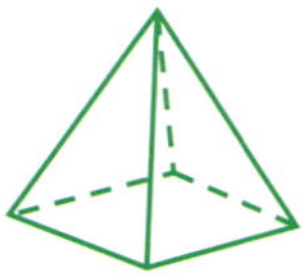

Escribe los nombres de las caras y el número de cada tipo de cara del cuerpo geométrico.

21. cubo
22. pirámide cuadrada
23. prisma triangular

24. **¿Cuál es la pregunta?** La respuesta es 4 caras triangulares.

25. **RAZONAMIENTO** ¿Qué figura plana se halla siempre en una pirámide?

26. Explica en qué se parecen los círculos y las esferas. ¿En qué se diferencian?

27. Explica en qué se parecen los cuadrados y los cubos. ¿En qué se diferencian?

28. Observa los lados del cubo de la derecha. $\overline{AB}$ y $\overline{CD}$ son segmentos paralelos. $\overline{AC}$ y $\overline{AE}$ son segmentos perpendiculares. Haz una lista de otros dos pares de segmentos paralelos y otros dos pares de segmentos perpendiculares.

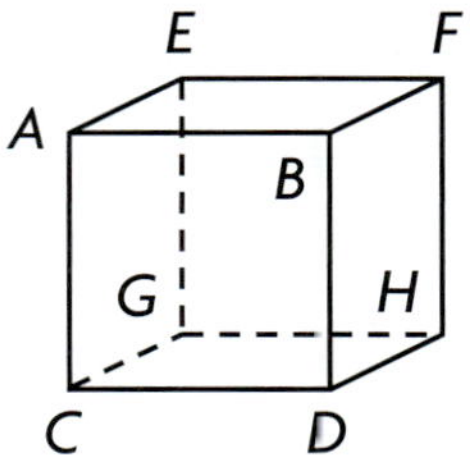

29. Laura tiene 1 perro y 2 gatos. Laura colgó 7 dibujos de gatos y 10 dibujos de perros en su cuarto. Ella tiene 8 dibujos más para colgar. ¿Cuántos dibujos tiene Laura en total?

30. Brandon y Joe jugaron un juego numérico. Joe eligió un número y le restó 3. Luego le sumó 7 y le restó 5. La respuesta fue 27. ¿Qué número eligió Joe?

Repaso y preparación para la prueba

Escribe si cada número es primo o compuesto. (pág. 342)

31. 28 **32.** 31

33. 59 **34.** 56

Haz una lista de los factores de cada número. (pág. 338)

35. 6 **36.** 15

37. 18 **38.** 20

39. Holly está horneando una tanda doble de galletas. Para una tanda se necesitan $2\frac{1}{3}$ tazas de harina. ¿Cuánta harina necesita Holly para la tanda doble? (pág. 474)

40. **Preparación para la prueba** Jane viajó en su bicicleta 4 millas desde su casa hasta la escuela. ¿Cuántas yardas viajó en su bicicleta? (SUGERENCIA: 1 milla = 1,760 yardas) (pág. 526)

A 440 yardas **C** 6,940 yardas
B 1,760 yardas **D** 7,040 yardas

41. **Preparación para la prueba** Un insecto mide $\frac{1}{2}$ pulgada de largo y un segundo mide $\frac{1}{4}$ de pulgada de largo. ¿Cuánto más mide el primer insecto que el segundo? (pág. 482)

F $\frac{1}{4}$ de pulgada **H** $\frac{3}{4}$ de pulgada
G $\frac{1}{2}$ pulgada **J** 1 pulgada

Resolución de problemas — Piénsalo más

OBSERVACIÓN Los cuerpos geométricos pueden parecer diferentes cuando se observan desde diferentes direcciones. A continuación te presentamos algunas maneras diferentes de observar la figura de la derecha.

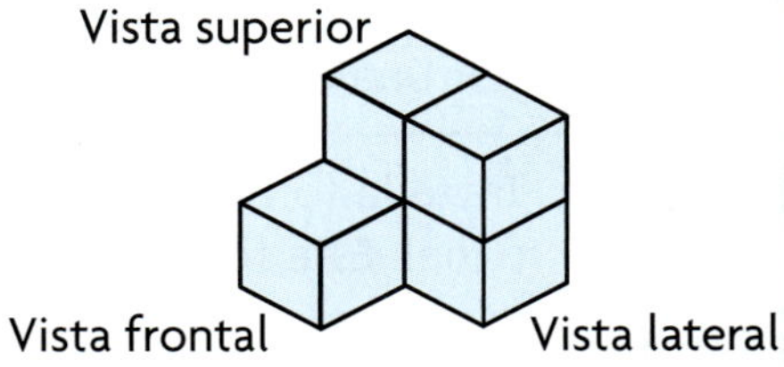

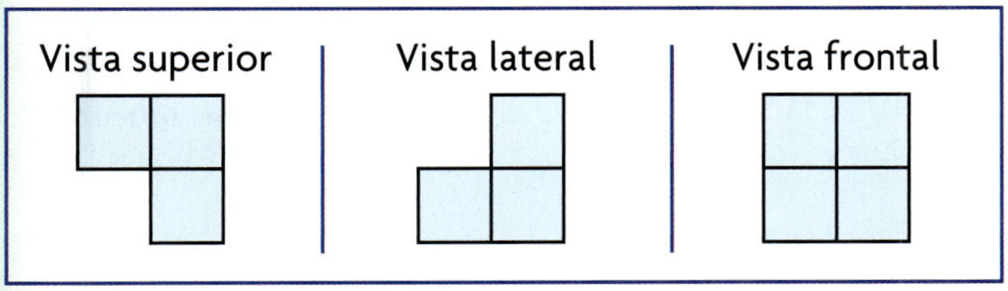

Escribe la letra de la figura que muestra la vista correcta de la figura de la derecha.

1. vista superior **2.** vista lateral **3.** vista frontal

a. 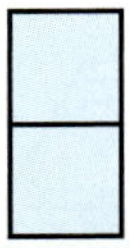

b. 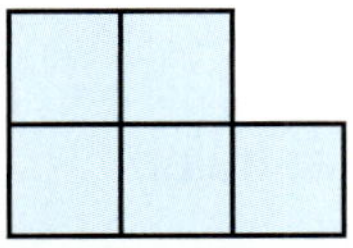

c. 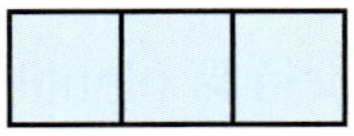

LECCIÓN 2

Patrones para cuerpos geométricos

Repaso rápido

Indica el número de caras para cada uno.

1. cubo
2. pirámide cuadrada
3. prisma triangular
4. prisma rectangular
5. pirámide triangular

VOCABULARIO

plantilla

Aprende

FORMA DE LAS COSAS Una **plantilla** es un patrón bidimensional de una figura tridimensional. Ésta se puede doblar para hacer un modelo de un cuerpo geométrico.

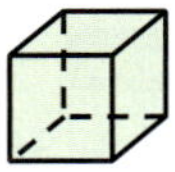

cubo

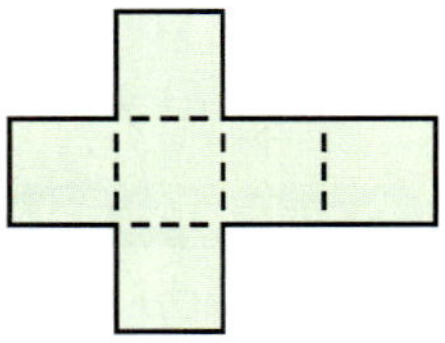

una plantilla para un cubo

Puedes cortar una caja tridimensional para hacer un patrón bidimensional o una plantilla.

MANOS A LA OBRA

Actividad **MATERIALES:** recipiente vacío, como una caja de cereal; tijeras y cinta adhesiva

PASO 1 Recorta por algunas de las aristas de la caja hasta que quede plana. Asegúrate de que cada cara esté conectada a otra cara al menos por una arista.

PASO 2 Traza la forma plana sobre un pedazo de papel. Esta forma es una plantilla de la caja.

PASO 3 Recorta la plantilla. Dóblala en forma de una caja tridimensional. Usa la cinta adhesiva para sujetarla.

- ¿En qué se diferencia la plantilla de un prisma rectangular de la plantilla de un cubo?

Enlace con la tecnología

Más práctica: Harcourt Mega Math Ice Station Exploration, *Frozen Solids*, Niveles H e I

Comprueba

1. **Explica** en qué se diferencia la plantilla de una pirámide cuadrada de la plantilla de un prisma rectangular.
2. **Observa** la figura y la plantilla de la derecha. Indica si la figura se puede formar con esa plantilla.

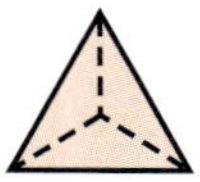

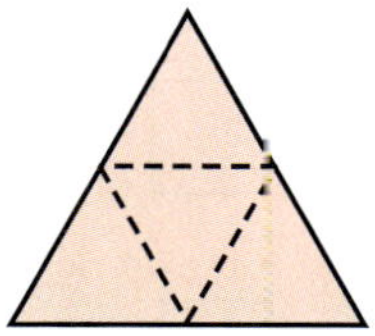

Práctica y resolución de problemas

Más práctica, página 656, Grupo B

Escribe la letra de la figura que está hecha con cada plantilla.

3. 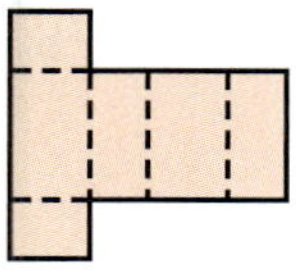

4. 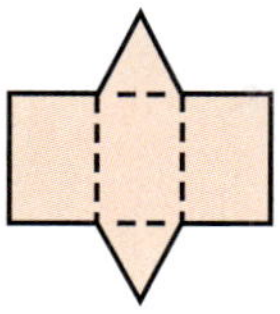

5. 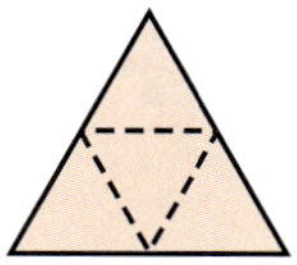

6. 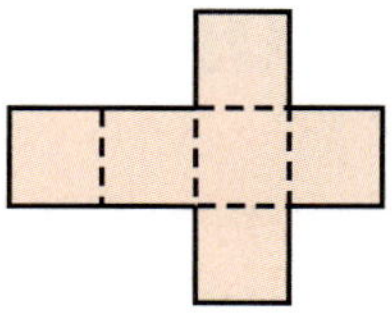

a. 

b. 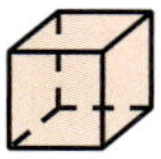

c. 

d. 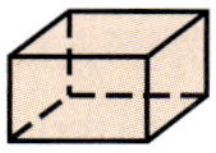

Dibuja una plantilla que se pueda cortar y doblar para hacer un modelo del cuerpo geométrico que se muestra.

7. 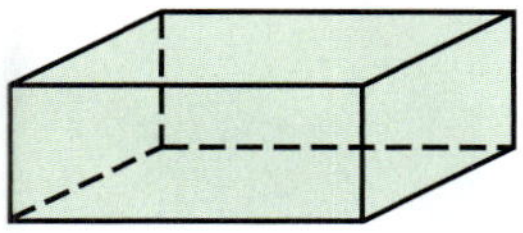

8. 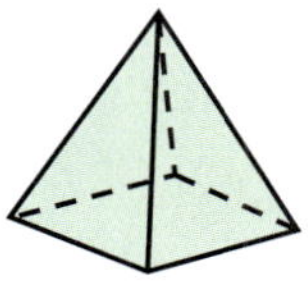

9. 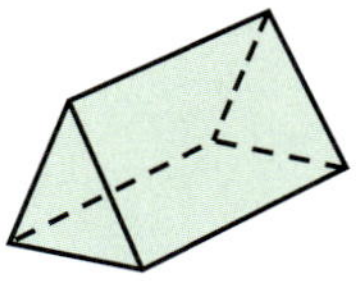

10. 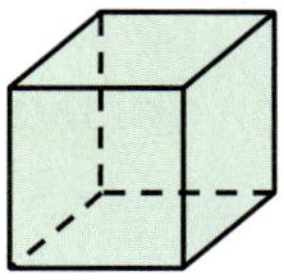

¿Se puede formar un cubo con la plantilla? Escribe *sí* o *no*.

11. 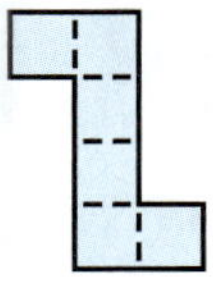

12. 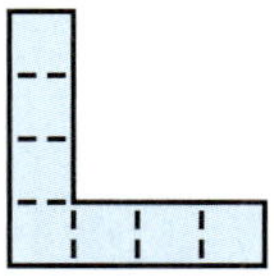

13. 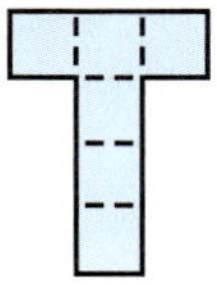

14. 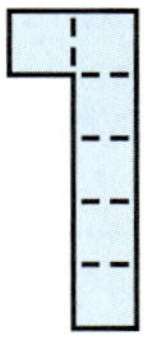

Para los ejercicios 15–16, usa la plantilla.

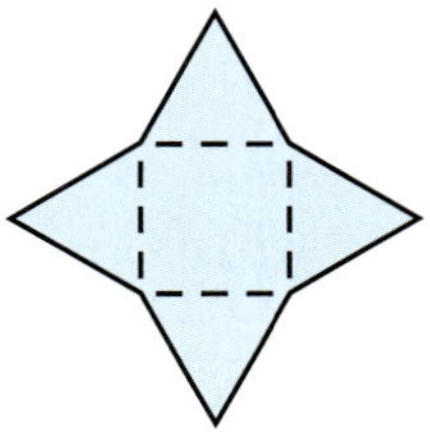

15. Juanita dibujó la plantilla de la derecha. ¿Qué cuerpo geométrico puede hacer?

16. Ernest dobló la plantilla de Juanita y formó el modelo de un cuerpo geométrico. ¿Cuántas caras, aristas y vértices tiene el modelo?

17. **¿Cuál es el error?** Nina dice que la plantilla de la derecha se puede doblar para hacer un prisma triangular. Explica el error de Nina. Luego dibuja una plantilla para un prisma triangular.

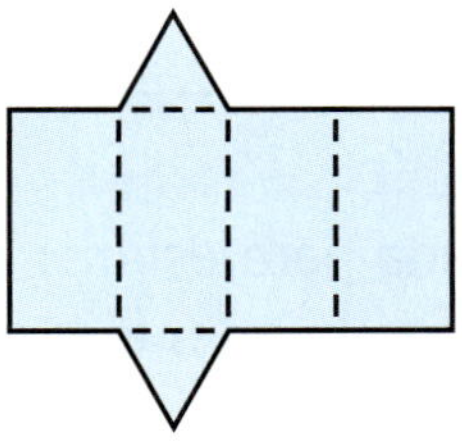

Repaso y preparación para la prueba

18. 11×4 (pág. 172)

19. 12×7 (pág. 172)

20. $60 \div 5$ (pág. 172)

21. $99 \div 9$ (pág. 172)

22. **Preparación para la prueba** Convierte $2\frac{1}{4}$ en una fracción. (pág. 458)

A $\frac{3}{4}$

B $\frac{7}{4}$

C $\frac{9}{4}$

D $\frac{21}{4}$

LECCIÓN 3

Estimar y hallar el volumen de los prismas

Repaso rápido

1. $4 \times 4 \times 4$
2. $6 \times 2 \times 3$
3. $4 \times 3 \times 2$
4. $5 \times 5 \times 2$
5. $3 \times 6 \times 5$

VOCABULARIO

volumen unidades cúbicas

Aprende

FORMAS ORNAMENTALES Sarah quiere estimar la cantidad de musgo que necesitará para rellenar el armazón de alambres de un arbusto ornamental. Para estimarla, ella puede pensar en el volumen del armazón.

La medida del espacio que ocupa un cuerpo geométrico se llama **volumen**. El volumen se mide en **unidades cúbicas**.

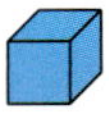

1 unidad cúbica

MANOS A LA OBRA

Actividad **MATERIALES:** plantilla de un prisma, tijeras, cinta adhesiva, cubos de 1 centímetro

Estima el volumen de una caja.

PASO 1

Recorta la plantilla. Dobla por las líneas y pega los lados para hacer una caja abierta.

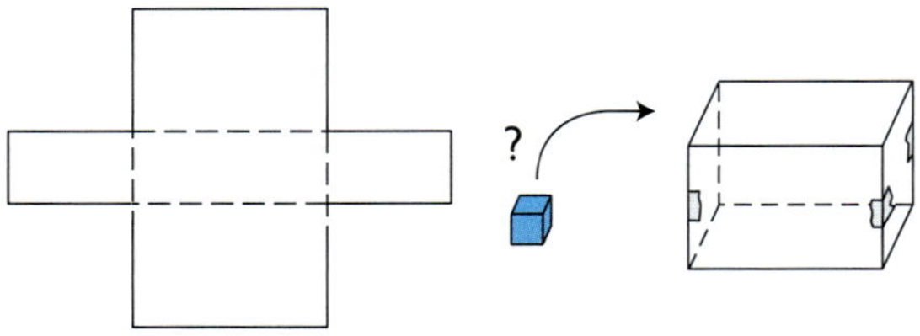

PASO 2

Estima cuántos cubos cabrán en la caja. Anota tu estimación.

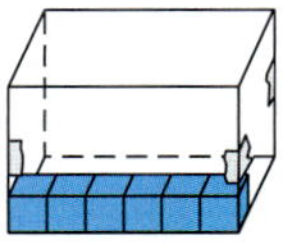

PASO 3

Coloca tantos cubos como puedas en la caja. Cuenta los cubos que uses. Anota el número.

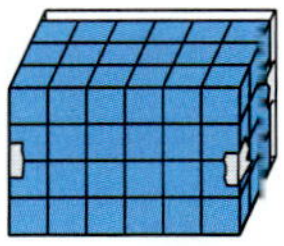

Como ayuda para estimar el volumen, puedes imaginarte el número de cubos que cabrían a lo largo, ancho y alto de un prisma.

Ejemplo Usa el cubo de 1 centímetro para estimar el volumen.

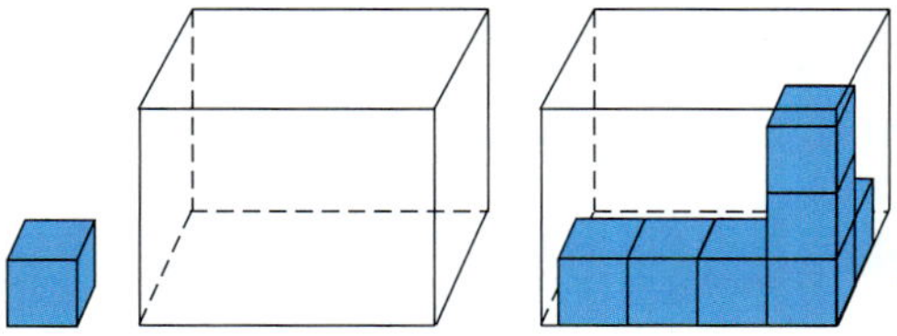

Piensa: Unos 4 cubos caben a lo largo y unos 2 cubos caben a lo ancho. Entonces, la capa de abajo tiene unos 8 cubos. Hay aproximadamente 3 capas de 8 cubos cada una.

3 capas × 8 cubos = 24 cubos

Entonces, el volumen es 24 centímetros cúbicos aproximadamente.

Hallar el volumen

Aquí te presentamos dos maneras de hallar el volumen.

De una manera

Cuenta el número de unidades cúbicas mientras formas un prisma rectangular de 6 cubos × 2 cubos × 3 cubos.

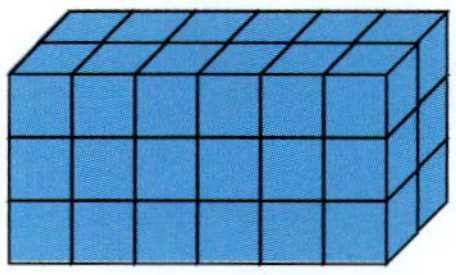

De otra manera

Multiplica el largo, el ancho y la altura del prisma rectangular para hallar el volumen en unidades cúbicas.

PASO 1

Halla el largo.
Cuenta el número de cubos en una fila.

El largo es 6 cubos.

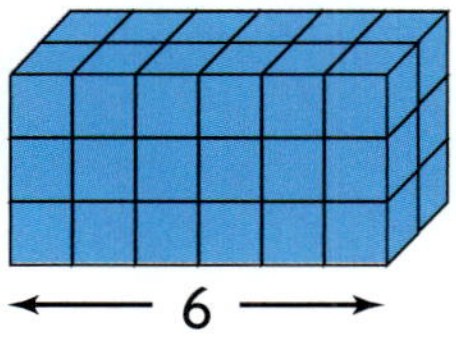

PASO 2

Halla el ancho.
Cuenta el número de filas en una capa.

El ancho es 2 cubos.

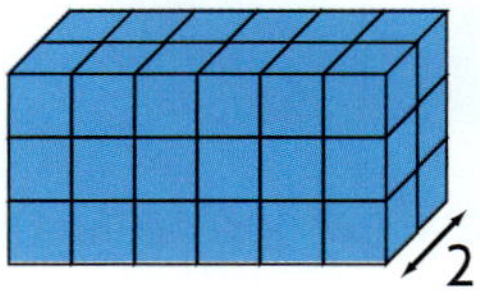

PASO 3

Halla la altura.
Cuenta el número de capas en el prisma.

La altura es 3 cubos.

PASO 4

Multiplica el largo × el ancho × la altura para hallar el volumen.

$6 \times 2 \times 3 = 36$

Entonces, el volumen es 36 unidades cúbicas.

- ¿Tiene un prisma rectangular de 2 cubos × 1 cubo × 3 cubos el mismo volumen que un prisma rectangular de 3 cubos × 2 cubos × 1 cubo? Haz unos modelos para explicar.

Comprueba

1. **Explica** cómo estimarías el número de cubos de 1 centímetro que necesitarías para llenar una caja de zapatos.
2. **Nombra** el cuerpo geométrico que mide 2 cubos × 2 cubos × 2 cubos. ¿Cuál es su volumen?

Cuenta o multiplica para hallar el volumen.

3. 

4. 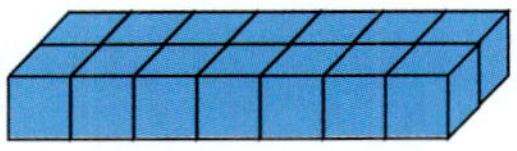

5. 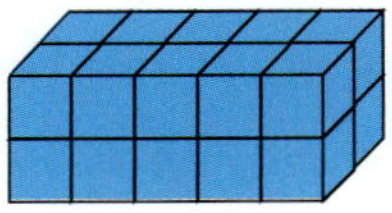

LA LECCIÓN CONTINÚA

Práctica y resolución de problemas

Más práctica, página 656, Grupo C

Halla el volumen.

6. 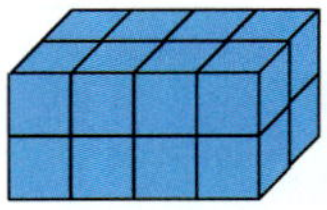

7. 

8. 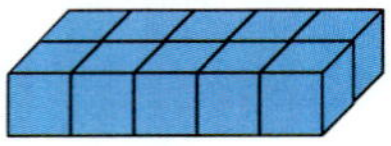

9. 

10. 

11. 

12. 

13. 

14. 

Copia y completa la tabla.

	LONGITUD	ANCHO	ALTURA (número de capas)	VOLUMEN (unidades cúbicas)
15.	2 pulg	6 pulg	4 pulg	■
16.	10 cm	3 cm	3 cm	■
17.	3 m	7 m	2 m	■
18.	4 pies	■	5 pies	60 pies cúbicos
19.	5 cm	2 cm	■	80 cm cúbicos

20. María usó cubos de 1 centímetro para construir un prisma que tuviera 3 cubos de largo, 4 cubos de ancho y 5 cubos de alto. Tyler construyó un prisma que tenía 5 cubos de largo, 4 cubos de ancho y 3 cubos de alto. ¿Quién usó más cubos? Explica.

21. ***DATOS BREVES*** **• CIENCIAS** El peso de 1 yarda cúbica de arena es cerca de 1.25 toneladas. Supón que usaste 2 yardas cúbicas de arena para hacer un castillo de arena gigante. ¿Cerca de cuántas toneladas de arena habrías usado?

22. **RAZONAMIENTO** Describe las diferentes maneras en que puedes construir un prisma rectangular con un volumen de 8 unidades cúbicas.

23. **RAZONAMIENTO** ¿Cómo cambiará el volumen si se duplicara la altura del prisma en el ejercicio 6?

24. **Vocabulario** Un *cubo* es un prisma que tiene la misma longitud, ancho y altura en cada lado. Usa esta definición para dar las dimensiones de un cubo que tiene un volumen de 1 *yarda cúbica.*

25. La caja A tiene 3 pies de largo, 2 pies de ancho y 2 pies de altura. La caja B tiene 2 pies de largo, 4 pies de ancho y 1 pie de altura. ¿Qué caja tiene el mayor volumen? Explica tu respuesta.

26. **RAZONAMIENTO** ¿Cómo cambiará el volumen si se duplican todas las dimensiones del prisma del ejercicio 8?

27. El baúl de recuerdos de Deborah tiene 40 pulgadas de largo, 19 pulgadas de ancho y 17 pulgadas de altura. ¿Cuál es el volumen de su baúl?

28. Había 368 cubos rojos y 274 cubos azules en una caja. Yong usó 450 de los cubos para construir un prisma. ¿Cuántos cubos quedaron?

29. **RAZONAMIENTO** Explica la diferencia entre una pulgada cuadrada y una pulgada cúbica. Haz un dibujo de cada una.

Repaso y preparación para la prueba

30. $\begin{array}{r} 12 \\ \times\ 13 \\ \hline \end{array}$ (pág. 252)

31. $\begin{array}{r} 51 \\ \times\ 32 \\ \hline \end{array}$ (pág. 252)

32. $45.61 - 43.39$ (pág. 592)

33. $278 \div 43$ (pág. 320)

34. **Preparación para la prueba** Hannah dividió 456 monedas de 1¢ en 3 grupos iguales. ¿Qué cantidad de dinero hay en cada grupo? (pág. 300)

A \$0.52 **C** \$1.52

B \$1.18 **D** \$4.53

35. 5,000 cm = ■ m (pág. 544)

36. 3 kg = ■ g (pág. 548)

37. \$45.72 + \$2.82 (pág. 592)

38. $14.5 + 13 + 5.62$ (pág. 588)

39. **Preparación para la prueba** ¿Cuál es mayor que 5.5? (pág. 572)

F 5.16 **H** 5.61

G 5.09 **J** 5.49

Resolución de problemas — Enlace con las Ciencias

Hay diferentes maneras de medir el espacio dentro de un objeto. Observa esta pecera. Puedes medir su volumen y su capacidad.

Volumen Usa cubos de 1 centímetro para medir el volumen de la pecera.

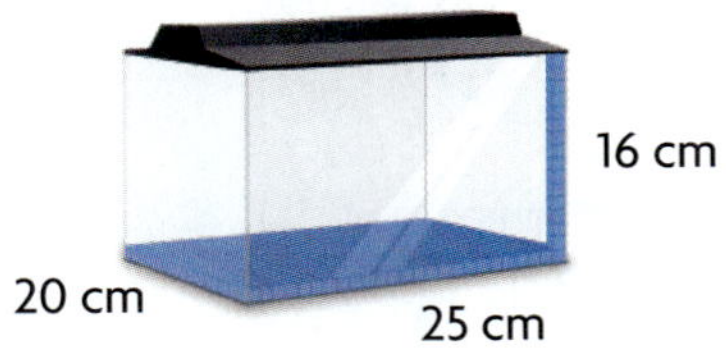

La capa inferior tiene 500 cubos. Hay 16 capas. Entonces, la pecera tiene un volumen de casi 8,000 centímetros cúbicos.

Capacidad Usa agua en un recipiente de 1 litro para medir la capacidad de la pecera.

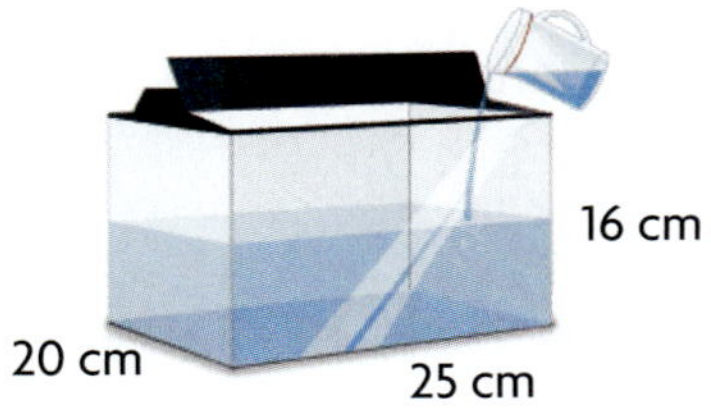

Hay casi 4 litros de agua en la pecera. Está llena hasta la mitad. Entonces, la pecera tiene una capacidad de casi 8 litros.

1. ¿Cómo podrías medir el volumen de un molde para hornear pastel? ¿Cómo podrías medir su capacidad?
2. Describe una situación en la que necesitarías hallar el volumen de un prisma rectangular.
3. Describe una situación en la que necesitarías hallar la capacidad de un prisma rectangular.

LECCIÓN 4

Destreza • Resolución de problemas
Demasiada/Muy poca información

Repaso rápido

1. $5 \times 8 \times 4$ **2.** $5 \times 2 \times 6$
3. $3 \times 4 \times 9$ **4.** $2 \times 1 \times 4$
5. $6 \times 5 \times 4$

COMPRENDE | PLANEA | RESUELVE | COMPRUEBA

¡QUÉ DULCE ES! La fábrica de dulces empaca caramelos envueltos de forma individual en una caja de 12 pulgadas por 9 pulgadas por 2 pulgadas. Cada caja cuesta \$2.35 y hay 24 cajas en cada cajón. ¿Cuál es el volumen de una caja?

- **Decide lo que debes hallar en el problema.**
  El problema te pide que halles el volumen de una caja.
- **Decide qué información necesitas para resolver el problema.**
  Se necesitan el largo, el ancho y la altura de la caja.

  volumen = largo × ancho × altura
- **Vuelve a leer el problema detalladamente. Decide si hay demasiada o muy poca información en el problema.**
  Hay demasiada información. No se necesitan ni el precio de cada caja ni la cantidad de cajas en un cajón.
- **Resuelve el problema si es posible.**
  Multiplica.
  volumen = largo × ancho × altura
  volumen = $12 \times 9 \times 2$
  volumen = 216

Entonces, el volumen de la caja es de 216 pulgadas cúbicas.

Explica lo que sabes

- **¿Qué sucedería si** el ancho de la caja no se diera en el problema? ¿Tendrías demasiada o muy poca información para resolver el problema? Explica tu respuesta.
- ¿Qué puede suceder si hay demasiada información en un problema?

Práctica • Resolución de problemas

Decide si el problema tiene *demasiada* o *muy poca información*. Luego, resuelve el problema si es posible.

1. Allison tiene una gaveta que mide 33 pulgadas de largo, 11 pulgadas de ancho y 8 pulgadas de altura. Ella puede guardar 10 camisetas en la gaveta. ¿Cuál es el volumen de la gaveta?

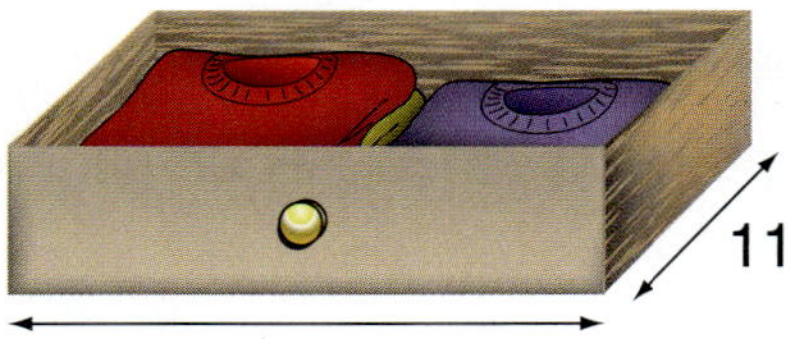

2. Rosa compró 3 CD por $32.65. También compró un suéter por $25.50 y una falda por $19.95. ¿Cuánto gastó Rosa en ropa?

3. Kirk tiene una maleta que mide 40 pulgadas de largo y 32 pulgadas de ancho. ¿Cuál es el volumen de su maleta?

Una figura de 5 lados tiene un lado que mide 12 pulgadas, un segundo lado que mide 29 pulgadas, un tercer lado que mide 17 pulgadas y un cuarto lado que mide 35 pulgadas.

4. Este problema contiene _?_ para hallar el perímetro de la figura.
   A demasiada información
   B muy poca información
   C la información necesaria
   D ninguna de los anteriores

5. ¿Qué información necesitas para hallar el perímetro?
   F longitud del quinto lado
   G longitud del sexto lado
   H área de la figura
   J ninguna, no falta información.

Aplicaciones mixtas

6. Kim anotó 8 goles y Leticia anotó 10 goles. Hillary anotó dos veces la cantidad de goles de Kim. ¿Cuántos goles anotaron las tres niñas?

7. Terrence y Mike llevaron juntos 24 manzanas a un picnic. Mike llevó 6 manzanas más que Terrence. ¿Cuántas manzanas llevó cada uno?

8. Austin construyó una caja de almacenaje usando 5 piezas de madera. La caja tenía 2 pies de altura, 3 pies de ancho y 5 pies de largo. ¿Cuál es el volumen de su caja?

9. El Café Springside tiene 16 mesas afuera en el patio y 25 mesas adentro. En cada mesa se pueden sentar 4 personas. ¿Cuántas personas pueden comer en el café?

10. La Sra. Fearn tiene $22.50. Ella quiere comprar 4 pasteles que cuestan $5.65 cada uno. ¿Tiene suficiente dinero? Explica tu respuesta.

11. **Escribe un problema** que tenga demasiada información.

12. El Sr. Kemp quería comprar un caballo para su granja. Él manejó 125 millas a Florencia y luego 98 millas a Camden para mirar caballos. Cuando regresó a casa, había manejado 380 millas. ¿Qué distancia recorrió desde Camden hasta su casa?

Más práctica

Grupo A (págs. 644–647)

¿Qué cuerpo geométrico ves en cada ilustración?

1. 

2. 

3. 

4. 

Escribe los nombres de las figuras planas que son las caras de cada cuerpo geométrico.

5. 
pirámide triangular

6. 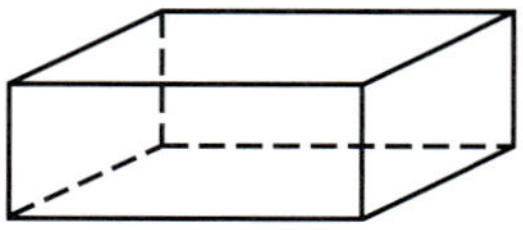
prisma rectangular

7. 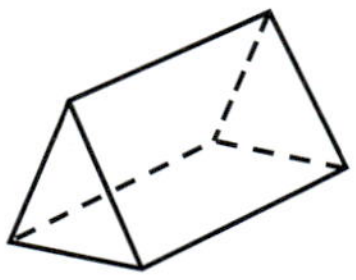
prisma triangular

8. 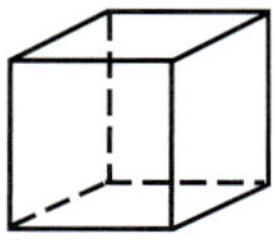
cubo

Grupo B (págs. 648–649)

Escribe la letra de la figura que se forma con cada plantilla.

1. 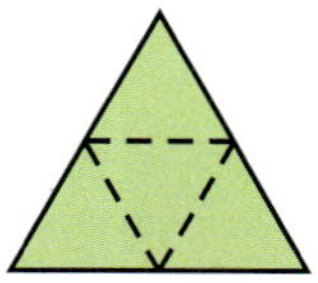

2. 

3. 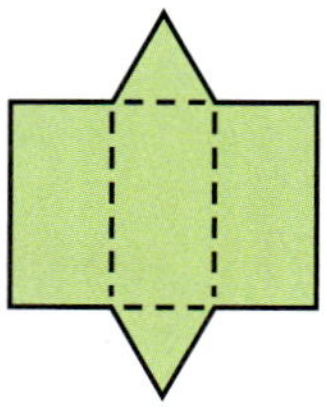

4. 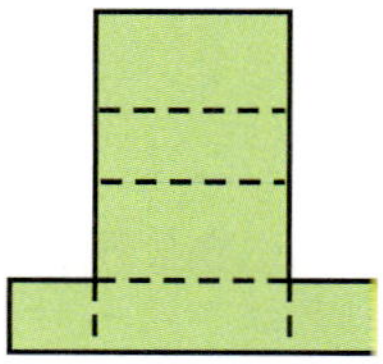

a. 

b. 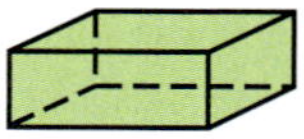

c. 

d. 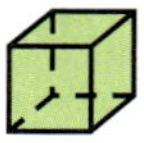

5. Dibuja una plantilla que forme una pirámide cuadrada una vez que se corta y se dobla.

Grupo C (págs. 650–653)

Halla el volumen.

1. 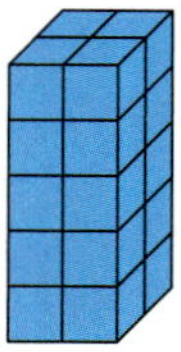

2. 

3. 

4. 

5. El volumen de un prisma rectangular es 12 unidades cúbicas. Su longitud es 2 unidades y su ancho es 2 unidades. ¿Cuál es su altura?

Repaso/Prueba

COMPRUEBA EL VOCABULARIO Y LOS CONCEPTOS

Elige el mejor término de la casilla.

cubo
área
volumen
pirámide cuadrada

1. La medida del espacio que ocupa un cuerpo geométrico se llama _?_. (pág. 650)
2. Una _?_ tiene 5 caras, 8 aristas y 5 vértices. (pág. 645)

COMPRUEBA LAS DESTREZAS

Escribe la letra de la figura que se forma con cada plantilla. (págs. 648–649)

3. 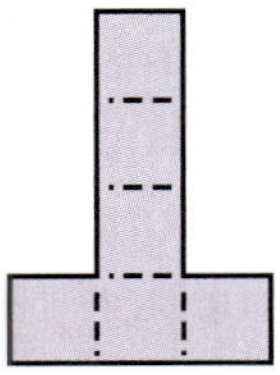

4. 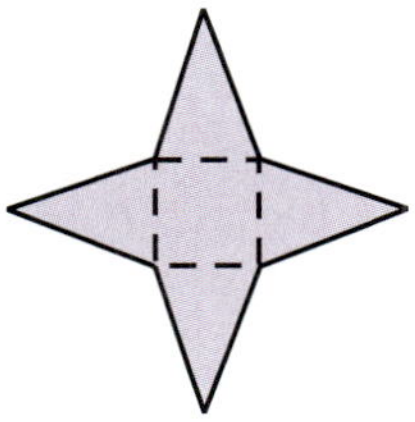

5. 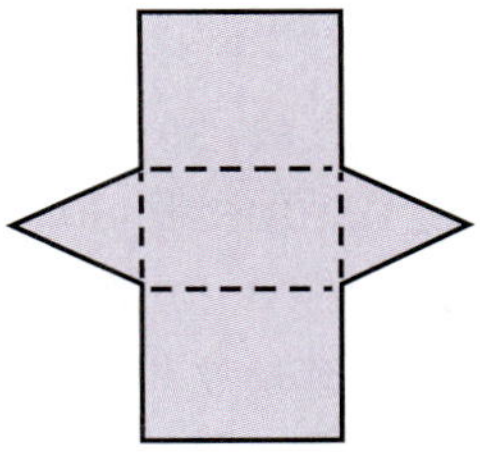

a. 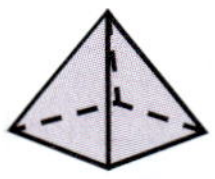

b. 

c. 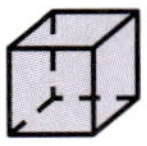

Halla el volumen. (págs. 650–653)

6. 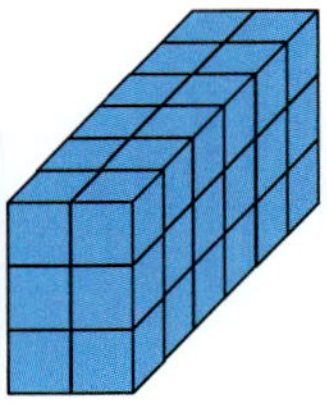

7. 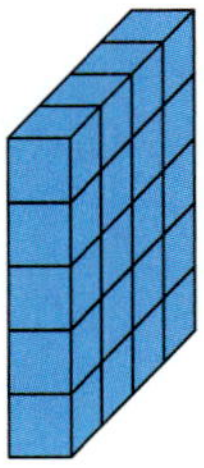

8. 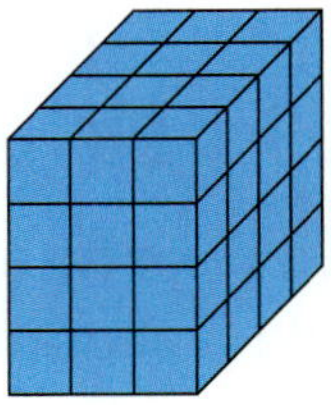

COMPRUEBA LA RESOLUCIÓN DE PROBLEMAS

Decide si el problema tiene *demasiada* o *muy poca información*. Luego, resuelve el problema si es posible. (págs. 654–655)

9. Jill tiene $10.00. Ella compra un portarretrato que mide 8 pulg de largo y 5 pulg de ancho por $6.78. ¿Cuánto recibe de cambio?

10. El camión de entregas puede llevar 2,560 cajas de cartón. La altura de la caja es de 62 cm y el ancho de la caja es de 75 cm. ¿Cuál es el volumen de la caja?

Preparación para pruebas

PERCEPCIÓN NUMÉRICA, CONCEPTOS Y OPERACIONES

1. Bradley y Erica comieron cada uno $\frac{3}{10}$ de una pizza grande. ¿Qué operaciones se pueden usar en los círculos de abajo para saber qué cantidad de pizza queda?

$\frac{3}{10} \bullet \frac{3}{10} = \frac{6}{10}$ $\qquad$ $\frac{10}{10} \bullet \frac{6}{10} = \frac{4}{10}$

A resta, suma

B resta, resta

C suma, suma

D suma, resta

2. Nancy viajó en su bicicleta 1.8 millas hasta el parque. Ella viajó en su bicicleta otras 2.5 millas alrededor del sendero para bicicletas y luego viajó de regreso a su casa. ¿Cuál de las siguientes muestra la cantidad de millas que Nancy viajó en su bicicleta?

F $1.8 + 1.8 = 3.6$

G $1.8 + 2.5 = 4.3$

H $1.8 + 2.5 + 1.8 = 6.1$

J $1.8 + 2.5 + 2.5 = 6.8$

3. **Explícalo** La tabla de abajo muestra las longitudes de 3 pedazos de cuerda.

LONGITUDES DE LAS CUERDAS

Cuerda	Longitud (en pulgadas)
A	$1\frac{1}{4}$
B	$2\frac{3}{4}$
C	$3\frac{3}{4}$

Imagínate que los tres pedazos de cuerda están uno al lado del otro, punta con punta. ESTIMA la longitud total de las cuerdas a la pulgada más próxima. Explica cómo lo decidiste.

MEDIDAS

4. ¿Qué prisma rectangular tiene un volumen de 12 unidades cúbicas?

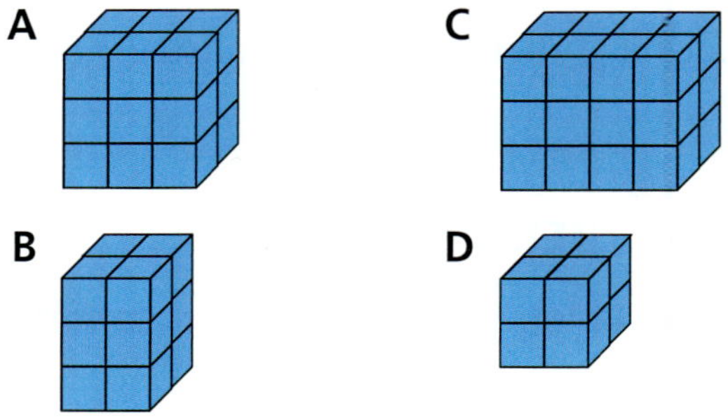

5. Conley está ayudando a su hermanito a guardar sus bloques de construcción. Cada bloque mide 1 pulgada cúbica. ¿Cuántos bloques de construcción cabrán en la caja que se muestra?

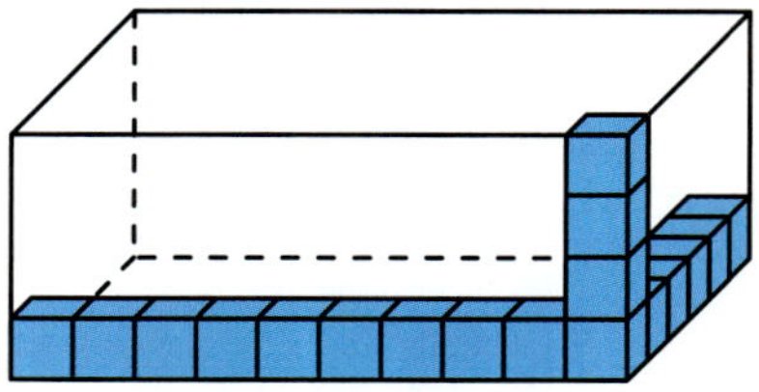

F 60

G 150

H 240

J 320

6. **Explícalo** La caja de servilletas tiene la forma de un cubo. ESTIMA en centímetros cúbicos el volumen de la caja de servilletas.

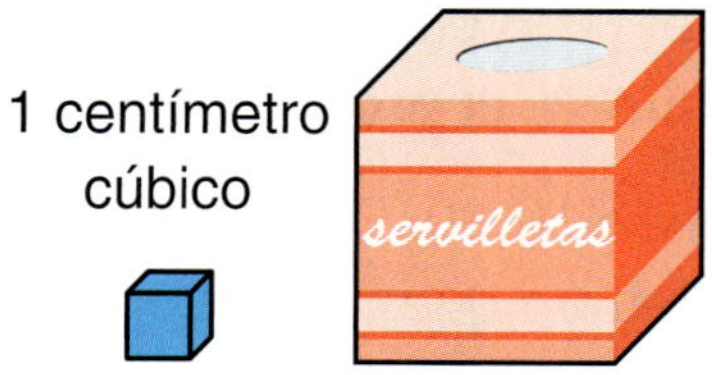

Explica cómo lo decidiste.

GEOMETRÍA Y ORIENTACIÓN ESPACIAL

7. ¿Cuántos vértices tiene esta pirámide cuadrada?

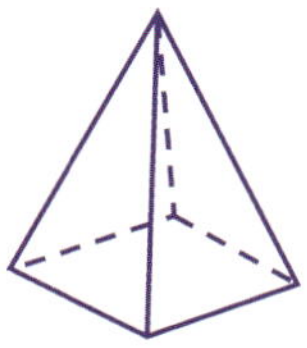

A 8

B 6

C 5

D 4

> **IDEA** **Decide un plan.** Mira el ejercicio 8. Estudia el cuerpo geométrico. Luego, usa lo que sabes sobre las plantillas de los cuerpos geométricos para resolver el problema.

8. ¿Cuál de estos grupos de figuras planas muestra todas las caras del cuerpo geométrico de abajo?

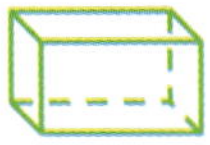

F 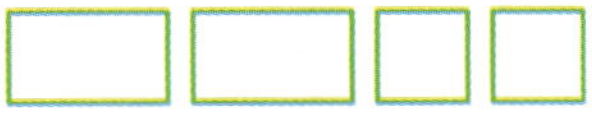

G 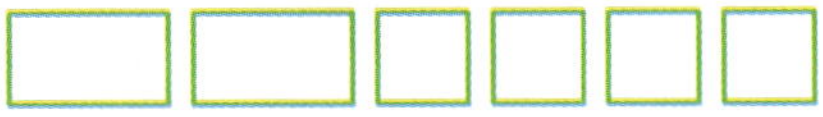

H 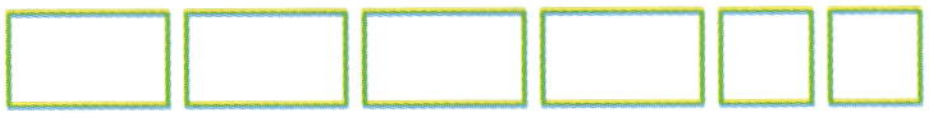

J 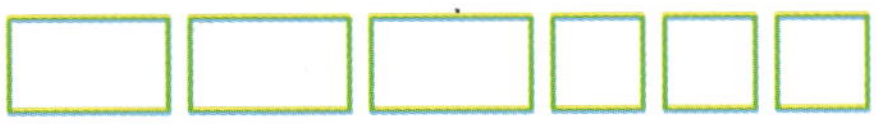

9. **Explícalo** Dibuja un cuerpo geométrico que no tenga caras. Explica por qué dibujaste ese cuerpo geométrico.

RAZONAMIENTO ALGEBRAICO

10. La clase de cuarto grado tiene una fiesta. Alex se ofreció para llevar vasos plásticos. ¿Qué ecuación muestra la relación entre el número de paquetes y el número de vasos como se muestra en la tabla de abajo?

Número de paquetes, p	1	2	3	4	5
Número de vasos, v	12	24	36	48	60

A $v \times 12 = p$

B $p \times 12 = v$

C $v + 12 = p$

D $p + 12 = v$

11. ¿Cuál es la solución de la ecuación $7 + p = 9$?

F 1

G 2

H 3

J 4

12. **Explícalo** Esta tabla representa el costo de las pizzas en El palacio de las pizzas.

LISTA DE PRECIOS	
Cantidad	**Costo**
1	\$9
2	\$18
3	\$27
4	■
5	■

Copia y completa la tabla. Explica cómo cambia el costo de las pizzas a medida que cambia la cantidad de pizzas.

Manualidades

Talonario de cuerpos geométricos

PROYECTO Haz un "talonario" para mostrar diferentes vistas de un cuerpo geométrico.

Materiales

- Tarjeta de color de 10 pulg por $4\frac{1}{2}$pulg
- 4 hojas de papel blanco de $4\frac{1}{4}$ pulg por $4\frac{1}{2}$ pulg
- Engrapadora
- Marcadores, crayolas, lápices de colores

Instrucciones

1. Sostén la tarjeta verticalmente y dobla 1 pulgada hacia arriba la parte de abajo. Inserta las hojas de papel blanco en el doblez. Engrapa el doblez muy cerca de la parte de abajo. *(ilustración A)*

2. Dobla la parte de arriba hacia abajo aproximadamente a $\frac{1}{2}$ pulgada de la parte de abajo. Para cerrarlo, introduce la parte de arriba en el bolsillo doblado. *(ilustración B)*

3. Dibuja una vista diferente de un cuerpo geométrico en tres hojas de papel blanco. Dibuja una vista superior, una vista frontal y una vista lateral. En la cuarta hoja dibuja el cuerpo geométrico. *(ilustración C)*

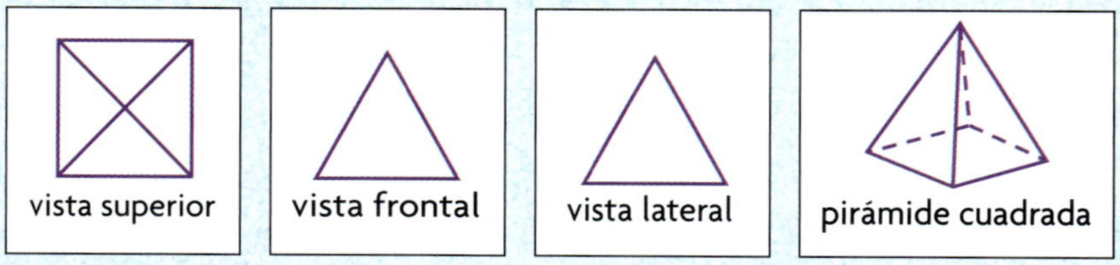

4. Decora tu talonario y rotula cada dibujo. Pide a un compañero de clases que observe las tres primeras hojas. Pídele que nombre el cuerpo geométrico que dibujaste.

Desafío

Explorar el área total de los prismas

Ashley y Antonio están pintando una caja para usarla como decoración en la obra de la clase. La caja mide 4 pies de largo, 3 pies de ancho y 6 pies de alto. Las instrucciones en la lata de pintura dicen que alcanza para cubrir 40 pies cuadrados. ¿Cuántas latas de pintura necesitarán?

Ellos pueden hallar el área total de la caja para decidir cuántas latas de pintura deben comprar. El **área total** es la suma de las áreas de las caras de un cuerpo geométrico. Como el área total mide dos dimensiones, la misma se mide en unidades cuadradas.

PASO 1

Dibuja una plantilla en papel cuadriculado. Rotula las caras *A*–*F*.

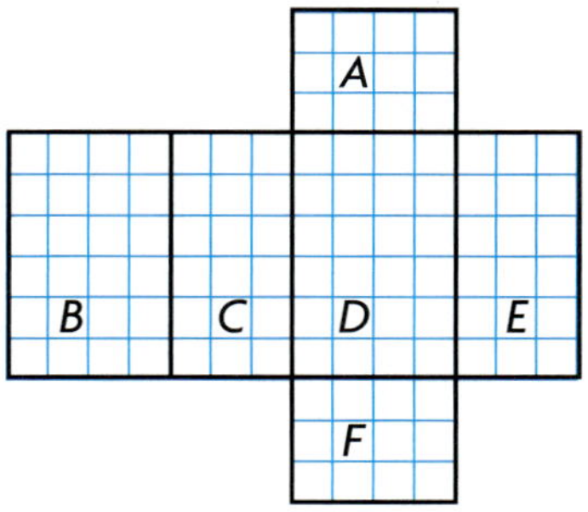

PASO 2

Usa la fórmula para el área de un rectángulo para hallar el área de cada cara.

$A = l \times a$

cara *A*: $A = 4 \times 3 = 12$
cara *B*: $A = 4 \times 6 = 24$
cara *C*: $A = 3 \times 6 = 18$
cara *D*: $A = 4 \times 6 = 24$
cara *E*: $A = 3 \times 6 = 18$
cara *F*: $A = 4 \times 3 = 12$

PASO 3

Suma las áreas de las caras para hallar el área total.

$12 + 24 + 18 + 24 + 18 + 12 = 108$

PASO 4

Divide el área total entre el área que cubrirá cada lata de pintura.

$108 \div 40 = 2$ r28

Como 2 latas de pintura no alcanzarán para cubrir 108 pies cuadrados, se necesita una lata más para cubrir los 28 pies cuadrados restantes. Entonces, Ashley y Antonio necesitan 3 latas de pintura.

Inténtalo

Usa la plantilla para hallar el área de cada cara. Luego, halla el área total de cada prisma.

1.

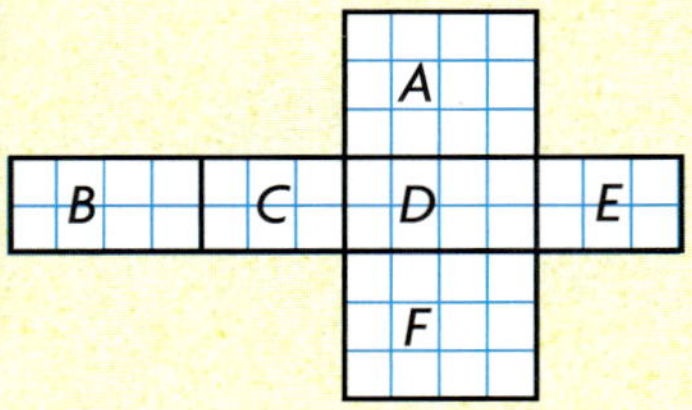

2.

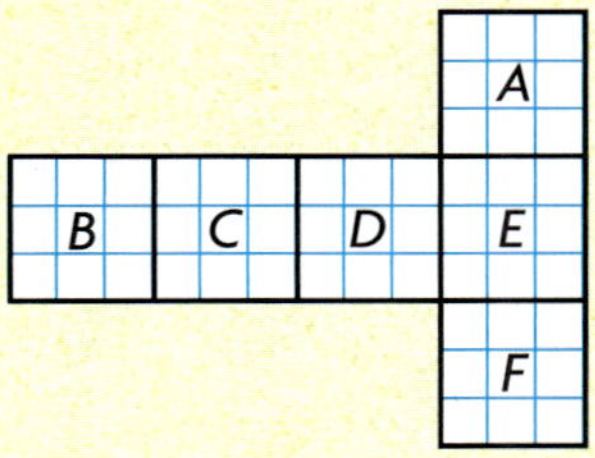

Guía de estudio y repaso

VOCABULARIO

Elige el mejor término de la casilla.

1. Cuando hallas la distancia alrededor de una figura, hallas el _?_. (pág. 612)

2. Cuando hallas el número de unidades cuadradas que se necesitan para cubrir una superficie, hallas el _?_. (pág. 628)

3. La medida del espacio que ocupa un cuerpo geométrico se llama _?_. (pág. 650)

perímetro
área
cuerpo geométrico
volumen

ESTUDIA Y RESUELVE

Capítulo 28

Halla el perímetro.

Halla el perímetro.

P = la suma de la longitud de los lados

$P = a + b + c + d + e + f$

$P = 2 + 2 + 3 + 4 + 3 + 3$

$P = 17$

Entonces, el perímetro es 17 cm.

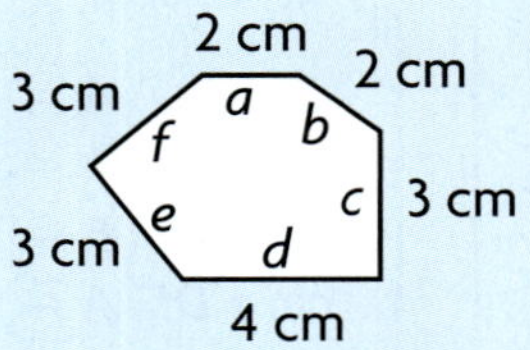

Halla el perímetro. (págs. 612–617)

4.

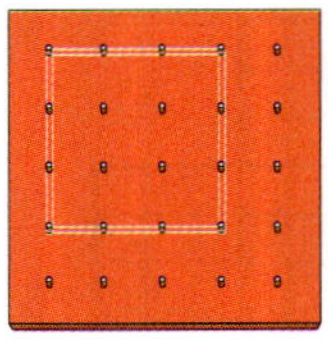

5.

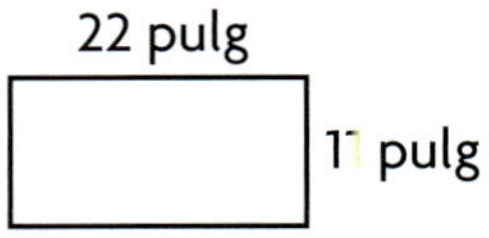

6.

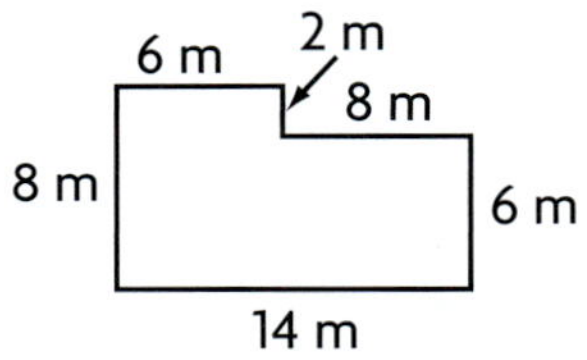

Estima la circunferencia.

La circunferencia de un círculo es aproximadamente 3 veces el diámetro del círculo.

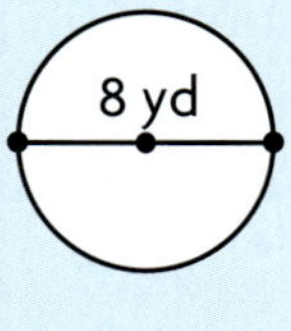

Diámetro: 8 yd

PIENSA: $8 \times 3 = 24$

Entonces, la circunferencia es aproximadamente 24 yd.

Estima cada circunferencia. (págs. 618–619)

7.

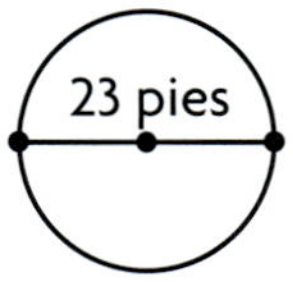

8.

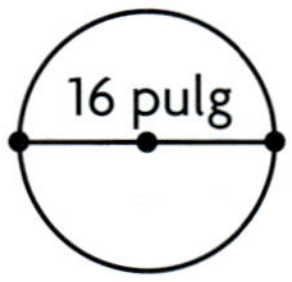

9. Diámetro: 33 m

10. Diámetro: 12 mi

Capítulo 29

Halla el área.

Área = largo × ancho

Usa la fórmula para hallar el área.

$A = l \times a$

$A = 12 \times 9$

$A = 108$

Entonces, el área es 108 pies cuadrados.

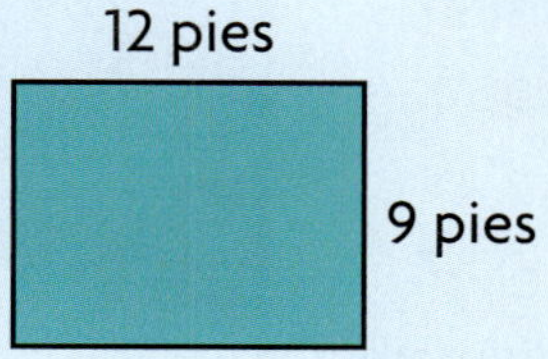

Halla el área. (págs. 630–633)

11. 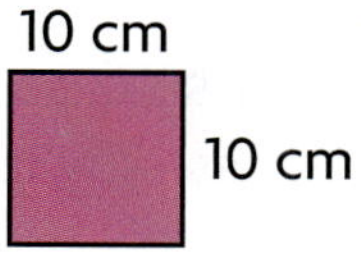

12. 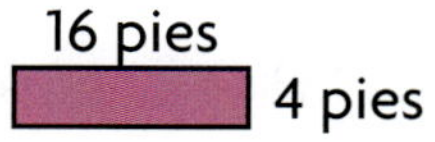

13. 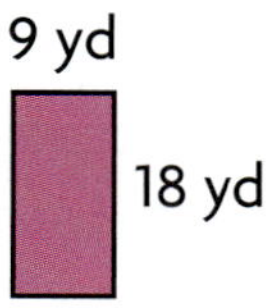

14. 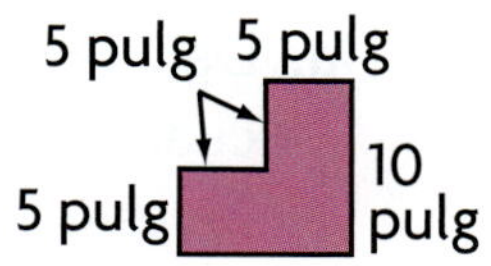

Capítulo 30

Halla el volumen de prismas rectangulares.

Halla el volumen.

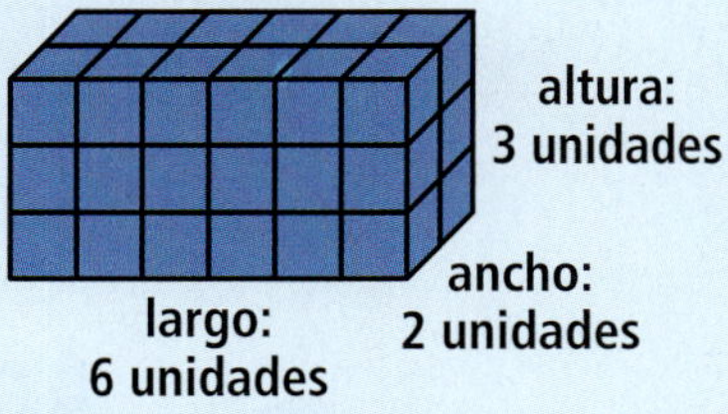

Método 1: Cuenta el número de unidades cúbicas en el prisma: 36 unidades cúbicas.

Método 2: Multiplica largo × ancho × altura.
6 cubos × 2 cubos × 3 cubos = 36
Volumen: 36 unidades cúbicas

Para los ejercicios 15–17, usa la figura. (págs. 644–647, 650–653)

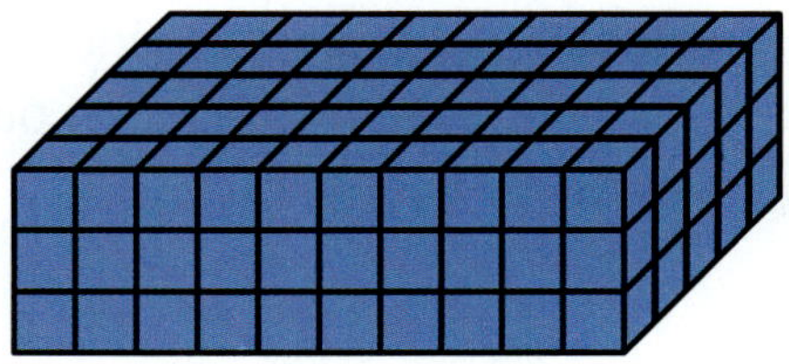

15. Nombra el cuerpo geométrico.
16. ¿Cuántas caras, aristas y vértices tiene este cuerpo geométrico?
17. ¿Cuál es el volumen?
18. La Sra. Jost tiene una caja que mide 12 pulgadas por 8 pulgadas por 14 pulgadas. ¿Cuál es el volumen de su caja?

PRÁCTICA • RESOLUCIÓN DE PROBLEMAS

Resuelve. (págs. 620–621, 636–637)

19. John quiere hacer un triángulo que tenga un perímetro de 26 pulgadas. Él dibujó dos lados del triángulo con una medida de 8 pulgadas y 10 pulgadas. ¿Cuál es la longitud del tercer lado del triángulo de John?
20. Elisa tiene un tablado en el patio de su casa que mide 20 pies de largo por 7 pies de ancho. Si ella duplica el ancho del tablado, ¿cómo cambiará el perímetro y el área de su tablado?

EVALUACIÓN DEL RENDIMIENTO

TAREA A • AMPLIAR LA CASA

Los Miller planean ampliar su casa. La extensión será de 12 pies por 18 pies e incluirá un cuarto, un baño y un clóset.

a. Decide de qué tamaño podrían ser el cuarto, el baño y el clóset. Haz un diagrama de este plano de piso. Escribe en tu diagrama las longitudes y los anchos en pies de las tres habitaciones.

b. Los Miller pondrán alfombra en el cuarto y en el clóset. ¿Cuántos pies cuadrados de alfombra necesitarán para estas dos habitaciones de tu plano de piso?

c. En el cuarto y en el baño empapelarán el borde superior de las paredes justo debajo del techo. ¿Cuántos pies de papel para el borde necesitarán para tu plano de piso?

TAREA B • ¡GUÁRDALO!

MATERIALES: cubos de 1 centímetro, papel cuadriculado de 1 centímetro

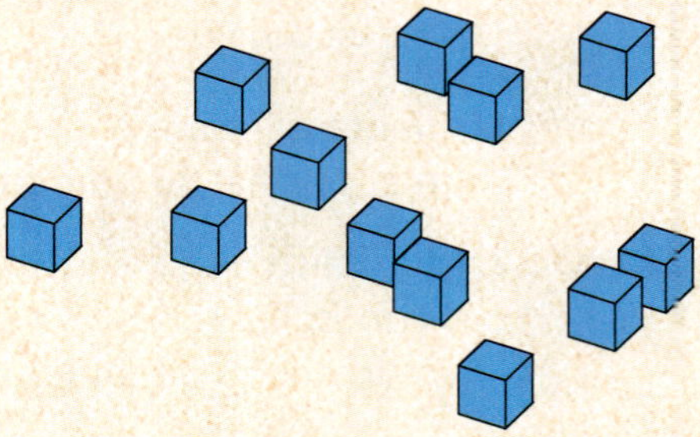

Marta quiere una caja de forma rectangular para guardar exactamente 12 cubos de 1 centímetro.

a. Dibuja en papel cuadriculado una plantilla para un prisma rectangular donde quepan 12 cubos de 1 centímetro. Recórtala y pégala para hacer la caja. ¿Cuáles son el largo, el ancho y la altura de la caja?

b. Dibuja plantillas y haz cajas para prismas rectangulares diferentes a los que les puedan caber exactamente 12 cubos de 1 centímetro. Copia y completa la tabla de la derecha.

CAJAS PARA GUARDAR EXACTAMENTE 12 CUBOS DE 1 CENTÍMETRO

Largo	Ancho	Altura

c. Supón que Marta quiere llenar una caja a la que le caben exactamente 16 cubos de 1 centímetro. Si cada lado se mide en centímetros enteros, ¿cuántas cajas diferentes puede hacer? Da el largo, el ancho y la altura de cada caja.

Enlace con la tecnología

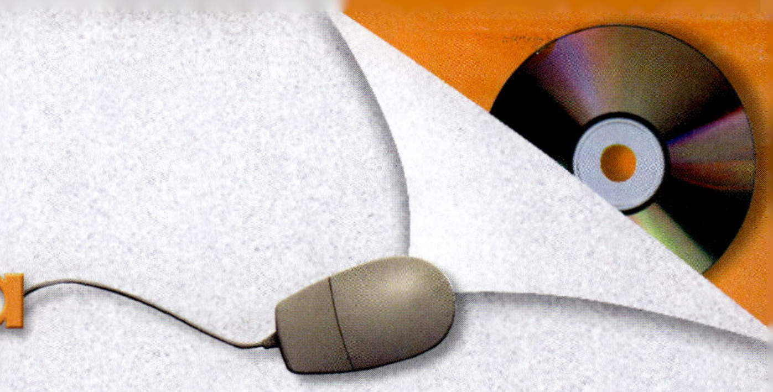

Halla el perímetro y el área de rectángulos

Puedes usar fórmulas de un programa de hojas de cálculo para hallar el perímetro y el área de rectángulos diferentes. Las longitudes y los anchos de los tres rectángulos se muestran en la hoja de cálculo de abajo.

	A	B	C	D
1	Longitud (en cm)	Ancho (en cm)	Perímetro (en cm)	Área (en cm cuadrados)
2	4	3		
3	6	9		
4	8	12		
5				

- Entra los datos que se muestran en una hoja de cálculo.
- Haz clic en la casilla C2 debajo de Perímetro y entra esta fórmula: =2*A2+2*B2. En una hoja de cálculo, * significa multiplicación.
- Presiona la tecla *Enter* en tu teclado para moverte hacia la siguiente casilla de la derecha. Ahora el perímetro aparecerá en la casilla C2.
- Haz clic en la casilla D2 debajo de Área y entra esta fórmula: =A2*B2.
- Presiona *Enter*. Ahora el área aparecerá en la casilla D2.
- Sombrea cada una de las casillas del perímetro y del área una a la vez. Haz clic en *Edit* en la barra de herramientas, selecciona *Fill* y luego *Down*.

	A	B	C	D
1	Longitud (en cm)	Ancho (en cm)	Perímetro (en cm)	Área (en cm cuadrados)
2	4	3	14	12
3	6	9	30	54
4	8	12	40	96
5				

Práctica y resolución de problemas

Usa un programa de hojas de cálculo para hallar el perímetro y el área.

1. Largo = 16 pulg
Ancho = 7 pulg

2. Largo = 7 pulg
Ancho = 6 pulg

3. Largo = 12 pulg
Ancho = 5 pulg

4. Largo = 8 pulg
Ancho = 9 pulg

5. Largo = 4 pulg
Ancho = 9 pulg

6. Largo = 14 pulg
Ancho = 6 pulg

APRENDE en línea

Glosario de matemáticas www.harcourtschool.com

Vocabulario Busca la palabra *fórmula* en el Glosario de matemáticas. Explica cómo se usa la fórmula $A = l \times a$ para hallar el área de un rectángulo.

▲ El montículo B tiene una pendiente que mide 58 pies de altura.

RESOLUCIÓN DE PROBLEMAS POR EL PAÍS

en Alabama

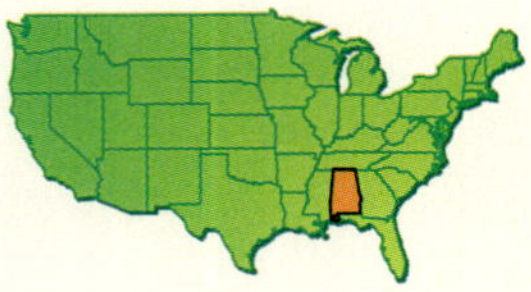

PARQUE ARQUEOLÓGICO DE MOUNDVILLE

Hace alrededor de 800 años, el pueblo de Moundville en Alabama era la ciudad más grande de América del Norte. Hoy en día los arqueólogos excavan en busca de objetos que les den pistas para aprender sobre el pasado de los indígenas que allí vivieron.

USA LOS DATOS Para los ejercicios 1–2, usa el mapa de Moundville.

1. Estima el área del lugar. Cada unidad cuadrada equivale aproximadamente a 48,400 pies cuadrados.
2. **AMPLÍA TU CONOCIMIENTO** El pueblo era casi cuadrado. Tres de sus lados estaban protegidos por cercas. El cuarto lado daba al río Black Warrior. Estima el perímetro del lugar. Explica cómo lo decidiste.
3. El montículo A está casi en el centro de la gran plaza. Mide alrededor de 110 pies por 55 pies. Halla el perímetro y el área del montículo A.
4. Observa la fotografía del montículo B. ¿A qué cuerpo geométrico se parece el montículo? Nombra las figuras planas que se hallan en las caras del cuerpo geométrico.

▼ Este mapa muestra las ubicaciones de más de 20 montículos. Las casas de los nobles estaban en los montículos más grandes.

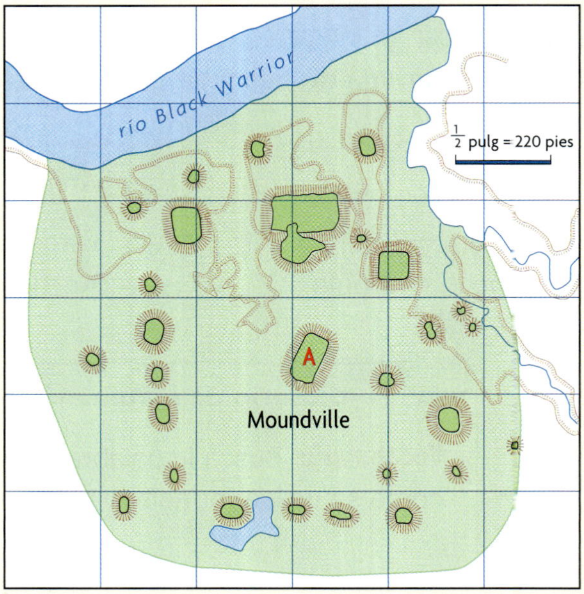

ARTEFACTOS DESCUBIERTOS EN MOUNDVILLE

Muchos tipos de artefactos, entre ellos huesos de animales y objetos de cerámica, se han descubierto en Moundville. La gente de Moundville era famosa por sus destrezas para confeccionar objetos de cerámica y trabajar la piedra y el cobre.

USA LOS DATOS Para los ejercicios 1–2, usa la fotografía del arete.

1. Usa una cuerda y una regla para hallar el diámetro y la circunferencia del arete.

2. Supón que un trabajador de un museo quiere guardar el arete en una caja.

a. ¿De qué tamaño necesita ser la caja? Explica tu respuesta.

b. Dibuja la plantilla de la caja.

c. Halla el volumen de la caja.

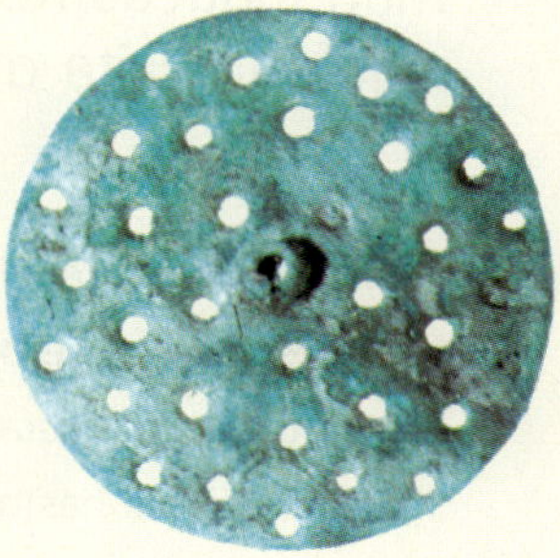

▲ Esta joya de cobre es un arete.

3. Un trabajador de un museo tiene una colección de artefactos. A él le gustaría guardar toda su colección en la misma caja. Observa este diagrama de la caja que él diseñó. Cada sección tiene 2 pulgadas de altura.

a. ¿De qué tamaño debe ser el artefacto que él puede guardar en la sección A, en la sección B y en la sección C?

b. ¿Cuál es el volumen de la caja?

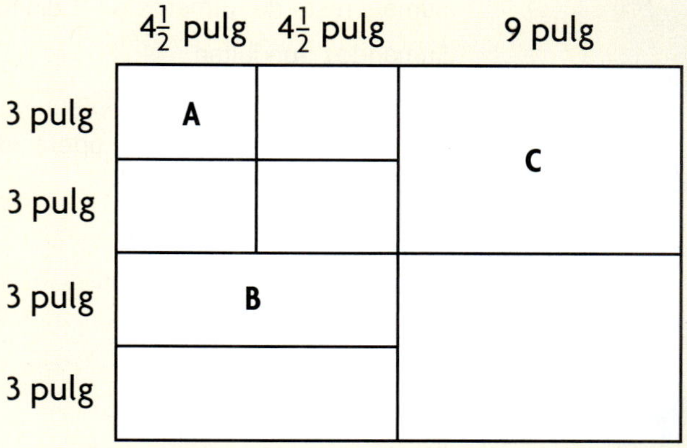

▼ Estos artefactos de cerámica, piedra y cobre son de Moundville.

▲ Los visitantes pueden caminar por un sendero natural de media milla. ¡El paseo entablado se levanta desde el nivel del suelo hasta la cima de los árboles!

MANUAL DEL ESTUDIANTE

REPASO DE DESTREZAS REQUERIDAS ¿Tienes las destrezas matemáticas necesarias para comenzar un nuevo capítulo? Usa la siguiente lista de destrezas para repasar y recordar tus destrezas.

USA
Spay
Neuter
37
Teddy Bears USA 37

SOLUCIÓN DE PROBLEMAS

NÚMEROS DE REFERENCIA

Los **números de referencia** te ayudan a estimar una cantidad de objetos sin tener que contar. Cualquier número útil puede ser un punto de referencia.

Ejemplo

La primera caja tiene 100 pajitas. Elige la mejor estimación para el número de pajitas de la segunda caja.

Piensa: El número de pajitas de la segunda caja es un poco menor que en la primera caja.

Entonces, 60 es una buena estimación.

30 60 120

▶ Práctica

Elige la mejor estimación para el segundo grupo de objetos.

1. 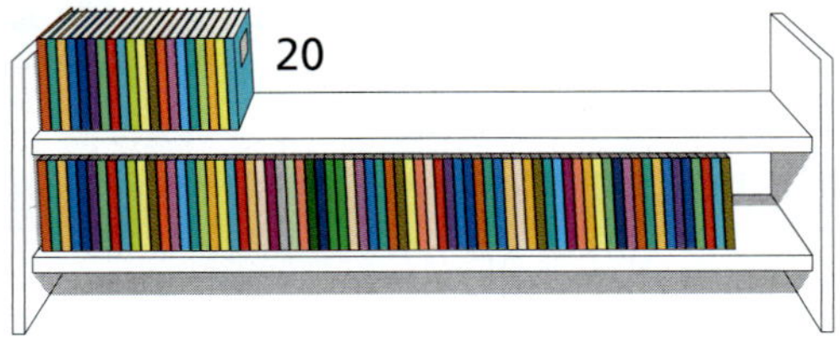

10 40 70

2. 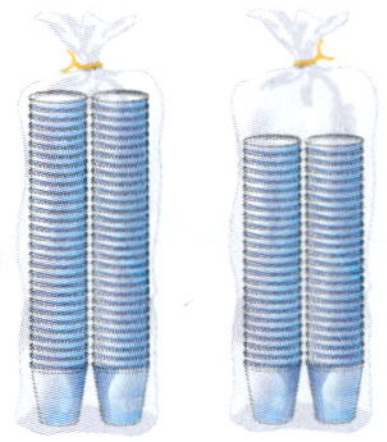

30 50 90

LEE Y ESCRIBE NÚMEROS HASTA LOS MILLARES

Usa una tabla de valor posicional para leer y escribir números hasta los millares. Los números se pueden escribir en palabras y en forma normal.

Ejemplo

Escribe nueve mil cuarenta y ocho en forma normal.

Millares	Centenas	Decenas	Unidades
9,	0	4	8

- Escribe 9 en la posición de los millares.
- Escribe un 0 en la posición de las centenas.
- Escribe 4 en la posición de las decenas y 8 en la posición de las unidades.

Entonces, el número es 9,048 en forma normal.

▶ Práctica

Escribe cada número en forma normal.

1. seis mil ciento cuarenta y cuatro
2. ochocientos tres
3. siete mil cincuenta y uno
4. novecientos noventa y nueve

VALOR POSICIONAL HASTA LOS MILLARES

El valor de un dígito depende de su posición en un número. Una tabla de valor posicional te ayuda a hallar el valor.

Ejemplo

Di el valor de los dígitos 4 y 5 en 4,325.

Millares	Centenas	Decenas	Unidades
4,	3	2	5

- El 4 está en la posición de los millares. Entonces, tiene un valor de 4 × 1,000 o 4,000.
- El 5 está en la posición de las unidades. Entonces, tiene un valor de 5 × 1 o 5.

▶ Práctica

Escribe el valor del dígito azul.

1. 2,317 **2.** 8,002 **3.** 5,681 **4.** 1,947

5. 2,508 **6.** 7,095 **7.** 9,462 **8.** 4,723

VALOR POSICIONAL HASTA LOS MILLONES

Puedes usar una tabla de valor posicional para hallar el valor de un dígito en un número más grande.

Ejemplo

Escribe el valor de los dígitos 3 y 8 en 3,682,901.

PERÍODO

MILLONES			MILLARES			UNIDADES		
Centenas	Decenas	Unidades	Centenas	Decenas	Unidades	Centenas	Decenas	Unidades
		3,	6	8	2,	9	0	1

- El 3 está en la posición de los millones. Entonces, tiene un valor de 3 × 1,000,000 o 3,000,000.
- El 8 está en la posición de las decenas de millar. Entonces, tiene un valor de 8 × 10,000 u 80,000.

▶ Práctica

Escribe el valor del dígito azul.

1. 75,340 **2.** 1,892,300 **3.** 524,160 **4.** 92,450

5. 6,000,910 **6.** 924,750 **7.** 3,928,325 **8.** 4,592,023

SOLUCIÓN DE PROBLEMAS

REDONDEA A DECENAS Y CENTENAS

Para redondear a la posición de las decenas o centenas, observa el dígito a la derecha de la posición que vas a redondear. Si el dígito es menor que 5, el dígito en la posición que vas a redondear queda igual. Sí el dígito es 5 o mayor, el dígito en la posición que vas a redondear aumenta en 1.

Ejemplos

A **Redondea 724 a la decena más próxima.**

Piensa: El dígito en la posición a redondear es 2. El dígito a su derecha es 4. Como $4 < 5$, el dígito de las decenas queda igual.

Entonces, 724 se redondea a 720.

B **Redondea 2,851 a la centena más próxima.**

Piensa: El dígito en la posición a redondear es 8. El dígito a su derecha es 5. Como $5 = 5$, el dígito de la centena aumenta en 1.

Entonces, 2,851 se redondea a 2,900.

▶ Práctica

Redondea cada número a la decena más próxima.

1. 694 **2.** 126 **3.** 439 **4.** 322

Redondea cada número a la centena más próxima.

5. 9,127 **6.** 1,035 **7.** 2,665 **8.** 7,251

REDONDEA A MILLONES

Para redondear números más grandes, sigue los mismos pasos que usaste para redondear números más pequeños.

Reglas para redondear

- Observa el dígito a la derecha del dígito que está en la posición que vas a redondear.
- Sí el dígito es menor que 5, el dígito en a posición a redondear queda igual.
- Si el dígito es 5 o mayor, el dígito en la posición a redondear aumenta en 1.

Ejemplos

Redondea cada número al valor posicional del dígito azul.

A 68,340,570

Piensa: El dígito de la posición a redondear es 8. El dígito a su derecha es 3. Como $3 < 5$, el dígito en la posición de los millones queda igual.

Entonces, el número 68,340,570 se redondea a 68,000,000.

B 824,799

Piensa: : El dígito de la posición a redondear es 4. El dígito a su derecha es 7. Como $7 > 5$, el dígito en la posición de los millares aumenta en 1.

Entonces, el número 824,799 se redondea a 825,000.

▶ Práctica

Redondea cada número al valor posicional del dígito azul.

1. 32,750 **2.** 926,533 **3.** 8,235 **4.** 1,340,816

5. 43,504,900 **6.** 7,825,392 **7.** 8,283,293 **8.** 28,929,830

ORDENA NÚMEROS HASTA LOS MILLARES

Ordenas números al comparar los dígitos en el mismo valor posicional.

Escribe los números en orden de *menor* a *mayor.* 3,962; 3,978; 3,899

PASO 1

Compara los millares.
3,962
3,978
3,899
el mismo número de millares

PASO 2

Compara las centenas.
3,962
3,978
3,899
8 < 9, entonces 3,899 es menor.

PASO 3

Compara las decenas.
3,962
3,978

6 < 7, entonces 3,978 es mayor.

Entonces, el orden de *menor* a *mayor* es 3,899; 3,962; 3,978.

▶ Práctica

Escribe los números en orden de *menor* a *mayor*.

1. 5,478; 5,576; 4,589 **2.** 3,275; 2,854; 3,189 **3.** 1,746; 978; 1,066

Escribe los números en orden de *mayor* a *menor*.

4. 6,734; 6,546; 6,874 **5.** 743; 7,341; 7,431 **6.** 3,601; 3,610; 3,106

SUMA Y RESTA DE NÚMEROS DE 2 DÍGITOS

La **suma** es el total de dos o más sumandos. La **diferencia** es la cantidad que queda después de que se resta un número de otro.

Halla la suma. 87 + 46 = ■

PASO 1

Suma las unidades. 7 + 6 = 13
Reagrupa 13 unidades como 1 decena 3 unidades.

$$\begin{array}{r} ^{1}\\ 87 \\ +\ 46 \\ \hline 3 \end{array}$$

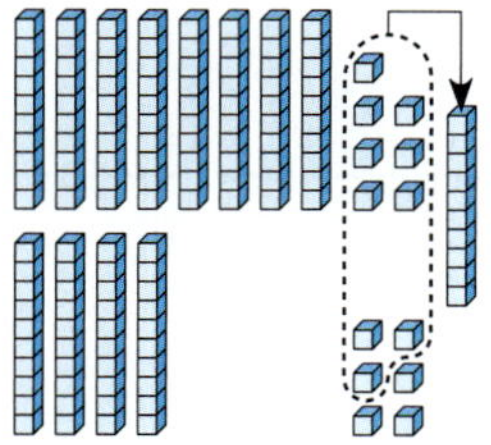

PASO 2

Suma las decenas. 1 + 8 + 4 = 13
Reagrupa 13 decenas como 1 centena 3 decenas.

$$\begin{array}{r} ^{1}\\ 87 \\ +\ 46 \\ \hline 133 \end{array}$$

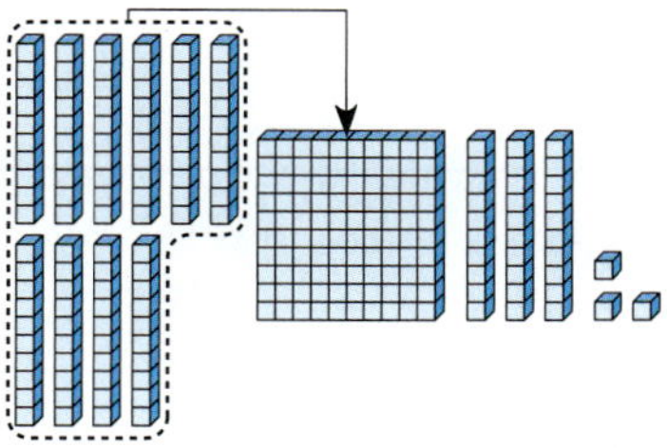

▶ Práctica

Halla la suma o diferencia.

1. 31 + 79 **2.** 92 − 24 **3.** 55 + 85 **4.** 40 + 16 **5.** 73 − 37

SOLUCIÓN DE PROBLEMAS

SUMANDOS QUE FALTAN

Se puede hallar un sumando que falta cuando se conoce un sumando y la suma.

Ejemplos

Halla el sumando que falta.

A 9 + ■ = 16

Piensa: 9 + [¿Qué número?] = 16

Entonces, el sumando que falta es 7.

B ■ + 6 = 14

Piensa: [¿Qué número?] + 6 = 14

Entonces, el sumando que falta es 8.

▶ Práctica

Halla el sumando que falta.

1. 7 + ■ = 11 **2.** ■ + 5 = 12 **3.** ■ + 8 = 13 **4.** 2 + ■ = 8

5. 2 + ■ = 20 **6.** ■ + 17 = 23 **7.** ■ + 13 = 22 **8.** 5 + ■ = 18

SUMA CON TRES SUMANDOS

Para hallar la suma de más de dos sumandos, busca maneras de agrupar los sumandos para que la suma sea más fácil.

Ejemplos

Halla la suma.

A 4 + 8 + 6

(4 + 6) + 8 — Busca un 10. 4 + 6 = 10

10 + 8 — Suma.

18

Entonces, 4 + 8 + 6 = 18.

B 5 + 7 + 7

(7 + 7) + 5 — Busca un doble. 7 + 7 = 14

14 + 5 — Suma.

19

Entonces, 5 + 7 + 7 = 19.

▶ Práctica

Halla la suma.

1. 8 + 2 + 3 **2.** 3 + 3 + 9 **3.** 6 + 3 + 7 **4.** 6 + 4 + 4

5. 5 + 6 + 5 **6.** 6 + 5 + 6 **7.** 8 + 9 + 2 **8.** 1 + 8 + 9

9. 8 + 8 + 9 **10.** 1 + 9 + 9 **11.** 2 + 7 + 2 **12.** 2 + 8 + 4

SUMA Y RESTA DE FAMILIAS DE OPERACIONES

Las familias de operaciones de la suma y la resta pueden tener dos o cuatro enunciados numéricos.

Ejemplos

A Una familia de operaciones de suma con dos sumandos diferentes tiene cuatro operaciones relacionadas. Esta familia de operaciones es para 3, 4 y 7.

$3 + 4 = 7 \qquad 7 - 3 = 4$

$4 + 3 = 7 \qquad 7 - 4 = 3$

B Una familia de operaciones de suma con los mismos sumandos tiene solo dos operaciones relacionadas. Esta familia de operaciones es para 5, 5 y 10.

$5 + 5 = 10$

$10 - 5 = 5$

Práctica

Halla los números que faltan.

1. $2 + 6 = 8$; $6 + 2 = \blacksquare$; $8 - 2 = \blacksquare$; $8 - \blacksquare = 2$

2. $5 + 7 = 12$; $7 + 5 = \blacksquare$; $12 - 7 = \blacksquare$; $\blacksquare - 5 = 7$

3. $8 + 8 = \blacksquare$; $16 - 8 = \blacksquare$

4. $9 + 4 = 13$; $4 + \blacksquare = 13$; $13 - 4 = \blacksquare$; $13 - 9 = \blacksquare$

5. $5 + 9 = 14$; $14 - 9 = \blacksquare$

6. $3 + 8 = 11$; $11 - 3 = \blacksquare$

7. $6 + 8 = 14$; $14 - 6 = \blacksquare$

8. $9 + 9 = 18$; $18 - \blacksquare = \blacksquare$

PATRONES NUMÉRICOS

Se puede mostrar una lista de números en un patrón numérico.

Ejemplos

Escribe los tres posibles números que siguen en el patrón.

A 14, 24, 34, 44, $\blacksquare$, $\blacksquare$, $\blacksquare$

Piensa: Cuenta de diez en diez.

$44 + 10 = 54 \quad 54 + 10 = 64 \quad 64 + 10 = 74$

Entonces, los tres números que siguen podrían ser 54, 64 y 74.

B 20, 18, 16, 14, $\blacksquare$, $\blacksquare$, $\blacksquare$

Piensa: Cuenta hacia atrás de dos en dos.

$14 - 2 = 12 \quad 12 - 2 = 10 \quad 10 - 2 = 8$

Entonces, los tres números que siguen podrían ser 12, 10 y 8.

Práctica

Escribe los tres números posibles que siguen en el patrón.

1. 17, 20, 23, 26, $\blacksquare$, $\blacksquare$, $\blacksquare$

2. 14, 21, 28, 35, $\blacksquare$, $\blacksquare$, $\blacksquare$

3. 15, 21, 27, 33, $\blacksquare$, $\blacksquare$, $\blacksquare$

4. 78, 74, 70, 66, $\blacksquare$, $\blacksquare$, $\blacksquare$

5. 37, 32, 27, 22, $\blacksquare$, $\blacksquare$, $\blacksquare$

6. 34, 37, 40, 43, $\blacksquare$, $\blacksquare$, $\blacksquare$

SOLUCIÓN DE PROBLEMAS

LEE PICTOGRAMAS

Los **pictogramas** muestran datos con dibujos. La **clave** al final de un pictograma nos indica la cantidad que representa cada dibujo. Este pictograma muestra los números de fanegas de manzanas que se recogieron.

Ejemplo

¿Cuántas fanegas más de manzanas Granny Smith se recogieron que de manzanas Delicious?

Piensa: Cuenta de 5 en 5 para hallar el número de manzanas Granny Smith y de manzanas Delicious. Luego resta.

$35 - 25 = 10$
Entonces, se recogieron 10 fanegas más de manzanas Granny Smith.

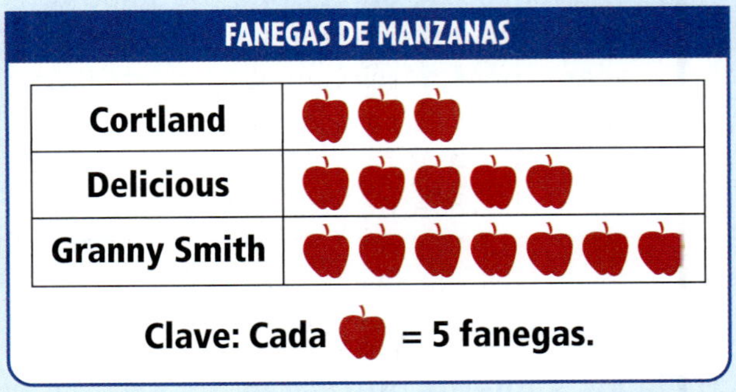

▶ Práctica

Para los ejercicios 1–2, usa el pictograma.

1. ¿Cuál fue la cantidad total de fanegas de manzanas Cortland y Granny Smith que se recogieron?

2. ¿Se recogieron dos fanegas más de manzanas Delicious que de manzanas Cortland? Explica tu respuesta.

DE TABLAS DE CONTEO A TABLAS DE FRECUENCIA

Las **tablas de conteo** muestran cosas que se cuentan en grupos de cinco. Puedes contar salteado para hallar un total.

TIPOS DE CAMISA

Tipo	Número
Con rayas	卌 卌 II
Un solo color	卌 卌 卌 I
Floreada	卌 I

Una **tabla de frecuencia** usa números para mostrar con qué frecuencia sucede algo.

TIPOS DE CAMISA

Tipo	Número
Con rayas	12
Un solo color	16
Floreada	6

▶ Práctica

Usa la tabla de conteo para completar la tabla de frecuencia de la derecha.

VENTA DE FLORES

	Tipo	Número
1.	Lirios	卌 卌 卌 卌 II
2.	Lilas	卌 卌 卌 III
3.	Rosas	卌 卌 卌 卌 卌 卌 卌 卌 III

VENTA DE FLORES

Tipo	Número
Lirios	■
Lilas	■
Rosas	■

4. ¿Se vendieron más rosas que lirios y lilas juntos? Explica tu respuesta.

PARTES DE UNA GRÁFICA

Una **gráfica** se usa para comparar información. Una gráfica de barras puede tener un título, un rótulo para la escala y un rótulo para los datos.

Ejemplo

¿Cuál es el rótulo para la escala? Observa la parte inferior de la gráfica.

El rótulo para la escala es Número de vídeos.

¿Cuál es el rótulo para los datos? Observa el lado izquierdo de la gráfica.

El rótulo para los datos es Tipos de vídeos.

▶ Práctica

Para los ejercicios 1–2, usa la gráfica de barras. Ésta muestra el número de estudiantes de cuarto grado que fue a cada excursión.

1. ¿Cómo rotularías la escala?

2. ¿Cómo rotularías los datos?

LEE GRÁFICAS DE BARRAS

Las gráficas de barras ayudan a comparar información o datos. La siguiente gráfica muestra el número de instrumentos en cada sección de la orquesta.

Ejemplo

¿Qué sección tiene la menor cantidad de instrumentos?

Piensa: La sección que tiene la barra más pequeña tiene la menor cantidad de instrumentos.

Entonces, la sección de percusión tiene la menor cantidad de instrumentos.

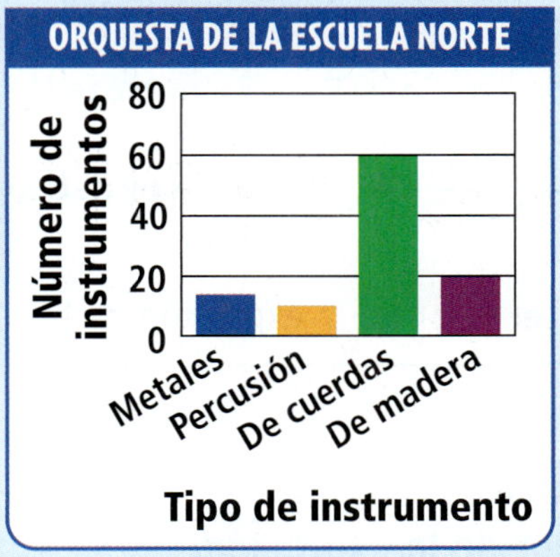

▶ Práctica

Para los ejercicios 1–2, usa la gráfica de barras.

1. ¿Qué sección tiene la mayor cantidad de instrumentos?

2. ¿Qué sección tiene más instrumentos que las otras tres secciones juntas?

SOLUCIÓN DE PROBLEMAS

IDENTIFICA PUNTOS EN UNA CUADRÍCULA

Un **par ordenado** de números ubica un punto en una cuadrícula. El primer número en un par ordenado nos indica a cuántas unidades a la derecha de cero está el punto. El segundo número indica a cuántas unidades sobre cero está el punto.

Ejemplo

¿Cuál es el par ordenado del punto *M*?

Piensa: El punto *M* está a 4 unidades a la derecha de cero y 1 unidad sobre cero.

Entonces, el par ordenado es (4,1).

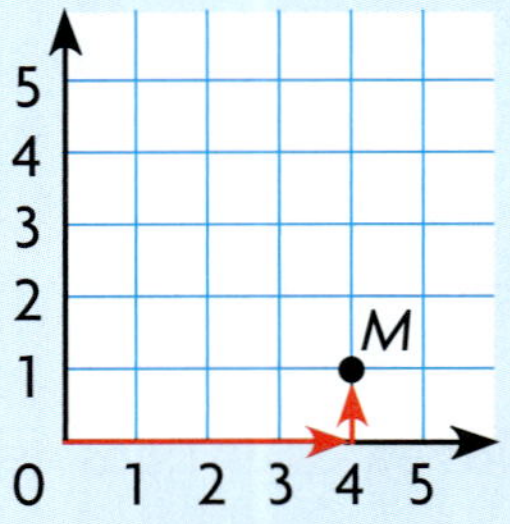

▶ Práctica

Para los ejercicios 1–6, usa la cuadrícula. Escribe el par ordenado para cada fruta o vegetal.

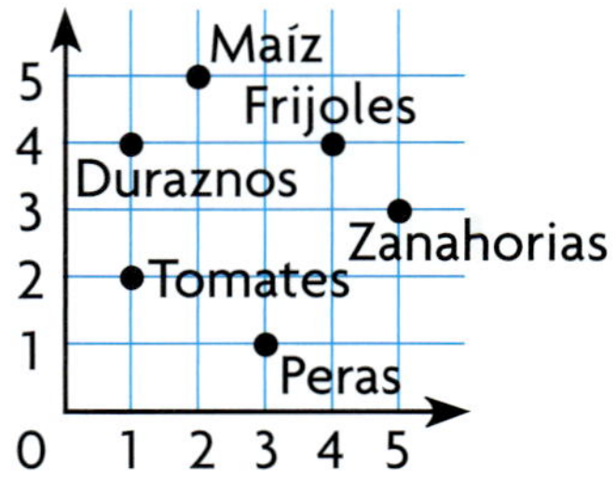

1. Tomates **2.** Peras **3.** Zanahorias

4. Duraznos **5.** Frijoles **6.** Maíz

EXPRESIONES CON VARIABLES

Para hallar el valor de una expresión, reemplaza la variable por el valor dado y luego calcula.

Ejemplos

Halla el valor de la expresión.

A $5 + 4 + g$ si $g = 5$

$5 + 4 + 5 = 14$

Reemplaza la variable por el valor dado. Suma.

Entonces, el valor de la expresión es 14.

B $3 \times a$ si $a = 10$

$3 \times 10 = 30$

Reemplaza la variable por el valor dado. Multiplica.

Entonces, el valor de la expresión es 30.

▶ Práctica

Halla el valor de la expresión.

1. $3 + 8 + y$ si $y = 2$ **2.** $5 + z + 4$ si $z = 3$ **3.** $n + 6 + 2$ si $n = 5$

4. $9 + c + 3 + 5$ si $c = 7$ **5.** $3 + 5 + 6 + p$ si $p = 4$ **6.** $a + 2 + 4 + 7$ si $a = 7$

7. $2 \times b$ si $b = 8$ **8.** $4 \times r$ si $r = 6$ **9.** $h \times 5$ si $h = 9$

10. $d \times 10$ si $d = 10$ **11.** $8 \times w$ si $w = 7$ **12.** $v \times 7$ si $v = 4$

LA HORA EN MINUTOS

El minutero de un reloj analógico se mueve 60 minutos cada hora. Un reloj digital muestra el tiempo como la hora y el número de minutos después de la hora.

Ejemplos

A Escribe la hora.

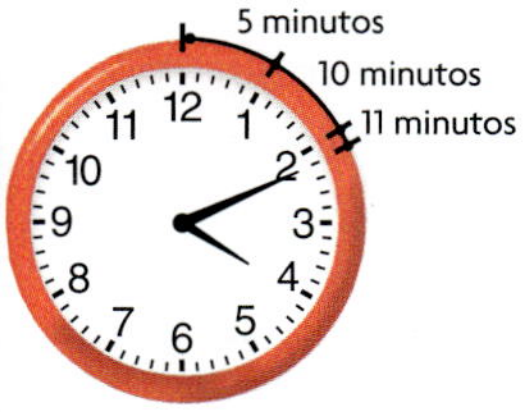

Piensa: Cuenta de 5 en 5 hasta el número 2. Luego cuenta un minuto más.

Entonces, la hora es 4:11.

B Escribe la hora como se muestra en un reloj digital.

Piensa: Cuenta hacia atrás de cinco en cinco comenzando en 12. Luego, cuenta de uno en uno hasta la marca que señala el minutero.

Entonces, la hora es nueve minutos para las 8 o las 7:51.

▶ Práctica

Escribe la hora.

1. 

2. 

3. 

4. 

USA UN CALENDARIO

Los calendarios muestran los meses y días del año.

Ejemplo

Usa el calendario. ¿Cuál es la fecha del segundo domingo de febrero?

Piensa: La primera columna es el domingo. El segundo número en la columna es 10.

Entonces, el segundo domingo de febrero es 10.

FEBRERO

Dom.	Lun.	Mar.	Mié.	Jue.	Vie.	Sáb.
					1	2
3	4	5	6	7	8	9
10	11	12	13	14	15	16
17	18	19	20	21	22	23
24	25	26	27	28		

▶ Práctica

1. El Día de los Presidentes es el tercer lunes de febrero. ¿Qué fecha es?

2. ¿Qué día de la semana es el 28 de febrero?

3. Los estudiantes del cuarto grado tienen música los miércoles y viernes. ¿Cuántos días en febrero tendrán clase de música?

SOLUCIÓN DE PROBLEMAS

SIGNIFICADO DE LA MULTIPLICACIÓN Y LA DIVISIÓN

Cuando **multiplicas**, unes grupos iguales.
Cuando **divides**, separas en grupos iguales.

Ejemplos

A Halla el producto.
$3 \times 4 =$ ■

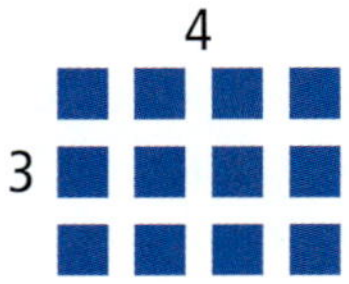

Esta matriz muestra 3 filas de 4 o 12. Entonces, $3 \times 4 = 12$.

B Halla el cociente.
$12 \div 3 =$ ■

12 fichas en total
3 grupos iguales
4 fichas en cada grupo
Entonces, $12 \div 3 = 4$.

▶ Práctica

Halla el producto o cociente. Quizás desees dibujar unas matrices o grupos.

1. $2 \times 5 =$ ■ **2.** $21 \div 3 =$ ■ **3.** $3 \times 9 =$ ■ **4.** $3 \times 5 =$ ■

5. $45 \div 5 =$ ■ **6.** $4 \times 7 =$ ■ **7.** $2 \times 10 =$ ■ **8.** $40 \div 5 =$ ■

9. $24 \div 3 =$ ■ **10.** $4 \times 6 =$ ■ **11.** $50 \div 5 =$ ■ **12.** $15 \div 3 =$ ■

OPERACIONES DE MULTIPLICACIÓN Y DIVISIÓN

La respuesta a una operación de multiplicación es el **producto**.
La respuesta a una operación de división es el **cociente**.

Ejemplos

A Halla el producto. $5 \times 7 =$ ■
Cuenta salteado para hallar el producto. Comenzando desde 0, cuenta de cinco en cinco 7 veces. Entonces, el producto es 35.

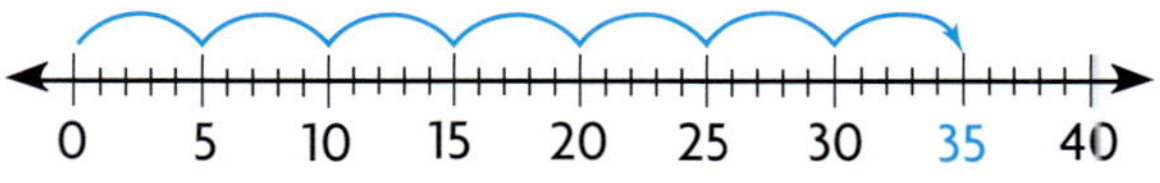

$5 \times 7 = 35$

B Halla el cociente. $35 \div 5 =$ ■
Cuenta hacia atrás para hallar el cociente. Comenzando desde 35, cuenta hacia atrás de cinco en cinco hasta 0. Entonces, el cociente es 7.

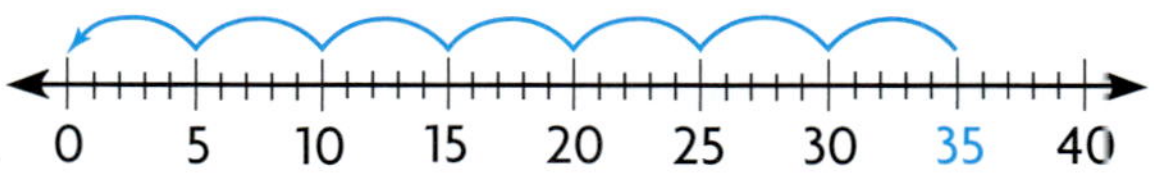

$35 \div 5 = 7$

▶ Práctica

Halla el producto o cociente. Quizás desees usar rectas numéricas.

1. $6 \times 8 =$ ■ **2.** $28 \div 7 =$ ■ **3.** $8 \times 9 =$ ■ **4.** $6 \times 6 =$ ■

5. $56 \div 8 =$ ■ **6.** $7 \times 7 =$ ■ **7.** $9 \times 10 =$ ■ **8.** $35 \div 7 =$ ■

FACTORES QUE FALTAN

Puedes hallar el factor que falta al recordar las operaciones básicas.

Ejemplos

A 7 × ■ = 28

Piensa: 7 × [¿Qué número?] = 28

Entonces, el factor que falta es 4.

B ■ × 5 = 30

Piensa: [¿Qué número?] × 5 = 30

Entonces, el factor que falta es 6.

▶ Práctica

Halla el factor que falta.

1. 6 × ■ = 24	**2.** ■ × 7 = 28	**3.** 9 × ■ = 27	**4.** ■ × 8 = 64
5. ■ × 5 = 35	**6.** 7 × ■ = 14	**7.** 4 × ■ = 32	**8.** ■ × 5 = 0
9. ■ × 6 = 30	**10.** 10 × ■ = 30	**11.** ■ × 7 = 63	**12.** 6 × ■ = 18
13. 9 × ■ = 63	**14.** 8 × ■ = 32	**15.** ■ × 5 = 45	**16.** ■ × 4 = 48

HAZ UN MODELO DE LA MULTIPLICACIÓN

Usa bloques de base diez para hallar el producto. 3 × 16 = ■

PASO 1

Haz un modelo de 3 grupos de 16.

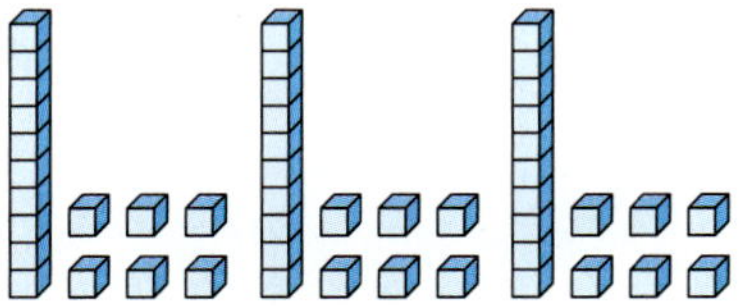

3 × 16 = ■

PASO 2

Combina las decenas y las unidades.
Reagrupa 10 unidades como 1 decena.

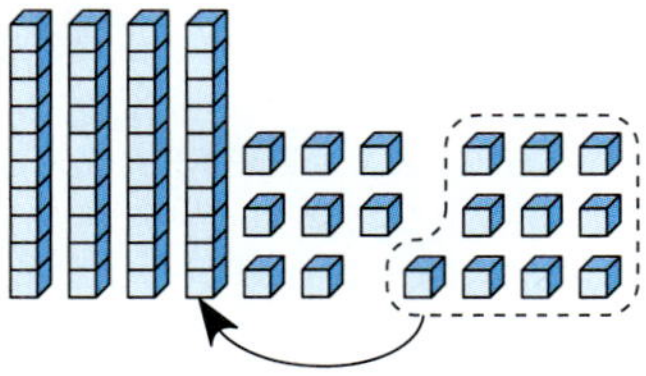

Entonces, 3 × 16 = 48.

▶ Práctica

Usa bloques de base diez para hallar cada producto.

1. 23 × 8	**2.** 17 × 5	**3.** 26 × 3	**4.** 32 × 4	**5.** 56 × 2
6. 13 × 7	**7.** 43 × 6	**8.** 21 × 9	**9.** 44 × 6	**10.** 65 × 3

SOLUCIÓN DE PROBLEMAS

MULTIPLICA POR DECENAS, CENTENAS Y MILLARES

Para multiplicar por decenas, centenas y millares, busca una operación básica y un patrón.

Ejemplos

A
$3 \times 3 = 9$
$3 \times 30 = 90$
$3 \times 300 = 900$
$3 \times 3{,}000 = 9{,}000$

B
$2 \times 6 = 12$
$2 \times 60 = 120$
$2 \times 600 = 1{,}200$
$2 \times 6{,}000 = 12{,}000$

C
$10 \times 1 = 10$
$10 \times 10 = 100$
$10 \times 100 = 1{,}000$
$10 \times 1{,}000 = 10{,}000$

▶ Práctica

Multiplica. Usa una operación básica y un patrón.

1. 10×8 **2.** 10×80 **3.** 10×800 **4.** $10 \times 8{,}000$

5. 10×4 **6.** 10×40 **7.** 100×40 **8.** $1{,}000 \times 400$

HAZ UN MODELO DE FRACCIONES

Una fracción nombra una parte de un entero. Puedes escribir una fracción para un modelo que muestre una parte sombreada de un entero.

Ejemplo

Escribe la fracción para la parte sombreada.

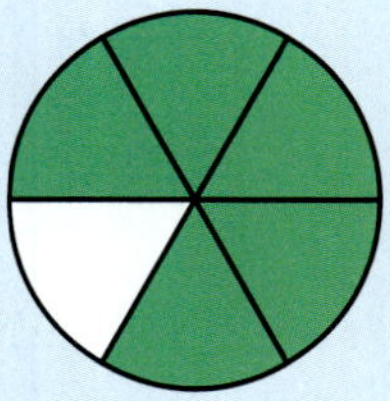

Cuenta el número de partes sombreadas, 5.

Cuenta el número total de partes iguales, 6.

Escribe una fracción que muestre el número de partes sombreadas sobre el número total de partes iguales.

$\frac{5}{6}$ ← número de partes sombreadas / ← número total de partes iguales

Entonces, $\frac{5}{6}$ nombra la parte sombreada en el modelo.

▶ Práctica

Escribe la fracción para la parte sombreada.

1.
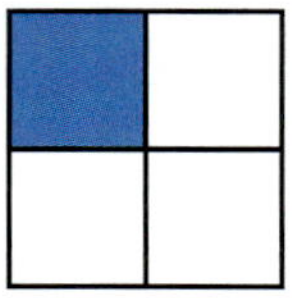

2.
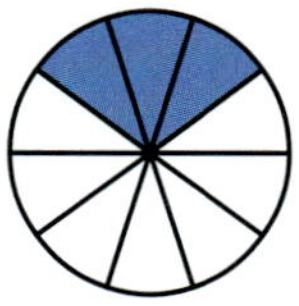

3.
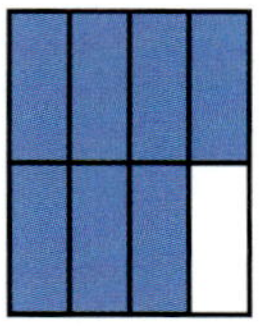

4.
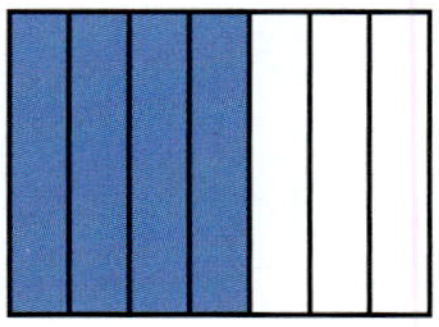

MULTIPLICA POR NÚMEROS DE 1 DÍGITO

Comprender el valor posicional te puede ayudar a hallar productos.

Halla el producto. $8 \times 43 = \blacksquare$

PASO 1

Multiplica las unidades.
8×3 unidades = 24 unidades
Reagrupa 24 unidades como 2 decenas 4 unidades.

$$\begin{array}{r} {}^{2}\\ 43 \\ \times\ 8 \\ \hline 4 \end{array}$$

PASO 2

Multiplica las decenas.
8×4 decenas = 32 decenas
Suma las decenas reagrupadas.
2 decenas + 32 decenas = 34 decenas
Anota el producto.
Entonces, $8 \times 43 = 344$.

$$\begin{array}{r} {}^{2}\\ 43 \\ \times\ 8 \\ \hline 344 \end{array}$$

▶ Práctica

Multiplica.

1. $\begin{array}{r} 15 \\ \times\ 6 \\ \hline \end{array}$
2. $\begin{array}{r} 27 \\ \times\ 3 \\ \hline \end{array}$
3. $\begin{array}{r} 59 \\ \times\ 2 \\ \hline \end{array}$
4. $\begin{array}{r} 86 \\ \times\ 5 \\ \hline \end{array}$
5. $\begin{array}{r} 63 \\ \times\ 8 \\ \hline \end{array}$
6. $7 \times 48 = \blacksquare$
7. $4 \times 143 = \blacksquare$
8. $5 \times 483 = \blacksquare$

ESTIMA PRODUCTOS

Puedes redondear un factor para estimar productos.

Ejemplos

A $6 \times 87 = \blacksquare$

6×87
↓
$6 \times 90 = 540$

Redondea 87 a la decena más próxima.

Usa una operación básica y patrones.

Entonces, 6×87 es casi 540.

B $4 \times 329 = \blacksquare$

4×329
↓
$4 \times 300 = 1,200$

Redondea 329 a la centena más próxima.

Usa una operación básica y patrones.

Entonces, 4×329 es casi 1,200.

▶ Práctica

Redondea el número azul. Estima el producto.

1. $\begin{array}{r} 23 \\ \times\ 9 \\ \hline \end{array}$
2. $\begin{array}{r} 46 \\ \times\ 6 \\ \hline \end{array}$
3. $\begin{array}{r} 73 \\ \times\ 8 \\ \hline \end{array}$
4. $\begin{array}{r} 91 \\ \times\ 7 \\ \hline \end{array}$
5. $\begin{array}{r} 68 \\ \times\ 5 \\ \hline \end{array}$
6. $4 \times 145 = \blacksquare$
7. $9 \times 589 = \blacksquare$
8. $6 \times 358 = \blacksquare$

SOLUCIÓN DE PROBLEMAS

HALLA UNA REGLA

Puedes hallar un patrón en una tabla, escribir una regla y luego usar la regla para hallar el número que falta en la tabla.

Ejemplo

Escribe una regla para la tabla. Luego completa la tabla.

Equipos	1	2	3	4	5	6
Jugadores	6	12	18	24	30	■

Busca un patrón.

Patrón: El número de jugadores es igual al número de equipos por 6.

Regla: Multiplicar por 6.

Entonces, cuando hay 6 equipos, el número de jugadores es 6 × 6 o 36 jugadores.

▶ Práctica

Escribe una regla para cada tabla. Copia y completa cada tabla.

1.

Boletos	1	2	3	4	5
Precio	$7	$14	$21	$28	■

2.

Libros	2	3	4	5	6
Estampillas	40	60	80	100	■

3.

Monedas de 5¢	2	3	4	5	6
Monedas de 1¢	10	15	20	25	■

4.

Horas	3	4	5	6	7
Dólares	$27	$36	$45	$54	■

CÁLCULO MENTAL: PATRONES DE MULTIPLICACIÓN Y DIVISIÓN

Puedes usar operaciones básicas y patrones para multiplicar y dividir.

Ejemplos

A Usa un patrón para hallar cada producto.

16 × 1 = 16 ←operación básica
16 × 10 = 160
16 × 100 = 1,600
16 × 1,000 = 16,000

B Usa un patrón para hallar cada cociente.

7 ÷ 1 = 7 ←operación básica
70 ÷ 10 = 7
700 ÷ 10 = 70
7,000 ÷ 10 = 700

▶ Práctica

Usa un patrón para hallar cada producto o cociente.

1. 60 ÷ 10
600 ÷ 10
6,000 ÷ 10

2. 9 × 10
9 × 100
9 × 1,000

3. 30 ÷ 10
300 ÷ 10
3,000 ÷ 10

4. 27 × 10
27 × 100
27 × 1,000

DIVIDE CON RESIDUOS

Cuando divides en grupos iguales, es posible que te sobre algo. La cantidad que te sobra se llama **residuo.**

Ejemplo

Halla el cociente y el residuo. 23 ÷ 4

20 ÷ 4 = 5	Halla el mayor número de cuatros en 23.
23 − 20 = 3	Resta para hallar cuántos quedan.
23 ÷ 4 = 5 r3	Escribe el cociente y el residuo.

Entonces, 23 ÷ 4 = 5 r3.

▶ Práctica

Escribe el cociente y el residuo.

1. 27 ÷ 4	**2.** 82 ÷ 9	**3.** 60 ÷ 8	**4.** 22 ÷ 3	**5.** 26 ÷ 6
6. 68 ÷ 8	**7.** 37 ÷ 5	**8.** 46 ÷ 8	**9.** 45 ÷ 7	**10.** 70 ÷ 9
11. 49 ÷ 5	**12.** 58 ÷ 9	**13.** 81 ÷ 4	**14.** 94 ÷ 7	**15.** 83 ÷ 6

DIVIDE ENTRE DIVISORES DE 1 DÍGITO

En una división como 40 ÷ 5 = 8, el **dividendo** es 40 y el **divisor** es 5. La respuesta, 8, es el **cociente.**

Ejemplos

A Divide. 108 ÷ 4

```
   27
4)108
 - 8↓
   28
 - 28
    0
```

Divide las centenas. 1 ÷ 4
No hay suficientes centenas.

Divide las 10 decenas. 10 ÷ 4
Multiplica 2 y 4. Resta. Baja el 8.

Divide las 28 unidades. 28 ÷ 4
Multiplica 7 y 4. Resta.

Entonces, el cociente es 27.

B Divide. 82 ÷ 3

```
  27 r1
3)82
- 6↓
  22
- 21
   1
```

Entonces, el cociente es 27 r1.

▶ Práctica

Divide.

1. 96 ÷ 8	**2.** 126 ÷ 3	**3.** 51 ÷ 6	**4.** 40 ÷ 7	**5.** 120 ÷ 8
6. 21 ÷ 2	**7.** 74 ÷ 7	**8.** 87 ÷ 4	**9.** 85 ÷ 5	**10.** 172 ÷ 4

SOLUCIÓN DE PROBLEMAS

USA NÚMEROS COMPATIBLES

Los números compatibles se pueden usar para estimar mentalmente los cocientes. Los **números compatibles** en una familia de operaciones están cerca de los números que necesitas dividir.

Estima el cociente. $50 \div 6$

PASO 1

Nombra las familias de operaciones más próximas a $50 \div 6$.

$48 \div 6$ $\quad 50 \div 10$ $\quad 54 \div 6$

PASO 2

Determina qué familia de operaciones está más próxima al dividendo y al divisor reales. La familia de operaciones con los números más próximos es $48 \div 6$.

Entonces, una buena estimación es $50 \div 6 = 8$.

▶ Práctica

Estima el cociente. Indica los números compatibles que usaste.

1. $5\overline{)27}$ **2.** $7\overline{)65}$ **3.** $6\overline{)29}$ **4.** $8\overline{)61}$ **5.** $12\overline{)45}$

6. $73 \div 9$ **7.** $58 \div 11$ **8.** $67 \div 7$ **9.** $87 \div 9$ **10.** $59 \div 7$

PARTES DE UN ENTERO

Las fracciones pueden describir las partes de un entero.

El **numerador** o el número de arriba, indica cuántas partes se usan.

El **denominador** o el número de abajo, indica el número total de partes iguales en el entero.

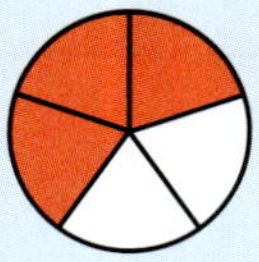

$\frac{3}{5} \leftarrow \frac{\text{número de partes rojas}}{\text{número total de partes iguales}}$

▶ Práctica

Escribe una fracción para la parte sombreada.

1.

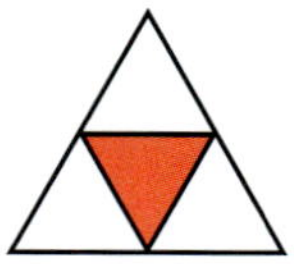

2.

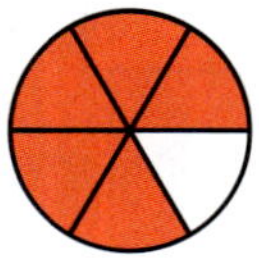

3.

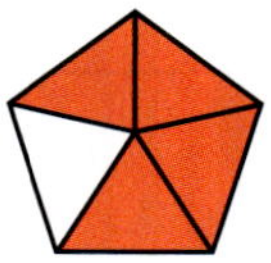

4.

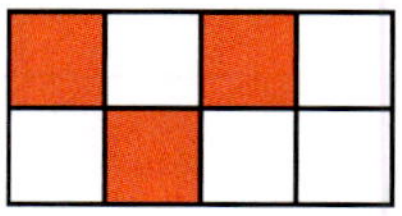

Haz un dibujo para cada descripción.

5. Un rectángulo con tres de cuatro partes sombreadas.

6. Un cuadrado con una de dos partes sombreadas.

7. Un triángulo con dos de tres partes sombreadas.

PARTES DE UN GRUPO

Las fracciones pueden describir las partes de un grupo.

El **numerador** o el número de arriba, indica cuántas partes se usan.

El **denominador** o el número de abajo, indica el número total de partes iguales en el grupo.

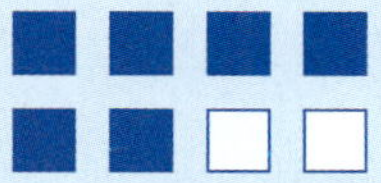

$\frac{6}{8} \leftarrow \frac{\text{número de cuadrados azules}}{\text{número total de cuadrados}}$

▶ Práctica

Escribe una fracción para la parte sombreada.

1. 

2. 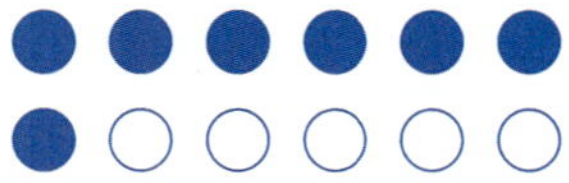

3. 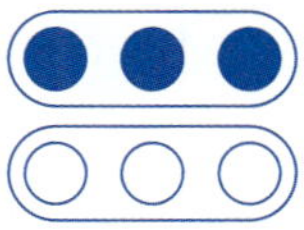

Haz un dibujo de cada descripción.

4. Dos de tres triángulos están sombreados.
5. Dos de cinco cuadrados están sombreados.
6. Siete de diez círculos están sombreados.

FRACCIONES EQUIVALENTES

Las **fracciones equivalentes** son fracciones que nombran la misma cantidad.

Ejemplos

Escribe dos fracciones equivalentes para cada ilustración.

A

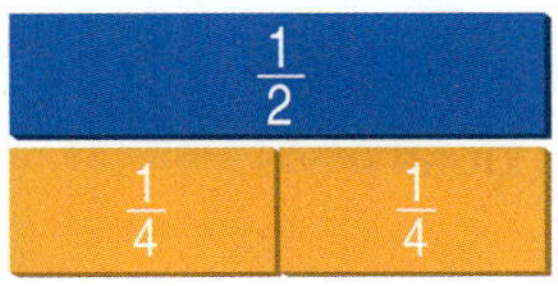

La barra de arriba muestra $\frac{1}{2}$.
Las barras de abajo muestran $\frac{2}{4}$.

Las barras para $\frac{1}{2}$ y $\frac{2}{4}$ tienen la misma longitud.

Entonces, $\frac{1}{2}$ y $\frac{2}{4}$ son fracciones equivalentes.

B

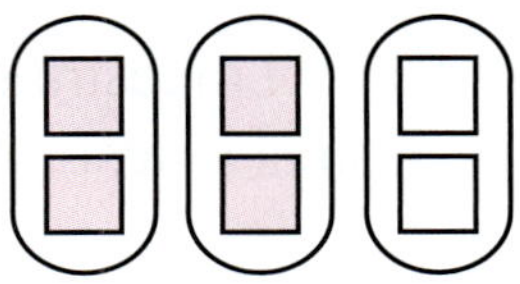

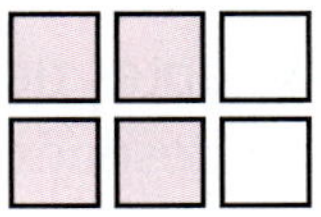

$\frac{2 \text{ grupos sombreados}}{3 \text{ grupos en total}}$ $\frac{4 \text{ cuadrados sombreados}}{6 \text{ cuadrados en total}}$

Ambas fracciones nombran la misma cantidad.

Entonces, $\frac{2}{3}$ y $\frac{4}{6}$ son fracciones equivalentes.

▶ Práctica

Escribe dos fracciones equivalentes para cada ilustración.

1. 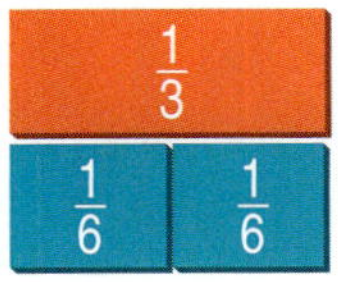

2. 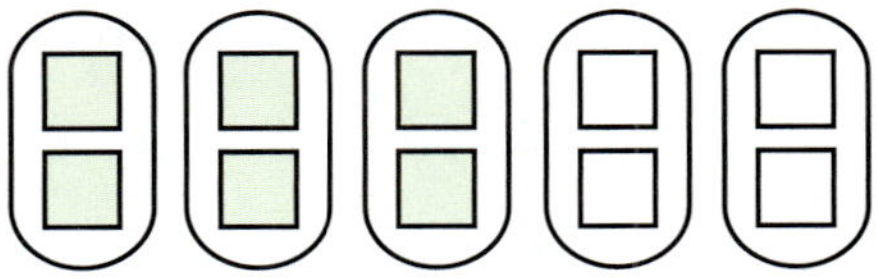

3. 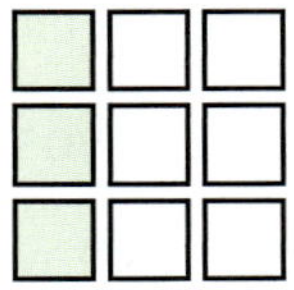

SOLUCIÓN DE PROBLEMAS

HAZ UN MODELO DE DECIMALES

Puedes escribir un decimal para un modelo que muestre décimas o centésimas.

Ejemplos

Escribe un decimal para la parte sombreada.

A

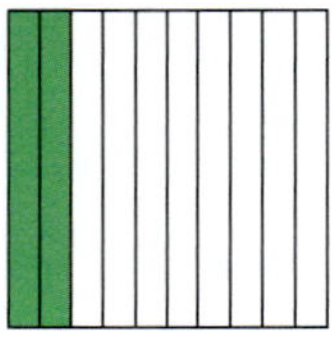

Entonces, 0.2 está sombreada.

B

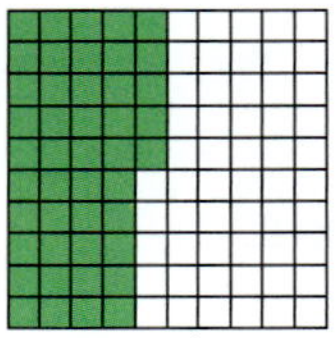

Entonces, 0.45 está sombreada.

▶ Práctica

Escribe el decimal para la parte sombreada.

1.

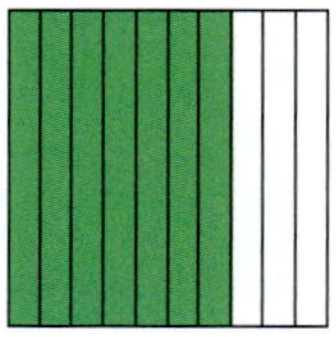

2.

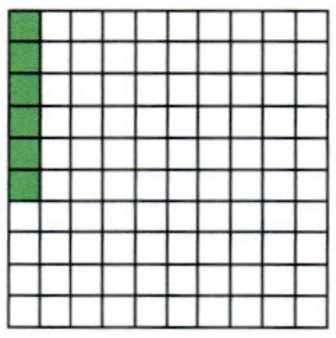

3.

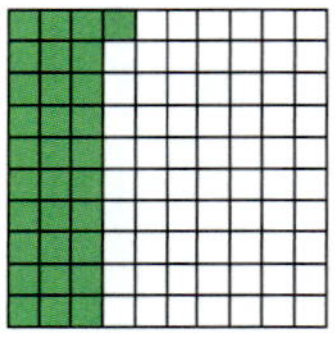

RELACIONA DECIMALES CON DINERO

El número antes de un punto decimal muestra el número de dólares. El número después del punto decimal muestra las centésimas de dólar o los centavos.

Ejemplo

Escribe tres dólares y cincuenta y ocho centavos como un decimal.

- Escribe el número entero de dólares. $3
- Escribe los centavos como centésimas. $0.58

Entonces, escribe $3.58.

▶ Práctica

Escribe un decimal para cada cantidad de dinero.

1. seis dólares y cuarenta y cinco centavos

2. noventa y ocho centavos

3. diez dólares y dos centavos

4. un dólar y cincuenta y cuatro centavos

5. veinte dólares y diez centavos

6. dos dólares y cincuenta y un centavos

MIDE AL CENTÍMETRO MÁS PRÓXIMO

Puedes usar centímetros para medir la longitud y la distancia.

Ejemplo

Mide al centímetro más próximo.

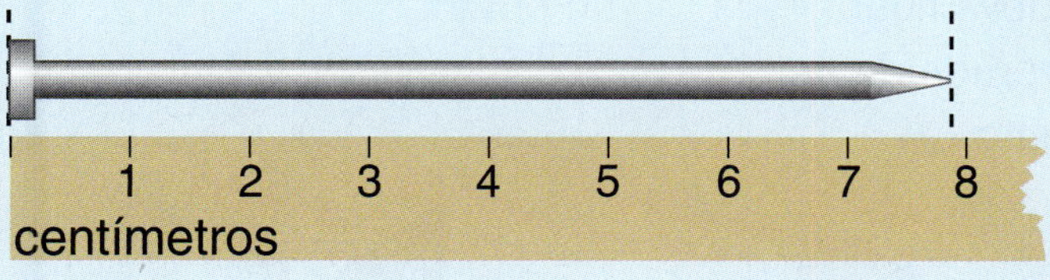

- Alinea uno de los extremos del clavo con la marca del 0 de la regla.
- Halla la marca del centímetro que está más próxima a la longitud del clavo.
- La longitud del clavo es aproximadamente 8 cm.

Entonces, el clavo mide aproximadamente 8 cm de largo al centímetro más próximo.

▶ Práctica

Mide la longitud al centímetro más próximo.

1. 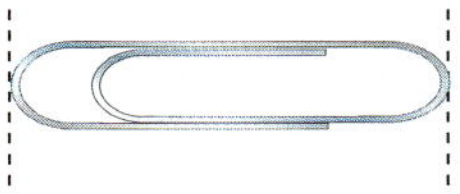

2. 

3. 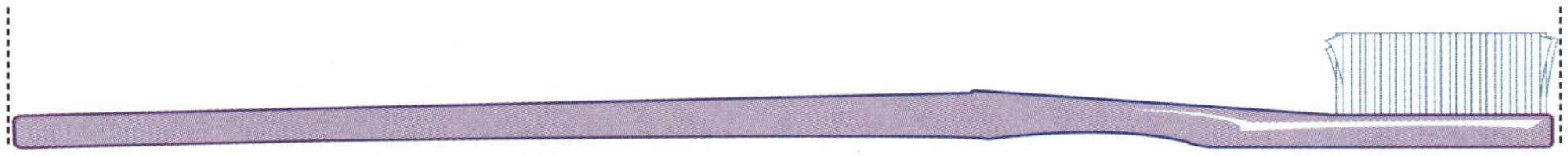

VALOR POSICIONAL DE UN DECIMAL

Puedes usar una tabla de valor posicional para hallar el valor de cada dígito en un decimal.

Ejemplo Escribe el valor del dígito azul en el número 0.257.

UNIDADES	DÉCIMAS	CENTÉSIMAS	MILÉSIMAS
0 .	2	5	7

El dígito azul, 5, está en la posición de las centésimas. Entonces, el valor del dígito azul es 5 centésimas o 0.05.

▶ Práctica

Escribe el valor del dígito azul en el decimal.

1. 0.57 **2.** 0.741 **3.** 0.48 **4.** 0.917

5. 0.742 **6.** 0.803 **7.** 0.396 **8.** 0.425

9. 0.825 **10.** 0.45 **11.** 0.634 **12.** 0.721

SOLUCIÓN DE PROBLEMAS

TRASLADA, INVIERTE Y GIRA

A continuación, hay tres maneras de mover una figura.

Puedes **trasladar** una figura moviéndola a una posición nueva sin invertirla ni girarla.

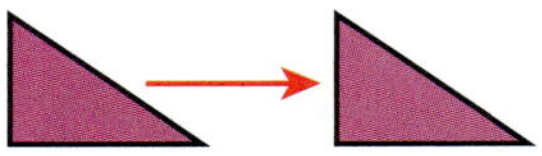

Puedes **invertir** una figura invirtiéndola a través de una línea. La nueva figura es la imagen invertida de la primera figura.

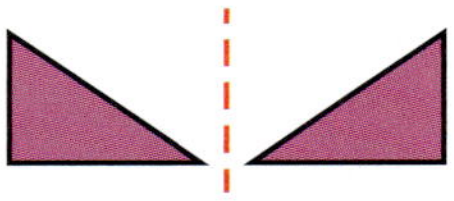

Puedes **girar** una figura rotándola alrededor de un punto.

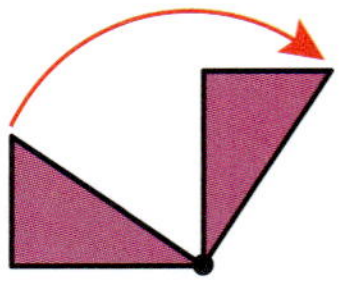

▶ Práctica

Indica qué tipo de movimiento se usó para mover cada figura. Escribe *trasladar, invertir* o *girar*.

1. 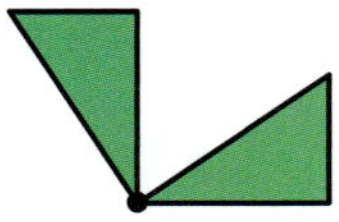

2. 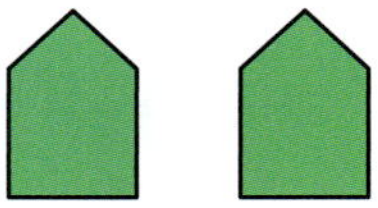

3. 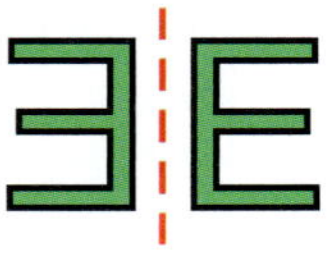

ORDENA NÚMEROS SOBRE UNA RECTA NUMÉRICA

Para ordenar números sobre una recta numérica, traza un punto para cada número y luego escribe los números en orden de menor a mayor leyendo los números que trazaste de izquierda a derecha. En una recta numérica, los números a la izquierda son menores y los números a la derecha son mayores.

Escribe 89, 95 y 82 en orden de *menor* a *mayor*.

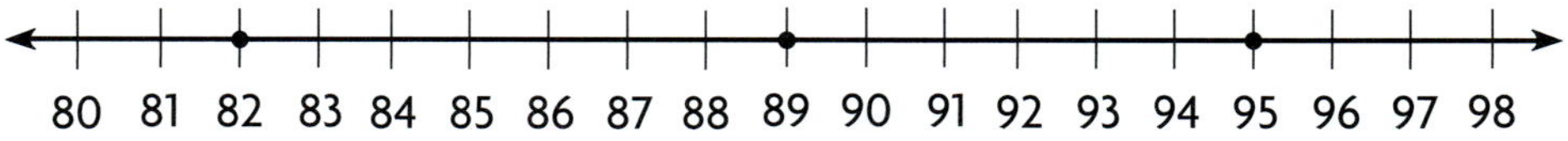

Traza un punto para cada número. Luego, comienza por la izquierda y escribe en orden los números que dibujaste.

Entonces, de menor a mayor, escribirías 82, 89, 95.

▶ Práctica

Escribe los números en orden de *menor* a *mayor*. Usa la recta numérica si es necesario.

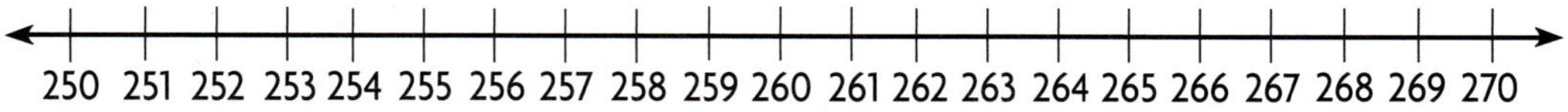

1. 262, 252, 259 **2.** 255, 254, 253 **3.** 267, 250, 259 **4.** 270, 250, 260

IDENTIFICA FIGURAS GEOMÉTRICAS

A continuación, tenemos algunos tipos de figuras geométricas.

FIGURA	CÓMO SE LEE	SÍMBOLO
• *A*	punto A	
	recta AB o recta BA	$\overleftrightarrow{AB}$ o $\overleftrightarrow{BA}$
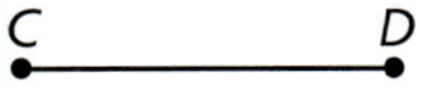	segmento CD o segmento DC	$\overline{CD}$ o $\overline{DC}$
	rayo EF	$\overrightarrow{EF}$
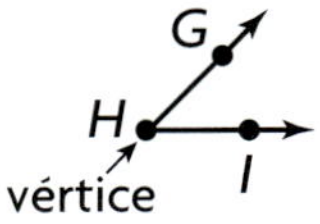	ángulo GHI, ángulo IHG o ángulo H	$\angle GHI$, $\angle IHG$ o $\angle H$

▶ Práctica

Nombra cada figura. Escribe *punto, recta, segmento, rayo* o *ángulo*.

1. 

2. • *Z*

3. 

4. 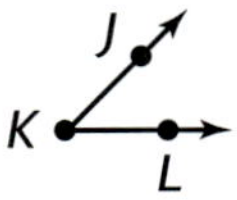

IDENTIFICA ÁNGULOS

Puedes usar el tamaño de un ángulo recto para determinar si otro ángulo es menor o mayor que el ángulo recto.

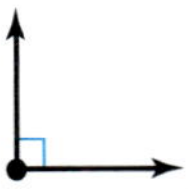
ángulo recto

Ejemplos

Indica si el ángulo es un ángulo *recto, mayor que* un ángulo recto o *menor que* un ángulo recto.

A 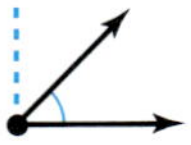

La recta punteada muestra dónde estaría el rayo si el ángulo fuera recto.

Entonces, el ángulo es *menor que* un ángulo recto.

B 

La recta punteada muestra dónde estaría el rayo si el ángulo fuera recto.

Entonces, el ángulo es *mayor que* un ángulo recto.

▶ Práctica

Indica si cada ángulo es un ángulo *recto, mayor que* un ángulo recto o *menor que* un ángulo recto.

1. 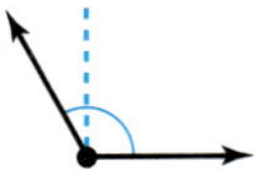

2. 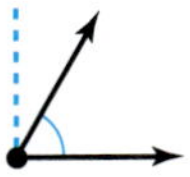

3. 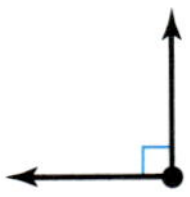

4. 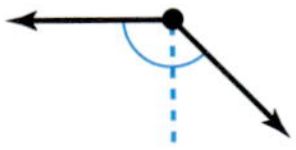

SOLUCIÓN DE PROBLEMAS

COMPARA FIGURAS

Las figuras **congruentes** tienen el mismo tamaño y la misma forma.

Ejemplos ¿Son congruentes estas figuras?

A

Piensa: Las figuras tienen la misma forma pero no el mismo tamaño.

Entonces, las figuras no son congruentes.

B

Piensa: Las figuras tienen la misma forma y el mismo tamaño.

Entonces, las figuras son congruentes.

Práctica

¿Son congruentes las figuras? Escribe *sí* o *no*.

1. 
2. 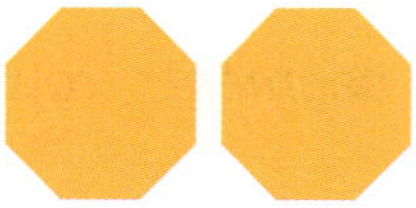
3. 

IDENTIFICA FIGURAS SIMÉTRICAS

Una figura tiene **simetría axial** si la puedes doblar sobre la línea y sus dos partes coinciden exactamente.

Ejemplos ¿Es la línea azul un eje de simetría?

A

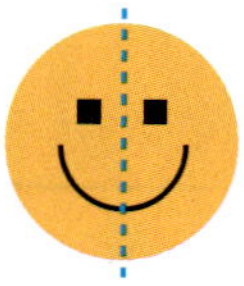

Si doblas el círculo sobre la línea, las dos partes son iguales.

Entonces, la línea azul es un eje de simetría.

B

Si doblas el círculo sobre la línea, las dos partes no son iguales.

Entonces, la línea azul no es un eje de simetría.

Práctica

¿Es la línea azul un eje de simetría? Escribe *sí* o *no*.

1. 
2. 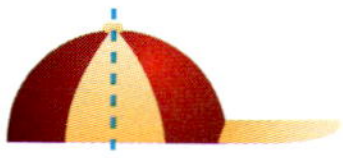
3. 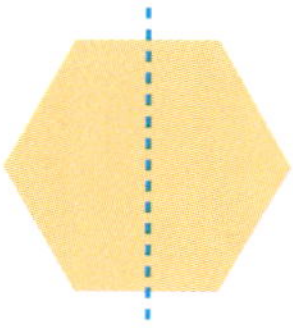
4. 

IDENTIFICA FIGURAS PLANAS

Una **figura plana** es llana y está totalmente en un plano. Ésta puede ser cerrada o abierta.

Éstos son tipos de figuras planas cerradas.

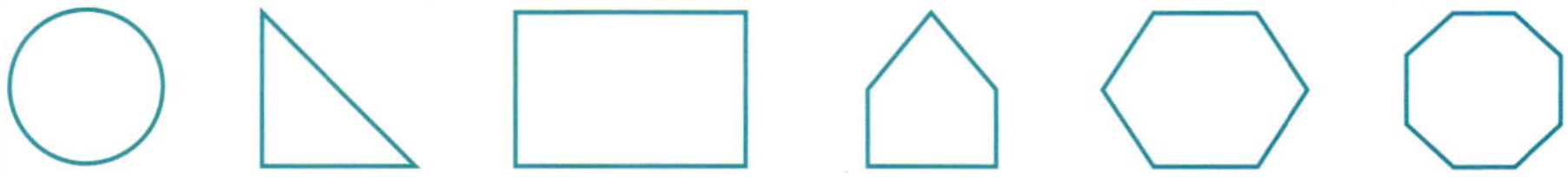

▶ Práctica

Escribe el nombre para cada figura.

1. 

2. 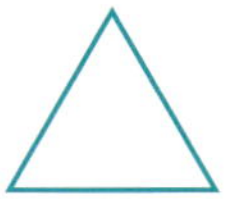

3. 

4. 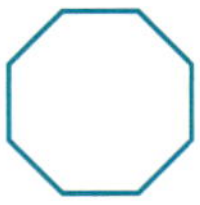

5. 

6. 

7. 

8. 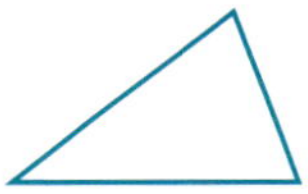

IDENTIFICA CUADRILÁTEROS

Un **cuadrilátero** tiene cuatro lados y cuatro ángulos.

Ejemplos

Indica si el polígono es un *cuadrilátero* o *no es un cuadrilátero.*

A 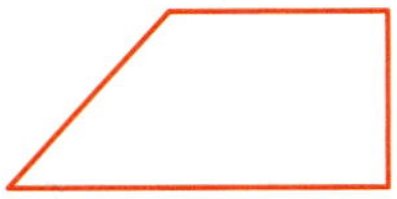

Esta figura tiene 4 lados y 4 ángulos.

Entonces, esta figura es un *cuadrilátero.*

B 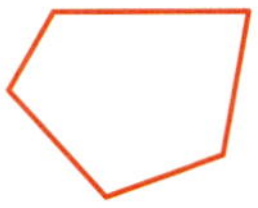

Esta figura tiene 5 lados y 5 ángulos.

Entonces, esta figura *no es un cuadrilátero.*

▶ Práctica

Indica si el polígono es un *cuadrilátero* o *no es un cuadrilátero*.

1. 

2. 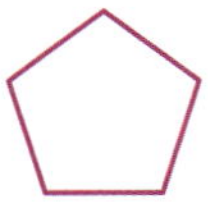

3. 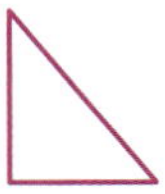

4. 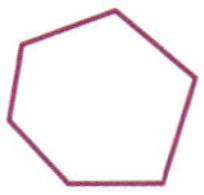

5. 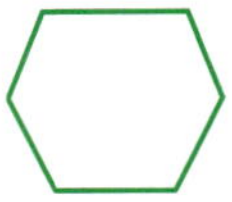

6. 

7. 

8. 

SOLUCIÓN DE PROBLEMAS

HALLA EL PERÍMETRO

El **perímetro** es la distancia alrededor de una figura. Puedes hallar el perímetro de un polígono contando o sumando las longitudes de sus lados.

Ejemplo

Cuenta para hallar el perímetro de la figura.

PASO 1

Cuenta para hallar la longitud de cada lado. Los lados tienen 3 unidades de longitud cada uno.

PASO 2

Suma las longitudes de los lados.
$3 + 3 + 3 + 3 = 12$
Entonces, la figura tiene un perímetro de 12 unidades.

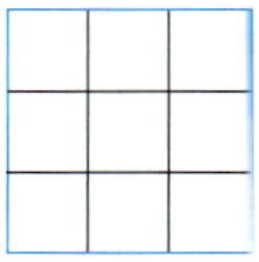

▶ Práctica

Cuenta para hallar el perímetro de cada figura.

1. 
2. 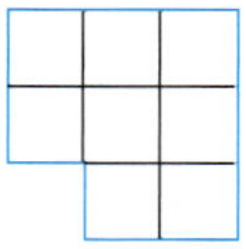
3. 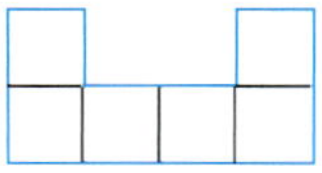
4. 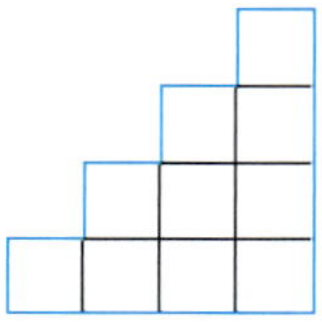

HALLA EL ÁREA

El **área** es el número de unidades cuadradas que cubre una figura cerrada. Para hallar el área de la figura, puedes contar el número de unidades cuadradas.

Ejemplo

Cuenta para hallar el área de la figura azul. La figura azul cubre exactamente 12 cuadrados. Entonces, el área tiene 12 unidades cuadradas.

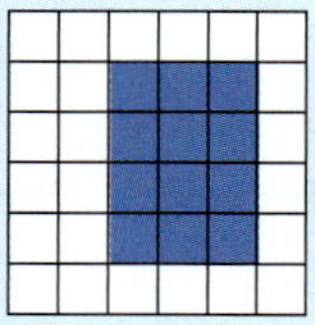

▶ Práctica

Cuenta para hallar el área de cada figura azul.

1. 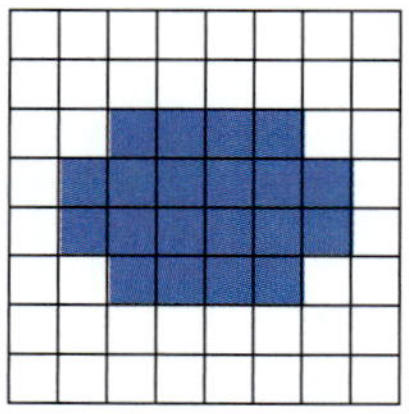
2. 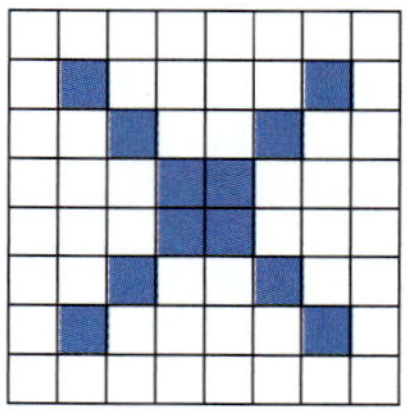
3. 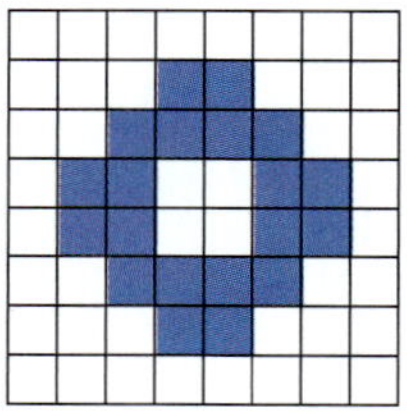
4. 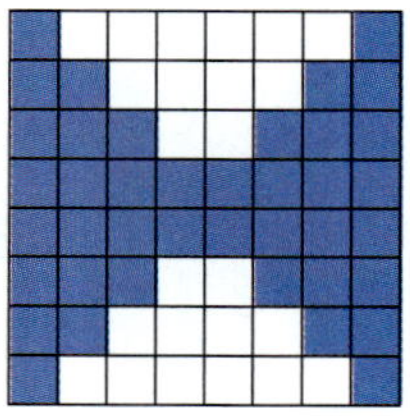

IDENTIFICA CUERPOS GEOMÉTRICOS

Los **cuerpos geométricos** tienen tres dimensiones: longitud, ancho y altura.

Estas figuras reciben el nombre de cuerpos geométricos.

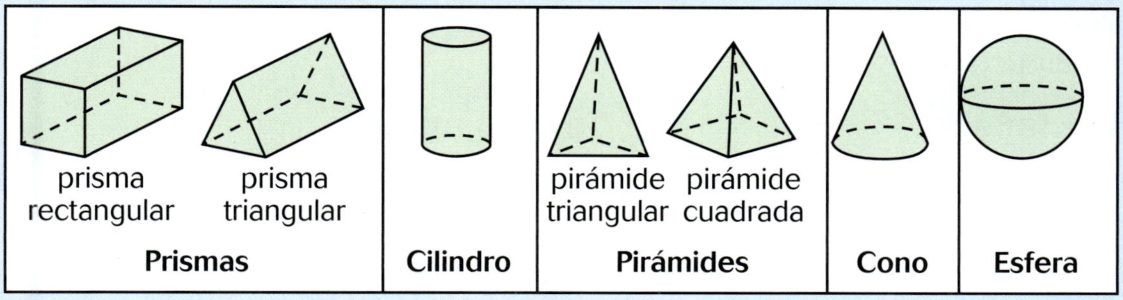

▶ Práctica

Nombra el cuerpo geométrico al que se parece el objeto.

1. 

2. 

3. 

Nombra el cuerpo geométrico.

4. 

5. 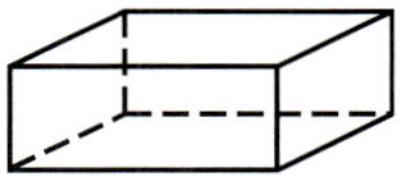

6. 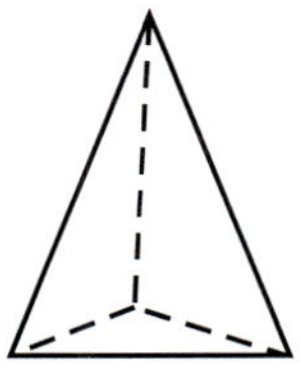

DIBUJA FIGURAS PLANAS

Cuando dibujas una figura plana, piensa en las propiedades de la figura.

Ejemplo

Dibuja un triángulo.

Piensa: Un triángulo tiene tres lados.

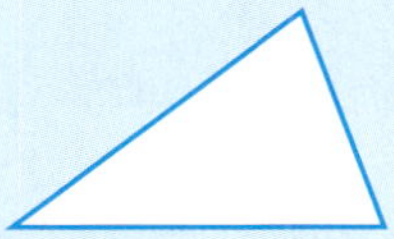

▶ Práctica

Dibuja la figura que se indica.

1. pentágono **2.** rectángulo **3.** octágono **4.** hexágono **5.** círculo

SOLUCIÓN DE PROBLEMAS

MULTIPLICA 3 FACTORES

Cuando multiplicas tres factores, puedes usar la **propiedad asociativa** para agruparlos de manera que sea más fácil multiplicar mentalmente.

Ejemplo

Halla el producto. $6 \times 8 \times 5$

De una manera

Multiplica los dos primeros factores.

$(6 \times 8) \times 5$

48×5

240

De otra manera

Multiplica los dos últimos factores.

$6 \times (8 \times 5)$

6×40

240

El producto es el mismo sin importar la manera en que agrupas los factores. Entonces, el producto es 240.

▶ Práctica

Agrupa los factores de dos maneras diferentes. Halla el producto.

1. $6 \times 4 \times 2 =$ ■ **2.** $5 \times 3 \times 4 =$ ■ **3.** $5 \times 6 \times 7 =$ ■

4. $10 \times 3 \times 5 =$ ■ **5.** $27 \times 9 \times 0 =$ ■ **6.** $14 \times 1 \times 7 =$ ■

7. $12 \times 3 \times 4 =$ ■ **8.** $20 \times 5 \times 5 =$ ■ **9.** $6 \times 2 \times 30 =$ ■

CLASIFICA LOS ÁNGULOS

Un ángulo está formado por dos rayos que tienen el mismo extremo.

Un **ángulo recto** mide 90°. Un ángulo recto forma una esquina cuadrada.

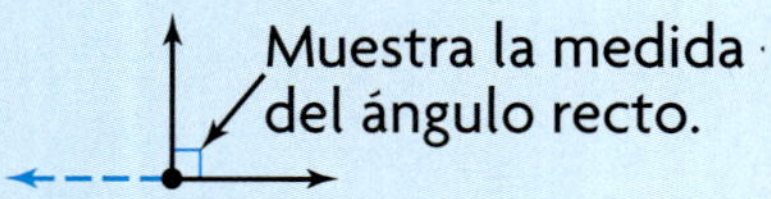

ángulo recto

Un **ángulo agudo** mide más de 0° y menos de 90°.

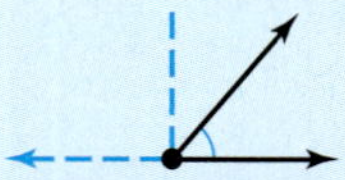

ángulo agudo

Un **ángulo obtuso** mide más de 90° y menos de 180°.

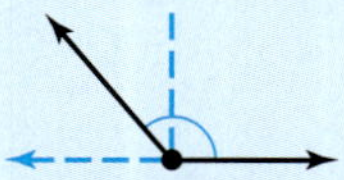

ángulo obtuso

▶ Práctica

Indica si cada ángulo es agudo, recto u obtuso.

1. 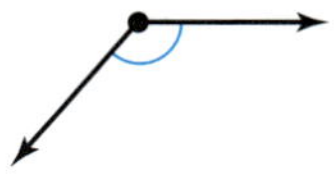

2. 

3. 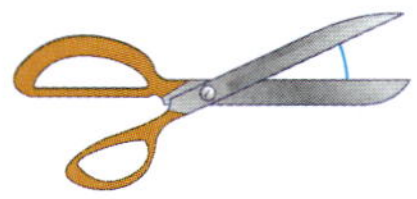

SEGURO E IMPOSIBLE

Un suceso es **seguro** si siempre ocurrirá. Un suceso es **imposible** si nunca ocurrirá.

Ejemplos

Escribe *seguro* o *imposible* para los siguientes sucesos.

A el hielo derritiéndose en un día cálido de verano

El hielo siempre se derretirá a temperaturas por encima del punto de congelación.

Entonces, este suceso es seguro.

B la nieve de un día despejado

No puede nevar sin nubes.

Entonces, este suceso es imposible.

Práctica

Escribe *seguro* o *imposible* para cada suceso.

1. sacar un número menor que 7 con un cubo numerado del 1 al 6
2. cambiar un billete de $5 cuando solo tienes tres billetes de $1
3. dibujar un triángulo de 4 lados
4. dibujar un cuadrado de 4 lados

IDENTIFICA RESULTADOS POSIBLES

Algunos sucesos pueden ocurrir solo de unas cuantas maneras. Puedes hacer una lista de las maneras o los **resultados posibles** del suceso.

Ejemplos

Escribe los resultados posibles para el suceso.

A sacar una ficha con un lado rojo y otro lado azul

Los 2 resultados posibles son un lado rojo y un lado azul.

B sacar una moneda de una bolsa que tiene una moneda de 10¢, una moneda de 5¢ y una moneda de 1¢

Los 3 resultados posibles son sacar una moneda de 10¢, sacar una moneda de 5¢ y sacar una moneda de 1¢.

Práctica

Escribe los resultados posibles para el suceso.

1. sacar un globo de la bolsa

2. girar la aguja de esta flecha giratoria

3. lanzar un cubo numerado rotulado del 1 al 6
4. lanzar dos monedas

CÓMO PREPARARTE PARA LAS PRUEBAS

Sugerencias para tomar pruebas de matemáticas

Saber tomar pruebas es como saber resolver problemas. Cuando contestas las preguntas de las pruebas, estás resolviendo problemas. Recuerda estos pasos: **Comprende, Planea, Resuelve** y **Comprueba.**

COMPRENDE

Lee el problema.

- Busca términos matemáticos y recuerda sus significados.
- Vuelve a leer el problema y piensa en la pregunta.
- Usa los detalles en el problema y la pregunta.

1. Veinte estudiantes se inscribieron en un club nuevo. Se inscribieron seis niñas más que niños. ¿Cuántos niños se inscribieron?

A 16 **C** 7

B 13 **D** 4

¡IDEA! **Comprende el problema.**
Seis niñas más que niños **es la diferencia entre el número de niñas y niños. Entonces, halla dos números con una diferencia de 6 y cuya suma sea 20. El número de niños será el número menor. La respuesta es C.**

- Cada palabra es importante. Omitir una palabra o leerla incorrectamente podría hacer que obtengas el resultado incorrecto.
- Presta atención a las palabras que están en **negritas**, a las letras MAYÚSCULAS o en *cursiva* y a otras palabras como *redondear, mejor* o *de menor a mayor.*

2. Unos patines cuestan $219. Kent redondeó el precio a la centena de dólar más próxima. Abby redondeó a la decena de dólar más próxima. ¿Qué enunciado es verdadero?

F La cantidad de Kent y la de Abby son iguales.

G La cantidad de Kent es $20 menos que la de Abby.

H La cantidad de Kent es $10 menos que la de Abby.

J La cantidad de Kent es $10 más que la de Abby.

¡IDEA! **Busca palabras importantes.**
Las palabras *redondear* y *verdadero* son palabras importantes. Kent y Abby redondearon el precio a un valor posicional diferente. Redondea el precio como lo hicieron Kent y Abby. Luego, compara las cantidades que redondeaste con cada una de las opciones de respuesta para determinar cuál es verdadera. La respuesta es G.

PLANEA

Piensa en cómo puedes resolver un problema.

- ¿Puedes resolver el problema con la información dada?
- Las ilustraciones, los cuadros, las tablas y las gráficas pudieran tener la información que necesitas.
- Quizás necesites recordar información que no te dan.
- Las opciones de las respuestas pudieran tener información que necesitas.

3. Los trenes salen de New York a Washington D.C. cada 30 minutos. ¿Qué tren tarda menos tiempo en llegar a Washington, D.C.?

Número del tren	Sale de New York	Llega a Washington
15	9:00 a.m.	11:54 a.m.
26	9:30 a.m.	12:30 p.m.
86	10:30 a.m.	1:03 p.m.
127	10:00 a.m.	12:44 p.m.

A Tren 15 **C** Tren 86

B Tren 26 **D** Tren 127

¡IDEA! **Busca la información que necesitas.**

Usa el horario para determinar cuánto tiempo tarda cada tren en llegar a Washington, D.C. Luego, compara las horas para hallar la que es menor que las demás. La respuesta es C.

- Quizás necesites escribir un enunciado numérico y resolverlo.
- Algunos problemas tienen dos o más pasos.
- Quizás necesites mirar las relaciones en vez de calcular.
- Si el camino para llegar a la solución no está claro, elige una estrategia de resolución de problemas y úsala para resolverlo.

4. Roberto tiene $38 que es $2 más que el doble de la cantidad que tiene Janet. ¿Cuánto dinero tiene Janet?

F $14 **H** $40

G $18 **J** $78

¡IDEA! **Elige un plan.**

Usa la estrategia *volver sobre los pasos.* Comienza con los $38 de Roberto. Cuando vuelves sobre los pasos, cada operación será opuesta a lo que está en el problema. *$2 más* significa sumar $2, entonces restarás $2. *El doble de la cantidad* significa multiplicar por 2, entonces dividirías entre 2. La respuesta es G.

RESUELVE

Sigue tu plan trabajando lógica y cuidadosamente.

- Estima tu respuesta. ¿Hay algunas opciones de respuesta que no son razonables?
- Usa el razonamiento para hallar las opciones más probables.
- Asegúrate de resolver todos los pasos necesarios para contestar el problema.
- Si tu respuesta no corresponde con ninguna de las opciones de respuesta, comprueba los números que usaste. Luego, comprueba tus cálculos.

5. 

¿Qué figura tiene la misma área pero diferente perímetro que la de arriba?

A 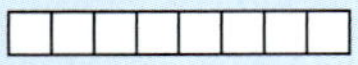

B 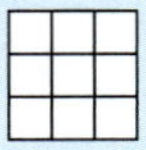

C 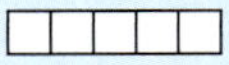

D 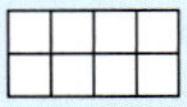

¡IDEA!

Elimina opciones.

Puedes eliminar las opciones B y C porque no tienen la misma área. Solo las opciones de respuesta A y D tienen un área de 8. Como D es congruente a la figura pero en otra posición, su perímetro será el mismo. La respuesta es A.

- Si tu respuesta aún no corresponde, busca otra forma de escribir el número, como un decimal en vez de una fracción.
- Si las opciones de respuesta se dan como ilustraciones, mira cada una por separado mientras tapas las otras tres.
- Lee las opciones de respuesta que sean enunciados y relaciona cada una con el problema.
- Cambia tu plan si no funciona. Intenta una estrategia diferente.

6. ¿Qué enunciado es verdadero?

F Todos los círculos son congruentes.

G Todos los cuadrados son semejantes.

H Todos los rectángulos son semejantes.

J Todos los cuadrados son congruentes.

¡IDEA!

Elige tu respuesta.

Lee cada enunciado para decidir si es verdadero. Si no estás seguro cuál es verdadero, piensa en las propiedades de los círculos, los cuadrados y los rectángulos. La respuesta es G.

COMPRUEBA

Tómate tu tiempo para ver dónde fallaste.

- Asegúrate de que contestaste la pregunta formulada.
- Comprueba que tu respuesta corresponda con la información del problema.
- Fíjate en palabras importantes que quizás hayas omitido.
- Asegúrate de haber usado toda la información que necesitabas.
- Comprueba tus cálculos usando un método diferente.
- Haz un dibujo cuando no estés seguro de tu respuesta.

7. ¿Qué número está dentro del triángulo, dentro del cuadrado y es un número par?

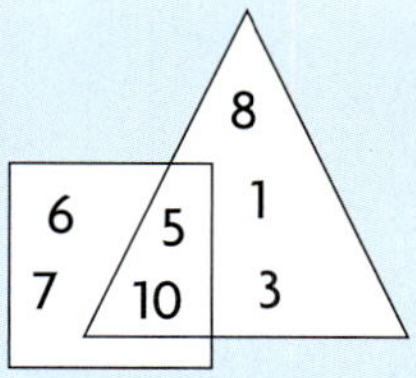

A 5 **C** 8

B 6 **D** 10

¡IDEA!

Comprueba tu trabajo.

Mira tu opción de respuesta. ¿Corresponde con todas las descripciones dadas en el problema? Si no es así, busca palabras importantes que hayas omitido. La respuesta es D.

¡No olvides!

Antes de la prueba

- Escucha las indicaciones del maestro y lee las instrucciones.
- Escribe la hora en que termina la prueba si la prueba es de duración determinada.
- Asegúrate de que sabes dónde y cómo marcar tus respuestas.
- Asegúrate de que sabes si debes escribir en la página de la prueba o en otra hoja.
- Haz cualquier pregunta que pudieras tener antes de que comience la prueba.

Durante la prueba

- Trabaja rápida pero cuidadosamente. Si no estás seguro de cómo contestar una pregunta, déjala en blanco y regresa a ella más tarde.
- Si no puedes terminar a tiempo, mira las preguntas que quedan. Contesta primero las más fáciles y luego regresa para contestar las demás.
- Llena cada espacio de las respuestas cuidadosamente. Si cambias una respuesta bórrala completamente. Borra cualquier marca incorrecta.
- Asegúrate que el número de respuesta corresponda con el número de la pregunta, especialmente si te saltaste una pregunta.

PRUEBA DE OPERACIONES DE SUMA

	K	L	M	N	O	P	Q	R
A	6 + 7	9 + 6	3 + 5	8 + 9	0 + 7	2 + 8	6 + 4	7 + 7
B	1 + 6	8 + 4	5 + 1	2 + 7	3 + 3	8 + 2	4 + 5	2 + 6
C	6 + 6	3 + 7	7 + 8	4 + 6	9 + 0	4 + 2	10 + 4	3 + 8
D	6 + 1	5 + 9	10 + 6	5 + 7	3 + 9	9 + 8	8 + 7	8 + 1
E	7 + 6	7 + 1	6 + 9	4 + 3	5 + 5	8 + 0	9 + 5	2 + 9
F	9 + 1	8 + 5	7 + 0	8 + 3	7 + 2	4 + 7	10 + 5	4 + 8
G	5 + 3	9 + 9	3 + 6	7 + 4	0 + 8	4 + 4	7 + 10	6 + 8
H	8 + 6	10 + 7	0 + 9	7 + 9	5 + 6	8 + 10	6 + 5	9 + 4
I	9 + 7	8 + 8	1 + 9	5 + 8	10 + 9	6 + 3	6 + 2	9 + 10
J	9 + 2	7 + 5	6 + 0	10 + 8	5 + 4	4 + 9	9 + 3	10 + 10

PRUEBA DE OPERACIONES DE RESTA

	K	L	M	N	O	P	Q	R
A	13 − 4	7 − 1	9 − 7	9 − 9	11 − 5	6 − 3	12 − 7	8 − 5
B	8 − 8	16 − 8	15 − 6	10 − 2	6 − 5	8 − 7	14 − 4	11 − 9
C	9 − 5	12 − 8	15 − 8	11 − 7	14 − 8	18 − 9	15 − 5	8 − 1
D	10 − 4	16 − 10	13 − 9	9 − 1	7 − 2	7 − 0	13 − 8	6 − 4
E	10 − 9	9 − 6	17 − 9	7 − 3	6 − 0	11 − 8	8 − 6	9 − 4
F	8 − 4	13 − 6	11 − 2	15 − 7	19 − 10	12 − 3	17 − 8	7 − 5
G	9 − 8	13 − 7	7 − 4	15 − 9	8 − 2	10 − 6	14 − 7	12 − 5
H	10 − 7	6 − 6	8 − 0	12 − 4	14 − 6	11 − 4	6 − 2	17 − 7
I	13 − 5	12 − 9	16 − 7	7 − 6	10 − 5	11 − 3	12 − 6	14 − 9
J	10 − 8	11 − 6	14 − 5	16 − 9	9 − 3	5 − 4	18 − 10	20 − 10

PRUEBA DE OPERACIONES DE MULTIPLICACIÓN

	K	L	M	N	O	P	Q	R
A	5 × 6	5 × 9	7 × 7	9 × 10	7 × 5	12 × 2	10 × 6	6 × 7
B	6 × 6	0 × 6	2 × 7	12 × 8	9 × 2	3 × 5	5 × 8	8 × 3
C	7 × 0	5 × 1	4 × 5	9 × 9	6 × 8	8 × 11	11 × 7	10 × 5
D	1 × 7	9 × 4	0 × 7	2 × 5	9 × 7	10 × 9	3 × 3	12 × 7
E	5 × 7	1 × 9	4 × 3	7 × 6	11 × 3	3 × 8	4 × 2	10 × 10
F	10 × 12	5 × 5	6 × 4	9 × 8	0 × 8	9 × 6	11 × 2	12 × 6
G	5 × 3	4 × 6	6 × 3	7 × 9	12 × 5	0 × 9	5 × 4	12 × 11
H	7 × 1	6 × 9	1 × 6	4 × 4	3 × 7	11 × 11	4 × 8	12 × 9
I	7 × 4	2 × 4	8 × 6	3 × 4	11 × 5	2 × 9	8 × 9	7 × 8
J	8 × 0	3 × 9	12 × 12	8 × 5	4 × 7	6 × 2	9 × 5	8 × 8

PRUEBA DE OPERACIONES DE DIVISIÓN

	K	L	M	N	O	P	Q	R
A	$7\overline{)56}$	$5\overline{)40}$	$6\overline{)24}$	$6\overline{)30}$	$6\overline{)18}$	$7\overline{)42}$	$8\overline{)16}$	$9\overline{)45}$
B	$3\overline{)9}$	$10\overline{)90}$	$1\overline{)1}$	$1\overline{)6}$	$10\overline{)100}$	$3\overline{)12}$	$10\overline{)70}$	$8\overline{)56}$
C	$6\overline{)48}$	$12\overline{)60}$	$4\overline{)32}$	$6\overline{)54}$	$7\overline{)0}$	$3\overline{)18}$	$9\overline{)90}$	$11\overline{)55}$
D	$2\overline{)16}$	$3\overline{)21}$	$5\overline{)30}$	$3\overline{)15}$	$11\overline{)110}$	$9\overline{)9}$	$8\overline{)64}$	$9\overline{)63}$
E	$4\overline{)28}$	$2\overline{)10}$	$9\overline{)18}$	$1\overline{)5}$	$7\overline{)63}$	$8\overline{)32}$	$2\overline{)8}$	$9\overline{)108}$
F	$8\overline{)24}$	$4\overline{)4}$	$2\overline{)14}$	$11\overline{)66}$	$8\overline{)72}$	$4\overline{)12}$	$7\overline{)21}$	$6\overline{)36}$
G	$12\overline{)36}$	$5\overline{)20}$	$7\overline{)28}$	$7\overline{)14}$	$4\overline{)24}$	$11\overline{)121}$	$9\overline{)36}$	$11\overline{)132}$
H	$9\overline{)27}$	$3\overline{)27}$	$7\overline{)49}$	$4\overline{)20}$	$9\overline{)72}$	$5\overline{)60}$	$8\overline{)88}$	$10\overline{)80}$
I	$4\overline{)44}$	$8\overline{)48}$	$5\overline{)35}$	$8\overline{)40}$	$5\overline{)10}$	$2\overline{)12}$	$10\overline{)60}$	$9\overline{)54}$
J	$10\overline{)120}$	$12\overline{)72}$	$9\overline{)81}$	$4\overline{)16}$	$1\overline{)7}$	$12\overline{)60}$	$12\overline{)96}$	$12\overline{)144}$

PRUEBA DE OPERACIONES DE SUMA Y RESTA

	K	L	M	N	O	P	Q	R
A	15 + 4	9 − 3	6 + 5	10 − 7	13 − 9	5 + 8	11 − 4	0 + 9
B	12 − 4	9 + 9	16 − 9	8 − 6	12 + 5	11 − 6	5 + 3	16 − 9
C	8 + 6	0 + 8	9 − 6	7 + 7	19 − 9	3 + 6	11 − 8	7 + 4
D	6 + 3	14 − 6	8 + 8	4 − 4	16 − 8	7 + 9	9 + 7	12 − 3
E	6 + 8	17 − 9	7 − 3	6 + 6	8 − 4	1 + 9	8 + 7	12 − 9
F	8 + 5	3 + 9	11 − 3	3 + 7	10 − 2	9 + 0	12 − 8	7 + 2
G	5 + 7	13 − 4	4 + 6	20 − 10	7 − 0	6 + 9	14 − 7	10 + 8
H	6 + 7	7 − 4	9 − 9	9 + 8	13 − 5	8 + 10	17 − 10	10 − 5
I	8 + 4	14 − 9	3 + 3	9 + 10	10 − 6	4 + 7	9 − 7	7 + 6
J	11 − 2	9 + 5	15 − 7	10 + 10	18 − 9	7 + 8	11 − 5	13 − 7

PRUEBA DE OPERACIONES DE MULTIPLICACIÓN Y DIVISIÓN

	K	L	M	N	O	P	Q	R
A	$3\overline{)21}$	9×6	$6\overline{)30}$	10×7	10×1	$4\overline{)32}$	$7\overline{)63}$	5×4
B	8×3	$7\overline{)56}$	$8\overline{)88}$	12×2	8×11	$1\overline{)8}$	$9\overline{)90}$	10×5
C	$12\overline{)36}$	7×8	5×7	$10\overline{)90}$	$5\overline{)45}$	12×4	$8\overline{)16}$	5×5
D	7×7	$4\overline{)48}$	$9\overline{)99}$	11×3	12×3	$9\overline{)108}$	$11\overline{)88}$	10×2
E	7×10	12×9	$12\overline{)84}$	$2\overline{)20}$	12×0	10×11	$3\overline{)36}$	$10\overline{)110}$
F	$4\overline{)44}$	$12\overline{)72}$	7×11	12×6	$7\overline{)56}$	$9\overline{)45}$	10×3	9×7
G	$12\overline{)108}$	$6\overline{)60}$	9×2	8×12	$12\overline{)144}$	$6\overline{)24}$	4×4	$7\overline{)84}$
H	4×9	8×8	$11\overline{)44}$	$7\overline{)77}$	6×11	12×5	$11\overline{)132}$	$6\overline{)42}$
I	$8\overline{)96}$	$8\overline{)56}$	12×11	12×12	$5\overline{)60}$	3×6	10×10	$4\overline{)40}$
J	11×5	9×9	$10\overline{)80}$	$7\overline{)35}$	11×4	$10\overline{)120}$	9×8	10×9

TABLA DE MEDIDAS

MÉTRICAS	COMUNES
Longitud	
1 centímetro (cm) = 10 milímetros (mm)	1 pie (pie) = 12 pulgadas (pulg)
1 decímetro (dm) = 10 centímetros (cm)	1 yarda (yd) = 3 pies o 36 pulgadas
1 metro (m) = 10 decímetros (dm)	1 milla (mi) = 1,760 yardas o 5,280 pies
1 kilómetro (km) = 1,000 metros	
Capacidad	
1 litro (L) = 1,000 mililitros (mL)	1 cucharada (cda) = 3 cucharaditas (cdtas)
1 taza métrica = 250 mililitros (mL)	1 taza (t) = 8 onzas fluidas (oz fl)
	1 pinta (pt) = 2 tazas
	1 cuarto (ct) = 2 pintas
	1 galón (gal) = 4 cuartos
Masa/Peso	
1 gramo (g) = 1,000 miligramos (mg)	1 libra (lb) = 16 onzas (oz)
1 kilogramo (kg) = 1,000 gramos	1 tonelada (T) = 2,000 libras

TIEMPO

1 minuto (min) = 60 segundos (seg)
1 hora (hr) = 60 minutos
1 día = 24 horas
1 semana = 7 días
1 año = 12 meses o 52 semanas
1 año = 365 días
1 año bisiesto = 366 días

DINERO

1 moneda de 1¢ = 1 centavo (¢)
1 moneda de 5¢ = 5 centavos
1 moneda de 10¢ = 10 centavos
1 moneda de 25¢ = 25 centavos
1 moneda de 50¢ = 50 centavos
1 dólar ($) = 100 centavos

SIGNOS

$\perp$	es perpendicular a	$<$	es menor que	°	grado
$\parallel$	es paralelo a	$>$	es mayor que	°F	grados Fahrenheit
$\overleftrightarrow{AB}$	recta *AB*	$\leq$	es menor que o igual a	°C	grados Celsius
$\overrightarrow{AB}$	rayo *AB*	$\geq$	es mayor que o igual a	$^{+}8$	8 positivo
$\overline{AB}$	segmento *AB*	$\approx$	es aproximadamente igual a	$^{-}8$	8 negativo
$\angle ABC$	ángulo *ABC*	$=$	es igual a	1:2	razón de 1 a 3
$\triangle ABC$	triángulo *ABC*	$\neq$	no es igual a	(2,3)	par ordenado (*x*,*y*)
				%	porcentaje

FÓRMULAS

Perímetro de un polígono = suma de las longitudes de los lados

Perímetro de un rectángulo $P = (2 \times l) + (2 \times a)$

Perímetro de un cuadrado $P = 4 \times l$

Área de un rectángulo $A = b \times h$

Volumen de un prisma rectangular $V = l \times a \times h$

A

a.m. El tiempo entre la medianoche y el mediodía (pág. 98)

ángulo Una figura formada por dos segmentos o rayos que tienen un extremo común (pág. 366)
Ejemplo:

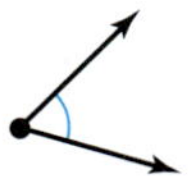

ángulo agudo Un ángulo que tiene una medida mayor que 0° y menor que 90° (pág. 367)
Ejemplo:

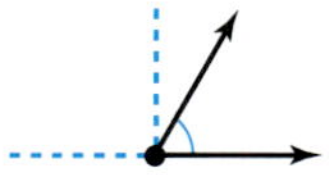

ángulo llano Un ángulo cuya medida es 180° (pág. 367)
Ejemplo:

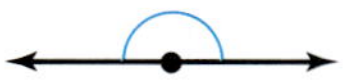

ángulo obtuso Un ángulo que tiene una medida mayor que 90° y menor que 180° (pág. 367)
Ejemplo:

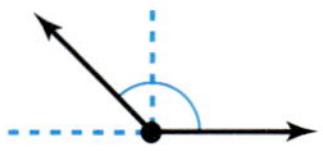

Origen de las palabras

La palabra *obtuso* significa "achatar". Esto tiene sentido cuando miras un ángulo obtuso porque el ángulo no es puntiagudo. El ángulo está achatado y tiende a desafilarse y redondearse.

ángulo recto Un ángulo que forma una esquina cuadrada y mide 90° (pág. 367)
Ejemplo:

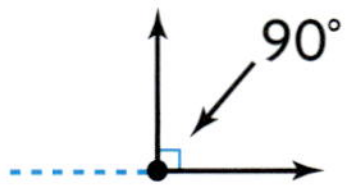

árbol de factores Un diagrama que muestra los factores primos de un número (pág. 355)
Ejemplo:

30
/ \
5 × 6
/ / \
5 × 2 × 3

área El número de unidades cuadradas que se necesitan para cubrir una superficie (pág. 628)
Ejemplo:

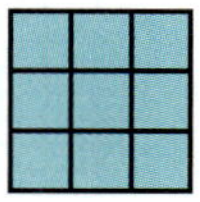

área = 9 unidades cuadradas

área total La suma de las áreas de todas las caras de un cuerpo geométrico (pág. 661)

arista Un segmento que se forma donde coinciden dos o más caras de un cuerpo geométrico (pág. 645)
Ejemplo:

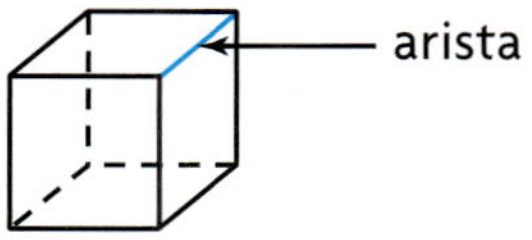

B

bidimensional Que se mide en dos direcciones, como longitud y ancho (pág. 644)
Ejemplo:

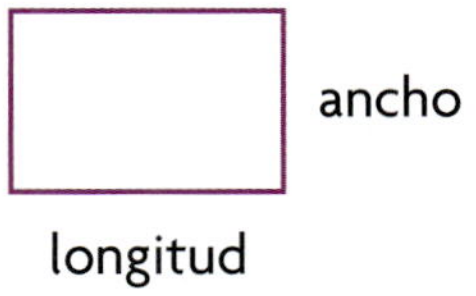

C

calendario Una tabla que muestra los días, las semanas y los meses de un año (pág. 104)

capacidad La cantidad de un recipiente cuando está lleno (pág. 528)

cara Un polígono que es una superficie plana de un cuerpo geométrico (pág. 644)
Ejemplo:

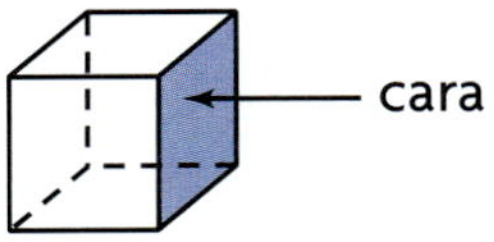

centésima Una de cien partes iguales (pág. 560)
Ejemplo:

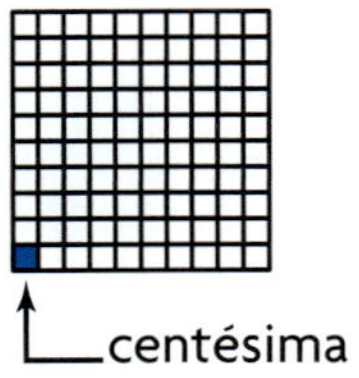

centímetro (cm) Una unidad métrica para medir longitud o distancia (pág. 540)
100 centímetros = 1 metro
Ejemplo:

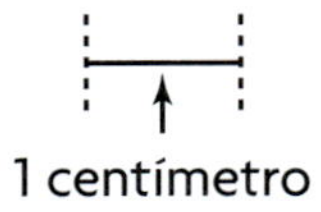

centro El punto dentro de un círculo que está a la misma distancia desde cualquier parte del círculo (pág. 390)
Ejemplo:

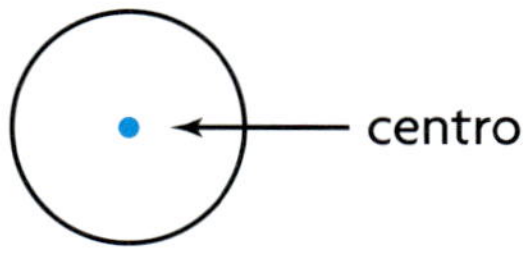

Origen de las palabras

La palabra centro proviene de la raíz griega *kéntron* que significa "aguijón". Se hizo un punto para arreglar la mancha y se arrastró un objeto menos afilado alrededor del centro para formar el círculo.

cilindro Un cuerpo geométrico que tiene forma de lata (pág. 644)
Ejemplo:

círculo Una figura cerrada formada por puntos que están a la misma distancia del centro (pág. 390)
Ejemplo:

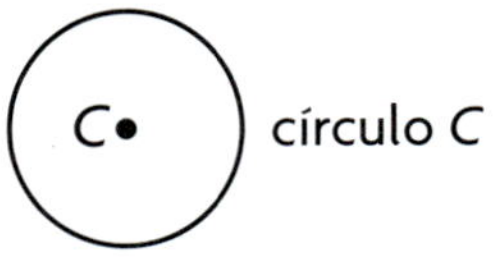

circunferencia La distancia alrededor de un círculo (pág. 618)

clave La parte de un mapa o una gráfica que explica los símbolos

cociente El número, sin incluir el residuo, que resulta de la división (pág. 164)
Ejemplo: $8 \div 4 = 2$; 2 es el cociente.

compás Un instrumento que se usa para trazar círculos (pág. 390)

congruente Que tienen el mismo tamaño y la misma forma (pág. 402)
Ejemplo:

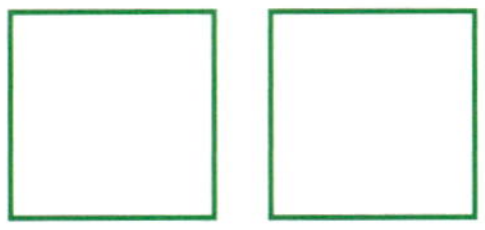

cono Un cuerpo geométrico puntiagudo que tiene una base plana y redonda (pág. 644)
Ejemplo:

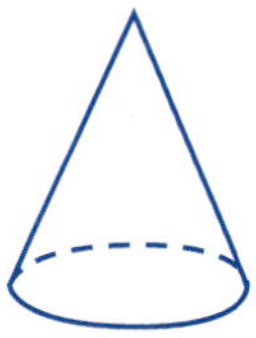

coordenada *x* El primer número en un par ordenado; éste indica la distancia para moverse horizontalmente (pág. 430)

coordenada *y* El segundo número en un par ordenado; éste indica la distancia para moverse verticalmente (pág. 430)

cuadrado Un paralelogramo con 4 lados iguales o congruentes y 4 ángulos rectos
Ejemplo:

cuadrícula Cuadrados divididos y separados equitativamente en una figura o una superficie plana

cuadrícula de coordenadas Una cuadrícula formada por una recta horizontal llamada eje de la *x*, y una recta vertical llamada eje de la *y* (pág. 430)
Ejemplo:

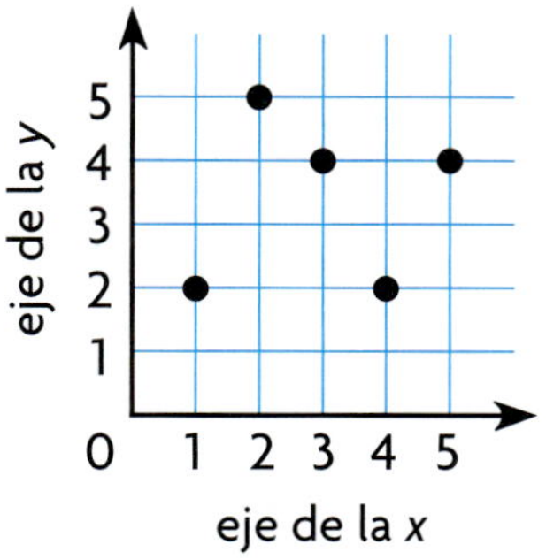

cuadrilátero Un polígono con cuatro lados (pág. 380)

cuarto (ct) Una unidad común para medir capacidad (pág. 528)
2 pintas = 1 cuarto

cubo Un cuerpo geométrico con seis caras cuadradas congruentes (pág. 644)
Ejemplo:

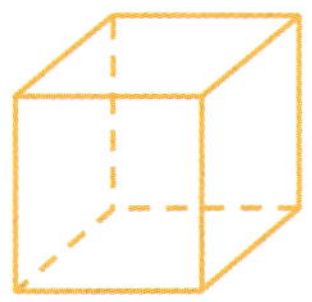

cucharada (cda) Una unidad común para medir capacidad (pág. 528)
3 cucharaditas = 1 cucharada

cucharadita (cdta) Una unidad común que se usa para medir capacidad (pág. 528)
1 cucharada = 3 cucharaditas

cuerda Un segmento con extremos en un círculo (pág. 390)
Ejemplo:

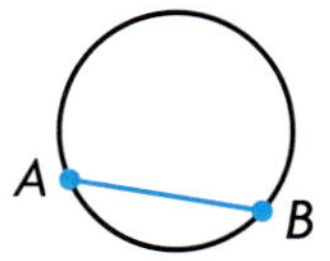

$\overline{AB}$ es una cuerda.

cuerpo geométrico Una figura tridimensional

D

datos La información que se recopila sobre personas o cosas

década Una medida de tiempo igual a 10 años (pág. 105)

décima Una de diez partes iguales (pág. 560)
Ejemplo:

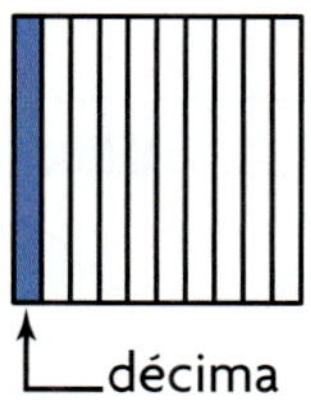

decimal Un número con uno o más dígitos a la derecha del punto decimal (pág. 560)

decimales equivalentes Dos o más decimales que nombran la misma cantidad (pág. 566)

decímetro (dm) Una unidad métrica para medir longitud o distancia (pág. 540)
10 decímetros = 1 metro

denominador El número debajo de la barra en una fracción que indica cuántas partes iguales hay en el entero (pág. 446)
Ejemplo: $\frac{3}{4}$ ← denominador

desigualdad Un enunciado matemático que muestra que dos expresiones no representan la misma cantidad (pág. 428)
Ejemplo: $4 < 9 - 3$

diagrama de árbol Una lista organizada que muestra todos los resultados posibles de un suceso (pág. 500)

diagrama de puntos Un diagrama que muestra la frecuencia de los datos a lo largo de una recta numérica (pág. 122)
Ejemplo:

diagrama de tallo y hojas Una tabla que muestra grupos de datos ordenados de acuerdo con el valor posicional (pág. 124)
Ejemplo:

Número de abdominales

Tallo	Hojas			
1	1	3	4	
2	0	1	2	3
3	3	4	6	
4	0	5	9	

diagrama de Venn Un diagrama que muestra relaciones entre grupos de cosas (pág. 388)
Ejemplo:

diámetro Un segmento que pasa por el centro de un círculo y tiene extremos en el círculo (pág. 390)
Ejemplo:

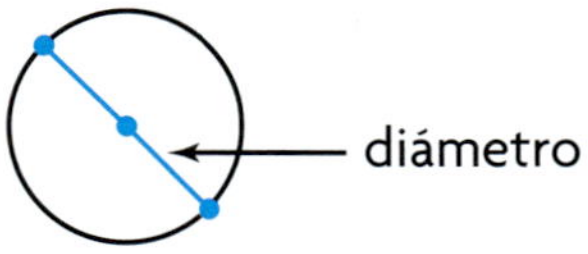

diferencia La respuesta a un problema de resta (pág. 45)

diferente a (≠) Un símbolo que indica una cantidad que no es igual a otra
Ejemplo: $12 \times 3 \neq 38$

dígito Cualquiera de los diez símbolos 0, 1, 2, 3, 4, 5, 6, 7, 8 o 9 que se usan para escribir números (pág. 2)

dimensión Una medida en una dirección

dividendo El número que se divide en una división (pág. 164)
Ejemplo: $36 \div 6$; $6\overline{)36}$; el dividendo es 36.

divisible Que se puede dividir de manera que el cociente sea un número entero y el residuo sea cero (pág. 336)
Ejemplo: 21 es divisible entre 3.

división El proceso de compartir un número de objetos para determinar cuántos grupos se pueden formar o cuántos objetos habrá en cada grupo; la operación inversa de la multiplicación

divisor El número que divide al dividendo (pág. 164)
Ejemplo: $15 \div 3$; $3\overline{)15}$; el divisor es 3.

dobles Dos sumandos que son el mismo número

E

ecuación Un enunciado numérico que muestra que dos cantidades son iguales (pág. 70)
Ejemplo: $4 + 5 = 9$

eje de la *x* La línea horizontal en una cuadrícula o plano de coordenadas (pág. 430)

eje de la *y* La línea vertical en una cuadrícula o plano de coordenadas (pág. 430)

en palabras Una manera de escribir los números usando palabras (pág. 7)
Ejemplo: sesenta y dos millones cuatrocientos cincuenta y tres mil doscientos doce

encuesta Un método de recopilar información para registrar datos (pág. 114)

equidad La equidad en un juego quiere decir que un jugador tiene la misma probabilidad de ganar que otro jugador; cada jugador tiene la misma oportunidad de ganar. (pág. 509)

equivalente Que tiene el mismo valor o nombra la misma cantidad

es aproximadamente igual a (≈) Un símbolo que indica que una cantidad, un tamaño o un valor es casi igual que el otro (pág. 552)
Ejemplo: 1 kg $\approx$ 2 lb

escala Una serie de números colocados a distancias fijas en una gráfica para rotular la gráfica (pág. 126)

esfera Un objeto redondo cuya superficie curva tiene la misma distancia desde el centro hasta todos sus puntos (pág. 644)
Ejemplo:

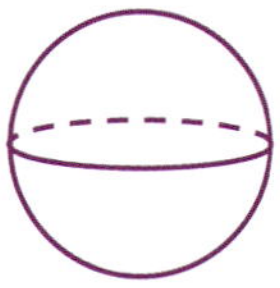

esquina Ver *vértice.*

estimación Un número que se aproxima a una cantidad exacta

estimar Hallar una respuesta que se aproxime a la cantidad exacta (pág. 44)

expresión La parte de un enunciado numérico que combina números y signos de operaciones, pero no tiene un signo de igualdad (pág. 64)

F

factor Un número que se multiplica por otro número para hallar un producto (pág. 164)

factor primo Un factor que es un número primo (pág. 355)

familia de operaciones Un grupo de ecuaciones relacionadas de multiplicación y división o de suma y resta (pág. 164)
Ejemplo: $7 \times 8 = 56$; $8 \times 7 = 56$;
$56 \div 7 = 8$; $56 \div 8 = 7$

figura abierta Una figura que ni comienza ni termina en el mismo punto
Ejemplos:

figura cerrada Una figura que empieza y termina en el mismo punto
Ejemplos:

figura plana Una figura en un plano que está formada por líneas curvas, rectas o ambas

forma desarrollada Una manera de escribir números al mostrar el valor de cada dígito (pág. 4)
Ejemplo: $253 = 200 + 50 + 3$

forma normal Una manera de escribir los números usando dígitos (pág. 7)
Ejemplo: 3,540 ←forma normal

fórmula Un conjunto de símbolos que expresa una regla matemática (pág. 614)
Ejemplo: $A = l \times a$

fracción Un número que nombra parte de un entero o parte de un grupo (pág. 446)

fracción impropia Una fracción mayor que 1 (pág. 459)

fracciones equivalentes Dos o más fracciones que nombran la misma cantidad (pág. 448)
Ejemplo: $\frac{2}{4}$ y $\frac{1}{2}$ nombran la misma cantidad.

fracciones no semejantes Fracciones con distintos denominadores (pág. 480)

fracciones semejantes Fracciones con el mismo denominador (pág. 468)

frecuencia El número de veces que ocurre un suceso (pág. 115)

frecuencia acumulativa Un total de artículos que se cuentan (pág. 115)

G

galón (gal) Una unidad común para medir capacidad (pág. 528)
4 cuartos = 1 galón

giro Ver *rotación.*

grado (°) La unidad que se usa para medir los ángulos y la temperatura (págs. 366, 420)

grado Celsius (°C) Una unidad métrica para medir la temperatura (pág. 422)

grado Fahrenheit (°F) Una unidad común para medir la temperatura (pág. 420)

gráfica circular Una gráfica en forma de círculo que muestra los datos como un todo constituido por diferentes partes (pág. 142)
Ejemplo:

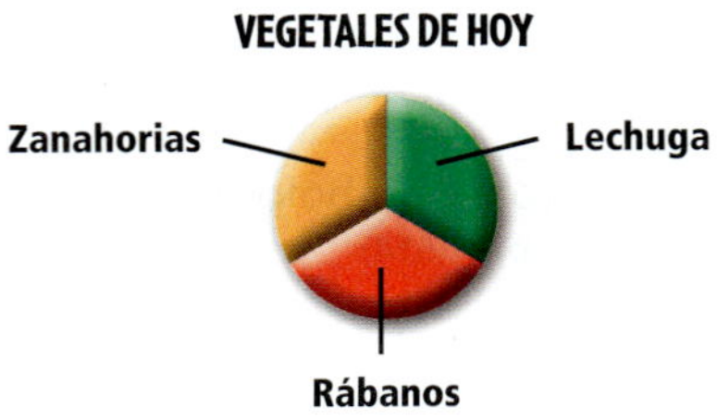

gráfica de barras Una gráfica que usa barras para mostrar los datos (pág. 136)

gráfica de doble barra Una gráfica que se usa para comparar tipos de datos semejantes (pág. 136)
Ejemplo:

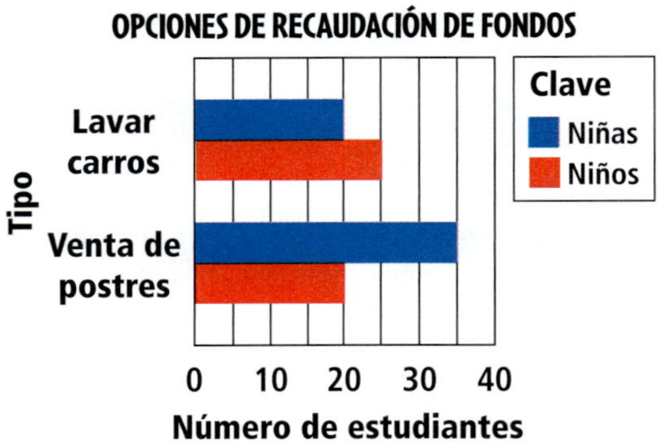

gráfica lineal Una gráfica que usa una línea para mostrar cómo cambian los datos en un período de tiempo (pág. 138)
Ejemplo:

gramo (g) Una unidad para medir masa (pág. 548)
1,000 gramos = 1 kilogramo

H

hexágono Un polígono con seis lados (pág. 380)
Ejemplos:

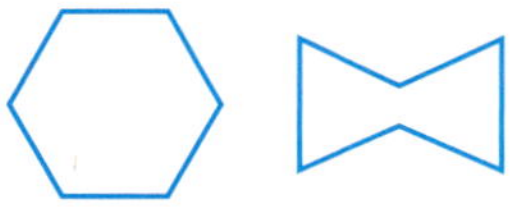

hoja El dígito de las unidades en un diagrama de tallo y hojas (pág. 124)

hora (hr) Una unidad que se usa para medir el tiempo;
60 minutos = 1 hora

horario (1) La manecilla corta de un reloj analógico (2) Una tabla que muestra las actividades o los sucesos y la hora en que ocurren

I

igualmente probable Tener la misma probabilidad de ocurrir (pág. 492)

imposible Un suceso que nunca ocurrirá (pág. 496)

intervalo La distancia entre dos números en la escala de una gráfica (pág. 126)

inversión Ver *reflexión.*

K

kilogramo (kg) Una unidad métrica para medir masa (pág. 548)
1 kilogramo = 1,000 gramos

kilómetro (km) Una unidad métrica para medir longitud o distancia (pág. 541)
1,000 metros = 1 kilómetro

L

libra (lb) Una unidad común para medir peso (pág. 530)
16 onzas = 1 libra

línea cronológica Un horario de sucesos o una l sta organizada de momentos históricos

litro (L) Una unidad métrica para medir capacidad (pág. 546)
1 litro = 1,000 mililitros

M

masa La cantidad de materia en un objeto (pág. 548)

matriz Arreglo de objetos en filas y columnas

mayor que (>) Un símbolo que se usa para comparar dos cantidades enumerando primero la cantidad mayor (pág. 24)
Ejemplo: $6 > 4$

mayor que o igual a (≥) Un símbolo que se usa para comparar dos cantidades cuando la primera es mayor que o igual a la segunda (pág. 428)
Ejemplo: $4 + 5 \geq 7$

media El número que se obtiene al dividir la suma de un grupo de números entre el número de sumandos (pág. 118)

mediana El número del medio en una lista ordenada de datos (pág. 119)

menor que (<) Un símbolo que se usa para comparar dos números enumerando primero el número menor (pág. 24)
Ejemplo: $3 < 7$

menor que o igual a (≤) Un símbolo que se usa para comparar cantidades cuando la primera es menor o igual que la segunda (pág. 428)
Ejemplo: $8 \leq 14 - 5$

metro (m) Una unidad métrica para medir longitud o distancia (pág. 540)
100 centímetros = 1 metro

milésima Una de mil partes iguales (pág. 564)

mililitro (mL) Una unidad métrica para medir capacidad (pág. 546)
1,000 mililitros = 1 litro

milímetro (mm) Una unidad métrica para medir longitud o distancia (pág. 540)
1 centímetro = 10 milímetros

milla (mi) Una unidad común para medir longitud o distancia (pág. 518)
5,280 pies = 1 milla

millones El período después de los millares (pág. 6)

mínima expresión Una fracción está en su mínima expresión cuando 1 es el único número entre el que se puede dividir equitativamente el numerador y el denominador (pág. 449)

minutero La manecilla larga de un reloj analógico

minuto (min) Una unidad para medir cantidades cortas de tiempo
60 segundos = 1 minuto

moda Número de objeto(s) que sucede(n) más a menudo en un grupo de datos (pág. 119)

multiplicación Un proceso para hallar el número total de objetos en grupos de igual tamaño o hallar el número total de objetos en un número dado de grupos cuando cada grupo tiene el mismo número de objetos; la multiplicación es la operación inversa de la división

múltiplo El producto de un número entero dado y otro número entero (pág. 173)

N

numerador El número sobre la raya en una fracción que indica cuántas partes del entero o grupo se cuentan (pág. 446)
Ejemplo: $\frac{2}{3}$ ← numerador

número compuesto Un número entero que tiene más de dos factores (pág. 342)
Ejemplo: 9 es compuesto ya que sus factores son 1, 3 y 9.

número cuadrado El producto de un número y sí mismo (pág. 348)
Ejemplo: $2 \times 2 = 4$, entonces 4 es un número cuadrado.

número entero Uno de los números 0, 1, 2, 3, 4...; el conjunto de números enteros no tiene fin

número mixto Una cantidad dada como un número entero y una fracción (pág. 458)

número primo Un número que tiene solo dos factores: 1 y sí mismo (pág. 342)
Ejemplos: 5, 7, 11, 13, 17 y 19 son números primos.

números compatibles Números que son fáciles de calcular mentalmente (pág. 216)

números negativos Todos los números a la izquierda de cero en la recta numérica; los números negativos son menores que cero (pág. 424)

números positivos Todos los números a la derecha de cero en la recta numérica; los números positivos son mayores que 0 (pág. 424)

O

octágono Un polígono con ocho lados (pág. 380)
Ejemplo:

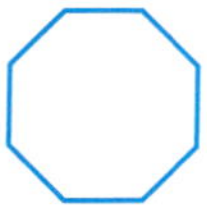

onza (oz) Una unidad común que se usa para medir peso (pág. 530)
16 onzas = 1 libra

operaciones inversas Operaciones que se anulan entre sí. La suma y la resta o la multiplicación y la división son operaciones inversas. (pág. 164)
Ejemplo: $6 \times 8 = 48$ y $48 \div 6 = 8$

opuestos Números que tienen la misma distancia desde cero, pero en direcciones opuestas de cero (pág. 424)

orden de las operaciones Un conjunto especial de reglas que se pueden usar para resolver una expresión con más de una operación (pág. 186)

origen El punto donde se cruzan en un plano de coordenadas el eje de la *x* y el de la *y*, (0,0) (pág. 437)

P

p.m. El tiempo entre el mediodía y la medianoche (pág. 98)

par ordenado Un par de números que se usa para localizar un punto en una cuadrícula de coordenadas. El primer número indica a qué distancia se puede mover horizontalmente y el segundo número a qué distancia se puede mover verticalmente. (pág. 430)

paralelogramo Un cuadrilátero cuyos lados opuestos son paralelos e iguales o congruentes (pág. 385)
Ejemplo:

paréntesis Los símbolos que se usan para mostrar qué operación u operaciones se deben hacer primero en una expresión (pág. 64)

pentágono Un polígono con cinco lados (pág. 380)
Ejemplos:

perímetro La distancia alrededor de una figura (pág. 612)

período Cada grupo de tres dígitos separados por comas en un número polidígito (pág. 4)
Ejemplo: 85,643,900 tiene tres períodos.

peso Cuánto pesa un objeto (pág. 530)

pictograma Una gráfica que usa dibujos para mostrar y comparar información (pág. 128)
Ejemplo:

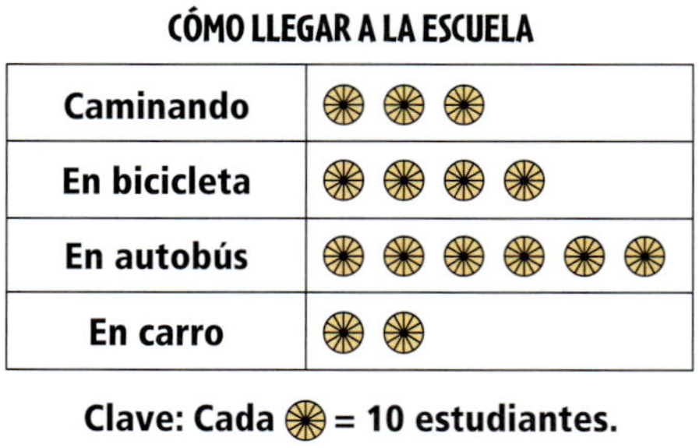

pie Una unidad común que se usa para medir longitud o distancia (pág. 518)
1 pie = 12 pulgadas

pinta (pt) Una unidad común para medir capacidad (pág. 528)
2 tazas = 1 pinta

pirámide Un cuerpo geométrico cuya base es un polígono y cuyos lados triangulares se encuentran en un punto
Ejemplo:

pirámide cuadrada Una pirámide con una base cuadrada y cuatro caras triangulares (pág. 644)
Ejemplo:

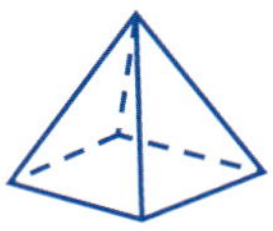

pirámide triangular Una pirámide que tiene una base triangular y tres caras triangulares (pág. 644)
Ejemplo:

plano Una superficie plana que se extiende sin fin en todas direcciones (pág. 364)
Ejemplo:

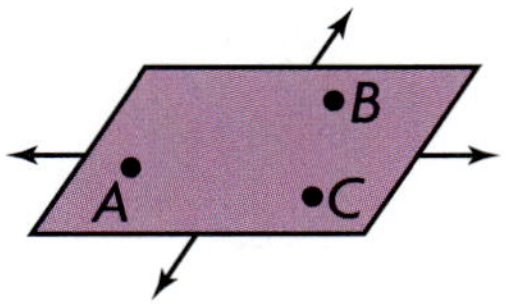

plano de coordenadas Un plano formado por dos rectas numéricas secantes y perpendiculares llamadas ejes (pág. 437)
Ejemplo:

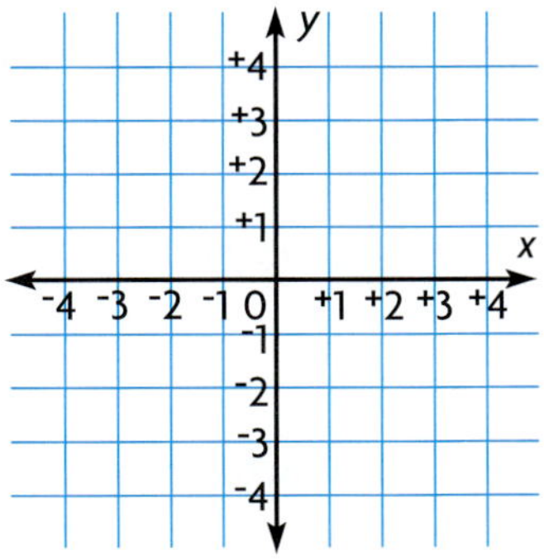

plantilla Un patrón bidimensional que se puede doblar para formar una figura tridimensional (pág. 648)
Ejemplo:

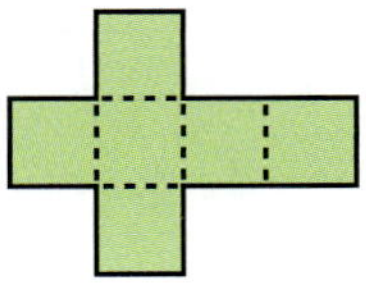

poco probable Que tiene menos de la mitad de probabilidades que ocurra (pág. 492)

polígono Una figura plana cerrada con lados rectos; cada lado es un segmento. (pág. 380)
Ejemplos:

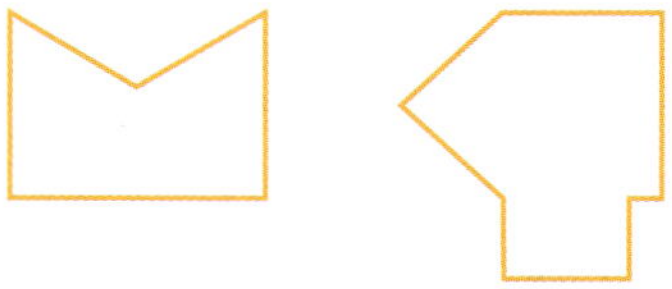

polígono regular Un polígono cuyos lados tienen la misma longitud (pág. 380)
Ejemplos:

predecir Hacer un pronóstico razonable de lo que ocurrirá (pág. 492)

prisma rectangular Un cuerpo geométrico en el que las seis caras son rectángulos (pág. 644)
Ejemplo:

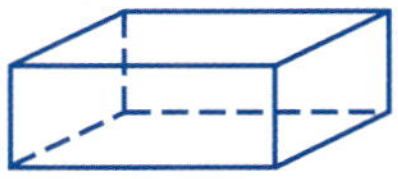

prisma triangular Un cuerpo geométrico que tiene dos bases triangulares y tres caras rectangulares (pág. 644)
Ejemplo:

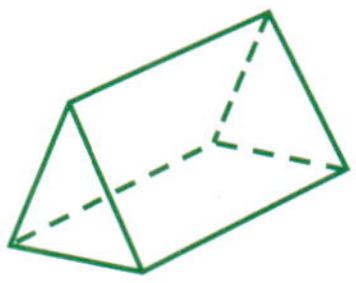

probabilidad La posibilidad de que ocurra un suceso (pág. 494)

probabilidad matemática Una comparación del número de resultados favorables con el número de resultados probables de un suceso (pág. 496)

probable Que tiene mucha probabilidad de ocurrir (pág. 492)

problema de varios pasos Un problema que se resuelve con más de un paso (pág. 262)

producto El resultado de un problema de multiplicación (pág. 164)

producto parcial Un método de multiplicar en que las unidades, decenas, centenas y así sucesivamente, se multiplican por separado y después se suman los productos (pág. 238)

promedio Ver *media.*

propiedad asociativa de la multiplicación La propiedad que establece que puedes agrupar factores de diferentes maneras y, aún así, obtener el mismo producto (pág. 174)
Ejemplo: $3 \times (4 \times 2) = (3 \times 4) \times 2$

propiedad asociativa de la suma La propiedad que establece que puedes agrupar sumandos de diferentes maneras y, aún así, obtener la misma suma (pág. 68)
Ejemplo: $3 + (8 + 5) = (3 + 8) + 5$

propiedad conmutativa de la multiplicación La propiedad que establece que cuando se cambia el orden de dos factores, el producto siempre será el mismo (pág. 174)
Ejemplo: $4 \times 5 = 5 \times 4$

propiedad conmutativa de la suma La propiedad que establece que cuando se cambia el orden de los sumandos, la suma siempre será la misma (pág. 68)
Ejemplo: $4 + 5 = 5 + 4$

propiedad de agrupación de la multiplicación Ver *propiedad asociativa de la multiplicación.*

propiedad de agrupación de la suma Ver *propiedad asociativa de la suma.*

propiedad de identidad de la multiplicación La propiedad que establece que el producto de cualquier número y 1 es ese número (pág. 174)
Ejemplo: $9 \times 1 = 9$

propiedad de identidad de la suma La propiedad que establece que cuando agregas un cero a cualquier número, la suma es ese número (pág. 68)
Ejemplo: $0 + 16 = 16$

propiedad de orden de la multiplicación Ver *propiedad conmutativa de la multiplicación.*

propiedad de orden de la suma Ver *propiedad conmutativa de la suma.*

propiedad del cero de la multiplicación La propiedad que establece que el producto de 0 y cualquier otro número es 0 (pág. 174)
Ejemplo: $0 \times 8 = 0$

propiedad distributiva La propiedad que establece que multiplicar una suma por un número es lo mismo que multiplicar cada sumando por el número y luego sumar los productos (pág. 238)
Ejemplo: $5 \times (10 + 6) = (5 \times 10) + (5 \times 6)$

pulgada (pulg) Una unidad común que se usa para medir longitud o distancia (pág. 518)
Ejemplo:

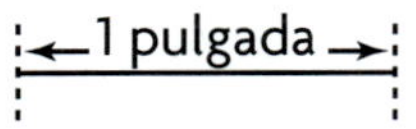

punto Una ubicación exacta en el espacio (pág. 364)

punto de referencia Un número conocido de cosas que te ayuda a comprender el tamaño o la cantidad de un número de cosas diferente (pág. 10)

punto decimal Un símbolo que se usa para separar dólares de céntimos en cantidades monetarias y separar las posiciones de las unidades y las décimas en un decimal (pág. 560)
Ejemplo: 6.4
punto decimal

R

radio Un segmento con un extremo en el centro de un círculo y el otro sobre el círculo (pág. 390)
Ejemplo:

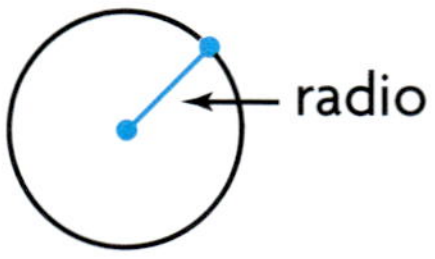

raíz cuadrada Uno de dos factores iguales de un número (pág. 348)

rango La diferencia entre el número mayor y el número menor en un grupo de datos (pág. 122)

rayo Una parte de una recta; comienza en un extremo y se extiende al infinito en una dirección (pág. 364)
Ejemplo:

razón La comparación de dos números por la división (pág. 603)

reagrupar Intercambiar cantidades de igual valor para nombrar un número de otra manera
Ejemplo: 5 + 8 = 13 unidades o 1 decena 3 unidades

recta Una trayectoria recta de puntos en un plano que se extiende hacia el infinito en ambas direcciones y no tiene extremos (pág. 364)
Ejemplo:

recta numérica Una recta con marcas igualmente espaciadas indicadas por números
Ejemplo:

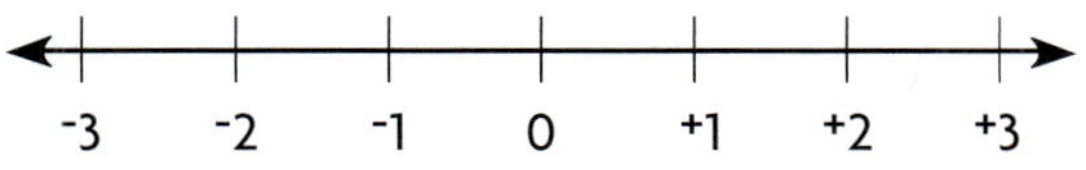

rectángulo Un paralelogramo con lados opuestos iguales o congruentes y con cuatro ángulos rectos (pág. 385)
Ejemplo:

rectas paralelas Rectas en un mismo plano que nunca se cruzan y siempre están separadas por la misma distancia (pág. 370)
Ejemplo:

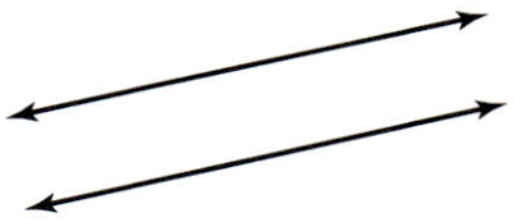

Origen de las palabras

Euclides, un matemático griego antiguo, fue uno de los primeros en explorar la idea de las rectas paralelas. El prefijo *para-* significa "junto a o al margen". Este prefijo te ayuda a comprender el significado de la palabra *paralelo*.

rectas perpendiculares Dos rectas que se cruzan para formar cuatro ángulos rectos (pág. 370)
Ejemplo:

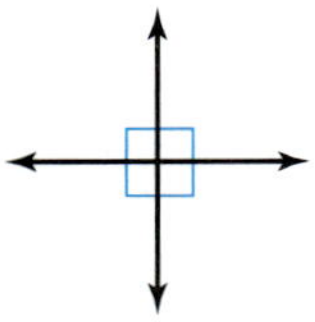

rectas secantes Rectas que se cruzan (pág. 370)
Ejemplo:

redondear Reemplazar un número por otro que indica cuánto o qué cantidad (pág. 30)

reflexión El movimiento de una figura a una posición nueva al invertir la figura sobre una recta (pág. 406)
Ejemplo:

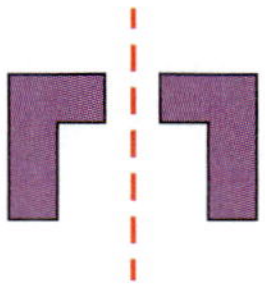

reloj analógico Un aparato para medir el tiempo por medio del movimiento de unas manecillas alrededor de un círculo para mostrar las horas, los minutos y, a veces, los segundos.
Ejemplo:

reloj digital Un reloj que muestra la hora al minuto usando dígitos
Ejemplo:

residuo La cantidad que sobra cuando un número no se puede dividir equitativamente (pág. 278)

resta El proceso de hallar cuántos quedan al quitar un número de objetos de un grupo; el proceso de hallar la diferencia cuando se comparan dos grupos; la operación inversa de la suma

resultado La consecuencia posible de un experimento (pág. 490)

rombo Un paralelogramo con cuatro lados iguales o congruentes (pág. 385)
Ejemplo:

rotación El movimiento de una figura a una posición nueva al rotar la figura alrededor de un punto (pág. 406)
Ejemplo:

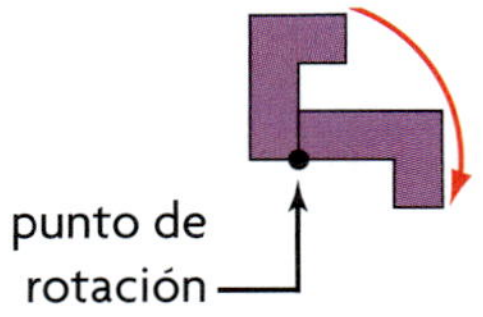

S

segmento Una parte de una recta que incluye dos puntos, llamados extremos, y todos los puntos entre ellos (pág. 364)
Ejemplo:

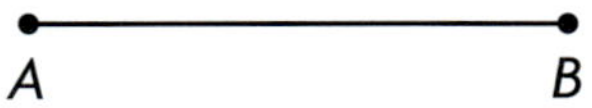

segundo (seg) Una unidad pequeña de tiempo (pág. 96)
60 segundos = 1 minuto

seguro Un suceso es seguro si siempre ocurrirá (pág. 496)

semejante Figuras que tienen la misma forma pero, que probablemente tienen tamaños distintos (pág. 402)
Ejemplo:

siglo Una medida de tiempo igual a 100 años (pág. 105)

simetría axial Lo que tiene una figura si se puede doblar por una línea de manera que sus dos mitades coincidan exactamente (pág. 399)
Ejemplo:

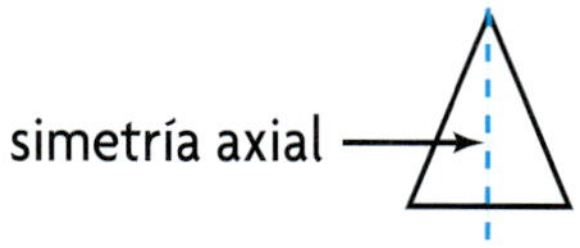

simetría rotacional Lo que tiene una figura si se puede girar sobre un punto central y verse igual por lo menos en dos posiciones (pág. 399)

suceso Un resultado o una combinación de resultados en un experimento (pág. 490)

suma El proceso de hallar el número total de artículos cuando se unen dos o más grupos de artículos; la operación opuesta a la resta

suma El resultado de un problema de suma; total (pág. 44)

sumando Un número que se suma a otro en un problema de suma
Ejemplo: 2 + 4 = 6;
2 y 4 son sumandos.

T

tabla de conteo Una tabla que usa marcas de conteo para registrar datos (pág. 114)

Origen de las palabras

Algunas personas anotan datos en los juegos de cartas haciendo marcas en papel (IIII). Estas marcas se conocen como marcas de conteo. La palabra *tarja* proviene del francés "targe" que significa "caña o palo". En épocas antiguas, un método de llevar la cuenta era haciendo marcas en un pedazo de madera o hueso.

tabla de frecuencia Una tabla que usa números para registrar las veces que algo ocurre (pág. 115)

tallo Un dígito de las decenas en un diagrama de tallo y hojas (pág. 124)

taza (t) Una unidad común que se usa para medir capacidad (pág. 528)
8 onzas = 1 taza

tendencias En una gráfica, áreas donde los datos aumentan, disminuyen o permanecen iguales con el tiempo (pág. 138)

teselación Un patrón que se repite de figuras cerradas que cubre una superficie sin mostrar brechas ni traslapos (pág. 410)
Ejemplo:

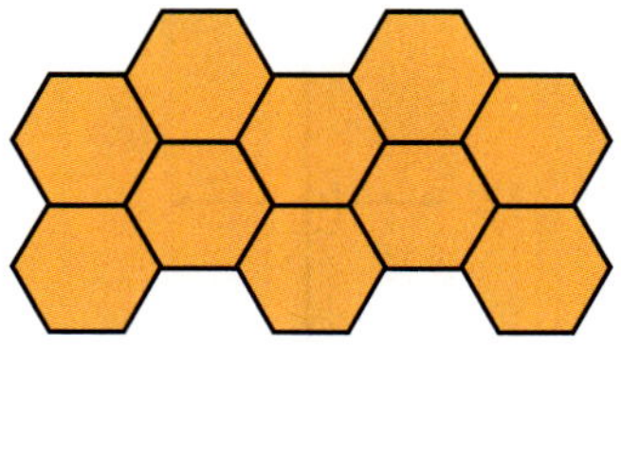

tiempo transcurrido El tiempo que ha pasado desde el comienzo de una actividad hasta su fin (pág. 98)

tonelada (T) Una unidad común para medir peso (pág. 530)
2,000 libras = 1 tonelada

transformación El movimiento de una figura por traslación, reflexión o rotación (pág. 406)

transportador Un instrumento para medir el tamaño de un ángulo (pág. 366)

trapecio Un cuadrilátero con un par de lados paralelos (pág. 385)
Ejemplo:

traslación El movimiento de una figura a una posición nueva a lo largo de una línea recta (pág. 406)
Ejemplo:

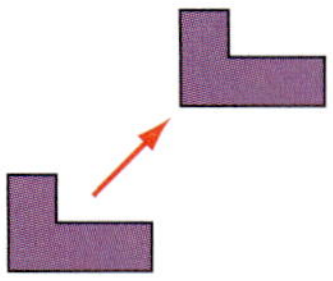

triángulo Un polígono con tres lados (pág. 380)
Ejemplo:

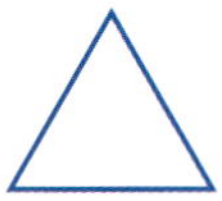

triángulo acutángulo Un triángulo que tiene tres ángulos agudos (pág. 382)
Ejemplo:

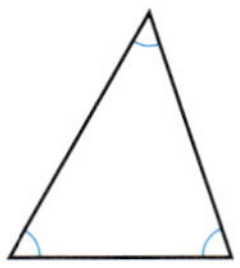

triángulo equilátero Un triángulo con tres lados iguales o congruentes (pág. 382)
Ejemplo:

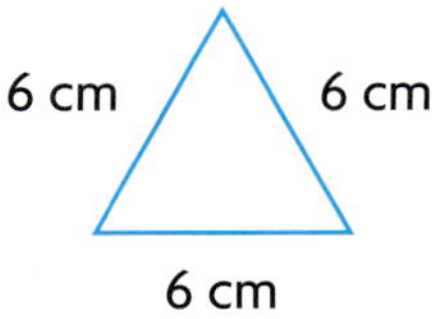

triángulo escaleno Un triángulo sin lados iguales ni congruentes (pág. 382)
Ejemplo:

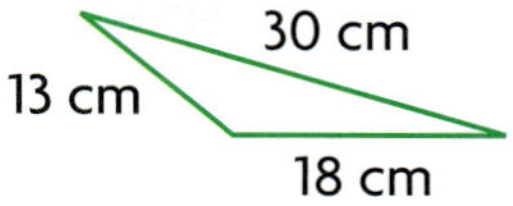

triángulo isósceles Un triángulo con dos lados iguales o congruentes (pág. 382)
Ejemplo:

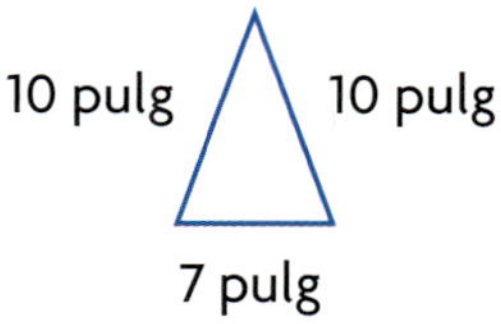

Origen de las palabras

Cuando observas los lados de un triángulo *isósceles*, observas que los dos lados tienen la misma longitud. La raíz griega *ísos* significa "lo mismo o igual" y *skélos* significa "pierna".

triángulo obtusángulo Un triángulo con un ángulo obtuso (pág. 382)
Ejemplo:

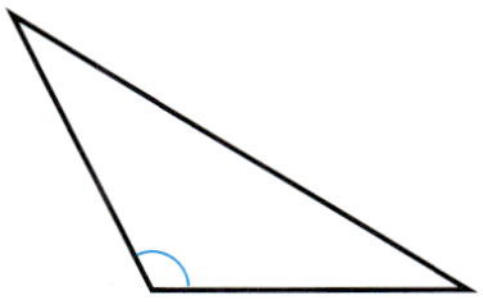

triángulo rectángulo Un triángulo que tiene un ángulo recto (pág. 382)
Ejemplo:

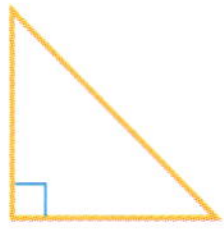

tridimensional Que se mide en tres direcciones, como longitud, ancho y altura (pág. 644)
Ejemplo:

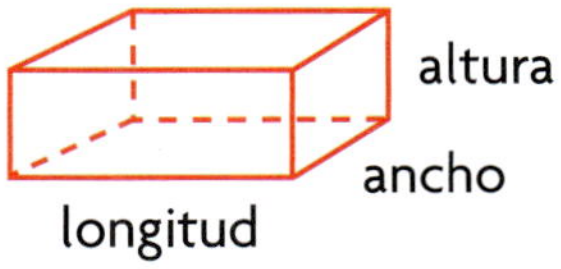

U

unidad cuadrada Una unidad de área con dimensiones de 1 unidad × 1 unidad

unidad cúbica Una unidad de volumen con dimensiones de 1 unidad × 1 unidad × 1 unidad (pág. 650)

unidades lineales Unidades que miden la longitud, el ancho, la altura o la distancia (pág. 518)

V

valor atípico Un valor separado del resto de los datos (pág. 122)

valor posicional El valor posicional determina el valor de un dígito en un número, basado en la posición del dígito

variable Letra o símbolo que representa uno o más números (pág. 65)

vértice El punto de intersección de dos rayos de un ángulo o dos o más segmentos en una figura plana o de tres o más aristas en un cuerpo geométrico; el punto superior de un cono (págs 366, 645)

Ejemplo:

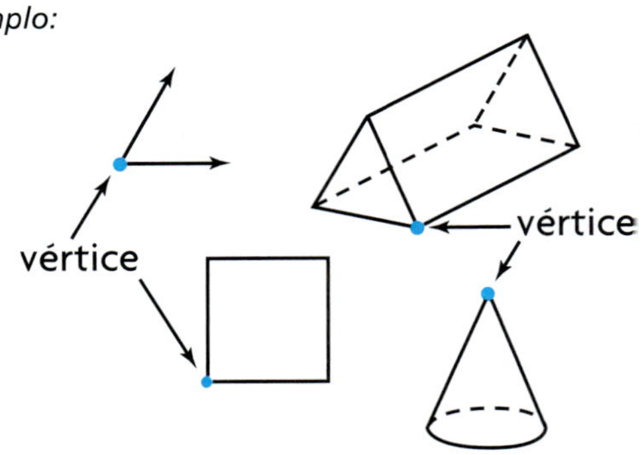

volumen La cantidad de espacio que ocupa un cuerpo geométrico (pág. 650)

Y

yarda (yd) Una unidad común para medir longitud o distancia (pág. 518)
3 pies = 1 yarda

A

C

D

E

F

G

H

I

K

L

M

N

O

P

R

S

T

U

V

Y

PHOTO CREDITS

Photography Credits: Page Placement key: (t) top, (b) bottom, (c) center, (l) left, (r) right, (bg) background, (i) inset.

Page: v S.I. Epperson/Index Stock; xi David Stoecklein/The Stock Market; xvii (t) NASA; xvii (b) Jeff Schultz/Alaska Stock Images; Chip Henderson/Picturesque Stock Photo; xxi David B. Fleetham/Natural Selection; xxvii (t) Barbara Reed/Animals Animals; xxviii Russell D. Curtis/Photo Researchers; xxviii (i) Elsa Peterson/The Stock Market; 4 Kyodo News International; 6 Index Stock; 7 NASA; 8 Mark E. Gibson; 9 www.roadsideamerica.com, Kirby, Smith, Wilkins; 10 NASA; 11 Ann Purcell/Words and Pictures; 12 Ariel Skelley/The Stock Market; 16 Craig Tuttle/The Stock Market; 21 Lee Snider/Corbis; 24 S.I. Epperson/ Index Stock; 26 Dembinsky Photo Associates; 28 Elliott Varner Smith/International Stock; 29 J.C. Carton/Bruce Coleman, Inc.; 32 Charles Sleicher/Stone; 34 (t) Ron Kimball; 34 (b) G.K. & Vikki Hart/The Image Bank; 40 Corbis; 42 David B. Fleetham/ Natural Selection; 43 Bill Hickey/The Image Bank; 45 David Muench/Corbis; 46 Wyman Meinzer/Texas Panhandle Heritage Foundation; 48 Superstock; 54 David Young Wolff/PhotoEdit; 79A,79B (t) John Elk III; 79B (b) Richard Hamilton Smith; 80 Fred Bavendam/Minden Pictures; 88 Index Stock; 89 Richard Hutchings/PhotoEdit; 91 Chuck Savage/The Stock Market; 94 Alan Thornton/Stone; 98 Jim Nilsen/Stone; 102 Gerard Fritz/International Stock; 103 Roy Engelbrecht; 106 (b) Leonard Lee Rue III/Animals Animals; 106 (t) Johnny Johnson/Animals Animals; 109 (l to r) #1 Wolfgang Kaehler/Corbis; 109 (l to r) #2 Mitsuaki Iwago/Minden Pictures; 109 (l to r) #3 Roland Seitre/Peter Arnold, Inc.; 109 (l to r) #4 Manfred Danegger/Peter Arnold, Inc.; 109 (l to r) #5 Trevor Bararett/Animals Animals; 109 (l to r) #6 Rick Edwards/Animals Animals; 110 Biological Photo Service; 111 Bradley Simmons/Bruce Coleman, Inc.; 114 Richard Cummins/Corbis; 116 Ernest H. Robl; 118 Todd Gipstein/National Geographic Image Collection; 121 A. Ramey/Stock, Boston; 122 (t) Charles Thatcher/Stone; 122 (b) Sports Illustrated; 124 (b) Superstock; 125 The Purcell Team/Corbis; 127 John Skowronski; 129 NASA; 137A Mark E. Gibson; 137B (t) Phil Shermeister/ Corbis; 137B (b) Dean Dunson/Corbis; 138 Rafael Macia/Photo Researchers; 147 George Holton/Photo Researchers; 150 Underwood & Underwood/Corbis; 151 Paul Barton/The Stock Market; 152 Bob Daemmrich/Stock, Boston; 153 Owen Franken/ Stock, Boston; 156 Christies Images; 166 Steven Needham/Envision; 168 Brian Bailey/Stone; 182 (t) Daemmrich/Stock, Boston; 183A (t) LaFOTO/H. Armstrong Roberts, Inc.; 183A (br) E.R. Degginger/Bruce Coleman, Inc.; 183A (bl) Thom Lang/The Stock Market; 183A (bc) Eastcott/Momatiuk/Animals Animals; 183B Doug Perrine/Innerspace Visions; 184 Dale O'Dell/The Stock Market; 188 Andre Jenny/International Stock; 208 Index Stock; 210 Index Stock; 212 AGStock USA; 222 David R. Frazier/Photo Researchers; 224 Lowell Georgia/Corbis; 225 Flip Chalfant/The Image Bank; 227 J. C. Carton/Bruce Coleman, Inc.; 223 Larry Lefever/Grant Heilman Photography; 228 Ed Young/AGStock USA; 232 Michael Newman/PhotoEdit; 243A (t) P. Degginger/H. Armstrong Roberts, Inc.; 243A (b) Annie Griffiths Belt/Corbis; 243B (b) Jack Olson; 244 Dave Fleetham/Tom Stack & Associates; 250 Jeff Simon/Bruce Coleman, Inc.; 251 Jose Luis G. Grande/Photo Researchers; 254 (t) Rex A. Butcher/Stone; 256 David Madison/Bruce Coleman, Inc.; 258 Renee Lynn/Stone; 262 Phil Kramer/The Stock Market; 266 Philip Rosenburg/Pacific Stock; 268, 269 United States Postal Service; 272 Jon Feingersh/The Stock Market; 277 Paul Barton/The Stock Market; 280 Myrleen Ferguson/PictureQuest; 288 Alan Schein/The Stock Market; 291 Johnny Stockshooter/International Stock; 293 Carl Purcell/ Words and Pictures; 296 Peter Dean/Grant Heilman Photography; 299 John M. Roberts/The Stock Market; 317A (t), 317A (b) Chuck Dresner/Saint Louis Zoo; 317B (bg) Philip Roullard; 317B Chuck Keeler/The Stock Market; 318 Cliff Hollenbeck/ International Stock; 320 Mark E. Gibson; 330 Adam Peiperl/The Stock Market; 331 (tr) John Watkins/Photo Researchers; 331 (trc) Peter Steiner/The Stock Market; 331 (bl) D and J Heaton/Stock, Boston; 333 Gregory G. Dimijian/Photo Researchers; 336 Joseph Sohm/ChromoSohm/Corbis; 348, 349 Christie's Images; 361A Richard Cummins/The Viesti Collection; 361B (i) Dembinsky Photo Associates; 361B R. Krubner/H. Armstrong Roberts; 362 (t) Manuel Denner/Internatonal Stock; 362 (c), 362 (b) Bob Firth/International Stock; 364 Noble Stock/International Stock; 368 (r) Barbara Reed/Animals Animals/Earth Scenes; 371 David Young-Wolff/PhotoEdit; 372 C.C.Lockwood/Animals Animals; 374 Laurie Campbell/Stone; 378 Robert Maier/Animals Animals; 381 Mark Downey/Lucid Images/PictureQuest; 389 David Muench Photography; 409 (t) NASA; 409 (b) Zeva Oelbaum/ Envision; 410 Associated Press File/Wide World Photos; 414 Gary Braasch Photography; 415 Len Rue, Jr./Bruce Coleman, Inc.; 421 (b) Ed Wheeler/The Stock Market; 422 Mark E. Gibson; 426 Ken Graham/Bruce Coleman, Inc.; 428 Bruce Curtis/Peter Arnold, Inc.; 430 Hubertus Kanus/Photo Researchers; 431 Rose McNulty; 432 D. Boone/Corbis; 433 George Disario/The Stock Market; 434 J.C. Carton/Bruce Coleman, Inc.; 436 Richard Cummins/Corbis; 440 David Muench/Corbis; 441 Craig Jones/ Allsport; 449A Carr Clifton/Minden Pictures; 449B (l) Raymond Gehman/Corbis; 449B (r) Tim Fitzharris/Minden Pictures; 456 E. R. Degginger/Bruce Coleman, Inc.; 468 (bg) Mark J. Thoms/Dembinsky Photo Associates; 468 (ti) Johnny Johnson/Stone; 468 (ci) Stephen J. Krasemann/DRK; 468 (bi) Marty Cordano/DRK; 470 (t) Ray Coleman/Photo Researchers; 472 D. Young-Wolff/ PhotoEdit; 474 Index Stock; 475 J. Swedberg/Bruce Coleman, Inc.; 480 Index Stock; 484 Larry West/FPG International; 487 Tom Edwards/Animals Animals; 501 Federal Clip Art/One Mile Up; 506 Kevin Hart/International Stock; 508 Jean Kugler/FPG International; 509 Tom McHugh/Photo Researchers; 510 (cl) Peter Aaron/Esto; 510 Frederica Georgia/Picturesque; 510 Ezra Stoller/Esto; 511 Alex S. Maclean/Landslides; 515 Richard Barnet/Omni-Photo Communications; 521 Spencer Grant/PhotoEdit; 524 Superstock; 525A, 525B H. Abernathy/H. Armstrong Roberts; 525B (br) Ty Smedes Nature Photography; 540 Marc Romanelli/The Image Bank; 552 Roland Seitre/Peter Arnold, Inc.; 554 Bob Krist/ Stone; 555 (l) Rita Maas/The Image Bank; 555 (r) Jose L. Pelaez/The Stock Market; 556 Jeff Schultz/Alaska Stock Images; 558, 559, 560 NASA; 562 Color Day/The Image Bank; 563 Ken Levinson/International Stock; 564 (c) Mark E. Gibson; 564 (l) Envision(c)Overseas; 566 NASA/Science Photo Library/Photo Researchers; 566 (i) American Red Cross/NOAA; 568 T & D McCarthy/The Stock Market; 573 David R. Frazier; 587A Michael Evans/The Image Finders; 587A (t) (bi) 587B (t) John Gillmoure/The Stock Market; 587B (b) Lance Beeny; H1 David Madison/Bruce Coleman, Inc.; H58 (r) John Margolies/Esto; H58 (cl) William Johnson/Stock, Boston; H58 (r) Ezra Stoller/ Esto; H58 (cr) Frederica Georgia/Picturesque.

All other photography by Harcourt photographers listed below, © Harcourt: Weronica Ankarorn; Victoria Bowen; Richard Haynes; Ken Kinzie; Ron Kunzman; Ed McDonald; Sheri O'Neal; Terry Sinclair, Sonny Spenser.

Chapter Opener Photography Credits by Chapter: 1 Phil Degginger/Animals Animals/Earth Scenes; 2 Chuck Summers/ Contemplative Images; 3 Charles Sleicher/Stone; 4 Sonny Senser/Harcourt; 5 Jim Nilsen/Stone; 6 Fred Bavendam/Minden Pictures; 7 Dale O'Dell/The Stock Market; 8 AP Photo/Tina Fineberg; 9 Harcourt; 10 Dan Bailey;11 Index Stock Photography; 12 Harcourt; 13 Dave Fleetham/Tom Stack & Associates; 14 Phil Kramer/The Stock Market; 15 Stock Image/Image State; 16 Doug Sudduth; 16 Billie Ruth Sudduth; 17 Cliff Hollenbeck/International Stock Photography; 18 Ken Laffal; 19 Susie Leavines; 19(inset) Ken Laffal; 20 NASA/Science Photo Library/Photo Researchers; 21 AFP/Corbis; 22 David Haring/Duke University Primate Center; 23 Marc Romanelli/The Image Bank; 24 Abbot/Mercury Press.com; 25 Mark J. Thomas/Dembinsky Photo Associates; 26 Lawrence Migdale; 27 Ken Graham/Bruce Coleman, Inc.; 28 Joseph Sohm/Chromosohm/Corbis; 29 Larry Fleming/AgStock USA; 30 Pat & Chuck Blackley.

Problem Solving On Location Pages: Page 160(both), Marilyn "Angel" Wynn / Nativestock.com; 161(both), courtesy, Red Earth Museum; 360(t) Michael Evans / The Image Finders; 360(bl), Len Rue, Jr. / Leonard Rue Enterprises; 360(br), Michael Evans / The Image Finders; 514, Patti McConville / Dembinsky Photo Associates; 515(all), David R. Frazier Photo Library; 608(both), Mike Warren / Appalachian Trail Conference; 609, RoadsideAmerica.com; 609 John Elk III; 666-667, The University of Alabama Museums.